普通高等教育“十一五”国家级规划教材

大 学 化 学

第二版

金继红　主　编

夏　华　王群英　副主编

化学工业出版社

·北京·

本书第一版为普通高等教育“十一五”国家级规划教材。

本书在编写过程中注重与中学化学的衔接，力求理论联系实际、概念阐述准确，深入浅出、循序渐进，便于老师教学和学生自学。本书包括物质的聚集状态、热力学第一定律与热化学、热力学第二定律与化学反应的方向和限度、化学平衡、相平衡、水溶液中的离子平衡（含酸碱滴定、重量分析）、氧化还原平衡和电化学基础（含氧化-还原滴定）、化学动力学、界面和胶体分散系统、原子结构和元素周期律、分子结构和分子间力、固体结构和固体性质、配位化合物（含配位滴定）、单质及无机化合物概论、化学与社会等内容。

本书可供高等学校对化学要求较多的地质、能源、材料、环境、冶金、海洋等非化工类专业基础化学教学使用。

图书在版编目（CIP）数据

大学化学/金继红主编. —2版. —北京：化学工业出版社，2014.7（2022.11重印）
普通高等教育“十一五”国家级规划教材
ISBN 978-7-122-20646-6

Ⅰ.①大… Ⅱ.①金… Ⅲ.①化学-高等学校-教材
Ⅳ. O6

中国版本图书馆CIP数据核字（2014）第096966号

责任编辑：宋林青　　装帧设计：史利平
责任校对：宋　玮

出版发行：化学工业出版社（北京市东城区青年湖南街13号　邮政编码100011）
印　　装：北京科印技术咨询服务有限公司数码印刷分部
787mm×1092mm　1/16　印张26¾　彩插1　字数667千字　2022年11月北京第2版第3次印刷

购书咨询：010-64518888　　售后服务：010-64518899
网　　址：http://www.cip.com.cn
凡购买本书，如有缺损质量问题，本社销售中心负责调换。

定　　价：68.00元

前　言

《大学化学》第一版作为普通高等教育"十一五"国家级规划教材，由化学工业出版社2007年出版已七年有余。

本次修订再版，保持了第一版的特点，在编写过程中注重与中学化学的衔接，力求理论联系实际、概念阐述准确，深入浅出、循序渐进，便于老师教学和学生自学。内容编排上，着重于知识点相互之间的内在联系，以化学热力学、化学动力学和物质结构理论为基础，先从宏观的角度讨论化学反应的一些基本规律，再从微观的角度讨论物质结构及其元素和化合物的性质。按照循序渐进的认知规律，使用类比、联想和推理等方法，简明扼要地阐述了化学科学的内涵，使读者对现代化学的基本原理及化学应用有较全面的了解。

本次修订再版，对一些章节作了修订或重新编写。比如，增加了CO_2超临界萃取、表面活性剂、晶体的空间点阵等内容。将原环境化学、材料化学两章合并改写为化学与社会一章，对化学科学中重要的、具有典型代表的一些应用领域的现况与发展，如环境、能源、材料等公众关心的热点问题与化学结合起来研讨审视，使学生了解化学与其他学科的关系，了解化学与社会的关系。另外，每章都增加了选择题，以利于教师教学和学生更好地掌握基本概念。

本书包括物质的聚集状态、热力学第一定律与热化学、热力学第二定律与化学反应的方向和限度、化学平衡、相平衡、水溶液中的离子平衡（含酸碱滴定、重量分析)、氧化还原平衡和电化学基础（含氧化-还原滴定)、化学动力学、界面和胶体分散系统、原子结构和元素周期律、分子结构和分子间力、固体结构和固体性质、配位化合物（含配位滴定)、单质及无机化合物概论、化学与社会等内容。

参加本次修编工作的有金继红、王群英、廖桂英、夏华、华萍、安黛宗等老师。

编写中参考了国内外出版的一些教材和著作，从中得到许多启发和教益，在此也向这些作者表示衷心的感谢。

本书适用于高等学校对化学要求较多的地质、能源、材料、环境、冶金、海洋等非化工类专业基础化学教学使用。

我们深知，编写一本便于教师教学和学生学习的优秀教材是一项艰巨的任务，我们将为此而努力，但由于水平有限，教材中可能存在不足甚至错误，恳请读者不吝指出，深表感谢。

编者

2014年3月于武汉

前　言

第一版前言

化学是一门在原子、分子水平上研究物质的组成、结构、性能、应用及物质相互之间转化规律的学科，是自然科学的基础学科之一。

美国化学会会长、哥伦比亚大学教授布里斯罗（R. Breslow）指出："化学是一门中心的、实用的和创造性的学科"。

21世纪是科学技术全面发展的世纪，也是各门学科相互渗透的时代。化学与信息、生命、材料、环境、能源、地球、空间和核科学等八大朝阳学科有着紧密联系，它们相互协作、交叉、融合产生了许多生气勃勃的新学科和交叉学科，如环境化学、材料化学、地球化学、生物化学、核化学、天体化学等，化学已经成为这些学科的重要组成部分了。

化学是一门社会迫切需要的中心学科，人们的各种科学研究、生产活动乃至于日常生活，都要时时刻刻地和化学打交道。化学为其它学科的发展和人们的生活提供了必需的物质基础。我国著名化学家徐光宪院士曾著文指出："如没有发明合成氨、合成尿素和第一、第二、第三代新农药的技术，世界粮食产量至少要减半，60亿人口中的30亿就会饿死。没有发明合成各种抗生素和大量新药物的技术，人类平均寿命要缩短25年，没有发明合成纤维、合成橡胶、合成塑料的技术，人类生活要受到很大影响。没有合成大量新分子和新材料的化学工业技术，20世纪的六大技术（信息、生物、核科学、航天、激光、纳米）根本无法实现"。只要我们生活在物质世界，就不能不与化学发生联系，化学是一门中心学科的地位是十分清楚的。

化学科学也是一门极具创造性的学科，在《美国化学文摘》上登录的天然和人工合成的分子和化合物的数目已从1900年的55万种，增加到1999年12月的2340万种，在20世纪的100年中，平均每天增加600多种。没有一门其它学科能像化学那样制造出如此众多的新分子、新物质。人类对物质的需求，不论在质量和数量上总是要不断发展的，围绕这个需求的核心基础学科是化学，学习化学有助于培养学生的创造精神。

化学不但是地球、空间、能源、材料、环境、生命等学科的重要基础，而且化学科学的发展，从元素论、原子-分子论到元素周期律和物质结构理论，都已成为自然科学在科学发展中运用科学抽象、科学假设的范例。因此，工科大学生学习化学不仅仅是其所学专业的需要，而且对培养科学思维、科学方法也是极为重要的。

从20世纪90年代起，我国高等教育的改革和发展进入了一个新的历史阶段，教育体制、教学内容、教学方法的改革都在一个更广的范围、更深的层次展开。我们以现代教育思想为指导，在积极慎重的原则下，从培养21世纪高素质工科非化工类人才的总体需要出发，对原有的工科非化工类专业的基础化学课程体系进行改革，将原来分别开设的"普通化学"、"物理化学"及"分析化学"中的部分内容合并为一门新的课程"大学化学"，以化学热力学、化学动力学和物质结构理论为基础构建了新的工科非化工类专业基础化学教学体系。

本书在编写过程中注意与中学化学的衔接，力求理论联系实际，概念阐述准确，深入浅出，循序渐进，便于教师教学和学生自学。本书先从宏观的角度讨论化学反应的一些基本规律，再从微观的角度讨论物质结构及其元素和化合物的性质。本书包括物质的聚集状态、热力学第一定律、热力学第二定律、相平衡、化学平衡、水溶液中的离子平衡（含酸碱滴定、重量分析）、氧化还原和电化学基础（含氧化-还原滴定）、表面与胶体、原子结构、分子结构、晶体结构、配位化合物（含配位滴定）、单质和无机化合物、环境化学及材料化学等内容。适用于高等学校对化学要求较多的地质、能源、材料、环境、冶金、海洋等非化工类专业基础化学教学使用。

参加本书编写工作的有：金继红（第1、10、11、12章）、安黛宗（第6、13章）、夏华（第14、16章）、何明中（第3、4、8章）、华萍（第2、5、9章）、王群英（第7章）、王运宏（第15章）。廖桂英、洪建和也参加了部分编写工作。最后由金继红定稿。

本书编写中参考了国内外出版的一些教材和著作，从中得到许多启发和教益，在此也向这些作者表示感谢。

本书的编写得到了中国地质大学教务处和中国地质大学材料科学与化学工程学院的大力支持，在此一并表示感谢。

由于水平有限，教材中可能存在不足和疏漏之处，恳请读者不吝批评指正，深表感谢。

编者

2006年10月

目　　录

第1章　物质的聚集状态

世界是由物质组成的。通常情况下，物质有三种可能的聚集状态，即气态、液态和固态，处于某个聚集态的物质相应地称为气体、液体和固体。

物质是由大量分子组成的，分子在不停地运动着，分子间存在着相互作用力。固体、液体有一定的体积，固体还有一定的形状，说明分子间存在相互作用力，这种作用力使分子聚集在一起而不分开。当对固体或液体施加压力时，它们的体积变化很小，表明当分子间距离很近时，分子间存在斥力。通常情况下，分子间作用力使分子聚集在一起，在空间形成一种较规则的有序排列。当温度升高时，分子热运动加剧。分子的热运动力图破坏固体或液体的有序排列而变成无序状态，物质的宏观状态就可能发生变化，由一种聚集状态变为另一种聚集态。例如从固态变为液态，或从液态变为气态。当温度足够高时，外界提供的能量足以破坏分子中的原子核和电子的结合，气体就电离成自由电子和正离子，即形成物质的第四态——等离子态。气体、液体和等离子态都可在外力场作用下流动，所以也统称为流体。

物质的气、液、固三态中，气态的运动规律最简单，人们对它的认识也较清楚，固态由于其质点排列的周期性，人们也有较清楚的认识，而对液态的认识则相对少一些。

本章简要介绍气体和液体的一些基本知识，固体的结构将在第12章讨论。

1.1　气体

气体的特征是具有扩散性和压缩性，无一定的体积和形状。

气体分子不停地作无规则的热运动，通常温度下气体分子的动能大于分子间引力，因而气体能自动扩散并充满整个容器。气体分子间距离较大，对气体施加一定压力，体积就缩小。气体的体积不仅受压力影响，而且还与温度、气体的量有关。通常用气体的物质的量、压力、温度及体积来描述气体的状态。

1.1.1　低压气体的经验定律

1.1.1.1　玻义尔定律

1662年，英国科学家玻义尔(R. Boyle)根据实验指出：在一定温度下，一定量气体的体积与其压力的乘积为一常数。这个结论被人们称为玻义尔定律。这个定律可用数学公式表示为

$$pV=常数 \tag{1-1}$$

后来人们发现，大多数气体只是在低压下才服从玻义尔定律，压力愈高，偏差愈大。

1.1.1.2　盖·吕萨克定律

1802年，法国科学家盖·吕萨克（J. G. Lussac）研究了低压下气体的行为，发现一定量的气体在压力一定时，温度每升高1℃，其体积便增加它在0℃时体积的1/273.15，可用公式表示为

$$V=V_0\left(1+\frac{t/℃}{273.15}\right)=V_0\left(\frac{273.15+t/℃}{273.15}\right) \tag{1-2}$$

式中，V_0为一定量的气体在0℃时的体积，t为气体的摄氏温度。定义热力学温度T

$$T=T_0+t \tag{1-3}$$

式中，$T_0=273.15\text{K}$。热力学温度T的单位为开尔文，符号为K，热力学温度与摄氏温度的间隔是相同的。于是式(1-2)可表示为

$$V=V_0\frac{T}{T_0} \tag{1-4}$$

或
$$\frac{V}{V_0}=\frac{T}{T_0} \tag{1-5}$$

即一定量的气体，在压力一定时，其体积与热力学温度的商为常数：

$$\frac{V}{T}=常数 \quad (n,p\ 恒定) \tag{1-6}$$

精确的实验表明，气体只有在低压下才服从盖·吕萨克定律。

1.1.2 理想气体的状态方程式

因为只有低压气体才符合玻义尔定律和盖·吕萨克定律，所以人们提出了理想气体的模型。所谓理想气体是指分子间没有作用力，分子本身没有体积的一种气体。显然，理想气体是不存在的。对于低压、高温下的气体，分子间距离很大，相互作用极弱，分子本身体积相对于整个气体的体积可以忽略不计，因此低压、高温下的气体可近似地看作是理想气体。在压力趋于零时，所有的实际气体都可视作理想气体。

理想气体是严格遵守玻义尔定律和盖·吕萨克定律的，将这两个定律结合起来就得到了理想气体状态方程，即

$$pV=nRT \tag{1-7}$$

式中，p 是气体的压力，Pa（帕斯卡）；V 是气体体积，m^3；n 是气体物质的量，mol(摩尔)；T 是热力学温度，K(开尔文)；$R=8.3145J\cdot mol^{-1}\cdot K^{-1}$，为摩尔气体常数。

理想气体状态方程还可表示为

$$pV_m=RT \tag{1-8}$$

式中，$V_m=V/n$，称作摩尔体积，$m^3\cdot mol^{-1}$。

气体的物质的量 n 与气体质量 m、摩尔质量 M 的关系为：$n=m/M$，气体的密度是 $\rho=m/V$。所以，式(1-7) 可变换为

$$\rho=\frac{pM}{RT} \tag{1-9}$$

它反映了理想气体的密度 ρ 随压力 p、温度 T 变化的规律。

例 1-1 实验测得 $(CH_3)_3N$(三甲胺) 在 273.15K 时的密度与压力的关系如下：

p/kPa	20.265	40.530	60.795	81.060
$\rho/(g\cdot m^{-3})$	533.6	1079.0	1636.3	2205.4

试求 $(CH_3)_3N$ 的摩尔质量。

解：由式(1-9) 可得 $M=\rho RT/p$，但此式仅对理想气体适用，$(CH_3)_3N$ 气体只有在压力趋于零时，才符合此式，即 $M=RT\lim\limits_{p\to 0}(\rho/p)$。$\lim\limits_{p\to 0}(\rho/p)$ 的值可通过外推法求得。计算 $(CH_3)_3N$ 气体的 ρ/p，得到下表：

p/kPa	20.265	40.530	60.795	81.060
$\dfrac{\rho/(g\cdot m^{-3})}{p/kPa}$	26.33	26.62	26.915	27.202

以 ρ/p 为纵坐标，p 为横坐标作图，并将直线外推至 $p=0$（图 1-1），截距为

$$\lim_{p\to 0}(\rho/p)=26.04g\cdot m^{-3}\cdot kPa^{-1}=2.604\times 10^{-2}g\cdot m^{-3}\cdot Pa^{-1}$$

$$\begin{aligned} M &= RT\lim_{p\to 0}(\rho/p) \\ &= 8.3145\mathrm{J\cdot mol^{-1}\cdot K^{-1}}\times 273.15\mathrm{K}\times 2.604\times 10^{-2}\mathrm{g\cdot m^{-3}\cdot Pa^{-1}} \\ &= 59.14\mathrm{g\cdot mol^{-1}} \end{aligned}$$

1.1.3　分压定律和分体积定律

实际遇到的气体，大多数是混合气体。如空气就是 N_2、O_2、CO_2 等多种气体的混合物。研究低压下的混合气体，前人总结了两个经验定律，即道尔顿（J. Dalton）于 1801 年提出的分压定律和阿马格（E. H. Amagat）于 1880 年提出的分体积定律。但严格地说，这两个定律只适用于理想气体。下面我们从理想气体状态方程出发，导出分压定律和分体积定律。

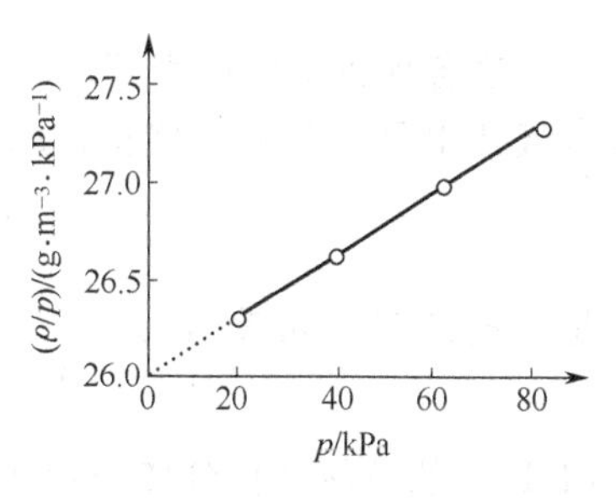

图 1-1　外推法求三甲胺摩尔质量

1.1.3.1　分压定律

设在一体积为 V 的容器中，充有温度为 T 的 k 个互不反应的理想气体，气体的总压力为 p，各组分的物质的量分别为 n_1、n_2、…、n_k，混合气体总的物质的量为

$$n = n_1 + n_2 + \cdots + n_k = \sum_{B=1}^{k} n_B$$

因为理想气体分子间不存在作用力，其单独存在和与其它气体混合存在没有区别，混合气体及其中的每一组分都应遵守理想气体状态方程，所以

$$p = \frac{nRT}{V} = \frac{n_1RT}{V} + \frac{n_2RT}{V} + \cdots + \frac{n_kRT}{V} \tag{1-10}$$

上式右边各项正是温度为 T 的组分 B 单独占据总体积 V 时所具有的压力，定义此压力为混合气体中 B 组分的分压，用 p_B 表示

$$p_B = \frac{n_BRT}{V} \quad (B=1,2,\cdots,k) \tag{1-11}$$

于是，式(1-10) 可改写为

$$p = p_1 + p_2 + \cdots + p_k = \sum_B p_B \tag{1-12}$$

式中，$\sum_B$ 表示对所有组分求和。式(1-11)、(1-12) 就是道尔顿分压定律，在温度与体积一定时，混合气体的总压力 p 等于各组分气体的分压力 p_B 之和。某组分的分压力等于该气体与混合气体温度相同并单独占有总体积 V 时所表现的压力。

将式(1-11)、式(1-10) 相除得

$$p_B = p\frac{n_B}{n}$$

式中，n_B/n 是组分 B 的物质的量与混合气体总的物质的量之比，称为组分 B 的物质的量分数或摩尔分数，用 x_B 表示，即

$$x_B = \frac{n_B}{n} \tag{1-13}$$

显然所有组分的摩尔分数之和应等于 1，即 $\sum_B x_B = 1$。

因此分压定律也可表示为：组分 B 的分压力等于总压 p 乘以组分 B 的摩尔分数 x_B，即

$$p_B = px_B \tag{1-14}$$

1.1.3.2 分体积定律

将式(1-10) 改写为

$$V=\frac{nRT}{p}=\frac{n_1RT}{p}+\frac{n_2RT}{p}+\cdots+\frac{n_kRT}{p} \tag{1-15}$$

上式右边各项正是温度为 T、压力为 p 的组分 B 单独存在时所占据的体积。定义此体积为混合气体中 B 组分的分体积，用 V_B 表示，则

$$V_B=\frac{n_BRT}{p}\quad(B=1,2,\cdots,k) \tag{1-16}$$

于是，式(1-15) 可改写为

$$V=V_1+V_2+\cdots+V_k=\sum_B V_B \tag{1-17}$$

式(1-17) 就是阿马格分体积定律。在温度与压力一定时，混合气体的总体积 V 等于各组分气体的分体积 V_B 之和。某组分的分体积等于该气体与混合气体温度、压力相同并单独存在时占有的体积。

将式(1-16)、式(1-15) 相除得

$$\frac{V_B}{V}=\frac{n_B}{n}=x_B \tag{1-18}$$

式中，V_B/V 是组分 B 的分体积与混合气体的总体积之比，称为体积分数 φ_B，即

$$\varphi_B=\frac{V_B}{V} \tag{1-19}$$

混合理想气体中某组分 B 的体积分数 φ_B 等于该组分的摩尔分数 x_B。

因此，分体积定律也可表示为组分 B 的分体积 V_B 等于总体积 V 乘以组分 B 的体积分数 φ_B 或摩尔分数 x_B

$$V_B=V\varphi_B=Vx_B \tag{1-20}$$

分压定律与分体积定律原则上只适用于理想气体混合物，但低压实际气体混合物也能较好地遵守这两个定律。实际气体混合物压力越高，计算偏差就越大。

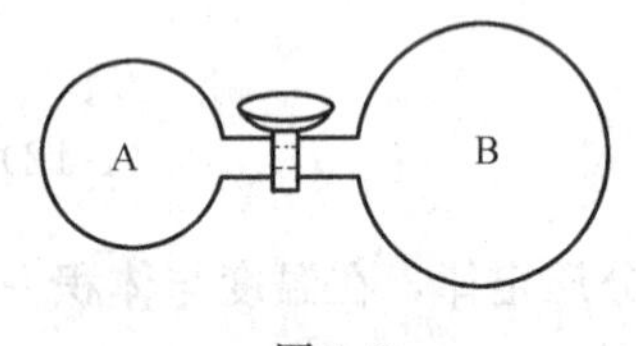

图 1-2

例 1-2 25℃时，装有 0.3kPa O_2 的体积为 1dm³ 的容器 A 与装有 0.06kPa N_2 的体积为 2dm³ 的容器 B 用旋塞联接(图 1-2)，气体均视为理想气体。打开旋塞待气体混合后，计算：(1) O_2 和 N_2 的物质的量；(2) O_2 和 N_2 的分压力；(3) 混合气体的总压力；(4) O_2 和 N_2 的分体积。

解： (1) 混合前后物质的量没有发生变化，即

$$n(O_2)=\frac{p_1V_1}{RT}=\frac{0.3\times10^3\,\text{Pa}\times1\times10^{-3}\,\text{m}^3}{8.3145\,\text{J}\cdot\text{mol}^{-1}\cdot\text{K}^{-1}\times298.15\,\text{K}}=1.2\times10^{-4}\,\text{mol}$$

$$n(N_2)=\frac{p_2V_2}{RT}=\frac{0.06\times10^3\,\text{Pa}\times2\times10^{-3}\,\text{m}^3}{8.3145\,\text{J}\cdot\text{mol}^{-1}\cdot\text{K}^{-1}\times298.15\,\text{K}}=4.8\times10^{-5}\,\text{mol}$$

(2) O_2 和 N_2 的分压力是它们分别占据总体积（3dm³）时的压力，即

$$p(O_2)=\frac{p_1V_1}{V}=\frac{0.3\times10^3\,\text{Pa}\times1\times10^{-3}\,\text{m}^3}{3\times10^{-3}\,\text{m}^3}=0.1\times10^3\,\text{Pa}=0.1\,\text{kPa}$$

$$p(N_2)=\frac{p_2V_2}{V}=\frac{0.06\times10^3\,\text{Pa}\times2\times10^{-3}\,\text{m}^3}{3\times10^{-3}\,\text{m}^3}=0.04\times10^3\,\text{Pa}=0.04\,\text{kPa}$$

(3) 混合气体的总压力

$$p=p(O_2)+p(N_2)=0.1\,\text{kPa}+0.04\,\text{kPa}=0.14\,\text{kPa}$$

(4) O_2 和 N_2 的分体积

$$V(O_2)=Vx(O_2)=V\frac{p(O_2)}{p}=3\text{dm}^3\times\frac{0.1\text{kPa}}{0.14\text{kPa}}=2.14\text{dm}^3$$

$$V(N_2)=Vx(N_2)=V\frac{p(N_2)}{p}=3\text{dm}^3\times\frac{0.04\text{kPa}}{0.14\text{kPa}}=0.86\text{dm}^3$$

例 1-3　空气主要由 N_2 和 O_2 组成，它们的体积分数分别为 79%和 21%，试求空气的平均摩尔质量。

解： 设空气的总质量为 m，总物质的量为 n，则平均摩尔质量 $\overline{M}$ 为

$$\overline{M}=\frac{m}{n}=\frac{n(N_2)M(N_2)+n(O_2)M(O_2)}{n(N_2)+n(O_2)}=x(N_2)M(N_2)+x(O_2)M(O_2)$$

气体的摩尔分数等于体积分数，所以

$$\overline{M}=(0.79\times28+0.21\times32)\text{g}\cdot\text{mol}^{-1}=28.84\text{g}\cdot\text{mol}^{-1}$$

1.1.4　气体分子运动论

从微观的角度讨论气体性质的理论是气体分子运动论。气体分子运动论的基本论点如下。

① 气体由不停顿地作无规则运动的分子所组成。分子本身的体积与气体所占有的体积相比可以忽略。

② 分子间的相互作用力很小，可以忽略。

③ 分子彼此间以及分子与器壁间的碰撞是完全弹性的。碰撞只改变分子运动的方向，而不改变分子运动的速度。分子与器壁间的碰撞产生压力。

④ 气体分子的平均平动动能与气体的热力学温度成正比。一摩尔气体分子的平均平动动能为

$$\overline{E}_K=\frac{3}{2}RT \tag{1-21}$$

按照气体分子运动论，压力是大量分子碰撞器壁所产生的作用于单位面积上的力，温度则是分子平均平动动能的量度，分子的热运动越剧烈，分子的平均平动动能就越大，温度就越高。所以，压力、温度都是大量分子行为的统计平均结果，对于个别分子来说，温度和压力是没有意义的。至于体积，则是气体分子自由运动的空间。

根据气体分子运动论，再利用统计的方法可以导出理想气体状态方程。

1.1.5　实际气体

实际气体只有在压力趋于零时才符合理想气体状态方程。研究发现，当压力较大时，实际气体与理想气体的差别非常显著，特别是在高压低温时，容易液化的气体与理想气体的差别尤为显著。

荷兰科学家范德华 (J. D. van der Waals) 研究了许多实际气体后，考虑到实际气体分子本身具有体积及分子间存在相互作用力，对理想气体状态方程进行了修正，提出适用于实际气体的状态方程，即著名的范德华方程：

$$\left(p+\frac{an^2}{V^2}\right)(V-nb)=nRT \tag{1-22}$$

或

$$\left(p+\frac{a}{V_m^2}\right)(V_m-b)=RT \tag{1-23}$$

式中，a 和 b 都是与物质有关的经验常数，但它们都有明确的物理意义。a 与分子间的吸引力大小有关，越容易液化的气体，气体分子间的引力越大，a 越大；b 与分子本身的体积有关，分子体积越大，b 越大。表 1-1 列出了一些气体的范德华常数，高压下实际气体按范德

华方程计算的结果要比用理想气体状态方程计算的结果准确得多。

表 1-1 一些气体的范德华常数

物质	$\frac{a}{Pa\cdot m^6\cdot mol^{-2}}$	$\frac{b\times10^3}{m^3\cdot mol^{-1}}$	物质	$\frac{a}{Pa\cdot m^6\cdot mol^{-2}}$	$\frac{b\times10^3}{m^3\cdot mol^{-1}}$
H_2	0.025	0.0266	N_2	0.137	0.0387
He	0.0035	0.0238	O_2	0.138	0.0319
CH_4	0.230	0.0431	Ar	0.136	0.0322
NH_3	0.422	0.0371	CO	0.147	0.0395
H_2O	0.554	0.0305	CO_2	0.366	0.0429

继范德华方程后，人们又提出了上百个实际气体的状态方程，其中有的是范德华方程的进一步修正，有些则是由大量实验数据拟合而得的经验方程。这些方程对较大压力时的实际气体计算都要比用理想气体状态方程的计算结果好。

例 1-4 40℃时，1.00mol CO_2 气体，存储于 1.20dm^3 的容器中，实验测得压力为 1.97MPa，试分别用理想气体状态方程和范德华方程计算 CO_2 气体的压力，并和实验值比较。

解： 用理想气体状态方程计算

$$p=\frac{nRT}{V}=\frac{1.00\text{mol}\times8.3145\text{J}\cdot\text{mol}^{-1}\cdot\text{K}^{-1}\times313.15\text{K}}{1.20\times10^{-3}\text{m}^3}=2.17\times10^6\text{Pa}=2.17\text{MPa}$$

计算值与实验值误差 $\frac{2.17\text{MPa}-1.97\text{MPa}}{1.97\text{MPa}}=10.2\%$

用范德华方程计算

由表 1-1 查出 CO_2 气体的 $a=0.366\text{Pa}\cdot\text{m}^6\cdot\text{mol}^{-2}$，$b=0.0429\times10^{-3}\text{m}^3\cdot\text{mol}^{-1}$，则

$$p=\frac{RT}{V_m-b}-\frac{a}{V_m^2}=\frac{8.3145\text{J}\cdot\text{mol}^{-1}\cdot\text{K}^{-1}\times313.15\text{K}}{1.20\times10^{-3}\text{m}^3\cdot\text{mol}^{-1}-0.0429\times10^{-3}\text{m}^3\cdot\text{mol}^{-1}}-\frac{0.366\text{Pa}\cdot\text{m}^6\cdot\text{mol}^{-2}}{(1.20\times10^{-3}\text{m}^3\cdot\text{mol}^{-1})^2}$$

$$=2.00\times10^6\text{Pa}=2.00\text{MPa}$$

计算值与实验值误差 $\frac{2.00\text{MPa}-1.97\text{MPa}}{1.97\text{MPa}}=1.5\%$

1.1.6 气体的液化

理想气体的分子间没有作用力，所以在任何温度和压力下，理想气体都不会变成液体。对实际气体降低温度和增加压力时，由于分子间距离缩小，分子间引力增加，气体会变成液体。各种气体分子间力大小不同，液化的难易程度也不同。如水汽在 101.3kPa 下，低于 100℃就可液化，氯气在室温时必须加压才能液化，而氧气则必须使其温度降低到−119℃以下并且加压至 5000kPa 才能液化。氦气最难液化，必须使其温度降低到−268℃以下才能液化。每种气体都有一个特定的温度，称做临界温度 T_c，在临界温度以上无论施加多大压力都不能使气体液化。

下面通过 CO_2 气体的等温压缩，说明气体的液化过程。图 1-3 是 CO_2 气体在不同温度下的等温压缩曲线图，由图可见：

① 温度较低时（如 270K），等温线分为三段。压力低于 3.2MPa 时（线段 hi），体积随压力的增加而减小，与理想气体的等温线相似。压力等于 3.2MPa 时（点 i），CO_2 开始液化。继续对 CO_2 进行压缩，体积沿水平线段 ik 变化（液体量越来越多，气体量越来越少），但压力却保持不变。在点 k 处（实际上应是刚刚越过 k 点），CO_2 气体消失，全部成为液体。以后继续加压，体积几乎不变，而压力却直线上升，表明了液体不易压缩。在线段 ik 上气

液两相平衡，所对应的压力就是该温度下液态 CO_2 的饱和蒸气压。

280K、290K、300K 的等温线与 270K 的等温线大致相同，只是温度愈高，水平线段愈短，相应的饱和蒸气压愈高。

② 当温度升到 304.21K 时，等温线的水平部分缩成一点 C，在此温度以上，无论加多大的压力，CO_2 均不能液化。304.21K 称为 CO_2 的临界温度 T_c。在临界温度时使气体液化所需要的最小压力称为临界压力 p_c。在临界温度、临界压力时的体积称为临界体积 V_c，对于 1 摩尔的气体，则称为临界摩尔体积 $V_{m,c}$。图中 C 点称做临界点，CO_2 的 $T_c=304.21K$，$p_c=7.83MPa$，$V_{m,c}=0.0094dm^3$。

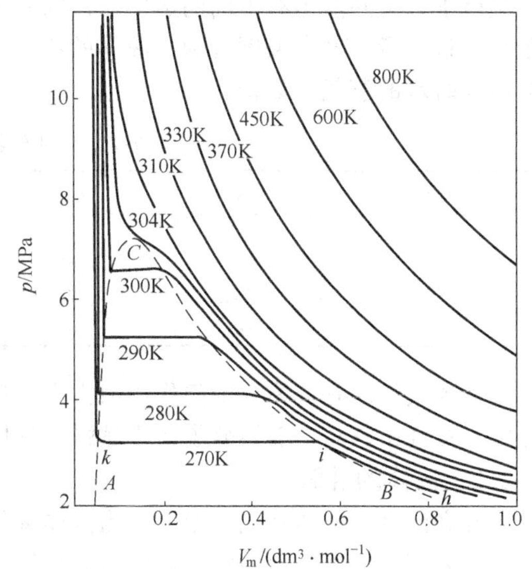

图 1-3　CO_2 的等温线曲线

③ 高于临界温度时，只能有气态存在，CO_2 的 p-V 曲线基本上是双曲线，和理想气体的 p-V 曲线基本相同，即恒温下气体的压力与其体积成反比。由图 1-3 可看出，在高温或低压下，实际气体接近于理想气体行为。

④ 在临界温度以下的帽形区 ACB 是气-液共存区。

在临界温度以下，液化过程经过液气两相共存的阶段。此时气相与液相的性质有明显的差别（例如密度不同，液相有表面张力而气相没有等）。随着温度的上升，这些差异逐渐减少。接近临界温度时，气、液界面逐渐模糊，到达临界温度时，气、液界面完全消失。

其它实际气体的等温线也与此相似。

1.2　液体

1.2.1　液体的蒸气压

液体在一定的条件下可以变成气体。液体的气化有两种方式：蒸发和沸腾。这两种现象有区别也有联系。下面首先讨论蒸发。

一杯水敞口放置一段时间，杯中的水会减少。洗过的衣服经晾置会变干等。这些常见的物理现象都是液体的蒸发。

液体是由大量分子组成的，分子在不停地运动着，当分子运动速度足够大时，分子就可以克服分子间的引力，逸出液面而气化。这种在液体表面发生的气化现象叫蒸发，在液面上的气态分子叫蒸气。

液体的蒸发是吸热过程，液体可以不断地从周围环境吸收热量，不断地蒸发，直到在敞口容器中的液体全部蒸发完为止。若将液体装在密闭的容器中，情况就不一样了，在恒定温度下，液体蒸发出一部分分子成为蒸气，但处于密闭容器中的蒸气分子在相互碰撞过程中又有重新回到液面的可能，这个过程称凝结。当蒸发速度与凝结速度相等时，系统达到平衡：

$$液体 \underset{凝结}{\overset{蒸发}{\rightleftharpoons}} 蒸气$$

这种平衡称为气液二相平衡。在一定温度下液体与其蒸气处于动态平衡时的这种气体称为饱和蒸气，它的压力称饱和蒸气压，简称蒸气压。

蒸气压是液体的特征之一，它与液体量的多少无关，与液体上方的蒸气体积也无关。同一温度下，不同液体有不同的蒸气压；同一种液体，温度不同时蒸气压也不同。因为蒸发是吸热过程，所以升高温度有利于液体的蒸发，即蒸气压随温度的升高而变大。表1-2列出不同温度时水的蒸气压数据。

表1-2 不同温度时水的蒸气压数据

t/℃	p/kPa	t/℃	p/kPa	t/℃	p/kPa
10	1.228	50	12.34	90	70.117
20	2.338	60	19.93	100	101.325
30	4.246	70	31.176	120	198.48
40	7.381	80	47.373	150	475.72

液体蒸气压是液体分子间作用力大小的反映。一般来说，液体分子间力越弱，液体越易蒸发，蒸气压越高；液体分子间力越强，液体越不易蒸发，蒸气压就越低。

1.2.2 液体的沸腾

升高温度，液体蒸气压增大。当液体蒸气压与外界压力相等时就会在整个液体中（包括内部和表面）发生激烈的气化，此时称液体发生沸腾。液体的沸腾温度与外界压力有关，外压增大，沸腾温度升高，外压减小，沸腾温度降低。当外压等于101.325kPa时液体的沸腾温度称作液体的正常沸点，简称沸点。表1-3为不同外压时水的沸腾温度。

表1-3 不同外压时水的沸腾温度 t_b

p/kPa	47.373	70.117	101.325	198.48	475.72
t_b/℃	80	90	100	120	150

利用液体的沸腾温度随外压变化的特性，可以通过减压或在真空下使液体沸腾的方法来分离和提纯那些沸点很高的物质或在沸腾温度下可能分解的物质。

有时把液体加热到沸点时，并不沸腾，只有继续加热到温度超过沸点后才沸腾，这种现象称过热，此时的液体称过热液体。过热现象对生产和实验是不利的，因为过热液体一旦沸腾便非常激烈（称之为暴沸现象），导致液体大量溅出，造成事故。在加热过程中不断搅拌或加入素瓷片、沸石等多孔性物质可以避免暴沸现象的发生。

1.2.3 液晶

晶体具有一定的熔点，温度低于熔点，物质呈固态，此时具有各向异性的物理性质；温度高于熔点时，物质呈液态，具有流动性及各向同性。但有些固态的有机化合物加热后，并不直接熔化为液态，而是在一定的温度范围内处于一种中间状态，一方面具有液体的流动性和连续性，另一方面它又像晶体一样，具有各向异性。这种具有晶体性质（各向异性）的液体称为液晶。例如，胆甾醇苯甲酸酯（$C_6H_5CO_2C_{27}H_{45}$）在146℃时开始熔化，179℃时才变为液体，在146～179℃之间形成不透明的液晶，此时物质的光学、电学性质是各向异性的。

根据液晶的形成条件，液晶可分成两大类：热致液晶和溶致液晶。

热致液晶是由温度引起的，并且液晶相只能在一定的温度范围内存在，一般是单一组分。胆甾醇苯甲酸酯在146～179℃之间形成的液晶就是热致液晶。

溶致液晶是由符合一定结构要求的化合物与溶剂组成的液晶体系，它由两种或两种以上的化合物组成，一种是水（或其它极性溶剂），另一种是分子中包含极性的亲水基团和非极性的亲油基团（疏水基团），即所谓的双亲分子。例如，肥皂浓溶液、合成表面活性剂的浓溶液中都发现有溶致液晶。

在 1887 年就发现了液晶，但直至 20 世纪 70 年代才对它的性质有较深入的了解。液晶对光、电、磁及热都极为敏感，只要极低的能量，就可以引起液晶分子排列顺序的变化，从而产生光—电、电—光、热—光等一系列物理效应，利用这些效应就能设计出各种显示器，如计算机、电子仪表、照相机、彩色电视机等。

近年来人们还发现生命过程（新陈代谢、发育）、人体组织、疾病、衰老过程及生物膜的功能和结构都与溶致液晶有密切关系。

1.3 溶液

一种物质以分子或离子的状态均匀地分布在另一种物质中形成均匀的分散系统，称为溶液[1]。

为方便起见，通常将溶液中的组分区分为溶剂和溶质。当气体或固体物质溶解于液体中形成溶液时，将液体称为溶剂，把溶解的气体或固体称为溶质。例如，糖溶于水，糖是溶质，水是溶剂。当液体溶解于液体中时，通常将量少的物质称为溶质，量多的物质称为溶剂。例如在 100cm^3 水中加入 10cm^3 乙醇形成溶液，乙醇是溶质，水是溶剂。若在 100cm^3 乙醇中加入 10cm^3 水形成溶液，乙醇则是溶剂，水是溶质。

不同的物质在形成溶液时往往有热量和体积的变化，有时还有颜色的变化。例如，浓硫酸溶于水放出大量的热，而硝酸铵溶于水则吸收热量。12.67cm^3 的乙醇溶于 90.36cm^3 体积的水中时，溶液的体积不是 103.03cm^3，而是 101.84cm^3。无水硫酸铜是无色的，但它的水溶液却是蓝色的。这些都表明溶解过程即不是单纯的物理变化，也不是单纯的化学变化，而是复杂的物理化学变化。

根据溶质的种类，溶液分为电解质溶液和非电解质溶液两种。所谓电解质是指在溶解或熔融状态时可以导电的物质，酸、碱、盐等离子化合物都是电解质。例如 NaCl 溶于水形成不饱和溶液时，溶液中没有 NaCl 分子，只有 Na^+ 和 Cl^-，它们在电场的作用下定向移动，因此 NaCl 溶液可以导电，NaCl 溶液是电解质溶液。共价化合物（如乙醚、丙酮）一般都是非电解质，它们在溶液中仍然以分子形式存在，非电解质溶液不能导电。

1.3.1 溶液浓度表示法

溶液的性质在很大程度上取决于溶液的组成（溶质与溶剂的相对含量），溶液的组成通常也称之为浓度。表示溶液浓度的方法主要有以下几种。

（1）物质 B 的物质的量分数（物质 B 的摩尔分数，x_B）

摩尔分数 x_B 是一个量纲为 1 的纯数，它的意义是：物质 B 的物质的量与溶液的物质的量之比，可用下式表示

$$x_B = \frac{n_B}{\sum_B n_B} \tag{1-24}$$

式中，n_B 是物质 B 的物质的量，$\sum_B n_B$ 是溶液中各组分的物质的量之总和。若某一溶液由 A 和 B 两种物质组成，其中物质 A 和 B 的量分别为 n_A 和 n_B，则物质 A 和 B 的物质的量分数分别为

$$x_A = \frac{n_A}{n_A + n_B},\ x_B = \frac{n_B}{n_A + n_B}$$

显然，$x_A + x_B = 1$，写成一般通式为 $\sum_B x_B = 1$，即溶液中各组分的物质的量分数之和恒等

[1] 我国国家标准 GB 3102.8—93 中将溶液称为液体混合物，本书仍按惯例称之为溶液。

于1。

(2) 物质B的质量分数(w_B)

物质B的质量分数w_B也是一个量纲为1的纯数,它的意义是:物质B的质量与溶液的质量之比

$$w_B = \frac{m_B}{\sum_B m_B} \tag{1-25}$$

式中,m_B是物质B的质量,$\sum_B m_B$是溶液中各组分的质量之总和。显然溶液中各组分的质量分数之和也恒等于1,即$\sum_B w_B = 1$。

(3) 物质B的质量摩尔浓度(b_B或m_B)

质量摩尔浓度的意义是:溶液中物质B的物质的量除以溶剂A的质量

$$b_B = \frac{n_B}{m_A} \tag{1-26}$$

式中,n_B是物质B的物质的量,m_A是溶剂的质量。b_B的单位是$mol \cdot kg^{-1}$。用质量摩尔浓度表示溶液的组成,其优点是可用准确称量的方法来配制一定组成的溶液,且其浓度不随温度而改变。

(4) 物质B的物质的量浓度(物质B的浓度,c_B)

物质B的浓度的意义是:物质B的物质的量除以溶液的体积

$$c_B = \frac{n_B}{V} \tag{1-27}$$

式中,n_B是物质B的物质的量,V是溶液的体积。c_B的SI单位是$mol \cdot m^{-3}$,但实验室中常用$mol \cdot dm^{-3}$(即过去的$mol \cdot L^{-1}$)。由于溶液的体积与温度有关,所以物质B的浓度值与温度有关。

(5) 物质B的质量浓度(ρ_B)

物质B的质量浓度的意义是:物质B的质量除以溶液的体积

$$\rho_B = \frac{m_B}{V} \tag{1-28}$$

式中,m_B是物质B的质量,V是溶液的体积。ρ_B的SI单位是$kg \cdot m^{-3}$,实验室中常用$g \cdot dm^{-3}$(即过去的$g \cdot L^{-1}$)。物质B的质量浓度值ρ_B也与温度有关。

例1-5 将2.50g NaCl溶于497.5g水,若此溶液的密度为$1.002g \cdot cm^{-3}$,求该溶液的质量摩尔浓度、物质的量浓度、物质的量分数及质量分数。

解:NaCl的摩尔质量为$M(NaCl) = 58.44g \cdot mol^{-1}$,$H_2O$的摩尔质量为$M(H_2O) = 18.02g \cdot mol^{-1}$。

$$n(NaCl) = \frac{m(NaCl)}{M(NaCl)} = \frac{2.50g}{58.44g \cdot mol^{-1}} = 0.0428mol$$

$$n(H_2O) = \frac{m(H_2O)}{M(H_2O)} = \frac{497.5g}{18.02g \cdot mol^{-1}} = 27.61mol$$

溶液体积 $$V = \frac{m}{\rho} = \frac{(497.5+2.50)g}{1.002g \cdot cm^3} = 499cm^3 = 0.499dm^3$$

溶液的质量摩尔浓度 $$b(NaCl) = \frac{n(NaCl)}{m(H_2O)} = \frac{0.0428mol}{497.5 \times 10^{-3}kg} = 0.0860mol \cdot kg^{-1}$$

物质的量浓度 $$c(NaCl) = \frac{n(NaCl)}{V} = \frac{0.0428mol}{0.499dm^3} = 0.0858mol \cdot dm^{-3}$$

物质的量分数　$x(\mathrm{NaCl})=\dfrac{n(\mathrm{NaCl})}{n(\mathrm{NaCl})+n(\mathrm{H_2O})}=\dfrac{0.0428\mathrm{mol}}{0.0428\mathrm{mol}+27.61\mathrm{mol}}=1.55\times10^{-3}$

质量分数　$w(\mathrm{NaCl})=\dfrac{m(\mathrm{NaCl})}{m(\mathrm{NaCl})+m(\mathrm{H_2O})}=\dfrac{2.50\mathrm{g}}{2.50\mathrm{g}+497.5\mathrm{g}}=0.005$

1.3.2 拉乌尔定律与亨利定律

1887 年，法国化学家拉乌尔（F. M. Raoult）从实验中发现，在溶剂中加入难挥发性的非电解质溶质后，溶剂的蒸气压会降低，由此总结出著名的拉乌尔定律：在一定温度下，稀溶液中溶剂的蒸气压等于纯溶剂的蒸气压乘以溶剂的摩尔分数，即

$$p_{\mathrm{A}}=p_{\mathrm{A}}^{*}x_{\mathrm{A}} \tag{1-29}$$

式中，p_{A}^{*} 代表纯溶剂 A 的蒸气压，x_{A} 代表溶液中溶剂 A 的摩尔分数。设溶质 B 的摩尔分数为 x_{B}，因为 $x_{\mathrm{A}}=1-x_{\mathrm{B}}$，所以，式(1-29) 可改写为

$$\frac{p_{\mathrm{A}}^{*}-p_{\mathrm{A}}}{p_{\mathrm{A}}^{*}}=x_{\mathrm{B}} \tag{1-30}$$

即溶剂蒸气压的降低值与纯溶剂的蒸气压之比等于溶质的摩尔分数。

拉乌尔定律是根据稀溶液的实验结果总结出来的，对于大多数溶液来说，只有浓度很低时才适用。因为溶液很稀时，溶质分子数相对很少，溶剂分子的周围几乎都是溶剂分子，其环境与它在纯态时几乎相同，溶剂分子逸出溶液的能力与纯态时也几乎相同。只是由于溶质分子的存在，使单位体积内的溶剂分子有所减少，所以溶剂的蒸气压就按比例地减小。当溶液浓度变大时，溶剂分子的环境与它在纯态时就有显著差别，因此溶剂的蒸气压不仅与溶液的浓度有关，而且也与溶质的性质有关。至于浓度多小才能符合拉乌尔定律，要根据溶剂、溶质的性质来确定。例如由苯、甲苯这些性质相似的物质构成的溶液，由于同类分子间相互作用力与异类分子间相互作用力相似，故在所有浓度范围内都能较好地符合拉乌尔定律。而丙酮、二硫化碳所构成的溶液，当 $x(\mathrm{CS_2})=0.01$ 时，就对拉乌尔定律产生明显偏差。

拉乌尔定律是溶液的基本定律之一，溶液的其它性质如沸点上升、凝固点下降、渗透压等都可以用拉乌尔定律解释。

1803 年英国化学家亨利（W. Henry）从实验中发现，在一定温度下，气体在液体里的溶解度与该气体的平衡分压成正比，此规律称为亨利定律。后来发现对挥发性的溶质也适用，因此亨利定律可表述为：在一定温度下，稀溶液中挥发性溶质的平衡分压与它在溶液中的浓度成正比，即

$$p_{\mathrm{B}}=k_{x}x_{\mathrm{B}} \tag{1-31}$$

式中，x_{B} 为挥发性溶质的摩尔分数；p_{B} 为平衡时液面上溶质的平衡分压力；k_x 是比例常数，称亨利常数，其数值取决于温度、压力及溶质和溶剂的性质，不过压力对它的影响较小，通常可以忽略压力对 k_x 的影响。

亨利定律还可表示成

$$p_{\mathrm{B}}=k_{c}c_{\mathrm{B}} \tag{1-32}$$

$$p_{\mathrm{B}}=k_{b}b_{\mathrm{B}} \tag{1-33}$$

式中，c_{B}、b_{B} 分别为挥发性溶质的摩尔浓度和质量摩尔浓度，k_c、k_b 也称为亨利常数，三种亨利常数 k_x、k_c、k_b 不仅数值不同，单位也不同。

应用亨利定律时，要注意溶质在气液两相中的分子状态必须相同。例如 HCl 溶于水中，由于 HCl 在水中以 $\mathrm{H^+}$ 和 $\mathrm{Cl^-}$ 的形式存在，而在气相中以 HCl 分子形式存在，所以不能应用亨利定律。

亨利定律在化工生产中得到广泛应用，利用溶剂对混合气体中各种气体的溶解度差异进

行吸收分离，把溶解度大的气体吸收下来，达到分离的目的。同一气体在不同溶剂中，其亨利常数不同。若在相同压力下进行比较，k 值越小则溶解度越大，所以亨利常数可做为选择吸收溶剂的依据。

例 1-6 在 0℃、101.325kPa 下，1kg 水至多可溶解 0.0488dm³ 的氧气，试计算暴露于空气的 1kg 水中含氧气的最大体积（已知空气中氧的摩尔分数为 0.21）。

解： 1kg 水溶解氧气的物质的量

$$n(O_2)=\frac{pV}{RT}=\frac{101.325\times10^3\,Pa\times0.0488\times10^{-3}\,m^3}{8.3145J\cdot mol^{-1}\cdot K^{-1}\times273.15K}=2.177\times10^{-3}\,mol$$

1kg 水物质的量 $n(H_2O)=\dfrac{m(H_2O)}{M(H_2O)}=\dfrac{1kg}{0.0182kg\cdot mol^{-1}}=54.95mol$

1kg 水溶解氧气的摩尔分数

$$x(O_2)=\frac{n(O_2)}{n(H_2O)+n(O_2)}\approx\frac{n(O_2)}{n(H_2O)}=\frac{2.177\times10^{-3}\,mol}{54.95mol}=3.96\times10^{-5}$$

由亨利定律 $p_B=k_x x_B$ 求出亨利常数

$$k_x=\frac{p(O_2)}{x(O_2)}=\frac{101.325kPa}{3.96\times10^{-5}}=2.56\times10^6\,kPa$$

空气中氧的分压为 $p(O_2)=px(O_2)=101.325kPa\times0.21=21.273kPa$

1kg 水溶解氧气最大浓度为 $x(O_2)=\dfrac{p(O_2)}{k_x}=\dfrac{21.273kPa}{2.56\times10^6\,kPa}=8.31\times10^{-6}$

$$n(O_2)\approx x(O_2)\times n(H_2O)=8.31\times10^{-6}\times54.95mol=4.57\times10^{-4}\,mol$$

1kg 水中溶解氧气的最大体积

$$V(O_2)=\frac{n(O_2)RT}{p}=\frac{4.57\times10^{-4}\,mol\times8.3145J\cdot mol^{-1}\cdot K^{-1}\times273.15K}{101.325\times10^3\,Pa}$$

$$=1.024\times10^{-5}\,m^3=0.01dm^3$$

此题另一解法为：将气体都视为理想气体，则溶解气体的物质的量正比于其体积，所以，在一定温度下，亨利定律可以表示为：$p(O_2)\propto V(O_2)$。

在 101.325kPa 下，1kg 水溶解 0.0488dm³ 的氧气。在 0.21×101.325kPa 下，1kg 水溶解氧气的体积设为 V。则

$$V=\frac{0.21\times101.325\times10^3\,Pa}{101.325\times10^3\,Pa}\times0.0488dm^3=0.01dm^3$$

1.3.3 非电解质稀溶液的依数性

非电解质稀溶液有四个重要的性质：蒸气压降低、沸点上升、凝固点下降和渗透压。这四个性质，只决定于溶液中溶质粒子的数目，与溶质的本性无关，故称为非电解质稀溶液的依数性。

1.3.3.1 蒸气压降低

当溶质为不挥发性物质时，溶液的蒸气压就等于溶液上面溶剂的蒸气压，由拉乌尔定律（式 1-30）可以得出

$$p_A^*-p_A=p_A^*x_B$$

令 $\Delta p=p_A^*-p_A$ 表示溶液的蒸气压降低，则

$$\Delta p=p_A^*x_B \tag{1-34}$$

上式表示，一定温度下，溶液蒸气压的下降值 Δp 与溶液中溶质的摩尔分数成正比。

1.3.3.2 沸点升高

沸点是溶液的蒸气压等于外压时的温度。若在溶剂中加入不挥发性物质，溶液的蒸气压

（即溶液中溶剂的蒸气压）就要降低，因此只有加热到更高温度时，溶液才能沸腾，所以溶液的沸点总是比纯溶剂的沸点高。一般而言，稀溶液的浓度越大，溶液沸点升高得越多，可用图 1-4 说明这种关系。图中 AA' 和 BB' 分别是纯溶剂和溶液的饱和蒸气压曲线。图中画出压力为外压的等压线，该线与上述两条曲线相交于点 A' 和 B'，交点对应的温度就是各液体的沸点。不难看出，溶液的沸点高于纯溶剂的沸点。实验和理论都证明稀溶液的浓度越大，沸点上升也越多。稀溶液的沸点升高与溶液的浓度成正比，即

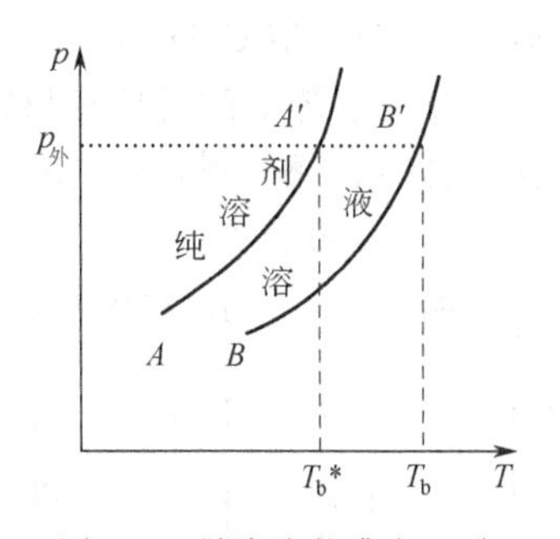

图 1-4　稀溶液的沸点上升

$$\Delta T_b = T_b - T_b^* = k_b b_B \qquad (1\text{-}35)$$

式中，T_b、T_b^* 分别为稀溶液和纯溶剂的沸点；ΔT_b 为沸点的升高值；k_b 为沸点升高常数，仅与溶剂性质有关；b_B 为溶液的质量摩尔浓度。表 1-4 列出了一些溶剂的沸点升高常数。

表 1-4　一些溶剂的沸点升高常数

溶　剂	水	醋酸	苯	四氯化碳	萘
沸点/℃	100	117.9	80.10	76.75	217.96
K_b/(K·kg·mol^{-1})	0.513	3.22	2.64	5.26	5.94

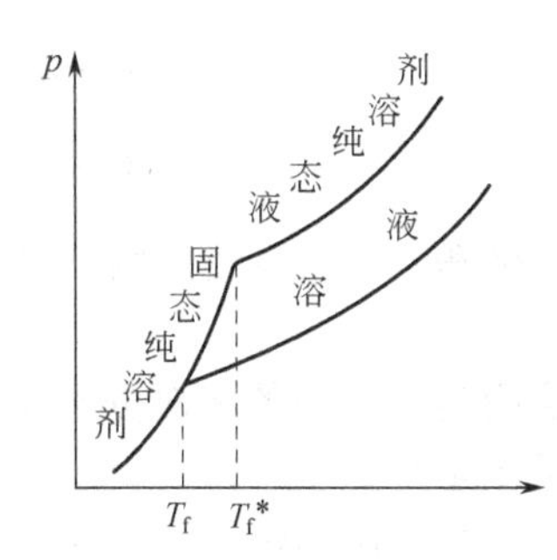

图 1-5　稀溶液的凝固点降低

1.3.3.3　凝固点降低

当溶剂不与溶质生成固溶体（固态溶液）时，固态纯溶剂与液态溶液平衡时的温度就是溶液的凝固点，此时固态纯溶剂的蒸气压与溶液的蒸气压相等。由于溶液的蒸气压低于液态纯溶剂的蒸气压，因此固态纯溶剂与液态溶液平衡时的温度将低于固态纯溶剂与液态纯溶剂的平衡温度，如图 1-5 所示，溶液的凝固点总是比纯溶剂的凝固点低。

实验和理论都已证明稀溶液的浓度越大，凝固点降低也越多。稀溶液的凝固点降低与溶液的浓度成正比，即

$$\Delta T_f = T_f^* - T_f = k_f b_B \qquad (1\text{-}36)$$

式中，T_f^*、T_f 分别为纯溶剂和溶液的凝固点；ΔT_f 为凝固点的降低值；k_f 为凝固点降低常数，仅与溶剂的性质有关，与溶质的种类无关；b_B 为溶液的质量摩尔浓度。表 1-5 列出了一些溶剂的凝固点降低常数。

表 1-5　一些溶剂的凝固点降低常数

溶　剂	水	醋酸	苯	四氯化碳	萘
凝固点/℃	0	16.66	5.53	−22.95	80.29
K_f/(K·kg·mol^{-1})	1.86	3.90	5.12	29.8	6.94

例 1-7　将 2.76g 甘油（丙三醇 $C_3H_8O_3$）溶于 200g 水中，测得凝固点为 −0.279℃，求甘油的摩尔质量。

解：根据式(1-35)，溶液的质量摩尔浓度为

$$b_B = \frac{\Delta T_f}{k_f} = \frac{0℃ - (-0.279℃)}{1.86\mathrm{K \cdot kg \cdot mol^{-1}}} = 0.150\mathrm{mol \cdot kg^{-1}}$$

200g 水中含甘油　$n = 0.150\mathrm{mol \cdot kg^{-1}} \times 0.2\mathrm{kg} = 0.030\mathrm{mol}$

所以，甘油的摩尔质量　$M = 2.76\mathrm{g}/0.030\mathrm{mol} = 92.0\mathrm{g \cdot mol^{-1}}$

与甘油(丙三醇 $C_3H_8O_3$)摩尔质量的理论值 $92.09g\cdot mol^{-1}$ 比较,非常吻合。

凝固点降低的现象在日常生活中也是很有用的,例如冬季在汽车水箱的用水中,加入醇类物质(如乙二醇、甲醇)可使其凝固点降低而防止水结冰。

1.3.3.4　**渗透压**

如图 1-6 所示,在容器的左边放入纯水,右边放入蔗糖溶液,中间用一半透膜隔开。半透膜是只允许溶剂分子通过而不允许溶质分子通过的一种薄膜。动物膀胱、植物细胞膜以及人工制造的羊皮纸、火棉胶、硝化纤维膜和醋酸纤维膜等都具有半透膜的性质。开始时,两边的液面高度相等,经过一段时间后,左边纯水的液面会下降,而右边蔗糖溶液的液面会上升[图 1-6(a)]。这种溶剂分子通过半透膜的扩散现象称为渗透,渗透作用达到平衡时,半透膜两边的静压力之差称为渗透压。如果对蔗糖溶液施加一定的压力,可阻止渗透进行[图1-6(b)],因此渗透压就是阻止渗透作用所施加于溶液的最小外压。如果半透膜的一边不是纯水,而是浓度较稀的蔗糖溶液,渗透作用也会发生。

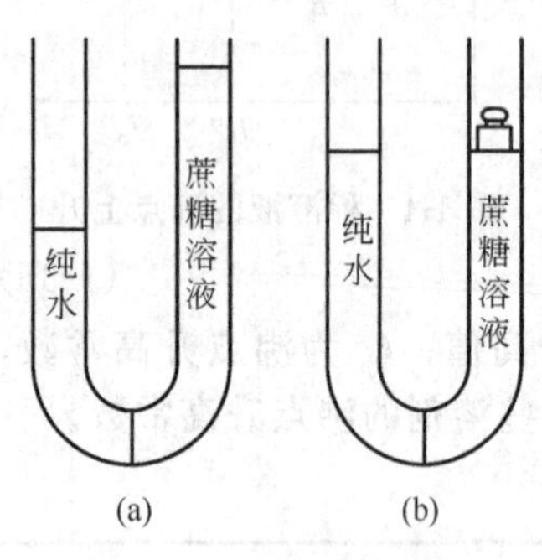

图 1-6　渗透和渗透压示意图

1866 年,范特霍夫(J. H. Van't Hoff)根据实验,提出形式与理想气体状态方程相似的稀溶液渗透压公式

$$\pi V = nRT \tag{1-37}$$

或

$$\pi = \frac{n}{V}RT = cRT \tag{1-38}$$

式中,π 表示溶液的渗透压;n 表示溶质的物质的量;V 是溶液的体积;c 是溶液的物质的量浓度。

渗透压是溶液依数性中最灵敏的一个性质,因此常用渗透压法确定大分子的相对分子质量(对于小分子,因无合适的半透膜,无法用渗透压法测相对分子质量)。

渗透现象对生命有重大意义。例如,人的血液有一定的渗透压,当静脉输液时,如果输入溶液的渗透压大于血液的渗透压,则血球中的水分将流出;如果输入溶液的渗透压小于血液的渗透压,则输液中的水分将进入血球。两种情况下,血球都会遭到破坏,因此要求输液的渗透压与血液的渗透压相等,通常用5%的葡萄糖溶液,或0.9%的氯化钠水溶液(生理盐水)。

当施加的压力大于渗透压时,则水分子将由溶液向纯水中渗透,这个过程称反渗透,工业上可利用反渗透技术进行水的净化、海水淡化和各种废水处理。

1.4　等离子态

随着温度的升高,物质的状态可由固态变为液态,进而变为气态。继续升高温度,气态分子热运动加剧,当温度足够高时,原子会彼此分离,分子分裂成原子的过程称解离。若进一步升高温度,原子的外层电子便会摆脱原子核的束缚成为自由电子。失去电子的原子成为带电的离子,这个过程称为电离。当电离产生的带电粒子数量很多时,电离的气体行为将主要取决于离子和电子间的库仑作用力而与普通气体不同。这是物质的第四种聚集状态,称等离子态。除了加热可形成等离子体外,还可通过光激发、放电激发等方式产生等离子体。

等离子态是物质的一种存在形式,太阳就是一个灼热的等离子体。在我们的周围也有许多人工发生的等离子体,如霓虹灯管中的辉光放电,管内气体形成等离子体。

等离子体的基本特性如下。

① 电中性　虽然等离子体内部有很多带电粒子，但不论气体是部分电离还是完全电离，负电荷的总数总是等于正电荷的总数，这也是称为等离子体的一个原因。

② 导电性　由于等离子体中存在自由电子和带正电荷的离子，所以等离子体有很好的导电性。

③ 受电磁场影响性　由于等离子体是由带电粒子组成的导电体，所以等离子体的运动明显地受电磁场的影响和约束，可用电磁场控制它的位置、形状和运动。

④ 活泼的化学性质　等离子体中包含了大量的具有高反应活性的电子、离子、激发态原子、分子及自由基，所以易于参与化学反应。

等离子体的宏观温度主要取决于等离子体中离子与中性粒子的温度。如日光灯管点亮后，管内气体放电形成的等离子体中的电子温度可达 10^4K 以上，而正离子的温度却与室温差不多，用手触摸并不感到发热。

离子温度低于电子温度的等离子体温度称低温等离子体。离子温度与电子温度几乎相等的等离子体称高温等离子体，高温等离子体温度可达 $5\times10^3\sim2\times10^4$K。

等离子体在工业上的应用具有十分广阔的前景。高温等离子体的重要应用是受控核聚变。低温等离子体在焊接、喷涂及制造各种新型电光源方面都有重要应用。

低温等离子体对化学反应也具有重要意义，一方面，电子具有足够高的能量使反应物活化易于发生化学反应，另一方面又使反应系统保持低温，从而节约能源。例如，合成金刚石的传统方法是在温度为 1077K、压力为 6×10^6kPa 并有金属催化剂存在的条件下，利用石墨作为原料，来进行 C(石墨)⟶C(金刚石) 的转变。近年来，人们利用微波电场作用产生等离子体，低压合成金刚石薄膜取得突破性进展。反应系统是 CH_4 和 H_2 的混合气体，反应气体在微波电场的作用下产生等离子体，发生甲烷热分解反应。反应过程大致如下：

$$H_2 \longrightarrow 2H\cdot$$

$$H\cdot + CH_4 \longrightarrow \cdot CH_3 + H_2$$

$$\cdot CH_3 \longrightarrow C(\text{金刚石}) + 3H\cdot$$

H_2促进了甲烷热分解反应并有效地抑制了石墨碳和其它高分子碳氢化合物的形成。反应温度仅为 800～900℃，压力为 $3\times10^4\sim3\times10^4$kPa。用此法可得到纯度很高的金刚石薄膜。

在痕量元素的分析中，等离子体也有重要应用。等离子体光谱就是利用大功率激光引发等离子体，从而激发原子和离子的特征谱线，来进行多元素的定性和定量分析。受激发元素的原子和离子的特征谱线可由光谱仪来进行多元素的同时检测。

思考题

1. 物质的气、液、固三种状态各具有哪些特性？

2. 什么是理想气体？理想气体能否通过压缩变成液体？

3. 范德华方程对理想气体做了哪二项校正？

4. 什么叫沸点？什么叫液体的饱和蒸气压？温度对液体饱和蒸气压有什么影响？外压对液体沸点有什么影响？

5. 溶液浓度的常用表示方法有哪几种？如果工作环境温度变化较大，应采用哪一种浓度表示方法为好？

6. 两只烧杯中各盛有 1kg 水，向 A 杯中加入 0.01mol 蔗糖，向 B 杯中加入 0.01mol NaCl，待两种溶质完全溶解后，两只烧杯按同样速度降温，哪一个烧杯先结冰？

7. 为什么人体输液时要用一定浓度的生理盐水或葡萄糖溶液？

8. 在两只烧杯中分别装入等体积的纯水和饱和的糖水，将这两只烧杯放在一个钟罩内，放置一段时间后，会发生什么现象？

9. 什么是等离子体？等离子体的特点是什么？

10. 等离子体中电子的温度与离子温度是否相等？什么是低温等离子体？什么是高温等离子体？

习　题

1. 选择题

(1) 对于实际气体，处于下列哪种情况时，其行为与理想气体相近（　　）。

A. 高温高压　B. 高温低压　C. 低温高压　D. 低温低压

(2) A、B两种气体在体积为V的容器中混合，在温度T时测得压力为p，设V_A、V_B分别为两气体的分体积，p_A、p_B为分压力。下列关系不能成立的是（　　）。

A. $p_AV=n_ART$　　B. $pV_A=n_ART$

C. $p_AV_A=n_ART$　　D. $p_A(V_A+V_B)=n_ART$

(3) 常压下将1dm^3气体的温度从0℃升至273℃，其体积将变为（　　）。

A. 0.5dm^3　B. 1dm^3　C. 1.5dm^3　D. 2dm^3

(4) 25℃、101.3kPa时，下面几种气体组成的混合气体中分压最大的是（　　）。

A. 0.1g H_2　B. 1.0g He　C. 5.0g N_2　D. 10g CO_2

(5) NH_3的临界温度是405.6K，欲使NH_3液化，则应采取的方法是（　　）。

A. 恒温恒压　B. 恒温降压　C. 恒压升温　D. 恒压降温

(6) 处于室温一密闭容器内有水及与水相平衡的水蒸气，现充入不溶于水也不与水反应的气体，则水蒸气的压力会（　　）。

A. 增加　B. 减少　C. 不变　D. 不能确定

(7) 土壤中盐分过高时植物难以生存的原因是与下列哪个稀溶液的性质有关（　　）。

A. 蒸气压下降　B. 沸点升高　C. 冰点下降　D. 渗透压

(8) 298K时G和H两种气体在某一溶剂中溶解的亨利系数为k_G和k_H，且$k_G>k_H$，当气体G和H的压力相同时，在该溶剂中溶解的量是（　　）。

A. G的量大于H的量　B. G的量小于H的量　C. G的量等于H的量

(9) 要使CO_2气体在水中溶解度大，应选择的条件是（　　）。

A. 高温高压　B. 高温低压　C. 低温高压　D. 低温低压

(10) 两只烧杯各有1kg水，向一号杯中溶入0.01mol蔗糖，向二号杯中溶入0.01mol NaCl，两只烧杯按同样速度冷却降温，则（　　）。

A. 一号杯先结冰　B. 二号杯先结冰　C. 两杯同时结冰

2. 计算273.15K、100kPa时甲烷气体（视作理想气体）的密度。

3. 0℃时一氯甲烷（CH_3Cl）气体的密度ρ随压力的变化如下表，用外推法求一氯甲烷气体的相对分子质量。

p/kPa	101.325	67.550	50.663	33.775	25.331
ρ/g·dm^{-3}	2.3074	1.5263	1.1401	0.75713	0.56660

4. 100℃、101.325kPa时，液态水的密度是958.8kg·m^{-3}，计算在此温度和压力下，1kg水蒸气与1kg液态水的体积比。若有100dm^3的100℃水蒸气，经过冷凝成为40dm^3水蒸气和水，求冷凝水的物质的量是多少？

5. 某地空气中含N_2、O_2和CO_2的体积分数分别为0.78、0.21和0.01，求N_2、O_2和CO_2的摩尔分数和空气的平均摩尔质量(空气可视作理想气体)。

6. 某气体(可视作理想气体)在202.650kPa和27℃时，密度为2.61 kg·m^{-3}，求它的摩尔质量。

7. 1mol N_2和3mol H_2混合，在25℃时体积为0.4m^3，求混合气体的总压力和各组分的分压力。

8. 合成氨原料气中氢和氮的体积比是3∶1，原料气的总压力为1.52×10^7Pa。(1) 求氢和氮的分压力；(2) 若原料气中还有气体杂质4%（体积百分数），原料气总压力不变，则氢和氮的分压力各是多少？

9. 将 10g Zn 加入到 100cm^3 盐酸中，产生的氢气在 20℃及 101.325kPa 下收集，体积为 2.00dm^3。问气体干燥后体积是多少？已知 20℃时水的饱和蒸气压是 2.33kPa。

10. 32℃时，用排水集气法收集某气体，测得气体体积为 0.627dm^3，气体压力为 100kPa。将该气体干燥后，在 0℃和 101.325kPa 下，其体积为多少？已知 32℃时水的饱和蒸气压是 4.8kPa。

11. 在 1dm^3 的容器中放入 0.13mol PCl_5 气体，在 250℃时有 80% 的 PCl_5 气体按下式分解：$PCl_5(g) \rightleftharpoons PCl_3(g) + Cl_2(g)$。计算混合气体的总压力。

12. 25℃时，一体积为 3.00dm^3 的容器中充有压力为 101.3kPa 的氩气。在密闭的状态下向此容器内注入液态 NCl_3，NCl_3 见光完全分解为 $N_2(g)$ 和 $Cl_2(g)$。此时测得容器内气体压力为 190.4kPa，计算加入的液态 NCl_3 量。

13. 1mol CO_2 气体在 40℃时体积为 0.381dm^3，分别用理想气体状态方程和范德华方程计算气体的压力（实验测得气体压力为 5.07×10^6 Pa）。

14. 质量分数为 0.12 的 $AgNO_3$ 水溶液在 20℃和标准压力下的密度为 1.1080kg·dm^{-3}。试求 $AgNO_3$ 水溶液在 20℃和标准压力下的摩尔分数、质量摩尔浓度及物质的量浓度。

15. 20℃时，乙醚的蒸气压为 58.95kPa，今在 0.1kg 乙醚中加入某种不挥发性有机物 0.01kg，乙醚的蒸气压下降到 56.79kPa，求该有机物的相对分子质量。

16. 0℃及平衡压力为 810.6kPa 下，1kg 水中溶有氧气 0.057g，问相同温度下，若平衡压力为 202.7kPa 时，1kg 水中能溶解多少克氧气？

17. 101.3kPa 时，水的沸点为 100℃，求 0.09kg 的水与 0.002kg 的蔗糖（$M_r=342$）形成的溶液在 101.3kPa 时的沸点？已知水的沸点升高常数 $K_b=0.513$K·kg·mol^{-1}。

18. 将 12.2g 苯甲酸溶于 100g 乙醇，所得乙醇溶液的沸点比纯乙醇的沸点升高了 1.20℃；将 12.2g 苯甲酸溶于 100g 苯后，所得苯溶液的沸点比纯苯的沸点升高 1.32℃。分别计算苯甲酸在不同溶剂中的相对分子质量（已知乙醇的沸点升高常数 $K_b=1.23$K·kg·mol^{-1}，苯的沸点升高常数 $K_b=2.64$K·kg·mol^{-1}）。

19. 人体眼液的渗透压在 37℃时约为 770kPa，某种眼药水是由下列四种物质配制而成的：5.00g $ZnSO_4$，17.00g H_3BO_3，0.02g 盐酸黄连素和 0.08g 盐酸普鲁卡因，溶于水并稀释到 1000cm^3，若设 $ZnSO_4$ 完全解离，H_3BO_3 不解离，盐酸黄连素和盐酸普鲁卡因量少而忽略不计，此种眼药水的渗透压是多少？

20. 与人体血液具有相同渗透压的葡萄糖水溶液，其凝固点比纯水降低 0.543℃，求此葡萄糖水溶液的质量百分比和血液的渗透压［已知 M_r(葡萄糖)=180，水的凝固点降低常数 $K_f=1.86$K·kg·mol^{-1}，葡萄糖水溶液的密度近似为 1.0kg·dm^{-3}］？

第2章　热力学第一定律与热化学

在生产和科学研究中，经常会遇到这样一些问题：一个化学反应能否进行，反应进行的最佳条件是什么？化学反应是放热还是吸热，完成一个化学反应需要提供或者能得到多少能量？解决这些问题的理论基础就是热力学。热力学是自然科学中的一个重要分支学科，热力学在化工、冶金、地质等领域有着重要的作用。

本章主要介绍热力学的一些基本概念、热力学第一定律及热化学定理，应用这些基本原理讨论物理和化学过程的能量变化及其计算。在下一章中再介绍热力学第二定律。

2.1　热力学概论

2.1.1　热力学研究的对象和内容

物质世界在千变万化过程中常伴随着能量的变化。这种能量变化尽管有热能、电能、光能、机械能等多种形式，但各种形式的能量总是按照一定规律转化和传递的。热力学就是研究能量相互转换过程中应遵循的规律的科学。热力学以热力学第一定律和第二定律为基础，这两个定律都是在总结人类大量经验的基础上建立起来的，它们有广泛、牢靠的实验基础，其结果是绝对可信的。将热力学的基本定律用于研究化学现象及和化学过程有关的物理现象就形成了化学热力学。化学热力学的主要任务是利用热力学第一定律来研究化学变化中的能量转换问题，利用热力学第二定律研究化学变化的方向和限度以及化学平衡和相平衡的有关问题。

需要指出的是，热力学研究的对象是大量分子的集合体，热力学的结论具有统计意义，只适用大量分子的平均行为，不适用于个别分子的行为。

用热力学处理问题，不需要了解物质的微观结构，也不问过程的具体细节，只要知道起始状态和终止状态就能得到可靠的结论。这些都是热力学的优点，但同时也带来了它的局限性。首先，由于它不管物质的微观结构，所以它虽能指出在一定条件下，变化能否发生，能进行到什么程度，但它不能解释变化发生的原因。它虽能提供物质宏观性质间的相互关系，却不能提供具体的热力学数据。具体物质的热力学数据，都必须由实验来确定。其次，因其不管过程的细节，故只能处理平衡态而不问这种平衡态是如何达到的。另外，它也没有时间因素，不能解决过程的速率问题。化学反应的速率问题需用化学动力学解决。尽管热力学有这样的局限性，但因其方法的严谨，结论的可靠，仍不失为一种非常有用的理论工具。

2.1.2　热力学基本概念

2.1.2.1　系统和环境

在热力学中，为了明确讨论的对象，把被研究的那部分物质划分出来称为热力学系统，把系统以外但和系统密切相关的其余部分物质和空间称为环境，系统和环境之间有一个实际的或想象的界面存在。例如，要研究液体在管道中的流动情况，可以指定某一段液体为系统，界面就是管道内壁及想象中的管道内的两个横截面，除了系统以外的所有物质和空间都是环境。应该指出，系统和环境的划分完全是人为的，只是为了研究问题的方便。但一经指定，在讨论问题的过程中就不能任意更改了。还要注意，系统和环境是共存的，缺一不可，当考虑系统时，切莫忘记环境的存在。

热力学所注意的系统和环境之间的关系主要是物质和能量的交换，据此，可把系统分成三类：

- **孤立系统**　系统与环境之间既无物质交换又无能量交换。
- **封闭系统**　系统与环境之间只有能量交换而无物质交换。
- **开放系统**　系统与环境之间既有物质交换又有能量交换。

三种系统的划分也是人为的，其目的是便于处理，并非系统本身有什么区别。例如，在一个保温良好的保温瓶内盛有水，再将瓶塞塞紧，指定水为系统。如果水的温度始终保持不变，在忽略了重力场的作用后，水可看作孤立系统；如果保温效果不好，水的温度发生改变，表明系统与环境间有能量交换，水就是封闭系统；如果再把瓶塞打开，水分子可以自由出入系统和环境，此时水就是开放系统了。

实际上，自然界的一切事物都是相互关联的，系统是不可能完全与环境隔离的。所以，孤立系统只是一个理想化的系统，客观上并不存在。但孤立系统的概念在热力学中却是一个不可缺少的、十分重要的概念，在以后的讨论中会经常遇到。

2.1.2.2　系统的性质和状态

热力学研究的系统是由大量质点构成的宏观系统，系统的各种性质如温度、压力、体积、密度、黏度、表面张力、热力学能（也称内能）等，都被称为宏观性质，简称为性质。性质可分为两类：

广度性质（容量性质）　广度性质的数值与系统中物质的量成正比。例如体积、质量、热力学能等都是广度性质。广度性质在一定的条件下具有加和性，即整个系统中某种广度性质是系统中各部分该种性质之和。

强度性质　强度性质的数值与系统中物质的量无关，它取决于系统自身的特性，强度性质不具有加和性。例如，温度、压力、密度等都是强度性质。

系统的两个广度性质相除，往往得到系统的一个强度性质。例如，体积 V 和质量 m 都是广度性质，而密度（$\rho=m/V$）是强度性质。

系统中各种强度性质都相同的部分称为相。若系统中任意部分的强度性质都相同，即只含一个相，称为均相系统；反之，称为非均相系统或多相系统。例如，非饱和的 NaCl 水溶液是一个均相系统，系统内各处的强度性质都相同；而饱和的 NaCl 水溶液和 NaCl 晶体共存则构成由液相与固相二相组成的非均相系统。

当系统的诸性质都有确定值时，就称系统处于一定的状态。如果系统的一个或几个性质发生了变化，则称系统的状态发生了变化。反过来说，系统的状态确定了，系统的各个性质也都有确定值。由此可知，用系统的性质可以描述系统的状态及变化。由于系统的性质和状态之间有这样的依从关系，因而也把性质称为热力学变量或热力学状态函数。

系统的诸性质间并非都是独立无关的，而是有一定的依赖关系。在所有性质中只有几个是独立的，只要这几个独立性质确定后，其余性质也随之而定了。例如，对于理想气体，压力 p、温度 T 和摩尔体积 V_m 间有 $pV_m=RT$ 的关系，只要知道 p、V_m、T 三个变量中的任意两个，就可以求出第三个了。又如液态纯水的温度、压力一经确定，则水的密度、摩尔体积等性质也就被确定了。但热力学理论无法断定需要几个独立性质才能确定一个系统的状态，这只能由实验决定。经验证明，对于处于平衡态的单组分均相系统来说，只要指定两个强度性质，则其它的强度性质也就随之而定了，如果再知道系统的总量，则广度性质也就全部确定了。通常选用易于测量的性质如 p、T 或 T、V 来描述系统的状态。对于多组分系统，还需要指定其组成。例如，对由 m 种纯物质组成的均相系统，还需指出 $m-1$ 个摩尔分数 x_1、x_2、…。如果是多相系统，那么每一个相都要用一组独立变量来描述。

2.1.2.3 状态函数

由于系统的状态函数（即系统的性质或热力学变量）是由系统的状态决定的，因而它有两个重要特点：

- 状态函数的数值只由系统当时所处的状态决定，与系统过去的经历无关。
- 系统的状态发生了变化，状态函数的改变量只与它在终态和始态的数值有关，与系统在两个状态间变化的细节无关。

因此当一系统由始态 1 经历一系列变化到达终态 2 时，系统中任一状态函数 Z 的改变量 ΔZ 是唯一的，仅决定于始、终态的 Z 值，并为两者之差。设始态的 Z 值为 Z_1，终态为 Z_2，则状态函数的改变量 ΔZ 为

$$\Delta Z = Z_2 - Z_1 \tag{2-1}$$

系统经过一循环过程又回到始态，系统的一切性质都未改变，因而一个循环过程结束后，状态函数的改变量皆为零，即

$$\oint \mathrm{d}Z = 0 \tag{2-2}$$

式中，$\oint$ 表示闭路积分。由数学可知，凡是满足式(2-2) 的函数的微分称为全微分，若函数 $Z=f(x, y)$，函数 Z 的全微分就是

$$\mathrm{d}Z = \left(\frac{\partial Z}{\partial x}\right)_y \mathrm{d}x + \left(\frac{\partial Z}{\partial y}\right)_x \mathrm{d}y \tag{2-3}$$

2.1.2.4 平衡态

热力学中讨论的一般都是平衡态。平衡态是指在没有外界影响的条件下，系统的诸性质不随时间改变的状态。因此热力学平衡态应该包括以下几种平衡：

① 热平衡 系统处于平衡态时，系统内各部分的温度必须均匀一致，不随时间变化，无绝热壁存在时，系统温度还应与环境的温度相等。

② 力平衡 在不考虑重力场的情况下，系统内各部分的压力必须均匀一致，不随时间变化，在无刚性壁存在下，系统压力还应该与环境压力相等。

③ 相平衡 在多相系统中，物质在各个相中分布达到平衡，各相的组成和数量不随时间而变化。

④ 化学平衡 化学反应达到平衡，系统的组成不随时间而变化。

在以后的讨论中，如不特别说明，均是指系统处在热力学平衡态。

2.1.2.5 过程与途径

系统由一个状态（始态）变为另一个状态（终态），称之为发生了一个热力学过程，简称过程。在过程中系统不一定时刻都处于平衡态，因而其状态未必都能确切描述。不过，热力学总是假定系统的始、终态都是平衡态，都是可以确切描述的。

下面列出几种重要过程的定义：

① 等温过程 系统的始态和终态温度相等并且等于恒定的环境温度（在过程中系统的温度可以保持恒定，也可有所波动）。

② 等压过程 系统的始态和终态压力相等并且等于恒定的环境压力（在过程中系统的压力可以保持不变，也可有所波动）。

③ 等容过程 在整个过程中系统的体积保持不变。

④ 绝热过程 系统状态的改变仅仅是由于机械或电直接作用的结果，在整个过程中，系统与环境间无热量交换。

⑤ 循环过程 系统由始态出发，经历了一个过程又回到原来的状态。

一个热力学过程的实现，可通过许多不同的方式来完成，完成一个过程的具体步骤称为途径。例如，一定量的气体由始态（p_1、T_1、V_1）变到终态（p_2、T_2、V_1），这是一个等容过程。它可以通过许多途径来完成，图 2-1 所示的两个途径都可以实现由始态（p_1、T_1、V_1）到终态（p_2、T_2、V_1）的变化。

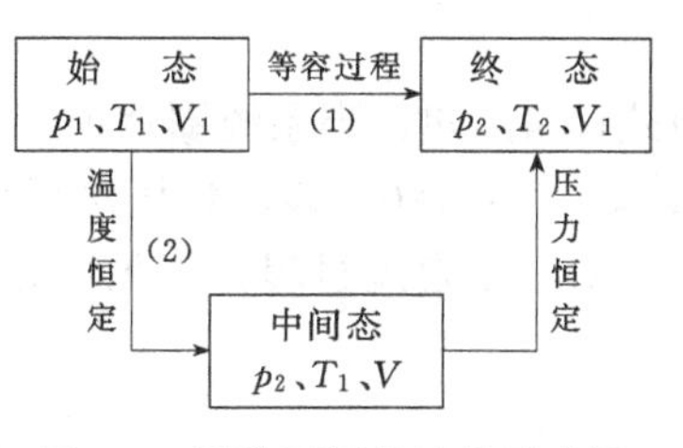

图 2-1　两种不同的途径示意图

2.2　热力学第一定律

热力学第一定律的本质是能量守恒定律，它是能量守恒定律在热现象领域内所具有的特殊形式，反映了系统变化时热力学能与过程的热和功的关系。

2.2.1　热和功

热和功是系统在发生状态变化的过程中与环境交换的两种形式的能量，因此它们都具有能量的量纲和单位。

2.2.1.1　热

在系统和环境之间由于存在温度差而传递的能量称为热。例如，两个不同温度的物体相接触，高温物体将有能量传递至低温物体，以这种方式传递的能量即是热。热只是能量传递的一种形式，是与过程、途径密切相关的，一旦过程停止，也就不存在热了。热不是系统的固有性质，不是状态函数。化学热力学中主要讨论三种形式的热：①在等温条件下系统发生化学变化时吸收或放出的热，称为化学反应热；②在等温等压条件下系统发生相变时吸收或放出的热，称相变热或潜热，如蒸发热、凝固热、升华热、晶型转变热等；③伴随系统本身温度变化吸收或放出的热，称为显热。

热用符号 Q 表示，规定系统从环境吸收的热量为正值，释放给环境的热量为负值。因为热不是状态函数，所以不用微分符号“d”而是用“δ”表示微小量。

2.2.1.2　功

除热以外，系统与环境间传递的能量统称为功。功也是能量传递的一种形式，是与过程、途径密切相关的，功也不是系统固有的性质，不是状态函数。

功的符号用 W 表示，本书根据我国国家标准 GB 3102.4—1993 规定，环境对系统做功（系统得到能量）为正值，系统对环境做功（系统失去能量）为负值。有些书刊规定与此相反。对于微小的功用 δW 表示。

功和热都是被交换的能量，从微观的角度看，功是大量质点以有序运动的方式传递的能量，热是大量质点以无序运动的方式传递的能量。

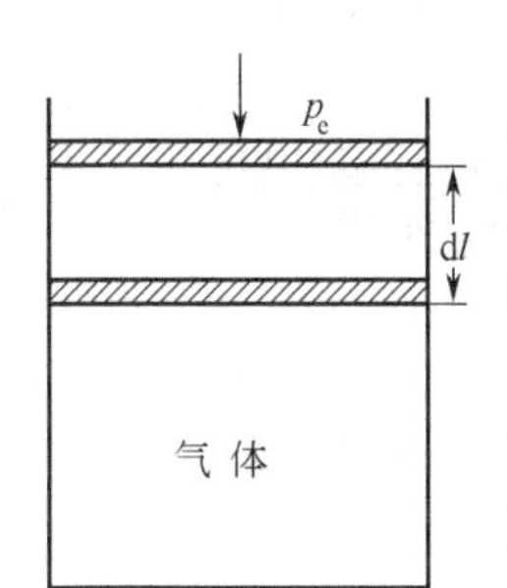

图 2-2　充有气体的带活塞的气缸

2.2.1.3　体积功

系统的状态发生变化时常伴有体积的改变。系统在抵抗外压的条件下体积发生变化而引起的功称为体积功。体积功以外的各种形式的功（如电磁功、表面功等）都称为非体积功。非体积功一般用 W' 表示。由于体积功在热力学中有着特殊的意义，下面着重进行讨论。

设有一个带活塞的容器，内充有气体，如图 2-2 所示。假定活塞本身没有质量且与容器壁之间没有摩擦力存在。如果环境压力为 p_e，活塞面积为 A，则活塞所受总外力为 p_eA。假设活塞移动的距离为 dl，按照我们对功的符号规定，则有

$$\delta W=-p_e A\mathrm{d}l=-p_e \mathrm{d}V \tag{2-4}$$

由式(2-4)知，当系统膨胀时，$\mathrm{d}V>0$，$\delta W<0$，表示系统对环境做功；当系统被压缩时，$\mathrm{d}V<0$，$\delta W>0$，表示环境对系统做功。

对一个宏观过程，体积功为

$$W=\sum \delta W=-\sum p_e \mathrm{d}V \tag{2-5}$$

功不是状态函数，所以不能认为是 $W_{终态}-W_{始态}$，$\sum \delta W$ 代表沿途径的各个微小功的加和，是整个途径总的功 W。

式(2-5)中 p_e 是环境的压力，不是系统的性质，V 是系统的体积，p_e 与 V 的关系随过程不同而不同，下面列举几种简单情况。

① 等容过程　系统体积恒定不变，过程的每一步都有 $\mathrm{d}V=0$，所以

$$W=-\sum p_e \mathrm{d}V=0$$

② 自由膨胀（即向真空膨胀）　因为 $p_e=0$，所以

$$W=-\sum p_e \mathrm{d}V=0$$

③ 恒外压过程　p_e 始终保持不变，所以

$$W=-\sum p_e \mathrm{d}V=-\int_{V_1}^{V_2} p_e \mathrm{d}V=-p_e(V_2-V_1)=-p_e\Delta V \tag{2-6}$$

例 2-1　5mol 理想气体，在外压保持 1×10^5 Pa 的条件下，由 25℃、1×10^6 Pa 膨胀到 25℃、1×10^5 Pa，计算该过程的功。

解：这是一个恒外压过程

$$W=-\int_{V_1}^{V_2} p_e \mathrm{d}V=-p_e(V_2-V_1)=-p_e\left(\frac{nRT}{p_2}-\frac{nRT}{p_1}\right)$$

$$=-1\times10^5\mathrm{Pa}\times5\mathrm{mol}\times8.3145\mathrm{J\cdot K^{-1}\cdot mol^{-1}}\times298\mathrm{K}\times\left(\frac{1}{1\times10^5\mathrm{Pa}}-\frac{1}{1\times10^6\mathrm{Pa}}\right)$$

$$=-11159.23\mathrm{J}=-11.16\mathrm{kJ}$$

W 为负值，表示系统对环境做功。

如果在相同的始、终态条件下，气体是向真空膨胀完成的这个过程，则 $W=0$。可见，始、终态相同，但途径不同，功的数值也不同。

例 2-2　2mol 水在 100℃、1.013×10^5 Pa 条件下，恒温恒压气化为水蒸气，计算该过程的功（已知水在 100℃、1.013×10^5 Pa 时的密度为 $958.3\mathrm{kg\cdot m^{-3}}$）。

解：这是一个恒外压的相变过程，设液态水的体积为 V_1，水蒸气的体积为 V_g

$$W=-p_e(V_g-V_1)$$

$$=-1.013\times10^5\mathrm{Pa}\times\left(\frac{2\mathrm{mol}\times8.3145\mathrm{J\cdot K^{-1}\cdot mol^{-1}}\times373.2\mathrm{K}}{1.013\times10^5\mathrm{Pa}}-\frac{2\mathrm{mol}\times0.018\mathrm{kg\cdot mol^{-1}}}{958.3\mathrm{kg\cdot m^{-3}}}\right)$$

$$=-6.202\mathrm{kJ}$$

因为 $V_g\gg V_1$，可以忽略液态水的体积 V_1，从而近似计算得

$$W\approx-p_eV_g=-nRT=-2\mathrm{mol}\times8.314\mathrm{J\cdot K^{-1}\cdot mol^{-1}}\times373.2\mathrm{K}=-6.206\mathrm{kJ}$$

2.2.2 可逆过程与功

可逆过程是热力学中一个重要的概念。如果一个过程，每一步都可在相反的方向进行而使系统和环境复原，不留下痕迹，这样的过程称为可逆过程。可逆过程是一种理想过程，在可逆过程中系统每一时刻都无限接近平衡态。这实际上是不可能的，因为每个过程的发生都要引起状态的改变，而状态的改变一定会破坏平衡。尽管如此，仍然可设想一个进行得非常慢的过程，当过程进行的速度趋近于零时，这个过程就趋近于可逆过程。下面以气体的膨胀或压缩

为例说明这种过程。设一个储有一定量气体的气缸，与一恒温热源相接触，使气体温度保持不变，假定活塞本身没有质量且与容器壁之间没有摩擦力存在(参阅图 2-2)。如果系统的压力大于外压，气体就会发生膨胀，反之就会被压缩。系统与环境间的压力差越大，膨胀或压缩的速度越快，系统与环境间的压力差越小，膨胀或压缩的速度越慢。若系统的压力为 p，则当外压 p_e 比系统压力小一个无限小量 dp 时，即 $p_e=p-dp$ 时，此时气体膨胀的速度最慢，而且作用在运动活塞上的外压 p_e 即是允许气体膨胀的最大外压。此时系统所做的体积功最大(指绝对值)，则一个微小变化过程所做的功为

$$\delta W=-p_e dV=-(p-dp)dV=-pdV+dpdV\approx -pdV \tag{2-7a}$$

如果外压 p_e 比系统压力大一个无限小量 dp，即 $p_e=p+dp$ 时，此时气体被压缩的速度最慢，作用在运动活塞上的外压 p_e 即是使气体压缩所需的最小外压。此时环境所做的体积功最小，同样一个微小变化过程所做的功为

$$\delta W=-p_e dV=-(p+dp)dV=-pdV \tag{2-7b}$$

在以上过程中，作用在活塞两边的外压和气体压力之差如果一直保持无限小，要完成整个过程就需要无限长的时间。在这样一个无限慢的膨胀或压缩过程中，系统只是微微地偏离平衡位置。在这个过程中，只要一个很小的压力变化就能倒转过程的方向，而且在膨胀过程中系统所做的体积功与压缩过程中环境所做的体积功绝对值相等，符号相反。所以这是一个每一步都可在相反的方向进行并使系统和环境复原，不留下痕迹的过程，即可逆过程。只有在可逆过程中功才能用式(2-7) 表示，式中 p 是系统的压力。整个可逆过程的功为

$$W=-\int_{V_1}^{V_2} p dV \tag{2-8}$$

如果气缸中盛有理想气体，在恒定温度 T，体积由 V_1 可逆地膨胀（或压缩）至 V_2，则可逆过程所做的功为

$$W=-\int_{V_1}^{V_2} p dV=-\int_{V_1}^{V_2}\frac{nRT}{V}dV=nRT\ln\frac{V_1}{V_2}=nRT\ln\frac{p_2}{p_1} \tag{2-9}$$

热力学可逆过程具有下列几个特点：

- 在整个过程中系统内部无限接近于平衡，系统的各项性质均具有确定值。
- 在整个过程中，系统与环境的相互作用无限接近于平衡，过程进行得无限缓慢，环境的压力 p_e、温度 T_{sur} 与系统的压力 p、温度 T 相差甚微，可以看作相等，即 $p_e=p$，$T_{sur}=T$。
- 可逆过程进行后，系统和环境都能由终态沿着无限接近原来的途径步步回复，直到都回复原来的状态（即系统和环境都没有功、热和物质的得失）。
- 在可逆膨胀过程中，系统做最大功；可逆压缩时，环境做最小功。

可逆过程是一种理想过程，不是实际发生的过程，但仍有重要的理论意义和实际意义。可逆过程可以当作一种基准来研究实际过程的效率；另一方面，已经提到，状态函数的变化只与始态和终态有关，与途径无关，因此可以选择适当的途径来计算状态函数的变化以及建立状态函数间的关系，热力学的许多重要公式正是通过可逆过程建立的。可逆过程是热力学中极为重要的过程，以后还要进一步讨论。

2.2.3　热力学能

任何物质都具有能量，一个系统的能量通常由系统整体运动的动能 E_K、系统在外力场中的势能 E_P 和系统的热力学能 U 三部分组成。化学热力学中，通常研究宏观静止的、无整体运动的系统，即 $E_K=0$。如果不存在特殊的外力场（如电磁场等）并忽略地球引力场的影响，则 $E_P=0$。这时系统的总能量就是热力学能 U。

热力学能是系统内各种形式的能量总和，所以也称内能。它包括组成系统的各种质点（如分子、原子、电子、原子核等）的动能（如分子的平动、转动、振动动能等）以及质点间相互作用的势能（如分子的吸引能、排斥能、化学键能等）。热力学能的 SI 单位是焦耳，符号为 J。

热力学能的大小与系统的温度、体积、压力及物质的量有关。温度反映组成系统内各质点的运动的激烈程度，温度越高，质点运动越激烈，系统的能量就越高。体积（或压力）反映了质点间的相互距离，因而反映了质点间的相互作用势能。因为物质与能量两者是不可分割的，所以系统的能量就与所含物质的多少有关。可见，热力学能是温度、体积（或压力）及物质的量的函数，因而也是状态函数，是系统的性质。热力学能 U 与 T、V、p、n 之间的关系可表示为

$$U=f(T,V,n) \tag{2-10}$$

或

$$U=f(T,p,n) \tag{2-11}$$

对一定量的单组分均相系统，式(2-10)、(2-11) 也可简写为

$$U=f(T,V) \tag{2-12}$$

或

$$U=f(T,p) \tag{2-13}$$

如果系统与环境之间无物质交换（即封闭系统），则状态的一个微小改变引起的热力学能微小变化为

$$\mathrm{d}U=\left(\frac{\partial U}{\partial T}\right)_{V,n}\mathrm{d}T+\left(\frac{\partial U}{\partial V}\right)_{T,n}\mathrm{d}V \tag{2-14}$$

或

$$\mathrm{d}U=\left(\frac{\partial U}{\partial T}\right)_{p,n}\mathrm{d}T+\left(\frac{\partial U}{\partial p}\right)_{T,n}\mathrm{d}p \tag{2-15}$$

应该注意

$$\left(\frac{\partial U}{\partial T}\right)_{p,n}\neq\left(\frac{\partial U}{\partial T}\right)_{V,n}$$

为简便起见，常略去偏微分括号外的下标 n。

温度一定时，改变理想气体的体积或压力，虽然改变了分子间距离，但因为理想气体分子间不存在相互作用，所以系统的能量不会发生改变。因此理想气体的热力学能与体积、压力无关，即

$$\left(\frac{\partial U}{\partial V}\right)_{T,n}=\left(\frac{\partial U}{\partial p}\right)_{T,n}=0 \tag{2-16}$$

$$\mathrm{d}U=\left(\frac{\partial U}{\partial T}\right)_{p,n}\mathrm{d}T=\left(\frac{\partial U}{\partial T}\right)_{V,n}\mathrm{d}T \tag{2-17}$$

所以对一定量的理想气体，其热力学能仅是温度的函数，即

$$U=f(T,n) \tag{2-18}$$

或简写为

$$U=f(T) \tag{2-19}$$

需要指出的是，热力学只能求出热力学能的改变值而无法得到热力学能的绝对值，热力学能的绝对值是无法确定的。但这一点对于解决实际问题并无妨碍，热力学是通过状态函数的改变量来解决问题的。

2.2.4 热力学第一定律

热力学第一定律就是能量守恒及转换定律。该定律认为，自然界的一切物质都具有能量，能量有各种不同的形式，如热能、机械能、电磁能、表面能等，能量可以从一种形式转变为另一种形式，从一个物体传递给另一个物体，但在转化和传递中数量必须保持不变。

热力学第一定律是人类经验的总结。迄今为止，还没有发现例外情况，这就最有力地证

明了第一定律的正确性。

在 17 世纪到 19 世纪期间，不少人幻想制造一种既不靠外界提供能量，本身也不减少能量，却能不断做功的机器，这种机器称为第一类永动机，结果无一成功，从反面证明了第一定律的正确性。因此："第一类永动机是不可能造成的"就成了热力学第一定律的另一种文字表述。

设一个封闭系统由始态 1 变为终态 2，系统从环境吸热为 Q，得到功为 W，根据能量守恒及转换定律，系统的热力学能变化为

$$\Delta U=U_2-U_1=Q+W \tag{2-20}$$

式(2-20) 就是封闭系统的热力学第一定律的数学表达式。对一微小变化，第一定律的表达式为

$$\mathrm{d}U=\delta Q+\delta W \tag{2-21}$$

因为热力学能是状态函数，所以热力学能的微小变化用微分 $\mathrm{d}U$ 表示，热和功不是状态函数，所以用 δQ、δW 表示微小的热量和功。

若系统只做体积功，则式(2-21) 变为

$$\mathrm{d}U=\delta Q_{\mathrm{rev}}-p\mathrm{d}V=\delta Q_{\mathrm{ir}}-p_{\mathrm{e}}\mathrm{d}V \tag{2-22}$$

式中，下标 rev 表示可逆 (reversible)，下标 ir 表示不可逆 (irreversible)。

由上述热力学第一定律的数学表达式可以得出如下结论：

① 孤立系统与环境之间没有物质和能量的交换，所以孤立系统中发生的任何过程都有 $Q=0$、$W=0$、$\Delta U=0$，即孤立系统的热力学能守恒。

② 系统由始态变为终态，ΔU 不随途径而变，因而 $Q+W$ 也不随途径而变，与途径无关，但单独的 Q、W 却与途径有关。

2.3 焓

2.3.1 等容过程热效应

若一个封闭系统发生一个不做非体积功的等容微小变化过程，即 $\mathrm{d}V=0$，由式(2-22) 可得

$$\delta Q_V=\mathrm{d}U \tag{2-23}$$

对一个有限的过程，则

$$Q_V=\Delta U \tag{2-24}$$

Q_V 表示等容过程的热量。若此过程是等温化学过程，Q_V 称做等容反应热或定容反应热。但应注意，从式(2-24) 不应得出热是状态函数的结论，该式仅表明在等容且不做非体积功这一特定条件下，热量和热力学能的改变值 ΔU 相等，并不表示热和热力学能在概念和性质上完全相同。

2.3.2 等压过程热效应与焓

如果一个封闭系统发生一个只有体积功的等压过程，即 $p_1=p_2=p_{\mathrm{e}}$，由式(2-20) 可得

$$U_2-U_1=Q_p-p_{\mathrm{e}}(V_2-V_1)$$

整理后得

$$Q_p=(U_2+p_2V_2)-(U_1+p_1V_1) \tag{2-25}$$

式中 Q_p 为等压热效应。若是化学过程，Q_p 也称等压反应热。由于 U、p、V 都是状态函数，故它们的组合 $U+pV$ 也是状态函数，以符号 H 表示，称作焓，即

$$H=U+pV \tag{2-26}$$

因此等压过程的热量 Q_p 为

$$Q_p = H_2 - H_1 = \Delta H \tag{2-27}$$

对于一个微小的变化

$$\delta Q_p = \mathrm{d}H \tag{2-28}$$

由焓的定义可知，焓和热力学能具有相同的量纲和单位。又因 U、V 都是广度性质，所以焓也是系统的广度性质。由于系统热力学能的绝对值无法确定，所以焓的绝对值也无法确定。还需注意的是，虽然这里是从等压过程引入焓的概念，但并不是说只有等压过程才有焓这个热力学函数。焓是状态函数，是系统的性质，因此无论什么过程，只要系统的状态改变了，系统的焓就可能有所改变。只是在不做非体积功的等压过程中，才有 $Q_p = \Delta H$，而非等压过程或有非体积功的等压过程中 $Q_p \neq \Delta H$。

对于一个任意过程

$$\Delta H = \Delta(U + pV) = \Delta U + \Delta(pV) = Q + W + \Delta(pV) \tag{2-29}$$

上式即是任意过程中 ΔH 和 Q 的关系。

如果进行一个等压过程，又有非体积功 W' 存在，因为 $W = -p\Delta V + W'$，$\Delta(pV) = p\Delta V$，所以式(2-29) 变为

$$\Delta H = Q_p + W' \tag{2-30}$$

上式即是有非体积功存在时的等压过程中 ΔH 和 Q_p 的关系。

由于焓 H 是状态函数，所以它与 T、p、V、n 之间的关系可表示为

$$H = f(T, p, n) \tag{2-31}$$

或

$$H = f(T, V, n) \tag{2-32}$$

如果系统与环境之间无物质交换（即封闭系统），则状态的一个微小改变引起的焓的微小变化为

$$\mathrm{d}H = \left(\frac{\partial H}{\partial T}\right)_{p,n} \mathrm{d}T + \left(\frac{\partial H}{\partial p}\right)_{T,n} \mathrm{d}p \tag{2-33}$$

或

$$\mathrm{d}H = \left(\frac{\partial H}{\partial T}\right)_{V,n} \mathrm{d}T + \left(\frac{\partial H}{\partial V}\right)_{T,n} \mathrm{d}V \tag{2-34}$$

例 2-3 在 298.15K、100kPa 时，反应

$$H_2(g) + \frac{1}{2}O_2(g) = H_2O(l)$$

放热 285.90kJ，计算此反应的 W、ΔU 、ΔH。如果反应是在 298.15K，100kPa 下的原电池中进行，能做电功 187.82kJ，此时的 Q、W、ΔU、ΔH 又为多少？设 H_2 和 O_2 都为理想气体，方程式中的 g、l 分别代表气态和液态。

解：化学反应不在原电池中进行时

$$Q = -285.90\text{kJ}$$

$$\begin{aligned} W &= -p\Delta V = -p[V(H_2O,l) - V(H_2,g) - V(O_2,g)] \\ &\approx -p[-V(H_2,g) - V(O_2,g)] \\ &= [n(H_2,g) + n(O_2,g)]RT \\ &= (1\text{mol} + 0.5\text{mol}) \times 8.3145\text{J}\cdot\text{K}^{-1}\cdot\text{mol}^{-1} \times 298.15\text{K} = 3.718 \times 10^3\text{J} = 3.718\text{kJ} \end{aligned}$$

$$\Delta U = Q + W = -285.90\text{kJ} + 3.718\text{kJ} = -282.18\text{kJ}$$

$$\Delta H = Q_p = Q = -285.90\text{kJ}$$

若化学反应在原电池中进行时，因为始、终态和第一问相同，所以

$$\Delta U = -282.18\text{kJ}, \Delta H = -285.90\text{kJ}$$

据式(2-30)，有

$$Q_p = \Delta H - W' = -285.90\text{kJ} - (-187.82\text{kJ}) = -98.08\text{kJ}$$

$$W=\Delta U-Q_p=-282.18\text{kJ}-(-98.08\text{kJ})=-184.10\text{kJ}$$

2.4 热容

2.4.1 热容的定义

加热一个系统时，系统会吸收热量，若此时系统不发生相变化和化学变化，则可通过测量系统温度的升高来测定系统吸热的多少。

设系统从环境中吸收热量 Q，温度由 T_1 升高到 T_2（假定吸热时不发生相变化，系统的组成也不改变），则定义平均热容 $\overline{C}$ 为

$$\overline{C}=\frac{Q}{T_2-T_1}=\frac{Q}{\Delta T} \tag{2-35}$$

由实验得知 $\overline{C}$ 值随温度区间不同而不同，因此热容 C 定义为

$$C=\lim_{\Delta T\to 0}\left(\frac{Q}{\Delta T}\right)=\frac{\delta Q}{\text{d}T} \tag{2-36}$$

热容 C 的单位为 $\text{J}\cdot\text{K}^{-1}$（在以前的一些文献中热容的单位常用 $\text{cal}\cdot\text{K}^{-1}$，cal 是卡的符号，1cal = 4.184J）。

1mol 物质的热容称为摩尔热容，用 C_m 表示，C_m 的单位是 $\text{J}\cdot\text{K}^{-1}\cdot\text{mol}^{-1}$。1kg 物质的热容称为比热容，用小写斜体字母 c 表示，c 的单位是 $\text{J}\cdot\text{K}^{-1}\cdot\text{kg}^{-1}$。

由于热量 Q 随途径而异，所以热容也因途径不同而不同，对于组成不变的均相系统，在等压条件下的热容称为定压热容，记作 C_p；在等容条件下的热容称为定容热容，记作 C_V。即

$$C_p=\left(\frac{\delta Q_p}{\text{d}T}\right)_p \tag{2-37}$$

$$C_V=\left(\frac{\delta Q_V}{\text{d}T}\right)_V \tag{2-38}$$

若系统不做非体积功，$\delta Q_p=\text{d}H$，$\delta Q_V=\text{d}U$，所以

$$C_p=\left(\frac{\partial H}{\partial T}\right)_p \tag{2-39}$$

$$C_V=\left(\frac{\partial U}{\partial T}\right)_V \tag{2-40}$$

1mol 物质的定压热容称为定压摩尔热容，记作 $C_{p,\text{m}}$；1mol 物质的定容热容称为定容摩尔热容，记作 $C_{V,\text{m}}$。类似地还可定义定压和定容比热容。

当系统的温度由 T_1 变为 T_2 时

$$\Delta H = Q_p = \int_{T_1}^{T_2} C_p\text{d}T = n\int_{T_1}^{T_2} C_{p,\text{m}}\text{d}T \tag{2-41}$$

$$\Delta U = Q_V = \int_{T_1}^{T_2} C_V\text{d}T = n\int_{T_1}^{T_2} C_{V,\text{m}}\text{d}T \tag{2-42}$$

2.4.2 热容与温度的关系

物质的热容与温度的关系随物质、聚集态、温度的不同而异。根据实验可将物质的定压热容与温度的关系表示成如下两种经验式：

$$C_{p,\text{m}}=a+bT+cT^2+\cdots \tag{2-43}$$

$$C_{p,\text{m}}=a+bT+c'T^{-2}+\cdots \tag{2-44}$$

式中，a、b、c 及 c' 都是经验常数，由各种物质本身的特性决定。一些物质的定压摩尔热容数值列于书末的附录中。

2.4.3 理想气体的 C_p 与 C_V 的关系

C_p 的测定比较容易，而 C_V 的数值往往不易直接测定，对于纯物质，C_p 与 C_V 的关系可由式(2-39) 与式(2-40) 之差得到。即

$$C_p-C_V=\left(\frac{\partial H}{\partial T}\right)_p-\left(\frac{\partial U}{\partial T}\right)_V$$

$$=\left[\frac{\partial(U+pV)}{\partial T}\right]_p-\left(\frac{\partial U}{\partial T}\right)_V$$

$$C_p-C_V=\left(\frac{\partial U}{\partial T}\right)_p+p\left(\frac{\partial V}{\partial T}\right)_p-\left(\frac{\partial U}{\partial T}\right)_V \tag{2-45}$$

式(2-14) 指出

$$\mathrm{d}U=\left(\frac{\partial U}{\partial T}\right)_V\mathrm{d}T+\left(\frac{\partial U}{\partial V}\right)_T\mathrm{d}V$$

在等压条件时，上式两边除以 $\mathrm{d}T$，得

$$\left(\frac{\partial U}{\partial T}\right)_p=\left(\frac{\partial U}{\partial T}\right)_V+\left(\frac{\partial U}{\partial V}\right)_T\left(\frac{\partial V}{\partial T}\right)_p \tag{2-46}$$

把式(2-46) 代入式(2-45)，得

$$C_p-C_V=\left(\frac{\partial U}{\partial V}\right)_T\left(\frac{\partial V}{\partial T}\right)_p+p\left(\frac{\partial V}{\partial T}\right)_p=\left[\left(\frac{\partial U}{\partial V}\right)_T+p\right]\left(\frac{\partial V}{\partial T}\right)_p \tag{2-47}$$

式(2-47) 适用于任何纯物质系统。对于理想气体

$$\left(\frac{\partial U}{\partial V}\right)_T=0,\ \left(\frac{\partial V}{\partial T}\right)_p=\frac{nR}{p}$$

代入式(2-47)，则得

$$C_p-C_V=nR \tag{2-48}$$

或

$$C_{p,\mathrm{m}}-C_{V,\mathrm{m}}=R \tag{2-49}$$

统计热力学可以证明，在通常温度下，单原子理想气体的 $C_{V,\mathrm{m}}=3R/2$，双原子理想气体的 $C_{V,\mathrm{m}}=5R/2$；于是单原子理想气体的 $C_{p,\mathrm{m}}=5R/2$，双原子理想气体的 $C_{p,\mathrm{m}}=7R/2$。

实际气体在压力较低时，也可采用(2-48)、(2-49) 两式作近似计算。

对于凝聚相（固相或液相），C_p 与 C_V 近似相等[❶]。

2.5 热力学第一定律的一些应用

2.5.1 理想气体的热力学能和焓

前面曾指出理想气体的热力学能和焓只是温度的函数，下面通过焦耳实验进一步说明。1843 年，焦耳做了气体向真空膨胀（称为自由膨胀）的实验（图 2-3），实验表明，气体向真空膨胀后，水的温度没有改变。因此气体既没有吸热，也没有放热，$Q=0$，同时气体也未做功，$W=0$。由热力学第一定律得 $\mathrm{d}U=0$，焦耳由此得出结论“物质的量恒定的气体，它的热力学能只是温度的函数，而与压力和体积无关。”这个结论被称为焦耳定律，数学表达式为

$$U=f(T)\quad 或\quad \left(\frac{\partial U}{\partial V}\right)_T=\left(\frac{\partial U}{\partial p}\right)_T=0$$

---

❶ 热力学第二定律可以证明 $C_{p,\mathrm{m}}-C_{V,\mathrm{m}}=-T\alpha_V^2/\kappa_T$，式中体积膨胀系数 $\alpha_V=-(\partial V/\partial p)_T/V$，等温压缩率 $\kappa_T=(\partial V/\partial p)_T/V$，通过计算表明，许多固、液态物质的 $C_{p,\mathrm{m}}$ 与 $C_{V,\mathrm{m}}$ 还是不相等的。

应当指出，焦耳实验并不十分精确，以后的实验表明，只有在气体的压力趋于零时，焦耳定律才是正确的。所以，理想气体的热力学能仅仅是温度的函数。

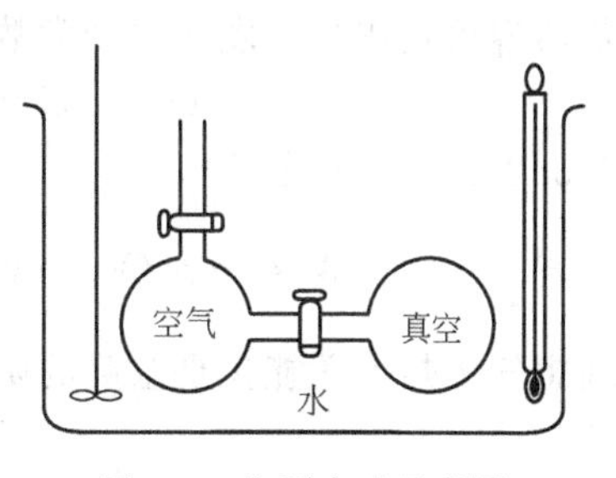

图 2-3　焦耳实验示意图

依据焓的定义和理想气体状态方程

$$H=U+pV=U\ (T)+nRT$$

上式表明对于一定量的理想气体，焓也只是温度的函数。即

$$H=f(T)\quad 或\quad \left(\frac{\partial H}{\partial V}\right)_T=\left(\frac{\partial H}{\partial p}\right)_T=0$$

因此当理想气体的温度由 T_1 变为 T_2 时，不管其压力、体积如何变化，其热力学能的改变和焓变都有确定值。

由式(2-42) 知，在等容过程中有

$$\Delta U=Q_V=\int_{T_1}^{T_2}C_V\mathrm{d}T=n\int_{T_1}^{T_2}C_{V,\mathrm{m}}\mathrm{d}T$$

对理想气体来说，不仅是等容过程，任何不发生相变或化学变化的仅是 p、V、T 变化的过程，$\Delta U=\int_{T_1}^{T_2}C_V\mathrm{d}T=n\int_{T_1}^{T_2}C_{V,\mathrm{m}}\mathrm{d}T$ 都适用。

由式(2-41) 知，在等压过程中有

$$\Delta H=Q_p=\int_{T_1}^{T_2}C_p\mathrm{d}T=n\int_{T_1}^{T_2}C_{p,\mathrm{m}}\mathrm{d}T$$

对理想气体来说，不仅是等压过程，任何不发生相变或化学变化的仅是 p、V、T 变化的过程，$\Delta H=\int_{T_1}^{T_2}C_p\mathrm{d}T=n\int_{T_1}^{T_2}C_{p,\mathrm{m}}\mathrm{d}T$ 都适用。

根据定压热容和定容热容的定义可以证明理想气体的 C_p 和 C_V 也只是温度的函数。

2.5.2　理想气体的等值过程

下面讨论热力学第一定律在理想气体的等温过程、等容过程、等压过程中的 Q、W、ΔU、ΔH 的计算。以下都是假设理想气体的物质的量为 n，始态和终态的压力、温度、体积分别为 p_1、T_1、V_1 和 p_2、T_2、V_2，并且都不做非体积功。

2.5.2.1　等温过程

因为理想气体的热力学能和焓仅是温度的函数，因此等温过程有

$$\Delta U=0,\Delta H=0,Q=-W$$

气体在等温过程中吸收的热等于对外所做的功。如果过程是可逆的，功可由式(2-9)计算

$$W=-\int_{V_1}^{V_2}p\mathrm{d}V=-\int_{V_1}^{V_2}\frac{nRT}{V}\mathrm{d}V=nRT\ln\frac{V_1}{V_2}=nRT\ln\frac{p_2}{p_1}$$

$$Q=-W=nRT\ln\frac{V_2}{V_1}=nRT\ln\frac{p_1}{p_2}\qquad(2\text{-}50)$$

2.5.2.2　等容过程

在等容过程中气体不做体积功，即

$$W=0,Q_V=\Delta U=n\int_{T_1}^{T_2}C_{V,\mathrm{m}}\mathrm{d}T$$

因为理想气体的焓仅是温度的函数，所以

$$\Delta H=n\int_{T_1}^{T_2}C_{p,\mathrm{m}}\mathrm{d}T$$

若热容可视作与温度无关的常数，则

$$Q_V=\Delta U=nC_{V,\mathrm{m}}(T_2-T_1),\ \Delta H=nC_{p,\mathrm{m}}(T_2-T_1)$$

2.5.2.3 等压过程

$$W=-p_e(V_2-V_1)=-p(V_2-V_1),\ Q_p=\Delta H=n\int_{T_1}^{T_2}C_{p,\mathrm{m}}\mathrm{d}T$$

理想气体热力学能仅是温度的函数，所以

$$\Delta U=n\int_{T_1}^{T_2}C_{V,\mathrm{m}}\mathrm{d}T$$

若热容可视作与温度无关的常数，则

$$Q_p=\Delta H=nC_{p,\mathrm{m}}(T_2-T_1),\ \Delta U=nC_{V,\mathrm{m}}(T_2-T_1)$$

2.5.3 绝热过程

在绝热过程中，系统与环境没有热量交换，$Q=0$，$\Delta U=W$。在绝热过程中，如果气体膨胀对环境做功（$W<0$），由于系统不能从外界吸收热量，必然消耗自身能量，因此热力学能减少（$\Delta U<0$），温度降低。由于理想气体的热力学能只是温度的函数，故下式同样适用于绝热过程。

$$\Delta U=n\int_{T_1}^{T_2}C_{V,\mathrm{m}}\mathrm{d}T$$

若 C_V 为常数，则绝热过程中所做功为

$$W=\Delta U=nC_{V,\mathrm{m}}(T_2-T_1) \tag{2-51}$$

在绝热可逆过程中，可以证明理想气体的 p、V、T 之间有如下关系

$$p_1V_1^{\gamma}=p_2V_2^{\gamma} \tag{2-52}$$

$$T_1V_1^{\gamma-1}=T_2V_2^{\gamma-1} \tag{2-53}$$

式中

$$\gamma=C_{p,\mathrm{m}}/C_{V,\mathrm{m}} \tag{2-54}$$

γ 称为摩尔热容比或称绝热指数。式(2-52)、式(2-53) 也可写成

$$pV^{\gamma}=K \tag{2-55}$$

$$TV^{\gamma-1}=K' \tag{2-56}$$

以上两式中的 K、K' 为常数。(2-52)、(2-53)、(2-55) 和(2-56) 四式表示了理想气体绝热可逆过程中 p、V、T 之间的关系，均可称为“绝热过程方程式”。需要指出，绝热过程方程式只适用于理想气体绝热可逆过程。

绝热可逆过程的体积功还可用下式计算

$$W=-\int_{V_1}^{V_2}p\mathrm{d}V=-\int_{V_1}^{V_2}\frac{K}{V^{\gamma}}\mathrm{d}V=\frac{K}{\gamma-1}\left(\frac{1}{V_2^{\gamma-1}}-\frac{1}{V_1^{\gamma-1}}\right)=\frac{1}{\gamma-1}\left(\frac{p_2V_2^{\gamma}}{V_2^{\gamma-1}}-\frac{p_1V_1^{\gamma}}{V_1^{\gamma-1}}\right)$$

即

$$W=\frac{1}{\gamma-1}(p_2V_2-p_1V_1) \tag{2-57}$$

例 2-4 设 $1\mathrm{dm}^3$ O_2 由 298K、500kPa 用下列几种不同方式膨胀到最后压力为 100kPa：(1) 等温可逆膨胀；(2) 绝热可逆膨胀；(3) 在恒外压 100kPa 下绝热不可逆膨胀。计算终态体积、终态温度、功、热力学能改变量和焓的改变量（假定 O_2 为理想气体，$C_{p,\mathrm{m}}=7R/2$，且不随温度而变）。

解： 气体的物质的量为

$$n=\frac{pV}{RT}=\frac{500\mathrm{kPa}\times1\mathrm{dm}^3}{8.3145\mathrm{J\cdot mol^{-1}\cdot K^{-1}}\times298\mathrm{K}}=0.202\mathrm{mol}$$

(1) 等温可逆膨胀

终态温度

$$T_2=298\mathrm{K}$$

终态体积　$$V_2=\frac{p_1V_1}{p_2}=\frac{500\text{kPa}\times 1\text{dm}^3}{100\text{kPa}}=5\text{dm}^3$$

理想气体等温过程 $\Delta U=0$，$\Delta H=0$

$$W=nRT\ln\frac{p_2}{p_1}=0.202\text{mol}\times 8.3145\text{J}\cdot\text{mol}^{-1}\cdot\text{K}^{-1}\times 298\text{K}\times\ln\frac{100\text{kPa}}{500\text{kPa}}$$
$$=-805.52\text{J}$$

$$Q=-W=805.52\text{J}$$

(2) 绝热可逆膨胀

$$C_{V,\text{m}}=C_{p,\text{m}}-R=\frac{7R}{2}-R=\frac{5R}{2}$$

故　$$\gamma=C_{p,\text{m}}/C_{V,\text{m}}=1.4$$

由式(2-52) 可知终态体积为

$$V_2=V_1\left(\frac{p_1}{p_2}\right)^{\frac{1}{\gamma}}=1\text{dm}^3\times\left(\frac{500\text{kPa}}{100\text{kPa}}\right)^{\frac{1}{1.4}}=3.16\text{dm}^3$$

终态温度　$$T_2=\frac{p_2V_2}{nR}=\frac{100\text{kPa}\times 3.16\text{dm}^3}{0.202\text{mol}\times 8.3145\text{J}\cdot\text{K}^{-1}\cdot\text{mol}^{-1}}=188\text{K}$$

绝热可逆膨胀功

$$W=\int_{T_1}^{T_2}C_V\text{d}T=nC_{V,\text{m}}(T_2-T_1)$$
$$=0.202\text{mol}\times\frac{5}{2}\times 8.3145\text{J}\cdot\text{K}^{-1}\cdot\text{mol}^{-1}\times(188\text{K}-298\text{K})=-462\text{J}$$

$$\Delta U=W=-462\text{J}$$

$$\Delta H=\int_{T_1}^{T_2}C_p\text{d}T=nC_{p,\text{m}}(T_2-T_1)$$
$$=0.202\text{mol}\times\frac{7}{2}\times 8.3145\text{J}\cdot\text{K}^{-1}\cdot\text{mol}^{-1}\times(188\text{K}-298\text{K})=-647\text{J}$$

(3) 恒外压绝热膨胀

此过程为不可逆膨胀。首先求终态温度。因系绝热，所以

$$W=nC_{V,\text{m}}(T_2-T_1)$$

同时，对于恒外压膨胀，有

$$W=-p_\text{e}\Delta V=-p_2(V_2-V_1)=-p_2\left(\frac{nRT_2}{p_2}-\frac{nRT_1}{p_1}\right)$$

联合上面两式，得

$$C_{V,\text{m}}(T_2-T_1)=-p_2\left(\frac{RT_2}{p_2}-\frac{RT_1}{p_1}\right)$$

$$\frac{5R}{2}(T_2-298\text{K})=-100\text{kPa}\times\left(\frac{RT_2}{100\text{kPa}}-\frac{R\times 298\text{K}}{500\text{kPa}}\right)$$

由上式求出终态温度：$T_2=230\text{K}$

终态体积

$$V_2=\frac{nRT_2}{p_2}=\frac{0.202\text{mol}\times 8.3145\text{J}\cdot\text{K}^{-1}\cdot\text{mol}^{-1}\times 230\text{K}}{100\text{kPa}}=3.86\text{dm}^3$$

$$W=0.202\text{mol}\times\frac{5}{2}\times 8.3145\text{J}\cdot\text{K}^{-1}\cdot\text{mol}^{-1}\times(230\text{K}-298\text{K})=-286\text{J}$$

$$\Delta U=W=-286\text{J}$$

$$\Delta H=0.202\text{mol}\times\frac{7}{2}\times8.3145\text{J}\cdot\text{mol}^{-1}\cdot\text{K}^{-1}\times(230\text{K}-298\text{K})=-400\text{J}$$

由此例可见，从同样的始态出发，终态压力又相同，但因过程不同，终态温度也不同，所做功也不同，可逆等温膨胀的功最大，绝热不可逆膨胀的功最小。并且从同一始态出发，经由一绝热可逆过程和一绝热不可逆过程，不可能达到相同的终态。

2.5.4 理想气体的卡诺循环

将热能转变为机械能（功）的装置叫热机，例如内燃机、蒸汽机等都是热机。热机的工作过程为一循环过程，其理论模型由四个途径组成：(1) 恒温汽化，(2) 绝热膨胀，(3) 恒温液化，(4) 绝热压缩。热机通过工作物质（水）从高温热源取热 Q_1 并将其转变为功 W，同时还要放出一部分热量 Q_2 给低温热源。热机对外所做的净功 $-W=Q_1+Q_2$。

定义热机的热效率 η 为

$$\eta=\frac{\text{所做的功}}{\text{从高温热源吸收的热}}=\frac{-W}{Q_1}=\frac{Q_1+Q_2}{Q_1}=1+\frac{Q_2}{Q_1} \tag{2-58}$$

式中，$Q_2<0$，且 $|Q_2|<|Q_1|$，由式(2-58) 可知，热机效率小于 1，在热机的工作过程中总有一部分能量以热的形式传递给低温热源。为了得到工作热机的最大效率，法国工程师卡诺 (Carnot) 于 1924 年研究了热转变为功的规律后，提出了一个理想循环，称为“卡诺循环”，根据卡诺循环制造的热机称为卡诺热机。卡诺认为这种热机将热转变为功的效率为最大。

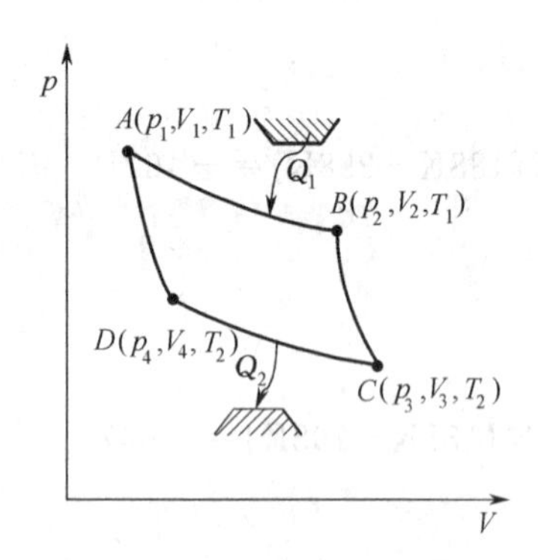

图 2-4 卡诺循环示意图

每一个卡诺循环由两个恒温可逆过程和两个绝热可逆过程所组成。以理想气体为工作物质的卡诺热机，经历如下四个可逆过程组成的循环后恢复原状，如图 2-4 所示。

(1) $A\to B$ 恒温可逆膨胀　理想气体在始态 $A(p_1,V_1,T_1)$ 经过恒温可逆膨胀到状态 $B(p_2,V_2,T_1)$，从温度为 T_1 的高温热源吸收热量为 Q_1，做功为 W_1，由于该过程 $\Delta U=0$，则

$$Q_1=-W_1=nRT_1\ln\frac{V_2}{V_1}$$

(2) $B\to C$ 绝热可逆膨胀　理想气体从状态 $B(p_2,V_2,T_1)$ 经绝热可逆膨胀到状态 $C(p_3,V_3,T_2)$，得

$$Q=0,\ W_2=nC_{V,\text{m}}(T_2-T_1)$$

(3) $C\to D$ 恒温可逆压缩　理想气体从状态 $C(p_3,V_3,T_2)$ 经恒温可逆压缩到状态 $D(p_4,V_4,T_2)$，环境对系统做功为 W_3，系统对温度为 T_2 的低温热源放热为 Q_2，由于该过程 $\Delta U=0$，则

$$Q_2=-W_3=nRT_2\ln\frac{V_4}{V_3}$$

(4) $D\to A$ 绝热可逆压缩　理想气体从状态 $D(p_4,V_4,T_2)$ 经绝热可逆压缩回到状态 $A(p_1,V_1,T_1)$，有

$$Q=0,\ W_4=nC_{V,\text{m}}(T_1-T_2)$$

理想气体经历了卡诺循环过程回到始态，$\Delta U=0$，系统所做的总功等于系统从环境吸收的总热。即：$-W=Q=Q_1+Q_2$

系统所做的总功为各个过程的功之和：$-W=-\sum W_i=-W_1-W_2-W_3-W_4$
其中 W_2 和 W_4 大小相等，符号相反。所以

$$-W=-(W_1+W_3)=nRT_1\ln\frac{V_2}{V_1}+nRT_2\ln\frac{V_4}{V_3} \tag{2-59}$$

图中 B、C 两点在同一条绝热线上，D、A 两点在同一条绝热线上，由式(2-53) 得

$$T_1V_2^{\gamma-1}=T_2V_3^{\gamma-1} \tag{2-60}$$

$$T_1V_1^{\gamma-1}=T_2V_4^{\gamma-1} \tag{2-61}$$

将(2-60)、(2-61) 两式相比，得

$$\frac{V_2}{V_1}=\frac{V_3}{V_4} \tag{2-62}$$

将式(2-62) 代入式(2-59) 中得

$$-W=nRT_1\ln\frac{V_2}{V_1}-nRT_2\ln\frac{V_2}{V_1}=nR(T_1-T_2)\ln\frac{V_2}{V_1} \tag{2-63}$$

卡诺热机的热效率为

$$\eta=\frac{-W}{Q_1}=\frac{Q_1+Q_2}{Q_1}=\frac{nR(T_1-T_2)\ln\dfrac{V_2}{V_1}}{nRT_1\ln\dfrac{V_2}{V_1}}=\frac{T_1-T_2}{T_1}=1-\frac{T_2}{T_1} \tag{2-64}$$

由式(2-64) 可知：卡诺热机的效率取决于两个热源的温度，两个热源的温差越大，热机效率越大；若 $T_1=T_2$，则 $\eta=0$，即热不能转变为功。此外，由式(2-64) 还可得

$$1+\frac{Q_2}{Q_1}=1-\frac{T_2}{T_1}$$

所以有

$$\frac{Q_1}{T_1}+\frac{Q_2}{T_2}=0 \tag{2-65}$$

式(2-65) 中 Q_1/T_1 和 Q_2/T_2 分别是两个恒温过程中的热量与温度之比，称为“热温商”，此式表明卡诺循环（可逆循环）的热温商之和为零。

2.5.5　相变过程

物质由一个相态转变为另一个相态称作相变，如蒸发、升华、熔化、液化、凝固、凝华、固体晶型的转变等。在外压为 101.325kPa 时，物质发生相变的温度称为正常相变温度。相变温度随压力的不同而不同，所以都必须指明外压。例如，在 101.325kPa 时，水变为蒸汽的温度（即水的沸点）为 100℃；压力为 70.117kPa 时，水的沸点是 90℃。在相变过程中系统要吸收或放出热量，例如，气体凝结、液体凝固时都要放热；而固体熔化、固体升华、液体蒸发都要吸热。虽然相变时系统吸热或者放热，但系统的温度却保持不变，因此把相变时的热效应称为潜热。在无限接近相平衡的条件下进行的相变化是可逆相变。正常相变温度时发生的相变都可看成是在等温等压条件下的可逆相变。等温等压下发生相变时吸收或放出的热称为相变焓或相变热。1mol 物质在标准压力 $p^{\ominus}$ 下的相变焓称为标准摩尔相变焓，例如标准摩尔蒸发焓 $\Delta_{\text{vap}}H_{\text{m}}^{\ominus}(T)$，标准摩尔熔化焓 $\Delta_{\text{fus}}H_{\text{m}}^{\ominus}(T)$，标准摩尔升华焓 $\Delta_{\text{sub}}H_{\text{m}}^{\ominus}(T)$ 等。液体蒸发时吸热，摩尔蒸发焓为正，而蒸气凝结时放热，摩尔凝结焓为负，显然摩尔蒸发焓与摩尔凝结焓数值相等，符号相反。同样，摩尔熔化焓与摩尔凝固焓、摩尔升华焓与摩尔凝华焓也是数值相等，符号相反。

例 2-5　在 373.15K 和 101.325kPa 下，1mol 水蒸发成水蒸气吸热 40.64kJ。水的摩尔体积为 $0.018\text{dm}^3\cdot\text{mol}^{-1}$，水蒸气的摩尔体积为 $30.2\text{dm}^3\cdot\text{mol}^{-1}$。计算在此条件下 2mol 水蒸发成水蒸气的 ΔH 和 ΔU。

解：不做非体积功的等压过程的热 Q 即是等压热效应 ΔH，所以

$$\Delta_{\text{vap}}H_{\text{m}}=Q_p/n=40.64\text{kJ}/1\text{mol}=40.64\text{kJ}\cdot\text{mol}^{-1}$$

$$\Delta H=n\Delta_{\text{vap}}H_{\text{m}}=2\text{mol}\times40.64\text{kJ}\cdot\text{mol}^{-1}=81.28\text{kJ}$$

$$\begin{aligned}\Delta U&=\Delta(H-pV)=\Delta H-p(V_{气}-V_{水})\\&=81.28\text{kJ}-101.325\text{kPa}\times2\text{mol}\times(30.2-0.018)\times10^{-3}\text{m}^3\cdot\text{mol}^{-1}\\&=75.16\text{kJ}\end{aligned}$$

2.6　热化学概论

热化学是研究化学反应热效应的科学。所谓化学反应热效应是指系统在不做非体积功的等温化学反应过程中放出或吸收的热量。化学反应热效应简称为反应热。

热效应的研究，在理论和实践上都有重要意义。下一章要导出的热力学函数熵和吉布斯函数及平衡常数的计算，化工生产中反应器的热量衡算，键能的估算等，都需要热效应数据。

化学反应的热效应显然与系统中发生反应的物质的量有关，为了确切地描述化学反应过程中系统热力学量的变化，引入一个新的状态变量——反应进度 ξ。

2.6.1　反应进度

反应进度是描述化学反应进行程度的物理量。对于化学反应

$$d\mathrm{D}+e\mathrm{E}=\!=\!=g\mathrm{G}+h\mathrm{H}$$

式中，d、e、g、h 称为化学计量数，是无量纲的数。以上反应还可写为

$$0=\sum_{\mathrm{B}}\nu_{\mathrm{B}}\mathrm{B}$$

B表示化学反应计量方程中任一物质的化学式，ν_{B} 是物质 B 的化学计量数，B 若是反应物，ν_{B} 为负值；B 若是生成物，ν_{B} 为正值。$\sum_{\mathrm{B}}$ 表示对参与反应的所有物质求和。反应进度的定义为

$$\mathrm{d}\xi=\frac{\mathrm{d}n_{\mathrm{B}}}{\nu_{\mathrm{B}}} \tag{2-66}$$

反应进度与选用反应方程式中何种物质表示无关，即

$$\mathrm{d}\xi=\frac{\mathrm{d}n_{\mathrm{D}}}{-d}=\frac{\mathrm{d}n_{\mathrm{E}}}{-e}=\frac{\mathrm{d}n_{\mathrm{G}}}{g}=\frac{\mathrm{d}n_{\mathrm{H}}}{h}$$

设反应开始前 $\xi_0=0$，参加反应的各物质的量为 $n_{\mathrm{B}}(\xi_0)$，反应进行到某一程度 ξ 时，各物质的量为 $n_{\mathrm{B}}(\xi)$，对式(2-66) 积分

$$\int_{\xi_0}^{\xi}\mathrm{d}\xi=\int_{n_{\mathrm{B}}(\xi_0)}^{n_{\mathrm{B}}(\xi)}\frac{\mathrm{d}n_{\mathrm{B}}}{\nu_{\mathrm{B}}}$$

$$\xi=\frac{n_{\mathrm{B}}(\xi)-n_{\mathrm{B}}(\xi_0)}{\nu_{\mathrm{B}}}=\frac{\Delta n_{\mathrm{B}}}{\nu_{\mathrm{B}}} \tag{2-67}$$

式(2-66) 和式(2-67) 都可作为反应进度的定义。由定义式可知，ξ 与物质的量 n 具有相同的量纲，都是 mol。

当化学反应由反应前 $\xi_0=0$ 的状态进行到 $\xi=1\mathrm{mol}$ 的状态，称按计量方程进行了一个单位的反应。例如，若合成氨的计量方程写成 $N_2+3H_2\longrightarrow 2NH_3$，则一单位反应指消耗了 1mol N_2 和 3mol H_2，生成了 2mol 的 NH_3；若合成氨的计量方程写成 $\frac{1}{2}N_2+\frac{3}{2}H_2\longrightarrow NH_3$，则一单位反应指消耗了 $\frac{1}{2}$mol N_2 和 $\frac{3}{2}$mol H_2，生成了 1mol 的 NH_3。所以在谈到反应进度时必须指明相应的计量方程式。

2.6.2　等压反应热和等容反应热

等压条件下的反应热称为等压反应热，记为 Q_p，等容条件下的反应热称为等容反应热，记为 Q_V。因为在没有非体积功时，$Q_p=\Delta H$，$Q_V=\Delta U$，所以等压反应热称为反应焓变，等

容反应热称为反应热力学能变，有时也分别简称反应焓、反应热力学能。在热化学中仍采用热力学的惯例，系统吸热为正，放热为负。

反应热可以通过量热计测量出来，常用的量热计所测的热效应是等容热效应 Q_V，而通常化学反应是在等压条件下进行的，因此需要知道等容热效应 Q_V 与等压热效应 Q_p 之间的关系。

考虑任一反应，在一定的温度下经历两种不同途径从始态变为终态，如图 2-5 所示。图中过程（1）是等温等压，过程（2）是等温等容，过程（1）和（2）虽然生成物相同，但 p 不同，因此两个过程所达到的终态是不相同的。但可以经由过程（3），使生成物的压力回到 p_1。

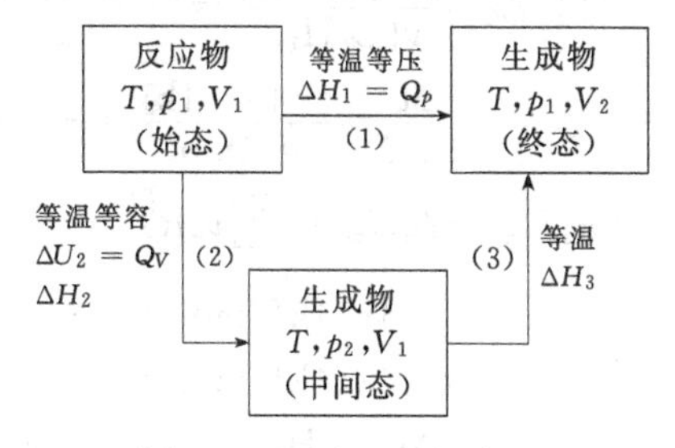

图 2-5　Q_p 与 Q_V 的关系

由于 H 是状态函数，故

$$\Delta H_1=\Delta H_2+\Delta H_3=\Delta U_2+\Delta(pV)_2+\Delta H_3$$

式中，$\Delta(pV)_2$ 表示过程（2）的终态与始态的 pV 之差。对于凝聚态物质，反应前后的 pV 值相差不会太大，可略而不计，因此只要考虑生成物和反应物中气体组分的 pV 之差。若再假定气体为理想气体，则

$$\Delta(pV)_2=(pV)_{\text{生成物}}-(pV)_{\text{反应物}}=(\Delta n)RT$$

式中，Δn 是生成物中气体组分的物质的量与反应物中气体组分的物质的量之差。

对理想气体来说，等温过程（3）的 $\Delta H_3=0$，$\Delta U_3=0$；对其它物质来说，ΔH_3 及 ΔU_3 虽不等于零，但与由化学反应而引起的 ΔH_2 和 ΔU_2 比较，也可忽略不计。所以

$$\Delta H_1=\Delta U_2+(\Delta n)RT \tag{2-68}$$

即

$$Q_p=Q_V+(\Delta n)RT \tag{2-69}$$

显然反应热的多少与参与反应的物质多少有关，因此定义在等压条件下发生一个单位反应的热效应称摩尔反应焓变 $\Delta_r H_m$（下标 r 表示 reaction）；在等容条件下发生一个单位反应的热效应称摩尔反应热力学能变 $\Delta_r U_m$，即

$$\Delta_r H_m=\frac{\Delta H}{\Delta\xi} \tag{2-70}$$

$$\Delta_r U_m=\frac{\Delta U}{\Delta\xi} \tag{2-71}$$

$\Delta_r H_m$ 和 $\Delta_r U_m$ 的单位都是 $J\cdot mol^{-1}$。注意到 $\Delta n_B=\nu_B\Delta\xi$，于是式(2-68) 又可改写为

$$\Delta_r H_m=\Delta_r U_m+\sum_B \nu_B RT \tag{2-72}$$

注意：式中下标 B 指的是气体物质。

例 2-6　计算下列反应中气体组分的 Δn 和 $\sum_B \nu_B$。

（1）$C(石墨)+O_2(g)=\!=\!=CO_2(g)$

（2）$N_2(g)+3H_2(g)=\!=\!=2NH_3(g)$

解：（1）$\Delta n=1mol-1mol=0$

$$\sum_B \nu_B=(-1)+1=0$$

（2）$\Delta n=2mol-(1mol+3mol)=-2mol$

$$\sum_B \nu_B=(-1)+(-3)+2=-2$$

例 2-7　设有 0.1mol $C_7H_{16}(l)$ 在量热计中燃烧，在 25℃时测得放热 480.4kJ。分别计算下列两个计量方程的 $\Delta_r H_m$ 和 $\Delta_r U_m$。

(1) $C_7H_{16}(l)+11O_2(g)$ ══ $7CO_2(g)+8H_2O(l)$

(2) $2C_7H_{16}(l)+22O_2(g)$ ══ $14CO_2(g)+16H_2O(l)$

解：在量热计中测出的是等容热效应，即

$$\Delta U=Q_V=-480.4\text{kJ}$$

(1) $\Delta\xi=\dfrac{\Delta n(C_7H_{16})}{\nu(C_7H_{16})}=\dfrac{0-0.1\text{mol}}{-1}=0.1\text{mol}$

$$\Delta_r U_m=\frac{\Delta U}{\Delta\xi}=\frac{-480.4\text{kJ}}{0.1\text{mol}}=-4804\text{kJ}\cdot\text{mol}^{-1}$$

$$\begin{aligned}\Delta_r H_m&=\Delta_r U_m+\sum_B \nu_B RT\\&=-4804\text{kJ}\cdot\text{mol}^{-1}+(-11+7)\times 8.3145\text{J}\cdot\text{K}^{-1}\cdot\text{mol}^{-1}\times 298\text{K}\\&=-4814\text{kJ}\cdot\text{mol}^{-1}\end{aligned}$$

(2) $\Delta\xi=\dfrac{\Delta n(C_7H_{16})}{\nu(C_7H_{16})}=\dfrac{0-0.1\text{mol}}{-2}=0.05\text{mol}$

$$\Delta_r U_m=\frac{\Delta U}{\Delta\xi}=\frac{-480.4\text{kJ}}{0.05\text{mol}}=-9608\text{kJ}\cdot\text{mol}^{-1}$$

$$\begin{aligned}\Delta_r H_m&=\Delta_r U_m+\sum_B \nu_B RT\\&=-9608\text{kJ}\cdot\text{mol}^{-1}+(-22+14)\times 8.3145\text{J}\cdot\text{K}^{-1}\cdot\text{mol}^{-1}\times 298\text{K}\\&=-9628\text{kJ}\cdot\text{mol}^{-1}\end{aligned}$$

由此例可见，计量方程（2）的化学计量数是计量方程（1）的两倍，因此计量方程（2）的 $\Delta_r H_m$ 和 $\Delta_r U_m$ 也是计量方程（1）的两倍。计量方程式的写法不同，其 $\Delta_r H_m$ 和 $\Delta_r U_m$ 也不同，以后谈到 $\Delta_r H_m$ 和 $\Delta_r U_m$ 时都必须指明计量方程式。

2.6.3 标准状态

化学反应热效应的数值随反应温度、压力、物质聚集状态的不同而不同，一些热力学函数（如 H、U 等）的绝对值也无法测得，只能测得它们的改变值（如 ΔH、ΔU 等）。为了便于比较，规定了各种物质的标准状态，简称标准态。在标准态下，系统的热力学函数 U 和 H 的改变量用 $\Delta U^{\ominus}$、$\Delta H^{\ominus}$ 表示，标准态的符号是"⊖"。标准态的压力用 $p^{\ominus}$ 表示，我国国家标准选择标准压力 $p^{\ominus}=100\text{kPa}$。标准态的温度可以是任意的，但通常采用 $T=298.15\text{K}$。下面列出各类物质的标准态。

① 固体的标准态　在指定温度下，压力为 $p^{\ominus}$ 的纯固体。若有不同的形态，则选最稳定的形态作为标准态（例如C有石墨、金刚石等多种形态，以石墨为标准态）。

② 液体的标准态　在指定温度下，压力为 $p^{\ominus}$ 的纯液体。

③ 气体的标准态　在指定温度下，压力为 $p^{\ominus}$（在气体混合物中，各物质的分压均为 $p^{\ominus}$），且具有理想气体性质的气体。这是一种假想的状态。

关于溶液的标准态在第三章中再介绍。

标准态时的热力学函数称标准热力学函数。于是 $\Delta_r H^{\ominus}_{m,298.15K}$ 或 $\Delta_r H^{\ominus}_m(298.15\text{K})$ 表示298.15K时的标准摩尔反应焓变，$\Delta_r H^{\ominus}_{m,500K}$ 或 $\Delta_r H^{\ominus}_m(500\text{K})$ 表示500K时的标准摩尔反应焓变。通常在298.15K时，可以不标明温度，用 $\Delta_r H^{\ominus}_m$ 表示。

2.6.4 热化学方程式

表示化学反应与热效应关系的方程式称为热化学方程式。一个热化学方程式的正确表示应注意以下几点。

① 写出该反应的计量方程式，计量方程式不同，热效应也不同。

② 指明是等压热效应还是等容热效应，前者用 $\Delta_r H_m$ 表示，后者用 $\Delta_r U_m$ 表示。与第一定律中规定一致，吸热反应 $\Delta_r H_m$、$\Delta_r U_m$ 为正值，放热反应 $\Delta_r H_m$、$\Delta_r U_m$ 为负值。

③ 必须标明反应的温度和压力。标准态时的等压热效应或等容热效应，用 $\Delta_r H_m^{\ominus}(T)$ 或 $\Delta_r U_m^{\ominus}(T)$ 表示。若温度为 298.15K，可以省略温度。

④ 必须标明物质的聚集状态，聚集状态不同，热效应也不同。物质为气体、液体和固体时分别用 g、l 和 s 表示，固体有不同晶态时，还需将晶态注明，如 S(正交)、S(单斜)、C(石墨)、C(金刚石) 等等。如果参与反应的物质是溶液，则需注明其浓度，用 aq 表示水溶液，如 NaOH(aq) 表示氢氧化钠的水溶液，NaOH(aq,∞) 表示无限稀薄的氢氧化钠的水溶液。

下面写出一个完整的热化学方程式：

$$2H_2(g)+O_2(g)=\!=\!=2H_2O(l);\quad \Delta_r H_m^{\ominus}=-571.66\text{kJ}\cdot\text{mol}^{-1}$$

计量方程和反应热之间用分号或逗号隔开。上式表示 298.15K 时，反应物和生成物都处于标准态时，按计量方程发生一个单位的反应，放热 571.66kJ。

2.6.5 盖斯定律

盖斯(G. H. Hess)从实验中总结出如下规律："化学反应所吸收或放出的热量，仅决定于反应的始态和终态，与反应是一步或者分为数步完成无关"。盖斯定律的提出略早于热力学第一定律，但它实际上是第一定律的必然结论。因为化学反应通常是在等压且不做非体积功的条件下进行的，因此 $Q_p=\Delta H$，而 H 又是状态函数，故反应热仅决定于始、终态也是必然的了。利用盖斯定律可直接求算一些反应的反应热。例如，石墨在常温常压下很难转变为金刚石，其反应热无法直接从实验得到，但是，石墨和金刚石在常温常压下都可直接氧化为 $CO_2(g)$，反应为

$$\text{C(石墨)}+O_2(g)=\!=\!=CO_2(g);\ \Delta_r H_m^{\ominus}(298\text{K})=-393.51\text{kJ}\cdot\text{mol}^{-1}\tag{1}$$

$$\text{C(金刚石)}+O_2(g)=\!=\!=CO_2(g);\ \Delta_r H_m^{\ominus}(298\text{K})=-395.41\text{kJ}\cdot\text{mol}^{-1}\tag{2}$$

根据盖斯定律，反应(1) 减去反应(2) 即为石墨转变为金刚石的反应热，即

$$\begin{aligned}\Delta_r H_m^{\ominus}(298\text{K})&=\Delta_r H_m^{\ominus}(1)-\Delta_r H_m^{\ominus}(2)\\&=-393.51\text{kJ}\cdot\text{mol}^{-1}+395.41\text{kJ}\cdot\text{mol}^{-1}\\&=1.90\text{kJ}\cdot\text{mol}^{-1}\end{aligned}$$

因此，对待热化学方程式可以像对待代数方程式一样处理。如果一个化学反应可以由其它化学反应相加减而得，则这个化学反应的热效应也可以由这些化学反应的热效应相加减而得到。但要注意，物质的聚集状态和化学计量数必须一致，才可以相消或合并。

例 2-8　已知 25℃时

(1) $2\text{C(石墨)}+O_2(g)=\!=\!=2CO(g);\quad \Delta_r H_{m,1}^{\ominus}=-221.06\text{kJ}\cdot\text{mol}^{-1}$

(2) $3Fe(s)+2O_2(g)=\!=\!=Fe_3O_4(s);\quad \Delta_r H_{m,2}^{\ominus}=-1118.4\text{kJ}\cdot\text{mol}^{-1}$

求下列反应在 25℃时的反应热。

(3) $Fe_3O_4(s)+4\text{C(石墨)}=\!=\!=3Fe(s)+4CO(g);\quad \Delta_r H_{m,3}^{\ominus}$

解： 2×反应式(1)得反应式(4)

(4) $4\text{C(石墨)}+2O_2(g)=\!=\!=4CO(g);\quad \Delta_r H_{m,4}^{\ominus}=-442.12\text{kJ}\cdot\text{mol}^{-1}$

反应式(4)－反应式(2) 得反应式(5)

(5) $4\text{C(石墨)}-3Fe(s)=\!=\!=4CO(g)-Fe_3O_4(s);\quad \Delta_r H_{m,5}^{\ominus}$

$$\Delta_r H_{m,5}^{\ominus}=\Delta_r H_{m,4}^{\ominus}-\Delta_r H_{m,2}^{\ominus}=[-442.12-(-1118.4)]\text{kJ}\cdot\text{mol}^{-1}=676.28\text{kJ}\cdot\text{mol}^{-1}$$

反应式(5) 移项即是所求的反应式(3)，所以

$$Fe_3O_4(s)+4C(石墨)\!=\!=\!=3Fe(s)+4CO(g);\ \Delta_r H^{\ominus}_{m,3}=676.28\text{kJ}\cdot\text{mol}^{-1}$$

2.6.6 热效应与温度的关系

化学反应的热效应和温度有关，但手册所载的都是某个温度（一般都是298.15K）时的数据，然而化学反应可以在各种温度下进行，所以必须找出热效应和温度的关系。下面以反应焓变为例来寻求这种关系（假定压力不变）。

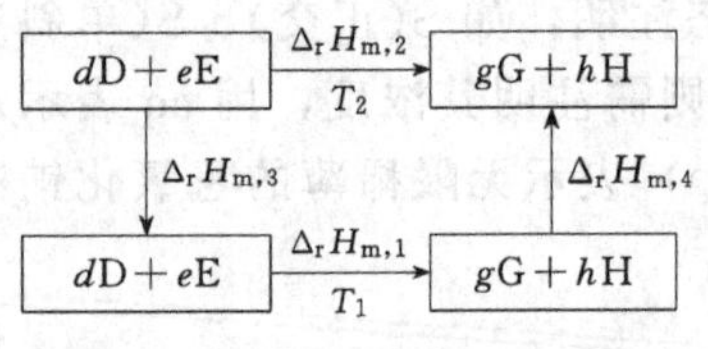

图2-6 两个不同温度时的反应焓

设反应

$$dD+eE\!=\!=\!=gG+hH$$

在温度 T_1、压力 p_1 条件下的反应热为 $\Delta_r H_{m,1}$，求温度为 T_2、压力仍为 p_1 条件下的反应热 $\Delta_r H_{m,2}$。

T_2 时的反应热可按图2-6所示分三步完成，其中 $\Delta_r H_{m,1}$ 为已知，$\Delta_r H_{m,3}$ 和 $\Delta_r H_{m,4}$ 为简单状态变化过程中的焓变，其值可从各物质的定压热容数据算出。

$$\Delta_r H_{m,3}=\int_{T_2}^{T_1}[dC_{p,m}(D)+eC_{p,m}(E)]dT$$

$$\Delta_r H_{m,4}=\int_{T_1}^{T_2}[gC_{p,m}(G)+hC_{p,m}(H)]dT$$

因为焓变与途径无关，所以

$$\begin{aligned}\Delta_r H_{m,2}&=\Delta_r H_{m,3}+\Delta_r H_{m,1}+\Delta_r H_{m,4}\\&=\Delta_r H_{m,1}+\int_{T_2}^{T_1}[dC_{p,m}(D)+eC_{p,m}(E)]dT+\int_{T_1}^{T_2}[gC_{p,m}(G)+hC_{p,m}(H)]dT\\&=\Delta_r H_{m,1}+\int_{T_1}^{T_2}[gC_{p,m}(G)+hC_{p,m}(H)]dT-\int_{T_1}^{T_2}[dC_{p,m}(D)+eC_{p,m}(E)]dT\end{aligned}$$

即

$$\Delta_r H_m(T_2)=\Delta_r H_m(T_1)+\int_{T_1}^{T_2}\sum_B \nu_B C_{p,m}(B)dT \tag{2-73}$$

式中，$\sum_B \nu_B C_{p,m}(B)$ 代表生成物的总热容与反应物的总热容之差。ν_B 为计量方程式中的化学计量数，生成物为正，反应物为负。有时为了方便起见，也用 $\Delta C_{p,m}$ 来代表 $\sum_B \nu_B C_{p,m}(B)$，即

$$\Delta_r H_m(T_2)=\Delta_r H_m(T_1)+\int_{T_1}^{T_2}\Delta C_{p,m}dT \tag{2-74}$$

式(2-73)、式(2-74)称为基尔霍夫（G. R. Kirchhoff）方程的积分形式，其微分形式是

$$\left(\frac{\partial \Delta_r H_m}{\partial T}\right)_p=\sum_B \nu_B C_{p,m}(B) \tag{2-75}$$

或

$$\left(\frac{\partial \Delta_r H_m}{\partial T}\right)_p=\Delta C_{p,m} \tag{2-76}$$

由基尔霍夫方程可知：

① 如 $\sum_B \nu_B C_{p,m}(B)=0$，即反应物和生成物的热容相等，则 $\left(\frac{\partial \Delta_r H_m}{\partial T}\right)_p=0$，即反应热不随温度改变；

② 如 $\sum_B \nu_B C_{p,m}(B)>0$，即生成物的热容大于反应物的热容，则 $\left(\frac{\partial \Delta_r H_m}{\partial T}\right)_p>0$。对吸热反应（$\Delta_r H_m>0$）来说，反应热随温度升高而加大；

③ 如 $\sum_B \nu_B C_{p,m}(B)<0$，即生成物的热容小于反应物的热容，则 $\left(\frac{\partial \Delta_r H_m}{\partial T}\right)_p<0$。对吸热反应（$\Delta_r H_m>0$）来说，反应热随温度升高而减小。

从 T_1 到 T_2 的过程中若有聚集状态的变化，例如在温度为 T' 时有相变发生，在使用基尔霍夫方程时则应分段积分，先从 T_1 积分至 T'，然后计算 T' 时的相变热，再从 T' 积分至 T_2。积分时还需注意聚集状态不同时 $C_{p,m}$ 也不同。

对式(2-76) 做不定积分，得基尔霍夫方程的不定积分形式

$$\Delta_r H_m(T) = \int \Delta C_{p,m} dT + H_0 \tag{2-77}$$

若已知某一温度（如 298.15K）时的反应热 $\Delta_r H_m(298.15K)$，代入上式可求出积分常数 H_0，即可得到反应热与温度的一般关系。

例 2-9　计算 1000K 时方解石分解反应 $CaCO_3(s) = CaO(s) + CO_2(g)$ 的标准摩尔反应焓。已知：$\Delta_r H_m^{\ominus}(298.15K) = 177.87 kJ \cdot mol^{-1}$，

$C_{p,m}(CaO,s)/J \cdot K^{-1} \cdot mol^{-1} = 48.82 + 4.52 \times 10^{-3}(T/K) - 6.53 \times 10^5 (T/K)^{-2}$，

$C_{p,m}(CO_2,g)/J \cdot K^{-1} \cdot mol^{-1} = 44.14 + 9.04 \times 10^{-3}(T/K) - 8.53 \times 10^5 (T/K)^{-2}$，

$C_{p,m}(CaCO_3,s)/J \cdot K^{-1} \cdot mol^{-1} = 104.5 + 2.20 \times 10^{-3}(T/K) - 2.59 \times 10^5 (T/K)^{-2}$。

解：根据式(2-74)

$$\Delta_r H_m(1000K) = \Delta_r H_m(298.15K) + \int_{298.15K}^{1000K} \Delta C_{p,m} dT$$

其中　$\Delta C_{p,m} = \Delta a + \Delta b T + \Delta c' T^{-2}$

$\Delta a = 48.82 + 44.14 - 104.5 = -11.54$

$\Delta b = (4.52 + 9.04 - 2.20) \times 10^{-3} = 11.36 \times 10^{-3}$

$\Delta c' = (-6.53 - 8.53 + 2.59) \times 10^5 = -12.47 \times 10^5$

将已知数据代入上式得

$$\begin{aligned}\Delta_r H_m(1000K) &= 177.87 kJ \cdot mol^{-1} + \int_{298.15K}^{1000K} [-11.54 + 11.36 \times 10^{-3}(T/K) - \\ &\quad 12.47 \times 10^5 (T/K)^{-2}] J \cdot K^{-1} \cdot mol^{-1} \times 10^{-3} dT \\ &= 177.59 kJ \cdot mol^{-1}\end{aligned}$$

2.7　热化学基本数据与反应焓变的计算

2.7.1　标准摩尔生成焓

一定温度和压力下，由稳定单质生成 1mol 化合物时的热效应称为该化合物的摩尔生成焓，用 $\Delta_f H_m$ 表示，下标 f 表示生成（formation）的意思。在温度 T 的标准状态下，由稳定单质生成 1mol 化合物时的热效应称为该化合物的标准摩尔生成焓，用 $\Delta_f H_m^{\ominus}(T)$ 表示，温度若是 298.15K，可以省略。例如以下反应的热效应分别是 $H_2O(l)$ 和 $CO_2(g)$ 的标准摩尔生成焓：

$$H_2(g) + \frac{1}{2}O_2(g) = H_2O(l);\ \Delta_r H_m^{\ominus}(298.15K) = -285.83 kJ \cdot mol^{-1}$$

即
$$\Delta_f H_m^{\ominus}(H_2O, l, 298.15K) = -285.83 kJ \cdot mol^{-1}$$

$$C(石墨) + O_2(g) = CO_2(g);\ \Delta_r H_m^{\ominus}(298.15K) = -393.51 kJ \cdot mol^{-1}$$

即
$$\Delta_f H_m^{\ominus}(CO_2, g, 298.15K) = -393.51 kJ \cdot mol^{-1}$$

由标准摩尔生成焓的定义可知，任何一种稳定单质的标准摩尔生成焓都等于零。例如 $\Delta_f H_m^{\ominus}(H_2, g, 298.15K) = 0$；$\Delta_f H_m^{\ominus}(O_2, g, 298.15K) = 0$。但对有不同晶态的固体物质来说，只有稳定态的单质的标准摩尔生成焓才等于零。例如 $\Delta_f H_m^{\ominus}(石墨) = 0$，而 $\Delta_f H_m^{\ominus}(金刚石) = 1897 J \cdot mol^{-1}$。一些物质的标准摩尔生成焓的数据见附录。

利用标准摩尔生成焓可以计算标准摩尔反应焓变。对任一个化学反应来说，其反应物和

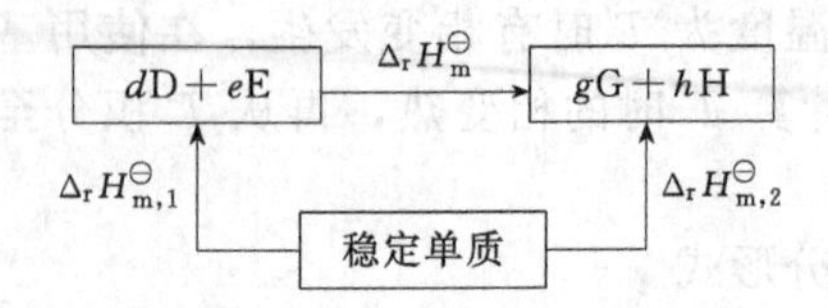

图 2-7　用标准摩尔生成焓计算标准摩尔反应焓

生成物的原子种类和个数是相同的，因此可以用同样的单质来生成反应物和生成物，如图 2-7 所示。因为 H 是状态函数，所以

$$\Delta_r H_m^\ominus = \Delta_r H_{m,2}^\ominus - \Delta_r H_{m,1}^\ominus$$

式中 $\Delta_r H_m^\ominus$ 是任一温度 T 时的标准摩尔反应焓变。$\Delta_r H_{m,1}^\ominus$ 是在标准态下由稳定单质生成 $d$mol D 和 $e$mol E 时的总焓变，即

$$\Delta_r H_{m,1}^\ominus = d\Delta_f H_m^\ominus(\mathrm{D}) + e\Delta_f H_m^\ominus(\mathrm{E})$$

同理

$$\Delta_r H_{m,2}^\ominus = g\Delta_f H_m^\ominus(\mathrm{G}) + h\Delta_f H_m^\ominus(\mathrm{H})$$

把 $\Delta_r H_{m,1}^\ominus$、$\Delta_r H_{m,2}^\ominus$ 代入前面的公式，得

$$\Delta_r H_m^\ominus = \{g\Delta_f H_m^\ominus(\mathrm{G}) + h\Delta_f H_m^\ominus(\mathrm{H})\} - \{d\Delta_f H_m^\ominus(\mathrm{D}) + e\Delta_f H_m^\ominus(\mathrm{E})\}$$

即

$$\Delta_r H_m^\ominus = \sum_{\mathrm{B}} \{\nu_{\mathrm{B}} \Delta_f H_m^\ominus(\mathrm{B})\} \tag{2-78}$$

式中，ν_B 为化学计量数，对反应物取负值，生成物取正值。

所以，化学反应的标准摩尔反应焓变等于生成物的总标准摩尔生成焓减去反应物的总标准摩尔生成焓。

例 2-10　计算下列反应在 298.15K 时的标准摩尔反应焓变。

$$CH_4(g) + 2O_2(g) = CO_2(g) + 2H_2O(l)$$

解：由附录查得各物质的标准摩尔生成焓如下

物　质	$CH_4(g)$	$CO_2(g)$	$H_2O(l)$	$O_2(g)$
$\Delta_f H_m^\ominus(298.15K)/kJ\cdot mol^{-1}$	−74.4	−393.51	−285.83	0

据式(2-78)，得

$$\Delta_r H_m^\ominus = \sum_{\mathrm{B}} \{\nu_{\mathrm{B}} \Delta_f H_m^\ominus(\mathrm{B})\} = [2\times(-285.83) + (-393.51) - (-74.4)]\,kJ\cdot mol^{-1}$$
$$= -890.41\,kJ\cdot mol^{-1}$$

2.7.2　标准摩尔燃烧焓

1mol 物质完全燃烧时的反应焓变称该物质的摩尔燃烧焓。若燃烧是在标准压力 $p^\ominus$ 下进行的，则称标准摩尔燃烧焓，记作 $\Delta_c H_m^\ominus(T)$，下标 c 表示燃烧（combustion)。所谓完全燃烧是指物质中的碳、氢、硫完全转变成 $CO_2(g)$、$H_2O(l)$ 和 $SO_2(g)$。一些物质的标准摩尔燃烧焓列于书末附录中。

一般的有机物难于直接从单质合成，其标准摩尔生成焓数据难以得到，但有机物大部分容易燃烧，因此可利用燃烧焓的数据来求某些反应的焓变。对于一个化学反应来说，其反应物和生成物的原子种类和数目相同，它们完全燃烧的产物势必也相同，因此很容易证明

$$\Delta_r H_m^\ominus = \{d\Delta_c H_m^\ominus(\mathrm{D}) + e\Delta_c H_m^\ominus(\mathrm{E})\} - \{g\Delta_c H_m^\ominus(\mathrm{G}) + h\Delta_c H_m^\ominus(\mathrm{H})\}$$

即

$$\Delta_r H_m^\ominus = -\sum_{\mathrm{B}} \nu_{\mathrm{B}} \Delta_c H_m^\ominus(\mathrm{B}) \tag{2-79}$$

式中，ν_B 为化学计量数，对反应物取负值，生成物取正值。

所以，化学反应的标准摩尔反应焓变等于反应物的总标准摩尔燃烧焓减去生成物的总标准摩尔燃烧焓。

例 2-11　298.15K 时，$C_2H_5OH(l)$ 和 $H_2O(l)$ 的标准摩尔生成焓为 $-277.6kJ\cdot mol^{-1}$ 和

$-285.83kJ\cdot mol^{-1}$，$CH_3OCH_3(g)$ 和 C(石墨) 的标准摩尔燃烧焓为 $-1460.4kJ\cdot mol^{-1}$ 和 $-393.51kJ\cdot mol^{-1}$，求 298.15K 时反应 $C_2H_5OH(l) \longrightarrow CH_3OCH_3(g)$ 的 $\Delta_r H_m^\ominus$ 和 $\Delta_r U_m^\ominus$。

解：据式(2-78) 得

$$\Delta_r H_m^\ominus = \Delta_f H_m^\ominus(CH_3OCH_3, g) - \Delta_f H_m^\ominus(C_2H_5OH, l)$$

若反应为 $CH_3OCH_3(g) + 3O_2(g) \longrightarrow 2CO_2(g) + 3H_2O(l)$ 时

$$\Delta_c H_m^\ominus(CH_3OCH_3, g) = 2\Delta_f H_m^\ominus(CO_2, g) + 3\Delta_f H_m^\ominus(H_2O, l) - \Delta_f H_m^\ominus(CH_3OCH_3, g)$$

则

$$\begin{aligned}\Delta_f H_m^\ominus(CH_3OCH_3, g) &= 2\Delta_f H_m^\ominus(CO_2, g) + 3\Delta_f H_m^\ominus(H_2O, l) - \Delta_c H_m^\ominus(CH_3OCH_3, g)\\ &= 2\Delta_c H_m^\ominus(\text{石墨}) + 3\Delta_f H_m^\ominus(H_2O, l) - \Delta_c H_m^\ominus(CH_3OCH_3, g)\end{aligned}$$

所以

$$\begin{aligned}\Delta_r H_m^\ominus &= \Delta_f H_m^\ominus(CH_3OCH_3, g) - \Delta_f H_m^\ominus(C_2H_5OH, l)\\ &= 2\Delta_c H_m^\ominus(\text{石墨}) + 3\Delta_f H_m^\ominus(H_2O, l) - \Delta_c H_m^\ominus(CH_3OCH_3, g) - \Delta_f H_m^\ominus(C_2H_5OH, l)\\ &= 2\times(-393.51kJ\cdot mol^{-1}) + 3\times(-285.83kJ\cdot mol^{-1}) -\\ &\quad (-1460.41kJ\cdot mol^{-1}) - (-277.6kJ\cdot mol^{-1})\\ &= 93.5kJ\cdot mol^{-1}\end{aligned}$$

$$\begin{aligned}\Delta_r U_m^\ominus &= \Delta_r H_m^\ominus - \sum \nu_B RT = (93.5 - 8.3145\times 298.15\times 10^{-3})kJ\cdot mol^{-1}\\ &= 91.0kJ\cdot mol^{-1}\end{aligned}$$

2.7.3 离子的标准摩尔生成焓

离子的标准摩尔生成焓是指在标准状态下，由稳定单质生成无限稀薄溶液中 1mol 离子的热效应。由于离子都是成对存在的，无法测定单一离子的生成焓，因此人为地规定氢离子的标准摩尔生成焓为零，即 $\Delta_f H_m^\ominus(H^+, aq, \infty) = 0$。

例 2-12 已知下列反应

$$HCl(g) \longrightarrow H^+(aq, \infty) + Cl^-(aq, \infty);\quad \Delta_r H_m^\ominus = -75.14kJ\cdot mol^{-1}$$

求 Cl^- 的标准摩尔生成焓。

解：据式(2-78)

$$\Delta_r H_m^\ominus = \Delta_f H_m^\ominus(H^+, aq, \infty) + \Delta_f H_m^\ominus(Cl^-, aq, \infty) - \Delta_f H_m^\ominus(HCl, g)$$

查表可得

$$\Delta_f H_m^\ominus(HCl, g) = -92.3kJ\cdot mol^{-1}$$

而 $\Delta_f H_m^\ominus(H^+, aq, \infty) = 0$，则

$$\begin{aligned}\Delta_f H_m^\ominus(Cl^-, aq, \infty) &= \Delta_r H_m^\ominus + \Delta_f H_m^\ominus(HCl, g)\\ &= -75.14kJ\cdot mol^{-1} + (-92.3kJ\cdot mol^{-1})\\ &= -167.44kJ\cdot mol^{-1}\end{aligned}$$

思 考 题

1. "根据分压定律 $p = \sum_B p_B$，压力具有加和性，因此压力是广度性质"。这一结论是否正确，为什么？

2. "系统的温度升高就一定吸热，温度不变时系统既不吸热也不放热"。这种说法对吗？举例说明。

3. 在孤立系统中发生任何过程，都有 $\Delta U = 0$，$\Delta H = 0$，这一结论对吗？

4. 因为 $H = U + pV$，所以焓是热力学能与体积功 pV 之和，对吗？

5. 热力学第一定律有时写成 $\Delta U = Q + W$，有时写成 $\Delta U = Q - \int_{V_1}^{V_2} p\mathrm{d}V$，这两种写法是否完全等效。

6. "理想气体在恒外压下绝热膨胀，因为恒外压，所以 $Q_p = \Delta H$；又因绝热，所以 $Q_p = 0$。由此得 $Q_p = \Delta H = 0$"。这一结论是否正确，为什么？

7. 系统经过一循环过程后，与环境没有功和热的交换，因为系统回到了始态。这一结论是否正确，为什么？

8. 在一绝热钢瓶中发生一化学反应，温度和压力均升高了，这一过程的 ΔU、ΔH 是大于零、小于零还是等于零。

9. 在一容器中发生如下化学反应：$H_2(g)+Cl_2(g)=2HCl(g)$。如果反应前后 T、p、V 均未发生变化，设所有气体均可视作理想气体，因为理想气体的 $U=f(T)$，所以该反应的 $\Delta U=0$。这样的判断错在何处？

10. 一理想气体经等温膨胀、绝热膨胀、等温压缩和绝热压缩等四个连接着的过程而回到起点，每一过程的 Q、W 为多少？总的循环过程的 Q、W 又为多少？

11. 运用盖斯定律计算时，必须满足什么条件？

12. 标准状态下，反应 $CH_3OH(g)+O_2(g)=CO(g)+2H_2O(g)$ 的反应热就是 $CH_3OH(g)$ 的标准燃烧热，对吗？

13. 标准状态下，反应 $CO(g)+\frac{1}{2}O_2(g)=CO_2(g)$ 的反应热就是 $CO_2(g)$ 的标准生成热，这一结论是否正确？

14. 对煤、石油、天然气、核燃料的优缺点进行比较总结。

习　题

1. 选择题

(1) 如图，在绝热盛水容器中，浸有电阻丝，通电后水与电阻丝的温度均有升高，如以电阻丝为体系，则上述过程的 Q、W 和体系的 ΔU 值的符号为（　　）。

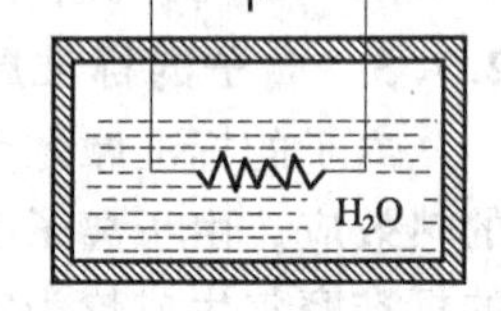

A. $W=0$，$Q<0$，$\Delta U<0$

B. $W>0$，$Q<0$，$\Delta U>0$

C. $W=0$，$Q>0$，$\Delta U>0$

D. $W<0$，$Q=0$，$\Delta U>0$

(2) 苯在一个刚性的绝热容器中燃烧，$C_6H_6(l)+\frac{15}{2}O_2(g)=6CO_2(g)+3H_2O(g)$，下列各关系式正确的是（　　）。

A. $\Delta U=0$，$\Delta H<0$，$Q=0$　　B. $\Delta U=0$，$\Delta H>0$，$W=0$

C. $\Delta U=0$，$\Delta H=0$，$Q=0$　　D. $Q<0$，$W=0$，$\Delta U<0$

(3) 某绝热封闭体系在接受了环境所做的功之后，其温度（　　）。

A. 一定升高　　B. 一定降低

C. 一定不变　　D. 随接受功的多少而定

(4) n mol 理想气体由同一始态出发，分别经①等温可逆 ②绝热可逆两个过程压缩到达相同压力的终态，以 H_1 和 H_2 分别表示①和②过程终态的焓值，则（　　）。

A. $H_1>H_2$　B. $H_1<H_2$　C. $H_1=H_2$

(5) 在下列反应中，焓变等于 $AgBr(s)$ 的 $\Delta_f H_m^{\ominus}$ 反应是（　　）。

A. $Ag^+(aq)+Br^-(aq)=AgBr(s)$　　B. $2Ag(s)+Br_2(g)=2AgBr(s)$

C. $Ag(s)+\frac{1}{2}Br_2(l)=AgBr(s)$　　D. $Ag(s)+\frac{1}{2}Br_2(g)=AgBr(s)$

(6) 1mol 单原子理想气体从 298K，202.65kPa 经历 ①等温、②绝热、③等压三条途径可逆膨胀，使体积增加到原来的 2 倍，所作的功分别为 W_1、W_2、W_3，三者的关系是（　　）。

A. $-W_1>-W_2>-W_3$　　B. $-W_2>-W_1>-W_3$

C. $-W_3>-W_2>-W_1$　　D. $-W_3>-W_1>-W_2$

(7) 恒压下，无相变的单组分封闭体系的焓值随温度的升高而（　　）。

A. 增加　B. 减少　C. 不变　D. 不一定

(8) $\Delta H=Q_p$ 适用于下列那个过程（　　）。

A. 理想气体从 1×10^7 Pa 反抗恒定的 1×10^5 Pa 膨胀到 1×10^5 Pa

B. 0℃，101325Pa 下冰融化成水

C. 101325Pa 下电解 $CuSO_4$ 水溶液

D. 气体从 298K、101325Pa 可逆变化到 373K、10132.5Pa

(9) 某气体在恒压升温和恒容升温过程中（无非体积功）所吸收的热量相同，比较恒压过程体系升高的温度$(dT)_p$与恒容过程体系升高的温度$(dT)_V$的大小（　　）。

A. $(dT)_p>(dT)_V$　　B. $(dT)_p=(dT)_V$

C. $(dT)_p<(dT)_V$　　D. $(dT)_p\geqslant(dT)_V$

(10) 298K 时，已知 X(g)及 Y(g)的生成热分别为 ΔH_1 和 ΔH_2，Y(l)══Y(g)的气化热为 ΔH_3，则对于反应 X(g)══2Y(l) 的 ΔH 为（　　）。

A. $\Delta H=2\Delta H_2-2\Delta H_3-\Delta H_1$　　B. $\Delta H=\Delta H_2-\Delta H_1-\Delta H_3$

C. $\Delta H=2\Delta H_2-\Delta H_1-\Delta H_3$　　D. $\Delta H=2\Delta H_2+2\Delta H_3-\Delta H_1$

2. 一容器中装有某气体 1.5dm^3，在 100kPa 下，气体从环境吸热 800J 后，体积膨胀到 2.0dm^3，计算系统的热力学能改变量。

3. 5mol 理想气体在 300K 由 0.5dm^3 恒温可逆膨胀至 5dm^3，求 W、Q 和 ΔU。

4. 10mol 理想气体由 298.15K、10^6Pa 自由膨胀到 298.15K、10^5Pa，再经恒温可逆压缩到始态，求循环过程的 Q、W、ΔU、ΔH。

5. 单原子理想气体 A 与双原子理想气体 B 的混合物共 5mol，摩尔分数 $y_B=0.4$，始态温度 $T_1=400$K，压力 $p_1=200$kPa。今该混合气体绝热反抗恒外压 $p=100$kPa 膨胀到平衡态。求末态温度 T_2 及过程的 W、ΔU 、ΔH。

6. 1mol Ar(g) 维持体积为 22.4dm^3，温度由 273.15K 升高到 373.15K，计算该过程的 Q、W、ΔU、ΔH。设 Ar(g) 为理想气体，$C_{V,m}=\frac{3}{2}R$。

7. 25℃时，一个带有活塞的桶中装有 100gN_2，当外压为 3000kPa 时处于平衡，若压力骤减到 1000kPa，气体可视作绝热膨胀。计算系统最后的温度和 ΔU、ΔH（假定 N_2 是理想气体，$C_{V,m}=20.71\text{J}\cdot\text{K}^{-1}\cdot\text{mol}^{-1}$）。

8. 已知 100℃、101.325kPa 时水的蒸发热为 40.66kJ·mol^{-1}，求 1mol 100℃、101.325kPa 水变成同温度、81.06kPa 的水蒸气时的 ΔU 和 ΔH（设气体为理想气体）。

9. 1mol 单原子分子理想气体，始态为 202650Pa、11.2dm^3，经 $pT=$常数的可逆过程压缩到终态为 405300Pa，求：(1) 终态的体积和温度；(2) ΔU 和 ΔH；(3) 所做的功。

10. 某高压容器中装有未知气体，可能是氮气或氩气。25℃时，从容器中取出 1mol 样品，体积从 5dm^3 绝热可逆膨胀至 6dm^3，气体温度降低了 21℃，试判断容器中是何种气体。设气体为理想气体。

11. 蒸汽锅炉中连续不断地注入 20℃的水，将其加热并蒸发成 180℃、饱和蒸气压为 1.003MPa 的水蒸气。求生产 1kg 水蒸气所需要的热量。已知：水在 100℃的摩尔蒸发焓为 40.66kJ·mol^{-1}，水的平均摩尔定压热容 $C_{p,m}=75.32\text{J}\cdot\text{K}^{-1}\cdot\text{mol}^{-1}$，水蒸气的平均摩尔定压热容与温度的函数关系为 $C_{p,m}=29.16+14.49\times10^{-3}(T/\text{K})-2.022\times10^{-6}(T/\text{K})^2$。

12. 某理想气体的 $C_{V,m}/\text{J}\cdot\text{K}^{-1}\cdot\text{mol}^{-1}=25.52+8.2\times10^{-3}(T/\text{K})$，(1) 写出 $C_{p,m}$和 T 的函数关系式；(2) 一定量的此气体 300K 下，由 1013.25kPa、1dm^3 膨胀到 $p_2=101.325$kPa、10dm^3 时，过程的 ΔU、ΔH 是多少？(3) 第 (2) 中的态变能否用绝热过程来实现？

13. 将浓度 $c(C_2O_4^{2-})=0.16\text{mol}\cdot\text{dm}^{-3}$ 的酸性草酸溶液 25.00cm^3 和浓度 $c(MnO_4^-)=0.08\text{mol}\cdot\text{dm}^{-3}$ 的高锰酸钾溶液 20cm^3 在 100kPa 和 298K 混合使之反应，用量热计测得的等容热效应为−1200J。该反应的计量方程可用下面两种写法表示，分别求出相应的 $\Delta\xi$ 和 $\Delta_r H_m^\ominus(298\text{K})$。

(1) $C_2O_4^{2-}(aq)+\frac{2}{5}MnO_4^-(aq)+\frac{16}{5}H^+(aq)=\!=\!=2CO_2(g)+\frac{2}{5}Mn^{2+}(aq)+\frac{8}{5}H_2O(l)$

(2) $5C_2O_4^{2-}(aq)+2MnO_4^-(aq)+16H^+(aq)=\!=\!=10CO_2(g)+2Mn^{2+}(aq)+8H_2O(l)$

14. 计算 25℃时下列反应的等压反应热与等容反应热之差。

(1) $CH_4(g)+2O_2(g)=\!=\!=CO_2(g)+2H_2O(l)$

(2) $H_2(g)+Cl_2(g)=\!=\!=2HCl(g)$

15. 25℃下，密闭恒容的容器中有 10g 固体萘 $C_{10}H_8(s)$ 在过量的 $O_2(g)$ 中完全燃烧生成 $CO_2(g)$ 和

$H_2O(l)$。过程放热 401.73kJ。求

(1) $C_{10}H_8(s)+12O_2(g)=\!=\!=10CO_2(g)+4H_2O(l)$ 的反应进度；

(2) $C_{10}H_8(s)$ 的 $\Delta_c U_m^\ominus$；

(3) $C_{10}H_8(s)$ 的 $\Delta_c H_m^\ominus$。

16. 已知下列两个反应的焓变，求 298K 时水的标准摩尔蒸发焓。

(1) $2H_2(g)+O_2(g)=\!=\!=2H_2O(l)$； $\Delta_r H_m^\ominus(298K)=-571.70kJ\cdot mol^{-1}$

(2) $2H_2(g)+O_2(g)=\!=\!=2H_2O(g)$； $\Delta_r H_m^\ominus(298K)=-483.65kJ\cdot mol^{-1}$

17. 已知反应 $A+B\longrightarrow C+D$； $\Delta_r H_m^\ominus(T)=-40.0kJ\cdot mol^{-1}$

$C+D\longrightarrow E$； $\Delta_r H_m^\ominus(T)=60.0kJ\cdot mol^{-1}$

计算反应 (1) $C+D\longrightarrow A+B$；(2) $2C+2D\longrightarrow 2A+2B$；(3) $A+B\longrightarrow E$ 的 $\Delta_r H_m^\ominus(T)$

18. −10℃的 1mol 过冷水，在标准压力下凝固成−10℃的冰，求水在−10℃的凝固焓。已知水在 0℃的凝固焓为$-6.02kJ\cdot mol^{-1}$。假定水与冰的热容不随温度而变，分别为 $75.3J\cdot K^{-1}\cdot mol^{-1}$ 和 $37.6J\cdot K^{-1}\cdot mol^{-1}$。

19. 利用附录中标准摩尔生成焓数据计算下列反应在 298.15K 的 $\Delta_r H_m^\ominus$ 及 $\Delta_r U_m^\ominus$。假定反应中的各气体都可视作理想气体。

(1) $H_2S(g)+\frac{3}{2}O_2(g)=\!=\!=H_2O(l)+SO_2(g)$

(2) $CO(g)+2H_2(g)=\!=\!=CH_3OH(l)$

20. 25℃时，石墨、甲烷及氢的 $\Delta_c H_m^\ominus$ 分别为$-394kJ\cdot mol^{-1}$、$-890.3kJ\cdot mol^{-1}$和$-285.8kJ\cdot mol^{-1}$。求 25℃时在 (1) 等压；(2) 等容情况下甲烷的标准摩尔生成焓。

21. 已知反应 $WC(s)+\frac{5}{2}O_2(g)=WO_3(s)+CO_2(g)$ 在 300K 及恒容条件下进行时，$Q_V=-1.192\times10^6J$，请计算反应的 Q_p 和 $\Delta_f H_m^\ominus(WC,s,300K)$。已知 C 和 W 在 300K 时的标准摩尔燃烧焓分别为$-393.5kJ\cdot mol^{-1}$和$-837.5kJ\cdot mol^{-1}$。

22. 已知化学反应 $CH_4(g)+H_2O(g)=\!=\!=CO(g)+3H_2(g)$的热力学数据如下

	$CH_4(g)$	$H_2O(g)$	$CO(g)$	$H_2(g)$
$\Delta_f H_m^\ominus/kJ\cdot mol^{-1}$	−74.4	−241.826	−110.53	0
$C_{p,m}/J\cdot K\cdot mol^{-1}$	35.31	33.60	29.14	28.8

(1) 求该反应在 298.15K 时的 $\Delta_r H_m^\ominus$；

(2) 求该反应在 1000℃时的 $\Delta_r H_m^\ominus$。

23. 计算 298K 时，反应 $AgNO_3(aq)+KCl(aq)\rightleftharpoons AgCl(aq)+KNO_3(aq)$ 的摩尔反应焓变。

第3章　热力学第二定律与化学反应的方向和限度

自然界发生的一切过程都必须遵循热力学第一定律，保持能量守恒。但在不违背热力学第一定律的前提下，过程是否必然发生，若能发生的话，能进行到什么程度，热力学第一定律却不能回答。例如，石墨和金刚石都是碳的同素异形体，能否将廉价的石墨转变成昂贵的金刚石呢？热力学第一定律对此无能为力。要解决这些问题需要热力学第二定律，它能判断在指定的条件下一个过程能否发生，如能发生的话，能进行到什么程度。它还能告诉我们，如何改变外界条件（例如温度、压力等）才能使变化朝人们所需要的方向进行。例如，热力学第二定律指出，在常温常压下石墨不可能转变为金刚石，但在压力超过 1.52×10^9 Pa 时，石墨可以转变为金刚石。根据热力学第二定律的提示，现在已经可以工业化生产制造金刚石了。

本章介绍热力学第二、第三定律和熵 S、亥姆赫兹函数 A、吉布斯函数 G、化学势 μ、逸度、活度等概念及有关计算，并介绍如何用熵 S、亥姆赫兹函数 A、吉布斯函数 G、化学势 μ 来判断过程方向。

3.1　过程的方向性　热力学第二定律

3.1.1　自发过程的不可逆性

凡是不需要外力（做功）帮助，听其自然就能进行的过程称自发过程。自然界的许多过程都是自发过程。如水自高处流向低处，热由高温物体传向低温物体，气体从压力高的地方流向压力低的地方，重物自空中下落等等。还可以举出许多自发过程的例子，从这些例子中可以发现其共同的规律性：自发过程有着明显的方向性，自发过程发生后，相反的过程绝不会自动发生，除非借助于外力，才能使系统恢复原状，但环境必然留下变化。也就是说自发过程都是不可逆的。下面再分析两个典型例子。

（1）热功转换　如图 3-1 所示，重物下坠，带动搅拌器使水的温度升高，功全部变成热。但它的逆过程，即水温降低，放出热量，使重物自发地重新举起这一过程是不可能自动发生的。当然可以借助热机（蒸汽机、内燃机等）工作，使热变为功。但经验告诉我们，在不引起其它变化的条件下，热不能全部转化为功。因此功转变成热是不可逆过程。

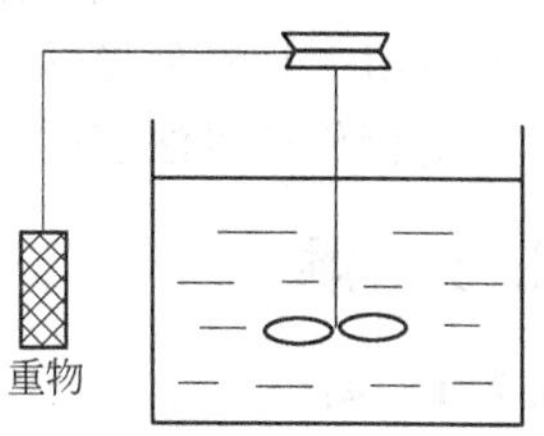

重物

图 3-1　功热转换示意图

（2）热传导　两个不同温度的物体相接触，热总是由高温物体自发地传向低温物体，直至两物体温度相等。绝不会有热由低温物体自发地传向高温物体，当然，借助于外力（如制冷机等）可以再将热由低温物体传向高温物体，使两物体恢复原来的温度。但是环境做了功，同时获得了热，虽然系统复原了，但环境却留下了变化。因此，热传导是不可逆过程。

可以举出许许多多的例子，都会得到相同的结论：“自发过程是热力学不可逆过程”。一切自发过程都有方向性，都趋向于自己的极限状态（平衡态），自发过程一旦发生，就不可能逆向自动进行。

应该说明，热力学中的不可逆性，并不是说过程不能向相反方向进行，或系统变化之后再不能复原，而是说保持外界条件不变时，系统不能复原。即使改变外界条件使系统沿其它途径复原，但实践证明对环境来说在正逆两个过程中所受影响不能抵消，在环境中都会留下功变热的后果，因而环境不能复原。除非能制造这样一种机器，它不断工作的结果只是把热全部转化为功而不引起其它的变化，这才能使系统复原的同时，环境也复原。但人类经验证明，这样的机器是不可能制成的。这一事实正是热力学第二定律的基础。

3.1.2 热力学第二定律

从大量的正、反经验总结出来的热力学第二定律，就是在不违背热力学第一定律的前提下，判断在一定条件下过程的方向和限度的定律。“自发过程都是热力学不可逆过程”这个结论是人类经验的总结，也是热力学第二定律的基础。自然界的自发过程多种多样，但人们发现自发过程都是相互关联的，从某一个自发过程的不可逆性可以推断另一个自发过程的不可逆性。因此热力学第二定律的表述也有多种，但它们都是等价的。下面是两种著名的表述：

① 开尔文（Lord Kelvin）说法　不可能从单一热源取热，使之完全变为功而不引起其它的变化。

从一个热源中取的热不能完全变为功，就会将不能转变为功的那部分热放出并转移到另一个温度较低的热源。由此可见，任何热变功的机构都至少包含两个温度不同的热源。

应注意的是，并不是说热不能转变成功，也没有说热不能完全转变成功。而是说在不引起其它变化的前提下，热不能完全转变为功。例如，理想气体的等温可逆膨胀，热就完全变为功，但同时引起系统体积的变化。

开尔文说法还可表述为：第二类永动机是不可能造成的。所谓第二类永动机就是能从单一热源取热并使之全部变为功而不产生其它影响的机器。第二类永动机并不违背第一定律，但却永远造不成。这类机器如能造成，那么就可无限制地将单一热源的热取出来，使之完全变为功而不留下其它变化。例如，让这样的机器从海水中吸热做功，仅仅使海水温度降低一度，抽出的热量就足够现代社会用五十万年之久。事实上第二类永动机的设计者和制造者都以失败告终，这也从反面证明了第二定律的正确。

开尔文说法表明了功变热的不可逆性。

② 克劳修斯（Rudolf Clausius）说法　不可能使热从低温物体传递到高温物体而不引起其它变化。

热能够自发地从高温物体传至低温物体，这一过程不但不需要外界做功，而且可以通过一个热机循环对外做功。但热只有借助“热泵”，消耗外功，才能由低温物体传向高温物体。

克劳修斯说法表明了热传导的不可逆性。

3.2 熵

3.2.1 熵

3.2.1.1 卡诺定理

由式(2-64) 知，工作于两个不同温度的热源之间的热机，其效率 η 定义为

$$\eta=\frac{-W}{Q_1}$$

式中，$-W$ 为热机对外所做的功，Q_1 为热机从高温热源所吸收的热。以理想气体作为工作物质的卡诺热机（也是可逆热机），其热机效率为

$$\eta=\frac{-W}{Q_1}=\frac{Q_1+Q_2}{Q_1}=\frac{T_1-T_2}{T_1}$$

式中，T_1、T_2 分别为高温及低温热源的温度，Q_2 是热机向低温热源放出的热。因此，对于卡诺循环（也是可逆循环），有

$$\frac{Q_1}{T_1}+\frac{Q_2}{T_2}=0$$

即卡诺循环的热温商之和等于零。

卡诺还提出：在温度为 T_1、T_2 两热源间工作的所有热机中，可逆热机的效率最大。这就是著名的卡诺定理。下面运用热力学第二定律来证明卡诺定理。

如图 3-2(a) 所示，有任意热机 I 和卡诺热机 R 都在温度为 T_1 的高温热源和温度为 T_2 的低温热源之间工作。调整热机 I 和 R，使两个热机所做的功均为 $|W|$，若热机 I 和 R 分别自高温热源吸热 $|Q_1'|$ 和 $|Q_1|$，向低温热源放热 $|Q_2'|=|Q_1'|-|W|$ 和 $|Q_2|=|Q_1|-|W|$（为了便于说明问题，功和热均取其绝对值）。两个热机的效率分别为

$$\eta_{\mathrm{I}}=\frac{|W|}{|Q_1'|},\eta_{\mathrm{R}}=\frac{|W|}{|Q_1|}$$

假设卡诺定理不成立，则 $\eta_{\mathrm{I}}>\eta_{\mathrm{R}}$，或者写为

$$\frac{|W|}{|Q_1'|}>\frac{|W|}{|Q_1|}$$

故

$$|Q_1'|<|Q_1|$$

现将任意热机与卡诺热机组成一个联合机组，用任意热机来带动卡诺热机，使后者倒转运行，如图 3-2(b) 所示。因为卡诺热机是可逆的，倒转运行就成为制冷机，它所需的功由热机 I 供给。两台热机联合操作，热机 I 从高温热源吸热 $|Q_1'|$，做功 $|W|$，放热 $|Q_2'|$ 到低温热源，卡诺热机 R 从热机 I 接受功 $|W|$，从低温热源吸取热量 $|Q_2|$，放热 $|Q_1|$ 到高温热源。热量变化的总结果是：$|Q_2|-|Q_2'|=(|Q_1|-|W|)-(|Q_1'|-|W|)=|Q_1|-|Q_1'|>0$，也就是说，联合机组循环一周，两个热机中的工作物质都恢复了原状，环境也没有其它变化，仅仅是把 $|Q_2|-|Q_2'|$ 的热从低温热源传至高温热源了。这违背了克劳修斯说法，所以假设 $\eta_{\mathrm{I}}>\eta_{\mathrm{R}}$ 不能成立，只有 $\eta_{\mathrm{I}}\leqslant\eta_{\mathrm{R}}$。卡诺定理得证。

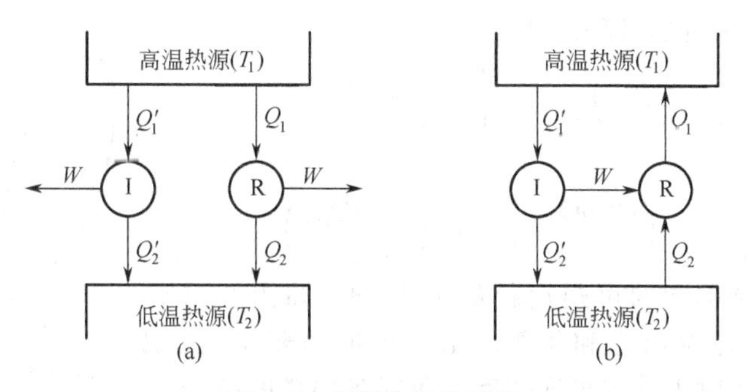

图 3-2 卡诺定理的证明

运用第二定律的开尔文说法同样可以证明卡诺定理。

由卡诺定理还可以得到如下推论：所有工作于两个确定温度的热源之间的可逆热机，其热机效率都相等，与工作物质无关。证明如下：

设有两台工作物质不同的可逆热机 R_1 和 R_2，同时工作于温度为 T_1 和 T_2 的两个热源之间，把 R_1 和 R_2 联合成一个机组，若以 R_1 带动 R_2 逆转（即以 R_1 为热机，以 R_2 为制冷机），根据卡诺定理，应有 $\eta_{R_1}\leqslant\eta_{R_2}$。若以 R_2 带动 R_1 逆转（即以 R_2 为热机，以 R_1 为制冷机），则应有 $\eta_{R_2}\leqslant\eta_{R_1}$。因此，若要同时满足上述两个条件的唯一可能是：$\eta_{R_2}=\eta_{R_1}$，可见不论工作物质性质如何，工作于两个确定温度的热源间的可逆热机效率相等。

3.2.1.2 熵

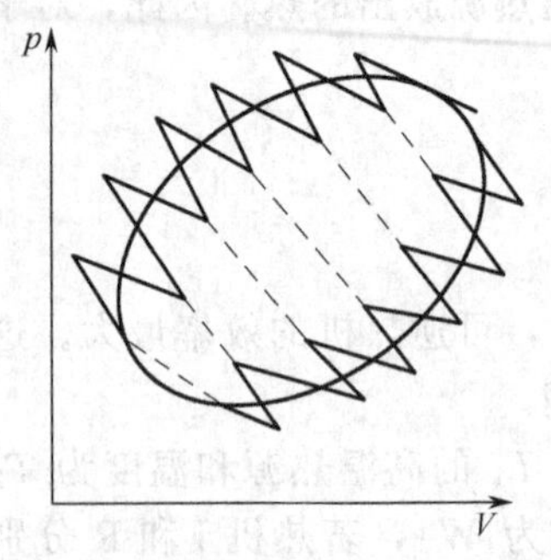

图 3-3 任意可逆循环为许多卡诺循环代替的示意图

2.5.4 中曾指出，卡诺循环的热温商之和等于零。其实，任意可逆循环的热温商之和均等于零。如图 3-3 所示，封闭曲线为任意可逆循环，可用许多彼此排列极为接近的可逆绝热线和可逆等温线将其分割成许多个小的卡诺循环。任意两个相邻的小卡诺循环之间的可逆绝热线均是左侧小卡诺循环的可逆绝热膨胀线和右侧小卡诺循环的可逆绝热压缩线的部分重叠（图中虚线部分）。由于重叠部分的功相互抵消，绝热过程中系统与环境之间又无热交换，故这些小卡诺循环的总和形成了沿着该任意可逆循环曲线的封闭折线。当用无限多个无限小的卡诺循环来分割任意可逆循环时，封闭折线就与任意可逆循环线重合，即可用无限多个无限小的卡诺循环来代替任意的可逆循环。

对于每一个小卡诺循环，分别有以下关系

$$\frac{\delta Q_1}{T_1}+\frac{\delta Q_2}{T_2}=0,\frac{\delta Q_3}{T_3}+\frac{\delta Q_4}{T_4}=0,\frac{\delta Q_5}{T_5}+\frac{\delta Q_6}{T_6}=0,\cdots$$

对整个可逆循环，则有

$$\left(\sum_i \frac{\delta Q_i}{T_i}\right)_{\text{rev}}=\left(\frac{\delta Q_1}{T_1}+\frac{\delta Q_2}{T_2}\right)+\left(\frac{\delta Q_3}{T_3}+\frac{\delta Q_4}{T_4}\right)+\left(\frac{\delta Q_5}{T_5}+\frac{\delta Q_6}{T_6}\right)+\cdots=0$$

式中，下标 rev 表示可逆，T_1、T_2、…是热源的温度，在可逆过程中也是系统的温度。

在极限条件下，上式可写成

$$\oint \frac{\delta Q_{\text{rev}}}{T}=0$$

即任意可逆循环的热温商之和等于零。

设用一闭合曲线代表一任意可逆循环（如图 3-4 所示），在曲线上任取两点 A 和 B，将可逆循环分为两段，循环可视为由 A 经途径Ⅰ至 B，再由 B 经途径Ⅱ回到 A［如图 3-4(a) 所示］，两条途径均为可逆过程。那么有

$$\oint \frac{\delta Q_{\text{rev}}}{T}=\left(\int_A^B \frac{\delta Q_{\text{rev}}}{T}\right)_{\text{I}}+\left(\int_B^A \frac{\delta Q_{\text{rev}}}{T}\right)_{\text{II}}=0$$

移项后得

$$\left(\int_A^B \frac{\delta Q_{\text{rev}}}{T}\right)_{\text{I}}=-\left(\int_B^A \frac{\delta Q_{\text{rev}}}{T}\right)_{\text{II}}=\left(\int_A^B \frac{\delta Q_{\text{rev}}}{T}\right)_{\text{II}}$$

此式表明，经由两条不同的可逆途径从 A 到 B［如图 3-4(b) 所示］，它们各自的热温商之和相等。由于可逆循环及 A、B 两点都是任意的，故对于其它可逆过程也可得到同样的结论。

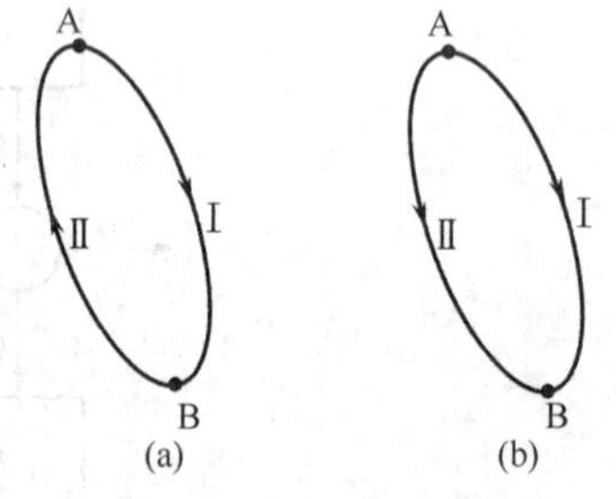

图 3-4 可逆过程的热温商与途径无关

可逆过程的热温商的数值仅与始、终态有关而与途径无关，只要始、终态确定了，则可逆过程的热温商的数值也就随之确定，这正是状态函数的特点。因此克劳修斯定义了一个新的热力学状态函数——熵，用符号 S 表示。若令 S_B 和 S_A 分别代表系统终态和始态的熵，则

$$S_B-S_A=\Delta S=\int_A^B \frac{\delta Q_{\text{rev}}}{T} \tag{3-1}$$

若 A、B 两个状态非常接近，则可写作微分的形式

$$dS=\frac{\delta Q_{\text{rev}}}{T} \tag{3-2}$$

式(3-1) 和式(3-2) 就是熵的定义。熵是广度性质，其单位为 $J \cdot K^{-1}$。

热力学能（U）和焓（H）都是系统自身的性质，要认识它们，需要借助系统与环境间热量和功的交换，例如，在一定条件下 $\Delta U = Q_V$，$\Delta H = Q_p$。熵也是这样，系统在一定状态下有一定的熵值，当系统状态变化时，要用可逆过程的热温商来衡量熵的变化值。

3.2.2　克劳修斯不等式与熵增原理

3.2.2.1　克劳修斯不等式——热力学第二定律的数学表达式

由卡诺定理知道，在温度相同的高温热源和低温热源之间工作的不可逆热机的热机效率 η_{ir}（下标 ir 表示不可逆）总是比可逆热机的热机效率 η_{rev} 小。已知

$$\eta_{ir} = \left(\frac{-W}{Q_1}\right)_{ir} = \left(\frac{Q_1 + Q_2}{Q_1}\right)_{ir} = 1 + \left(\frac{Q_2}{Q_1}\right)_{ir}$$

而

$$\eta_{rev} = 1 - \frac{T_2}{T_1}$$

故

$$1 + \left(\frac{Q_2}{Q_1}\right)_{ir} < 1 - \frac{T_2}{T_1}$$

移项后得

$$\left(\frac{Q_1}{T_1}\right)_{ir} + \left(\frac{Q_2}{T_2}\right)_{ir} < 0$$

对于任意不可逆循环，也可将其用许多工作在两热源间的小循环所代替，在这些小循环中，只要有一个是不可逆的，整个循环就是不可逆的。根据上式，有

$$\left(\sum_i \frac{\delta Q_i}{T_i}\right)_{ir} < 0$$

式中，δQ 为实际过程的热量，T 为环境的温度。此式表明，任一不可逆循环的热温商之和小于零。

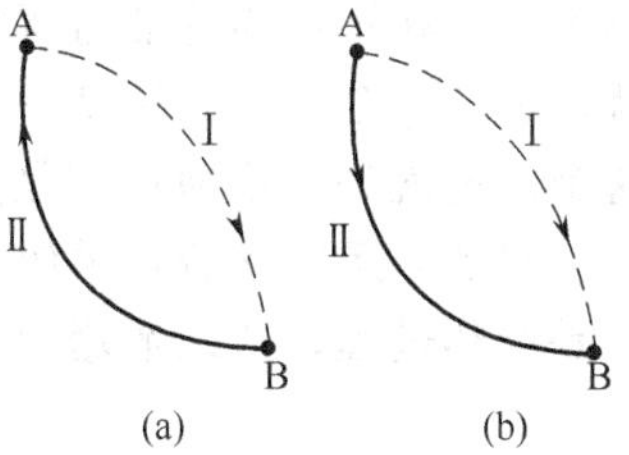

图 3-5　不可逆循环的热温商

设有图 3-5(a) 所示的循环，系统由 A 经过不可逆途径 Ⅰ 到 B，再由 B 经过可逆途径 Ⅱ 到 A，因途径 Ⅰ 不可逆，故整个循环也不可逆。所以

$$\left(\sum_i \frac{\delta Q_i}{T_i}\right)_{ir} = \left(\sum_i \frac{\delta Q_i}{T_i}\right)_{ir,A\to B} + \left(\sum_i \frac{\delta Q_i}{T_i}\right)_{rev,B\to A} < 0$$

而

$$\left(\sum_i \frac{\delta Q_i}{T_i}\right)_{rev,B\to A} = S_A - S_B$$

所以

$$\Delta S_{A\to B} = (S_B - S_A) > \left(\sum_i \frac{\delta Q_i}{T_i}\right)_{ir,A\to B}$$

即

$$\Delta S > \left(\sum_i \frac{\delta Q_i}{T_i}\right)_{ir} \tag{3-3}$$

此式表明，系统由始态 A 经过不可逆过程变到终态 B，其过程中的热温商之和总是小于系统由始态 A 经过可逆过程变到终态 B 的热温商之和，即系统的熵变 ΔS [如图 3-5(b) 所示]。

需要指出，熵是状态函数，当始态终态一定时，不论其间发生的是可逆过程还是不可逆过程，其熵变 ΔS 是一定的，但它的数值只能由可逆过程的热温商求得。对于任意的不可逆过程在给定始态终态之后，不可逆过程中的热温商不等于系统的熵变 ΔS，需要在始态与终态之间设计可逆过程才能求出 ΔS 的值。

若 A、B 两个状态非常接近，式(3-3) 则可写作

$$dS > \frac{\delta Q_{ir}}{T} \tag{3-4}$$

将式(3-1) 与式(3-3) 合并，得

$$\Delta S \underset{rev}{\overset{ir}{\geqslant}} \int_A^B \frac{\delta Q}{T} \tag{3-5}$$

式(3-5) 称为克劳修斯不等式。不等号表示不可逆，此时 T 为环境的温度，δQ 为不可逆过程中的热量；等号表示可逆，此时环境的温度 T 等于系统的温度，δQ 为可逆过程中的热量。因为此式可用来判别过程的可逆性，故也称为热力学第二定律的数学表达式。

若将式(3-5) 用于微小的过程，则得到

$$dS \underset{rev}{\overset{ir}{\geqslant}} \frac{\delta Q}{T} \tag{3-6}$$

这是热力学第二定律的最普遍的表达式。

3.2.2.2 熵增原理

对于绝热过程，$Q=0$，这时式(3-5)、式(3-6) 即成为

$$(dS)_{绝热} \underset{rev}{\overset{ir}{\geqslant}} 0 \tag{3-7}$$

或

$$(\Delta S)_{绝热} \underset{rev}{\overset{ir}{\geqslant}} 0 \tag{3-8}$$

式(3-8) 表明，在一个绝热系统中只可能发生 $\Delta S \geqslant 0$ 的变化。在可逆绝热过程中，系统的熵不变；在不可逆绝热过程中，系统的熵增加。系统不可能发生一个熵减少的绝热过程。也就是说，一个封闭系统从一个平衡态经过一绝热过程到达另一平衡态时，它的熵永不减少。这个结论就是熵增原理，是热力学第二定律的重要结果。

对孤立系统来说，系统和环境之间无能量和物质的交换，因此孤立系统中发生的过程必然是绝热过程，所以熵增原理又常表述为：一个孤立系统的熵永不减少，即

$$(dS)_{孤立} \underset{rev}{\overset{ir}{\geqslant}} 0 \tag{3-9}$$

或

$$(\Delta S)_{孤立} \underset{rev}{\overset{ir}{\geqslant}} 0 \tag{3-10}$$

3.2.3 熵判据

利用熵增原理可以判断孤立系统中发生的过程的方向及限度。对于一个孤立系统来说，系统与环境间无任何作用，因此在孤立系统中若发生一个不可逆变化，则必然是自发的不可逆过程。而自发的不可逆过程是一个熵增过程，当系统的熵值达最大时（不可能再增加），就是自发过程的限度，系统也达到了平衡态。达到平衡态的孤立系统不可能再发生一个$\Delta S>0$ 的自发过程，如果有过程发生的话，只能是 $\Delta S=0$ 的可逆过程。所以，过程的方向及限度的熵判据是

$$(\Delta S)_{孤立}\begin{cases} >0 & 自发过程 \\ =0 & 平衡态标志或可逆过程 \\ <0 & 不可能发生 \end{cases} \tag{3-11}$$

式(3-11) 只适用于孤立系统，对于非孤立系统，可将系统及环境合在一起算作一个大的孤立系统，它的熵变等于原系统的熵变加上环境的熵变，即

$$(\Delta S)_{总}=(\Delta S)_{系统}+(\Delta S)_{环境} \tag{3-12}$$

热力学的环境常被视作巨大的储热器（或称热源），与系统进行有限的作用时，仅引起环境温度、压力等无限小的变化，环境可认为时刻处于无限接近平衡的状态。这样，整个热交换的过程对环境而言可看成是在恒温下的可逆过程，且系统得到多少热，环境就失去多少热，两者数值相等，符号相反，则由熵的定义得

$$(\Delta S)_{环}=\frac{Q_{rev}^{环}}{T}=\frac{Q_{ir}^{环}}{T}=-\frac{Q}{T} \tag{3-13}$$

式中，Q 表示系统实际吸收的热量。

3.2.4　热力学第二定律的统计解释

热力学研究的对象都是宏观系统，描述系统状态的热力学性质也都是宏观性质。系统的宏观热力学性质实际上是大量质点的统计平均性质。例如，温度是大量分子平均动能的统计平均值，分子的平均动能越大，温度越高。压力是大量气体分子撞击器壁所产生的动量变化的统计平均，分子的均方速度越大，对器壁产生的压力也越大。系统的宏观性质描述了一个确定的宏观状态，然而从微观角度来看，由于微观粒子不停地运动，微观粒子的状态也是不断地改变着，因而系统的一个确定的宏观状态就会对应着许多不同的微观状态。所谓系统的微观状态即是对系统内每个微观粒子的状态（位置、速度、能量等等）都给予确切描述时系统所呈现的状态。

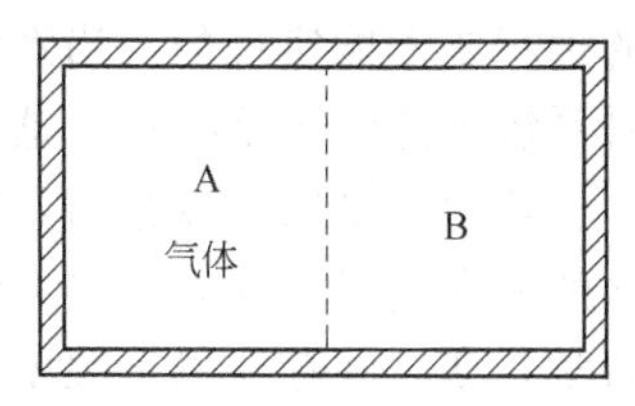

图 3-6　气体扩散示意图

下面以微观粒子的位置分布为例来进行讨论。假设一个密闭绝热容器，中间用隔板隔开，左半部分 A 盛有气体，右半部分 B 是空的，如图 3-6 所示。把隔板抽掉，气体就会自发地迅速充满整个容器，成均匀的平衡态。为简单起见，假设左边只有四个分子（以 a、b、c、d 表示）。从分子的空间位置来说，隔板抽掉前，四个分子都在 A，因此只有 1 种分布方式。隔板抽掉后每个分子都可能分布在左半部 A 或右半部 B，系统一共可以有 16 种分布方式，每一种分布方式都表示系统的一种微观状态，所以也说系统有 16 种微观状态，如表 3-1 所示。

表 3-1　系统的微观状态数

(4,0)分布 微观状态数 1		(0,4)分布 微观状态数 1		(3,1)分布 微观状态数 4		(2,2)分布 微观状态数 6		(1,3)分布 微观状态数 4	
A	B	A	B	A	B	A	B	A	B
						a b	c d		
				a b c	d	a c	b d	a	b c d
abcd			abcd	a b d	c	a d	b c	b	a c d
				a c d	b	b c	a d	c	a b d
				b c d	a	b d	a c	d	a b c
						c d	a b		

用 (m，n) 来表示处于 A 和 B 的分子数，(m，n) 称作一种分布，即一种宏观状态。表中显示有 (4，0)、(0，4)、(3，1)、(2，2) 和 (1，3) 五种分布，即系统共有五种宏观状态。每种宏观状态又对应有不同的微观状态，例如 (3，1) 是一种分布，表示了三个分子处于 A，一个分子处于 B 的一种宏观状态，该宏观状态对应着四种微观状态。把微观状态数（即实现某种分布的方式数）也称做该种分布的热力学几率。(4，0) 分布的热力学几率是 1，(3，1) 分布的热力学几率是 4，(2，2) 分布的热力学几率是 6，……（表 3-1）。系统总的微观状态数称为系统总热力学几率，以 Ω 表示，此例 $\Omega=16$。将每种分布的热力学几率除以系统总热力学几率 Ω 得到的商值就是通常的数学几率（简称几率）。因此 (4，0) 分布的几率是 1/16，(2，2) 分布的几率是 6/16……。几率越大，意味着出现该种分布的机会越大。热力学几率最大的分布叫做最可几分布。此例中 (2，2) 分布是最可几分布，也是均匀分布，它出现的几率最大。通过计算可以表明，当粒子数充分大时，最可几分布的热力学几率将会比其余分布的热力学几率总和还要大，甚至可以用它来代替系统的总热力学几率，也

就是说最可几分布（均匀分布）出现的几率几乎为 1，因此观察到的平衡态实际上是对应着微观状态数最多的最可几分布（均匀分布）。

微观状态数（热力学几率）的多少，体现了系统的混乱程度，为了形象化起见，也把一定的宏观状态下系统可能出现的微观状态数目称做这一宏观状态的混乱度。所以某种分布的微观状态数、热力学几率及混乱度都是同一问题的不同说法。

通过上面的讨论，可以得到结论：在一个不受外界干扰的孤立系统中，系统的总热力学几率 Ω 是一定的，而且每个微观状态出现的几率应是相等的，都是 $1/\Omega$（这也称为等几率原理）。最可几分布就是包含微观状态数最多的均匀分布，也是热力学几率或混乱度最大的分布，也是数学几率几乎为 1 的分布，就是平衡态所对应的分布。所以一切自发过程都是从热力学几率小的状态朝向热力学几率大的状态，即沿着混乱度增加的方向进行，而混乱度减少的过程是不能实现的。当系统达到混乱度最大的宏观状态时，系统宏观变化也就停止了，这时系统就达到了平衡态。这就是第二定律的统计解释。

热力学第二定律指出，在一个不受外界干扰的孤立系统中，自发过程总是朝着熵 S 增加的方向进行，这就与热力学几率 Ω 变化的方向相同。玻尔兹曼（Boltzmann）认为熵与热力学几率之间存在以下关系

$$S = k_B \ln\Omega$$

上式称为玻尔兹曼公式。k_B 称为玻尔兹曼常数，$k_B = R/L = 1.38\times10^{-23}\text{J}\cdot\text{K}^{-1}$。

因此，熵也可看作系统混乱度的度量，这也是熵的统计意义。

3.3 熵变的计算

系统由始态 1 变至终态 2，计算该过程熵变的基本公式是

$$\Delta S = S_2 - S_1 = \int_1^2 \frac{\delta Q_{rev}}{T} \tag{3-14}$$

要注意，不论过程是否可逆，都必须通过可逆过程的热温商来计算熵变。如果过程是不可逆的，应设计一个与该不可逆过程的始、终态相同的可逆过程来计算。下面按几种不同的情况分别讨论熵变的计算。

3.3.1 简单状态变化

简单状态变化是指系统不发生相变化和化学变化，仅发生 p、V、T 的变化。

3.3.1.1 等温过程

因温度不变，所以

$$\Delta S = \int_1^2 \frac{\delta Q_{rev}}{T} = \frac{Q_{rev}}{T} \tag{3-15}$$

若系统是理想气体，等温过程 $\Delta U = 0$，故

$$Q_{rev} = -W_{rev} = -\int_{V_1}^{V_2} -p\mathrm{d}V = nRT\ln\frac{V_2}{V_1}$$

所以

$$\Delta S = nR\ln\frac{V_2}{V_1} = nR\ln\frac{p_1}{p_2} \tag{3-16}$$

因 V、p 均为状态函数，故无论过程可逆与否，都可用上式计算理想气体等温过程的熵变。

例 3-1 1mol 理想气体在 298K 时等温膨胀，体积变为原来的 10 倍，求系统的熵变、环境的熵变及大孤立系统的总熵变。假定过程是：(1) 可逆膨胀；(2) 自由膨胀。

解： (1) 用 $V_2/V_1 = 10$ 代入式(3-16) 即得

$$\Delta S=nR\ln\frac{V_2}{V_1}=1\text{mol}\times 8.3145\text{J}\cdot\text{mol}^{-1}\cdot\text{K}^{-1}\times\ln 10=19.14\text{J}\cdot\text{K}^{-1}$$

ΔS 为正值，并不意味着过程是不可逆的，因为不是孤立系统。环境熵变为

$$(\Delta S)_{环}=-\frac{Q_{\text{rev}}}{T}=-nR\ln\frac{V_2}{V_1}=-nR\ln 10=-19.14\text{J}\cdot\text{K}^{-1}$$

大孤立系统的总熵变为

$$(\Delta S)_{总}=(\Delta S)_{系统}+(\Delta S)_{环境}=19.14\text{J}\cdot\text{K}^{-1}+(-19.14\text{J}\cdot\text{K}^{-1})=0$$

所以该过程是可逆过程。

(2) 自由膨胀过程的始、终态和过程 (1) 完全相同，所以系统的熵变仍为

$$\Delta S=19.14\text{J}\cdot\text{K}^{-1}$$

在自由膨胀中，系统与环境没有热交换，$Q=0$，所以

$$(\Delta S)_{环}=-\frac{Q}{T}=0$$

大孤立系统的总熵变

$$(\Delta S)_{总}=(\Delta S)_{系统}+(\Delta S)_{环境}=19.14\text{J}\cdot\text{K}^{-1}+0=19.14\text{J}\cdot\text{K}^{-1}$$

由 $(\Delta S)_{总}>0$，可知大孤立系统发生自发不可逆过程，由于环境并没有对系统做功，因此气体的自由膨胀是一个自发的不可逆过程。

3.3.1.2　等压或等容的变温过程

无论在始态1与终态2之间发生的等压或等容过程是否可逆，均可将其看成非常缓慢的变温过程，因此都可按可逆过程计算系统的熵变。

对不做非体积功的等压过程，有

$$\delta Q_p=\text{d}H$$

即系统与环境交换的热量等于系统的焓变——只决定于始、终态，与途径无关。于是

$$\delta Q_{\text{rev}}=\delta Q_p=C_p\text{d}T=nC_{p,\text{m}}\text{d}T$$

代入式(3-14) 得

$$\Delta S=\int_{T_1}^{T_2}\frac{nC_{p,\text{m}}\text{d}T}{T}\tag{3-17}$$

若 $C_{p,\text{m}}$ 不随温度改变，则有

$$\Delta S=nC_{p,\text{m}}\ln\frac{T_2}{T_1}\tag{3-18}$$

同理，对等容过程，则有

$$\Delta S=\int_{T_1}^{T_2}\frac{nC_{V,\text{m}}\text{d}T}{T}\tag{3-19}$$

若 $C_{V,\text{m}}$ 不随温度改变，则有

$$\Delta S=nC_{V,\text{m}}\ln\frac{T_2}{T_1}\tag{3-20}$$

3.3.1.3　p、V、T 都改变的过程

用 $\delta Q_{\text{rev}}=\text{d}U-\delta W_{\text{rev}}$ 代入式(3-14) 得

$$\Delta S=\int_1^2\frac{\text{d}U-\delta W_{\text{rev}}}{T}=\int_1^2\frac{\text{d}U}{T}-\int_1^2\frac{\delta W_{\text{rev}}}{T}\tag{3-21}$$

如果系统是理想气体且不做非体积功，有

$$\text{d}U=nC_{V,\text{m}}\text{d}T \text{ 及 } \delta W_{\text{rev}}=-p\text{d}V=-\frac{nRT\text{d}V}{V}$$

将以上两式代入式(3-21)得

$$\Delta S=\int_{T_1}^{T_2}\frac{nC_{V,\mathrm{m}}\mathrm{d}T}{T}+\int_{V_1}^{V_2}\frac{nR\,\mathrm{d}V}{V} \tag{3-22}$$

如果 $C_{V,\mathrm{m}}$ 不随温度而改变，则有

$$\Delta S=nC_{V,\mathrm{m}}\ln\frac{T_2}{T_1}+nR\ln\frac{V_2}{V_1} \tag{3-23}$$

将 $C_{V,\mathrm{m}}+R=C_{p,\mathrm{m}}$ 代入上式，并注意到 $\frac{p_1V_1}{T_1}=\frac{p_2V_2}{T_2}$，则上式变为

$$\Delta S=nC_{p,\mathrm{m}}\ln\frac{T_2}{T_1}+nR\ln\frac{p_1}{p_2} \tag{3-24}$$

或

$$\Delta S=nC_{p,\mathrm{m}}\ln\frac{V_2}{V_1}+nC_{V,\mathrm{m}}\ln\frac{p_2}{p_1} \tag{3-25}$$

式(3-23)、式(3-24)、式(3-25)都是理想气体熵变的计算公式，适用于任何 p、V、T 变化，包括不可逆过程。对于实际气体，压力不太大时，也可以近似使用这些公式。

对于凝聚态（液态、固态）物质，当压力变化不太大时，体积变化很小，$\delta W_{\mathrm{rev}}=-p\mathrm{d}V\approx0$，式(3-21)中的第二项可以略去，又因凝聚态物质的 $C_{V,\mathrm{m}}\approx C_{p,\mathrm{m}}$，所以

$$\Delta S=\int_{T_1}^{T_2}\frac{nC_{V,\mathrm{m}}\mathrm{d}T}{T}\approx\int_{T_1}^{T_2}\frac{nC_{p,\mathrm{m}}\mathrm{d}T}{T} \tag{3-26}$$

3.3.2 相变化

3.3.2.1 可逆相变化

在无限接近相平衡的条件下进行的相变为可逆相变。例如，在101.325kPa时，水的沸点为100℃，此时，373.15K、101.325kPa的水能与同样温度、压力下的水蒸气平衡共存；当压力为70.928kPa时，水的沸点是90℃，此时，363.15K、70.928kPa的水能与363.15K、70.928kPa的水蒸气平衡共存。在气液两相平衡时，若水蒸气的压力减少了无限小，或温度降低了无限小，都会发生可逆相变，前者导致水的蒸发，后者导致蒸气的凝结。相变化一般是在等温等压的条件下进行的，如果在此温度和压力下，变化的两相是平衡共存的，则相变化可视作可逆相变化。因此

$$Q_{\mathrm{rev}}=Q_p=\Delta H_{\text{相变}}$$

所以

$$\Delta S=\frac{\Delta H_{\text{相变}}}{T_{\text{相变}}} \tag{3-27}$$

式中，$\Delta H_{\text{相变}}$ 为可逆条件下的相变焓（相变热），$T_{\text{相变}}$ 为可逆相变时的温度。

例 3-2 10mol水在100℃、101.325kPa时气化成水蒸气，求系统的熵变、环境的熵变及大孤立系统的总熵变。已知水在100℃、101.325kPa时的摩尔蒸发焓 $\Delta_{\mathrm{vap}}H_{\mathrm{m}}=40.6\mathrm{kJ\cdot mol^{-1}}$。

解：水在101.325kPa时的沸点是100℃，这是两相平衡下的可逆相变过程，所以

$$\Delta S=\frac{n\Delta_{\mathrm{vap}}H_{\mathrm{m}}}{T}=\frac{10\mathrm{mol}\times40.6\mathrm{kJ\cdot mol^{-1}}}{373.15\mathrm{K}}=1.088\mathrm{kJ\cdot K^{-1}}$$

环境的熵变

$$(\Delta S)_{\text{环}}=\frac{-n\Delta_{\mathrm{vap}}H_{\mathrm{m}}}{T}=-\frac{10\mathrm{mol}\times40.6\mathrm{kJ\cdot mol^{-1}}}{373.15\mathrm{K}}=-1.088\mathrm{kJ\cdot K^{-1}}$$

故

$$(\Delta S)_{\text{总}}=0$$

3.3.2.2 不可逆相变化

有时候，相变的始态是一种亚稳态，例如过冷的液体、过热的液体、过饱和蒸气等等。

这时的相变是不可逆的，要设计出另外的可逆过程来计算熵变。

例 3-3　1mol 过冷水在－10℃(263.15K)、101.325kPa 下凝固成冰，求此过程的熵变。已知 0℃时，水的凝固焓 $\Delta H_m(273.15K)=-6020J\cdot mol^{-1}$，冰与水的定压摩尔热容分别为 $C_{p,m}(H_2O,s)=37.6J\cdot K^{-1}\cdot mol^{-1}$和 $C_{p,m}(H_2O,l)=75.35J\cdot K^{-1}\cdot mol^{-1}$。

解： 在 101.325kPa 时，水的正常凝固温度是 0℃。因此所求的是一个不可逆相变过程的熵变，需设计一可逆途径来计算 ΔS，可以用下列三个可逆步骤来完成。

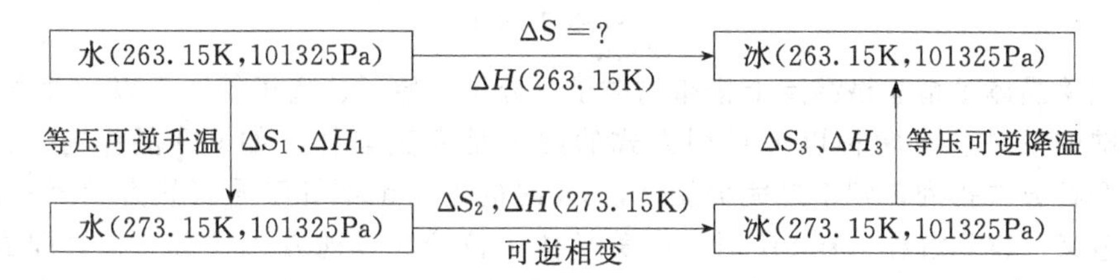

由上图可知
$$\Delta S=\Delta S_1+\Delta S_2+\Delta S_3$$

而
$$\Delta S_1=nC_{p,m}(H_2O,l)\ln\frac{T_2}{T_1}=1mol\times 75.35J\cdot K^{-1}\cdot mol^{-1}\times\ln\frac{273.15K}{263.15K}=2.81J\cdot K^{-1}$$

$$\Delta S_2=\frac{\Delta H(273.15K)}{T}=\frac{1mol\times(-6020J\cdot mol^{-1})}{273.15K}=-22.0J\cdot K^{-1}$$

$$\Delta S_3=nC_{p,m}(H_2O,s)\ln\frac{T_1}{T_2}=1mol\times 37.6J\cdot K^{-1}\cdot mol^{-1}\times\ln\frac{263.15K}{273.15K}=-1.40J\cdot K^{-1}$$

所以
$$\Delta S=\Delta S_1+\Delta S_2+\Delta S_3=-20.59J\cdot K^{-1}$$

过冷水结冰是自发过程，上面算出的熵变小于零，原因是该系统不是孤立系统，要判断该过程的自发性，还需要考虑环境的熵变。环境熵变为

$$\Delta S_{环境}=\frac{-Q_{相变}(263.15K)}{263.15K}=\frac{-\Delta H(263.15K)}{263.15K}=-\frac{\Delta H_1+\Delta H(273.15K)+\Delta H_3}{263.15K}$$

而
$$\Delta H_1=1mol\times 75.3J\cdot mol^{-1}\cdot K^{-1}\times 10K=753J$$

$$\Delta H(273.15K)=1mol\times(-6020J\cdot mol^{-1})=-6020J$$

$$\Delta H_3=1mol\times 37.6J\cdot mol^{-1}\cdot K^{-1}\times(-10K)=-376J$$

$$\Delta H(263.15K)=753J-6020J-376J=-5643J$$

故
$$\Delta S_{环境}=-\frac{-5463J}{263.15K}=21.44J\cdot K^{-1}$$

所以
$$\Delta S_{总}=(-20.59+21.44)J\cdot K^{-1}=0.85J\cdot K^{-1}$$

由 $(\Delta S)_{总}>0$ 可知，过冷水结冰是自发过程。

由例 3-2、例 3-3 可以发现，水在气化时 $\Delta S=S(g)-S(l)>0$，水在凝固时 $\Delta S=S(s)-S(l)<0$，于是得到 $S(g)>S(l)>S(s)$，即同种物质的固、液、气三态，气态熵最大，液态熵其次，固态熵最小，这一结论具普遍意义。

3.3.3　化学变化

一般的化学反应过程都是不可逆过程，求熵变时不能简单地将反应的热效应除以反应的温度。为了计算化学反应的熵变，必须设计可逆途径。这可借助于电化学反应来实现，但能用这种方法计算其熵变的反应并不很多。一个直接的方法是求出产物熵的总和及反应物熵的总和，二者之差即是化学反应的熵变。物质熵值的计算，可以通过下节介绍的热力学第三定律予以解决。

3.4 热力学第三定律和规定熵

3.4.1 热力学第三定律

热力学第三定律是总结低温实验而得到的一个定律，它有各种不同的表述方法，这里介绍普朗克（M. Planck）的表述。普朗克根据实验结果，1927年提出假设："温度趋于0K时，任何完美晶体的熵值都等于零"。即

$$\lim_{T\to 0K} S(T)=0 \tag{3-28}$$

所谓完美晶体是指晶格结点上排布的粒子（分子、原子、离子等）只以一种方式整齐排列完美无缺的晶体。有两种以上排列方式的则不是完美晶体。如CO晶体有CO—CO和CO—OC两种方式排列，则不是完美晶体，0K时的熵值也不等于零。热力学第三定律可从熵的统计意义上得到解释。在0K时，完美晶体中粒子的排列方式只有一种，即$\Omega=1$，所以$S=k_B\ln\Omega=k_B\ln 1=0$。非完美晶体中的粒子排列方式不止一种，$\Omega>1$，所以$S>0$。

3.4.2 规定熵和标准摩尔熵

纯物质在温度T时的熵值称为规定熵（也称绝对熵），一摩尔物质的规定熵称为摩尔规定熵，记作$S_m(T)$。在标准状态下一摩尔物质的规定熵称为标准摩尔规定熵，简称标准摩尔熵，记作$S_m^{\ominus}(T)$。一些物质在298.15K时的标准摩尔熵列于书末附录中。根据热力学第三定律，可以求出纯物质在任意温度时的规定熵。

设一物质在0K～T的温度范围内没有相变发生，其规定熵可根据下式求得：

$$S(T)=S(0K)+\int_0^T \frac{C_p}{T}dT=\int_0^T \frac{C_p}{T}dT \tag{3-29}$$

在极低温度（0～20K）时，由于缺乏实验数据，可用C_V来代替C_p，并且可用德拜公式$C_V=464T^3/\Theta^3$来计算，式中Θ是物质的特征温度。

若物质在从0K到T的温度范围内有相变发生，在计算规定熵时必须把相变过程的熵变包括进去。例如某物质从0K到T经历如下变化：

$$\underset{(s)}{0K}\xrightarrow{\Delta S_1}\underset{(s)}{T_f}\xrightarrow{\Delta S_2}\underset{(l)}{T_f}\xrightarrow{\Delta S_3}\underset{(l)}{T_b}\xrightarrow{\Delta S_4}\underset{(g)}{T_b}\xrightarrow{\Delta S_5}\underset{(g)}{T}$$

T_f、T_b是该物质的熔点温度和沸点温度。各阶段熵变如下：

$$\Delta S_1=\int_0^{T_f}\frac{C_p(s)dT}{T};\Delta S_2=\frac{\Delta_s^l H}{T_f};\Delta S_3=\int_{T_f}^{T_b}\frac{C_p(l)dT}{T};\Delta S_4=\frac{\Delta_l^g H}{T_b};\Delta S_5=\int_{T_b}^{T}\frac{C_p(g)dT}{T}$$

式中，$\Delta_s^l H$是熔化焓，$\Delta_l^g H$是蒸发焓，C_p是定压热容。于是，物质在温度T时的熵为

$$S(T)=\Delta S_1+\Delta S_2+\Delta S_3+\Delta S_4+\Delta S_5$$

3.4.3 标准摩尔反应熵

在标准状态下，按化学反应计量方程式进行一个单位反应时，反应系统的熵变称为标准摩尔反应熵，记作$\Delta_r S_m^{\ominus}(T)$。

对任意化学反应，$0=\sum_B \nu_B B$，其298.15K时的标准摩尔反应熵为

$$\Delta_r S_m^{\ominus}(298.15K)=\sum_B \nu_B S_m^{\ominus}(B,298.15K) \tag{3-30}$$

式中，ν_B是化学反应计量系数，对反应物取负值，产物取正值。

例3-4 计算反应$CH_4(g)+2O_2(g)═CO_2(g)+2H_2O(l)$在25℃时的熵变。

解： 由附录查得各物质在25℃时的标准摩尔熵如下

物　质	$CH_4(g)$	$O_2(g)$	$CO_2(g)$	$H_2O(l)$
$S_m^{\ominus}(298.15K)/J \cdot K^{-1} \cdot mol^{-1}$	186.3	205.2	213.79	69.95

所以，反应的熵变为

$$\begin{aligned}\Delta_r S_m^{\ominus}(298.15K) &= (213.79+2\times 69.95-186.3-2\times 205.2)J \cdot K^{-1} \cdot mol^{-1} \\ &= -243.01 J \cdot K^{-1} \cdot mol^{-1}\end{aligned}$$

各种物质在温度 T 时的标准摩尔熵可由 298.15K 时的标准摩尔熵求得，即

$$S_m^{\ominus}(T) = S_m^{\ominus}(298.15K) + \int_{298.15}^{T} \frac{C_{p,m}dT}{T} \tag{3-31}$$

在任何温度 T 时化学反应的标准摩尔反应熵为

$$\Delta_r S_m^{\ominus}(T) = \sum_B \nu_B S_m^{\ominus}(B,T) \tag{3-32}$$

将式(3-31) 代入式(3-32) 便有

$$\Delta_r S_m^{\ominus}(T) = \Delta_r S_m^{\ominus}(298.15K) + \int_{298.15}^{T} \sum_B \nu_B C_{p,m}(B) \frac{dT}{T} \tag{3-33}$$

只要知道化学反应中各物质在 298.15K 时的标准摩尔熵及它们的定压摩尔热容，就可利用上式求出在任意温度时进行的化学反应的熵变。

例如，欲求例 3-4 反应在 50℃时的熵变，先由附录查出各物质的平均摩尔热容，即

物　质	$CH_4(g)$	$O_2(g)$	$CO_2(g)$	$H_2O(l)$
$C_{p,m}/J \cdot K^{-1} \cdot mol^{-1}$	35.31	29.4	37.13	75.35

由上列数据计算，得

$$\begin{aligned}\sum_B \nu_B C_{p,m}(B) &= (37.13+2\times 75.35-35.31-2\times 29.4)J \cdot K^{-1} \cdot mol^{-1} \\ &= 93.72 J \cdot K^{-1} \cdot mol^{-1}\end{aligned}$$

50℃时反应的熵变为

$$\begin{aligned}\Delta_r S_m^{\ominus}(323.15K) &= \Delta_r S_m^{\ominus}(298.15K) + \sum_B \nu_B C_{p,m}(B) \ln \frac{T}{298.15K} \\ &= -243.01 J \cdot K^{-1} \cdot mol^{-1} + 93.72 J \cdot K^{-1} \cdot mol^{-1} \times \ln \frac{323.15K}{298.15K} \\ &= -235.46 J \cdot K^{-1} \cdot mol^{-1}\end{aligned}$$

3.5　亥姆霍兹函数和吉布斯函数

应用熵判据原则上可以解决变化的方向和限度问题。但它要求系统必须是孤立的，而实际的变化过程，系统和环境常有能量的交换，这样使用熵判据就不太方便了。亥姆霍兹 (H. Von. Helmholtz) 和吉布斯 (J. W. Gibbs) 两人在熵函数的基础上引进了两个新的函数，分别用来作为等温等容和等温等压下过程的判据。这两个函数分别称作亥姆霍兹函数和吉布斯函数。

3.5.1　亥姆霍兹函数 A

设系统从温度为 $T_{环}$ 的环境中吸收热量 δQ，由第一定律知 $\delta Q = dU - \delta W$，代入克劳修斯不等式(3-6)，即得

$$dS \underset{rev}{\overset{ir}{\geqslant}} \frac{dU - \delta W}{T_{sur}} \tag{3-34}$$

等号表示可逆过程，不等号表示不可逆过程。式(3-34) 就是热力学第一、第二定律联合式。上式还可写成

$$\delta W \geqslant \mathrm{d}U - T_{\mathrm{sur}}\mathrm{d}S \tag{3-35}$$

对于等温过程，$T_1 = T_2 = T_{\mathrm{sur}}$，这时上式又可写成

$$\delta W \geqslant \mathrm{d}(U - TS) \tag{3-36}$$

由于U、T、S都是状态函数，它们的组合仍是状态函数。定义一个新的状态函数A

$$A = U - TS \tag{3-37}$$

A称为亥姆霍兹函数，它是系统的广度性质，单位和热力学能相同。于是，式(3-36) 可写成

$$\delta W \geqslant (\mathrm{d}A)_T \tag{3-38}$$

式中，下标T表示等温过程。对于一个有限的过程，则有

$$W \geqslant (\Delta A)_T \tag{3-39}$$

上式的意义是，封闭系统经过一个等温可逆过程，系统的亥姆霍兹函数的增加必等于环境对系统所做的功；而经过一个等温不可逆过程，系统的亥姆霍兹函数的增加必小于环境对系统所做的功。

式(3-39) 还可写成

$$-W \leqslant -(\Delta A)_T \tag{3-40}$$

此式的意义是，封闭系统在等温可逆过程中所做的功等于系统亥姆霍兹函数的减少；在等温不可逆过程中所做的功小于系统亥姆霍兹函数的减少。也就是说，封闭系统在等温可逆过程中所做的功最大，这也称最大功原理。

3.5.2　亥姆霍兹函数判据

式(3-39) 可以用来作为判断过程可逆与否的判据，即

$$(\Delta A)_T \begin{cases} < W & \text{不可逆过程} \\ = W & \text{可逆过程} \\ > W & \text{不可能发生} \end{cases} \tag{3-41}$$

式中，W包括体积功和非体积功。用式(3-41) 作为过程是否可逆的判据，不需要是孤立系统，但只能是等温过程才可以用。

如果过程不仅是等温，而且是等容且不做非体积功，即 $\delta W = -p_{\mathrm{e}}\mathrm{d}V + \delta W' = 0$。式(3-38)、式(3-39) 变为

$$(\mathrm{d}A)_{T,V,W'=0} \leqslant 0 \tag{3-42}$$

和

$$(\Delta A)_{T,V,W'=0} \leqslant 0 \tag{3-43}$$

以上两式表明，在等温等容且不做非体积功的条件下，系统发生可逆过程时，$\Delta A = 0$；发生不可逆过程时，$\Delta A < 0$；系统不会发生 $\Delta A > 0$ 的过程。因为环境不对系统做功，所以系统发生不可逆过程必是自发过程，它总是朝着亥姆霍兹函数减小的方向进行（$\Delta A < 0$），直至系统的亥姆霍兹函数达到某一极小值（不能再减小，也不可能再回升），这就是自发过程的限度，此时系统也达到了平衡态。处于平衡态的系统，不可能再发生 $\Delta A < 0$ 的自发过程，若是有过程发生，也只能是 $\Delta A = 0$ 的可逆过程。于是得到判断过程的方向和限度的亥姆霍兹函数判据：

$$(\Delta A)_{T,V,W'=0}\begin{cases}<0 & \text{自发过程}\\=0 & \text{平衡态标志或可逆过程}\\>0 & \text{不可能发生}\end{cases}\tag{3-44}$$

所以，在等温等容又不做非体积功时，过程总是自发地向亥姆霍兹函数减小的方向进行，直至亥姆霍兹函数达到某个极小值，即系统达到平衡为止。系统达到平衡时，亥姆霍兹函数值最小。用式(3-44) 作过程方向的判据，不需要是孤立系统，但只能是等温等容且不做非体积功的过程才可以用。

需要指出，在等温等容但非体积功 $W'\neq 0$ 时，系统可发生 $\Delta A>0$ 的过程，但必须满足 $\Delta A\leqslant W'$，即系统 ΔA 的增加不大于环境对系统所做的非体积功。还应注意的是，虽然是通过等温过程引入亥姆霍兹函数的，但它是状态函数，所以不论什么过程，只要状态改变了，就可能有亥姆霍兹函数的变化，只不过在等温可逆过程中，系统亥姆霍兹函数的减少等于系统所做的最大功，其它过程没有这个关系。

3.5.3　吉布斯函数 G

化学反应大多是在等温等压条件下进行的，下面导出在等温等压下反应方向的判据。

用 $\delta W'$表示非体积功，则 $\delta W=-p_e\mathrm{d}V+\delta W'$，于是式(3-35) 就可改写为

$$-p_e\mathrm{d}V+\delta W'\geqslant \mathrm{d}U-T_{sur}\mathrm{d}S\tag{3-45}$$

若系统发生一个等温等压过程，则有 $T_1=T_2=T_{sur}$和 $p_1=p_2=p_e$，这时上式可写成

$$\delta W'\geqslant \mathrm{d}(U+pV-TS)\tag{3-46}$$

U、p、V、T、S 都是状态函数，它们的组合仍是状态函数，定义一个新的状态函数 G

$$G=U+pV-TS=H-TS\tag{3-47}$$

G 称为吉布斯函数，它也是系统的广度性质，单位和热力学能相同。

于是，式(3-46) 可写成

$$\delta W'\geqslant(\mathrm{d}G)_{T,p}\tag{3-48}$$

式中，下标 T、p 表示等温等压过程。对于一个有限的过程，则有

$$W'\geqslant(\Delta G)_{T,p}\tag{3-49}$$

此式的意义是，经过一个等温等压可逆过程，系统的吉布斯函数的增加必等于环境对系统所做的非体积功；而经过一个等温等压不可逆过程，吉布斯函数的增加必小于环境对系统所做的非体积功。

式(3-49) 还可写成

$$-W'\leqslant-(\Delta G)_{T,p}\tag{3-50}$$

此式的意义是，封闭系统在等温等压的可逆过程中所做的非体积功等于系统吉布斯函数的减少；在等温等压不可逆过程中所做的非体积功小于系统的吉布斯函数的减少。所以 $(\Delta G)_{T,p}$可理解为等温等压条件下系统做非体积功的能力，在电化学中就是用 $(\Delta G)_{T,p}$来量度电池做功能力的。

3.5.4　吉布斯函数判据

式(3-49) 可以用来作为判断过程可逆与否的判据，即

$$(\Delta G)_{T,p}\begin{cases}<W' & \text{不可逆过程}\\=W' & \text{可逆过程}\\>W' & \text{不可能发生}\end{cases}\tag{3-51}$$

用式(3-51) 作判据，不需要是孤立系统，但必须是等温等压过程才可以。

如果过程不仅是等温等压，而且不做非体积功，则式(3-48)、式(3-49) 变为

$$(\mathrm{d}G)_{T,p,W'=0} \leqslant 0 \tag{3-52}$$

和

$$(\Delta G)_{T,p,W'=0} \leqslant 0 \tag{3-53}$$

以上两式表明，在等温等压且不做非体积功的条件下，系统发生可逆过程时，$\Delta G=0$；发生自发的不可逆过程时，$\Delta G<0$；系统不会发生 $\Delta G>0$ 的过程。于是得到判断过程的方向和限度的吉布斯函数判据

$$(\Delta G)_{T,p,W'=0}\begin{cases}<0 & \text{自发过程}\\ =0 & \text{平衡态标志或可逆过程}\\ >0 & \text{不可能发生}\end{cases} \tag{3-54}$$

所以，在等温等压又不做非体积功时，系统的状态总是自发地向吉布斯函数减小的方向进行，直至吉布斯函数达到某个极小值，系统达到平衡为止。系统达到平衡时，吉布斯函数值最小。用式(3-54) 作过程方向的判据，不需要是孤立系统，但只能是等温等压且不做非体积功的过程才可以用。

需要指出，在等温等压但非体积功 $W'\neq 0$ 时，系统可发生 $\Delta G>0$ 的过程，但必须满足 $\Delta G\leqslant W'$，即系统 ΔG 的增加不大于环境对系统所做的非体积功。还应注意的是，虽然是通过等温等压过程引入吉布斯函数的，但它是状态函数，所以不论什么过程，只要状态改变了，就可能有吉布斯函数的变化，只不过在等温等压可逆过程中，系统吉布斯函数的减少等于系统所做的最大非体积功，其它过程没有这个关系。

3.5.5 ΔA 和 ΔG 的计算

由 A、G 的定义 $A=U-TS$、$G=H-TS$，可知在任何条件下都有

$$\Delta A=\Delta U-\Delta(TS)=\Delta U-(T_2S_2-T_1S_1) \tag{3-55}$$

$$\Delta G=\Delta H-\Delta(TS)=\Delta H-(T_2S_2-T_1S_1) \tag{3-56}$$

由各物质的规定熵数据求得 T_2、T_1 温度下的规定熵，代入上式就可得到 ΔA 和 ΔG。

3.5.5.1 等温过程的 ΔA 和 ΔG 的计算

在等温过程中，式(3-55) 和式(3-56) 就成为

$$\Delta A=\Delta U-T\Delta S \tag{3-57}$$

$$\Delta G=\Delta H-T\Delta S \tag{3-58}$$

利用前面学过的方法，计算出 ΔU、ΔH 和 ΔS 后，就能计算 ΔA 和 ΔG 了。

也可利用最大功 $W_{\max}$ 来计算，因为在等温可逆过程中

$$W_{\max}=(\Delta A)_T \tag{3-59}$$

再通过下式求出 ΔG

$$\Delta G=\Delta A+\Delta(pV)=\Delta A+(p_2V_2-p_1V_1) \tag{3-60}$$

还可利用最大非体积功 $W'_{\max}$ 求 ΔG，在等温等压可逆过程中

$$W'_{\max}=\Delta G \tag{3-61}$$

还应注意的是，只要始态、终态确定了，不论其间进行的是可逆过程还是不可逆过程，其 ΔA、ΔG 都是确定的。

例 3-5 1mol 理想气体在 298K 时由 1000kPa 等温膨胀至 100kPa，假设过程为（1）可逆膨胀；（2）在恒外压 100kPa 下膨胀；（3）向真空膨胀。计算各过程的 Q、W、ΔU、ΔH、ΔS、ΔA 和 ΔG。

解：（1）理想气体等温膨胀 $\Delta U=0$，$\Delta H=0$

$$Q=-W=nRT\ln\frac{p_1}{p_2}$$

$$=1\text{mol}\times 8.3145\text{J}\cdot\text{mol}^{-1}\cdot\text{K}^{-1}\times 298.15\text{K}\times\ln\frac{1000\text{kPa}}{100\text{kPa}}=5708.0\text{J}$$

$$\Delta S=\frac{Q_{\text{rev}}}{T}=\frac{5708.0\text{J}}{298.15\text{K}}=19.14\text{J}\cdot\text{K}^{-1}$$

$$\Delta A=\Delta U-T\Delta S=-Q_{\text{rev}}=-5708.0\text{J}$$

$$\Delta G=\Delta H-T\Delta S=-Q_{\text{rev}}=-5708.0\text{J}$$

(2) 理想气体恒外压等温膨胀 $\Delta U=0$，$\Delta H=0$

$$Q=-W=p_e\Delta V=p_e\left(\frac{nRT}{p_2}-\frac{nRT}{p_1}\right)$$

$$=1\text{mol}\times 8.3145\text{J}\cdot\text{mol}^{-1}\cdot\text{K}^{-1}\times 298.15\text{K}\times 100\text{kPa}\times\left(\frac{1}{100\text{kPa}}-\frac{1}{1000\text{kPa}}\right)$$

$$=2231.1\text{J}$$

ΔS、ΔA 和 ΔG 和过程(1)可逆膨胀相同。

(3) 向真空膨胀 $Q=0$，$W=0$

ΔU、ΔH、ΔS、ΔA 和 ΔG 均和过程 (1) 可逆膨胀相同。

3.5.5.2 相变过程 ΔA 和 ΔG 的计算

两相平衡共存时的相变一般都是等温等压且不做非体积功的可逆过程，因此 $\Delta G=0$，$\Delta A=W_{\max}$。而对不可逆相变就需设计一个可逆过程来替代，才能计算出 ΔA 和 ΔG。

例 3-6 在 100℃、101.325kPa 时，2mol 液态水变成水蒸气，求此过程的 ΔS、ΔA 和 ΔG。已知水在 100℃、101.325kPa 时的蒸发焓 $\Delta_{\text{vap}}H_{\text{m}}=40.64\text{kJ}\cdot\text{mol}^{-1}$

解： 在 101.325kPa 时，水的沸点是 100℃。这是一个气液两相平衡共存时的可逆相变过程，所以

$$\Delta S=\frac{\Delta H}{T}=\frac{2\text{mol}\times 40.64\text{kJ}\cdot\text{mol}^{-1}}{373.15\text{K}}=217.82\text{J}\cdot\text{K}^{-1}$$

$$\Delta A=W_{\max}=-p_e(V_{\text{气}}-V_{\text{液}})\approx -pV_{\text{气}}=-nRT$$

$$=-2\text{mol}\times 8.3145\text{J}\cdot\text{mol}^{-1}\cdot\text{K}^{-1}\times 373.15\text{K}=-6205.11\text{J}$$

$$\Delta G=\Delta H-T\Delta S=\Delta H-\Delta H=0$$

因为这是一个可逆相变过程，所以 ΔG 必然为零。

例 3-7 1mol 过冷水在－10℃、101.325kPa 时，凝固成冰，求此过程的 ΔA 和 ΔG。

解： 在 101.325kPa 时，水的凝固点是 0℃，此时冰水两相平衡共存。因此 101.325kPa、－10℃的水凝固成冰是不可逆相变过程，需设计一个可逆过程来计算。在例 3-3 中已设计可逆过程求出－10℃、101.325kPa 时，水凝固成冰的 $\Delta S=-20.59\text{J}\cdot\text{K}^{-1}$，$\Delta H=-5643\text{J}$。故

$$\Delta G=\Delta H-T\Delta S=-5643\text{J}-263.15\text{K}\times(-20.59\text{J}\cdot\text{K}^{-1})=-224.7\text{J}$$

$$\Delta A=\Delta G-\Delta(pV)=\Delta G-p(V_{\text{冰}}-V_{\text{水}})$$

因为 $$V_{\text{冰}}\approx V_{\text{水}}$$

所以 $$\Delta A\approx\Delta G=-224.7\text{J}$$

例 3-8 单斜硫和正交硫是硫的两种晶型。已知 25℃时单斜硫和正交硫的标准摩尔熵分别是 $33.03\text{J}\cdot\text{K}^{-1}\cdot\text{mol}^{-1}$ 和 $32.1\text{J}\cdot\text{K}^{-1}\cdot\text{mol}^{-1}$，标准摩尔燃烧焓分别为 $-297.20\text{kJ}\cdot\text{mol}^{-1}$ 和 $-296.90\text{kJ}\cdot\text{mol}^{-1}$。试问在 25℃和标准压力下，哪一种晶型较为稳定?

解：　　S(单斜)$\rightleftharpoons$S(正交)

$\Delta_r S_m^\ominus = S_m^\ominus(\text{正交}) - S_m^\ominus(\text{单斜})$

$= (32.1-33.03)\text{J}\cdot\text{K}^{-1}\cdot\text{mol}^{-1} = -0.93\text{J}\cdot\text{K}^{-1}\cdot\text{mol}^{-1}$

$\Delta_r H_m^\ominus = \Delta_c H_m^\ominus(\text{单斜}) - \Delta_c H_m^\ominus(\text{正交})$

$= [(-297.20)-(-296.90)]\text{kJ}\cdot\text{mol}^{-1} = -300\text{J}\cdot\text{mol}^{-1}$

由单斜硫转变为正交硫过程的 $\Delta_r G_m^\ominus$ 为

$\Delta_r G_m^\ominus = \Delta_r H_m^\ominus - T\Delta_r S_m^\ominus$

$= -300\text{J}\cdot\text{mol}^{-1} - 298.15\text{K}\times(-0.93\text{J}\cdot\text{K}^{-1}\cdot\text{mol}^{-1}) = -22.72\text{J}\cdot\text{mol}^{-1}$

在等温等压又不做非体积功的条件下，单斜硫转变为正交硫的 $\Delta_r G_m^\ominus<0$，说明这是一个自发过程，单斜硫会自动地转变为正交硫。因此，在25℃和标准压力下正交硫更稳定。

3.6 热力学基本方程

至今，已经讨论了常用的八个热力学函数——p、V、T、U、S、H、A、G。其中 p、V、T 是可以直接测量的状态函数，热力学能 U 是第一定律的直接结果，熵 S 是第二定律的直接结果，而焓 H、亥姆霍兹函数 A、吉布斯函数 G 则是前述五个状态函数的组合。这八个热力学函数，除 p、T 是强度性质外，其余都是广度性质。

3.6.1 热力学基本方程

根据定义，这八个热力学函数间有下列关系，即

$$H=U+pV \tag{3-62}$$

$$A=U-TS \tag{3-63}$$

$$G=H-TS=U+pV-TS \tag{3-64}$$

设在一个封闭系统中发生一个不做非体积功的可逆过程，根据热力学第一定律有 $\text{d}U=\delta Q_{\text{rev}}+\delta W_{\text{rev}}$，根据第二定律又有 $\delta Q_{\text{rev}}=T\text{d}S$，且 $\delta W_{\text{rev}}=-p\text{d}V$，故

$$\text{d}U=T\text{d}S-p\text{d}V \tag{3-65}$$

这就是热力学最基本的微分方程，以它为基础可推导出其它类似的方程，例如

$$\text{d}H=\text{d}(U+pV)=\text{d}U+p\text{d}V+V\text{d}p$$

将式(3-65) 代入上式得

$$\text{d}H=T\text{d}S+V\text{d}p \tag{3-66}$$

类似地，还可得到

$$\text{d}A=-S\text{d}T-p\text{d}V \tag{3-67}$$

$$\text{d}G=-S\text{d}T+V\text{d}p \tag{3-68}$$

式(3-65)～式(3-68) 四个公式称为热力学基本微分方程。它们适用于：

① 组成恒定的封闭系统发生的不做非体积功的可逆与不可逆过程。虽然在导出这些关系式时用了可逆的条件，但这些公式中的物理量皆是状态函数，无论过程可逆与否，只要始、终态确定，这些状态函数的改变皆有定值。但是只有在可逆过程中 $T\text{d}S$ 才代表系统所吸的热，$-p\text{d}V$ 才代表系统所做的功。

② 内部发生热力学可逆化学反应或可逆相变但不做非体积功的封闭系统。这四个公式中没有表示系统组成的变量，如果发生不可逆的化学变化和相变化，则需要表示组成的变量才行，否则不能使用。但对于可逆的化学变化和相变化，以上的四个关系式仍可使用。

3.6.2　温度与 ΔG 的关系——吉布斯-亥姆霍兹方程

由式(3-68) 和 $G=H-TS$ 可得

$$\left(\frac{\partial G}{\partial T}\right)_p=-S=\frac{G-H}{T} \tag{3-69}$$

如果系统发生了一个过程　　始态 1 $\xrightarrow[T]{\Delta G,\Delta H}$ 终态 2

对于始态 1 来说，有　$\left(\frac{\partial G_1}{\partial T}\right)_p=-S_1=\frac{G_1-H_1}{T}$

对于终态 2 来说，有　$\left(\frac{\partial G_2}{\partial T}\right)_p=-S_2=\frac{G_2-H_2}{T}$

两式相减，则得到

$$\left(\frac{\partial \Delta G}{\partial T}\right)_p=-\Delta S=\frac{\Delta G-\Delta H}{T} \tag{3-70}$$

将上式可写成易于积分的形式　$\frac{1}{T}\left(\frac{\partial \Delta G}{\partial T}\right)_p-\frac{\Delta G}{T^2}=-\frac{\Delta H}{T^2}$

上式的左边是$\left(\frac{\Delta G}{T}\right)$对 T 的偏微商，所以上式可改写为

$$\left[\frac{\partial(\Delta G/T)}{\partial T}\right]_p=-\frac{\Delta H}{T^2} \tag{3-71}$$

式(3-70)、式(3-71) 都称为吉布斯-亥姆霍兹方程，可由某一温度下的 ΔG 求算另一温度下的 ΔG。对式(3-71) 做不定积分

$$\int \mathrm{d}\left(\frac{\Delta G}{T}\right)=-\int\frac{\Delta H}{T^2}\mathrm{d}T \tag{3-72}$$

得

$$\frac{\Delta G}{T}=-\int\frac{\Delta H}{T^2}\mathrm{d}T+I \tag{3-73}$$

式中，I 是积分常数，上式给出了 ΔG 与 T 的函数关系。

利用式(3-67) 和 $A=U-TS$，同样可得到

$$\left(\frac{\partial \Delta A}{\partial T}\right)_V=-\Delta S=\frac{\Delta A-\Delta U}{T} \tag{3-74}$$

和

$$\left[\frac{\partial(\Delta A/T)}{\partial T}\right]_p=-\frac{\Delta U}{T^2} \tag{3-75}$$

式(3-74)、式(3-75) 也称为吉布斯-亥姆霍兹方程。运用吉布斯-亥姆霍兹方程可以计算化学反应在不同温度时的 ΔG 和 ΔA。

例 3-9　合成氨反应 $N_2(g)+3H_2(g)$ ══ $2NH_3(g)$，当各气体的分压均为 $p^{\ominus}$、温度为 298.15K 时，$\Delta_r H_m^{\ominus}=-91.8\text{kJ}\cdot\text{mol}^{-1}$，$\Delta_r G_m^{\ominus}=-32.8\text{kJ}\cdot\text{mol}^{-1}$，试求 1000K 时该反应的 $\Delta_r G_m^{\ominus}(1000\text{K})$。假设 $\Delta_r H_m^{\ominus}$ 与温度无关。

解： 因为 $\Delta_r H_m^{\ominus}$ 与温度无关，所以式(3-72) 可写为

$$\frac{\Delta G(T_2)}{T_2}-\frac{\Delta G(T_1)}{T_1}=\Delta H\left(\frac{1}{T_2}-\frac{1}{T_1}\right) \tag{3-76}$$

故

$$\frac{\Delta_r G_m^{\ominus}(1000\text{K})}{1000\text{K}}-\frac{-32.8\text{kJ}\cdot\text{mol}^{-1}}{298.15\text{K}}=-91.8\text{kJ}\cdot\text{mol}^{-1}\times\left(\frac{1}{1000\text{K}}-\frac{1}{298.15\text{K}}\right)$$

$$\Delta_r G_m^{\ominus}(1000\text{K})=106.09\text{kJ}\cdot\text{mol}^{-1}$$

3.6.3　压力与 ΔG 的关系

由 $\mathrm{d}G=-S\mathrm{d}T+V\mathrm{d}p$ 可得

$$\left(\frac{\partial G}{\partial p}\right)_T = V \tag{3-77}$$

积分得
$$\Delta G = G(p_2, T) - G(p_1, T) = \int_{p_1}^{p_2} V\mathrm{d}p \tag{3-78}$$

通常把温度为 T、压力为 $p^{\ominus}$ 的纯物质选为标准态，其吉布斯函数用 $G^{\ominus}(T)$ 表示，则压力为 p 时的吉布斯函数为

$$G(p,T) = G^{\ominus}(T) + \int_{p^{\ominus}}^{p} V\mathrm{d}p \tag{3-79}$$

对于理想气体，上式则可改写为

$$G(p,T) = G^{\ominus}(T) + nRT\ln\frac{p}{p^{\ominus}} \tag{3-80}$$

压力改变对凝聚态的体积影响不大，体积 V 可视为常数，所以由式(3-78) 得

$$\Delta G = V(p_2 - p_1) = V\Delta p \tag{3-81}$$

因为固、液体的体积比气体小得多，当 Δp 不很大时，ΔG 也不会很大。所以常认为固、液体的吉布斯函数与压力无关。

若温度为 T、压力为 p_1 时，化学反应 $0 = \sum_{\mathrm{B}} \nu_{\mathrm{B}}\mathrm{B}$ 的反应吉布斯函数变为 $\Delta_r G(p_1, T)$，则易于证明在温度为 T、压力为 p_2 时该反应的 $\Delta_r G(p_2, T)$ 为

$$\Delta_r G(p_2, T) = \Delta_r G(p_1, T) + \int_{p_1}^{p_2} \Delta V\mathrm{d}p \tag{3-82}$$

式中，$\Delta V = \sum_{\mathrm{B}} \nu_{\mathrm{B}} V(\mathrm{B})$ 为反应前后体积的变化。

例 3-10　在 298.15K 和 $p^{\ominus}$ 下，反应 C(石墨)=C(金刚石) 的 $\Delta_r G_m^{\ominus} = 2900\mathrm{J \cdot mol^{-1}}$。石墨和金刚石的密度分别为 $2.26\mathrm{g \cdot cm^{-3}}$ 和 $3.513\mathrm{g \cdot cm^{-3}}$。问在多大压力下，石墨才有可能转变为金刚石?

解：欲使石墨转变为金刚石，该过程的 ΔG 必须小于零。即

$$\Delta_r G_m(p, T) = \Delta_r G_m^{\ominus}(T) + \int_{p^{\ominus}}^{p} \Delta V\mathrm{d}p < 0$$

因为 $\Delta V = V(\text{金刚石}) - V(\text{石墨})$，设 V 不随压力而变，上式即可写成

$$\Delta_r G_m^{\ominus}(T) + \Delta V(p - p^{\ominus}) < 0$$

而
$$\Delta V = \left(\frac{1}{3.513} - \frac{1}{2.26}\right) \times 12.00 \times 10^{-6}\mathrm{m^3 \cdot mol^{-1}} = -1.894 \times 10^{-6}\mathrm{m^3 \cdot mol^{-1}}$$

$$\Delta_r G_m^{\ominus}(298.15\mathrm{K}) = 2900\mathrm{J \cdot mol^{-1}}$$

故
$$(p - p^{\ominus}) > \frac{\Delta_r G_m^{\ominus}(298.15\mathrm{K})}{-\Delta V} = \frac{2900\mathrm{J \cdot mol^{-1}}}{1.894 \times 10^{-6}\mathrm{m^3 \cdot mol^{-1}}} = 1.5 \times 10^9\mathrm{Pa}$$

即
$$p > 1.5 \times 10^9\mathrm{Pa} + p^{\ominus} \approx 1.5 \times 10^9\mathrm{Pa}$$

以上计算说明，要使石墨转化为金刚石，在常温下压力至少需在 $1.5 \times 10^9\mathrm{Pa}$ 以上。通过其它计算还可以证明，当温度升高时，所需压力有所降低，近年来，已可利用爆炸产生的高温高压，使石墨转化为金刚石。

3.7　化学势

前面讨论的热力学公式都只能用于单组分均相系统或者多组分但组成不变的均相系统。

如果系统的组成发生变化，或者对一个封闭系统，其中不止一个相，在相与相之间有物质交换，各相的组成发生变化者，则每一个相都可以看作是一个开放系统，此时仅用两个变量已不能确定系统的状态了，系统的状态与各组分的物质的量也有关。因此，对组成可变的系统，在热力学函数表示式中都应包含各组分物质的量 n_B 这一变量。

3.7.1　偏摩尔量

不论在什么系统中，质量都具有加和性，如一个系统的质量等于系统中各部分的质量之和。但是除质量以外，其它广度性质除非在纯物质中或理想溶液中，一般都不具有加和性。例如，25℃、101.325kPa 时，18.07cm^3 水与 5.74cm^3 乙醇相混合，所得溶液体积 $V \neq (18.07+5.74)\text{cm}^3 = 23.81\text{cm}^3$，而是 23.30cm^3，混合后体积缩小了 0.51cm^3；同样条件下，18.07cm^3 水与 15.30cm^3 乙醇相混合，体积缩小了 1.13cm^3。由此可见，在讨论两种以上物质所构成的均相系统时，必须用新的概念来替代纯物质所用的摩尔量。

设一个均相系统由组分 1、2、3 …组成，系统的任一广度性质 X（如 G、U 等）可看作是 T、p、n_1、n_2、n_3…的函数，即

$$X = X(T, p, n_1, n_2, n_3, \cdots)$$

当系统发生一个微小变化时，则有

$$\mathrm{d}X = \left(\frac{\partial X}{\partial T}\right)_{p,n_B} \mathrm{d}T + \left(\frac{\partial X}{\partial p}\right)_{T,n_B} \mathrm{d}p + \sum_B \left(\frac{\partial X}{\partial n_B}\right)_{T,p,n_{C\neq B}} \mathrm{d}n_B \tag{3-83}$$

式中，n_B 代表系统中组分 B 的物质的量，$n_{C\neq B}$ 表示除组分 B 外，其它组分 C 的物质的量 n_C。式中

$$\sum_B \left(\frac{\partial X}{\partial n_B}\right)_{T,p,n_{C\neq B}} \mathrm{d}n_B = \left(\frac{\partial X}{\partial n_1}\right)_{T,p,n_2,n_3,\cdots} \mathrm{d}n_1 + \left(\frac{\partial X}{\partial n_2}\right)_{T,p,n_1,n_3,\cdots} \mathrm{d}n_2 + \cdots$$

定义

$$X_B = \left(\frac{\partial X}{\partial n_B}\right)_{T,p,n_{C\neq B}} \tag{3-84}$$

于是，式(3-83) 可改写为

$$\mathrm{d}X = \left(\frac{\partial X}{\partial T}\right)_{p,n_B} \mathrm{d}T + \left(\frac{\partial X}{\partial T}\right)_{T,n_B} \mathrm{d}p + \sum_B X_B \mathrm{d}n_B \tag{3-85}$$

X_B 称为组分 B 的广度性质 X 的偏摩尔量。例如，组分 B 的偏摩尔体积 $V_B = (\partial V/\partial n_B)_{T,p,n_{C\neq B}}$，偏摩尔热力学能 $U_B = (\partial U/\partial n_B)_{T,p,n_{C\neq B}}$ 等。

由偏摩尔量的定义式(3-84) 可以看出，偏摩尔量的物理意义是，在等温等压且除组分 B 之外其它组分的物质的量都不改变时，往系统中加入 $\mathrm{d}n_B$ 的 B 物质所引起的广度性质 X 的变化。也可理解为在等温等压条件下，往无限大的系统中加入 1mol B 物质（这时系统的组成变化很小，浓度可视为不变）所引起的广度性质 X 的变化。

在等温等压条件下，式(3-85) 变为

$$\mathrm{d}X = \sum_B X_B \mathrm{d}n_B \tag{3-86}$$

上式给出了在等温等压时，增加 $\mathrm{d}n_B$ 的 B 物质所引起系统广度性质 X 的变化。

从偏摩尔量的定义可知，纯物质的偏摩尔量就是它的摩尔量。

$$X_B^* = \left(\frac{\partial X^*}{\partial n_B}\right)_{T,p} = X_m^*(B) \tag{3-87}$$

上标 * 表示纯物质。例如 $V_B^* = V_m(B)$，$G_B^* = G_m(B)$。

需要指出：①只有系统的广度性质才有偏摩尔量；②偏摩尔量是两个广度性质之比，所

以是强度性质，与系统中物质数量的多少无关；③偏摩尔量和系统的温度、压力及浓度有关；④只有在恒温恒压及浓度不变时的偏微商才是偏摩尔量。例如 $H_B=(\partial H/\partial n_B)_{T,p,n_{C\neq B}}$ 是偏摩尔焓，但 $(\partial H/\partial n_B)_{T,V,n_{C\neq B}}$ 只是偏微商而不是偏摩尔量。

3.7.2　化学势的定义

当 X 为系统的吉布斯函数 G 时，式(3-83) 为

$$dG=\left(\frac{\partial G}{\partial T}\right)_{p,n_B}dT+\left(\frac{\partial G}{\partial p}\right)_{T,n_B}dp+\sum_B\left(\frac{\partial G}{\partial n_B}\right)_{T,p,n_{C\neq B}}dn_B \tag{3-88}$$

式中前两项的下标 n_B 表示系统中各组分的物质的量 n_B 都不改变，相当于组成恒定的封闭系统，与 $dG=-SdT+Vdp$ 比较可得

$$\left(\frac{\partial G}{\partial T}\right)_{p,n_B}=-S,\left(\frac{\partial G}{\partial p}\right)_{T,n_B}=V \tag{3-89}$$

式(3-88) 中的 $(\partial G/\partial n_B)_{T,p,n_{C\neq B}}$ 就是组分 B 的偏摩尔吉布斯函数 G_B，由于它的重要性，另外给它一个名字，叫做组分 B 的化学势，记作 μ_B。

$$\mu_B=G_B=\left(\frac{\partial G}{\partial n_B}\right)_{T,p,n_{C\neq B}} \tag{3-90}$$

将式(3-89)、式(3-90) 代入式(3-88)，得

$$dG=-SdT+Vdp+\sum_B\mu_B dn_B \tag{3-91}$$

类似地，还可导出用亥姆霍兹函数 A、焓 H 以及热力学能 U 表示的化学势。于是就可得到化学势 μ_B 的四种表达式：

$$\mu_B=\left(\frac{\partial G}{\partial n_B}\right)_{T,p,n_{C\neq B}}=\left(\frac{\partial A}{\partial n_B}\right)_{T,V,n_{C\neq B}}=\left(\frac{\partial H}{\partial n_B}\right)_{S,p,n_{C\neq B}}=\left(\frac{\partial U}{\partial n_B}\right)_{S,V,n_{C\neq B}} \tag{3-92}$$

化学势的四种表达式中，只有第一个是偏摩尔吉布斯函数，后三个都不是偏摩尔量。由于实际过程多在等温等压下进行，所以，如不特别指明，一般所说的化学势均指偏摩尔吉布斯函数。

为了便于比较，将均相系统的热力学基本公式并列在下：

$$dU=TdS-pdV+\sum_B\mu_B dn_B \quad dH=TdS+Vdp+\sum_B\mu_B dn_B$$

$$dA=-SdT-pdV+\sum_B\mu_B dn_B \quad dG=-SdT+Vdp+\sum_B\mu_B dn_B$$

以上四个公式适用于只做体积功的均相系统（不论是封闭系统还是开放系统，组成是否恒定，发生的过程是否可逆）。对各相温度和压力在始态和终态都相同的多相系统也可应用。

3.7.3　化学势判据

化学势的重要作用之一是判断组成可变的封闭系统或开放系统所发生的热力学过程的方向和限度。

由于实际过程大多在等温等压的条件下进行，所以式(3-91) 变为

$$(dG)_{T,p}=\sum_B\mu_B dn_B \tag{3-93}$$

若系统不做非体积功，由吉布斯函数判据可得到化学势判据

$$\sum_B\mu_B dn_B\begin{cases}<0 & \text{自发过程}\\=0 & \text{平衡态标志或可逆过程}\\>0 & \text{不可能发生}\end{cases} \tag{3-94}$$

3.7.3.1　相平衡条件

设有 α 和 β 两个相，两相的温度和压力都相等。设有 dn_B^α 的物质 B 在等温等压条件下由

α 相转移到 β 相（其它组分都不改变），由式(3-93) 可得

$$dG^{\alpha}=\mu_B^{\alpha}dn_B^{\alpha}, dG^{\beta}=\mu_B^{\beta}dn_B^{\beta}$$

显然

$$-dn_B^{\alpha}=dn_B^{\beta}$$

从而

$$dG=dG^{\alpha}+dG^{\beta}=\mu_B^{\alpha}dn_B^{\alpha}+\mu_B^{\beta}dn_B^{\beta}=(\mu_B^{\alpha}-\mu_B^{\beta})dn_B^{\alpha}$$

若物质的转移是在平衡条件下进行的，则

$$dG=(\mu_B^{\alpha}-\mu_B^{\beta})dn_B^{\alpha}=0$$

因为 $dn_B^{\alpha}\neq 0$，所以得到两相平衡的条件是

$$\mu_B^{\alpha}=\mu_B^{\beta} \tag{3-95}$$

上式表明，两相处于平衡的条件是：物质 B 在两相中的化学势必须相等。如果系统中有 α、β、γ…多个相，将两相平衡条件式(3-95) 分别用于任意两个相，分别有 $\mu_B^{\alpha}=\mu_B^{\beta}$、$\mu_B^{\alpha}=\mu_B^{\gamma}$…，因此多相平衡的条件是物质 B 在含有该物质的各相中化学势相等。

如果物质的转移过程是自发进行的，则

$$dG=(\mu_B^{\alpha}-\mu_B^{\beta})dn_B^{\alpha}<0$$

因为一开始就假设有 dn_B^{α} 的物质 B 由 α 相转移到 β 相，所以 $dn_B^{\alpha}<0$，于是得到物质 B 由 α 相自发转移到 β 相的条件是

$$\mu_B^{\alpha}>\mu_B^{\beta} \tag{3-96}$$

式(3-95)、式(3-96) 表明：化学势可以判断物质转移的方向，物质由化学势高的一相自发地转移到化学势低的一相，直至该物质在两相中化学势相等为止。

3.7.3.2　化学平衡条件

设化学反应

$$d\mathrm{D}+e\mathrm{E}=\!=\!=g\mathrm{G}+h\mathrm{H}$$

或写作

$$0=\sum_B \nu_B \mathrm{B}$$

化学反应一般在等温等压不做非体积功的条件下进行，若系统进行了一个微小的过程，由式(3-93) 知其吉布斯函数变为 $(dG)_{T,p}=\sum_B \mu_B dn_B$。在第二章中讨论过反应进度 ξ 与化学计量数 ν_B 的关系是 $dn_B=\nu_B d\xi$，所以

$$(dG)_{T,p}=\sum_B \nu_B\mu_B d\xi$$

当温度、压力及系统组成不变（即各物质的化学势是常数）时，有

$$\left(\frac{\partial G}{\partial \xi}\right)_{T,p}=\sum_B \nu_B\mu_B \tag{3-97}$$

上式中 $(\partial G/\partial \xi)_{T,p}$的物理意义是：在等温等压下，当化学反应系统的反应进度为 ξ 时，继续进行 $d\xi$ 反应所引起系统吉布斯函数的变化 dG。或者看作是一个无限大的反应系统中，按计量方程发生一个单位的反应（即 $\Delta\xi=1$mol，此时 μ_B 也保持不变），系统吉布斯函数的改变量。因此，$\sum_B \nu_B\mu_B=(g\mu_G+h\mu_H)-(d\mu_D+e\mu_E)$ 是在等温等压条件下，系统中各物质的化学势不变且 $\Delta\xi=1$mol 时，化学反应的吉布斯函数改变量 $\Delta_r G_m$。

$$\Delta_r G_m=\left(\frac{\partial G}{\partial \xi}\right)_{T,p}=\sum_B \nu_B\mu_B \tag{3-98}$$

由此得到化学反应方向的判据为：

① $\sum_B \nu_B\mu_B<0$，即反应物的化学势总和大于产物化学势的总和，反应自左向右自发进行。

② $\sum_{B}\nu_{B}\mu_{B}=0$，即反应物的化学势总和等于产物化学势的总和，反应达到平衡。

③ $\sum_{B}\nu_{B}\mu_{B}>0$，即反应物的化学势总和小于产物化学势的总和，反应不能正向进行，但可反向进行。

可见，在等温等压不做非体积功的条件下，化学反应的方向总是由化学势大的向化学势小的方向进行，直至化学势相等，即达到化学平衡。关于化学平衡的有关问题将在化学平衡一章中再详细讨论。

3.7.4 气体的化学势

3.7.4.1 纯理想气体的化学势

纯物质的化学势就是摩尔吉布斯函数，即 $\mu=G_{m}^{*}$。在一定温度下，压力改变时，由式(3-77) 可知

$$d\mu=dG_{m}^{*}=V_{m}^{*}dp \tag{3-99}$$

式中“*”表示纯物质，V_{m}^{*} 是纯物质的摩尔体积。上式对任何纯物质都是适用的。

因为不知道摩尔吉布斯函数的绝对值，所以也不知道化学势的绝对值。但热力学中重要的是状态函数的改变量而不是其绝对值。为此需要一个比较的标准，不同状态下的热力学函数和这个标准相比较，就能得到热力学函数的相对大小。这个参考标准就是前面已提到的标准状态。原则上标准状态可任意指定，但为了便于比较，IUPAC（国际纯粹与应用化学联合会）作了统一规定。气态物质 B 的标准态规定为：不论是纯物质还是在气体混合物中，在标准压力 $p^{\ominus}$($p^{\ominus}$=100kPa) 下，具有理想气体性质的纯物质 B 的状态。标准态没有指定温度，通常选用 298.15K。

对理想气体 $V_{m}^{*}=RT/p$，代入式(3-99)，得

$$d\mu=V_{m}^{*}dp=RTdp/p=RTd\ln p \tag{3-100}$$

在温度 T 下，由标准压力 $p^{\ominus}$变到压力为 p 的状态，化学势相应地由标准状态下的化学势 $\mu^{\ominus}(T)$ 变为 μ，对式(3-100) 积分

$$\int_{\mu^{\ominus}(T)}^{\mu}d\mu=\int_{p^{\ominus}}^{p}RTd\ln p$$

得

$$\mu=\mu^{\ominus}(g,T)+RT\ln\frac{p}{p^{\ominus}} \tag{3-101}$$

μ 就是纯理想气体在温度 T、压力 p 时的化学势。$\mu^{\ominus}(g,T)$ 称作标准化学势，它只是温度的函数，因为压力已规定为标准压力 $p^{\ominus}$。

3.7.4.2 理想气体混合物中任一组分的化学势

对理想气体来说，由于分子本身的体积及分子间相互作用可忽略，因此理想气体混合物中某一组分的行为与其单独占有理想气体混合物总体积时的行为相同。所以理想气体混合物中组分 B 的化学势为

$$\mu_{B}=\mu_{B}^{\ominus}(g,T)+RT\ln\frac{p_{B}}{p^{\ominus}} \tag{3-102}$$

式中，p_{B} 为气体混合物中组分 B 的分压，$\mu_{B}^{\ominus}(g,T)$ 是组分 B 的标准化学势，即 $p_{B}=p^{\ominus}$时纯物质 B 的化学势。

如果 p 为混合气体的总压力，y_{B} 为组分 B 在混合气体中的摩尔分数，根据分压定律，组分 B 的分压为 $p_{B}=y_{B}p$，代入式(3-102) 则得

$$\mu_{B}=\mu_{B}^{\ominus}(g,T)+RT\ln\frac{p}{p^{\ominus}}+RT\ln y_{B}$$

或 $$\mu_B=\mu_B^*(T,p)+RT\ln y_B \tag{3-103}$$

式中 $$\mu_B^*(T,p)=\mu_B^\ominus(g,T)+RT\ln\frac{p}{p^\ominus} \tag{3-104}$$

由式(3-103) 可看出，$y_B=1$（即纯物质）时，$\mu_B=\mu_B^*(T,p)$。所以 $\mu_B^*(T,p)$ 是纯物质在指定 T、p 时的化学势，注意，这个状态不是标准状态。

式(3-102) 可以作为理想气体混合物的定义，各组分均服从该式的混合气体必然遵守理想气体的状态方程。

3.7.4.3　实际气体的化学势及逸度

对于实际气体，由于它不遵守理想气体状态方程，所以式(3-101) 不成立，即

$$\mu\neq\mu^\ominus(g,T)+RT\ln\frac{p}{p^\ominus}$$

为此对实际气体的压力加以校正，将其压力 p 乘以一个校正系数 γ，以 $f=\gamma p$ 代替式(3-101) 中的压力 p，使其也能适用于实际气体。即

$$f=\gamma p \tag{3-105}$$

$$\mu=\mu^\ominus(g,T)+RT\ln\frac{f}{p^\ominus} \tag{3-106}$$

上式就是实际气体的化学势表达式。f 称为气体的逸度，可以看做是校正压力或有效压力，逸度的单位和压力的单位相同，也是 Pa。γ 称逸度系数，量纲为 1。γ 与气体的性质及其所处的温度、压力有关，一般情况下，$\gamma\neq1$，γ 的大小反映了实际气体与理想气体间偏差程度的大小。显然，对理想气体，$\gamma=1$，式(3-106) 还原为式(3-101)。

由于任何气体在压力趋于零时都表现出理想气体的行为，所以压力趋于零时，式(3-106) 和式(3-101) 等效，于是

$$\lim_{p\to0}(f/p)=\lim_{p\to0}\gamma=1 \tag{3-107}$$

式(3-106) 和式(3-107) 两式就构成了逸度的完整定义[1]。

当 $f=p^\ominus$ 时，式(3-106) 成为 $\mu=\mu^\ominus(g,T)$，而 $\mu^\ominus(g,T)$ 仍是式(3-101) 中理想气体的标准化学势，故它也是实际气体的标准化学势。如图 3-7 可见，实际气体的标准态是 $f=p^\ominus$ 且仍有理想气体性质的假想状态，即图 3-7 中虚线的交点。对实际气体 A 和 B，当气体压力 $p=p^\ominus$ 时，真实状态为 A′和 B′；当气体逸度 $f=p^\ominus$ 时，真实状态为 A 和 B。对于实际气体，不存在 $f=p=p^\ominus$ 的实际状态。所以实际气体的标准状态是一个假想的状态。

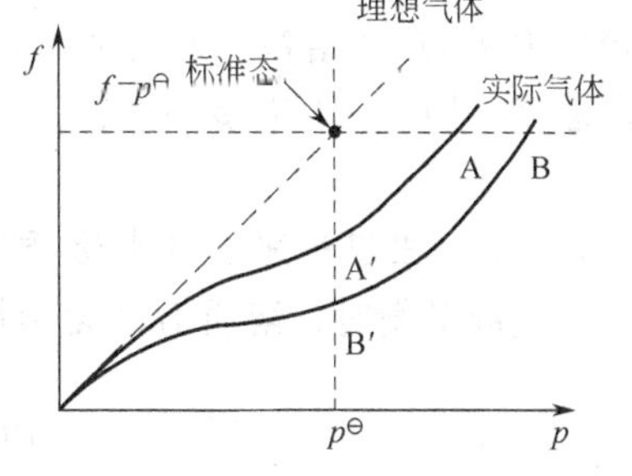

图 3-7　气体的标准态

引入逸度的概念后，式(3-106) 成为一个普适的公式，它既适用于实际气体，也适用于理想气体（$\gamma=1$，$f=p$）。

在上节中曾指出，两相平衡时物质 B 在两相中的化学势相等，否则物质 B 将由化学势大的一相向小的一相转移，而式(3-106) 指出，逸度越大化学势就越大，因此逸度也标志着物质逃离本相的趋势，逸度一词即来源于此。气体的逸度可通过实际气体的状态方程或压缩因子图计算出来。这里不再讨论。

对于实际气体混合物，组分 B 的化学势可写为

$$\mu_B=\mu_B^\ominus(g,T)+RT\ln\frac{f_B}{p^\ominus} \tag{3-108}$$

---

[1] 在国家标准 GB 3102.8—93 中逸度是用绝对活度来定义的。

式中，f_B 是混合物中组分 B 的逸度（也相当于它的校正压力）。但由于不同种类的分子间力不相同，所以在混合物中的 f_B 和纯物质 B 的 f_B^* 不相同。对于混合实际气体，路易斯-兰德(Lewis-Randoll) 提出一个近似规则，即

$$f_B = f_B^* y_B \tag{3-109}$$

式中，y_B 是混合气体中组分 B 的摩尔分数；f_B^* 为同温度时，纯物质 B 在其压力等于混合气体总压时的逸度。这个规则对一些常见气体可近似使用到压力为 10^7 Pa 左右。

3.7.5　溶液中各组分的化学势

3.7.5.1　理想稀薄溶液中溶剂的化学势

第 1 章中已讨论过拉乌尔定律和亨利定律。实际上拉乌尔定律和亨利定律都是极限定律，只有当溶液中溶质浓度 $x_B \to 0$，溶剂浓度 $x_A \to 1$ 时才严格成立。将溶剂严格遵守拉乌尔定律和溶质严格遵守亨利定律的稀溶液称为理想稀薄溶液。

在一定温度和压力下，溶液与其饱和蒸气（设为理想气体）达到平衡时溶剂 A 在气液两相中的化学势相等，即 $\mu_A^l = \mu_A^g$。故

$$\mu_A^l = \mu_A^g = \mu_A^\ominus(g,T) + RT\ln\frac{p_A}{p^\ominus} \tag{3-110}$$

溶剂服从拉乌尔定律 $p_A = p_A^* x_A$，所以

$$\mu_A^l = \mu_A^g = \mu_A^\ominus(g,T) + RT\ln\frac{p_A^*}{p^\ominus} + RT\ln x_A = \mu_A^*(l,T,p) + RT\ln x_A \tag{3-111}$$

式中，$\mu_A^*(l,T,p) = \mu_A^\ominus(g,T) + RT\ln\frac{p_A^*}{p^\ominus}$是纯溶剂 A 在温度 T、压力 p 下的化学势，但不是标准化学势 $\mu_A^\ominus(l,\ T)$。在溶液中溶剂 A 的标准态规定为在标准压力 $p^\ominus$下液态（或固态）纯 A 的状态。

压力由 $p^\ominus$变到 p 时，化学势的变化可由式(3-99) 得到

$$\mu_A^*(l,T,p) = \mu_A^*(l,T,p^\ominus) + \int_{p^\ominus}^{p} V_A^* \, dp = \mu_A^\ominus(l,T) + \int_{p^\ominus}^{p} V_A^* \, dp \tag{3-112}$$

当压力 p 与 $p^\ominus$相差不太大时，上式第二项积分值不大，所以压力对凝聚态的化学势影响可以忽略，即 $\mu_A^*(l,T,p) \approx \mu_A^*(l,T,p^\ominus) = \mu_A^\ominus(l,T)$，因此溶剂的化学势可近似地写为

$$\mu_A^l = \mu_A^\ominus(l,T) + RT\ln x_A \tag{3-113}$$

3.7.5.2　理想稀薄溶液中溶质的化学势

气液平衡时，溶质 B 的化学势

$$\mu_B^l = \mu_B^g = \mu_B^\ominus(g,T) + RT\ln\frac{p_B}{p^\ominus} \tag{3-114}$$

溶质遵守亨利定律 $p_B = k_x x_B$，所以

$$\mu_B^l = \mu_B^g = \mu_B^\ominus(g,T) + RT\ln\frac{k_x}{p^\ominus} + RT\ln x_B = \mu_B^*(T,p) + RT\ln x_B \tag{3-115}$$

式中，$\mu_B^*(T,p) = \mu_B^\ominus(g,T) + RT\ln\frac{k_x}{p^\ominus}$，它不是标准化学势，也不是纯物质 B 的化学势，它是在温度 T、压力 p 下，$x_B \to 1$ 且遵守亨利定律的假想状态的化学势。

溶液中溶质的标准态因浓度的表示方法不同而有不同的规定。当浓度用溶质 B 的摩尔分数表示时，溶质 B 的标准态规定为溶液处于标准压力 $p^\ominus$下，$x_B = 1$ 且符合亨利定律的假想状态，如图 3-8(a) 所示。

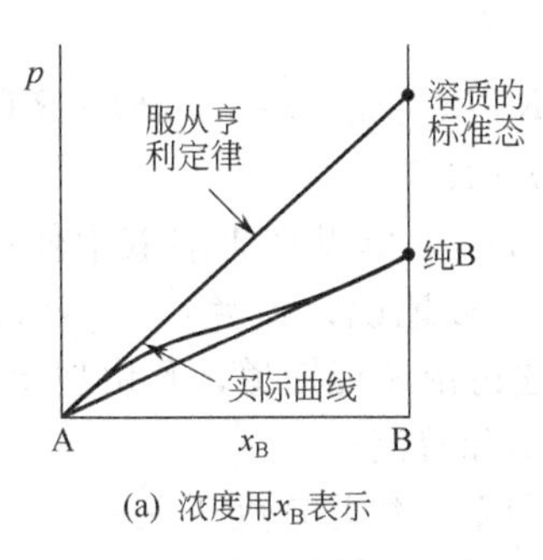

(a) 浓度用x_B表示

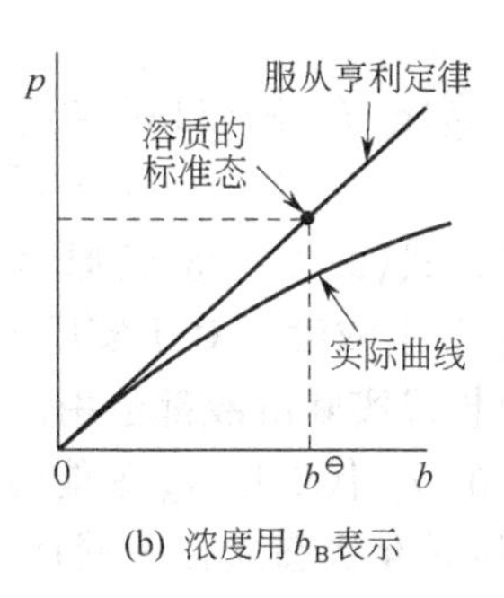

(b) 浓度用b_B表示

图 3-8　溶液中溶质的标准态

当压力 p 与 $p^\ominus$ 相差不太大时，有

$$\mu_B^*(T,p) \approx \mu_B^*(T,p^\ominus) = \mu_B^\ominus(T)$$

所以

$$\mu_B = \mu_B^\ominus(T) + RT\ln x_B \tag{3-116}$$

用亨利定律 $p_B = k_b b_B$ 或 $p_B = k_c c_B$ 分别代入式(3-114) 后得

$$\mu_B^l = \mu_B^g = \mu_B^\ominus(g,T) + RT\ln\left(\frac{k_b b_B}{p^\ominus}\right) = \mu_B^\ominus(g,T) + RT\ln\left(\frac{k_b b^\ominus}{p^\ominus}\right) + RT\ln\left(\frac{b_B}{b^\ominus}\right)$$

$$\approx \mu_B^\ominus(l,T,b^\ominus) + RT\ln\left(\frac{b_B}{b^\ominus}\right) \tag{3-117}$$

$$\mu_B^l = \mu_B^g = \mu_B^\ominus(g,T) + RT\ln\left(\frac{k_c c_B}{p^\ominus}\right) = \mu_B^\ominus(g,T) + RT\ln\left(\frac{k_c c^\ominus}{p^\ominus}\right) + RT\ln\left(\frac{c_B}{c^\ominus}\right)$$

$$\approx \mu_B^\ominus(l,T,c^\ominus) + RT\ln\left(\frac{c_B}{c^\ominus}\right) \tag{3-118}$$

式中，$b^\ominus = 1\text{mol}\cdot\text{kg}^{-1}$，称为标准质量摩尔浓度；$c^\ominus = 1\text{mol}\cdot\text{dm}^{-3}$，称为标准物质的量浓度。引入 $b^\ominus$、$c^\ominus$ 是因为只有量纲为 1 的纯数才可取对数。当用质量摩尔浓度或物质的量浓度表示时，溶质 B 的标准态规定为溶液处于标准压力 $p^\ominus$ 下，$b_B = b^\ominus$ 和 $c_B = c^\ominus$ 且符合亨利定律的假想状态，如图 3-8(b) 所示。

由以上讨论可知，溶质的标准态 $\mu_B^\ominus(T) \neq \mu_B^\ominus(T,\ b^\ominus) \neq \mu_B^\ominus(T,\ c^\ominus)$。溶质的标准态都是并不存在的假想状态，因为亨利定律只适用于稀溶液，而 $x_B = 1$、$b_B = b^\ominus$ 和 $c_B = c^\ominus$ 的溶液都不是稀溶液。引入这样一些假想的标准态，并不会影响 ΔG 或 $\Delta\mu$ 的计算，因为在计算时，有关标准态的项都消去了。

3.7.5.3　理想溶液中任一组分的化学势

如果溶液中任一组分在全部浓度范围内都遵守拉乌尔定律，则称之为理想溶液。因此不论溶剂还是溶质的化学势都可用式(3-110) 表示。

$$\mu_B^l = \mu_B^\ominus(g,T) + RT\ln(p_B^*/p^\ominus) + RT\ln x_B = \mu_B^*(T,p) + RT\ln x_B \tag{3-119}$$

或近似为

$$\mu_B = \mu_B^\ominus(l,T) + RT\ln x_B \tag{3-120}$$

3.7.5.4　实际溶液中任一组分的化学势及活度

实际溶液不遵守拉乌尔定律，将拉乌尔定律修正为

$$p_B = p_B^* \gamma_B x_B = p_B^* a_B \tag{3-121}$$

式中，$a_B = \gamma_B x_B$ 称为组分 B 的活度，它是一个无量纲的量，用它来代替摩尔分数，就可使理想溶液的公式适用于实际溶液，因此把 a_B 也看作校正浓度或有效浓度。γ_B 称为活度系数，它反映了实际溶液与理想溶液的偏离程度。因此式(3-119)、式(3-120) 相应地修

正为

$$\mu_B^l=\mu_B^\ominus(g,T)+RT\ln(p_B^*/p^\ominus)+RT\ln\gamma_B x_B=\mu_B^*(T,p)+RT\ln a_B \quad (3\text{-}122)$$

$$\mu_B=\mu_B^\ominus(l,T)+RT\ln a_B \quad (3\text{-}123)$$

对于理想溶液，式(3-123) 应还原为式(3-120)，所以理想溶液中任一组分 B 的活度系数 $\gamma_B=1$，活度 a_B 等于浓度。对于实际溶液，一般地说，$\gamma_B\neq1$，$a_B\neq x_B$。因此式(3-123) 更具普遍性，对理想或实际溶液都适用。由上述讨论还可知道，凡由理想溶液导出的热力学公式，只要将其中的 x_B 代之以 a_B 就能运用于实际溶液。

活度 a_B 的值随标准状态选择不同而不同，因为物质 B 处于某一状态时，其化学势 μ_B 具有确定值，而选择不同的标准态就会有不同的标准化学势 $\mu_B^\ominus(T)$，从而根据式(3-123) 算出的 a_B 也就有不同的值。所以只有明确指定标准态，a_B 才有意义。式(3-123) 中的 $\mu_B^\ominus(T)$ 与式(3-120) 中的 $\mu_B^\ominus(T)$ 是一样的，因此实际溶液的标准态规定应和理想溶液及理想稀薄溶液一致。由式(3-123) 还知，当 $a_B=1$ 时，$\mu_B=\mu_B^\ominus(T)$，即处于标准态时，组分 B 的活度为 1。所以对标准态的规定如下：

溶剂的标准态规定为与溶液有相同温度且处于标准压力 $p^\ominus$ 下的纯溶剂。在此状态下，$x_A=1$，$\gamma_A=1$，$a_A=1$。按此规定，纯液体和纯固体的活度都为 1。

溶质的标准态有几种不同的规定

① 与溶剂的选择相似，即以拉乌尔定律为基础，选择处于标准压力 $p^\ominus$ 下的纯溶质为标准态。此时 $x_B=1$，$\gamma_B=1$，$a_B=1$。

对于 A、B 两种可以完全互溶的物质，上述选择较为方便。

② 以亨利定律为基础的选择

在实际溶液中亨利定律修正为

$$p_B=k_x x_B\gamma_{B,x} \quad (3\text{-}124)$$

或

$$p_B=k_b b_B\gamma_{B,b} \quad (3\text{-}125)$$

$$p_B=k_c c_B\gamma_{B,c} \quad (3\text{-}126)$$

式中，$\gamma_{B,x}$、$\gamma_{B,b}$、$\gamma_{B,c}$ 分别是浓度用摩尔分数、质量摩尔浓度和物质的量浓度表示时的活度系数。所以式(3-116)、式(3-117)、式(3-118) 相应修正为

$$\mu=\mu_B^\ominus(T)+RT\ln(\gamma_{B,x}x_B)=\mu_B^\ominus(T)+RT\ln a_{B,x} \quad (3\text{-}127)$$

$$\mu=\mu_B^\ominus(T)+RT\ln(\gamma_{B,b}b_B/b^\ominus)=\mu_B^\ominus(T)+RT\ln a_{B,b} \quad (3\text{-}128)$$

$$\mu=\mu_B^\ominus(T)+RT\ln(\gamma_{B,c}c_B/c^\ominus)=\mu_B^\ominus(T)+RT\ln a_{B,c} \quad (3\text{-}129)$$

式中，$a_{B,x}=\gamma_{B,x}x_B$、$a_{B,b}=\gamma_{B,b}b_B/b^\ominus$、$a_{B,c}=\gamma_{B,c}c_B/c^\ominus$，分别是浓度用摩尔分数、质量摩尔浓度和物质的量浓度表示时的活度。以上三式中溶质 B 的标准态分别是溶液处于标准压力 $p^\ominus$ 下，浓度为 $x_B=1$ 或 $b_B=b^\ominus=1\text{mol}\cdot\text{kg}^{-1}$ 或 $c_B=c^\ominus=1\text{mol}\cdot\text{dm}^{-3}$ 且符合亨利定律的假想状态。显然在标准态时，$a_{B,x}=1$，$\gamma_{B,x}=1$；$a_{B,b}=1$，$\gamma_{B,b}=1$；$a_{B,c}=1$，$\gamma_{B,c}=1$。但应注意，用不同浓度方式表示时，活度及活度系数的值是不相同的。

思考题

1. 不可逆过程都是自发过程，对吗？

2. 理想气体等温膨胀，$\Delta U=0$，$Q=-W$，说明理想气体从热源吸热并全部转变为功，这与第二定律的开尔文说法有无矛盾？

3. 用混乱度的概念说明同一物质固、液、气三态熵的变化情况。

4. 下列说法都是不正确的，为什么？

(1) 因为 $\Delta S \geqslant \int_{A}^{B} \frac{\delta Q}{T}$，所以系统由A态变为B态，不可逆过程的熵变大于可逆过程的熵变。

(2) 系统经过一可逆过程，熵一定不变，经过一不可逆过程，熵一定增加。

(3) $\Delta S<0$ 的过程不可能发生。

(4) 在绝热系统中发生一个不可逆过程，系统由状态1变到了状态2，不论用什么方法，系统再也回不到原来的状态了。

(5) 不可逆过程的 ΔG 都小于零。

5. 当系统发生下列变化时，Q、W、ΔU、ΔH、ΔS、ΔA、ΔG 何者必定为零？哪些绝对值相等？

(1) $H_2(g)$ 和 $Cl_2(g)$ 在坚固密闭的绝热容器中发生反应生成 $HCl(g)$。

(2) 理想气体向真空自由膨胀。

(3) 理想气体的绝热可逆膨胀。

(4) 理想气体的等温可逆膨胀。

(5) 水在100℃、101.325kPa下变成水蒸气。

6. 物质的标准摩尔熵 $S_m^{\ominus}(298.15K)$ 是不是该状态下熵的绝对值，稳定单质的 $S_m^{\ominus}(298.15K)$ 是否等于零？

7. 化学势就是偏摩尔量，这种说法对吗？

8. 化学反应平衡的条件是参与反应的各物质的化学势相等，对吗？

9. 下列说法是否正确，为什么？

(1) 溶液的化学势等于溶液中各组分的化学势之和。

(2) 对于纯组分，其化学势就等于它的吉布斯函数。

(3) 在同一理想稀薄溶液中，溶质B的浓度分别可以用 x_B、m_B、c_B 表示，其标准态的表示方法也不同，则其相应的化学势也就不同。

(4) 在同一溶液中，若组分B的标准态规定不同，则其相应的活度也就不同。

习　题

1. 选择题

(1) 下列过程中系统的熵减少的是（　　）。

A. 在900℃时 $CaCO_3(s) \longrightarrow CaO(s)+CO_2(g)$　　B. 在0℃常压下水结成冰

C. 理想气体的等温膨胀　　D. 水在100℃、常压下气化

(2) 单原子理想气体的 $C_{V,m}=\frac{3}{2}R$，当温度由 T_1 变到 T_2 时，等压过程体系的熵变 $(\Delta S)_p$ 与等容过程熵变之比 $(\Delta S)_V$ 是（　　）。

A. 1∶1　　B. 2∶1　　C. 3∶5　　D. 5∶3

(3) 在标准压力下，90℃的液态水气化为90℃的水蒸气，该过程的（　　）。

A. $\Delta S=0$　　B. $\Delta S>0$　　C. $\Delta S<0$

(4) 已知某可逆反应的 $(\partial \Delta_r H_m/\partial T)_p=0$，当反应温度降低时，其熵变 $\Delta_r S_m$（　　）。

A. 减小　　B. 增大　　C. 不变　　D. 难以判断

(5) 常温常压下，2mol H_2 和 2mol Cl_2 在绝热钢筒内反应生成HCl气体，则（　　）。

A. $\Delta_r U=0$，$\Delta_r H=0$，$\Delta_r S>0$，$\Delta_r G<0$

B. $\Delta_r U<0$，$\Delta_r H<0$，$\Delta_r S>0$，$\Delta_r G<0$

C. $\Delta_r U=0$，$\Delta_r H>0$，$\Delta_r S>0$，$\Delta_r G<0$

D. $\Delta_r U>0$，$\Delta_r H>0$，$\Delta_r S=0$，$\Delta_r G>0$

(6) 1mol水在373K、101.3kPa条件下蒸发为同温同压的水蒸气，热力学函数变量为 ΔU_1、ΔH_1 和 ΔG_1；现把1mol水（温度、压力同上）放在373K的真空恒温箱中，控制体积，体系终态蒸气压也为101.3Pa，这时热力学函数变量为 ΔU_2、ΔH_2、ΔG_2。这两组热力学函数的关系为（　　）。

A. $\Delta U_1>\Delta U_2$，$\Delta H_1>\Delta H_2$，$\Delta G_1>\Delta G_2$

B. $\Delta U_1 < \Delta U_2$，$\Delta H_1 < \Delta H_2$，$\Delta G_1 < \Delta G_2$

C. $\Delta U_1 = \Delta U_2$，$\Delta H_1 = \Delta H_2$，$\Delta G_1 = \Delta G_2$

D. $\Delta U_1 = \Delta U_2$，$\Delta H_1 > \Delta H_2$，$\Delta G_1 = \Delta G_2$

(7) 373K 和 101.3kPa 下的 1mol $H_2O(l)$，令其与 373K 的大热源接触，并使其向真空器皿蒸发，变为 373K 和 101.3kPa 下的 H_2O (g)，对于这一过程，可用以下哪个量来判断过程的方向？(　　)

A. $\Delta S_{系}$　　B. $\Delta S_{总}$　　C. ΔG　　D. ΔU

(8) 在恒温恒压不作非体积功的情况下，下列哪个过程肯定能自发进行？(　　)

A. $\Delta H>0$，$\Delta S>0$　　B. $\Delta H>0$，$\Delta S<0$

C. $\Delta H<0$，$\Delta S>0$　　D. $\Delta H<0$，$\Delta S<0$

(9) 273K 和 $10p^{\ominus}$ 下，液态水和固态水（冰）的化学势分别为 μ_l 和 μ_s，两者的关系是（　　）。

A. $\mu_l > \mu_s$　　B. $\mu_l = \mu_s$　　C. $\mu_l < \mu_s$

(10) 在一定的温度和压力下，有两瓶萘的溶液，第一瓶的体积为 $2dm^3$（溶有 0.5mol 萘），第二瓶的体积为 $1dm^3$（溶有 0.25mol 萘），两瓶中萘的化学势（　　）。

A. $\mu_1 = 2\mu_2$　　B. $2\mu_1 = \mu_2$　　C. $\mu_1 = \mu_2$　　D. $\mu_1 = 4\mu_2$

2. 5mol He(g) 从 273.15K 和标准压力 $p^{\ominus}$ 变到 298.15K 和压力 $p = 10 \times p^{\ominus}$，求过程的 ΔS（已知 $C_{V,m} = 1.5R$）。

3. 1mol 理想气体在 300K 下，分别经过下列三种过程从 $p^{\ominus}$ 膨胀到 $0.5p^{\ominus}$，计算各过程的 Q、W、ΔU、ΔH 和 ΔS。(1) 可逆膨胀；(2) 膨胀时实际做功等于最大功的 50%；(3) 向真空膨胀。

4. 在 101.325kPa 下，将 150g 0℃的冰放入 1kg 25℃的水中融化，假设这是一个孤立系统，计算该过程的熵变。已知 0℃时冰的融化热为 $\Delta_s^l H_m^{\ominus} = 6020 J \cdot mol^{-1}$，水的比热容为 $4.184 J \cdot K^{-1} \cdot g^{-1}$。

5. 10mol 理想气体从 40℃冷却到 20℃，同时体积从 $250dm^3$ 变化到 $50dm^3$，如果该气体的定压摩尔热容为 $29.20 J \cdot K^{-1} \cdot mol^{-1}$，求此过程的 ΔS。

6. 1mol 水在 100℃、101.325kPa 下向真空蒸发，变成 100℃、101.325kP 的水蒸气，试计算此过程的 $\Delta S_{系}$、$\Delta S_{环}$、$\Delta S_{总}$，并判断此过程是否为自发过程。已知水的蒸发热 $\Delta_l^g H_m^{\ominus} = 40.67 kJ \cdot mol^{-1}$。

7. 恒温恒压下将 1mol H_2 与 1mol O_2 混合，计算此过程的熵变。假设 H_2 与 O_2 为理想气体。

8. 将 1mol 苯蒸气由 80.1℃、40530Pa 冷凝成 60℃、101325Pa 的液体苯，求此过程的 ΔS。已知苯的正常沸点为 80.1℃，苯的气化热为 $30878 J \cdot mol^{-1}$，液体苯的比热容为 $1.799 J \cdot g^{-1} \cdot K^{-1}$。假设苯蒸气可视为理想气体。

9. 液态水在 25℃的标准摩尔熵为 $69.95 J \cdot K^{-1} \cdot mol^{-1}$，热容为 $75.35 J \cdot K^{-1} \cdot mol^{-1}$，水蒸气的热容为 $C_{p,m}/J \cdot K^{-1} \cdot mol^{-1} = 30.1 + 11.3 \times 10^{-3}$ (T/K)。求 200℃时水蒸气的标准摩尔熵。

10. 计算在 800K 时反应 $Fe_3O_4(s) + 4H_2(g) = 3Fe(s) + 4H_2O(g)$ 的 $\Delta_r S_m^{\ominus}$。已知：

	$Fe_3O_4(s)$	$H_2(g)$	$Fe(s)$	$H_2O(g)$
$S_m^{\ominus}(298K)/J \cdot K^{-1} \cdot mol^{-1}$	146.4	130.7	27.3	188.835
$C_{p,m}(298K)/J \cdot K^{-1} \cdot mol^{-1}$	143.4	28.8	25.1	33.6

11. 1mol 理想气体在 273K 下，分别经过下列三种过程从 $22.4dm^3$ 膨胀到 $44.8dm^3$，计算各过程的 Q、W、ΔU、ΔH、ΔS、ΔA 和 ΔG。(1) 可逆膨胀；(2) 系统做功 418J 的不可逆膨胀。

12. 应用标准摩尔生成焓和标准摩尔熵数据，计算反应 $H_2O(l) = H_2(g) + \frac{1}{2}O_2(g)$ 的标准摩尔吉布斯函数变 $\Delta_r G_m^{\ominus}$，并判断该反应在标准状态下能否自发进行。

13. 在 298.15K 及 $p^{\ominus}$ 下，一摩尔过冷水蒸气变为同温同压下的水，求此过程的 ΔG。已知 298.15K 时水的蒸气压为 3167Pa。

14. 1mol 过冷液体 CO_2，在－59℃时的饱和蒸气压为 465.960kPa，在此温度下固体 CO_2 的蒸气压为 439.240kPa，计算 1mol 过冷液体 CO_2 在－59℃凝固时的 $\Delta G^{\ominus}$（假设 CO_2 为理想气体）。

15. 25℃、101325Pa 下，1mol 铅与醋酸铜在可逆情况下作用，可得电功 91.839kJ，同时吸热 213.635kJ，计算此过程的 ΔU、ΔH、ΔS、ΔA 和 ΔG。

16. 某一化学反应若在等温等压下（298.15K、$p^\ominus$）进行，放热 40.0kJ，若使该反应通过可逆电池来完成，则吸热 4.0kJ。

(1) 计算该化学反应的 $\Delta_r S$；

(2) 当该反应自发进行时（即不做电功时），求环境的熵变及总熵变；

(3) 计算体系可能做的最大非体积功为多少？

17. 在中等压力下，气体的物态方程可以写作 $pV(1-\beta p)=nRT$，式中系数 β 与气体的本性和温度有关。今若在 273K 时，将 0.5mol O_2 由 1013.25kPa 的压力减到 101.325kPa，试求 ΔG。已知氧的 $\beta=-9.277\times10^{-9}\,Pa^{-1}$。

18. 1mol 理想气体在 25℃，由 101.32kPa 膨胀至 80kPa，气体化学势的变化是多少？

第4章　化学平衡

化学平衡研究的是化学反应限度问题，是研究各类平衡（如酸-碱平衡、氧化-还原平衡、沉淀-溶解平衡和配位平衡等）的基础，目的在于探索各类平衡的共同特点和基本规律，并应用化学热力学基本原理讨论平衡建立的条件、平衡移动的方向以及平衡组成的计算等重要问题。

研究化学平衡及其规律，可以帮助人们找到合适的反应条件，使化学反应朝着人们所需要的方向进行。

4.1　可逆反应和化学平衡

4.1.1　可逆反应

在一定的条件下，一个反应既能由反应物变为生成物，也能由生成物变为反应物，这样的反应称为可逆反应。习惯上，把按反应方程式从左向右的反应称为正反应，从右向左的反应称为逆反应，在反应物与生成物之间用“$\rightleftharpoons$”表示反应的可逆性。

原则上讲，所有的化学反应都有可逆性，只是不同的化学反应的可逆程度差别很大，有些反应表面上看起来似乎只朝着一个方向进行，例如氯离子与银离子的沉淀反应 $Ag^+(aq)+Cl^-(aq) \longrightarrow AgCl(s)$ 即是如此，但本质上它也是可逆反应。若将 AgCl(s) 加到水中，也可发生上述反应的逆反应 $AgCl(s) \longrightarrow Ag^+(aq)+Cl^-(aq)$，只不过后者的倾向很小，前者则进行得很完全。

对于同一个反应，若反应条件不同，则可逆的程度也就不同，如反应

$$CaO(s)+SO_3(g) \rightleftharpoons CaSO_4(s)$$

在约 1000℃时，正反应趋势很大，而在 1840℃以上，则逆反应趋势很大。高炉炼铁即是用此反应除去炉气中的有毒气体三氧化硫的。

4.1.2　化学平衡

既然所有的化学反应都具有可逆性，则最终必然导致正反应速率与逆反应速率相等，此时系统所处的状态就称为化学平衡。例如，在一定温度下，将一定量的棕红色气体 NO_2 装入一个具有固定体积的密闭容器中，发生下列反应：

$$2NO_2(g) \rightleftharpoons N_2O_4(g)$$

在反应开始时，$NO_2(g)$ 以较快的速率生成 $N_2O_4(g)$（正反应），随着容器中 $N_2O_4(g)$ 的积累，$N_2O_4(g)$ 分解为 $NO_2(g)$（逆反应）的速率逐渐增大。当正、逆反应的反应速率相等时，系统就达到了化学平衡。

从动力学角度看，反应开始时，反应物的浓度（或分压力）较大，产物的浓度（或分压力）较小，所以正反应速率大于逆反应的速率。随着反应的进行，反应物的浓度（或分压力）不断减小，产物的浓度（或分压力）不断增大。所以，正反应速率不断减小，逆反应速率不断增大，当正、逆反应速率相等时，系统中各物质的浓度（或分压力）便维持一定，不再随时间而变化，反应达到化学平衡。所以，化学平衡是可逆反应在一定条件下所能达到的最终状态，是反应进行的最大限度。

当反应达到平衡时，表面上看似乎反应已经停止了。但实际上 $NO_2(g)$ 分子间的化合及 $N_2O_4(g)$ 分子的分解仍在以相同的速率进行，所以化学平衡是动态平衡。这是化学平衡

的第一个特征。

化学平衡的第二个特征是：化学平衡是相对的，同时又是有条件的，一旦维持平衡的条件发生了变化（如温度、压力等的变化），原有的平衡将被破坏，并在新的条件下达到新的平衡。如改变 $NO_2(g)$-$N_2O_4(g)$ 平衡系统的温度，又会出现一个新的平衡，这由系统中 $NO_2(g)$ 棕红色的深浅变化很容易观察到。

化学平衡的第三个特征是：可逆反应既可以从左向右达到平衡状态，也可以从右向左达到平衡状态。如最初将一定量的 $N_2O_4(g)$ 放入密闭容器中，$N_2O_4(g)$ 将会发生分解并最终达到平衡，这也可以由系统中 $NO_2(g)$ 棕红色的深浅变化观察到。

4.2 标准平衡常数

4.2.1 化学反应等温式和标准平衡常数 $K^\ominus$

化学反应的方向和限度与浓度、压力及温度等条件有关。从上一章已经知道，在等温等压只做体积功的条件下，可用反应的 $\Delta_r G_m$ 来判断化学反应的方向和限度。在一定温度下，反应的 $\Delta_r G_m$ 与参与反应的各物质的浓度（或分压力）之间的关系可用化学反应等温式表示。下面以理想气体反应为例导出化学反应等温式。

等温等压下，对于任一理想气体反应

$$d\mathrm{D(g)}+e\mathrm{E(g)} \rightleftharpoons g\mathrm{G(g)}+h\mathrm{H(g)}$$

将反应系统中各气体的化学势 $\mu_B=\mu_B^\ominus(T)+RT\ln[p(B)/p^\ominus]$ 代入 $\Delta_r G_m=\sum_B \nu_B\mu_B$ 中，得

$$\begin{aligned}\Delta_r G_m &= g\mu_G+h\mu_H-d\mu_D-e\mu_E\\ &= g\{\mu_G^\ominus(T)+RT\ln[p(G)/p^\ominus]\}+h\{\mu_H^\ominus(T)+RT\ln[p(H)/p^\ominus]\}\\ &\quad -d\{\mu_D^\ominus(T)+RT\ln[p(D)/p^\ominus]\}-e\{\mu_E^\ominus(T)+RT\ln[p(E)/p^\ominus]\}\\ &= \{g\mu_G^\ominus(T)+h\mu_H^\ominus(T)-d\mu_D^\ominus(T)-e\mu_E^\ominus(T)\}+RT\ln\frac{[p(G)/p^\ominus]^g[p(H)/p^\ominus]^h}{[p(D)/p^\ominus]^d[p(E)/p^\ominus]^e}\end{aligned}$$

令 $\Delta_r G_m^\ominus=g\mu_G^\ominus(T)+h\mu_H^\ominus(T)-d\mu_D^\ominus(T)-e\mu_E^\ominus(T)$，则 $\Delta_r G_m^\ominus$ 是参加反应的各物质都处于标准态时，反应的吉布斯函数的变化值，它仅是温度的函数。于是，上式可写作：

$$\Delta_r G_m=\Delta_r G_m^\ominus+RT\ln\frac{[p(G)/p^\ominus]^g[p(H)/p^\ominus]^h}{[p(D)/p^\ominus]^d[p(E)/p^\ominus]^e} \tag{4-1}$$

当反应达到平衡时，$\Delta_r G_m-0$。此时系统内各气体 B 的分压力就是平衡分压力 $p^{eq}(B)$，故

$$\Delta_r G_m^\ominus=-RT\ln\frac{[p^{eq}(G)/p^\ominus]^g[p^{eq}(H)/p^\ominus]^h}{[p^{eq}(D)/p^\ominus]^d[p^{eq}(E)/p^\ominus]^e}$$

令

$$K^\ominus=\frac{[p^{eq}(G)/p^\ominus]^g[p^{eq}(H)/p^\ominus]^h}{[p^{eq}(D)/p^\ominus]^d[p^{eq}(E)/p^\ominus]^e}=\prod_B[p^{eq}(B)/p^\ominus]^{\nu_B} \tag{4-2}$$

$K^\ominus$ 称为该反应的标准平衡常数，其量纲为 1，它仅是温度的函数。$K^\ominus$ 的数值越大，表示正反应进行得越完全。于是

$$\Delta_r G_m^\ominus=-RT\ln K^\ominus \tag{4-3}$$

再令

$$Q=\frac{[p(G)/p^\ominus]^g[p(H)/p^\ominus]^h}{[p(D)/p^\ominus]^d[p(E)/p^\ominus]^e}=\prod_B[p(B)/p^\ominus]^{\nu_B} \tag{4-4}$$

Q 称为“压力商”，量纲亦为 1。Q 的表达式与标准平衡常数 $K^\ominus$ 的表达式很相似，二者的区别是：在 $K^\ominus$ 的表达式中，各气体的分压力为反应达到平衡时的分压力；而在 Q 的表达式

中，各气体的分压力是反应在任意时刻的分压力。因此，式（4-1）可写为

$$\Delta_r G_m = \Delta_r G_m^{\ominus} + RT\ln Q \tag{4-5}$$

或

$$\Delta_r G_m = -RT\ln K^{\ominus} + RT\ln Q \tag{4-6}$$

式(4-1)、式(4-5) 和式(4-6) 均称为化学反应等温式。

4.2.2 用等温式判断化学反应的方向和限度

根据化学反应等温式，可以判断在等温等压下反应进行的方向和限度。将式(4-6) 写作为

$$\Delta_r G_m = -RT\ln K^{\ominus} + RT\ln Q = RT\ln(Q/K^{\ominus})$$

若 $Q<K^{\ominus}$，则 $\Delta_r G_m<0$，正向反应自动进行

若 $Q=K^{\ominus}$，则 $\Delta_r G_m=0$，反应达到平衡

若 $Q>K^{\ominus}$，则 $\Delta_r G_m>0$，逆向反应自动进行

例 4-1 设反应 $CO(g)+H_2O(g) \rightleftharpoons CO_2(g)+H_2(g)$ 中各物质的起始分压力分别为：$p(CO)=5.0p^{\ominus}$，$p(H_2O)=2.0p^{\ominus}$，$p(CO_2)=3.0p^{\ominus}$，$p(H_2)=3.0p^{\ominus}$，且均为理想气体。

(1) 在 1000K 时，反应的 $K^{\ominus}(1000K)=1.43$，试计算此条件下反应的 $\Delta_r G_m$，并说明反应的方向；

(2) 已知在 1200K 时，$K^{\ominus}(1200K)=0.73$，判断反应的方向。

解： (1) 将已知数据代入式(4-4)，得

$$Q=\frac{\{p(CO_2)/p^{\ominus}\}\{p(H_2)/p^{\ominus}\}}{\{p(CO)/p^{\ominus}\}\{p(H_2O)/p^{\ominus}\}}=\frac{3.0\times3.0}{5.0\times2.0}=0.9$$

$$\begin{aligned}\Delta_r G_m &= RT\ln(Q/K^{\ominus}) = 8.3145\text{J}\cdot\text{mol}^{-1}\cdot\text{K}^{-1}\times1000\text{K}\times\ln(0.9/1.43)\\ &= -3.85\text{kJ}\cdot\text{mol}^{-1}\end{aligned}$$

由于 $\Delta_r G_m<0$，上述反应正向进行。

(2) 在 1200K 时，$Q=0.9>K^{\ominus}=0.73$

故上述反应逆向进行。

需要强调，$\Delta_r G_m$ 的数值决定化学反应的方向，平衡时 $\Delta_r G_m=0$；而 $\Delta_r G_m^{\ominus}$ 则与标准平衡常数相联系，表示的是反应进行的限度，平衡时不一定为零。通常不能用 $\Delta_r G_m^{\ominus}$ 来判断反应的方向，但如果 $\Delta_r G_m^{\ominus}$ 的绝对值很大，则可由 $\Delta_r G_m^{\ominus}$ 判断反应的方向。一般认为：

① 当 $\Delta_r G_m^{\ominus}>40\text{kJ}\cdot\text{mol}^{-1}$时，就可判断反应是不可能正向进行的。如，$T=298.15\text{K}$ 时

$$\ln K^{\ominus}=-\frac{\Delta_r G_m^{\ominus}}{RT}=\frac{-40\times10^3\text{J}\cdot\text{mol}^{-1}}{8.3145\text{J}\cdot\text{mol}^{-1}\cdot\text{K}^{-1}\times298.15\text{K}}=-16.14，K^{\ominus}=9.8\times10^{-8}$$

$K^{\ominus}$的数值如此之小，即使较多地增加反应物的数量（使 Q 值减小），也不能使 $\Delta_r G_m<0$。

② 当 $\Delta_r G_m^{\ominus}<-40\text{kJ}\cdot\text{mol}^{-1}$时，$K^{\ominus}$的数值很大，反应能正向进行。

③ 当 $\Delta_r G_m^{\ominus}$ 在$-40\sim40\text{kJ}\cdot\text{mol}^{-1}$之间时，有可能改变条件使 Q 值减小，只要达到 $Q<K^{\ominus}$的条件，反应即可正向进行。这时要具体问题具体分析。

4.2.3 标准平衡常数的几种表示方法

对于反应

$$dD(g)+eE(g) \rightleftharpoons gG(g)+hH(g)$$

若各物质均为理想气体，则由化学反应等温式导出的标准平衡常数表达式为

$$K^{\ominus}=\frac{[p^{eq}(G)/p^{\ominus}]^g[p^{eq}(H)/p^{\ominus}]^h}{[p^{eq}(D)/p^{\ominus}]^d[p^{eq}(E)/p^{\ominus}]^e}=\prod_B[p^{eq}(B)/p^{\ominus}]^{\nu_B}$$

若各物质均为实际气体，则上式中的平衡分压力应由各气体平衡时的逸度代替，即

$$K^{\ominus}=\frac{[f^{\mathrm{eq}}(\mathrm{G})/p^{\ominus}]^{g}[f^{\mathrm{eq}}(\mathrm{H})/p^{\ominus}]^{h}}{[f^{\mathrm{eq}}(\mathrm{D})/p^{\ominus}]^{d}[f^{\mathrm{eq}}(\mathrm{E})/p^{\ominus}]^{e}}=\prod_{\mathrm{B}}[f^{\mathrm{eq}}(\mathrm{B})/p^{\ominus}]^{\nu_{\mathrm{B}}}$$

若反应是在理想溶液中进行的，各物质的浓度用质量摩尔浓度表示，则 $K^{\ominus}$ 的表达式为

$$K^{\ominus}=\frac{[b^{\mathrm{eq}}(\mathrm{G})/b^{\ominus}]^{g}[b^{\mathrm{eq}}(\mathrm{H})/b^{\ominus}]^{h}}{[b^{\mathrm{eq}}(\mathrm{D})/b^{\ominus}]^{d}[b^{\mathrm{eq}}(\mathrm{E})/b^{\ominus}]^{e}}=\prod_{\mathrm{B}}[b^{\mathrm{eq}}(\mathrm{B})/b^{\ominus}]^{\nu_{\mathrm{B}}}$$

如果各物质的浓度用物质的量浓度表示，则

$$K^{\ominus}=\frac{[c^{\mathrm{eq}}(\mathrm{G})/c^{\ominus}]^{g}[c^{\mathrm{eq}}(\mathrm{H})/c^{\ominus}]^{h}}{[c^{\mathrm{eq}}(\mathrm{D})/c^{\ominus}]^{d}[c^{\mathrm{eq}}(\mathrm{E})/c^{\ominus}]^{e}}=\prod_{\mathrm{B}}[c^{\mathrm{eq}}(\mathrm{B})/c^{\ominus}]^{\nu_{\mathrm{B}}}$$

若反应是在实际溶液中进行的，就应该用活度来代替浓度，即

$$K^{\ominus}=\frac{[a^{\mathrm{eq}}(\mathrm{G})]^{g}[a^{\mathrm{eq}}(\mathrm{H})]^{h}}{[a^{\mathrm{eq}}(\mathrm{D})]^{d}[a^{\mathrm{eq}}(\mathrm{E})]^{e}}=\prod_{\mathrm{B}}[a^{\mathrm{eq}}(\mathrm{B})]^{\nu_{\mathrm{B}}}$$

在上述情况下使用化学反应等温式时，Q 的表达式也应作相应的变化。

在实践中，还常将反应达到平衡时各物质的分压力或浓度表达成如下形式：

$$K_{p}=\frac{[p^{\mathrm{eq}}(\mathrm{G})]^{g}[p^{\mathrm{eq}}(\mathrm{H})]^{h}}{[p^{\mathrm{eq}}(\mathrm{D})]^{d}[p^{\mathrm{eq}}(\mathrm{E})]^{e}}=\prod_{\mathrm{B}}[p^{\mathrm{eq}}(\mathrm{B})]^{\nu_{\mathrm{B}}}$$

$$K_{c}=\frac{[c^{\mathrm{eq}}(\mathrm{G})]^{g}[c^{\mathrm{eq}}(\mathrm{H})]^{h}}{[c^{\mathrm{eq}}(\mathrm{D})]^{d}[c^{\mathrm{eq}}(\mathrm{E})]^{e}}=\prod_{\mathrm{B}}[c^{\mathrm{eq}}(\mathrm{B})]^{\nu_{\mathrm{B}}}$$

式中，K_p、K_c 称为经验平衡常数，单位分别为 $p^{\Sigma\nu_{\mathrm{B}}}$ 和 $c^{\Sigma\nu_{\mathrm{B}}}$。经验平衡常数与标准平衡常数的不同在于：标准平衡常数仅是温度的函数，而经验平衡常数不仅与温度有关，还与系统的压力、组成等有关。

4.2.4 标准平衡常数 $K^{\ominus}$ 使用中的若干问题

① 标准平衡常数要与化学反应方程式相对应

例如，合成氨反应可写作

$$\mathrm{N_2(g)+3H_2(g)\rightleftharpoons 2NH_3(g)}$$

$$K_1^{\ominus}=\frac{[p^{\mathrm{eq}}(\mathrm{NH_3})/p^{\ominus}]^{2}}{[p^{\mathrm{eq}}(\mathrm{N_2})/p^{\ominus}][p^{\mathrm{eq}}(\mathrm{H_2})/p^{\ominus}]^{3}}$$

反应式若写作

$$\frac{1}{2}\mathrm{N_2(g)}+\frac{3}{2}\mathrm{H_2(g)\rightleftharpoons NH_3(g)}$$

$$K_2^{\ominus}=\frac{[p^{\mathrm{eq}}(\mathrm{NH_3})/p^{\ominus}]}{[p^{\mathrm{eq}}(\mathrm{N_2})/p^{\ominus}]^{1/2}[p^{\mathrm{eq}}(\mathrm{H_2})/p^{\ominus}]^{3/2}}$$

显然，$K_1^{\ominus}=(K_2^{\ominus})^2$。

若用氨的分解方程式来表示：

$$\mathrm{2NH_3(g)\rightleftharpoons N_2(g)+3H_2(g)}$$

$$K_3^{\ominus}=\frac{[p^{\mathrm{eq}}(\mathrm{N_2})/p^{\ominus}][p^{\mathrm{eq}}(\mathrm{H_2})/p^{\ominus}]^{3}}{[p^{\mathrm{eq}}(\mathrm{NH_3})/p^{\ominus}]^{2}}$$

此时，$K_3^{\ominus}=(K_1^{\ominus})^{-1}=(K_2^{\ominus})^{-2}$。

② 几个反应方程式相加（或减）时，所得反应的标准平衡常数等于这些反应的标准平衡常数的积（或商）。例如

(1) $\mathrm{S(s)+O_2(g)\rightleftharpoons SO_2(g)}$　　$\Delta_{\mathrm{r}}G_{\mathrm{m},1}^{\ominus}=-RT\ln K_1^{\ominus}$

(2) $\mathrm{S(s)}+\frac{3}{2}\mathrm{O_2(g)\rightleftharpoons SO_3(g)}$　　$\Delta_{\mathrm{r}}G_{\mathrm{m},2}^{\ominus}=-RT\ln K_2^{\ominus}$

(3) $SO_2(g)+\frac{1}{2}O_2(g) \rightleftharpoons SO_3(g)$ $\Delta_r G^{\ominus}_{m,3}=-RT\ln K^{\ominus}_3$

反应(1)=反应(2)−反应(3)，$\Delta_r G^{\ominus}_{m,1}=\Delta_r G^{\ominus}_{m,2}-\Delta_r G^{\ominus}_{m,3}$，因而必然得到

$$K^{\ominus}_1=K^{\ominus}_2/K^{\ominus}_3$$

③ 纯固体、纯液体和稀溶液的溶剂，其活度为1，不出现在标准平衡常数的表达式中。例如

$$Cr_2O_7^{2-}(aq)+H_2O(l) \rightleftharpoons 2CrO_4^{2-}(aq)+2H^+(aq)$$

$$K^{\ominus}=\frac{[c^{eq}(CrO_4^{2-})/c^{\ominus}]^2[c^{eq}(H^+)/c^{\ominus}]^2}{[c^{eq}(Cr_2O_7^{2-})/c^{\ominus}]}$$

又如

$$CaCO_3(s) \rightleftharpoons CaO(s)+CO_2(g)$$

$$K^{\ominus}=p^{eq}(CO_2)/p^{\ominus}$$

④ 因 $K^{\ominus}$ 与温度有关，$K^{\ominus}$ 应注明温度，如 $K^{\ominus}$(500K)、$K^{\ominus}$(298.15K) 等，一般298.15K 时可以不注明温度。

4.3 $\Delta_r G^{\ominus}_m$ 与 $K^{\ominus}$ 的计算

标准平衡常数是一个很重要的量，它决定了反应的限度。利用热力学函数来计算标准平衡常数是一种简便而精确的方法。由 $\Delta_r G^{\ominus}_m=-RT\ln K^{\ominus}$ 可知，如果已知化学反应的 $\Delta_r G^{\ominus}_m$，就可求得该反应的 $K^{\ominus}$。

4.3.1 标准摩尔生成吉布斯函数

由各自处于标准状态下的稳定单质生成一摩尔处于标准状态下的化合物的吉布斯函数变称为该化合物的标准摩尔生成吉布斯函数，记为 $\Delta_f G^{\ominus}_m(T)$，如果温度为 298.15K，可简写为 $\Delta_f G^{\ominus}_m$。

根据 $\Delta_f G^{\ominus}_m$ 的定义可知，稳定单质的标准摩尔生成吉布斯函数等于零。

对于有离子参加的反应，规定由处于标准状态下的稳定单质生成无限稀薄溶液中 1mol B 离子时的吉布斯函数变为 B 离子的标准摩尔生成吉布斯函数，记作 $\Delta_f G^{\ominus}_m(B,aq,\infty)$。由于离子都是成对出现的，无法测定单一离子的生成吉布斯函数，因此规定氢离子的标准摩尔生成吉布斯函数为零，即 $\Delta_f G^{\ominus}_m(H^+,aq,\infty)=0$，这样就可以求出其它离子的 $\Delta_f G^{\ominus}_m(B,aq,\infty)$ 了。

4.3.2 $\Delta_r G^{\ominus}_m$ 的计算

$\Delta_r G^{\ominus}_m$ 的计算有多种方法，这里介绍三种。

4.3.2.1 直接由参与反应的各物质的标准摩尔生成吉布斯函数计算

由标准摩尔生成吉布斯函数 $\Delta_f G^{\ominus}_m$ 计算反应的标准摩尔吉布斯函数变 $\Delta_r G^{\ominus}_m$ 的方法与由标准摩尔生成焓 $\Delta_f H^{\ominus}_m$ 计算反应的标准摩尔反应焓变 $\Delta_r H^{\ominus}_m$ 的方法相似，即

$$\Delta_r G^{\ominus}_m=\sum_B \nu_B \Delta_f G^{\ominus}_{m,B} \tag{4-7}$$

例 4-2 计算反应 $CO(g)+H_2O(g)=CO_2(g)+H_2(g)$ 的标准摩尔吉布斯函数变。

解： 由附录查得 $\Delta_f G^{\ominus}_m(CO,g)=-137.16kJ\cdot mol^{-1}$，$\Delta_f G^{\ominus}_m(H_2O,g)=-228.61kJ\cdot mol^{-1}$，$\Delta_f G^{\ominus}_m(CO_2,g)=-394.39kJ\cdot mol^{-1}$，则

$$\begin{aligned}\Delta_r G^{\ominus}_m&=\Delta_f G^{\ominus}_m(CO_2,g)+\Delta_f G^{\ominus}_m(H_2,g)-\Delta_f G^{\ominus}_m(CO,g)-\Delta_f G^{\ominus}_m(H_2O,g)\\&=[-394.39+0-(-137.16)-(-228.61)]kJ\cdot mol^{-1}=-28.62kJ\cdot mol^{-1}\end{aligned}$$

4.3.2.2 由 $\Delta_r H^{\ominus}_m$ 和 $\Delta_r S^{\ominus}_m$ 计算 $\Delta_r G^{\ominus}_m$

对任一等温反应都有

$$\Delta G=\Delta H-T\Delta S$$

将上式应用于处于标准状态下的化学反应，则有

$$\Delta_r G_m^\ominus=\Delta_r H_m^\ominus-T\Delta_r S_m^\ominus \tag{4-8}$$

式中的标准摩尔反应焓 $\Delta_r H_m^\ominus$ 可通过标准摩尔生成焓 $\Delta_f H_m^\ominus$ 求出，标准摩尔反应熵 $\Delta_r S_m^\ominus$ 可通过标准摩尔熵 $S_m^\ominus$ 求出。

一般手册所载都是 298.15K 时的数据，求任意温度时的 $\Delta_r G_m^\ominus$ 可通过如下公式计算。

$$\Delta_r H_m^\ominus(T)=\Delta_r H_m^\ominus(298.15\mathrm{K})+\int_{298.15\mathrm{K}}^{T}\sum_B \nu_B C_{p,m}(B)\mathrm{d}T \tag{4-9}$$

$$\Delta_r S_m^\ominus(T)=\Delta_r S_m^\ominus(298.15\mathrm{K})+\int_{298.15\mathrm{K}}^{T}\sum_B \nu_B \frac{C_{p,m}(B)}{T}\mathrm{d}T \tag{4-10}$$

$$\Delta_r G_m^\ominus(T)=\Delta_r H_m^\ominus(T)-T\Delta_r S_m^\ominus(T) \tag{4-11}$$

当 $C_{p,m}$ 与温度无关，或 $C_{p,m}$ 的数据不足，或者只要求做近似计算时，可用下面的近似公式：

$$\Delta_r G_m^\ominus(T)\approx\Delta_r H_m^\ominus(298.15\mathrm{K})-T\Delta_r S_m^\ominus(298.15\mathrm{K}) \tag{4-12}$$

4.3.2.3　利用状态函数的特性计算 $\Delta_r G_m^\ominus$

因为吉布斯函数是状态函数，所以化学反应的吉布斯函数变只与始、终态有关。与求反应焓变相似，用有关化学反应乘以相宜的系数再相互加减得出某一化学反应，则此化学反应的 $\Delta_r G_m^\ominus$ 就可由有关反应的 $\Delta_r G_m^\ominus$ 求出。

例 4-3　已知 298.15K 时

(1) C(石墨)$+O_2(g)$══$CO_2(g)$；$\Delta_r G_{m,1}^\ominus=-394.39\mathrm{kJ\cdot mol^{-1}}$

(2) $CO(g)+\frac{1}{2}O_2(g)$══$CO_2(g)$；$\Delta_r G_{m,2}^\ominus=-257.23\mathrm{kJ\cdot mol^{-1}}$

求反应　(3) C(石墨)$+CO_2(g)=2CO(g)$的 $\Delta_r G_{m,3}^\ominus$。

解：所求的反应 (3) 可由反应 (1)、(2) 组合而得，即 (1)−2×(2)=(3)。所以

$$\Delta_r G_{m,3}^\ominus=\Delta_r G_{m,1}^\ominus-2\times\Delta_r G_{m,2}^\ominus=[-394.39-2\times(-257.23)]\mathrm{kJ\cdot mol^{-1}}=120.07\mathrm{kJ\cdot mol^{-1}}$$

除上述三种计算 $\Delta_r G_m^\ominus$ 的方法外，还有电动势法、光谱数据法等等。

4.3.3　$K^\ominus$ 的计算

如果已得到某化学反应的 $\Delta_r G_m^\ominus$，由 $\Delta_r G_m^\ominus=-RT\ln K^\ominus$ 就可计算该反应的 $K^\ominus$。

例 4-4　已知 298.15K 时，$SO_2(g)$、$SO_3(g)$ 的 $\Delta_f G_m^\ominus$ 分别为 $-300.1\mathrm{kJ\cdot mol^{-1}}$ 和 $-371.1\mathrm{kJ\cdot mol^{-1}}$。求 298.15K 时下述反应的标准平衡常数。

$$SO_2(g)+\frac{1}{2}O_2(g)\rightleftharpoons SO_3(g)$$

解：$\Delta_r G_m^\ominus(298.15\mathrm{K})=\Delta_f G_m^\ominus(SO_3,g)-\Delta_f G_m^\ominus(SO_2,g)-\frac{1}{2}\Delta_f G_m^\ominus(O_2,g)$

$$=\left[-371.1-(-300.1)-\frac{1}{2}\times 0\right]\mathrm{kJ\cdot mol^{-1}}=-71.0\mathrm{kJ\cdot mol^{-1}}$$

$$\ln K^\ominus=-\frac{\Delta_r G_m^\ominus}{RT}=\frac{71.0\times10^3\mathrm{J\cdot mol^{-1}}}{8.3145\mathrm{J\cdot K^{-1}\cdot mol^{-1}}\times298.15\mathrm{K}}=28.64$$

故　$K^\ominus=2.74\times10^{12}$

例 4-5　估算反应 C(石墨)$+CO_2(g)\rightleftharpoons 2CO(g)$ 在 1173.15K 时的标准平衡常数。已知各物质在 298.15K 时的热力学函数值如下，并假定不随温度变化。

	C(石墨)	CO_2(g)	CO(g)
$\Delta_f H_m^\ominus$(298.15K)/kJ·mol^{-1}	0	−393.51	−110.53
$S_m^\ominus$(298.15K)/J·K^{-1}·mol^{-1}	5.74	213.79	197.66

解：$\Delta_r H_m^\ominus(298.15\text{K})=[2\times(-110.53)-(-393.51)-0]\text{kJ·mol}^{-1}=172.45\text{kJ·mol}^{-1}$

$$\Delta_r S_m^\ominus(298.15\text{K})=(2\times197.66-213.79-5.74)\text{J·K}^{-1}\text{·mol}^{-1}=175.79\text{J·K}^{-1}\text{·mol}^{-1}$$

$$\Delta_r G_m^\ominus(1173.15\text{K})\approx(172.45-1173.15\times175.79\times10^{-3})\text{kJ·mol}^{-1}=-33.78\text{kJ·mol}^{-1}$$

$$\ln K^\ominus(1173.15\text{K})=\frac{-\Delta_r G_m^\ominus(1173.15\text{K})}{RT}=\frac{-(-33.78\times10^3\text{J·mol}^{-1})}{8.3145\text{J·mol}^{-1}\text{·K}^{-1}\times1173.15\text{K}}=3.46$$

$$K^\ominus(1173.15\text{K})=31.82$$

4.4 有关化学平衡的计算

平衡计算一般包括两方面的任务：一是确定平衡常数，二是计算平衡组成以及反应物的平衡转化率。某反应物的平衡转化率是指平衡时该反应物已转化了的量占其起始量的百分数，常以 α 表示。

$$\text{某反应物的转化率}\ \alpha=\frac{\text{某反应物已转化的量}}{\text{某反应物的起始量}}\times100\%$$

如前面提及的解离度即为转化率。

4.4.1 平衡常数的计算

如果能测定平衡时各物质的组成或分压力，则可利用式（4-2）直接求算 $K^\ominus$。通常只要已知各反应物的起始浓度或分压力以及平衡时某一物质的平衡浓度或平衡分压力，即可计算出 $K^\ominus$。

例 4-6 设反应 $4HCl(g)+O_2(g)\rightleftharpoons 2Cl_2(g)+2H_2O(g)$ 在 673K、100kPa 下达到平衡，若反应起始时，HCl 和 O_2 的量各为 1.00mol 和 0.50mol，而平衡时有 0.39mol 的 Cl_2 生成，求标准平衡常数。

解：由题给条件和反应方程式可列出平衡时各物质的量及分压力。

	$4HCl(g)$	+ $O_2(g)$ $\rightleftharpoons$	$2Cl_2(g)$	+ $2H_2O(g)$
$n_{B,0}$/mol	1.00	0.50	0	0
n_B^{eq}/mol	$1.00-2\times0.39$	$0.50-\frac{1}{2}\times0.39$	0.39	0.39

$\sum n_B^{eq}=1.31\text{mol}$

$p^{eq}(B)$	$\frac{1.00-2\times0.39}{1.31}p$	$\frac{0.50-\frac{1}{2}\times0.39}{1.31}p$	$\frac{0.39}{1.31}p$	$\frac{0.39}{1.31}p$

将 $p^{eq}(B)$ 和 $p=100\text{kPa}$ 代入式(4-2)，得

$$K^\ominus=\prod_B[p^{eq}(B)/p^\ominus]^{\nu_B}=\frac{[p^{eq}(Cl_2)/p^\ominus]^2[p^{eq}(H_2O)/p^\ominus]^2}{[p^{eq}(HCl)/p^\ominus]^4[p^{eq}(O_2)/p^\ominus]}$$

$$=\frac{\left(\frac{0.39}{1.31}\right)^4}{\left(\frac{0.22}{1.31}\right)^4\times\frac{0.31}{1.31}}=41.73$$

例 4-7　在 1133K 时，CO 和 H_2 在一密闭刚性容器中混合并发生反应：

$$CO(g)+3H_2(g) \rightleftharpoons CH_4(g)+H_2O(g)$$

已知开始时 $p(CO)=101.0kPa$，$p(H_2)=203.0kPa$；平衡时 $p(CH_4)=13.2kPa$。假定没有其它反应发生，求该反应 1133K 时的 $K^\ominus$。

解： 因为在等温等容下，各气体的分压力正比于各自物质的量，所以各气体的分压力变化关系也是由计量方程式中的化学计量系数决定的。

	$CO(g)$	+	$3H_2(g)$	$\rightleftharpoons$	$CH_4(g)$	+	$H_2O(g)$
$p_{B,0}$/kPa	101.0		203.0		0		0
$p^{eq}(B)$/kPa	101−13.2=87.8		203.0−3×13.2=163.4		13.2		13.2

$$K^\ominus(1133K)=\frac{p^{eq}(CH_4)\times p^{eq}(H_2O)}{p^{eq}(CO)\times\{p^{eq}(H_2)\}^3}\times(p^\ominus)^{-(1+1-1-3)}$$

$$=\frac{13.2kPa\times 13.2kPa}{87.8kPa\times(163.4kPa)^3}\times(100kPa)^2=4.55\times10^{-3}$$

4.4.2　平衡混合物的计算

利用平衡常数可求得平衡时产物和反应物的浓度（或分压力）及转化率。

例 4-8　在 713.15K 时，测得 $H_2(g)+I_2(g) \rightleftharpoons 2HI(g)$ 的 $K^\ominus=49.0$，设 H_2 和 I_2 在开始时物质的量均为 1.0 mol，求反应平衡时，这三种物质的物质的量和 I_2 的转化率。

解： 设容器的体积（dm^3）为 V，平衡时 I_2 反应了的物质的量为 x，则

	$H_2(g)$	+	$I_2(g)$	$\rightleftharpoons$	$2HI(g)$
$n_{B,0}$/mol	1.0		1.0		0
$n^{eq}(B)$/mol	$1.0-x$		$1.0-x$		$2x$
$c^{eq}(B)$	$(1.0-x)/V$		$(1.0-x)/V$		$2x/V$

$$K^\ominus=\frac{\{c^{eq}(HI)/c^\ominus\}^2}{\{c^{eq}(H_2)/c^\ominus\}\times\{c^{eq}(I_2)/c^\ominus\}}=\frac{(2x/V)^2}{\{(1.0-x)/V\}^2}=\frac{4x^2}{(1.0-x)^2}$$

代入已知数据，解上述方程，得

$$x=0.778mol$$

则平衡时各物质的量分别为

$$n(H_2)=n(I_2)=0.222mol,\ n(HI)=1.556mol$$

I_2 的转化率为

$$\alpha(I_2)=\frac{0.778mol}{1.0mol}\times100\%=77.8\%$$

例 4-9　已知反应 $CO(g)+H_2O(g) \rightleftharpoons CO_2(g)+H_2(g)$ 在 1000K 时的 $K^\ominus=1.43$，若反应在压力为 600kPa 下进行，计算：(1) 当原料气中 $CO:H_2O=1:1$ 时，CO 的平衡转化率。(2) 若 $CO:H_2O=1:5$ 时，CO 的平衡转化率。

解： 设 CO_2 的平衡压力（kPa）为 x

(1)	$CO(g)$	+	$H_2O(g)$	$\rightleftharpoons$	$CO_2(g)$	+	$H_2(g)$
$p_{B,0}$/kPa	300		300		0		0
$p^{eq}(B)$/kPa	$300-x$		$300-x$		x		x

$$K^\ominus=\frac{p^{eq}(CO_2)\times p^{eq}(H_2)}{p^{eq}(CO)\times p^{eq}(H_2O)}\times(p^\ominus)^{-(1+1-1-1)}=\frac{x^2}{(300-x)^2}=1.43$$

解得　$x=163kPa$

转化率　$\alpha(CO)=\frac{163kPa}{300kPa}\times100\%=54.3\%$

(2)	$CO(g)$	+	$H_2O(g)$	$\rightleftharpoons$	$CO_2(g)$	+	$H_2(g)$
$p_{B,0}$ /kPa	100		500		0		0
$p^{eq}(B)$ /kPa	$100-x$		$500-x$		x		x

$$K^{\ominus}=\frac{x^2}{(100-x)(500-x)}=1.43$$

解得　$x=87.2\text{kPa}$

转化率　$a(CO)=\frac{87.2\text{kPa}}{100\text{kPa}}\times 100\%=87.2\%$

4.4.3　同时平衡

在某些反应系统中，特别是在很多有机化学反应中，经常存在一种物质同时参与几个反应的现象，这种物质可以是反应物，也可以是产物。在指定条件下，一个反应系统中的某一种物质（或几种物质）同时参与两个（或两个以上）化学反应，并共同达到化学平衡，有两个（或两个以上）化学平衡存在，就称为同时平衡。又称多重平衡。

同时平衡的基本特点是：在同时进行的各个反应中，至少有一种物质是共同的。平衡系统中，共同的反应物（或产物）只能有一个“浓度”或“分压力”数值。这一点在计算同时平衡时是至关重要的。下面通过一例说明。

例 4-10　在 600K 及催化剂作用下，$CH_3(CH_2)_3CH_3$ 发生下列气相异构化反应：

$$CH_3(CH_2)_3CH_3(g) \rightleftharpoons CH_3CH(CH_3)CH_2CH_3(g) \tag{1}$$

$$CH_3(CH_2)_3CH_3(g) \rightleftharpoons C(CH_3)_4(g) \tag{2}$$

已知 600K 时，各物质的标准摩尔生成 Gibbs 函数如下：

	$CH_3(CH_2)_3CH_3$	$CH_3CH(CH_3)CH_2CH_3$	$C(CH_3)_4$
$\Delta_f G_m^{\ominus}/\text{kJ}\cdot\text{mol}^{-1}$	142.13	136.65	149.2

求平衡混合物的组成。

解： $\Delta_r G_{m,1}^{\ominus}=(136.65-142.13)\text{kJ}\cdot\text{mol}^{-1}=-5.48\text{kJ}\cdot\text{mol}^{-1}$

$$\Delta_r G_{m,2}^{\ominus}=(149.2-142.13)\text{kJ}\cdot\text{mol}^{-1}=7.07\text{kJ}\cdot\text{mol}^{-1}$$

$$K_1^{\ominus}=\exp\left(-\frac{\Delta_r G_{m,1}^{\ominus}}{RT}\right)=\exp\left(\frac{5.48\times 10^3\text{J}\cdot\text{mol}^{-1}}{8.3145\text{J}\cdot\text{K}^{-1}\cdot\text{mol}^{-1}\times 600\text{K}}\right)=3.00$$

$$K_2^{\ominus}=\exp\left(-\frac{\Delta_r G_{m,2}^{\ominus}}{RT}\right)=\exp\left(\frac{-7.07\times 10^3\text{J}\cdot\text{mol}^{-1}}{8.3145\text{J}\cdot\text{K}^{-1}\cdot\text{mol}^{-1}\times 600\text{K}}\right)=0.242$$

设反应开始时，$CH_3(CH_2)_3CH_3$ 的物质的量为 1mol，则平衡时有

	$CH_3(CH_2)_3CH_3(g)$	$\rightleftharpoons$	$CH_3CH(CH_3)CH_2CH_3(g)$	(1)
$n^{eq}(B)$ /mol	$1-x-y$		x	
	$CH_3(CH_2)_3CH_3(g)$	$\rightleftharpoons$	$C(CH_3)_4(g)$	(2)
$n^{eq}(B)$ /mol	$1-x-y$		y	

$$\sum n^{eq}(B)=1-x-y+x+y=1\text{mol}$$

代入平衡常数表达式中，得

$$K_1^{\ominus}=\frac{xp/p^{\ominus}}{(1-x-y)p/p^{\ominus}}=3.00$$

$$K_2^{\ominus}=\frac{yp/p^{\ominus}}{(1-x-y)p/p^{\ominus}}=0.242$$

解得 $x=0.6713\text{mol}$，$y=0.1049\text{mol}$，$1\text{mol}-x-y=0.2238\text{mol}$

所以平衡时，混合物中 $CH_3(CH_2)_3CH_3$ 的摩尔分数为 0.2238，$CH_3CH(CH_3)CH_2CH_3$ 的

摩尔分数为0.6713，$C(CH_3)_4$的摩尔分数为0.1049。

4.5 化学平衡的移动

化学平衡是相对的，同时又是有条件的，一旦维持平衡的条件发生了变化（如浓度、压力、温度等的变化），原有的平衡将被破坏，并在新的条件下达到新的平衡。这种因条件的改变使化学反应从原来的平衡状态转变到新的平衡状态的过程称为化学平衡的移动。平衡移动的标志是：各物质的平衡浓度（或压力）发生变化。凡能破坏$Q=K^\ominus$的因素都可使化学平衡发生移动。现就浓度、压力、温度对化学平衡移动的影响作以下讨论。

4.5.1 浓度对化学平衡移动的影响

化学反应等温式为

$$\Delta_r G_m = RT\ln(Q/K^\ominus)$$

在一定温度下，$K^\ominus$是一常数。其它条件不变时，若增加反应物的浓度（或分压力）或降低产物的浓度（或分压力），都会导致Q变小，使$Q<K^\ominus$，$\Delta_r G_m<0$，从而使反应自动正向进行，即平衡向右移动，直到$Q=K^\ominus$，新的平衡重新建立；相反，降低反应物的浓度（或分压力）或增加产物的浓度（或分压力），Q将变大，使$Q>K^\ominus$，平衡向左移动。

例如，碳酸钙与酸式碳酸钙存在下列平衡

$$CaCO_3(s)+CO_2(g)+H_2O(l)\rightleftharpoons Ca(HCO_3)_2(aq)$$

这是石灰石地区进行的一个重要反应。CO_2在水中溶解量的大小，对上述平衡起着重要的作用。当CO_2在水中的溶解量大时，平衡右移，促使$CaCO_3$溶解为$Ca(HCO_3)_2$，这种富含$Ca(HCO_3)_2$的溶液在地壳空隙及裂缝中流动渗透，当环境中CO_2在水中的溶解量减小时，又分解为$CaCO_3$沉淀下来。这样由于CO_2在水中溶解量的改变，致使$CaCO_3$在地壳中不断进行迁移，产生了许多地质现象，如地下溶洞、地表石笋、钟乳石等。

4.5.2 压力对化学平衡移动的影响

对于有气体参与的化学反应，反应系统总压力的改变对化学平衡也会产生影响。例如理想气体反应：

$$d\text{D}(g)+e\text{E}(g)\rightleftharpoons g\text{G}(g)+h\text{H}(g)$$

在一定温度下达到平衡时：

$$K^\ominus=\frac{[p^{eq}(\text{G})/p^\ominus]^g[p^{eq}(\text{H})/p^\ominus]^h}{[p^{eq}(\text{D})/p^\ominus]^d[p^{eq}(\text{E})/p^\ominus]^e}=\prod_\text{B}[p^{eq}(\text{B})/p^\ominus]^{\nu_\text{B}}$$

设系统的总压力为p，各气体的分压力用总压力及摩尔分数来表示，则有

$$p^{eq}(\text{B})=x^{eq}(\text{B})p$$

代入标准平衡常数表达式，得

$$K^\ominus=\frac{[x^{eq}(\text{G})p/p^\ominus]^g[x^{eq}(\text{H})p/p^\ominus]^h}{[x^{eq}(\text{D})p/p^\ominus]^d[x^{eq}(\text{E})p/p^\ominus]^e}=\frac{[x^{eq}(\text{G})]^g[x^{eq}(\text{H})]^h}{[x^{eq}(\text{D})]^d[x^{eq}(\text{E})]^e}(p/p^\ominus)^{\Sigma\nu_\text{B}}$$

令

$$K_x=\frac{[x^{eq}(\text{G})]^g[x^{eq}(\text{H})]^h}{[x^{eq}(\text{D})]^d[x^{eq}(\text{E})]^e}$$

K_x为用摩尔分数表示的经验平衡常数，所以

$$K^\ominus=K_x(p/p^\ominus)^{\Sigma\nu_\text{B}}$$

式中，上标$\Sigma\nu_\text{B}$为反应方程式中气体产物的计量系数之和与气体反应物计量系数之和的差。因为温度一定，$K^\ominus$为一常数，从上式可得：

若$\sum\nu_B>0$，增大p，K_x将减小，即产物的摩尔分数减小，反应物的摩尔分数增大，平衡向左移动；减小p，情况刚好相反，平衡向右移动。

若$\sum\nu_B<0$，增大p，K_x将增大，即产物的摩尔分数增大，反应物的摩尔分数减小，平衡向右移动；减小p，情况刚好相反，平衡向左移动。

若$\sum\nu_B=0$，$K^{\ominus}=K_x$，系统总压力的改变不会使平衡移动。

综上所述，压力对化学平衡的影响可归纳为：在等温下增大总压力，平衡向气体分子数减少的方向移动；减小总压力，平衡向气体分子数增加的方向移动；若反应前后气体分子数不变，改变总压力平衡不发生移动。

例 4-11 已知反应$N_2O_4(g) \rightleftharpoons 2NO_2(g)$在325K，总压力$p$为101.3kPa达平衡时，$N_2O_4$分解了50.2%（又称为$N_2O_4$的解离度）。试求：

(1) 反应的$K^{\ominus}$；

(2) 相同温度下，若压力p变为5×101.3kPa，求N_2O_4的解离度。

解：(1) 设反应刚开始时，N_2O_4的物质的量为x，平衡时N_2O_4的解离度为α

$$N_2O_4(g) \rightleftharpoons 2NO_2(g)$$

$n_{B,0}$ /mol $\quad x \quad 0$

n_B^{eq} /mol $\quad x(1-\alpha) \quad 2x\alpha$

$$\sum_B n_B^{eq} = x(1-\alpha)+2x\alpha = x(1+\alpha)$$

$p_B^{eq} \quad \frac{1-\alpha}{1+\alpha}p \quad \frac{2\alpha}{1+\alpha}p$

因此
$$K^{\ominus}=\frac{[p^{eq}(NO_2)/p^{\ominus}]^2}{p^{eq}(N_2O_4)/p^{\ominus}}=\frac{\left(\frac{2\alpha}{1+\alpha}\times\frac{p}{p^{\ominus}}\right)^2}{\frac{1-\alpha}{1+\alpha}\times\frac{p}{p^{\ominus}}}=\frac{4\alpha^2}{1-\alpha^2}\times\frac{p}{p^{\ominus}}$$

将已知条件代入上式，得

$$K^{\ominus}=\frac{4\times(0.502)^2}{1-(0.502)^2}\times\frac{101.3\text{kPa}}{100\text{kPa}}=1.37$$

(2) $K^{\ominus}$仅为温度的函数，其数值不随压力而变化，将$p=5\times101.3$kPa代入其表达式中，得

$$K^{\ominus}=\frac{4\alpha^2}{1-\alpha^2}\times\frac{5\times101.3\text{kPa}}{100\text{kPa}}=1.37$$

解得
$$\alpha=0.251=25.1\%$$

结果表明，增加平衡时系统的总压力，平衡向N_2O_4方向即气体分子数减少的方向移动。

一般情况下，当压力变化不大时，改变压力对液体或固体的体积影响很小，因此在有气体物质参与的复相反应中，可以只考虑气体分子数的变化。若反应系统中只有液体或固体物质参与，压力不大时，可近似认为压力不影响此类化学反应的平衡。

4.5.3 惰性气体对化学平衡移动的影响

这里说的惰性气体是指系统内不参加化学反应的气体，如合成氨中的CH_4、Ar等。这些惰性气体虽不参加反应，却能影响平衡组成，即惰性气体的增减能使平衡发生移动。

例如，对于理想气体反应：

$$dD(g)+eE(g) \rightleftharpoons gG(g)+hH(g)$$

$$K^{\ominus}=K_x(p/p^{\ominus})^{\sum\nu_B}=\frac{[x^{eq}(G)]^g[x^{eq}(H)]^h}{[x^{eq}(D)]^d[x^{eq}(E)]^e}(p/p^{\ominus})^{\sum\nu_B}$$

$$=\frac{[n^{eq}(G)/n]^g[n^{eq}(H)/n]^h}{[n^{eq}(D)/n]^d[n^{eq}(E)/n]^e}(p/p^{\ominus})^{\sum\nu_B}=\frac{[n^{eq}(G)]^g[n^{eq}(H)]^h}{[n^{eq}(D)]^d[n^{eq}(E)]^e}\left(\frac{p}{np^{\ominus}}\right)^{\sum\nu_B}$$

式中，n 为反应系统中总的物质的量。令

$$K_n=\frac{[n^{eq}(G)]^g[n^{eq}(H)]^h}{[n^{eq}(D)]^d[n^{eq}(E)]^e}$$

K_n 为用物质的量表示的经验常数，则

$$K^{\ominus}=K_n(p/np^{\ominus})^{\sum\nu_B}$$

保持总压力 p 一定，加入惰性气体将使 n 增大。因为温度一定时 $K^{\ominus}$ 为常数，故

若$\sum\nu_B<0$，n 增大，K_n 将减小，即产物的物质的量减少，反应物的物质的量增大，平衡向左移动。

若$\sum\nu_B>0$，n 增大，K_n 将增大，即产物的物质的量增大，反应物的物质的量减小，平衡向右移动。

若$\sum\nu_B=0$，$K^{\ominus}=K_n$，添加惰性气体对化学平衡没有影响。

由上面分析可知，总压一定时，惰性气体的加入实际上起了稀释作用，它与降低系统总压力的效果是一样的。

注意，在等温等容条件下，加入惰性气体将使系统的总压力增大，但由于系统中各物质的分压力不会改变，所以平衡不移动。

4.5.4 温度对化学平衡移动的影响

温度对化学平衡的影响，主要是影响标准平衡常数 $K^{\ominus}$ 的数值。因为标准平衡常数 $K^{\ominus}$ 仅是温度的函数，温度改变时，$K^{\ominus}$ 也会相应地变化，而 $K^{\ominus}$ 的改变必然会引起平衡组成的变化，即平衡发生移动。温度对标准平衡常数的影响与化学反应的热效应有关。

根据热力学第二定律导出的吉布斯-亥姆霍兹公式：

$$\left[\frac{\partial(\Delta G/T)}{\partial T}\right]_p=-\frac{\Delta H}{T^2}$$

对于化学反应系统，上述关系也成立，即

$$\left[\frac{\partial(\Delta_r G_m^{\ominus}/T)}{\partial T}\right]_p=-\frac{\Delta_r H_m^{\ominus}}{T^2}$$

将 $\Delta_r G_m^{\ominus}=-RT\ln K^{\ominus}$ 代入上式，得

$$\left[\frac{\partial \ln K^{\ominus}}{\partial T}\right]_p=\frac{\Delta_r H_m^{\ominus}}{RT^2}$$

因 $K^{\ominus}$ 与压力无关，上式也可写作全微分形式：

$$\frac{d\ln K^{\ominus}}{dT}=\frac{\Delta_r H_m^{\ominus}}{RT^2} \tag{4-13}$$

式(4-13) 称为化学反应等压方程，也称为范特霍夫（van't Hoff）方程。它表明了标准平衡常数随温度的变化与该反应的标准摩尔反应焓变之间的关系。由上式可知：

对于吸热反应，$\Delta_r H_m^{\ominus}>0$，$\frac{d\ln K^{\ominus}}{dT}>0$，即升高温度，$K^{\ominus}$ 增大，平衡向产物的方向移动。

对于放热反应，$\Delta_r H_m^{\ominus}<0$，$\frac{d\ln K^{\ominus}}{dT}<0$，即升高温度，$K^{\ominus}$ 减小，平衡向反应物的方向移动。

总之，对于平衡系统，升高温度，平衡总是向吸热反应的方向移动；降低温度，平衡总是向放热反应的方向移动。

在做具体计算时，需对式(4-13) 积分。积分时按 $\Delta_r H_m^\ominus$ 是否与温度有关而分为如下两种情况。

(1) $\Delta_r H_m^\ominus$ 与温度无关，视为常数

因为 $(\partial \Delta_r H_m^\ominus/\partial T)_p=\Delta_r C_{p,m}$，当反应前后热容变化很微小，即 $\Delta_r C_{p,m}\approx 0$ 时，则可认为 $\Delta_r H_m^\ominus$ 为常数。或温度变化不大，$\Delta_r H_m^\ominus$ 亦可按常数处理。将式(4-13) 积分，得

$$\int_{K_1^\ominus}^{K_2^\ominus}\mathrm{d}\ln K^\ominus=\frac{\Delta_r H_m^\ominus}{R}\int_{T_1}^{T_2}\frac{\mathrm{d}T}{T^2}$$

$$\ln\frac{K_2^\ominus}{K_1^\ominus}=\frac{\Delta_r H_m^\ominus}{R}\left(\frac{1}{T_1}-\frac{1}{T_2}\right)=\frac{\Delta_r H_m^\ominus}{R}\left(\frac{T_2-T_1}{T_1T_2}\right) \tag{4-14}$$

式中，$K_1^\ominus$、$K_2^\ominus$ 分别是 T_1、T_2 时的标准平衡常数。

例 4-12　已知 775℃时，$CaCO_3$ 的分解压力为 14.59kPa，求 855℃时的分解压力。设反应的 $\Delta_r H_m^\ominus$ 为常数，且等于 $109.327\mathrm{kJ\cdot mol^{-1}}$。

解： $CaCO_3$ 的分解反应为复相反应

$$CaCO_3(s) \rightleftharpoons CaO(s)+CO_2(g)$$

而在某温度下 $CaCO_3(s)$ 的分解压力是指该温度下 $CO_2(g)$ 的平衡压力，利用式(4-14)，并将各已知数据代入，得

$$\ln\frac{K_2^\ominus}{K_1^\ominus}=\ln\frac{p_2^{eq}(CO_2)/p^\ominus}{p_1^{eq}(CO_2)/p^\ominus}=\frac{\Delta_r H_m^\ominus}{R}\left(\frac{T_2-T_1}{T_1T_2}\right)$$

$$\ln\frac{p_2^{eq}(CO_2)}{p^\ominus}=\ln\frac{p_1^{eq}(CO_2)}{p^\ominus}+\frac{\Delta_r H_m^\ominus}{R}\left(\frac{T_2-T_1}{T_1T_2}\right)$$

$$=\ln\frac{14.59\mathrm{kPa}}{100\mathrm{kPa}}+\frac{109.327\times10^3\mathrm{J\cdot mol^{-1}}}{8.3145\mathrm{J\cdot K^{-1}\cdot mol^{-1}}}\left(\frac{1128.15\mathrm{K}-1048.15\mathrm{K}}{1048.15\mathrm{K}\times1128.15\mathrm{K}}\right)$$

解得　$p_2^{eq}(CO_2)=35.52\mathrm{kPa}$

(2) $\Delta_r H_m^\ominus$ 为变量，与温度有关

若反应前后热容变化明显，则 $\Delta_r H_m^\ominus$ 不能按常数处理，尤其是温度变化的范围很大时，更应考虑 $\Delta_r H_m^\ominus$ 随温度的变化，这时必须先找出 $\Delta_r H_m^\ominus$ 与 T 的函数关系，然后才能积分。根据式(2-77) 基尔霍夫方程的不定积分形式 $\Delta_r H_m(T)=\int\Delta c_{p,m}\mathrm{d}T+H_0$，可得：

$$\Delta_r H_m^\ominus(T)=\Delta H_0^\ominus+\Delta aT+\frac{1}{2}\Delta bT^2+\frac{1}{3}\Delta c'T^3$$

式中，a、b、c'为热容表达式中的常数。代入式(4-13) 中，得

$$\frac{\mathrm{d}\ln K^\ominus}{\mathrm{d}T}=\frac{\Delta H_0^\ominus+\Delta aT+\frac{1}{2}\Delta bT^2+\frac{1}{3}\Delta c'T^3}{RT^2}$$

积分后，得

$$\ln K^\ominus(T)=-\frac{\Delta H_0^\ominus}{RT}+\frac{\Delta a}{R}\ln T+\frac{\Delta b}{2R}T+\frac{\Delta c'}{6R}T^2+I' \tag{4-15}$$

式中，$\Delta H_0^\ominus$、I'为积分常数。利用此式就可以计算任一温度下的 $K^\ominus(T)$ 了。

4.5.5　平衡移动原理

前面讨论了浓度、压力和温度对平衡的影响，由此可总结出一条平衡移动的普遍规律：若改变平衡系统的条件之一，如浓度、压力或温度，平衡就向着能削弱这个改变的方向移动。这就叫勒夏特列（Le Chatelier）原理，也称为平衡移动原理。

平衡移动原理不仅适用于化学平衡系统，也适用于相平衡系统。

例如，液态水与气态水之间的相变：

$$H_2O(l) \underset{冷凝}{\overset{气化}{\rightleftharpoons}} H_2O(g)$$

水变成水蒸气是一个吸热过程，加热使水的温度升高，有利于水的蒸发，蒸发是吸热的，$\Delta H>0$，即加热（升高温度），平衡向削弱这个改变的方向——吸热的方向移动。因此，升高温度时，水蒸气的压力增大。

注意，平衡移动原理只适用于原来处于平衡状态的系统，而不适用于未达到平衡状态的系统。

思　考　题

1. 化学平衡的标志是什么？化学平衡有哪些特征？

2. $K^\ominus$ 与 Q 在表达式的形式上是一样的，具体含义有何不同？

3. 平衡常数表达式与具体的反应途径有关吗？

4. 对于复相化学反应，其平衡常数与系统中的纯凝聚相物质是否有关？

5. 何谓化学平衡的移动？促使化学平衡移动的因素有哪些？

6. 选取不同的标准态，$\mu^\ominus(T)$ 的值就不一样，$\Delta_r G_m^\ominus(T)$ 也会相应改变，则根据 $\Delta_r G_m = \Delta_r G_m^\ominus + RT\ln Q$ 计算出的 $\Delta_r G_m$ 是否也会改变？为什么？

7. 下述说法是否正确？为什么？

（1）因为 $\Delta_r G_m^\ominus = -RT\ln K^\ominus$，所以 $\Delta_r G_m^\ominus$ 是平衡态时反应的吉布斯函数的变化值。

（2）$\Delta_r G_m^\ominus<0$ 的反应，就是自发进行的反应；$\Delta_r G_m^\ominus>0$ 的反应，必然不能进行。

（3）平衡常数改变，平衡一定会移动；反之，平衡发生移动，平衡常数也一定改变。

（4）对于可逆反应，若正反应为放热反应，达到平衡后，将系统的温度由 T_1 升高到 T_2，则其相应的标准平衡常数 $K_2^\ominus>K_1^\ominus$。

8. 已知反应 $2HBr(g) \rightleftharpoons H_2(g)+Br_2(g)$ 的 $\Delta_r H_m^\ominus=74.74kJ\cdot mol^{-1}$，在某温度下达到平衡，试讨论下列因素对平衡的影响：

（1）将系统压缩；（2）加入 $H_2(g)$；（3）加入 $HBr(g)$；（4）升高温度；（5）加入 $He(g)$ 保持系统总压力不变；（6）恒容下，加入 $He(g)$ 使系统的总压力增大。

习　　题

1. 选择题

（1）已知温度 T 时，反应 $2NH_3(g)=N_2(g)+3H_2(g)$ 的 $K^\ominus=0.25$，在此温度下，反应 $\frac{1}{2}N_2(g)+\frac{3}{2}H_2(g)=NH_3(g)$ 的平衡常数是（　　）。

A. 0.5　　B. 1　　C. 2　　D. 4

（2）反应 $C(s)+O_2(g) \rightleftharpoons CO_2(g)$、$2CO(g)+O_2(g) \rightleftharpoons 2CO_2(g)$、$C(s)+\frac{1}{2}O_2(g) \rightleftharpoons CO(g)$ 的平衡常数分别为 $K_1^\ominus$、$K_2^\ominus$ 和 $K_3^\ominus$，三个平衡常数间的关系是（　　）。

A. $K_3^\ominus=K_1^\ominus K_2^\ominus$　　B. $K_3^\ominus=K_1^\ominus/K_2^\ominus$

C. $K_3^\ominus=K_1^\ominus/\sqrt{K_2^\ominus}$　　D. $K_3^\ominus=\sqrt{K_1^\ominus/K_2^\ominus}$

(3) 在通常温度下，NH_4HCO_3(s) 可发生下列分解反应：

$$NH_4HCO_3(s) \rightleftharpoons NH_3(g) + CO_2(g) + H_2O(g)$$

设在两个容积相等的密闭容器Ⅰ和Ⅱ中，开始分别只盛有纯 NH_4HCO_3(s) 1kg 及 20kg，均保持在 298K。达到平衡后，下列哪种说法是正确的？(　　)

A. 两容器中压力相等

B. 容器Ⅰ内的压力大于容器Ⅱ内的压力

C. 容器Ⅱ内的压力大于容器Ⅰ内的压力

D. 须经实际测定方能判别哪个容器中压力大

(4) 298K，$H_2O(l) \rightleftharpoons H_2O(g)$ 达到平衡时，系统的水蒸气压为 3.13kPa，则平衡常数 $K^{\ominus}$ 为(　　)。

A. 3.13×10^3　　B. 3.13×10^{-2}　　C. 3.13　　D. 1

(5) 在刚性密闭容器中，有下列理想气体反应达平衡 $A(g)+B(g) = C(g)$，若在恒温下加入一定量惰性气体，则平衡将(　　)。

A. 向右移动　　B. 不移动　　C. 向左移动　D. 无法确定

(6) 合成氨反应 $3H_2(g)+N_2(g) \rightleftharpoons 2NH_3(g)$ 在恒压下进行时，若向系统中引入氩气，则氨的产率(　　)。

A. 减小　　B. 增大　　C. 不变　　D. 无法判断

(7) 反应 $PCl_5(g) \rightleftharpoons PCl_3(g)+Cl_2(g)$，一定温度下，$PCl_5$(g) 的解离度为 α，下列哪一个条件可使 α 增大？(　　)

A. 增加压力使体积缩小一倍

B. 体积不变，通入 N_2 气使压力增大一倍

C. 压力不变，通入 N_2 气使体积增大一倍

D. 体积不变，通入 Cl_2 气使压力增大一倍

(8) 在温度 T 时，某反应的 $\Delta_r H_m^{\ominus}<0$，$\Delta_r S_m^{\ominus}>0$，该反应 $K^{\ominus}$ 应是(　　)。

A. $K^{\ominus}>1$，随温度升高而增大　　B. $K^{\ominus}>1$，随温度升高而减小

C. $K^{\ominus}<1$，随温度升高而增大　　D. $K^{\ominus}<1$，随温度升高而减小

(9) 反应 $2NO(g) \rightleftharpoons N_2(g)+O_2(g)$，$\Delta_r H_m^{\ominus}=-180J\cdot mol^{-1}$。对此反应的逆反应来说，下列说法正确的是(　　)。

A. 升高温度 $K^{\ominus}$ 增大　　B. 升高温度 $K^{\ominus}$ 变小

C. 增大压力平衡则移动　　D. 增加 N_2 浓度，NO 解离度增加

(10) 在 350K 时将一定量的 SO_3 气体放入密闭容器中，压力为 $p^{\ominus}$。在 700K 达到平衡时 SO_3 有 50%分解，生成 SO_2 和 O_2，则此时容器内的压力为(　　)。

A. $2.5p^{\ominus}$　　B. $2.0p^{\ominus}$　　C. $1.5p^{\ominus}$　　D. $1.25p^{\ominus}$

2. 写出下列反应的平衡常数表达式

(1) $CO(g)+2H_2(g) \rightleftharpoons CH_3OH(l)$

(2) $BaCO_3(s)+C(s) \rightleftharpoons BaO(s)+2CO(g)$

(3) $Ag^+(aq)+Cl^-(aq) \rightleftharpoons AgCl(s)$

(4) $HCN(aq) \rightleftharpoons H^+(aq)+CN^-(aq)$

3. 25℃时，已知反应 $2ICl(g) \rightleftharpoons I_2(g)+Cl_2(g)$ 的平衡常数 $K^{\ominus}=4.84\times10^{-6}$，试计算下列反应的 $K^{\ominus}$。

(1) $ICl(g) \rightleftharpoons \frac{1}{2}I_2(g)+\frac{1}{2}Cl_2(g)$

(2) $\frac{1}{2}I_2(g)+\frac{1}{2}Cl_2(g) \rightleftharpoons ICl(g)$

4. 反应 $H_2O(g)+CO(g) \rightleftharpoons CO_2(g)+H_2(g)$ 在 900℃时 $K^{\ominus}=0.775$，系统中的各气体均视为理想气

体，问 H_2O、CO、CO_2 和 H_2 的分压力分别为下列两种情况时，反应进行的方向如何？

（1）20265Pa、20265Pa、20265Pa、30398Pa

（2）40530Pa、20265Pa、30398Pa、10135Pa

5. 298K 时，$NH_4HS(s)$ 的分解反应如下：

$$NH_4HS(s) \rightleftharpoons NH_3(g) + H_2S(g)$$

将 $NH_4HS(s)$ 放入一真空容器中，平衡时，测得压力为 66.66kPa，求反应的 $K^{\ominus}$；若容器中预先已有 $NH_3(g)$，其压力为 40.00kPa，则平衡时的总压为多少？

6. 已知在 1273K 时，反应 $FeO(s) + CO(g) \rightleftharpoons Fe + CO_2(g)$ 的 $K^{\ominus} = 0.5$。若起始浓度 $c(CO) = 0.05mol \cdot dm^{-3}$，$c(CO_2) = 0.01mol \cdot dm^{-3}$，问：

（1）平衡时反应物、产物的浓度各是多少？

（2）CO 的平衡转化率是多少？

（3）增加 FeO(s) 的量对平衡有何影响？

7. 已知 298.15K 时，AgCl(s)、Ag^+(aq) 和 Cl^-(aq) 的 $\Delta_f G_m^{\ominus}$(298.15K) 分别为 $-109.789kJ \cdot mol^{-1}$、$77.107kJ \cdot mol^{-1}$ 和 $-131.22kJ \cdot mol^{-1}$。求 298.15K 下 AgCl(s) 在水溶液中的标准溶度积。

8. 已知甲醇蒸气的标准摩尔生成吉布斯函数 $\Delta_f G_m^{\ominus}$(298.15K) 为 $-161.92kJ \cdot mol^{-1}$。试求液体甲醇的标准摩尔生成吉布斯函数（假定气体为理想气体，且已知 298.15K 时液体甲醇饱和蒸气压为 16.343kPa）。

9. 银可能受到 $H_2S(g)$ 的腐蚀而发生反应 $2Ag(s) + H_2S(g) \rightleftharpoons Ag_2S(s) + H_2(g)$，现在 298K、$p^{\ominus}$ 下将银放入等体积的 H_2S 和 H_2 组成的混合气体中。问：

（1）是否发生银的腐蚀？

（2）混合气体中 H_2S 的体积百分数低于多少才不会发生银的腐蚀？

已知：$\Delta_f G_m^{\ominus}(Ag_2S) = -40.26kJ \cdot mol^{-1}$，$\Delta_f G_m^{\ominus}(H_2S) = -33.4kJ \cdot mol^{-1}$

10. 某温度下，Br_2 和 Cl_2 在 CCl_4 溶剂中发生下述反应：

$$Br_2 + Cl_2 \rightleftharpoons 2BrCl$$

平衡建立时，$c(Br_2) = c(Cl_2) = 0.0043mol \cdot dm^{-3}$，$c(BrCl) = 0.0114mol \cdot dm^{-3}$，试求

（1）反应的标准平衡常数 $K^{\ominus}$；

（2）如果平衡建立后，再加入 $0.01mol \cdot dm^{-3}$ 的 Br_2 到系统中（体积变化可忽略），计算平衡再次建立时，系统中各组分的浓度；

（3）用以上结果说明浓度对化学平衡的影响。

11. PCl_5 的分解反应为 $PCl_5(g) \rightleftharpoons PCl_3(g) + Cl_2(g)$，将 2.695g 的 PCl_5 装入体积为 $1.0dm^3$ 的密闭容器中，在 250℃时系统达到平衡，测得系统平衡总压力为 100kPa，求 PCl_5 的解离度及该反应的标准平衡常数。

12. 已知在 298K 时各物质的热力学数据如下：

	NO(g)	NOF(g)	F_2(g)
$\Delta_f H_m^{\ominus}/kJ \cdot mol^{-1}$	90	−66.5	0
$S_m^{\ominus}/J \cdot K^{-1} \cdot mol^{-1}$	211	248	203

（1）计算下述反应在 298K 时的标准平衡常数 $K^{\ominus}$(298K)；

$$2NO(g) + F_2(g) \rightleftharpoons 2NOF(g)$$

（2）计算以上反应在 500K 时的 $\Delta_r G_m^{\ominus}$(500K) 和 $K^{\ominus}$(500K)；

（3）根据上述结果，说明温度对反应有何影响？

13. 下列反应

$$COCl_2(g) \rightleftharpoons CO(g) + Cl_2(g)$$

在 373.15K 时的 $K^{\ominus}(373.15K) = 8 \times 10^{-9}$，$\Delta_r S_m^{\ominus}(373.15K) = 125.52J \cdot K^{-1} \cdot mol^{-1}$。

（1）计算 373.15K、总压为 200kPa 时 $COCl_2$ 的解离度；

（2）计算此反应的 $\Delta_r H_m^{\ominus}$(373.15K)；

（3）设 $\Delta_r C_{p,m} = 0$，总压仍为 200kPa，什么温度时 $COCl_2$ 的解离度为 0.1%？

14. 在高温下，$HgO(s)$ 发生分解反应：$2HgO(s) \rightleftharpoons 2Hg(g) + O_2(g)$，在 450℃时所生成的两种气体的总压力为 108.0kPa，在 420℃时分解总压力为 51.5kPa。

（1）计算在 450℃和 420℃时的标准平衡常数以及在 450℃和 420℃时 $p(Hg)$、$p(O_2)$ 各为多少？由此推断该反应是吸热反应还是放热反应。

（2）如果将 10.0g HgO 放在 $1.0dm^3$ 的容器中，温度升高到 450℃，问有多少克 HgO 没有分解？

15. $NaHCO_3(s)$ 和 $CuSO_4 \cdot 5H_2O(s)$ 能发生如下反应：

$$2NaHCO_3(s) \rightleftharpoons Na_2CO_3(s) + H_2O(g) + CO_2(g)$$

$$CuSO_4 \cdot 5H_2O(s) \rightleftharpoons CuSO_4 \cdot 3H_2O(s) + 2H_2O(g)$$

323K 下各自达到平衡时的总压力分别为 3999Pa 和 6052Pa。试计算当将 $NaHCO_3(s)$ 和 $CuSO_4 \cdot 5H_2O(s)$ 混合，反应达到平衡时 $CO_2(g)$ 的分压为多少？

第 5 章　相　平　衡

相平衡是研究多相系统相变化规律的一门学科，是热力学的重要应用之一，也是研究冶金、地质、材料等科学的得力工具。

本章首先介绍各种相平衡系统所共同遵守的规律——相律，然后介绍几种典型相图及一些实验方法，并以实例说明相律在指导绘制相图和认识相图中的作用。

5.1　相律

5.1.1　相、组分和自由度

5.1.1.1　相

系统中化学性质和物理性质完全均匀一致的部分称为相。相的数目用“Φ”表示。相与相之间有明显的物理界面，可以用机械的方法将它们分开。

通常，任何气体均能在分子水平上混合均匀，故系统内不论有多少种气体，平衡时只有一个气相。对液体来说，由于液体间的互溶程度不同，可以是单相，也可能是多相。对固体组成的系统，除形成固体溶液（习惯上称固溶体）为一相外，基本上有多少种固体物质就有多少固相，晶体结构不同的同一单质或化合物是不同的相。系统内部只有一相的称为均相系统，不止一相的称为多相系统。

5.1.1.2　组分

构成平衡系统所需要的最少数目的独立物质称为“独立组分”，其数目称“独立组分数”(简称组分数)，以 C 表示。组分数 C 与系统中的物种数 S 是两个不同的概念。例如，在 PCl_5、PCl_3 和 Cl_2 三种气体所构成的系统中，存在化学反应 $PCl_5=PCl_3+Cl_2$，因此只需两种物质就能构成平衡系统，所以 $C=2$；若反应中 PCl_3 和 Cl_2 的浓度之间有一定的比例关系，例如是 1∶1，则 $C=1$，即只需 PCl_5 这一独立组分就足以构成上述平衡系统。

从上述示例可得：系统的独立组分数等于物种数减去各物种之间存在的独立的化学平衡关系数（r）和浓度限制数（r'），即

$$C=S-r-r' \tag{5-1}$$

注意化学平衡关系之前的“独立”二字。还应当注意物种间的浓度限制条件指的必须是同一相中物种间的某种关系，不同相的物种之间不考虑浓度限制条件。

一个系统的物种数 S 可以按人们考虑问题的出发点不同而不同，但平衡系统中的组分数却是确定不变的。如 NaCl 的不饱和水溶液，若不考虑 NaCl 的解离，物种数为 2(H_2O、NaCl)，组分数也是 2。如果考虑 NaCl 的解离，物种数 $S=3$(H_2O、Na^+、Cl^-)，但由于 Na^+ 和 Cl^- 之间存在浓度限制条件，$x(Na^+)=x(Cl^-)$，所以组分数仍为 2。

例 5-1　对同时存在下列三个反应的系统：

(1) $H_2(g)+\frac{1}{2}O_2(g)=\!=\!=H_2O(g)$

(2) $CO(g)+\frac{1}{2}O_2(g)=\!=\!=CO_2(g)$

(3) $CO(g)+H_2O(g)=\!=\!=CO_2(g)+H_2(g)$

组分数是多少？

解： 该系统为均相系统，物种数 $S=5$，但三个反应中只有两个是独立的，因为反应(2)－反应(1)＝反应(3)，$r=2$。无浓度限制条件，$r'=0$。系统的组分数

$$C=S-r-r'=5-2-0=3$$

5.1.1.3 自由度

自由度是指已达相平衡的系统中，在一定范围内可以独立变动而又不影响系统相数和相态的变量（指强度性质）。自由度的数目称为自由度数，以 f 表示。

例如，在一定温度和压力范围内，可以同时改变温度和压力而使水保持液态不变，此时自由度数为 2；在水和水蒸气两相平衡共存的系统中，温度确定后，只有当水蒸气的压力等于该温度下水的饱和蒸气压时，两相才能同时稳定存在，而当水蒸气的压力大于或小于其饱和蒸气压时，气相或液相就要消失。因此压力和温度两个变量中只有一个是独立的，$p=f(T)$，此时系统的自由度数为 1。

若在水中加入蔗糖形成蔗糖水溶液，则为双组分均相系统，在一定范围内同时改变温度、压力和浓度都不会影响它的单相特性，所以系统有三个自由度，$f=3$。

5.1.2 相律

考虑一个已达热平衡、力平衡、相平衡和化学平衡的多相系统，有 Φ 个相，假定每个相中都含有 S 种不同的物种，系统的状态可由下列变量描述：

$$T,\ p;\ x_1^1,\ x_2^1,\ \cdots,\ x_S^1;\ x_1^2,\ x_2^2,\ \cdots,\ x_S^2;\ \cdots x_1^\Phi,\ x_2^\Phi,\ \cdots,\ x_S^\Phi$$

其中 x 是物质的量分数，右上标 1、2、…Φ 是相的序号，右下标 1、2、…、S 是物种的序号。变量的总数是 $S\Phi+2$。这里假定系统不受电场、磁场和重力场的影响。

由于系统处于平衡，$S\Phi+2$ 个变量之间不是完全独立的，因此在一定范围内可独立改变而不引起系统中相数和相态发生变化的独立变量的数目（即自由度数）不是 $S\Phi+2$。下面来找出平衡系统中的独立变量数。

在每个相内，各物质的量分数之和等于 1，系统有 Φ 个相，所以有 Φ 个等式：

$$\begin{aligned} x_1^1+x_2^1+\cdots+x_S^1&=1\\ &\vdots\\ x_1^\Phi+x_2^\Phi+\cdots+x_S^\Phi&=1 \end{aligned} \tag{5-2}$$

有一个等式意味着有一个变量是不独立的，所以 $S\Phi+2$ 个变量扣除 Φ 后剩下 $S\Phi+2-\Phi$ 个。由于系统处于相平衡，同一物质在各相内的化学势必须相等，即

$$\begin{aligned} \mu_1^1=\mu_1^2=\cdots&=\mu_1^\Phi\\ &\vdots\\ \mu_S^1=\mu_S^2=\cdots&=\mu_S^\Phi \end{aligned} \tag{5-3}$$

这里共有 $S(\Phi-1)$ 个等式，因为化学势是 T、p 和组成的函数，每一个等式就能建立起一种物质在二相之间的浓度关系，所以独立变量数应从 $S\Phi+2-\Phi$ 中再减去 $S(\Phi-1)$，为 $S-\Phi+2$ 个。若系统中还存在着 r 个独立的化学反应，每个反应都应满足化学平衡条件

$$\sum_{\mathrm{B}}\nu_{\mathrm{B}}\mu_{\mathrm{B}}=0$$

因此，又有 r 个变量是不独立的，应再减 r，为 $S-r-\Phi+2$ 个。如果系统中，同一相内还存在着浓度限制关系，如氯化铵的分解反应

$$NH_4Cl(s) = NH_3(g) + HCl(g)$$

其产物浓度有限制关系 $x(NH_3)=x(HCl)$。若有 r' 个这样的限制关系，则又有 r' 个变量是不独立的，应减去 r'。于是相平衡系统的独立变量数，即自由度数为

$$f=(S-r-r')-\Phi+2$$

$$f=C-\Phi+2 \tag{5-4}$$

C 为组分数。式(5-4) 称为相律，它说明了当系统处于平衡时，自由度数 f、组分数 C 和相数 Φ 三者间必须遵守的关系。相律对相平衡系统的研究和应用有着指导意义。

在推导相律时曾假定每个相中都含有 S 个物种，这无关紧要，因为如果某一物种在某个相内不存在，变量总数减少 1 个，但式(5-3) 中的等式也相应地减少 1 个，并不影响推导结果。

相律中的“2”是对外界条件只有温度和压力可以影响相平衡而言的。对于凝聚系统，外压对相平衡的影响不大，此时可以看作只有温度是影响平衡的外界条件。因此相律可写成

$$f'=C-\Phi+1$$

式中 f'称为条件自由度。同样它也适用于温度固定而压力可以改变的情况。

若考虑电、磁场等因素对相平衡的影响，相律可写成更为普遍的形式

$$f=C-\Phi+n$$

n 为影响相平衡系统的外界因素的总数目。

例 5-2　计算例 5-1 中系统的自由度数是多少?

解： 参与反应的物质均为气体，$\Phi=1$；由例 5-1 结果知 $C=3$，系统的自由度数为

$$f=C-\Phi+2=3-1+2=4$$

即用 4 个变量就可确定整个系统的状态。

例 5-3　碳酸钠与水可形成下列几种化合物：$Na_2CO_3 \cdot H_2O$，$Na_2CO_3 \cdot 7H_2O$，$Na_2CO_3 \cdot 10H_2O$。

(1) 在 $p^\ominus$ 压力下，与碳酸钠水溶液和冰共存的含水盐最多可以有几种?

(2) 在 30℃时，可与水蒸气平衡共存的含水盐最多可有几种?

解： 虽然有几种水合物，但每形成一种水合物，就有一个化学平衡关系式，所以系统的独立组分数 $C=5-3=2$。

(1) 压力固定不变，相律为 $f'=C-\Phi+1$。当 $f'=0$ 时，$\Phi=3$。因此，与 Na_2CO_3 水溶液及冰共存的含水盐最多只能有一种，但具体是哪一种，相律无法回答，必须由实验来确定。

(2) 温度恒定时，相律也为 $f'=C-\Phi+1$。当 $f'=0$ 时，$\Phi=3$。因此，最多也只有三个相，现只有水蒸气一相，故最多可有二种形式的含水盐与水蒸气平衡共存。

5.2　单组分系统

研究相平衡时，对系统的分类方法有如下几种。

按组分数的多少可分为：单组分系统、双组分系统、三组分系统等。

按相数的多少可分为：单相系统、双相系统、三相系统等。

按自由度数的多少可分为：零变量系统 ($f=0$)、单变量系统 ($f=1$)、双变量系统($f=2$) 等。

对于单组分系统，$C=1$，相律表达式为

$$f=C-\Phi+2=3-\Phi$$

因为相数至少为1，所以最大自由度数 $f=2$，它们是系统的温度与压力。单组分系统的各相平衡关系可用平面图来表示，最多只能有三相平衡共存。

5.2.1　水的相图

反映系统的状态与温度、压力和组成间的关系的几何图形称为相图或状态图。

图 5-1 是根据实验结果绘制的水的相图示意图。图中有三条实曲线，这三条线把图面划分成三个区域（称为相区）。AOB 线以下是水蒸气的稳定存在区，在此区域所限的温度和压

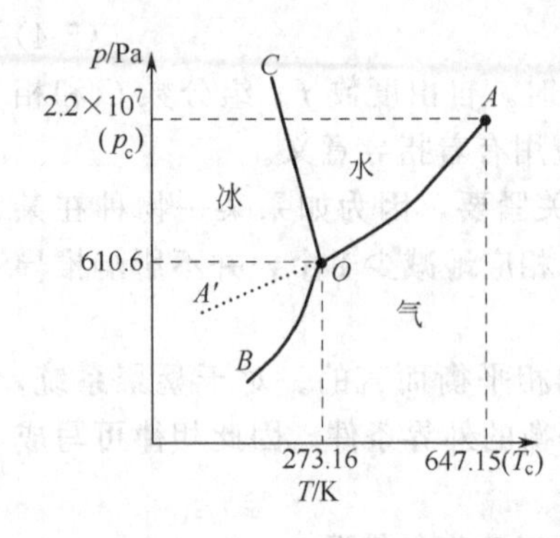

图 5-1 水的相图

力范围内，只能有水蒸气存在。同样，AO 线以上、CO 线以右是水的存在区，BO 线以上、OC 线以左是冰的存在区。在这些区域内，$\Phi=1$，$f=2$，可以独立的改变温度或压力而不会引起相的改变，只有同时指定温度和压力这两个变量，系统的状态才能完全确定。

图中三条实线是二个区域的交界线。在线上表示两相共存，$\Phi=2$，$f=1$，只有一个独立变量，即温度和压力间存在一个关系式，$p=f(T)$。OA 线是水蒸气和水两相共存的平衡曲线，即水在不同温度下的蒸气压曲线。OA 线终止于临界点 A（647K，2.2×10^7Pa）。临界点时液态和气态之间的界面消失，当系统温度高于临界温度时，不可能通过加压的方法使之液化。OB 线为冰和水蒸气两相共存的平衡线，也称冰的升华曲线。OB 线在理论上可延长到绝对零度附近。OC 线为冰和水的平衡线，或称水的凝固点曲线。OC 线继续向高压区延伸时将会出现不同晶型的冰（图中没有画出）。

OA'线是 OA 的延长线，当水和水蒸气构成的平衡系统的温度沿着 AO 曲线降低时，理论上达到 O 点时应有冰析出，但实际上若小心地冷却，则可能使温度越过 O 点向着 OA'方向继续下降而仍然无冰析出，这种现象称为“过冷现象”。OA'线称为过冷曲线，代表过冷水的饱和蒸气压与温度的关系。OA'线在 OB 线之上，它的蒸气压比同温度下处于稳定状态的冰的蒸气压大（因而化学势大），因此过冷水处于不稳定状态，是亚稳平衡，稍受干扰立即会有冰析出。O 点（273.16K，610.6Pa）是水的三相点，水、冰、气三相平衡共存，$\Phi=3$，$f=0$。三相点是系统本身性质决定的，外界条件无论是温度还是压力的变化，都会导致三相平衡的破坏。三相点不是冰点，冰点是在 101.325kPa 下溶有空气的水与冰平衡共存的温度（0℃，即 273.15K），它已不是单组分系统了。

通过相图，可以了解温度或压力变化时，系统状态的变化情况。如图 5-2 所示，系统初始状态为 m，表示温度为 T_m、压力为 p_m 的水，在恒温下降低压力，系统的状态沿垂线向下移动，到达 m'点前，系统仍为单一的液相；到达 m'点时，有气相出现，系统处于气液两相平衡；越过 m'点，水全部变为气体，液相消失。若在 m 点时恒压降温，到 m''点就有固相出现，系统处于固液两相平衡；继续降温，越过 m''点，液相消失，水全部凝固为固体冰。

5.2.2 硫的相图

硫有两种晶型：正交硫和单斜硫。正交硫在常温下稳定，单斜硫在高温下稳定。所以，硫可以正交硫、单斜硫、液态硫和气态硫四种不同的相态存在。

图 5-3 是硫的相图。在硫的相图上有四个双变量单相区，六条单变量两相平衡曲线和四个无变量三相点。由单组分相律知 $f=0$，$\Phi=3$，所以单组分体系不可能有四相平衡共存的情况。四个单相区已在图中标出。曲线 AB 和 BC 分别是正交硫和单斜硫的升华曲线，CD 是液态硫的饱和蒸气压曲线。B 点（95.59℃）是无变量三相点，是 S(正交)-S(单斜)-S(气）三相平衡。C 点（120℃）也是无变量三相点，是 S(单斜)-S(液)-S(气）三相平衡。BE 表示两种晶型硫的转变温度与压力的关系曲线，是 S(正交)-S(单斜）二相平衡。CE 表示单斜硫的熔点与压力的关系曲线，是 S(单斜)-S(液）二相平衡。BE 和 CE 相交于 E 点，是 S(正交)-S(单斜)-S(液）三相平衡点（151℃)。EF 是正交硫的熔点与压力的关系曲线，是 S(正交)-S(液）两相平衡。以上都是可以得到的稳定相平衡系统。在 BE、BC 和 CE 三条曲线所包围的区域内，单斜硫可以稳定存在。压力在 AB、BC 和 CD 曲线以上，温度在临界温度 D 以下不可能稳定地存在硫蒸气。温度在 D 点以上，不论在多高压力下，不可能存在稳定的液态硫。

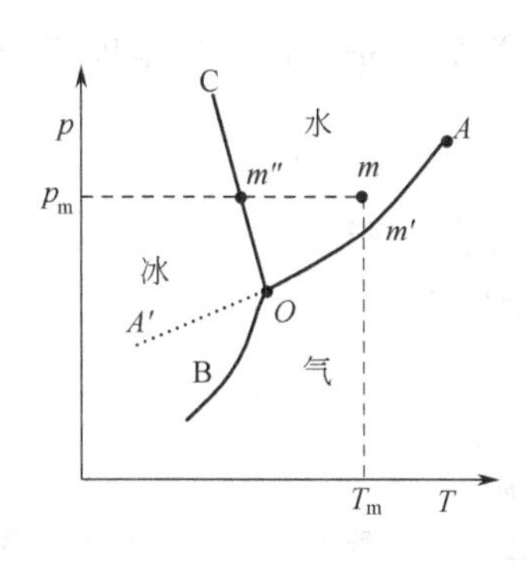

图 5-2　水的相态变化

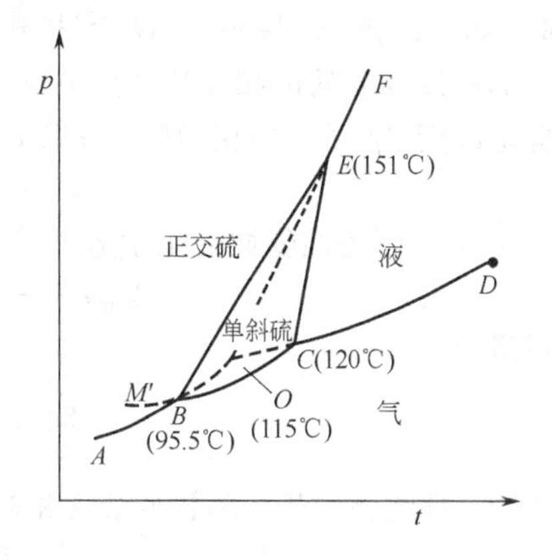

图 5-3　硫的相图

其余可能出现的相平衡都是亚稳定的。例如，迅速加热，可使正交硫处于亚稳状态，沿虚线 *BO* 至 *O* 点（115℃）熔化，*O* 点是 S(正交)- S(液)-S(气）三相平衡的三相点。在 *BO* 虚线上正交硫与硫蒸气处于亚稳二相平衡。同样地，在 *CO* 虚线上液态硫与硫蒸气处于亚稳二相平衡。*OE* 虚线表示正交硫的亚稳熔点与压力的关系曲线。显而易见，当这些亚稳相平衡发生时，都不可能出现单斜硫，而是正交硫沿 *OE* 虚线直接变为液态硫，或者沿 *BO* 虚线直接变为硫蒸气，都不经过单斜硫晶型阶段。

5.2.3　二氧化碳相图

图 5-4 是二氧化碳的相图。图中 *OA* 线是 CO_2 的固-气两相平衡曲线，即 CO_2 固体的升华曲线；*OB* 线是 CO_2 的液-固两相平衡曲线，即 CO_2 的熔点随压力的变化曲线；*OC* 线为 CO_2 的液-气两相平衡曲线，即液体 CO_2 的蒸气压曲线。*OA*、*OB*、*OC* 的交点 *O* 是 CO_2 的三相点，三相点的温度为－56.6℃，压力为 0.518MPa。在 100kPa 的压力下，CO_2 固气平衡温度为－76℃，即 CO_2 的升华温度。

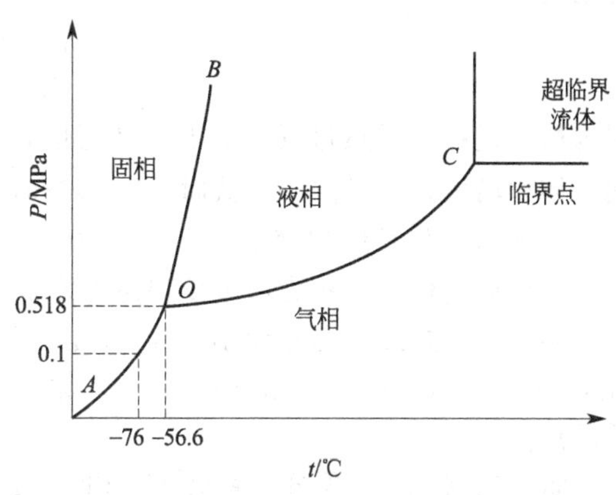

图 5-4　CO_2 相图（示意图）

CO_2 的液-气两相平衡线 *OC* 不能无限延长，至 *C* 点为止。*C* 点为 CO_2 的临界点，临界温度 $T_c = 304.21K$，临界压力 $p_c = 7.83MPa$。超过临界点 *C* 之后就是超临界流体区，超临界流体是一种稠密的气态，密度与液体相近，黏度比液体小，扩散速度比液体快，有较好的流动性和传递性能（例如热传导等）。

物质在超临界流体中的溶解度，受压力和温度的影响很大，可以利用升温、降压手段（或两者兼用）将超临界流体中所溶解的物质分离出来，达到分离提纯的目的（它兼有精馏和萃取两种作用）。例如，在高压条件下，使超临界流体与物料接触，使物料中的有效成分（即溶质）溶于超临界流体中（即萃取），分离后，降低溶有溶质的超临界流体的压力，使溶质析出。

由于超临界 CO_2 临界温度 $T_c = 304.21K = 31.06°C$，所以 CO_2 萃取可在接近室温下完成整个分离工作，特别适用于热敏性和化学不稳定性天然产物的分离。再者，与其它有机萃取剂相比，CO_2 既便宜，又容易制取，无毒、惰性、易于分离，CO_2 临界压力适中，易于实现工业化。

5.2.4 克拉贝龙（Clapeyron）方程式

考虑一纯物质的两相 α 和 β 呈平衡的系统，此时有关系式 $\mu^{\alpha}=\mu^{\beta}$。当温度改变 dT，压力相应地改变 dp 时，两相仍保持平衡，则

$$\mu^{\alpha}+d\mu^{\alpha}=\mu^{\beta}+d\mu^{\beta}$$

即 $d\mu^{\alpha}=d\mu^{\beta}$。因为纯物质的化学势即是它的摩尔吉布斯函数，所以

$$V_m^{\alpha}dp-S_m^{\alpha}dT=V_m^{\beta}dp-S_m^{\beta}dT$$

整理后得

$$\frac{dp}{dT}=\frac{S_m^{\beta}-S_m^{\alpha}}{V_m^{\beta}-V_m^{\alpha}}=\frac{\Delta_{\alpha}^{\beta}S_m}{\Delta_{\alpha}^{\beta}V_m} \tag{5-5}$$

式中 $\Delta_{\alpha}^{\beta}S_m$ 是纯物质从 α 相转变成 β 相时的摩尔熵变，$\Delta_{\alpha}^{\beta}V_m$ 是摩尔体积的变化。因为

$$\Delta_{\alpha}^{\beta}S_m=\Delta_{\alpha}^{\beta}H_m/T$$

所以

$$\frac{dp}{dT}=\frac{\Delta_{\alpha}^{\beta}H_m}{T\Delta_{\alpha}^{\beta}V_m} \tag{5-6}$$

式(5-5) 和式(5-6) 称为克拉贝龙方程式，它定量地表示了两相平衡时温度和压力间的关系，也就是给出了 p-T 图中两相平衡曲线的斜率，适用于纯物质的任意两相平衡系统。

对于固-液、固-固（晶型转变）平衡，为了突出熔点（或晶型转化温度）与压力的关系，常把式(5-6) 写成：

$$\frac{dT}{dp}=\frac{T\Delta_s^l V_m}{\Delta_s^l H_m} \tag{5-7}$$

因为熔化过程是吸热过程，$\Delta_s^l H_m$ 是正值，所以 dT/dp 的正、负由 $\Delta_s^l V_m$ 决定。若固体熔化时体积增大，$\Delta_s^l V_m>0$，从而 $dT/dp>0$，在 p-T 图中，曲线的斜率为正值，曲线向右倾斜。若固体熔化时体积变小，$\Delta_s^l V_m<0$，从而 $dT/dp<0$，在 p-T 图中，曲线的斜率为负值，曲线向左倾斜，压力增大反使熔点降低，H_2O 属于此类系统。

例 5-4 在 273.15K 和 101.325kPa 时，冰和水的摩尔体积分别为 $19.655\times10^{-3}dm^3\cdot mol^{-1}$ 和 $18.005\times10^{-3}dm^3\cdot mol^{-1}$，冰的熔化焓是 $6025J\cdot mol^{-1}$，求 10132.5kPa 时冰的熔点。

解： 对式(5-7) 积分，将 $\Delta_s^l V_m$ 和 $\Delta_s^l H_m$ 视为常数

$$\int_{T_1}^{T_2}\frac{1}{T}dT=\int_{p_1}^{p_2}\frac{\Delta_s^l V_m}{\Delta_s^l H_m}dp=\frac{\Delta_s^l V_m}{\Delta_s^l H_m}\int_{p_1}^{p_2}dp$$

$$\ln\frac{T_2}{T_1}=\frac{\Delta_s^l V_m}{\Delta_s^l H_m}(p_2-p_1)$$

将有关数据代入

$$\ln\frac{T_2}{273.15K}=\frac{(18.005-19.665)\times10^{-6}m^3\cdot mol^{-1}}{6025J\cdot mol^{-1}}\times(10132500-101325)Pa$$

$$T_2=272.4K$$

例 5-5 已知 101.325kPa 和 846K 时，α-石英转变成 β-石英的摩尔相变焓 $\Delta_{trs}H_m$（trs 是 transition 的缩写，意指转变）是 $-447.92J\cdot mol^{-1}$，摩尔相变体积 $\Delta_{trs}V_m$ 是 $-2\times10^{-7}m^3\cdot mol^{-1}$，求 α-石英和 β-石英平衡共存时的压力与温度间的函数关系。

解： 对式(5-6) 积分，将 $\Delta_{trs}H_m$ 和 $\Delta_{trs}V_m$ 视为常数，则

$$\int_{101.325kPa}^{p}dp=\int_{846K}^{T}\frac{\Delta_{trs}H_m}{T\Delta_{trs}V_m}dT=\frac{\Delta_{trs}H_m}{\Delta_{trs}V_m}\int_{846K}^{T}\frac{dT}{T}$$

$$=-\frac{447.92\text{J}\cdot\text{mol}^{-1}}{-2\times10^{-7}\text{m}^3\cdot\text{mol}^{-1}}\int_{846\text{K}}^{T}\frac{\text{d}T}{T}$$

$$p/\text{Pa}=2.2396\times10^9\ln(T/\text{K})-1.509\times10^{10}$$

对于液-气两相平衡或固-气两相平衡，气相体积远大于液相、固相体积，$\Delta_l^g V_m=V_m(g)-V_m(l)\approx V_m(g)$，$\Delta_s^g V_m=V_m(g)-V_m(s)\approx V_m(g)$，假定气相为理想气体，则 $V_m(g)=RT/p$，于是式(5-6) 可表示成

$$\frac{\text{d}\ln p}{\text{d}T}=\frac{\Delta_\alpha^g H_m}{RT^2}\text{（式中 }\alpha\text{ 为液、固相）}\tag{5-8}$$

如果 $\Delta_\alpha^g H_m$ 与温度无关，或温度变化范围很小，$\Delta_\alpha^g H_m$ 可视为常数，对式(5-8) 作不定积分

$$\ln(p/\text{Pa})=-\frac{\Delta_\alpha^g H_m}{RT}+\text{B}\tag{5-9}$$

对式(5-8) 作定积分

$$\ln\frac{p_2}{p_1}=-\frac{\Delta_\alpha^g H_m}{R}\left(\frac{1}{T_2}-\frac{1}{T_1}\right)\tag{5-10}$$

式(5-8)、式(5-9)、式(5-10) 均称为克劳修斯-克拉贝龙（Clausius-Clapeyron）方程式，可利用气化焓或升华焓的数据计算任意温度时的蒸气压，也可通过不同温度下的蒸气压求出蒸发焓。

例 5-6　已知 101.325kPa 时水的摩尔蒸发焓是 $40.652\text{kJ}\cdot\text{mol}^{-1}$，求大气压为 66.661kPa 时水的沸点。

解：因为 101.325kPa 时水的沸点是 373.15K，即 $T_1=373.15\text{K}$，$p_1=101.325\text{kPa}$，而 $p_2=66.661\text{kPa}$。代入式(5-10)

$$\ln\frac{66.661\text{kPa}}{101.325\text{kPa}}=-\frac{40652\text{J}\cdot\text{mol}^{-1}}{8.3145\text{J}\cdot\text{K}^{-1}\cdot\text{mol}^{-1}}\left(\frac{1}{T_2}-\frac{1}{373.15\text{K}}\right)$$

水的沸点为

$$T_2=361.4\text{K}\ (88.3^\circ\text{C})$$

5.3　二组分液-气和液-液系统

对于二组分系统，$C=2$，$f=4-\Phi$。因为系统至少有一个相，所以自由度数最多等于 3，系统的状态由三个独立变量（温度、压力和组成）决定。所以二组分系统的相图要用三个坐标的立体图来表示。由于立体图不够直观，所以常常固定一个变量，$f'=3-\Phi$，于是可用平面图来表示。这种平面图有三种：p-x 图、T-x 图和 T-p 图。常用的是前两种。在平面图上二组分系统最大的自由度数是 2，同时平衡共存的相数最多是 3。

二组分系统相图的类型很多，下面择要介绍一些典型的类型。

5.3.1　理想溶液的液-气平衡

5.3.1.1　p-x 图（蒸气压-组成图）

设液体 A 和液体 B 形成理想溶液，在一定温度下，根据拉乌尔定律，有

$$p_A=p_A^*x_A\qquad p_B=p_B^*x_B$$

式中，p_A^* 和 p_B^* 分别为在该温度时纯 A 和纯 B 的蒸气压，x_A 和 x_B 分别为溶液中组分 A 和 B 的摩尔分数。溶液的总蒸气压为：

$$\begin{aligned}p&=p_A+p_B=p_A^*x_A+p_B^*x_B\\&=p_A^*(1-x_B)+p_B^*x_B\\&=p_A^*+(p_B^*-p_A^*)x_B\end{aligned}$$

以 x_B 为横坐标，以蒸气压为纵坐标，可得蒸气总压与液相组成呈直线关系，该线称作液相

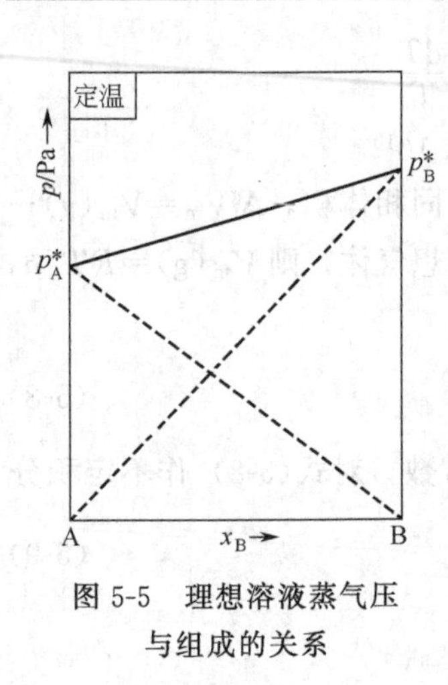

图 5-5 理想溶液蒸气压与组成的关系

线，如图 5-5 所示。

设蒸气符合道尔顿分压定律，达气液平衡时

$$y_A=\frac{p_A}{p}=\frac{p_A^* x_A}{p_B^*+(p_A^*-p_B^*)x_A}$$

$$y_B=1-y_A$$

以上二式表示了气相组成与液相组成的相互关系，也表示了蒸气总压与蒸气组成的关系，画在图上称作气相线。

由于 A、B 两个组分的蒸气压不同，所以当气液两相平衡时，气相的组成与液相的组成也不相同。因为

$$y_A=\frac{p_A}{p}=\frac{p_A^* x_A}{p},\ y_B=\frac{p_B}{p}=\frac{p_B^* x_B}{p}$$

所以

$$\frac{y_A}{y_B}=\frac{p_A^*}{p_B^*}\cdot\frac{x_A}{x_B}$$

设 B 为易挥发组分，即 $p_B^* > p_A^*$，从上式得

$$\frac{y_A}{y_B}<\frac{x_A}{x_B}$$

结合 $x_A+x_B=1$，$y_A+y_B=1$，可导出 $y_B>x_B$ 或 $y_A<x_A$。即易挥发组分在气相中的组成大于其在液相中的组成。

如果把气相和液相的组成画在同一图上，就得到图 5-6。图中气相线总是在液相线的下面。液相线的上方，系统为液相（单相区），气相线的下方，系统为气相（单相区）。中间区域则是液、气两相平衡共存。

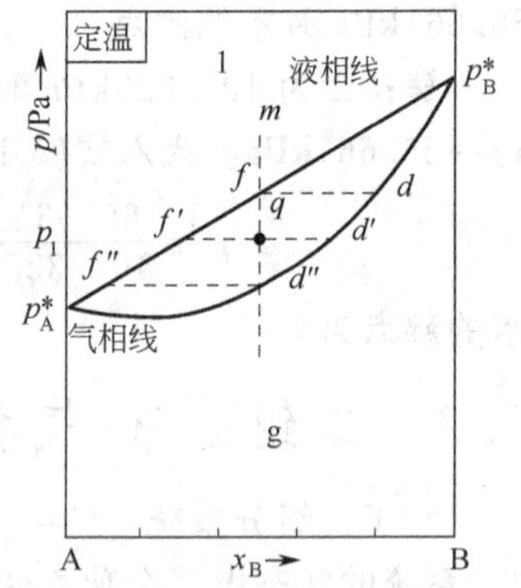

图 5-6 二组分理想溶液的 p-x 示意图

在相图中，表示整个系统总组成的点叫物系点；表示某一个相的组成的点称为相点。在单相区，物系点与相点一致，在两相共存区，二者不相同。

现在讨论系统总组成不变，压力减小时系统内发生的变化。自 m 点开始降压，到达 f 点以前，系统只有液相。在 f 点，开始有气相出现，气相组成由 d 点表示。继续降压，气体增多液体减少，液、气相组成各沿液相线和气相线逐渐改变。压力降至 p_1（物系点变至 q 点）时，液、气相的组成分别由 f'、d' 点给出。物系点降至 d'' 点时，液体几乎全部挥发，d'' 点以下就没有液相了。

5.3.1.2 T-x 图（沸点-组成图）

固定压力下将不同组成的溶液加热至沸腾，把开始沸腾时的温度（即沸点，此时蒸气压等于外压）和液体的组成记录在图上。描绘出的曲线（图 5-7）即是液相线，或称沸点线。将不同组成的气体混合物冷却至刚有液相出现，将此时的温度（称为露点）和气相的组成记录在图上，描绘出的曲线即是气相线，或称露点线。a 点是纯 A 的沸点，b 点是纯 B 的沸点。一定压力下纯物质的沸腾温度是确定的，但溶液沸腾的温度是一个区间，这个温度区间称为沸程。不难看出，溶液组成不同，其沸程也不同，但同一压力下沸程都在两个纯组分的沸点之间。还可以看出，图中纯 A 的沸点高于纯 B，说明液体 A 的挥发能力比 B 弱，其同温下的蒸气压也小于 B 的蒸气压。这样同一系统的液相线和气相线在 T-x 图中的上下位置刚好与 p-x 图中的上下位置相反。高温时，系统以气相存在；低温时，系统以液相存在。在某一温度范围系统气-液共存。依照前文所述，可类似地讨论溶液升温或降温（总组成不

变）过程中系统内发生的相数和相态的变化。

5.3.1.3　杠杆规则

系统处于二相平衡时，二相物质的量的多少可由杠杆规则确定。如图 5-7，设系统物质的总量为 n，其中 B 物质的含量为 x_B，当系统处于 T_1 时（即物系点为 O 点），系统呈两相平衡，一相为液相（相点 E），其物质的量为 $n(\mathrm{l})$，B 的含量为 x_1；另一相为气相（相点 F），其物质的量为 $n(\mathrm{g})$，B 的含量为 x_2。由物料平衡得

$$n=n(\mathrm{l})+n(\mathrm{g})$$

$$nx_B=n(\mathrm{l})x_1+n(\mathrm{g})x_2$$

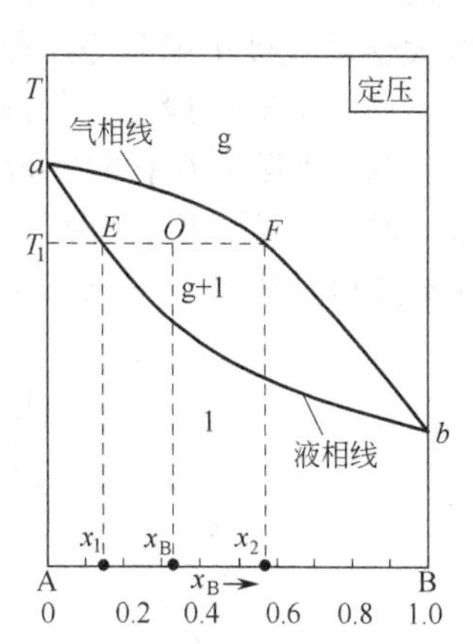

图 5-7　沸点-组成图

由以上二式得

$$n(\mathrm{l})(x_B-x_1)=n(\mathrm{g})(x_2-x_B) \tag{5-11}$$

或

$$n(\mathrm{l})\cdot\overline{OE}=n(\mathrm{g})\cdot\overline{OF} \tag{5-12}$$

式(5-11)、式(5-12) 就是杠杆规则的表达式。它可以确定任何两相平衡物质数量的相对比值。

如果相图的横坐标用质量分数表示，可以证明杠杆规则仍然适用，只是上式中气、液两相的量改用质量而不用物质的量。

杠杆规则在相图的动态分析中有重要的作用。

例 5-7　某二组分的沸点与组成的关系如图 5-7 所示，若有组成为 $x_B=0.32$ 的理想溶液 8.5mol，将其加热至 T_1 达气液平衡时，液相中 B 组分的组成为 $x_1=0.14$，气相中 B 组分的组成为 $x_2=0.67$，其液相物质的量还有多少？其中含 B 多少？

解： 由式(5-11) 得

$$\frac{n(\mathrm{l})}{n(\mathrm{g})}=\frac{\overline{FO}}{\overline{EO}}=\frac{x_2-x_B}{x_B-x_1}=\frac{0.67-0.32}{0.32-0.14}=1.94$$

又　　$n(\mathrm{l})+n(\mathrm{g})=8.5\mathrm{mol}$

故　　$n(\mathrm{l})=5.6\mathrm{mol}$

液体中含 B 为 $5.6\mathrm{mol}\cdot x_1=5.6\mathrm{mol}\times 0.14=0.78\mathrm{mol}$

5.3.1.4　精馏原理

分离液体混合物时，常常采用精馏的方法。现在利用两组分理想溶液的 T-$x(y)$ 相图简要地介绍精馏原理。

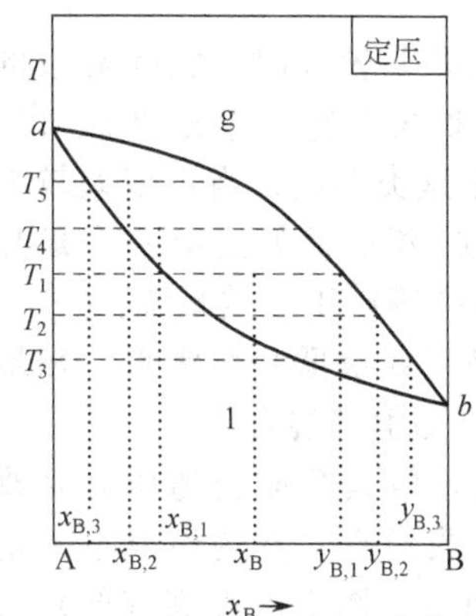

图 5-8　精馏原理示意图

根据图 5-8，假定欲分离的溶液组成为 x_B，将其加热到 T_1，使之部分汽化，所得到的气、液相组成分别为 $y_{B,1}$ 和 $x_{B,1}$，显然，气相中易挥发组分 B 的组成高于液相中的组成，即 $y_{B,1}>x_{B,1}$，将气液二相分离，再将所得到的气相冷却到 T_2，使之部分冷凝，这时剩余气相中 B 组分的组成为 $y_{B,2}$，$y_{B,2}>y_{B,1}$。将组成 $y_{B,2}$ 的气相分离并冷却到 T_3，使之再次部分冷凝，则剩余气相组成为 $y_{B,3}$，$y_{B,3}>y_{B,2}$。如此多次进行气相部分冷凝，则气相的组成沿气相线向纯 B 方向变化，组成逐渐接近纯的易挥发组分 B。再来讨论液相的情况，将组成为 $x_{B,1}$ 的液相加热到 T_4，使之部分汽化，则剩余液相组成为 $x_{B,2}$，且 $x_{B,2}<x_{B,1}$，将组成为 $x_{B,2}$ 的液相再加热到 T_5，使之再次部分汽化，所得剩余液相组成为 $x_{B,3}$，$x_{B,3}<x_{B,2}$，如此多次进行液相部分汽化，则液相组成沿液相线

向纯A方向变化，液相组成逐渐接近纯的难挥发组分A。经过对原始溶液反复多次部分汽化和部分冷凝，就可得到纯A和纯B组分，从而达到分离的目的。在工业上，这种分离过程是通过精馏塔连续进行的。有关精馏塔的构造及详细的精馏机理，可参阅化工原理教材。

5.3.2 完全互溶实际溶液的液-气平衡

实际溶液的蒸气压对拉乌尔定律有偏差。正、负偏差的程度与实际溶液所处的条件及两纯组分的结构、性质等因素有关。两组分实际溶液的相图，可分为一般的正、负偏差，出现极大偏差或极小偏差等几种类型。

(1) 具有一般正、负偏差的系统

这类实际溶液中各组分对拉乌尔定律偏差不大，蒸气压曲线高于或低于理想溶液的蒸气压曲线，但总蒸气压仍介于两个纯组分的蒸气压之间。它们的相图（p-x 或 T-x 图）与理想溶液的相图相类似（见图5-9和图5-10）。属于这类系统的有 CCl_4-C_6H_6、CH_3OH-H_2O、CS_2-CCl_4 等。

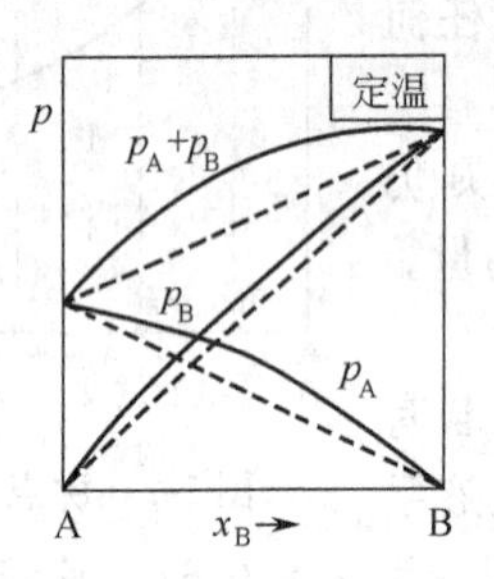

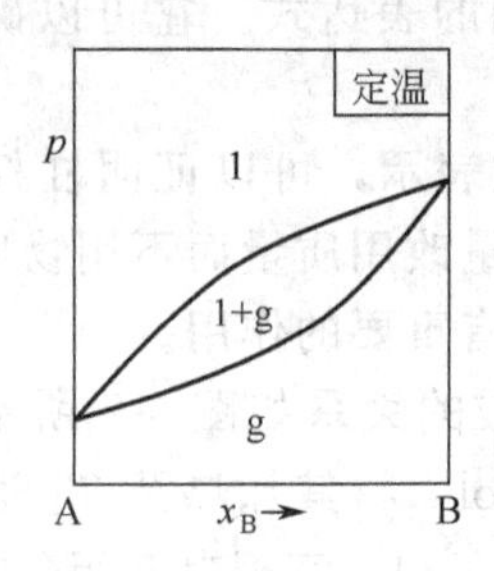

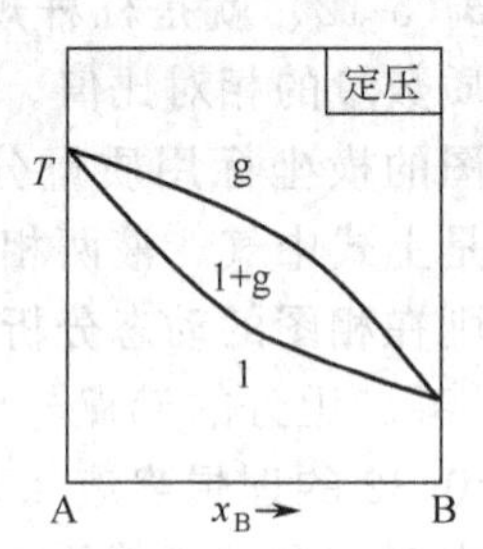

图5-9 正偏差不大的实际溶液

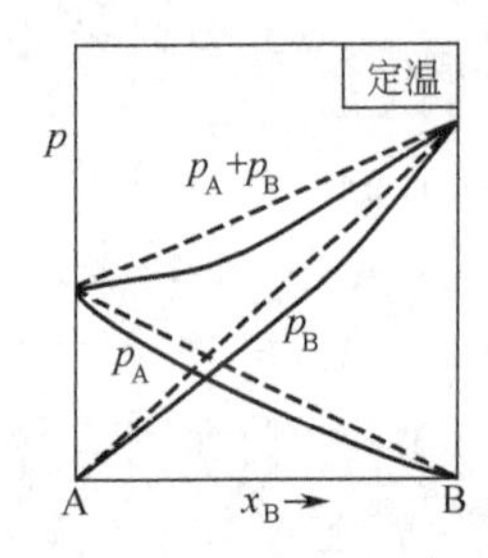

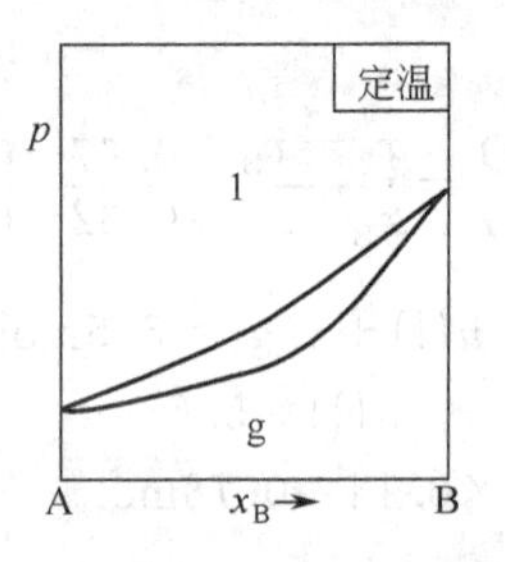

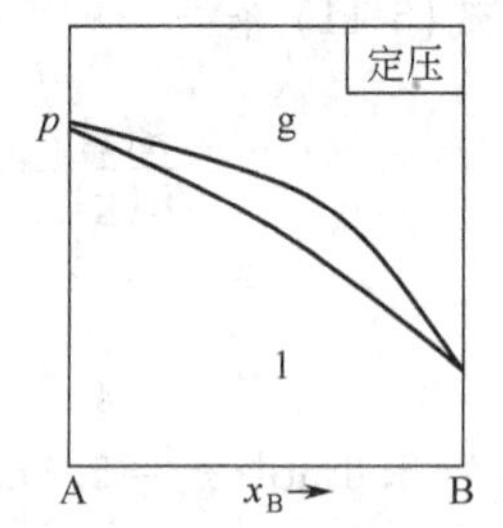

图5-10 负偏差不大的实际溶液

(2) 具有极大偏差或极小偏差的系统

这类实际溶液中两个组分对拉乌尔定律有较大的偏差。当正偏差较大时，实际溶液的蒸气压-组成曲线上出现最高点（极大值）。相应地在沸点-组成曲线上有一个最低点，见图5-11。C_6H_6-C_6H_{12}、CH_3OH-$CHCl_3$、CS_2-CH_3COCH_3 等属于这类系统；当负偏差较大时，实际溶液蒸气压-组成曲线上出现最低点（极小值），而在沸点-组成曲线上有一个最高点，见图5-12。CH_3COOH-$CHCl_3$、HCl-H_2O、CH_3CH_2OH-H_2O 等属于这类系统。

在沸点-组成图中最高点（或最低点）对应的温度，称为最高（或最低）恒沸点。在最高（最低）恒沸点处气相组成和液相组成相同，该组成的混合物称为恒沸混合物。

恒沸物虽然像纯物质一样，其沸点恒定、气液两相组成相同，但其组成会随压力而改变。另外，在 p-x 图上的最高（或最低）点与 T-x 图上的最低（或最高）点的组成不一定相同，因为 T-x 图一般是在压力为101.325kPa条件下绘制的，而 p-x 图上的最高（低）点压力并不一定是101.325kPa。

具有恒沸物的系统，用一般精馏方法不能同时得到两个纯组分，只能得到一个纯组分和恒沸物。

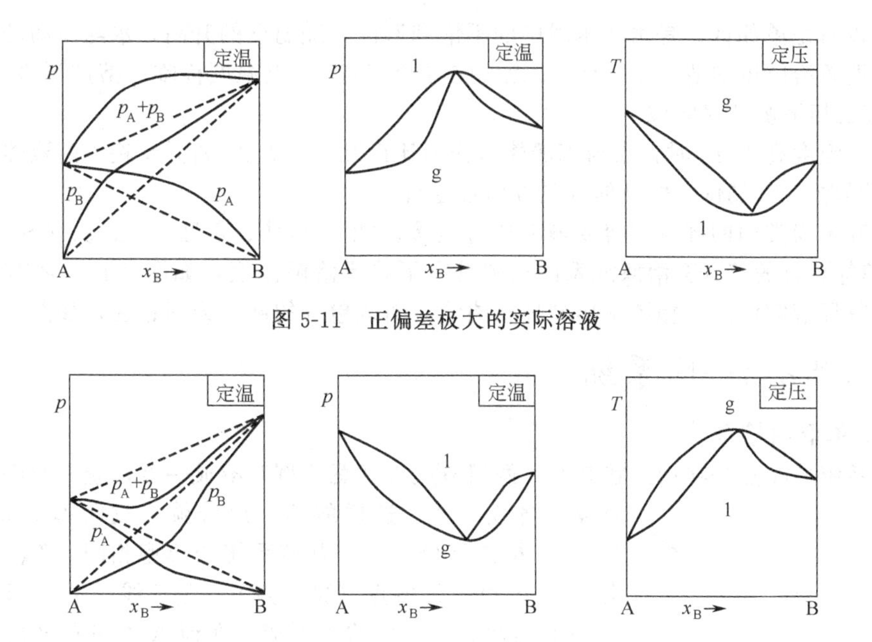

图 5-11 正偏差极大的实际溶液

图 5-12 负偏差极大的实际溶液

5.3.3 部分互溶的液-液系统

当两个液态组分性质差别较大时，它们在一定条件下可以形成均相溶液；但在其它条件下，两种液体不能完全互溶，形成部分互溶的两相溶液。这样的系统称为两组分部分互溶系统。例如，30℃时，将少量苯酚加入水中，它可以完全溶解在水里，形成溶液，如果继续加入苯酚，系统组成沿图 5-13 中虚线从左向右移动，到 a 点时，达到苯酚在水中的饱和溶解度，再继续加入苯酚，越过 a 点后系统出现两个液层，一层是苯酚在水中的饱和溶液，另一层则是水在苯酚中的饱和溶液，这两个平衡共存的液层称为共轭溶液。根据相律，压力一定时，$f'=2-2+1=1$，共轭溶液的组成随系统的温度变化而改变。当再固定温度时，$f'=0$，所以在定温、定压下共轭溶液的组成是不变的。若继续加入苯酚，两个液层物质的量的相对多少将会发生变化，但共轭溶液的组成（即相点的组成）保持不变。当系统中苯酚的组成超过水在苯酚中的饱和溶液时的苯酚组成（b 点），系统又成为一个均相系统。

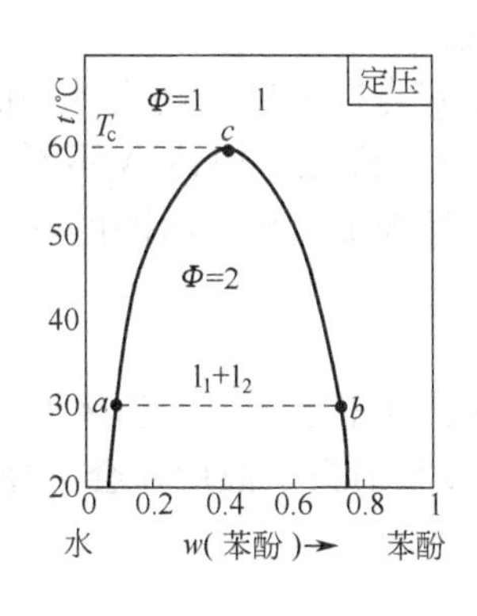

图 5-13 水和苯酚的相图

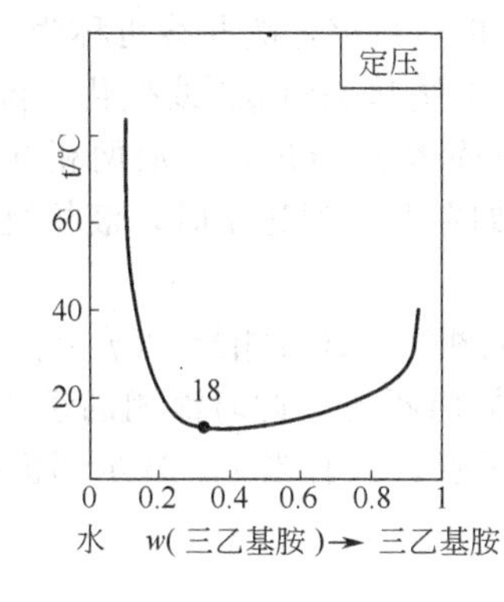

图 5-14 水-三乙基胺的溶解度图

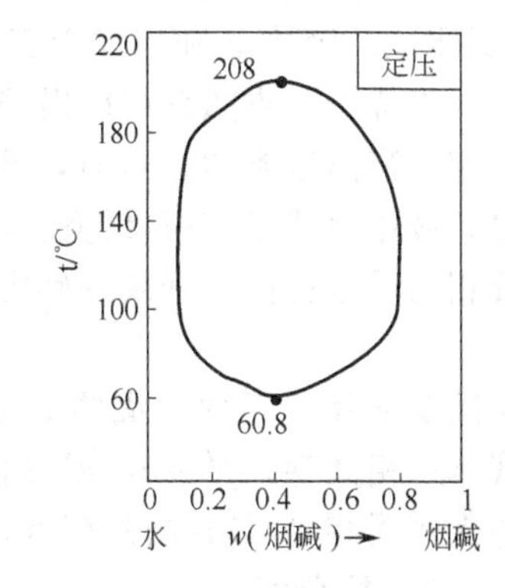

图 5-15 水-烟碱的溶解度图

在不同温度下进行实验，将所得数据绘图如图 5-13 所示，图中 ac 线是苯酚在水中的溶解度曲线，曲线以左是单相区，是苯酚在水中的不饱和溶液。bc 线是水在苯酚中溶解度曲线，曲线以右是单相区，是水在苯酚中的不饱和溶液，随温度的升高，水与苯酚的相互溶解度增大，两条溶解度曲线交于 c 点，c 点称临界会溶点，c 点温度称临界溶解温度 T_c。帽形区是液-液二相平衡共存区域。

当系统温度高于 T_c 时，水与苯酚能以任何比例互溶。T_c 的高低反映了两液体间相互溶解能力的强弱。T_c 越低，两液体间的互溶性越好。

与水和苯酚类似的部分互溶双液系还有很多，如水-苯胺、苯胺-环己烷、CS_2-CH_3OH、H_2O-丁醇等。有的部分互溶双液系的相图具有下临界溶解温度，如图 5-14；还有的同时具有上、下临界溶解温度，相图中出现环状曲线，曲线包围的部分为两相区，如图 5-15 所示。

5.4 二组分液-固系统

5.4.1 简单低共熔系统

这类系统的特点是在熔融状态时，两组分能以任意比例互溶成一相，凝固时则不能相互溶解，各成一相。这样的两个组分就构成简单低共熔系统。图 5-16 是二组分简单低共熔系统的典型相图。T_A、T_B 分别是固体 A 和 B 的熔点（凝固点）。T_AE 线是从液相中析出固体 A 的温度曲线，它也可看成是在纯 A 中加入 B 后，A 的熔点下降曲线；T_BE 线是从液相中析出固体 B 的温度曲线，它也可看成是在纯 B 中加入 A 后，B 的熔点下降曲线。两条线的上方为单一的液相区。这两条线的交点 E 指出了同时析出固体 A 和固体 B 的温度及液相的组成。在 E 点，三相（固体 A、固体 B 及组成为 E 的溶液）平衡共存，条件自由度数为 $f'=2-3+1=0$，温度和组成不允许改变，否则平衡就会破坏。E 点称低共熔点，对应的温度称低共熔温度，对应的液相组成称低共熔组成，析出的固体（含有固体 A 与固体 B）称为低共熔体。低共熔温度是液相能存在的最低温度，比两个纯物质的熔点都低。在低共熔体中 A 和 B 各呈一相，不是化合物，也不是固溶体，因为它不是均匀的。

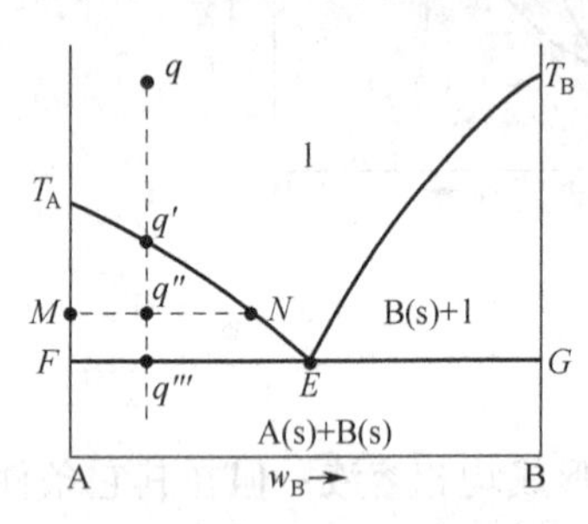

图 5-16 简单低共熔系统

T_AFET_A 是液相和固体 A 的两相平衡共存区，物系点落在该区时，其液相的组成由 T_AE 线决定。液相与固相的数量比可由杠杆规则决定。T_BEGT_B 是液相和固体 B 的两相平衡共存区，物系点落在该区时，其液相的组成由 T_BE 线决定。在 FEG 线以下（低共熔温度以下）为两固相 A 和 B 共存，物系点落在 FEG 线上除 F 和 G 以外的任一点时都是三相（固体 A、固体 B 和组成为 E 的液相）共存，故此线也称为三相线。

将位于 q 点的系统缓慢降温，系统状态沿 qq''' 线变化。温度在 q' 点以上时系统为单一的液相，当温度到达 q' 点时，开始有固体 A 析出，固液两相共存。继续降温，固体 A 不断析出，液相组成沿 T_AE 线变化。例如在温度到达 q'' 时，液相组成由 N 决定，析出的固体 A 和液相的质量比由杠杆规则确定

$$m(\text{固相}):m(\text{液相})=Nq'':q''M$$

当温度下降到 q''' 时，固体 A 和 B 同时析出，此时液相的组成为 E。由于固体 A、固体 B 及液体三相共存，$f'=0$，温度保持不变。只有当 A、B 全部析出，液相消失，温度才会下降，进入两固相 A 和 B 的共存区。

5.4.2 热分析

实验告诉我们，当系统缓慢而均匀地冷却时，如果系统内不发生相的变化，温度将随时间均匀地（或线性地）改变，当系统内有相的变化时，由于相变热的产生，温度-时间图上就会出现转折点或水平线段（前者表示温度随时间的变化率发生改变，后者表示温度不随时

间变化）。

以 Bi-Cd 系统为例。在图 5-17 中，a 线是纯 Bi 的冷却情况。将纯 Bi 熔融后，停止加热，然后使其缓慢冷却，每隔一定时间记录一次温度，然后以温度为纵坐标，时间为横坐标，作温度-时间曲线，即步冷曲线，也称冷却曲线。图中 aa' 段相当于纯液体 Bi 的冷却过程（无相变）。到 546.15K 时，开始有固态 Bi 从液相中结晶出来，此时系统为两相平衡。由相律可知，$f'=1-2+1=0$，所以当压力一定时有固定的熔点。在析出固态 Bi 的过程中，有热量放出，抵消了系统散热的损失，因而在步冷曲线上出现水平线段 $a'a''$，待 Bi 全部凝固，系统成为单相后，温度才继续下降（图中为 $a''a'''$ 段）。纯 Cd 的步冷曲线 b 与纯 Bi 类似，也有一水平线段。这些熔点对应于右图中的 T_A、T_B 点。图 5-17 中，c 线是含 20%Cd 的溶液的步冷曲线。当溶液冷却时，温度沿着平滑的曲线 cc' 下降，当冷却到相当于 c' 点的温度时，溶液对于组分 Bi 来说达到饱和，故从 c' 开始析出 Bi 的晶体，同样由于放出凝固热，使系统的冷却速度变慢，步冷曲线的坡度改变，在 c' 点出现了转折，直到 413.15K（c'' 点），固态 Cd 也开始析出，此时 Bi 与 Cd 同时析出，二者同时放出凝固热，故在步冷曲线上出现了水平线段 $c''c'''$。在 413.15K 以下，系统完全凝固成 Bi 和 Cd 两种固相。根据相律，当纯 Bi 析出时，系统的自由度 $f'=2-2+1=1$，因此在 Bi 析出的同时系统温度逐渐下降，溶液中 Cd 的相对含量增加，其组成沿着液相区的边界曲线 T_AE 向 E 点方向移动。当系统冷却到相当于 E 点的温度时，Bi 和 Cd 同时析出，温度保持不变。此时三相（溶液、固态 Bi、固态 Cd）共存，$f'=2-3+1=0$。一直到溶液（组成为 E 点）完全凝固后，温度才继续下降。

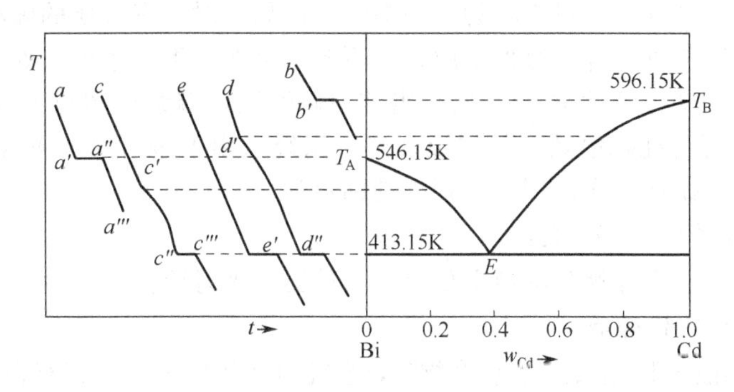

图 5-17　步冷曲线和相图绘制

含 70%Cd 的步冷曲线 d 和上述步冷曲线 c 类似，主要的不同是在 d' 点先析出的固体是纯 Cd。如果取 40%Cd 的混合物，从液态冷却，其步冷曲线为 e 线。到达 e' 点时两种金属同时析出，步冷曲线上出现水平线段，直至液相完全凝固成 Cd 和 Bi 后，温度才继续线性下降。

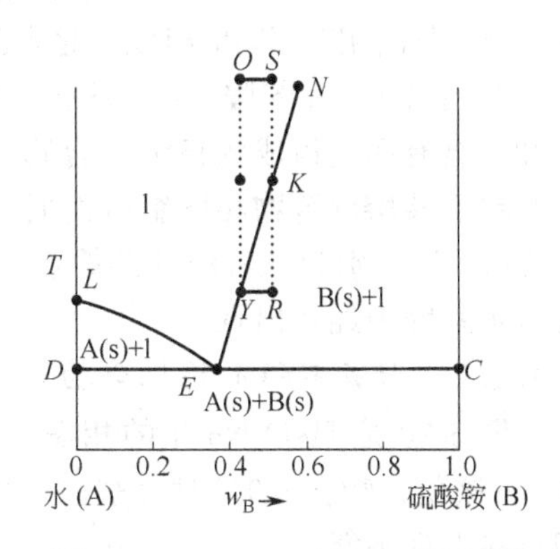

图 5-18　$(NH_4)_2SO_4$-H_2O 的相图

把上述五条步冷曲线中的转折点 a'、c'、e'、d'、b' 和同时结晶的点 c''、e'、d'' 分别连结出来，便是 Bi-Cd 的相图。图中 T_AET_B 线以上是溶液的单相区，T_AE 线表示纯固态 Bi 与溶液呈平衡时，溶液的组成与温度的关系曲线，简称液相线。T_BE 线为纯固态 Cd 与溶液呈平衡时的液相线，E 点三相共存。因为它比纯 Cd、纯 Bi 的熔点都低，所以又称为低共熔点。

5.4.3 溶解度法

对于盐水系统，常用溶解度法来绘制相图。表 5-1 列出不同温度下硫酸铵水溶液的组成及平衡固相。根据这些数据可绘制出 $(NH_4)_2SO_4$-H_2O 相图（图 5-18）。图中 L 是纯水的冰点，LE 为水的凝固点下降曲线。NE 线是硫酸铵的溶解度曲线。由于盐类的熔点大大高于溶液的沸点，因而 EN 线不能延伸到硫酸铵的熔点。两线交点 E 是低共熔点。DEC 线为三相平衡线，当物系点处于这条线上任意一点（D、C 除外）时，系统中冰、固态硫酸铵和组成为 E(0.384) 的溶液三相共存，自由度为零。LEN 以上的区域是单一的液相区；LED 区是冰和溶液两相共存区；NEC 区是固态 $(NH_4)_2SO_4$ 和溶液两相共存区；DEC 线以下的区域是冰和固态 $(NH_4)_2SO_4$ 两相区。

表 5-1 不同温度下硫酸铵-水系统固液平衡数据

t/℃	$(NH_4)_2SO_4$ 的质量分数	平衡时的固相	t/℃	$(NH_4)_2SO_4$ 的质量分数	平衡时的固相
−19.1	0.384	冰+$(NH_4)_2SO_4$	40	0.448	$(NH_4)_2SO_4$
−18	0.375	冰	60	0.468	$(NH_4)_2SO_4$
−11	0.236	冰	80	0.488	$(NH_4)_2SO_4$
−6.5	0.167	冰	100	0.508	$(NH_4)_2SO_4$
0	0.414	$(NH_4)_2SO_4$	108.9	0.518	$(NH_4)_2SO_4$
20	0.430	$(NH_4)_2SO_4$			

组成在 E 点左边的溶液冷却时，先析出冰；组成在 E 点右边的溶液冷却时，先析出固态 $(NH_4)_2SO_4$，只有溶液组成恰好为 E 时，冷却时才同时析出两种固体，形成低共熔混合物。

应用盐水相图，可以指导对不纯物质的提纯。例如，对含有杂质的硫酸铵，首先将它制成溶液，滤去不溶性杂质，若可溶性杂质含量不多，可按二组分系统来处理。设所制成的溶液位于 S 点，将其冷却，到达 K 点开始析出纯的硫酸铵，继续冷却至 R 点，此时溶液组成处于 Y 点，过滤即可得纯硫酸铵。将滤液加热，系统点由 Y 移至 O，再溶入粗盐使系统点由 O 移到 S，如上述循环操作，即可达到提纯的目的。

5.4.4 形成化合物的二组分系统

可以分为形成稳定化合物和不稳定化合物两种类型来讨论。

5.4.4.1 形成稳定的化合物

当 A 和 B 两个组分可以形成一种化合物时，系统的物种数 $S=3$，但存在一个化学反应的平衡关系式，故组分数 $C=2$，仍可用两组分相图描述。若化合物在熔点之下是稳定的，化合物熔化时，液相与固相有相同的组成，此化合物称为稳定化合物，也称为具有相合熔点的化合物。

苯酚（A）和苯胺（B）系统，如图 5-19 所示。苯酚和苯胺以等量混合后，由液态开始冷却，会有固定组成的稳定化合物（C）析出。它的熔点为 31℃。图 5-19 可以看作是由两个简单低共熔混合物相图组合而成，一个是苯酚-化合物相图；一个是化合物-苯胺相图。图中 E_1、E_2 分别为二者的低共熔点。在有些系统中，A 和 B 两个组分可形成多种化合物，这在盐水系统中经常出现。

5.4.4.2 形成不稳定的化合物

图 5-20 是 H_2O-NaCl 的相图，H_2O(A) 和 NaCl(B) 能形成固体化合物 $NaCl\cdot 2H_2O$ (C)，该化合物在 −9℃时分解，生成固体 NaCl 和质量分数为 0.27 的 NaCl 溶液（相点 G），即存在下列平衡：

$$NaCl\cdot 2H_2O(s) \xlongequal{} NaCl(s) + 溶液\ (w_{NaCl}=0.27)$$

化合物 $NaCl\cdot 2H_2O$ 称为不稳定化合物，因为在温度未达到其熔点时就分解了，产生固体及溶液，其溶液组成与原化合物的组成不同，因此该化合物也称为具有不相合熔点的化合物。

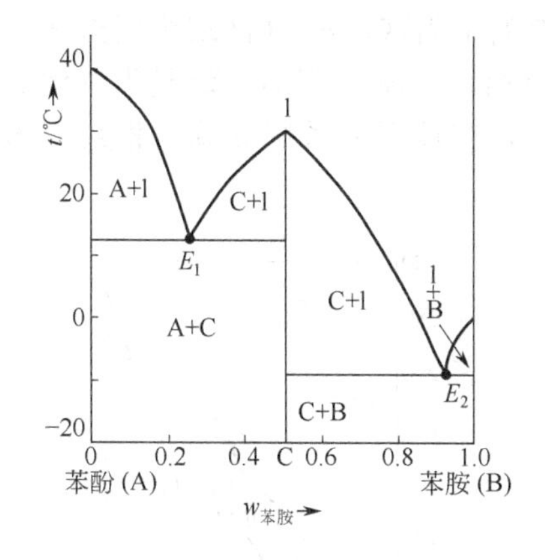

图 5-19　苯酚-苯胺系统

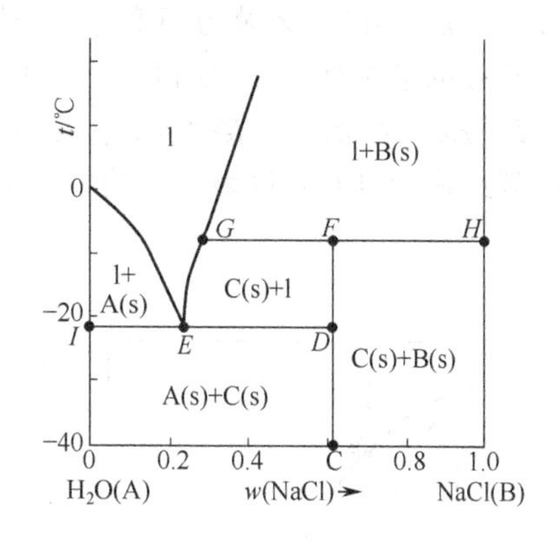

图 5-20　H_2O-NaCl 相图

图中 *GFH* 线与 *IED* 线是三相平衡线。物系点在 *GFH* 线上时，溶液、$NaCl\cdot 2H_2O(s)$、NaCl(s) 三相平衡共存，三相的相点分别是 *G*、*F*、*H*，系统的 $f'=0$，故温度及组成都保持不变。物系点在 *IED* 线上时，$H_2O(s)$、$NaCl\cdot 2H_2O(s)$、溶液三相平衡共存。*CF* 线是固相物质 $NaCl\cdot 2H_2O(s)$ 的单相线。

5.4.5　固液相都完全互溶的固-液平衡

当系统中两个组分不仅能在液相中完全互溶，而且在固相中也能完全互溶时，其 T-x 图与简单低共熔的固液系统的 T-x 图有较大差异，却与完全互溶双液系气液平衡的 T-x 图形相似。

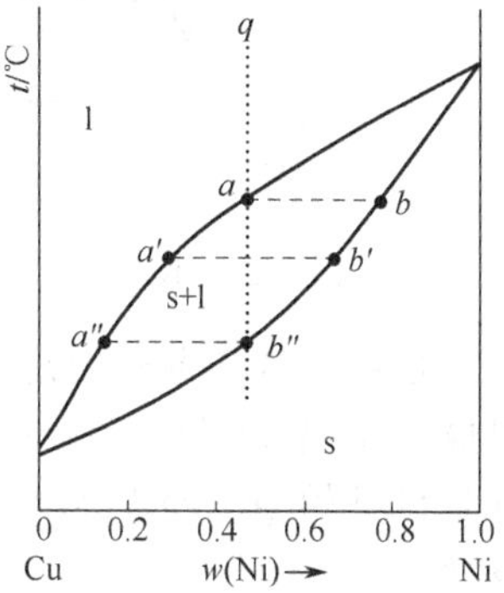

图 5-21　Cu-Ni 系统的相图

以 Cu-Ni 相图为例（图 5-21），当组成为 q 的液态溶液缓慢地冷却，温度到达 a 点时，开始析出组成为 b 的固溶体，系统进入固-液共存的两相区。随着温度的下降，固液两相的组成不断地改变，液相组成沿 $aa'a''$ 线变化，固相的组成沿 $bb'b''$ 线变化。两相的量由杠杆规则决定。在达到 b'' 所对应的温度时，液相（组成为 a''）只剩下极少量。继续降温冷却，液相消失，系统在 b'' 点所对应的温度以下进入固相区。

以上讨论是在系统降温速率非常缓慢的条件下，系统固、液两相在任一时刻都达到平衡的情况。若降温速度快，两相达不到平衡时，所得到的固溶体内部组成也不均匀。在金属加工过程中，使液体快速冷却，使系统在低温时仍保持高温组成的性质，这个过程叫“淬火”。在金属加工时缓慢降温，在接近固-液平衡的温度下，长时间保温使合金内部组成均匀，这个过程叫“退火”。根据固液平衡相图，利用类似精馏的原理，可以除去金属中微量杂质，得到高纯度金属，这种方法叫做“区域熔炼”，可以制备纯度极高的金属。

在全部浓度范围内都能形成固溶体的例子并不多见。一般说，只有当两个组分的粒子大小（即原子半径的大小）和晶体结构都非常相似，在晶格内一种质点可以由另一种质点来置换而不引起晶格的破坏时，才能构成这种系统。Co-Ni、Au-Ag、$PbCl_2$-$PbBr_2$ 等属于这类系统。

完全互溶固溶体系统，也有出现最低熔点或最高熔点的情况。

5.4.6　固相部分互溶的固-液平衡

两个组分的液态可完全互溶，而固态只在一定的浓度范围内互溶，这一类系统称固态部分互溶系统，这里选择两种类型加以讨论。

5.4.6.1　具有低共熔点的系统

如图 5-22，*AE*、*BE* 是液相的组成曲线，*AJ*、*CB* 是固溶体的组成曲线，*AEB* 线以上的区域是溶液。AJE 区域为固溶体 α 与溶液两相共存的平衡区，ECB 区域为固溶体 β 与溶液两相共存的平衡区，AJH 以左区域是固溶体 α 的单相区，BCG 以右区域是固溶体 β 的单相区，$HJECG$ 区域为固溶体 α、β 的两相共存平衡区，在该区内系统分成互相共轭的两个固相，其组成分别从 JH 和 CG 曲线上读出。

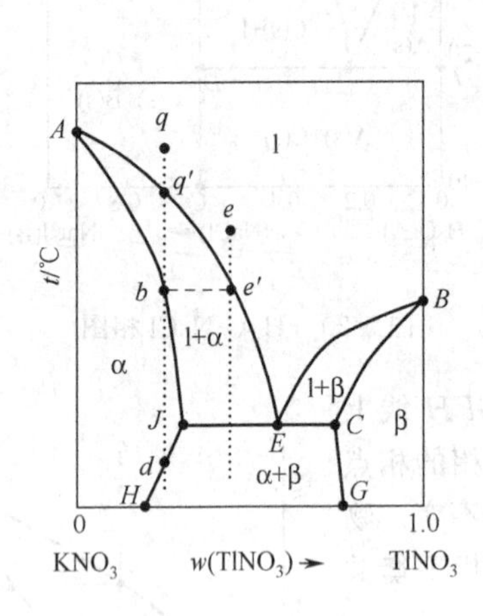

图 5-22 KNO_3-$TlNO_3$ 的相图

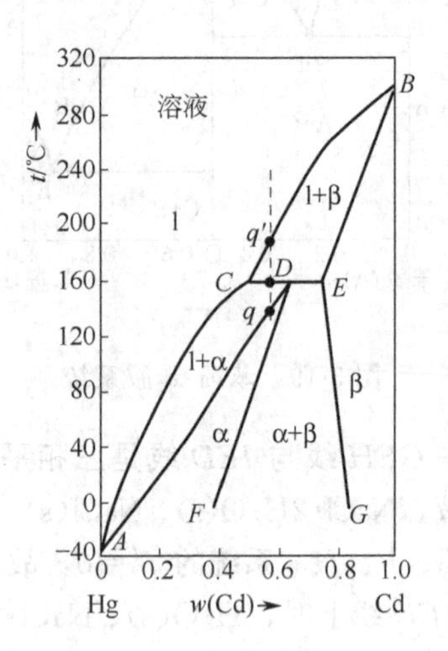

图 5-23 Hg-Cd 的相图

若系统从 e 点开始冷却，最初析出固溶体 α，在继续冷却的过程中，固相与液相的组成分别沿 bJ 和 $e'E$ 线变化，到达 E 点的温度时，溶液同时被固溶体 α 和 β 所饱和，E 点是低共熔点。此后液相消失，温度继续下降，两固溶体 α、β 的组成分别沿 JH 和 CG 线变化。

若系统从 q 点开始冷却，至 q' 点析出固溶体 α，两相平衡，温度继续下降，至 b 点全部凝固，进入固溶体 α 的单相区，当温度降低至 d 点时，进入两固溶体的平衡区。

属于这类系统的还有 KNO_3-$NaNO_3$、AgCl-CuCl、Pb-Sb、Ag-Cu 等。

5.4.6.2 具有转变温度的系统

图 5-23 是 Hg-Cd 系统的相图。图中 BCE 区域是固溶体 β 与溶液的两相共存区，CDA 区域是固溶体 α 与溶液的两相共存区，$FDEG$ 区是固溶体 α、β 的两相共存区。这类系统的特点是固溶体 α 在 CDE 线以上的温度不能稳定存在，并在 CDE 线所示温度有下列反应存在：

$$\text{固溶体}\alpha \rightleftharpoons \text{固溶体}\beta + \text{溶液}$$
$$(\text{组成为}D)\quad(\text{组成为}E)\quad(\text{组成为}C)$$

因此，将 CDE 线对应的温度称为转变（转熔）温度。将总组成在 CD 之间的系统（例如 q 点）自较低温度升至转变温度时，固溶体 α 组成变至 D，液相的组成变至 C，同时部分固溶体 α 又按上式反应转变成组成为 C 的溶液和组成为 E 的固溶体 β，这时呈现三相平衡。当反应完全后，温度才能继续上升，系统不再有固溶体 α。

若总组成在 DE 之间的系统自低温升至转变温度时，组成为 D 的固溶体 α 和组成为 E 的固溶体 β 部分熔化转变成组成为 C 的溶液，系统三相共存。只有当固溶体 α 完全消失后，温度才能继续上升。冷却时的情况与上述情况相反。

5.5 三组分系统

5.5.1 三组分系统的相图表示法

对于三组分系统，自由度数 $f=5-\Phi$，当 $\Phi=1$ 时，$f=4$。这 4 个独立变量是 T、p 及三个浓度变量中的两个。如果固定一个变量，例如固定 p，则剩 3 个独立变量，可用立体图来表示其相图。若再固定一个变量，例如固定 T，就可用平面图来表示其相图了。

三组分系统的温度-组成图（压力固定）通常用正三棱柱体（图 5-24）来表示，柱高表示温度，底面等边三角形表示三组分系统的组成。

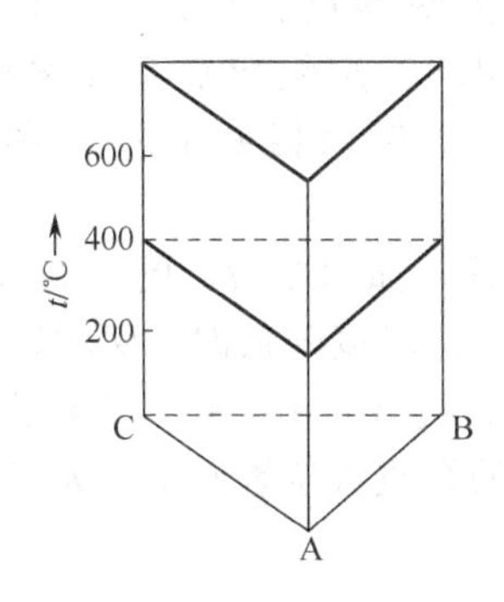

图 5-24　正三棱柱体
（用柱高表示温度）

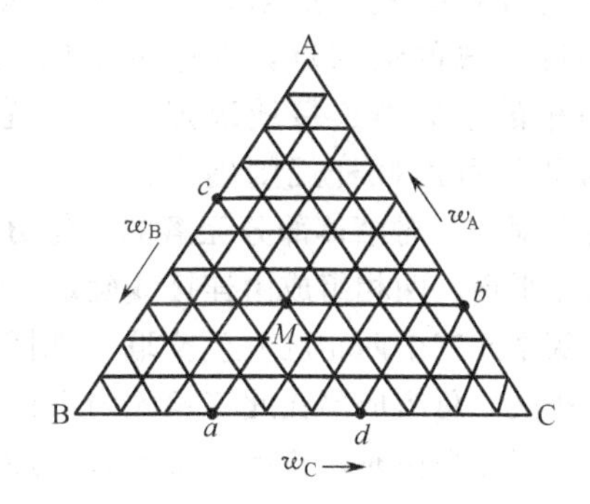

图 5-25　组成三角形

表示三组分系统组成的三角形称为组成三角形（图 5-25）。三角形的每条边划分成 100 个等份，三角形内亦划分出相应的网格。三角形的三个顶点分别代表三个纯组分 A、B 和 C，三条边上的点代表三个二组分系统 A-B、B-C 和 C-A 的组成，例如图 5-25 中 AB 边上的点 c 表示含 B 40%，含 A 60%；BC 边上的 a 点含 C 30%，含 B 70%；CA 边上的点 b 含 A 30%，含 C 70%。三角形内的点则表示三组分系统的组成，它的读法可有二种，所得结果都是相同的。一种读法是自 M 点作三边的平行线 Ma、Mb、Mc 分别交于 BC、CA、AB 边上的 a、b、c 三点，根据等边三角形的几何性质，有 $\overline{Ma}+\overline{Mb}+\overline{Mc}=\overline{AB}=\overline{BC}=\overline{AC}=100\%$，因为 $\overline{Ma}=\overline{Cb}$、$\overline{Mb}=\overline{Ac}$、$\overline{Mc}=\overline{Ba}$，所以 $\overline{Ma}=30\%\text{A}$、$\overline{Mb}=40\%\text{B}$、$\overline{Mc}=30\%\text{C}$，亦即由 M 点表示的三组分系统含 A、B、C 分别为 30%、40%、30%。第二种读法是通过 M 点作两腰的平行线交于底边上的两点 a 和 d，则 Ba 之长表示组分 C 的百分含量，dC 之长表示组分 B 的百分含量，ad 之长表示组分 A 的百分含量。

5.5.2　部分互溶的三组分系统

这类系统中可以是一对液体部分互溶，也可以是两对或者三对液体部分互溶。

以醋酸(A)-氯仿(B)-水(C) 为例。在常温常压下，水和醋酸、氯仿和醋酸之间完全互溶，而氯仿和水只能彼此部分互溶。水-醋酸-氯仿就组成了部分互溶的三组分系统。图 5-26 是醋酸-氯仿-水的溶解度相图。曲线 aKb 包围的区域是两相区，曲线以外的区域是单相区。设自纯氯仿开始，逐渐加入水，则其组成沿 BC 朝 C 方向移动。加入水量在 a 点前，溶液清澈透明，是水溶于氯仿的不饱和溶液。加入水量超过 a 点时，溶液达到饱和，系统开始出现两个共轭的液相，一相是水溶于氯仿的饱和溶液（a），另一相是氯仿溶于水的饱和溶液（b）。水加入越多，b 相所占比例越大，当加入水量足够多，系统总组成越过 b 点时，a 相消失，系统又进入单相区，是氯仿溶于水的不饱和溶液。

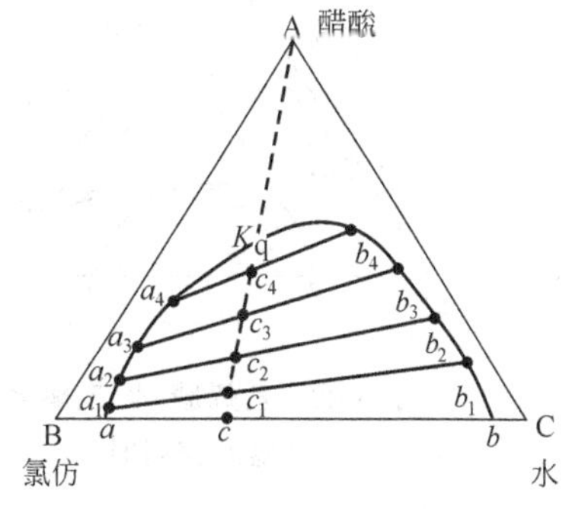

图 5-26　醋酸-氯仿-水系统

如果在共轭系统（例如 c 点）中加入醋酸，系统的组成沿 cA 线向 A 方向移动（例

如移至 c_1 点）。此时醋酸溶于两共轭液层中形成两个共轭的三组分溶液，两共轭相的组成为 a_1、b_1，因为醋酸在两液相中分配比例并不相同，共轭两相的连接线 a_1b_1 并不与BC平行。继续加入醋酸，系统组成点继续沿 cA 线向 A 方向移动，而共轭两相的组成点沿 $a_1a_2a_3$ 及 $b_1b_2b_3$ 移动。醋酸的加入使氯仿层和水层中水和氯仿的溶解度都有所增加，因此连接线越来越短。最后收缩成一点 K，K 称为临界点。临界点的位置不一定是溶解度曲线的最高点，在临界点时共轭两相的组成相同。总组成点落在两相区内时，共轭两相的组成由连接线决定。例如总组成点为 c_3 时，共轭两相组成为 a_3 和 b_3，两相的相对数量可由杠杆规则确定。

有两对或三对液体部分互溶的三组分系统的溶解度曲线，如图 5-27、图 5-29 所示。阴影区内两相平衡，两相组成由连接线确定，阴影区外是单相区。温度降低时，两相区逐渐扩大，甚至使两个或三个两相区发生交联，如图 5-28 和图 5-30 所示。图 5-30 中，三角区域 EDF 以内是三相区，总组成落在此三角区内不论哪一点时，三相的组成点位置不变，为 E、D、F 三点。因为三相平衡时，$f'=3-\Phi=0$，为无变量系统。

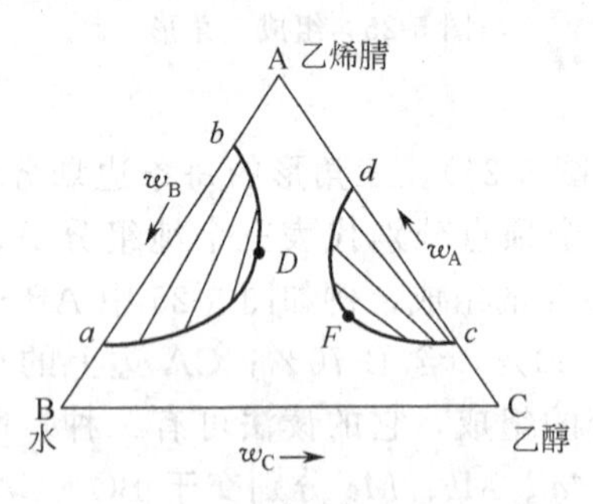

图 5-27 乙烯腈-水-乙醇系统
（温度较高时）

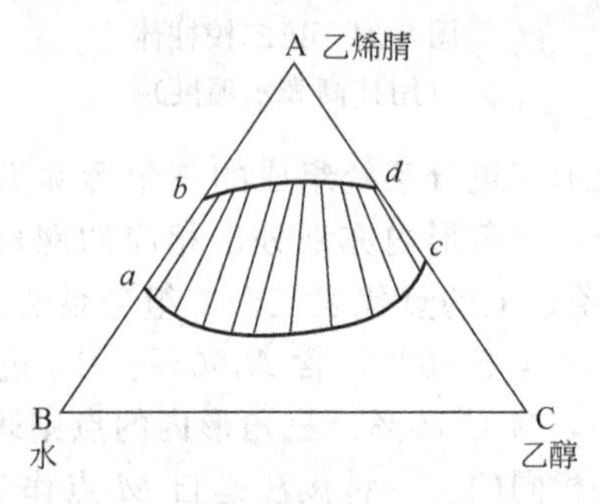

图 5-28 乙烯腈-水-乙醇系统
（温度较低时）

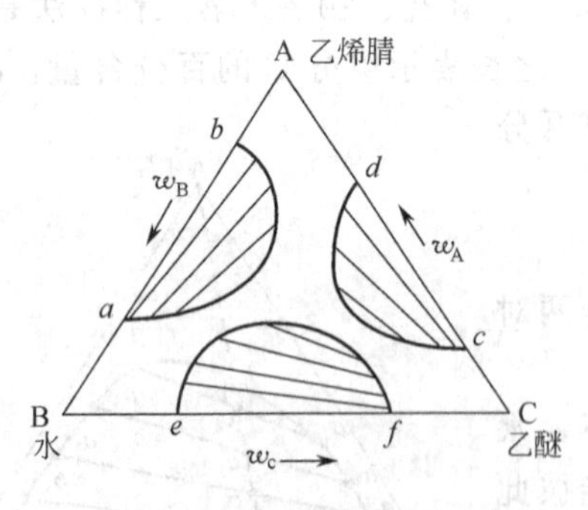

图 5-29 乙烯腈-水-乙醚系统
（温度较高时）

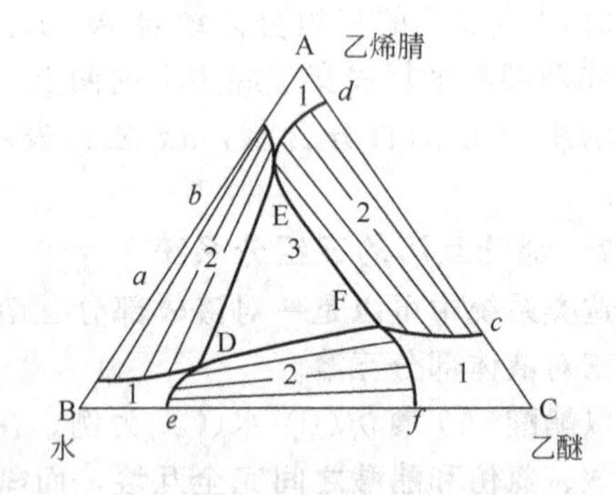

图 5-30 乙烯腈-水-乙醚系统
（温度较低时）

5.5.3 三组分盐水系统

此类系统的相图繁多，仅介绍一种简单类型：两种盐之中有一共同离子，且无复盐生成。KNO_3-$NaNO_3$-H_2O、NH_4Cl-NH_4NO_3-H_2O、$NaCl$-$NaNO_3$-H_2O 等均属这种类型。

如图 5-31 所示，A 代表 H_2O，B 和 C 分别代表两种固体盐。D 和 E 表示一定温度下纯 B 和纯 C 在水中的溶解度。若在已经饱和了 B 的水溶液中加入组分 C，则饱和溶液的浓度沿 DF 线改变。同样，若在已经饱和了 C 的水溶液中加入纯 B，则饱和溶液的浓度沿 EF 线改变。DF 线是 B 在含有 C 的水溶液中的溶解度曲线。EF 线是 C 在含有 B 的水溶液中的溶解度曲线。F 点是三相点，此点 B 和 C 均达饱和。$DFEA$ 区间是不饱和溶液的单相区。在 BDF 区间，固态纯 B 与其饱和溶液两相平衡。设系统的组成点用 G 表示，作 BG 连线与 DF 相交于 K，K 点表示饱和溶液的组成，BK 称为连结线。在 CEF 区间，固态纯 C 与其饱和溶液两相平衡。在 BFC 区间，固态纯 B、纯 C 与组成为 F 的饱和溶液三相平衡共存，这时，溶液同时被 B 和 C 所饱和。

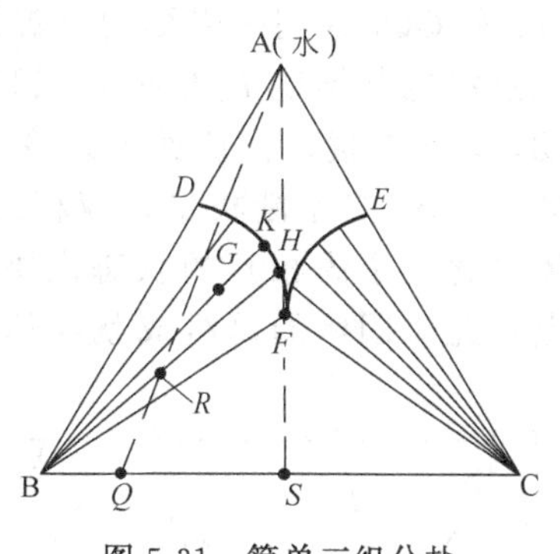

图 5-31　简单三组分盐水系统相图

利用图 5-31 可以初步讨论一些有关盐类纯化方面的问题。例如，若有固态 B 和固态 C 的混合物，其组成相当于 Q 点，今欲从其中把纯 B 分离出来，可以加水使系统的总组成（系统点）沿 QA 线改变，当系统点进入 BDF 区后（例如 R 点）C 完全溶解，余下的固态纯 B 与饱和溶液两相平衡共存。过滤并冲洗晶体，干燥后就得到固态纯 B。根据杠杆规则，在加水溶解或稀释的过程中，当系统点进入 BDF 区后，系统点愈是接近于 BF 线，则所得固体 B 的量愈多。如果起初系统点在 AS 线之右（AF 线延长与 BC 交于 S），则无论稀释或浓缩，只能得到纯 C。有时为了改变系统点的位置，除了稀释、蒸发之外，还可以加入一种盐或含盐的溶液，以达到改变总组成的目的。

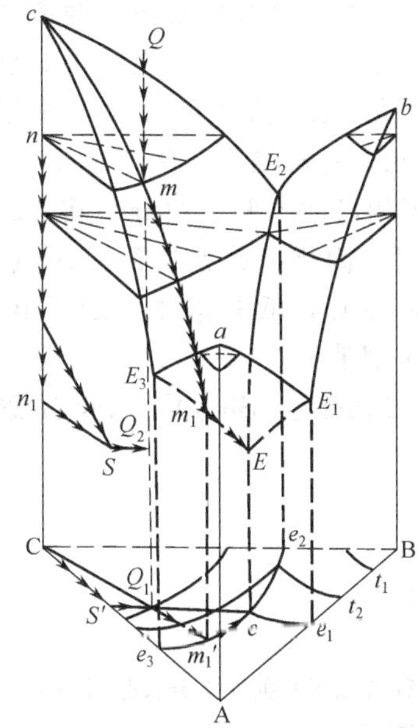

图 5-32　三组分简单低共熔系统

5.5.4　三组分简单低共熔系统

液态时完全互溶，固态时完全不互溶，两两形成二组分简单低共熔系统的三个组分，可形成三组分简单低共熔系统，图 5-32。图中 a、b、c 三点的高度代表三个纯组分的熔点。棱柱体三个侧面上的曲线是三个二组分简单低共熔系统的凝固点曲线，E_1、E_2、E_3 分别是它们的低共熔点。由于在二组分系统中加入第三组分能使凝固点降低，因而也使低共熔点降低，所以三个低共熔点向下移动而形成三条低共熔线（或称共结线）。三条低共熔线交于一点 E，称为三组分低共熔点。在这点的溶液对 A、B 和 C 三个组分都达到饱和，所以 A、B 和 C 同时结晶析出。E 点以下不再有液体存在。

图形的上方有三个曲面 aE_1EE_3a、bE_2EE_1b 和 cE_3EE_2c。在这三个曲面以上的空间里为完全互溶的液相区。曲面 aE_1EE_3a 上各点代表固相 A 与液相呈平衡，温度由各点到底面的垂直距离表示，组成则由各点在底面上的投影点表示。换言之，aE_1EE_3a 曲面上各点表示各种不同组成的溶液开始析出固体 A 时的温度。同样，曲面 bE_2EE_1b 和曲面 cE_3EE_2c 上各点分别为不同组成的溶液开始析出固态 B 和固态 C 时的温度。共结线 E_1E 上各点表示 A 和 B 同时析出时的温度，这时三相平衡，即固体 A、固体 B 和溶液三相共存。同样，共结线 E_2E 及 E_3E 上各点也分别代表 B 和 C 及 C 和 A 同时析出时的温度，也各呈三相平衡。E 点呈四相平衡共存。E 点的组成由它在底面上的投影点 e 表示，其温度也以它至底面的垂直距离表示。

当状态相当于 Q 点的溶液冷却时，到达 m 点以前仍为一相（液）。冷却至 m 点时，开始有固体 C 析出，其状态（组成和温度）在 n 点。继续冷却时，固体 C 不断析出，状态点自 n 垂直向下移动，液相的状态点在曲面上沿途径 mm_1 移动，曲线 mm_1、垂线

nn_1 和 QQ_1 在同一剖面内。温度降至 m_1 点以下时，溶液中又同时析出固体A，液相状态点沿低共熔线 E_3E 向 E 点移动，固体（含两个固相，C和A）状态点则沿 n_1S 线移动，n_1S 在棱柱体侧面上。冷却至E点时，又开始析出固体B，$\Phi=4$。在此温度下，固体A、B、C不断析出，液相的状态点（E 点）固定不动，直到全部液体变成固体；固体（含三个固相）的状态点则自 S 点垂直地移向垂线 QQ_1（因为温度不变），交于 Q_2 点；此时固体的总组成就与原始溶液的组成完全相同了。此后，温度再降，系统仍保持为三相。

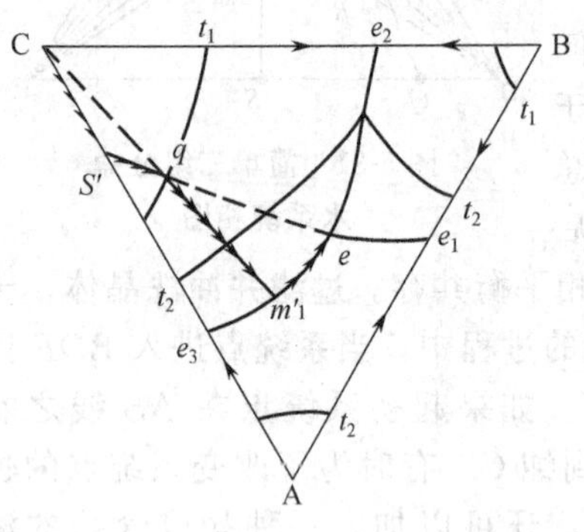

图 5-33 三组分低共熔系统投影图

由于立体图绘制和使用都不方便，所以常把它投影在底面三角形上，温度也可仿照地形图中作等高线的办法用等温线在平面投影图中表示出来，见图5-33。图中 e_1e、e_2e、e_3e 是低共熔线的投影，e 是低共熔点 E 的投影，曲线 t_1、t_2 是等温线。对照立体图，可把图5-33中点、线、面代表的意义和有关数据（温度和组成）全部表示出来。由平面图也可分析液体在冷却过程中相态和相数的变化。当物系点为 Q 的液体冷却到温度为 t_1 时，在平面图中为 q 点所示，此时固体C开始析出，两相共存（S_C、l），固相组成由顶点C表示，液相组成由 q 点表示。随着固体C的析出，液相组成沿着 Cq 延长线向 m_1' 点移动（双箭头所示）；当液相组成降至 e_3e 线上时（立体图中为 m_1 点），液相中固体A开始析出，三相共存（S_A、S_C、l），液相组成将沿着 e_3e 线上的 m_1' 点向温度更低的 e 点移动，而固相已成为两个组分，其组成沿CA线向A方向移动（单箭头所示）；当液相组成达到 e 点时，固相组成就达到了 S' 点，此时固体B也同时析出，四相平衡共存（S_A、S_B、S_C、l），在 e 点，低共熔体不断析出，液相组成不变，固体组成则自 S' 移向 q，最后与之重合，液相全部消失。

属于这类系统的有硅灰石($CaSiO_3$)-钙长石($CaAl_2Si_2O_8$)-二氧化硅(SiO_2)，钙长石-透辉石-钙镁黄长石，钙长石-假硅灰石-榍石等系统。

思考题

1. 小水滴和水蒸气混合在一起，它们都有相同的化学性质，是否一个相？
2. 空气是单相系统还是多相系统？为什么？
3. 在一真空容器中，分别使 $NH_4Cl(s)$ 和 $CaCO_3(s)$ 加热分解，这两种情况下的独立组分数是否都是1？
4. “系统中的物种数不同，独立组分数就不同”。这句话对吗？请举例说明。
5. 相律适用于NaCl过饱和水溶液系统吗？
6. $CaCO_3(s)$ 在高温下可以分解为 $CaO(s)$ 和 $CO_2(g)$，但实验表明：

(1) 若在一定压力下的 $CO_2(g)$ 中，将 $CaCO_3(s)$ 加热，在一定温度范围内 $CaCO_3(s)$ 不会分解；

(2) 若保持 $CO_2(g)$ 的压力不变，只有一个温度能使 $CaCO_3(s)$ 和 $CaO(s)$ 的混合物不发生变化。

试用相律解释上述现象。

7. 根据相律说明：

(1) 纯物质在一定压力下的熔点是定值；

(2) 纯液体在一定温度下有一定的蒸气压；

(3) 纯液体在一定温度下其平衡蒸气压随液体所受的外压而改变。

8. 请用热力学公式证明：

(1) 液体的蒸气压随温度的增加而增加；

(2) 液体的沸点随压力的增加而递增；

(3) 一般液体的熔点随压力增大而升高，并指出一种例外的液体。

9. 纯水的三相点和水的冰点是否相同？为什么？

10. 相点和系统点有何区别？在什么情况下，相点和系统点合二为一？

11. 为什么在西藏高原上用一般的锅不能将生米煮成熟饭？为什么用高压锅可以缩短食物煮熟的时间？

12. 在双组分低共熔系统相图中，系统只有处于低共熔温度时，才有三相共存，对吗？当系统点落于水平线上时，杠杆规则能否适用？

13. Na_2CO_3 和 K_2CO_3 常用来作为分解矿石试样的熔剂，它们的熔点分别为 850℃和 890℃，而它们的 1∶1 混合物，熔点只有 700℃。你能解释熔点降低的原因吗？

习　　题

1. 选择题

(1) 将固体 $NH_4HCO_3(s)$ 放入真空容器中，恒温到 400K，$NH_4HCO_3(s)$ 按下式分解并达到平衡

$$NH_4HCO_3(s) = NH_3(g) + H_2O(g) + CO_2(g)$$

系统的组分数 C 和自由度数 f 为（　　）。

A. $C=2$，$f=1$　　B. $C=2$，$f=2$　　C. $C=1$，$f'=0$　　D. $C=1$，$f=2$

(2) 由 A 及 B 双组分构成的 α 和 β 两相系统，在一定 T、p 下，物质 A 由 α 相自发向 β 相转移的条件为（　　）。

A. $\mu_A^\alpha > \mu_A^\beta$　　B. $\mu_A^\alpha < \mu_A^\beta$　　C. $\mu_A^\alpha = \mu_A^\beta$　　D. $\mu_A^\alpha + \mu_A^\beta = 0$

(3) 将克拉贝龙方程用于液固两相平衡 $H_2O(l) \rightleftharpoons H_2O(s)$，因为 $V_m(H_2O,s) > V_m(H_2O,l)$，所以，随着压力的增大，则 $H_2O(l)$ 的凝固点将（　　）。

A. 上升　　B. 下降　　C. 不变　　D. 不能确定

(4) $FeCl_3$ 和 H_2O 能形成 $FeCl_3 \cdot 2H_2O$、$FeCl_3 \cdot 6H_2O$、$2FeCl_3 \cdot 5H_2O$ 和 $2FeCl_3 \cdot 7H_2O$ 四种水合物，该系统的独立组分数 C 和在恒压下最多可能平衡共存的相数 Φ 是（　　）。

A. $C=2$，$\Phi=3$　　B. $C=2$，$\Phi=4$

C. $C=3$，$\Phi=4$　　D. $C=3$，$\Phi=5$

(5) Na_2CO_3 可形成三种水合物：$Na_2CO_3 \cdot H_2O$、$Na_2CO_3 \cdot 7H_2O$、$Na_2CO_3 \cdot 10H_2O$。常压下将 $Na_2CO_3(s)$ 投入其水溶液，三相平衡时，若一相是 Na_2CO_3 水溶液，一相是 $Na_2CO_3(s)$，则第三相是（　　）。

A. 冰　　B. $Na_2CO_3 \cdot H_2O(s)$

C. $Na_2CO_3 \cdot 7H_2O(s)$　　D. $Na_2CO_3 \cdot 10H_2O(s)$

(6) 组分 X 与 Y 可按一定比例形成低恒沸混合物，已知纯组分 Y 的沸点高于纯组分 X，若将任意比例的 X+Y 体系在精馏塔中蒸馏，则塔顶馏出物是（　　）。

A. 纯 X　　B. 纯 Y

C. 低恒沸混合物　　D. 根据 XY 的比例不同而不同

(7) 组分 X 与 Y 可形成 $X_2Y(s)$、$XY(s)$、$XY_2(s)$ 和 $XY_3(s)$ 四种稳定化合物，如果这些化合物都有相合熔点，则 X-Y 系统的低共熔点最多有几个（　　）。

A. 3 个　　B. 4 个　　C. 5 个　　D. 6 个

(8) X 与 Y 可构成 2 种稳定化合物与 1 种不稳定化合物，那么 X 与 Y 的系统形成几种低共熔混合物（　　）。

A. 2 种　　B. 3 种　　C. 4 种　　D. 5 种

(9) 两组分理想溶液，在任何浓度下，其蒸气压（　　）。

A. 恒大于任一纯组分的蒸气压　　B. 恒小于任一纯组分的蒸气压

C. 介于两个纯组分的蒸气压之间　　D. 与溶液组成无关

(10) 对恒沸混合物的描述，下列各种叙述中哪一种是不正确的？（　　）

A. 与化合物一样，具有确定的组成　　B. 不具有确定的组成

C. 平衡时，气相和液相的组成相同　　D. 其沸点随外压的改变而改变

2. 指出下列平衡系统中的相数，组分数和自由度数：

(1) $NH_4HS(s)$，$H_2S(g)$ 和 $NH_3(g)$ 构成的系统；

(2) 固体 $NH_4HS(s)$ 处于真空容器中分解达到平衡；

(3) $CO_2(g)$ 与其水溶液呈平衡；

(4) NaCl(s)、NaCl(aq)、$H_2O(l)$、HCl(aq) 平衡共存；

(5) 固态砷、液态砷和气态砷。

3. Ag_2O 分解的计量方程为：$Ag_2O(s) \xlongequal{} 2Ag(s)+1/2O_2(g)$，当 Ag_2O 进行分解时，体系的组分数、自由度和可能平衡共存的最多相数各为多少？

4. 液态水和六种过量的固体 NaCl、Na_2SO_4、$NaNO_3$、KNO_3、KCl、K_2SO_4 振荡达平衡，求独立组分数和自由度数。

5. 在平均海拔为 4500m 的青藏高原上，大气压只有 57.328kPa，水的沸点为何？已知 $\Delta_{vap}H_m^{\ominus}(H_2O)=40.67kJ\cdot mol^{-1}$。

6. 液态 As 的蒸气压与温度的关系为：$\ln(p/p^{\ominus})=-5665/(T/K)+20.30$，固态 As 的蒸气压与温度的关系为：$\ln(p/p^{\ominus})=-15999/(T/K)+29.76$；试求 As 的三相点的温度和压力。

7. 滑冰鞋下面冰刀与冰接触面长为 7.62×10^{-2}m，宽为 2.45×10^{-5}m。设人的体重为 60kg，在此压力下冰的熔点是多少？已知，$\Delta_{fus}H_m^{\ominus}(H_2O)=6009.5J\cdot mol^{-1}$，$\rho(H_2O,s)=920kg\cdot m^{-3}$，$\rho(H_2O,l)=1000kg\cdot m^{-3}$。

8. 25℃时水的饱和蒸气压为 3167.7Pa，求至 100℃范围内水的平均摩尔蒸发焓，视水蒸气为理想气体。

9. 已知固态苯的蒸气压在 273.15K 时为 3.27kPa，293.15K 时为 12.303kPa，液态苯的蒸气压在 293.15K 时为 10.02kPa，液态苯的蒸发焓为 $34.17kJ\cdot mol^{-1}$，求：

(1) 303K 时液态苯的蒸气压；

(2) 苯的摩尔升华焓；

(3) 苯的摩尔熔化焓。

10. 已知液体甲苯（A）和液体苯（B）在 90℃时的饱和蒸气压分别为 $p_A^*=54.22kPa$ 和 $p_B^*=136.12kPa$。两者可形成理想溶液。今有系统组成为 $x_{B,0}=0.3$ 的甲苯-苯混合物 5mol，在 90℃下成气-液两相平衡，若气相组成为 $y_B=0.4556$，求：

(1) 平衡时液相组成 x_B 及系统的压力 p；

(2) 平衡时气、液两相的物质的量 $n(g)$、$n(l)$。

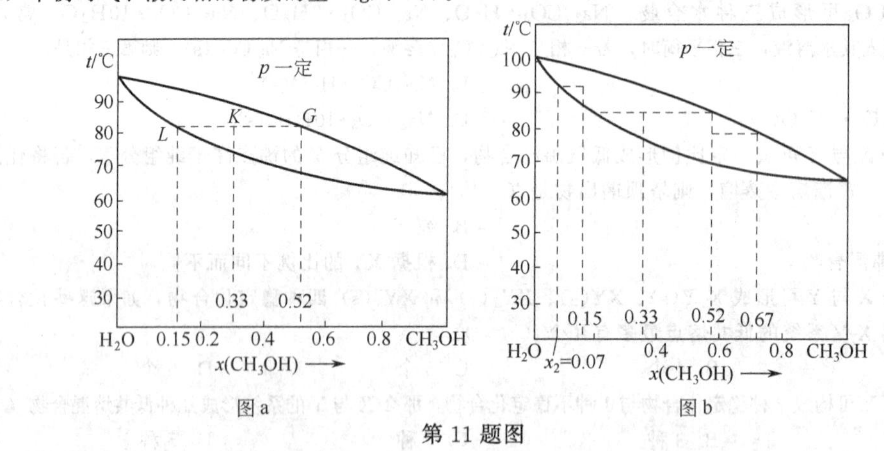

第 11 题图

11. 根据图 a，图 b 回答下列问题：

(1) 指出图 a 中，K 点所代表的系统的总组成，平衡相数及平衡相的组成。

(2) 将组成 x(甲醇)=0.33 的甲醇水溶液进行一次简单蒸馏加热到 85℃停止蒸馏，问馏出液的组成及残液的组成，馏出液的组成与液相相比发生了什么变化？通过这样一次简单蒸馏能否将甲醇与水分开？

(3) 将 (2) 所得的馏出液再重新冷却到 78℃，问所得的馏出液的组成如何？与 (2) 中所得的馏出液相比发生了什么变化？

(4) 将 (2) 所得的残液再次加热到 91℃，问所得的残液的组成又如何？与 (2) 中所得的残液相比发生了什么变化？

(5) 欲将甲醇水溶液完全分离，要采取什么步骤？

(6) 将 10mol 组成为 x(甲醇)=0.33 的甲醇水溶液升温到 80℃，气相和液相的物质的量分别是多少？

12. SiO_2-Al_2O_3 系统在高温区间的相图如右图所示。在高温下，SiO_2 有白硅石和磷石英两种变体，AB 是这两种变体的转晶线，AB 之上为白硅石，之下为磷石英；生成的不稳定化合物是多铝红柱石，其组成为 $2Al_2O_3\cdot 3SiO_2$（图中 O 点）。

（1）指出各相区相态；

（2）图中三条水平线分别代表哪些相平衡共存；

（3）画出从 x、y、z 点冷却的步冷曲线；

（4）现需一种以刚玉为骨架，外表包裹一定厚度多铝红柱石的催化剂载体，怎样用刚玉和石英制取这种载体？

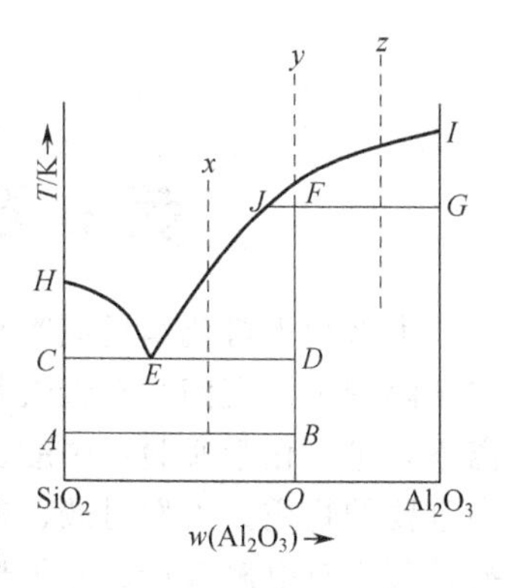

第 12 题图

13. NaCl-H_2O 所成的二组分系统，在 -20℃时有一个低共熔点，此时冰、$NaCl\cdot 2H_2O$(s) 和浓度为 22.3%（质量百分数）的 NaCl 水溶液平衡共存。在 -9℃时不稳定化合物（$NaCl\cdot 2H_2O$）分解，生成无水 NaCl 和 27% 的 NaCl 水溶液。已知无水 NaCl 在水中的溶解度受温度影响不大（当温度升高时，溶解度略有增加）。

（1）试绘出相图，并指出各部分存在的相平衡。

（2）若有 28%的 NaCl 溶液 1kg，由 160℃冷到 -10℃，问此过程中最多能析出多少纯 NaCl?

14. 镁（熔点 651℃）和锌（熔点 419℃）所组成的双组分固液系统形成两个低共熔物。其一温度为 368℃，Mg 的质量百分数为 3.2%；另一温度为 347℃，Mg 的质量百分数为 49%。系统的熔点曲线在 590℃有一极大，该点混合物中 Mg 的质量百分数 15.7%。

（1）画出凝聚相系统的温度组成图（示意图），标明各区平衡时共存的相态；

（2）根据相图作含 Mg30%、49%、80%的液体混合物的步冷曲线并用相律分析。

15. 锑-镉系统能生成稳定化合物，其步冷曲线实验数据如下：

w_{Cd}	0	0.20	0.375	0.475	0.50	0.58	0.70	0.92	1.00
折点温度 t/℃	—	550	461	—	419	—	400	—	—
平台温度 t/℃	630	410	410	410	410	439	295	295	321

试作出该系统的相图，标出各相区的相态和自由度数，并写出稳定化合物的分子式。

16. 指出下列二组分凝聚系统相图中各相区的相态。

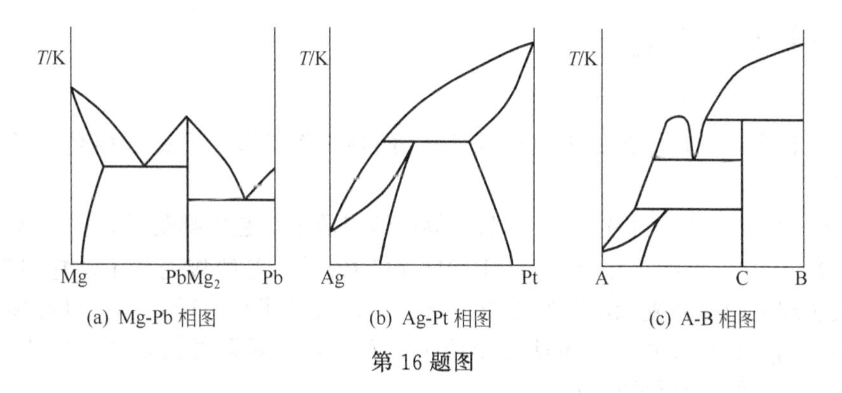

(a) Mg-Pb 相图　(b) Ag-Pt 相图　(c) A-B 相图

第 16 题图

17. 实验测得乙醇-苯-水系统的相互溶解度（质量分数）如下表所示。

实验序号	上层			下层		
	乙醇	苯	水	乙醇	苯	水
1	1.61	97.14	1.25	28.07	0.10	71.83
2	8.55	88.63	2.82	48.09	6.91	45.00
3	12.77	83.92	3.82	51.54	15.84	32.62
4	19.14	75.48	5.35	46.80	31.64	21.56
5	22.34	72.49	5.17	45.49	35.49	18.90
6	25.85	67.94	6.31	41.79	44.71	13.50

（1）作三组分溶解度图，并定出临界点位置；

（2）苯、水混合物中苯与水的比例应为多少时逐滴加入乙醇才能使两相组成趋于一致？

第 6 章　水溶液中的离子平衡

大多数无机化学反应都是在水溶液中进行的，参加反应的物质许多是以酸、碱的形式存在于溶液中。人们几乎天天都与酸、碱打交道，食醋的主要成分是醋酸；肥皂、洗衣粉中则离不开碱。化学实验室中酸、碱更是必不可少的试剂。酸和碱是物质世界中极为普遍、又极为重要的物质。人们对酸、碱的认识经历了一个由浅入深，由低级到高级的认识过程。现代酸碱理论有电离理论、质子理论、电子理论等。

1884 年，瑞典化学家阿仑尼乌斯（S. Arrhenius）根据电解质溶液理论定义了酸和碱。阿仑尼乌斯认为：电解质在水溶液中能解离，解离时所生成的阳离子全部是 H^+ 的化合物就是酸，解离时所产生的阴离子全部是 OH^- 的化合物就是碱，酸碱反应的实质就是 H^+ 和 OH^- 作用生成水。根据阿仑尼乌斯理论，HCl、HNO_3、H_2SO_4、$HClO_4$、CH_3COOH 及 HF 等都是酸，NaOH、KOH、$Ca(OH)_2$ 等都是碱。

阿仑尼乌斯理论把酸碱仅局限在水溶液中，而科学实验中越来越多的化学反应是在非水溶液中进行。同时阿仑尼乌斯酸碱理论把酸局限在含 H^+ 的物质，把碱局限在含 OH^- 的物质，这也是不完全正确的。人们长期错误地认为氨溶于水生成 NH_4OH，解离出 OH^- 而显碱性，但经过长期实验测定，却从未分离出 NH_4OH 这个物质。所以酸碱理论还不完善，需进一步补充发展。1923 年，丹麦化学家布朗斯特（J. N. Brönsted）和英国化学家劳瑞（T. M. Lowry）同时提出了酸碱质子理论；1923 年美国化学家路易斯（G. N. Lewis）提出了酸碱电子理论。

酸碱质子理论既适用于水溶液系统，也适用于非水溶液系统和气体状态，且可定量处理，所以得到广泛应用，本章主要讲述酸碱质子理论。

6.1　酸碱质子理论

6.1.1　质子酸，质子碱的定义

质子理论认为：凡是能释放出质子（H^+）的物质都是酸；凡是能接受质子（H^+）的物质都是碱。

HCl、HSO_4^-、$[Al(H_2O)_6]^{3+}$、NH_4^+ 等能给出质子，它们都是酸；I^-、Br^-、SO_4^{2-}、OH^-、H_2O、CN^-、NH_3、CO_3^{2-}、$[Al(OH)(H_2O)_5]^{2+}$ 等能接受质子，它们都是碱。由此可见，质子理论的酸碱概念不只局限于分子，可以有分子酸、碱，也可以有离子酸、碱。HSO_4^-、H_2O 等既能给出质子，也能接受质子，所以它们既是酸也是碱。这种既能给出质子，又能接受质子的物质称两性物质。

6.1.2　共轭酸碱概念及其相对强弱

由质子理论的酸碱定义，可以看出酸和碱不是孤立的，酸给出质子后生成碱，碱接受质子后变成酸。这种对应关系称共轭关系，相应的酸、碱称共轭酸碱。

$$\text{酸} \rightleftharpoons \text{质子} + \text{碱}$$

$$HF \rightleftharpoons H^+ + F^-$$

$$H_2PO_4^- \rightleftharpoons H^+ + HPO_4^{2-}$$

$$[Fe(H_2O)_6]^{3+} \rightleftharpoons H^+ + [Fe(OH)(H_2O)_5]^{2+}$$

$$NH_4^+ \rightleftharpoons H^+ + NH_3$$

以上方程式中 F^-、HPO_4^{2-}、$[Fe(OH)(H_2O)_5]^{2+}$、NH_3 分别是 HF、$H_2PO_4^-$、$[Fe(H_2O)_6]^{3+}$、NH_4^+ 的共轭碱；HF、$H_2PO_4^-$、$[Fe(H_2O)_6]^{3+}$、NH_4^+ 分别是 F^-、HPO_4^{2-}、$[Fe(OH)(H_2O)_5]^{2+}$、NH_3 的共轭酸。

酸碱的强弱以给出质子能力或接受质子能力的强弱而定。给出质子能力强的酸为强酸（如 HCl），给出质子能力弱的酸为弱酸（如 HAc），强酸的共轭碱是弱碱（如 Cl^-），弱酸的共轭碱是强碱（如 Ac^-）；接受质子能力强的碱是强碱（如 OH^-），强碱的共轭酸是弱酸（如 H_2O）；接受质子能力弱的碱是弱碱（如 HSO_4^-），弱碱的共轭酸是强酸（如 H_2SO_4）。表 6-1 给出了一些酸碱的相对强弱，H_3O^+ 上方的酸都是强酸，OH^- 下方的碱都是强碱。

表 6-1 一些常见的共轭酸碱对和它们的相对强弱

酸	⇌	质子	+	碱
$HClO_4$	⇌	H^+	+	ClO_4^-
HI	⇌	H^+	+	I^-
HBr	⇌	H^+	+	Br^-
H_2SO_4	⇌	H^+	+	HSO_4^-
HCl	⇌	H^+	+	Cl^-
HNO_3	⇌	H^+	+	NO_3^-
H_3O^+	⇌	H^+	+	H_2O
HSO_4^-	⇌	H^+	+	SO_4^{2-}
H_3PO_4	⇌	H^+	+	$H_2PO_4^-$
HNO_2	⇌	H^+	+	NO_2^-
HAc	⇌	H^+	+	Ac^-
H_2CO_3	⇌	H^+	+	HCO_3^-
H_2S	⇌	H^+	+	HS^-
NH_4^+	⇌	H^+	+	NH_3
HCN	⇌	H^+	+	CN^-
H_2O	⇌	H^+	+	OH^-
NH_3	⇌	H^+	+	NH_2^-

（左侧箭头向上：酸性增强；右侧箭头向下：碱性增强）

6.1.3 酸碱反应的实质

根据质子理论，酸碱中和反应的实质是两个共轭酸碱对之间质子的转移反应。反应进行的方向是强碱夺取强酸的质子，转化为较弱的共轭酸和较弱的共轭碱。例如：

$$\underset{酸_1}{HCl}+\underset{碱_2}{H_2O}\rightleftharpoons\underset{酸_2}{H_3O^+}+\underset{碱_1}{Cl^-}$$

即：HCl 给出质子，形成共轭碱 Cl^-，H_2O 得到质子形成共轭酸 H_3O^+。

质子理论不仅适用于水溶液，还适用于气相和非水溶液中的反应。例如 NH_3 和 HCl 的反应，无论是在水溶液中还是在气相中，其实质都是质子传递——NH_3 夺取 HCl 中质子的反应。

$$HCl+NH_3\rightleftharpoons NH_4^++Cl^-$$

（H^+ 由 HCl 转移给 NH_3）

酸碱反应的实质是质子传递，若酸碱反应是由较强的酸（给出质子能力强）与较强的碱（接受质子能力强）作用，向着生成较弱的酸（给出质子能力弱）和较弱的碱（接受质子能力弱）方向进行，则反应正向进行的程度很大，逆向进行的程度较小。例如：

$$\underset{酸_1}{H_3O^+}+\underset{碱_2}{OH^-}\rightleftharpoons\underset{酸_2}{H_2O}+\underset{碱_1}{H_2O}$$

（H^+ 由 H_3O^+ 转移给 OH^-）

反应中酸$_1$（H_3O^+）的酸性大于酸$_2$（H_2O）；碱$_2$（OH^-）的碱性大于碱$_1$（H_2O），所以

反应强烈地向右进行；而逆反应 H_2O 的解离反应是很难进行的。

6.1.4 共轭酸碱解离常数及与 $K_w^\ominus$ 的关系

弱酸 HA 在水中存在下列解离平衡：

$$HA+H_2O \rightleftharpoons A^-+H_3O^+$$

解离常数为
$$K_a^\ominus(HA)=\frac{[c(H_3O^+)/c^\ominus][c(A^-)/c^\ominus]}{[c(HA)/c^\ominus]} \tag{6-1}$$

式中 $c^\ominus=1mol\cdot dm^{-3}$，称为标准摩尔浓度。

弱酸共轭碱 A^- 的解离平衡：$A^-+H_2O \rightleftharpoons HA+OH^-$

解离常数为

$$K_b^\ominus(A^-)=\frac{[c(HA)/c^\ominus][c(OH^-)/c^\ominus]}{[c(A^-)/c^\ominus]} \tag{6-2}$$

将弱酸的解离方程与弱酸共轭碱的解离方程相加得

$$H_2O+H_2O \rightleftharpoons H_3O^+ +OH^-$$

这个反应表明 H_2O 既可给出质子，又可得到质子，所以 H_2O 是两性物质。在水分子间发生的质子传递反应称 H_2O 的自递反应，平衡常数为

$$K_w^\ominus=\frac{c(H_3O^+)}{c^\ominus}\cdot\frac{c(OH^-)}{c^\ominus} \tag{6-3}$$

$K_w^\ominus$ 称 H_2O 的自递常数（过去也称水的离子积），其值与温度有关，25℃时约为 1.0×10^{-14} 即

$$K_w^\ominus=1.0\times10^{-14}$$

将弱酸与其共轭碱的解离方程相加，则得到 H_2O 的质子自递反应，所以

$$K_w^\ominus=K_a^\ominus(弱酸)\times K_b^\ominus(共轭碱) \tag{6-4}$$

由式(6-4) 可知，若已知某一弱酸在水中的解离常数，就可以算出它的共轭碱在水中的解离常数；反之，如果已知某一弱碱在水中的解离常数，就可以算出它的共轭酸在水中的解离常数。

例如，已知 NH_3 的解离常数 $K_b^\ominus(NH_3)=1.74\times10^{-5}$，则共轭酸 NH_4^+ 的解离常数

$$K_a^\ominus(NH_4^+)=\frac{1.0\times10^{-14}}{1.74\times10^{-5}}=5.7\times10^{-10}$$

解离常数大小反映了弱酸弱碱解离能力的大小，通常 $K_b^\ominus$ 或 $K_a^\ominus$ 在 $10^{-2}\sim10^{-3}$之间是中强碱或中强酸，在 $10^{-4}\sim10^{-7}$之间为弱碱或弱酸，而 $K_b^\ominus$ 或 $K_a^\ominus$ 小于 10^{-7}时是极弱碱或极弱酸。

6.2 弱酸和弱碱的解离平衡

强电解质在水中几乎全部解离成离子，弱电解质在水中仅部分解离成离子，大部分仍保持分子状态。本节讨论弱电解质在水溶液中的解离平衡。

6.2.1 一元弱酸、弱碱的解离平衡

一元弱酸 HA 的水溶液中存在下列质子转移反应：

$$HA(aq)+H_2O(l) \rightleftharpoons A^-(aq)+H_3O^+(aq)$$

或简写成：
$$HA(aq) \rightleftharpoons A^-(aq)+H^+(aq)$$

平衡常数为

$$K_a^\ominus(HA)=\frac{[c(H_3O^+)/c^\ominus][c(A^-)/c^\ominus]}{[c(HA)/c^\ominus]}$$

弱酸和弱碱的 $K_a^\ominus$ 和 $K_b^\ominus$ 都很小，为了使用方便起见，常用其负对数表示。即

$$pK_a^\ominus=-\lg K_a^\ominus \tag{6-5}$$

$$pK_b^{\ominus}=-\lg K_b^{\ominus} \tag{6-6}$$

$$pK_w^{\ominus}=-\lg K_w^{\ominus} \tag{6-7}$$

所以

$$pK_a^{\ominus}+pK_b^{\ominus}=pK_w^{\ominus}=14 \tag{6-8}$$

用类似的方法可定义水溶液中的 pH 和 pOH：

$$pH=-\lg[c(H_3O^+)/c^{\ominus}] \tag{6-9}$$

$$pOH=-\lg[c(OH^-)/c^{\ominus}] \tag{6-10}$$

当溶液的 pH=7 时，溶液呈中性；当溶液的 pH<7 时，溶液呈酸性；当溶液的 pH>7 时，溶液呈碱性。

解离常数就是化学平衡常数，其值与温度有关，但由于解离过程热效应较小，温度改变对其数值影响不大，在室温范围内，常不考虑温度对解离常数的影响。

除解离常数外，还常用解离度 α 表示分子在水溶液中的解离程度。解离度是指达到解离平衡时，已解离的分子数占解离前分子总数的百分数，实际应用时，解离度常用浓度来计算：

$$\alpha=\frac{\text{已解离的酸(碱)浓度}}{\text{酸(碱)溶液的初始浓度}}\times 100\%$$

在温度、浓度相同的条件下，弱酸弱碱解离度的大小也可以表示酸或碱的相对强弱，α 值越大，酸性或碱性越强。以浓度为 c_0 的 HA 的解离平衡为例，α 与 $K_a^{\ominus}$ 间的定量关系推导如下：

$$HA(aq)+H_2O(l) \rightleftharpoons A^-(aq)+H_3O^+(aq)$$

	HA		A^-	H_3O^+
初始浓度	c_0		0	0
平衡浓度	$c_0(1-\alpha)$		$c_0\alpha$	$c_0\alpha$

$$K_a^{\ominus}(HA)=\frac{(c_0\alpha/c^{\ominus})^2}{c_0(1-\alpha)/c^{\ominus}}=\frac{c_0\alpha^2}{c^{\ominus}(1-\alpha)}$$

如果 $(c_0/c^{\ominus})/K_a^{\ominus}\geqslant 500$ 时，由上式可计算出 $\alpha\leqslant 4.4\%$，所以有 $(1-\alpha)\approx 1$，即

$$K_a^{\ominus}\approx c_0\alpha^2/c^{\ominus}$$

即

$$\alpha=\sqrt{\frac{K_a^{\ominus}\cdot c^{\ominus}}{c_0}} \tag{6-11}$$

在一定温度下，$K_a^{\ominus}$ 保持不变，所以溶液被稀释时，解离度 α 增大，即浓度越小，解离度 α 越大，也称稀释定律。

例 6-1　计算 298.15K 时，0.100mol·dm^{-3} HAc 溶液中的氢离子浓度，HAc 的平衡浓度和它的解离度 α。已知 HAc 的 $K_a^{\ominus}=1.75\times 10^{-5}$。

解：设平衡时 HAc 解离了 x

$$HAc+H_2O \rightleftharpoons Ac^-+H_3O^+$$

	HAc	Ac^-	H_3O^+
初始浓度/mol·dm^{-3}	0.100	0	0
平衡浓度/mol·dm^{-3}	$0.100-x$	x	x

$$K_a^{\ominus}(HAc)=\frac{[c(H_3O^+)/c^{\ominus}][c(Ac^-)/c^{\ominus}]}{[c(HAc^-)/c^{\ominus}]}=\frac{(x/c^{\ominus})^2}{0.100-x/c^{\ominus}}=1.75\times 10^{-5}$$

由于 $(c_0/c^{\ominus})/K_a^{\ominus}\geqslant 500$，$0.100-x\approx 0.100$

所以

$$\frac{(x/c^{\ominus})^2}{0.100}=1.75\times 10^{-5}$$

解方程，得 $x=1.32\times 10^{-3}$ mol·dm^{-3}

故溶液中 H^+ 浓度为 1.32×10^{-3} mol·dm^{-3}

HAc的平衡浓度 $c(HAc)=(0.100-1.32\times10^{-3})mol\cdot dm^{-3}=0.0987mol\cdot dm^{-3}$

$$HAc的解离度\ \alpha=\frac{已解离的HAc浓度}{HAc的初始浓度}\times100\%$$

$$=\frac{1.32\times10^{-3}}{0.100}\times100\%=1.32\%$$

6.2.2 多元弱酸、弱碱的解离平衡

多元弱酸、弱碱是分步解离的，每一步都有相应的解离平衡。H_2S、H_2CO_3、H_3AsO_3、H_3PO_4等都是多元弱酸。

例如氢硫酸的解离分两步进行，第一步解离式为

$$H_2S+H_2O \rightleftharpoons HS^- + H_3O^+$$

$$K^{\ominus}_{a,1}=\frac{[c(H_3O^+)/c^{\ominus}][c(HS^-)/c^{\ominus}]}{[c(H_2S)/c^{\ominus}]}=1.07\times10^{-7}$$

第二步解离式为

$$HS^- + H_2O \rightleftharpoons H_3O^+ + S^{2-}$$

$$K^{\ominus}_{a,2}=\frac{[c(H_3O^+)/c^{\ominus}][c(S^{2-})/c^{\ominus}]}{[c(HS^-)/c^{\ominus}]}=1.26\times10^{-13}$$

因为 $K^{\ominus}_{a,1}\gg K^{\ominus}_{a,2}$，所以在 H_2S 水溶液中，H_3O^+ 主要来源于第一步解离，第二步解离出来的少量 H_3O^+ 可以忽略不计，即 $c(H_3O^+)\approx c(HS^-)$。因此 H_2S 水溶液中，$c(S^{2-})$ 近似等于 H_2S 的第二步解离常数 $K^{\ominus}_{a,2}$ 乘以标准摩尔浓度 $c^{\ominus}$，即

$$c(S^{2-})\approx K^{\ominus}_{a,2}c^{\ominus}=1.26\times10^{-13}mol\cdot dm^{-3}$$

将 H_2S 的两步解离方程式相加，得到

$$H_2S+2H_2O \rightleftharpoons 2H_3O^+ + S^{2-}$$

$$K^{\ominus}_{a}=\frac{[c(H_3O^+/c^{\ominus})]^2\cdot[c(S^{2-})/c^{\ominus}]}{c(H_2S)/c^{\ominus}}$$

$K^{\ominus}_{a}$ 称 H_2S 的总解离常数，显然

$$K^{\ominus}_{a}=K^{\ominus}_{a,1}\cdot K^{\ominus}_{a,2}=1.35\times10^{-20}$$

室温时，H_2S 饱和水溶液中，$c(H_2S)\approx0.1mol\cdot dm^{-3}$，因此溶液中 S^{2-} 与 H^+ 浓度的关系为

$$c(S^{2-})=\frac{K^{\ominus}_{a,1}\cdot K^{\ominus}_{a,2}\cdot c(H_2S)}{[c(H_3O^+/c^{\ominus})]^2}=\frac{1.35\times10^{-20}\times0.1mol\cdot dm^{-3}}{[c(H_3O^+/c^{\ominus})]^2}$$

由上式可知，调节溶液酸度，可以控制 S^{2-} 的浓度。在利用硫化物沉淀分离金属离子时常用到这一规律。

例 6-2 在 H_2S 和 HCl 混合溶液中，$c(H_3O^+)=0.30mol\cdot dm^{-3}$。如果 $c(H_2S)=0.1mol\cdot dm^{-3}$，求混合溶液的 $c(S^{2-})$。

解：

$$K^{\ominus}_{a}=\frac{[c(H_3O^+/c^{\ominus})]^2\cdot[c(S^{2-})/c^{\ominus}]}{c(H_2S)/c^{\ominus}}=1.35\times10^{-20}$$

代入数据

$$\frac{0.3^2c(S^{2-})/c^{\ominus}}{0.1}=1.35\times10^{-20}$$

解出

$$c(S^{2-})=1.4\times10^{-20}mol\cdot dm^{-3}$$

通过计算可知，在 H_2S 水溶液中加入 HCl，由于 H_3O^+ 的存在，抑制了 H_2S 的解离。

总之，多元弱酸的解离是分步进行的，对于二元弱酸，当 $K^{\ominus}_{a,1}\gg K^{\ominus}_{a,2}$ 时，可以只考虑第一步解离。酸根离子的浓度近似等于第二步解离常数乘以标准摩尔浓度，即 $K^{\ominus}_{a,2}c^{\ominus}$，与酸的初始浓度无关。

6.3　缓冲溶液

6.3.1　同离子效应

弱电解质的解离平衡是一种相对、暂时的动态平衡，当外界条件改变时，平衡将发生移动。如：向 HAc 溶液中加入 NaAc，NaAc 是强电解质，在溶液中全部解离成 Na^+ 与 Ac^-，溶液中存在以下平衡

$$HAc + H_2O \rightleftharpoons Ac^- + H_3O^+$$

$$NaAc \longrightarrow Na^+ + Ac^-$$

由于溶液的 Ac^- 浓度大大增加，使 HAc 的解离平衡向左移动，从而降低 HAc 的解离度。这种在弱电解质的溶液中，加入具有相同离子的强电解质，使弱电解质解离度降低的现象，叫同离子效应。

例 6-3　298.15K 时，$0.10dm^3$，$0.10mol \cdot dm^{-3}$ HAc 溶液中 HAc 溶液中，加入 0.020mol NaAc 固体，求此溶液的 pH 值及 HAc 的解离度 α。[已知 $K_a^\ominus(HAc) = 1.75 \times 10^{-5}$]

解：

$$c(NaAc) = 0.020mol/0.10dm^3 = 0.20mol \cdot dm^{-3}$$

$$c(HAc) = 0.01mol \cdot dm^{-3}$$

$$HAc + H_2O \rightleftharpoons H_3O^+ \quad + \quad Ac^-$$

c_0	$0.10\ mol \cdot dm^{-3}$	0	$0.20\ mol \cdot dm^{-3}$
c	$0.10\ mol \cdot dm^{-3} - x$	x	$0.20\ mol \cdot dm^{-3} + x$

$$K_a^\ominus = \frac{[c(H_3O^+)/c^\ominus][c(Ac^-)/c^\ominus]}{[c(HAc)/c^\ominus]} = \frac{x/c^\ominus \times (0.20 + x/c^\ominus)}{0.10}$$

由于 $(c_0/c^\ominus)/K_a^\ominus \geqslant 500$，可用近似公式计算：

$$1.75 \times 10^{-5} = \frac{x/c^\ominus \times 0.20}{0.10}$$

解出　$$x = 8.8 \times 10^{-6} mol \cdot dm^{-3}$$

即　$$c(H_3O^+) = 8.8 \times 10^{-6} mol \cdot dm^{-3}, pH = 5.06$$

解离度　$$\alpha = \frac{c(H_3O^+)}{c(HAc)} \times 100\% = 0.0088\%$$

与例 6-1 计算的 $0.1mol \cdot dm^{-3}$ HAc 的解离度 $\alpha = 1.32\%$ 比较，由于同离子效应，解离度有所降低。同理，在 $NH_3 \cdot H_2O$ 中加入 NH_4Cl 也因为同离子效应使 $NH_3 \cdot H_2O$ 的解离度降低。

6.3.2　缓冲溶液

当加入少量强酸、强碱或稍加稀释时，仍保持 pH 值基本不变的溶液称为缓冲溶液。缓冲溶液一般由弱酸和它的共轭碱（如 HAc-NaAc）、弱碱和它的共轭酸（如 $NH_3 \cdot H_2O$-NH_4Cl）、多元弱酸和它的共轭碱（H_3PO_4-NaH_2PO_4）组成。组成缓冲溶液的一对共轭酸碱，如 HAc-Ac^-、NH_3-NH_4^+、H_3PO_4-$H_2PO_4^-$ 称为缓冲对。

缓冲溶液中共轭酸碱之间存在的平衡可用如下通式表示：

$$酸 \rightleftharpoons H^+ + 共轭碱$$

外加少量酸，平衡向左移动，共轭碱与 H^+ 结合生成酸，起抵抗酸的作用。加入少量碱，平衡向右移动，抵抗碱的作用。下面以 HAc-NaAc 系统为例进一步说明。

$$HAc + H_2O \rightleftharpoons H_3O^+ + Ac^-$$

$$NaAc \longrightarrow Na^+ + Ac^-$$

在上述体系中，当加入少量酸（H_3O^+）时，加入的 H_3O^+ 与 HAc 解离出的 H_3O^+ 产生同

离子效应，解离平衡向左移动，H_3O^+离子浓度不会显著增加；当加入少量碱（OH^-）时，OH^-与原体系解离出的H_3O^+结合生成H_2O，平衡向右移动，HAc会不断解离出H_3O^+，使H_3O^+保持稳定，pH值改变不大；当溶液加入H_2O稀释时，H_3O^+、Ac^-、HAc的浓度同时减小，但HAc解离度α增大，其所产生的H_3O^+也可保持溶液的pH值基本不变。显然，当加入大量的H_3O^+、OH^-时，溶液中HAc、NaAc耗尽，失去缓冲能力，故缓冲溶液的缓冲能力是有限的，而不是无限的。

6.3.3 缓冲溶液的pH值计算

对弱酸与其共轭碱组成的缓冲溶液

$$酸 \rightleftharpoons H^+ + 共轭碱$$

根据共轭酸碱对间的平衡，可得：

$$K_a^{\ominus}(酸)=\frac{[c(H^+)/c^{\ominus}]\cdot[c(共轭碱)/c^{\ominus}]}{c(酸)/c^{\ominus}}$$

所以：

$$c(H^+)/c^{\ominus}=K_a^{\ominus}(酸)\cdot\frac{c(酸)}{c(共轭碱)} \tag{6-12}$$

取负对数

$$-\lg\frac{c(H^+)}{c^{\ominus}}=-\lg K_a^{\ominus}-\lg\frac{c(酸)}{c(共轭碱)}$$

即

$$pH=pK_a^{\ominus}-\lg\frac{c(酸)}{c(共轭碱)} \tag{6-13}$$

类似可得到碱与共轭酸组成的缓冲溶液的pOH值

$$pOH=pK_b^{\ominus}-\lg\frac{c(碱)}{c(共轭酸)} \tag{6-14}$$

例6-4 在0.100mol HAc和0.100mol NaAc的1.00dm^3混合溶液中，试计算：

(1) 溶液的pH值［已知$K_a^{\ominus}(HAc)=1.75\times10^{-5}$］；

(2) 在该混合溶液100cm^3中加入0.100cm^3的1.00$mol\cdot dm^{-3}$ HCl溶液时的pH值；

(3) 在该混合溶液100cm^3中加入0.100cm^3的1.00$mol\cdot dm^{-3}$ NaOH溶液时的pH值；

(4) 把该混合溶液适当稀释，试讨论pH值的变化。

解：(1) $pH=pK_a^{\ominus}-\lg\frac{c(酸)}{c(共轭碱)}=-\lg(1.75\times10^{-5})-\lg\frac{0.100}{0.100}=4.76$

(2) 加入HCl后的体积是100.10cm^3，假定加入HCl后，尚未起反应，则各物质的浓度为

$$c_0(HCl)=\frac{1mol\cdot dm^{-3}\times0.10\times10^{-3}dm^3}{100.10\times10^{-3}dm^3}=9.99\times10^{-4}mol\cdot dm^{-3}$$

$$c_0(NaAc)=\frac{0.1mol\cdot dm^{-3}\times100\times10^{-3}dm^3}{100.10\times10^{-3}dm^3}=9.99\times10^{-2}mol\cdot dm^{-3}$$

$$c_0(HAc)=\frac{0.1mol\cdot dm^{-3}\times100\times10^{-3}dm^3}{100.10\times10^{-3}dm^3}=9.99\times10^{-2}mol\cdot dm^{-3}$$

加入的HCl与$9.99\times10^{-4}mol\cdot dm^{-3}$的NaAc起作用生成$9.99\times10^{-4}mol\cdot dm^{-3}$的HAc，所以溶液中共轭酸、碱的浓度为

$$c(HAc)=(9.99\times10^{-2}+9.99\times10^{-4})mol\cdot dm^{-3}=0.1009mol\cdot dm^{-3}$$
$$c(NaAc)=(9.99\times10^{-2}-9.99\times10^{-4})mol\cdot dm^{-3}=0.0989mol\cdot dm^{-3}$$

因此 $pH=pK_a^{\ominus}-\lg\frac{c(HAc)}{c(NaAc)}=4.757-\lg\frac{0.1009}{0.0989}=4.75$

(3) 加入NaOH后的体积是100.10cm^3，假定加入NaOH后，尚未起反应，各物质的浓度为

$$c_0(\text{NaOH})=\frac{1\text{mol·dm}^{-3}\times 0.10\times 10^{-3}\text{dm}^3}{100.10\times 10^{-3}\text{dm}^3}=9.99\times 10^{-4}\text{mol·dm}^{-3}$$

加入的 NaOH 与 $9.99\times 10^{-4}\text{mol·dm}^{-3}$ 的 HAc 起作用生成 $9.99\times 10^{-4}\text{mol·dm}^{-3}$ 的 NaAc，所以溶液中共轭酸、碱的浓度为

$$c(\text{HAc})=(9.99\times 10^{-2}-9.99\times 10^{-4})\text{mol·dm}^{-3}=0.0989\text{mol·dm}^{-3}$$

$$c(\text{NaAc})=(9.99\times 10^{-2}+9.99\times 10^{-4})\text{mol·dm}^{-3}=0.1009\text{mol·dm}^{-3}$$

因此：$\text{pH}=4.757-\lg\frac{0.0989}{0.1009}=4.76$

(4) 若稀释或浓缩时：$c(\text{NaAc})$ 与 $c(\text{HAc})$ 将以同样倍数降低或增加，$\frac{c(\text{HAc})}{c(\text{NaAc})}$保持不变，所以 pH 也不变。

6.3.4　缓冲溶液的配制

向缓冲溶液中加入少量的酸和碱时，溶液的 pH 值可维持不变，但加入过多的酸和碱时，缓冲溶液就不起作用了，衡量缓冲溶液缓冲能力大小的尺度称缓冲容量。通过计算可以知道缓冲容量与组成缓冲溶液的共轭酸碱对浓度有关，浓度越大，缓冲容量越大，同时也与缓冲组分的比值有关。当共轭酸碱对浓度比值为 1 时，缓冲容量最大，离 1 越远，缓冲容量越小。所以，缓冲体系中共轭酸碱对之间的浓度通常在 10∶1 到 1∶10 之间，即

弱酸及共轭碱系统　　$\text{pH}=\text{p}K_a^\ominus\pm 1$

弱碱及共轭酸系统　　$\text{pOH}=\text{p}K_b^\ominus\pm 1$

当缓冲组分的比值为 1∶1 时，缓冲容量最大，此时 $\text{pH}=\text{p}K_a^\ominus$，$\text{pOH}=\text{p}K_b^\ominus$。

所以配制一定 pH 值的缓冲溶液可选用 $\text{p}K_a^\ominus$ 与 pH 相近的酸及其共轭碱或 $\text{p}K_b^\ominus$ 与 pOH 相近的碱及其共轭酸。如需 pH=5 的缓冲溶液，则应选用 $\text{p}K_a^\ominus=4\sim6$ 的弱酸。例如 $K_a^\ominus(\text{HAc})=1.75\times 10^{-5}$，$\text{p}K_a^\ominus(\text{HAc})=4.757$，所以选用 HAc-NaAc 即可。

若需 pH=9 的缓冲溶液，可选用 pOH=5～4 即 $\text{p}K_b^\ominus=5\sim4$ 的弱碱，$K_b^\ominus(NH_3\cdot H_2O)=1.74\times 10^{-5}$合适，所以选 $NH_3\cdot H_2O$-NH_4Cl，可配制 pH=9～10 的缓冲溶液。

例 6-5　用 HAc-NaAc 配制 pH=4.00 的缓冲溶液，求所需 $c(\text{HAc})/c(\text{NaAc})$ 的比值。

解：

$$\text{pH}=\text{p}K_a^\ominus(\text{HAc})-\lg\frac{c(\text{酸})}{c(\text{共轭碱})}$$

$$4.00=4.757-\lg\frac{c(\text{酸})}{c(\text{共轭碱})}$$

故

$$\frac{c(\text{HAc})}{c(\text{NaAc})}=5.7$$

例 6-6　欲配制 pH=9.0 的缓冲溶液 1dm^3，应选用哪种物质为宜？其浓度比如何？如果用 2.0mol·dm^{-3}的酸或碱，应如何配制？

解： pH=9.0，pOH=5.0，选用 $\text{p}K_b^\ominus=5$ 左右的弱碱，如 $NH_3\cdot H_2O$，其 $K_b^\ominus=1.74\times 10^{-5}$，故可选用 $NH_3\cdot H_2O$ 和 NH_4^+ 组成缓冲系统。

又根据

$$\text{pOH}=\text{p}K_b^\ominus-\lg\frac{c(\text{碱})}{c(\text{共轭酸})}$$

$$5.0=-\lg(1.74\times 10^{-5})-\lg\frac{c(\text{碱})}{c(\text{共轭酸})}$$

所以

$$\frac{c(\text{碱})}{c(\text{共轭酸})}=\frac{1}{1.74}$$

例 6-7　配置 pH=4.1 的缓冲溶液 10cm^3，如果储备液为 HAc 和 NaAc，浓度均为

$0.2\text{mol}\cdot\text{dm}^{-3}$，如何配置？($K_a^\ominus=1.75\times10^{-5}$)

解：

$$pH\approx pK_a^\ominus-\lg\frac{c(\text{酸})}{c(\text{共轭碱})}$$

$$4.1\approx4.76-\lg\frac{c(HAc)}{c(Ac^-)}$$

$$\lg\frac{c(HAc)}{c(Ac)}=\lg\frac{V(HAc)}{V(Ac^-)}=0.66$$

$$V(HAc)=8.2\text{cm}^3$$

$$V(Ac^-)=1.8\text{cm}^3$$

6.4　酸碱滴定分析法

酸碱滴定是滴定分析法的一种。滴定分析法是将一种已知准确浓度的溶液（称为标准溶液）滴加到待测物的溶液中，或者是将待测物的溶液滴加到标准溶液中，直至标准溶液与待测组分按化学计量关系定量反应为止，然后根据消耗标准试剂的量来确定待测组分的量。

滴定分析法快速准确，操作简便，适合中到高含量组分的测定，但也可以用于某些微量组分的测定。

按照滴定反应的不同，滴定分析法可分为酸碱滴定、氧化还原滴定、配位滴定、沉淀滴定等。

本节主要讨论酸碱滴定法的基本原理。酸碱滴定法是以酸碱反应为基础的滴定分析法。一般的酸或碱，以及能与酸或碱发生反应的物质都能用酸碱滴定法测定。因此酸碱滴定法应用极为广泛。

6.4.1　酸碱指示剂的变色范围

酸碱滴定法一般都需要用指示剂来确定反应的终点。这种指示剂通常称为酸碱指示剂。酸碱指示剂一般是弱有机酸或弱有机碱，它们在酸碱滴定中也参与质子转移反应，它们的酸式或碱式因结构不同而呈不同的颜色。因此当溶液的 pH 值改变到一定的数值时，就会发生明显的颜色变化。例如，酚酞是一种常用的酸碱指示剂，它在酸性溶液中以无色形式存在，在碱性溶液中显红色。

酸碱指示剂的酸式（HIn）和碱式（In^-）有如下的解离平衡

$$HIn \rightleftharpoons H^+ + In^-$$

$$K^\ominus=\frac{[c(H^+)/c^\ominus][c(In^-)/c^\ominus]}{c(HIn)/c^\ominus} \tag{6-15}$$

式中，$K^\ominus$是指示剂的解离常数。式(6-15) 还可改写为

$$\frac{c(In^-)/c^\ominus}{c(HIn)/c^\ominus}=\frac{K^\ominus}{c(H^+)/c^\ominus} \tag{6-16}$$

当$\frac{c(In^-)}{c(HIn)}=1$时，$pH=pK^\ominus$，指示剂酸式与碱式浓度相等，溶液呈其酸式色和碱式色的中间色，此时的 pH 值为酸碱指示剂的理论变色点。

当$\frac{c(In^-)}{c(HIn)}\geqslant10$时，$pH=pK^\ominus+1$，指示剂在溶液中主要以碱式存在，溶液呈碱式色。

当$\frac{c(In^-)}{c(HIn)}\leqslant\frac{1}{10}$时，$pH=pK^\ominus-1$，指示剂在溶液中主要以酸式存在，溶液呈酸式色。

溶液的 pH 值由 $pH=pK^{\ominus}-1$ 变化到 $pH=pK^{\ominus}+1$ 时，此时人眼能明显地看出指示剂由酸式色变为碱式色。所以，$pH=pK^{\ominus}\pm1$ 称为指示剂的理论变色范围。由于人眼对各种颜色的敏感程度不同，致使指示剂的实际变色范围与其理论变色范围不尽相同。例如，甲基橙的 $pK^{\ominus}$ 为 3.4，其理论变色范围就为 pH=2.4～4.4。但由于肉眼对黄色的敏感度较低，因此，红色中略带黄色时，不易辨认出黄色，只有当黄色比重较大时，才能观察出来，因此，其实际变色范围为 pH=3.1～4.4。表 6-2 列举了一些常用酸碱指示剂的实际变色范围。

表 6-2　常用酸碱指示剂的变色范围

指示剂	变色范围(pH)	颜色变化	$pK^{\ominus}$	溶液介质
百里酚蓝	1.2～2.8	红～黄	1.7	φ(乙醇)=20%
	8.0～9.6	黄～蓝	8.9	φ(乙醇)=20%
甲基黄	2.9～4.0	红～黄	3.3	φ(乙醇)=90%
甲基橙	3.1～4.4	红～黄	3.4	水
溴酚蓝	3.0～4.6	黄～紫	4.1	φ(乙醇)=20%
溴甲酚绿	4.0～5.6	黄～蓝	4.9	φ(乙醇)=20%
甲基红	4.4～6.2	红～黄	5.0	φ(乙醇)=20%
溴百里酚蓝	6.2～7.6	黄～蓝	7.3	φ(乙醇)=20%
中性红	6.8～8.0	红～橙黄	7.4	φ(乙醇)=60%
酚酞	8.0～9.6	无色～红	9.1	φ(乙醇)=90%
百里酚酞	9.4～10.6	无色～蓝	10.0	φ(乙醇)=90%

由于指示剂的离解常数受溶液温度、离子强度以及介质的影响，因此这些因素也都将影响指示剂的变色范围，此外，指示剂的用量及滴加顺序也会影响它的变色。

6.4.2　酸碱滴定曲线

为了选择合适的指示剂指示终点，必须了解滴定过程中溶液 pH 的变化，特别是化学计量点附近 pH 的变化。滴定溶液的 pH 值可用酸度计直接测量，也可通过有关化学平衡的计算得到。若以滴定剂的加入量为横坐标，溶液的 pH 值为纵坐标，便可得到一条滴定曲线。根据滴定曲线就可了解滴定过程中溶液 pH 的变化情况，从而选择合适的指示剂指示终点。

下面以强碱滴定强酸为例，介绍滴定曲线的绘制。

以 $0.1000mol\cdot dm^{-3}$ 的 NaOH 溶液滴定 $20.00cm^3$ $0.1000mol\cdot dm^{-3}$ HCl，不同滴定阶段时溶液的 pH 值计算如下：

① 滴定前　溶液的酸度等于 HCl 溶液的原始浓度

$$c(H^+)=c(HCl)=0.1000mol\cdot dm^{-3},\ pH=1.00$$

② 滴定开始至化学计量点前　溶液酸度取决于溶液中剩余的 HCl 浓度。设加入的 NaOH 溶液体积为 $V(NaOH)$，则

$$c(H^+)=c(HCl)\times\frac{20.00-V(NaOH)}{20.00+V(NaOH)}$$

例如，加入 $18.00cm^3$ NaOH 溶液时，

$$c(H^+)=0.1000mol\cdot dm^{-3}\times\frac{20.00-18.00}{20.00+18.00}=5.26\times10^{-3}mol\cdot dm^{-3},\ pH=2.28$$

③ 化学计量点时　加入的 NaOH 恰与 HCl 完全中和，溶液呈中性，pH=7.00。

④ 化学计量点后　加入的 NaOH 已过量，溶液的碱度取决于过量 NaOH 的量。

$$c(OH^-)=c(NaOH)\times\frac{V(NaOH)-20.00}{V(NaOH)+20.00}$$

例如，加入 20.02cm³ NaOH 溶液时，NaOH 过量 0.02cm³，此时

$$c(OH^-)=0.1000mol\cdot dm^{-3}\times\frac{20.02-20.00}{20.02+20.00}=5.0\times10^{-5}mol\cdot dm^{-3}$$

pH=9.70。

用上述方法可逐一计算滴定过程中溶液的 pH 值，将部分结果列于表 6-3 中，并绘制滴定曲线如图 6-1 中曲线（实线）所示。

表 6-3　用 0.1000mol·dm⁻³ 的 NaOH 溶液滴定 20.00cm³ 0.1000mol·dm⁻³ HCl 时溶液的 pH 值

加入 NaOH 溶液的体积 $V(NaOH)/cm^3$	剩余 HCl 溶液的体积 $V(HCl)/cm^3$	过量 NaOH 溶液的体积 $V(NaOH)/cm^3$	pH 值
0.00	20.00		1.00
18.00	2.00		2.28
19.80	0.20		3.30
19.98	0.02		4.30 } 突跃区
20.00	0.00		7.00 } 突跃区
20.02		0.02	9.70 } 突跃区
20.20		0.20	10.70
22.00		2.00	11.70
40.00		20.00	12.50

由表 6-3 及图 6-1 可知，在滴定开始时曲线比较平坦，这是因为滴定开始时，溶液中的酸量大，加入 18.00cm³ 碱，pH 才改变 1.28 个单位，这正是强酸缓冲容量最大的区域。随着滴定的进行，溶液中酸量减少，缓冲容量下降，再滴入 1.80cm³ 碱，pH 就改变 1.02 个单位，所以曲线逐渐向上倾斜。在化学计量点前后时，一滴碱就会使溶液酸度发生很大变化，如当溶液中只剩下 0.1%（0.02cm³）的酸时，溶液的 pH 值为 4.30，这时再加入 1 滴碱（0.04cm³），不仅将剩下的 0.02cm³ 盐酸中和了，而且还过量了 0.02cm³ 碱，溶液的 pH 值由 4.30 急剧地增加到 9.70，此时滴定曲线呈现为近似垂直的一段。这种 pH 值的突然改变称为滴定突跃，突跃所在的 pH 范围称滴定突跃范围。此后再加入碱，则进入了强碱的缓冲区，溶液的 pH 变化逐渐减小，曲线又变得比较平坦。

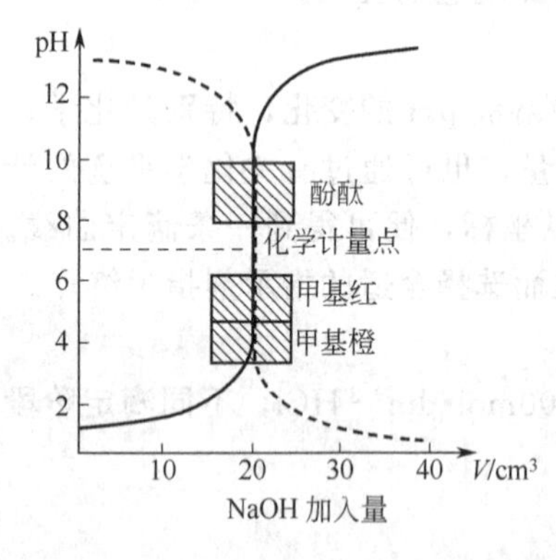

图 6-1　0.1000mol·dm⁻³ NaOH 溶液滴定 20.00cm³ 0.1000mol·dm⁻³ HCl 的滴定曲线（实线）

滴定突跃有重要的实际意义，它是选择指示剂的依据，凡变色点 pH 值处于滴定突跃范围内的指示剂均可选用。此例中，酚酞、甲基红、甲基橙均适用。用指示剂确定的滴定终点与化学计量点不一定完全吻合，此例中如用甲基橙作指示剂，滴定终点在化学计量点之前，而用酚酞作指示剂，滴定终点在化学计量点之后。

如果用 0.1000mol·dm⁻³ HCl 滴定 20.00cm³ 0.1000mol·dm⁻³ NaOH，则滴定曲线如图 6-1 中虚线所示。两滴定曲线形状相似，但 pH 变化方向相反，其滴定突跃为 pH=4.30～9.70，选用甲基红作指示剂最适宜，终点颜色由黄色变为橙色。选酚酞也可以，以红色刚消失为终点。但由红色变为无色，肉眼观察有滞后现象，易产生误差，故一般不用酚酞。

滴定突跃的大小还与溶液的浓度有关，图 6-2 表示了不同浓度时的滴定曲线。酸碱浓度越大，滴定时 pH 值突跃范围也越大。

如果是强碱滴定弱酸，类似地也能作出相应的滴定曲线，如图 6-3 所示。由图可以看出，强碱滴定弱酸的 pH 突跃范围比滴定同样浓度的强酸的突跃小得多，而且是在碱性区域，如 0.1000mol·dm^{-3}的 NaOH 滴定 0.1000mol·dm^{-3} HAc 的突跃是 7.76～9.70，因此只能选择在碱性范围内变色的指示剂，如酚酞、百里酚酞等。在酸性范围内变色的指示剂如甲基红、甲基橙等都不能用。用强碱滴定弱酸时，pH 的突跃范围大小不仅与酸、碱浓度有关，而且与弱酸的解离常数 $K_a^\ominus$ 有关。当 $K_a^\ominus$ 值一定时，弱酸浓度越大，突跃范围也越大。当浓度一定时，若 $K_a^\ominus$ 值越大，突跃范围也越大。如果弱酸的浓度 c 和其解离常数 $K_a^\ominus$ 值的乘积小到某一程度时，突跃就不明显了。实验证明，当 $cK_a^\ominus/c^\ominus \leqslant 10^{-8}$时，人们已不能借助指示剂来判断终点。所以 $cK_a^\ominus/c^\ominus \geqslant 10^{-8}$是弱酸能否被直接滴定的判据。如果采用电位法来判断终点，滴定的准确度还会提高许多。

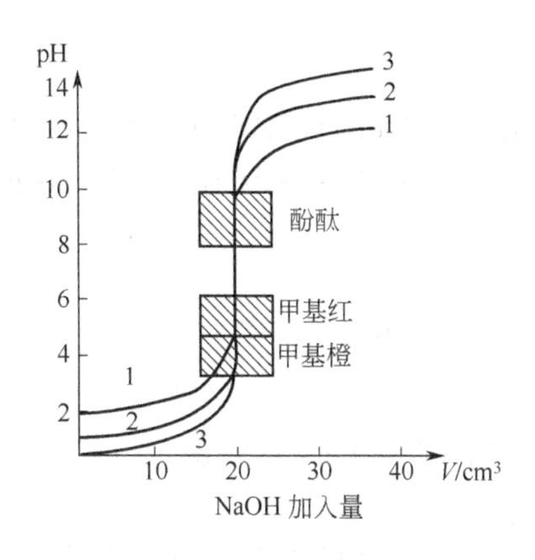

图 6-2　不同浓度 NaOH 溶液滴定相应浓度 HCl 的滴定曲线

1—0.01mol·dm^{-3}；2—0.1mol·dm^{-3}；3—1mol·dm^{-3}

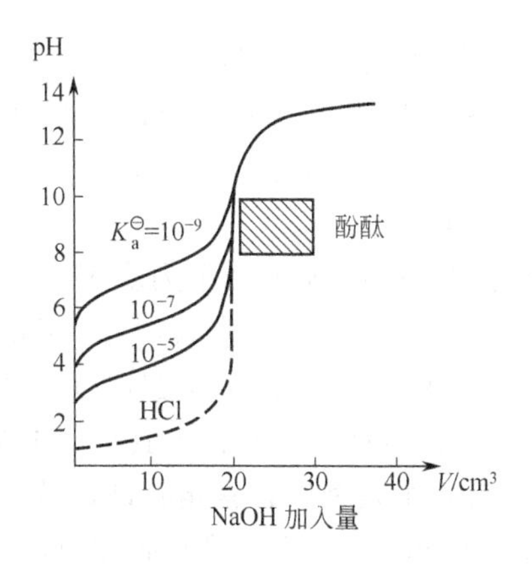

图 6-3　用 0.1000mol·dm^{-3} NaOH 溶液滴定 20.00cm^3 不同强度弱酸的滴定曲线

如果是强酸滴定弱碱，滴定曲线如图 6-4 所示。由图可以看出，强酸滴定弱碱的 pH 突跃范围是在酸性区域，因此只能选择在酸性范围内变色的指示剂，如甲基红、甲基橙等。同样，如果弱碱的浓度 c 和其解离常数 $K_b^\ominus$ 值的乘积小到某一程度时，突跃就不明显了。实验证明，当 $cK_b^\ominus/c^\ominus \leqslant 10^{-8}$时，人们已不能借助指示剂来判断终点。所以 $cK_b^\ominus/c^\ominus \geqslant 10^{-8}$是弱碱能否被直接滴定的判据。

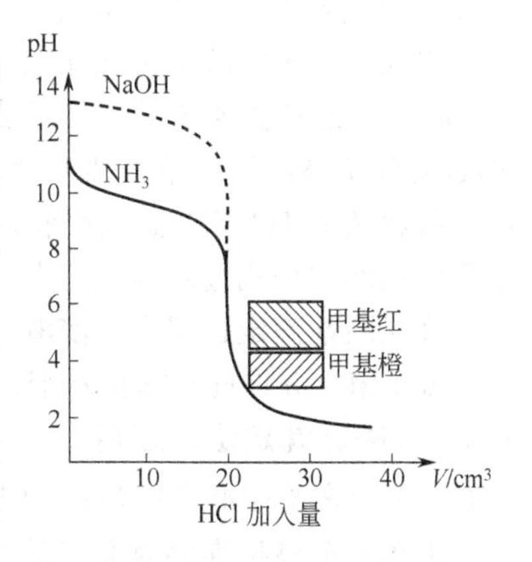

图 6-4　用 0.1000mol·dm^{-3} HCl 溶液滴定 20.00cm^3 浓度 0.1000mol·dm^{-3} NH_3 的滴定曲线

综上所述，凡是强酸、强碱以及 $cK_a^\ominus/c^\ominus \geqslant 10^{-8}$的弱酸及 $cK_b^\ominus/c^\ominus \geqslant 10^{-8}$的弱碱，都可以直接滴定。

例 6-8　能否用 0.1000mol·dm^{-3}的 NaOH 溶液滴定 0.1000mol·dm^{-3}的邻苯二甲酸氢钾（$C_6H_4(COOH)(COOK)$）溶液？若能滴定，计算化学计量点时的 pH 值，并选择指示剂。已知邻苯二甲酸的一、二级电离平衡常数分别为 1.3×10^{-3}，2.9×10^{-6}。

解：邻苯二甲酸氢钾在溶液中的解离平衡为

$$C_6H_4(COOH)(COO^-) \rightleftharpoons C_6H_4(COO^-)_2 + H^+$$

邻苯二甲酸氢根的离解常数就是邻苯二甲酸的 $K^{\ominus}_{a,2}=2.9\times10^{-6}$。

$$cK^{\ominus}_{a,2}/c^{\ominus}=0.1000\times2.9\times10^{-6}=2.9\times10^{-7}>10^{-8}$$

所以可用 NaOH 溶液滴定邻苯二甲酸氢钾（实际上，在标定 NaOH 溶液时，就是用邻苯二甲酸氢钾作基准物）。

NaOH 溶液滴定邻苯二甲酸氢钾溶液的滴定产物是邻苯二甲酸钾钠，是二元弱碱，其 $K^{\ominus}_{b,1}=K^{\ominus}_{w}/K^{\ominus}_{a,2}$。当滴定至化学计量点时，溶液的体积增加一倍，因此溶液中邻苯二甲酸钾钠的浓度为 $0.0500\text{mol}\cdot\text{dm}^{-3}$，其 $(c_0/c^{\ominus})/K^{\ominus}_{b,1}>500$，则

$$c(\text{OH}^-)=\sqrt{\frac{cK^{\ominus}_{b,1}}{c^{\ominus}}}\cdot c^{\ominus}=\sqrt{0.0500\times\frac{10^{-14}}{2.9\times10^{-6}}}\text{mol}\cdot\text{dm}^{-3}=1.31\times10^{-5}\text{mol}\cdot\text{dm}^{-3}$$

$$\text{pH}=9.1$$

因此，可选酚酞作指示剂。

例 6-9　能否用 $0.1000\text{mol}\cdot\text{dm}^{-3}$ 的 HCl 溶液滴定 $0.0500\text{mol}\cdot\text{dm}^{-3}$ 的硼砂（$Na_2B_4O_7\cdot10H_2O$）溶液？若能滴定，计算化学计量点时的 pH 值，并选择指示剂。已知 H_3BO_3 的 $pK^{\ominus}_a=9.24$。

解：硼砂溶于水发生下列反应

$$B_4O_7^{2-}+5H_2O = 2H_2BO_3^-+2H_3BO_3$$

H_3BO_3 的 $pK^{\ominus}_a=9.24$，所以 $H_2BO_3^-$ 的 $pK^{\ominus}_b=14-9.24=4.76$，$K^{\ominus}_b=10^{4.76}=1.74\times10^{-5}$，$cK^{\ominus}_b/c^{\ominus}=0.0500\times2\times1.74\times10^{-5}=1.74\times10^{-6}>10^{-8}$，可用 HCl 溶液滴定（实际上，在标定 HCl 标准溶液时，常用硼砂作基准物）。

$0.0500\text{mol}\cdot\text{dm}^{-3}$ 的硼砂溶液中，H_3BO_3 和 $H_2BO_3^-$ 的浓度均为 $0.1000\text{mol}\cdot\text{dm}^{-3}$。化学计量点时，$H_2BO_3^-$ 也被中和成 H_3BO_3，此时溶液的体积已增加一倍，所以 H_3BO_3 的浓度仍为 $0.1000\text{mol}\cdot\text{dm}^{-3}$。因为 $(c/c^{\ominus})/K^{\ominus}_a>500$，所以

$$c(\text{H}^+)=\sqrt{cK^{\ominus}_a/c^{\ominus}}\cdot c^{\ominus}=\sqrt{0.1000\times10^{-9.24}}\text{mol}\cdot\text{dm}^{-3}=10^{-5.12}\text{mol}\cdot\text{dm}^{-3}$$

$$\text{pH}=5.12$$

因此，可选用甲基红作指示剂。

强碱滴定多元酸的情况比较复杂。在滴定过程中，需要考虑：①多元酸各级解离产生的 H^+ 是否都能被直接滴定？②若能滴定，那么能否被一级一级地分步滴定？例如，二元酸 H_2B 的分步滴定是指第一级解离的 H^+ 被完全中和（即 $[H_2B]<10^{-6}\text{mol}\cdot\text{dm}^{-3}$）之后，第二级解离的 H^+ 才开始被中和。此时，在滴定曲线上会出现两个明显的突跃，可选用两种不同的指示剂分别指示两个终点。

多元酸被滴定过程中，溶液的 pH 值计算比较复杂，一般可用近似算法计算化学计量点时的 pH 值，并以此选择指示剂。

6.4.3　酸碱滴定法的应用

6.4.3.1　酸碱标准溶液的配制与标定

常用的酸碱标准溶液通常是 HCl 和 NaOH。溶液的浓度常为 $0.1000\text{mol}\cdot\text{dm}^{-3}$，有时也可根据需要配制更浓或更稀的溶液。

HCl 标准溶液相当稳定，只要适当保存，其浓度可长期不变。HCl 标准溶液的浓度必须事先准确标定，常用的基准物质有无水碳酸钠和硼砂。由于碳酸钠易吸收空气中的 CO_2，

所以使用前应在270～300℃干燥，然后密封于瓶内，保存在干燥器中备用。称量时速度要快，以免吸湿引入误差。用碳酸钠标定盐酸溶液时反应如下，用甲基橙作指示剂：

$$Na_2CO_3 + 2HCl = 2NaCl + H_2O + CO_2$$

用硼砂（$Na_2B_4O_7 \cdot 10H_2O$）作基准物标定盐酸的反应为：

$$Na_2B_4O_7 + 2HCl + 5H_2O = 4H_3BO_3 + 2NaCl$$

以甲基红为指示剂，终点时变色明显。硼砂的优点是易获得纯品，不易吸水，但当空气中相对湿度小于39%时，易失去结晶水，因此应保存在相对湿度为60%的恒湿器中（如盛有食盐和蔗糖饱和溶液的干燥器中，其上部空气的相对湿度为60%）。

NaOH易吸潮，也易吸收空气中的CO_2。因此NaOH标准溶液必须用基准物来标定。标定NaOH的基准物常用的有邻苯二甲酸氢钾、草酸、苯甲酸等。邻苯二甲酸氢钾容易得到纯品，在空气中不吸水，易于保存，它的摩尔质量较大，是标定NaOH溶液最常用的基准物，标定反应为

$$C_6H_4(COOH)(COOK) + NaOH \rightleftharpoons C_6H_4(COONa)(COOK) + H_2O$$

邻苯二甲酸的$pK^{\ominus}_{a,2}=5.54$，用酚酞作指示剂，终点时变色敏锐。

6.4.3.2　酸碱滴定法的应用

酸碱滴定法在实际生产中应用广泛。许多无机产品如烧碱、纯碱、硫酸铵和碳酸氢铵等成分的测定，钢铁、岩石矿物原料中的碳、硫、硼、硅、铝和氮等元素的测定，都可以采用酸碱滴定法。在其它有机合成工业和医药工业中原料、产品分析也常采用酸碱滴定法。

滴定分析中常用的滴定方式有四种，即直接滴定法、间接滴定法、返滴定法和置换滴定法。限于篇幅，只以烧碱样品中NaOH和Na_2CO_3含量的测定为例介绍直接滴定法。

NaOH俗称烧碱，常因吸收空气中的CO_2而部分生成Na_2CO_3。因此烧碱产品往往需要测定NaOH和Na_2CO_3的含量，通常用以下两种方法。

（1）双指示剂法

所谓双指示剂法是在一份试样中同时加入二种指示剂，根据滴定过程中指示剂的变色得到二个滴定终点，从而确定二个组分的含量。

称取一定量的烧碱样品，溶解于已煮沸除去CO_2的蒸馏水中，加入几滴酚酞指示剂，用HCl标准溶液滴定。当滴定至红色刚好消失时，记录消耗HCl的体积为V_1，这时NaOH已全部被中和，而Na_2CO_3仅被中和至$NaHCO_3$。反应式如下：

$$\left.\begin{array}{l} NaOH + HCl = NaCl + H_2O \\ Na_2CO_3 + HCl = NaHCO_3 + NaCl \end{array}\right\} \text{消耗 HCl 的体积为 } V_1$$

再向溶液中加入几滴甲基橙指示剂，继续用HCl标准溶液滴定至橙红色刚好出现，记录消耗HCl的体积为V_2，反应式如下：

$$NaHCO_3 + HCl = NaCl + CO_2 + H_2O \qquad \text{消耗 HCl 的体积为 } V_2$$

测定结果按如下公式计算：$w(Na_2CO_3)=\dfrac{c(HCl)V_2M(Na_2CO_3)}{\text{样品质量 } m}$

$$w(NaOH)=\frac{c(HCl)(V_1-V_2)M(NaOH)}{\text{样品质量 } m}$$

如果滴定体积$V_2>V_1$，表明样品中只存在Na_2CO_3和$NaHCO_3$。

（2）氯化钡法

称取一定量的烧碱样品，溶解于已煮沸除去CO_2的蒸馏水中，稀释至一定体积后分取二份相同体积的溶液。在第一份溶液中加入几滴甲基橙指示剂，用HCl标准溶液滴定至橙

红色刚好出现，记录消耗 HCl 的体积为 V_1，这是测定的总碱度，反应式如下：

$$\left.\begin{array}{l}NaOH+HCl \Longrightarrow NaCl+H_2O \\ Na_2CO_3+2HCl \Longrightarrow 2NaCl+CO_2+H_2O\end{array}\right\}\text{消耗 HCl 的体积为 } V_1$$

在第二份溶液中加入 $BaCl_2$ 溶液，使 Na_2CO_3 转化为微溶的 $BaCO_3$。向溶液中加入几滴酚酞指示剂（不能用甲基橙作指示剂，因为甲基橙在 pH=4 附近变色，此时将有部分 $BaCO_3$ 溶解），用 HCl 标准溶液滴定。当滴定至红色刚好消失时，记录消耗 HCl 的体积为 V_2。反应式如下：

$$NaOH+HCl \Longrightarrow NaCl+H_2O \quad \text{消耗 HCl 的体积为 } V_2$$

测定结果按如下公式计算：$w(NaOH)=\dfrac{c(HCl)V_2M(NaOH)}{m}$

滴定 Na_2CO_3 所消耗的 HCl 体积为 V_1-V_2，所以

$$w(Na_2CO_3)=\frac{1}{2}\frac{c(HCl)(V_1-V_2)M(Na_2CO_3)}{m}$$

式中，m 为分取溶液中所含的样品质量。

6.5 沉淀-溶解平衡

电解质按溶解度分为可溶、微溶、难溶三类。100g 水中能溶解 1g 以上的溶质被称为可溶性物质；物质的溶解度小于 0.1g/100g 水时，称为难溶物；物质的溶解度介于可溶与难溶之间的称为微溶物。

6.5.1 标准溶度积

难溶物质溶解度较小，但并不是完全不溶，绝对不溶的物质是没有的。例如将 $CaCO_3$ 放在水溶液中，此时束缚在固体中的 Ca^{2+}、CO_3^{2-} 会不断地由固体表面溶于水中，已溶解的 Ca^{2+}、CO_3^{2-} 也会不断地从溶液中回到固体表面而沉淀，一定条件下，溶解的速度与沉淀的速度相等时，溶液达饱和状态，便建立了固体和溶液之间的动态平衡，这叫多相离子平衡，简称溶解平衡。$CaCO_3$ 的溶解过程为

$$CaCO_3(s) \rightleftharpoons Ca^{2+}+CO_3^{2-}$$

平衡常数表达式是：

$$K_{sp}^{\ominus}(CaCO_3)=[c(Ca^{2+})/c^{\ominus}][c(CO_3^{2-})/c^{\ominus}]$$

对于难溶电解质 A_nB_m（s）有

$$A_nB_m(s) \rightleftharpoons nA^{m+}+mB^{n-}$$

平衡常数表达式为

$$K_{sp}^{\ominus}(A_nB_m)=[c(A^{m+})/c^{\ominus}]^n[c(B^{n-})/c^{\ominus}]^m$$

平衡常数 $K_{sp}^{\ominus}$ 称标准溶度积，简称溶度积。一些物质的溶度积见附录。

严格地说，溶度积应该是溶液中各离子活度的乘积，但是因为难溶电解质在水中溶解度小，其饱和溶液中的离子浓度也很小，离子的活度系数趋近于 1，所以可以用浓度代替活度进行有关计算。

6.5.2 溶度积和溶解度之间的换算

对溶解度较大的物质来说，一般用溶解度来表示物质溶解能力的大小。对难溶物质来说，用溶度积 $K_{sp}^{\ominus}$ 来表示难溶电解质的溶解能力。难溶电解质在水中的溶解度很小，饱和溶液很稀，可以认为溶解了的固体完全电离成离子，所以饱和溶液中难溶电解质离子的浓度可以代表它的溶解度。这样，根据难溶电解质的溶解度就可以知道溶液中离子的浓度，从而可以计算出它的溶度积；反过来，根据溶度积也可以计算溶解度。

例 6-10　298.15K 时，AgCl 的溶解度为 $1.92\times10^{-3}g\cdot dm^{-3}$，计算 $K_{sp}^{\ominus}(AgCl)$。

解：已知 $M(AgCl)=143.3g\cdot mol^{-1}$，AgCl 的溶解度为 $1.92\times10^{-3}g\cdot dm^{-3}$。

$$c(AgCl)=1.92\times10^{-3}g\cdot dm^{-3}/(143.3g\cdot mol^{-1})$$
$$=1.34\times10^{-5}mol\cdot dm^{-3}$$

AgCl 在水中的离解平衡为

$$AgCl(s)\rightleftharpoons Ag^{+}+Cl^{-}$$
$$K_{sp}^{\ominus}(AgCl)=[c(Ag^{+})/c^{\ominus}][c(Cl^{-})/c^{\ominus}]$$
$$=(1.34\times10^{-5})^{2}=1.80\times10^{-10}$$

例 6-11　298.15K 时，$Fe(OH)_3$ 的溶度积为 2.79×10^{-39}，计算 $Fe(OH)_3$ 在水中的溶解度。

解：$Fe(OH)_3$的溶解平衡为

$$Fe(OH)_3(s)\rightleftharpoons Fe^{3+}+3OH^{-}$$

c(平衡浓度)$/mol\cdot dm^{-3}$　　s　　$3s$

$$K_{sp}^{\ominus}=[c(Fe^{3+})/c^{\ominus}][c(OH^{-})/c^{\ominus}]^{3}=s/c^{\ominus}\times(3s/c^{\ominus})^{3}=27\left(\frac{s}{c^{\ominus}}\right)^{4}$$
$$s=1.01\times10^{-10}mol\cdot dm^{-3}$$

$Fe(OH)_3(s)$溶解度为 $1.01\times10^{-10}mol\cdot dm^{-3}$。

由 $K_{sp}^{\ominus}$来比较溶解度的大小必须是同类型的物质，同类型的难溶电解质 $K_{sp}^{\ominus}$大的，则溶解度大；对不同类型的难溶电解质，不能由 $K_{sp}^{\ominus}$作直接比较。例如：AgCl、AgBr、AgI 都是同类型的电解质，$K_{sp}^{\ominus}$大，溶解度也大。而 $CaCO_3$与 Ag_2CrO_4是不同类型的电解质，就不能直接用$K_{sp}^{\ominus}$来比较，如 298.15K 时 $CaCO_3$的 $K_{sp}^{\ominus}=3.36\times10^{-9}$，$s(CaCO_3)=5.80\times10^{-5}$；而 Ag_2CrO_4的 $K_{sp}^{\ominus}=1.12\times10^{-12}$，$s(Ag_2CrO_4)=6.54\times10^{-5}$，即 Ag_2CrO_4的 $K_{sp}^{\ominus}$小于 $CaCO_3$的 $K_{sp}^{\ominus}$，但此时 Ag_2CrO_4的溶解度大于 $CaCO_3$的溶解度，这是因为 $K_{sp}^{\ominus}$与离子浓度的方次有关。

6.5.3　溶度积规则

难溶电解质的沉淀-溶解平衡也与其它动态平衡一样，遵循平衡移动原理。

对于任意的多相平衡系统：

$$A_nB_m(s)\rightleftharpoons nA^{m+}+mB^{n-}$$

浓度商　$Q=[c(A^{m+})/c^{\ominus}]^{n}\cdot[c(B^{n-})/c^{\ominus}]^{m}$

式中 $c(A^{m+})$ 和 $c(B^{n-})$ 为非平衡时的浓度，由化学反应等温式 $\Delta G=RT\ln(Q/K_{sp}^{\ominus})$ 可知：

① $Q<K_{sp}^{\ominus}$，不饱和溶液，无沉淀析出

② $Q=K_{sp}^{\ominus}$，饱和溶液，沉淀溶解平衡

③ $Q>K_{sp}^{\ominus}$，溶液过饱和，有沉淀析出

以上三点就是判断沉淀的生成和溶解的溶度积规则。

例 6-12　常温下向 $AgNO_3$溶液中加入 HCl，生成 AgCl 沉淀，如果溶液中 Cl^{-}的最后浓度为 $0.10mol\cdot dm^{-3}$，Ag^{+}的浓度应是多少？[$K_{sp}^{\ominus}(AgCl)=1.77\times10^{-10}$]

解：

$$AgCl(s)\rightleftharpoons Ag^{+}+Cl^{-}$$

c(平衡浓度)$/mol\cdot dm^{-3}$　　x　　0.10

$$K_{sp}^{\ominus}(AgCl)=[c(Ag^{+})/c^{\ominus}][c(Cl^{-})/c^{\ominus}]=0.10x/c^{\ominus}=1.77\times10^{-10}$$
$$x=1.77\times10^{-9}mol\cdot dm^{-3}$$

溶液中 Ag^{+}浓度为 $1.77\times10^{-9}mol\cdot dm^{-3}$

例 6-13　常温下向浓度是 $0.0010mol\cdot dm^{-3}$的 K_2CrO_4溶液中加入 $AgNO_3$，溶液中的

Ag^+浓度至少多大时，才能生成Ag_2CrO_4沉淀？[$K_{sp}^{\ominus}(Ag_2CrO_4)=1.1\times10^{-12}$]

解：

$$Ag_2CrO_4(s) \rightleftharpoons 2Ag^+ + CrO_4^{2-}$$

$$K_{sp}^{\ominus}(Ag_2CrO_4)=[c(Ag^+)/c^{\ominus}]^2[c(CrO_4^{2-})/c^{\ominus}]$$

$$c(Ag^+)=\sqrt{\frac{K_{sp}^{\ominus}(Ag_2CrO_4)}{c(CrO_4^{2-})/c^{\ominus}}}\cdot c^{\ominus}=\sqrt{\frac{1.1\times10^{-12}}{0.0010}}\cdot c^{\ominus}=3.3\times10^{-5}\text{mol}\cdot\text{dm}^{-3}$$

例 6-14 已知$K_{sp}^{\ominus}(PbI_2)=8.8\times10^{-9}$，现将$0.01\text{mol}\cdot\text{dm}^{-3}$ $Pb(NO_3)_2$溶液与等体积$0.01\text{mol}\cdot\text{dm}^{-3}$ KI溶液混合，能否生成PbI_2沉淀？

解：等体积混合时，$Pb(NO_3)_2$和KI的浓度减半。

$c(KI)=0.005\text{mol}\cdot\text{dm}^{-3}$，$c[Pb(NO_3)_2]=0.005\text{mol}\cdot\text{dm}^{-3}$

则$c(I^-)=c(KI)=0.005\text{mol}\cdot\text{dm}^{-3}$

$c(Pb^{2+})=c[Pb(NO_3)_2]=0.005\text{mol}\cdot\text{dm}^{-3}$

$$Pb^{2+}+2I^- \rightleftharpoons PbI_2(s)$$

$$Q=[c(Pb^{2+})/c^{\ominus}][c(I^-)/c^{\ominus}]^2=1.25\times10^{-7}>K_{sp}^{\ominus}(PbI_2)$$

所以，有沉淀生成。

6.5.4 同离子效应

6.3.1中指出，在弱电解质溶液里加入含有共同离子的强电解质时，弱电解质的解离度会降低。在难溶电解质的饱和溶液中，加入含有共同离子的强电解质时，也会发生使难溶电解质的溶解度降低的现象，称为多相离子平衡的同离子效应。

例如在AgCl饱和溶液中存在下列平衡：

$$AgCl(s) \rightleftharpoons Ag^+ + Cl^-$$

若加入含Cl^-的盐，平衡就会向左移动，生成了较多的AgCl(s)，使AgCl溶解度变小。

例 6-15 求298.15K时，AgCl在$0.010\text{mol}\cdot\text{dm}^{-3}$ NaCl溶液中的溶解度，并与其在水中的溶解度相比较。

解：NaCl是强电解质，在水中全部解离，设AgCl(s)的溶解度为s，当其达溶解平衡时，有

$$AgCl(s) \rightleftharpoons Ag^+ + Cl^-$$

c(平衡浓度)/mol·dm^{-3}　　　　s　　$s+0.010$

$$K_{sp}^{\ominus}(AgCl)=\left[\frac{c(Ag^+)}{c^{\ominus}}\right]\left[\frac{c(Cl^-)}{c^{\ominus}}\right]=\frac{s}{c^{\ominus}}\times\left(\frac{s+0.01}{c^{\ominus}}\right)\approx\frac{s}{c^{\ominus}}\times0.01$$

解得

$$s=1.77\times10^{-8}\text{mol}\cdot\text{dm}^{-3}$$

而AgCl在纯水中的溶解度为：

$$s(AgCl)_{水}=\sqrt{K_{sp}^{\ominus}}\cdot c^{\ominus}=1.33\times10^{-5}\text{mol}\cdot\text{dm}^{-3}$$

由以上计算可知：AgCl在$0.010\text{mol}\cdot\text{dm}^{-3}$ NaCl溶液中比在水溶液中的溶解度小很多。在含有Ag^+的溶液中，为使Ag^+沉淀得更完全，通常要加入过量的沉淀剂。但也不宜加的过多，因为Ag^+与过量的Cl^-会形成可溶性配合物，反而使沉淀溶解。

一般沉淀反应中加入的沉淀剂过量20%～50%时就沉淀完全了，所谓沉淀完全并非指溶液中某离子的浓度等于零，通常认为溶液中残余离子的浓度小于$10^{-5}\text{mol}\cdot\text{dm}^{-3}$即为沉淀完全。

6.5.5 溶液的pH值对沉淀溶解平衡的影响

一些难溶弱酸盐和难溶的金属氢氧化物的溶解度与溶液的pH值有关。

例如在氢氧化镁的饱和溶液中加入$NH_4Cl(s)$，可使$Mg(OH)_2$沉淀溶解，反应为

$$Mg(OH)_2(s) \rightleftharpoons Mg^{2+} + 2OH^-$$

$$NH_4^+ + OH^- \rightleftharpoons NH_3 + H_2O$$

总反应为　　$Mg(OH)_2(s) + 2NH_4^+ \rightleftharpoons Mg^{2+} + 2NH_3 + 2H_2O$

NH_4^+ 与 OH^- 反应生成 NH_3 和 H_2O，减少了溶液中 OH^- 的浓度，使 $c(Mg^{2+}) \cdot c(OH^-)^2 < K_{sp}^{\ominus}[Mg(OH)_2]$，所以沉淀溶解。

例 6-16　计算 $c(Fe^{3+})=0.10mol \cdot dm^{-3}$ 时，$Fe(OH)_3$ 开始沉淀和 Fe^{3+} 沉淀完全时的 pH 值。$\{K_{sp}^{\ominus}[Fe(OH)_3]=2.79 \times 10^{-39}\}$

解：

$$Fe(OH)_3(s) \rightleftharpoons Fe^{3+} + 3OH^-$$

$$K_{sp}^{\ominus}[Fe(OH)_3]=[c(Fe^{3+})/c^{\ominus}] \cdot [c(OH^-)/c^{\ominus}]^3$$

$$c(OH^-)=\sqrt[3]{\frac{K_{sp}^{\ominus}[Fe(OH)_3]}{c(Fe^{3+})/c^{\ominus}}} \cdot c^{\ominus}$$

开始沉淀时：$c(OH^-)=\sqrt[3]{2.79 \times 10^{-39}/0.10} \cdot c^{\ominus}=3.0 \times 10^{-13} mol \cdot dm^{-3}$

$$pOH=-\lg(3.0 \times 10^{-13})=12.52,\ pH=1.48$$

开始沉淀时的 pH 值必须大于 1.48。

当溶液中 $c(Fe^{3+})$ 小于 $10^{-5} mol \cdot dm^{-3}$ 时，认为沉淀完全：

$$c(OH^-)=\sqrt[3]{2.79 \times 10^{-39}/10^{-5}} \cdot c^{\ominus}=6.5 \times 10^{-12} mol \cdot dm^{-3}$$

$$pOH=-\lg(6.5 \times 10^{-12})=11.2$$

$$pH=2.8$$

溶液的 pH 值大于 2.8，Fe^{3+} 沉淀完全。

所以，Fe^{3+} 开始沉淀时的 pH=1.48，沉淀完全时的 pH=2.8。

例 6-17　在 298.15K，$1dm^3$ 溶液中，有 $0.10molNH_3$ 和 Mg^{2+}，要防止生成 $Mg(OH)_2$ 沉淀，需向此溶液中加入多少 NH_4Cl？$\{K_{sp}^{\ominus}[Mg(OH)_2]=5.6 \times 10^{-12}$，$K_b^{\ominus}(NH_3)=1.74 \times 10^{-5}\}$

解： 设生成沉淀时，所需离子浓度的最小值为 $c(OH^-)$

$$Mg(OH)_2(s) \rightleftharpoons Mg^{2+} + 2OH^-$$

$$K_{sp}^{\ominus}[Mg(OH)_2]=[c(Mg^{2+})/c^{\ominus}] \cdot [c(OH^-)/c^{\ominus}]^2$$

$$c(OH^-)=\sqrt{K_{sp}^{\ominus}[Mg(OH)_2]/[c(Mg^{2+})/c^{\ominus}]} \cdot c^{\ominus}=\sqrt{5.6 \times 10^{-12}/0.10}$$

$$=7.48 \times 10^{-6} mol \cdot dm^{-3}$$

该系统中加入的 NH_4^+ 与 NH_3 构成缓冲系统

$$c(OH^-)=K_b(NH_3) \times \frac{c(NH_3 \cdot H_2O)/c^{\ominus}}{c(NH_4^+)/c^{\ominus}} \cdot c^{\ominus}=1.74 \times 10^{-5} \times \frac{0.10}{c(NH_4^+)}$$

$$c(NH_4^+)=1.74 \times 10^{-5} \times 0.10/7.48 \times 10^{-6}=0.23 mol \cdot dm^{-3}$$

至少要在该溶液中加入 0.23mol（12.3g）NH_4Cl 才不生成 $Mg(OH)_2$ 沉淀。

例 6-18　在 $0.10mol \cdot dm^{-3}$ $FeCl_2$ 溶液中，不断通入 H_2S 至饱和，若要不生成沉淀 FeS，则溶液的 pH 值最高不应超过多少？

解： 查表知：$K_{sp}^{\ominus}(FeS)=6.3 \times 10^{-18}$；$K_{a,1}^{\ominus}(H_2S)=1.07 \times 10^{-7}$，$K_{a,2}^{\ominus}(H_2S)=1.26 \times 10^{-15}$。

若要不生成 FeS 沉淀，则 S^{2-} 的最高浓度为

$$c(S^{2+})=\frac{K_{sp}^{\ominus}(FeS) \cdot c^{\ominus}}{c(Fe^{2+})/c^{\ominus}}=6.3 \times 10^{-18}/0.10=6.3 \times 10^{-17} mol \cdot dm^{-3}$$

$$[c(H^+)]^2=\frac{K_{a,1}^{\ominus}\cdot K_{a,2}^{\ominus}\cdot c(H_2S)}{c(S^{2-})}\cdot(c^{\ominus})^2=\frac{1.07\times10^{-7}\times1.26\times10^{-15}\times0.10}{6.3\times10^{-17}}(mol\cdot dm^{-3})^2$$

$$c(H^+)=4.63\times10^{-4}mol\cdot dm^{-3} \qquad pH=3.33$$

6.5.6 分步沉淀

若一种溶液中同时存在着几种离子，而且它们又都能与同一种离子生成难溶电解质，将含该种离子的溶液逐滴加入上述溶液中，由于难溶电解质溶解度不同，可先后生成不同的沉淀，这种先后生成沉淀的现象，叫做分步沉淀。

例 6-19 在一种溶液中，Ba^{2+} 与 Sr^{2+} 浓度都是 0.10mol·dm^{-3}，逐滴加入 K_2CrO_4 溶液，先生成什么沉淀？当 $SrCrO_4$ 开始沉淀时，Ba^{2+} 的浓度是多少？假设滴入溶液时引起的体积改变忽略不计，$K_{sp}^{\ominus}(BaCrO_4)=1.2\times10^{-10}$，$K_{sp}^{\ominus}(SrCrO_4)=2.2\times10^{-5}$。

解： $Ba^{2+}+CrO_4^{2-} \rightleftharpoons BaCrO_4(s) \quad Sr^{2+}+CrO_4^{2-} \rightleftharpoons SrCrO_4(s)$

$BaCrO_4$ 开始沉淀出时：

$$c(CrO_4^{2-})=\frac{K_{sp}^{\ominus}(BaCrO_4)\cdot(c^{\ominus})^2}{c(Ba^{2+})}=\left(\frac{1.2\times10^{-10}}{0.10}\right)mol\cdot dm^{-3}=1.2\times10^{-9}mol\cdot dm^{-3}$$

$SrCrO_4$ 开始沉淀出时：

$$c(CrO_4^{2-})=\frac{K_{sp}^{\ominus}(SrCrO_4)\cdot(c^{\ominus})^2}{c(Sr^{2+})}=\left(\frac{2.2\times10^{-5}}{0.10}\right)mol\cdot dm^{-3}=2.2\times10^{-4}mol\cdot dm^{-3}$$

生成 $BaCrO_4$ 所需 CrO_4^{2-} 浓度小，所以 $BaCrO_4$ 先沉淀。

当 $SrCrO_4$ 开始沉淀时，溶液中 CrO_4^{2-} 的浓度是 2.2×10^{-4}mol·dm^{-3}，故此时

$$c(Ba^{2+})=\frac{K_{sp}^{\ominus}(BaCrO_4)\cdot(c^{\ominus})^2}{c(CrO_4^{2-})}=1.2\times10^{-10}/(2.2\times10^{-4})mol\cdot dm^{-3}$$
$$=5.5\times10^{-7}mol\cdot dm^{-3}$$

如果被沉淀的离子开始时浓度不同，各离子生成沉淀的次序不但和它们的溶解度有关，还和它们的初始浓度有关。

利用分步沉淀可解释一些地质现象，如盐湖水中主要成分为 CO_3^{2-}、SO_4^{2-}、Cl^- 和 Ca^{2+}、Mg^{2+}、K^+、Na^+ 等。在气候干燥地区，湖水蒸发，湖中各种离子浓度逐渐增加，由于镁、钙、锶等的碳酸盐的溶解度较硫酸盐小，所以，首先结晶出来的是碳酸盐，其次是硫酸盐，最后析出的是氯化物。

又如含有锶、钡离子的河水流入海里时，因为 $K_{sp}^{\ominus}(BaSO_4)<K_{sp}^{\ominus}(SrSO_4)$，$Ba^{2+}$ 首先与海水中的 SO_4^{2-} 作用生成 $BaSO_4$ 沉于海底，而 Sr^{2+} 可以迁移到远洋，造成远洋水中 Sr^{2+}、Ba^{2+} 的质量比高于河水。

6.5.7 难溶电解质的转化

一种难溶电解质转变为另一种难溶电解质的过程叫做难溶化合物的转化。例如将 $CaSO_4$ 放在饱和的碳酸钠溶液中，它就逐渐转变为 $CaCO_3$。一种难溶电解质能否转变为另一种难溶电解质，一方面和它们的溶解度大小有关，另一方面和溶液中的试剂浓度有关。下面用具体例子加以说明。

例 6-20 根据溶度积规则，试说明 $SrSO_4$ ($K_{sp}^{\ominus}=3.2\times10^{-7}$) 在浓 Na_2CO_3 溶液中可以转化为 $SrCO_3$ ($K_{sp}^{\ominus}=1.1\times10^{-10}$)。

解： 溶液中存在下列平衡：

$$SrSO_4(s) \rightleftharpoons SO_4^{2-}+Sr^{2+}$$
$$Sr^{2+}+CO_3^{2-} \rightleftharpoons SrCO_3(s)$$

以上两个方程式可用总离子方程式表示如下：

$$SrSO_4(s) + CO_3^{2-} \rightleftharpoons SO_4^{2-} + SrCO_3(s)$$

该反应的平衡常数为：

$$K^{\ominus} = \frac{c(SO_4^{2-})/c^{\ominus}}{c(CO_3^{2-})/c^{\ominus}}$$

当反应达到平衡时，溶液中 CO_3^{2-} 和 SO_4^{2-} 的浓度分别为：

$$c(SO_4^{2-}) = \frac{K_{sp}^{\ominus}(SrSO_4)\cdot(c^{\ominus})^2}{c(Sr^{2+})}$$

$$c(CO_3^{2-}) = \frac{K_{sp}^{\ominus}(SrCO_3)\cdot(c^{\ominus})^2}{c(Sr^{2+})}$$

故
$$K^{\ominus} = \frac{c(SO_4^{2-})/c^{\ominus}}{c(CO_3^{2-})/c^{\ominus}} = \frac{K_{sp}^{\ominus}(SrSO_4)}{K_{sp}^{\ominus}(SrCO_3)} = \frac{3.2\times10^{-7}}{1.1\times10^{-10}} = 2.9\times10^{3}$$

$K^{\ominus}$ 值比较大，说明 $SrSO_4$ 转变为 $SrCO_3$ 的反应易于实现。

又如可以将天青石（$BaSO_4$）转化为易溶于酸的 $BaCO_3$ 化合物。其转化方程为：

$$BaSO_4(s) + CO_3^{2-} \rightleftharpoons BaCO_3(s) + SO_4^{2-}$$

$$K^{\ominus} = \frac{c(SO_4^{2-})/c^{\ominus}}{c(CO_3^{2-})/c^{\ominus}} = \frac{K_{sp}^{\ominus}(BaSO_4)}{K_{sp}^{\ominus}(BaCO_3)} = \frac{1.08\times10^{-10}}{2.58\times10^{-9}} = 0.0419 = \frac{0.0419}{1} = \frac{419}{10000} = \frac{1}{24}$$

这一数值说明到达转化平衡时，溶液中的 CO_3^{3-} 浓度约为 SO_4^{2-} 的 24 倍，只有 CO_3^{2-} 的浓度大于 SO_4^{2-} 浓度的 24 倍，反应才能进行。

应当指出的是这种转化只有在两种难溶化合物的溶解度相差不大时才可实现，如果相差较大，这种转化是很困难的或者不可能的。例如，我们无法使 CuS 转化为 ZnS，因为 $K_{sp}^{\ominus}(CuS)=6.3\times10^{-36}$，而 $K_{sp}^{\ominus}(ZnS)=1.6\times10^{-24}$。相反，闪锌矿（ZnS）与地下水中的 Cu^{2+} 作用，能生成蓝铜矿（CuS）。

例 6-21　在 $1dm^3$ Na_2CO_3 溶液中，要使 0.010mol 的 $SrSO_4$ 完全变为 $SrCO_3$，Na_2CO_3 的初始浓度至少应是多少？

解：
$$SrSO_4(s) + CO_3^{2-} \rightleftharpoons SrCO_3(s) + SO_4^{2-}$$

$$K^{\ominus} = \frac{c(SO_4^{2-})/c^{\ominus}}{c(CO_3^{2-})/c^{\ominus}} = \frac{K_{sp}^{\ominus}(SrSO_4)}{K_{sp}^{\ominus}(SrCO_3)} = \frac{3.2\times10^{-7}}{1.1\times10^{-10}} = 2.9\times10^{3}$$

平衡时
$$c(CO_3^{2-}) = \frac{c(SO_4^{2-})}{K^{\ominus}} = \frac{0.010}{2.9\times10^{3}} = 3.4\times10^{-6}\,mol\cdot dm^{-3}$$

要使 0.010mol 的 $SrSO_4$ 全变为 $SrCO_3$ 需要 0.010mol Na_2CO_3，所以 Na_2CO_3 的初始浓度至少是 $(0.010+3.4\times10^{-6})mol\cdot dm^{-3}$。

6.6　重量分析法

重量分析法是通过称量物质的质量进行定量测定的一种分析方法。测定时，一般是将被测组分与其它组分分离，再转化为一定的称量形式，然后称重。根据分离方法的不同，重量法可分为挥发法、电解法和沉淀法三种。

挥发法是利用试样中待测物质的挥发性，通过加热或其它方法使被测组分挥发除去，根据试样质量的减少计算待测组分的含量，或者是用适当的吸收剂吸收挥发性的待测组分，根据吸收剂质量的增加来计算待测组分的含量。

电解法是利用电解的方法使被测金属离子在电极上还原析出，根据电极增加的质量计算待测组分的含量。

沉淀法是利用沉淀反应使待测组分沉淀出来，使之转化为称量形式称重。本节主要讨论沉淀法。

重量分析法是直接用分析天平称量而获得分析结果，不需要标准试样或基准物质进行比较，其准确度高，相对误差一般为0.1%～0.2%。缺点是操作较烦琐，耗时长，不适用于微量和痕量组分的测定。目前重量分析法主要用于较高含量的硅、硫、磷、钨等元素的精确分析和校准某些标准溶液。

6.6.1 重量分析法的分析过程

试样分解制成试液后，加入适当的沉淀剂，使被测组分以沉淀形式析出。沉淀经过滤、洗涤、烘干或灼烧，转化为称量形式，然后称量。沉淀形式与称量形式可能相同，也可能不同。例如，用$BaSO_4$沉淀重量法测定试样中硫的含量时，沉淀形式与称量形式是相同的，都是$BaSO_4$。以草酸钙重量法测Ca^{2+}时，沉淀形式是CaC_2O_4，灼烧后转化为CaO形式称量，沉淀形式与称量形式不同。

重量分析对沉淀形式的要求如下：

① 沉淀的溶解度要小，以保证被测组分沉淀完全；

② 沉淀应便于过滤和洗涤。为此，要尽量获得粗大的晶形沉淀；

③ 沉淀的纯度要高，尽量避免杂质沾污。

重量分析对称量形式的要求如下：

① 称量形式必须有确定的化学组成；

② 称量形式必须稳定，在称量过程中不易受空气中水分、CO_2 和 O_2 等的影响；

③ 称量形式的摩尔质量要尽量的大，这样可提高测定的准确度。

6.6.2 沉淀条件的选择

对于能形成晶形沉淀的，应在稀溶液中进行沉淀反应。在不断搅拌下，缓慢加入沉淀剂，以免沉淀剂的浓度局部过大。一般还应在热溶液中进行沉淀反应，既可降低过饱和度又可减少杂质的吸附。沉淀后，让沉淀与母液在一起放置一段时间，称为陈化，以便得到颗粒较大的沉淀。

对于形成无定形沉淀的，应考虑如何有利于胶体的聚沉，防止生成溶胶。一般可如下进行：在浓溶液中进行沉淀，以减少胶体的吸水量，使沉淀体积小，聚沉快；在热溶液中进行，减少沉淀的含水量和对杂质的吸附；在溶液中加入适当的电解质防止形成胶体溶液，促进胶体凝聚。胶体沉淀吸附的杂质可用热水洗涤除去。无定形沉淀不要陈化，否则沉淀将变得致密不透水，难以过滤和洗涤。

思考题

1. 酸碱质子理论的基本要点是什么？

2. 写出下列物质的共轭酸或共轭碱。

酸：HAc、NH_4^+、H_2SO_4、HCN、HF、H_2O

碱：HCO_3^-、NH_3、HSO_4^-、Br^-、Cl^-、H_2O

3. 举例说出下列各常数的意义：

$K_a^\ominus$、$K_b^\ominus$、$K_w^\ominus$、α、$K_{sp}^\ominus$

4. 解释下列名称：

(1) 解离常数，(2) 解离度，(3) 同离子效应，(4) 缓冲溶液，(5) 缓冲对，(6) 分步沉淀，(7) 沉淀的转化，(8) 沉淀完全。

5. 解释下列名称并说明二者意义与联系。

(1) 离子积与溶度积；(2) 溶解度与溶度积；(3) 溶解度与浓度；(4) 分步沉淀与沉淀转化；(5) pH

与 pOH。

6. 盐湖干燥后，形成岩矿由上到下大致层次应该怎样？假定湖中的离子是：Ca^{2-}、Mg^{2+}、Na^{+}、K^{+}、CO_3^{2-}、SO_4^{2-}、Cl^{-}

7. 用数学式写出下列符号的意义：pH、pOH、$pK_a^\ominus$ 和 $pK_b^\ominus$；纯水中 pH+pOH=？

习　题

1. 选择题

(1) 向某浓度的醋酸溶液中加入等体积的水，则（　　）。

A. 醋酸的解离常数增大，醋酸的解离度增大

B. 醋酸的解离常数不变，醋酸的解离度不变

C. 醋酸的解离常数减小，醋酸的解离度减小

D. 醋酸的解离常数不变，醋酸的解离度增大

(2) 锌粒与 HAc 反应时，若向醋酸溶液中加入少量固体 NaAc 时，置换反应的速率会（　　）。

A. 增大　　B. 不变　　C. 减小　　D. 与加入 NaAc 量有关

(3) 按照酸碱质子理论，下列物质中不是酸的是（　　）。

A. NO_3^-　　B. $[Fe(H_2O)_6]^{2+}$　　C. $H_2P_4^{2-}$　　D. HCO_3^-

(4) 下列溶液浓度均相同，氢离子浓度最大的是（　　）。

A. H_3PO_4　$K_1^\ominus=7.5\times10^{-3}$　　B. H_3AsO_3　$K_1^\ominus=6.0\times10^{-10}$

C. H_3BO_3　$K_1^\ominus=5.8\times10^{-10}$　　D. H_3AsO_4　$K_1^\ominus=6.3\times10^{-3}$

(5) 醋酸的 $K_a^\ominus=1.8\times10^{-5}$，欲配制 pH=5 的醋酸与醋酸钠组成的缓冲溶液，醋酸与醋酸钠的物质的量之比应为（　　）。

A. 5∶9　　B. 18∶10　　C. 1∶18　　D. 1∶36

(6) 欲配制 pH 为 5.5 的缓冲溶液，应选（　　）。

A. HAc ($pK_a=4.74$) 与其共轭碱　　B. 甲酸 ($pK_a=3.74$) 与其共轭碱

C. 六亚甲基四胺 ($pK_b=8.85$) 与其共轭酸　　D. 氨水 ($pK_b=4.74$) 与其共轭酸

(7) 下列浓度相同的盐溶液中，pH 值最高的是（　　）。

A. NaCl　　B. K_2CO_3　　C. Na_2SO_4　　D. Na_2S

(8) 把少量浓溶液 $Pb(NO_3)_2$ 加到饱和的 PbI_2 溶液中，下列说法正确的是（　　）。

A. 使 PbI_2 溶解度增大　　B. 使 PbI_2 溶解度减小

C. 增大 PbI_2 的溶度积　　D. 减小 PbI_2 的溶度积

(9) $Mg(OH)_2$ 沉淀能溶于下列哪种溶液？（　　）

A. 氯化镁溶液　　B. 氯化铵溶液　　C. 醋酸钠溶液　　D. 氨水溶液

(10) 有一难溶强电解质 M_2X，其溶度积为 K_{sp}，则其溶解度 S 的表示式为（　　）。

A. $S=K_{sp}$　　B. $S=\sqrt[3]{K_{sp}/2}$　　C. $S=\sqrt{K_{sp}}$　　D. $S=\sqrt[3]{K_{sp}/4}$

2. 已知在 $1.0mol\cdot dm^{-3}$ HCN 水溶液中，$c(H^+)=7.9\times10^{-9}mol\cdot dm^{-3}$，计算 $K_a^\ominus(HCN)$。

3. 计算下列溶液中溶质的解离度 α。

(1) $1.00mol\cdot dm^{-3}$ HF 溶液，其 $c(H^+)=2.51\times10^{-2}mol\cdot dm^{-3}$；

(2) $0.1mol\cdot dm^{-3}$ NH_3 水溶液。

4. 已知浓度为 $1.00mol\cdot dm^{-3}$ 的弱酸 HA 溶液的解离度 $\alpha=2\%$，计算它的 $K_a^\ominus$。

5. 计算 $0.20mol\cdot dm^{-3}$ HAc 溶液中的 H^+ 浓度。

6. 写出 NH_3 在水中的解离方程。现有 $50.0cm^3$ 的 $0.90mol\cdot dm^{-3}$ 的 NH_3 溶液，要使它的解离度加倍，需加水多少毫升？

7. 将饱和 H_2S 溶液的 pH 控制在什么数值才能使 $c(S^{2-})$ 为 $8.4\times10^{-15}mol\cdot dm^{-3}$（设饱和的 H_2S 溶液中 H_2S 的浓度是 $0.1mol\cdot dm^{-3}$）。

8. 在 $0.2mol\cdot dm^{-3}$ HAc 溶液中，NaAc 的浓度是 $0.5mol\cdot dm^{-3}$，计算溶液的 H^+ 浓度。

9. 在 0.10mol·dm^{-3} NH_3 水中，加入固体 NH_4Cl 后，$c(OH^-)$ 是 2.8×10^{-6} mol·dm^{-3}，计算溶液中 NH_4^+ 的浓度。

10. 计算 0.30mol·dm^{-3} HCl 溶液中，通 H_2S 至饱和后的 $c(S^{2-})$（设饱和的 H_2S 溶液中 H_2S 的浓度是 0.1mol·dm^{-3}）。

11. 在含 0.10mol·dm^{-3} HCl 的 0.050mol·dm^{-3} 碳酸溶液中，CO_3^{2-} 和 HCO_3^- 的浓度各是多少？

12. 下列溶液的 pH 值是多少？

1.0mol·dm^{-3} HCl；0.1mol·dm^{-3} HCl；0.1mol·dm^{-3} NaOH。

13. 在 100cm^3 0.30mol·dm^{-3} NH_4Cl，加入下列溶液，计算各混合溶液的 $c(H^+)$。

（1）100cm^3 0.30mol·dm^{-3} NaOH 溶液；

（2）200cm^3 0.30mol·dm^{-3} NaOH 溶液。

14. 欲配制 1dm^3 pH=5，HAc 的浓度是 0.2mol·dm^{-3} 的缓冲溶液，需用 $NaAc\cdot3H_2O$ 多少克？需用 1mol·dm^{-3} HAc 多少毫升？

15. 0.010mol·dm^{-3} $NaNO_2$ 溶液中 H^+ 浓度为 2.1×10^{-8} mol·dm^{-3}，计算 $NaNO_2$ 的水解常数和 HNO_2 的 $K_a^\ominus$。

16. 已知 HCN 的 $K_a^\ominus=5.6\times10^{-10}$，计算其共轭碱 CN^- 的 $K_b^\ominus$ 与 0.1mol·dm^{-3} CN^- 溶液的 pH 值。

17. 计算 0.10mol·dm^{-3} NH_4NO_3 溶液的 pH 值。

18. 0.50 mol·dm^{-3} 的 HAc 和 0.25mol·dm^{-3} 的 NaAc 各 0.50dm^3，如果用这两种溶液配制 pH=4.58 的 HAc-NaAc 的缓冲溶液，最多可以配多少升？

19. 草酸钡 BaC_2O_4 的溶解度是 0.078g·dm^{-3}，计算其 $K_{sp}^\ominus$。

20. 饱和溶液 $Ni(OH)_2$ 的 pH=8.83，计算 $Ni(OH)_2$ 的 $K_{sp}^\ominus$。

21. 在下列溶液中是否会生成沉淀？

（a）1.0×10^{-2} mol $Ba(NO_3)_2$ 和 2.0×10^{-2} mol NaF 溶于 1dm^3 水中；

（b）0.50dm^3 的 1.4×10^{-2} mol·dm^{-3} $CaCl_2$ 溶液与 0.25dm^3 的 0.25mol·dm^{-3} Na_2SO_4 溶液相混合。

22. 计算在 0.5mol·dm^{-3} Na_2CO_3 溶液中 $CaCO_3$ 的溶解度。

23. 计算在 0.020mol·dm^{-3} $AlCl_3$ 溶液中 AgCl 的溶解度。

24. 0.10dm^3 0.20mol·dm^{-3} $AgNO_3$ 溶液与 0.10dm^3 0.10mol·dm^{-3} HCl 相混合，计算混合溶液中各离子的浓度。

25. 计算在 0.10mol·dm^{-3} $FeCl_3$ 溶液中生成 $Fe(OH)_3$ 沉淀时，pH 值最低应是多少？

26. 将固体 Na_2CrO_4 慢慢加入含有 0.010mol·dm^{-3} Pb^{2+} 和 0.010mol·dm^{-3} Ba^{2+} 溶液中，哪种离子先沉淀？当第二种离子开始沉淀时，已经生成沉淀的那种离子的浓度是多少？

27. 在 0.30mol·dm^{-3} 的 HCl 溶液中有一定量的 Cd^{2+}，当通入 H_2S 气体达到饱和时，Cd^{2+} 是否能沉淀完全？

28. 溶液中含有 0.010mol·dm^{-3} 的 Pb^{2+} 与 0.010mol·dm^{-3} 的 Ni^{2+}，如何调节 pH 使通入 H_2S 到饱和时，只生成一种硫化物沉淀？

29. 溶液中含有 0.10mol·dm^{-3} 的 Zn^{2+} 和 0.10mol·dm^{-3} 的 Fe^{2+}，通 H_2S 到饱和时，如何控制 $c(H^+)$ 使之只生成 ZnS 沉淀，而不生成 FeS 沉淀？如果不生成 FeS 沉淀，溶液中 Zn^{2+} 浓度最少应是多少？

30. 溶液中 Fe^{3+} 和 Mg^{2+} 的浓度都是 0.10mol·dm^{-3}，要使 Fe^{3+} 完全沉淀为 $Fe(OH)_3(s)$，而 Mg^{2+} 不生成 $Mg(OH)_2$ 沉淀，应如何控制溶液的 $c(OH^-)$？

31. 溶液中含有 Ca^{2+} 与 Sr^{2+} 两种离子，加入 Na_2SO_4 要使 $CaSO_4$ 和 $SrSO_4$ 同时沉淀，开始时溶液中 Ca^{2+} 和 Sr^{2+} 的浓度比应是多少？

32. 在 1.0dm^3 溶液中溶解 0.10mol $Mg(OH)_2$ 需加多少摩尔固体 NH_4Cl？

33. 在 1.0dm^3 的 $Mg(OH)_2$ 溶液和固体 $Mg(OH)_2$ 体系中，加入 25cm^3、0.10mol·dm^{-3} HCl，反应后 Mg^{2+} 浓度是多少？

第 7 章　氧化还原平衡和电化学基础

氧化还原反应是一类重要而常见的化学反应。这类反应和前面讲过的质子传递反应（酸碱反应）不同，质子传递反应在反应的前后发生质子的转移；而氧化还原反应在反应过程中发生电子的转移或偏移。

利用自发氧化还原反应产生电流的装置叫原电池；利用电流促使非自发氧化还原反应发生的装置叫电解池。原电池和电解池统称为化学电池。研究化学电池中氧化还原反应过程以及电能和化学能相互转化的科学称为电化学。

本章首先介绍氧化还原反应的基本概念和氧化还原反应方程式的配平，接着介绍电解质溶液的相关知识。然后着重讨论衡量物质氧化还原能力强弱的“电极电势”概念及其应用。最后介绍氧化还原滴定方法及一些金属腐蚀与防护和化学电源的有关知识。

7.1　氧化还原反应

7.1.1　氧化数

在反应过程中发生了电子传递的一类反应称为氧化还原反应。为了方便描述氧化还原中的变化和正确书写氧化还原平衡方程式，引入氧化数的概念。

假设把化合物中的成键电子都归于电负性较大的原子，化合物中各个原子所带的电荷（或形式电荷）数就是该元素的氧化数。例如在 KCl 分子中氯元素的电负性比钾大，成键电子对归电负性大的氯原子，所以氯原子获得一个电子，氧化数为-1，钠的氧化数为$+1$；在 H_2O 分子中，两对成键电子都归电负性大的氧原子所有，因而氧的氧化数为-2，氢的氧化数为$+1$。氧化数的概念与化合价不同，后者只能是整数，而氧化数可以是分数。

确定氧化数的一般规则是：

① 单质中元素的氧化数为零。

② 氧在化合物中的氧化数一般为-2，在 OF_2 中为$+2$；在过氧化物（如 H_2O_2、Na_2O_2）中为 1；在超氧化物（如 KO_2）中为$-\frac{1}{2}$。

③ 氢在化合物中的氧化数一般为$+1$。在与活泼金属生成的离子型氢化物（如 NaH、CaH_2）中为-1。

④ 碱金属和碱土金属在化合物中的氧化数分别为$+1$和$+2$；氟的氧化数是-1。

⑤ 在任何化合物分子中各元素氧化数的代数和都等于零；在多原子离子中各元素氧化数的代数和等于该离子所带电荷数。

7.1.2　氧化与还原

氧化还原反应是伴随着电子得失，反应前后相应元素氧化数发生改变的一类反应，例如：

$$Fe(s)+Cu^{2+} \rightleftharpoons Fe^{2+}+Cu(s)$$

在反应中，Fe 给出电子，氧化数由 0 升到$+2$，氧化数升高的过程叫氧化；Cu^{2+} 得到电子，氧化数由$+2$降低到 0，氧化数降低的过程叫还原。Cu^{2+} 是氧化剂，Fe 是还原剂。氧化剂在反应中得到电子，使还原剂氧化而本身被还原；还原剂在反应中失去电子，使氧化剂还原而本身被氧化。整个氧化还原反应可分解为氧化与还原两个半反应：

氧化半反应 $Fe(s) \longrightarrow Fe^{2+} + 2e^-$

还原半反应 $Cu^{2+} + 2e^- \longrightarrow Cu(s)$

在半反应中，同一种元素的不同氧化态物质构成一个氧化还原电对，其中高氧化数的物质称为氧化型，低氧化数的物质称为还原型，电对一般表示为：氧化型/还原型。例如 Fe^{2+}/Fe、Cu^{2+}/Cu 等。

氧化半反应和还原半反应相加构成一个氧化还原反应，氧化还原反应一般可写成：

$$\text{还原型(I)} + \text{氧化型(II)} \rightleftharpoons \text{氧化型(I)} + \text{还原型(II)}$$

Ⅰ和Ⅱ分别表示其所对应的两种物质构成的不同电对，氧化反应和还原反应总是同时发生，相辅相成。

7.1.3 氧化还原反应方程式的配平

配平氧化还原方程式，首先要知道在反应条件（如温度、压力、介质的酸碱性）下，氧化剂的还原产物和还原剂的氧化产物，然后再根据氧化剂和还原剂氧化数变化相等的原则，或氧化剂和还原剂得失电子数相等的原则进行配平。前者称为氧化数法，后者称为离子-电子法。氧化数法在高中已讲过，在此主要介绍后一种方法。

下面以重铬酸钾和硫酸亚铁在硫酸溶液中的反应为例，说明用离子-电子法配平氧化还原反应方程式的具体步骤。

$$K_2Cr_2O_7 + FeSO_4 + H_2SO_4 \longrightarrow Cr_2(SO_4)_3 + Fe_2(SO_4)_3 + K_2SO_4$$

第一步，将发生电子转移的反应物和生成物以离子形式列出：

$$Cr_2O_7^{2-} + Fe^{2+} \longrightarrow Cr^{3+} + Fe^{3+}$$

第二步，将氧化还原反应分成两个半反应式：

还原 $Cr_2O_7^{2-} \longrightarrow Cr^{3+}$

氧化 $Fe^{2+} \longrightarrow Fe^{3+}$

第三步，配平半反应式，使半反应两边的原子数和电荷数相等。

还原半反应 $Cr_2O_7^{2-} + 14H^+ + 6e^- \longrightarrow 2Cr^{3+} + 7H_2O$

反应式中产物 Cr^{3+} 和反应物 $Cr_2O_7^{2-}$ 比较，应在 Cr^{3+} 前加上系数 2，$Cr_2O_7^{2-}$ 被还原成 Cr^{3+}，二个铬的氧化数共降低了 6，因此在左边需加 6 个电子，反应在酸性介质中进行，配平反应时在多氧的一边加 H^+，少氧的一边加 H_2O，由电荷数相等可知在 H^+ 前加 14，在 H_2O 前加 7，这样半反应两边的原子数和电荷数相等，半反应式配平。

氧化半反应 $Fe^{2+} \longrightarrow Fe^{3+} + e^-$

氧化半反应中 Fe^{2+} 比 Fe^{3+} 的氧化数少 1，在生成物这边加一个电子就配平了该反应。

第四步，根据氧化剂获得的电子数和还原剂失去的电子数必须相等的原则，求出两个半反应式中得失电子的最小公倍数，将两个半反应式各自乘以相应的系数，然后相加消去电子就可得到配平的离子方程式：

$$\begin{array}{lll} & 1\times & Cr_2O_7^{2-} + 14H^+ + 6e^- \longrightarrow 2Cr^{3+} + 7H_2O \\ +) & 6\times & Fe^{2+} \longrightarrow Fe^{3+} + e^- \\ \hline & & Cr_2O_7^{2-} + 14H^+ + 6Fe^{2+} = 2Cr^{3+} + 6Fe^{3+} + 7H_2O \end{array}$$

第五步，在离子反应式中添上不参加反应的反应物和生成物的离子，并写出相应的分子式，就得到配平的反应方程式：

$$K_2Cr_2O_7 + 6FeSO_4 + 7H_2SO_4 = Cr_2(SO_4)_3 + 3Fe_2(SO_4)_3 + K_2SO_4 + 7H_2O$$

通常，第五步可以省略。

7.2　电解质溶液的导电机理与法拉第定律

7.2.1　电解质溶液的导电机理

能导电的物质称为导电体，简称为导体。导体主要有两类：一类是电子导体（也称第一类导体），如金属、石墨及某些金属化合物，其导电主要靠自由电子定向运动；另一类为离子导体（也称第二类导体），它依靠离子的定向运动（即离子的定向迁移）而导电，例如电解质溶液或熔融的电解质等。在外加电场作用下，电解质溶液中解离的正、负离子向两极定向移动，并在电极表面发生氧化或还原反应。当温度升高时，溶液的黏度降低，离子运动速度加快，所以离子导体导电能力随温度升高而增强。

将两个第一类导体作为电极浸入电解质溶液，在两极间外加直流电源，这样的装置称为电解池，其中与外电源正极相连的电极称阳极，在该电极上发生氧化反应；与外电源负极相连的电极称阴极，在该电极上发生还原反应。如图7-1所示。

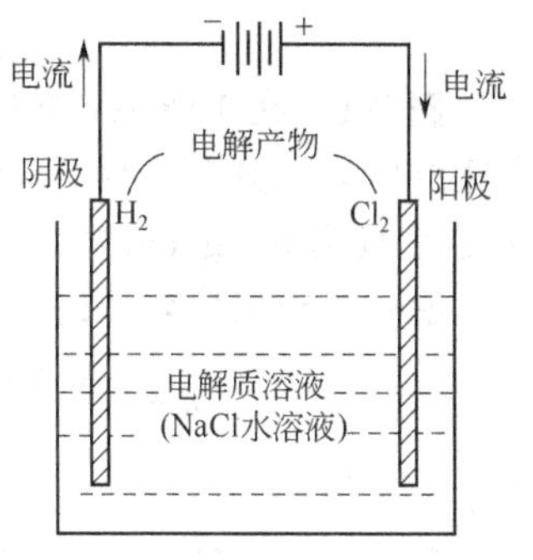

图7-1　电解池示意图

例如，将NaCl的水溶液置于图7-1所示的电解池中，插入两个石墨或惰性金属做的电极，并加以一定的直流电压。NaCl的水溶液中有NaCl解离的Na^+、Cl^-和水解离的H^+、OH^-。在电场的作用下，Na^+和H^+向阴极运动，Cl^-和OH^-向阳极运动，同时在两极上发生下列反应：

阳极　氧化反应　$2Cl^- \longrightarrow Cl_2(g)+2e^-$

阴极　还原反应　$2H^+ +2e^- \longrightarrow H_2(g)$

总反应　$2Cl^- +2H^+ = Cl_2(g)+H_2$

在上述装置中，由于Cl^-移向阳极并在电极上放出电子发生氧化反应，H^+移向阴极并在电极上得到电子发生还原反应，就使电流通过了电解质溶液，同时也发生了化学反应，产生了氢气和氯气。如果电极上的外加电压较低，溶液中的离子虽能定向移动，但在电极上没有氧化、还原反应发生。

7.2.2　法拉第电解定律

法拉第（Faraday）归纳了多次实验的结果，于1833年总结了一条基本规律，称为法拉第定律：通电于电解质溶液之后，①在电极上发生化学变化的物质，其物质的量与通入的电量成正比；②若将几个电解池串联，通入一定的电量后，在各个电解池的电极上发生反应的物质其物质的量相同。

如果电极上发生如下反应

$$B^{z+} + ze^- \longrightarrow B(s)$$

当反应进度ξ=1mol时，从溶液中析出1mol金属，需通入的电量为

$$Q = zeL = zF$$

式中，z为电极反应的电子转移数，e为元电荷的电量，L为阿伏伽德罗常数，F为1mol电子的电量，称法拉第常数。

$$F = Le = 6.022\times10^{23}\,mol^{-1}\times1.6022\times10^{-19}\,C = 96484.5\,C\cdot mol^{-1}\approx 96500\,C\cdot mol^{-1}$$

可见，按化学计量方程，析出1mol金属所需的电量为zF，通入电量Q，沉积析出的金属的物质的量为

$$n_B = \frac{Q}{zF} \tag{7-1}$$

或 $$m_B=\frac{Q}{zF}M_B \tag{7-2}$$

式中，M_B为金属 B 的摩尔质量。

式(7-1) 和式(7-2) 为法拉第定律的数学表达式，它概括了法拉第定律的两条文字表述。

在实际电解过程中，电极上常有副反应发生，所以实际通过的电流并非全部用在所需电解的某一种产物上。把实际产量与理论产量之比称为电流效率 η。

$$\eta=\frac{\text{电极上实际析出某物质的量}}{\text{按法拉第定律应析出该物质的量}}$$

例 7-1 在 $10\times10cm^2$的薄铜片两面镀上 0.005cm 厚的 Ni 层［镀液用 $Ni(NO_3)_2$］，假定镀层能均匀分布，用 2.0A 的电流强度需通电多长时间？设电流效率为 96.0%，已知金属 Ni 的密度为 $8.9g\cdot cm^{-3}$，Ni 的摩尔质量为 $58.69g\cdot mol^{-1}$。

解：电镀层中含 Ni 的物质的量为

$$n=\frac{(10\times10)cm^2\times2\times0.005cm\times8.9g\cdot cm^{-3}}{58.69g\cdot mol^{-1}}=0.1516mol$$

电极反应为： $Ni^{2+}+2e^-\longrightarrow Ni(s)$

则所需的电量：$Q=nzF/0.96=0.1516mol\times2\times96500C\cdot mol^{-1}/0.96=3.05\times10^4C$

通电所需的时间： $t=Q/I=3.05\times10^4C/2.0A=15250s=4.24h$

7.3 电解质溶液的电导

7.3.1 电导、电导率、摩尔电导率

物体导电的能力可用电阻 R 或电导 G 来表示。电导是电阻的倒数，单位为西门子，用 S 或 Ω^{-1}表示。

若导体的截面积均匀，其电阻与长度 l 和截面积 A 的关系为$R=\rho\cdot\frac{l}{A}$，ρ为电阻率，所以

$$G=\frac{1}{\rho}\cdot\frac{A}{l}=\kappa\frac{A}{l} \tag{7-3}$$

式中，比例常数$\kappa=1/\rho$，称为电导率。电导率可看作是长 1m、截面积为 $1m^2$的导体的电导。κ的单位是 $S\cdot m^{-1}$或 $\Omega^{-1}\cdot m^{-1}$。

为了比较电解质溶液的导电能力，还常使用摩尔电导率 Λ_m。摩尔电导率是指把含有 1mol 电解质的溶液置于相距为 1m 的两个平行电极之间，这时所具有的电导，用 Λ_m表示。因为含 1mol 电解质的溶液体积 V 等于电解质溶液中电解质的物质的量浓度的倒数，即 $V=1/c$，而电导率是相距 1m 的两个平行电极板间 $1m^3$溶液的电导，所以

$$\Lambda_m=\kappa V=\frac{\kappa}{c} \tag{7-4}$$

Λ_m的单位为 $S\cdot m^2\cdot mol^{-1}$。

由于习惯上浓度 c 采用 $mol\cdot dm^{-3}$，故 $\Lambda_m=\kappa\frac{10^{-3}}{c}$。另外，在使用摩尔电导率这个量时，应将浓度为 c 的物质基本单元置于Λ_m后括号中。如 $\Lambda_m\left(\frac{1}{2}CuSO_4\right)$与 $\Lambda_m(CuSO_4)$ 都可称为摩尔电导率，但是所取的基本单元不同，显然：

$$\Lambda_m(CuSO_4)=2\Lambda_m\left(\frac{1}{2}CuSO_4\right)$$

由于摩尔电导率指定了溶液中电解质的数量为 1mol，这样用 Λ_m来比较不同类型的电解质的导电能力比用电导率更方便。

7.3.2 电导的测定

电导是电阻的倒数，测定电导实际上就是测定导体的电阻。测定电阻可用交流惠斯顿电桥，如图7-2所示。图中AB为均匀滑线电阻，R_1为可变电阻，在可变电阻上并联一个电容F是为了与电导池阻抗平衡。M为放有待测溶液的电导池，设其电阻为R_x。为了减少极化和增大电极表面积，电导池中的两个电极用镀铂黑的铂电极。G为阴极示波器（或耳机）。电源为1000Hz左右的交流电源，不用直流电源是因为直流电通过电解质溶液时会有电化学反应发生，影响测定。接通电源后，移动触点C，直到示波器中无电流通过（或耳机中声音最小）为止。这时D、C两点的电位相等，电桥达平衡，有$\frac{R_1}{R_3}=\frac{R_x}{R_4}$，电导池的电导为

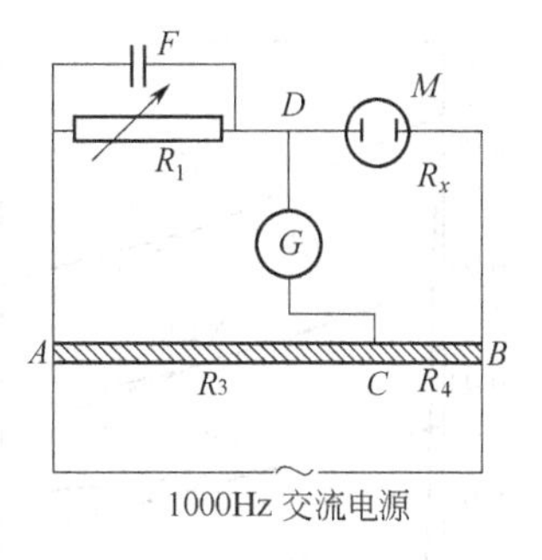

图7-2 电导测定示意图

$$G=\frac{1}{R_x}=\frac{R_3}{R_4R_1}=\frac{AC}{BC}\cdot\frac{1}{R_1}$$

如果再知道电极间的距离、电极面积和溶液的浓度，由式(7-3)和式(7-4)可求得电解质溶液的κ、Λ_m等物理量。但电导池中两极之间的距离l和电极面积A是很难直接准确测量的。通常是把已知电导率的溶液（如一定浓度的KCl溶液）注入电导池，测其电阻，根据式(7-3)就可确定l/A的值，该值称为电导池常数，用K表示，即

$$K=\frac{l}{A} \tag{7-5}$$

由式(7-3)可得

$$\kappa=G\frac{l}{A}=GK \tag{7-6}$$

不同浓度的KCl溶液的电导率已准确测定，表7-1列出部分浓度的KCl溶液在298.15K时的电导率。

表7-1 298.15K时KCl溶液的电导率

$c/\text{mol}\cdot\text{dm}^{-3}$	0.001	0.01	0.1	1.0
$\kappa/\text{S}\cdot\text{m}^{-1}$	0.0147	0.1411	1.289	11.2
$\Lambda_m/\text{S}\cdot\text{m}^2\cdot\text{mol}^{-1}$	0.0147	0.0141	0.0129	0.0112

例7-2 298.15K时在一电导池中装有$0.01\text{mol}\cdot\text{dm}^{-3}$的KCl溶液，测得电阻为150.00Ω；用同一电导池装有$0.01\text{mol}\cdot\text{dm}^{-3}$的HCl溶液时，测得电阻为51.40Ω，求HCl溶液的电导率和摩尔电导率。

解： 由表7-1得知298.15K时$0.01\text{mol}\cdot\text{dm}^{-3}$ KCl溶液的电导率是$0.1411\text{S}\cdot\text{m}^{-1}$，由式(7-6)知该电导池常数为

$$K=\frac{\kappa}{G}=\kappa R=0.1411\text{S}\cdot\text{m}^{-1}\times150.00\Omega=21.17\text{m}^{-1}$$

所以298.15K时$0.01\text{mol}\cdot\text{dm}^{-3}$的HCl溶液的电导率$\kappa$和摩尔电导率$\Lambda_m$分别为

$$\kappa=GK=\frac{1}{R}K=\frac{1}{51.40\Omega}\times27.17\text{m}^{-1}=0.4119\text{S}\cdot\text{m}^{-1}$$

$$\Lambda_m=\frac{\kappa}{c}=\frac{0.4119\text{S}\cdot\text{m}^{-1}}{0.01\times10^3\text{mol}\cdot\text{m}^{-3}}=4.119\times10^{-2}\text{S}\cdot\text{m}^2\cdot\text{mol}^{-1}$$

7.3.3 摩尔电导与浓度的关系

实验证明，电解质溶液的摩尔电导率随浓度 c 的降低而增大。图 7-3 绘出了 25℃时一些电解质在水溶液中的摩尔电导率对$\sqrt{c}$的变化情况。从图中可以看出，对强电解质，在很稀的溶液中 Λ_m 与$\sqrt{c}$成直线关系。

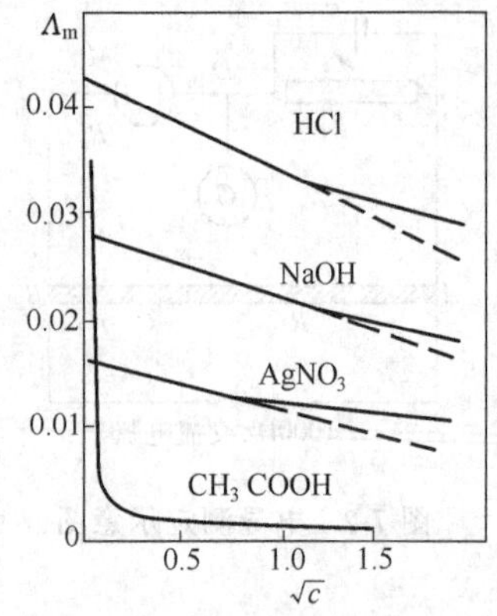

图 7-3　25℃时一些电解质水溶液的摩尔电导与$\sqrt{c}$的关系示意图

科尔劳施（Kohlrausch）根据实验结果总结出适用于浓度极稀的强电解质溶液的公式如下：

$$\Lambda_m=\Lambda_m^{\infty}-A\sqrt{c} \tag{7-7}$$

式中，Λ_m^{∞} 为无限稀释时的摩尔电导率，称为极限摩尔电导率。用 Λ_m 对$\sqrt{c}$作图，再外推到 $c=0$，由直线与纵轴的交点可得 Λ_m^{∞}，A 为一常数，可由直线的斜率求得。

7.3.4 离子的独立运动定律和离子的摩尔电导率

科尔劳施根据大量的实验数据总结出了一条规律：电解质溶液在无限稀释时，每一种离子的运动是独立的，不受其它离子的影响，每一种离子对电解质溶液的 Λ_m^{∞} 都有恒定的贡献。由于溶液通过电流后，电流的传递分别由正、负离子共同分担，因而电解质溶液的 Λ_m^{∞} 可认为是组成该电解质的正负离子的摩尔电导率之和，这就是离子独立运动定律。若 1mol 电解质中产生 ν_+ 摩尔阳离子和 ν_- 摩尔阴离子，则：

$$\Lambda_m^{\infty}=\nu_+\Lambda_{m,+}^{\infty}+\nu_-\Lambda_{m,-}^{\infty} \tag{7-8}$$

式中，$\Lambda_{m,+}^{\infty}$、$\Lambda_{m,-}^{\infty}$ 分别表示正、负离子在无限稀释时的摩尔电导率，即为离子的极限摩尔电导率。25℃时一些离子的极限摩尔电导率列于表 7-2 中。

表 7-2　25℃时一些离子的极限摩尔电导率

正离子	$\Lambda_{m,+}^{\infty}/(10^{-4}S\cdot m^2\cdot mol^{-1})$	负离子	$\Lambda_{m,-}^{\infty}/(10^{-4}S\cdot m^2\cdot mol^{-1})$
H^+	349.82	OH^-	198.0
Li^+	38.69	Cl^-	76.34
Na^+	50.11	Br^-	78.4
K^+	73.52	I^-	76.8
NH_4^+	73.4	NO_3^-	71.44
Ag^+	61.92	CH_3COO^-	40.9
$\frac{1}{2}Ba^{2+}$	63.64	$\frac{1}{2}SO_4^{2-}$	79.8

例如：

$$\begin{aligned}\Lambda_m^{\infty}(HAc)&=\Lambda_m^{\infty}(H^+)+\Lambda_m^{\infty}(Ac^-)\\&=(349.82+40.9)\times10^4\,S\cdot m^2\cdot mol^{-1}\\&=390.72\times10^4\,S\cdot m^2\cdot mol^{-1}\end{aligned}$$

根据离子独立运动定律可利用一些易于测量的强电解质的 Λ_m^{∞} 来求某些不易于测量的弱电解质的 Λ_m^{∞}。例如：可以通过测定 HCl、NaCl、NaAc 的极限摩尔电导率来计算醋酸 HAc 的极限摩尔电导率。

$$\begin{aligned}\Lambda_m^{\infty}(HAc)&=\Lambda_m^{\infty}(H^+)+\Lambda_m^{\infty}(Ac^-)\\&=[\Lambda_m^{\infty}(H^+)+\Lambda_m^{\infty}(Cl^-)]+[\Lambda_m^{\infty}(Na^+)+\Lambda_m^{\infty}(Ac^-)]-[\Lambda_m^{\infty}(Na^+)+\Lambda_m^{\infty}(Cl^-)]\\&=\Lambda_m^{\infty}(HCl)+\Lambda_m^{\infty}(NaAc)-\Lambda_m^{\infty}(NaCl)\end{aligned}$$

7.3.5 电导率测定的应用

7.3.5.1 弱电解质解离常数的测定

在无限稀释的电解质溶液中，可以认为弱电解质已全部解离，此时溶液的摩尔电导率为 Λ_m^∞，而一定浓度下弱电解质只是部分电离，此时溶液的摩尔电导率为 Λ_m。如果弱电解质的解离度较小，离子的浓度很低，离子间的相互作用力可以忽略。则弱电解质的解离度 α 可由下式计算：

$$\alpha=\frac{\Lambda_m}{\Lambda_m^\infty} \tag{7-9}$$

对于1-1型弱电解质，如醋酸，设其在水溶液中浓度为 c，解离度为 α，则

$$\begin{array}{llll} & HAc & \longrightarrow H^+ & + \ Ac^- \\ 起始时 & c & 0 & 0 \\ 平衡时 & c(1-\alpha) & c\alpha & c\alpha \end{array}$$

解离常数为

$$K_a^\ominus=\frac{c(H^+)\cdot c(Ac^-)}{c(HAc)}\left(\frac{1}{c^\ominus}\right)^{\Sigma\nu_B}=\frac{(c\alpha)^2}{c(1-\alpha)\cdot c^\ominus}$$

将式(7-9)代入上式中整理得

$$K_a^\ominus=\frac{\Lambda_m^2(c/c^\ominus)}{\Lambda_m^\infty(\Lambda_m^\infty-\Lambda_m)} \tag{7-10}$$

7.3.5.2 难溶盐溶解度的测定

一些难溶盐如AgCl、$BaSO_4$等在水中的溶解度很小，可用电导法测定其溶解度。通过测定难溶盐饱和溶液的电导率，然后按式(7-4)来计算。由于溶液极稀，水的电导率不能忽略，必须从溶液的电导率中减去，即

$$\kappa_{盐}=\kappa_{溶液}-\kappa_{水} \tag{7-11}$$

由于难溶盐的溶解度很小，溶液极稀，可用 Λ_m^∞ 代替 Λ_m，故式(7-4)变为

$$c=\frac{\kappa}{\Lambda_m}\approx\frac{\kappa_{盐}}{\Lambda_m^\infty} \tag{7-12}$$

式中，Λ_m^∞ 的值可由离子摩尔电导率相加得到，c 就是所求得的难溶盐的饱和溶液的溶解度，其单位为 $mol\cdot m^{-3}$，要注意 Λ_m^∞ 所取粒子的基本单元，如AgCl、$\frac{1}{2}BaSO_4$等。

例7-3 在298.15K时测得 $BaSO_4$ 饱和溶液的电导率为 $4.20\times10^{-4}S\cdot m^{-1}$，在同一温度下纯水的电导率为 $1.05\times10^{-4}S\cdot m^{-1}$。求 $BaSO_4$ 在该温度下的溶解度和溶度积。

解： $\kappa_{BaSO_4}=\kappa_{溶液}-\kappa_{水}=(4.20-1.05)\times10^{-4}S\cdot m^{-1}=3.15\times10^{-4}S\cdot m^{-1}$

$$\Lambda_m^\infty\left(\frac{1}{2}BaSO_4\right)=\Lambda_m^\infty\left(\frac{1}{2}Ba^{2+}\right)+\Lambda_m^\infty\left(\frac{1}{2}SO_4^{2-}\right)$$

$$=(63.64+79.8)\times10^{-4}S\cdot m^2\cdot mol^{-1}=1.434\times10^{-2}S\cdot m^2\cdot mol^{-1}$$

$$c\left(\frac{1}{2}BaSO_4\right)=\frac{\kappa}{\Lambda_m^\infty}=\frac{3.15\times10^{-4}S\cdot m^{-1}}{1.434\times10^{-2}S\cdot m^2\cdot mol^{-1}}=2.197\times10^{-2}mol\cdot m^{-3}$$

$BaSO_4$ 的溶解度 s 为：

$$s(BaSO_4)=\frac{1}{2}c\left(\frac{1}{2}BaSO_4\right)=1.10\times10^{-2}mol\cdot m^{-3}=1.10\times10^{-5}mol\cdot dm^{-3}$$

$BaSO_4$ 的溶度积为：$K_{sp}^\ominus(BaSO_4)=\frac{c(Ba^{2+})}{c^\ominus}\cdot\frac{c(SO_4^{2-})}{c^\ominus}=(1.10\times10^{-5})^2=1.21\times10^{-10}$

7.4 强电解质溶液的活度、活度系数和离子强度

为了校正实际溶液对理想溶液的偏差，第3章中已引入了活度和活度系数，用活度代替浓度，就可将理想溶液的热力学公式，在保持原来简单形式的情况下，用于实际溶液。强电解质在溶液中全部解离成正、负离子，即使溶液很稀，离子间的静电引力也不能忽略，因此电解质溶液的活度与非电解质溶液的活度不同，有着不同的特点。

7.4.1 电解质溶液的活度与活度系数

对于1mol$M_{\nu_+}A_{\nu_-}$型电解质，其化学势为

$$\mu=\mu^{\ominus}+RT\ln a \tag{7-13}$$

电解质在溶液中全部解离成ν_+正离子和ν_-负离子，所以电解质的化学势为

$$\mu=\nu_+\mu_++\nu_-\mu_- \tag{7-14}$$

正离子的化学势为：
$$\mu_+=\mu_+^{\ominus}+RT\ln a_+ \tag{7-15}$$

负离子的化学势为：
$$\mu_-=\mu_-^{\ominus}+RT\ln a_- \tag{7-16}$$

将式(7-15)、式(7-16) 代入式(7-14) 整理得

$$\mu=(\nu_+\mu_+^{\ominus}+\nu_-\mu_-^{\ominus})+RT\ln(a_+^{\nu_+}a_-^{\nu_-}) \tag{7-17}$$

将式(7-17) 和式(7-13) 比较，得

$$\mu^{\ominus}=\nu_+\mu_+^{\ominus}+\nu_-\mu_-^{\ominus} \tag{7-18}$$

$$a=a_+^{\nu_+}a_-^{\nu_-} \tag{7-19}$$

由于溶液是电中性的，溶液中不可能只有正离子或只有负离子，因此单独离子的活度是无法测定的。用实验测定的只是离子的平均活度。定义离子的平均活度$a_\pm$为：

$$a_\pm=(a_+^{\nu_+}a_-^{\nu_-})^{1/(\nu_++\nu_-)} \tag{7-20}$$

令$\nu=\nu_++\nu_-$，于是：

$$a=a_\pm^{\nu} \tag{7-21}$$

所以电解质的化学势为

$$\mu=\mu^{\ominus}+\nu RT\ln a_\pm \tag{7-22}$$

式中离子的平均活度$a_\pm$为

$$a_\pm=\gamma_\pm\cdot b_\pm/b^{\ominus} \tag{7-23}$$

$b_\pm$为离子的平均质量摩尔浓度：

$$b_\pm=(b_+^{\nu_+}b_-^{\nu_-})^{1/\nu} \tag{7-24}$$

式中$\gamma_\pm$为离子的平均活度系数。

离子的平均质量摩尔浓度可由电解质的质量摩尔浓度求得，而离子的平均活度系数可由实验测定。表7-3中列出了一些电解质离子的平均活度系数。

7.4.2 离子强度

从表7-3所列数据可以看出，当电解质的浓度从零开始逐渐增大时，所有电解质的离子平均活度系数均随浓度的增大而减小。但经过一极小值后，又随浓度的增大而增大。因此一般情况下，电解质稀溶液中活度小于实际浓度。但浓度超过某一定值后，活度又大于实际浓度。前者是因为离子间的静电引力的作用引起的，后者是由于离子的水化作用，使较浓溶液中的溶剂分子被束缚在离子周围的水化层中不能自由运动，相当于使溶剂量相对下降，因而溶液的活度比实际浓度大。

从表7-3中还可看出，在稀溶液中，对于相同价型的电解质，浓度相同，其离子的平均活度系数近乎相等。对于不同价型的电解质，当浓度相同时，正、负离子价数的乘积越大，

表 7-3　298.15K 时水溶液中某些电解质离子的平均活度系数

质量摩尔浓度 m/mol·kg^{-1}	0.001	0.005	0.01	0.05	0.1	0.5	1.0	2.0
NaCl	0.966	0.929	0.904	0.823	0.778	0.682	0.658	0.671
HCl	0.965	0.928	0.904	0.830	0.796	0.757	0.809	1.009
KCl	0.965	0.927	0.901	0.815	0.769	0.650	0.605	0.575
HNO_3	0.965	0.927	0.902	0.823	0.785	0.715	0.720	0.783
NaOH	0.965	0.927	0.899	0.818	0.765	0.693	0.679	0.700
$CaCl_2$	0.887	0.789	0.732	0.584	0.524	0.58	0.725	1.554
$ZnCl_2$	0.881	0.767	0.708	0.556	0.502	0.376	0.325	
H_2SO_4	0.830	0.639	0.544	0.340	0.265	0.154	0.130	0.124
$CuSO_4$	0.740	0.530	0.48	0.28	0.150	0.068	0.047	
$ZnSO_4$	0.734	0.477	0.387	0.202	0.148	0.063	0.043	0.035

$\gamma_\pm$ 偏离 1 的程度越大，即与理想溶液的偏差越大。

1921 年，路易斯根据大量实验结果指出：在稀溶液的情况下，影响强电解质 $\gamma_\pm$ 的决定因素是离子的浓度和离子价数，且离子价数的影响要大些，离子价数越高，影响越大。

路易斯定义离子强度 I

$$I=\frac{1}{2}\sum_{B}(b_B z_B^2) \tag{7-25}$$

路易斯根据实验进一步指出，活度系数在稀溶液中存在下式

$$\lg\gamma_\pm=-\text{常数}\sqrt{I} \tag{7-26}$$

1923 年德拜-休克尔（Debye-Hückel）在强电解质溶液互吸理论基础上推导出德拜-休克尔极限公式

$$\lg\gamma_\pm=-A|z_+z_-|\sqrt{I} \tag{7-27}$$

上式中 z_+、z_- 分别表示正、负离子的价数，A 是与溶剂和温度有关的常数，在 25℃的水溶液中，$A=0.509\ (\text{mol}^{-1}\cdot\text{kg})^{1/2}$，德拜-休克尔极限公式只适用稀溶液。

7.5　原电池和电极电势

7.5.1　原电池

7.5.1.1　原电池的组成

将硫酸铜溶液中放入一片锌，将发生下列氧化还原反应：

$$Zn(s)+Cu^{2+}(aq)=\!=\!=Zn^{2+}(aq)+Cu(s)$$

电子直接从锌片传递给 Cu^{2+}，使 Cu^{2+} 在锌片上还原而析出金属铜，同时锌被氧化为 Zn^{2+}，氧化还原反应中释放的化学能转变成了热能。

这一反应也可在图 7-4 所示的装置中分开进行。在两烧杯中分别放入 $ZnSO_4$ 溶液和 $CuSO_4$ 溶液。在前一个烧杯中插入锌片，与 $ZnSO_4$ 溶液构成锌电极，在后一个烧杯中插入铜片，与 $CuSO_4$ 溶液构成铜电极。用盐桥（一个装满饱和 KCl 溶液，并添加琼脂使之成为胶冻状黏稠体的倒置 U 形管）把两个烧杯中的溶液连通起来。当用导线把铜电极和锌电极连接起来时，检流计指针会发生偏转，说明导线中有电流通过，同时 Zn 片开始溶解，Cu 片上有 Cu 沉积上去。这种能将化学能转变成电能的装置称为原电池。

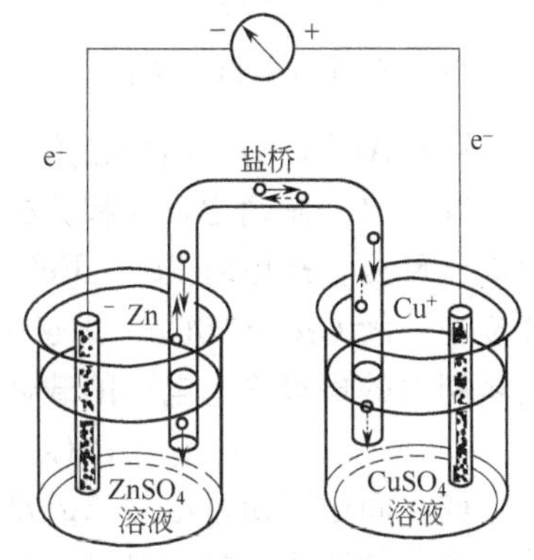

图 7-4　铜锌原电池示意图

7.5.1.2　原电池的半反应式和图式

在上述原电池中，由检流计指针偏转的方向可知电流

是由铜电极流向锌电极，因此铜电极是正极，锌电极是负极。锌的溶解表明锌极上的锌失去电子，变成了Zn^{2+}进入溶液，锌极上的电子通过导线流到铜电极。溶液中的Cu^{2+}在铜电极上得到电子，析出金属铜。因此在两电极上进行的反应分别是

锌电极（负极）　　$Zn(s) \longrightarrow Zn^{2+} + 2e^-$

铜电极（正极）　　$Cu^{2+} + 2e^- \longrightarrow Cu(s)$

在电化学中，把发生氧化反应的电极称为阳极，把发生还原反应的电极称为阴极，故锌电极为阳极，铜电极为阴极。

合并两个电极反应，得到原电池中发生的氧化还原反应，称为电池反应：

$$Zn(s) + Cu^{2+} \xlongequal{} Zn^{2+} + Cu(s)$$

随着反应的进行，Zn^{2+}不断进入溶液，过剩的Zn^{2+}将使电极附近的$ZnSO_4$溶液带正电，这样会阻止继续生成Zn^{2+}；同时Cu^{2+}被还原成Cu后，电极附近多余的SO_4^{2-}使$CuSO_4$溶液带负电，这样也会阻止Cu^{2+}继续在铜电极上结合电子，以至于实际上不能产生电流。用盐桥连接两个溶液，K^+从盐桥移向$CuSO_4$溶液，Cl^-从盐桥移向$ZnSO_4$溶液，分别中和过剩的电荷，保持溶液电中性，原电池放电得以持续。

在电化学中为了书写方便，上述的铜锌原电池常用图式表示为：

$$(-)Zn(s)|ZnSO_4(c_1) \parallel CuSO_4(c_2)|Cu(s)(+)$$

图式中“|”表示相界面；“‖”表示盐桥。

原电池图式的书写规定为：

① 写在图式左边的电极是负极，发生氧化反应；写在右边的电极是正极，发生还原反应。

② 以化学式表示原电池中各物质的组成，并注明其状态，对气体要注明压力，对溶液要注明活度或浓度。

③ 用“|”表示相界面，用“‖”表示盐桥。

④ 注明电池反应的温度和压力，如不写明，一般指298.15K和标准压力$p^{\ominus}$。

书写原电池的图式时还应注意，若原电池半反应中的物质是同一种元素的不同氧化态的两种离子，如Fe^{3+}/Fe^{2+}、MnO_4^-/Mn^{2+}等，需将一种惰性材料制成的电极如铂或石墨电极作为电子的载体，插在含有同种元素不同氧化态的两种离子的溶液中构成，电极符号写成$Pt|Fe^{3+}, Fe^{2+}$。对于电对如H^+/H_2等气体电极的半反应，这时也应加上惰性电极，如$Pt|H_2(g)|H^+$。

例 7-4 将下列化学反应设计成原电池

(1) $6Fe^{2+}(aq) + Cr_2O_7^{2-}(aq) + 14H^+(aq) \xlongequal{} 6Fe^{3+}(aq) + 2Cr^{3+}(aq) + 7H_2O$

(2) $Ag(s) + H^+(aq) + I^-(aq) \xlongequal{} AgI(s) + \frac{1}{2}H_2(g)$

(3) $Ag^+(aq) + Cl^-(aq) \xlongequal{} AgCl(s)$

解：(1) 先确定正极和负极的氧化还原电对。反应中Fe^{2+}失去电子被氧化成Fe^{3+}，发生氧化反应，故电对Fe^{3+}/Fe^{2+}是负极；$Cr_2O_7^{2-}$在反应中得到电子被还原成Cr^{3+}，发生还原反应，故$Cr_2O_7^{2-}/Cr^{3+}$是正极。正负极反应中没有固体电极作为电子的载体，需用惰性材料制成的电极作为电子的载体，则设计成的原电池为：

$$(-)Pt(s)|Fe^{2+},Fe^{3+} \parallel Cr_2O_7^{2-},Cr^{3+}|Pt(s)(+)$$

(2) 同理可知，电对AgI/Ag是负极，电对H^+/H_2是正极。正极反应中没有固体电极作为电子的载体，故用Pt作电极，则设计成的原电池为：

$$(-)Ag(s)|AgI(s)|I^-(aq) \parallel H^+(aq)|H_2(g)|Pt(s)(+)$$

(3) 不是氧化还原反应，但在反应式两边分别加上 Ag，就能配成氧化还原电对。

$$Ag(s)+Ag^+(aq)+Cl^-(aq) = AgCl(s)+Ag(s)$$

在该反应中 Ag 失电子被氧化成 AgCl，Ag^+ 得电子被还原成 Ag，故正极电对是 Ag^+/Ag，负极电对是 AgCl/Ag，则设计成的原电池为：

$$(-)Ag(s)|AgCl(s)|Cl^-(aq) \| Ag^+(aq)|Ag(s)(+)$$

7.5.2 原电池的电动势和电极电势

7.5.2.1 原电池的电极类型和电动势

任何一个原电池都是由两个电极构成的。构成原电池的电极通常分为三类，如表 7-4 所示。

表 7-4　电极类型

电极类型		电极图式示例	电极反应示例
第一类电极	金属-金属离子电极	$Zn\|Zn^{2+}$ $Cu\|Cu^{2+}$	$Zn^{2+}+2e^- \rightleftharpoons Zn$ $Cu^{2+}+2e^- \rightleftharpoons Cu$
	气体-离子电极	$Pt\|Cl_2\|Cl^-$ $Pt\|O_2\|OH^-$	$Cl_2+2e^- \rightleftharpoons 2Cl^-$ $O_2+2H_2O+4e^- \rightleftharpoons 4OH^-$
第二类电极	金属-难溶盐电极	$Ag\|AgCl(s)\|Cl^-$ $Pt\|Hg(l)\|Hg_2Cl_2(s)\|Cl^-$	$AgCl(s)+e^- \rightleftharpoons Ag(s)+Cl^-$ $Hg_2Cl_2(s)+2e^- \rightleftharpoons 2Hg(s)+2Cl^-$
	金属-难溶氧化物电极	$Sb\|Sb_2O_3(s)\|H^+,H_2O$	$Sb_2O_3(s)+6H^++6e^- \rightleftharpoons 2Sb+3H_2O$
第三类电极	氧化还原电极	$Pt\|Fe^{3+},Fe^{2+}$ $Pt\|Sn^{4+},Sn^{2+}$	$Fe^{3+}+e^- \rightleftharpoons Fe^{2+}$ $Sn^{4+}+2e^- \rightleftharpoons Sn^{2+}$

在表 7-4 中所示的气体-离子电极和氧化还原电极中，电极反应中没有固体电极，因此常用惰性材料，如铂或石墨等作为电子导体，它们仅起吸附气体或传递电子的作用，不参与电极反应。其余类型的电极，一般则以参与反应的金属本身作导体。金属-金属离子电极是将金属插入含有该金属离子的溶液中构成，金属-难溶盐电极是在金属上覆盖一层金属难溶盐，并把它浸入含有该难溶盐的负离子溶液中构成。

在原电池中，电子能够从原电池的负极通过导线流向正极，说明原电池两极之间存在着电势差。用电位差计测得的原电池的正极和负极之间的电势差就是原电池的电动势（即通过外电路电流为零时的电极电势差），用符号 E 表示，单位为伏特 V。则原电池的电动势

$$E=E_+-E_- \tag{7-28}$$

式中，E_+ 和 E_- 分别代表正、负电极的电极电势。

7.5.2.2 原电池中电对的电极电势

电池电动势等于正、负电极电势之差，为什么会产生电极电势呢？

当将锌这样的金属插入含有该金属离子的溶液中时，由于极性很大的水分子吸引构成晶格的金属离子，从而使金属锌以水合离子的形式进入金属表面附近的溶液，即 $Zn(s) \longrightarrow Zn^{2+}(aq)+2e^-$，电极带有负电荷，而电极表面附近的溶液由于有过多的 Zn^{2+} 而带正电荷。开始时，溶液中过量的金属离子浓度较小，溶解速度较快。随着锌的不断溶解，溶液中锌离子浓度增加，同时锌片上的电子也不断增加，这样就阻碍了锌的继续溶解。另一方面，溶液中的水合锌离子由于受其它锌离子的排斥作用和受锌片上电子的吸引作用，又有从金属锌表面获得电子而沉积在金属表面的倾向：$Zn^{2+}(aq)+2e^- \longrightarrow Zn(s)$。而且随着水合锌离子浓度和锌片上电子数目的增加，沉积速度不断增大。当溶解速度和沉积速度相等时，达到了动态平衡：

$$Zn(s) \rightleftharpoons Zn^{2+}(aq)+2e^-$$

这样，金属锌片带负电荷，在锌片附近的溶液中就有较多的 Zn^{2+} 吸引在金属表面附近，结

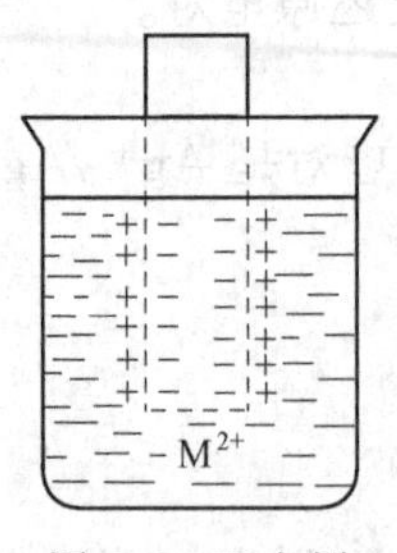

图 7-5 双电层示意图

果形成一个双电层，如图 7-5 所示。双电层之间存在电势差，这种在金属和溶液之间产生的电势差，就叫做金属电极的电极电势。

若将金属 Cu 插于 $CuSO_4$ 溶液时，则溶液中 Cu^{2+} 更倾向于从 Cu 表面获得电子而沉积，最终形成电极带正电，溶液带负电的双电层。

除此之外，不同的金属相接触，不同的液体接触界面或同一种液体但浓度不同的接触界面上都会产生双电层，从而产生所谓的接触电势。

电极电势的大小除了与电极的本性有关外，还与温度、介质及离子浓度等因素有关。当外界条件一定时，电极电势的大小只取决于电极的本性。

7.5.3 标准电极电势

目前，对电极电势的绝对值还无法测量，但是可以用两个不同的电极构成原电池测量其电动势，如果选择某种电极作为基准，规定它的电极电势为零，则可以方便地确定其它各种电极的电极电势。通常选择标准氢电极为基准，将待测电极和标准氢电极组成一个原电池

$$\mathrm{Pt}|\mathrm{H_2}(p^{\ominus})|\mathrm{H^+}(a=1)\parallel \text{待测电极}$$

用电位差计测量电动势 E，$E=E$（待测电极）$-E(\mathrm{H^+/H_2})$，这样就可求出电极的电极电势。

7.5.3.1 标准氢电极

按照 IUPAC（国际纯粹与应用化学联合会）的建议，采用标准氢电极作为标准电极，其结构如图 7-6 所示。它是把表面镀上一层铂黑的铂片插入氢离子活度为 1 的溶液中，并不断地通入压力为 100kPa 的纯氢气冲打铂片，使铂黑吸附氢气并达到饱和，这样的电极就是标准氢电极，规定标准氢电极的电极电势为零，即 $E^{\ominus}(\mathrm{H^+/H_2})=0.0000\mathrm{V}$，其电极反应为

$$\frac{1}{2}\mathrm{H_2}[\mathrm{g},p(\mathrm{H_2})]\rightleftharpoons \mathrm{H^+}[a(\mathrm{H^+})]+\mathrm{e^-}$$

7.5.3.2 标准电极电势

标准状态下的各种电极与标准氢电极组成原电池

$$\text{标准氢电极}\parallel\text{待测电极}$$

测定这些原电池的电动势就得到标准电动势 $E^{\ominus}$，从而可求出这些电极的标准电极电势。例如，用标准氢电极与标准铜电极组成电池

$$\text{标准氢电极}\parallel \mathrm{Cu^{2+}}(a=1)|\mathrm{Cu(s)}$$

298.15K 时测得该电池电动势 $E^{\ominus}=0.3419\mathrm{V}$，即

$$E^{\ominus}=E^{\ominus}(\mathrm{Cu^{2+}/Cu})-E^{\ominus}(\mathrm{H^+/H_2})=0.3419\mathrm{V}$$

所以
$$E^{\ominus}(\mathrm{Cu^{2+}/Cu})=E^{\ominus}+E^{\ominus}(\mathrm{H^+/H_2})=0.3419\mathrm{V}+0\mathrm{V}=0.3419\mathrm{V}$$

又如，用标准锌电极与标准氢电极组成电池

$$\text{标准氢电极}\parallel \mathrm{Zn^{2+}}(a=1)|\mathrm{Zn(s)}$$

在 298.15K 时测得其电动势为 0.7618V。但实验发现电流是由标准氢电极流向锌电极，所以标准氢电极实际上是正极，发生还原反应，锌电极实际上是负极，发生氧化反应。

所以
$$E^{\ominus}=E^{\ominus}(\mathrm{H^+/H_2})-E^{\ominus}(\mathrm{Zn^{2+}/Zn})=0.7618\mathrm{V}$$

$$E^{\ominus}(\mathrm{Zn^{2+}/Zn})=E^{\ominus}(\mathrm{H^+/H_2})-E^{\ominus}=0\mathrm{V}-0.7618\mathrm{V}=-0.7618\mathrm{V}$$

用类似的方法可以测得一系列电对的标准电极电势，附录 8 中列出了一些氧化还原电对的标准电极电势数据。

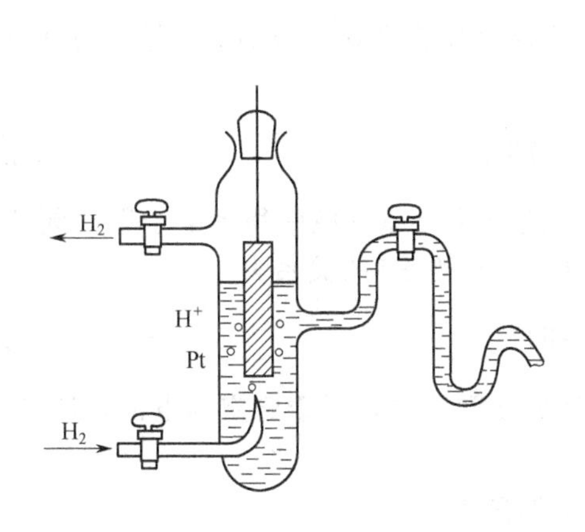

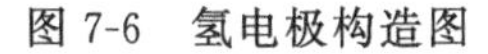
图 7-6　氢电极构造图

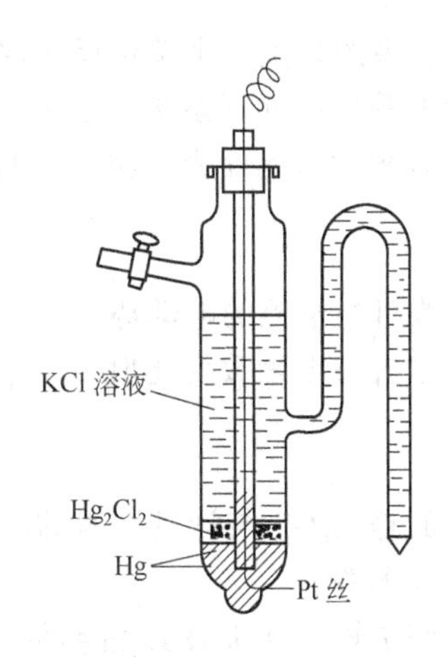

图 7-7　甘汞电极示意图

7.5.3.3　参比电极

因为标准氢电极的制备和使用不十分方便，在实际工作中常采用一些易于制备和使用并且电极电势相对稳定的电极作参比电极。一般用甘汞电极作参比电极，甘汞电极在定温下电极电势的值比较稳定，并且容易制备，使用方便。甘汞电极的构造如图 7-7 所示，它是在一个玻璃管中放入少量纯汞，上面盖上一层由少量汞和少量甘汞制成的糊状物，再上面是 KCl 溶液，汞中插入一个焊在铜丝上的铂丝。电极反应为

$$Hg_2Cl_2(s)+2e^- \rightleftharpoons 2Hg(l)+2Cl^-(aq)$$

甘汞电极的电极电势与 KCl 溶液浓度有关。常用的饱和甘汞电极的 KCl 溶液是饱和溶液，298.15K 时饱和甘汞电极的电极电势为 0.2415V。

7.6　可逆电池热力学

7.6.1　可逆电池

可逆电池必须满足两个条件：

① 电极上的化学反应可向正、反两个方向进行，互为可逆反应；

② 通过电极的电流必须无限小，电池在无限接近平衡状态下反应。

例如：将电池 $Zn(s)|ZnSO_4(c_1)\parallel CuSO_4(c_2)|Cu(s)$ 与外电源并联，当外电压稍低于电池的电动势时，电池放电，其反应为：

负极　　$Zn(s) \longrightarrow Zn^{2+}(aq)+2e^-$

正极　　$Cu^{2+}(aq)+2e^- \longrightarrow Cu(s)$

电池反应　　$Zn(s)+Cu^{2+}(aq) = Zn^{2+}(aq)+Cu(s)$

当外电压稍大于电池电动势时，电池充电，其反应为：

负极　　$Zn^{2+}(aq)+2e^- \longrightarrow Zn(s)$

正极　　$Cu(s) \longrightarrow Cu^{2+}(aq)+2e^-$

电池反应　　$Zn^{2+}(aq)+Cu(s) = Zn(s)+Cu^{2+}(aq)$

可见该电池的充、放电反应正好互逆，满足可逆电池的第一个条件。

但并不是充、放电反应互逆的电池都是可逆电池。只有当电池充、放电时，通过电池的电流无限小，能量的转化才是可逆的。

7.6.2　可逆电池电动势与吉布斯函数变化的关系

如果将一个化学反应设计在可逆电池中进行，可逆电功 W_r' 等于电池的电动势 E 与电量

Q 的乘积、系统发生一个单位反应时，电功 $W'_r = zFE$。

在等温等压条件下系统发生一个单位反应时，系统摩尔吉布斯函数的减少等于对外所做的最大非体积功（此处为电功），即：

$$\Delta_r G_m = W'_r = -zFE \tag{7-29}$$

式中，E 为可逆电池的电动势，F 为法拉第常数，z 为氧化还原反应中得失电子数。同理可得标准摩尔吉布斯函数变化值 $\Delta_r G_m^{\ominus}$（T）与标准电池电动势 $E^{\ominus}$ 的关系为

$$\Delta_r G_m^{\ominus}(T) = -zFE^{\ominus} \tag{7-30}$$

需要注意的是 $\Delta_r G_m^{\ominus}$ 与计量方程的写法有关，而 $E^{\ominus}$ 是强度性质，对于给定的电池，$E^{\ominus}$ 与计量方程写法无关。

7.6.3 可逆电池电动势 E 与参加反应各组分活度的关系

若电池反应写成一般式：$c\mathrm{C} + d\mathrm{D} \rightleftharpoons g\mathrm{G} + h\mathrm{H}$

根据化学反应等温方程式，上述反应的 $\Delta_r G_m$ 为

$$\Delta_r G_m = \Delta_r G_m^{\ominus} + RT\ln\frac{a_G^g a_H^h}{a_C^c a_D^d}$$

将式(7-29) 和式(7-30) 代入得

$$\begin{aligned} E &= E^{\ominus} - \frac{RT}{zF}\ln\frac{a_G^g a_H^h}{a_C^c a_D^d} \\ &= E^{\ominus} - \frac{RT}{zF}\ln\prod_B a_B^{\nu_B} \end{aligned} \tag{7-31}$$

上式称为电池反应的 Nernst 方程；式中 $E^{\ominus}$ 是所有参加反应的组分都处于标准状态时的电动势，z 为电池反应中的得失电子数。a_B 为物质 B 的活度，当涉及纯液体或固态纯物质时，其活度为 1；当涉及气体时，$a_B = f_B/p^{\ominus}$，f_B 为气体 B 的逸度，若气体可看作理想气体时，$a_B = p_B/p^{\ominus}$，p_B 为气体 B 的分压。ν_B 为物质 B 的化学计量数，若 B 为反应物则取负值，若 B 为产物，则取正值。$\prod_B$ 为物质 B 的连乘符号。

若温度选取 298.15K，则式(7-31) 变为

$$\begin{aligned} E(298.15\mathrm{K}) &= E^{\ominus}(298.15\mathrm{K}) - \frac{8.3145\mathrm{J\cdot K^{-1}\cdot mol^{-1}} \times 298.15\mathrm{K}}{z \times 96485\mathrm{C\cdot mol^{-1}}} \times 2.303\lg\prod_B a_B^{\nu_B} \\ &= E^{\ominus}(298.15\mathrm{K}) - \frac{0.05916\mathrm{V}}{z}\lg\prod_B a_B^{\nu_B} \end{aligned} \tag{7-32}$$

7.6.4 $\Delta_r S_m$ 和 $\Delta_r H_m$ 与电动势的关系

在等压条件下将 $\Delta_r G_m = -zFE$ 对温度 T 微分，得

$$\left(\frac{\partial \Delta_r G_m}{\partial T}\right)_p = -zF\left(\frac{\partial E}{\partial T}\right)_p$$

因为

$$\Delta_r S_m = -\left(\frac{\partial \Delta_r G_m}{\partial T}\right)_p$$

所以

$$\Delta_r S_m = zF\left(\frac{\partial E}{\partial T}\right)_p \tag{7-33}$$

$(\partial E/\partial T)_p$ 表示等压条件下电池电动势随温度的变化率，称为电池电动势的温度系数，可由实验测得。

在等温下

$$\Delta_r H_m = \Delta_r G_m + T\Delta_r S_m$$

$$=-zFE+zFT(\partial E/\partial T)_p \tag{7-34}$$

可逆电池可逆放电时，化学反应的热效应 Q_{rev} 为

$$Q_{rev}=T\Delta_r S_m=zFT\left(\frac{\partial E}{\partial T}\right)_p \tag{7-35}$$

从 $(\partial E/\partial T)_p$ 数值的正、负，可确定可逆电池在等温等压下工作时是吸热还是放热。

例 7-5　在 298.15K 和 313.15K 时分别测定丹尼尔电池的电动势，得到 E_1(298.15K)＝1.1030V，E_2(313.15K)＝1.0961V，设丹尼尔电池的反应为

$$Zn(s)+CuSO_4(a=1)\rightleftharpoons ZnSO_4(a=1)+Cu(s)$$

并设在上述温度范围内 E 随 T 的变化率保持不变，求丹尼尔电池在 298.15K 时反应的 $\Delta_r G_m$、$\Delta_r H_m$、$\Delta_r S_m$ 和可逆热效应 Q_{rev}。

解： 因为在 298.15～313.15K 温度区间内 E 随 T 的变化率保持不变，所以有

$$\left(\frac{\partial E}{\partial T}\right)_p=\frac{E_2-E_1}{T_2-T_1}=\frac{(1.0961-1.1030)\mathrm{V}}{(313-298.15)\mathrm{K}}=-4.6\times10^{-4}\mathrm{V\cdot K^{-1}}$$

$$\Delta_r G_m=-zFE=-2\times1.1030\mathrm{V}\times96485\mathrm{C\cdot mol^{-1}}=-212.9\mathrm{kJ\cdot mol^{-1}}$$

$$\Delta_r S_m=zF(\partial E/\partial T)_p=2\times96485\mathrm{C\cdot mol^{-1}}\times(-4.6\times10^{-4}\mathrm{V\cdot K^{-1}})$$

$$=-88.78\mathrm{J\cdot K^{-1}\cdot mol^{-1}}$$

$$\Delta_r H_m=\Delta_r G_m+T\Delta_r S_m$$

$$=-212.9\mathrm{kJ\cdot mol^{-1}}+298.15\mathrm{K}\times(-88.78\times10^{-3})\mathrm{kJ\cdot K^{-1}\cdot mol^{-1}}$$

$$=-239.4\mathrm{kJ\cdot mol^{-1}}$$

$$Q_{rev}=T\Delta_r S_m=298.15\mathrm{K}\times(-88.78\mathrm{J\cdot K^{-1}\cdot mol^{-1}})=-26.46\mathrm{kJ\cdot mol^{-1}}$$

7.7　影响电极电势的因素

7.7.1　浓度对电极电势的影响——电极电势的能斯特方程式

对于任意电极，电极反应通式为

$$g(\mathrm{Ox})+ze^-\rightleftharpoons h(\mathrm{Red})$$

则

$$E(\mathrm{Ox/Red})=E^\ominus(\mathrm{Ox/Red})-\frac{RT}{zF}\ln\frac{a^h(\mathrm{Red})}{a^g(\mathrm{Ox})} \tag{7-36}$$

298.15K 时

$$E(\mathrm{Ox/Red})=E^\ominus(\mathrm{Ox/Red})-\frac{0.05916}{z}\lg\frac{a^h(\mathrm{Red})}{a^g(\mathrm{Ox})} \tag{7-37}$$

式(7-36) 和式(7-37) 称为电极电势的能斯特方程。式中 z 为电极反应中所转移的电子数。g 和 h 分别代表电极反应式中氧化态和还原态的化学计量数。a 为物质的活度，但在稀溶液中一般用浓度代替活度来计算电对的电极电势。

应用能斯特方程式时，应注意以下几点：

① 如果电极反应中有纯固体、纯液体和水参加反应，则纯固体、纯液体和水的量不出现在能斯特方程式中；若是气体 B，则用 $p_B/p^\ominus$ 表示；在稀溶液中一般用浓度代替活度来计算电对的电极电势。

② 如果在电极反应中，除氧化态与还原态物质外，还有参加电极反应的其它物质，如 H^+、OH^- 等，这些物质的浓度也应出现在能斯特方程式中。

③ 标准电极电势 $E^\ominus$ 反映的是物质得失电子的能力，与方程式的写法无关。如：$Zn^{2+}+2e^-\rightleftharpoons Zn(s)$ 的 $E^\ominus(Zn^{2+}/Zn)$ 是 -0.7618V，$2Zn^{2+}+4e^-\rightleftharpoons 2Zn(s)$ 的 $E^\ominus$

(Zn^{2+}/Zn) 仍是$-0.7618V$，而不是它的2倍。

例 7-6 计算常温下下列电极反应的电极电势：

(1) $Zn^{2+}(0.1mol\cdot dm^{-3})+2e^- \rightleftharpoons Zn(s)$

(2) $AgCl(s)+e^- \rightleftharpoons Ag(s)+Cl^-(0.1mol\cdot dm^{-3})$

(3) $PbO_2(s)+4H^+(0.1mol\cdot dm^{-3})+2e^- \rightleftharpoons Pb^{2+}(0.1mol\cdot dm^{-3})+2H_2O$

解： (1) $E(Zn^{2+}/Zn)=E^{\ominus}(Zn^{2+}/Zn)-\frac{0.05916}{2}V\lg\frac{1}{c(Zn^{2+})/c^{\ominus}}$

$$=\left(-0.7618-\frac{0.05916}{2}\lg\frac{1}{0.1}\right)V=-0.7914V$$

(2) $E(AgCl/Ag)=E^{\ominus}(AgCl/Ag)-0.05916V\lg[c(Cl^-)/c^{\ominus}]$

$$=(0.2223-0.05916\lg 0.1)V=0.2815V$$

(3) $E(PbO_2/Pb^{2+})=E^{\ominus}(PbO_2/Pb^{2+})-\frac{0.05916}{2}\lg\frac{c(Pb^{2+})/c^{\ominus}}{[c(H^+)/c^{\ominus}]^4}$

$$=\left(1.46-\frac{0.05916}{2}\lg\frac{0.1}{0.1^4}\right)V=1.37V$$

7.7.2 pH值对电极电势的影响

在电极反应中如果有H^+或OH^-参加反应，溶液的pH值也影响电极电势。本书采用的是还原电极电势，还原电极电势是衡量氧化型物质得电子转变成还原型物质的能力。在不同的电极反应中，标准电极电势$E^{\ominus}$值越大，氧化型物质夺电子的能力越强。例如，对电极反应

$$MnO_4^-+8H^++5e^- \rightleftharpoons Mn^{2+}+4H_2O$$

根据平衡移动原理，MnO_4^-或H^+的浓度增大时，电极反应向右方进行的趋势增大，电极电势值也随着增大，所以MnO_4^-在酸性溶液中的氧化能力强；减少MnO_4^-或H^+的浓度时，电极电势值也随着变小。

例 7-7 $KMnO_4$在酸性溶液中作氧化剂，被还原成Mn^{2+}，当盐酸的浓度为$10mol\cdot dm^{-3}$制备氯气时，电对MnO_4^-/Mn^{2+}的电极电势是多少［假设平衡时溶液中$c(MnO_4^-)=c(Mn^{2+})=1.00mol\cdot dm^{-3}$，溶液的温度为298.15K］?

解： $MnO_4^-+8H^++5e^- \rightleftharpoons Mn^{2+}+4H_2O \quad E^{\ominus}=1.507V$

$$E(MnO_4^-/Mn^{2+})=E^{\ominus}(MnO_4^-/Mn^{2+})-\frac{0.05916V}{5}\lg\frac{c(Mn^{2+})/c^{\ominus}}{[c(MnO_4^-)/c^{\ominus}][c(H^+)/c^{\ominus}]^8}$$

$$=1.507V-\frac{0.05916V}{5}\lg\frac{1mol\cdot dm^{-3}/1mol\cdot dm^{-3}}{(1mol\cdot dm^{-3}/1mol\cdot dm^{-3})\times(10mol\cdot dm^{-3}/1mol\cdot dm^{-3})^8}$$

$$=1.507V+\frac{0.05916V}{5}\lg 10^8$$

$$=1.602V$$

7.7.3 沉淀的生成对电极电势的影响

在电极反应中有沉淀生成时，电极反应中相应离子的浓度也会发生变化，从而使电极电势发生变化。

例 7-8 金属银与硝酸银溶液组成的半电池的电极反应为$Ag^++e^- \rightleftharpoons Ag$。如果在这个半电池中加入HCl，直到溶液中$c(Cl^-)$为$1.0mol\cdot dm^{-3}$，计算$E(Ag^+/Ag)$。

解： 加入HCl，溶液中发生反应：$Ag^++Cl^- = AgCl(s)$。AgCl的生成，降低了溶液中Ag^+的浓度，当溶液中$c(Cl^-)=1.0mol\cdot dm^{-3}$时，根据$K_{sp}^{\ominus}(AgCl)=1.77\times10^{-10}$可以算出溶液中$Ag^+$的浓度

$$c(Ag^{+})=\frac{K_{sp}^{\ominus}(AgCl)\cdot c^{\ominus}}{c(Cl^{-})/c^{\ominus}}=1.77\times10^{-10}mol\cdot dm^{-3}$$

根据能斯特公式

$$E(Ag^{+}/Ag)=E^{\ominus}(Ag^{+}/Ag)-0.05916V\lg\frac{1}{c(Ag^{+})/c^{\ominus}}$$
$$=0.7996V+0.05916V\lg(1.77\times10^{-10})$$
$$=0.223V$$

$c(Cl^{-})=1.0mol\cdot dm^{-3}$时银电极的电极电势为 0.223V。

从以上计算可以看出，由于溶液中生成了 AgCl 沉淀，Ag^{+}的浓度减少，使 $Ag^{+}+e^{-}\rightleftharpoons Ag$ 的平衡左移，Ag^{+}的氧化能力下降，$E(Ag^{+}/Ag)$ 的数值变小。$K_{sp}^{\ominus}$越小，$E(Ag^{+}/Ag)$ 的数值变得越小。此题中 $c(Cl^{-})=1.0mol\cdot dm^{-3}$，所以 0.223V 实际上是 AgCl/Ag 电对的标准电极电势 $E^{\ominus}(AgCl/Ag)$，即

$$E^{\ominus}(AgCl/Ag)=E^{\ominus}(Ag^{+}/Ag)+0.05916V\lg[c(Ag^{+})/c^{\ominus}]$$
$$=E^{\ominus}(Ag^{+}/Ag)+0.05916V\lg\frac{K_{sp}^{\ominus}(AgCl)}{c(Cl^{-})/c^{\ominus}}$$

也可根据 $\Delta_rG_m^{\ominus}=-zFE^{\ominus}=-RT\ln K^{\ominus}$ 求出 $E^{\ominus}(AgCl/Ag)$。先写出相应的各平衡反应方程式：

① $AgCl(s)\rightleftharpoons Ag^{+}+Cl^{-}$　　$\Delta_rG_m^{\ominus}(1)=-RT\ln K_{sp}^{\ominus}(AgCl)$

② $Ag^{+}+e^{-}\rightleftharpoons Ag$　　$\Delta_rG_m^{\ominus}(2)=-1\times FE^{\ominus}(Ag^{+}/Ag)$

③ $AgCl(s)+e^{-}\rightleftharpoons Ag+Cl^{-}$　　$\Delta_rG_m^{\ominus}(3)=-1\times FE^{\ominus}(AgCl/Ag)$

因为反应③=①+②，所以有

$$\Delta_rG_m^{\ominus}(3)=\Delta_rG_m^{\ominus}(1)+\Delta_rG_m^{\ominus}(2)$$

即

$$-1\times FE^{\ominus}(AgCl/Ag)=[-RT\ln K_{sp}^{\ominus}(AgCl)]+[-1\times FE^{\ominus}(Ag^{+}/Ag)]$$
$$E^{\ominus}(AgCl/Ag)=E^{\ominus}(Ag^{+}/Ag)+0.05916\lg K_{sp}^{\ominus}(AgCl)$$

7.8　电极电势的应用

在电化学中电极电势应用广泛，它可以计算原电池的电动势，比较氧化剂和还原剂的相对强弱，判断氧化还原反应进行的方向和限度等。

7.8.1　判断氧化剂和还原剂的强弱

电极电势的大小反映了氧化还原电对中氧化型物质和还原型物质氧化还原能力的相对强弱。电对的电极电势值越负，则该电对中还原型物质越易失去电子，其还原能力越强，而对应的氧化型物质越难得电子，氧化型物质的氧化能力越弱。反之，若电对的电极电势值越正，则该电对中氧化型物质越易得电子，其氧化能力越强，而对应的还原型物质的还原能力越弱。

根据标准电极电势表可选择合适的氧化剂或还原剂。例如要对含有 Cl^{-}、Br^{-}、I^{-}的混合溶液中做 I^{-}的定性鉴定时，需选择合适的氧化剂只氧化 I^{-}，而不氧化 Cl^{-}和 Br^{-}。I^{-}被氧化成 I_2，再用 CCl_4 将 I_2 萃取出来成紫红色即可鉴定 I^{-}。从下面的标准电极电势数据可以找到合适的氧化剂。

电对	电极反应	$E^{\ominus}/V$
I_2/I^{-}	$I_2+2e^{-}\rightleftharpoons 2I^{-}$	0.5355
Fe^{3+}/Fe^{2+}	$Fe^{3+}+e^{-}\rightleftharpoons Fe^{2+}$	0.771

Br_2/Br^-	$Br_2+2e^- \rightleftharpoons 2Br^-$	1.066
Cl_2/Cl^-	$Cl_2+2e^- \rightleftharpoons 2Cl^-$	1.358

$E^{\ominus}(Fe^{3+}/Fe^{2+})$ 大于 $E^{\ominus}(I_2/I^-)$，小于 $E^{\ominus}(Br_2/Br^-)$ 和 $E^{\ominus}(Cl_2/Cl^-)$，因此 Fe^{3+} 可把 I^- 氧化成 I_2，而不能氧化 Br^- 和 Cl^-，Br^- 和 Cl^- 仍留在溶液中，该反应为

$$2Fe^{3+}+2I^- \rightleftharpoons 2Fe^{2+}+I_2$$

可见根据电极电势的大小可判断氧化剂的相对强弱为：$Cl_2>Br_2>Fe^{3+}>I_2$，还原剂的相对强弱为：$Cl^-<Br^-<Fe^{2+}<I^-$。

一般来说，对于简单的电极反应，离子浓度的变化对电极电势 E 值影响不大，因而只要两个电对的标准电极电势相差较大，通常可直接用标准电极电势来进行比较。但当两电对的标准电极电势相差较小时，要用电极电势进行比较，即用 Nernst 公式求出相应条件下的电极电势后再比较。例如，对于含氧酸盐，在介质的 H^+ 浓度不为 $1mol\cdot dm^{-3}$ 时，需先计算电极电势，再进行比较。

7.8.2　判断氧化还原反应进行的方向

一个氧化还原反应能自发进行的条件是 $\Delta_r G_m<0$，而 $\Delta_r G_m=-zFE$，所以 $E>0$ 时该氧化还原反应可自发进行。而电动势 $E=E_+-E_-$，则 $E_+>E_-$ 时氧化还原反应可自发进行，即只要氧化剂电对的电极电势大于还原剂电对的电极电势，则此氧化还原反应能自发进行。

如果氧化还原反应是在标准条件下进行，只需找出该反应的氧化剂和还原剂对应电对的标准电极电势，若氧化剂电对的标准电极电势大于还原剂电对的标准电极电势，则该氧化还原反应可自发进行。如果氧化还原反应是在非标准情况下进行，则需根据能斯特公式计算出氧化剂和还原剂对应电对的电极电势，然后比较大小再得出正确的结论。但若两个电对的标准电极电势 $E^{\ominus}$ 值之差大于 0.2V 时，浓度虽影响电极电势的大小，但一般不影响电池电动势数值的正负变化，因此可直接用标准电极电势值来判断。

例 7-9　试分别判断反应：

$$Pb^{2+}+Sn(s) = Pb(s)+Sn^{2+}$$

在标准状态和 $c(Sn^{2+})=1mol\cdot dm^{-3}$、$c(Pb^{2+})=0.1mol\cdot dm^{-3}$ 时能否自发进行？

解：将反应设计成电池　　$Sn(s)|Sn^{2+}\parallel Pb^{2+}|Pb(s)$

查附录 8 知：$E^{\ominus}(Pb^{2+}/Pb)=-0.1262V$；$E^{\ominus}(Sn^{2+}/Sn)=-0.1375V$

在标准状态下 $E(Pb^{2+}/Pb)=E^{\ominus}(Pb^{2+}/Pb)=-0.1262V$，$E(Sn^{2+}/Sn)=E^{\ominus}(Sn^{2+}/Sn)=-0.1375V$

$$E=E(Pb^{2+}/Pb)-E(Sn^{2+}/Sn)>0$$

在标准状态下正反应可自发进行。

当 $c(Sn^{2+})=1mol\cdot dm^{-3}$ 时，由能斯特公式得

$$E(Sn^{2+}/Sn)=E^{\ominus}(Sn^{2+}/Sn)-\frac{0.05916V}{2}\lg\frac{1}{c(Sn^{2+})/c^{\ominus}}$$
$$=-0.1375V$$

$c(Pb^{2+})=0.1mol\cdot dm^{-3}$ 时，由能斯特公式得

$$E(Pb^{2+}/Pb)=E^{\ominus}(Pb^{2+}/Pb)-\frac{0.05916V}{2}\lg\frac{1}{c(Pb^{2+})/c^{\ominus}}$$
$$=-0.1262V-\frac{0.05916V}{2}\lg\frac{1}{0.1}$$

$$=-0.1558\text{V}$$

可见　$E=E(\text{Pb}^{2+}/\text{Pb})-E(\text{Sn}^{2+}/\text{Sn})<0$

所以在 $c(\text{Sn}^{2+})=1\text{mol}\cdot\text{dm}^{-3}$，$c(\text{Pb}^{2+})=0.1\text{mol}\cdot\text{dm}^{-3}$ 时反应不能自发向右进行。

7.8.3　判断氧化还原反应进行的程度

一个化学反应进行的程度可由反应的标准平衡常数 $K^{\ominus}$ 的大小来衡量，由 $\Delta_r G_m^{\ominus}=-RT\ln K^{\ominus}$ 及 $\Delta_r G_m^{\ominus}=-zFE^{\ominus}$ 可得

$$E^{\ominus}=\frac{RT}{zF}\ln K^{\ominus} \tag{7-38}$$

当 $T=298.15\text{K}$ 时

$$E^{\ominus}=\frac{0.05916\text{V}}{z}\lg K^{\ominus} \tag{7-39}$$

则

$$\lg K^{\ominus}=\frac{zE^{\ominus}}{0.05916\text{V}} \tag{7-40}$$

例 7-10　计算 298.15K 时反应

$$\text{MnO}_4^- + 5\text{Fe}^{2+} + 8\text{H}^+ \rightleftharpoons \text{Mn}^{2+} + 5\text{Fe}^{3+} + 4\text{H}_2\text{O}$$

的标准平衡常数。

解：查附录 8 知 $E^{\ominus}(\text{MnO}_4^-/\text{Mn}^{2+})=1.507\text{V}$，$E^{\ominus}(\text{Fe}^{3+}/\text{Fe}^{2+})=0.771\text{V}$

$$E^{\ominus}=E^{\ominus}(\text{MnO}_4^-/\text{Mn}^{2+})-E^{\ominus}(\text{Fe}^{3+}/\text{Fe}^{2+})$$
$$=(1.507-0.771)\text{V}=0.736\text{V}$$

则

$$\lg K^{\ominus}=\frac{5\times0.736\text{V}}{0.05916\text{V}}=62.20$$
$$K^{\ominus}=1.60\times10^{62}$$

$K^{\ominus}$ 很大，说明反应进行得很完全。

应当指出，这里对氧化还原反应方向和程度的判断是从化学热力学角度进行讨论的，并未涉及反应速率问题。热力学看来可以进行完全的反应，它的反应速率不一定很快。因为反应进行的程度与反应速度是两个不同性质的问题。

7.8.4　元素的标准电极电势图及其应用

当某种元素具有多种氧化态时，可以把该元素的各种氧化态从高到低排列起来，每两者之间用一条短直线连接，并将相应电对的标准电极电势写在短线上，这样构成的表明元素各氧化态之间标准电极电势关系的图，称为元素的标准电极电势图，简称元素电势图。

例如：

酸性溶液中

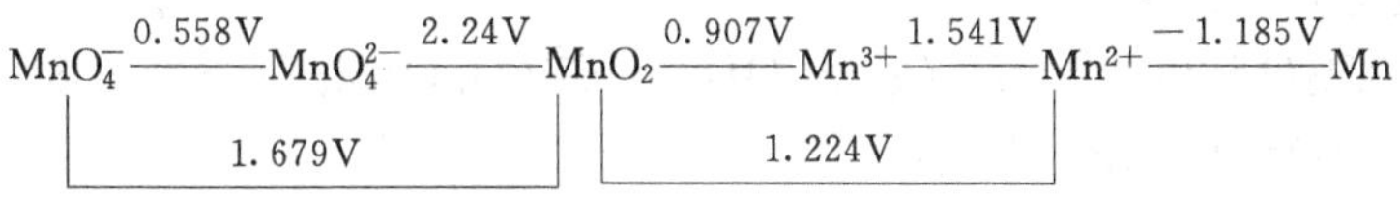

$$\text{MnO}_4^- \overset{0.558\text{V}}{\text{———}} \text{MnO}_4^{2-} \overset{2.24\text{V}}{\text{———}} \text{MnO}_2 \overset{0.907\text{V}}{\text{———}} \text{Mn}^{3+} \overset{1.541\text{V}}{\text{———}} \text{Mn}^{2+} \overset{-1.185\text{V}}{\text{———}} \text{Mn}$$

MnO_4^- — MnO_2：1.679V；MnO_2 — Mn^{2+}：1.224V

碱性溶液中

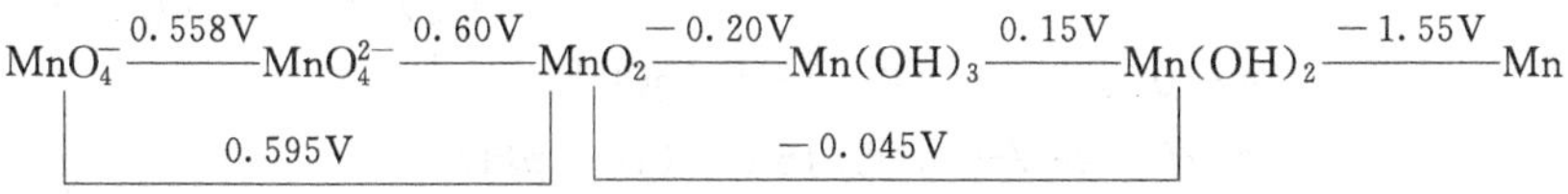

$$\text{MnO}_4^- \overset{0.558\text{V}}{\text{———}} \text{MnO}_4^{2-} \overset{0.60\text{V}}{\text{———}} \text{MnO}_2 \overset{-0.20\text{V}}{\text{———}} \text{Mn(OH)}_3 \overset{0.15\text{V}}{\text{———}} \text{Mn(OH)}_2 \overset{-1.55\text{V}}{\text{———}} \text{Mn}$$

MnO_4^- — MnO_2：0.595V；MnO_2 — Mn(OH)_2：−0.045V

由标准电极电势图知，MnO_4^{2-}、MnO_2 在酸性介质中比在碱性介质中的氧化能力要强。元素电势图的用途如下。

① 判断歧化反应　元素电极电势图可用来判断一个元素的某一氧化态能否发生歧化反应（同一种元素的一部分原子或离子氧化，另一部分原子或离子还原的反应）。同一元素不

同氧化态的 3 种物种从左到右按氧化态由高到低排列如下：

$$A\frac{E^{\ominus}_{左}}{\quad}B\frac{E^{\ominus}_{右}}{\quad}C$$

假设 B 能发生歧化反应，生成氧化数较高的物种 A 和氧化数较低的物种 C，若将这两个电对组成原电池，B 作氧化剂的电对为正极，即 $E^{\ominus}_{右}$，B 作还原剂的电对为负极，即 $E^{\ominus}_{左}$，要使氧化还原反应能发生，则必须 $E^{\ominus}_{右}>E^{\ominus}_{左}$。因此判断某物种能否发生歧化反应，其依据为：$E^{\ominus}_{右}>E^{\ominus}_{左}$。根据锰的电极电势图可以判断，在酸性溶液中，$MnO_4^{2-}$ 会发生歧化反应：

$$3MnO_4^{2-}+4H^+ \Longrightarrow 2MnO_4^-+MnO_2+2H_2O$$

在碱性溶液中，$Mn(OH)_3$ 可发生歧化反应：

$$2Mn(OH)_3 \Longrightarrow Mn(OH)_2+MnO_2+2H_2O$$

② 计算电对的标准电极电势　例如：已知酸性介质中铜的元素电极电势图，可以利用铜的元素电势图求出 $E^{\ominus}(Cu^{2+}/Cu)$。图中对应的半反应为：

$$Cu^{2+}\frac{0.1628V}{z_1=1}Cu^+\frac{0.521V}{z_2=1}Cu \quad E_3^{\ominus}=?,\ z_3=2$$

(1) $Cu^{2+}+e^- \rightleftharpoons Cu^+$　　$\Delta_r G_m^{\ominus}(1)=-z_1FE_1^{\ominus}$

(2) $Cu^++e^- \rightleftharpoons Cu$　　$\Delta_r G_m^{\ominus}(2)=-z_2FE_2^{\ominus}$

两式相加：

(3) $Cu^{2+}+2e^- \rightleftharpoons Cu$　　$\Delta_r G_m^{\ominus}(3)=-z_3FE_3^{\ominus}$

因为 $\Delta_r G_m^{\ominus}(3)=\Delta_r G_m^{\ominus}(1)+\Delta_r G_m^{\ominus}(2)$

则 $z_3E_3^{\ominus}=z_1E_1^{\ominus}+z_2E_2^{\ominus}$

$$E_3^{\ominus}=E^{\ominus}(Cu^{2+}/Cu)=\frac{z_1E_1^{\ominus}+z_2E_2^{\ominus}}{z_3}=\frac{(0.1628+0.521)V}{2}=0.3419V$$

推广到一般，设有一种元素的电势图如下：

$$A\frac{E_1^{\ominus}}{z_1}B\frac{E_2^{\ominus}}{z_2}C\frac{E_3^{\ominus}}{z_3}D \quad (A\to D:\ E_x^{\ominus},\ z_x)$$

$$E_x^{\ominus}=\frac{z_1E_1^{\ominus}+z_2E_2^{\ominus}+z_3E_3^{\ominus}}{z_x} \tag{7-41}$$

7.8.5　水的电势-pH 图

水是使用最多的溶剂，许多氧化还原反应在水溶液中进行，同时水本身又具有氧化还原性，因此研究水的氧化还原性，以及氧化剂或还原剂在水溶液中的稳定性等问题十分重要。水的氧化还原性与下列两个电极反应有关。

(1) 水被还原，放出氢气

$$2H_2O+2e^- \rightleftharpoons H_2(g)+2OH^- \quad E^{\ominus}(H_2O/H_2)=-0.828V$$

在 298.15K，$p(H_2)=100kPa$ 时，则

$$\begin{aligned}E(H_2O/H_2)&=E^{\ominus}(H_2O/H_2)+\frac{0.05916V}{2}\lg\frac{1}{\{p(H_2)/p^{\ominus}\}\{a(OH^-)\}^2}\\&=-0.828V+0.05916V\times pOH\\&=-0.828V+0.05916V\times(14-pH)\\&=-0.05916V\times pH\end{aligned}$$

(2) 水被氧化，放出氧气

$$O_2(g)+4H^++4e^- \rightleftharpoons 2H_2O \quad E^{\ominus}(O_2/H_2O)=1.229V$$

在 298.15K，$p(O_2)=100kPa$ 时，则

$$E(O_2/H_2O)=E^{\ominus}(O_2/H_2O)+\frac{0.05916V}{4}\lg\left[\frac{p(O_2)}{p^{\ominus}}a^4(H^+)\right]$$
$$=1.229-0.05916pH$$

可见水作为氧化剂和还原剂时，其电极电势都是pH的函数。以电极电势为纵坐标，pH为横坐标作图，就可得到水的电势-pH图，简称E-pH图，如图7-8所示。图中的直线B和直线A分别是以上述两方程画得的直线。

由于动力学等因素的影响，实际测量的值要比理论值差0.5V。因此A线、B线各向外推出0.5V，实际水的E-pH图为图中a、b虚线。

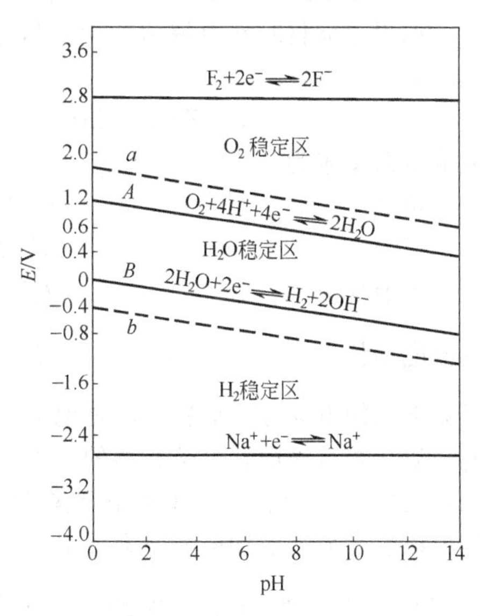

图7-8　水及某些电对的E-pH图

利用水的E-pH图可以判断氧化剂和还原剂能否在水溶液中稳定存在。当某种氧化剂的E值在a线以上，该氧化剂就能与水反应放出氧气；当某种还原剂的E值在b线以下，该还原剂就能与水反应放出氢气。例如$E^{\ominus}(F_2/F^-)=2.87V$，在$a$线以上，则$F_2$在水中不能稳定存在，要氧化水放出氧气，反应为

$$2F_2(g)+2H_2O \rightleftharpoons 4HF+O_2(g)$$

而$E^{\ominus}(Na^+/Na)=-2.714V$，在$b$线以下，则金属钠在水中不能稳定存在，要还原水放出氢气，反应为

$$2Na+2H_2O \rightleftharpoons 2NaOH+H_2(g)$$

如果某一种氧化剂或还原剂的E值处于a、b线间，则它可在水中稳定存在。因此，a线以上是$O_2(g)$的稳定区，b线以下是$H_2(g)$的稳定区，a线、b线间为H_2O的稳定区。

7.9　浓差电池

电池可分为化学电池和浓差电池两大类。电池总反应是某种化学反应的电池，称为化学电池。而浓差电池中，净结果是一种物质从高浓度向低浓度的迁移，这种电池的标准电动势$E^{\ominus}=0$。浓差电池又分为电极浓差电池和电解质浓差电池。

7.9.1　电极浓差电池

例如以下浓差电池：

$$Pt(s)|H_2(p_1)|HCl(a)|H_2(p_2)|Pt$$

在电池中，电极材料和电解质溶液相同，但电极上氢气的压力不同，设$p_2<p_1$，此电池称为电极浓差电池。该电池的电极反应为

负极　$\frac{1}{2}H_2(p_1)\longrightarrow H^+(a)+e^-$

正极　$H^+(a)+e^-\longrightarrow \frac{1}{2}H_2(p_2)$

电池反应　$\frac{1}{2}H_2(p_1)=\!=\!=\frac{1}{2}H_2(p_2)$

该电池的电动势为

$$E=-\frac{RT}{F}\ln(p_2/p_1)^{1/2} \tag{7-42}$$

由此可见，在指定温度下，电池的电动势仅取决于两个电极上氢气的压力比。这类电池的电

能是靠组成电极的物质从一个电极转移到另一个电极时，系统吉布斯函数的改变转化而来的。

7.9.2　电解质浓差电池

如果电极材料和电解质相同，但电解质溶液的浓度不同，此类电池称为电解质浓差电池。如：

$$Zn(s)|Zn^{2+}(a_1)\|Zn^{2+}(a_2)|Zn(s)\quad (a_1<a_2)$$

电池电极反应为

负极　$Zn(s) \longrightarrow Zn^{2+}(a_1)+2e^-$

正极　$Zn^{2+}(a_2)+2e^- \longrightarrow Zn(s)$

电池反应　$Zn^{2+}(a_2) \longrightarrow Zn^{2+}(a_1)$

电池电动势为

$$E=-\frac{RT}{2F}\ln\frac{a_1(Zn^{2+})}{a_2(Zn^{2+})} \tag{7-43}$$

可见电池的电动势仅取决于两种电解质溶液的离子活度比。这类电池产生电动势的过程就是电解质从浓溶液向稀溶液转移的过程。上述电池若不用盐桥，让两种不同浓度的溶液直接接触，这样在液-液界面上就有电势差存在，这种电势称为液接电势。此时，整个电池的电动势由浓差电势和液接电势两部分组成。利用盐桥可消除或减小液接电势。

7.10　电池电动势测定的应用

由电池电动势可求出电池反应的各种热力学参数；利用电极电势可判断氧化剂或还原剂的相对强弱，判断氧化还原反应可能进行的方向和限度等。总之电动势测定的应用是很广泛的，下面择要再举几例。

7.10.1　求难溶盐的标准溶度积

以 AgCl 为例

$$AgCl(s) \xlongequal{} Ag^+ + Cl^-$$

$$K_{sp}^{\ominus}=[c(Ag^+)/c^{\ominus}][c(Cl^-)/c^{\ominus}]$$

AgCl(s) 溶解反应对应的电池为

$$Ag(s)|Ag^+\|Cl^-|AgCl|Ag(s)$$

负极　$Ag(s) \longrightarrow Ag^+ + e^-$

正极　$AgCl(s)+e^- \longrightarrow Ag+Cl^-$

总反应　$AgCl(s) \xlongequal{} Ag^+ + Cl^-$

电池电动势

$$\begin{aligned}E^{\ominus}&=E^{\ominus}(AgCl/Ag)-E^{\ominus}(Ag^+/Ag)\\&=0.2223V-0.7996V\\&=-0.5773V\end{aligned}$$

$$\lg K_{sp}^{\ominus}=\frac{zE^{\ominus}}{0.05916}=\frac{1\times(-0.5773V)}{0.05916V}=-9.76$$

$$K_{sp}^{\ominus}=1.74\times10^{-10}$$

用类似的方法还可求出弱酸、弱碱的解离常数，水的离子积和配合物的不稳定常数等。

7.10.2　pH 值的测定

测定 pH 值需要一个对 H^+ 敏感的电极，使用较多的是玻璃电极。玻璃电极是一支玻璃管下端焊接一个特殊原料制成的玻璃球形薄膜，膜内盛有一种 pH 值固定的缓冲溶液，溶液中浸入一根 Ag-AgCl 电极作为内参比电极，如图 7-9 所示。玻璃膜两侧溶液 pH 值不同时就产生一定的膜电势。当球泡内溶液 pH 值固定时，膜电势随外部溶液的 pH 值改变。玻璃电

极具有可逆电极性质，其电极电势为

$$E_{玻}=E_{玻}^{\ominus}-\frac{RT}{F}\ln\frac{1}{[a(\mathrm{H}^{+})]_{x}}$$

$$=E_{玻}^{\ominus}-\frac{RT}{F}\times 2.303\mathrm{pH}_{x}$$

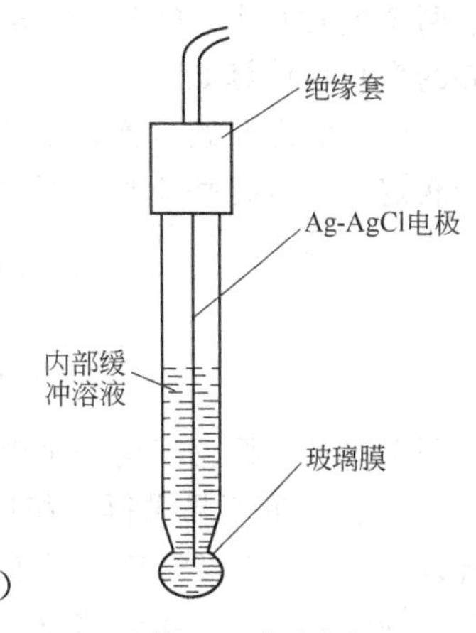

图 7-9　玻璃电极

将玻璃电极、饱和甘汞电极及待测溶液组成原电池：

Ag|AgCl(s)|缓冲液 ⋮ 被测溶液(pH)|饱和甘汞电极

玻璃膜

在 298.15K 时，该原电池电动势 E 为：

$$E=E_{甘}-E_{玻}=0.2415\mathrm{V}-E_{玻}^{\ominus}+0.05916\mathrm{V}\times\mathrm{pH}$$

$$\mathrm{pH}=\frac{E-0.2415\mathrm{V}+E_{玻}^{\ominus}}{0.05916\mathrm{V}}\qquad(7\text{-}44)$$

式中 $E_{玻}^{\ominus}$ 对给定玻璃电极为一个常数，但不同玻璃电极的 $E_{玻}^{\ominus}$ 不一定相同，因此在实际使用中，先用一种已知 pH 值的缓冲溶液 S 测其电动势值 E_{S}，再用同支玻璃电极测量未知溶液 x 的电动势值 E_x，则

$$E_{\mathrm{S}}=0.2415\mathrm{V}-\left[E_{玻}^{\ominus}-\frac{2.303RT}{F}\mathrm{pH}_{\mathrm{S}}\right]$$

$$E_{x}=0.2415\mathrm{V}-\left[E_{玻}^{\ominus}-\frac{2.303RT}{F}\mathrm{pH}_{x}\right]$$

将上两式联立得

$$\mathrm{pH}_{x}=\mathrm{pH}_{\mathrm{S}}-\frac{(E_{\mathrm{S}}-E_{x})F}{2.303RT}$$

若在 298.15K 时，

$$\mathrm{pH}_{x}=\mathrm{pH}_{\mathrm{S}}-\frac{E_{\mathrm{S}}-E_{x}}{0.05916\mathrm{V}}$$

玻璃电极的优点是操作方便，不易中毒，在有氧化剂或还原剂存在时不受影响；缺点是不适于碱性较大的溶液，其次玻璃膜极薄，易破损，用时需加小心。

7.11　氧化还原滴定法

氧化还原滴定法是以氧化还原反应为基础的滴定分析方法，能直接或间接测定很多无机物和有机物，应用范围广，是滴定分析中应用最为广泛的方法之一。

7.11.1　氧化还原滴定曲线

在氧化还原滴定过程中随着滴定剂的加入，反应物和产物的浓度不断改变，有关电对的电极电势也随之发生变化，以电极电势为纵坐标，滴定剂体积或滴定百分数为横坐标可以绘制滴定曲线。不同量的滴定剂加入时的电极电势可以用实验方法测得，也可用能斯特方程计算得到，但后一种方法只有当两个半反应都是可逆时，所得曲线才与实际测得结果一致。现以在 $1\mathrm{mol\cdot dm^{-3}}$ H_2SO_4 溶液中，用 $0.1000\mathrm{mol\cdot dm^{-3}}$ $Ce(SO_4)_2$ 溶液滴定 $20.00\mathrm{cm^3}$ $0.1000\mathrm{mol\cdot dm^{-3}}$ $FeSO_4$ 溶液为例，计算不同滴定阶段时的电极电势。

滴定反应为：

$$\mathrm{Ce^{4+}(aq)+Fe^{2+}(aq)=\!=\!=Ce^{3+}(aq)+Fe^{3+}(aq)}$$

该滴定反应由两个半反应组成，在 $1\mathrm{mol\cdot dm^{-3}}$ H_2SO_4 溶液中：

$$\mathrm{Ce^{4+}+e^{-}\rightleftharpoons Ce^{3+}}\qquad E^{\ominus\prime}(\mathrm{Ce^{4+}/Ce^{3+}})=1.44\mathrm{V}$$

$$\mathrm{Fe^{3+}+e^{-}\rightleftharpoons Fe^{2+}}\qquad E^{\ominus\prime}(\mathrm{Fe^{3+}/Fe^{2+}})=0.68\mathrm{V}$$

这两个电对 Ce^{4+}/Ce^{3+} 和 Fe^{3+}/Fe^{2+} 均是可逆的，且得失电子数相等。滴定过程中电极电势的变化可计算如下。

（1）滴定开始后到化学计量点　滴定开始后，系统中就同时存在着两个电对。在任何一个滴定点，达到平衡时，两电对的电势相等，即

$$E = E^{\ominus\prime}(Fe^{3+}/Fe^{2+}) + 0.05916\lg\frac{c(Fe^{3+})}{c(Fe^{2+})}$$

$$= E^{\ominus\prime}(Ce^{4+}/Ce^{3+}) + 0.05916\lg\frac{c(Ce^{4+})}{c(Ce^{3+})}$$

原则上，可以根据任何一个电对来计算溶液的电势，但是由于加入的 Ce^{4+} 几乎都被还原成 Ce^{3+}，其浓度不易求得。相反地，知道了 Ce^{4+} 的加入量，就可以确定 $c(Fe^{3+})/c(Fe^{2+})$，所以可用电对 Fe^{3+}/Fe^{2+} 来计算 E 值。为简便计，用滴定的百分数代替浓度比。例如，加入 2.00cm³ Ce^{4+} 溶液，即有 10% Fe^{2+} 被滴定生成 Fe^{3+}，还剩余 90% Fe^{2+}，则

$$c(Fe^{3+})/c(Fe^{2+}) = \frac{1}{9} \approx 0.1$$

$$E = E^{\ominus\prime}(Fe^{3+}/Fe^{2+}) + 0.05916\lg\frac{c(Fe^{3+})}{c(Fe^{2+})}$$

$$= 0.68V + 0.05916V\lg 0.1 = 0.62V$$

（2）化学计量点时　在化学计量点时，Ce^{4+} 和 Fe^{2+} 均定量地转变为 Ce^{3+} 和 Fe^{3+}，所以 Ce^{3+} 和 Fe^{3+} 的浓度是知道的，但无法确知 Ce^{4+} 和 Fe^{2+} 的浓度，因而不可能根据某一电对计算，而要通过两个电对的浓度关系来计算。

计量点时的电势 $E_{计}$ 可分别表示成：

$$E_{计} = E^{\ominus\prime}(Ce^{4+}/Ce^{3+}) + 0.05916\lg\frac{c(Ce^{4+})}{c(Ce^{3+})}$$

$$E_{计} = E^{\ominus\prime}(Fe^{3+}/Fe^{2+}) + 0.05916\lg\frac{c(Fe^{3+})}{c(Fe^{2+})}$$

两式相加，得

$$2E_{计} = E^{\ominus\prime}(Ce^{4+}/Ce^{3+}) + E^{\ominus\prime}(Fe^{3+}/Fe^{2+}) + 0.05916V\lg\frac{c(Ce^{4+})c(Fe^{3+})}{c(Ce^{3+})c(Fe^{2+})}$$

在计量点时，$c(Ce^{3+}) = c(Fe^{3+})$，$c(Ce^{4+}) = c(Fe^{2+})$，因此上式中对数项为 0，所以

$$E_{计} = \frac{E^{\ominus\prime}(Ce^{4+}/Ce^{3+}) + E^{\ominus\prime}(Fe^{3+}/Fe^{2+})}{2} = \frac{1.44V + 0.68V}{2} = 1.06V$$

（3）化学计量点后　由于 Fe^{2+} 已定量地氧化成 Fe^{3+}，$c(Fe^{2+})$ 很小且无法知道。而 $c(Ce^{4+})$ 过量的百分数是已知的，从而可确定 $c(Ce^{4+})/c(Ce^{3+})$ 值，这样就可根据电对 Ce^{4+}/Ce^{3+} 计算 E 值。

例如，当加入 20.02cm³ Ce^{4+} 溶液，即 Ce^{4+} 过量 0.1% 时，$c(Ce^{4+})/c(Ce^{3+}) = 0.001$，所以

$$E = E^{\ominus\prime}(Ce^{4+}/Ce^{3+}) + 0.05916\lg\frac{c(Ce^{4+})}{c(Ce^{3+})}$$

$$= 1.44V + 0.0592V \times \lg 0.001 = 1.26V$$

按照上述方法，逐一计算出滴入不同体积 $Ce(SO_4)_2$ 时的电势，可绘成滴定曲线，如图 7-10 所示。计算表明加入 $Ce(SO_4)_2$ 体积为 19.98cm³ 时电势为 0.86V，体积为 20.02cm³ 时电势为 1.26V。因此，滴定误差为 0.1% 时，可根据电势的滴定突跃范围（0.86～1.26V）来判断氧化还原的滴定终点。可以证明，如果两电对的电势相差越大，则突跃范围也越大。

若两电对电子转移数相等，则化学计量点在突跃范围的中点，若电子转移数不等，化学计量点偏向于转移电子数大的一方。

7.11.2　氧化还原指示剂

氧化还原滴定法可用电位法确定终点，也可以用氧化还原指示剂直接指示终点。氧化还原滴定法中常用的指示剂有以下几类。

① 自身指示剂　利用滴定剂或被测物质本身的颜色变化来指示滴定终点，无需另加指示剂。例如用 $KMnO_4$ 溶液滴定 $H_2C_2O_4$ 溶液，滴定至化学计量点后只要有很少过量的 $KMnO_4$（$2\times10^{-6}mol\cdot dm^{-3}$）就能使溶液呈现浅粉红色，指示终点的到达。

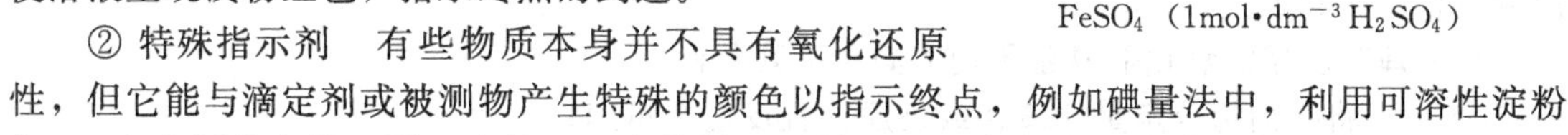

图 7-10　$0.1000mol\cdot dm^{-3}$ $Ce(SO_4)_2$ 溶液滴定 $20.00cm^3$ $0.1000mol\cdot dm^{-3}$ $FeSO_4$（$1mol\cdot dm^{-3}$ H_2SO_4）

② 特殊指示剂　有些物质本身并不具有氧化还原性，但它能与滴定剂或被测物产生特殊的颜色以指示终点，例如碘量法中，利用可溶性淀粉与 I_3^- 生成深蓝色的吸附配合物，反应特效且灵敏，以蓝色的出现或消失来指示终点。

③ 氧化还原指示剂　这类指示剂具有氧化还原性质，其氧化态和还原态具有不同的颜色。在滴定过程中，因被氧化或还原而发生颜色变化以指示终点。

以 In(Ox)、In(Red) 分别表示氧化还原指示剂的氧化态和还原态，氧化还原指示剂的半反应和 298.15K 时的能斯特方程为

$$In(Ox)+ze^- \longrightarrow In(Red)$$

$$E\{In(Ox)/In(Red)\}=E^\ominus\{In(Ox)/In(Red)\}-\frac{0.05916V}{z}\lg\frac{c\{In(Red)\}}{c\{In(Ox)\}}$$

在滴定过程中，随着溶液电极电势的改变，$\frac{c\{In(Red)\}}{c\{In(Ox)\}}$ 随之变化，溶液的颜色也发生变化。当 $\frac{c\{In(Red)\}}{c\{In(Ox)\}}$ 从 $\frac{1}{10}\sim10$，指示剂由氧化态颜色转变为还原态颜色。相应的指示剂变色范围为 $E^\ominus\{In(Ox)/In(Red)\}\pm\frac{0.05916V}{z}$。

表 7-5 列出的是常用的氧化还原指示剂。在氧化还原滴定中选择这类指示剂的原则是，指示剂变色点的电极电势应处于滴定体系的电势突跃范围内。

表 7-5　常用的氧化还原指示剂

指示剂	颜色变化		$E_{In}^{\ominus\prime}/V$	配制方法
	还原态	氧化态	$c(H^+)=1mol\cdot dm^{-3}$	
次甲基蓝	无色	蓝色	+0.53	质量分数为 0.05% 的水溶液
二苯胺	无色	紫色	+0.76	0.25g 指示剂与 $3cm^3$ 水混合溶于 $100cm^3$ 浓 H_2SO_4 或 H_3PO_4 中
二苯胺磺酸钠	无色	紫红色	+0.85	0.8g 指示剂加 2g Na_2CO_3，用水溶解并稀释至 $100cm^3$
邻苯氨基苯甲酸	无色	紫红色	+0.89	0.1g 指示剂溶于 $30cm^3$ 质量分数为 0.6% 的 Na_2CO_3 溶液中，用水稀释至 $100cm^3$，过滤，保存在暗处
邻二氮菲-亚铁	红色	淡蓝色	+1.06	1.49g 邻二氮菲加 0.7g $FeSO_4\cdot7H_2O$ 溶于水，稀释至 $100cm^3$

如前所述，在 $1mol\cdot dm^{-3}$ H_2SO_4 介质中，用 Ce^{4+} 溶液滴定 Fe^{2+} 溶液，化学计量点前

后0.1%的电极电势突跃范围是0.86～1.26V，显然宜选用邻苯氨基苯甲酸或邻二氮菲-亚铁作指示剂。

氧化还原反应的完全程度一般来说是比较高的，因而化学计量点附近的突跃范围较大，又有不同的指示剂可供选择，因此终点误差一般并不大。但是，指示剂本身会消耗滴定剂。例如在 H_2SO_4-H_3PO_4 介质中，$K_2Cr_2O_7$ 溶液滴定 Fe^{2+} 溶液，用二苯胺磺酸钠作指示剂，0.1cm^3 0.2%的二苯胺磺酸钠将消耗 0.01cm^3 0.01667$mol \cdot dm^{-3}$ $K_2Cr_2O_7$ 溶液。因此，在氧化还原滴定中，应该作指示剂空白校正。

7.11.3 氧化还原滴定前的预处理

氧化还原滴定时，被测物的价态往往不适于滴定，需进行氧化还原滴定前的预处理。例如用 $K_2Cr_2O_7$ 法测定铁矿中的铁含量，Fe^{2+} 在空气中不稳定，易被氧化成 Fe^{3+}，而 $K_2Cr_2O_7$ 溶液不能与 Fe^{3+} 反应，必须预先将溶液中的 Fe^{3+} 还原至 Fe^{2+}，才能用 $K_2Cr_2O_7$ 溶液进行直接滴定。

预处理时所用的氧化剂或还原剂应满足下列条件：

① 必须将欲测组分定量地氧化或还原，且反应要迅速；

② 剩余的预氧化剂或预还原剂应易于除去；

③ 预氧化或预还原反应具有好的选择性，避免其它组分的干扰。

预处理中常用的氧化剂、还原剂列于表 7-6 中。

表 7-6 预处理中常用的氧化还原剂

反应条件	氧化剂	主要反应	过量试剂除去方法
酸性	$(NH_4)_2S_2O_8$	$Mn^{2+} \longrightarrow MnO_4^-$ $Cr^{3+} \longrightarrow Cr_2O_7^{2-}$ $VO^{2+} \longrightarrow VO_3^-$	煮沸分解
HNO_3 介质	$NaBiO_3$	同上	过滤
碱性	H_2O_2	$Cr^{3+} \longrightarrow CrO_4^{2-}$	煮沸分解
酸性或中性	Cl_2,Br_2(l)	$I^- \longrightarrow IO_3^-$	煮沸或通空气
$SnCl_2$	酸性加热	$Fe^{3+} \longrightarrow Fe^{2+}$ As(Ⅴ)⟶As(Ⅲ)	加 $HgCl_2$ 氧化
$TiCl_3$	酸性	$Fe^{3+} \longrightarrow Fe^{2+}$	稀释,Cu^{2+}催化空气氧化
联胺		As(Ⅴ)⟶As(Ⅲ)	加浓 H_2SO_4 煮沸
锌汞齐还原器	酸性	$Fe^{3+} \longrightarrow Fe^{2+}$ Sn(Ⅳ)⟶Sn(Ⅱ) Ti(Ⅳ)⟶Ti(Ⅲ)	

7.11.4 氧化还原滴定法的应用

根据所用滴定剂的种类不同，氧化还原滴定法可分为重铬酸钾法、高锰酸钾法、碘量法、铈量法等。各种方法都有其特点和应用范围，应根据实际测定情况选用。以下简单介绍前两种方法。

7.11.4.1 重铬酸钾法

$K_2Cr_2O_7$ 是一种常用的氧化剂，在酸性介质中的半反应为

$$Cr_2O_7^{2-} + 14H^+ + 6e^- = 2Cr^{3+} + 7H_2O \qquad E^{\ominus} = 1.232V$$

$K_2Cr_2O_7$ 法有如下特点：$K_2Cr_2O_7$ 易提纯、较稳定，在140～150℃干燥后，可作为基准物质直接配制标准溶液；$K_2Cr_2O_7$ 标准溶液非常稳定，可以长期保存在密闭容器内，溶液浓度不变；在室温下，$K_2Cr_2O_7$ 不与 Cl^- 反应，故可以在 HCl 介质中作滴定剂；$K_2Cr_2O_7$ 法需用指示剂。

$K_2Cr_2O_7$ 法应用举例如下。

① 铁的测定 将含铁试样用HCl溶解后，先用$SnCl_2$将大部分Fe^{3+}还原至Fe^{2+}，然后在Na_2WO_3存在下，以$TiCl_3$还原剩余的Fe^{3+}至Fe^{2+}，而稍过量的$TiCl_3$使Na_2WO_3还原为钨蓝，使溶液呈现蓝色，以指示Fe^{3+}被还原完毕。然后以Cu^{2+}作催化剂，利用空气氧化或滴加稀$K_2Cr_2O_7$溶液使钨蓝恰好退色。再于H_3PO_4介质中（也可以用H_2SO_4-H_3PO_4介质），以二苯胺磺酸钠为指示剂，用$K_2Cr_2O_7$标准溶液滴定Fe^{2+}。加H_3PO_4的作用是提供必要的酸度；与Fe^{3+}形成稳定的且无色的$Fe(HPO_4)_2^-$，使Fe^{3+}/Fe^{2+}电对的电极电势降低，使二苯胺磺酸钠变色点的电极电势落在滴定的电势突跃范围内，防止滴定终点提前到达，又掩蔽了Fe^{3+}的黄色，有利于终点的观察。

② 土壤中腐殖质含量的测定 腐殖质是土壤中复杂的有机物质，其含量大小反映土壤的肥力。测定方法是将土壤试样在浓硫酸存在下与已知过量的$K_2Cr_2O_7$溶液共热，使腐殖质的碳被氧化，然后以邻二氮菲-亚铁作指示剂，用Fe^{2+}标准溶液滴定剩余的$K_2Cr_2O_7$。最后通过计算有机碳的含量再换算成腐殖质的含量。反应为

$$2Cr_2O_7^{2-}+3C+16H^+ \longrightarrow 4Cr^{3+}+3CO_2+8H_2O$$

$$Cr_2O_7^{2-}(余量)+6Fe^{2+}+14H^+ \longrightarrow 2Cr^{3+}+6Fe^{3+}+7H_2O$$

空白测定可用纯砂或灼烧过的土壤代替土样，计算公式如下：

$$w(腐殖质)=\frac{\frac{1}{4}(V_0-V)c(Fe^{2+})}{m(土样)}\times 0.021\times 1.1$$

式中，V_0为空白试验所消耗的Fe^{2+}标准溶液的体积，cm^3；V为土壤试样所消耗的Fe^{2+}标准溶液的体积，cm^3。

由于土壤中腐殖质氧化率平均仅为90%，故需乘以校正系数1.1即$\left(\frac{100}{90}\right)$；且因反应中1mmol C质量为0.012g，土壤中腐殖质中碳平均含量为58%，则1mmol碳相当于$0.012\times\frac{100}{58}$，即约0.021g的腐殖质。

7.11.4.2 高锰酸钾法

$KMnO_4$是一种强氧化剂，在不同酸度条件下，其氧化能力不同。

强酸性溶液 $MnO_4^-+8H^++5e^- \longrightarrow Mn^{2+}+4H_2O$ $E^\ominus=1.507V$

中性、弱碱性溶液 $MnO_4^-+2H_2O+3e \longrightarrow MnO_2+4OH^-$ $E^\ominus=0.59V$

强碱性溶液 $MnO_4^-+e^- \longrightarrow MnO_4^{2-}$ $E^\ominus=0.56V$

$KMnO_4$法的优点是氧化能力强，可直接、间接测定多种无机物和有机物；本身可作指示剂。缺点是$KMnO_4$标准溶液不够稳定；滴定的选择性较差。

(1) $KMnO_4$标准溶液的配制和标定

市售的$KMnO_4$试剂常含有少量MnO_2和其它杂质及蒸馏水中常含有微量的还原性物质等。因此$KMnO_4$标准溶液不能直接配制。其配制方法为：称取略多于理论计算量的固体$KMnO_4$，溶解于一定体积的蒸馏水中，加热煮沸，保持微沸约1h，或在暗处放置7～10天，使还原性物质完全氧化。冷却后用微孔玻璃漏斗过滤去$MnO(OH)_2$沉淀。过滤后的$KMnO_4$溶液贮存于棕色瓶中，置于暗处，避光保存。

标定$KMnO_4$溶液的基准物质有$H_2C_2O_4\cdot 2H_2O$，$Na_2C_2O_4$，As_2O_3，$(NH_4)_2Fe(SO_4)_2\cdot 6H_2O$等。常用的是$Na_2C_2O_4$，它易提纯，稳定，不含结晶水。在酸性溶液中，$KMnO_4$与$Na_2C_2O_4$的反应为

$$2MnO_4^-+5C_2O_4^{2-}+16H^+ \longrightarrow 2Mn^{2+}+10CO_2+8H_2O$$

为使反应定量进行，需注意以下几点：

① 此反应在室温下速度缓慢，需加热至70～80℃；但高于90℃，$H_2C_2O_4$ 会分解。

$$H_2C_2O_4 \xlongequal{} CO_2+CO+H_2O$$

② 酸度过低，MnO_4^- 会部分被还原成 MnO_2；酸度过高，会促使 $H_2C_2O_4$ 分解。一般滴定开始的最宜酸度为 $1mol\cdot dm^{-3}$。为防止诱导氧化 Cl^- 的反应发生，应在 H_2SO_4 介质中进行。

③ 开始滴定速度不宜太快，若开始滴定速度太快，使滴入的 $KMnO_4$ 来不及和 $C_2O_4^{2-}$ 反应，发生分解反应：$4MnO_4^- + 12H^+ \xlongequal{} 4Mn^{2+} + 5O_2 + 6H_2O$。有时也可加入少量 Mn^{2+} 作催化剂以加速反应。

(2) $KMnO_4$ 法应用示例

① 直接滴定法测定 H_2O_2　在酸性溶液中 H_2O_2 被 $KMnO_4$ 定量氧化，其反应为

$$2MnO_4^-+5H_2O_2+6H^+ \xlongequal{} 2Mn^{2+}+5O_2+8H_2O$$

② 间接滴定法测定 Ca^{2+}　先用 $C_2O_4^{2-}$ 将 Ca^{2+} 全部沉淀为 CaC_2O_4，沉淀经过滤、洗涤后溶于稀 H_2SO_4，然后用 $KMnO_4$ 标准溶液滴定，间接测得 Ca^{2+} 的含量。

③ 返滴定法测定 MnO_2　在含 MnO_2 试液中加入已知量的过量 $C_2O_4^{2-}$，在酸性介质中发生反应：

$$MnO_2+C_2O_4^{2-}+4H^+ \xlongequal{} Mn^{2+}+2CO_2+2H_2O$$

待反应完全后，用 $KMnO_4$ 标准溶液返滴定剩余的 $C_2O_4^{2-}$，可求得 MnO_2 含量。此法也可用于测定 PbO_2 的含量。

7.12 实用电化学

7.12.1 电解

电流通过电解质溶液而发生化学反应，将电能转变成化学能的过程称为电解。实现电解过程的装置称为电解池。

在电解池中，与直流电源正极相连的电极是阳极，与直流电源负极相连的电极是阴极。阳极发生氧化反应；阴极发生还原反应。由于阳极带正电，阴极带负电，电解液中正离子移向阴极，负离子移向阳极，当离子到达电极上分别发生氧化和还原反应，称为离子放电。

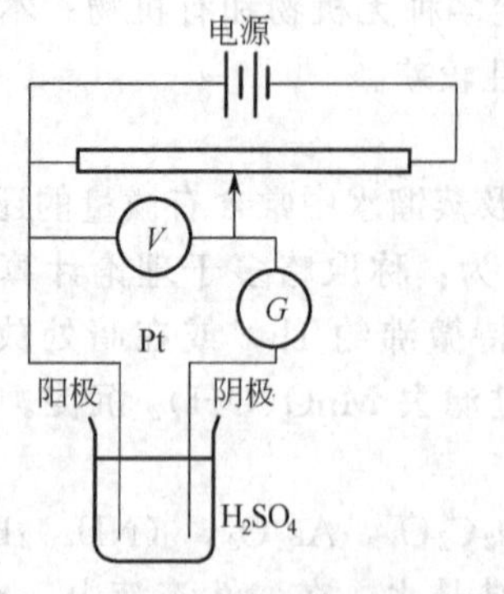

图 7-11　电解 H_2SO_4 溶液示意图

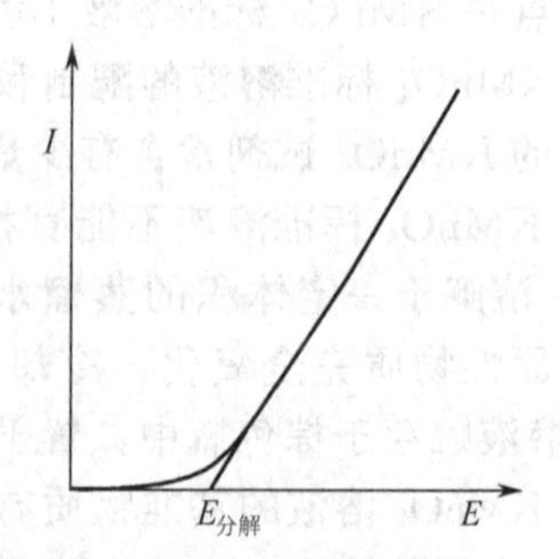

图 7-12　分解电压示意图

例如：以铂为电极，电解 $0.1mol\cdot dm^{-3}$ 的 H_2SO_4 溶液，见图 7-11。在 H_2SO_4 溶液中放入两个铂电极，接到由可变电阻器和电源组成的分压器上。逐渐增加电压，并记录相应的

电流值，以电流对电压作图得到如图 7-12 所示的电流-电压曲线。

刚开始加电压时，电流强度很小，电极上观察不到电解现象。当电压增加到某一数值时，电流突然直线上升，同时电极上有气泡逸出，电解开始。电流由小突然变大时的电压是电解质溶液发生电解所必须施加的最小电压，称为分解电压。电解池中通入电流后发生的反应为

阴极反应：　$4H^+ + 4e^- \longrightarrow 2H_2(g)$

阳极反应：　$4OH^- \longrightarrow 2H_2O + O_2(g) + 4e^-$

总反应：　$2H_2O \longrightarrow 2H_2(g) + O_2(g)$

可见，以铂为电极电解 H_2SO_4 溶液，实际上是电解水，H_2SO_4 的作用只是增加溶液的导电性。

产生分解电压的原因是由于电解时，在阴极上析出的 H_2 和阳极上析出的 O_2，分别被吸附在铂片上，形成了氢电极和氧电极，组成原电池：

$$(-)Pt|H_2[g,p(H_2)]|H_2SO_4(0.1mol\cdot dm^{-3})|O_2[g,p(O_2)]|Pt(+)$$

在 298.15K，$a(H^+)=0.1$ 时，当 $p(H_2)=p(O_2)=p^{\ominus}$时，原电池的电动势 E 为

$$E_+ = E(O_2/OH^-) = E^{\ominus}(O_2/OH^-) + \frac{0.05916V}{4}\lg\frac{p(H_2)/p^{\ominus}}{[a(OH^-)]^4}$$

$$= 0.40V + \frac{0.05916V}{4}\lg\frac{1}{(10^{-13})^4} = 1.1691V$$

$$E_- = E(H^+/H_2) = E^{\ominus}(H^+/H_2) + \frac{0.05916V}{2}\lg\frac{[a(H^+)]^2}{p(H_2)/p^{\ominus}}$$

$$= 0.00V + \frac{0.05916V}{2}\lg 0.1^2 = -0.05916V$$

$$E = 1.1691V - (-0.05916V) = 1.2283V$$

此电池电动势的方向和外加电压相反，显然，要使电解顺利进行，外加电压必须克服这一反向的电动势，所以将此反向电动势称为理论分解电压。

当外加电压稍大于理论分解电压，电解似乎应能进行。但实际的分解电压为 1.70V，比理论分解电压高很多。超出理论分解电压的原因，除了因为内阻所引起的电压降外，主要是由于电极反应是不可逆的，产生了所谓的“极化”作用引起的。影响极化作用的因素很多，如电极材料、电流密度、温度等，在此不作详细介绍。

7.12.2　金属的电化学腐蚀与防护

7.12.2.1　金属的电化学腐蚀

当金属和周围介质相接触时，由于发生了化学或电化学作用而引起的破坏叫做金属的腐蚀。金属表面与气体或非电解质液体等接触而单纯发生化学反应引起的腐蚀叫做化学腐蚀。在化学腐蚀过程中无电流产生。金属表面与介质如潮湿空气、电解质溶液等接触因发生电化学作用而引起的腐蚀，叫做电化学腐蚀。

金属的电化学腐蚀，实际上是在金属表面形成了许多微电池。在微电池中，负极发生氧化反应引起电化学腐蚀。例如，将 Fe 浸在无氧的酸性介质中（如钢铁酸洗时），Fe 作为阳极而腐蚀，碳或其它比铁不活泼的杂质作为阴极，为 H^+ 的还原提供反应界面，腐蚀过程为

阳极（Fe）：　$Fe(s) \longrightarrow Fe^{2+} + 2e^-$

阴极（杂质）：　$2H^+ + 2e^- \longrightarrow H_2(g)$

总反应：　$Fe(s) + 2H^+ = Fe^{2+} + H_2(g)$

日常遇到的大量腐蚀现象往往是在有氧、pH 接近中性条件下的电化学腐蚀。金属仍作

为阳极溶解，金属中的杂质为溶于水膜中的氧获取电子提供反应界面，腐蚀反应为

阳极（Fe）：　$2Fe(s) \longrightarrow 2Fe^{2+} + 4e^-$

阴极（杂质）：　$O_2(g) + 2H_2O + 4e^- \longrightarrow 4OH^-$

总反应：　$2Fe(s) + O_2(g) + 2H_2O = 2Fe(OH)_2(s) \xrightarrow{O_2} 2Fe(OH)_3(s)$

7.12.2.2　金属腐蚀的防护

金属腐蚀的防护，应从材料和环境两方面着手。常用的方法有如下几种。

① 正确选用金属材料，合理设计金属结构　选用金属材料时应选用在应用环境和条件下不易腐蚀的金属。设计金属结构时，应避免用电势差大的金属材料相互接触。

② 覆盖层保护法　在被保护层上覆盖一层非金属层或金属层，将被保护的金属与外界介质隔开。覆盖非金属保护层的方法是将耐腐蚀的物质如油漆、涂料、搪瓷、陶瓷、玻璃、高分子材料等涂在被保护的金属表面。覆盖金属保护层的方法是用电镀的方法将耐腐蚀性较强的金属或合金覆盖在被保护的金属表面上，这又可分为阳极保护层和阴极保护层两种。镀上去的金属比被保护的金属有较负的电极电势，例如把锌镀在铁上（形成微电池时，锌为阳极，铁为阴极），该保护层称为阳极保护层；镀上去的金属有较正的电极电势，例如把锡镀在铁上（锡为阴极，铁为阳极），该保护层称为阴极保护层。就保护层把被保护的金属与外界介质隔开以达到保护金属的作用而言是相同的，但当金属保护层受到损坏而变得不完整时，阴极保护层就失去了保护作用，和被保护的金属形成原电池，此时被保护的金属是阳极，要发生氧化反应产生电化学腐蚀而失去其保护作用，加速金属的腐蚀。而阳极保护层中被保护的金属是阴极，即使保护层被破坏，受腐蚀的是保护层，而被保护的金属则不受腐蚀。

③ 电化学保护　有以下几种方法。

a. 保护器保护　将电极电势较低的金属和被保护的金属连接在一起，构成原电池，电极电势较低的金属作为阳极而溶解，被保护的金属作为阴极就可以避免腐蚀。例如，海上航行的船舶，在船底四周镶嵌锌板，此时，船体是阴极受到保护，锌板是阳极代替船体而受腐蚀，所以又称牺牲阳极的阴极保护法（图 7-13）。

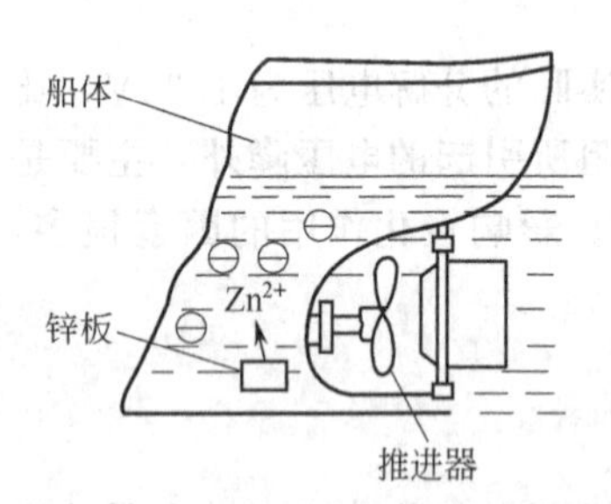

图 7-13　牺牲阳极的阴极保护法

b. 阴极电保护　利用外加直流电，把负极接到被保护的金属上，让它成为阴极。正极接到一些废铁上成为阳极，使它受到腐蚀。所以那些废铁实际是牺牲性阳极。在化工厂中一些装有酸性溶液的容器或管道，以及地下的水管或输油管常用这种方法防腐。

c. 阳极电保护　把被保护的金属接到外加电源的正极上，使被保护的金属进行阳极极化，电极电势向正的方向移动，使金属"钝化"而得到保护。

④ 加缓蚀剂保护　缓蚀剂种类很多，在腐蚀性的介质中加少量缓蚀剂就能大大降低金属腐蚀的速度。实质上就是减慢阴极过程或者阳极过程的速度。

阳极缓蚀剂起的作用之一是直接阻止阳极金属表面的金属离子进入溶液，作用之二是在金属表面上形成保护膜以使阳极的面积减小。

阴极缓蚀剂不改变阴极的面积，主要在于抑制阴极过程进行，增大阴极极化。

有机缓蚀剂可以是阴极缓蚀剂也可以是阳极缓蚀剂。据认为主要是它被吸附在阴极表面而增加了氢超电势，妨碍氢离子放电过程的进行，从而使金属溶解速度减慢。

7.12.3 化学电源

原电池是使化学能转变为电能的一种装置。但是，要把电池作为实用的化学电源，设计时必须考虑到实用上的要求，如电压比较高、电容量比较大、电极反应容易控制，体积小便于携带以及适当的价格等。电池的种类很多，按其使用的特点大体可分为：①一次性电池，如通常使用的锰锌电池等，这种电池放电之后不能再使用；②蓄电池，如铅蓄电池、Fe-Ni 蓄电池等，这些电池放电后可以再充电反复使用多次；③燃料电池，此类电池又称为连续电池，只要不断地向正、负极输送反应物质，就可连续放电：④太阳能电池等。以下仅简要介绍其中的几种。

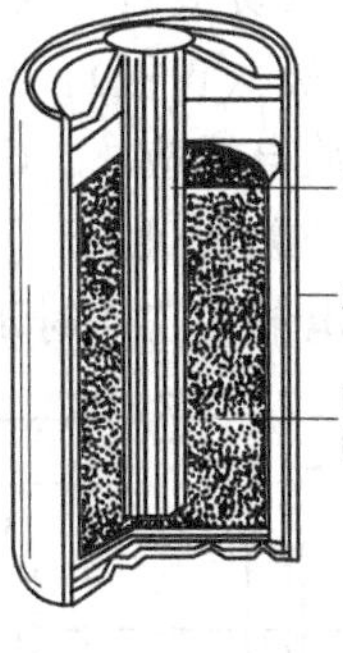

图 7-14　干电池

7.12.3.1 一次性电池

手电筒用的锌锰电池是一次性电池，构造如图 7-14 所示。以锌皮为外壳，中央是石墨棒，棒附近是细密的石墨粉和 MnO_2 的混合物。周围再装入用 NH_4Cl 溶液浸湿的 $ZnCl_2$、NH_4Cl 和淀粉调制成的糊状物。为了避免水的蒸发，外壳用蜡和沥青封固。干电池的图式为：

$$(-)Zn(s)|ZnCl_2,NH_4Cl(糊状)|MnO_2(s)|C(s)(+)$$

放电时的电极反应为

锌极（负极）：$Zn(s) \longrightarrow Zn^{2+}(aq)+2e^-$

碳极（正极）：$2NH_4^+(aq)+2e^- \longrightarrow 2NH_3(aq)+H_2(g)$

在使用过程中，H_2 在碳棒附近不断积累，会阻碍碳棒与 NH_4^+ 接触，从而使电池的内阻增大，产生极化作用。MnO_2 能消除电极上集积的氢气，所以又叫去极剂，反应式为

$$2MnO_2(s)+H_2(g) = 2MnO(OH)(s)$$

所以正极上总的反应为

$$2MnO_2(s)+2NH_4^+(aq)+2e^- = 2MnO(OH)(s)+2NH_3(aq)$$

锌锰电池的电动势约 1.5V，其容量小，使用寿命不长。若将普通锌锰干电池中的填充物 $ZnCl_2$ 和 NH_4Cl 换成 KOH，就得到了碱性干电池，其使用寿命有较大的增加。

7.12.3.2 蓄电池

(1) 酸性蓄电池

蓄电池是可以积蓄电能的一种装置。蓄电池放电后，用直流电源充电，可使电池回到原来的状态，因此可反复使用。最常用的酸性蓄电池是铅蓄电池。

铅蓄电池图式为

$$(-)Pb(s) \mid PbSO_4(s) \mid H_2SO_4(aq) \mid PbSO_4(s) \mid PbO_2(s) \mid Pb(s)(+)$$

其电极是铅锑合金制成的栅状极片，分别填塞 $PbO_2(s)$ 和海绵状金属铅作为正极和负极。电极浸在 $w(H_2SO_4)=0.30$ 的硫酸溶液（相对密度 $\rho=1.2g \cdot cm^{-3}$）中，放电时

Pb 极（负极）：　$Pb(s)+SO_4^{2-}(aq) \longrightarrow PbSO_4(s)+2e^-$

PbO_2 极（正极）：$PbO_2(s)(aq)+SO_4^{2-}(aq)+4H^++2e^- \longrightarrow PbSO_4(s)+2H_2O(l)$

总放电反应：　$Pb(s)+PbO_2(s)+2H_2SO_4(aq) = 2PbSO_4(s)+2H_2O(l)$

在放电时，两极表面都沉积着一层 $PbSO_4$，同时硫酸的浓度逐渐降低，当电动势由 2.2V 降到 1.9V 左右时，就不能继续使用了。此时应该及时充电，否则就难以复原，从而造成电池损坏。

(2) 碱性蓄电池

碱性蓄电池有 Fe-Ni 蓄电池、Cd-Ni 蓄电池、Ag-Zn 蓄电池等，其中镍镉电池是一种近

年来使用广泛的碱性蓄电池（充电电池）。镍镉电池的负极为镉，在碱性电解质中发生氧化反应，正极由 NiO_2 组成，发生还原反应。

Cd 极（负极）：　$Cd(s)+2OH^-(aq)\longrightarrow Cd(OH)_2(s)+2e^-$

NiO_2 极（正极）：$NiO_2(s)+2H_2O(l)+2e^-\longrightarrow Ni(OH)_2(s)+2OH^-(aq)$

总的放电反应：　$Cd(s)+NiO_2(s)+2H_2O(l)=\!=\!=Cd(OH)_2(s)+Ni(OH)_2(s)$

7.12.3.3　燃料电池

燃料电池在工作时不断从外界输入氧化剂和还原剂，同时将电极反应产物不断排出，可不断地放电使用，因而又称为连续电池。燃料电池是以氢、甲烷或一氧化碳等为负极反应物质，以氧气、空气或氯气等为正极反应物质制成的电池。电解质采用 KOH 溶液或固体电解质。此外电池中还包含适当的催化剂。这种电池是使燃料与氧化剂之间发生的化学反应直接在电池中进行，使化学能直接转化为电能，提高了能量的利用效率；而且对环境污染少，因此成为研究的热点。

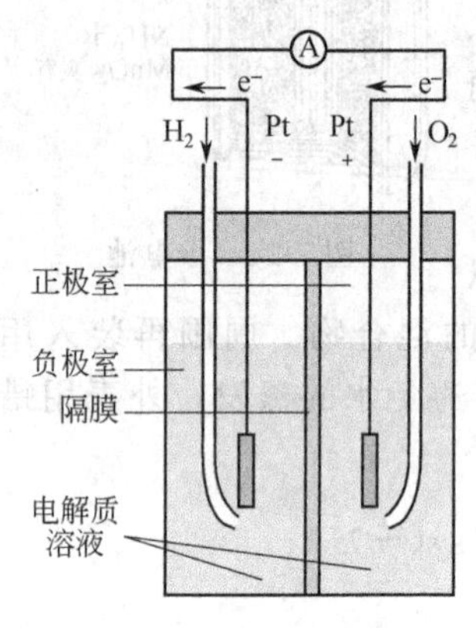

图 7-15　氢-氧燃料电池

例如图 7-15 所示的氢-氧燃料电池

$$(-)Pt|H_2(g)|KOH(aq)|O_2(g)|Pt(+)$$

负极　$H_2(g)+2OH^-(aq)\longrightarrow 2H_2O(l)+2e^-$

正极　$O_2(g)+2H_2O(l)+4e^-\longrightarrow 4OH^-(aq)$

总反应 $2H_2(g)+O_2(g)\longrightarrow 2H_2O(l)$

20 世纪 60 年代美国阿波罗登月飞船上的工作电源就是燃料电池，直至今日，所有航天飞行器，其能源都是燃料电池。

思考题

1. 氧化还原反应的特征是什么？什么是氧化剂和还原剂？它们之间是何种关系？
2. 离子-电子法配平氧化还原方程式的步骤有哪些？
3. 什么是氧化还原电对？如何表示？
4. 如何用图式表示原电池？
5. 如何判断原电池的正极和负极？如何计算电池的电动势？
6. 原电池的电动势与离子浓度的关系是什么？
7. 从能斯特方程中可反映出影响电极电势的因素有哪些？
8. 什么是可逆电池？可逆电池有几种类型，试举例说明。
9. 电池电动势 E，$\Delta_r G_m$，$\Delta_r S_m$，$\Delta_r H_m$ 与电池反应写法是否有关？
10. 判断氧化还原反应方向的原则是什么？试举例说明？
11. $E^{\ominus}=\frac{RT}{nF}\ln K^{\ominus}$，$E^{\ominus}$ 是不是电池反应达到平衡时的电动势？
12. 电极电势的应用有哪些？举例说明。
13. 什么是元素电势图？有何主要用途？
14. 什么叫 H_2O 的 E-pH 图？有什么用途？
15. 原电池和电解池各有何特点？举例说明（从电极名称、电极反应、电子流方向等方面进行比较）。
16. 什么叫分解电压？为什么实际分解电压高于理论分解电压？
17. 金属电化学腐蚀的特点是什么？为什么粗锌（含杂质主要是 Cu，Fe 等）比纯锌容易在硫酸中溶解？为什么在水面附近的金属比在水中的金属更容易腐蚀？
18. 金属防腐的方法有哪些？
19. 什么叫干电池、蓄电池和燃料电池？写出铅蓄电池放电时的两极反应。

习　　题

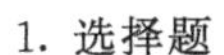

1. 选择题

(1) 已知电对 $Mo^{3+} + 3e^- \rightleftharpoons Mo$ 的 $E^\ominus = -0.20V$，下列表示正确的是（　　）。

A. $\frac{1}{3}Mo^{3+} + e^- \rightleftharpoons \frac{1}{3}Mo$ 的 $E^\ominus = -\frac{0.20V}{3}$

B. $2Mo^{3+} + 6e^- \rightleftharpoons 2Mo$ 的 $E^\ominus = -0.40V$

C. $Mo \rightleftharpoons Mo^{3+} + 3e^-$ 的 $E^\ominus = 0.20V$

D. $3Mo^{3+} + 9e^- \rightleftharpoons 3Mo$ 的 $E^\ominus = -0.20V$

(2) 已知 $E^\ominus(MnO_4^-/Mn^{2+}) = 1.51V$，$E^\ominus(MnO_4^-/MnO_2) = 1.68V$，$E^\ominus(MnO_4^-/MnO_4^{2-}) = 0.56V$。则下列还原型物质的还原性由强到弱排列的次序是（　　）。

A. $MnO_4^{2-} > MnO_2 > Mn^{2+}$　　B. $Mn^{2+} > MnO_4^{2-} > MnO_2$

C. $MnO_4^{2-} > Mn^{2+} > MnO_2$　　D. $MnO_2 > MnO_4^{2-} > Mn^{2+}$

(3) 两个半电池，电极相同，电解质溶液中的物质也相同，都可进行电极反应，但溶液浓度不同，它们组成电池的电动势（　　）。

A. $E^\ominus = 0$，$E = 0$　　B. $E^\ominus \neq 0$，$E \neq 0$

C. $E^\ominus \neq 0$，$E = 0$　　D. $E^\ominus = 0$，$E \neq 0$

(4) 下列两电池反应的标准电动势分别为 $E_1^\ominus$ 和 $E_2^\ominus$，平衡常数分别为 $K_1^\ominus$ 和 $K_2^\ominus$，

$$\frac{1}{2}H_2 + \frac{1}{2}Cl_2 \rightleftharpoons HCl;\ 2HCl \rightleftharpoons H_2 + Cl_2$$

则下列关系正确的是（　　）。

A. $E_2^\ominus = -2K_1^\ominus$，$K_2^\ominus = 1/\sqrt{K_1^\ominus}$　　B. $E_2^\ominus = -E_1^\ominus$，$K_2^\ominus = 1/(K_1^\ominus)^2$

C. $E_2^\ominus = 2E_1^\ominus$，$K_2^\ominus = 1/(K_1^\ominus)^2$　　D. $E_2^\ominus = E_1^\ominus$，$K_2^\ominus = 1/K_1^\ominus$

(5) 已知电对 $E^\ominus(Au^{3+}/Au^{2+}) = 1.29V$，$E^\ominus(Au^{2+}/Au^+) = 1.53V$，则 $E^\ominus(Au^{3+}/Au^+)$ 是（　　）。

A. 2.82V　　B. 1.41V　　C. −0.24V　　D. 0.24V

(6) 下列氧化还原电对中，$E^\ominus$ 值最大的是（　　）。

A. Ag^+/Ag　　B. $AgCl/Ag$　　C. $AgBr/Ag$　　D. AgI/Ag

(7) 下列电池中，哪一个的电池反应为 $H^+ + OH^- \rightleftharpoons H_2O$（　　）。

A. $(Pt)H_2|H^+(aq)\|OH^-|O_2(Pt)$　　B. $(Pt)H_2|NaOH(aq)|O_2(Pt)$

C. $(Pt)H_2|NaOH(aq)\|HCl(aq)|H_2(Pt)$　　D. $(Pt)H_2(p_1)|H_2O(l)|H_2(p_2)(Pt)$

(8) 碱性溶液中溴的元素电势图如下，其中能发生歧化反应的物质是（　　）。

$$BrO_3^- \xrightarrow{-0.54V} BrO^- \xrightarrow{-0.45V} Br_2 \xrightarrow{1.07V} Br^-$$

A. BrO_3^-　　B. BrO^-　　C. Br_2　　D. Br^-

(9) 某氧化还原反应的标准电动势是正值，下列说法正确的是（　　）。

A. $\Delta_r G_m^\ominus > 0$，$K^\ominus > 1$　　B. $\Delta_r G_m^\ominus > 0$，$K^\ominus < 1$

C. $\Delta_r G_m^\ominus < 0$，$K^\ominus > 1$　　D. $\Delta_r G_m^\ominus < 0$，$K^\ominus < 1$

(10) 以铜作电极电解稀 $CuSO_4$ 溶液，电极周围溶液颜色的变化是（　　）。

A. 阳极变浅，阴极变深　　B. 阴阳两极均变深

C. 阳极变深，阴极变浅　　D. 阴阳两极均变浅

2. 用离子-电子法配平下列方程式：

(a) 酸性介质中

(1) $KClO_3 + FeSO_4 \longrightarrow Fe_2(SO_4)_3 + KCl$

(2) $H_2O_2 + Cr_2O_7^{2-} \longrightarrow Cr^{3+} + O_2$

(3) $Na_2S_2O_3 + I_2 \longrightarrow Na_2S_4O_6 + NaI$

(4) $MnO_4^{2-} \longrightarrow MnO_2 + MnO_4^-$

(5) $As_2S_3+ClO_3^- \longrightarrow H_2AsO_4+SO_4^{2-}+Cl^-$

(b) 碱性介质中

(1) $Al+NO_3^- \longrightarrow Al(OH)_3+NH_3$

(2) $ClO_3^-+MnO_2 \longrightarrow Cl^-+MnO_4^{2-}$

(3) $Fe(OH)_2+H_2O_2 \longrightarrow Fe(OH)_3$

(4) $Br_2+IO_3^- \longrightarrow Br^-+IO_4^-$

(5) $S^{2-}+ClO_3^- \longrightarrow S+Cl^-$

3. 当 $CuSO_4$ 溶液中通过 1930C 电量后，在阴极上有 0.009mol 的 Cu 沉积出来，试求在阴极上析出 $H_2(g)$ 的物质的量。

4. 某电导池内装有两个直径为 4.0×10^{-2}m 并相互平行的圆形银电极，电极之间的距离为 0.12m。若在电导池内盛满浓度为 $0.1mol\cdot dm^{-3}$ 的 $AgNO_3$ 溶液，施以 20V 电压，所得电流强度为 0.1976A。试计算电导池常数、溶液的电导、电导率和 $AgNO_3$ 的摩尔电导率。

5. 某温度时 AgBr 饱和溶液的电导率为 $1.567\times10^{-4}\Omega^{-1}\cdot m^{-1}$，电导水的电导率为 $1.519\times10^{-4}\Omega^{-1}\cdot m^{-1}$，$Ag^+$ 和 Br^- 的摩尔电导率分别为 $6.192\times10^{-3}\Omega^{-1}\cdot m^2\cdot mol^{-1}$ 和 $7.84\times10^{-3}\Omega^{-1}\cdot m^2\cdot mol^{-1}$。求 AgBr 的溶度积。

6. 在 298.15K 时，浓度为 $0.01mol\cdot dm^{-3}$ 的 HAc 溶液在某电导池中测得电阻为 2220Ω，已知电池常数为 $36.7m^{-1}$。试求在该条件下 HAc 的解离度和解离平衡常数。

7. 写出下列电池中各电极上的反应和电池反应：

(1) $Pt|H_2[p(H_2)]|HCl(aq)|Cl_2[p(Cl_2)]|Pt$；

(2) $Ag(s)|AgI(s)|I^-[a(I^-)]\|Cl^-[a(Cl^-)]|AgCl(s)|Ag(s)$；

(3) $Pb(s)|PbSO_4(s)|SO_4^{2-}[a(SO_4^{2-})]\|Cu^{2+}[a(Cu^{2+})]|Cu(s)$；

(4) $Pt|H_2[p(H_2)]|NaOH(aq)|HgO(s)|Hg(l)|Pt$；

(5) $Pt|Hg(l)|Hg_2Cl_2(s)|KCl(aq)|Cl_2[p(Cl_2)]|Pt$。

8. 试将下列化学反应设计成电池：

(1) $Fe^{2+}[a(Fe^{2+})]+Ag^+[a(Ag^+)]=\!=\!=Fe^{3+}[a(Fe^{3+})]+Ag(s)$；

(2) $AgCl(s)=\!=\!=Ag^+[a(Ag^+)]+Cl^-[a(SO_4^{2-})]$；

(3) $AgCl(s)+I^-[a(I^-)]=\!=\!=AgI(s)+Cl^-[a(Cl^-)]$；

(4) $H_2[p(H_2)]+\frac{1}{2}O_2[p(O_2)]=\!=\!=H_2O(l)$；

(5) $H_2[p(H_2)]+HgO(s)=\!=\!=H_2O(l)+Hg(l)$。

9. 参考标准电极电势表，分别选择一个合适的氧化剂，能够氧化 (1) Cl^- 成 Cl_2；(2) Pb 成 Pb^{2+}；(3) Fe^{2+} 成 Fe^{3+}。再分别选择一种合适的还原剂，能够还原 (1) Fe^{3+} 成 Fe；(2) Ag^+ 成 Ag；(3) NO_3^- 成 NO。

10. 当溶液中 $c(H^+)$ 增加时，下列氧化剂的氧化能力是增加、减弱还是不变？

(1) Cl_2；(2) $Cr_2O_7^{2-}$；(3) Fe^{3+}；(4) MnO_4^-。

11. 电池 $Zn(s)|ZnCl_2(a=0.555)|AgCl(s)|Ag$ 在 298.15K 时 $E=1.015V$，$(\partial E/\partial T)_p=-4.02\times10^{-4}$ $V\cdot K^{-1}$，求电池反应的 Δ_rG_m、Δ_rS_m、Δ_rH_m 和电池的可逆热效应 Q_r。

12. 已知下列化学反应 (298.15K)：

$$2I^-(aq)+2Fe^{3+}(aq)=\!=\!=I_2(s)+2Fe^{2+}(aq)$$

(1) 用图式表示原电池；

(2) 计算原电池的 $E^\ominus$；

(3) 计算反应的 $\Delta_rG_m^\ominus$ 和 $K^\ominus$；

(4) 若 $a(I^-)=1.0\times10^{-2}$，$a(Fe^{3+})=\frac{1}{10}a(Fe^{2+})$，计算原电池的电动势；

(5) 若反应写成 $I^-(aq)+Fe^{3+}(aq)=\!=\!=\frac{1}{2}I_2(s)+Fe^{2+}(aq)$，计算该反应的 $\Delta_rG_m^\ominus$ 和 $K^\ominus$ 及该反应组成的原电池的 $E^\ominus$。

13. 参考附录 8 中标准电极电势 $E^\ominus$ 值，判断下列反应能否进行？

(1) I_2 能否使 Mn^{2+} 氧化为 MnO_2？

(2) 在酸性溶液中 $KMnO_4$ 能否使 Fe^{2+} 氧化为 Fe^{3+}？

(3) Sn^{2+} 能否使 Fe^{3+} 还原为 Fe^{2+}？

(4) Sn^{2+} 能否使 Fe^{2+} 还原为 Fe?

(5) Mn^{2+}、Co^{3+}、Cu^{2+} 的矿物在自然界中能否与 Fe^{2+} 的矿物共存?

14. 计算说明在 pH=4.0 时，下列反应能否自动进行（假定除 H^+ 之外的其它物质均处于标准条件下）：

(1) $Cr_2O_7^{2-}(aq)+H^+(aq)+Br^-(aq) \longrightarrow Br_2(l)+Cr^{3+}(aq)+H_2O(l)$；

(2) $MnO_4^-(aq)+H^+(aq)+Cl^-(aq) \longrightarrow Cl_2(g)+Mn^{2+}(aq)+H_2O(l)$。

15. 解释下列现象：

(1) 在配制 $SnCl_2$ 溶液时，需加入金属 Sn 粒后再保存待用；

(2) H_2S 水溶液放置后会变浑浊；

(3) $FeSO_4$ 溶液久放后会变黄。

16. 计算下列电池反应在 298.15K 时的 $E^{\ominus}$、E、$\Delta_r G_m^{\ominus}$ 和 $\Delta_r G_m$，指出反应的方向：

(1) $\frac{1}{2}Cu(s)+\frac{1}{2}Cl_2(p=100kPa) \rightleftharpoons \frac{1}{2}Cu^{2+}[a(Cu^{2+})=1]+Cl^-[a(Cl^-)=1]$

(2) $Cu(s)+2H^+[b(H^+)=0.01mol \cdot kg^{-1}] \rightleftharpoons Cu^{2+}[b(Cu^{2+})=0.1mol \cdot kg^{-1}]+H_2(p=90kPa)$

17. 298.15K 时，反应 $MnO_2+4HCl = MnCl_2+Cl_2+2H_2O$ 在标准状态下能否发生？为什么实验室可以用 MnO_2 和浓 HCl（浓度为 $12mol \cdot dm^{-3}$）制取 Cl_2？能不能用 $KMnO_4$ 代替 MnO_2 与 $1mol \cdot dm^{-3}$ 的 HCl 作用制备 Cl_2？[设用 $12mol \cdot dm^{-3}$ 浓盐酸时，假定 $c(Mn^{2+})=1.0mol \cdot dm^{-3}$，$p(Cl_2)=100kPa$]。

18. 银不能置换 $1mol \cdot dm^{-3}$ HCl 里的氢，但可以和 $1mol \cdot dm^{-3}$ 的 HI 起置换反应产生氢气，通过计算解释此现象。

19. 计算原电池 $(-)Cu|Cu^{2+}(1.0mol \cdot kg^{-1}) \| Ag^+(1.0mol \cdot kg^{-1})|Ag(+)$ 在下述情况下电动势的改变值? (1) Cu^{2+} 浓度降至 $1.0\times10^{-3}mol \cdot kg^{-1}$；(2) 加入足够量的 Cl^- 使 AgCl 沉淀，设 Cl^- 浓度为 $1.56mol \cdot kg^{-1}$。

20. 反应 $3A(s)+2B^{3+}(aq) \rightleftharpoons 3A^{2+}(aq)+2B(s)$ 平衡时 $b(B^{3+})=0.02mol \cdot kg^{-1}$，$b(A^{2+})=0.005mol \cdot kg^{-1}$。(1) 求反应在 25℃ 时的 $E^{\ominus}$，$K^{\ominus}$，$\Delta_r G_m^{\ominus}$；(2) 若 $E=0.0592V$，$b(B^{3+})=0.1mol \cdot kg^{-1}$，计算 $b(A^{2+})$ 的值。

21. 已知下列电极反应在 298.15K 时 $E^{\ominus}$ 的值，求 AgCl 的 $K_{sp}^{\ominus}$。

$Ag^+ + e^- \rightleftharpoons Ag(s)$　　$E^{\ominus}(Ag^+/Ag)=0.7996V$；

$AgCl(s)+e^- \rightleftharpoons Ag(s)+Cl^-$　　$E^{\ominus}(AgCl/Ag)=0.2223V$。

22. 已知 $PbCl_2$ 的 $K_{sp}^{\ominus}=1.7\times10^{-5}$，$E^{\ominus}(Pb^{2+}/Pb)=-0.1262V$，计算 298.15K 时 $E^{\ominus}(PbCl_2/Pb)$ 的值。

23. 碘在碱性介质中元素电势图为：

$$IO^- \xrightarrow{?} I_2 \xrightarrow{0.54V} I^- \quad (IO^- \to I^-: 0.56V)$$

求 $E^{\ominus}(IO^-/I_2)$，并判断 I_2 能否歧化成 IO^- 和 I^-。

24. 计算在 25℃ 时下列氧化还原反应的平衡常数。

$$3CuS(s)+2NO_3^-(aq)+8H^+(aq) \rightleftharpoons 3S(s)+2NO(g)+3Cu^{2+}(aq)+4H_2O(l)$$

已知 $E^{\ominus}(NO_3^-/NO)=0.957V$，$E^{\ominus}(S/S^{2-})=-0.476V$，$K_{sp}^{\ominus}(CuS)=6.3\times10^{-36}$。

25. 已知某原电池的正极是氢电极，负极是一个电势恒定的电极。当氢电极插入 pH=4 的溶液中，电池电动势为 0.412V；若氢电极插入某缓冲溶液时，测得电池电动势为 0.427V，求缓冲溶液的 pH 值。

26. 用玻璃电极和饱和甘汞电极在 $a(H^+)=1\times10^{-4}$ 的 HCl 溶液中测得电动势为 0.3364V，改测某未知溶液时，电动势为 0.4364V，求未知溶液的 pH 值。

27. 用电极反应表示下列物质的主要电解产物。

(1) 电解 $NiSO_4$ 水溶液，阳极用镍，阴极用铁；

(2) 电解熔融 NaCl，阳极用石墨，阴极用铁。

28. 两种金属在以下介质中接触，会遭到腐蚀，写出主要的反应式：(1) Sn-Fe 在酸性介质中；(2) Al-Fe 在中性介质中；(3) Cu-Fe 在 pH=8 的介质中。

第 8 章　化学动力学

根据热力学原理，我们已经能够判断某一化学反应在指定的条件下能否发生以及反应进行的程度如何。但在实践中，有些用热力学原理计算能够进行的化学反应，实际上却看不到反应的发生。例如，由 $H_2(g)$ 和 $O_2(g)$ 化合生成 $H_2O(l)$ 的反应，其标准摩尔吉布斯函数变是较大的负值，说明反应进行的可能性很大，可是在常温常压下，该反应的速率却小到让人无法察觉到反应进行，而如果在高温条件下，反应又可以在一瞬间完成，甚至发生爆炸，这说明热力学的判据与反应的速率无关。再者，一个化学反应经过哪些具体途径（即反应历程或反应机理）才最终变为产物，热力学也无法解释，这些都需要化学动力学来研究。

化学动力学是研究化学反应速率及其机理的科学。其基本任务是研究各种因素对化学反应速率的影响，揭示化学反应进行的机理，研究物质结构与反应性能的关系。研究化学动力学的目的就是为了能控制化学反应的进行，使反应按人们所希望的速率和方式进行，并得到人们所希望的产品。

8.1　化学反应速率

8.1.1　化学反应速率的定义及表示方法

简单来说，化学反应速率就是指在一定条件下，反应物转变为产物的快慢，即参加反应的各物质的数量随时间的变化率。可以用单位时间内反应物的浓度（或分压力）的减少，或生成物的浓度（或分压力）的增加来表示反应速率。如下述反应

$$3H_2(g)+N_2(g)\longrightarrow 2NH_3(g)$$

若反应速率以反应物 N_2 浓度的减少来表示，则

$$\bar{v}(N_2)=-\frac{c(N_2)_{t_2}-c(N_2)_{t_1}}{t_2-t_1}=\frac{-\Delta c(N_2)}{\Delta t}$$

上式表示的反应速率是平均速率，以 $\bar{v}$ 来表示。由于反应速率是正值，而 Δc（反应物）是负值，故在 $\Delta c(N_2)/\Delta t$ 前面加负号。t 表示时间，$c(N_2)_t$ 表示 t 时刻物质的量浓度。若以生成物表示反应速率，则

$$\bar{v}(NH_3)=\frac{\Delta c(NH_3)}{\Delta t}$$

当反应方程中反应物和生成物的化学计量系数不等时，用反应物或生成物浓度（或分压力）表示的反应速率的值也不等。如上述反应中，$-2\Delta c(N_2)=\Delta c(NH_3)$，则 $\bar{v}(NH_3)=2\bar{v}(N_2)$，这在应用时不方便。

目前，IUPAC 推荐用反应进度 ξ 随时间 t 的变化率来表示反应进行的快慢。对于任一化学反应

$$0=\sum_B \nu_B B$$

定义

$$J=\frac{d\xi}{dt} \tag{8-1}$$

J 称为反应的转化速率，是瞬间速率，即真实速率。因为 $d\xi=\nu_B^{-1}dn_B$，所以

$$J=\frac{1}{\nu_B}\frac{dn_B}{dt} \tag{8-2}$$

n_B 为物质 B 的物质的量，ν_B 为物质 B 的化学计量系数，对于反应物，ν_B 为负值，对于产物 ν_B 为正值。例如对于反应：

$$3H_2(g)+N_2(g) \longrightarrow 2NH_3(g)$$

$$J=-\frac{1}{3}\frac{dn(H_2)}{dt}=-\frac{dn(N_2)}{dt}=\frac{1}{2}\frac{dn(NH_3)}{dt}$$

可见 J 与物质 B 的选择无关，是对整个反应而言的。若时间的单位用秒，则 J 的单位为 $mol \cdot s^{-1}$。

对于体积恒定的密闭系统，人们常用单位体积的反应速率 ν，即

$$v=\frac{J}{V}=\frac{1}{V}\cdot\frac{d\xi}{dt}=\frac{1}{\nu_B}\cdot\frac{1}{V}\cdot\frac{dn_B}{dt}=\frac{1}{\nu_B}\cdot\frac{dc_B}{dt} \tag{8-3}$$

式中，$c_B=n_B/V$。显然，v 也与物质 B 的选择无关。若时间的单位用秒，浓度的单位用 $mol \cdot dm^{-3}$，则 v 的单位为 $mol \cdot dm^{-3} \cdot s^{-1}$。本章将主要以式(8-3) 讨论反应速率。

8.1.2　反应速率的实验测定

对于恒容反应系统，在反应的不同时刻 t_0、t_1、t_2、…，分别测出参加反应的某物质的浓度 c_0、c_1、c_2、…，然后以时间 t 对浓度 c 作图，由图中曲线上某点的斜率 dc/dt 就可求出该时刻的反应速率。

例 8-1　测得反应 $2N_2O_5(g) \longrightarrow 4NO_2(g)+O_2(g)$ 系统中 $N_2O_5(g)$ 的浓度随时间的变化如下表所示：

t/min	0	1	2	3	4
$c(N_2O_5)/mol \cdot dm^{-3}$	0.160	0.113	0.080	0.056	0.040

用作图法求反应在 2min 时的反应速率。

解： 以纵坐标表示 $c(N_2O_5)$，横坐标表示时间 t，根据上表数据作出 c-t 曲线。如图 8-1 所示。在 $t=2$min 时作平行于纵坐标的直线，与曲线相交于 a 点，然后通过 a 点作曲线的切线，在切线上任取两点 b 和 c，画平行于纵轴和横轴的直线相交于 d 点，构成直角三角形 bcd，利用直角三角形 bcd 可得 a 点的斜率，即 $dc(N_2O_5)/dt$。则反应在 $t=2$ min 时的反应速率为

$$v=-\frac{1}{2}\frac{dc(N_2O_5)}{dt}=-\frac{1}{2}\frac{\Delta y}{\Delta x}=\frac{1}{2}\times\frac{0.056}{2.0}=0.014 mol \cdot dm^{-3} \cdot min^{-1}$$

从上例可见，反应速率的测定实际上是测定不同时刻反应物或产物的浓度。

浓度的测定可分为物理法和化学法两类。

物理法是测定与物质浓度有关的物理性质随时间的变化关系，然后根据物理性质与浓度的关系，间接计算出物质的浓度。可采用的物理性质有压力、体积、旋光度、折光率、光谱、电导和电动势等。物理法的优点是可以不中止反应，连续测定，自动记录，迅速而且方便。但如果反应中有副反应或少量杂质对所测定物质的物理性质有影响时，将会造成较大的误差。

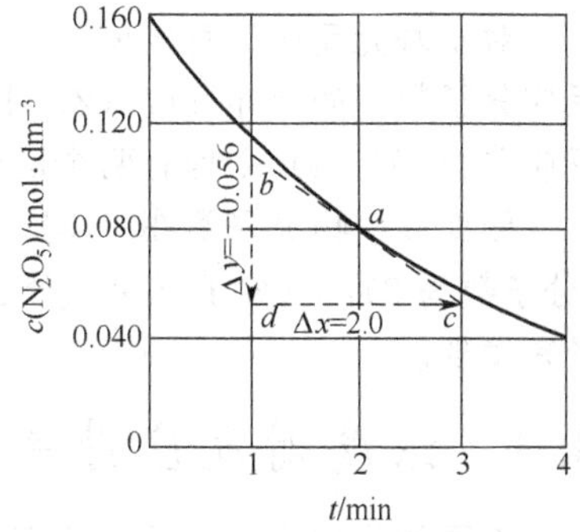

图 8-1　N_2O_5 的 c-t 图

化学法就是定时从反应系统中取出部分样品，并立即中止反应，尽快用化学分析法测定反应物或产物的浓度。中止反应的方法有骤冷、稀释、加阻化剂或移走催化剂等。化学法的优点是可直接测定浓度，缺点是合适的中止反应的方法少，很难测得指定时刻的浓度，因而误差大，且实验操作麻烦。目前很少采用化学法。

8.2 反应历程和基元反应

8.2.1 反应历程和基元反应

在化学反应过程中从反应物变为产物的具体途径称为反应历程或反应机理。通常书写的化学反应方程式，只是化学反应的计量式，只表示一个宏观的总反应，并没有表示出反应物经过怎样的途径，经历哪些具体步骤变为产物的。例如：

$$H_2(g)+Cl_2(g)\longrightarrow 2HCl(g) \qquad (1)$$

只代表反应的总结果，并不表示由一个 $H_2(g)$ 分子和一个 $Cl_2(g)$ 分子直接碰撞就能生成两个 HCl(g) 分子。经研究表明，此反应是在光照条件下，由下列 4 个步骤完成的：

(a) $$Cl_2(g)+M\longrightarrow 2Cl\cdot+M$$

(b) $$Cl\cdot+H_2(g)\longrightarrow HCl(g)+H\cdot$$

(c) $$H\cdot+Cl_2(g)\longrightarrow HCl(g)+Cl\cdot$$

(d) $$Cl\cdot+Cl\cdot+M\longrightarrow Cl_2(g)+M$$

式中，M 可以是器壁或其它不参与反应的物质，只起传递能量的作用。上述 4 个反应步骤中的每一步反应都是由反应物分子直接相互作用生成产物的。

这种由反应物分子（或离子、原子以及自由基等）直接相互作用而生成产物的反应，称为基元反应。上面 (a)、(b)、(c)、(d) 反应均为基元反应，它们的总效果与总反应是一致的，或者说，总反应 (1) 是由基元反应 (a)～(d) 构成的。

8.2.2 简单反应与复合反应

由一个基元反应构成的总反应称为简单反应。如下列各反应：

$$SO_2Cl_2\longrightarrow SO_2+Cl_2 \qquad (2)$$

$$NO_2+CO\longrightarrow NO+CO_2 \qquad (3)$$

$$2NO_2\longrightarrow 2NO+O_2 \qquad (4)$$

都是由反应物分子直接相互作用一步生成产物的，是基元反应，也是简单反应。

由两个或两个以上的基元反应构成的总反应称为复合反应。如前述由氢气和氯气合成氯化氢的反应就是复合反应。再如 $H_2(g)+I_2(g)\longrightarrow 2HI(g)$ 也是复合反应，它是由以下两步基元反应完成的：

$$I_2(g)+M\longrightarrow 2I\cdot+M$$

$$H_2(g)+2I\cdot\longrightarrow 2HI(g)$$

一个复合反应总是经过若干步基元反应才能完成，这些基元反应代表了反应所经过的历程。要想对一个反应的反应速率进行控制，就必须了解它的反应历程。

8.2.3 反应分子数

对于基元反应，直接相互作用所必需的反应物分子（离子、原子以及自由基等）数称为反应分子数。如上述反应 (2) 中，就只有一个反应物分子 SO_2Cl_2，故反应分子数为 1；而反应 (3) 和 (4) 中均有两个反应物分子，则反应分子数为 2。

依据反应物分子数的不同，基元反应可分为单分子反应（分子数为 1），双分子反应（分子数为 2），三分子反应（分子数为 3）。三分子反应已不多见，而四分子以上的反应至今尚未发现。

8.3 浓度对反应速率的影响

不同的化学反应，反应速率不同，这是由反应物的本性决定的，反应物的本性是影响反应速率的内因。同一个反应，当反应条件如浓度、温度等改变时，反应速率也发生改变。这就是外因对反应速率的影响。本节讨论在温度不变的条件下，浓度对反应速率的影响。

8.3.1　质量作用定律和反应速率常数

反应物的浓度对化学反应速率有较大的影响。反应物浓度与反应速率之间的定量关系式称为化学反应速率方程。

实验表明，基元反应的速率方程都比较简单，可以直接由化学反应计量方程式得出。对于任意基元反应

$$aA+bB \longrightarrow gG+hH$$

其反应速率方程可以表示为

$$v=kc_A^a c_B^b \tag{8-4}$$

上式表明：在一定温度下，基元反应的速率与反应物浓度的幂的乘积成正比，其中每种反应物浓度的指数就是反应式中各相应反应物的化学计量系数。基元反应的这个规律称为质量作用定律，式(8-4) 也称为质量作用定律的数学表达式。

质量作用定律只适用于基元反应，这是因为基元反应直接代表了反应物分子间的相互作用，而总反应则代表反应的总体计量关系，它并不一定代表反应的真实历程。

式(8-4) 中的 k 称为反应速率常数，它在数值上等于各反应物浓度均为单位浓度（如 $1.0\mathrm{mol \cdot dm^{-3}}$）时反应的瞬时速率。$k$ 与反应物的浓度无关，而与反应物的本性、温度、催化剂等有关。不同的反应 k 值不同，k 值的大小可反映出反应进行的快慢，因此在化学动力学中，k 是一个重要的参数。还应注意的是，在速率方程中 k 具有导出单位，是由 $v/(c_A^\alpha \cdot c_B^\beta)$决定的。

8.3.2　反应级数

质量作用定律只适用于基元反应，对于复合反应，其速率方程只能由实验来确定。对于一般复合反应：

$$aA+bB \longrightarrow gG+hH$$

通常将速率方程写作如下通式：

$$v=kc_A^\alpha c_B^\beta \tag{8-5}$$

上式表示反应速率与反应物浓度之间的真实依赖关系。式中 k 仍为速率常数，但各反应物浓度的指数 α、β 并不一定等于反应式中各反应物 A、B 的计量系数。为此，人们提出了反应级数的概念：将 α 称为反应对物质 A 的反应级数，β 称为反应对物质 B 的反应级数，而将 $n=\alpha+\beta$ 称为反应总级数，或简称反应级数。对于基元反应 $\alpha=a$，$\beta=b$，对于非基元反应，α、β、n 只能由实验确定。一旦反应级数确定，则反应的速率方程具体形式也就确定了。

反应级数表示了浓度对反应速率的影响程度。n 的数值越大，浓度对反应速率的影响越大。反应级数可以是正整数，也可以是零、负整数或分数。$n=0$ 的反应称为零级反应，$n=1$ 的反应称为一级反应，$n=2$ 的反应称为二级反应，余类推。

对于基元反应，反应级数与反应分子数是一致的，即单分子反应是一级反应，双分子反应是二级反应，三分子反应是三级反应。但注意的是，反应分子数只能是非零的正整数。

8.4　速率方程的微积分形式及其特征

前节所讨论的速率方程是微分式，若要知道反应经过多长时间，浓度变为多少？或者反应达到一定的转化率，需多长时间？则需将速率方程的微分式转化为积分式才行。下面讨论简单级数反应和某些复合反应的微积分形式及其特征。

8.4.1　简单级数反应的速率方程

凡是反应速率只与反应物的浓度有关，而且反应级数，无论是 α、β、……、或 n 都只

是零或正整数的反应，称为简单级数反应。简单反应一定是简单级数反应，而简单级数反应不一定是简单反应。

如果化学反应的平衡常数很大，则反应达到平衡时，反应物几乎完全转变为产物，即逆向反应速率很小，与正向反应的速率相比可忽略不计。对于此类反应，化学动力学上往往作为单向反应处理。

8.4.1.1　一级反应

反应速率与反应物浓度的一次方成正比的反应称为一级反应。例如，放射性镭的蜕变反应$^{226}_{88}Ra \longrightarrow ^{222}_{86}Rn + ^{4}_{2}He$ 和 N_2O_5 的分解反应 $N_2O_5 \longrightarrow N_2O_4 + \frac{1}{2}O_2$ 等。

对于一级反应

$$A \xrightarrow{k_1} 产物$$

其速率方程的微分式为

$$v = -\frac{dc_A}{dt} = k_1 c_A \tag{8-6}$$

式中，k_1 为速率常数，c_A 为反应物 A 在 t 时刻的浓度。设 $t=0$，反应物的浓度为 c_0，将上式改写为：

$$-\frac{dc_A}{c_A} = k_1 dt$$

对上式两边积分

$$-\int_{c_0}^{c_A} \frac{dc_A}{c_A} = \int_0^t k_1 dt$$

得

$$\ln \frac{c_0}{c_A} = k_1 t \tag{8-7}$$

或

$$\ln c_A = \ln c_0 - k_1 t \tag{8-8}$$

或

$$c_A = c_0 e^{-k_1 t} \tag{8-9}$$

式(8-7) 至式(8-9) 均为一级反应速率方程的积分式。

设反应物 A 在 t 时刻的转化率为 x_A，其定义为

$$x_A \stackrel{\text{def}}{=\!=} (c_0 - c_A)/c_0 \tag{8-10}$$

或

$$c_A = c_0(1 - x_A)$$

将上式代入式(8-7) 中，得

$$\ln \frac{1}{1-x_A} = k_1 t \tag{8-11}$$

式(8-11) 也为一级反应速率方程的积分式。

由上述积分式可以看出，一级反应有如下几个特征：

① 速率常数 k_1 的量纲为［时间］$^{-1}$。

② 以 $\ln c_A$ 对 t 作图，应得一条直线，其斜率为 $-k_1$。因此，可用作图的方法判断反应是否为一级反应，若是，还可求得 k_1。

③ 一级反应的半衰期与速率常数成反比，且与反应物的起始浓度无关。所谓半衰期是指反应物的起始浓度消耗一半的时间，常用 $t_{1/2}$ 表示。将 $c_A = \frac{1}{2}c_0$ 代入式(8-7)，得

$$\ln \frac{c_0}{c_0/2} = k_1 t_{1/2}$$

$$t_{1/2}=\frac{1}{k_1}\ln 2=\frac{0.6932}{k_1} \tag{8-12}$$

可用 $t_{1/2}$ 值的大小来衡量反应的速率，显然，$t_{1/2}$ 越大，反应越慢；$t_{1/2}$ 越小，反应越快。半衰期常用于表示放射性同位素的衰变特征。

例 8-2　已知 $^{14}_{6}C$ 的半衰期 $t_{1/2}=5760$ 年，有一株被火山灰埋藏的树木，测定其中 $^{14}_{6}C$ 的质量只有活树中 $^{14}_{6}C$ 质量的 45%。假定活树中 $^{14}_{6}C$ 的质量是恒定的，反应 $^{14}_{6}C \longrightarrow {}^{14}_{7}N + {}^{0}_{-1}e^-$ 是一级反应，求火山爆发的时间或树死亡的时间。

解：由式(8-12) 得

$$t_{1/2}=\frac{0.6932}{k_1}=5760\text{ 年}$$

$$k_1=1.20\times10^{-4}\text{ 年}^{-1}$$

已知

$$\frac{c(^{14}_{6}C)}{c_0(^{14}_{6}C)}=0.45$$

代入式(8-7) 中得

$$t=\frac{1}{k_1}\ln\frac{c_0(^{14}_{6}C)}{c(^{14}_{6}C)}=\frac{1}{1.20\times10^{-4}\text{ 年}^{-1}}\ln\frac{1}{0.45}\approx 6654\text{ 年}$$

即火山爆发或树死亡的时间在 6654 年以前。

8.4.1.2　二级反应

反应速率与反应物浓度的二次方（或两种反应物浓度的乘积）成正比的反应称为二级反应。二级反应是常见的一种反应，特别是在溶液中的有机反应多数是二级反应。二级反应有两种类型：

(1)　$$2A \xrightarrow{k_2} \text{产物}$$

(2)　$$A+B \xrightarrow{k_2} \text{产物}$$

对于第（2）种类型的反应，若两个反应物起始浓度相等，则在反应到任意时刻，二者的浓度也相等。其反应速率方程的微分式为

$$v=-\frac{dc_A}{dt}=k_2c_Ac_B=k_2c_A^2 \tag{8-13}$$

式中，k_2 为二级反应的速率常数。c_A 为反应物 A（或 B）在 t 时刻的浓度。设 $t=0$，反应物的浓度为 c_0，将上式改写为：

$$-\frac{dc_A}{c_A^2}=k_2\,dt$$

积分上式，得

$$\frac{1}{c_A}-\frac{1}{c_0}=k_2t \tag{8-14}$$

上式为起始浓度相等的二级反应速率方程积分式。对于第（1）种类型反应，可视为等浓度二级反应的特例，其速率方程与式(8-14) 形式上完全相同：

$$\frac{1}{c_A}-\frac{1}{c_0}=k_At \tag{8-15}$$

式中，$k_A=2k_2$。

若第（2）种类型反应的两个反应物起始浓度不等，设 a、b 分别为反应物 A、B 的起始浓度，x 为 t 时刻反应物已反应掉的浓度，其速率方程的微分式如下：

$$\frac{dx}{dt}=k_2(a-x)(b-x) \tag{8-16}$$

对上式积分可得：

$$k_2t=\frac{1}{a-b}\ln\frac{b(a-x)}{a(b-x)} \tag{8-17}$$

由式(8-14) 和式(8-15) 可知，二级反应有如下特征：

① 速率常数 k_2（或 k_A）的量纲为［浓度］$^{-1}$·［时间］$^{-1}$。

② 以 $1/c_A$ 对 t 作图应得一直线，其斜率为 k_2（或 k_A）。

③ 当反应完成一半时，$c_A=\frac{1}{2}c_0$，代入式(8-14) 中，得

$$t_{1/2}=\frac{1}{k_2c_0} \tag{8-18}$$

上式表明，二级反应的半衰期与反应物的起始浓度成反比。

对起始浓度不等的二级反应，因两个反应物反应掉一半的时间不同，就没有半衰期这一概念了。

例 8-3 乙酸乙酯皂化反应

$$\underset{(A)}{CH_3COOC_2H_5}+\underset{(B)}{NaOH}\longrightarrow\underset{(C)}{CH_3COONa}+\underset{(D)}{C_2H_5OH}$$

是二级反应。反应开始时（$t=0$），A 与 B 的浓度都是 0.02mol·dm^{-3}，在 21℃时，反应 $t=$ 25min 后，取出样品，立即中止反应进行定量分析，测得溶液中剩余 NaOH 为 5.29×10^{-3} mol·dm^{-3}。求（1）此反应转化率达 90％ 需多少时间？（2）如果 A 与 B 的初始浓度都是 0.01mol·dm^{-3}，达到同样的转化率需多少时间？

解： 题给反应为等浓度二级反应，将已知条件代入式(8-14) 中，得

$$k_2=\frac{1}{t}\left(\frac{1}{c_A}-\frac{1}{c_0}\right)=\frac{1}{25}\left(\frac{0.02-5.29\times10^{-3}}{0.02\times5.29\times10^{-3}}\right)\text{mol}^{-1}\cdot\text{dm}^3\cdot\text{min}^{-1}$$
$$=5.57\text{mol}^{-1}\cdot\text{dm}^3\cdot\text{min}^{-1}$$

（1）设转化率为 x_A，则任意时刻 $c_A=c_0(1-x_A)$，当 $c_0=0.02$mol·dm^{-3} 时

$$t=\frac{1}{k_2}\left[\frac{1}{c_0(1-x_A)}-\frac{1}{c_0}\right]=\frac{1}{k_2c_0}\left(\frac{1}{1-x_A}-1\right)=\frac{x_A}{k_2c_0(1-x_A)}$$
$$=\frac{0.9}{5.57\times0.02\times(1-0.9)}\text{min}$$
$$=80.8\text{min}$$

（2）当 $c_0=0.01$mol·dm^{-3} 时

$$t=\frac{x_A}{k_2c_0(1-x_A)}=\frac{0.9}{5.57\times0.01\times(1-0.9)}\text{min}=161.6\text{min}$$

即，当初始浓度减半时，达到同样转化率所需时间加倍。

8.4.1.3 零级反应

反应速率与反应物浓度无关的反应称为零级反应。即在整个反应过程中，反应速率为一常数。反应总级数为零的反应不多见，最常见的零级反应是在固体表面上发生的多相催化反应。对于零级反应：

$$A\xrightarrow{k_0}\text{产物}$$

其速率方程的微分式为

$$v=-\frac{dc_A}{dt}=k_0 \tag{8-19}$$

积分上式，得

$$c_A = c_0 - k_0 t \tag{8-20}$$

上式即为零级反应速率方程的积分式。式中，k_0 为零级反应的速率常数。零级反应有如下特征：

① 速率常数 k_0 的量纲为 [浓度]·[时间]$^{-1}$。

② 以 c_A 对 t 作图应得一直线，其斜率为 $-k_0$。

③ 当反应完成一半时，$c_A = \frac{1}{2}c_0$，代入式(8-20) 中，得

$$t_{1/2} = \frac{c_0}{2k_0} \tag{8-21}$$

上式表明，零级反应的半衰期与反应物的起始浓度成正比。

以上讨论了几种简单级数反应的速率方程及特征，现将它们归纳在表 8-1 中。

表 8-1　几种简单级数反应的速率方程及特征

级数	微分式	积分式	k 的量纲	线性关系	$t_{1/2}$
零级	$-\frac{dc_A}{dt} = k_0$	$c_A = c_0 - k_0 t$	[浓度]·[时间]$^{-1}$	c_A-t	$t_{1/2} = \frac{c_0}{2k_0}$
一级	$-\frac{dc_A}{dt} = k_1 c_A$	$\ln\frac{c_A}{c_0} = -k_1 t$	[时间]$^{-1}$	$\ln c_A$-t	$t_{1/2} = \frac{\ln 2}{k_1}$
二级	$-\frac{dc_A}{dt} = k_2 c_A^2$	$\frac{1}{c_A} - \frac{1}{c_0} = k_2 t$	[浓度]$^{-1}$·[时间]$^{-1}$	$\frac{1}{c_A}$-t	$t_{1/2} = \frac{1}{k_2 c_0}$

例 8-4　在某反应 A $\longrightarrow$ B+D 中，反应物的起始浓度 c_0 为 1mol·dm^{-3}，初速率 v_0 为 0.01mol·dm^{-3}·s^{-1}，如果假定该反应为 (1) 零级，(2) 一级，(3) 二级，试分别求出各不同级数的速率常数 k，标明 k 的单位，并求各不同级数的半衰期和反应物 A 浓度变为 0.1mol·dm^{-3}所需的时间。

解：(1) 零级反应，因 $v_0 = k_0$，所以

$$k_0 = 0.01\text{mol}\cdot\text{dm}^{-3}\cdot\text{s}^{-1}$$

由式(8-21) 得

$$t_{1/2} = \frac{c_0}{2k_0} = \frac{1}{2\times 0.01}\text{s} = 50\text{s}$$

当 $c_A = 0.1$mol·dm^{-3}时，利用式(8-20) 可得所需时间为

$$t = \frac{c_0 - c_A}{k_0} = \frac{1-0.1}{0.01}\text{s} = 90\text{s}$$

(2) 一级反应，因 $v_0 = k_1 c_0$，所以

$$k_1 = \frac{v_0}{c_0} = \frac{0.01}{1}\text{s}^{-1} = 0.01\text{s}^{-1}$$

由式(8-12) 和式(8-7) 可得

$$t_{1/2} = \frac{0.6932}{k_1} = \frac{0.6932}{0.01}\text{s} = 69.32\text{s}$$

$$t = \frac{1}{k_1}\ln\frac{c_0}{c_A} = \frac{1}{0.01}\ln\frac{1}{0.1}\text{s} = 230.3\text{s}$$

(3) 二级反应，因 $v_0 = k_2 c_0^2$，所以

$$k_2 = \frac{v_0}{c_0^2} = \frac{0.01}{1^2}\text{mol}^{-1}\cdot\text{dm}^3\cdot\text{s}^{-1} = 0.01\text{mol}^{-1}\cdot\text{dm}^3\cdot\text{s}^{-1}$$

由式(8-18) 和式(8-14) 可得

$$t_{1/2} = \frac{1}{k_2 c_0} = \frac{1}{0.01\times 1}\text{s} = 100\text{s}$$

$$t=\frac{1}{k_2}\left[\frac{1}{c_A}-\frac{1}{c_0}\right]=\frac{1}{0.01}\left(\frac{1}{0.1}-\frac{1}{1}\right)s=900s$$

8.4.2 简单级数反应速率方程的确定

从上面的讨论可知，不同的化学反应，有不同的速率方程。如果要进行动力学计算，首先就要确定速率方程的具体形式。对于简单级数反应的速率方程，其微分式可归纳为式(8-5)的形式：

$$v=kc_A^{\alpha}c_B^{\beta}$$

确定速率方程就是确定 k 和 n。但积分式的形式只决定于 n 而与 k 无关，如表 8-1 所示，n 不同，则积分式大不相同，k 只不过是式中的一个常数，故确定速率方程的关键是确定反应级数。

确定反应级数的方法有下面三种。

8.4.2.1 微分法

根据速率方程的微分式来确定反应级数的方法称为微分法。对简单级数反应：

$$A \longrightarrow 产物$$

其微分式为：

$$v=-\frac{dc_A}{dt}=kc_A^n$$

测定不同时间的反应物浓度，作浓度 c 对时间 t 的曲线，在曲线上任何一点切线的斜率即为该时间下反应的瞬时速率 v。将上式取对数，得

$$\lg v=\lg k+n\lg c_A \tag{8-22}$$

以 $\lg v$ 对 $\lg c_A$ 作图，应得一条直线，其斜率就是反应级数 n，其截距即为 $\lg k$，可求得 k。

若在 c-t 曲线上任取两个点，由式(8-22) 可得：

$$\lg v_1=\lg k+n\lg c_1 \qquad \lg v_2=\lg k+n\lg c_2$$

两式相减，得反应级数为：

$$n=\frac{\lg v_1-\lg v_2}{\lg c_1-\lg c_2} \tag{8-23}$$

微分法的优点是，既适用于整数级反应，也适用于分数级反应。

8.4.2.2 积分法

根据速率方程的积分式来确定反应级数的方法称为积分法。该法又可分为尝试法和作图法两种。

（1）尝试法

将不同时间测出的反应物或产物浓度的数据分别代入各反应级数的积分式中，如果计算出不同时间的速率常数值近似相等，则该式的级数，即为反应级数。

例 8-5 已知下列反应：

$$N(CH_3)_3(A)+CH_3CH_2CH_2Br(B) \longrightarrow (CH_3)_3(CH_3CH_2CH_2)N^+ + Br^-$$

反应物 A、B 的起始浓度均为 $0.1mol \cdot dm^{-3}$，在不同反应时间，A 的转化率 x 如下表所示：

t/s	780	2024	3540	7200
x	0.112	0.257	0.367	0.552

试用积分法确定反应的级数和速率常数。

解：因为

$$x=\frac{c_{A,0}-c_A}{c_{A,0}}$$

所以

$$c_A=c_{A,0}(1-x)$$

若代入零级反应速率方程的积分式中，得

$$k_0=\frac{c_{A,0}}{t}x \tag{8-24}$$

若代入一级反应速率方程的积分式中，得

$$k_1=\frac{1}{t}\ln\frac{c_{A,0}}{c_A}=\frac{1}{t}\ln\frac{1}{1-x} \tag{8-25}$$

若代入二级反应速率方程的积分式中，得

$$k_2=\frac{1}{t}\left[\frac{1}{c_A}-\frac{1}{c_{A,0}}\right]=\frac{1}{tc_{A,0}}\cdot\frac{x}{1-x} \tag{8-26}$$

将不同时间的转化率分别代入上三式，求得速率常数列于下表：

t/s	780	2024	3540	7200
$k_0\times10^5/\mathrm{mol\cdot dm^{-3}\cdot s^{-1}}$	1.44	1.27	1.04	0.77
$k_1\times10^4/\mathrm{s^{-1}}$	1.52	1.46	1.30	1.12
$k_2\times10^4/\mathrm{mol^{-1}\cdot dm^3\cdot s^{-1}}$	1.63	1.70	1.64	1.71

由表中结果可知，k_0 和 k_1 随时间增大而减小，没有近似于一个常数的趋势，而 k_2 近似相等，故反应是二级反应。其速率常数的平均值为

$$k_2=1.67\times10^{-4}\mathrm{mol^{-1}\cdot dm^3\cdot s^{-1}}$$

（2）作图法

当各反应物的起始浓度之比等于各反应物的化学计量数之比时，可用作图法确定反应级数。将实验数据按照表 8-1 中所列的各线性关系作图，若有一种图成直线，则该图所代表的级数，就是该反应的级数。

积分法的优点是：只要一次实验的数据就能尝试或作图；缺点是，不够灵敏，只能运用于简单级数反应。另外，对于实验持续时间不太长，转化率又低的反应，以实验数据对照各线性关系作图，可能均为直线。

8.4.2.3　半衰期法

利用半衰期公式来确定反应级数的方法称为半衰期法。由表 8-1 可见，零级、一级、二级反应的半衰期与反应物的起始浓度之间的关系可写作如下通式：

$$t_{1/2}=Bc_0^{1-n} \tag{8-27}$$

式中，B 为与速率常数有关的比例常数，n 为反应级数。若两个不同起始浓度 c_0 和 c_0' 对应的半衰期为 $t_{1/2}$ 和 $t_{1/2}'$，由上式可知

$$\frac{t_{1/2}}{t_{1/2}'}=\left(\frac{c_0'}{c_0}\right)^{n-1} \tag{8-28}$$

将上式取对数整理可得

$$n=1+\frac{\lg(t_{1/2}/t_{1/2}')}{\lg(c_0'/c_0)} \tag{8-29}$$

由实验测定两组不同起始浓度 c_0 和 c_0' 所对应的半衰期 $t_{1/2}$ 和 $t_{1/2}'$，代入上式即可求得反应级数 n。若实验数据较多，也可用作图法。将式(8-27) 取对数，$\lg t_{1/2}=(1-n)\lg c_0+\lg B$，以 $\lg t_{1/2}$ 对 $\lg c_0$ 作图，从斜率可求出 n。

半衰期法不限于 $t_{1/2}$，也可用于 $t_{1/3}$、$t_{1/4}$ 等。其缺点是反应物不止一种而起始浓度又不相同时，就变得复杂不方便了。

8.4.3 典型的复合反应

实际遇到的化学反应往往是由两个或更多的基元反应组合而成。典型的组合方式有三类：对峙反应、平行反应和连续反应。有时，这三类反应还可以再进一步组合为更为复杂的反应。下面，仅讨论三类典型的复合反应的动力学及其特征。

8.4.3.1 对峙反应

正向反应和逆向反应都能以显著速率进行的反应称为对峙反应。下面以最为简单的正、逆反应都是一级反应的对峙反应为例，说明对峙反应的动力学规律及其特征。设反应为

$$A \underset{k_{-1}}{\overset{k_1}{\rightleftharpoons}} B$$

设反应物 A 的起始浓度为 $c_{A,0}$，产物 B 的起始浓度为零；在 t 时刻，反应物 A 反应掉的浓度为 x，由反应方程式可知，$c_A=c_{A,0}-x$，$c_B=x$。则

正反应速率 $v_+=k_1(c_{A,0}-x)$

逆反应速率 $v_-=k_{-1}x$

由于反应是可逆反应，总反应速率应为正、逆反应速率之差，若用 dx/dt 表示总反应速率，则有

$$v=\frac{dx}{dt}=v_+-v_-=k_1(c_{A,0}-x)-k_{-1}x \tag{8-30}$$

即

$$\frac{dx}{k_1(c_{A,0}-x)-k_{-1}x}=dt$$

积分上式

$$\int_0^x \frac{dx}{k_1(c_{A,0}-x)-k_{-1}x}=\int_0^t dt$$

得

$$\ln\frac{k_1c_{A,0}}{k_1c_{A,0}-(k_1+k_{-1})x}=(k_1+k_{-1})t \tag{8-31}$$

式(8-30) 和式(8-31) 分别为一级对峙反应速率方程的微分式和积分式。

根据微分式或积分式无法同时解得 k_1 和 k_{-1} 的值，还需要一个联系二者的公式，这可通过平衡条件得到。当对峙反应达到平衡时，总反应速率为零，由式(8-30) 得

$$k_1(c_{A,0}-x_e)=k_{-1}x_e$$

式中，x_e 为产物 B 平衡时的浓度。故

$$k_{-1}=\frac{k_1(c_{A,0}-x_e)}{x_e} \tag{8-32}$$

代入式(8-31) 中，化简可得

$$k_1=\frac{x_e}{tc_{A,0}}\ln\frac{x_e}{x_e-x} \tag{8-33}$$

将上式再代入式(8-32) 中，得

$$k_{-1}=\frac{c_{A,0}-x_e}{tc_{A,0}}\ln\frac{x_e}{x_e-x} \tag{8-34}$$

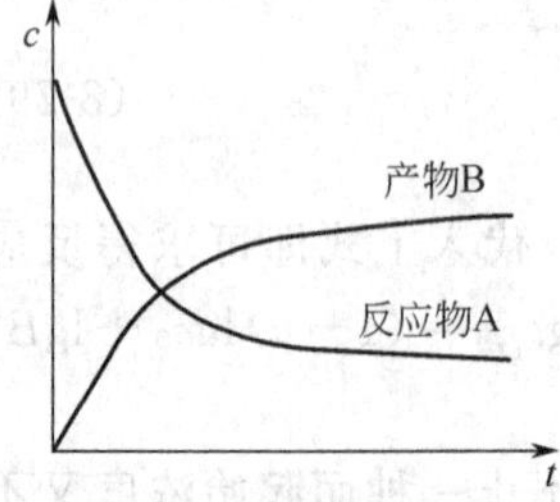

图 8-2 一级对峙反应的 c-t 图

只要确定了反应物的初始浓度和产物的平衡浓度，并由实验测出任意时刻的产物浓度，即可由式(8-33)、式(8-34) 分别解出正、逆反应的速率常数的数值了。

图 8-2 为一级对峙反应的 c-t 图，从图中可见，一级对峙反应特点是，经过足够长的时间，反应物和产物都要分别趋于它们的

平衡浓度。

8.4.3.2　平行反应

反应物能同时进行几种不同的反应称为平行反应。平行进行的几个反应中，生成主要产物的反应称为主反应，其余的称为副反应。平行反应最为简单的形式为两个平行的反应均为一级反应。下面，以此为例讨论平行反应的动力学规律及其特征。

$$A \begin{cases} \xrightarrow{k_1} B \\ \xrightarrow[k_2]{} C \end{cases}$$

设反应物 A 的起始浓度为 $c_{A,0}$，产物 B 和 C 的起始浓度均为零，在任意时刻 t，都有 $c_A+c_B+c_C=c_{A,0}$，所以

$$\frac{dc_A}{dt}+\frac{dc_B}{dt}+\frac{dc_C}{dt}=0$$

因为两个平行反应均为一级反应，则

$$\frac{dc_B}{dt}=k_1c_A \tag{8-35}$$

$$\frac{dc_C}{dt}=k_2c_A \tag{8-36}$$

代入前式，得

$$v=-\frac{dc_A}{dt}=(k_1+k_2)c_A \tag{8-37}$$

积分上式，得

$$-\int_{c_{A,0}}^{c_A}\frac{dc_A}{(k_1+k_2)c_A}=\int_0^t dt$$

得

$$\ln\frac{c_{A,0}}{c_A}=(k_1+k_2)t \tag{8-38}$$

式(8-37) 和式(8-38) 分别为两平行反应均为一级反应的速率方程的微分式和积分式。

由以上两式不能同时解出两个速率常数 k_1 和 k_2。将式(8-35) 与式(8-36) 相除，得

$$\frac{dc_B}{dc_C}=\frac{k_1}{k_2}$$

在 $t=0$ 时，c_B、c_C 均为零，经过时间 t 后，分别为 c_B、c_C，将上式在此上下限间积分，得

$$\frac{c_B}{c_C}=\frac{k_1}{k_2} \tag{8-39}$$

即任一时刻，两个浓度之比都等于两个速率常数之比。在同一时间 t，测出浓度之比，即可得 k_1/k_2，再由式(8-38) 求出 (k_1+k_2)，二者联立就能求出 k_1 和 k_2。

对于级数相同的平行反应，其产物浓度之比等于速率常数之比，而与反应物的起始浓度及时间无关，这是此类平行反应的一个特征。但应注意，如果两个平行反应的级数不同，就不具有上述特征，情况要复杂一些，这里不做进一步讨论。

8.4.3.3　连续反应

有很多化学反应是分几步完成的，若前一步反应的产物就是后一步反应的反应物，这样的反应就称为连续反应或连串反应。最简单的连续反应是两个单向连续的一级反应，一般可写作：

$$A\xrightarrow{k_1}B\xrightarrow{k_2}C$$

设反应起始时只有物质 A，其浓度为 $c_{A,0}$，B 和 C 的起始浓度 $c_{B,0}=c_{C,0}=0$，根据质量作用定律，有

$$-\frac{dc_A}{dt}=k_1c_A \tag{8-40}$$

$$\frac{dc_B}{dt}=k_1c_A-k_2c_B \tag{8-41}$$

$$\frac{dc_C}{dt}=k_2c_B \tag{8-42}$$

将式(8-40) 积分，得

$$\int_{c_{A,0}}^{c_A}\frac{dc_A}{c_A}=-k_1\int_0^t dt$$

得

$$\ln\frac{c_{A,0}}{c_A}=k_1t \text{ 或 } c_A=c_{A,0}e^{-k_1t} \tag{8-43}$$

反应物 A 的浓度是按指数规律随时间增加而递减的。

式(8-41) 为生成 B 的净速率。将式(8-43) 代入式(8-41) 中，得

$$\frac{dc_B}{dt}+k_2c_B=k_1c_{A,0}e^{-k_1t}$$

这是一个$\frac{dy}{dx}+Py=Q$型的一次线性微分方程，其通解为

$$c_B=C_1e^{-k_2t}+\frac{k_1c_{A,0}}{k_2-k_1}e^{-k_1t}$$

由起始条件，$t=0$，$c_{B,0}=0$，确定系数 C_1 为

$$C_1=-\frac{k_1c_{A,0}}{k_2-k_1}$$

代入上式，得

$$c_B=\frac{k_1c_{A,0}}{k_2-k_1}(e^{-k_1t}-e^{-k_2t}) \tag{8-44}$$

按照反应计量式，$c_{A,0}=c_A+c_B+c_C$，则 $c_C=c_{A,0}-c_A-c_B$，将式(8-43) 及式(8-44) 代入整理，得

$$c_C=c_{A,0}\left\{1-\frac{k_2}{k_2-k_1}e^{-k_1t}+\frac{k_1}{k_2-k_1}e^{-k_2t}\right\} \tag{8-45}$$

根据式(8-43)、式(8-44) 和式(8-45) 作 c-t 图，由图 8-3 可见，A 的浓度总是随时间单调减小，C 的浓度总是随时间单调增大，而 B 的浓度则开始增大，后又减小，中间出现极大值。中间产物 B 在反应过程中出现极大值，是连续反应的突出特征。

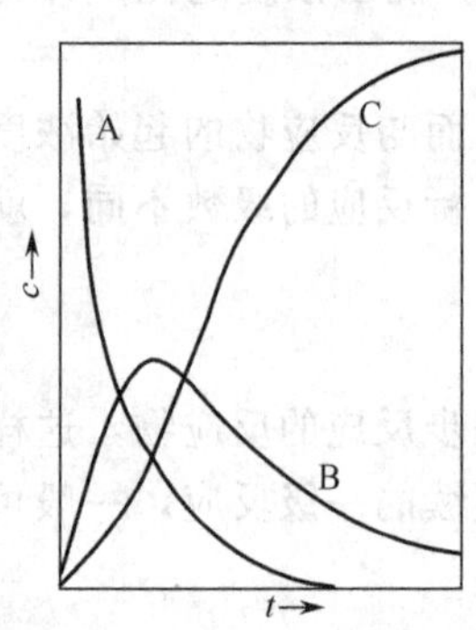

图 8-3 连续反应的 c-t 图

由上面讨论可知，对于最简单的连续反应，中间产物 B 的浓度也需要解微分方程。为此，在处理此类反应的动力学问题时，常采用一种近似方法，称为稳态法。

在连续反应中，若中间产物 B 极为活泼，浓度低，寿命又短(如自由基等)，则可以近似认为在反应达到稳定状态后，中间产物 B 的浓度基本不随时间而变化，即

$$\frac{dc_B}{dt}=0 \tag{8-46}$$

这就是稳态法。由此可很方便地求出中间产物 B 的浓度。例如，将稳态法用于上述最简单的连续反应中，由式(8-41) 可得

$$\frac{dc_B}{dt}=k_1c_A-k_2c_B=0$$

则
$$c_B=\frac{k_1}{k_2}c_A$$

将式(8-43) 代入上式，得

$$c_B=\frac{k_1}{k_2}c_{A,0}e^{-k_1t} \tag{8-47}$$

与解微分方程得到的式(8-44)

$$c_B=\frac{k_1c_{A,0}}{k_2-k_1}(e^{-k_1t}-e^{-k_2t})$$

对比，当 $k_2 \gg k_1$ 时，上式即可化简为式(8-47)。$k_2 \gg k_1$ 正是中间产物 B 极为活泼的结果。所以，当中间产物非常活泼、浓度极小时，用稳态法处理是适宜的。

8.5　温度对反应速率的影响

温度对反应速率的影响，随具体反应的不同而各异，情况比较复杂。但对于大多数反应来说，反应速率随温度升高而加快。范特霍夫曾根据实验总结出一条近似规律：在一定温度范围内，温度每升高 10℃，反应速率大约增加 2～4 倍。此经验规则虽不精确，但当数据缺乏时，也可用它来做粗略估计。

8.5.1　温度与反应速率之间的经验关系式

大量实验表明，温度对反应速率的影响是通过改变速率常数 k 的值反映出来的。1839 年，阿仑尼乌斯（Arrhenius）总结了大量实验数据，提出了温度对反应速率常数 k 影响的经验公式：

$$k=Ae^{-\frac{E_a}{RT}}=A\exp\left(-\frac{E_a}{RT}\right) \tag{8-48}$$

上式称为阿仑尼乌斯公式。式中，A 为常数，称为指前因子，单位与速率常数相同。R 为摩尔气体常数，T 为热力学温度，E_a 称为活化能（或实验活化能），单位为 $J \cdot mol^{-1}$，对某一给定反应来说，E_a 为一定值。当温度变化不大时，E_a 和 A 不随温度变化而改变。E_a 与 A 在动力学中起着重要作用，称为化学动力学参量，在化学动力学研究中，一个十分重要的任务就是求取反应的 E_a 和 A。

从式(8-48) 可见，k 与 T 成指数关系，对于同一反应，温度愈高，k 值愈大，反应速率也就愈快。

将式(8-48) 取对数，得

$$\ln k=-\frac{E_a}{RT}+\ln A \tag{8-49}$$

由上式可知，测出在不同温度下某反应的速率常数 k，以 $\ln k$ 对 $\frac{1}{T}$ 作图，应得一条直线，由直线的斜率及截距，就可以求出 E_a 和 A 的值。

将式(8-49) 对温度微分，得

$$\frac{d\ln k}{dT}=\frac{E_a}{RT^2} \tag{8-50}$$

将上式分离变量，在温度变化不大时，由 T_1 积分到 T_2，则有

$$\ln\frac{k_2}{k_1}=-\frac{E_a}{R}\left(\frac{1}{T_2}-\frac{1}{T_1}\right) \tag{8-51}$$

若已知两个温度 T_1、T_2 下的速率常数 k_1、k_2，代入上式，就可求出活化能 E_a。或已知 E_a 和 T_1 下的 k_1，利用上式可求出任一温度 T_2 下的 k_2。

式(8-48)、式(8-49)、式(8-50)、式(8-51) 均称为阿仑尼乌斯公式。

例 8-6 $CO(CH_2COOH)_2$ 在水溶液中分解速率常数 k 在 273K(T_1) 和 303K(T_2) 时分别为 $2.46\times10^{-5}s^{-1}$和 $163\times10^{-5}s^{-1}$，计算该分解反应的活化能。

解： 将式(8-51) 变形为

$$E_a=\frac{RT_1T_2}{T_2-T_1}\ln\frac{k_2}{k_1}$$

代入已知数据得 $E_a=96.14kJ\cdot mol^{-1}$。

例 8-7 已知溴乙烷分解反应的 $E_a=229.3kJ\cdot mol^{-1}$，在 650K 时的速率常数 $k=2.14\times10^{-4}s^{-1}$。现要使该反应的转化率在 10min 时达到 90%，试问此反应的温度应控制在多少?

解： 根据式(8-48) 可得指前因子

$$A=ke^{\frac{E_a}{RT}}=k\cdot\exp\left(\frac{E_a}{RT}\right)$$

$$=2.14\times10^{-4}s^{-1}\exp\left(\frac{229300J\cdot mol^{-1}}{8.3145J\cdot K^{-1}\cdot mol^{-1}\times650K}\right)=5.7\times10^{14}s^{-1}$$

由反应速率常数 k 的单位可知，溴乙烷的分解反应为一级反应；设其转化率为 x，利用式(8-25) 和式(8-48) 可得：

$$\ln\frac{1}{1-x}=k_1t=tA\exp\left(\frac{-E_a}{RT}\right)$$

代入 $x=0.90$，$t=600s$ 和 A 的数值，算得 $T=698K$。即欲使此反应在 10min 时转化率达到 90%，温度应控制在 698K。

8.5.2 活化能的物理意义

对于基元反应，活化能 E_a 有较明确的物理意义。阿仑尼乌斯提出：在基元反应中，并不是反应物分子之间的任何一次直接相互碰撞都能发生反应的，因为如果所有碰撞都能引起反应的话，而反应系统中气体分子的相互碰撞频率是个巨大的数字，于是所有气体反应都会在瞬间完成，这是与事实不符，实际上只有少数能量较高的分子直接相互碰撞才能发生反应。这些能量较高的分子称为活化分子。活化分子的能量比普通分子的能量超出的值称为反应的活化能。后来，托尔曼（Tolman）用统计力学证明：

$$E_a=\bar{E}^*-\bar{E}_r$$

式中，$\bar{E}^*$ 表示活化分子的平均能量，$\bar{E}_r$ 表示普通分子的平均能量，其单位均为 $J\cdot mol^{-1}$。E_a 是这两个统计平均能量的差值，即使普通分子变为能够发生反应的活化分子所需的能量。这就是活化能的物理意义。

设基元反应为

$$A\longrightarrow P$$

反应物 A 必须获得能量 E_a，变成活化分子 A^*，才能越过能峰变成产物 P（如图 8-4 所示）。同理，对逆反应，P 必须获得能量 E_a'才能越过能峰变成 A。由此可见，化学反应一般总是需要一个活化过程，也就是一个吸收足够能量以克服反应能峰的过程。在一般条件下，使普通分子活化的能量主要来源于分子间的碰撞，称为热活化，此外还有电活化及光活化等。

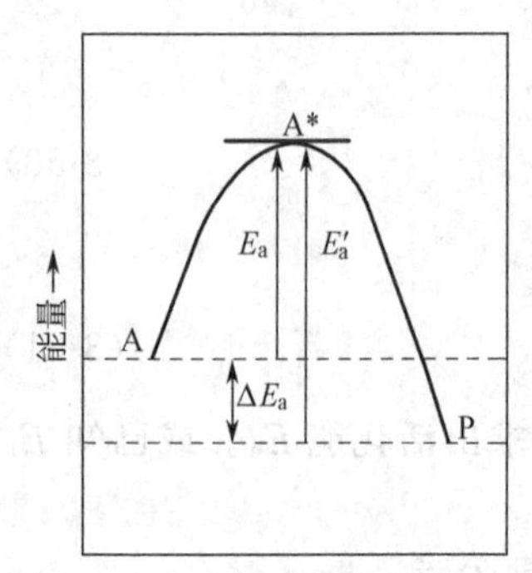

图 8-4 活化能示意图

对于复合反应，E_a 就没有明确的物理意义了，它实际上是组成该反应的各基元反应活化能的代数和，被称为表观活化能。

8.5.3 活化能对反应速率的影响

在阿仑尼乌斯公式中，由于 E_a 在指数上，所以 E_a 值的大小对反应速率的影响很大。例如，对 300K 时发生的某一反应，若 E_a 降低 $4kJ\cdot mol^{-1}$，则由式(8-48) 可得：

$$\frac{k_2}{k_1}=e^{\frac{E_{a,1}-E_{a,2}}{RT}}=e^{\frac{4000}{8.3145\times 300}}\approx 5$$

即反应速率比原来快 5 倍；若降低 $8kJ\cdot mol^{-1}$，则反应速率比原来要快 25 倍。通常化学反应的活化能大致在 $40\sim 400kJ\cdot mol^{-1}$，而 $8kJ\cdot mol^{-1}$ 只占其 2.0%～20%，可见活化能对反应速率的影响很大。

一般，若 $E_a<40kJ\cdot mol^{-1}$，则反应在室温下即可瞬时完成；若 $E_a>100kJ\cdot mol^{-1}$，则要适当加热反应才能进行。所以，当温度一定时，活化能越小的反应速率越快。

若反应系统中同时存在两个反应，反应 1 的活化能为 E_a，反应 2 的活化能为 E'_a，且 $E_a>E'_a$，当系统的温度由 T_1 升高到 T_2 时，反应 1 的速率常数由 k_1 变为 k_2，反应 2 的速率常数由 k'_1 变为 k'_2。由式(8-51) 可得：

对于反应 1 有

$$\ln\frac{k_2}{k_1}=-\frac{E_a}{R}\left(\frac{1}{T_2}-\frac{1}{T_1}\right)=\frac{E_a}{R}\left(\frac{T_2-T_1}{T_1T_2}\right)$$

对于反应 2 有

$$\ln\frac{k'_2}{k'_1}=\frac{E'_a}{R}\left(\frac{T_2-T_1}{T_1T_2}\right)$$

因为 $E_a>E'_a$，$T_2>T_1$，所以

$$\ln\frac{k_2}{k_1}>\ln\frac{k'_2}{k'_1}$$

即

$$\frac{k_2}{k_1}>\frac{k'_2}{k'_1}$$

也就是说，在相同的温度区间升高相同的温度，活化能大的反应，其速率常数 k 扩大的倍数较大，而活化能小的反应，其速率常数 k 扩大的倍数较小。在生产中，常利用这一原理来抑制副反应。

例 8-8　已知乙烷裂解反应的活化能 $E_a=302.17kJ\cdot mol^{-1}$，丁烷裂解的反应的活化能 $E_a=233.68kJ\cdot mol^{-1}$，当温度由 973.15K 升高到 1073.15K 时，它们的反应速率常数将分别增加多少?

解：将已知数据代入式(8-51)

乙烷：

$$\ln\frac{k(1073.15K)}{k(973.15K)}=\frac{302.17\times 10^3}{8.3145}\left(\frac{1073.15-973.15}{973.15\times 1073.15}\right)=3.48$$

$$\frac{k(1073.15K)}{k(973.15K)}=32.46$$

丁烷：

$$\ln\frac{k(1073.15K)}{k(973.15K)}=\frac{233.68\times 10^3}{8.3145}\left(\frac{1073.15-973.15}{973.15\times 1073.15}\right)=2.69$$

$$\frac{k(1073.15K)}{k(973.15K)}=14.73$$

由计算可知，升高同样温度，活化能大的反应速率常数增加的倍数大。

8.6　化学反应速率理论

化学反应速率千差万别，除了外界因素浓度、温度以及将要介绍的催化剂外，其内在规律是什么？在基元反应中，原子、分子是如何发生反应的？基元反应的速率应如何从理论上计算？这就是反应速率理论的研究内容。本节简要介绍简单碰撞理论和过渡状态理论。

8.6.1 简单碰撞理论

在1916～1923年，路易斯等人接受阿仑尼乌斯关于“活化状态”和“活化能”的概念，在气体分子运动论的基础上建立起简单碰撞理论。其主要假定为：

① 反应物分子必须相互碰撞才能发生反应，碰撞的分子看成是无结构的刚性球体。

② 反应速率 v 与单位体积、单位时间内分子碰撞的次数 Z 成正比。但并不是每一次碰撞都能发生反应，只有那些能量较高的活化分子的碰撞才能发生反应。这种能发生反应的碰撞称为有效碰撞。因此，单位体积、单位时间内有效碰撞的次数代表反应速率。

$$v=q\cdot Z \tag{8-52}$$

式中，q 称为有效碰撞分数，它是活化分子在整个反应物分子中所占的百分数。根据玻耳兹曼（Boltzmann）能量分布定律可得：

$$q=e^{-\frac{E_c}{RT}} \tag{8-53}$$

式中，E_c 称为摩尔临界能，是1mol反应物分子发生反应所必须具有的最低能量，与温度无关。所以

$$v=Z\cdot e^{-\frac{E_c}{RT}} \tag{8-54}$$

只要求出 Z，就可以从理论上计算出反应速率了。

以双分子气相反应为例：

$$A+B \longrightarrow P$$

根据气体分子运动论，可以推导出

$$Z_{AB}=d_{AB}^2L\left(\frac{8\pi RT}{\mu}\right)^{1/2}c_Ac_B \tag{8-55}$$

式中，d_{AB} 为A、B分子的有效碰撞直径，它等于A、B分子的半径之和，m；L 为阿伏加德罗常数；c_A、c_B 为A、B的浓度；μ 为折合质量，$\mu=\frac{M_AM_B}{M_A+M_B}$，$M_A$、$M_B$ 为A、B分子的摩尔质量。

将式(8-55)代入式(8-54)中，得

$$v=d_{AB}^2L\left(\frac{8\pi RT}{\mu}\right)^{1/2}e^{-\frac{E_c}{RT}}c_Ac_B \tag{8-56}$$

对比双分子基元反应的速率方程

$$v=kc_Ac_B$$

得

$$k=d_{AB}^2L\left(\frac{8\pi RT}{\mu}\right)^{1/2}e^{-\frac{E_c}{RT}} \tag{8-57}$$

若知道了 d_{AB}、μ 及 E_c，由上式可计算出 k，进而由式(8-56)计算出反应速率 v。

根据阿仑尼乌斯公式(8-50)，有

$$E_a=RT^2\frac{d\ln k}{dT}$$

而对式(8-57)两边取对数后再微分，得

$$\frac{d\ln k}{dT}=\frac{1}{2T}+\frac{E_c}{RT^2}$$

将此式代入前式，得

$$E_a=E_c+\frac{1}{2}RT \tag{8-58}$$

这就是阿仑尼乌斯公式中的活化能与简单碰撞理论中的摩尔临界能之间的关系。此式表明，活化能 E_a 与温度有关，但在温度不太高时，因 E_c 值一般较大，故 $E_a\approx E_c$，即认为 E_a 不随温度变化。

E_a 与 E_c 的物理意义是不同的。阿仑尼乌斯活化能或实验活化能是 1mol 活化分子的平均能量与 1mol 普通分子平均能量之差；而摩尔临界能是反应物分子有效碰撞时，相对平动能在分子中心连线上的分量所必须达到的临界值。E_c 与温度无关，E_a 与温度有关，两者虽然概念不同，但量值上是近乎相等的。

将简单碰撞理论用于有结构较复杂的分子参与的反应时，理论计算 k 的值比实验值高，有的甚至大 10^9 倍。因此，需要在公式中加入一个校正因子 P，即

$$k=Pd_{AB}^2L\left(\frac{8\pi RT}{\mu}\right)^{1/2}e^{-\frac{E_c}{RT}} \tag{8-59}$$

P 因子包含了使分子有效碰撞数降低的各种因素，P 的值可从 1 变到 10^{-9}。

在气体分子运动论的基础上建立起来的简单碰撞理论，比较成功地解释了某些事实，并对阿仑尼乌斯公式中的活化能和指前因子提出了较明确的物理意义，但它也有缺陷，主要有以下方面：

① 对于结构复杂分子参与的反应，计算误差太大，尽管引入了校正因子 P，但 P 的物理意义不明确，其原因是将分子看成无结构的刚性球体，模型过于简单。

② 用简单碰撞理论计算 k 值时，E_c 还得由实验测定，因此它是一个半经验性的理论。

8.6.2　过渡状态理论

过渡状态理论又称为活化配合物理论或绝对反应速率理论，它是在 1932 ～1935 年由艾林（Eyring）等人在统计力学和量子力学理论基础上建立起来的。其要点如下：

① 反应物分子变成产物分子，要经过一个中间过渡态，形成一个活化配合物，在活化配合物中，旧键未完全断裂，新键也未完全形成。

② 活化配合物是一个高能态的“过渡区物种”，很不稳定，它既能迅速与原来反应物建立热力学平衡，又能进一步分解为产物，分解为产物的一步是慢步骤。

③ 化学反应的速率是由活化配合物分解为产物的速率决定的。

根据上述假定，A 与 BC 反应生成 AB 与 C 可表示为

$$A + B—C \rightleftharpoons [A\cdots B\cdots C]^{\neq} \longrightarrow A—B + C$$

$[A\cdots B\cdots C]^{\neq}$ 称为活化配合物。如图 8-5 所示，在反应进程-势能图上，活化配合物处于能量极大值处，它的能量与反应物分子的平均能量之差称为正反应活化能 E_a（正），它的能量与产物分了的平均能量之差称为逆反应活化能 E_a（逆）。反应热 $\Delta_r H_m = E_a(正) - E_a(逆)$。

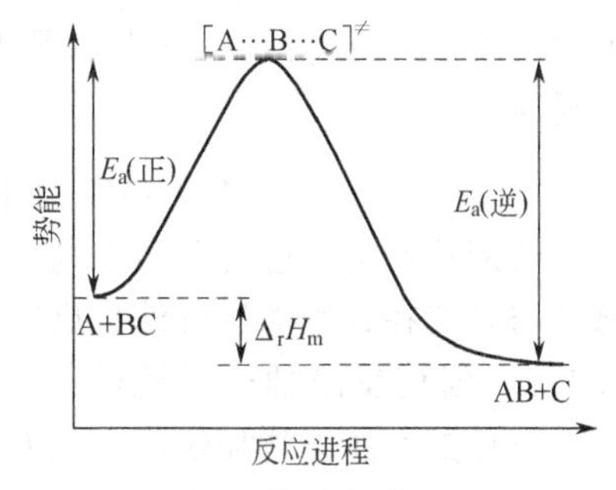

图 8-5　反应进程-势能图

按假定③可知，反应速率由活化配合物分解为产物的速率决定，所以

$$v \propto c^{\neq}$$

$c^{\neq}$ 为活化配合物 $[A\cdots B\cdots C]^{\neq}$ 的浓度。根据统计热力学原理可导出

$$v=\frac{k_B T}{h}c^{\neq} \tag{8-60}$$

式中，k_B 为玻耳兹曼常数；$h=6.626176\times10^{-34}$ J·s，为普朗克常数。

因为反应物与活化配合物能很快达到平衡，若用 $K^{\neq}$ 表示其平衡常数，则有

$$K^{\neq}=\frac{c^{\neq}}{c_A c_{BC}} \tag{8-61}$$

将上式代入式(8-60) 中得

$$v=\frac{k_B T}{h}K^{\neq}c_A c_{BC} \tag{8-62}$$

与双分子基元反应的速率方程 $v=kc_A c_{BC}$ 对比可得

$$k=\frac{k_B T}{h}K^{\neq} \tag{8-63}$$

上式即为过渡状态理论速率常数的基本公式。只要得到 $K^{\neq}$，就可求出 k 了。$K^{\neq}$ 的值可以根据反应物和活化配合物的结构参数，利用统计热力学原理求得；也可通过测定反应物和活化配合物的热力学函数，利用热力学原理求得。因而，称过渡状态理论为绝对速率理论。从这一点看，过渡状态理论较简单碰撞理论进了一步。在实践中，因为活化配合物很不稳定，其结构参数和热力学函数很难直接测定，故对该理论也需要进一步探讨。限于篇幅的原因，在这就不做详细讨论了。

8.7 催化反应

在长期生产实践和科学实验中，人们早就认识到某些物质能够使化学反应加快。1835年，德国化学家就提出了“催化剂”的概念。近代化学工业和石油化学工业的巨大成就在很大程度上是建立在催化反应的基础上的。如氨、硝酸、硫酸的制造，石油的炼制加工，橡胶、纤维、塑料三大原料的合成，都离不开催化剂，农药、医药、染料、炸药等工业以及废水、废气的处理也要用到催化剂，维持生命的生物固氮和光合作用也依靠催化反应。有人估计，世界上 85%的化学制品的制取都离不开催化反应。

8.7.1 催化剂和催化反应

在化学反应系统中加入某种物质，若它能明显地改变反应速率而其本身的数量和化学性质在反应前后不发生变化，则这种外加物质就称为催化剂。因催化剂的存在而引起反应速率改变的效应称为催化作用。能加快反应速率的催化剂称为正催化剂，而减慢反应速率的催化剂则称为负催化剂或阻化剂。负催化剂有时也具有重要意义，例如橡胶和塑料的防老化，金属的防腐，副反应的抑制，燃烧反应中的防爆等。由于正催化剂应用较多，故一般不特别注明，都是指正催化剂。

有催化剂参与的反应称为催化反应。若催化剂与反应物质处于同一相（如气相或液相），就称为均相催化反应。例如，甲醇与醋酸在 H^+ 催化作用下生成酯的反应就是均相催化反应：

$$CH_3OH+CH_3COOH \xrightarrow{H^+} CH_3COOCH_3+H_2O$$

若催化剂与反应物质不在同一相，反应在相界面上进行，就称为多相催化反应。例如，氮气与氢气在铁表面进行催化反应生成氨就是多相催化反应。

8.7.2 催化反应的一般机理

催化剂之所以能加快反应速率，主要是因为催化剂参与了化学反应，改变了反应途径，降低了反应的活化能。表 8-2 是催化反应和非催化反应活化能数值比较。

表 8-2 催化反应和非催化反应的活化能

反应	E_a(非催化)/kJ·mol^{-1}	催化剂	E_a(催化)/kJ·mol^{-1}
$2HI \longrightarrow H_2+I_2$	184.1	Au	104.6
		Pt	58.58
$2NH_3 \longrightarrow N_2+3H_2$	326.4	W	163.2
		Fe	159～176
$O_2+2SO_2 \longrightarrow 2SO_3$	251.04	Pt	62.7

假设催化剂 K 能加速反应 $A+B \longrightarrow AB$，其机理为

$$A+K \underset{k_{-1}}{\overset{k_1}{\rightleftharpoons}} AK$$

$$AK+B \xrightarrow{k_2} AB+K$$

若第一步为快速对峙反应并达到平衡，则

$$k_1 c_A c_K = k_{-1} c_{AK} \text{或} c_{AK} = \frac{k_1}{k_{-1}} c_A c_K$$

第二步速率慢，即为速率控制步骤。则总反应速率为

$$v = k_2 c_{AK} c_B = k_2 \frac{k_1}{k_{-1}} c_K c_A c_B = k c_A c_B$$

式中 k 为表观速率常数　$$k = k_2 \frac{k_1}{k_{-1}} c_K$$

在催化反应中，催化剂的浓度可视为常数。上式表明，表观速率常数不仅与温度有关，还与催化剂的浓度有关。将上式中各基元反应的速率常数用阿仑尼乌斯公式表示，则

$$k = \frac{A_1 A_2}{A_{-1}} c_K \exp\left(-\frac{E_1+E_2-E_{-1}}{RT}\right) = A c_K \exp\left(-\frac{E_a}{RT}\right)$$

式中，$A = A_1 A_2 / A_{-1}$ 为表观指前因子。由上式可知总反应的表观活化能 E_a 为

$$E_a = E_1 + E_2 - E_{-1}$$

上述机理可用能峰示意图表示，如图 8-6。图中，非催化反应要克服一个活化能为 E_0 的较高能峰，而在催化剂的存在下，反应的途径改变了，只需要克服两个较小的能峰（E_1 和 E_2）。一般，E_1 和 E_2 要比 E_0 小得多，故催化反应的表观活化能 E_a 比非催化反应的活化能 E_0 要小得多。

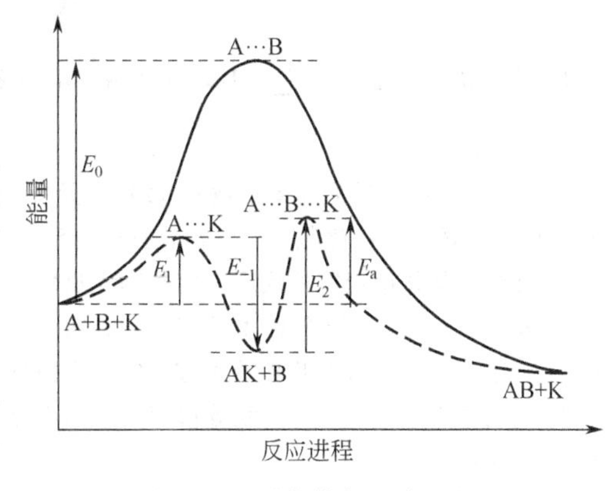

图 8-6　活化能与反应途径

活化能的降低对于反应速率的影响是很大的，如表 8-2 中 HI 的分解（503K）在没有催化剂时的活化能为 $184.1\text{kJ}\cdot\text{mol}^{-1}$，若以 Au 为催化剂，活化能降为 $104.6\text{kJ}\cdot\text{mol}^{-1}$。则

$$\frac{k(\text{催化})}{k(\text{非催化})} = \frac{A\exp\left(-\frac{104.6\times 10^3}{RT}\right)}{A'\exp\left(-\frac{184.1\times 10^3}{RT}\right)}$$

假定催化反应和非催化反应的指前因子相等，则

$$\frac{k(\text{催化})}{k(\text{非催化})} = 1.8\times 10^8$$

即在其它条件相同的情况下，HI 的催化分解反应比非催化反应快 1.8×10^8 倍。

8.7.3　催化剂的特性

从上面讨论可知，催化剂有如下几个基本特征：

① 催化剂参与了化学反应，与反应物形成了中间体，从而改变了反应途径，降低了活化能，使反应速率加快。反应前后催化剂的化学性质和数量不变，但其物理性质常有改变。如 $KClO_3$ 的分解反应，用 MnO_2 作催化剂，反应后 MnO_2 由块状变为粉末状。

② 催化剂能加快反应到达平衡的时间，但不影响化学平衡，也不能实现热力学上不能

发生的反应。

化学反应在有催化剂作用下和无催化剂作用下，其总反应是相同的，催化剂并不改变化学过程的始终态，也就不能改变反应的 $\Delta_r G_m$，就不能实现热力学上不能发生的反应了。由于催化剂不能改变 $\Delta_r G_m^{\ominus}$，而 $\Delta_r G_m^{\ominus}=-RT\ln K^{\ominus}$，故不能改变标准平衡常数，不影响化学平衡。因为对峙反应的平衡常数 $K=k_1/k_{-1}$，催化剂不改变 K，但能改变速率常数，故催化剂对正、逆反应速率常数或反应速率是同等倍数增加的，所以缩短了到达平衡的时间，但不能提高产物的百分比。

③ 催化剂具有特殊的选择性。不同类型的化学反应需要不同的催化剂；对同样的化学反应，如果选择不同的催化剂，可以得到不同的产物。例如，乙醇的分解有以下几种情况：

$$C_2H_5OH\begin{cases}\xrightarrow{\text{Cu，200～250℃}} CH_3CHO+H_2\\ \xrightarrow{\text{Al}_2\text{O}_3\text{，350～360℃}} C_2H_4+H_2O\\ \xrightarrow{\text{Al}_2\text{O}_3\text{，140℃}} C_2H_5OC_2H_5+H_2O\\ \xrightarrow{\text{ZnO·Cr}_2\text{O}_3\text{，400～450℃}} CH_2CHCHCH_2+H_2O+H_2\end{cases}$$

思考题

1. 对于等容反应 $0=\sum_B \nu_B B$，如何用作用物 B 的浓度表示反应速率？

2. 区别以下概念：

(1) 反应速率与反应速率常数；(2) 基元反应与非基元反应；(3) 质量作用定律与反应速率方程；(4) 反应分子数与反应级数；(5) 活化分子与活化能。

3. 符合质量作用定律的反应一定是基元反应吗？简单级数反应是简单反应吗？

4. 零级、一级、二级等浓度反应各自有何动力学特征？如何导出它们的速率方程积分式？

5. 确定反应级数有哪几种处理方法？各有何优、缺点？

6. 试根据零级、一级、二级等浓度反应的半衰期与起始浓度的关系，推测 n 级等浓度反应的半衰期与起始浓度的关系。

7. 三种典型的复杂反应各有何特点？如何建立它们的速率方程？何谓稳态法？

8. 温度是如何影响反应速率的？反应速率与活化能有何关系？等容反应热与活化能有何关系？

9. 某反应是放热反应。在反应开始后的一段时间，反应速率加快，后来又变慢，试从浓度、温度等因素解释此现象。

10. “温度升高，正、逆反应速率都要增大，因平衡常数 $K=k_1/k_{-1}$，故平衡常数不会随温度升高而改变。”此论断对吗？为什么？

11. 简述简单碰撞理论和过渡状态理论的要点？摩尔临界能与阿仑尼乌斯活化能有何关系？二者有何区别？

12. 催化剂为什么能改变反应速率？催化反应有什么特征？

习题

1. 选择题

(1) 反应 $2O_3 \longrightarrow 3O_2$ 的速率方程为 $-dC(O_3)/dt=k(O_3)c^2(O_3)c^{-1}(O_2)$ 或者 $dC(O_2)/dt=k(O_2)c^2(O_3)c^{-1}(O_2)$，则速率常数 $k(O_3)$ 和 $k(O_2)$ 的关系是（　　）。

A. $2k(O_3)=3k(O_2)$　B. $k(O_3)=k(O_2)$　C. $3k(O_3)=2k(O_2)$　D. $-3k(O_3)=2k(O_2)$

(2) 已知某反应机理为 $A\xrightarrow{k_1}B\xrightarrow{k_2}C$，对中间物 B 的生成速率 dc_B/dt 表达式正确的是（　　）。

A. $k_1c_B+k_2c_c$　B. $k_1c_A+k_2c_B$　C. $k_1c_A-k_2c_B$　D. $k_1c_A-k_2c_c$

(3) 某化学反应的反应物消耗3/4所需时间是它消耗1/2所需时间的2倍，则反应的级数是（　）。

A. 零级　B. 一级　C. 二级　D. 三级

(4) 对于一个放热反应$P \rightleftharpoons Q$，升高温度，则（　）。

A. 只是正反应速率增大　B. 只是逆反应速率增大

C. 正、逆反应速率均增大　D. 正、逆反应速率均减小

(5) 某反应在温度T_1时的反应速率常数为k_1，T_2时的速率常数为k_2，且$T_2>T_1$，$k_1<k_2$，则必有（　）。

A. $E_a>0$　B. $E_a<0$　C. $\Delta_r H_m>0$　D. $\Delta_r H_m<0$

(6) 反应$CO(g)+2H_2(g) \longrightarrow CH_3OH(g)$在恒温恒压下进行，当加入某种催化剂，该反应速率明显加快。不存在催化剂时，反应的平衡常数为K，活化能为E_a，存在催化剂时为K'和E_a'，则（　）。

A. $K'=K$，$E_a'>E_a$　B. $K'<K$，$E_a'>E_a$

C. $K'=K$，$E_a'<E_a$　D. $K'<K$，$E_a'<E_a$

(7) 某反应的反应焓$\Delta_r H=100\text{kJ}\cdot\text{mol}^{-1}$，则该反应的活化能是（　）。

A. 必定等于或小于$100\text{kJ}\cdot\text{mol}^{-1}$　B. 必定等于或大于$100\text{kJ}\cdot\text{mol}^{-1}$

C. 可以大于或小于$100\text{kJ}\cdot\text{mol}^{-1}$　D. 只能小于$100\text{kJ}\cdot\text{mol}^{-1}$

(8) 对于一个给定条件下的反应，随着反应的进行，则（　）。

A. 速率常数k变小　B. 平衡常数K变大

C. 正反应速率降低　D. 逆反应速率降低

(9) 对于一般化学反应，当温度升高时应该是（　）。

A. 活化能明显降低　B. 平衡常数一定变大

C. 正逆反应的速度常数成比例变化　D. 反应达到平衡的时间缩短

(10) 一个基元反应，正反应的活化能是逆反应活化能的2倍，反应时吸热$120\text{kJ}\cdot\text{mol}^{-1}$，则正反应的活化能是（　）。

A. $120\text{kJ}\cdot\text{mol}^{-1}$　B. $240\text{kJ}\cdot\text{mol}^{-1}$　C. $360\text{kJ}\cdot\text{mol}^{-1}$　D. $60\text{kJ}\cdot\text{mol}^{-1}$

2. 某反应$A+2B \longrightarrow 2P$，试分别用各种物质的浓度随时间的变化率表示反应速率。

3. 根据质量作用定律，写出下列基元反应的速率方程。

(1) $A+B \xrightarrow{k} 2P$；(2) $2A+B \xrightarrow{k} 2P$；(3) $A+2B \xrightarrow{k} 2P+2S$

4. 某气相反应的速率表示式分别用浓度和压力表示时为：$v=k_c c_A^n$和$v=k_p p_A^n$，试求k_c与k_p之间的关系。设气体为理想气体。

5. 某反应$B \longrightarrow C+D$，当$c_B=0.200\text{mol}\cdot\text{dm}^{-3}$时，反应速率是$6\times10^{-3}\text{mol}\cdot\text{dm}^{-3}\cdot\text{s}^{-1}$。如果(1)对B是零级反应；(2)对B是一级反应；(3)对B是二级反应。问以上各种情况下的速率常数是多少？单位是什么？

6. 根据实验，在一定温度范围内，NO和Cl_2反应是基元反应，反应式如下：

$$2NO+Cl_2 \longrightarrow 2NOCl$$

(1) 写出质量作用定律的数学表达式，反应级数是多少？

(2) 其它条件不变，将容积增加一倍，反应速率变化多少？

(3) 容器体积不变，将NO浓度增加2倍，反应速率变化多少？

7. 某人工放射性元素放出α粒子，半衰期为15min，试计算该试样蜕变（转化率）为80%时需要多少时间？

8. 某一级反应，若反应物浓度从$1.0\text{mol}\cdot\text{dm}^{-3}$降到$0.20\text{mol}\cdot\text{dm}^{-3}$需30min，问反应物浓度从$0.20\text{mol}\cdot\text{dm}^{-3}$降到$0.040\text{mol}\cdot\text{dm}^{-3}$需要多少分钟？求该反应的速率常数$k$。

9. 在一级反应中，消耗99.9%的反应物所需的时间是消耗50%反应物所需时间的多少倍？

10. 在1dm^3溶液中含等物质的量的A和B，60min时A反应了75%，问反应到120min时，A还剩余多少没有作用？设反应：(1)对A为一级反应，对B为零级；(2)对A为一级反应，对B为一级；(3)对A、B均为零级。

11. 反应 $2NOCl \longrightarrow 2NO+Cl_2$ 在200℃下的动力学数据如下：

t/s	0	200	300	500
$c(NOCl)/mol\cdot dm^{-3}$	0.02	0.0159	0.0144	0.0121

反应开始时只有NOCl，并认为反应能进行到底，求反应级数和速率常数。

12. 某一级反应在340K时达到20%的转化率需时3.2min，而在300K时达到同样的转化率用时12.61min，试估计该反应的活化能。

13. 65℃时 N_2O_5 气相分解的速率常数为 $0.292min^{-1}$，活化能为 $103.3kJ\cdot mol^{-1}$，求80℃时的速率常数 k 和半衰期 $T_{1/2}$。

14. 溶液中某光学活性卤化物的消旋作用：

$$R_1R_2R_3CX(\text{右旋}) \rightleftharpoons R_1R_2R_3CX(\text{左旋})$$

在正、逆方向上均为一级反应，且二速率常数相等。若起始反应物为纯的右旋物质，速率常数为 $1.9\times10^{-6}s^{-1}$。求：(1) 转化10%所需时间；(2) 24h后的转化率。

15. $A \xrightarrow{k_1} B \xrightarrow{k_2} C$ 为一级连续反应，试证明：(1) 若 $k_1 \gg k_2$，则C的生成速率决定于 k_2；(2) 若 $k_2 \gg k_1$，则C的生成速率取决于 k_1。

16. 300K时，下列反应

$$H_2O_2(aq) \longrightarrow H_2O(l)+\frac{1}{2}O_2(g)$$

的活化能为 $75.3kJ\cdot mol^{-1}$。若用 I^- 催化，活化能降低为 $56.5kJ\cdot mol^{-1}$。若用酶催化，活化能降为 $25.1kJ\cdot mol^{-1}$。假定催化反应与非催化反应的指前因子相同，试计算相同温度下，该反应用 I^- 催化及酶催化时，其反应速率常数分别是无催化剂时的多少倍？

17. 反应 $2HI \longrightarrow H_2+I_2$ 在无催化剂存在时，其活化能 E_a(非催化)$=184.1kJ\cdot mol^{-1}$；在以Au作催化剂时，反应的活化能 E_a(催化)$=104.6kJ\cdot mol^{-1}$。若反应在503K时进行，如果指前因子A（催化）值比A（非催化）值小 1×10^8 倍，试估计以Au为催化剂的反应速率常数将比非催化反应的反应速率常数大多少倍？

第 9 章　界面现象和胶体分散系统

任何物质在一定条件下可形成气、液、固三态。各相之间存在的界面有气-液、气-固、液-液、液-固、固-固等五种。习惯上将气-液、气-固相界面称为表面，其余的相界面称为界面，其实都是相间的界面，称为表面或界面均可。凡是发生在界面（或表面）上的现象，称为界面（或表面）现象，研究界面（或表面）现象的特点及其规律的科学称为界面化学（或表面化学）。

无数事实表明，物质的界面特性在任何两相分界面上都能或多或少地表现出来，因此，界面现象是自然界中最普遍的现象之一，它存在于一切多相系统中两相之间的界面上，如荷叶上的水滴会自动呈球形，脱脂棉及毛巾能被水润湿，固体表面易自动吸附其它物质，微小的晶体易溶解，微小的液滴易蒸发等。当物质的总表面或比表面比较小时，界面现象不显著，常常为人们所忽视。但随着物质粉碎程度（或分散性）或多孔性的增加，对一定量的物质而言，其比表面积（单位体积的物质具有的表面积）将剧增，此时对物质的物理或化学性质将产生显著影响。这种影响反映出来的宏观现象就是人们观察到的界面现象。

界面化学对自然界和化工、冶金生产及科研过程中产生的种种界面现象的研究和应用具有重要的理论意义和实际意义。

另外，在自然界、工农业生产和日常生活中，常遇到一种或数种物质分散在另一种或数种物质中所构成的系统，称为分散系统。胶体（粒子直径为 $1\times10^{-9}\sim1\times10^{-7}$ m）是一个高度分散系统，具有许多特殊性质和很大的相界面效应，在生产和科研以及实际生活中占有重要地位。研究胶体分散系统、粗分散系统和高分子化合物溶液的形成、稳定、破坏以及它们的物理化学性质的科学称为胶体化学。

本章主要介绍界面现象以及胶体化学中的一些基本知识。

9.1　表面张力和表面能

表面现象的产生是由于表面层分子所处的状态（受力状况、势能等）不同于体相内的分子。例如某纯液体与其蒸气相接触，液相内的分子处于同类分子的包围中（如图 9-1 中 B 分子），该分子受周围分子作用力的合力为零，因此，液相内分子运动时无需消耗功；而表面层的分子由于四周受力不对称（如图 9-1 中 A 分子），受到液相内分子对它的吸引力，故表面层分子总是趋于向液体内部移动而使表面积缩小。若要使表面积增大，则需外力对系统做功（非体积膨胀功），以克服液相内分子的引力而使得分子移至表面。如果在等温等压下，可逆地增加系统表面积，则对系统所做功 $\delta W'$ 应正比于表面积的增加 dA。即

$$\delta W'=\sigma \mathrm{d}A \quad 或 \quad \sigma=\frac{\delta W'}{\mathrm{d}A}$$

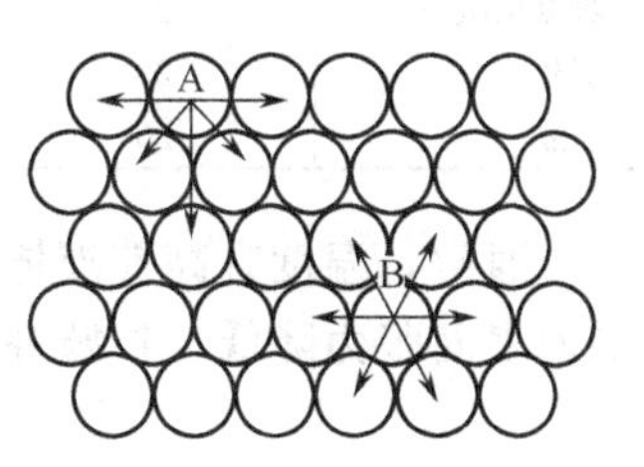

图 9-1　液体表面分子的受力情况示意图

式中，σ 为比例系数，称为比表面能或表面能。因上述过程是温度、压力不变的可逆过程，所以

$$\mathrm{d}G=\delta W'=\sigma \mathrm{d}A \quad 或 \quad \sigma=\left(\frac{\partial G}{\partial A}\right)_{T,p} \tag{9-1}$$

σ 即为一定温度、压力下，改变单位表面积时，系统吉布斯函数的改变量，也称为比表面吉布斯函数，其单位为 $\mathrm{J\cdot m^{-2}}$。由于

$J=N\cdot m$，σ 的单位亦可写成 $N\cdot m^{-1}$，即 σ 为作用于单位长度上的力，所以又称为表（界）面张力。

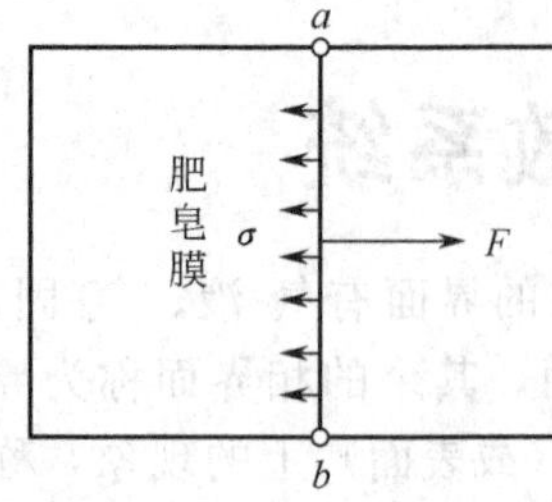

图 9-2 肥皂膜实验

表面张力是一种实际存在的力。图 9-2 表示的是一个金属丝框架，ab 是一活动边，将 ab 固定后，使框架蘸上一层肥皂膜，若放松 ab，则肥皂膜会自动收缩以减小表面积。欲使膜面积维持不变，需在长度为 L 的金属丝 ab 上施加一相反的力 F，使金属丝向右移动 dl，所做的功为

$$\delta W'=Fdl$$

此时液膜（有两面）增加的面积为

$$dA=2Ldl$$

由式(9-1) 知，等温等压下，面积增大 dA 时

$$\delta W'=\sigma dA=\sigma 2Ldl$$

所以

$$Fdl=\sigma 2Ldl$$

即

$$\sigma=F/2L \tag{9-2}$$

所以，表面张力 σ 是作用于表面上单位长度上使表面收缩的力。力的方向与此单位长度的线垂直，并与此处表面相切。

表面张力是系统的强度性质，其值与物质的性质及所处的温度、压力及组成等条件有关。不同的物质，分子间作用力不同，表面张力自然不同，分子间作用力越大，则表面张力越大。一般，金属键的物质（熔融状态）表面张力最大，离子键的物质次之，极性分子（如 H_2O）构成的液态物质、非极性分子（如液氯、乙醚等）表面张力依次变小。表面张力的大小还与表面两侧的相由什么物质构成有关。表 9-1 列出了部分物质在液态时的表面张力。表中数据表明，表面张力与物质性质的关系主要与键型有关。多数液体的表面张力小于 $0.06N\cdot m^{-1}$。水的表面张力较大，是由氢键引起的。金属液体的表面张力一般都高，说明金属液体分子间引力较大。固体的表面张力一般也高，但不易测定。液-液界面张力一般比两纯液体表面张力中的较高者低。对于液（或固）体，如未特别指明，表面张力是指液（或固）体与其自身的蒸气间的界面张力。

表 9-1 部分物质在液态时的表面张力

物 质	温度/℃	$\sigma\times10^3/N\cdot m^{-1}$	物 质	温度/℃	$\sigma\times10^3/N\cdot m^{-1}$
氯	−30	25.56	氯化钠	803	113.8
乙醚	25	26.43	氯化锂	614	137.8
水	20	72.75	硅酸钠	1000	250
苯	20	28.88	氧化亚铁	1427	582
甲苯	20	28.52	三氧化二铝	2080	700
氯仿	25	26.67	银	1100	878.5
四氯化碳	25	26.43	铜	1085	1300
丁醇	20	22.39	铂	17735	1800
丁酸	20	26.51	铁	1535	1900

通常，温度升高使液体分子间引力减弱，分子更易从液体内部进入表面，所以温度升高能使表面张力降低。拉姆齐（Ramsay）与雪尔茨（Shilds）提出如下关系式：

$$\sigma V_m^{\frac{2}{3}}=k(T_c-T-6.0/K) \tag{9-3}$$

式中，V_m 为液体的摩尔体积；k 为常数；T_c 为临界温度。这是求表面张力与温度间关系的常用公式。

9.2　纯液体的表面现象

9.2.1　液体对固体的润湿作用

在日常生活和生产过程中，人们经常会碰到许多润湿现象。如施洒农药时，要求药液在植物枝叶上附着并铺展，以期发挥最大药效。涂刷油漆时，要求展成薄层又不脱落。机器的润滑、防水材料的研制都与润湿与否密切相关。一般来说，液体能附着在固体上即为润湿。润湿现象是在液体与固体接触时发生的，当固、液分子间相互吸引力（附着力）大于液、液分子间相互吸引力时，就产生润湿，反之则不润湿。严格地说，当液、固两相接触后，系统的表面吉布斯函数降低则为润湿，吉布斯函数降低多少表示润湿程度的大小。润湿或不润湿可用接触角 θ 来度量。液体在固体表面形成液滴，达平衡时，在气、液、固三相交界处（O 点）气-液界面和固-液界面的夹角 θ 称为接触角（图 9-3）。当 $\theta<90°$时，表示固体能被液体润湿；当 $\theta>90°$时，则固体不被润湿。

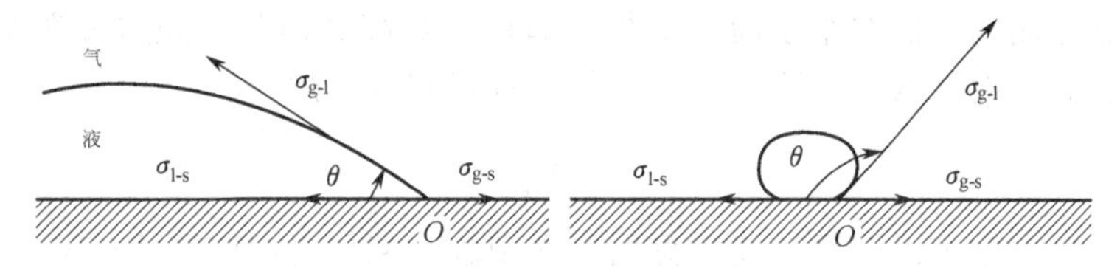

图 9-3　润湿和接触角示意图

由于表面张力和界面张力都指向使表面和界面缩小的方向，接触角 θ 与固、液界面张力 σ_{l-s}、固体表面张力 σ_{g-s}及液体表面张力 σ_{g-l}的关系如图 9-3 所示。考虑到平衡时 O 点的所受合力为零，应该有

$$\sigma_{g-s}=\sigma_{l-s}+\sigma_{g-l}\cos\theta$$

即

$$\cos\theta=\frac{\sigma_{g-s}-\sigma_{l-s}}{\sigma_{g-l}} \tag{9-4}$$

式(9-4) 称为杨氏方程，它表明了接触角与表面张力及界面张力的关系。通常将能被水润湿的固体称为亲水性固体，反之为憎水性固体。非极性固体一般为憎水性，极性固体（例如碳酸盐、硫酸盐、硅酸盐等）一般多为亲水性。许多矿物也具有亲水性。

固体表面的润湿状况在一定程度上可人为改变，方法之一是用表面活性物质处理表面。以矿物泡沫浮选为例，首先将亲水性矿物磨成粉末倾入水池中，加入表面活性物质（例如黄原酸盐），由于表面活性物质被矿粉吸附从而使矿粉表面变成憎水性。从底部通入气泡，矿粉因具有憎水性表面而附着于气泡并上升至液面，无用的矿渣仍留于池底。

9.2.2　弯曲液面的附加压力

用一根细管吹一个肥皂泡时，若将管口堵住，则肥皂泡可稳定存在；若不堵住管口，肥皂泡将会自动缩小，很快聚成一个液滴。这个简单事实说明，弯曲液面的内外压力不相等，弯曲液面两边的压力差就称为弯曲液面的附加压力，用 Δp 表示。

附加压力 Δp 的大小与液滴的曲率半径 r 有关。设在一毛细管内充满液体，其管端有一半径为 r 的球状液滴与之平衡（图 9-4）。若对毛细管内液体稍加压力，改变毛细管端液滴的体积，使液滴体积增加 dV，液滴的表面积增大 dA，则液滴表面能的增加就等于反抗附加压力所作的体积功。即

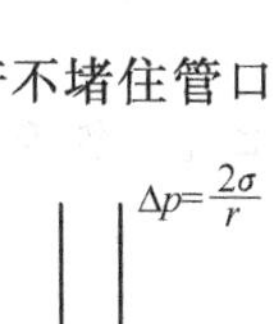

$\Delta p=\frac{2\sigma}{r}$　r

图 9-4　附加压力产生示意图

$$\Delta p\cdot dV=\sigma\cdot dA$$

因为：

$$A=4\pi r^2,\ \mathrm{d}A=8\pi r\mathrm{d}r$$

$$V=\frac{4}{3}\pi r^3,\ \mathrm{d}V=4\pi r^2\mathrm{d}r$$

故

$$\Delta p\cdot 4\pi r^2\mathrm{d}r=\sigma\cdot 8\pi r\mathrm{d}r$$

所以

$$\Delta p=\frac{2\sigma}{r} \tag{9-5}$$

此式即著名的拉普拉斯（Laplace）方程，它表明弯曲液面的附加压力 Δp 与表面张力 σ 成正比，与液滴的曲率半径成反比。液滴的曲率半径愈小，弯曲液面下的附加压力的数值就愈大。若液面呈凸形（如汞滴），曲率半径为正，则附加压力为正并指向液体内部。若液面是凹形（如水中气泡），曲率半径为负，则附加压力为负并指向气体。若液面是平的，则曲率半径为无穷大，故附加压力等于零。倘若液滴不是圆球形的，则

$$\Delta p=\sigma\left(\frac{1}{r_1}+\frac{1}{r_2}\right) \tag{9-6}$$

式中，r_1、r_2 是弯曲液面的两个主曲率半径。如果不是液滴而是液膜（如肥皂泡），因为它有内、外两个表面，而这两个液面的曲率半径又近似相等，故

$$\Delta p=\frac{4\sigma}{r} \tag{9-7}$$

应用拉普拉斯方程可以解释一些常见的界面现象。例如自由液滴或气泡（在不受外加力场影响时）通常都呈球形，因为假若液滴具有不规则的形状，则在表面上的不同部位曲面弯曲方向及其曲率半径不同，其附加压力的方向和大小也不同。在凸面处附加压力指向液滴的内部；而凹面的部位则指向液滴的外部。这种不平衡的力，必将迫使液滴呈现球形（图 9-5），因为只有在球面上各点的曲率半径相同，各处的附加压力也相同，液滴才会呈稳定的形状。自由液滴如此，分散在水中的油滴或气泡也常如此。

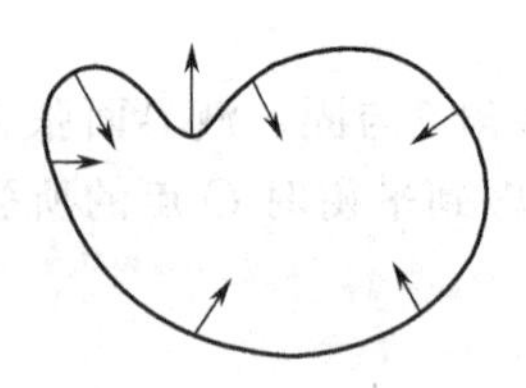

图 9-5 不规则形状液滴上的附加压力

当把玻璃毛细管垂直地插入某液体（例如水）中时，若管壁可被该液体润湿，管内液面将呈凹形而产生一向上的附加压力，使得凹面下的液体所承受的压力小于管外水平液面下的液体所承受的压力，管内液柱将上升，当上升的液柱所产生的静压力 ρgh 与凹面的附加压力 Δp 在数值上相等时才达到平衡。如图 9-6 所示，r 为毛细管半径，r_1 为曲率半径，平衡时有

$$\Delta p=\frac{2\sigma}{r_1}=\rho gh$$

又

$$\cos\theta=\frac{r}{r_1}$$

则液体在毛细管中上升的高度为

$$h=\frac{2\sigma\cos\theta}{r\rho g} \tag{9-8}$$

当玻璃毛细管不能被液体润湿时（例如汞），管内液面呈凸形，管内液面下降的现象也可以同样解释。

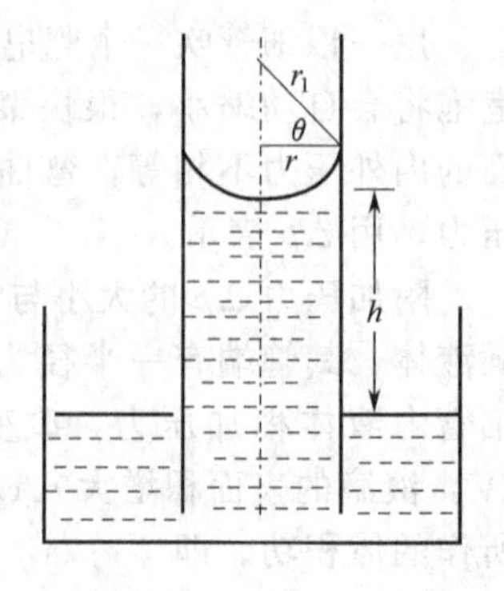

图 9-6 毛细管现象

9.2.3 弯曲液面上的蒸气压

弯曲液面上的蒸气压也与液面的曲率半径有关。在一定温度下，以 p 和 p_r 分别表示平面液体和液滴的蒸气压。当平面液体所受静压力为 p 时，液滴还受到附加压力的作用。开尔文推

导出蒸气压与表面曲率半径之间的关系如下

$$\ln\frac{p_r}{p}=\frac{2\sigma V_m(l)}{rRT}=\frac{2M\sigma}{RT\rho r} \tag{9-9}$$

式中，M 为液体的摩尔质量；ρ 为液体密度。该式称为开尔文（Kelvin）方程，它表明了弯曲液面上的蒸气压与曲率半径的关系。对于液滴（凸面 $r>0$），r 越小，蒸气压就越高；通过计算表明，液滴半径减小到 10^{-9}m 时，其蒸气压几乎是平液面蒸气压的 3 倍。而对凹形液面（$r<0$），$|r|$ 越小，蒸气压则越低。

例 9-1　20℃时水的蒸气压为 2.338kPa，试求半径为 10^{-8}m 的水滴的蒸气压为多少？(已知水在 20℃时的表面张力为 $72.75\times10^{-3}\mathrm{N\cdot m^{-1}}$)

解： 将相关数据代入式(9-9)

$$\ln\frac{p_r}{p}=\frac{2M\sigma}{RT\rho r}$$

$$\ln\frac{p_r}{2.338\mathrm{kPa}}=\frac{2\times72.75\times10^{-3}\mathrm{N\cdot m^{-1}}\times18\times10^{-3}\mathrm{kg\cdot mol^{-1}}}{8.3145\mathrm{J\cdot K^{-1}\cdot mol^{-1}}\times293.15\mathrm{K}\times10^{3}\mathrm{kg\cdot m^{-3}}\times10^{-8}\mathrm{m}}=0.107$$

则

$$p_r=2.602\mathrm{kPa}$$

应用开尔文方程还可解释若干亚稳状态（过饱和蒸气、过热现象等）。例如水蒸气中若不存在任何可作为凝结中心的微粒，则水蒸气可达很大的过饱和度而不会凝结成水。因为此时水汽蒸气压对平面液体虽已过饱和，但对于将要形成的小水滴则尚未饱和。若人为提供若干具有一定大小的微粒（例如灰尘中的微粒、人工降雨中撒 AgI）则使凝聚水滴的曲率半径加大，水蒸气即可在这些微粒上凝结成水。

式(9-9) 也可用于晶体。把晶粒看成球形，则在一定的温度下微细晶体的蒸气压比粗晶大。蒸气压大，意味着分子容易进入气相。同样，也容易进入溶液。所以，微细晶体的溶解度比粗晶大。将式(9-9) 中的 p_r 换成微细晶体的溶解度 $c(\mathrm{mol\cdot dm^{-3}})$，$p$ 换成粗晶的溶解度 c_0，$V_m(l)$ 换成 $V_m(s)$，就可得到晶体溶解度与颗粒大小的关系

$$\ln\frac{c}{c_0}=\frac{2\sigma V_m(s)}{RTr} \tag{9-10}$$

式中，σ 是固-液界面的界面张力。式(9-10) 是开尔文方程的另一形式。由于固-液界面的界面张力不易测定，所以式(9-10) 未能得到严格的验证，但用它定性解释一些实际问题仍很有用。例如，将饱和溶液降温常不见有晶体析出而形成过饱和溶液，这是一种亚稳状态，是由于微晶（或晶芽）的溶解度大于通常晶体，使沉淀不易形成而造成的。再如，在刚析出的晶体中，颗粒有大有小，将溶液（连同沉淀）放置一段时间后，小粒晶体能被溶解，大粒晶体则长得更大，这一过程称为陈化。陈化是因为小粒晶体周围的溶液浓度比大粒晶体周围的大，溶质就从小粒晶体周围向大粒晶体周围扩散并沉积在大粒晶体上；与此同时，扩散使小粒晶体周围的浓度降低，破坏了平衡，小粒晶体就溶解了。

9.3　固体表面的吸附

固体表面分子的力场也是不平衡的，但不能像液体那样依靠收缩表面积降低表面能，但它可以吸附周围介质中的气体、液体中的分子、原子或离子来达到相对稳定。本节主要介绍吸附气体，所述概念和理论原则上也适用于从溶液中吸附溶质。

分子在固体表面上富集的现象称为吸附，起吸附作用的固体称为吸附剂，被吸附的物质称为吸附质。固体吸附剂都有很发达的内表面（即细孔），如活性炭（木炭、血炭和骨炭）、黏土、硅胶、三氧化铝和硅铝酸盐等。

固体表面上的吸附过程常伴随着其它过程，如吸收、毛细管凝结等。

如果吸附质（特别是气体）与吸附剂长时间接触，吸附质可钻入到吸附剂内部，这种现象称为吸收。氢与铂接触，初为吸附，后为吸收。煤从溶液中吸附的碘也能钻入到煤的内部。岩石中的气体有的也是来源于吸收而不同于包裹体中的气体。

固体细孔实际上就是毛细管。许多液体（如水）在毛细管中液面呈凹形，凹面上的蒸气压低于平面上的蒸气压（即低于正常的饱和蒸气压），所以吸附在细孔里的气体很容易凝结成液体，这就是毛细管凝结现象。

9.3.1 物理吸附与化学吸附

固体表面的吸附，按其作用力性质可分为物理吸附和化学吸附二类。由分子间力引起的吸附称为物理吸附，由化学键力引起的吸附称为化学吸附。分子间力很弱，所以物理吸附时释放出的热量只与凝聚热相仿，约 $20kJ \cdot mol^{-1}$，吸附后也不稳定，容易脱离固体表面而解吸，吸附和解吸都快（因不需或只需很低的活化能）。物理吸附没有选择性，因为任何吸附物和吸附剂之间都存在着分子间力，都可发生吸附。物理吸附可形成单分子吸附层，也可形成多分子吸附层。化学键力则较强，化学吸附释放出的吸附热较多（$>40kJ \cdot mol^{-1}$），不易解吸，吸附和解吸都较慢（因需活化能）。化学吸附有选择性，只能形成单分子吸附层。物理吸附和化学吸附有时很难区分，因为吸附可同时具有化学吸附和物理吸附两种成分。条件改变时，物理吸附和化学吸附还可相互转化。例如一定压力下氢在镍上的吸附，低温时为物理吸附，高温时转变成化学吸附。温度升高有利于分子的活化，使活化分子增多，所以有利于化学吸附。但吸附一般是放热过程，继续升高温度反而会对解吸有利。

9.3.2 吸附平衡与吸附曲线

固体对气体的吸附与温度、压力有关。温度一定时，吸附量与压力间的关系曲线称为吸附等温线。实验总结出的吸附等温线按布鲁诺（Brunauer）的分类大致有五种类型，如图 9-7 所示。图中纵坐标代表吸附量（用吸附质体积表示），横坐标 p/p_0 为比压，p_0 代表在该温度下被吸附物质的饱和蒸气压，p 是吸附平衡时的压力。类型Ⅰ吸附等温线表示吸附量随压力的升高很快达到一个极限值，这种类型称为兰格缪尔（Langmuir）型，吸附是单分子层的。78K 时 N_2 在活性炭上的吸附属于类型Ⅰ。类型Ⅱ也很常见，例如 77K 时 N_2 在硅胶上的吸附就属此类。图中 B 点表示刚完成单分子层吸附，B 点以后则进入多分子层吸附阶段，当压力 p 趋近饱和蒸气压 p_0 时，吸附量趋于无限。类型Ⅳ吸附等温线表示有毛细管凝结现象发生，吸附的上限主要决定于总孔体积和有效孔径，曲线在压力 p 到达饱和蒸气压 p_0 以前已变平，表示毛细管已被充满。类型Ⅲ和类型Ⅴ较少见。

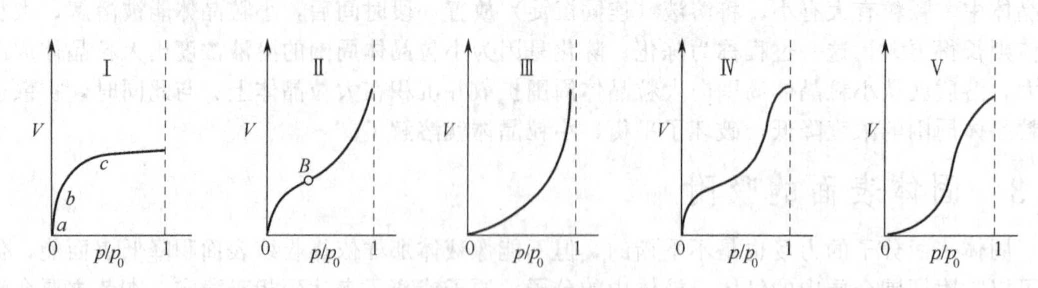

图 9-7 吸附等温线

类型Ⅰ的曲线分成三段。ab 段呈直线，表示吸附量与压力成正比；bc 段不成直线关系，但吸附量仍随 p 增大而增加。c 点以后，曲线变成基本水平，压力虽增大，吸附量并不增加，说明吸附已达饱和，单分子吸附层已形成。温度升高时，整个曲线将向下移动，因为此时分子动能增大，有利于解吸。

弗兰德里胥（Freundlich）从实验归纳出以下公式：

$$\frac{x}{m}=kp^{\frac{1}{n}} \tag{9-11}$$

式中，m 是吸附剂的质量（通常用 g 表示）；x 是被吸附气体的量（可用 mg、mol、cm^3 表示），p 是平衡压力，k 和 n 是经验常数。式(9-11) 称为弗兰德里胥吸附等温式，适用于图 9-7 类型Ⅰ曲线的弯曲部分（即图中的 bc 段）。

9.3.3　单分子层吸附理论

1918 年，兰格缪尔用一简单模型导出一公式，称为兰格缪尔吸附等温式。因为他假定固体表面只能吸附一层分子，所以又称为单分子吸附层理论。此外，他还假定：①固体表面是均匀的，即表面上所有部位的吸附能力是相同的；②被吸附的分子之间无相互作用；③吸附和解吸互为逆过程，两者速率相等时，达吸附平衡。

设 N 是固体表面吸附位置总数，θ 是已被气体分子占据的位置数在总位置数中所占的分数（或称覆盖度），则解吸的速率应为 $v_d=k_d\theta N$，吸附的速率应为 $v_a=k_a p(1-\theta)N$，其中 p 是压力，k_d、k_a 是解吸和吸附速率常数。在一定温度和压力下达平衡时，解吸速率等于吸附速率

$$k_d\theta N=k_a p(1-\theta)N$$

$$\theta=\frac{k_a p}{k_d+k_a p}=\frac{(k_a/k_d)p}{1+(k_a/k_d)p}=\frac{bp}{1+bp} \tag{9-12}$$

式中，$b=k_a/k_d$ 称吸附系数。

气体在固体表面上的吸附量 Γ 应与固体表面的覆盖度 θ 成正比，即

$$\Gamma=\Gamma_m\theta=\frac{\Gamma_m bp}{1+bp} \tag{9-13}$$

式中，Γ_m 是比例常数。当 $\theta=1$ 时，固体表面已盖满一层气体分子，所以 Γ_m 是 $\theta=1$ 时的吸附量，即最大吸附量或饱和吸附量。

式(9-12) 和式(9-13) 即是兰格缪尔吸附等温式，可用来描述图 9-7 曲线Ⅰ。低压时，$bp\ll1$，$1+bp\approx1$，所以 $\Gamma=\Gamma_m bp$，即 Γ 与 p 成直线关系，这就是图 9-7 曲线Ⅰ中 ab 段的情况。高压时，$bp\gg1$，$1+bp\approx bp$，故 $\Gamma=\Gamma_m$，表示吸附已达饱和，吸附量不再随压力而改变，这就是 c 点以后的情况。中等压力时 p 的方次应在 0 与 1 之间，所以 $\Gamma=kp^{1/n}$，n 是正整数，这就是弗兰德里胥吸附等温式。

实际应用时，常将式(9-13) 改写成直线方程

$$\frac{1}{\Gamma}=\frac{1}{\Gamma_m}+\frac{1}{\Gamma_m bp} \tag{9-14}$$

以 $1/\Gamma$ 对吸附平衡时气体压力的倒数 $1/p$ 作图，得一直线，直线的截距等于 $1/\Gamma_m$，斜率等于 $1/(\Gamma_m b)$，由此可算出 Γ_m 和 b。

若吸附量用单位质量吸附剂所吸附气体的体积表示，则 $\theta=V/V_m$，V_m 是吸附饱和时吸附的气体体积。气体体积通常换算成 0℃、101.325kPa 时的体积。于是从式(9-12) 得到：

$$V=\frac{V_m bp}{1+bp} \tag{9-15}$$

或

$$\frac{p}{V}=\frac{1}{bV_m}+\frac{p}{V_m} \tag{9-16}$$

兰格缪尔吸附等温式也可用于固体吸附剂从溶液中的吸附，只需把式(9-12) 中的压力 p 换成浓度 c 即可。

兰格缪尔理论由于所用模型过于简化常与实验有偏差，因为固体表面不是均匀的，另外，即使在低压时，也可能会发生多分子层吸附。但因该理论比较简单，应用方便，所以仍常使用。

9.3.4 多分子层吸附理论

布鲁诺（Brunaurer）、艾米特（Emmet）和特勒（Teller）三人在1938年提出多分子层吸附理论，简称BET理论。他们给出的吸附等温式（BET公式）是：

$$\frac{p}{V(p_s-p)}=\frac{1}{V_m C}+\frac{C-1}{V_m C}\cdot\frac{p}{p_s} \tag{9-17}$$

式中，p是吸附达平衡时气体的压力；p_s是气体在同温下呈液态时的饱和蒸气压；V是吸附气体的体积；V_m是在固体表面铺满单分子层所需的气体体积；C是与吸附热和气化热有关的常数。用上式的左端对p/p_s作图，是一直线。直线的斜率是$(C-1)/V_m C$，截距是$1/V_m C$。从斜率和截距就可算出C和V_m：

$$V_m=\frac{1}{\text{斜率}+\text{截距}},\ C=1+\frac{\text{斜率}}{\text{截距}}$$

式(9-17)可用于图9-7中的类型Ⅱ和Ⅲ，对类型Ⅳ和Ⅴ只能作定性的解释。后来，又导出了含三个和四个参数的方程，适用范围扩大到了全部五种类型的吸附。含二个参数V_m和C的BET方程式(9-17)形式简单，使用方便，常用它测定比表面。

例9-2 用Al_2O_3载带的氧化镍催化剂在-196℃时对N_2的吸附量如下表所示。-196℃时液氮的饱和蒸气压为101.325kPa，氮分子的横截面积为$1.62\times10^{-19}m^2$。求催化剂的比表面。

p/kPa	4.275	11.732	19.905	28.197
$V/cm^3\cdot g^{-1}$①	46.8	57.2	67.0	76.0

① 已换算成101.325kPa、0℃时的体积。

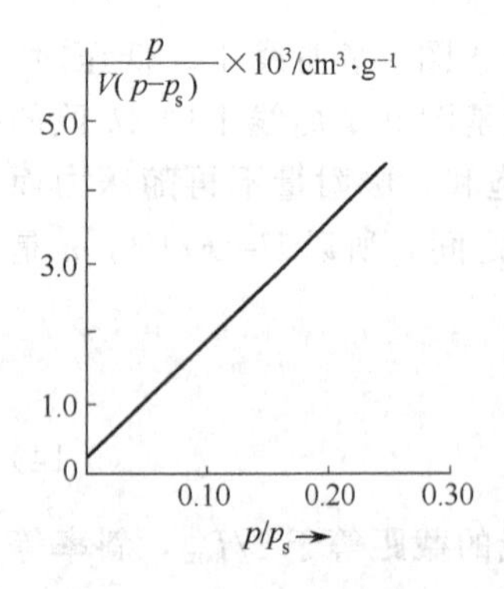

图9-8 Al_2O_3载带的氧化镍上的吸附（-196℃）

解：先算出p/p_s和$p/\{V(p-p_s)\}$，如下表所示。用此数据作图（图9-8），得斜率为$17.13\times10^{-3}cm^{-3}\cdot g$，截距为$0.30\times10^{-3}cm^{-3}\cdot g$。

故

$$V_m=\frac{1}{(17.13+0.30)\times10^{-3}cm^{-3}\cdot g}=58.4cm^3\cdot g^{-1}$$

$$\text{比表面}=\frac{6.023\times10^{23}mol^{-1}\times1.62\times10^{-19}m^2\times58.4cm^3\cdot g^{-1}}{22400cm^3\cdot mol^{-1}}=254m^2\cdot g^{-1}$$

p/p_s	0.0422	0.116	0.196	0.278
$\frac{p}{V(p-p_s)}/cm^3\cdot g^{-1}$	1.024×10^{-3}	2.29×10^{-3}	3.64×10^{-3}	5.07×10^{-3}

9.4 溶液表面层吸附与表面活性剂

实验发现，在纯液体中溶入一定量某些溶质能降低溶液表面张力，而且加入的溶质在溶液表面层的浓度不同于其在体相的浓度。这种能降低溶液表面张力的物质称为表面活性物质，溶质在表面层与在体相中浓度不相等的现象称为溶液表面层吸附。

9.4.1　表面活性剂

表面活性剂被广泛地应用于石油、纺织、医药、采矿、食品、洗涤等各个领域。由于使用广泛，效果明显，表面活性剂也被誉为“工业味精”。表面活性剂之所以能降低表面张力，主要原因是由于物质分子结构上的特点。这些物质大都是长链不对称的有机化合物，一头是亲水性的极性基团，称亲水基，如—OH、—COO^-、—NH_2、—OSO_3^- 等。另一头是具有憎水性的非极性基团，称亲油基，它们都是饱和或不饱和的长链烃基，其中也可含有苯环等芳香烃结构。如月桂酸钠是常见的表面活性剂，它的结构如图 9-9 所示。

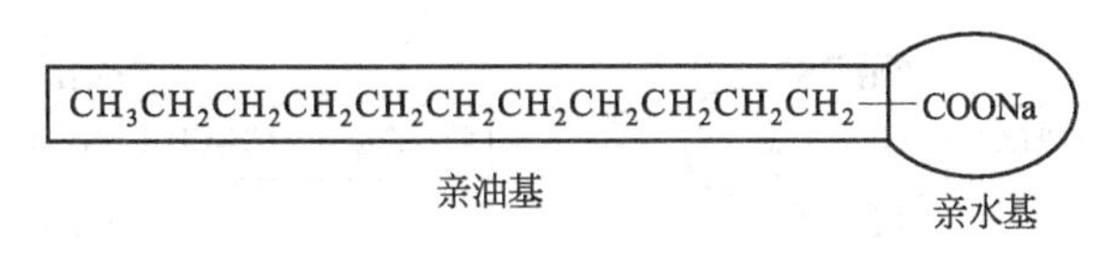

图 9-9　月桂酸钠的结构

表面活性剂的这种结构特点使它溶于水后，亲水基受到水分子的吸引，而亲油基受到水分子的排斥。为了克服这种不稳定状态，就只有占据到溶液的表面，将亲油基伸向气相，亲水基伸入水中，结果是表面活性剂在表面富集（图 9-10）。表面活性剂在水表面富集的结果是水表面似被一层非极性的碳氢链覆盖，从而导致水的表面张力下降。

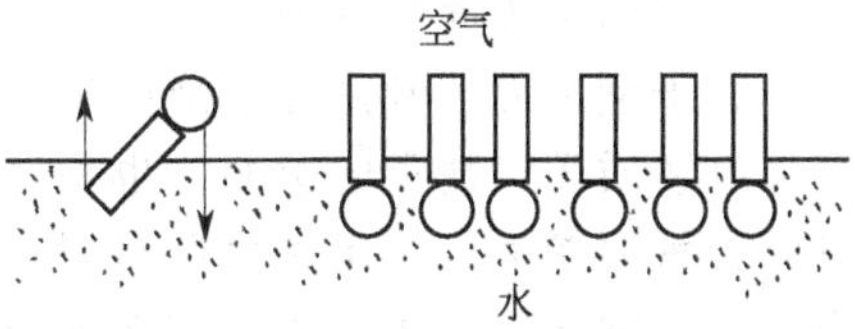

图 9-10　表面活性剂分子在气-水界面上的排列示意图

表面活性剂的分类方法有多种，常用的是根据亲水基的种类将表面活性剂分为以下四种。

（1）阴离子表面活性剂

阴离子表面活性剂在水中解离后，起活性作用的是阴离子基团。羧酸盐、磺酸盐、硫酸脂盐等表面活性剂皆属此类。例如十二烷基硫酸钠 $C_{12}H_{25}OSO_3Na$，其水溶性基团硫酸根带负电荷，见图 9-11。

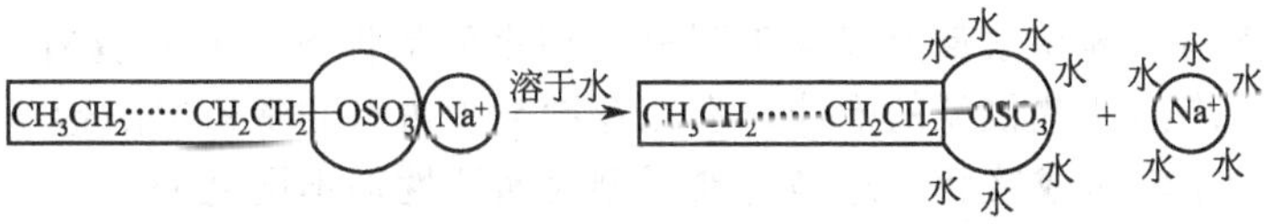

图 9-11　十二烷基硫酸钠在水中解离示意图

阴离子表面活性剂大量用作去污、洗涤剂，此外，这类活性剂还有多种用途，例如石油磺酸盐可作为矿物浮选成泡剂，也可用于提高石油采收率。

（2）阳离子表面活性剂

阳离子表面活性剂在水中解离后，起活性作用的是阳离子基团。阳离子表面活性剂大多是含氮有机化合物，也就是有机胺的衍生物，常用的是季铵盐。这类表面活性剂洗涤性能差，但杀菌力强，大多数用于杀菌、缓蚀、防腐、织物柔软和抗静电等方面。由于其能强烈的吸附于固体表面，也常用作矿物浮选剂。代表性产品有十六烷基三甲基氯化铵，它在水中解离情况如图 9-12 所示。

（3）两性表面活性剂

两性表面活性剂的分子结构中既含有阴离子亲水基又含有阳离子亲水基，这种表面活性剂溶于水后显示出极为重要的性质：当水溶液偏碱性时，它显示出阴离子活性剂的特性；当

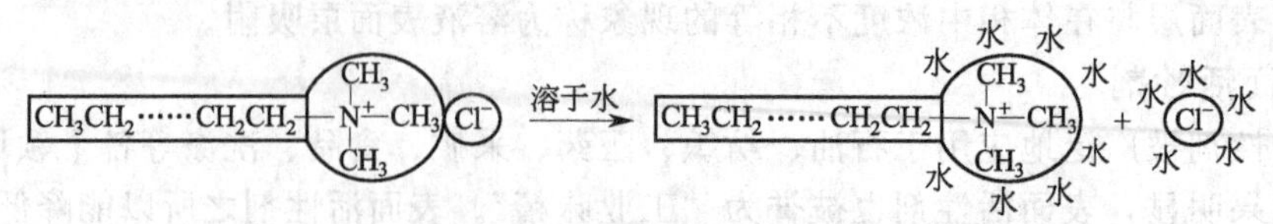

图 9-12 十六烷基三甲基氯化铵在水中解离示意图

水溶液偏酸性时，它显示出阳离子表面活性剂的特性。常见的两性表面活性剂有十二烷基氨基丙酸钠（属氨基酸型）、十八烷基二甲基甜菜碱（属甜菜碱型）。十八烷基二甲基甜菜碱在水中解离情况如图 9-13 所示。

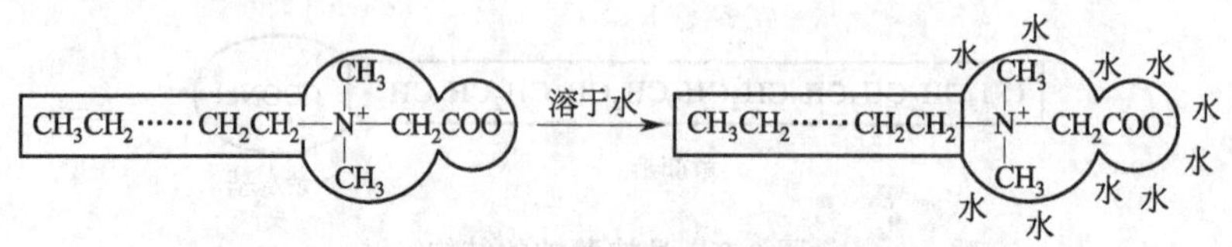

图 9-13 十八烷基二甲基甜菜碱在水中解离示意图

这类表面活性剂具有许多独特的性质。例如，对皮肤的低刺激性，具有较好的抗盐性，且兼备阴离子型和阳离子型两类表面活性剂的特点，既可用作洗涤剂、乳化剂，也可用作杀菌剂、防霉剂和抗静电剂。因而，两性表面活性剂是近年来发展较快的一类。

（4）非离子表面活性剂

非离子型表面活性剂在溶液中不是离子状态，而是以分子或胶团状态存在于溶液中，不易受强电解质无机盐类的影响，也不易受酸、碱的影响，所以稳定性高。它的亲油基一般是烃链或聚氧丙烯链，亲水基大部分是聚氧乙烯、羟基或醚基、酰胺基等，图 9-14 是非离子型表面活性剂聚氧乙烯脂肪醇醚在水中情况示意图。

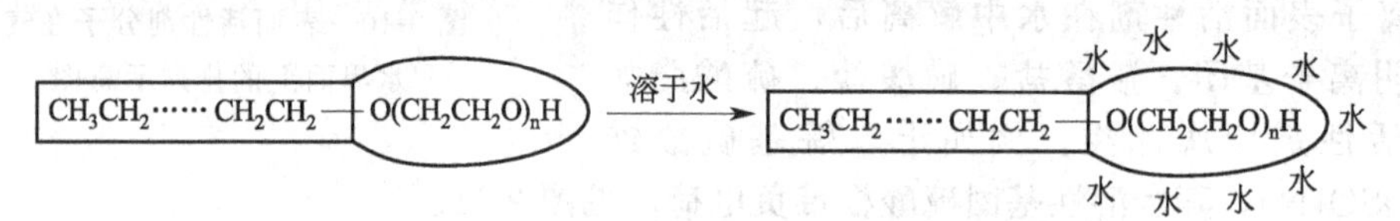

图 9-14 聚氧乙烯脂肪醇醚在水中的示意图

非离子型表面活性剂在数量上仅次于阴离子型表面活性剂。它除具有良好的洗涤力外，还有较好的乳化、增溶性及较低的泡沫，在工业助剂中占有非常重要的地位。非离子表面活性剂产品，大部分呈液态或浆状，这是与离子型表面活性剂不同之处。

各种表面活性剂性能的不同与其亲水基与憎水基的相对强弱有关，亲油亲水平衡值（HLB）可大致反映这种相对强弱。HLB 值的变化范围为 0～20，值越大，表示亲水性越强，根据某种表面活性剂的 HLB 值，可以大致确定其用途。表 9-2 列出了表面活性剂 HLB 范围与其性能的关系。

表 9-2 HLB 范围及表面活性剂性能

HLB 范围	1～3	3～6	7～9	8～18	13～15	15～18
性能	消泡剂	W/O 乳化剂	润湿剂	O/W 乳化剂	洗涤剂	增溶剂

9.4.2 表面活性剂的作用

① 润湿作用　当接触角 $\theta<90°$时，液体能够润湿固体；$\theta>90°$时，液体则不能润湿固体。通常加入表面活性剂可以改善液体对固体的润湿性能，这可由式(9-4) 看出：

$$\cos\theta=\frac{\sigma_{g\text{-}s}-\sigma_{l\text{-}s}}{\sigma_{g\text{-}l}}$$

式中，$\sigma_{g\text{-}s}$与固体种类有关，固体一定时，则$\sigma_{g\text{-}s}$为定值。$\sigma_{g\text{-}l}$和$\sigma_{l\text{-}s}$分别为液体表面张力和液-固界面张力，加入表面活性剂后，它们数值均变小。这样上式右边的数值变大，为保持等式成立，θ必然变小。这说明了表面活性剂能降低表面张力，使θ变小，从而增加润湿作用的原因。

② 增溶作用　许多有机物在水中溶解度很小。如苯在 100g 水中只能溶解约 0.07g，但在皂类等表面活性剂的水溶液中，溶解度却大为增加。例如，100g 质量分数为 0.10 的油酸钠的水溶液可溶解约 7g 的苯。其它有机物的溶解也有类似的现象。这种溶解度增大的现象叫做增溶作用。

胶束的形成为增溶作用提供了合理的解释。根据“相似者相溶”原理，憎水的碳氢化合物应能溶于胶束内部的碳氢链所构成的“油相”中。倘若这种解释成立，则增溶后的胶束应当胀大些，X 射线衍射的结果证实确实如此。

③ 乳化作用　乳化是液-液界面现象。两种互不相溶的液体如油和水，在容器中自然分层。剧烈搅拌后，两种液体不一定会得到稳定的乳状液，因为液滴分散使得系统表面能增加，它们相互碰撞的结果又会自动结合在一起，使乳状液很快分层，从而降低系统的表面能。但若在上述系统中加入一些表面活性剂，则它能包围油滴（假定油分散到水中）作界面定向吸附，亲水基向外与水接触，亲油基向内与油滴接触。有效地降低了油-水界面的表面能，致使油滴能够分散在水中形成稳定的乳状液。这一过程便称为乳化作用。

9.4.3　Gibbs 吸附等温式

表面活性剂分子由于其结构具有“双亲性”特点，在水溶液中其亲水基总是力图进入溶液内部而憎水基则倾向于逃离溶液而伸向液面以外。故表面活性剂分子易于在溶液表面浓集而形成溶液表面层吸附，如图 9-15 所示。

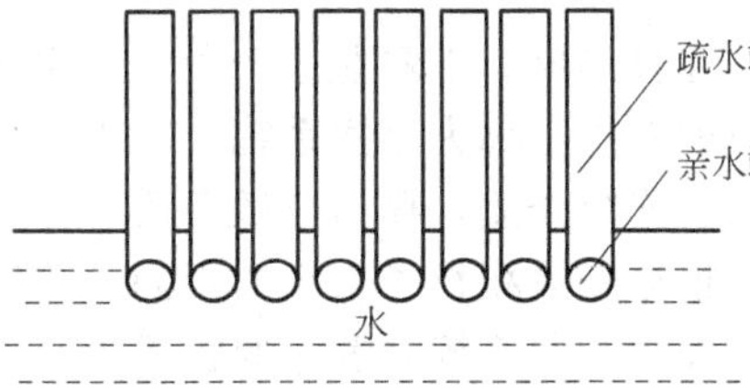

图 9-15　表面活性剂分子在水面上的定向排列示意图

吉布斯用吸附量Γ来定量描述溶液表面层吸附，并用热力学方法导出吸附量Γ、表面张力σ及浓度c的关系：

$$\Gamma=-\frac{c_B}{RT}\left(\frac{\partial\sigma}{\partial c_B}\right)_T \tag{9-18}$$

式(9-18)称吉布斯吸附等温式，式中$(\partial\sigma/\partial c_B)_T$为温度不变时表面张力随浓度的变化率，$\Gamma$表示表面层中单位面积上溶质比溶液内部多出的量，称作单位面积表面超量，简称表面吸附量。当$(\partial\sigma/\partial c_B)_T<0$，即增加浓度使表面张力下降时，$\Gamma>0$，此为正吸附；反之则为负吸附。

表面吸附量Γ本来的含义是表面上溶质的超出量，但吸附达到饱和时，溶液本体浓度与表面浓度相比很小，可以忽略不计，因此，可以将饱和吸附量Γ_m近似看作是单位表面上溶质的物质的量。所以，可以由Γ_m值计算每个吸附分子所占的面积，即分子横截面积$S=\frac{1}{\Gamma_m L}$，式中L为阿伏伽德罗常数。计算结果稍大，因为实际上表面层中完全被溶质分子占据而没有溶剂分子是不可能的。

例 9-3　18℃时丁酸水溶液的表面张力可以表示为$\sigma=\sigma_0-a\ln(1+bc)$，$\sigma_0$为纯水的表面张力，$a$、$b$为常数，$c$为丁酸在水中的浓度。

(1) 试求该溶液中丁酸的表面超量Γ与浓度c的关系。

(2) 若已知$a=1.31\text{N}\cdot\text{m}^{-1}$，$b=19.62\text{dm}^3\cdot\text{mol}^{-1}$，试计算当$c=0.20\text{mol}\cdot\text{dm}^{-3}$时的$\Gamma$。

(3) 计算当浓度达到$bc\gg1$时的Γ。设此时表面层上丁酸成单分子层吸附，计算在液面上丁酸分子的截面积。

解：(1) 因为 $\sigma=\sigma_0-a\ln(1+bc)$

微分上式得 $$\frac{d\sigma}{dc}=-\frac{ab}{1+bc}$$

代入式(9-18) 得 $$\Gamma=\frac{abc}{RT(1+bc)}$$

(2) 将题给条件代入上式，得

$$\Gamma=\frac{1.31\text{N}\cdot\text{m}^{-1}\times19.62\times0.20}{8.3145\text{J}\cdot\text{K}^{-1}\cdot\text{mol}^{-1}\times291.2\text{K}(1+19.62\times0.20)}$$
$$=4.31\times10^{-4}\text{mol}\cdot\text{m}^{-2}$$

(3) $bc\gg1$ 时，有 $1+bc\approx bc$

$$\Gamma=\frac{abc}{RT(1+bc)}\approx\frac{a}{RT}=\Gamma_\text{m}$$

代入有关数据得 $$\Gamma_\text{m}=\frac{1.31\text{N}\cdot\text{m}^{-1}}{8.3145\text{J}\cdot\text{K}^{-1}\cdot\text{mol}^{-1}\times291.2\text{K}}=5.41\times10^{-4}\text{mol}\cdot\text{m}^{-2}$$

所以，丁酸分子的截面积为

$$S=\frac{1}{\Gamma_\text{m}L}=\frac{1}{5.411\times10^{-4}\text{mol}\cdot\text{m}^{-2}\times6.023\times10^{23}\text{mol}^{-1}}$$
$$=30.7\times10^{-20}\text{m}^2$$

9.5 分散系统的分类

在自然界、工农业生产和日常生活中，常常遇到一种或数种物质分散在另一种物质中所构成的系统，称为分散系统。其中被分散的物质叫做分散相（或分散质），分散相所存在的均匀、连续介质，称为分散介质。

根据分散相粒子大小的不同，分散系统可分为粗分散系统、胶体分散系统和分子分散系统。胶体分散系统分散相的粒子半径约为 $10^{-9}\sim10^{-7}$m。如果粒子半径大于 10^{-7}m，称为粗分散系统；如果粒子半径小于 10^{-9}m，则称为分子分散系统，见表 9-3。

表 9-3 表明：①就分散度而言，胶体分散系统处于分子分散系统和粗分散系统之间；②典型的胶体分散系统是溶胶，它具有胶体分散系统最典型的特征——高分散度、超微不均匀（多相）性和聚结不稳定性；③大分子溶液和粗分散系统具有胶体分散系统的大部分特征，也常作为胶体化学的研究对象。

表 9-3 分散系统按粒子大小分类表

粒子大小	类型		分散相	性质	实例
$<10^{-9}$m	分子分散系统		原子、离子或分子	均相，热力学稳定系统，扩散快，能透过半透膜，真溶液	蔗糖、氯化钠水溶液
$10^{-9}\sim10^{-7}$m	胶体分散系统	大分子溶液	大分子	均相，热力学稳定系统，扩散慢，不能透过半透膜，真溶液	聚乙烯醇水溶液
		溶胶	胶粒（原子或分子的聚集体）	多相，热力学不稳定系统，扩散慢，不能透过半透膜，能透过滤纸，形成胶体	氢氧化铁溶胶、金溶胶等
$>10^{-7}$m	粗分散系统		粗颗粒	多相，热力学不稳定系统，扩散慢，不能透过半透膜及滤纸，形成悬浮体或乳状液	牛奶、豆浆、肥皂泡等

胶体化学中研究的分散系统若按分散相与分散介质的聚集状态分类，则可分为八类，见表 9-4。

表 9-4　按分散相和分散介质的聚集状态分类

类　别	分散相	分散介质	名　　称		实　　例
1	液	气	气溶胶		云、雾
2	固	气			烟、尘
3	气	液	液溶胶	泡沫	各种泡沫
4	液	液		乳状液	牛奶
5	固	液		溶胶	金溶胶、硫溶胶、As_2S_3 溶胶
5	固	液		悬浮液	泥水、油漆、墨汁
6	气	固	固溶胶		泡沫塑料、泡沫橡胶、泡沫陶瓷、沸石
7	固	固			熔岩、某些合金、有色玻璃
8	液	固			珍珠、某些宝石、凝胶

根据分散相与分散介质之间亲和力的大小，可将胶体溶液分为“亲液溶胶”和“憎液溶胶”两类。亲液溶胶是指分散相与分散介质之间有较强亲和力的溶胶，通常是指大分子溶液。其分子大小已经达到胶体的范围，因此具有胶体的一些特性如扩散慢、不能透过半透膜等。但是，实际上大分子溶液是分子分散的真溶液。大分子化合物在适当的介质中可以自动溶解而形成均相溶液，它是热力学上稳定、可逆的系统。将大分子溶液除去介质而沉淀后，只要重新加入溶剂，它又可以自动分散。憎液溶胶是指分散相与分散介质之间没有亲和力或只有很弱的亲和力的溶胶。这类溶胶是由难溶物质分散在分散介质中形成的分散系统。其中分散相粒子都是由许多分子构成的，每个粒子所含分子数也不相同。这种系统具有很大的相界面，因而是热力学上不稳定、不可逆的系统。需要指出，在这两类溶胶之间还存在着一些过渡性质的系统，但关于这类系统中如何从多相过渡到均相的问题尚未彻底查明，它是近代胶体化学研究的重要课题之一。

9.6　溶胶的特性

9.6.1　溶胶的光学性质——丁达尔效应

用光照射一分散系统时，可能发生吸收、透过及散射等现象。光的散射现象在胶体分散系中尤为突出。例如，在一暗室内置入一胶体溶液，用强聚光束对其照射，从与入射光垂直的方向可以观察到一发光的圆锥体，这种现象称为“丁达尔（Tyndall）效应”。若为真溶液，则观察不到光锥的形成。因此，利用丁达尔效应，可以鉴别溶胶和真溶液。

丁达尔效应是因胶体粒子对入射光的散射造成的，散射光强可由瑞利（Rayleigh）公式计算：

$$I=\frac{9\pi^2\nu V^2}{2\lambda^4}\left(\frac{n_1^2-n_2^2}{n_1^2+2n_2^2}\right)I_0 \tag{9-19}$$

式中，I 为散射光强度；I_0 为入射光强度；ν 为单位体积中的粒子数，即粒子浓度；V 为单个粒子的体积；λ 为入射光的波长；n_1、n_2 分别为分散相和分散介质的折射率。从上式可知：散射光的强度与粒子浓度成正比，与单个粒子体积的平方成正比，与入射光波长的四次方成反比，随分散相与分散介质折光率的差别的增大而增大。

不仅是溶胶，在一些粗分散系统中也可以观察到丁达尔效应。晴朗天空的蓝色就是大气中的尘埃和小水滴对红光（波长较长）散射弱，对蓝光（波长较短）散射强所造成的。

9.6.2　溶胶的动力性质

溶胶的动力性质主要是指溶胶中粒子的不规则运动以及由此而产生的扩散、渗透压以及在重力场影响下浓度随高度的分布平衡等性质。

9.6.2.1　布朗运动

1872 年，植物学家布朗（Brown）在显微镜下观察到悬浮在水中的花粉颗粒在不断地做无规则运动的现象，以后又发现胶体粒子的这种运动尤为明显。这种现象就称为布朗运动。

布朗运动是分子热运动的间接证明和必然结果。根据分子运动论，任何物质的分子都在不停地做不规则的热运动，水分子也不例外。悬浮在水中的粒子之所以能不停地运动，就是因为水分子的热运动不断地撞击这些虽然很小、但又远大于液体介质分子的粒子的缘故。可以预期，粒子越小则运动速度越大。直径大于 $4\mu m$ 的粒子观察不到其做布朗运动，而直径小于 $0.1\mu m$ 时则可观察到明显的运动轨迹。1905 年爱因斯坦根据分子运动论导出布朗运动平均位移与时间的关系为

$$\bar{x}=\sqrt{\frac{RT}{L}\cdot\frac{t}{3\pi\eta r}} \tag{9-20}$$

式中，$\bar{x}$ 是在观察时间 t 内粒子沿 x 轴方向的平均位移；L 为阿伏伽德罗常数；T 为绝对温度；R 为摩尔气体常数；η 为介质黏度；r 为球形粒子的半径。

9.6.2.2　*扩散运动*

一定温度下，物质都存在着自高浓度往低浓度扩散的现象。对一个粒子而言，它在不停地做不规则的布朗运动，方向是随机的，但作为一个整体来说，观察到的就是自高浓度往低浓度转移的自发趋势。所以，布朗运动的宏观表现就是粒子的扩散运动。

物质的扩散可用菲克（Fick）第一定律描述：

$$\frac{dn}{dt}=-DA\frac{dc}{dx} \tag{9-21}$$

$$D=\frac{RT}{6\pi\eta rL} \tag{9-22}$$

式中，dn/dt 为单位时间内通过垂直于扩散方向截面积为 A 的物质的量；D 是扩散系数；dc/dx 为浓度梯度；式中的负号是由于扩散方向与浓度梯度方向相反。胶体粒子的扩散速度比真溶液中的溶质分子要小得多。因为粒子愈大，运动速度愈小，扩散速度也愈小。

9.6.2.3　*沉降与沉降平衡*

胶体粒子受到重力的作用将产生沉降现象，但扩散作用又使粒子分布均匀，其方向与沉降相反，两者速度相等时即达沉降平衡。平衡时，胶体粒子浓度分布随高度的变化关系与大气层中空气密度随高度分布情况类似，即位置越高，浓度越低；指定高度上的粒子浓度不随时间变化。贝林（Perrin）以沉降平衡为基础，导出平衡时胶体粒子的浓度与高度的关系如下：

$$\frac{n_2}{n_1}=\exp\left\{-\frac{LV(\rho-\rho_0)(h_2-h_1)g}{RT}\right\} \tag{9-23}$$

式中，n_1、n_2 分别表示在高度为 h_1 和 h_2 处的粒子浓度；V 表示单个粒子的体积；ρ 和 ρ_0 分别表示胶体粒子和分散介质的密度；g 表示重力加速度。分布公式表示粒子密度和体积越大，浓度随高度的变化也越大。例如，半径为 1.86×10^{-5} cm 的金溶胶，高度相差 2×10^{-5} cm 时，浓度就可降低一半。而大气层中的空气分子（分子半径约为 1.35×10^{-8} cm）则要升高 5km，浓度（或压力）才会降低一半。

9.6.3　溶胶的电学性质

溶胶是热力学上不稳定的高度分散系统，但实验事实却表明溶胶在相当长的时间内可稳定存在。经研究发现，溶胶粒子带电是使之稳定的重要因素。由于胶粒表面带电，故当胶粒与周围介质作相对运动时，会产生如下的四种现象。

① 电泳：在外加电场作用下，分散相粒子（胶粒）在分散介质中朝着某一电极迁移的现象。

② 电渗：在外加电场作用下，液体介质通过毛细管或多孔性固体向某一电极移动

的现象。

③ 沉降电势：胶粒在重力场或离心力场中相对于液体介质沉降时所产生的电势差，为电泳的逆过程。

④ 流动电势：在外力作用下，使液体通过多孔膜（或毛细管）定向流动，在多孔膜两端所产生的电势差，为电渗的逆过程。

电泳、电渗、沉降电势、流动电势都是分散相和分散介质之间发生相对移动产生的与电有关的现象，故统称电动现象。这些现象说明了分散相与分散介质带有符号相反的电荷，且正负电荷数相等以保持溶胶的电中性。其中流动电势的实质与沉降电势相同，都是由压力差引起的物质流和电流而建立起的电势差。这几种电动现象可同时发生。其中电泳和电渗在理论研究和实际应用方面都具有重大意义。

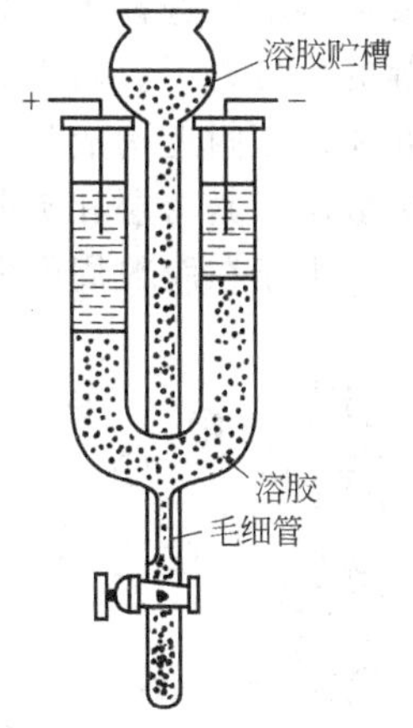

图 9-16　电泳装置

电泳实验的装置如图 9-16 所示。在 U 形电泳管中先装入密度较小的惰性电解质溶液（其导电能力与溶胶接近），然后打开活塞自贮槽中仔细地注入溶胶，使在 U 形管两边都形成清晰的界面。接通电源，即可观察溶胶粒子的移动情况（U 形管一边界面变低而另一边升高），通过界面移动方向可以确定溶胶的电性。若溶胶带有颜色，则可直接观测界面的移动；若溶胶为无色，则可用白光从侧面照射溶胶，以观察有乳光的界面的移动；也可利用紫外光照射使溶胶发出荧光来观察界面的移动。

电渗实验的装置如图 9-17 所示。中间是多孔塞，如各种纤维棉花、纸或其它多孔性物质。容器中盛有液体，例如水，通电时可观察到毛细管中液体弯月面发生移动。根据液面上升或下降可推断电渗方向和液体介质的电性。若用黏土作为多孔塞，则因分散相带负电，液体介质必定带正电而向负极移动，此时右边毛细管液面上升。

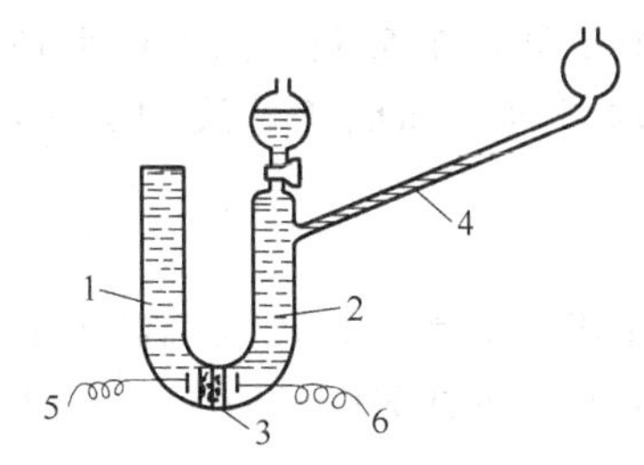

图 9-17　电渗装置

1、2—盛液管；3—多孔塞；4—毛细管；5、6—电极

9.6.4　溶胶粒子带电的原因

① 吸附　胶体系统是一高度分散的系统，具有很高的表面能，因此胶粒在电解质溶液中能吸附溶液中的离子以降低表面能而使系统趋于稳定。根据所吸附离子的正或负，胶粒的电荷就有正负之分。但胶粒吸附何种离子则取决于形成胶体的条件。在通常情况下，胶粒总是优先吸附与它组成相类似的离子。例如用 $AgNO_3$ 和 KI 制备 AgI 溶胶时，反应为

$$AgNO_3 + KI \longrightarrow AgI + KNO_3$$

溶液中存在的 Ag^+ 和 I^- 都是 AgI 胶体的组成离子，它们都能被吸附在 AgI 胶核的表面。如果形成胶体时 KI 过量，则 AgI 胶核吸附 I^- 而带负电；而当 $AgNO_3$ 过量时，则 AgI 胶核吸附 Ag^+ 而带正电。如果 $AgNO_3$ 和 KI 反应是定量进行的，溶液中的 K^+ 或 NO_3^- 都不能直接被吸附在胶核的表面上，这说明胶核的吸附是有选择性的。

② 解离　除了表面吸附以外，胶粒所带电荷也可由表面分子的电离所引起。例如 SiO_2 形成的胶粒，由于表面分子水解，生成了 H_2SiO_3，反应为

$$SiO_2 + H_2O \longrightarrow H_2SiO_3 \rightleftharpoons SiO_3^{2-} + 2H^+$$

因此硅胶粒子就可吸附 SiO_3^{2-} 而带负电。

9.6.5　溶胶粒子的双电层

由于胶核从周围介质吸附离子或借自身电离而带电，使得周围介质中由于剩余反号离子而带另一种电荷，两者一起就构成了所谓的“双电层”结构。

扩散双电层理论认为，当固体分散相粒子与液相接触时，固体表面分子通过本身的电离或从溶液中选择吸附某种离子而带电，在固体分散相粒子的周围则分布着电性相反而电荷相等的反号离子。由于静电吸引和离子热运动的结果，一部分溶剂化的反号离子紧密地排列在固体表面附近构成紧密层（或吸附层），其余反号离子则在界面周围呈分散状态分布而形成扩散层。紧密层和扩散层一起构成了扩散双电层。扩散双电层结构如图 9-18 所示。

由于在胶粒周围形成扩散双电层，固体分散相粒子与溶剂化的部分反号离子所构成的胶粒在外电场作用下，带着紧密层的反号离子与部分溶剂分子一起移动。此滑动面与液相之间的电势差称为电动电势或 ζ 电势。实际上 ζ 电势就是紧密层与本体溶液之间的界面电势差。

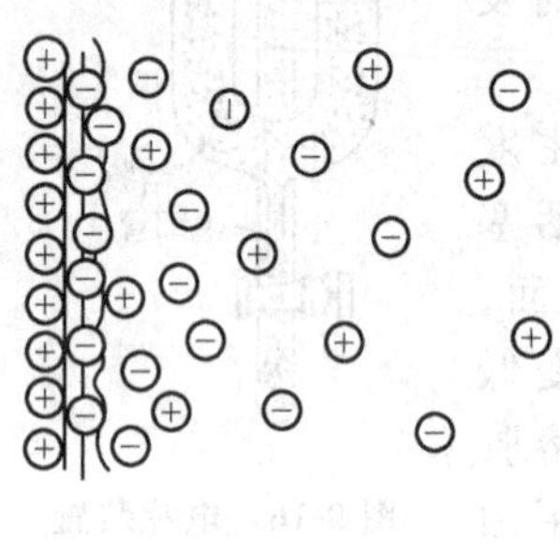

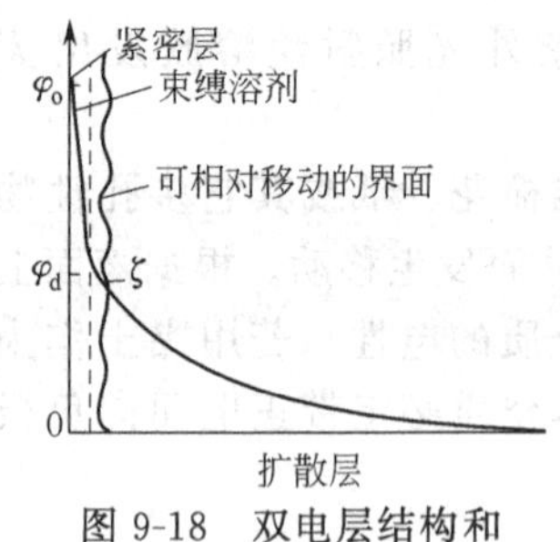

图 9-18　双电层结构和相应的电势示意图

根据扩散双电层理论，可以阐明电动现象产生的原因。任何溶胶系统都是由固定部分（紧密层）和可动部分组成的。当有外加电场存在时，固定部分由于带有某种电荷而向着与其电性相反的电极方向移动，这就是电泳现象。若固定相不动，则因可动部分（扩散层）与固定部分带有相反的电荷，所以它必向另一电极移动，这就是电渗现象。而沉降电势和流动电势则是由于固定部分与可动部分作相对运动时，二者之间产生的电势差。

电动现象既然发生在胶粒的紧密层与扩散层之间的界面上，而 ζ 电势又是这一界面与本体溶液之间的电势差，因此电动现象必定与 ζ 电势有关。换言之，通过电泳和电渗速度的测定，有可能计算溶胶的 ζ 电势。

9.6.6　溶胶粒子的结构

根据扩散双电层理论和吸附作用的规律，可以推测胶团的结构。下面以 AgI 溶胶为例来说明溶胶粒子的结构。AgI 溶胶可以通过 KI 与 $AgNO_3$ 作用而制得，其反应为

$$AgNO_3 + KI \longrightarrow KNO_3 + AgI$$

当 $AgNO_3$ 与 KI 按化学计量反应时，不会形成溶胶。只有当其中任何一种物质适当过量时，才能制得相对稳定的溶胶。若 $AgNO_3$ 过量，则由反应生成的极其微小的 AgI 晶体构成不溶性的胶核，以 $(AgI)_m$ 表示。胶核从溶液中优先选择吸附构晶粒子 Ag^+ 而带电。带正电的胶核又将吸引反号离子 NO_3^- 而构成扩散双电层。其中进入紧密层的 NO_3^- 与胶核一起构成胶粒，其余 NO_3^- 则分布于扩散层中。由胶粒与扩散层便构成了 AgI 溶胶的胶团，其结构示意图见图 9-19。其中 m 表示胶核中的“分子数”，n 表示胶核选择吸附的离子数，$(n-x)$ 表示紧密层内的反号离子数。图 9-19 表示由 m 个 AgI “分子”组成胶核，胶核吸附了 n 个 Ag^+ 而带正电。带正电的粒子吸引 $(n-x)$ 个 NO_3^- 形成胶粒，x 个 NO_3^- 分布于扩散层内。

若反应时 KI 过量，则胶核将选择吸附 I^- 而带负电。其胶团结构为

$$[(AgI)_m \cdot nI^- \cdot (n-x)\ K^+]^{x-} \cdot xK^+$$

胶团结构模型是根据扩散双电层理论对实际溶胶的粒子结构所作的推测。不同学者对某些溶胶的胶团结构尚有不同的见解。因此，只能把上述模型看作是胶团复杂结构的一种近似描述。但上述胶团结构对理解胶体的稳定性十分重要。

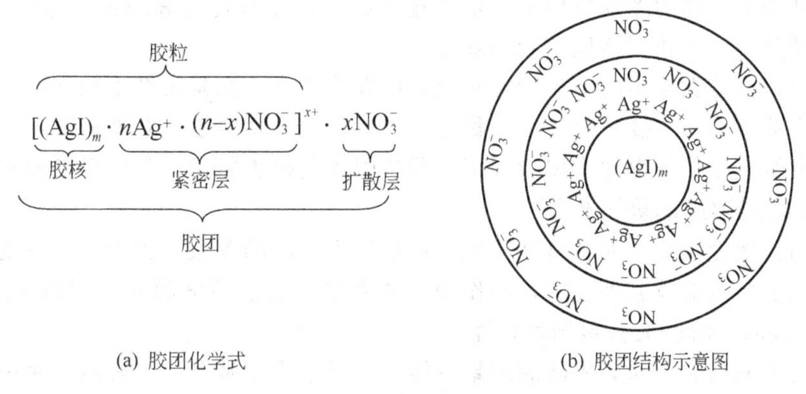

(a) 胶团化学式　(b) 胶团结构示意图

图 9-19　AgI 胶团结构示意图

9.7　溶胶的聚沉和絮凝

9.7.1　溶胶的稳定性

溶胶是高度分散的多相系统。胶核本身既不溶解也不形成溶剂化膜，因而与介质之间存在着巨大的界面。粒子间容易碰撞而聚集在一起，是热力学不稳定系统。

当有稳定剂存在时，胶粒因吸附稳定剂离子而形成扩散双电层，并使系统的表面能降低，从而使溶胶得以相对稳定地存在。所谓“稳定剂”是指能提供使胶粒相对稳定所需离子的电解质或其它物质。溶胶的相对稳定性是有实验证据的，$Fe(OH)_3$ 溶胶经纯化可以保存几年而不发生明显变化。法拉第制备的金溶胶，放置了几十年才沉淀下来。但这并不意味着溶胶像真溶液一样是热力学稳定系统。相反，如果在溶胶中加入少量电解质，就会使它很快聚结而沉降下来。因此，溶胶是聚结不稳定系统，而由于布朗运动和扩散作用，溶胶在动力学上又是稳定系统。

早在 20 世纪 40 年代，杰瑞金（Derjaguin）、朗道（Landau）、费韦（Verwey）和奥维贝克（Overbeek）就各自独立地建立了溶胶稳定性的理论，称为 DLVO 理论。DLVO 理论认为，影响溶胶聚结稳定性的因素包括两个方面。第一个因素是胶团间的引力。根据扩散双电层理论对胶团结构模型的描述可知，每一个胶团都是由所带电荷大小相等、符号相反的胶粒和扩散层组成，因此整个胶团是呈电中性的。显然，胶团之间无静电引力作用，只有胶团间的引力存在。这种引力在本质上仍具有范德华引力的性质，但胶粒间的引力实际上是许多原子或分子的聚集体之间的引力，其大小与距离的三次方成反比。这种引力相对于分子间引力而言，是一种远程力。第二个因素是胶粒间的静电斥力。根据扩散双电层理论和胶团结构模型，同一溶胶的胶粒带有相同的电荷，所以胶粒间存在着静电斥力。当两个胶团由于引力而接近时，若扩散层尚未重叠，则粒子间只有引力而无静电斥力。一旦重叠，则由于胶粒带相同电荷而产生斥力。随着重叠区域的增大，斥力也相应地增加。当胶粒间的静电斥力大于粒子间的引力时，则两个胶团相撞后又将分开，从而保持了溶胶的稳定性。

除了 DLVO 理论所论证的引力与斥力的作用使溶胶在聚结上具有相对的稳定性外，溶剂化膜产生的机械阻力也是一个重要因素。我们知道，胶核吸附的稳定剂离子是溶剂化的，若以水为溶剂则是水化的。这就降低了胶粒的表面能，使其稳定性增加。同时，紧密层和扩散层中的反号离子也是水化的。这好像在胶粒周围形成了一个“水化外壳”（或叫水化膜）。实验证明，水化膜具有定向排列结构，当胶粒接近时，将使水化膜受到“挤压”而变形，而引起定向排列的引力则力图恢复原来的定向排列结构，使水化膜表现出“弹性”，成为胶粒接近时的机械阻力，防止了溶胶胶粒的聚结。

综上所述，溶胶在动力学上是稳定系统，而在热力学上则是聚结不稳定系统。溶胶之所以能相对稳定地存在，主要依赖于三个稳定因素，即动力稳定性（布朗运动）对重力的反作用、胶粒带电所产生的静电斥力以及溶剂化膜所引起的机械阻力，其中以电因素最为重要。

9.7.2 电解质对溶胶的聚沉作用

使溶胶的分散度降低，粒子合并变大，最后发生沉降的现象，称为聚沉（或凝结）。

适量的电解质对溶胶起到稳定剂的作用。如果加入过多的电解质，则会使扩散层变薄，ζ电势降低，从而使溶胶失去聚结稳定性。

为了比较不同电解质对某种溶胶的聚沉能力，通常采用聚沉值来表示。使一定量溶胶发生明显聚沉所需电解质的最小浓度称为聚沉值。聚沉值的单位是 $mol \cdot m^{-3}$。不同电解质对某些溶胶的聚沉值见表 9-5。

表 9-5 不同电解质对某些溶胶的聚沉值 单位：$mol \cdot m^{-3}$

$Fe(OH)_3$（正溶胶）		$Al(OH)_3$（正溶胶）		As_2S_3（负溶胶）		AgI（负溶胶）	
				LiCl	58	$LiNO_3$	165
NaCl	9.2	NaCl	43.5	NaCl	51	$NaNO_3$	140
KCl	9.0	KCl	46	KCl	49.5	KNO_3	136
$1/2Ba(NO_3)_2$	14	KNO_3	60	KNO_3	50	$RbNO_3$	126
KNO_3	12			KAc	110	$AgNO_3$	0.01
K_2SO_4	0.2	K_2SO_4	0.30	$CaCl_2$	0.65	$Ca(NO_3)_2$	2.40
$K_2Cr_2O_7$	0.19	$K_2Cr_2O_7$	0.63	$MgCl_2$	0.72	$Mg(NO_3)_2$	2.60
$MgSO_4$	0.22	$K_2C_2O_4$	0.69	$MgSO_4$	0.81	$Pb(NO_3)_2$	2.43
				$AlCl_3$	0.093	$Al(NO_3)_3$	0.067
		$K_3[Fe(CN)_6]$	0.08	$1/2Al_2(SO_4)_3$	0.093	$La(NO_3)_3$	0.069
				$Al(NO_3)_3$	0.093	$Ce(NO_3)_3$	0.069

根据表列数据和大量实验测定结果，可总结出如下规律：

① 电解质对溶胶聚沉起主要作用的离子是与胶粒带相反电荷的离子，称为聚沉离子。聚沉离子的价数愈高，聚沉值则愈小，其聚沉能力愈强。这一规律称为叔采-哈迪（Scbulze-Hardy）规则。当聚沉离子分别为 1、2、3 价时，电解质的聚沉值近似地符合下列比例关系：

$$100 : 1.6 : 0.16 \text{ 或} \left(\frac{1}{1}\right)^6 : \left(\frac{1}{2}\right)^6 : \left(\frac{1}{3}\right)^6$$

即聚沉值与聚沉离子的六次方成反比，而聚沉能力与聚沉离子价数的六次方成正比。

② 同价离子的聚沉能力虽然相近，但通常随离子大小不同而略有改变，并有一定的规律。例如，对负溶胶来说，碱金属离子的聚沉能力有如下顺序：

$$Cs^+ > Rb^+ > K^+ > Na^+ > Li^+$$

对正溶胶来说，卤素离子的聚沉能力符合下列顺序：

$$Cl^- > Br^- > I^-$$

表 9-5 反映了这一规律。这种同号同价离子按其对溶胶聚沉能力大小所排列的顺序，称为“感胶离子序”。

③ 一般地，有机离子都有很强的聚沉能力，这可能与胶粒对其有很强的吸附能力有关。有机聚沉剂主要是一些表面活性物质如脂肪酸盐、季铵盐等。

9.7.3　溶胶的相互聚沉

将两种电性相反的溶胶以适当比例相互混合时，由于电性中和降低了 ζ 电势而使溶胶发生了聚沉作用，这种现象称为溶胶的相互聚沉。但溶胶相互聚沉的条件非常严格，只有当两种溶胶胶粒所带电荷总量相等、恰好能使电荷全部中和时，才能引起完全聚沉。否则就不能聚沉或只能部分聚沉。例如，用明矾净水就是利用电性相反的溶胶之间的相互作用。明矾水解时生成带正电的 $Al(OH)_3$ 水溶胶，它与水中带负电的胶体污物（主要是 SiO_2 溶胶）发生相互聚沉而使水净化。又如，带正电的 $Fe(OH)_3$ 溶胶与带负电的 As_2S_3 溶胶也可以发生相互聚沉。

9.7.4　高分子化合物对胶体稳定性的影响

若在溶胶中加入足够数量的某些高分子化合物的溶液，则可使胶粒对分散介质的亲和力增加，从而增加溶胶对电解质作用的稳定性，这叫做高分子化合物溶液对溶胶的保护作用。1901 年以后，齐格蒙弟最先开创了这一课题的研究，并试图解释保护作用的机理。

当足够量的高分子化合物溶液加入到溶胶中时，这种化合物的分子就吸附在溶胶粒子的表面上并包围住胶粒（如图 9-20 所示），防止了胶粒间的直接接触，加之高分子化合物是亲液的，因而增加了溶胶对介质的亲和力，保护它不致因少量外加电解质而引起聚沉，从而增加胶体的稳定性。

但是，当高分子化合物溶液加入到溶胶中的量少到不足以起保护作用时，反而使溶胶更容易为电解质所聚沉，这种效应称为敏化作用。产生敏化作用的原因是由于高分子数量太少，不足以将胶粒表面全部覆盖，此时将形成与保护作用相反的结构，即胶粒被吸附在高分子化合物的表面上，如图 9-21 所示。这时，高分子化合物实际上起着把溶胶胶粒聚集在一起的作用，在有外加电解质时，更容易发生聚沉作用。

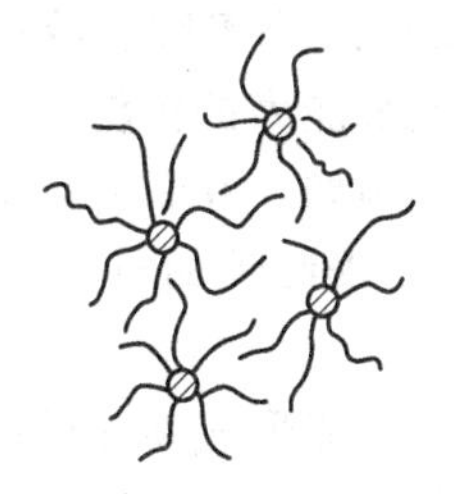

图 9-20　保护作用

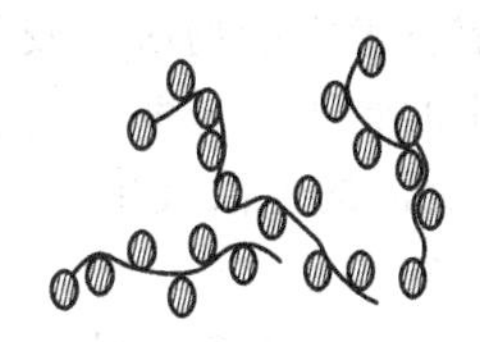

图 9-21　敏化作用

9.7.5　胶溶作用与触变作用

溶胶聚沉后又恢复成溶胶的过程称为胶溶。胶溶过程中 ζ 电势增大，胶粒水化膜的作用增强，使溶胶重新稳定。胶溶的方法很多，通常是用电解质处理。例如，$Fe(OH)_3$ 溶胶（带正电）加入 Na_2SO_4 溶液后发生聚沉，其新鲜沉淀过滤后用 $FeCl_3$ 稀溶液处理，沉淀则可重新变成溶胶。钙质黏土用 Na_2CO_3 溶液处理时，Ca^{2+} 与 CO_3^{2-} 作用生成 $CaCO_3$ 沉淀，Na^+ 替换了黏土中的 Ca^{2+}，黏土被胶溶。有时用水冲洗沉淀也能发生胶溶。例如，As_2S_3 的新鲜沉淀用水洗涤时会重新变成溶胶，原因是用水洗涤时电解质浓度降低，扩散层变厚了。能被胶溶的沉淀通常是比较新鲜的，如果放置过久，粒子结合紧密，胶溶就不易了。

在浓度大的 $Fe(OH)_3$ 溶胶中加入适量电解质使不致引起沉淀，经过一定时间后溶胶凝结成块，分散相和分散介质并不分离，这样的过程称为胶凝。形成的块状体称为凝胶。将凝胶搅拌或振动，又会转变成溶胶。放置后，溶胶又会转变成凝胶。凝胶、溶胶间的相互转变可以重复多次。这种现象称为触变作用。

触变作用与胶粒形状有关。棒状、片状、圆盘状等不对称形状的胶粒容易发生触变，球状颗粒不易触变。形成的凝胶若结构单元（胶束）靠得太紧或结构网架收缩而排出结合的溶剂，或溶剂化程度降低而析出粗大聚结物，会失去重新变成溶胶的能力。

9.8 溶胶的制备和净化

胶体分散系统的分散程度介于粗分散系和分子分散系之间，故由粗颗粒在分散介质中降解为细颗粒或者由分子或离子在分散介质中聚结为较粗的颗粒均可制得溶胶。前一种制备方法称为“分散法”，而后一种制备方法则称为“凝聚法”。制备时往往需添加适当的稳定剂以使溶胶保持一定的稳定性。

用分散法或凝聚法制备溶胶时所得胶粒大小往往是不均匀的。粒度不均匀的体系称为“多分散体系”；而粒度均匀的体系则称为“单分散体系”或“均匀分散体系”，“均匀分散体系”的制备方法比较特殊。

9.8.1 分散法

① 胶体磨法　属机械分散法，可用胶体磨，如图 9-22 所示。该法只能使粒子磨细至 1μm 左右，如果无稳定剂存在，粒子容易重新聚结为粗粒。

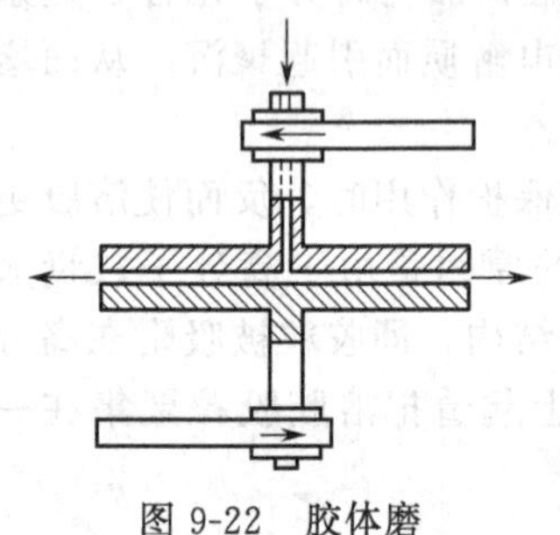

图 9-22　胶体磨

② 超声波法　属机械分散法，利用超声波振荡以制备溶胶或乳胶。发生的超声波频率在 10^6 Hz 左右，对分散相产生强大的撕碎力，使颗粒分散而生成溶胶或乳胶。例如，在浸入油浴中的压电石英晶片两端通以高频高压交流电时，所产生超声波（频率约 10^6 Hz）经油浴传至盛有样品的容器中，对分散相产生强大的撕碎力，使颗粒分散而形成溶胶或乳胶。

③ 胶溶法　属化学分散法，在新鲜、洁净的沉淀中加入“胶溶剂”使沉淀重新分散于介质中形成溶胶。胶溶剂往往是能被吸附而使溶胶稳定的物质。胶溶法仅能使疏松并具有强烈吸水能力的沉淀（本已聚结成为胶体质点大小的粒子）分散，而不能使结构紧密的物质分散。例如，在新鲜制备并洗涤干净的 $Fe(OH)_3$ 沉淀的悬浊液中，加入 $FeCl_3$ 作为胶溶剂可制备出褐红色的氢氧化铁溶胶。

9.8.2 凝聚法

凝聚法由分子分散系形成溶胶，必须在过饱和溶液中才有可能形成新相的晶核，同时必须控制晶核的生长，使之不超过胶粒的大小，故实验条件应严加控制，并加入适当的稳定剂。

① 化学反应法　可分为还原法、氧化法、水解法和复分解法等。

许多难溶金属氧化物（或氢氧化物）的溶胶可用水解反应制备。例如，在沸腾的水中滴入三氯化铁溶液，可制得红褐色的氢氧化铁溶胶。

$$FeCl_3 + 3H_2O = Fe(OH)_3 + 3HCl$$

卤化银溶胶的制备可用复分解法：利用硝酸银和卤化物在水相中反应可制得卤化银溶胶。

$$AgNO_3 + KX = AgX + KNO_3$$

硫溶胶的制备为氧化法：以二氧化硫通入硫化氢溶液中可制得硫溶胶。

$$2H_2S + SO_2 = 3S + 2H_2O$$

② 交换溶剂法　利用分散相在不同溶剂中溶解度的差异，可制备溶胶。例如松香在乙醇中的溶解度较大而难溶于水。将松香的乙醇溶液逐滴加入水中并剧烈振荡，乙醇挥发后可制得松香的水溶胶。

③ 电弧法　主要用于制备金属的水溶胶。将金属制成两个电极，浸入水中，通电以产

生火花，在电弧作用下，金属原子被蒸发为蒸气，蒸气被水冷凝后，在适当的电解质或保护胶的保护下，可形成稳定的金属溶胶如铂、金、银的水溶胶。

一般用凝聚法所得溶胶的分散程度比分散法高，但用以上方法所得的溶胶均属“多分散体系”，即分散程度并不均匀，原因是新核的形成和晶核的生长同时发生。

当晶核在溶胶开始形成前相当短的一段时间内生成时，所得溶胶的分散程度较为均匀。在过饱和溶液中引入粒度很细的籽晶可达到这一目的。齐格蒙第（Zsigmondy）用引入籽晶的办法制备出近乎均匀分散的金胶。

9.8.3　溶胶的净化

溶胶制备后，往往还残留着过量的电解质和其它杂质，它们的存在会影响溶胶的稳定性，利用渗析法可除去溶胶中多余的电解质。渗析法是用半透膜将溶胶与水隔开，半透膜只允许电解质或小分子通过而不让溶胶粒子通过，溶胶内的电解质和杂质就向水的一方迁移，溶胶则被净化。为了提高渗析速度，可加电场，电场的作用可加快离子的迁移，该法为电渗析法。

9.9　乳状液

乳状液是由两种互不相溶或相互溶解度极小的液体所构成的粗分散系统。乳状液可分成油（有机液体）分散在水中（水包油型）或水分散在油中（油包水型）两类，分别记作油/水（或O/W）和水/油（W/O)。乳状液中分散相粒子的大小约为100nm，用显微镜可以清楚地观察到。由于乳状液具有多相性和聚结不稳定性等特点，所以也是胶体化学研究的对象。在自然界、工业生产以及日常生活中经常会接触到乳状液。例如油井中喷出的原油、橡胶类植物的乳浆、农业杀虫用乳剂、日常生活中的牛奶、人造黄油等都是乳状液。通常把形成乳状液时被分散的相称为内相，分散介质称为外相，显然内相是不连续的，而外相是连续的。乳状液无论是工业上还是日常生活中都有广泛的应用，有时必须设法破坏天然形成的乳状液；而有时又必须人工制备乳状液。因此对乳状液稳定条件和破坏方法的研究具有重要的实际意义。

9.9.1　乳状液的稳定条件

当直接把水和“油”共同振摇时，虽可使其相互分散，但静置后很快又会分成两层，例如苯和水共同振摇时可得到白色的混合液体，静置不久后又会分层。如果加入少量合成洗涤剂再摇动，就可得到较为稳定的乳白色的液体，即苯以很小的液珠分散在水中，形成乳状液。为了形成稳定的乳状液所必须加的第三组分通常称为乳化剂。乳化剂种类很多，可以是蛋白质、树胶、明胶、皂素、磷脂等天然产物，也可以是人工合成的表面活性剂，前一类乳化剂能形成牢固的吸附膜或增加外相黏度，以阻止乳状液分层，但它们易水解和被微生物或细菌分解，且表面活性较低；后一类乳化剂可以是阴离子型、阳离子型或非离子型。O/W 型乳状液的乳化剂属亲水性物质，W/O 型乳状液的乳化剂属憎水性物质。乳化剂使乳状液稳定的原因如下。

① 形成保护膜，使液滴不相互聚结　被吸附在液滴表面上的乳化剂分子以其亲水端朝着水，以其憎水端朝着油，定向、紧密地排列成一层机械保护膜，使液滴不因碰撞而聚结，但乳化剂用量必须足够，否则乳状液稳定性就会降低。

② 降低界面张力，减少聚结倾向　大多数乳化剂是表面活性物质，能降低界面张力，减少聚结倾向而使乳状液稳定。乳状液定向排列在油-水界面上，实际上形成了两个界面，油-乳化剂界面和乳化剂-水界面，若前者的界面张力大于后者，油-乳化剂的界面积将缩小，油成为内相；反之，水为内相。

③ 使液滴带电，形成双电层　在 O/W 型乳化剂中液滴电荷来源于乳化剂的电离，并在界面上形成双电层，增加乳状液的稳定性。而在 W/O 型乳状液中一般认为膜外电势是由液滴之间的摩擦产生的。

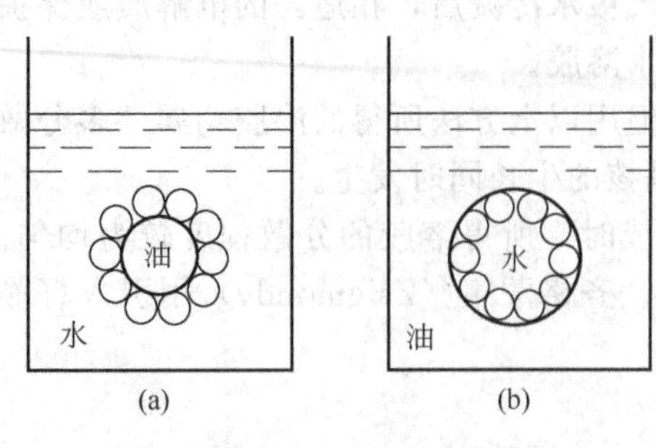

图 9-23 固体粉末的乳化作用示意图

④ 固体粉末的稳定作用 对于粒子较粗大的乳状液，也可以用具有亲水性的二氧化硅、蒙托石及氢氧化物的粉末等作制备 O/W 型乳状液的乳化剂，或者用憎水性的固体粉末如石墨、炭黑等作为 W/O 型的乳化剂。若乳化剂为亲水固体，则它更倾向和水结合，大部分进入水中，易于形成 O/W 型乳状液，如图 9-23(a) 所示；若乳化剂为憎水固体，则情况刚好相反，它的大部分进入油中，易于形成 W/O 型乳状液，如图 9-23(b) 所示。

9.9.2 乳状液的转化与破坏

乳状液的转化是指 O/W 型乳状液变成 W/O 型乳状液或者相反的过程。这种转化通常是由于外加物质使乳化剂的性质改变而引起的，例如用钠肥皂可以形成 O/W 型的乳状液，但如加入足量的氯化钙，则可以生成钙肥皂而使乳状液成为 W/O 型。又如当用氧化硅粉末为乳化剂时，可形成 O/W 型的乳状液，但如加入足够数量的炭黑、钙肥皂或镁肥皂，则也可以形成 W/O 型的乳状液。应该指出，在这些例子中，如果所加入的相反类型的乳化剂的量太少，则乳状液的类型亦不发生转化；而如果用量适中，则两种相反类型的乳化剂同时起相反的作用，则乳状液变得不稳定而被破坏。例如 $15cm^3$ 的煤油与 $25cm^3$ 的水用 0.8g 碳粉为乳化剂，可以得到 W/O 型乳状液，加入 0.1g 二氧化硅粉末就可以破坏乳状液，若所加二氧化硅多于 0.1g，则可以生成 O/W 型乳状液。

如果需要使乳状液中的两相分离，就是所谓破乳。为破乳而加入的物质称为破乳剂。例如石油原油和橡胶类植物乳浆的脱水、牛奶中提取奶油、污水中除去油沫等都是破乳过程。破坏乳状液主要是破坏乳化剂的保护作用，最终使水、油两相分层。常用的有以下几种方法：①用不能生成牢固的保护膜的表面活性物质来代替原来的乳化剂。例如异戊醇的表面活性大，但其碳氢链太短，不足以形成牢固的保护膜，就能起这种作用。②用试剂破坏乳化剂。例如用皂类作乳化剂时，若加入无机酸，则皂类变成脂肪酸而析出。又如加酸破坏橡胶树浆而得到橡胶。③如前所述，加入适当数量起相反效应的乳化剂，也可起破坏作用。此外还有其它方法，例如升高温度可以降低分散介质的黏度，并增加分散液滴互相碰撞的强度而降低乳化剂的吸附性能，因此也可以降低乳状液的稳定性。另外，如在离心力场下使乳状液浓缩，在外加电场下使分散的液滴聚结，在加压情况下使乳状液通过吸附剂层等也都可以起破坏乳状液的作用。

思 考 题

1. 导致表面现象的基本原因是什么？
2. 液体能否润湿固体表面的因素是什么？
3. 实验室或工厂中常用的干燥剂（如硅胶），为何能吸收空气中的水分？
4. 微小尘粒落入过饱和盐溶液时，立即有晶体析出。由此说明盐-尘粒的界面张力 $\sigma_{盐\text{-}尘}$ 与尘-液的界面张力 $\sigma_{尘\text{-}液}$ 何者较大？
5. 物理吸附和化学吸附的主要区别是什么？
6. 什么是表面活性剂？它有哪些基本性质，试举例说明它的重要性。
7. 当光线射入分散体系时会发生什么情况？
8. 为什么晴朗的天空是蓝色，而朝霞和晚霞是红色？
9. 将 KI 溶液滴加到过量的 $AgNO_3$ 溶液中形成 AgI 溶胶，将该 AgI 溶胶置于外加直流电场中，胶粒将向哪个电极移动？

10. $Al_2(SO_4)_3$ 为何能净化水？

11. 破乳常用的方法有哪几种？

习　题

1. 选择题

(1) 对弯曲液面上的蒸气压的描述正确的是（　　）。

A. 大于平面液体的蒸气压　　B. 小于平面液体的蒸气压

C. 大于或小于平面液体的蒸气压　　D. 都不对

(2) 当在空气中形成一个半径为 r 的小气泡时，泡内压力与泡外压力之差为（　　）。

A. $\frac{2\sigma}{r}$　　B. $\frac{4\sigma}{r}$　　C. $-\frac{4\sigma}{r}$　　D. 0

(3) 在一密闭容器中有大小不同的两水珠，长期放置后，则（　　）。

A. 小水珠消失，大水珠变大　　B. 大水珠消失，小水珠变大

C. 大小水滴都变大　　D. 大小水滴都消失

(4) 一根玻璃毛细管分别插入 25℃和 75℃的水中，则毛细管中的水柱在两不同温度水中上升的高度（　　）。

A. 相同　　B. 25℃的水中高于 75℃的水中

C. 75℃的水中高于 25℃的水中　　D. 无法确定

(5) 雾属于分散体系，其分散介质是（　　）。

A. 液体　　B. 气体　　C. 固体　　D. 气体或固体

(6) 外加直流电场于胶体溶液，向某一电极作定向运动的是（　　）。

A. 胶核　　B. 胶粒　　C. 胶团　　D. 紧密层

(7) 江、河水中含的泥沙悬浮物在出海口附近都会沉淀下来，原因有多种，其中与胶体化学有关的是（　　）。

A. 盐析作用　　B. 电解质聚沉作用

C. 溶胶互沉作用　　D. 破乳作用

(8) 对于有过量 KI 存在的 AgI 溶胶，电解质聚沉能力最强的是（　　）。

A. $K_3[Fe(CN)_6]$　　B. $MgSO_4$　　C. $FeCl_3$　　D. NaCl

(9) 下列诸分散体系中，丁达尔效应最强的是（　　）。

A. 纯净空气　　B. 蔗糖溶液　　C. NaCl 水溶液　　D. 金溶胶

(10) 通常称为表面活性物质的就是指当其加入于液体中后（　　）。

A. 能降低液体表面张力　　B. 能增大液体表面张力

C. 不影响液体表面张力　　D. 能显著降低液体表面张力

2. 在 293K 时，把半径为 1mm 的水滴分散成半径为 1μm 的小水滴，问比表面增加了多少倍，表面吉布斯函数增加了多少？完成该变化时，环境至少需做功多少？已知 293K 时水的表面张力为 $0.07288N \cdot m^{-1}$。

3. 在 283K 时，可逆地使纯水表面增加 $1.0m^2$ 的面积，吸热 0.04J。求该过程的 W、ΔG、ΔU、ΔH、ΔS 和 ΔA 各为多少？已知该温度下纯水的比表面吉布斯函数为 $0.074J \cdot m^{-2}$。

4. 在 293.15K 时水的蒸气压为 2340Pa，求半径为 1nm 的水滴的蒸气压。已知该温度下水的表面张力为 $72.75 \times 10^{-3} N \cdot m^{-1}$。

5. 在 298K，小水滴的蒸气压是平面水蒸气压的 2.7 倍，求液滴半径？纯水蒸气的过饱和度达 2.7 时才能凝聚出上述大小的液滴，求每滴水中含 H_2O 分子数目？已知这时纯水的 σ_0 为 $7.197 \times 10^{-2} J \cdot m^{-2}$。

6. 苯的正常沸点为 353.3K，298.15K 时表面张力为 $0.02822N \cdot m^{-1}$，试估算半径为 $1 \times 10^{-7}m$ 的小苯液滴的蒸气压，已知苯的密度 $\rho = 873kg \cdot m^{-3}$。

7. 在正常沸点时，若水中仅含有直径为 $10^{-3}mm$ 的空气泡，使这样的水沸腾需要过热多少度？已知 373.15K 水的表面张力为 $0.0589N \cdot m^{-1}$，水的蒸发焓 $\Delta_{vap}H_m^{\ominus}$ 为 $40.66kJ \cdot mol^{-1}$。

8. 在 298.15K 时，$\rho(Hg)=1.359\times10^4 kg\cdot m^{-1}$，$\sigma(Hg)=0.4865N\cdot m^{-1}$，汞在玻璃上的接触角为 140°。求在此温度下汞在内直径 0.350mm 玻璃管内下降的高度。

9. 氧化铝瓷件上需要涂银，当加热至 1273K 时，银能否润湿氧化铝瓷件表面？已知 1273K 时，固体氧化铝的表面张力为 $\sigma_{s\text{-}g}=1.0N\cdot m^{-1}$，液态银的表面张力为 $\sigma_{l\text{-}g}=0.88N\cdot m^{-1}$，液态银与固体氧化铝的界面张力为 $\sigma_{s\text{-}g}=1.77N\cdot m^{-1}$。

10. 炼钢炉底部通常都装有多孔透气砖以供吹氩气净化钢液，已知透气砖小孔半径为 $1\times10^{-5}m$，当炉中钢液面超过 3.28m 时钢液就会从小孔中流出，求钢液的表面张力。已知钢液的密度为 $\rho=7000kg\cdot m^{-3}$，钢液对砖的接触角为 150°。

11. 25℃时，乙醇水溶液的表面张力 $\sigma(N\cdot m^{-1})$ 与活度的关系如下：

$$\sigma=0.072-5.0\times10^{-4}a+2.0\times10^{-4}a^2$$

求活度为 0.5 的溶液的表面超量 Γ。

12. 200℃时，测定氧在某催化剂上的吸附作用，当氧的平衡压力为 $p^\ominus$ 及 $10\times p^\ominus$ 时，每克催化剂吸附氧的量换算成标准状况下的体积分别为 $2.5cm^3$ 和 $4.2cm^3$。设该吸附作用服从兰格缪尔公式。试计算当氧的吸附量为饱和吸附量的一半时，氧的平衡分压为若干？

13. 用活性炭吸附 $CHCl_3$ 时，在 273.15K 时的饱和吸附量为 $93.8dm^3\cdot kg^{-1}$，已知 $CHCl_3$ 的分压为 13.4kPa 时的平衡吸附量为 $82.5dm^3\cdot kg^{-1}$，试计算：

(1) 兰格缪尔吸附等温式中的常数 b。

(2) $CHCl_3$ 的分压为 6.67kPa 时的平衡吸附量。

14. 某溶液中溶质在硅胶上的吸附服从弗兰德里胥吸附等温式。已知 $k=6.8$，$n=2$。吸附量单位用 $mol\cdot g^{-1}$，浓度用 $mol\cdot dm^{-3}$。若在 $0.100dm^3$ 浓度为 $0.100mol\cdot dm^{-3}$ 的溶液中加入 10.0g 硅胶，试求达到吸附平衡后溶液的浓度。

15. 写出 As_2S_3 和 $Fe(OH)_3$ 的胶团结构示意图。

16. 已知二氧化硅溶胶形成过程中存在下列反应：

$$SiO_2+H_2O\longrightarrow H_2SiO_3\longrightarrow SiO_3^{2-}+2H^+$$

试写出胶团结构式（标明胶核、胶粒及胶团），指出二氧化硅溶胶的电泳方向。当溶胶中分别加入 NaCl、$MgCl_2$、K_3PO_4 时，哪种物质的聚沉值最小？

17. 下列电解质对等体积的 $0.08mol\cdot dm^{-3}$ 的 KI(aq) 和 $0.1mol\cdot dm^{-3}$ 的 $AgNO_3$(aq) 混合所得溶胶的聚沉能力何者最强？何者最弱？为什么？

(1) $CaCl_2$；(2) Na_2SO_4；(3) $MgSO_4$。

第10章 原子结构和元素周期律

世界上物质种类繁多，性质各异，根本原因是与其组成和结构有关。物质的结构决定了物质的性质，例如石墨、金刚石、球碳都是由元素碳组成，因其结构不同，性质就完全不同。石墨较软，有良好的导电性能；金刚石是所有物质中硬度最大的，是典型的绝缘体；球碳异常坚固，据估算，如果将它们以每小时2.7万多千米的速度（该速度与美国航天飞机的轨道速度大致相当）抛掷到钢板上时，它们会弹回而不破裂。

了解物质的结构不仅能说明物质的性质，更重要的是能指导人们合成所需要的各种新物质。

人类探讨物质内部结构的历史是极其漫长的。现在已经知道，物质是由分子组成的，分子是由原子组成的，原子是电中性的，由带正电荷的原子核和带负电荷的电子所组成，而原子核又由质子和中子及一些基本粒子所组成。

化学变化通常是核外电子运动状态发生改变，因此要阐明化学反应的本质，了解物质结构与性质的关系，就必须了解原子结构，特别是原子中核外电子的运动状况。

本章主要讨论原子结构及原子结构与元素周期表之间的相互关系。

10.1 原子结构的早期模型

早在公元前5世纪，古希腊的哲学家德谟克里特（Demokritos）就提出：世界是由看不见且不可分割的最小微粒组成，这种微粒就是原子，但这仅是哲学上的概念，并没有任何实验依据。

直到18世纪，由于冶金工业和化学工业的发展，人们要了解化学变化的定量关系，发现了质量守恒定律、能量守恒定律和倍比定律等。为了说明这些定律，英国科学家道尔顿（J. Dalton）1803年提出了著名的原子论，认为每种化合物都是由不同数量的原子所组成，原子不能再分，原子在化学反应中不会消失也不会产生。

1895年，德国物理学家伦琴（W. K. Rontgn）发现X射线；1896年，法国物理学家贝克勒尔（A. H. Becquerel）发现放射性；1897年，英国物理学家汤姆生（J. J. Thomson）实验证实了电子的存在。X射线、放射性及电子的发现，打破了原子不可分的观点。

10.1.1 原子的含核模型

自从发现电子后，实验又证实了各种物质都有可能放出电子，同时整个原子又是电中性的，因此原子中除电子以外，必定还有另一带正电荷的组成部分。1904年，汤姆生提出了一种原子模型，认为原子中平均分布着正电荷，在正电荷中镶嵌着许多电子，从而形成了中性原子。汤姆生的原子模型只是有关原子结构的原始的、相当模糊的概念。

放射性现象发现以后，才奠定了近代原子结构学说的基础。新西兰物理学家卢瑟福（E. Rutherford）用一束高速运动的α粒子（α粒子是带有二个正电荷的氦离子）轰击金属薄片时，发现大多数α粒子穿透金属薄片仍向前直行，没有改变方向，但也有一些α粒子改变了方向，发生了偏转，偏转的角度一般也不大，但有极少数的α粒子（约占总数的1%左右）偏转角度特别大，个别的粒子甚至被弹回。卢瑟福根据这种实验现象认为，原子内部有一个很小的带有正电荷的核，只有那些逼近原子核的α粒子才会受带有正电荷的核的作用而发生偏转，而其中只有能直接与核碰撞的α粒子才会被弹回。从弹回的α粒子的比例数，可以估计核的大小及核所带正电荷的多少。因此卢瑟福在1911年提出了行星系式原子模型：在原子中心有一个带正电荷的核，它的质量几乎等于原子的全部质量，电子在它的周围沿着不同的轨道运转，和行星环绕太阳运转相似。电子的多少取决于原子核的正电荷，电子在运转时所产生的离心力与原子核对电子的吸引力平衡，因此电子能够与原子核保持一定的距离。整个原子的直径约为10^{-10}m，原子核的直径在10^{-15}m到10^{-14}m之间，电子的直径约为10^{-18}m，原子核和电子仅占整个原子空间的极小部分。原子的绝大部分是空的，所以大多数α粒子才会直接穿透原子而不改变方向。

10.1.2 原子的玻尔模型

19世纪末，人们发现了光谱。太阳光通过三棱镜折射后，可分出红、橙、黄、绿、青、蓝、紫等波长的光谱，这种光谱称连续光谱。雨后的彩虹就是连续光谱。

当气体原子受激发后，也会发出光线，通过三棱镜或光栅后，可分成一系列按波长排列的亮线，这种光谱是不连续的线状光谱，因为是原子受激发而产生的，故称为原子光谱。不同的原子有不同的特征光谱，氢原子光谱是最简单的原子光谱。

氢原子受激发时，可发出固定频率的光，通过棱镜或光栅后得到氢原子光谱，如图10-1所示。氢原子光谱在可见光区有5条比较明亮的谱线，通常用H_α、H_β、H_γ、H_δ、H_ε标志。

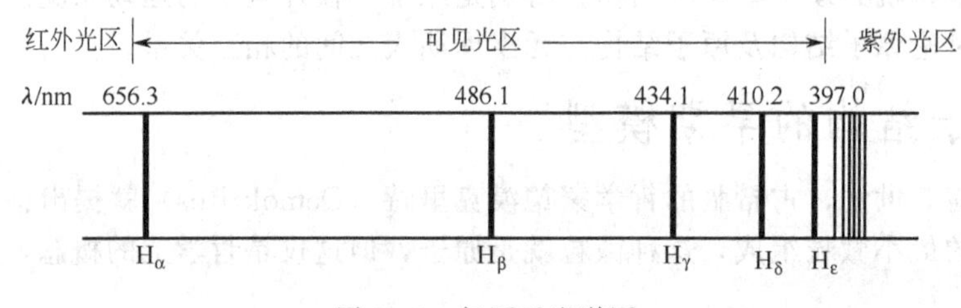

图10-1 氢原子光谱图

氢原子光谱可见光区谱线的波数$\tilde{\nu}$（波长λ的倒数）可用巴尔麦（J. J. Balmer）公式表示：

$$\tilde{\nu}=\frac{1}{\lambda}=R_\infty\left(\frac{1}{2^2}-\frac{1}{n_2^2}\right) \tag{10-1}$$

式中，n_2为大于2的整数，R_∞是里德伯（J. R. Rydberg）常数，其值为

$$R_\infty=1.097373\times10^7\,\mathrm{m}^{-1} \tag{10-2}$$

将式(10-1)中的n_2以3、4、5…等数值代入，就得到H_α、H_β、H_γ…等谱线的波数。

氢原子在其它光区的谱线也可用类似的公式表示：

$$\tilde{\nu}=R_\infty\left(\frac{1}{n_1^2}-\frac{1}{n_2^2}\right)\quad n_1<n_2 \tag{10-3}$$

式中，n_1、n_2都是正整数，而且$n_1<n_2$。当$n_1=1$时，为紫外光谱线系；$n_1=2$时，即可见光区的巴尔麦线系；$n_1=3$、4、5时，为红外光谱线系。

用经典的电磁理论无法解释原子的行星模型，也无法解释氢原子的线状光谱。根据经典理论，电子绕原子核运动时要辐射电磁波，因而电子的能量不断减少，电子运动的速度也不断减慢，电子运动的轨道半径也将相应地变小并逐渐靠近原子核，最后落到核上，电子湮灭，原子将不复存在。同时电子绕核作圆周运动，辐射电磁波的波长也应是连续变化的，因此会得到连续光谱。但事实上原子是稳定的，原子光谱是线状光谱。

1913年，28岁的丹麦物理学家玻尔（N. Bohr），受普朗克（M. Planck）和爱因斯坦（A. Einstein）量子论的启发，大胆提出以下假设，构筑了新的玻尔原子模型。

（1）原子中的电子沿圆形轨道绕原子核作圆周运动，在一定轨道上运动的电子具有确定的能量。原子有许多轨道，轨道离核愈远，能量愈高，通常电子处于能量最低的轨道上，这种状态称基态。当原子从外界获得能量时，电子可跃迁至另一个能量较高的轨道上，这种状态称激发态。

（2）电子由一个轨道跃迁至另一个轨道时，放出或吸收一个光子的能量 $h\nu$

$$h\nu=|E_2-E_1| \tag{10-4}$$

式中，E_1、E_2 分别是原子中两个轨道的能量；ν 是光子的频率；h 为普朗克常数，$h=6.626\times10^{-34}\mathrm{J\cdot s}$。

（3）原子中的轨道必须符合一定的条件，即在轨道上运动的电子的角动量 M 必须满足量子化条件

$$M=mvr=n\frac{h}{2\pi} \qquad n=1,2,3,\cdots \tag{10-5}$$

式中，n 称为量子数，它只能取正整数。

玻尔的原子结构模型突破了经典物理学中物理量只能连续改变的禁区，指出原子中的能量是不连续的。根据玻尔理论可以计算出氢原子的轨道半径 r

$$r=n^2\cdot\frac{\varepsilon_0 h^2}{\pi me^2} \qquad n=1,\ 2,\ 3,\ \cdots \tag{10-6}$$

令

$$a_0=\frac{\varepsilon_0 h^2}{\pi me^2} \tag{10-7}$$

将电子质量 $m=9.109\times10^{-31}\mathrm{kg}$、电子电荷 $e=1.602\times10^{-19}\mathrm{C}$，真空介电常数 $\varepsilon_0=8.854\times10^{-12}\mathrm{F\cdot m^{-1}}$ 及普朗克常数 h 代入式(10-7)，可以求得

$$a_0=52.9\mathrm{pm}$$

于是，氢原子中只有符合以下条件的轨道才是允许的轨道：

$$r=n^2a_0 \qquad n=1,2,3,\cdots \tag{10-8}$$

当 $n=1$ 时，$r=a_0$，它是氢原子处于能量最低的基态时电子绕核运动的轨道的半径，a_0 称玻尔半径。

根据玻尔理论还可以计算出电子能量 E

$$E=-\frac{1}{n^2}\cdot\frac{me^4}{8\varepsilon_0^2h^2} \qquad n=1,\ 2,\ 3,\ \cdots \tag{10-9}$$

将电子质量 m、电子电荷 e，真空介电常量 ε_0 及普朗克常数 h 代入上式，得

$$E=-\frac{1}{n^2}\times2.18\times10^{-18}\mathrm{J} \qquad n=1,2,3,\cdots \tag{10-10}$$

在原子物理学中，常用电子伏 eV 作能量单位

$$1\mathrm{eV}=1.602\times10^{-19}\mathrm{J}$$

所以式(10-10) 常表示为

$$E=-\frac{1}{n^2}\times13.6\mathrm{eV} \qquad n=1,2,3,\cdots \tag{10-11}$$

式(10-10) 表明，氢原子中电子的能量不是连续的，是量子化的，它只能按式(10-10) 取值而不能取其它值。当电子由量子数 n_2 的较高能级跃迁到量子数 n_1 的较低能级时，将辐射电磁波，辐射电磁波的频率为

$$\nu=\frac{E_2-E_1}{h}=\left[\frac{1}{h}\left(\frac{1}{n_1^2}-\frac{1}{n_2^2}\right)\times2.18\times10^{-18}\right]\mathrm{s^{-1}} \tag{10-12}$$

换算成波数：

$$\tilde{\nu}=\left[\frac{1}{hc}\left(\frac{1}{n_1^2}-\frac{1}{n_2^2}\right)\times 2.18\times 10^{-18}\right]\text{m}^{-1}=1.0966898\times 10^7\text{m}^{-1}\times\left(\frac{1}{n_1^2}-\frac{1}{n_2^2}\right) \quad (10\text{-}13)$$

式(10-13) 中的系数与巴尔麦公式中的里德伯常数十分接近。

玻尔理论虽然成功地解释了氢原子光谱，但仍有很大的局限性。例如玻尔模型无法说明多电子原子的光谱，也不能说明氢原子光谱的精细结构。因为玻尔理论只是在经典物理的基础上作了些局部修正，引进了一些量子化的概念。实际上电子的运动并不遵守经典物理规律，电子的运动遵循一个全新的量子力学规律。

10.2 微观粒子的波粒二象性

10.2.1 微观粒子的波粒二象性

20 世纪初，人们对光的研究结果表明，光既有波动性又有粒子性，这就是光的波粒二象性。与光传播有关的现象如干涉、衍射都表现出光的波动性，而光与物质相互作用，有能量交换时，则表现出光的粒子性。光的波粒二象性可用爱因斯坦关系式联系起来，具有一定能量 ε 和动量 p 的光子，频率和波长分别为：

$$\varepsilon=h\nu \quad (10\text{-}14)$$

$$p=h/\lambda \quad (10\text{-}15)$$

1924 年，年轻的法国物理学家德布罗依（L. de Broglie）受光的波粒二象性启发，大胆地提出不仅光具有波粒二象性，所有静止质量不为零的实物微粒（如电子、质子、中子等）也具有波粒二象性。德布罗依还指出具有一定能量 E 和动量 p 的实物微粒，其频率和波长分别为：

$$E=h\nu \quad (10\text{-}16)$$

$$p=h/\lambda \quad (10\text{-}17)$$

式(10-16)、式(10-17) 称德布罗依关系式，虽然它与爱因斯坦关系式形式相同，但它是一个全新的假定，将二象性的概念从光子扩大到实物微粒。实物微粒所具有的波称德布罗依波或物质波。

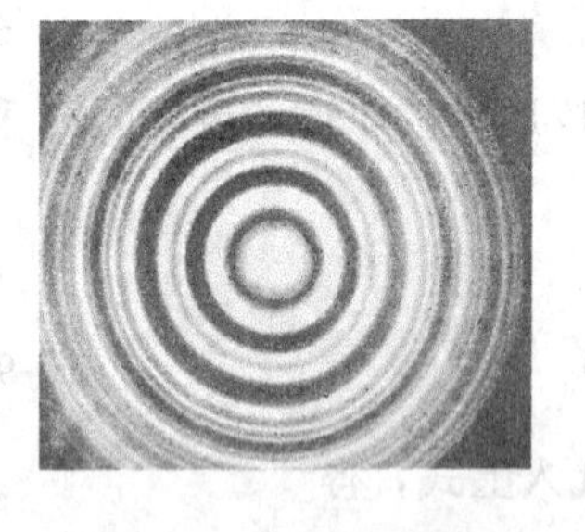

图 10-2 电子衍射图案

德布罗依提出实物微粒具有波粒二象性时，并无任何实验证据。直至 1927 年，美国物理学家戴维逊（C. Davisson）和革末（L. Germer）用高速电子束照射镍单晶，得到了与 X 衍射相同的衍射图案，证明了电子也能发生衍射现象，而且通过计算电子衍射的波长，与德布罗依关系式所预测的波长完全一致（图 10-2）。其后，人们又发现中子、原子、分子等也能产生衍射图案，德布罗依波也就完全得到了实验证实。

例 10-1 电子通过 100V 的电场加速，电子的德布罗依波波长是多少?

解： 电子在电压为 1V 的两点间，在电场力作用下电子所增加的能量为 1eV。电子通过 100V 的电场加速，获得的动能就是 100eV。所以电子通过电场加速后的动能就是电子电量 e 乘以电位差 V，即 $T=eV$。因为 $T=\frac{1}{2}mv^2$，所以 $p=mv=\sqrt{2mT}$。

电子的波长：$\lambda=\frac{h}{p}=\frac{h}{\sqrt{2mT}}=\frac{h}{\sqrt{2meV}}=\frac{6.626\times 10^{-34}\text{J}\cdot\text{s}}{\sqrt{2\times 9.1\times 10^{-31}\text{kg}\times 1.6\times 10^{-17}\text{C}\times V}}=\frac{1.225}{\sqrt{V/\text{V}}}\text{nm}$

通过 100V 电场加速的电子的波长：$\lambda=\frac{1.225}{\sqrt{100}}\text{nm}=0.1225\text{nm}$

它的波长与 X 射线的波长相当，可以测出。

例 10-2 空气中尘埃的质量约为 10^{-15}kg，运动速度约为 $1\text{m}\cdot\text{s}^{-1}$，计算尘埃粒子的德

布罗依波波长。

解： 尘埃粒子的德布罗依波波长

$$\lambda=\frac{h}{p}=\frac{h}{mv}=\frac{6.626\times10^{-34}\,\mathrm{J\cdot s}}{10^{-15}\,\mathrm{kg}\times1\,\mathrm{m\cdot s^{-1}}}=6.626\times10^{-19}\,\mathrm{m}$$

通过以上例子可看出，粒子的质量越大，德布罗依波的波长越短，这个波长太小，目前还无法测量，这就是宏观世界中粒子波粒二象性不被表现的原因。

10.2.2　德布罗依波的统计解释

从经典物理来看，波动性是以连续分布于空间为特征的，而粒子性则是以分立分布为特征的，这两种对立的性质是如何统一在同一客观物体上的呢？物质波到底是一种什么波呢？英国物理学家波恩（M. Born）提出了比较正确的“统计解释”。

为了说明“统计解释”，再考察一下电子衍射实验。人们发现用较强的电子流可以在较短的时间内得到电子衍射图案，用很弱的电子流也能得到电子衍射图案，不过需要较长的时间。设想让电子一个一个通过晶体到达底片，当一个电子到达后，在底片上出现一个感光点，这表现了电子的粒子性。随着电子一个一个地到达底片，可发现每一个电子到达底片的位置是随机的，但只要时间足够长，到达底片的电子数足够多，则在底片上仍然出现一张完整的衍射图案。由此可见，微粒的波性是和微粒行为的统计性规律联系在一起的，就大量粒子的行为来说，衍射强度大（即波的强度大）的地方，粒子出现的数目就大，衍射强度小的地方，粒子出现的数目就少。就一个粒子来说，每次到达什么位置是不能确定的，但如果将这个粒子重复进行多次相同的实验，一定是在衍射强度大的地方出现的概率大，在衍射强度小的地方出现的概率小。

波恩的统计解释就是认为在空间任一点波的强度与粒子出现的概率成正比。因为物质波的强度反映了粒子在空间某处出现概率的大小，所以物质波是一种概率波。

10.2.3　测不准关系

在经典物理中，一个宏观粒子在任一瞬间的位置和动量是可以准确测定的。只要知道一个粒子的起始位置和速度，就可以预言这个粒子在任一时刻的位置和速度，也就是说宏观粒子的运动轨道是可以确定的。

对具有波粒二象性的微观粒子，由于它们的运动遵循统计规律，不能再像在经典物理中那样来描述它们的运动状态了。用经典物理中的那些物理量（如速度、位置等）来描述具有波粒二象性的粒子，只能在一定的近似范围内做到。1927 年德国物理学家海森伯（W. Heisenberg）提出了著名的测不准原理，其数学表达式为

$$\Delta x\cdot\Delta p_x\approx h \tag{10-18}$$

式(10-18) 称测不准原理或不确定原理。式中，Δx 为粒子在 x 方向上位置的不确定度，Δp_x 为粒子在 x 方向上的动量的不确定度。

测不准原理是粒子具有波粒二象性的必然表现。测不准原理表明：对于微观粒子，不可能同时准确地测定某一瞬间电子运动的速度和位置，如果速度（动量）测定得愈准确，则相应的位置就愈不准确，反之亦然。但并不是说微观粒子的运动规律是不可知的，只是说微观粒子的运动不服从经典力学，粒子运动没有经典力学中的轨道可循，而是要遵循一个新的描述微观粒子运动的量子力学规律。测不准原理实际上否定了玻尔提出的电子绕核作轨道运动的原子结构模型。

10.3　现代原子结构模型——氢原子核外电子的运动状态

在经典物理中，波是用波函数 ψ 来描述的。量子力学从微观粒子具有波粒二象性出

发，认为微观粒子的运动状态也可用波函数来描述。微观粒子是在三维空间运动的，它的运动状态要用三维空间的波函数 $\psi(x,y,z)$ 来描述，也就是说，波函数是空间坐标 x、y、z 的函数。波函数是描述微观粒子运动状态的一个数学函数，可以通过求解薛定谔方程得到。

10.3.1 薛定谔方程

1926 年，奥地利科学家薛定谔（E. Schrödinger）通过与经典波动力学的比较，把微观粒子的运动用类似于光的波动方程来描述，提出了著名的薛定谔方程。现在，薛定谔方程已是描述微观粒子运动的基本方程，它是一个二阶偏微分方程：

$$\frac{\partial^2\psi}{\partial x^2}+\frac{\partial^2\psi}{\partial y^2}+\frac{\partial^2\psi}{\partial z^2}+\frac{8\pi^2 m}{h^2}(E-V)\psi=0 \tag{10-19}$$

式中，m 是微观粒子的质量；E 是微观粒子的总能量（动能与势能之和）；V 是微观粒子的势能。

对于氢原子和类氢离子（核外只有一个电子的离子称类氢离子，如 He^+、Li^{2+} 等）来说，ψ 是描述核外电子运动状态的数学函数，m 是电子的质量，E 是电子的能量，也是氢原子或类氢离子的总能量，V 是核对电子的吸引能：

$$V=-\frac{Ze^2}{4\pi\varepsilon_0 r}\quad (Z\text{ 是核电荷数}) \tag{10-20}$$

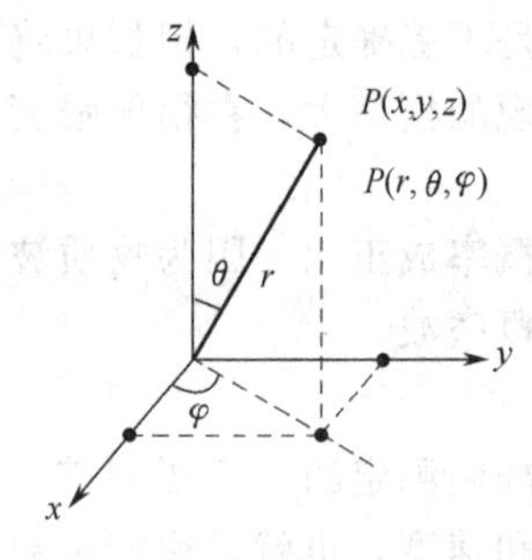

图 10-3 直角坐标与球极坐标的关系

解薛定谔方程就是要解出其中的波函数 ψ 及其总能量 E，这样就可以了解电子运动的状态和能量的高低。在解薛定谔方程时为了方便起见，常将直角坐标（x,y,z）变换为球极坐标（r,θ,φ），它们的关系如图 10-3 所示：

$$x=r\sin\theta\cos\varphi \tag{10-21}$$

$$y=r\sin\theta\sin\varphi \tag{10-22}$$

$$z=r\cos\theta \tag{10-23}$$

波函数 $\psi(x,y,z)$ 经变换后，成为球极坐标的函数 $\psi(r,\theta,\varphi)$。在解薛定谔方程时，又假定

$$\psi(r,\theta,\varphi)=R(r)\Theta(\theta)\Phi(\varphi) \tag{10-24}$$

式中，$R(r)$ 只是 r 的函数，只与电子距核的距离 r 有关，称波函数的径向部分；Θ、Φ 分别只是 θ、φ 的函数。这样，就可通过分离变量把二阶偏微分方程变为三个只含一个变量的常微分方程。这三个常微分方程可以分别求解，得到 $R(r)$、$\Theta(\theta)$、$\Phi(\varphi)$ 三个函数，再把它们乘起来就得到 $\psi(r,\theta,\varphi)$。

通常把与角度有关的两个函数合并为 $Y(\theta,\varphi)$：

$$Y(\theta,\varphi)=\Theta(\theta)\Phi(\varphi) \tag{10-25}$$

$Y(\theta,\varphi)$ 只与角度有关，称波函数的角度部分。所以，薛定谔方程的解又常表示为：

$$\psi(r,\theta,\varphi)=R(r)Y(\theta,\varphi) \tag{10-26}$$

10.3.2 波函数与原子轨道

波函数是薛定谔方程的解，解方程的具体过程比较复杂，这里仅给出最后的一些结论。

薛定谔方程是一个二阶偏微分方程，它有许多解，但并不是任一个解都可用来描述微观粒子运动状态的。根据概率波的性质，描述微观粒子运动状态的波函数必须满足单值、连续、有限这三个条件。满足单值、连续、有限这三个条件的波函数称合格波函数。在解薛定谔方程时为了得到合格波函数就必须引入三个整数，即三个量子数 n、l、m，分别称为主量

子数、角量子数和磁量子数，它们只能取如下整数：

主量子数　$n=1, 2, 3, \cdots$　可取无穷多个数值

角量子数　$l=0, 1, 2, 3, \cdots, n-1$　可取 n 个数值

磁量子数　$m=0, \pm1, \pm2, \pm3, \cdots, \pm l$　可取 $2l+1$ 个数值

一套量子数 n，l，m 就确定了薛定谔方程的一个解，即一个波函数 $\psi_{n,l,m}(r,\theta,\varphi)$ [n，l 确定 $R_{n,l}(r)$，l，m 确定 $Y_{l,m}(\theta,\varphi)$]。一个波函数 $\psi_{n,l,m}(r,\theta,\varphi)$ 描述了电子的一种运动状态，所以波函数也称为原子轨道。但要指出的是，这里的轨道与玻尔的轨道概念完全不同，它指的只是电子的一种空间运动状态。

由于一套量子数 n，l，m 确定了一个原子轨道（波函数），所以也可直接用量子数 n，l，m 表示原子轨道。光谱学上常将 $l=0, 1, 2, 3, \cdots$用 s，p，d，f，…等字母表示。表 10-1 列出了 n，l，m 的取值关系、轨道名称和轨道数。

表 10-1　n，l，m 的取值关系、轨道名称和轨道数

n	l	l 符号	m	轨道名称	l 相同的轨道数目	n 相同的轨道数目
1	0	s	0	1s	1	1
2	0	s	0	2s	1	4
	1	p	0	$2p_z$	3	
			±1	$2p_x, 2p_y$		
3	0	s	0	3s	1	9
	1	p	0	$3p_z$	3	
			±1	$3p_x, 3p_y$		
	2	d	0	$3d_{z^2}$	5	
			±1	$3d_{xz}, 3d_{yz}$		
			±2	$3d_{xy}, 3d_{x^2-y^2}$		

注：p_x、p_y 是 $m=+1$ 和 $m=-1$ 的两个原子轨道线性组合得到的，因此 p_x、p_y 表示 $m=\pm1$ 的状态，不要认为 p_x 对应 $m=+1$ 或 p_y 对应 $m=-1$。同样，d_{xz}、d_{yz} 表示 $m=\pm1$ 的状态，d_{xy}、$d_{x^2-y^2}$ 表示 $m=\pm2$ 的状态。

为了便于理解后面将要介绍的原子轨道的图像，表 10-2、表 10-3 及表 10-4 分别列出了解氢原子薛定谔方程得到的几个 $R_{n,l}(r)$、$Y_{l,m}(\theta,\varphi)$ 及 $\psi_{n,l,m}(r,\theta,\varphi)$函数。

表 10-2　$R_{n,l}(r)$ 函数

$n=1$	$l=0$	$R_{1,0}(r)=2\left(\frac{Z}{a_0}\right)^{3/2}e^{-Zr/a_0}$
$n=2$	$l=0$	$R_{2,0}(r)=\frac{1}{\sqrt{2}}\left(\frac{Z}{a_0}\right)^{3/2}\left(1-\frac{Zr}{2a_0}\right)e^{-Zr/2a_0}$
	$l=1$	$R_{2,1}(r)=\frac{1}{2\sqrt{6}}\left(\frac{Z}{a_0}\right)^{5/2}re^{-Zr/2a_0}$

表 10-3　$Y_{l,m}(\theta,\varphi)$ 函数

$l=0$	$m=0$	$Y_{0,0}=s=\frac{1}{\sqrt{4\pi}}$
$l=1$	$m=0$	$Y_{1,0}=p_z=\sqrt{\frac{3}{4\pi}}\cos\theta$
	$m=\pm1$	$Y_{1,\pm1}=\begin{cases}p_x=\sqrt{\frac{3}{4\pi}}\sin\theta\cos\varphi\\p_y=\sqrt{\frac{3}{4\pi}}\sin\theta\sin\varphi\end{cases}$

表 10-4 $\psi_{n,l,m}(r,\theta,\varphi)$ 函数

n	l	m	名称	波函数
$n=1$	$l=0$	$m=0$	1s	$\psi_{1s}=\frac{1}{\sqrt{\pi}}\left(\frac{Z}{a_0}\right)^{3/2}e^{-Zr/a_0}$
$n=2$	$l=0$	$m=0$	2s	$\psi_{2s}=\frac{1}{4\sqrt{2\pi}}\left(\frac{Z}{a_0}\right)^{3/2}\left(2-\frac{Zr}{a_0}\right)e^{-Zr/2a_0}$
	$l=1$	$m=0$	$2p_z$	$\psi_{2p_z}=\frac{1}{4\sqrt{2\pi}}\left(\frac{Z}{a_0}\right)^{5/2}re^{-Zr/2a_0}\cos\theta$
		$m=\pm1$	$2p_x$	$\psi_{2p_x}=\frac{1}{4\sqrt{2\pi}}\left(\frac{Z}{a_0}\right)^{5/2}re^{-Zr/2a_0}\sin\theta\cos\varphi$
			$2p_y$	$\psi_{2p_y}=\frac{1}{4\sqrt{2\pi}}\left(\frac{Z}{a_0}\right)^{5/2}re^{-Zr/2a_0}\sin\theta\sin\varphi$

求解薛定谔方程不仅可以得到描述核外电子运动的波函数，还可得到对应于每一个波函数$\psi_{n,l,m}$的能量E_n：

$$E_n=-\frac{Z^2}{n^2}\cdot\frac{me^4}{8\varepsilon_0^2h^2}\qquad n=1,2,3,\cdots \tag{10-27}$$

将电子质量 m、电子电荷 e、真空介电常数 ε_0 及普朗克常数 h 等代入上式，得

$$E_n=-\frac{Z^2}{n^2}\times2.18\times10^{-18}\text{J}\qquad n=1,2,3,\cdots \tag{10-28}$$

或

$$E_n=-\frac{Z^2}{n^2}\times13.6\text{eV}\qquad n=1,2,3,\cdots \tag{10-29}$$

式(10-28) 表明了氢原子或类氢离子的能量是量子化的。对于氢原子来说，核电荷数 $Z=1$，式(10-28)、式(10-29) 变为

$$E_n=-\frac{1}{n^2}\times2.18\times10^{-18}\text{J}\qquad n=1,2,3,\cdots \tag{10-30}$$

或

$$E_n=-\frac{1}{n^2}\times13.6\text{eV}\qquad n=1,2,3,\cdots \tag{10-31}$$

与玻尔理论结果完全一致。

10.3.3 概率密度和电子云

波函数 ψ 虽然用来描述电子的运动状态，但 ψ 本身并没有明确的物理意义，它的物理意义是通过$|\psi|^2$ 来表现的。在量子力学中，人们认为$|\psi|^2$ 代表电子在空间各点出现的概率密度（电子在核外某处单位体积内出现的概率）。若用黑点的疏密程度来表示空间各点电子概率密度的大小，则$|\psi|^2$ 大的地方，黑点较密，反之，黑点较少。由于电子行踪不定的在核外空间各点出现，仿佛电子是分散在原子核周围的空间，像一团带负电的云，把原子核包围起来，所以形象地将电子在空间的概率分布即$|\psi|^2$ 称为电子云。这里必须要明确，电子云并不是说电子真的像云那样分散了，不再是一个粒子了，电子云只是电子行为具有统计性的一种形象说法，电子仍然是一个粒子，只不过它在空间各点出现的概率可用电子云来表现。

例如，1s 电子云是以原子核为中心的一个圆球（图 10-4）。愈靠近核的位置，黑点愈多，表示$|\psi|^2$ 愈大，即电子出现的概率密度大，离核远的位置，黑点少，表示$|\psi|^2$ 小，电子出现的概率密度小。图 10-5 表示了氢原子 1s 电子的概率密度与离核距离 r 的关系。需要注意的是，概率密度大并不表示电子出现的概率大，因为电子在核外某一区域出现的概率等于概率密度乘以该区域的体积。

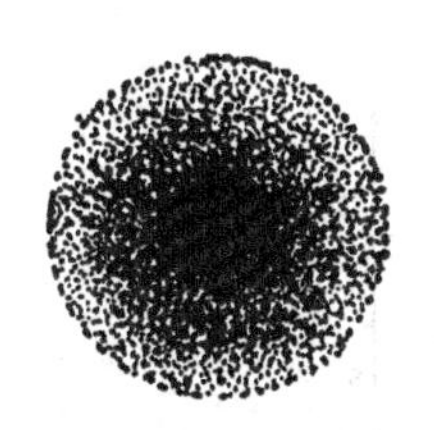

图 10-4　1s 电子云图

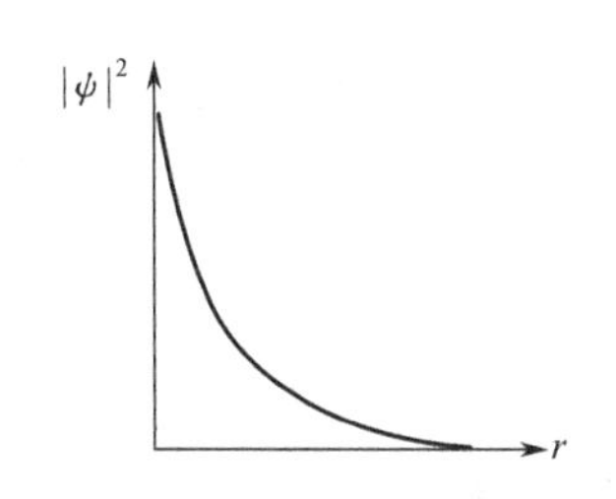

图 10-5　氢原子 1s 电子的概率密度与离核距离 r 的关系图

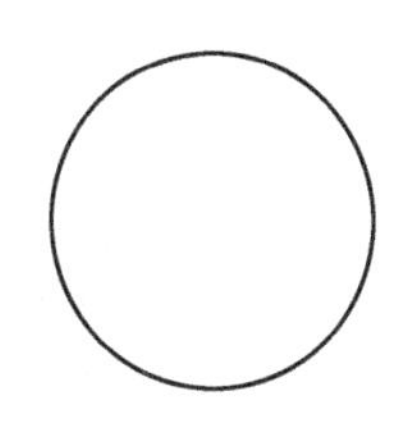

图 10-6　1s 电子云界面图

从理论上讲，在离核很远的地方，电子仍有出现的可能，因此电子云是没有明确边界的。但由图 10-5 可看出，在离核较远处，概率密度已趋于零，电子在这些位置出现的概率也趋于零，可以忽略不计。因此，通常取一个等密度面，即将电子出现概率密度相等的点连成曲面，使界面内电子出现的总概率大于 90%，就用这样的一个等密度面来表示电子云的形状及边界。这样的图像称电子云界面图，1s 电子的界面图是一个球面，其界面图如图10-6所示。

10.3.4　原子轨道和电子云的图像

由于 ψ 是 r，θ，φ 的函数，要画出它们的完整图像是比较困难的。人们常常为了不同的目的，从不同的角度来画出原子轨道的图像。

因为波函数可写成径向部分和角度部分的乘积：

$$\psi(r,\theta,\varphi)=R(r)Y(\theta,\varphi)$$

所以可从角度部分和径向部分两个侧面来画出原子轨道和电子云的图形。

10.3.4.1　原子轨道的角度分布图

原子轨道的角度分布图是表示波函数的角度部分 $Y(\theta,\varphi)$ 随 θ 和 φ 变化的情况。角度分布图对了解化学键的形成和分子构型都十分重要。下面简单介绍角度分布图的绘制。

由表 10-3 知，$l=0$ 的 s 轨道，其 $Y(\theta,\varphi)=\sqrt{1/(4\pi)}$，是一个与 θ、φ 无关的常数，所以 s 轨道的角度分布图是一个半径为 $\sqrt{1/(4\pi)}$ 的球面。

由表 10-3 的 $l=1$ 的三个 p 轨道的函数可以作出 p 轨道角度分布图。例如 $Y_{1,0}=p_z=\sqrt{\frac{3}{4\pi}}\cos\theta$，计算不同 θ 时的 $Y_{1,0}$ 值，如下表。

θ	0°	15°	30°	45°	60°	75°	90°	120°	150°	180°
$Y_{1,0}/\sqrt{3/(4\pi)}$	1	0.966	0.866	0.707	0.5	0.259	0	−0.5	−0.866	−1

在 xz 平面上从坐标原点出发，分别画出 θ 为 0°、15°、30°、……、180°的直线，其长度等于表中 $Y_{1,0}$ 的值，将线段端点连结起来。因为 $Y_{1,0}$ 只与 θ 有关，与 φ 无关，所以将连结线绕 z 轴旋转一周就得到 p_z 的空间图像，它是由两个相切的球组成，如图 10-7 所示，图中正、负号表示 Y 值的符号。同样可作出 p_x、p_y 的图像，但伸展方向不同，分别在 x 轴、y 轴。

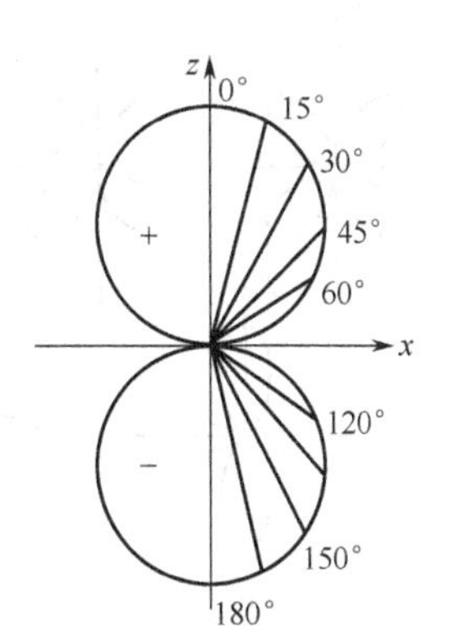

图 10-7　p_z 轨道角度分布图

d 轨道的角度分布图由四个花瓣形球组成。

图 10-8 和图 10-9 分别是角度分布图的立体图像和剖面图。图中球面上每一点至原点的距离，表示 $Y(\theta,\varphi)$ 在该角度上的值，正、负号表示 $Y(\theta,\varphi)$ 的值的正、负。

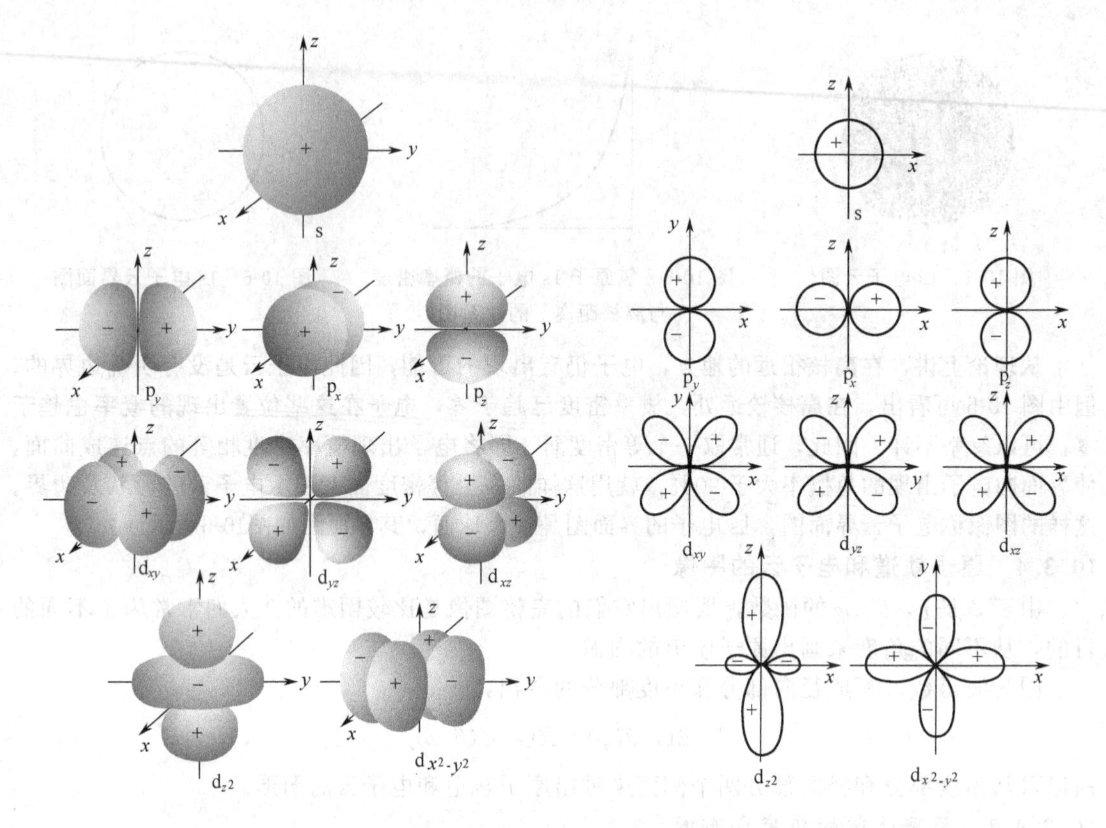

图 10-8 原子轨道角度分布示意图（立体） 图 10-9 原子轨道角度分布示意图（剖面）

因为 $Y(\theta,\varphi)$ 只与角量子数 l 和磁量子数 m 有关，所以原子轨道的角度分布图与主量子数无关。1s、2s、3s 角度分布图是相同的，都是球形；$2p_x$、$3p_x$、$4p_x$ 角度分布图是相同的，都是两个相切的球，其伸展方向都在 x 轴。3d、4d、5d 等轨道的角度分布图也是相同的。

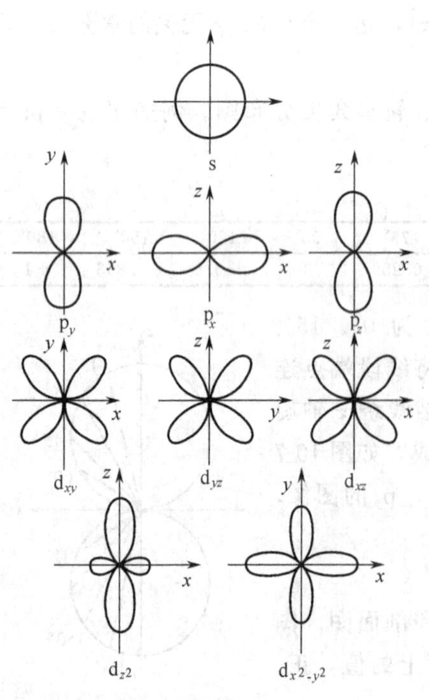

图 10-10 电子云角度分布示意图

10.3.4.2 电子云的角度分布图

电子云的角度分布图是表示波函数的角度部分 $Y(\theta,\varphi)$ 的平方 $|Y(\theta,\varphi)|^2$ 随 θ 和 φ 变化的情况，反映了电子在核外各个方向上概率密度的分布规律。电子云的角度分布图与原子轨道角度分布图基本类似，但有两点不同，一是电子云角度分布图比轨道角度分布图略“瘦”些，二是电子云角度分布图无正负之分（图 10-10）。

10.3.4.3 电子云的径向分布图

电子云径向分布图表示了电子在空间各点出现的概率密度与离核远近的关系，它对了解电子能量及电子间的相互作用都很重要。

对于球形对称的 ns 轨道，考虑离原子核距离为 r，半径为 dr 的一个薄球壳，球壳的体积 $\mathrm{d}V=4\pi r^2\mathrm{d}r$，在这个球壳内找到电子的概率为

$$概率=概率密度\times体积=|\psi_{ns}|^2\times4\pi r^2\mathrm{d}r \quad (10\text{-}32)$$

定义单位厚度的球壳内电子出现的概率为径向分布函数 $D(r)$，则

$$D(r)=\frac{概率}{\mathrm{d}r}=4\pi r^2|\psi_{ns}|^2 \quad (10\text{-}33)$$

由上式可看出，径向分布函数的物理意义是：在半径为 r 的球面处，单位厚度的球壳内电子出现的概率。

对于非 s 态，因为波函数中含有变量 θ 和 φ，径向分布函数的定义为

$$D(r)=r^2|R(r)|^2 \quad (10\text{-}34)$$

式(10-34) 与式(10-33) 虽然形式不同，但物理意义是完全一样的。

图 10-11 给出了一些电子云的径向分布示意图。由图可发现，1s 的径向分布图的极大位置在距核 53pm 处，这正是玻尔半径的数值。但玻尔理论认为 1s 电子是在距核 53pm 的一个圆形轨道上运动，而从量子力学的观点来看，1s 电子是在距核 53pm 的一个单位厚度的球壳内出现的概率最大，电子也可能在其它位置出现，不过出现的概率较小罢了。

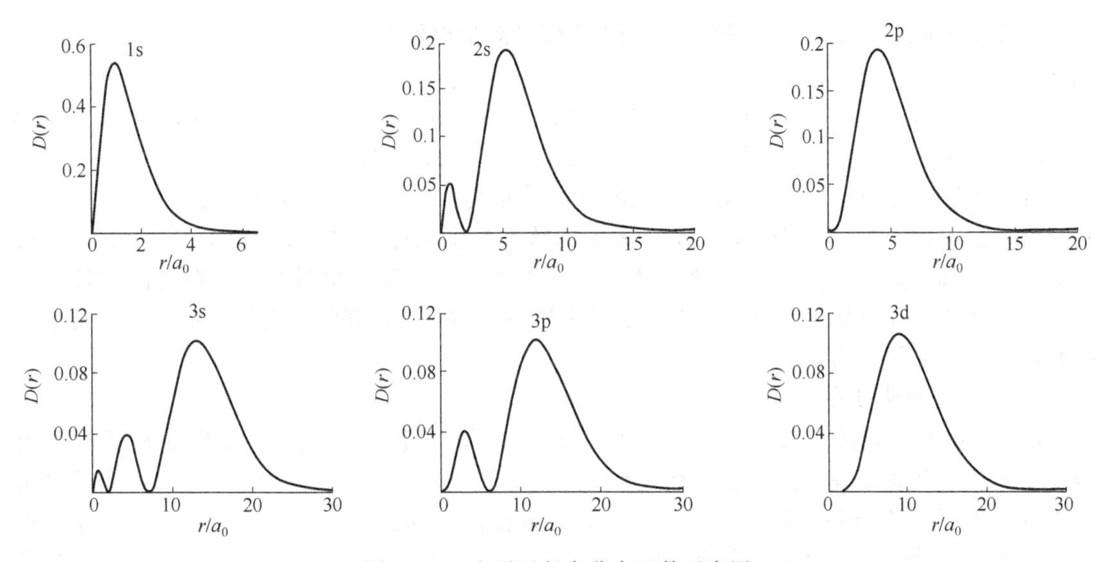

图 10-11　电子云径向分布函数示意图

由图 10 11 还可发现，径向分布函数峰值的个数有一定规律，为 $n-l$ 个，如 ns 态有 n 个峰，2p、3p 态分别有 $2-1=1$ 和 $3-1=2$ 个峰，3d 态有 $3-2=1$ 个峰。比较 ns 态还可知，n 越大，最大的峰离核越远，离核越远的电子的能量越高，所以 $E_{3s}>E_{2s}>E_{1s}$。比较 2s 和 2p，两个主峰的位置虽然相差不多，但 2s 在靠近核的位置还有一个峰，说明 2s 电子在距核较近的某个位置还有较大概率出现，这即是所谓的钻穿效应。钻穿效应对说明多电子原子的能级交错有重要意义。

10.3.5　四个量子数的物理意义

在解薛定谔方程的过程中引入了三个量子数 n、l、m，对于三维运动的电子来说，三个量子数可以描述其运动状态。但实验和理论进一步研究发现，电子还有自旋运动，还需要第四个量子数——自旋量子数 m_s 来描述电子的自旋运动。所以，为了完整地描述电子的运动状态，需要 n、l、m 及 m_s 四个量子数。下面对四个量子数再做一个较详细的讨论。

10.3.5.1　主量子数 n

n 的取值为 1，2，3，…等正整数，共可取无穷多个数值。

由式(10-28) 可知，氢原子和类氢离子的能量由主量子数 n 决定，n 值越大，能量越

离。n 相同，l 不同的轨道其能量是相同的，例如 2s、$2p_x$、$2p_y$ 及 $2p_z$ 能量都是相同的。所以氢原子或类氢离子的同一个能量可以对应有 n^2 种状态。

主量子数 n 还决定了电子离核的平均距离，n 越大，电子离核的平均距离越大。在同一原子中，具有相同主量子数的电子几乎在同样的空间范围内运动，因此不同的主量子数称不同的电子层。习惯上将 $n=1, 2, 3, 4, 5, 6, 7$ 分别称为K，L，M，N，O，P，Q层。

10.3.5.2 *角量子数 l*

在一个主量子数 n 下，可取 n 个不同的 l 值，$l=0, 1, 2, 3, \cdots, n-1$。如 $n=1$，l 可取 0；$n=2$，l 可取 1 和 0；$n=3$，l 可取 2、1 和 0，等。$l=0, 1, 2, 3, \cdots$ 分别用 s，p，d，f，… 表示。

角量子数 l 决定了电子角动量的大小，也决定了电子在空间的角度分布情况，即与电子云形状有关。

同一个 n 下的不同 l 值称不同的亚层。例如，$n=2$ 的电子层可分为 $l=0$，1 的两个亚层 2s 与 2p。

对多电子原子来说，n 相同时，不同的 l 值对能量也稍有影响。

10.3.5.3 *磁量子数 m*

在一个角量子数 l 下，可取 $2l+1$ 个不同的 m 值，$m=0, \pm1, \pm2, \pm3, \cdots \pm l$。例如 $l=0$，m 可取 0；$l=1$，m 可取 0，±1；$l=2$，m 可取 0，±1，±2 等。

磁量子数 m 决定了电子角动量在磁场方向分量的大小和电子云在空间的伸展方向。在相同的角量子数 l 下，不同磁量子数 m 表示的状态能量是相同的。如 $n=2$、$l=1$ 时，m 可取 0，±1，即 $2p_z$、$2p_x$、$2p_y$ 三种轨道，这三个轨道能量都是相同的，但在空间的伸展方向却是不同的。外磁场存在时，不同的磁量子数表示的状态，能量会有微小的差别，这也是 m 称作磁量子数的原因。

10.3.5.4 *自旋量子数 m_s*

n、l、m 是在解薛定谔方程的过程中所出现的量子化条件。后来实验发现氢原子由 1s→2p 跃迁得到的不是一条谱线，而是由两条靠得非常近的谱线组成的，这实际上反映出 2p 轨道分裂成两个能量相隔很近的状态。为了解释这一现象，人们提出了电子还存在一种有别于轨道运动的自旋运动，自旋运动是电子的一种基本属性，电子的自旋运动用自旋量子数 m_s 来描述。电子的自旋只有两种不同的方向，自旋量子数 m_s 也只能取 $+\frac{1}{2}$ 和 $-\frac{1}{2}$ 两个值，通常用↑和↓表示，分别称为上自旋和下自旋。

综上所述，量子力学中用四个量子数来描述原子中一个电子的运动状态，四个量子数都确定的状态称一个量子态，用 ψ_{n,l,m,m_s} 来标记。一个量子态，指出了电子所处的能级、原子轨道的形状及空间的取向、电子的自旋状态。例如：氢原子中一个电子的四个量子数 $n=2$、$l=1$、$m=0$ 和 $m_s=+1/2$，可用 $\psi_{2,1,0,1/2}$ 来表示，它说明了电子处于 $n=2$ 的第二电子层和 $l=1$ 的电子亚层，又因为 $m=0$，所以电子处于 $2p_z$ 原子轨道，$m_s=+1/2$ 说明这个电子取上自旋方向。电子的能量为

$$E=-\frac{1}{2^2}\times2.18\times10^{-18}\text{J}=-5.45\times10^{-19}\text{J}$$

10.4 多电子原子结构

在氢原子和类氢离子中，核外只有一个电子，电子只受核的吸引。在多电子原子（核外有 2 个和 2 个以上电子的原子）中，电子不仅受核的吸引，电子与电子间还存在着相互排斥

作用。由于电子不停地运动，电子间的相互排斥作用也随时都在发生改变，所以至今对多电子原子的薛定谔方程还无法精确求解，大多采用一些近似的方法来处理。中心力场法就是一种近似方法。采用中心力场近似法，并引进有效核电荷的概念，解氢原子薛定谔方程得到的一些结论就可用于多电子原子。

10.4.1 多电子原子的原子轨道及能量

在多电子原子中，电子间有相互排斥作用。例如氦原子有两个电子，这两个电子的势能分别为

$$V_1=-\frac{Ze^2}{4\pi\varepsilon_0 r_1}+\frac{Ze^2}{4\pi\varepsilon_0 r_{12}},\quad V_2=-\frac{Ze^2}{4\pi\varepsilon_0 r_2}+\frac{Ze^2}{4\pi\varepsilon_0 r_{12}}$$

以上两式中的第一项表示核对电子的吸引作用，第二项表示两个电子之间的排斥作用。对于多电子原子来说，第 i 个电子的势能可表示为

$$V_i=-\frac{Ze^2}{4\pi\varepsilon_0 r_i}+\text{电子间排斥能} \tag{10-35}$$

由于电子不停地运动，任意两个电子间的距离 r_{ij} 都是在不断变化着的，因此准确计算电子间的排斥作用是困难的。

中心力场法是求解多电子原子薛定谔方程的一种近似方法。中心力场法认为：其它 $Z-1$ 个电子对 i 电子的排斥作用可看成是这 $Z-1$ 个电子形成的电子云分散在原子核周围，就像一个“罩”屏蔽掉一部分原子核的正电荷 σ，电子 i 只受到 $Z^*=Z-\sigma$ 个正电荷的吸引。于是 i 电子就可看作是在一个以原子核为中心，核电荷为 Z^* 的球形势场中运动。σ 称屏蔽系数，Z^* 称有效核电荷。这种把电子间的相互排斥作用看成是抵消部分核电荷对电子的吸引称为“屏蔽效应”。于是，式(10-35) 就可改写为

$$V_i=-\frac{(Z-\sigma)e^2}{4\pi\varepsilon_0 r_i}=-\frac{Z^*e^2}{4\pi\varepsilon_0 r_i} \tag{10-36}$$

上式与式(10-20) 比较，只是用有效核电荷 Z^* 代替了核电荷 Z，这样一来，i 电子的薛定谔方程就与类氢离子的薛定谔方程形式上完全一样了（只是用有效核电荷 Z^* 代替核电荷 Z）。用类似解氢原子薛定谔方程的方法解多电子原子薛定谔方程，得

$$\psi_i(r,\theta,\varphi)=R_{n,l}(r)Y_{l,m}(\theta,\varphi)$$

$\psi_i(r,\theta,\varphi)$ 是原子中单电子 i 的波函数，它描述了 i 电子的运动状态，称作原子轨道。$Y_{l,m}(\theta,\varphi)$ 与类氢离子的角度部分完全相同，角度分布图也完全相同。$R_{n,l}(r)$ 与类氢离子的径向部分不完全相同。但在形成化学键的过程中主要考虑电子云的角度部分，所以并不影响以后的讨论。

在中心力场模型下，原子轨道 $\psi_i(r,\theta,\varphi)$ 的能量为

$$E_i=-\frac{(Z-\sigma)^2}{n^2}\times 2.18\times 10^{-18}\text{J}=-\frac{Z^{*2}}{n^2}\times 2.18\times 10^{-18}\text{J}\qquad n=1,2,3,\cdots \tag{10-37}$$

或

$$E_i=-\frac{Z^{*2}}{n^2}\times 13.6\text{eV}\qquad n=1,2,3,\cdots \tag{10-38}$$

原子的总能量 E 是在各原子轨道上运动的电子能量 E_i 之和。

式(10-37) 中的有效荷电荷 Z^* 与屏蔽系数 σ 有关，而 σ 不仅与主量子数 n 有关，还与角量子数 l 有关。所以多电子原子的能量与 n、l 都有关。n 相同，l 不同的轨道能量不同，l 值越大，能量越高。当主量子数为 n 时，$E_{ns}<E_{np}<E_{nd}<E_{nf}$。不同电子层（$n$ 不相同）的能量相差较大，不同亚层（l 不相同）的能量相差较小。对氢原子和类氢离子来说，由于只有一个电子，不存在电子间的相互作用，所以 n 相同的各亚层，如 2s 和 2p，3s、3p 和 3d 能量是相同的。

10.4.2 多电子原子的能级

美国化学家鲍林（L. Pauling）根据光谱实验结果，提出了多电子原子中原子轨道的近似能级图，见图 10-12。

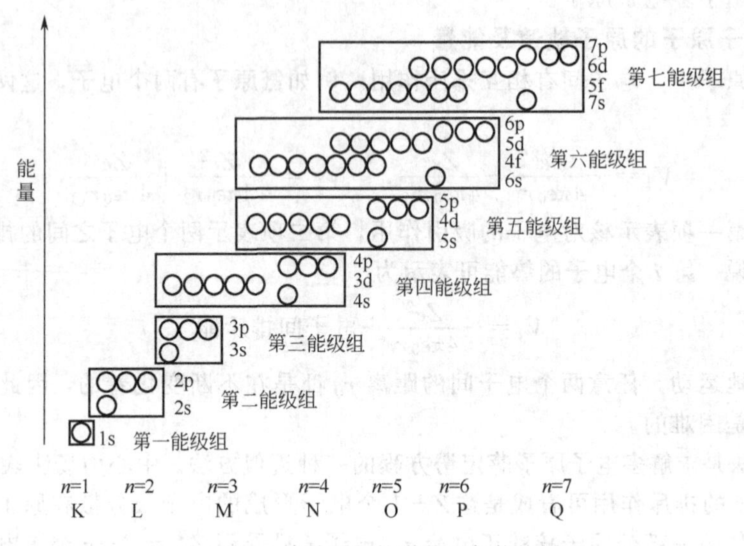

图 10-12 鲍林原子轨道的近似能级图

鲍林原子轨道的近似能级图有以下特点：

① 原子轨道的近似能级图按轨道能量高低排列，能量相近的能级划为一组，称为能级组，通常分为七个能级组。能级组之间的能量差别较大，同一能级组内各能级间的能量差较小。

② 在近似能级图中，每一个小圆圈表示一个轨道。例如，s 亚层中只有一个圆圈，表示 s 亚层中只有一个轨道，p 亚层中有三个圆圈，表示 p 亚层中有三个原子轨道，这三个轨道能量是相同的，只是在空间伸展方向不同，称为等价轨道。d 亚层有五个等价原子轨道，f 亚层有七个等价原子轨道。

③ 角量子数 l 相同的轨道，其能量次序由主量子数 n 决定，n 越大，能量越高，例如 $E_{2p}<E_{3p}<E_{4p}<E_{5p}$。这是因为 n 越大，电子离核越远，核对电子吸引越弱的缘故。

④ 主量子数 n 相同时，轨道能量随角量子数 l 的增大而加大，例如 $E_{4s}<E_{4p}<E_{4d}<E_{4f}$。

⑤ 存在能级交错现象，例如

$$E_{4s}<E_{3d}<E_{4p}，E_{5s}<E_{4d}<E_{5p}，E_{6s}<E_{4f}<E_{5d}<E_{6p}$$

这种能级交错现象可以通过“屏蔽效应”和“钻穿效应”来解释。

我国化学家徐光宪根据光谱实验数据，提出一个十分简便的划分多电子原子能级的准则，主要内容是：

① 对于原子的外层电子，$(n+0.7l)$ 的值越大，能级越高；

② 对于离子的外层电子，$(n+0.4l)$ 的值越大，能级越高；

③ 对于原子或离子的较深内层电子来说，能级的高低基本决定于 n。

徐光宪还建议，把 $(n+0.7l)$ 的第一位数字相同的各能级合为一组，称为能级组，例如 4s、3d 和 4p 的 $(n+0.7l)$ 值依次等于 4.0、4.4 和 4.7，它们的第一位数字为 4，因此可以合并为一组，称第Ⅳ能级组，在此组内能级的高低次序依 $(n+0.7l)$ 的值为：$E_{4s}<E_{3d}<E_{4p}$。

表 10-5 列出了各轨道的 $(n+0.7l)$ 值，轨道的能级分组和组内的状态数。

表 10-5　轨道能级分组表

电子状态	$n+0.7l$	能级组	组内状态数
1s	1.0	Ⅰ	1
2s	2.0	Ⅱ	4
2p	2.7		
3s	3.0	Ⅲ	4
3p	3.7		
4s	4.0	Ⅳ	9
3d	4.4		
4p	4.7		
5s	5.0	Ⅴ	9
4d	5.4		
5p	5.7		
6s	6.0	Ⅵ	16
4f	6.1		
5d	6.4		
6p	6.7		
7s	7.0	Ⅶ	未完
5f	7.1		
6d	7.4		

由表 10-5 的（$n+0.7l$）值，可得到与鲍林能级图相吻合的多电子原子的近似能级次序：

1s＜2s＜2p＜3s＜3p＜4s＜3d＜4p＜5s＜4d＜5p＜6s＜4f＜5d＜6p＜7s＜5f＜6d＜7p

在多电子原子中，ns 的能级低于($n-1$)d，产生能级交错，这种现象可用屏蔽效应和钻穿效应来解释。

(1) 屏蔽效应

在前面已提到，在多电子原子中，i 电子受其它 $Z-1$ 个电子的排斥作用可看成是其它电子形成的电子云屏蔽掉一部分原子核的正电荷 σ，显然 i 电子处于不同的原子轨道上，受屏蔽的效果也不一样。斯莱特（J. C. Slater）根据光谱实验数据提出计算屏蔽系数的斯莱特规则：

① 外层电子对内层电子不屏蔽，$\sigma_j=0$；

② ($n-2$) 层电子对 n 层电子的屏蔽系数：$\sigma_j=1$；

③ ($n-1$) 层电子对 nd，nf 电子的屏蔽系数：$\sigma_j=1$；

④ ns，np 层电子对 nd，nf 电子的屏蔽系数：$\sigma_j=1$（nd，nf 电子对 ns，np 不屏蔽）；

⑤ ($n-1$) 层电子对 ns，np 电子的屏蔽系数：$\sigma_j=0.85$；

⑥ 同层电子相互间的屏蔽系数：$\sigma_j=0.35$（1s 层电子相互屏蔽 $\sigma_j=0.30$）；

⑦ 总屏蔽系数为各电子屏蔽系数之和：$\sigma=\sum_{j=1}^{N-1}\sigma_j$；

⑧ 有效核电荷：$Z^*=Z-\sum_{j=1}^{N-1}\sigma_j=Z-\sigma$。

例 10-3　判断 K 原子的电子排布是 $1s^2 2s^2 2p^6 3s^2 3p^6 3d^1$ 还是 $1s^2 2s^2 2p^6 3s^2 3p^6 4s^1$？

解： 原子中的电子排布应取能量最低的方式，这两种排布方式仅最外层电子所处轨道不同，所以只要知道 3d 和 4s 的能量高低就可以判断排布方式了。

1s、2s、2p、3s、3p 电子对 3d 电子的屏蔽系数 $\sigma_j=1$，总屏蔽系数 $\sigma=18\times1=18$

$$E(3\mathrm{d})=-\frac{(Z-\sigma)^2}{n^2}\times13.6\mathrm{eV}=-\frac{(19-18)^2}{3^2}\times13.6\mathrm{eV}=-1.51\mathrm{eV}$$

1s、2s、2p 电子对 4s 电子的屏蔽系数 $\sigma_j=1$；3s、3p 电子对 4s 电子 $\sigma_j=0.85$；总屏蔽系数 $\sigma=10\times1+8\times0.85=16.8$

$$E(4s)=-\frac{(Z-\sigma)^2}{n^2}\times13.6\text{eV}=-\frac{(19-16.8)^2}{4^2}\times13.6\text{eV}=-4.14\text{eV}$$

由计算可知，$E_{4s}<E_{3d}$，说明 K 原子中最后一个电子填入 4s 轨道时能量较低，因此 $1s^2 2s^2 2p^6 3s^2 3p^6 4s^1$ 是正确的排布方式。

用徐光宪（$n+0.7l$）准则也可以判断，3d 和 4s 的（$n+0.7l$）值分别是 4.4 和 4.0，所以 4s 能量低于 3d，电子应填充在 4s 轨道上。

(2) 钻穿效应

从量子力学观点来看，电子可以在原子核外的任何位置出现。因此，外层电子也可能在离核较近的位置出现。外层电子钻到内层，出现在离核较近的位置，降低了其它电子对它的屏蔽作用，受核的吸引就更强。电子钻穿得离核愈近，电子的能量愈低。这种由于电子钻穿而引起能量发生变化的现象称钻穿效应。

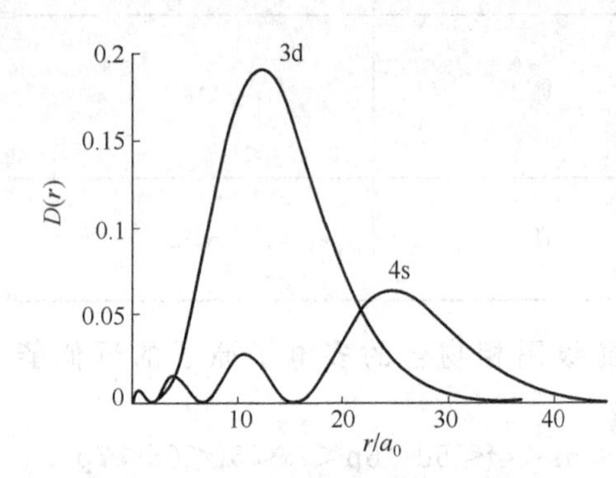

图 10-13　4s 和 3d 的径向分布函数图

电子钻穿效应的大小可从波函数的径向分布函数图看出。在 10.3.4 中指出径向分布函数图有（$n-l$）个峰，相同主量子数的轨道，角量子数每小一个单位，峰就增加一个，也就是多一个离核较近的峰，因而钻入的较深，能量就较低。

图 10-13 是 4s 和 3d 的径向分布函数图，4s 最大的峰虽然比 3d 的离核要远，但是它有二个小峰离核很近，也就是说 4s 电子在离核较近的位置出现的概率也较大，因此 4s 电子比 3d 电子钻入的深，受其它电子的屏蔽作用小，感受的有效核电荷较大，能量较低。

同样原因，可以说明 $E_{5s}<E_{4d}<E_{5p}$ 等能级交错现象。

10.4.3　核外电子排布的规则

根据光谱实验结果和量子力学理论，总结出核外电子排布要遵循以下三个原则。

(1) 能量最低原理

在自然界中，系统的能量越低，系统就越稳定。核外电子的排布也应使整个原子的能量最低。因此，电子按照鲍林近似能级图中各能级的次序，由低向高充填。图 10-14 表示了电子在各能级的充填次序，电子依图中序号依次充填。

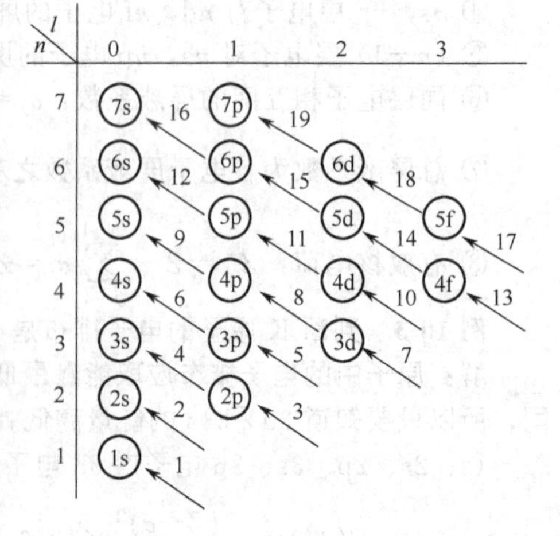

图 10-14　电子充填次序图

(2) 泡利不相容原理

能量最低原理确定了电子进入轨道的先后次序，但每一轨道是否可充填任意多个电子呢？1925 年，奥地利物理学家泡利（W. Pauli）根据原子光谱实验数据并考虑到周期系中每一周期的元素的数目，提出了泡利不相容原理：在同一原子中，不可能有四个量子数完全相同的电子。如果二个电子的 n、l 和 m 都相同，则第四个量子数 m_s 一定不同，即在同一个原子轨道中最多只能容纳 2 个自旋方向相反的电子。

应用泡利原理，可以推算出每一电子层和电子亚层所能容纳的最多电子数。例如 K 层，$n=1$，$l=0$，$m=0$，即只有一个 s 轨道，所以最多只能容纳 2 个电子，它们的自旋量子数 m_s 分别是 $+1/2$ 和 $-1/2$。又如 L 层，$n=2$，$l=1$，0。$l=1$ 时 m 可取 0，±1 三个值，有三个轨道，所以 p 亚层最多只能容纳 6 个电子；$l=0$ 时 m 只取 0，有一个轨道，所以 s 亚层最多只能容纳 2 个电子；整个 $n=2$ 的 L 层，最多能容纳 8 个电子。依次推算出 $n=3$、4、5 的电子层最多可容纳 18、32 和 50 个电子，即每层电子最大容量为 $2n^2$。

由于多电子原子中出现原子能级交错现象，所以原子最外层电子数最多不超过 8 个，次外层电子数最多不超过 18 个。

（3）洪特规则

洪特（F. Hund）根据光谱实验数据，总结出一个普遍的规则：在等价轨道上，电子将尽可能地分占不同的轨道，并且自旋平行。例如，碳原子有 6 个电子，其电子排布方式如图 10-15 所示，记作 $1s^2 2s^2 2p^2$，氧原子有 8 个电子，其电子排布方式如图 10-16 所示，记作 $1s^2 2s^2 2p^4$。轨道符号右上角的数字表示轨道中的电子数。原子中电子在核外的排布方式也称作原子的电子组态或电子构型。碳原子和氧原子的电子组态分别是 $1s^2 2s^2 2p^2$ 和 $1s^2 2s^2 2p^4$。

图 10-15　碳原子的电子排布图

1s　2s　2p

图 10-16　氧原子的电子排布图

作为洪特规则的特例，等价轨道全充满（p^6、d^{10}、f^{14}）、半充满（p^3、d^5、f^7）或全空（p^0、d^0、f^0）时是比较稳定的。

例如，铬原子有 24 个电子，电子组态是 $1s^2 2s^2 2p^6 3s^2 3p^6 3d^5 4s^1$，而不是 $1s^2 2s^2 2p^6 3s^2 3p^6 3d^4 4s^2$。铜原子有 29 个电子，电子组态是 $1s^2 2s^2 2p^6 3s^2 3p^6 3d^{10} 4s^1$，而不是 $1s^2 2s^2 2p^6 3s^2 3p^6 3d^9 4s^2$。尽管电子在原子轨道中的填充次序是先填充 4s 能级后填充 3d 能级，但在写电子组态时，一般先写 3d 能级后写 4s 能级，将主量子数小的写在前面。

为了方便起见，常将内层已达到稀有气体（元素周期表中的零族元素）的电子层结构写成原子实，并以稀有气体的元素符号加方括号来表示。因此铬的电子组态可写为 [Ar] $3d^5 4s^1$，铜的电子组态可写为 [Ar]$3d^{10} 4s^1$。

表 10-6 列出了原子中的电子排布。有少数元素如 Nb、Ru、Rh、La、Ce、Gd、Pt、Ac、Th、Pa、U、Np、Cm 等的基态电子构型是根据光谱实验数据排列的，它不符合鲍林能级图和洪特规则，这种反常是由于电子间复杂相互作用而引起，表明原子结构的理论还有进一步完善的必要。

表 10-6　原子中的电子排布

周期	原子序数	元素符号	元素名称	电子层																	
				K	L		M			N				O				P			Q
				1s	2s	2p	3s	3p	3d	4s	4p	4d	4f	5s	5p	5d	5f	6s	6p	6d	7s
1	1	H	氢	1																	
	2	He	氦	2																	
2	3	Li	锂	2	1																
	4	Be	铍	2	2																
	5	B	硼	2	2	1															
	6	C	碳	2	2	2															
	7	N	氮	2	2	3															
	8	O	氧	2	2	4															
	9	F	氟	2	2	5															
	10	Ne	氖	2	2	6															

续表

周期	原子序数	元素符号	元素名称	电子层																	
				K	L		M			N				O				P			Q
				1s	2s	2p	3s	3p	3d	4s	4p	4d	4f	5s	5p	5d	5f	6s	6p	6d	7s
3	11	Na	钠	2	2	6	1														
	12	Mg	镁	2	2	6	2														
	13	Al	铝	2	2	6	2	1													
	14	Si	硅	2	2	6	2	2													
	15	P	磷	2	2	6	2	3													
	16	S	硫	2	2	6	2	4													
	17	Cl	氯	2	2	6	2	5													
	18	Ar	氩	2	2	6	2	6													
4	19	K	钾	2	2	6	2	6		1											
	20	Ca	钙	2	2	6	2	6		2											
	21	Sc	钪	2	2	6	2	6	1	2											
	22	Ti	钛	2	2	6	2	6	2	2											
	23	V	钒	2	2	6	2	6	3	2											
	24	Cr	铬	2	2	6	2	6	5	1											
	25	Mn	锰	2	2	6	2	6	5	2											
	26	Fe	铁	2	2	6	2	6	6	2											
	27	Co	钴	2	2	6	2	6	7	2											
	28	Ni	镍	2	2	6	2	6	8	2											
	29	Cu	铜	2	2	6	2	6	10	1											
	30	Zn	锌	2	2	6	2	6	10	2											
	31	Ga	镓	2	2	6	2	6	10	2	1										
	32	Ge	锗	2	2	6	2	6	10	2	2										
	33	As	砷	2	2	6	2	6	10	2	3										
	34	Se	硒	2	2	6	2	6	10	2	4										
	35	Br	溴	2	2	6	2	6	10	2	5										
	36	Kr	氪	2	2	6	2	6	10	2	6										
5	37	Rb	铷	2	2	6	2	6	10	2	6			1							
	38	Sr	锶	2	2	6	2	6	10	2	6			2							
	39	Y	钇	2	2	6	2	6	10	2	6	1		2							
	40	Zr	锆	2	2	6	2	6	10	2	6	2		2							
	41	Nb	铌	2	2	6	2	6	10	2	6	4		1							
	42	Mo	钼	2	2	6	2	6	10	2	6	5		1							
	43	Tc	锝	2	2	6	2	6	10	2	6	5		2							
	44	Ru	钌	2	2	6	2	6	10	2	6	7		1							
	45	Rh	铑	2	2	6	2	6	10	2	6	8		1							
	46	Pd	钯	2	2	6	2	6	10	2	6	10									
	47	Ag	银	2	2	6	2	6	10	2	6	10		1							
	48	Cd	镉	2	2	6	2	6	10	2	6	10		2							
	49	In	铟	2	2	6	2	6	10	2	6	10		2	1						
	50	Sn	锡	2	2	6	2	6	10	2	6	10		2	2						
	51	Sb	锑	2	2	6	2	6	10	2	6	10		2	3						
	52	Te	碲	2	2	6	2	6	10	2	6	10		2	4						
	53	I	碘	2	2	6	2	6	10	2	6	10		2	5						
	54	Xe	氙	2	2	6	2	6	10	2	6	10		2	6						

续表

周期	原子序数	元素符号	元素名称	电子层																	
				K	L		M			N				O				P			Q
				1s	2s	2p	3s	3p	3d	4s	4p	4d	4f	5s	5p	5d	5f	6s	6p	6d	7s
6	55	Cs	铯	2	2	6	2	6	10	2	6	10		2	6			1			
	56	Ba	钡	2	2	6	2	6	10	2	6	10		2	6			2			
	57	La	镧	2	2	6	2	6	10	2	6	10		2	6	1		2			
	58	Ce	铈	2	2	6	2	6	10	2	6	10	1	2	6	1		2			
	59	Pr	镨	2	2	6	2	6	10	2	6	10	3	2	6			2			
	60	Nd	钕	2	2	6	2	6	10	2	6	10	4	2	6			2			
	61	Pm	钷	2	2	6	2	6	10	2	6	10	5	2	6			2			
	62	Sm	钐	2	2	6	2	6	10	2	6	10	6	2	6			2			
	63	Eu	铕	2	2	6	2	6	10	2	6	10	7	2	6			2			
	64	Gd	钆	2	2	6	2	6	10	2	6	10	7	2	6	1		2			
	65	Tb	铽	2	2	6	2	6	10	2	6	10	9	2	6			2			
	66	Dy	镝	2	2	6	2	6	10	2	6	10	10	2	6			2			
	67	Ho	钬	2	2	6	2	6	10	2	6	10	11	2	6			2			
	68	Er	铒	2	2	6	2	6	10	2	6	10	12	2	6			2			
	69	Tm	铥	2	2	6	2	6	10	2	6	10	13	2	6			2			
	70	Yb	镱	2	2	6	2	6	10	2	6	10	14	2	6			2			
	71	Lu	镥	2	2	6	2	6	10	2	6	10	14	2	6	1		2			
	72	Hf	铪	2	2	6	2	6	10	2	6	10	14	2	6	2		2			
	73	Ta	钽	2	2	6	2	6	10	2	6	10	14	2	6	3		2			
	74	W	钨	2	2	6	2	6	10	2	6	10	14	2	6	4		2			
	75	Re	铼	2	2	6	2	6	10	2	6	10	14	2	6	5		2			
	76	Os	锇	2	2	6	2	6	10	2	6	10	14	2	6	6		2			
	77	Ir	铱	2	2	6	2	6	10	2	6	10	14	2	6	7		2			
	78	Pt	铂	2	2	6	2	6	10	2	6	10	14	2	6	9		1			
	79	Au	金	2	2	6	2	6	10	2	6	10	14	2	6	10		1			
	80	Hg	汞	2	2	6	2	6	10	2	6	10	14	2	6	10		2			
	81	Tl	铊	2	2	6	2	6	10	2	6	10	14	2	6	10		2	1		
	82	Pb	铅	2	2	6	2	6	10	2	6	10	14	2	6	10		2	2		
	83	Bi	铋	2	2	6	2	6	10	2	6	10	14	2	6	10		2	3		
	84	Po	钋	2	2	6	2	6	10	2	6	10	14	2	6	10		2	4		
	85	At	砹	2	2	6	2	6	10	2	6	10	14	2	6	10		2	5		
	86	Rn	氡	2	2	6	2	6	10	2	6	10	14	2	6	10		2	6		
7	87	Fr	钫	2	2	6	2	6	10	2	6	10	14	2	6	10		2	6		1
	88	Ra	镭	2	2	6	2	6	10	2	6	10	14	2	6	10		2	6		2
	89	Ac	锕	2	2	6	2	6	10	2	6	10	14	2	6	10		2	6	1	2
	90	Th	钍	2	2	6	2	6	10	2	6	10	14	2	6	10		2	6	2	2
	91	Pa	镤	2	2	6	2	6	10	2	6	10	14	2	6	10	2	2	6	1	2
	92	U	铀	2	2	6	2	6	10	2	6	10	14	2	6	130	3	2	6	1	2
	93	Np	镎	2	2	6	2	6	10	2	6	10	14	2	6	10	4	2	6	1	2
	94	Pu	钚	2	2	6	2	6	10	2	6	10	14	2	6	10	6	2	6		2
	95	Am	镅	2	2	6	2	6	10	2	6	10	14	2	6	10	7	2	6		2
	96	Cm	锔	2	2	6	2	6	10	2	6	10	14	2	6	10	7	2	6	1	2
	97	Bk	锫	2	2	6	2	6	10	2	6	10	14	2	6	10	9	2	6		2
	98	Cf	锎	2	2	6	2	6	10	2	6	10	14	2	6	10	10	2	6		2
	99	Es	锿	2	2	6	2	6	10	2	6	10	14	2	6	10	11	2	6		2
	100	Fm	镄	2	2	6	2	6	10	2	6	10	14	2	6	10	12	2	6		2
	101	Md	钔	2	2	6	2	6	10	2	6	10	14	2	6	10	13	2	6		2
	102	No	锘	2	2	6	2	6	10	2	6	10	14	2	6	10	14	2	6		2
	103	Lr	铹	2	2	6	2	6	10	2	6	10	14	2	6	10	14	2	6	1	2
	104	Rf	𬬻	2	2	6	2	6	10	2	6	10	14	2	6	10	14	2	6	2	2
	105	Db	𬭊	2	2	6	2	6	10	2	6	10	14	2	6	10	14	2	6	3	2
	106	Sg	𬭳	2	2	6	2	6	10	2	6	10	14	2	6	10	14	2	6	4	2
	107	Bh	𬭛	2	2	6	2	6	10	2	6	10	14	2	6	10	14	2	6	5	2
	108	Hs	𬭶	2	2	6	2	6	10	2	6	10	14	2	6	10	14	2	6	6	2
	109	Mt	鿏	2	2	6	2	6	10	2	6	10	14	2	6	10	14	2	6	7	2

10.5 原子的电子结构和元素周期系

10.5.1 原子的电子结构和元素周期系

早在19世纪，俄国科学家门捷列夫（Д. И. Менделеев）研究了当时已发现的60多种化学元素，于1869年提出了著名的元素周期律：元素性质是原子量的周期函数。按原子量大小排列的元素，在性质上呈现明显的周期性。1913年，英国科学家莫斯莱（H. Moseley）提出以原子序数（等于原子的核电荷数）为基础来排列元素周期表，不但解决了原子质量颠倒的问题，而且使元素周期表有了坚实的理论基础。

现在，元素周期表有长表和短表等多种形式，从原子结构的观点看，长周期表更能反映元素间的内在联系。通常使用的长周期表分为7个周期，18个纵行。其周期数与原子的电子层数相对应。

第1周期是特短周期，只有两个元素H和He，电子分布在1s轨道上，该电子层只能容纳2个电子，所以只有H($1s^1$)和He($1s^2$)两个元素。

第2周期是短周期，从原子序数为3的Li到原子序数为10的Ne，共有8个元素。电子填充满1s轨道后，再依次填充第二能级组的2s和2p轨道。它们的电子构型是$1s^2 2s^{1\sim2} 2p^{0\sim6}$。

第3周期也是短周期，从原子序数为11的Na到原子序数为18的Ar，共有8个元素。电子填充满1s、2s和2p轨道后，再依次填充第三能级组的3s和3p轨道。它们的电子构型是[Ne]$3s^{1\sim2} 3p^{0\sim6}$。

第4周期是长周期，从原子序数为19的K到原子序数为36的Kr，共有18个元素。电子填充满1s、2s、2p、3s和3p轨道后，再依次填充第四能级组的4s、3d和4p轨道。4s、3d和4p共有9个轨道，可以容纳18个电子，所以第四周期有18个元素。从Sc开始电子填充3d轨道，到Zn电子充满3d轨道，共10种元素，除Cr和Cu外，它们的电子组态是[Ar]$3d^{1\sim10} 4s^2$，这10个元素称第一系列过渡元素。在第一系列过渡元素中，Cr以3d半充满稳定结构$3d^5 4s^1$存在，而不是$3d^4 4s^2$；Cu以3d全充满稳定结构$3d^{10} 4s^1$存在，而不是$3d^9 4s^2$。

第5周期是长周期，从原子序数为37的Rb到原子序数为54的Xe，共有18个元素。在填满内层轨道后，电子依次填充第五能级组的5s、4d和5p轨道。这一周期从元素Y开始，电子充填4d轨道，到Cd电子充满4d轨道，它们的电子组态是[Kr]$4d^{1\sim10} 5s^{0\sim2}$，这10个元素称第二系列过渡元素。第二系列过渡元素中，电子结构例外者较多，如Nb、Ru、Rh、Pd等。

第6周期是特长周期，从原子序数为55的Cs到原子序数为86的Rn，共有32个元素。在填满内层轨道后，电子依次填充第六能级组的6s、4f、5d和6p轨道。从57号元素La到80号元素Hg，电子填充4f和5d轨道，构成第三系列过渡元素。57号元素La电子构型是$4f^0 5d^1 6s^2$而不是$4f^1 5d^0 6s^2$，这是因为全空的f^0也是稳定结构。从58号元素Ce开始，电子充填4f轨道，到71号元素Lu电子充满4f轨道。从La到Lu共15个元素只占据周期表中的一格，它们的性质也很相似，统称为“镧系元素”。

第7周期是特长周期，从原子序数为87的Fr到目前已发现的原子序数为112的元素。在填满内层轨道后，电子依次填充第七能级组的7s、5f、6d和7p轨道。其中89号到103号元素都是放射性元素，15个元素只占据周期表中的一格，统称为“锕系元素”。该周期应有32个元素，目前已发现28个元素，其中95号以后是人工合成元素。

据科学家预测，元素周期表可能存在的上限是第8周期，大约在138号元素左右终止。截至2011年，元素周期表已确定有114个元素，112号元素符号为Cn，中文名为“鎶”，

114 号元素 Fl，中文名为“𫓧”，116 号元素 Lv，中文名为“𫟷”，暂缺 113 号与 115 号。另据报导，2010 年，俄、美科学家已发现 117 号元素，2012 年再次成功合成 117 号元素。

综上所述，原子的电子结构与元素周期系的关系是（表 10-7）：

① 元素在周期表中的原子序数等于该元素的核电荷数或核外电子数；

② 元素在周期表中的周期数等于该元素的电子层数或最大能级组数；

③ 各周期的元素数目等于相应能级组中原子轨道所能容纳的电子数。

表 10-7　周期数、能级组及元素数目

周　期	能　级　组	原　子　实	外层原子轨道	元　素　数　目
1	Ⅰ		1s	2
2	Ⅱ	[He]	2s2p	8
3	Ⅲ	[Ne]	3s3p	8
4	Ⅳ	[Ar]	4s3d4p	18
5	Ⅴ	[Kr]	5s4d5p	18
6	Ⅵ	[Xe]	6s4f5d6p	32
7	Ⅶ	[Rn]	7s5f6d7p	26(未完)

10.5.2　元素的族及元素的分区

周期表的每一列称作一个族。在周期表中元素的原子序数逐一增大，其核电荷数和核外电子数也逐一加大，而每一电子层所容纳的电子数又是一定的，因此同族元素有相似的电子构型，从而导致同族元素有相似的化学性质。

周期表共有 18 个纵行，分为主族元素、副族元素、Ⅷ族元素和零族元素。

主族元素：凡最后一个电子填充在 s 亚层或 p 亚层的元素称主族元素。周期表有 7 个主族，分别用ⅠA-ⅦA 来表示。主族元素价电子总数等于其族数。例如元素硫，核外电子排布是 [Ne] $3s^2 3p^4$，最后一个电子填入 3p 亚层，价电子构型是 $3s^2 3p^4$，所以硫是第三周期第 6 主族的元素，或者说硫是ⅥA 族元素。价电子是指原子参加化学反应时能够用于成键的电子，对主族元素来说指最外层电子，对副族元素来说，指最外层的 s 电子和次外层的 d 电子。

副族元素：凡最后一个电子填充在 $(n-1)$d 亚层或 $(n-2)$f 亚层的元素称副族元素。周期表共有 7 个副族，分别用ⅠB-ⅦB 表示。ⅢB-ⅦB 族元素价电子总数等于其族数。例如元素钒，核外电子排布是 [Ar]$3d^3 4s^2$，价电子构型是 $3d^3 4s^2$，所以钒是第四周期第 5 副族的元素，或者说钒是ⅤB 族元素。ⅠB 和ⅡB 族元素由于 $(n-1)$d 亚层已填满电子，所以族数等于最外层电子数。

零族元素（也称ⅧA 族元素）：它们最外层轨道已被电子填满，呈稳定状态，以前也称惰性气体。但 1962 年人们制得了第一个惰性气体化合物六氟合铂酸氙（$XePtF_6$）后，又陆续制得一系列惰性气体化合物，所以现在一般称为稀有气体。

Ⅷ族元素（也称ⅧB 族元素）：电子构型为 $(n-1)d^{6\sim10} ns^{0,1,2}$，价电子总数是 8～10 个。

根据元素最后一个电子填充的能级不同，可将周期表中的元素分为 5 个区。这实际上是把价电子构型相似的元素集中在一个区中，如图 10-17 所示。

s 区元素：价电子构型是 $ns^{1\sim2}$，位于周期表左侧，包括ⅠA 和ⅡA 族，它们容易失去电子形成+1 或+2 价离子，是活泼金属。通常把ⅠA 族称碱金属，ⅡA 族称碱土金属。

p 区元素：价电子构型是 $ns^2 np^{1\sim6}$，位于周期表右侧，包括ⅢA～ⅧA 族元素，稀有气体也属于 p 区。

s 区和 p 区是周期表中的主族，最外层电子的总数等于该元素的族数。

d 区元素：价电子构型是 $(n-1)d^{1\sim9} ns^{1\sim2}$（Pd 为 $4d^{10} 5s^0$），位于周期表的中段，包括ⅢB～ⅦB 族和Ⅷ族元素，这些元素常有可变化的氧化态。

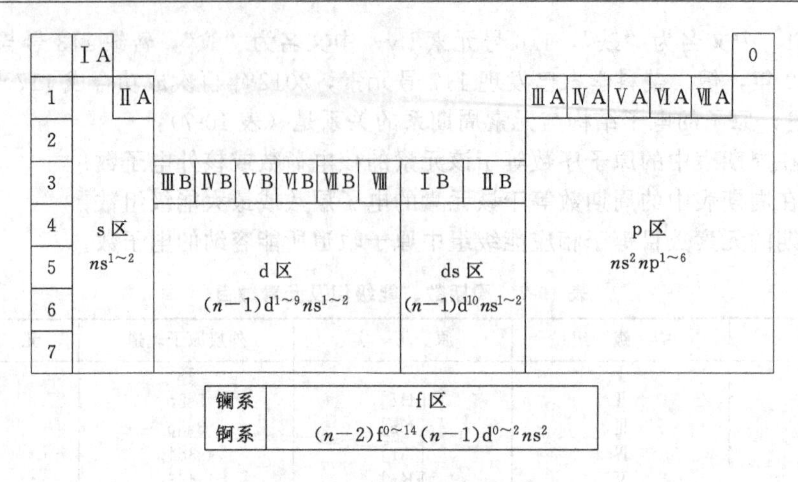

图 10-17 周期表中元素的分区

ds 区元素：价电子构型是 $(n-1)d^{10}ns^{1\sim2}$，它包括ⅠB 和ⅡB 族，处于 d 区和 p 区之间。

f 区元素：价电子构型是 $(n-2)f^{0\sim14}(n-1)d^{0\sim2}ns^2$，它包括镧系和锕系元素，镧系和锕系各有 15 个元素。

10.5.3 元素周期律的实质

原子中核外电子的分布规律，反映了元素周期律的内在本质：

① 元素在周期表中的原子序数等于该元素原子的核电荷数或核外电子数。

② 元素在周期表中的周期数等于该元素原子的电子层数或最高能级组数。

③ 各周期元素的数目，等于最高能级组中所有原子轨道所能容纳的电子总数。

④ 在周期表中，由于同一周期元素的原子结构依次递变，它们的性质也依次递变，各元素的性质出现周期性，就是由于它们的原子随着原子序数的增大，周期地重复着相似的电子层结构的缘故。

⑤ 在周期表里，元素的原子序数逐一增大，其原子核电荷和核外电子数也逐一增加。如果所增加的电子是在最外层的 s 亚层和 p 亚层上，便属主族元素。如果所增加的电子是在次外层的 d 亚层上，叫过渡元素，属于副族元素。如果元素的原子所增加的电子是在外数第三层的 f 亚层上，叫内过渡元素，或叫次副族元素。

⑥ 同族元素在化学性质和物理性质上的类似性，决定于原子最外电子层结构的类似性，而同族元素在性质上的递变则决定于电子层数的依次增加。

总之，原子的电子层结构的周期性决定了元素性质的周期性，这就是周期律的实质。

10.6 元素的性质与原子结构的关系

元素的一些基本性质如原子半径、电离能、电子亲和能、电负性等都与原子的结构密切相关，并呈现明显的周期性变化。人们通常把表征原子基本性质的物理量如原子半径、电离能、电子亲和能、电负性称为原子参数，它们与元素的物理和化学性质密切相关，下面给予分别讨论。

10.6.1 原子半径

按照量子力学的观点，电子在核外运动没有固定轨道，只是电子在核外各处的概率分布不同。因此，原子的大小也就不是一个确定不变的数值。通常所说的原子半径，是指相邻二个同种原子的平均核间距的一半。根据原子与原子间作用力的不同，原子半径一般可分为三种：共价半径、金属半径和范德华半径。

同种元素的两个原子以共价键连接时，它们核间距离的一半称为该原子的共价半径。如氯分子中两原子的核间距是 198pm，则氯原子的共价半径为 99pm。显然，同一元素的两个原子以共价单键、双键或三键连接时，共价半径也不同。

金属晶体中相邻两个金属原子的核间距的一半称为金属半径。例如，在金属锌晶体中，测得两锌原子间距离是 268pm，则锌原子的金属半径是 134pm。

当同种元素两个原子只靠范德华力（分子间作用力）互相吸引时，它们核间距的一半称为范德华半径。例如，在氖晶体中测得两原子核间距为 320pm，则氖原子的范德华半径为 160pm。

表 10-8 列出了各元素的原子半径，其中金属元素的原子用金属半径（配位数为 12），非金属元素的原子用单键共价半径，稀有气体的原子半径为范德华半径。

表 10-8　元素的原子半径　　单位：pm

ⅠA	ⅡA	ⅢB	ⅣB	ⅤB	ⅥB	ⅦB	Ⅷ	Ⅷ	Ⅷ	ⅠB	ⅡB	ⅢA	ⅣA	ⅤA	ⅥA	ⅦA	0
H 37																	He 122
Li 152	Be 113											B 86	C 77	N 70	O 66	F 64	Ne 160
Na 186	Mg 160											Al 143	Si 118	P 108	S 106	Cl 99	Ar 191
K 232	Ca 197	Sc 162	Ti 147	V 134	Cr 128	Mn 127	Fe 126	Co 125	Ni 124	Cu 128	Zn 134	Ga 135	Ge 122	As 125	Se 116	Br 114	Kr 198
Rb 248	Sr 215	Y 180	Zr 160	Nb 146	Mo 139	Tc 136	Ru 134	Rh 134	Pd 137	Ag 144	Cd 149	In 167	Sn 151	Sb 145	Te 142	I 133	Xe 217
Cs 265	Ba 217	La 183	Hf 159	Ta 146	W 139	Re 137	Os 135	Ir 136	Pt 136	Au 144	Hg 151	Tl 170	Pb 175	Bi 155	Po 164	At	Rn

La	Ce	Pr	Nd	Pm	Sm	Eu	Gd	Tb	Dy	Ho	Er	Tm	Yb	Lu
183	182	182	181	183	180	208	180	177	176	176	176	176	194	174

原子半径的大小主要决定于原子的有效核电荷和核外电子的层数。图 10-18 给出了原子半径的周期性变化情况。

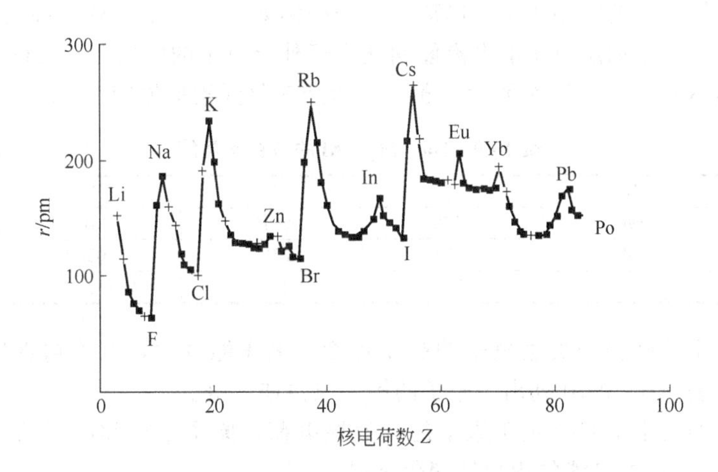

图 10-18　原子半径的周期性变化

在周期系的同一短周期中，从碱金属到卤素，由于原子的有效核电荷逐渐增加，核对电子的吸引力逐渐增大，原子半径逐渐减小。

在第四、第五周期中，前面的 s 区元素及后面的 p 区元素，与短周期元素一样，由于原子的有效核电荷逐渐增加，原子半径逐渐减小。而中间的 d 区元素，随核电荷的增加，电子填充在 $(n-1)$d 亚层，电子对外层电子的屏蔽作用较大，有效核电荷增大不多，核对外层电子的吸力也增加较少，因而原子半径减少较慢。对于 d^{10} 电子构型，因为有较大的屏蔽作用，原子半径略有增大，如 Cu、Zn、Pd、Ag、Cd、Au、Hg 等。f^7 和 f^{14} 电子构型也有类似情况，如 Eu 和 Yb。

各周期末尾的稀有气体，由于它们外电子层有 8 个电子，全部充满，又是单原子分子，为范德华半径，所以半径相应变大。

在第六周期（特长周期）中的内过渡元素，如镧系元素，从左到右，原子半径大体也是逐渐减小的，只是变化幅度更小。这是因为新增加的电子填入 $(n-2)$f 亚层上，对外层电子的屏蔽效应更大，虽然核电荷增加，但有效核电荷几乎没有增加，因此半径减小更慢。镧系元素从镧到镥整个系列的原子半径缩小的现象称为镧系收缩。镧系以后的各元素如铪(Hf)、钽（Ta)、钨（W）等虽然增加了一个电子层，由于镧系收缩，原子半径相应缩小，致使它们的原子半径和离子半径与第五周期的同族元素锆（Zr)、铌（Nb)、钼（Mo）非常接近。因此，锆和铪、铌和钽、钼和钨性质非常相似，在自然界常共生在一起，并且难以分离。Ru、Rh、Pd、Os、Ir、Pt 等 6 个元素的原子半径和化学性质也极相似，通称铂族元素。

同一主族，从上到下，由于同一族中电子层构型相同，有效核电荷相差不大，因而电子层增加的因素占主导地位，所以原子半径逐渐增加。副族元素的原子半径，从第四周期过渡到第五周期是增大的，但第五周期和第六周期同一族中的过渡元素的原子半径很相近。

10.6.2　电离能 I

从原子中移去电子，必须消耗能量以克服核对电子的吸引力。元素的气态原子在基态时失去一个电子成为一价气态正离子所消耗的能量称为第一电离能 I_1；从一价气态正离子再失去一个电子成为二价气态正离子所需要的能量称为第二电离能 I_2。依次类推，还可以有第三电离能、第四电离能等。随着原子逐步失去电子，所形成的离子正电荷越来越大，使核电荷对电子的吸引也越来越强，因而失去电子也越来越难。因此，同一元素的第一电离能小于第二电离能，第二电离能小于第三电离能，……例如 Na、Mg、Al 的各级电离能如表10-9所示，由表可知，原子内层电子的电离能明显大于外层电子的电离能，因此最易失去的是外层电子，这正是 Na，Mg，Al 分别为一价、二价及三价元素的原因。

表 10-9　Na，Mg，Al 的各级电离能　　单位：$kJ \cdot mol^{-1}$

	I_1	I_2	I_3	I_4	比较
Na	496	4562	6912	9370	$I_2 \gg I_1$
Mg	738	1451	7733	10540	$I_3 \gg I_2$
Al	578	1817	2745	11577	$I_4 \gg I_3$

电离能的大小反映原子失去电子的难易程度，电离能越大，电子越难失去；电离能越小，电子越易失去。表 10-10 列出了原子的第一电离能数据。

原子电离能的大小主要决定于原子的有效核电荷，原子半径和原子的电子层结构。图 10-19 给出了原子第一电离能的周期性变化情况。

一般说来，有效核电荷越大，原子半径越小，原子核对电子的吸引力越大，电子越不容易失去，电离能大；反之，有效核电荷越小，原子半径越大，电子越容易失去，电离能小。

表 10-10　原子的第一电离能　　单位：$kJ \cdot mol^{-1}$

ⅠA																	0
H 1312	ⅡA											ⅢA	ⅣA	ⅤA	ⅥA	ⅦA	He 2372
Li 520	Be 899											B 801	C 1086	N 1402	O 1314	F 1681	Ne 2081
Na 496	Mg 738	ⅢB	ⅣB	ⅤB	ⅥB	ⅦB	Ⅷ			ⅠB	ⅡB	Al 578	Si 786	P 1012	S 1000	Cl 1251	Ar 1521
K 419	Ca 590	Sc 631	Ti 658	V 650	Cr 653	Mn 717	Fe 759	Co 758	Ni 737	Cu 745	Zn 906	Ga 579	Ge 762	As 947	Se 941	Br 1140	Kr 1351
Rb 403	Sr 549	Y 616	Zr 660	Nb 664	Mo 685	Tc 702	Ru 711	Rh 720	Pd 805	Ag 731	Cd 868	In 558	Sn 709	Sb 834	Te 869	I 1008	Xe 1170
Cs 376	Ba 503	La 538	Hf 680	Ta 761	W 770	Re 760	Os 840	Ir 880	Pt 870	Au 890	Hg 1007	Tl 589	Pb 716	Bi 703	Po 812	At 912	Rn 1037

La	Ce	Pr	Nd	Pm	Sm	Eu	Gd	Tb	Dy	Ho	Er	Tm	Yb	Lu
538	528	523	530	535	543	547	592	564	572	581	589	596	603	524

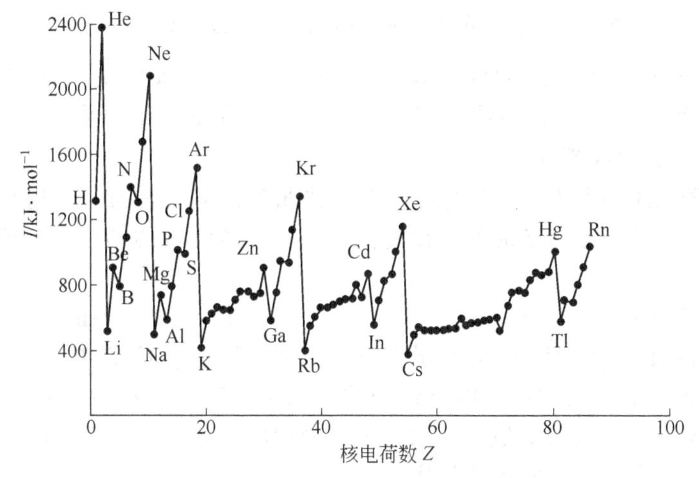

图 10-19　原子第一电离能的周期性变化

所以，同一周期的元素从左到右电离能总的趋势是增大，但也有起伏。如第二周期元素电离能变化有两个转折，B 的电离能低于 Be，这是因为 B 的最后一个电子填充在能量较高的 p 轨道上，易于失去一个电子形成 $2s^2 2p^0$ 的稳定结构。O 的电离能低于 N，是因为 O 的最后一个电子是填充在已有一个 p 电子的 p 轨道上，由于成对电子间的排斥作用，使这个电子易于失去，形成半充满的 p^3 稳定结构。同样的原因，第三周期的 Al 和 S 的电离能分别小于它们的前一个元素 Mg 和 P 的电离能。

一般说来，具有 p^3、d^5、f^7 等半充满电子构型的元素有较大的电离能，比它们前后元素的电离能要大。外层电子构型为 ns^2 的碱土金属元素和具有 $(n-1)d^{10}ns^2$ 的ⅡB 族元素有较大的电离能。稀有气体是 ns^2 或 ns^2np^6 的稳定结构，电离能最大。同一主族元素由上到下，由于原子半径增大，核对外层电子吸引减弱，电离能减小。

同一周期过渡族元素，随原子序数增加，电离能有所增加，但变化没有明显规律。

这里还要指出，有些原子的失电子次序与核外电子填充次序不相吻合。例如，第一过渡系列元素，电子先填充 4s 轨道，后填充 3d 轨道，电离时似乎应先电离 3d 电子，后电离 4s 电子，但实际上是先电离 4s 电子，后电离 3d 电子。如 Fe 的电子构型是 $[Ar]3d^6 4s^2$，而 Fe^{2+} 的电子构型是 $[Ar]3d^6 4s^0$。发生这种变化的原因是原子中的 3d 电子对 4s 电子有较强的屏蔽作用，导致 4s 轨道能量高于 3d 轨道能量，所以先失去 4s 电子。

例 10-4 用斯莱特规则计算说明 Sc 原子形成离子时，是先电离 4s 电子还是 3d 电子？

解： Sc 的电子组态是 $1s^2 2s^2 2p^6 3s^2 3p^6 3d^1 4s^2$。

4s 电子感受的有效核电荷：$Z^*(4s)=21-(10\times1+9\times0.85+0.35)=3.00$

$$E(4s)=-\frac{[Z^*(4s)]^2}{n^2}\times13.6\text{eV}=-\frac{3.00^2}{4^2}\times13.6\text{eV}=-7.65\text{eV}$$

3d 电子感受的有效核电荷：$Z^*(3d)=21-18\times1=3.00$

$$E(3d)=-\frac{[Z^*(3d)]^2}{n^2}\times13.6\text{eV}=-\frac{3.00^2}{3^2}\times13.6\text{eV}=-13.6\text{eV}$$

计算表明，Sc 原子中 4s 电子的能量高于 3d 电子的能量，所以先电离 4s 电子。

运用 10.4.2 中的徐光宪规则［离子中电子能级决定于 $(n+0.4l)$ 的大小］也很容易判断 4s(4.0) 的能量高于 3d(3.8)，因而先电离 4s 电子。

一般说来，在原子的最外能级组中如同时有 ns、np、$(n-1)$d 和$(n-2)$f 电子，按照 $n+0.4l$规则可得到电子电离先后次序如下：

$$n\text{p 先于 } n\text{s、} n\text{s 先于 } (n-1)\text{d、} (n-1)\text{d 先于} (n-2)\text{f}$$

例如，As 的最外层能级组的结构是 $3d^{10}4s^2 4p^3$，它电离时先失去三个 4p 电子成为 As^{3+}，再失去二个 4s 电子成为 As^{5+}，只有在很大的能量激发下才能再失去 3d 电子。

10.6.3 元素的电子亲和能 E_{ea}

原子结合电子的难易程度，可用电子亲和能来量度。某元素的一个基态的气态原子获得一个电子，形成负一价气态离子时所放出的能量，叫做该元素的第一电子亲和能，常用 E_{ea} 表示。例如：

$$F(g)+e^- \longrightarrow F^-(g)+E_{ea} \qquad E_{ea}=322\text{kJ}\cdot\text{mol}^{-1}$$

它表示 1mol 气态氟原子得到 1mol 电子转变为 1mol 气态一价负离子时，放出的能量为 322kJ。表 10-11 列出了元素的第一电子亲和能。元素的第一亲和能一般为正值，表示放出能量，第二电子亲和能一般为负值，表示由负一价的离子获得电子变成负二价离子时，要克服负电荷间的排斥，因此需要吸收能量❶。

表 10-11 元素的第一电子亲和能 E_{ea} 单位：$\text{kJ}\cdot\text{mol}^{-1}$

ⅠA																	0
H 72.6	ⅡA											ⅢA	ⅣA	ⅤA	ⅥA	ⅦA	He
Li 60	Be											B 27	C 122	N	O 141	F 328	Ne
Na 53	Mg	ⅢB	ⅣB	ⅤB	ⅥB	ⅦB	Ⅷ			ⅠB	ⅡB	Al 43	Si 134	P 72.0	S 200	Cl 349	Ar
K 48	Ca 1.78	Sc 18.1	Ti 7.6	V 51	Cr 64.3	Mn	Fe 15	Co 64	Ni 112	Cu 119	Zn	Ga 29	Ge 119	As 78	Se 195	Br 325	Kr
Rb 47	Sr 4.6	Y 29.6	Zr 41.1	Nb 86.2	Mo 72	Tc (53)	Ru (101)	Rh 110	Pd 54	Ag 126	Cd	In 29	Sn 107	Sb 101	Te 190	I 295	Xe
Cs 45.5	Ba (14)	La (48.2)	Hf	Ta 31	W 79	Re (14)	Os (106)	Ir 151	Pt 205	Au 223	Hg	Tl 19	Pb 35	Bi 91	Po (183)	At (270)	Rn

注：表中未加括号的数值为实验值，加括号的数值为理论值。正值表示放出能量。

---

❶ 习惯上元素的亲和能为正值时，表示放出能量，为负值时，表示吸收能量。这与化学热力学中的规定刚好相反，在化学热力学中规定系统吸收能量为正，放出能量为负。

一般说来，电子亲和能随原子半径的减小，核对外层电子的引力增大而增大。因此，电子亲和能在同一周期中从左至右增加，而在同一族中从上至下减小。

由于测定困难，目前电子亲和能数据较少，且不甚可靠，但是可以看出活泼的非金属元素具有较高的电子亲和能。电子亲和能越大，该元素越容易获得电子，成为负离子。金属元素的电子亲和能小，表明通常情况下金属元素难于获得电子。

必须指出，越难失去电子的元素，并不一定就易于和电子结合。例如，稀有气体难以失去电子，但也难和电子结合。

10.6.4　元素的电负性 χ

电离能和电子亲和能，都只是从一个方面反映原子得失电子的能力，为了全面衡量分子中的原子争夺电子的能力，美国化学家鲍林在 1932 年首先提出元素电负性的概念。所谓电负性，是指元素的原子在分子中吸引电子的能力。鲍林规定元素氟的电负性为 4.0，再根据热化学数据和分子的键能，计算出各元素的相对电负性。值得注意的是，同一元素处于不同氧化态时，其电负性数据也不同。表 10-12 所列数据是元素最稳定的氧化态的电负性值。

表 10-12　元素的电负性 χ

ⅠA	ⅡA	ⅢB	ⅣB	ⅤB	ⅥB	ⅦB	Ⅷ	Ⅷ	Ⅷ	ⅠB	ⅡB	ⅢA	ⅣA	ⅤA	ⅥA	ⅦA	0
H 2.2																	He
Li 0.98	Be 1.57											B 2.04	C 2.55	N 3.04	O 3.44	F 3.98	Ne
Na 0.93	Mg 1.31											Al 1.61	Si 1.91	P 2.19	S 2.58	Cl 3.16	Ar
K 0.82	Ca 1.0	Sc 1.36	Ti 1.54	V 1.63	Cr 1.66	Mn 1.55	Fe 1.83	Co 1.88	Ni 1.91	Cu 1.9	Zn 1.65	Ga 1.81	Ge 2.01	As 2.18	Se 2.55	Br 2.96	Kr
Rb 0.82	Sr 0.95	Y 1.22	Zr 1.33	Nb 1.6	Mo 2.16	Tc 2.10	Ru 2.2	Rh 2.28	Pd 2.2	Ag 1.93	Cd 1.69	In 1.78	Sn 1.96	Sb 2.05	Te 2.1	I 2.66	Xe
Cs 0.79	Ba 0.89	La～Lu 1.0～1.25	Hf 1.3	Ta 1.5	W 1.7	Re 1.9	Os 2.2	Ir 2.2	Pt 2.2	Au 2.4	Hg 1.9	Tl 1.8	Pb 1.8	Bi 1.9	Po 2.0	At 2.2	Rn
Fr 0.7	Ra 0.9	Ac 1.1	Th 1.3	Pa 1.4	U 1.7	Np～No 1.3											

由表 10-12 知，每一周期元素从左到右，由于有效核电荷逐渐增大，原子半径逐渐减小，原子吸引电子的能力逐渐加大，元素电负性逐渐变大，非金属性依次加大。每一族元素从上到下，由于原子半径逐渐增大，原子吸引电子的能力越来越弱，电负性逐渐变小，非金属性依次减弱，金属性依次加大。元素周期表的右上方的氟电负性最大，非金属性最强，左下方的铯和钫电负性最小，金属性最强。一般说来，金属元素的电负性在 2.0 以下，非金属元素的电负性在 2.0 以上。

电负性差别较大的元素之间互相化合生成离子键的倾向较强。例如，第一主族的碱金属、第二主族的碱土金属与第六主族的氧族元素、第七主族的卤素元素化合，一般形成离子化合物，如 NaCl、MgO 等。电负性相同或相近的非金属元素一般形成共价键分子，如 H_2、Cl_2、CH_4 等。电负性相同或相近的金属元素一般以金属键结合，形成金属间化合物或合金。

除了鲍林的电负性标度外，密立根（R. S. Mulliken）在 1934 年也提出了一种电负性的计算方法。1957 年阿莱-罗周（Allred-Rochow）也提出了一种电负性的计算公式。这三套电负性数据都反映了原子在化合物中吸引电子的能力，虽然其数值不相同，但在电负性系列中，元素的相对位置大致相同。目前常用的是鲍林的电负性数据。

思考题

1. 氢原子光谱有何规律性？玻尔理论是如何解释这种规律性的？
2. 玻尔理论的要点是什么？它对现代原子结构理论的贡献是什么？它有什么缺陷？
3. 物质波与经典的波有何异同？
4. 量子力学是怎样描述电子在原子中的运动状态的？ψ及$|\psi|^2$分别表示什么？
5. 量子力学中的原子轨道用哪几个量子数来描述？说明各量子数的取值范围与物理意义。
6. 量子力学中的原子轨道与玻尔理论的原子轨道有何区别？
7. 在多电子原子中，为什么各电子的运动状态仍可用量子数n、l、m、m_s来描述？多电子原子的轨道能级公式与氢原子有何区别？
8. 什么叫屏蔽效应，什么叫钻穿效应？多电子原子中为什么会出现能级交错现象（如$E_{4s}<E_{3d}$）？
9. 多电子原子的核外电子排布应遵循哪些原则？
10. 原子的失电子次序与核外电子填充次序是否相同？
11. 元素周期表分成几个周期？几个族？几个区？各区具有哪些结构特征？
12. 什么叫电离能、电子亲和能、电负性？它们的数值大小与元素的金属性、非金属性有何联系？
13. 什么叫过渡元素，过渡元素原子半径的变化有什么特点？
14. 为什么电离能总是正值，而电子亲和能有正、有负？

习题

1. 选择题

(1) 量子力学理论中的一个轨道是指（　　）。

A. n具有一定数值时的一个波函数

B. n、l具有一定数值时的一个波函数

C. n、l、m三个量子数具有一定数值时的一个波函数

D. n、l、m、m_s四个量子数具有一定数值时的一个波函数

(2) 氢原子的原子轨道有多少个（　　）。

A. 1个　　B. 2个　　C. 3个　　D. 无穷多个

(3) 具有下列量子数n、l、m、m_s的电子，其中能量最高的电子是（　　）。

A. 2，1，－1，1/2　　B. 2，0，0，－1/2

C. 3，1，1，－1/2　　D. 3，2，－1，1/2

(4) 用来表示核外某一电子运动状态的下列量子数n、l、m、m_s中合理的一组是（　　）。

A. 1，2，0，－1/2　　B. 0，0，0，＋1/2

C. 3，1，2，＋1/2　　D. 2，1，－1，－1/2

(5) 下列基态原子的电子构型中，正确的是（　　）。

A. $3d^9 4s^2$　　B. $3d^4 4s^2$　　C. $4d^{10} 5s^0$　　D. $4d^8 5s^2$

(6) 已知某元素＋3价离子的电子排布为$1s^2 2s^2 2p^6 3s^2 3p^6 3d^5$，该元素在元素周期表中属于（　　）。

A. ⅤB族　　B. ⅢB族　　C. Ⅷ族　　D. ⅤA族

(7) 外围电子构型为$4f^7 5d^1 6s^2$的元素在周期表中的位置应是哪一族？（　　）

A. 第四周期ⅦB族　　B. 第五周期ⅢB族

C. 第六周期ⅦB族　　D. 第六周期ⅢB族

(8) 下列4种电子构型的原子中第一电离能最低的是（　　）。

A. ns^2np^3　　B. ns^2np^4　　C. ns^2np^5　　D. ns^2np^6

(9) 下列元素哪一个电子亲和能最大？（　　）

A. F　　B. O　　C. Cs　　D. K

(10) 下列元素哪一个电负性最大？（　　）

A. Li　　B. S　　C. C　　D. P

2. 已知电子、氢原子和铀原子动能均为100eV，分别求这些粒子的波长，此结果说明什么？

3. 计算氢原子 $n=1$、2、3、4 时各能级的能量。

4. 求氢原子的电子从 $n_1=2$ 的能级分别跃迁到 $n_2=3$、4、5、6 的能级时所吸收电磁波的频率是多少？所吸收电磁波的波长又是多少？

5. 汞原子中某个电子跃迁的能量改变值为 $274kJ \cdot mol^{-1}$，试计算相应光子的频率和波长。

6. (1) 计算一个基态氢原子电离时所需要的能量；(2) 计算1mol基态氢原子电离时所需要的能量。

7. 在多电子原子中，主量子数 $n=3$ 的电子层中最多可容纳多少个电子？

8. 在角量子数 $l=2$ 的电子亚层上，电子可处的轨道有几个，电子云形状有哪几种？

9. 用量子数表示原子轨道时，下列各组量子数中哪些是许可的，哪些是不许可的，简述理由。

(1) $n=1$、$l=0$、$m=0$　　(2) $n=2$、$l=0$、$m=1$

(3) $n=3$、$l=2$、$m=-3$　　(4) $n=3$、$l=3$、$m=3$

(5) $n=3$、$l=2$、$m=-2$　　(6) $n=4$、$l=1$、$m=0$

10. 用量子数表示原子轨道时，下列各组量子数中哪些是许可的，哪些是不许可的，简述理由。

(1) $n=1$、$l=0$、$m=0$、$m_s=0$　　(2) $n=2$、$l=2$、$m=2$、$m_s=1/2$

(3) $n=3$、$l=2$、$m=2$、$m_s=-1/2$　　(4) $n=3$、$l=0$、$m=-1$、$m_s=1/2$

(5) $n=2$、$l=-1$、$m=0$、$m_s=1/2$　　(6) $n=2$、$l=0$、$m=-2$、$m_s=1$

11. 用原子轨道符号表示下列各量子数表示的原子轨道。

(1) $n=2$、$l=1$、$m=0$　　(2) $n=3$、$l=2$、$m=-2$

(3) $n=3$、$l=1$、$m=|\pm1|$　　(4) $n=4$、$l=0$、$m=0$

(5) $n=5$、$l=2$、$m=0$　　(6) $n=2$、$l=1$、$m=-1$

12. 指出下列符号所表示的意义是什么？

(1) ns、np、nd

(2) $2s^1$、$2s^2 3p^3$、$3d^5 4s^2$

13. 由斯莱特规则计算19号元素钾的3d和4s能级能量值，从而说明钾的最后一个电子是进入4s轨道而不是3d轨道。

14. 23号元素钒的电子组态为 $1s^2 2s^2 2p^6 3s^2 3p^6 3d^3 4s^2$，由斯莱特规则计算其3d和4s能级能量值。

15. 由斯莱特规则计算说明Cu形成+1价离子时先失去3d电子还是4s电子？

16. 用徐光宪准则 $(n+0.7l)$ 推断22号元素Ti的电子是先填充在3d还是4s轨道上？用徐光宪准则 $(n+0.4l)$ 推断形成 Ti^+ 时，是先电离3d电子还是4s电子？

17. 下列原子的电子层结构哪些属于基态？哪些属于激发态？哪些是不正确的？

(1) $1s^2 2s^1 2p^2$　　(2) $1s^2 2s^2 2p^6 3s^2 3p^3$　　(3) $1s^2 2s^2 2p^4 3s^1$

(4) $1s^2 2s^1 2d^1$　　(5) $1s^2 2s^2 2p^8 3s^1$　　(6) $1s^2 2s^2 2p^6 3s^2 3p^6 3d^5 4s^1$

18. 写出下列元素原子的电子分布式，并说明各有几个未成对电子？(元素符号右下标的数字为原子序数)

(1) $_{13}Al$　　(2) $_{24}Cr$　　(3) $_{26}Fe$　　(4) $_{33}As$　　(5) $_{47}Ag$　　(6) $_{82}Pb$

19. 写出符合下列条件的元素符号。

(1) 次外层有8个电子，最外层电子构型为 $4s^2$；

(2) 位于零族，但没有p电子；

(3) 在3p能级上只有一个电子；

(4) 4s和3d轨道上都只有一个电子。

20. 写出下列各离子的电子层结构式及未成对电子数。

As^{3-}、Cr^{3+}、Bi^{3+}、Cu^{2+}、Fe^{2+}

21. 写出 Ti^{2+}、Ti^{3+}、Ti(Ⅳ)、V^{2+}、V^{3+}、V(Ⅳ)、V(Ⅴ)、Mn^{2+}、Mn^{3+}、Mn(Ⅳ)、Mn(Ⅵ)、Mn(Ⅶ) 的外层电子结构，并说明 Ti(Ⅳ)、V(Ⅴ)、Mn^{2+} 比较稳定的原因。

22. 已知下列元素在周期表中的位置如下，写出它们的外层电子构型和元素符号。

(1) 第四周期第Ⅳ副族　　(2) 第四周期第Ⅶ副族

(3) 第五周期第Ⅶ主族　　(4) 第六周期第Ⅱ主族

23. 试计算第三周期 Na、Al、P、Cl 四种元素的原子核作用在外层电子上的有效核电荷，并说明它们对元素性质有什么影响？

24. 判断下列各对原子（或离子）哪一个半径大？

(1) H 和 He　　(2) Ba 和 Sr　　(3) Sc 和 Ca

(4) Cu 和 Ni　　(5) Zr 和 Hf　　(6) S^{2-} 和 S

(7) Na^{+} 和 Al^{3+}　　(8) Pb^{2+} 和 Sn^{2+}　　(9) Fe^{2+} 和 Fe^{3+}

(10) F^{-} 和 O^{2-}　　(11) Na^{+}、Mg^{2+}、Al^{3+}

25. 解释下列现象：

(1) Na 的第一电离能小于 Mg，而 Na 的第二电离能却远大于 Mg；

(2) Be 原子的第一、第二、第三、第四电离能分别为 $899kJ\cdot mol^{-1}$、$1757kJ\cdot mol^{-1}$、$14840kJ\cdot mol^{-1}$、$21000kJ\cdot mol^{-1}$ 解释各级电离能逐渐增大并有突变的原因。

26. 解释下列元素第一电离能的变化规律。

(1) $I_{Li}<I_{B}<I_{Be}$

(2) $I_{C}<I_{O}<I_{N}$

第 11 章　分子结构和分子间力

自然界中的物质都是由分子组成的。分子是保持物质基本化学性质的最小微粒，并且是参与化学反应的基本单元。分子的性质不但与分子的化学组成有关，还与分子的结构有关。分子的结构通常包括两方面的内容：一是分子中两个或多个原子间的强烈相互作用力，即化学键；二是分子中的原子在空间的排列，即空间构型。

化学键主要有四种类型：离子键、共价键、配位键和金属键。不同的化学键形成不同类型的化合物，化学键的能量一般在几十到几百千焦每摩尔。在相邻分子之间还存在一种较弱的相互作用，即分子间力或范德华力，其能量约在几千焦每摩尔。还有氢键，它属于较强的有方向性的范德华力，氢键的键能一般不超过几十千焦每摩尔。

探索分子的内部结构，弄清化学键的性质对于了解物质的性质和化学变化的规律，具有重要的意义。人们认识到，原子在形成分子的过程中，只是核外电子，特别是外层电子在原子间的重新分布。1916 年，德国化学家柯塞尔（W. Kossel）根据稀有气体具有稳定结构的事实提出了离子键理论，他认为不同原子相互化合时，都有达到稀有气体稳定状态的倾向，原子首先形成类似稀有气体原子结构的正、负离子，然后通过静电吸引形成离子化合物。离子键理论能说明离子型化合物如 NaCl 等的形成，但不能说明 H_2、O_2、N_2等由相同原子组成的分子的形成。1916 年，美国化学家路易斯（G. N. Lewis）提出共价键理论，他认为分子的形成是分子中的原子间共享电子对，使分子中成键原子具有稳定的稀有气体原子结构的结果。20 世纪 20 年代中期以后，量子力学及一些现代物理实验方法有了重大进展，为化学键的深入研究提供了必要的理论根据和实验手段。1927 年，德国人海特勒（W. Heitler）和伦敦（F. London）用量子力学研究最简单的氢分子，提出价键理论。1928 年，美国化学家马利肯（R. S. Mulliken）、德国化学家洪特（F. Hund）提出分子轨道理论，圆满地解释了氧分子的顺磁性、奇数电子分子或离子的稳定存在等实验现象。1931 年，美国化学家鲍林（L. Pauling）提出杂化轨道理论，圆满地解释了碳四面体结构的价键状态。通常所说的共价键理论实际上包含了路易斯的共享电子对理论、价键理论、杂化轨道理论及分子轨道理论等。

本章将在原子结构的基础上，着重讨论离子键、共价键的有关理论和对分子构型的初步认识，同时对分子间的作用力也进行适当的讨论。金属键将在下一章中讨论。

11.1　键参数

原子之间存在着强烈的相互作用，使原子或离子形成相对稳定的聚合体，当聚合体的能量低于单个原子或离子 $40kJ\cdot mol^{-1}$以上时，就认为形成了化学键。化学键的性质从理论上可以由量子力学计算作定量的讨论，也可以通过表征键的性质的某些物理量来描述。表征化学键性质的物理量称作键参数，有键能、键长、键角、键的极性等。

11.1.1　键能 *E*

键能是表示化学键强弱的物理量。

键能的定义是：在 298.15K 和 100kPa 下，将 1mol 基态的气态分子 AB 变为气态原子 A、B 所需要的能量。

对于双原子分子来说，将 1mol 理想气态分子 AB 离解为理想气态原子 A、B 所需的能

量称离解能 D，所以离解能就是键能 E。如：

$$H_2(g) \longrightarrow 2H(g) \qquad D_{H-H}=E_{H-H}=436.0\text{kJ}\cdot\text{mol}^{-1}$$

$$N_2(g) \longrightarrow 2N(g) \qquad D_{N-N}=E_{N-N}=941.7\text{kJ}\cdot\text{mol}^{-1}$$

对于多原子分子来说，要断裂其中的键使其成为单个中性原子，需要多次离解，因此离解能不等于键能，通常说的键能是指键的平均离解能。如：

$$CH_4(g) \longrightarrow CH_3(g)+H(g) \qquad D_1=435.34\text{kJ}\cdot\text{mol}^{-1}$$

$$CH_3(g) \longrightarrow CH_2(g)+H(g) \qquad D_2=460.46\text{kJ}\cdot\text{mol}^{-1}$$

$$CH_2(g) \longrightarrow CH(g)+H(g) \qquad D_3=426.97\text{kJ}\cdot\text{mol}^{-1}$$

$$CH(g) \longrightarrow C(g)+H(g) \qquad D_4=339.07\text{kJ}\cdot\text{mol}^{-1}$$

CH_4的键能是：

$$E_{C-H}=(D_1+D_2+D_3+D_4)/4=415.46\text{kJ}\cdot\text{mol}^{-1}$$

表 11-1 列出一些化学键的平均键能。一般来说，键能愈大，化学键愈牢固，由该键构成的分子也就愈稳定。

表 11-1 一些化学键的平均键能与键长 键能/kJ·mol⁻¹ 键长/pm

键种类	键能	键长	键种类	键能	键长	键种类	键能	键长
H—H	436	74	C—F	489	138	C—C	348	154
H—F	567	92	C—Cl	339	177	C═C	614	134
H—Cl	431	128	C—N	305	147	C≡C	839	120
H—Br	366	141	O—O	146	148	C—O	358	143
H—I	298	160	O—N	201	136	C═O	745	122
H—S	368	134	F—F	159	142	N—N	163	146
H—O	463	97	Cl—Cl	242	199	N═N	418	125
H—C	413	108	N—H	391	101	N≡N	945	110

11.1.2 键长

分子中两个原子核间的平均距离叫键长或核间距。理论上用量子力学近似方法可以算出键长，实际上对于复杂分子往往是通过实验来测定键长。表 11-1 列出了一些化学键的键长数据。由表中数据可以看出，键能越大，键长越短。例如，H—F、H—Cl、H—Br、H—I 键能依次减小，键长依次增大，表示核间距增大，键的强度减弱，分子的稳定性依次减小。又如碳原子间形成的单键、双键和叁键，其键能依次增大，键长也依次缩短。通常键能越大，键长越短，分子越稳定。

11.1.3 键角

分子中键与键之间的夹角称键角。

对于双原子分子，其形状总是直线形的，键角为 180°。

对于多原子分子，由于分子中的原子在空间排列情况不同就有不同的几何构型，因而有不同的键角。表 11-2 列出一些分子的键长、键角和几何构型。根据分子中键长和键角可以了解分子的构型。

表 11-2 一些分子的键长、键角和几何构型

分子式	键长/pm	键角/°	分子几何构型
H_2S	134	93.3	V形
CO_2	116	180	直线形

续表

分子式	键长/pm	键角/°	分子几何构型
H_2O	97	104.5	V形 
NH_3	101	107.3	三角锥形 
CH_4	109	109.5	正四面体形 

11.1.4　键矩

两个相同的原子形成化学键，由于原子的电负性相同，它们对成键电子的吸引力相同，因此正电荷重心与负电荷重心是重合的，这种化学键叫非极性键。例如，H_2、O_2、Cl_2等分子中的化学键都是非极性键，这些分子也是非极性分子。

两个不同的原子形成化学键，由于原子的电负性不同，成键原子的电荷分布不对称，电负性较大的原子带负电荷，电负性较小的原子带正电荷，正负电荷中心不重合，形成极性键。如 HCl，氯原子的电负性大于氢原子，氯原子对成键电子的吸引大于氢原子对成键电子的吸引，结果，氯原子一边显负电，氢原子一边显正电。氯原子与氢原子间的化学键是极性键，HCl 分子是极性分子。

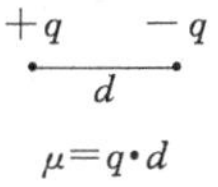

$+q$　　$-q$

d

$\mu=q\cdot d$

图11-1　分子的偶极矩

化学键极性或者分子极性的大小可用键矩或偶极矩来表示。键矩或偶极矩 μ 定义为正负电荷重心间距离 d 与电荷量 q 的乘积（图 11-1）：

$$\mu=q\cdot d \tag{11-1}$$

偶极矩是矢量，在化学上规定其方向由正到负（物理学中规定与此正好相反），偶极矩的单位是德拜（Debye），用符号 D 表示。

$$1\text{D}=3.334\times10^{-30}\text{C}\cdot\text{m}$$

表11-3 给出了一些化学键的键矩，这些数值大致反映出键的极性大小。

表 11-3　一些化学键键矩的数值（方向由左向右）

键种类	键矩/D	电负性差值	键种类	键矩/D	电负性差值
H—C	0.4	0.4	C—Cl	1.5	0.6
C—C	0	0	C—Br	1.38	0.4
C—N	0.22	0.5	C—I	1.19	0.1
C═N	0.9	0.5	H—O	1.5	1.2
C≡N	3.5	0.5	H—N	1.3	0.8
C—O	0.7	1.0	N—O	0.3	0.4
C═O	2.3	1.0	Cl—O	0.7	0.3
C—F	1.4	1.5	C═S	2.6	0

在双原子分子中，键有极性，分子就有极性。而以极性键组成的多原子分子却不一定是极性分子，这取决于分子的空间构型。例如，在 CO_2分子中，C—O 化学键是极性键，但由于 CO_2分子的构型是线性对称的（O═C═O），两个 C—O 键的极性相互抵消，因此 CO_2是非极性分子。又如，CCl_4中 C—Cl 是极性键，但 CCl_4分子的构型是正四面体，四个键的

极性相互抵消，因此是非极性分子。由极性键组成的多原子分子，如果空间构型不完全对称，键的极性不能完全抵消，则是极性分子。例如 SO_2 分子，S—O 是极性键，但 SO_2 分子的构型是 V 形的，两个 S—O 键的极性不能相互抵消，因此 SO_2 是极性分子。H_2O、NH_3 等都是极性分子。

根据分子的构型，利用键矩数值，按照矢量加和的原则可以估计分子偶极矩数值。

11.2　离子键

11.2.1　离子的类型

离子是原子或分子得、失电子后的产物，得电子后形成带负电荷的负离子（又称阴离子），失电子后变为带正电荷的正离子（又称阳离子）。例如，Na 失去一个电子变为正一价离子 Na^+，Fe 失去三个电子变为正三价离子 Fe^{3+}，Cl 得到一个电子变为负一价离子 Cl^-，等等。

对简单负离子，如 F^-、Cl^-、O^{2-} 等离子的最外层都有 8 个电子，都是稳定的 8 电子构型。

正离子的情况比较复杂，根据离子的最外层电子数，有以下五种离子构型：

① 2 电子构型（$1s^2$），最外层有 2 个电子的离子。如 Li^+ 和 Be^{2+}。

② 8 电子构型（ns^2np^6），最外层有 8 个电子的离子。如 Na^+、K^+、Mg^{2+}、Al^{3+} 等主族元素和少数副族元素形成的离子。

③ 18 电子构型（$ns^2np^6nd^{10}$），最外层有 18 个电子的离子。如 Ag^+、Zn^{2+}、Hg^{2+} 等 ⅠB、ⅡB 副族元素形成的离子和 Sn^{4+}、Pb^{4+}、Tl^{3+} 等 p 区元素形成的高价金属离子。

④ 18+2 电子构型 [$(n-1)s^2(n-1)p^6(n-1)d^{10}ns^2$]，次外层有 18 个电子、最外层有 2 个电子的离子，如 Pb^{2+}、Sn^{2+} 等 p 区元素形成的低价金属离子。

⑤ 9～17 电子构型（$ns^2np^6nd^{1\sim9}$），最外层有 9～17 个电子的离子，如 Ti^{2+}、Fe^{2+}、Co^{2+} 等 d 区元素形成的离子。这种构型也称不饱和构型。

上述五种构型中，前两种也称稀有气体构型，后三种称非稀有气体构型。

除了以上讨论的单原子离子外，还有由多原子组成的复杂离子，如 SO_4^{2-}、PO_4^{3-} 等。

11.2.2　离子键理论

大多数盐类、碱类和一些金属氧化物，如 NaCl、KOH、CaO 等，它们在熔融状态下可以导电，溶于水形成的水溶液也能导电。研究表明，这些化合物在熔融状态或在水溶液中能够产生带电荷的粒子——“离子”。

为了说明这类化合物中原子相互结合的本质，1916 年，德国化学家柯塞尔（W. Kossel）根据稀有气体具有稳定结构的事实提出了离子键理论。他认为不同原子之间相互化合时，都有达到稳定的稀有气体结构的倾向。当电负性较小的金属元素的原子与电负性较大的非金属元素的原子相互接近时，在它们之间容易发生电子的转移，金属元素原子失去电子变为带正电荷的正离子，非金属元素原子得到电子变为带负电荷的负离子。正、负离子由于静电引力相互吸引形成离子型化合物，由正、负离子间的静电引力形成的化学键称离子键。例如钠与氯形成氯化钠的过程如下：

$$n\mathrm{Na}(3s^1) \longrightarrow n\mathrm{Na}^+(3s^0) + ne^-$$

$$n\mathrm{Cl}(3s^2 3p^5) + ne^- \longrightarrow n\mathrm{Cl}^-(3s^2 3p^6)$$

$$n\mathrm{Cl}^- + n\mathrm{Na}^+ \longrightarrow n\mathrm{NaCl}(\text{晶体})$$

离子型化合物大多以晶体形式存在，都有较高的熔点和沸点，熔融状态或溶于水后都能导电。在离子型化合物的晶体中，正离子有规则地被负离子包围，负离子又有规则地被正离子包围，不再有独立的“分子”。例如 NaCl 晶体中，没有独立的 NaCl 分子。只能认为整个晶体就是一个“无限”的大分子，“NaCl”只是表示整个晶体中 Na^+ 与 Cl^- 的数目之比为

1∶1，只是氯化钠的化学式，而不是分子式。

离子键还可以存在于气态分子中，例如在氯化钠的蒸气中存在着由一个钠离子和一个氯离子所组成的独立分子。

离子键有如下特点：

① 离子键的本质是静电引力，静电引力 f 与两种离子所带电荷（q^+ 和 q^-）的乘积成正比，与离子间距离 r 的平方成反比：

$$f=-\frac{q^+q^-}{4\pi\varepsilon_0 r^2} \tag{11-2}$$

离子所带电荷越大，离子间距离越小（在一定范围内），离子间引力越大，离子键键能越强。

② 离子键没有方向性。离子所带电荷的分布是球形对称的，它可以在各个方向吸引带相反电荷的离子，所以离子键是没有方向性的。

③ 离子键没有饱和性。只要空间条件允许，每一个离子都可以吸引尽可能多的带相反电荷的离子。

④ 离子化合物中正、负电荷中心不重合，离子键是极性键。

近代实验表明，即使是电负性最低的铯与电负性最高的氟所形成的氟化铯，也不纯粹是离子键，也有部分共价键的性质。一般用离子性百分数来表示键的离子性相对于共价性的大小。在氟化铯中，离子性约占 92%。元素的电负性相差越大，在它们之间形成的化学键的离子性也越大。AB 型化合物之间单键离子性百分数与 A 和 B 两种元素电负性差值之间的关系如表 11-4 所示。当两种元素的电负性相差 1.7 时，化学键约有 50%的离子性。因此，一般把电负性差值大于 1.7 以上的两种元素形成的化合物看作是离子型化合物，如碱金属与碱土金属（Be 除外）的卤化物是典型的离子型化合物。

表 11-4　单键离子性百分数与二种元素电负性差值之间的关系

$\Delta\chi$	离子性百分数/%	$\Delta\chi$	离子性百分数/%
0.2	1	1.8	55
0.4	4	2.0	63
0.6	9	2.2	70
0.8	15	2.4	76
1.0	22	2.6	82
1.2	30	2.8	86
1.4	39	3.0	89
1.6	47	3.2	92

11.3　价键理论

电负性相差较大的原子以离子键形成化合物，为什么电负性相差不大甚至于电负性相同的原子也能形成分子呢？如 H_2、O_2、N_2、HCl 等。为了解释这个问题，1916 年美国化学家路易斯提出了共价键理论，它认为分子中的原子是通过共有电子对，使成键原子达到稳定的稀有气体结构而成键的。这种原子间靠共有电子对所产生的化学结合力称共价键，由共价键形成的化合物称共价化合物。路易斯的共价键理论初步揭示了共价键不同于离子键的本质，对分子结构的认识前进了一步，但并没有说明为什么原子间共有电子对会导致生成稳定的分子及共价键的本质。直到 1927 年，德国科学家海特勒和伦敦应用量子力学原理处理氢分子，才揭示了共价键的本质，开创了现代共价键理论。

11.3.1 价键理论基本要点

11.3.1.1 量子力学处理氢分子的结果

1927年，海特勒和伦敦应用量子力学原理处理氢分子，结果表明：电子自旋方向相反的两个氢原子相互靠近时，随着核间距 R 的减小，两个氢原子的1s原子轨道发生同相位重叠，在核间形成一个电子密度较大的区域。自旋相反的这一对电子在核间出现的概率较大，宛如一对“电子桥”，把两个带正电的原子核紧紧地拉在一起，系统的能量降低。这种状态称为吸引态，是氢分子的基态。

图11-2反映了氢分子能量与核间距的关系。当核间距 R 较大时，氢分子能量基本等于两个独立的氢原子能量之和；当两个原子相互靠近时，两个氢原子的1s原子轨道重叠程度加大，“电子桥”作用逐渐增加，体系能量逐渐降低。当两个原子间距离为 $R_0=76$pm时，能量最低。R 继续缩小，核之间的斥力增大，使系统的能量迅速升高，排斥作用又将氢原子推回到 R_0 的位置。因此氢分子中的两个原子是在平衡距离 R_0 附近振动。$R_0=76$pm就是氢分子的键长，436kJ·mol⁻¹则是氢分子的离解能也即氢分子的键能。

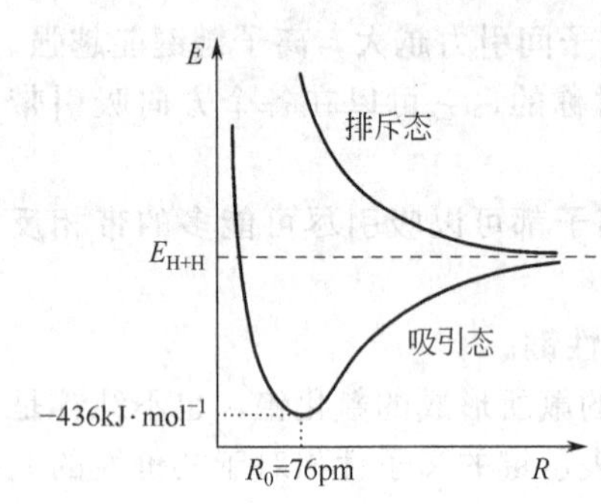

图11-2 氢分子能量与核间距关系

若电子自旋方向相同，两个氢原子相互靠近时，在两个核间反而形成一个电子密度几乎等于零的区域，两个原子核相互排斥，系统能量升高，不能形成稳定的分子。这种状态称为排斥态，是氢分子的激发态，是不稳定状态。

11.3.1.2 价键理论基本要点

把对氢分子的量子力学处理的结论推广到其它双原子分子和多原子分子，形成了共价键的价键理论，其要点为：

① 两个原子中未成对的且自旋相反的电子相互配对，可形成稳定的化学键；

② 形成共价键时，原子轨道总是尽可能地达到最大限度的重叠使系统能量最低。

11.3.2 共价键的特征

(1) 共价键的饱和性

原子中未成对的自旋方向相反的电子配对以后，就不能再与第三个电子配对了，这即是共价键的饱和性。例如，氢原子只有一个未成对电子，它只能与另一个氢原子的未成对电子形成一个共价键，不能再与第三个氢原子形成化学键。又如氧原子电子构型为 $1s^2 2s^2 2p_x^2 2p_y^1 2p_z^1$，有二个未成对电子，一个氧原子能与两个氢原子结合生成水分子：

$$\mathrm{H\cdot + \overset{\times\times}{\underset{\times\times}{\times O\times}} + \cdot H = H\overset{\times\times}{\underset{\times\times}{\overset{\times}{\cdot}O\overset{\times}{\cdot}}}H}$$

常用一条短线表示一对共有电子，即一个共价键，水分子中共价键可表示为H—O—H。

两个氧原子结合成氧分子可用下式表示：

$$\mathrm{\overset{\cdot\cdot}{\underset{\cdot\cdot}{\cdot O\cdot}} + \overset{\times\times}{\underset{\times\times}{\times O\times}} = \overset{\cdot\cdot}{\underset{\cdot\cdot}{O}}\vdots\overset{\times\times}{\underset{\times\times}{\overset{\times}{\times}O}}}$$

两个氧原子共享二对电子，形成二个化学键，用O═O表示，“═”称作双键。

氮原子的电子构型为 $1s^2 2s^2 2p^3$，有三个未成对电子，则两个氮原子间可形成三个化学键，用 N≡N 表示，“≡”称作叁键。

如果原子没有不成对的电子，则不能形成共价键。例如，He 原子的电子构型是 $1s^2$，没有未成对电子，所以不能形成 He_2。

(2) 共价键的方向性

量子力学原理指出，两个原子的原子轨道只有最大限度的同相位重叠，才能在核间形成一个电子密度较大的区域，使系统能量最低，因而共价键呈现出方向性。

由原子轨道的角度分布图可知，除了 s 轨道是球形对称的外，p、d、f 轨道在空间都有一定的伸展方向，不同方向的电子云分布是不相同的。因此，除了 s 轨道与 s 轨道成键没有方向限制外，其它原子轨道都只有沿着一定方向才能有效重叠成键。

例如，氯原子的电子构型为 $3s^2 3p_x^1 3p_y^2 3p_z^2$，形成 HCl 分子时，氢原子的 1s 轨道与氯原子的 $3p_x$ 轨道重叠成键。图 11-3 表示出两个轨道的几种可能的重叠方式。其中 (c) 同号重叠与异号重叠相互抵消，没有成键作用；(b) 虽是同号重叠，但与 (a) 比较，在相同核间距时，(a) 的重叠程度最大。所以氢原子的 1s 轨道与氯原子的 $3p_x$ 轨道只能沿着 x 轴方向重叠成键。

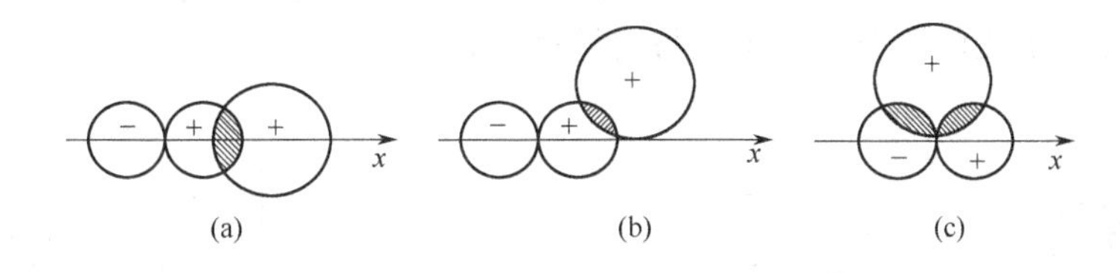

图 11-3　s 轨道与 p_x 轨道不同方向重叠示意图

又如在 H_2S 分子中，硫原子的电子构型为 $3s^2 3p_x^1 3p_y^1 3p_z^2$，有两个未成对电子 $3p_x^1$ 和 $3p_y^1$。两个氢原子的 1s 轨道只能分别沿 x 轴和 y 轴两个方向接近硫原子，与硫原子的 $3p_x$、$3p_y$ 轨道以最大程度重叠形成二个共价键。由于 $3p_x$ 轨道与 $3p_y$ 轨道相互垂直，分子的键角似应为 90°，但实际上 H_2S 分子键角为 92°，这是因为两个 S—H 键相互排斥，使键角略有增大（图 11-4）。

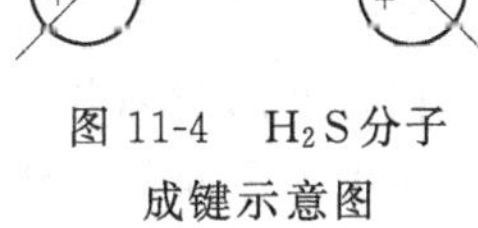

图 11-4　H_2S 分子成键示意图

11.3.3　共价键的类型

根据形成共价键时原子轨道重叠的方向、方式及重叠部分的对称性，共价键可划分为不同的类型，最常见的是 σ 键和 π 键。

11.3.3.1　σ 键

两原子轨道沿键轴（成键原子核连线）方向，以“头碰头”方式同号重叠所形成的化学键称 σ 键。σ 键的特点是轨道重叠部分对键轴呈圆柱形对称[1]。s-s 轨道重叠（如 H_2 分子中的键），s-p_x 轨道重叠（如 HCl 分子中的键），p_x-p_x 轨道重叠（如 Cl_2 分子中的键）都是 σ 键。图 11-5 给出了 σ 键的电子云分布图像。

11.3.3.2　π 键

两个原子轨道沿键轴以“肩并肩”的方式同号重叠所形成的键称 π 键。π 键的特点是轨道重叠部分对包含键轴的平面呈反对称[2]。例如，以 x 轴为键轴时，两个原子的 p_y 轨道与

[1] 所谓圆柱形对称是指以键轴为轴，旋转任何角度，轨道的形状、大小、符号都不改变。

[2] 所谓对包含键轴的平面呈反对称是指轨道通过该平面反映后，形状、大小不改变，但符号相反。

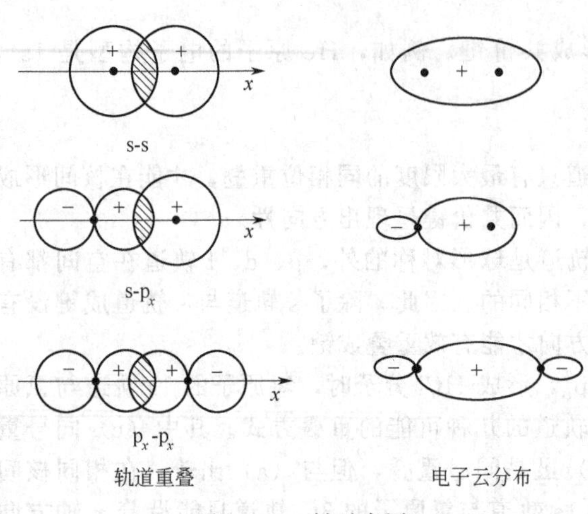

图 11-5 σ键示意图

p_y轨道、p_z轨道与p_z轨道能以肩并肩的方式重叠形成π键。图 11-6 给出了π键的电子云分布图像。

通常分子中的共价单键是σ键，共价双键是一个σ键和一个π键，共价叁键是一个σ键和二个π键。例如，N_2的结构中就有一个σ键和二个π键。N原子的电子构型为$1s^2 2s^2 2p_x^1 2p_y^1 2p_z^1$，两个N原子沿x方向相互靠近时，两个原子的$p_x$轨道以“头碰头”的方式重叠形成σ键，两个$p_y$轨道以“肩并肩”的方式重叠形成π键，还有两个$p_z$轨道也以“肩并肩”的方式重叠形成与前一个π键相垂直的π键，如图 11-7 所示。

因为π键的重叠程度小于σ键，所以π键的强度小于σ键，π键的稳定性小于σ键，参与形成π键的π电子比较活泼，易于参与化学反应。

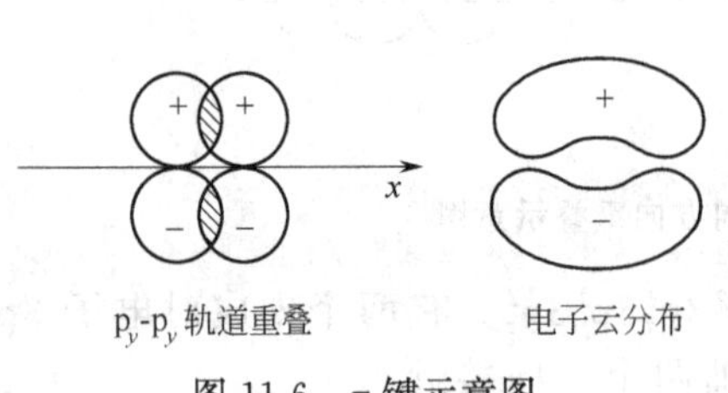

图 11-6 π键示意图

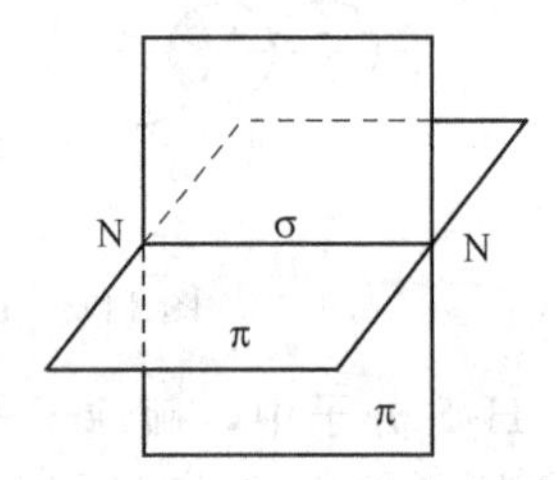

图 11-7 N_2 化学键示意图

11.4 价层电子对互斥理论

价层电子对互斥理论是在 20 世纪 50 年代发展起来的一种判断分子几何构型的理论，它的基本论点是：在AB_n型分子或基团中（B可以不同），如中心原子A的价电子层不含d电子或仅含球形对称分布的d^5或d^{10}电子，则其几何构型决定于分子或基团内中心原子A的价电子层中电子对数（包括成键电子对和未参与成键的孤对电子）。价层电子对间的排斥作用越小，分子的能量越低，越稳定。所以，中心原子A的价电子层中各电子对趋向于尽可能地远离。同时电子又受核的吸引，因而价层电子对将均匀地分布在以A为中心的球面上，形成规则的多面体形式。中心原子A的价电子层中的电子对是中心原子与其它原子连接的纽带，电子对在中心原子核周围的分布情况决定了分子或离子的几何构型。

11.4.1 价层电子对数目的计算

价层电子对包括成键电子对和未参与成键的孤对电子，其数目可按以下方式推算：

$$价层电子对数(VP)=\frac{中心原子价电子数+配位原子提供的价电子数-离子电荷数}{2}$$

作为配位原子时，每个H和卤族元素原子提供一个价电子，O和S提供的电子数为0，但卤素作为中心原子时，提供价电子数为7，O、S作为中心原子时，提供价电子数为6。

例如，在$BeCl_2$分子中，Be作为中心原子提供2个价电子，二个氯提供2个价电子，所以$VP=(2+2)/2=2$，均为成键电子对。NH_4^+ 中的N是中心原子，有5个价电子，4个H

提供 4 个价电子，带有一个正电荷，所以 VP＝(5＋4－1)/2＝4，均为成键电子对。计算 SO_4^{2-} 的价层电子对数时，S 作为中心原子提供 6 个价电子，O 作为配位原子，不提供电子，另外 SO_4^{2-} 带有两个负电荷，所以 VP＝[6＋4×0－(－2)]/2＝4。

如果计算出来的 VP 值不是整数，如 NO_2，VP＝2.5，这时应取 VP＝3，因为单电子也要占据一个孤对电子轨道。

11.4.2　价层电子对构型与分子构型

为了使价层电子对间的斥力最小，价层电子对将均匀地分布在以 A 为中心的球面上，形成规则的多面体形式。

表 11-5 列出了价层电子对的空间分布和一些分子构型。要注意的是价层电子对构型与分子构型不一定完全相同。分子构型是指分子中的原子在空间的排布，并不包括孤对电子，要在价层电子对空间构型中略去孤对电子，才得到分子构型。下面分析几个例子。

BCl_3 分子：B 原子是中心原子，其价电子层中有 3 个价电子，三个 Cl 原子各提供 1 个电子，B 原子价电子层中共有三对电子，价层电子对的空间构型为平面三角形，分子构型也是平面三角形。

NO_3^- 离子：N 原子是中心原子，其价电子层中有 5 个价电子，O 原子不提供电子，NO_3^- 带一个负电荷，这样 N 原子价电子层中就有 6 个电子，价电子对数为 3，其价电子空间构型和分子构型都是平面三角形。

NH_3 分子：N 原子的价电子层中有 5 个价电子，三个 H 原子各提供 1 个电子，N 原子价电子层中就有 8 个电子，价电子对数为 4，价层电子对的构型是正四面体。但这四对电子中只有三对是 N 与 3 个 H 原子间的成键电子对，另一对是未参与成键的孤对电子，所以分子的构型不是四面体，而是以 N 原子为顶点的三角锥形。

表 11-5　价层电子对的空间分布与分子构型

价层电子对数	成键电子对数	孤对电子数	价层电子对的空间分布	分子的几何构型实例
2	2	0	直线形 :—— A ——:	$HgCl_2$、$HgBr_2$、$CdCl_2$、CO_2 直线形
3	3	0	三角形	BF_3、BCl_3、$B(CH_3)_2F$ 三角形
	2	1	三角形	SO_2、O_3、$SnCl_2$、$PbCl_2$、$PbBr_2$ V 形
4	4	0	正四面体	CH_4、CCl_4、$PbCl_4$、$TiCl_4$ 正四面体
	3	1	正四面体	NH_3、PH_3、$OSCl_2$ 三角锥形

续表

价层电子对数	成键电子对数	孤对电子数	价层电子对的空间分布	分子的几何构型实例
4	2	2	正四面体 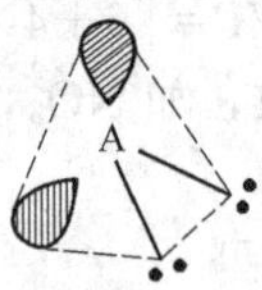	H_2O、OF_2 V形
5	5	0	三角双锥 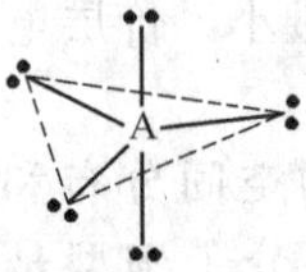	PCl_5 三角双锥形
	3	2	三角双锥 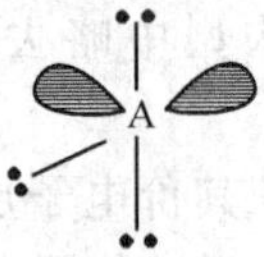	ClF_3 T形
6	6	0	正八面体 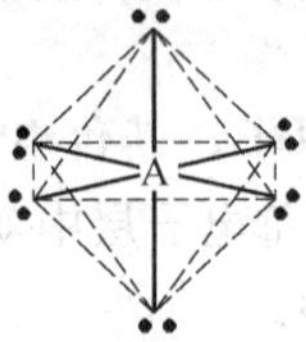	SF_6、AlF_6^{2-} 正八面体
	5	1	正八面体 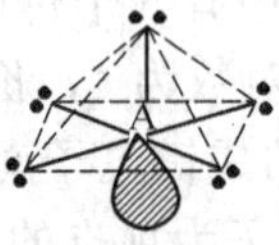	BrF_5、IF_5 四方锥形
	4	2	正八面体 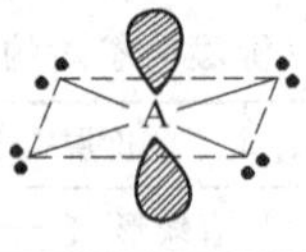	XeF_4 平面正方形

11.4.3 用价层电子对互斥理论预测分子构型

为了更准确地预测分子构型，在用价层电子对互斥理论时还应考虑到孤对电子、成键电子对以及单键和重键的区别。

因为成键电子对受到两个带正电的原子核的吸引，而孤对电子只受到中心原子的吸引，所以，孤对电子比较靠近中心原子，电子云比较“肥大”，对邻近电子对的斥力较大。一般而言，电子对之间的斥力大小有如下顺序：

孤对电子与孤对电子＞孤对电子与成键电子对＞成键电子对与成键电子对

在价层电子对互斥理论中，将双键或叁键作为一个电子对来计算，由于重键包含的电子数多，所以斥力大小的顺序为：

叁键与叁键＞叁键与双键＞双键与双键＞双键与单键＞单键与单键

根据价层电子对斥力大小的顺序，可以很好地解释 CH_4 分子、NH_3 分子和 H_2O 分子的键角变化情况。这三种分子的中心原子的价层电子对数都为 4，价层电子对空间构型都是四面体形，但分子构型不相同。CH_4 分子立体构型为正四面体，键角均为 $109°28'$。NH_3 分子构型为三角锥形，N 原子上有一对孤对电子，由于孤对电子与成键电子对之间的斥力要大于成键电子对与成键电子对之间的斥力，所以使 NH_3 分子键角小于 $109°28'$。H_2O 分子构型为 V 形，O 原子上有两对孤对电子，对成键电子对的斥力要大于 N 原子上一对孤对电子与成键电子对之间的斥力，所以 H_2O 分子的键角要小于 NH_3 分子的键角。实验表明，CH_4 分子键角为 109°28′，NH_3 分子的键角为 107°18′，H_2O 分子的键角为 104°31′。

中心原子和配位原子间的电负性也会影响分子的构型。

和中心原子键合的配位原子的电负性越大，吸引电子的能力就越强，价电子对将向配位原子方向移动，离中心原子较远，价电子对之间的排斥力也随之减小，生成的键角也减小。例如，NF_3 分子中，∠FNF 为 102.1°，NH_3 分子中，∠HNH 为 107.3°。

当配位原子相同，中心原子不同时，随中心原子的电负性增大，则价电子对将向中心原子方向移动，价电子对之间的排斥力也随之加大，即生成的键角也将增大。例如 NH_3 分子键角 107.3°，PH_3 分子键角 93.3°，AsH_3 分子键角 91.8°，SbH_3 分子键角 91.3°。

价层电子对互斥理论能简单、迅速，比较准确的推测 AB_n 型无机共价化合物的构型。但是它不适用复杂的无机分子、离子以及过渡元素（d 电子数不等于 0、5、10）的化合物的构型。对有机分子构型也不适用。并且对碱土金属二卤化物也不准确，如 CaF_2、SrF_2、BaF_2 的构型都不是直线形而是 V 形。另外它更不能说明化学键形成的原理及化学键的相对稳定性，在这方面还要依靠价键理论和分子轨道理论。

11.5　杂化轨道理论

价键理论在阐明共价键的形成和共价键的特征方面获得了相当的成功，但也遇到了一些困难。例如，C 原子的电子构型是 $1s^2 2s^2 2p^2$，根据价键理论，C 原子只有两个不成对电子，因此只能生成二个共价键，但甲烷分子 CH_4 却能稳定存在，且键角也不是 90°而是 109°28′，分子呈四面体结构。1931 年，美国化学家鲍林提出杂化轨道理论，圆满地解释了碳四面体结构的价键状态。

11.5.1　杂化轨道理论基本要点

杂化轨道的概念是从电子具有波动性，波可以相互叠加的观点出发而提出的。杂化轨道理论基本要点如下：

① 在形成分子时，中心原子的 m 个类型不同、能量相近的原子轨道可以相互混杂、重新分配能量和调整空间方向形成新的 m 个能量相等的成键能力更强的原子轨道，这种混杂、平均化过程称原子轨道的杂化，所得的新的原子轨道称杂化原子轨道或杂化轨道。

② 原子轨道杂化时，可能会使原已成对的电子激发到空轨道而形成单电子，其激发所需能量可由成键时所放出的能量予以补偿。

需要注意的是，只有当原子相互结合形成分子时才会发生原子轨道的杂化，孤立的原子不会发生轨道杂化。

11.5.2　sp 杂化

一个原子的一个 ns 轨道和一个 np 轨道，杂化后形成两个新的 sp 杂化轨道，sp 杂化轨道的形状一头大，一头小。每一个杂化轨道都含有 $\frac{1}{2}$s 和 $\frac{1}{2}$p 轨道成分，两个 sp 杂化轨道夹角为 180°，空间构型为直线形，sp 杂化轨道如图 11-8 所示。

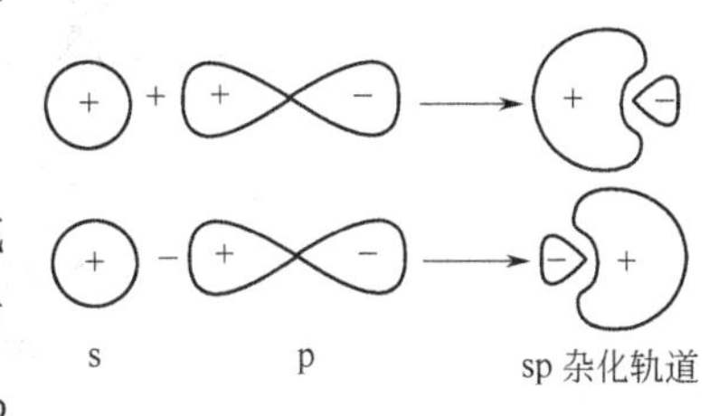

图 11-8　sp 杂化轨道示意图

例如，$BeCl_2$ 分子中的 Be 原子的价电子构型是 $2s^2 2p^0$，与二个 Cl 原子结合时，由于 Be 原子的 2s 轨道与 2p 轨道能量相近，2s 电子首先激发到 2p 轨道上，然后一个 s 轨道与一个 p 轨道杂化，形成两个 sp 杂化轨道，杂化过程如图 11-9 所示。

Be 原子的两个 sp 杂化轨道分别与二个 Cl 原子的 3p 轨道沿键轴方向重叠而形成两个等

同的 σ 键，$BeCl_2$分子呈线型结构，如图 11-10 所示。

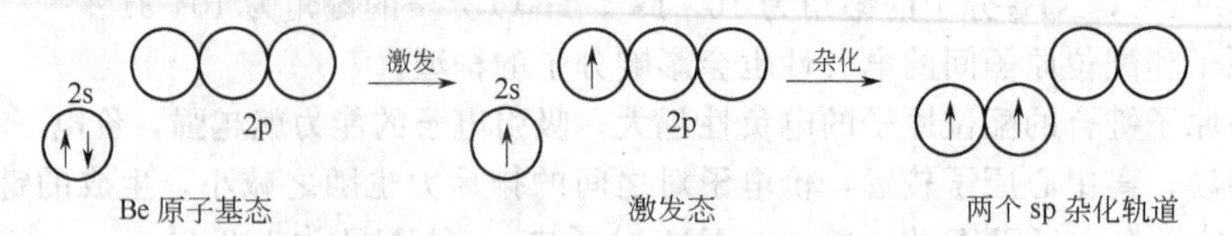

图 11-9 Be 原子的杂化原子轨道形成过程示意图

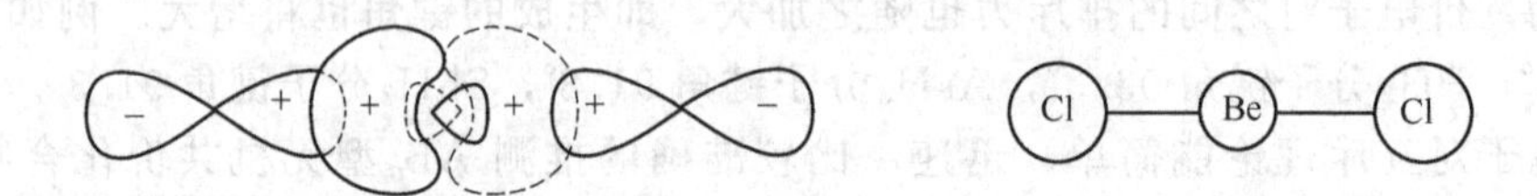

Cl 的 3p 轨道 Be 的 sp 杂化轨道 Cl 的 3p 轨道

图 11-10 $BeCl_2$ 分子成键及线型结构示意图

Zn、Cd、Hg 等原子的价电子层都是 ns^2 电子构型，常采用 sp 杂化形成二个 σ 键。如 $ZnCl_2$、$HgCl_2$、$CdCl_2$等都是直线形分子。

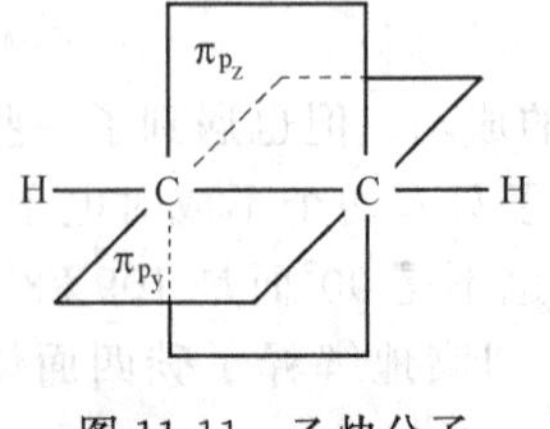

图 11-11 乙炔分子中的叁键

乙炔（H—C≡C—H）分子中的两个 C 原子都采用 sp 杂化。C 原子的一个 sp 杂化轨道与 H 原子的 1s 轨道形成 σ 键，另一个 sp 杂化轨道与第二个 C 原子的 sp 杂化轨道在 C 原子间形成 σ 键。C 原子未参与杂化的 p_y、p_z 轨道在二个 C 原子间还能分别形成两个相互垂直的 π 键，如图 11-11 所示。在有机化合物中，凡含有叁键或聚集双键的 C 原子一般都采用 sp 杂化，如丙二烯（$H_2C=C=CH_2$）等。

11.5.3 sp^2 杂化

一个原子的一个 ns 轨道和二个 np 轨道，杂化后形成三个新的 sp^2 杂化轨道，每一个杂化轨道都含有$\frac{1}{3}$s 和$\frac{2}{3}$p 轨道成分，两个杂化轨道间夹角为 120°，空间构型为平面三角形，如图 11-12 所示。

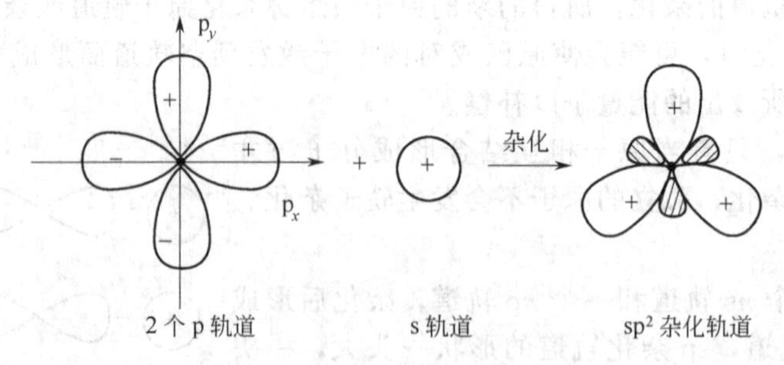

图 11-12 sp^2 杂化轨道的形成

例如，BCl_3分子中 B 原子的价电子构型是 $2s^2 2p^1$，形成 BCl_3分子时，B 原子的 2s 电子首先激发到 2p 轨道上，然后一个 s 轨道与二个 p 轨道杂化，形成三个 sp^2杂化轨道。B 原子的三个 sp^2杂化轨道分别与三个 Cl 原子的 3p 轨道沿键轴方向重叠而形成三个等同的 σ 键，BCl_3分子呈平面三角形结构，如图 11-13 所示。类似的，BF_3、$B(CH_3)_3$也都是平面型分子。

有机化合物中凡以两个单键和一个双键与其它原子相连的 C 原子也都是采用 sp^2 杂化，如乙烯分子（$H_2C=CH_2$）、羰基（$>C=O$）等。

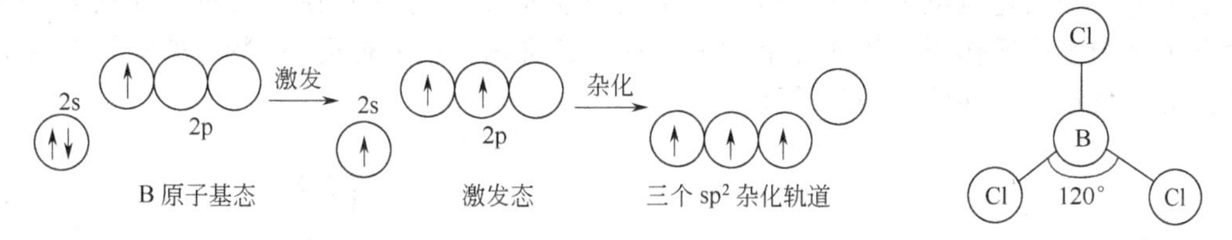

图 11-13 B 原子的杂化原子轨道形成过程及 BCl_3 分子构型示意图

11.5.4 sp^3 杂化

一个原子的一个 ns 轨道和三个 np 轨道，杂化后形成四个新的 sp^3 杂化轨道，每一个杂化轨道都含有$\frac{1}{4}$s 和$\frac{3}{4}$p 轨道成分，sp^3 杂化轨道间夹角为 109°28′，空间构型为正四面体。

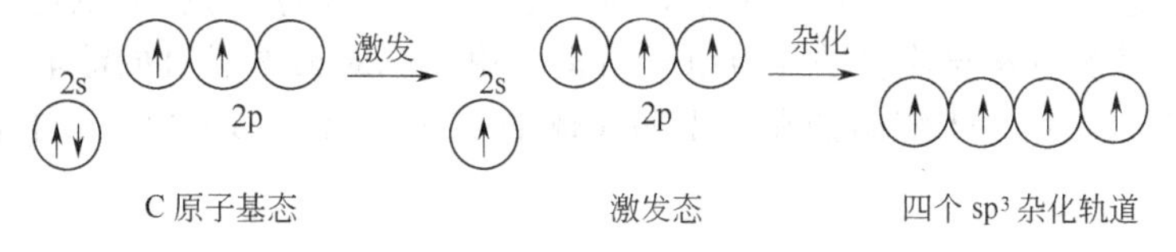

图 11-14 C 原子的杂化原子轨道形成过程示意图

例如，CH_4分子中的 C 原子与四个 H 原子结合时，C 原子的 2s 电子首先激发到 2p 轨道上，然后一个 s 轨道与三个 p 轨道杂化形成四个 sp^3 杂化轨道，杂化过程如图 11-14 所示。C 的四个 sp^3 杂化轨道分别与 4 个氢的 1s 轨道沿四面体的四个顶点方向重叠形成 4 个等同的 C—Hσ 键，键角为 109°28′，CH_4分子为正四面体结构，如图 11-15 所示。

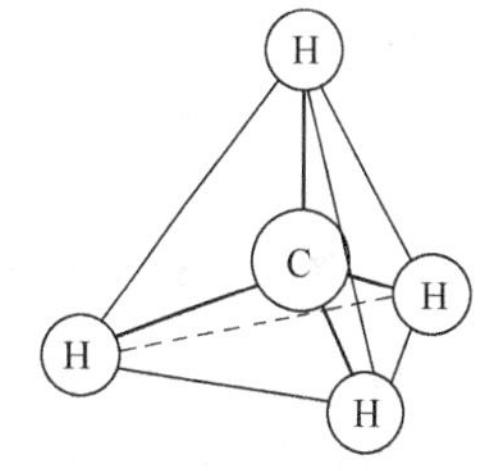

图 11-15 CH_4 分子的构型

11.5.5 不等性杂化

前面讨论的 sp、sp^2 和 sp^3 杂化轨道，每一个杂化轨道中所含 s 成分都相等，所含 p 成分也相等，称为等性杂化轨道。如果某几个杂化轨道中已含有孤对电子，不参与成键，则各杂化轨道中的 s 成分不相等，所含 p 成分也不相等，这种杂化轨道称为不等性杂化轨道。

为什么会形成不等性杂化呢？这是因为共价键的牢固程度是与原子轨道的重叠程度有关，而 s、p、d 等轨道在空间分布形状不同，在某一键轴方向轨道的重叠程度也不同。鲍林将波函数的角度部分在极坐标上的最大值作为轨道的成键能力，若以 s 轨道成键能力为 1，则 p 轨道成键能力为$\sqrt{3}$，d 轨道成键能力为$\sqrt{5}$，f 轨道成键能力为$\sqrt{7}$。当径向分布函数大致相同时，成键能力较大的轨道形成的化学键较稳固。通过计算可知，等性 sp 杂化轨道的成键能力是 1.933，sp^2 杂化轨道的成键能力是 1.991，sp^3 杂化轨道的成键能力是 2。由此可见，s-p 杂化轨道中 p 成分越多，其成键能力也就越强。因此，参与成键的杂化轨道与含有孤对电子不参与成键的杂化轨道比较，前者的 p 成分就要多些，s 成分就少些，成键能力更强些。

例如，NH_3分子中键角为 107°18′，与 CH_4分子键角 109°28′很接近，因此可以认为 N 原子采用 sp^3 不等性杂化（图 11-16）。其中，三个杂化轨道中都只有一个未成对电子，可分别与三个 H 原子的 1s 轨道重叠生成三个 σ 键。一个杂化轨道被一对不参与成键的电子占据，所含 s 轨道成分比另三个杂化轨道多，所含 p 轨道成分比另三个杂化轨道少[1]。由于被

---

[1] sp^3 等性杂化中每个杂化轨道的 p 成分均为 0.75。NH_3 分子中，含孤对电子的杂化轨道中 p 成分为 0.678，成键杂化轨道中 p 成分为 0.774。H_2O 分子中，含孤对电子的杂化轨道中 p 成分为 0.706，成键杂化轨道中 p 成分为 0.794。

孤对电子占据的杂化轨道不参与成键，电子云较密集在N原子周围，孤电子对会对另三组成键电子对产生排斥作用，致使三个N—H键间的夹角由四面体的109°28′变为107°18′，分子构型为三角锥形，如图11-17所示。

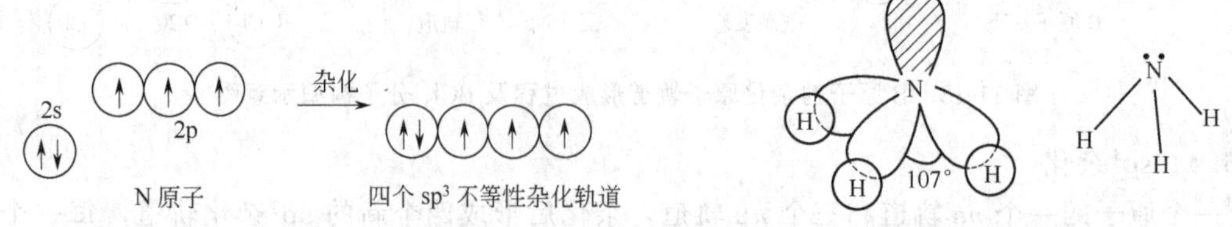

图11-16 N原子的不等性杂化原子轨道　　图11-17 NH_3分子空间构型示意图

H_2O分子中的O原子也可认为是采用sp^3不等性杂化形成4个杂化轨道（图11-18）。其中二个杂化轨道中都有一个未成对电子，可分别与二个H原子的1s轨道重叠生成二个σ键。二个杂化轨道被不参与成键的孤对电子占据，由于二对孤电子对成键电子对产生排斥作用更大，以致使二个O—H键间的夹角由四面体的109°28′变为104°31′，分子构型为V形，如图11-19所示。

图11-18 O原子的不等性杂化原子轨道　　图11-19 H_2O分子空间构型示意图

除了s、p轨道可参与杂化之外，d轨道也能参与杂化，形成dsp^2、d^2sp^3等杂化轨道，这些类型的杂化轨道将在第13章配位化合物中予以讨论。

杂化轨道理论直观、简洁，成功地解释了分子中原子键合的情况，解释了分子的构型，但是由于杂化轨道理论过分强调了电子对的定域性，因此对物质的光谱性质和磁性质等还是无法解释，从而促使人们进行新的理论探索，提出新的化学键理论。

11.6 分子轨道理论

价键理论、杂化轨道理论直观、简洁，但也碰到一些困难。例如，按照价键理论，O_2中电子都已配对，不存在未成对电子，分子磁矩为零，是反磁性物质，但实验表明O_2分子磁矩不为零，是顺磁性物质[1]。另外，价键理论也无法解释像H_2^+这样的单电子化合物为什么会稳定存在。

1928年，美国化学家马利肯、德国化学家洪特在分子光谱的实验基础上，逐步发展了分子轨道理论，圆满地解释了氧分子的顺磁性、奇电子分子或离子的稳定存在等实验现象。

分子轨道理论是在量子力学处理氢分子离子H_2^+的基础上发展起来的。它强调了分子的整体性，较全面地反映了分子中电子的运动状态，因而近几十年来得到迅速发展。

[1] 若分子中电子都已配对，则分子磁矩μ为零，在外磁场中会削弱外磁场，称反磁物质。若分子中存在着未成对的电子，则分子磁矩μ不等于零，在外磁场中，会对外磁场有所加强，称顺磁性物质。

11.6.1 分子轨道理论要点

① 分子轨道理论认为分子中的电子是在整个分子范围内运动的，分子中各个电子的运动状态可用单电子波函数 ψ 描述，单电子波函数 ψ 称为分子轨道（简称 MO）。

② 分子轨道是由原子轨道线性组合得到的，n 个原子轨道线性组合后可得到 n 个分子轨道，其中包括一定数量的成键分子轨道（能量低于参与形成分子轨道的原子轨道的能量）和反键轨道（能量高于参与形成分子轨道的原子轨道的能量），有时还有非键分子轨道（能量等于参与形成分子轨道的原子轨道的能量）。

例如，两个氢原子相互接近时，两个氢原子的 1s 轨道线性组合得到两个分子轨道

$$\psi_1 = N(\psi_A + \psi_B)$$
$$\psi_2 = N(\psi_A - \psi_B)$$

N 是归一化系数，暂且不管。ψ_1 是成键分子轨道，电子云在两核间较大。成键分子轨道的能量比原子轨道能量低 $|\beta|$，电子处于成键分子轨道时，能使系统能量降低。ψ_2 是反键分子轨道，两核间有一节面（节面是波函数 ψ 等于零的一个平面或曲面，在节面上电子出现的概率为零）。反键分子轨道能量比原子轨道能量高 $|\beta|$，电子处于反键分子轨道时，使系统能量升高（图 11-20）。

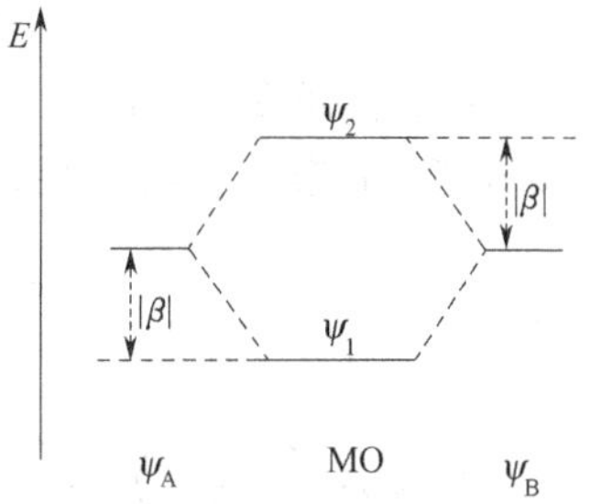

图 11-20　两个原子轨道形成两个分子轨道

③ 为了有效地形成分子轨道，必须符合成键三原则：能量相近、轨道最大重叠及对称性匹配。

能量相近　只有能量相近的原子轨道才能有效地组成分子轨道，而且能量愈相近愈好。如果两个原子轨道能量相差很大，则不能组成分子轨道。

轨道最大重叠　两个原子轨道的重叠程度愈大，则形成的成键分子轨道的能量相对于原子轨道的能量降低得愈显著，成键效应愈强，形成的化学键也愈牢固。

对称性匹配　只有对称性相同的原子轨道才能有效地形成分子轨道。如图 11-21(a)、(b)、(c)，原子轨道同号重叠（即＋＋重叠或－－重叠），满足对称性匹配条件。图 11-21(d)、(e) 看起来也有轨道重叠，但仔细观察会发现，一块区域是＋＋重叠而另一块区域是＋－重叠，因此净的重叠为零，不能形成分子轨道，其原因是原子轨道对称性不匹配。由此可见，满足对称性匹配条件的原了轨道同号重叠，不满足对称性匹配条件的原子轨道会出现异号重叠。

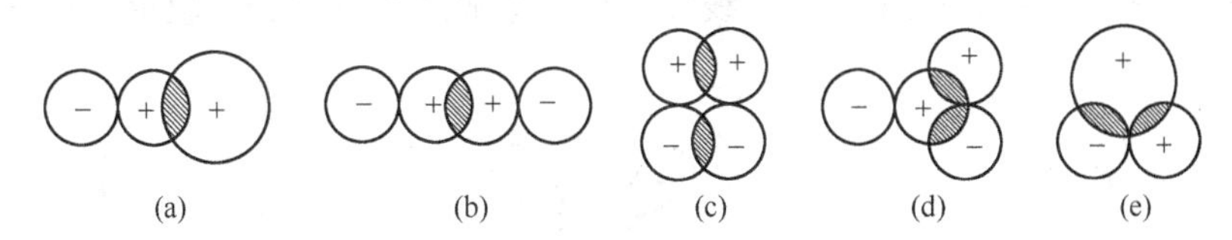

图 11-21　对称性匹配原则

(a)、(b)、(c) 对称性匹配；(d)、(e) 对称性不匹配

④ 电子在分子轨道中的分布原则　如同电子充填原子轨道一样，电子在分子轨道中的分布也遵守以下三原则：

能量最低原理　电子总是尽可能地占据能量最低的分子轨道。

泡利不相容原理　每个分子轨道最多只能容纳两个自旋相反的电子。

洪特规则　对能量相同的分子轨道（如 π_{2p_y}，π_{2p_z}），电子将分别占据不同的分子轨道，并且电子自旋平行。

11.6.2　分子轨道的类型及能级次序

11.6.2.1　分子轨道的类型

根据分子轨道的对称性，可以将分子轨道分为σ型分子轨道和π型分子轨道。σ型分子轨道关于键轴是圆柱形对称的，π型分子轨道关于包含键轴的平面是反对称的。下面结合几种主要的组合类型予以讨论。

① **s-s组合**　一个原子的ns轨道与另一个原子的ns轨道组合可得到两个σ型分子轨道（图11-22），其中一个分子轨道的能量低于原子轨道的能量，是成键分子轨道，用σ_{ns}表示，一个分子轨道的能量高于原子轨道的能量，是反键分子轨道，用σ_{ns}^*表示。

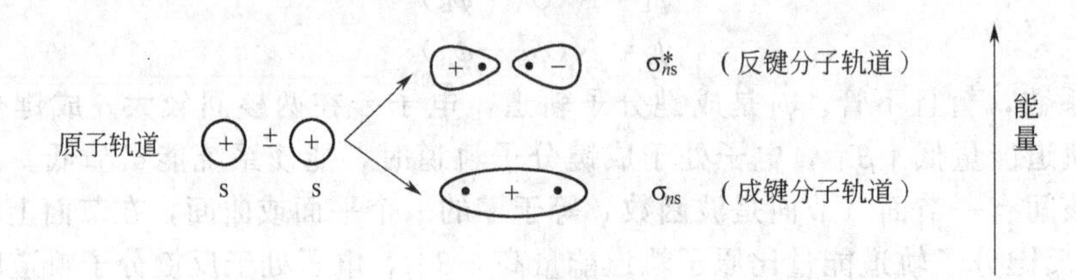

图11-22　s-s轨道组合形成的σ型分子轨道

② **p_x-p_x组合**　设键轴为x轴方向，一个原子的np_x轨道与另一个原子的np_x轨道线性组合可得到两个σ型分子轨道（图11-23），成键分子轨道用σ_{np}表示，反键分子轨道用σ_{np}^*表示。

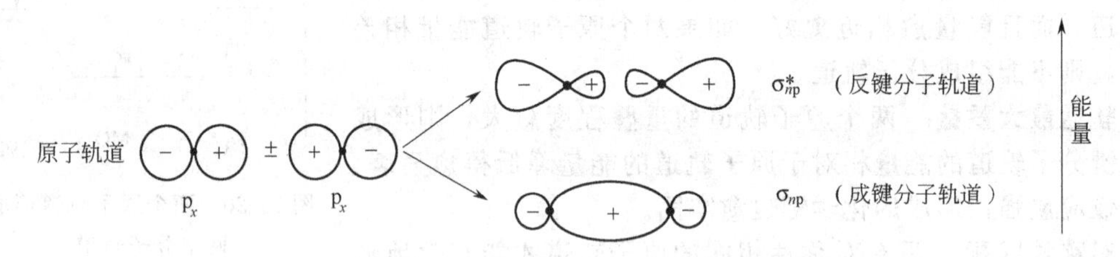

图11-23　p_x-p_x轨道组合形成的σ型分子轨道

③ **p_y-p_y、p_z-p_z组合**　设键轴为x轴方向，一个原子的np_y轨道与另一个原子的np_y轨道线性组合形成二个π型分子轨道，成键分子轨道用π_{np_y}表示，反键分子轨道用$\pi_{np_y}^*$表示（图11-24）。π型分子轨道的电子云对称地分布在包含键轴的平面的两侧，但正负号相反，这个平面也是电子出现的概率为零的节面。所以说π型分子轨道的特点是关于包含键轴的平面是反对称的。同样，np_z与np_z轨道的线性组合也形成二个π型分子轨道，但π_{np_z}与π_{np_y}是相互垂直的。

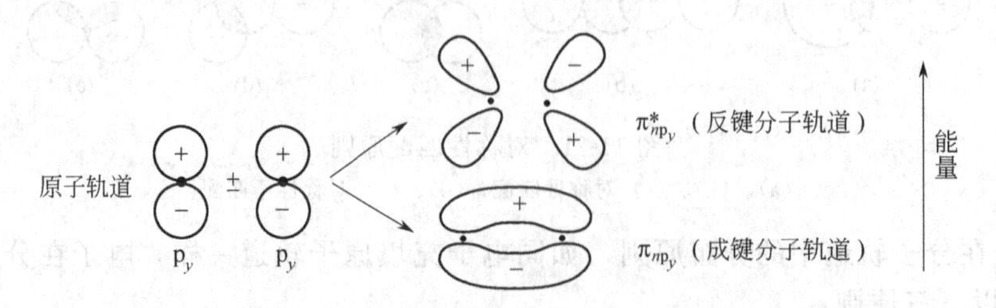

图11-24　p_y-p_y轨道重叠形成的π型分子轨道

一般情况下，分子轨道的节面数越多，能量越高。σ型成键分子轨道没有节面，π型成键分子轨道有一个节面，所以π型分子轨道能量高于σ型分子轨道，也即π键不如σ键稳定。

11.6.2.2 分子轨道的能级次序

每一个分子轨道都有相应的能量，分子轨道的能级顺序目前主要是以光电子能谱和光谱实验数据来确定的。下面是第二周期同核双原子分子的分子轨道能级次序：

$Li_2 \sim N_2$分子：$\sigma_{1s} < \sigma_{1s}^* < \sigma_{2s} < \sigma_{2s}^* < \pi_{2p_y} = \pi_{2p_z} < \sigma_{2p_x} < \pi_{2p_y}^* = \pi_{2p_z}^* < \sigma_{2p_x}^*$

$O_2 \sim F_2$分子：$\sigma_{1s} < \sigma_{1s}^* < \sigma_{2s} < \sigma_{2s}^* < \sigma_{2p_x} < \pi_{2p_y} = \pi_{2p_z} < \pi_{2p_y}^* = \pi_{2p_z}^* < \sigma_{2p_x}^*$

$O_2 \sim F_2$分子能级顺序中 $\sigma_{2p} < \pi_{2p}$是正常的。$Li_2 \sim N_2$分子出现了 $\pi_{2p} < \sigma_{2p}$的反常现象是因为 Li～N 原子的 2s 和 2p 轨道的能级比较接近，2s 和 2p 轨道也可以相互作用，因此使分子轨道的能级顺序发生了改变。图 11-25 是第二周期同核双原子分子的分子轨道能级顺序图。

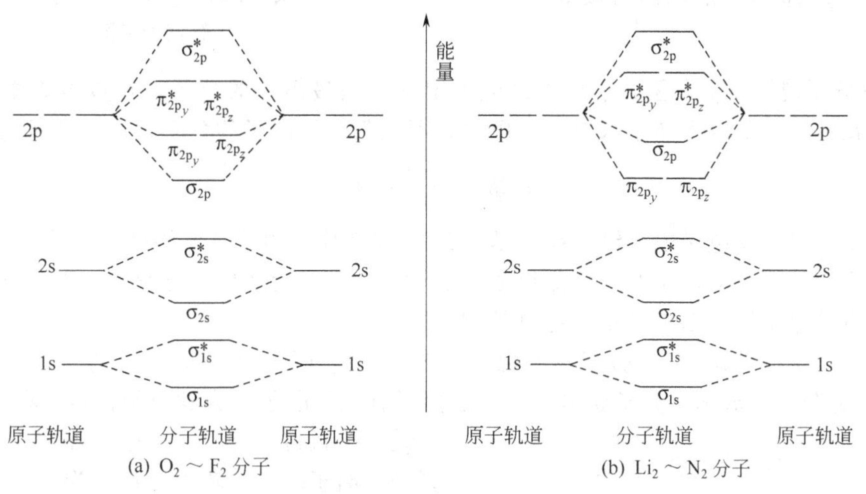

图 11-25 分子轨道能级图

11.6.3 双原子分子的结构

在分子轨道理论中，成键分子轨道的能量总是低于组成分子轨道的原子轨道能量，反键分子轨道的能量总是高于原子轨道能量。当成键轨道拥有的电子总数大于反键轨道的电子总数时，即分子中有净的成键电子时，表明在形成分子时有净的能量下降。因此，可以通过比较成键电子总数和反键电子总数来判断分子是否稳定。若成键电子总数大于反键电子总数，则分子是稳定的，反之，分子是不稳定的。在分子轨道理论中，通常用键级来表示分子的稳定性。键级的定义是成键电子总数与反键电子总数差值的一半，即

$$\text{键级} = \frac{\text{成键电子总数} - \text{反键电子总数}}{2}$$

键级的大小表示了键的强度，一般情况下，键级越大，净成键电子数越多，能量下降得也越多，共价键越牢固，分子也就越稳定。

下面用分子轨道理论来讨论几个典型的双原子分子。

① 氢分子 两个氢原子相互接近时，两个氢原子的 1s 轨道线性组合得到一个成键分子轨道 σ_{1s}和一个反键分子轨道 σ_{1s}^*。氢分子共有两个电子，按能量最低原理，这两个电子分布在成键分子轨道 σ_{1s}上，如图 11-26 所示。由于成键分子轨道能量比原子轨道能量低 $|\beta|$，并且成键分子轨道上有 2 个电子，所以氢分子能量比两个氢原子能量低$2|\beta|$，氢分子的键能也就是 $2|\beta|$。氢分子的分子轨道表达式为 $(\sigma_{1s})^2$。

$$\text{氢分子的键级} = \frac{2-0}{2} = 1。$$

与价键理论认为氢分子中有一个共价单键是一致的。

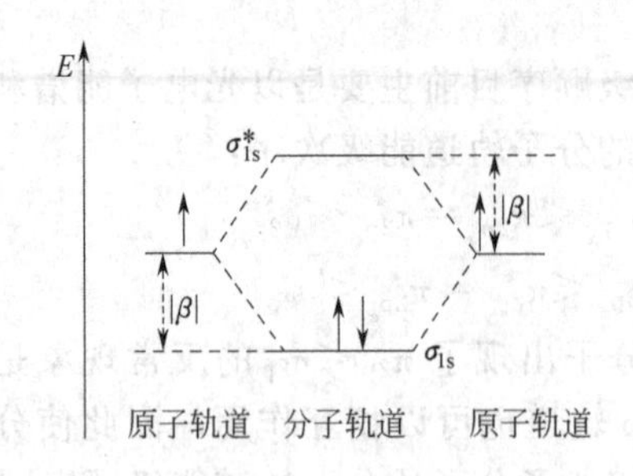

图 11-26 H_2 分子轨道能级图

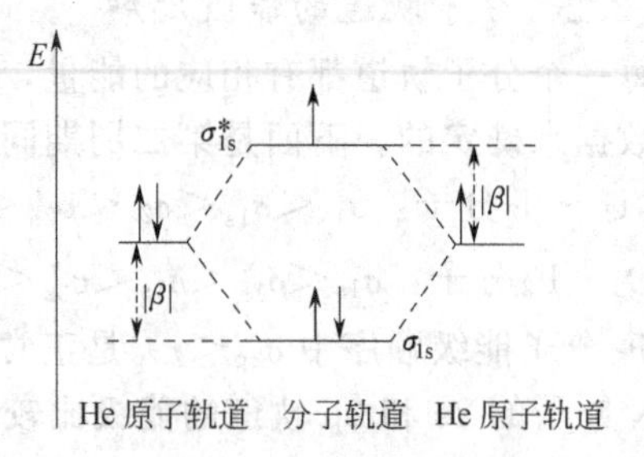

图 11-27 氦分子离子分子轨道能级图

② 氢分子离子 H_2^+ 氢分子离子是能稳定存在的最简单的分子，在放电管中就有氢分子离子存在。由于氢分子离子只有一个电子，所以氢分子离子的分子轨道表达式为 $(\sigma_{1s})^1$。

$$键级=\frac{1-0}{2}=0.5$$

氢分子离子中存在单电子的 σ 键，键能是 $|\beta|$，是正常双电子 σ 键键能的一半。

价键理论认为只有电子配对才能形成共价键，单电子无法形成化学键，但分子轨道理论认为可以有单电子键、双电子键和叁电子键。

③ 氦分子离子 He_2^+ 氦分子不能稳定存在，但氦分子离子却能稳定存在。两个氦原子的 1s 轨道组合，形成两个分子轨道，氦分子离子有三个电子，成键分子轨道上有 2 个电子，反键分子轨道上有 1 个电子，如图 11-27 所示。氦分子离子的分子轨道表达式为 $(\sigma_{1s})^2(\sigma_{1s}^*)^1$。

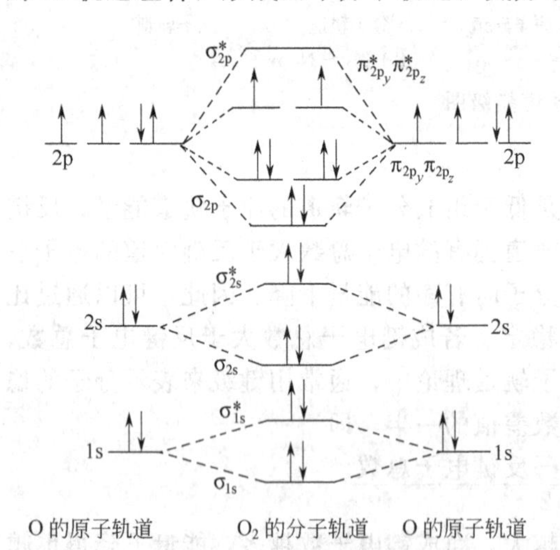

图 11-28 O_2 分子轨道能级图

$$键级=\frac{2-1}{2}=0.5$$

氦分子离子中存在三电子的 σ 键，由于成键电子与反键电子能量抵消，三电子的 σ 键只相当于半个正常 σ 键的强度。

由分子轨道理论也很容易说明为什么氦分子不能稳定存在。如果氦分子存在，则分子轨道表达式为 $(\sigma_{1s})^2$ $(\sigma_{1s}^*)^2$，键级为零。由于成键分子轨道与反键分子轨道都已充满电子，成键电子与反键电子能量抵消，没有成键效应[❶]。

④ 氧分子 两个氧原子相互接近时，按照能量相近、对称性匹配等原则，可形成 5 个成键分子轨道和 5 个反键分子轨道。氧分子共有 16 个电子，按能量最低原理、泡利原理和洪特规则，电子排布如图 11-28 所示。O_2分子轨道表达式是：

$$(\sigma_{1s})^2(\sigma_{1s}^*)^2(\sigma_{2s})^2(\sigma_{2s}^*)^2(\sigma_{2p_x})^2(\pi_{2p_y})^2(\pi_{2p_z})^2(\pi_{2p_y}^*)^1(\pi_{2p_z}^*)^1$$

因为同核双原子分子成键分子轨道的能量降低与反键分子轨道的能量升高近似相等，故 $(\sigma_{1s})^2$ 与 $(\sigma_{1s}^*)^2$、$(\sigma_{2s}{}^2)$ 与 $(\sigma_{2s}^*)^2$ 能量的降低与升高相互抵消，实际上对成键有作用的是

❶ 量子化学计算表明，反键分子轨道能量的升高略大于成键分子轨道能量的降低，如果成键轨道与反键轨道都充满电子，分子总能量将大于两个分立原子的能量。

$(\sigma_{2p_x})^2$，构成 O_2 分子中的一个 σ 单键，$(\pi_{2p_y})^2$ $(\pi_{2p_y}^*)^1$ 和 $(\pi_{2p_z})^2$ $(\pi_{2p_z}^*)^1$ 构成两个三电子 π 键，氧分子的结构式可表示为：

$$O \overset{\cdots}{\underset{\cdots}{—}} O$$

$$键级=\frac{10-6}{2}=2$$

三电子 π 键由二个成键电子和一个反键电子构成，由于一个成键电子与一个反键电子能量近似抵消，所以一个三电子 π 键只相当于半个正常 π 键的强度，两个三电子 π 键的强度相当于一个正常 π 键，O_2 分子的键强接近双键，与价键理论认为 O_2 分子中有两个共价键是一致的。

分子轨道理论表明 O_2 分子中存在两个未成对的电子，分子具有顺磁性，与实验结果一致。

⑤ 氮分子　N_2 分子的分子轨道能级次序与氧分子略有不同（图 11-25），N_2 分子的分子轨道表达式是：

$$(\sigma_{1s})^2(\sigma_{1s}^*)^2(\sigma_{2s})^2(\sigma_{2s}^*)^2(\pi_{2p})^4(\sigma_{2p})^2 \quad 键级=\frac{10-4}{2}=3$$

氮分子为三重键，一个 σ 键和二个 π 键，电子全部配对，是反磁性物质。

⑥ HF 分子　异核双原子形成分子时，只有能量相近的原子轨道才能有效地形成分子轨道。一般情况下两种原子的外层价电子轨道的能量较接近，它们能形成分子轨道。

HF 分子的分子轨道能级图见图 11-29。H 原子的 1s 轨道与 F 原子的 2p 轨道能量接近，组成 $\sigma_{1s\text{-}2p}$ 成键分子轨道和 $\sigma_{1s\text{-}2p}^*$ 反键分子轨道，$(\sigma_{1s})^2$、$(\sigma_{2s})^2$、$(\pi_{2p})^4$ 基本上是 F 的 1s、2s 和 2p 原子轨道，是非键分子轨道（与原子轨道能量相同的分子轨道）。HF 的分子轨道表达式为：$(\sigma_{1s})^2(\sigma_{2s})^2(\sigma_{1s\text{-}2p})^2(\pi_{2p})^4$。$(\sigma_{1s\text{-}2p})^2$ 是成键电子对，HF 分子中有一个 σ 键。

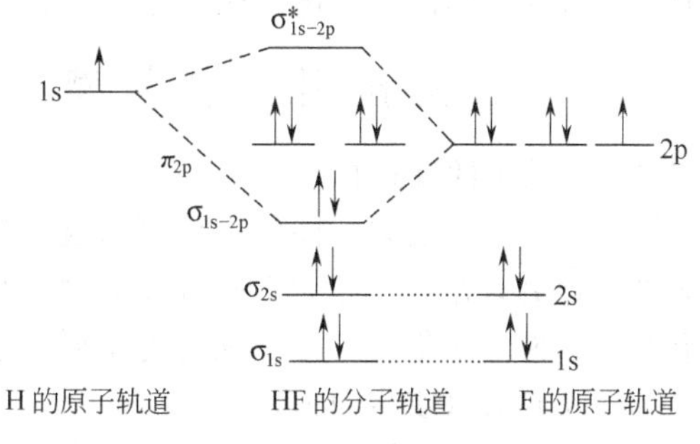

图 11-29　HF 的分子轨道能级图

11.6.4　离域键

分子轨道理论在解释多原子分子的结构和性质关系时，认为可在多个原子之间形成共价键，即离域键。离域键有缺电子多中心键、富电子多中心键、π 配键和离域 π 键等几种类型，这里只简单介绍离域 π 键。

例如，苯（C_6H_6）有 6 个 C 原子，每个 C 原子都以 sp^2 方式杂化形成三个杂化轨道，每个 C 原子的一个杂化轨道与一个 H 原子的 1s 轨道形成 σ 键，另二个杂化轨道分别与其它二个 C 原子的杂化轨道形成 σ 键，构成一个六元环。每个 C 原子都还有一个未参与杂化的垂直于六元环平面的 p 轨道，这个 p 轨道中还有 1 个成单电子。这 6 个 p 轨道可以形成 6 个分子轨道，其中 3 个是成键分子轨道，3 个是反键分子轨道。6 个 p 电子充填在 3 个成键分子轨道中，形成有 6 个 C 原子参与的离域 π 键，也称大 π 键。苯分子的大 π 键用 Π_6^6 表示，下标指参与形成离域 π 键的原子数，上标指离域 π 键中的电子数。由于苯分子大 π 键中的电子在 6 个 C 原子的范围内运动，使分子稳定性大大加强（图 11-30）。

又如，NO_3^- 是等边三角形离子，N 原子处在三角形的中心，采用 sp^2 杂化，3 个杂化轨道分别与 3 个 O 原子的 p 轨道形成 3 个 σ 键。N 原子的 1 个未参与杂化的 p 轨道（上面有 2 个 p 电子）与 3 个 O 原子的各自含有 1 个单电子的 p 轨道形成有 4 个原子参与的离域 π 键。N 和 O 提供 5 个电子，加上 NO_3^- 提供的 1 个电子，共 6 个电子，形成 Π_4^6 的离域 π 键。

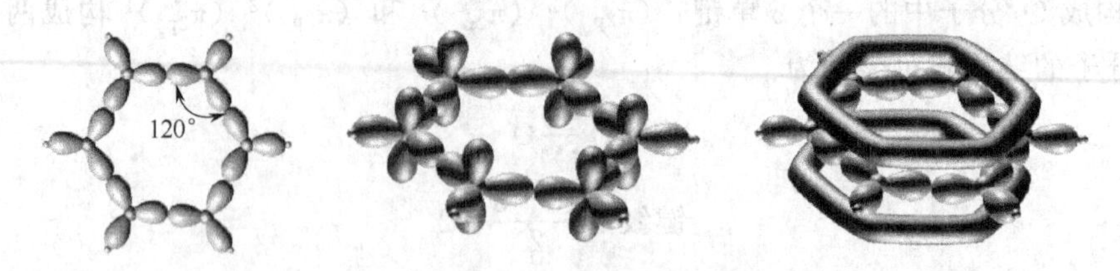

图 11-30 苯分子大π键形成过程示意图

在许多无机分子和有机分子中都存在离域π键，如 CO_2、$HgCl_2$、O_3 中有 Π_3^4，CO_3^{2-}、BF_3 中有 Π_4^6，石墨分子中也可认为有无数个原子参与的离域π键 Π_n^n，由于电子不局限在 2 个 C 原子间，所以石墨可以导电。

由于离域π键的形成使分子更加稳定，同时引起分子性质如键长、反应活性、酸碱性、光谱性质等的改变，称作共轭效应。

生成离域π键要满足两个条件：

① 参与形成离域π键的原子在同一平面上，且每个原子都有 1 个互相平行的 p 轨道；

② p 电子的数目要小于 p 轨道数目的 2 倍（按照分子轨道理论，若成键和反键分子轨道都被电子占满，净的成键电子数等于 0，不能成键）。

11.7 分子间作用力和氢键

11.7.1 分子间作用力

气体能凝结成液体，固体表面可以吸附其它物质，粉末可压成片状等现象都证明分子与分子之间有引力存在。因为实际气体的“范德华方程”中第一次提出有这种力，所以分子间作用力常称为范德华力。分子间力的主要有以下三种。

（1）取向力（或定向力）

取向力发生在极性分子和极性分子之间。极性分子的正负电荷中心不重合，具有固有偶极。当两个极性分子相互接近时，由于同极相斥，异极相吸，一个分子的带负电的一端会吸引另一个分子带正电的一端，从而使极性分子按一定方向排列。这种能使分子按一定方向排列的极性分子的固有偶极间的静电引力称为取向力。分子的固有偶极矩越大，分子间的取向力也越大。当然，由于分子的热运动，分子不会完全定向地排列成行。两个极性分子的相互作用如图 11-31 所示。

取向力产生的吸引能与分子偶极矩的平方成正比，与热力学温度成反比，与分子间距离的六次方成反比。随着分子间距离变大，取向力递减得非常之快。

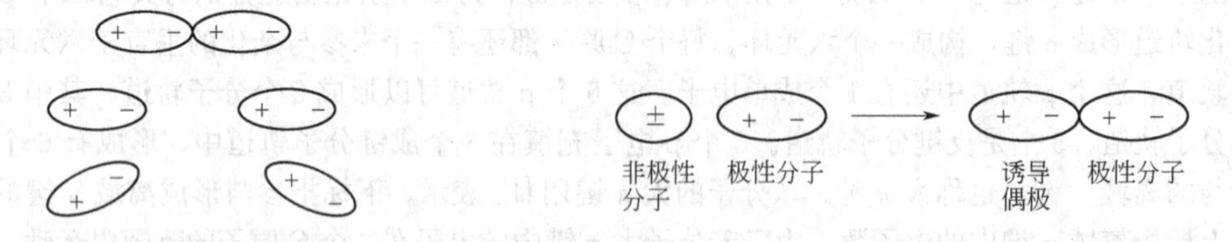

图 11-31 极性分子相互作用示意图

图 11-32 极性分子与非极性分子相互作用示意图

（2）诱导力

在极性分子和非极性分子间以及极性分子和极性分子间都存在诱导力。当极性分子和非极性分子充分接近时，在极性分子偶极矩电场的影响下会使非极性分子中正、负电荷重心发生相对位移，电子云发生了变形，从而使非极性分子产生了“诱导偶极”，分子在外电场的作用下，发生电子云变形的现象称为极化。由于诱导偶极而产生的吸引力，称为诱导力。由于诱导偶极引起的极化称“诱导极化”或“变形极化”。分子中电子数越多，分子的变形性也越大。极性分子与非极性分子的相互作用如图 11-32 所示。

同样，当极性分子与极性分子相互接近时，除取向力外，在彼此偶极的相互影响下，每个分子也会发生变形而产生诱导偶极，因此也存在着诱导力。

诱导力产生的吸引能与极性分子偶极矩的平方成正比，与被诱导分子的变形性成正比，与分子间距离的六次方成反比。诱导力与温度无关。

(3) 色散力

任何一个分子，由于电子的不断运动和原子核的不断振动会发生电子云和原子核之间的瞬时相对位移从而产生瞬间偶极。分子靠瞬间偶极而相互吸引，这种力称为色散力。由于伦敦从量子力学导出的这种力的理论公式与光色散公式相似，因此把这种力叫做色散力或伦敦力。

量子力学的计算表明，色散力与分子的变形性有关，分子的体积越大，变形性越大，色散力也越大。色散力产生的吸引能与分子间距离的六次方成反比。

在一般分子中，色散力往往是主要的，只有对极性很大的分子（如 HF、NH_3、H_2O），取向力才显得重要。表 11-6 列出一些分子间力的大小。

表 11-6　分子间作用力

分　子	取向力/$kJ\cdot mol^{-1}$	诱导力/$kJ\cdot mol^{-1}$	色散力/$kJ\cdot mol^{-1}$	总作用力/$kJ\cdot mol^{-1}$
Ar	0	0	8.50	8.50
CO	0.003	0.008	8.75	8.75
HI	0.025	0.113	25.87	26.00
HBr	0.69	0.502	21.94	23.11
HCl	3.31	1.00	16.83	21.14
NH_3	13.31	1.55	14.95	29.60
H_2O	36.39	1.93	9.00	47.31

总之，范德华力是普遍存在于分子、原子或离子间的作用力，而且只是引力，它随着分子间的距离增大而迅速减小，所以通常表现为分子间近距离的吸引力，作用范围约 10^{-10} m，一般都在几十千焦每摩尔以下，比化学键小 1～2 个数量级，没有方向性和饱和性。

一般说来，结构相似的同系列物质分子量越大，分子变形性也越大，分子间力也越大，物质的熔点、沸点也越高。例如，稀有气体、卤素等，其熔点、沸点都是随分子量增大而升高的。分子间力对物质的溶解度也有影响，溶质和溶剂的分子间力越大，溶解度也越大。

11.7.2　氢键

大量事实表明，分子中与电负性大的原子 X 以共价键相结合的氢原子，还可和另一个电负性大的原子 Y 之间产生静电引力，形成氢键。

$$X—H\cdots Y$$

其中 X、Y 可以相同，也可以不同，代表 F、O、N 等电负性较大、半径较小的原子，这种键称为氢键。图 11-33 是 HF 分子间氢键示意图，一个 HF 分子的 H 与另一个 HF 分子的 F 以氢键相结合，形成分子间氢键。

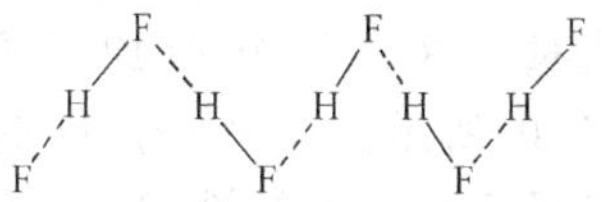

实线是共价键，虚线是氢键

图 11-33　HF 分子间氢键

氢键形成的原因是：当氢与电负性很大、半径很小的原子 X（如 F、O、N 等原子）以共价键结合时，共用电子对偏向于 X 原子，氢原子便成为几乎没有电子云的只带有正电荷的原子核了，它的半径又很小，这个几乎赤裸的质子能将另一个分子中的一个电负性很强且有孤对电子的 Y 原子吸引到附近而形成氢键，氢键实质上是一种有方向性的范德华力。

形成氢键的条件是：

① 有一个与电负性较大的原子 X 结合的氢原子；

② 有另一个电负性很大并且有孤对电子的原子 Y（Y 可以与 X 相同，也可以不同）。

容易形成氢键的元素有 F、O、N 等，这些原子的电负性很大，半径小，有孤对电子，可以形成氢键。Cl 原子虽然电负性较大，但半径也较大，形成的氢键较弱。元素的电负性愈大，半径愈小，形成的氢键也愈强。氢键强弱次序如下：

$$F—H\cdots F>O—H\cdots O>O—H\cdots N>N—H\cdots N$$

氢键比化学键弱很多，但比范德华力稍强，氢键键能约在 10～40kJ·mol^{-1}。

氢键是具有饱和性和方向性的范德华力。当氢键形成后，半裸的 H 就不能再与另一个 Y 形成第二个氢键了，这是因为氢原子的半径比 X、Y 的原子半径小许多，当 H—X 分子中的 H 与 Y 形成氢键后，若再与另一个 Y 靠近，两个 Y 就会相互排斥，所以氢键有饱和性。对分子间氢键而言，X—H···Y 应在一直线上，这样 X 与 Y 电子云间的斥力最小，氢键稳定，所以氢键具有方向性。

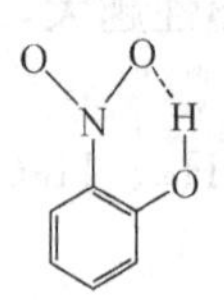

图 11-34　分子内氢键的形成

氢键也可以在一个分子内形成，图 11-34 所示为邻硝基苯酚中的O—H与硝基的氧原子形成分子内氢键。分子内的氢键常不在一条直线上。

氢键的形成对物质的性质有影响。

① 氢键的形成对沸点和熔点的影响　分子间形成氢键时使分子间产生较强的结合力，因而使化合物的沸点和熔点升高。例如 HF、HCl、HBr 及 HI 这四种化合物，HF 沸点较高，而 HCl、HBr 及 HI 的沸点较低。这是由于 HF 能形成氢键，而其它三种不能形成氢键。当液态 HF 气化时，必须破坏氢键，需消耗较多的能量，所以沸点较高，而其余物质由于只需克服分子间力，因此沸点较低。同样的原因，H_2O 的沸点高于 H_2S、H_2Se 和 H_2Te，NH_3 在氮族元素氢化物中也有类似情况。

分子内氢键的形成，一般会使化合物的沸点和熔点降低。例如邻硝基苯酚的熔点为 45℃，间硝基苯酚的熔点为 96℃，对硝基苯酚的熔点为 114℃，这是因为前者生成分子内氢键，后二者形成分子间氢键。

② 氢键的形成对溶解度的影响　在极性溶剂中，溶质和溶剂形成分子间氢键时，使溶质的溶解度增大。例如水和乙醇能以任意比例互溶，而与乙醚却不互溶。

溶质的分子内形成氢键时，在极性溶剂中溶解度减小，在非极性溶剂中溶解度增加。例如，邻硝基苯酚在水中的溶解度比对硝基苯酚在水中溶解度小许多，但在苯中则相反。

③ 氢键的形成对物质的酸碱性、密度、介电常数甚至反应性能等都有影响　例如，冰的晶体结构中每个氢原子都参与氢键的形成，最大限度地降低系统的能量。这样每个 O 原子周围有 4 个 H 原子，如图 11-35 所示。其中 2 个 H 是共价键结合，另外 2 个 H 离得远点，以氢键相连，使水分子间构成一个四面体的骨架结构，此结构比较疏松，中间有许多空洞。因此冰表现出密度比水小的特殊性质。当冰融化时，部分氢

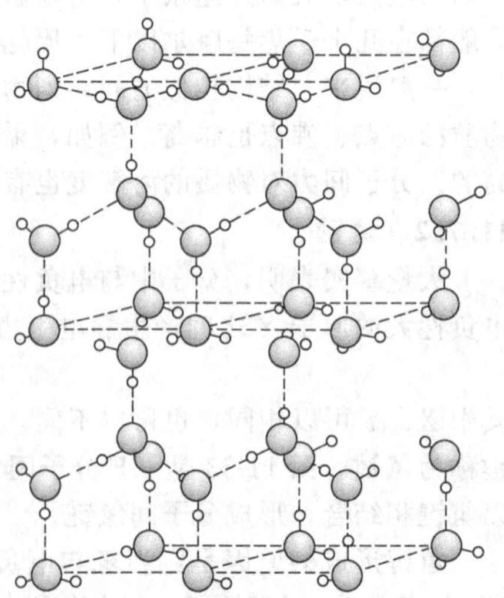
图 11-35　冰中氢键的四面体结构

氧原子　氢原子

虚线为氢键，实线为共价键

键被破坏，冰的骨架结构总体崩溃而变成水，但这时水中仍有大量的氢键存在。实验测得冰的熔化热只有 6.01kJ·mol^{-1}，比水的氢键键能 18.8kJ·mol^{-1}小许多，可见冰刚熔化后的水中仍有许多类似冰的以氢键结合的小结构集团。随温度的升高，水中的小集团也不断破坏，使水的体积进一步收缩，密度又增大。但如果温度再升高，由于热膨胀，又使水的密度减小，其结果造成在 4℃时，水的摩尔体积最小，密度最大（1.000g·cm^{-3}）。

氢键在生物大分子如蛋白质、核酸及糖类等中也有重要的作用。蛋白质分子的 α-螺旋结构就是靠羰基（C═O）上的氧和氨基（—NH）上的氢以氢键（C═O…H—N）彼此联合而成。氢键在人类和动植物的生理、生化过程中起着十分重要的作用。

思　考　题

1. 什么是化学键？化学键主要有哪几种类型？

2. 什么是离子键？离子键的特点是什么？

3. 简单正、负离子的构型是否都与稀有气体原子的电子构型相同？试举例说明？

4. 价键理论的要点是什么？共价键有什么特征？相同原子间的共价键与不同原子间的共价键有何异同？

5. σ 键和 π 键的特点是什么？σ 键和 π 键能否同时存在于两原子间？在相邻两原子间最多能形成几个 σ 键和 π 键？

6. 第一周期元素只能生成一个共价键，第二周期元素最多只能生成四个共价键，第三周期元素可以形成多于四个的共价键，试从共价键的成因加以说明，并总结一下原子生成共价键数目的规律。

7. 什么是杂化轨道？杂化轨道理论的基本要点是什么？

8. 比较 sp、sp^2、sp^3 杂化轨道在以下几方面的不同：

（1）用于杂化的原子轨道。

（2）形成杂化轨道的数目。

（3）杂化轨道中所含 s 轨道和 p 轨道的成分。

（4）杂化轨道间的夹角、杂化轨道的几何构型。

（5）杂化轨道的成键能力。

9. 下列说法是否正确，说明理由。

（1）键能越大，键越牢固，分子也越稳定。

（2）共价键的键长等于成键原子的共价半径之和。

（3）杂化轨道的几何构型决定了分子的空间构型。

（4）凡是 AB_3 型的共价化合物，其中心原子都是采用 sp^2 杂化轨道成键的。

（5）凡是 AB_2 型的共价化合物，其中心原子都是采用 sp 杂化轨道成键的。

（6）在 CH_4、CH_3Cl 和 CH_2Cl_2 分子中，C 原子都是采用 sp^3 杂化轨道成键的，因此它们都是正四面体构型。

（7）在 H_2O 分子中的 O 原子和 CH_4 分子中的 C 原子都是采用 sp^3 杂化轨道成键的，因此它们的键角都是 109°28′。

10. 分子轨道理论的要点是什么？什么是成键三原则？

11. 什么是成键分子轨道？什么是反键分子轨道？每个分子轨道中能充填几个电子？反键分子轨道能否全部填满电子？

12. 为什么氧原子和氧分子都是顺磁性物质，而氮原子是顺磁性，氮分子却是反磁性？

13. 下列说法是否正确，说明理由。

（1）如果一个原子在基态时，没有未成对的电子，则不能形成共价键。

（2）相同原子间的双键键能是两个单键键能的二倍。

（3）分子中的键级只能是 1、2、3 等整数。

（4）极性分子中的化学键就是极性键，非极性分子中的化学键就是非极性键。

（5）色散力只存在于非极性分子间。

14. 各种分子间力产生的原因是什么？它们对物质的性质有何影响？

15. 氢键是怎样形成的？是否含氢化合物的分子间都能形成氢键？

习 题

1. 选择题

(1) 下列物质中极性最弱的是（　　）。

A. NH_3　　B. PH_3　　C. AsH_3　　D. SbH_3

(2) 下列分子中偶极矩不为零的是（　　）。

A. SeO_2　　B. BBr_3　　C. $SiCl_4$　　D. SnH_4

(3) 若以 x 轴为键轴，下列何种轨道能与 p_y 轨道形成共价键？（　　）。

A. s　　B. d_{xy}　　C. p_z　　D. d_{xz}

(4) OF_2 中，O 原子的杂化轨道类型是（　　）。

A. sp　　B. sp^2　　C. 等性 sp^3　　D. 不等性 sp^3

(5) 根据价层电子对互斥理论，下列分子空间构型为 T 型的是（　　）。

A. BF_3　　B. AsF_3　　C. ClF_3　　D. SbF_3

(6) 下列分子或离子的中心原子不是采用 sp^3 杂化的是哪一个？（　　）

A. H_2S　　B. BCl_3　　C. PCl_3　　D. NH_4^+

(7) 用紫外光照射某双原子分子，使该分子电离出一个电子。如果电子电离后该分子的核间距变短了，则表明该电子是（　　）。

A. 从成键 MO 上电离出的　　B. 从非键 MO 上电离出的

C. 从反键 MO 上电离出的　　D. 不能断定是从哪个轨道上电离的

(8) 下列各种气体，分子间力最大的是（　　）。

A. Cl_2　　B. N_2　　C. H_2　　D. O_2

(9) 熔化下列晶体时，只需克服色散力的是（　　）。

A. HF　　B. NH_3　　C. SiF_4　　D. OF_2

(10) 下列分子中，形成氢键最强的是（　　）。

A. NH_3　　B. H_2O　　C. HCl　　D. HF

2. 根据电负性推测，将下列物质中化学键的极性由小到大依次排列。

HCl　　NaCl　　AgCl　　Cl_2　　CCl_4

3. 下列各对分子中，哪个分子的极性较强？简要说明理由。

(1) HCl 与 HI　　(2) H_2O 与 H_2S　　(3) NH_3 与 PH_3

4. 根据价键理论，写出下列分子的分子结构式

(1) HCN　(2) PCl_3　(3) BF_3　(4) HClO

5. 为什么在自然界中不存在稀有气体的双原子分子？

6. 试用价电子对互斥理论推测下列分子和离子的可能几何构型。

(1) $PbCl_4$　(2) OF_2　(3) SbF_4^-　(4) ClO_2^-

(5) XeF_2　(6) XeF_6　(7) PCl_5　(8) SF_6

7. 试用杂化轨道理论说明 BeH_2 分子的形成过程，画出轨道重叠示意图。

8. 说明下列分子的中心原子采用的杂化轨道类型，并画出它们的空间构型。

(1) $BeCl_2$　(2) BCl_3　(3) CCl_4　(4) H_2O　(5) SO_2

9. 说明下列分子的中心原子采用的杂化轨道类型，并判断它们的空间构型。

(1) BeF_2　(2) BBr_3　(3) SiH_4

(4) NF_3　(5) NH_4^+　(6) CO_2

10. N 和 P 是同族元素，为什么 P 有 PF_3 和 PF_5，而 N 只有 NF_3？

11. 比较并简单解释 BCl_3 和 NF_3 分子的空间构型有何不同。

12. 若以 x 轴方向为键轴方向，在下列各对原子轨道中，哪些符合对称性匹配原理？写出相应的分子轨道符号。

(1) s-s　　(2) p_x-p_x　　(3) p_x-p_y

(4) p_x-p_z　　(5) p_y-p_y　　(6) p_x-$d_{x^2-y^2}$

13. (1) 试画出由两个 $2p_x$ 原子轨道形成 σ_{2p} 和 σ_{2p}^* 分子轨道的示意图。

(2) 试画出由两个 $2p_y$ 原子轨道形成 π_{2p} 和 π_{2p}^* 分子轨道的示意图。

14. 写出下列分子（或离子）的分子轨道表达式，计算它们的键级，它们能否稳定存在，指出它们的磁性（顺磁性或反磁性）：

(1) B_2　　(2) N_2　　(3) He_2^+　　(4) Ar_2

(5) O_2^-　　(6) Cl_2　　(7) Na_2

15. 根据分子轨道理论，写出 O_2^+、O_2、O_2^-、O_2^{2-} 的分子轨道表达式，求出其键级，推断它们的键长、键能大小及稳定性的顺序及它们的磁性状况。

16. 根据分子轨道理论，写出 OF、OF^-、OF^+ 的分子轨道表达式，求出其键级，推断它们的键长、键能大小及稳定性的顺序和它们的磁性状况。

17. 指出下列分子间有哪几种分子间作用力（包括氢键）。

(1) 苯和 CCl_4 分子间　　(2) Ar 和 H_2O 分子间

(3) 甲醇和 H_2O 分子间　　(4) HCl 分子间

(5) O_2 分子间

18. 试解释下列现象

(1) 在常温下 CF_4 是气体，CCl_4 是液体，CI_4 是固体。

(2) HBr 的沸点高于 HCl，却比 HF 的低。

19. 下列化合物中哪些有氢键存在？

(1) NH_3　　(2) H_3BO_3　　(3) C_2H_4

(4) CF_2H_2　　(5) $NaHCO_3$　　(6) C_6H_6

20. 排出下列各组物质沸点的顺序，并说明理由

(1) NH_3　PH_3　AsH_3　SbH_3

(2) CH_4　SiH_4　GeH_4

第 12 章　固体结构和固体性质

自然界中的物质通常以气态、液态和固态三种形式存在。物质的这三种形态可以相互转化，其中固态尤为常见。以固态形式存在的物质称固体，它具有一定体积和形状。固体可分成两类：一类是具有规则几何外形，各向异性，有固定的熔点，称作晶体，自然界中的固体大部分是晶体，例如氯化钠、石英、方解石等；另一类是没有规则的几何外形，各向同性，没有固定的熔点，称作非晶体或无定形物质，如玻璃、沥青等。

本章将简单介绍晶体的结构和类型，非晶体的结构等有关理论，以及固体结构与性质之间的关系。

12.1　晶体的特征和分类

12.1.1　晶体的特征

在自然界中，晶体是多种多样的，但它们都具有一些共同的特征。

(1) 晶体具有规则的几何外形

图 12-1　石英晶体

例如氯化钠晶体是立方体、石英晶体是六角柱体(图 12-1)、方解石晶体是棱面体形等。

有很多物质看起来虽然没有规则的几何外形，如无定形碳的粉末等，但事实上都是由极微小的晶体积聚而成的，X 射线衍射法已经证实无定形碳具有与石墨相似的细微晶体结构，这样的物质称作多晶物质。

玻璃、沥青、石蜡等非晶态物质其结构保留了液态结构短程有序、长程无序的特点，因而没有规则的几何外形。

(2) 晶体具有固定的熔点

在一定压力下，把晶体加热到晶体的熔点时，晶体开始熔化，在晶体没有完全熔化之前，即使继续加热，温度也不会升高，直至晶体全部熔化之后，温度才会继续升高，这表明晶体的熔点是固定不变的。而非晶体没有这个性质，当加热非晶体时，它首先开始软化，逐渐变为流动性增大的液体，从开始软化到完全变为液体的过程中，温度在不断的升高，因此非晶体没有固定的熔点。

(3) 晶体具有各向异性

晶体在不同的方向上有不同的物理性质。例如，在石英表面涂上一层石蜡，并用热的针尖接触石蜡，则石蜡熔化区的形状呈椭圆形，说明石英在不同的方向上热导率是不一样的。若用玻璃代替石英，熔化的石蜡则成圆形，即在各个方向上热导率是相同的。又比如石墨在与层垂直的方向上的电导率是在与层平行方向上的电导率的 1/10，这些都表明晶体具有各向异性。

虽然晶体与非晶体存在以上差异，但它们在一定的条件下可以相互转换。无定形物质往往是在温度突然下降到液体的凝固点以下成为过冷液体时，物质的质点来不及进行有规则的排列而形成的。例如将熔化后的石英迅速冷却，可以得到非晶态的玻璃。通过适当改变固化条件，也可使无定形物质变为晶体。例如将玻璃反复加热和冷却，也可以使其转化为晶体。对于许多典型的非晶体物质，如橡胶、沥青、明胶等只要改变其固化条件，也可以得到相应的晶体。非晶体是热力学不稳定状态，玻璃经过较长时间后会变得不透明，这就是结晶化的结果。

12.1.2　晶体的内部结构

晶体和非晶体在性质上的差别，反映了它们内部结构的不同。现代 X 射线研究表明，虽然不同物质的晶体，其内部微粒（离子、原子或分子）的排列方式是多种多样的，但都有一个共同的特点，就是晶体的内部结构都具有明显的空间排列上的周期性，也就是说一定数量的离子、原子或分子在空间排列上每隔一定距离就会重复出现。正是由于晶体内部质点有序和有规律性的排布，才使得晶体具有整齐、规则的几何外形。由于在不同方向上，微粒排列方式往往不同，导致了晶体的各向异性。所以，组成晶体的微粒有规律的、周期性的重复排列导致了晶体所具有的基本特征，也是晶体物质内部结构的普遍特征。而非晶体其内部微粒的排列没有周期性的结构规律，像液体那样杂乱无章地分布，可以看作是过冷液体。图 12-2 是石英晶体和玻璃（非晶体）内部微粒排列方式示意图。

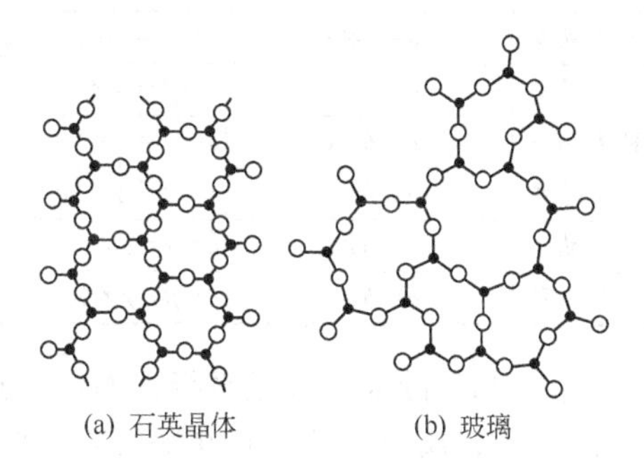

图 12-2　晶体结构（a）与非晶体结构（b）
黑点表示 Si，白圈表示 O

法国结晶学家布拉维（A. Bravais）在研究晶体结构时，为了使问题相对简单，提出把晶体中规则排列的微粒抽象为几何学中的点，并称为结点，这些结点的总和称为空间点阵。如果沿着三维空间的方向，把点阵中各相邻的点按照一定的规则连接起来，就可以得到描述晶体内部结构的具有一定几何形状的空间格子，称为晶格，如图 12-3 所示。晶格是一种几何学概念，是从实际晶体中抽象出来的，用来表示晶体周期性结构的规律。

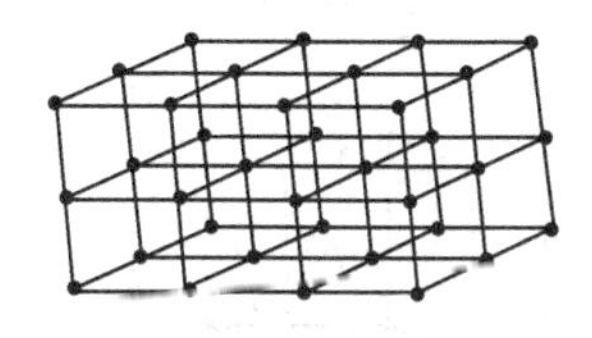

图 12-3　晶格

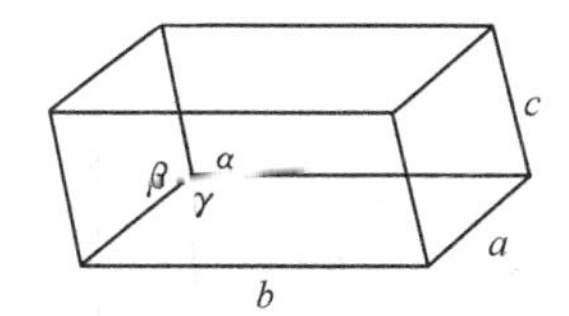

图 12-4　晶胞

根据晶体内部结构的周期性，可以在晶格中划分出一些形状和大小完全相同的平行六面体，作为晶格的最小单位，这种最小单位反映了晶格的一切特征，整个晶格就是这种最小单位在三维空间周期性的重复排列而形成的。这种能够表现晶格结构特征的最小重复单位称为晶胞（图 12-4）。晶胞的大小、形状和组成完全决定了晶体的结构和性质，因此只要能够了解晶胞的特征，就能够把握晶体的结构特征了。晶胞是一个平行六面体，它的大小和形状可以由平行六面体的三条边长 a、b、c 和这三条边长相互之间的夹角 α、β、γ 六个参数来描述，晶胞的边长 a、b、c 和夹角 α、β、γ 称晶胞参数。

12.1.3　晶体的分类

晶体可有多种分类方法，重要的有以下两种。

12.1.3.1　按晶胞的形状分类

尽管世界上晶体有千万种，但根据晶胞参数的特征，只能归结为七大类，即七个晶系。

它们是立方晶系、四方晶系、正交晶系、三方晶系、六方晶系、单斜晶系和三斜晶系。它们的晶胞参数列于表 12-1 中。

表 12-1 七个晶系

晶系	晶轴特征	晶轴夹角	实例
立方晶系	$a=b=c$	$\alpha=\beta=\gamma=90°$	NaCl, CaF_2, Cu, ZnS, 金刚石
六方晶系	$a=b\neq c$	$\alpha=\beta=90°, \gamma=120°$	SiO_2(石英), CuS, AgI, Mg, 石墨
三方晶系	$a=b=c$	$\alpha=\beta=\gamma\neq 90°$	Al_2O_3, $CaCO_3$, As, Bi
四方晶系	$a=b\neq c$	$\alpha=\beta=\gamma=90°$	SnO_2, TiO_2, $NiSO_4$, Sn
正交晶系	$a\neq b\neq c$	$\alpha=\beta=\gamma=90°$	K_2SO_4, $HgCl_2$, $BaCO_3$, I_2
单斜晶系	$a\neq b\neq c$	$\alpha=\gamma=90°$	$KClO_3$, CuO, $K_3[Fe(CN)_6]$
三斜晶系	$a\neq b\neq c$	$\alpha\neq\beta\neq\gamma\neq 90°$	$CuSO_4\cdot 5H_2O$, $K_2Cr_2O_7$

七个晶系的晶胞都是平行六面体，只是由于晶胞参数不同而有不同的形状。考虑到结点(代表原子、离子或分子）在平行六面体上的分布情况，又有以下 4 种情况：

① 简单格子 仅在单位平行六面体的 8 个顶角上有结点；

② 体心格子 除 8 个顶角上有结点外，平行六面体的体心还有一个结点；

③ 面心格子 除 8 个顶角上有结点外，平行六面体的 6 个面的面心上都有一个结点；

④ 底心格子 除 8 个顶角上有结点外，平行六面体上、下两个平行面的中心各有一个结点。

把这 4 种情况用之于 7 个晶系，就得到 14 种空间的型式。这是法国科学家布拉维(Bravias) 于 1866 年最早从点阵对称性推导得出的，所以也称布拉维点阵或布拉维格子，见表 12-2 。

表 12-2 14 种布拉维空间点阵

晶系	晶胞参数	简单格子	体心格子	面心格子	底心格子
立方晶系	$a=b=c$ $\alpha=\beta=\gamma=90°$	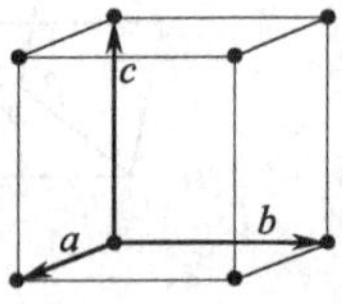	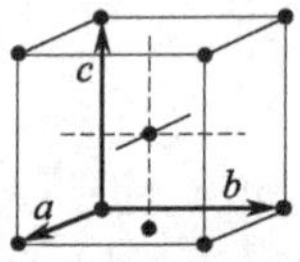	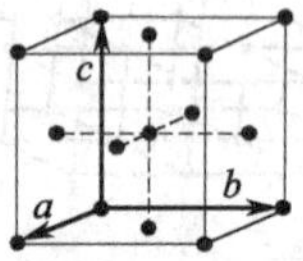	
六方晶系	$a=b\neq c$ $\alpha=\beta=90°, \gamma=120°$	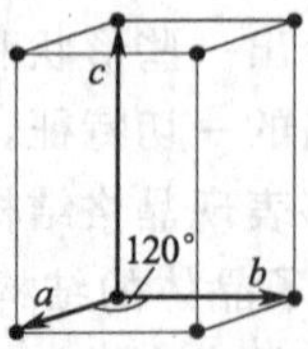			
三方晶系	$a=b=c$ $\alpha=\beta=\gamma\neq 90°$,	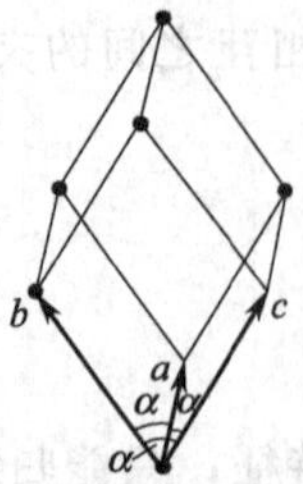			

续表

晶系	晶胞参数	简单格子	体心格子	面心格子	底心格子
四方晶系	$a=b\neq c$ $\alpha=\beta=\gamma=90°$	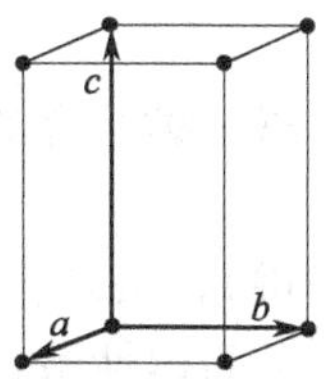	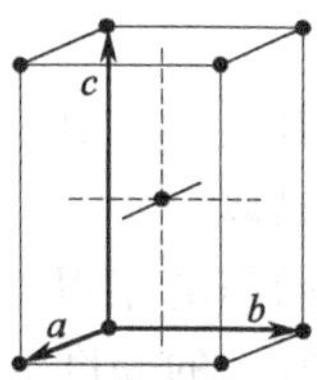		
正交晶系	$a\neq b\neq c$ $\alpha=\beta=\gamma=90°$	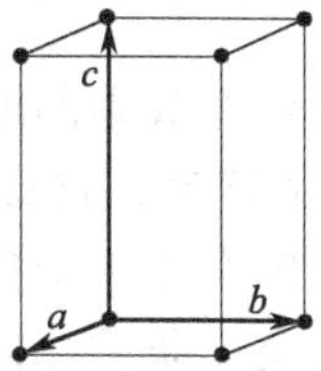	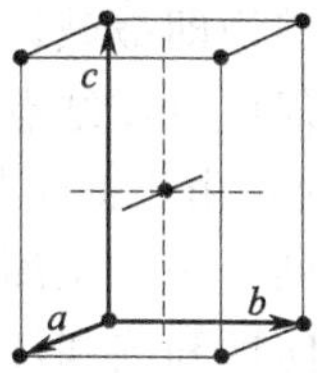	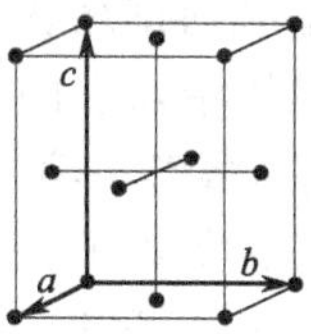	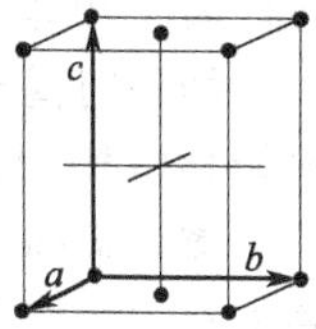
单斜晶系	$a\neq b\neq c$ $\alpha=\gamma=90°$， $\beta\neq 90°$	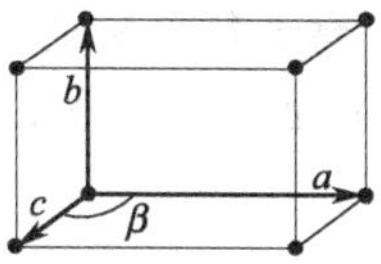			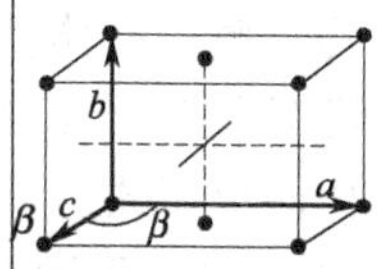
三斜晶系	$a\neq b\neq c$ $\alpha\neq\beta\neq\gamma\neq 90°$	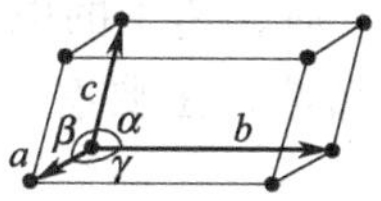			

12.1.3.2　按化学键分类

根据组成晶体的粒子种类及粒子间结合力不同，可分成离子晶体、原子晶体、分子晶体和金属晶体四种类型。四类晶体的内部结构及性质特征列于表 12-3。

表 12-3　四类晶体的内部结构及性质特征

晶体类型	离子晶体	原子晶体	分子晶体		金属晶体
结点上的粒子	离子	原子	极性分子	非极性分子	原子、离子(间隙处有自由电子)
结合力	离子键	共价键	分子间力、氢键	分子间力	金属键
熔、沸点	高	很高	低	很低	一般较高，部分低
硬度	硬	很硬	低	很低	一般较硬，部分低
导电、导热性	熔融态及水溶液导电	非导体	固态、液态不导电，水溶液导电	非导体	良导体
溶解性	易溶于极性溶剂	不溶	易溶于极性溶剂	易溶于非极性溶剂	不溶
实例	NaCl、CsCl、MgO	金刚石、SiC	HCl、NH_3、H_2O	CO_2、I_2	Au、Ag、Cu、W

除了上述四种典型的晶体外，还有混合型晶体（晶格结点间包含两种以上键型），例如石墨、氮化硼等。

12.2 离子晶体

12.2.1 离子晶体的特征和性质

在晶体的晶格结点上交替排列着正、负离子，靠离子键结合的晶体是离子晶体。绝大部分的盐和金属氧化物固体都是离子晶体。

由于正、负离子间存在着很强的静电作用（离子键），破坏离子晶体必须提供较大的能量，所以离子晶体有较高的熔点和较大的硬度。但离子晶体性脆，没有延展性，原因是当离子晶体受到外力作用时，结点上的离子发生移动，原来是异性离子相间排列的稳定状态变为同性离子相邻、接触的排斥状态，结构即被破坏。

固态时离子晶体结点上的离子仅可以在结点附近作有规则的振动，不能自由移动，因此不能导电[1]。熔化或溶解在溶剂中时，由于离子能自由移动，就具有导电性。

离子晶体中正、负离子交替排列，一个正离子周围有若干个负离子，一个负离子周围有若干个正离子。由于离子键没有方向性和饱和性，在空间条件允许的情况下，任何一个离子都可以在空间各个方向上吸引异号离子。因此，离子晶体中并不存在单个小分子的离子化合物，整个晶体就是一个巨大的“分子”。通常所说的离子化合物的分子式，例如 NaCl、CsCl 等只是表明在氯化钠、氯化铯晶体中正、负离子之比为 1∶1。所以 NaCl、CsCl 等叫化学式比叫分子式更确切。

12.2.2 几种典型的离子晶体

在离子晶体中，离子排列受到离子半径、离子电荷、离子的电子层结构影响，因此有多种多样构型的离子晶体。对于最简单的 AB 型离子晶体，主要有三种典型的构型，即 NaCl 型、CsCl 型和立方 ZnS 型。

12.2.2.1 NaCl 型晶体

NaCl 型晶体是 AB 型离子晶体中最常见的结构类型，如图 12-5(a) 所示。

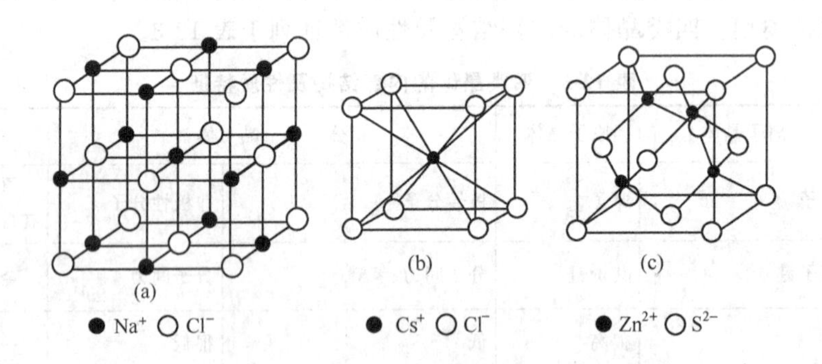

图 12-5 AB 型离子晶体的三种结构类型

NaCl 型晶体属于面心立方晶体，Cl^- 位于立方体的八个顶点和六个面的中心，Na^+ 与 Cl^- 交替排列。在每个 Na^+ 周围连接着 6 个 Cl^-，在每个 Cl^- 周围又连接着 6 个 Na^+。把晶体内某个离子最邻近的带相反电荷的离子数称为该离子的配位数。NaCl 晶体中，Na^+ 和 Cl^- 的配位数均为 6，Na^+ 和 Cl^- 的配位比为 6∶6。将每个 Na^+ 的周围的 6 个 Cl^- 连接起来，构成一个八面体，Na^+ 处于 Cl^- 形成的正八面体空隙中。由于负离子的半径一般都大于

[1] 有些晶体中的离子，在电场中能定向迁移和传输电流，称固体电解质。如 α-AgI，$NaAl_{11}O_{17}$（β-氧化铝）和 ZrO_2 等。

正离子，因此，可以认为离子晶体是由负离子按一定规则堆积形成相应的晶格，正离子则以一定的比例填入到负离子形成的空隙中而形成的。

在 NaCl 晶胞中，每个顶点上的 Cl^- 分属于 8 个晶胞，因此顶点上的 Cl^- 对一个晶胞的贡献为 1/8，8 个顶点的 8 个 Cl^- 对晶胞的贡献为 1。面上的 Cl^- 分属于二个晶胞，因此面上的 Cl^- 对晶胞的贡献为 1/2，6 个面上的 6 个 Cl^- 对晶胞的贡献为 3。所以在每个 NaCl 晶胞中有 4 个 Cl^-，同样也可计算出每个晶胞中有 4 个 Na^+。即每个 NaCl 晶胞中有 4 个 Na^+ 和 4 个 Cl^-。

KI、LiF、MgO、CaO 等晶体都属于 NaCl 型晶体。

12.2.2.2　CsCl 型晶体

CsCl 型晶体属于简单立方晶体，8 个 Cl^- 位于立方体的八个顶角，Cs^+ 位于 8 个 Cl^- 构成的立方空隙中，即位于立方体的中心［图 12-5(b)］。1 个 Cs^+ 周围连接着 8 个 Cl^-，1 个 Cl^- 周围同样连接着 8 个 Cs^+，正、负离子的配位数均为 8，配位比为 8∶8。8 个顶点的 8 个 Cl^- 对晶胞的贡献为 1，处于晶胞内的一个 Cs^+ 对晶胞的贡献也为 1。所以，每个 CsCl 晶胞中有 1 个 Cs^+ 和 1 个 Cl^-。

TlCl、CsBr、CsI 都属于 CsCl 型晶体。

12.2.2.3　立方 ZnS 型晶体

立方 ZnS 型晶体属于面心立方晶体［图 12-5(c)］，S^{2-} 位于立方体的八个顶角及六个面的中心，Zn^{2+} 位于四个 S^{2-} 构成的四面体空隙中。Zn^{2+} 和 S^{2-} 的配位数均为 4，配位比为 4∶4。每个 ZnS 晶胞中有 4 个 Zn^{2+} 和 S^{2-}。BeO、BeS 都属于立方 ZnS 型。

应该说明的是，ZnS 本身是共价化合物，但有些 AB 型离子晶体具有与 ZnS 相似的构型，因此习惯上把这类晶体称为立方 ZnS 型晶体。

除了以上介绍的三种 AB 型离子晶体的构型外，还有 AB_2 型的离子晶体，如 CaF_2 型、金红石（TiO_2）型等。

12.2.3　离子半径

由于电子云没有明确的界面，因此严格地说，离子和原子一样是没有确定的“界限”的，离子半径的概念是不确定的。通常所说的离子半径是假定晶体中正、负离子是相互接触的球体，两原子核间距离（简称核间距）d 就等于正、负离子半径之和（图 12-6）。

$$d=r_+ + r_- \tag{12-1}$$

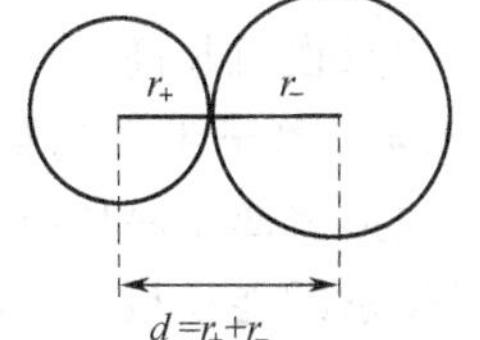

图 12-6　核间距与原子半径

离子晶体中正、负离子的核间距可以通过 X 射线衍射的方法测得，只要知道其中一个离子的半径，就可以根据 X 射线衍射的实验数据，求出另一个离子的半径。

求取离子半径常用两种方法：一种是从圆球堆积的几何关系来推算，这种方法得到的结果称为戈德施米特（Goldschmidt）离子半径；另一种是考虑到核对外层电子的吸引等因素来计算离子半径，得到的结果称鲍林半径，也称离子的晶体半径。这二套数据相当接近。

1976 年，香农（R. D. Shannon）等分析了上千个高分辨 X 射线衍射数据，并以鲍林提出的 O^{2-} 半径为 140pm，F^- 半径为 133pm 为出发点，推算出一套较完整的离子半径数据，称为有效离子半径，这是目前与实验测定的离子间的距离吻合最好的离子半径数据。有效离子半径与离子的价态、配位数及晶体的几何形状都有关。表 12-4 列出了一些常见离子在配位数为 6 时的有效离子半径。

表 12-4 一些常见离子配位数为 6 时的有效离子半径

离子	半径/pm	离子	半径/pm	离子	半径/pm
Li^+	76	Cr^{3+}	62	Hg^{2+}	102
Na^+	102	Mn^{2+}	83	Al^{3+}	54
K^+	138	Fe^{2+}	63	Sn^{2+}	118
Rb^+	152	Fe^{3+}	55	Sn^{4+}	69
Cs^+	167	Co^{2+}	65	Pb^{2+}	119
Be^{2+}	45	Ni^{2+}	69	O^{2-}	140
Mg^{2+}	72	Cu^+	77	S^{2-}	184
Ca^{2+}	100	Cu^{2+}	73	F^-	133
Sr^{2+}	118	Ag^+	115	Cl^-	181
Ba^{2+}	135	Zn^{2+}	74	Br^-	196
Ti^{4+}	61	Cd^{2+}	95	I^-	220

离子半径的大小有如下变化规律：

① 同种元素原子与离子比较：负离子半径＞原子半径，正离子半径＜原子半径。

② 负离子半径（约为 130～250pm）一般大于正离子半径（约为 10～170pm）。

③ 同主族元素，由于从上到下电子层数依次增多，所以具有相同电荷数的同族离子半径逐渐增大，如

$$Li^+(76pm)<Na^+(102pm)<K^+(138pm)<Rb^+(152pm)<Cs^+(167pm)$$

$$F^-(133pm)<Cl^-(181pm)<Br^-(196pm)<I^-(220pm)$$

④ 同周期元素的离子半径从左到右负离子由大变小，如 O^{2-}(140pm)＞F^-(133pm)，正离子由大变小，如 Na^+(102pm)＞Mg^{2+}(72pm)＞Al^{3+}(54pm)。

⑤ 同一元素高价正离子半径小于低价正离子半径，如 Fe^{3+}(55pm)＜Fe^{2+}(63pm)。

⑥ 周期表中处于相邻族左上方和右下方斜对角线上的正离子半径近似相等，如 Li^+(76pm)≈Mg^{2+}(72pm)。

⑦ 同价镧系元素离子半径随原子序数增加而减小（镧系收缩）。

离子半径是决定离子间引力大小的重要因素，离子半径的大小对离子化合物性质有显著影响。离子半径越小，离子间的引力越大，要拆开它们所需能量就越大，离子化合物的熔点、沸点也就越高。

12.2.4 离子半径与配位比的关系

在形成离子晶体时，正、负离子总是尽可能紧密地排列而使它们之间的自由空间最小，这样体系的能量最低，晶体最稳定。通常由于负离子的半径大于正离子的半径，可以认为，在离子晶体中，正离子位于负离子形成的配位多面体的中心，而多面体的形式主要取决于正、负离子半径比 r_+/r_-。现以配位数为 6 的 NaCl 型晶体为例，离子间的接触情况有以下三种（如图 12-7 所示）：

① 正、负离子相接触，负离子之间不接触；

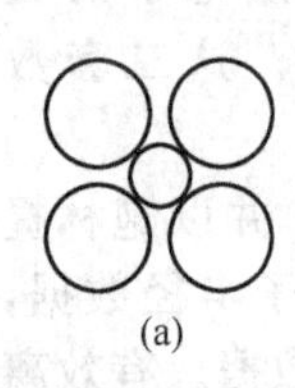

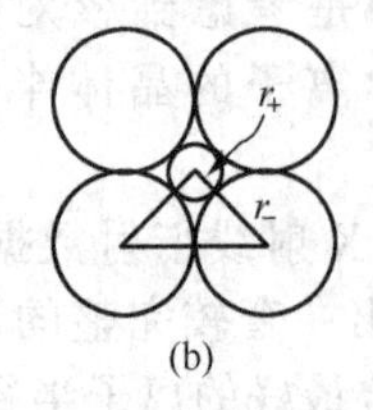

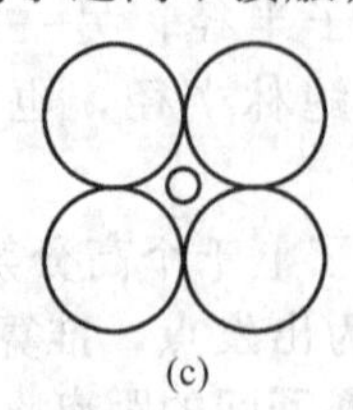

图 12-7 八面体配位中正负离子接触情况

（大球表示负离子，小球表示正离子）

② 正、负离子相接触，负离子与负离子也接触；

③ 负离子之间相接触，正离子与负离子不接触。

由图 12-7(b) 可以得到

$$2(r_+ + r_-)^2=(2r_-)^2$$

由上式解出：$r_+/r_-=\sqrt{2}-1=0.414$

根据静电理论可以知道，正、负离子相互接触，而负离子相互不接触，这时静电吸引力大，晶体比较稳定。另外，正离子周围的负离子数越多，配位数越高，静电吸引力也越大，晶体也越稳定。所以最优的条件是正、负离子相互接触，配位数尽可能的高。当 $r_+/r_- >$ 0.414 时，正、负离子相互接触，而负离子间不接触［图 12-7(a)］，这时静电排斥小，晶体较稳定。但当 r_+/r_- 大到 0.732 时，正离子周围就有可能安排 8 个负离子，并且仍使正、负离子相互接触，晶体则更加稳定。当 $r_+/r_- <$ 0.414 时，正、负离子不接触，而负离子相互接触［图 12-7(c)］，这时静电排斥力大，晶体不稳定，所以要减少配位负离子。按照这种计算，可得到表 12-5 所示的配位多面体与离子半径比的关系。

表 12-5　配位多面体与离子半径比的关系

r_+/r_-	配位数	构　型	r_+/r_-	配位数	构　型
0.155～0.225	3	三角形	0.414～0.732	6	八面体（NaCl 型）
0.225～0.414	4	四面体（ZnS 型）	0.732～1.0	8	立方体（CsCl 型）

应指出的是，正、负离子半径比只是影响晶体结构的一个因素，在复杂多样的晶体中还有其它因素会影响晶体结构，如正、负离子间共价键成分增大，会使核间距缩短，正、负离子间的复杂相互作用可能导致构型的变化，这些都可能使上述推论结果与实验事实有所出入。

12.2.5　晶格能

在离子晶体中，离子键的强度和离子晶体的稳定性可用晶格能的大小来衡量。晶格能的定义是：在 0K 时，使 1mol 离子晶体变为气态正离子和气态负离子时所吸收的能量 U。

$$MX(s) = M^+(g) + X^-(g) + U$$

离子晶体的晶格能 U 可用玻恩（M. Born）和朗德（A. Lande）导出的公式来计算

$$U = 1.3894\times10^{-7}\,\text{kJ}\cdot\text{mol}^{-1}\cdot\text{m}^{-1}\times\frac{AZ_+Z_-}{r_0}\left(1-\frac{1}{n}\right) \tag{12-2}$$

式中，晶格能 U 的单位是 $\text{kJ}\cdot\text{mol}^{-1}$；$r_0$ 是正、负离子半径之和，单位是 m；Z_+、Z_- 为正、负离子电荷数的绝对值；A 为马德隆（E. Madelung）常数，它与晶体构型有关；n 是波恩指数，由离子的电子构型决定。马德隆常数 A 与波恩指数 n 见表 12-6、表 12-7。如果正、负离子的电子构型不同，n 取它们的平均值。

表 12-6　几种典型晶体构型的马德隆常数 A

晶体构型	NaCl 型	CsCl 型	立方 ZnS 型	六方 ZnS 型	CaF_2 型	金红石(TiO_2)型
A	1.748	1.763	1.638	1.641	5.039	4.816

表 12-7　离子的电子构型与波恩指数 n

离子的电子构型	He 型	Ne 型	Ar 或 Cu^+ 型	Kr 或 Ag^+ 型	Xe 或 Au^+ 型
n	5	7	9	10	12

式(12-2) 是计算晶格能的近似公式，在比较精确的计算中，还要考虑范德华力和零点振动能，对于过渡金属的离子型晶体，还要考虑配位场的影响。

例 12-1　由 X 射线衍射法求得 Na^+ 半径为 102pm，Cl^- 半径为 181pm，计算 NaCl 晶体的晶格能。

解：NaCl 型晶体，$A=1.748$，Na^+ 和 Cl^- 均是一价离子，$Z_+=Z_-=1$，Na^+ 是 Ne 型，Cl^- 是 Ar 型，$n=\frac{1}{2}(7+9)=8$，所以

$$U=\left[\frac{1.3894\times10^{-7}}{(102+181)\times10^{-12}}\times1.748\times1\times1\times\left(1-\frac{1}{8}\right)\right]\text{kJ}\cdot\text{mol}^{-1}=766.38\text{kJ}\cdot\text{mol}^{-1}$$

离子晶体的晶格能也可以通过波恩-哈伯（Born-Haber）循环，利用热化学数据来计算。如对 NaCl 晶体可通过下面的热力学循环来计算晶格能。

$$
\begin{array}{l}
\text{Na(晶体)}+\frac{1}{2}\text{Cl}_2\text{(气)}\xrightarrow{\Delta_f H_m^\ominus}\text{NaCl(晶体)}\\
\Delta_{sub}H_m^\ominus\ \downarrow\qquad \frac{1}{2}\Delta_{分解}H_m^\ominus\ \downarrow\qquad\qquad \uparrow -U\\
\qquad\qquad \text{Cl(气)}\xrightarrow{-Y_{Cl}}\text{Cl}^-\text{(气)}+\text{Na}^+\text{(气)}\\
\text{Na(气)}\xrightarrow{I(\text{Na})}\uparrow
\end{array}
$$

其中，$\Delta_f H_m^\ominus$ 是 NaCl 晶体的生成焓（$-410.9\text{kJ}\cdot\text{mol}^{-1}$），$\Delta_{sub}H_m^\ominus$ 是晶体 Na 的升华焓（$107.5\text{kJ}\cdot\text{mol}^{-1}$），$\Delta_{分解}H_m^\ominus$ 是气态 Cl_2 分解为 Cl 的分解焓（$239.2\text{kJ}\cdot\text{mol}^{-1}$），$I_{Na}$ 是气态 Na 的电离能（$496.0\text{kJ}\cdot\text{mol}^{-1}$），$Y_{Cl}$ 是 Cl 原子的电子亲和能（$349.0\text{kJ}\cdot\text{mol}^{-1}$）。根据热化学中的盖斯定律：

$$\Delta_f H_m^\ominus=\Delta_{sub}H_m^\ominus+\frac{1}{2}\Delta_{分解}H_m^\ominus+I_{Na}-Y_{Cl}-U$$

于是晶格能

$$
\begin{aligned}
U&=\Delta_{sub}H_m^\ominus+\frac{1}{2}\Delta_{分解}H_m^\ominus+I_{Na}-Y_{Cl}-\Delta_f H_m^\ominus\\
&=\left(107.5+\frac{1}{2}\times239.2+496-349.0+411.2\right)\text{kJ}\cdot\text{mol}^{-1}=785.3\text{kJ}\cdot\text{mol}^{-1}
\end{aligned}
$$

由上述循环计算晶格能时，从化学手册上查到的数据一般是 298K 的数据，而晶格能的定义规定是 0K，这二者计算之差约为 $10\text{kJ}\cdot\text{mol}^{-1}$，但通常都不予考虑了。另外电子亲和能的测定也较困难，实验误差也较大。但是通过波恩-哈伯循环计算的晶格能与理论计算的结果还是比较接近。

晶格能的大小反映了晶体中质点结合的强度及晶格的稳定程度，所以晶格能与离子晶体的许多物理性质有关。例如硬度、压缩系数、热膨胀系数、熔点和溶解度等都与晶格能有关。在离子晶体类型相同时，晶格能的大小主要由离子的电荷和正、负离子的半径决定，一般地，离子电荷越高，半径越小，晶格能就越大。晶格能越大的晶体，其熔点越高，硬度越大，热膨胀系数越小，也越稳定。表 12-8、表 12-9 列出了一些晶体的晶格能与熔点、硬度的关系。

表 12-8 晶格能与离子晶体的熔点

晶 体	NaI	NaBr	NaCl	NaF	CaO	MgO
晶格能/$\text{kJ}\cdot\text{mol}^{-1}$	682	732	769	910	3414	3795
熔点/℃	660	747	801	996	2850	2852

表 12-9 晶格能与离子晶体的硬度

晶 体	BeO	MgO	CaO	SrO	BaO
晶格能/$\text{kJ}\cdot\text{mol}^{-1}$	4514	3795	3414	3217	3029
莫氏硬度	9.0	6.5	4.5	3.5	3.3

12.3　离子的极化

在 11.2 中曾指出，即使是电负性最低的铯与电负性最高的氟所形成的氟化铯，也不纯粹是离子键，也有部分共价键的性质。在离子晶体中，正、负离子之间除了离子键之外，还有部分共价键，并且共价键的成分随组成离子晶体的离子电荷的增大而增大，即键型逐渐向共价键过渡，这种现象称为键型变异。导致键型变异的主要因素是离子晶体中广泛存在的离子极化作用。

12.3.1　离子的极化作用和变形性

在离子晶体中，每个离子都带有电荷，它会对周围的其它离子产生极化作用，使被极化的离子电子云发生变形，产生诱导偶极矩。同时，离子自身受其它离子电场的作用，也可以发生极化。简言之，某一种离子既可以使其它离子极化，又可被其它离子所极化，其结果都是使电子云变形，产生诱导偶极矩，使正、负离子间产生了额外的吸引力。一种离子具有使其它离子发生极化的能力称离子的极化力，而把离子发生变形的性质称为离子的变形性。离子的极化力和变形性是离子的两个方面，在离子晶体中，任何一个离子都具有极化力和变形性。正离子的半径一般较小，对外层电子的束缚较紧不易产生变形，极化力起主导作用；负离子半径一般较大，对外层电子的束缚较松，易产生变形，主要表现为变形性。

下面讨论影响离子极化力及变形的一些因素。

(1) 离子的极化力与离子的电荷、半径以及构型有关

离子的电荷越高，离子产生的电场强度越大，因而离子的极化力也越大。例如 Na^{+}、Mg^{2+}、Al^{3+} 等离子的电荷依次增大，离子的极化力逐渐增大。

离子的电子层构型相似，电荷相等时，半径小的离子有较强的极化作用。如

$$Mg^{2+} > Ca^{2+} > Sr^{2+} > Ba^{2+}$$

当离子的电荷相同、半径相近时，离子的极化力大小取决于离子构型，不同构型离子的极化力有如下变化次序：18 电子构型的离子（如 Ag^{+}、Hg^{2+}、Cu^{+}、Cd^{2+} 等）和 18+2 电子构型的离子（如 Pb^{2+}、Sb^{3+} 等）的极化力最强，9～17 电子构型的离子（如 Mn^{2+}、Fe^{2+}、Fe^{3+} 等）次之，8 电子构型的离子（如 Na^{+}、Ca^{2+}、Mg^{2+} 等）极化力最弱。

复杂负离子的极化力通常较小，但电荷高的复杂负离子也有一定的极化作用，如 SO_4^{2-}、PO_4^{3-} 等。

(2) 离子的变形性与离子的半径、电荷以及构型有关

对于最外层电子数相同的离子，离子半径越大，外层电子受核的束缚就越小，离子越容易变形。例如，F^{-}、Cl^{-}、Br^{-}、I^{-} 离子半径依次增大，其变形性也逐渐变大。

离子电荷对离子变形也有一定影响。正离子的电荷越高，变形性越小；而负离子的电荷越高，变形性越大。所以，负离子的变形性一般大于正离子。例如

$$Si^{4+} < Al^{3+} < Mg^{2+} < Na^{+} < F^{-} < O^{2-}$$

当离子的电荷相同、半径相近时，18 电子和 9～17 电子构型的离子的变形性要大于 8 电子构型的离子的变形性。例如，$Ag^{+} > K^{+}$；$Hg^{2+} > Ca^{2+}$。

复杂离子的变形性一般不大。

综上所述，具有较高正电荷、半径较小的非稀有气体构型的正离子具有较强的极化力，具有较高负电荷、半径较大的非稀有气体构型的负离子最容易变形。

一般情况下，负离子的极化力较小，正离子的变形性较小。因此当正、负离子作用时，往往只考虑正离子对负离子的极化作用，使负离子发生变形，而忽略负离子对正离子的极化作用，使正离子发生变形。但当正离子的变形性也较大时，就不能仅仅考虑正离子对负离子的极化作用了，还必须考虑到负离子对正离子的极化作用。此时，正离子在负离子的电场作

用下，也会发生变形，产生诱导偶极矩，这样就增加了正离子的极化能力。增加了极化能力的正离子反过来对负离子产生更强的极化作用，使负离子发生更大的变形。正、负离子相互极化的结果，进一步加强了正、负离子间的相互作用，这种加强的极化作用称“附加极化作用”。一般情况下，含 d 电子数越多，电子层数越多的离子，附加极化作用也越大。例如 ZnS、CdS 和 HgS 这三种化合物中，都存在着附加极化作用。

12.3.2 离子极化对物质结构和性质的影响

离子极化现象对化学键、晶体构型及物质的性质有重要影响。

12.3.2.1 对键型的影响

在离子晶体中，如果正、负离子间不存在着相互极化作用，正、负离子的电子云基本上是球对称的，它们之间的化学键就是纯粹的离子键。但实际上正、负离子间总是存在着一定程度的相互极化作用，使正、负离子的电子云发生变形，从而产生不同程度的重叠，即在正、负离子间形成的化学键中会有一定成分的共价键。离子极化作用越强，正、负离子的电子云的变形就越大，从而轨道的重叠也就越大，共价键的成分就越多（如图 12-8 所示）。例如，在 AgF、AgBr、AgCl、AgI 中，Ag^+ 具有 18 电子构型，有较大的极化力和变形性。但由于 F^- 的离子半径较小，Ag^+ 与 F^- 间极化作用不强，Ag^+ 与 F^- 间所形成的化学键属于离子键。随着 Cl^-、Br^-、I^- 离子半径的依次增大，其变形性也逐渐变大，离子间的极化作用逐渐增强，化学键的极性逐渐减弱，共价键成分逐渐增多，到 AgI 实际上已是共价键了。表 12-10 列出了离子极化对卤化银的键长、晶型和溶解度的影响。

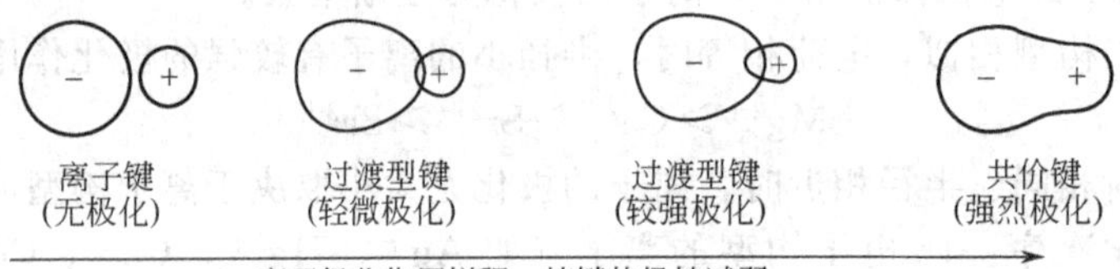

图 12-8 极化作用使离子键向共价键过渡

表 12-10 卤化银的键长、晶型、溶解度和颜色

卤化银	AgF	AgCl	AgBr	AgI
离子半径之和/pm	248	296	311	335
实测键长/pm	246	277	289	281
键型	离子键	过渡型	过渡型	共价键
晶体构型	NaCl 型	NaCl 型	NaCl 型	ZnS 型
溶度积	易溶	1.77×10^{-10}	5.35×10^{-13}	8.52×10^{-17}
颜色	白色	白色	淡黄色	黄色

12.3.2.2 对晶体构型的影响

键型的过渡缩小了正、负离子的核间距，相应的离子半径发生变化。因此，当正、负离子间存在着非常显著的极化作用时，离子晶体的实际构型就与通过离子半径比规则推断的构型不一致了。例如 CdS 的离子半径比 $r_+/r_-=0.52$，按照离子半径比规则，应是配位数为 6 的 NaCl 构型，但是由于 Cd^{2+} 与 S^{2-} 之间存在着强烈的相互极化作用，使它们的核间距缩短，半径比减小到小于 0.414，因此 CdS 晶体实际上是配位数为 4 的 ZnS 型。这种由于极化作用，导致配位数减小，晶体构型发生变化的现象在离子晶体中很普遍。

12.3.2.3 对物质溶解度的影响

极化作用导致键型的变化，对物质的性质也产生一定的影响，最明显的是物质在水中的溶解度降低。水是极性分子，具有较高的介电常数，可以削弱正、负离子间的静电引力，使离子键减弱，离子型化合物都可以溶于水中。但是水却不能减弱共价键的结合力，因此，当化合物的共价成分增加时，在水中的溶解度就必然会降低。例如在卤化银中，AgF 晶体中的极化作用不强，基本上是以离子键结合，因此 AgF 易溶于水。而 AgCl、AgBr 和 AgI 随着其极化作用增强，其共价成分依次增加，因此它们在水中的溶解度也依次减小。

许多金属硫化物在水中的溶解度都很小，其原因也是这些硫化物中的极化作用很强，共价成分很高，它们在水中的溶解度当然就很小。

12.3.2.4　对物质颜色的影响

一般情况下，如果组成化合物的两种离子都是无色的，化合物也无色，如 KCl、NaCl 等。如果一种离子无色，则另一种离子的颜色就是该化合物的颜色，例如 K_2CrO_4 呈黄色。但是，Ag_2CrO_4 呈红色而不呈黄色。又如 KI 无色，而 AgI 是黄色。这显然是和 Ag^+ 具有较强的极化作用有关。

由于正、负离子相互极化，会使物质的颜色发生改变。极化作用越强，物质的颜色越深。这是由于离子相互极化越强烈，离子变形性越大，外层电子离开正常轨道，能级增高，与激发态的能量差异变小。电子跃迁到激发态只需吸收较少的能量，即吸收波长较长的光，物质则呈现剩余波长较短的混合光的颜色，一般颜色较深。例如，卤化银中，AgF、AgCl、AgBr 和 AgI 随着其极化作用增强，颜色逐渐加深。

离子极化理论在阐明无机化合物的性质时，起着一定的作用，是离子键的重要补充。但是，这个理论本身是不完善的，存在着一定的局限性。

12.4　原子晶体和分子晶体

12.4.1　原子晶体（共价晶体）

晶格结点上的质点是中性原子，靠共价键结合而形成的晶体称为原子晶体，也叫共价晶体。金刚石是典型的原子晶体。金刚石晶体中，晶格结点上是碳原子，碳原子以 sp^3 杂化轨道成键，每一个碳原子都与周围的四个碳原子形成四个 σ 键，无数个碳原子通过共价键连接成三维空间的骨架结构，如图 12-9 所示。由于共价键的方向性和饱和性，原子晶体中原子的配位数通常要小于离子晶体中的配位数，一般配位数不大于 4。金刚石中，碳原子的配位数是 4。

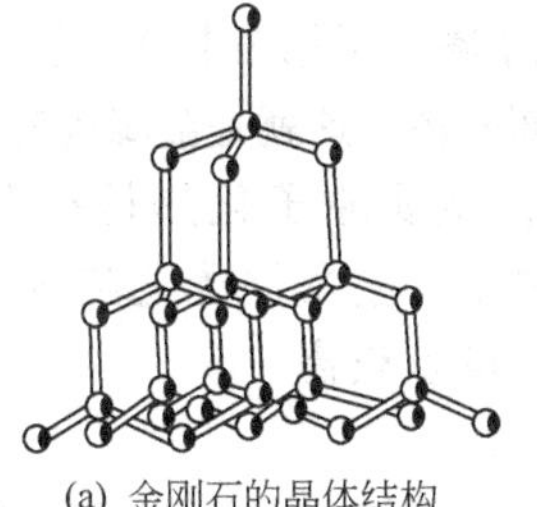

(a) 金刚石的晶体结构

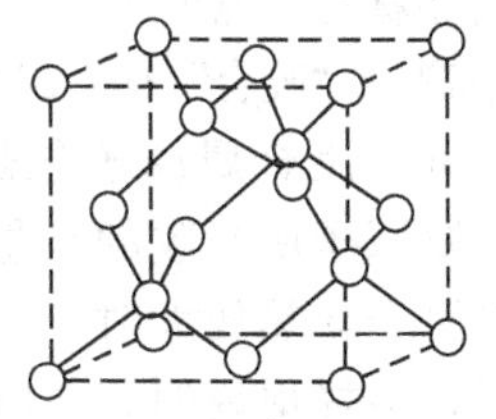

(b) 金刚石晶胞

图 12-9　金刚石的晶体结构与晶胞

原子晶体中，原子都通过共价键连接在一起，原子晶体中不存在单个独立的小分子，整个晶体就是一个大分子，晶体多大，分子也就多大，因此也没有确定的相对分子量。

在原子晶体中，不存在可以导电的离子和电子，因此原子晶体在固态和熔融状态下都不导电，是电的绝缘体和热的不良导体。原子晶体也难溶于一般的溶剂。

由于共价键的键能很大，欲破坏这类键所需能量也较大，因此原子晶体都具有高的熔点和硬度。例如，金刚石晶莹美丽，光彩夺目，是自然界最硬的矿石。在所有物质中，它的硬度最大。在测定物质硬度时，常以金刚石的硬度为 10 来衡量其它物质的硬度。金刚石的熔点也是很高的，达3550℃。

属于原子晶体的物质较少，一般半径较小，最外层电子数较多的原子组成的单质常属于原子晶体，如Si、Ge、α-Sn（灰锡）都是具有和金刚石相似结构的原子晶体。此外，半径较小，性质相似的元素组成的化合物也常形成原子晶体，如SiC（金刚砂）和SiO_2（β-方石英）等。

12.4.2 分子晶体

在分子晶体中，晶格结点上的质点是分子（极性分子和非极性分子），质点间的作用力是分子间力或氢键。干冰（固体CO_2）（图12-10）、I_2和冰（H_2O）都是典型的分子晶体。

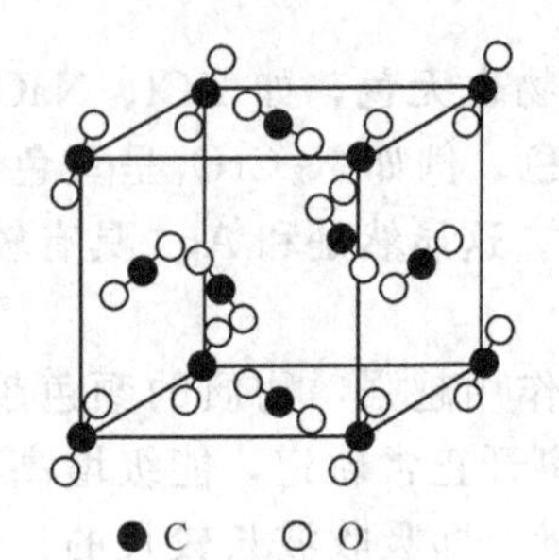

图12-10 CO_2的晶体结构

在分子晶体中，存在着单个的小分子。分子与分子间通过分子间力形成分子晶体，而分子间力又是较弱的，所以分子型晶体普遍硬度较小，熔点和沸点较低，而且容易挥发，例如白磷的熔点为44.1℃，冰的熔点为0℃。

分子晶体在固态和熔化状态时通常不导电，只有极少数极性很强的分子型晶体（如HCl）溶解在极性溶剂（如水）中，由于发生电离而使溶液导电。

许多非金属单质，如Cl_2、Br_2、I_2、N_2、O_2等及它们与其它非金属之间的化合物如HCl、NH_3、CO_2、CH_4等，在固态时都是分子晶体。

12.5 金属键和金属晶体

在一百多种化学元素中，金属约占80%。常温下，除汞为液体外，其它金属都是晶状固体。金属都具有金属光泽，有良好的导电性和导热性，有良好的机械加工性能。根据金属元素的特征，人们认为连接金属原子间的作用力是一种不同于离子键和共价键的化学键即金属键。目前对金属键已发展了两种理论，一是自由电子理论，二是能带理论。

12.5.1 自由电子理论

自由电子理论认为，在金属晶体中，金属元素处于晶格的结点，因为金属元素的价电子的电离能较低，受到外界环境的影响（包括热效应）时，价电子可以脱离原子而在整个金属晶格的范围内自由运动。这些电子不从属于某个金属原子或离子，是公共化的，称为自由电子。自由电子的数目巨大，运动无序，因此也称为“电子气”。这些自由电子减少了晶格中带正电荷的金属离子间的排斥力，把金属原子或金属离子“胶合”在一起形成了金属晶体，这就是金属键的自由电子模型。

金属键的强弱，可以用金属原子化热来衡量。金属原子化热是指在标准压力下，1mol固态金属变成气态金属原子所吸收的能量。一般说来，金属原子化热较小时，金属的质地较软、熔点较低，金属原子化热较大时，金属较硬、熔点较高。

自由电子理论可以很好地说明金属的一些通性。

在金属晶体中运动的自由电子，几乎可以吸收所有波长的可见光，随即又发射出来，因而金属都具有金属光泽。自由电子的这种吸光性能，使光线无法穿透金属。因此，除非是经特殊加工制造的极薄的金箔，金属一般是不透明的。

金属晶体中自由电子良好的流动性，使金属的传导性能良好。当在金属两端施加电压时，在外电场的作用下，自由电子就沿着外电场的方向流动而产生电流。因而金属具有良好的导电性。另一方面，金属晶体结点上的金属原子或离子并不发生流动，只是在结点附近产生振动，这样就会阻碍电子的流动，于是金属就具有一定的电阻。温度越高，金属的电阻越大。降低温度，电阻减小。对于某些金属，当温度降低到一定的数值时，电阻完全消失，这种情况下的金属称为超导体。例如汞在4.15K就不存在电阻，成为超导体。超导体具有零电阻和抗磁性，有着十分重要的应用前途。例如，利用超导体的完全反磁性可制造超导磁悬浮列车，时速可达 $500km \cdot h^{-1}$。除金属之外，一些合金和金属氧化物也具有超导性。超导材料虽有广泛的应用前景，但临界温度太低严重地限制了它的应用。目前各国科学家都在寻找高临界温度的超导材料。我国科学家赵忠贤于 1987 年发现了 95K 的 $YBa_2Cu_3O_{7-x}$（x～0.2）的超导氧化物，实现了液氮温度区的超导性。1993 年，美国得克萨斯超导研究中心的美籍华人朱经武宣布，他制备出氧化汞钡钙铜的超导体，超导转变温度为 153K（零下 120℃），这是目前的最高纪录。

金属有良好的导热性能，这是因为当金属的某一部分受热时，该部分的原子或离子的振动得到加强，而自由电子的快速运动可以把与原子或离子碰撞交换的能量快速地传递给邻近的原子或离子，使热扩散到金属的其它部分，很快使金属整体温度均一化。

金属键不具有方向性和饱和性，在整个金属晶体的范围内起作用，当金属晶体受外力作用时，金属原子或离子沿着外力的方向产生移动，金属晶体中的自由电子受金属离子的吸引也随着发生移动，整个晶体仍为金属键连接，金属晶格并未受到破坏，所以金属晶体有良好的延展性和机械加工性能。

12.5.2 能带理论

能带理论是在分子轨道理论基础上发展起来的现代金属键理论。

在讨论分子轨道理论时已经指出，分子轨道是由原子轨道线性组合得到的，n 个原子轨道线性组合后可得到 n 个分子轨道，其中包括一定数目的成键分子轨道和反键分子轨道，有时还有非键分子轨道。

现以锂原子为例，说明金属键的能带模型。锂原子的电子组态是 $1s^2 2s^1$，当两个锂原子组成双原子分子 Li_2 时，Li 的分子轨道表达式为 $(\sigma_{1s})^2 (\sigma_{1s}^*)^2 (\sigma_{2s})^2 (\sigma_{2s}^*)^0$，$\sigma_{1s}$、$\sigma_{1s}^*$ 和 σ_{2s} 轨道充满电子，σ_{2s}^* 是空轨道，其能级图如图 12-11 所示。

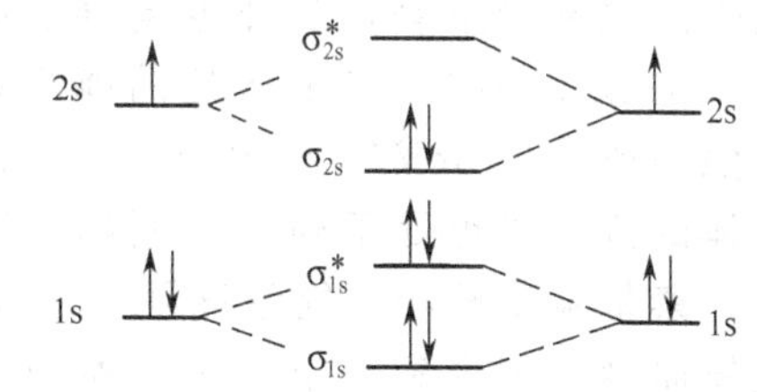

图 12-11 Li_2 分子轨道能级图

对 N 个 Li 原子来说，它们各自的 1s 原子轨道（共有 N 个）组成 N 个分子轨道，其中有 $N/2$ 个 σ_{1s} 成键轨道和 $N/2$ 个 σ_{1s}^* 反键轨道（如果 N 是奇数，则还有非键轨道）。由量子力学的计算可以证明，由于组合成的分子轨道数目很大，各个分子轨道间的能量差别变得非常小，几乎可以认为这些分子轨道的能级是连续变化的，从而组成了能带。N 个 Li 原子共有 $2N$ 个 1s 电子，而每个分子轨道可以填充 2 个电子，所以 1s 原子轨道组成的 N 个分子轨道都充满了电子，这个能带称为满带，也称为基带。

N 个 Li 原子的 2s 原子轨道也组成一个能带，这个能带中有 $N/2$ 个 σ_{2s} 成键轨道，$N/2$ 个 σ_{2s}^* 反键轨道。由于 N 个 Li 原子只有 N 个 2s 电子，所以只有 σ_{2s} 轨道充满电子，σ_{2s}^* 是空轨道。2s 原子轨道组成的能带称为导带。之所以称为导带，是因为整个能带是半满的，在电场的作用下，电子受激发后，可以从较低能态跃迁到较高能态，从而产生电流，可以导电。

在导带和满带之间的区域，即从满带顶到导带底的区域，称为禁带，电子不可能处于这个区域中（即电子的能量不可能落在这个区间）。满带与导带之间的能量间隔称禁带宽度，一般较大，电子难以逾越。图 12-12 给出了 N 个 Li 原子轨道组成金属键中的能带示意图。

这样形成的共价键不是一般的双原子共价键，而是多原子共价键。这种多原子共价键是

Li 的 2s 轨道组成的，它可以向立体化发展，遍及整个金属晶体。

铍的电子组态是 $1s^2 2s^2$，它的 2s 能带也是满带，由铍的 2p 原子轨道形成的 2p 能带没有电子，是空带。但是铍的 2s 能带与全空的 2p 能带能量非常接近，由于原子间的相互作用，2s 能带与 2p 能带发生部分重叠，它们之间已没有禁带（图 12-13）。2s 能带中的电子很容易跃迁到空的 2p 能带上，相当于形成了一个新的导带，所以铍也是一个良导体。镁的电子结构是 $1s^2 2s^2 2p^6 3s^2$，与铍相似，它的 3s 能带与空的 3p 能带发生重叠，也是一个良导体。

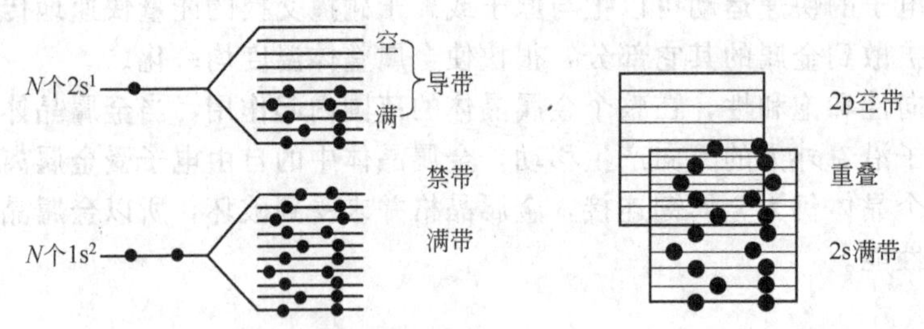

图 12-12　Li 的原子轨道组成金属键中的能带　　图 12-13　金属键的能带重叠

金属键的能带理论可以很好地说明导体、半导体和绝缘体之间的区别。如图 12-14 所示，一般金属导体的价电子能带是半满的或价电子能带虽全满，但与能量间隔不大的空带发生部分重叠，当外电场存在时，价电子可跃迁到邻近的空轨道中，因此可以导电。绝缘体中的价电子所处的能带都是满带，而且与邻近空带间的禁带宽度大，能量间隔一般大于 5eV（8×10^{-19}J），电子不能通过禁带而跃迁到空带中，故不能导电。半导体的价电子也处于满带，例如，Si、Ge 有与金刚石相似的电子结构，但与邻近空带间的禁带宽度较小，能量间隔一般小于 3eV（4.8×10^{-19}J）。当温度较高时，电子能被激发而越过禁带到达空带中。所以半导体的导电性随温度的升高而升高，与金属的导电性随温度升高而降低正好相反。

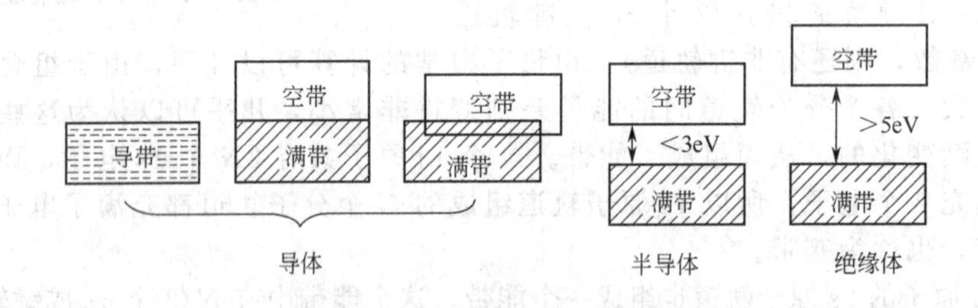

图 12-14　三种能带结构示意图

12.5.3　金属晶体的密堆积结构

在形成金属晶体时，由于金属键没有方向性和饱和性，金属原子在空间的排布，将尽可能地采取最紧密堆积的方式，以使每个金属原子与尽可能多的其它原子接触，从而使金属原子的价轨道得到最大限度的重叠，使金属晶体能量最低。

金属的原子可以看成是半径相等的圆球，等径圆球最紧密堆积的方式主要有三种：

配位数为 12 的面心立方密堆积（称 A1 型结构），如图 12-15 所示。属面心立方密堆积晶格的金属有 Sr、Ca、Pb、Ag、Au、Al、Cu、Ni 等。

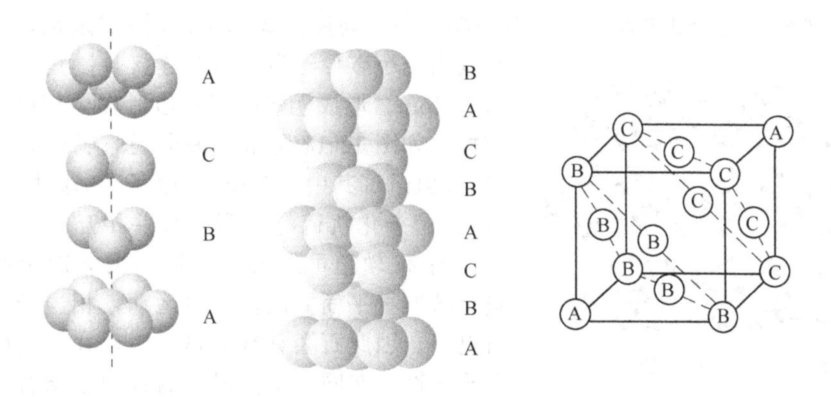

图 12-15　面心立方密堆积

配位数为 12 的六方密堆积（称 A3 型结构），如图 12-16 所示。属六方密堆积晶格的金属有 La、Y、Mg、Zr、Hf、Cd、Ti、Co 等。

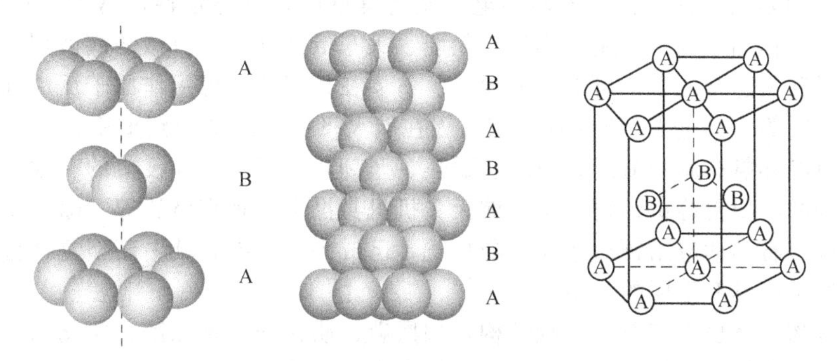

图 12-16　六方密堆积

配位数为 8 的体心立方密堆积（称 A2 型结构），如图 12-17 所示。属体心立方密堆积晶格的金属有 Li、Na、K、Rb、Cs、Cr、Mo、W、Fe 等。

12.5.4　金属原子半径

金属单质的结构比较简单，用 X 射线衍射方法不难求得金属晶体的晶胞参数并进一步算出相邻金属原子的间距。对于 A1 和 A2 型结构，根据等径圆球密堆积的模型，只要将最邻近的原子间距对分即得金属原子的半径。例如，用 X 射线分析确定金属铜属于配位数为 12 的面心立方结构，晶胞参数a=255.6pm，所以铜的原子半径为 127.8pm。对于六方密堆积的 A3 型结构来说，12 个配位原子分成两套不同的配位，6 个配位原子距离短些，另外 6 个距离稍长，这时有两种计算原子半径的方法，一是取平均值，二是取短的值。对同一元素来说，在配位数为 8 的结构中原子接触距离约为配位数为 12 的结构中原子接触距离的 97%，表 10-8 中金属元素的原子半径即为配位数为 12 的金属原子半径。

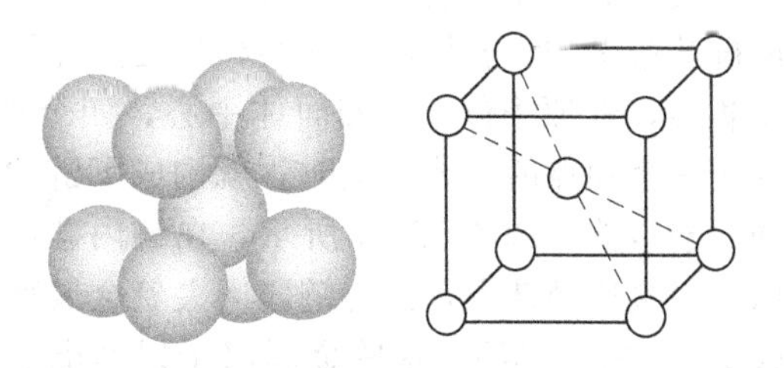

图 12-17　体心立方密堆积

12.6　其它类型的晶体

12.6.1　混合键型晶体

某些晶体晶格结点间包含两种以上键型，称为混合键型晶体，又称过渡型晶体。

石墨是典型的混合键型晶体。在石墨晶体中，同层的碳原子采用 sp^2 杂化，每个碳原子与其它三个碳原子以 σ 键相连接，键角为 120°，键长为 142pm。形成无数的正六边形蜂巢相连的平面层状结构，如图 12-18 所示。每个碳原子还有 1 个未杂化的 2p 轨道（其中有 1 个 2p 电子），这些 2p 轨道与碳原子 sp^2 杂化轨道的平面垂直并相互平行，这些相互平行的 2p 轨道可形成大 π 键。大 π 键中的电子可在整个碳原子平面方向作自由运动，相当于金属中的自由电子。因此石墨具有金属光泽，并有良好的导热性和导电性。在同一平面层中的碳原子结合力很强，所以石墨的熔点高，化学性质稳定。但石墨的层与层之间的距离相隔较远，为 340pm。层与层之间以分子间力相结合。这种作用力较弱，层与层之间容易滑动和断裂。由此可见石墨晶体是兼有原子晶体、金属晶体和分子晶体的特征，是一种混合键型晶体。

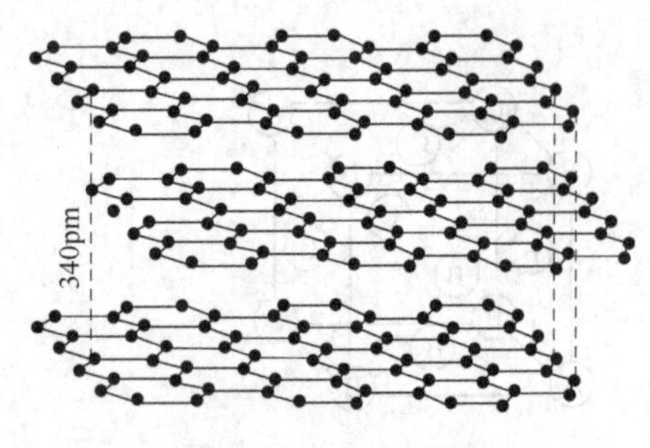

图 12-18　石墨晶体

石墨的应用领域十分广泛。因能导电、又有良好的化学稳定性，常作电解槽的阳极材料，又因其层间作用力弱，可用作飞机、轮船、火车等高速运转机械的润滑剂。石墨还是制造铅笔、油墨和人造金刚石不可缺少的原料。石墨在核工业中可用作原子反应堆中的中子减速剂和防护材料等。20 世纪 70 年代以来石墨在航天飞机制造中受到重用，因高纯石墨可以形成纤维，再经环氧树脂浸渍后，质轻、耐热、坚韧，可用作航天飞机的有效载荷舱门。经聚酰亚胺处理的石墨更能抗辐射，用作航天飞机机身襟翼、垂直尾翼等。随着现代科学技术和工业的发展，石墨的应用领域还在不断拓宽，已成为高科技领域中新型复合材料的重要原料，在国民经济中具有重要的作用。

有些化合物晶体也具有石墨层状结构，如黑磷、碘化镉、碘化镁、氧化镉、氯化镍、六方氮化硼等。六方氮化硼结构与石墨相似。但层内和层间、粒子之间的相对距离均与石墨稍有不同，它是一种润滑性的白色固体，又称白色石墨，是耐高温、耐腐蚀、质轻、润滑、电绝缘性能良好的新型高温材料。

链状硅酸盐也属于混合键型晶体。石棉就是一种典型的链状混合键型晶体，是一种天然的硅酸盐矿物。石棉的基本结构单元是硅氧四面体，其中 Si 原子以 sp^3 杂化轨道与四个氧原子相连，Si 原子位于正四面体中心，四个氧原子位于四面体的四个顶角。当硅氧四面体以共用两个顶点的方式连接时，就构成了链状结构的硅酸盐，如图 12-19 所示。在链内硅和氧原子以共价键结合，链与链之间夹着金属离子（Ca^{2+}、Mg^{2+} 等），这些金属离子以静电引力（离子键）与硅氧链结合，将无数个硅氧链连接在一起，形成石棉的链状结构晶体。由于链间的结合力较小，所以链与链之间容易被撕裂成纤维状。

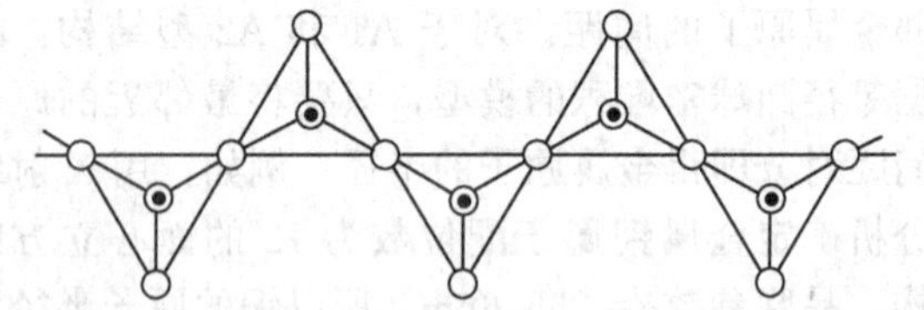
图 12-19　链状硅酸盐 [$(SiO_3)_n^{2n-}$] 结构

12.6.2　球碳

人们熟知碳有两种同素异形体，石墨与金刚石。1985 年，科学家又发现了碳元素还存在着一种不同于石墨和金刚石的第三种晶体形态——球碳。其中典型的是 C_{60}。它是由 12 个五边形和 20 个六边形构成的一个 32 面体，相当于截顶的 20 面体，其中五边形彼此不相连，只与六边形相邻（图 12-20）。C_{60} 有 90 条棱，60 个顶点。60 个碳原子位于顶点构成了封闭笼状结构。C_{60} 结构酷似足球，球直径为 0.71nm。C_{60} 的每个碳原子可粗略地认为采用

sp^2杂化与邻近 3 个碳原子相连，剩余 p 轨道构成了球壳内外大 π 键，即碳与碳之间存在着双键（烯键），因而也称为球烯或足球烯。C_{60}分子间靠范德华力结合形成面心立方结构的分子晶体。此后又相继发现了一系列这类多面体分子，C 原子数可从 32 到几百（均为偶数），如 C_{50}、C_{70}、C_{84}、C_{120}、C_{180}、C_{240}等。这些分子都呈现封闭的圆球形和椭球形外形，很像美国建筑师 B. Fuller 设计建造的一座由五边形和六边形构成的拱形建筑，因此又称为富勒烯（Fullerenes）。

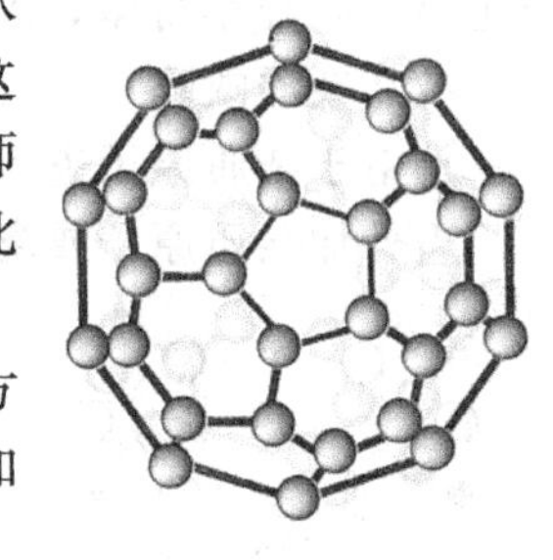

图 12-20　C_{60}的结构

1990 年起，球碳化学发展很快，出现了许多新的合成球碳的方法。经研究现已得知，可将 C_{60}的双键打开生成加成化合物。例如生成氟化产物 $C_{60}F_6$、$C_{60}F_{42}$及氢化产物 $C_{60}H_{60}$。

由于 C_{60}是一个直径为 0.71nm 的空心球，其内腔可以容纳直径为 0.5nm 的其它原子。已经证明富勒烯的笼中可以包含 K、Na、Cs、La、Ba、Sr 和 O 等单个离子，生成富勒烯的包合物 $C_{60}M^+$。从理论上可以预言这些金属包合物和 C_{60}有不同的电学、氧化还原性质，因此可以改变笼中的金属以改变其性质。例如，掺有不同碱金属元素的 C_{60}具有不同的超导性能（K_3C_{60}超导临界温度为 18K，$RbCs_2C_{60}$为 33K）。虽然此类化合物现在还没有大量试制成功，但它是一个极具吸引力的研究领域。

12.7　晶体缺陷和非化学计量化合物

12.7.1　晶体缺陷

具有完整空间点阵结构的晶体称为理想晶体。而实际晶体大都在不同程度上偏离理想的点阵结构而形成各种晶体缺陷。晶体缺陷对其化学性质影响很小，但对许多物理性质，如电性、磁性、光学性质及力学性能等常起决定性的作用。

从几何的角度来看，晶体的缺陷大致可分为点缺陷、线缺陷、面缺陷及体缺陷四大类，其中以点缺陷最普遍和最重要。

点缺陷可以分为热缺陷和杂质缺陷两大类。

(1) 热缺陷

主要是由晶体中的离子（或原子）热运动引起的。晶格中粒子始终在其平衡位置附近振动，当温度较高时，粒子振动的幅度也较大，如果有些粒子的动能大到足以克服粒子间的引力，就可脱离平衡位置形成点缺陷。它有两种基本类型：

肖特基（Schottky）**缺陷**　肖特基缺陷包含有原子空位（对金属晶体）或离子空位（对离子晶体）。对于离子晶体，由于电中性条件，当正离子缺位时，必然会有负离子也缺位，如图 12-21 是在 NaCl 晶体中，同时有正、负离子缺位。

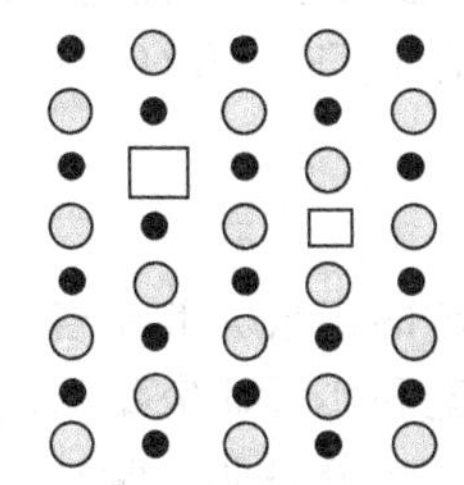

图 12-21　肖特基缺陷示意图

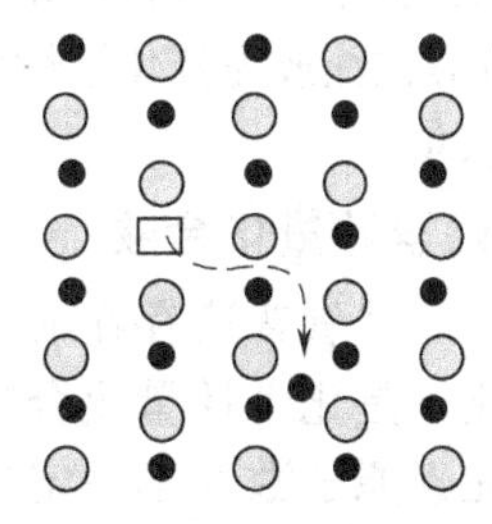

图 12-22　弗仑克尔缺陷示意图

弗仑克尔（Frenkel）**缺陷**　如果晶格中的粒子离开原来的位置之后，不是离开晶体而是进入晶格的空隙位置中，这种缺陷称为弗仑克尔缺陷，如图 12-22 所示。这种缺陷常发生在正离子远小于负离子或晶体结构空隙较大的离子晶体中。例如，在 AgBr 晶体中，Ag^+ 半径比 Br^- 半径小得多，Ag^+ 转移到晶格间隙而产生空位。

（2）杂质缺陷

是由于杂质原子进入晶体后，引起的间隙式或取代式缺陷。

当外加杂质原子或离子的半径较小时，易形成间隙式缺陷。例如，H 原子加入 ZnO、C 或 N 原子进入金属晶体的间隙中都能形成间隙式杂质缺陷。

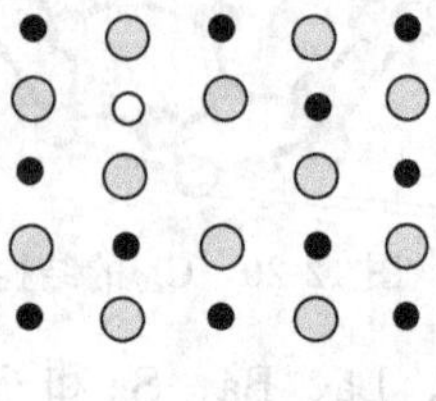

当外加杂质原子与晶体中的原子电负性接近，半径相差不大时，可以取代晶体中的原子，形成取代式缺陷。例如，在砷化镓（GaAs）晶体中加入 Si 杂质原子，则 Si 可取代 Ga 的位置，也可取代 As 的位置。

杂质原子取代前后晶体仍应保持电中性。例如 AgCl 晶体中引入 Cd^{2+}，由于 Cd^{2+} 价态高于 Ag^+，为保持整体电中性，每引入一个 Cd^{2+}，就会产生一个 Ag^+ 空位，见图 12-23。

● Ag^+ ○ Cd^{2+} ◎ Cl^-

图 12-23 杂质缺陷示意图

微量杂质的存在能对晶体的强度、韧性、脆性产生显著的影响。例如纯铁很软，如果含有少量碳，经适当的热处理炼成钢，硬度就大大地增强了。

杂质的存在会极大地影响晶体的电学性质。例如铜含有杂质不仅使其变硬、变脆，而且会使电阻增大，因此作导线用的铜要用电解铜。半导体掺杂能改变能带结构，10 亿个正常原子中掺入 6 个杂质原子就足以改变半导体的电学性质，因此掺杂对改善半导体性能至关重要。例如，在锗、硅中掺入ⅢA 族元素硼、铝、铟可以得到 p 型半导体（空穴导电型），掺入ⅤA 族元素磷、砷可以得到 n 型半导体（电子导电型）。

杂质的存在还会极大地影响晶体的光学性质。例如，将碱金属卤化物晶体在相应的碱金属蒸气中加热时，NaCl 会变成黄色，KCl 会变成蓝色。各种硫化物磷光体的发光现象与杂质缺陷有很大关系，某些少量杂质元素的掺和可以大大提高其发光性能（作为激活剂），而有些杂质的存在又可以降低发光效率。例如，作荧光屏用的硫化锌镉（$Zn_xCd_{1-x}S$）需加入万分之几的银作为激活剂，而少量镍的存在则显著降低其发光效率。

除点缺陷以外，晶体的线、面、体缺陷都是与晶体生长和热处理等条件有关的在较大范围内的生长缺陷。

线缺陷是由于空缺一系列原子而形成的一种位错。

面缺陷指晶体中整个一层原子向某一方向稍有位移而偏离正常的点阵结构。

体缺陷是指晶体内部有空洞、沉淀相、气泡或液体包裹体、固体包裹体等。

广义来说，晶体表面也是一种缺陷。处于表面的原子和离子其化合价常常没有满足，因此能够吸附其它原子和分子。多相催化反应是在催化剂表面的活性中心进行的，催化剂表面的晶格畸变、原子空位等往往成为催化活性中心。例如烯烃定向聚合就是在 $TiCl_3$-$Al(C_2H_5)_2Cl$ 催化剂表面空位上进行的。

12.7.2 非化学计量化合物

对于晶体，尽管普遍存在缺陷，但它们多数仍然具有固定的组成，其中各元素原子数均是简单整数比，是化学计量化合物。但是，近代晶体结构理论和实际研究结果表明，在晶体化合物中各元素原子数并不一定总是呈简单整数比，有相当一部分是非化学计量化合物。

非化学计量化合物实际上也是一种晶体缺陷。它的形成一般有下列三种情况。

（1）金属具有多种氧化值

非化学计量化合物很多是过渡金属化合物，过渡金属常具有多种氧化值，因而可形成组成元素不成整数比的化合物。这是由于晶格结点上低氧化值的正离子被高氧化值的正离子所代替时，为了保持化合物的电中性，而造成正离子空位。例如 FeS 中部分 Fe^{2+} 被 Fe^{3+} 所代替时，为了保持化合物电中性，3 个 Fe^{2+} 只需 2 个 Fe^{3+} 代替即可，Fe 与 S 原子数之比不再是 1∶1，而是 Fe 原子数小于 1，即化学式为 $Fe_{1-x}S$，产生了一个正离子（Fe^{2+}）的空位，由此造成了晶体缺陷（图 12-24）。

（2）负离子缺少，产生的空位由电子代替

有些金属没有两种或多种氧化值，也可形成非化学计量化合物。将碱金属卤化物晶体在碱金属蒸气中加热时，晶体中的金属含量会比理论值多大约万分之一。例如，氯化钠与钠蒸气作用，生成黄色的 $NaCl_{1-x}$。这种情况的产生是有少量的 Na 原子掺入晶体，受辐射后，Na 原子电离为 Na^+ 和电子，Na^+ 占据正常的正离子位置，负离子空穴由电子占据（图 12-25）。空穴上的电子，激发能在可见光的范围内，因此这些空穴成为发色中心。

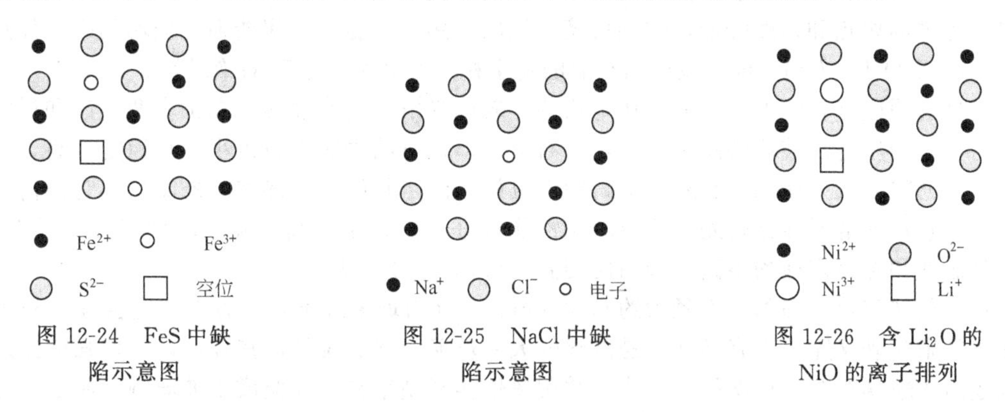

图 12-24　FeS 中缺陷示意图

图 12-25　NaCl 中缺陷示意图

图 12-26　含 Li_2O 的 NiO 的离子排列

把 ZnO 晶体放在 Zn 蒸气中，加热到 1000K 左右，则晶体转变为红色的 n 型半导体 ZnO_{1-x}。这类非化学计量化合物由于空穴上电子的可移动性而具有导电性。

（3）杂质取代

某些杂质离子引入后，为了保持固体的电中性，原来离子的氧化值发生改变，结果也产生非化学计量化合物。例如若在 NiO 晶体中引入 Li^+，由于 Li^+ 的价态比 Ni^{2+} 低，则 Ni^{2+} 就可能氧化为 Ni^{3+}，以保持整体的电中性。控制加入杂质 Li^+ 的量，可以控制 $Ni^{2+} \rightarrow Ni^{3+}$ 的变化量，从而可以改变晶体的性质。化学计量的 NiO 是亮绿色的电绝缘体，而加入少量 Li_2O 后，非化学计量的晶体就成为灰黑色的半导体材料（图 12-26）。

非化学计量化合物与相同组成元素的计量化合物在组成上虽有偏差，但一般不影响化学性质，也能保持其基本结构，但在导电性、磁性、光学性质、催化性能等方面有差别。这种差别，使非化学计量化合物具有重要的技术性能。在催化剂和半导体的制备中，非化学计量化合物具有特别的重要性。在 12.5 中提到的 $YBa_2Cu_3O_{7-x}$（$x \approx 0.2$）超导氧化物就是非化学计量化合物。

12.8　非晶体的结构

12.8.1　玻璃的结构

自然界中的任何固体物质按其内部结构可分成结晶态固体及非晶态固体两种。非晶体常称为玻璃态，但很多非晶态有机材料和非晶态金属和合金一般不称为玻璃，故非晶态比玻璃含义更广些。

晶体是在三维空间有规律的排列，而非晶体是短程有序、长程无序的，即在较大距离上结构无周期性，但是在近程范围（<0.1nm）内结构是有序的。

玻璃结构十分复杂，长期以来人们提出了多种理论来解释玻璃的结构，其中之一是无规网络学说，此学说认为玻璃的结构具有向空间各个方向发展的网络形式，但其周期性比晶体结构差得多。

无规网络学说认为石英玻璃的结构为：每个硅原子与周围四个氧原子组成硅氧四面体（SiO_4），各四面体之间通过共顶点互相连接形成向三维空间发展的网络。与相应的晶体（方石英）结构差别在于，石英玻璃中硅氧四面体重复没有规律性，而方石英中硅氧四面体却是无数次有规则的重复。方石英与石英玻璃的结构参见图12-2。

通常的玻璃主要成分是 SiO_2，还含有一些金属氧化物，因此，从化学成分上说，玻璃属硅酸盐范围。随着金属氧化物的加入，硅氧四面体组成的网络就会部分断裂，加入量愈大，网络断裂程度就愈严重，使得完整的三维网络变成破碎的网状结构。碱金属氧化物的加入使得玻璃的熔点和黏度降低，起到玻璃改性的作用，而碱土金属能强化玻璃网络。如加入一定量的CaO及MgO，可明显提高玻璃的化学稳定性和增强玻璃的绝缘性。

玻璃透明度好，机械强度高，质地均匀，表面光滑，耐腐蚀等，在工农业生产和科学研究中有广泛的用途。玻璃的品种很多，如石英玻璃，它的膨胀系数极小，热稳定性高，可在1100～1200℃下长期使用。它对酸的耐蚀性也好，除氢氟酸和浓热磷酸外能耐其它任何浓度的酸。但它对碱的耐蚀性较差。石英玻璃性能很好，但成本较高。硬质玻璃（也叫硼玻璃）化学稳定性和热稳定性均很高，最高使用温度可达1600℃以上。

把石英玻璃拉成细丝（直径为约0.005mm），称为玻璃纤维，其力学性能会发生极大的变化，原来又硬又脆、没有弹性、易破碎的大块玻璃，变成柔软而富弹性，拉伸强度比尼龙纤维还高的玻璃纤维。玻璃纤维织成布并用热熔塑料粘结在一起便成了玻璃钢，质量仅为钢的1/4，可制成各种管道和容器。

光导玻璃纤维是用高折射率玻璃芯料和低折射率玻璃皮料组合成的复合纤维，已大规模用于通讯、电视、计算机网络等领域。目前，多束光导纤维制成的光缆已逐渐代替电缆，在当代信息社会中起着重要作用。

此外，还有红外玻璃、激光玻璃、吸热玻璃等各种新型玻璃。

12.8.2 新型非晶体

① **微晶玻璃** 微晶玻璃是近30年发展起来的新品种。在制造玻璃时，在配料中添加金属氧化物做晶核，在熔制和冷却过程中，晶核生长成微小晶粒，形成微晶玻璃。微晶玻璃的结构非常致密，基本上没有气孔，晶粒的大小为20～1000nm左右，在玻璃基体中有很多非常细小而弥散的结晶，这些微晶的体积可达总体积的55%～98%。微晶玻璃与普通玻璃相比，软化点有很大提高，约从500℃提高到1000℃左右。由于微晶粒的反射，微晶玻璃透光但不透明，又由于有结晶结构，故力学性能十分优良，具有抗振、抗击和耐骤冷、骤热而不易破碎。如加热至900℃骤然投入到5℃水中也不破碎。

② **非晶态半导体** 凡是短程有序、长程无序的半导体物质统称为非晶半导体。碲熔融后，加入Si和As可形成Si-As-Te非晶体，具有良好的光学性质，因而用于航空光学系统。碲熔融后，加入Ge和As可形成 $Ge_{10}As_{20}Te_{70}$（下标数字为百分组成）非晶态半导体，已用于制成高速开关的半导体器件。非晶态半导体对杂质不敏感，可取薄膜形式，如复印机中硒鼓便是用真空蒸发法在金属圆鼓上沉积一层非晶硒。非晶硒有两个性质，一是半导体，二是光导体，曝光后电导率大大提高。此外，非晶硅对太阳光的吸收系数比单晶硅大得多，单晶硅要0.2mm厚才能有效地吸收太阳光，而非晶硅只要0.001mm厚，其光能效率提高12%～14%，是高效的太阳能电池材料。

③ **非晶态磁泡**　非晶态磁泡（如 Cd-Co 薄膜）是近年来发展的磁性存储器，对电子计算机极为重要。它由电路和磁场来控制磁泡（似浮在水面上的水泡）的产生、消失、传输、分裂以及磁泡间的相互作用，实现信息的存储、记忆和逻辑运算等功能。

思　考　题

1. 晶体与非晶体有何区别？
2. 解释下列名词
   晶格、晶胞、配位数、晶格能、离子极化、离子的极化力、离子的变形性、能带
3. 晶体可分为几个晶系？它们各有什么特征？
4. AB 型离子晶体有哪几种典型的结构类型？这几种构型的离子晶体中，正、负离子的配位数各是多少？
5. 离子晶体中，正、负离子半径比与离子晶体的关系是怎样的？
6. NaCl 和 CO_2 习惯上都称为分子式，它们的含义是否相同？为什么？
7. 影响晶格能的主要因素是什么？晶格能对离子晶体的性质有何影响？
8. 影响离子极化的主要因素是什么？离子极化力较大时，其变形性是否也一定较大？
9. 离子极化作用对离子化合物的键型、晶格类型和物质的性质有何影响？
10. 金属的自由电子理论的主要论点是什么？它是如何解释金属的通性的？
11. 用能带理论说明导体、半导体和绝缘体的区别。
12. 实际晶体中，有哪几种点缺陷？晶体缺陷对晶体的物理或化学性质有何影响？

习　　题

1. 选择题

(1) 下列阳离子中半径最小的是（　　）。

A. K^+　　B. Ca^{2+}　　C. Sc^{3+}　　D. Ti^{4+}

(2) 下列离子中半径最大的是（　　）。

A. Al^{3+}　　B. Mg^{2+}　　C. S^{2-}　　D. Cl^-

(3) 下列各离子中属于 18 + 2 电子构型的是（　　）。

A. Ca^{2+}　　B. Zn^{2+}　　C. Pb^{2+}　　D. Fe^{3+}

(4) 化学式为 AB 的离子化合物，当 A 的配位数是 6 时，最有可能的离子半径比 r_+/r_- 为（　　）。

A. 小于 0.225　　B. 0.225～0.414　　C. 0.414～0.732　　D. 0.732～1.0

(5) 某物质熔点低，难溶于水，易溶于 CCl_4 溶液，不导电，该物质可能是（　　）。

A. 离子晶体　　B. 分了晶体　　C. 金属晶体　　D. 原子晶体

(6) 假定下列各化合物全都为离子键结合，熔点最高的是（　　）。

A. ZnO　　B. CaF_2　　C. $FeCl_2$　　D. Al_2O_3

(7) 金属钾为立方体心晶体，每个单位晶胞中所含的钾原子数为（　　）。

A. 2　　B. 3　　C. 4　　D. 6

(8) NaF、MgO 和 CaO 晶格能大小的次序正确的一组是（　　）。

A. CaO > MgO > NaF　　B. MgO > CaO > NaF

C. NaF > MgO > CaO　　D. NaF > CaO > MgO

(9) 应用离子极化理论，下列物质硬度最大的是（　　）。

A. AlF_3　　B. $AlCl_3$　　C. $AlBr_3$　　D. AlI_3

(10) 应用离子极化理论，下列物质溶解度最大的是（　　）。

A. AgF　　B. AgCl　　C. AgBr　　D. AgI

2. 估计下列物质分别属于哪一类晶体。

(1) BBr_3　熔点 227K　　(2) B　熔点 2573K

(3) KI　熔点 1153K　　(4) $SnCl_2$　熔点 519K

3. 已知下列离子半径

离　子	Ca^{2+}	O^{2-}	Rb^{+}	Cl^{-}	K^{+}	Br^{-}	Na^{+}
半径/ppm	100	140	152	181	138	196	102

试根据离子半径比规则，判断CaO、RbCl、NaBr、KBr的晶格类型。

4. 写出下列各种离子的电子排布方式，并指出它们各属于何种离子构型？

Fe^{2+}、Cu^{+}、Ca^{2+}、Na^{+}、Li^{+}、S^{2-}、Pb^{2+}、Pb^{4+}

5. NaF、MgO、ScN、TiC属于同种类型的离子晶体，且它们的核间距相差不大，试推测这些化合物熔点高低、硬度大小的次序。

6. 下列两组物质中，哪个熔点最高，哪个最低？

(1) NaCl、KCl、MgO；(2) H_2O、H_2S、H_2Se

7. 已知NaF和MgO都是NaCl型晶体，NaF和MgO的核间距分别是235pm和212pm，试用晶格能理论公式计算NaF和MgO的晶格能。

8. 已知$r(K^{+})=138pm$，$r(Cs^{+})=167pm$，$r(Br^{-})=196pm$，根据离子半径比规则求KBr和CsBr的晶体构型及晶格能。

9. 已知溴化钾的生成焓为$-390.4kJ\cdot mol^{-1}$，金属钾的升华焓为$89.9kJ\cdot mol^{-1}$，钾的电离能为$418.6kJ\cdot mol^{-1}$，溴的气化焓为$30.1kJ\cdot mol^{-1}$，溴的解离能为$192.8kJ\cdot mol^{-1}$，溴的电子亲和能为$341.4kJ\cdot mol^{-1}$，用波恩-哈伯循环求KBr的晶格能。

10. 试比较下列离子极化力的相对大小

Fe^{2+}、Sn^{2+}、Sn^{4+}、Sr^{2+}

11. 试比较下列离子变形性的大小

O^{2-}、S^{2-}、F^{-}、Na^{+}、Mg^{2+}

12. 解释下列物质熔点变化的原因。

物　质	NaF	NaCl	NaBr	NaI
熔点/K	1265	1074	1020	933

13. 解释下列两组物质熔点变化的原因。

(a) MgO 2852℃、CaO 2614℃、SrO 2430℃、BaO 1918℃

(b) $MgCl_2$ 714℃、$CaCl_2$ 782℃、$SrCl_2$ 875℃、$BaCl_2$ 963℃

14. 试比较下列各组物质在水中溶解度的大小

(1) CdS，ZnS，HgS　(2) PbF_2，$PbCl_2$，PbI_2　(3) CaS，ZnS，FeS

第 13 章 配位化合物

文献上最早记载的配合物是在 1704 年，德国美术颜料制造者狄斯赫（Diesbach）用兽皮或牛血加 Na_2CO_3 在铁锅中煮沸制得鲜艳的蓝色颜料普鲁士蓝 $KFe[Fe(CN)_6]\cdot H_2O$。这是历史上第一次制出的有确切配位比的配位化合物（简称配合物，旧称络合物）。配合物化学领域内开展较广泛的研究是在 1798 年法国分析化学家塔赫特（Tassert）发现了第一个橙黄色的氨合物 $CoCl_3\cdot 6NH_3$ 之后。1893 年，26 岁的瑞士化学家维尔纳（Alfred Werner）根据大量的实验事实，发表了一系列的论文，提出了现代的配位键、配位数和配位化合物结构的基本概念，并用立体化学观点成功地阐明了配合物的空间构型和异构现象，奠定了配位化学的基础。维尔纳由于对配合物研究的杰出贡献而荣获 1913 年诺贝尔奖。自维尔纳创立配位理论以来，众多配合物相继问世。

配位化合物几乎涉及化学学科的各个领域。在无机化学中，对于元素，尤其是过渡元素及其化合物的研究总是涉及配合物；分析化学中，定性和定量分析与配合物密切相关；生物化学与配合物有密切联系，如维生素 B_{12} 是钴的配合物，植物体内的叶绿素是镁的配合物，动物血液蛋白是铁的配合物；有机合成中许多重要的反应是通过配合物的催化作用而实现的。随着近代高新技术的日益发展，配位化合物在材料科学、生命科学、光电技术、激光能源等领域受到广泛重视。总之，配位化合物在整个化学领域中具有极为重要的理论和实践意义。本章仅讨论配位化学中某些最基本的知识。

13.1 配位化合物的基本概念

13.1.1 配位化合物的定义和组成

由一个正离子和若干中性分子或负离子以配位键结合而成的具有一定空间构型的复杂离子称为配离子，例如 $[Cu(NH_3)_4]^{2+}$、$[Ag(NH_3)_2]^+$、$[Fe(CN)_6]^{3-}$、$[Ag(CN)_2]^-$ 等都是配离子。由配离子与带相反电荷的离子结合而成的中性分子称为配合物，例如 $[Cu(NH_3)_4]SO_4$、$[Co(NH_3)_6]Cl_3$、$K_3[Fe(CN)_6]$ 等都是配合物。通常，对配离子和配合物并不严格区分。

在配离子中，正离子占据中心位置，称为中心离子。与中心离子以配位键结合的分子或负离子称为配位体。中心离子与配位体构成了配合物的内界，书写时通常放在方括号内，配合物中与内界离子带有相反电荷的其它离子称为外界（图 13-1）。因此，配合物是由内界和外界两部分组成，内界为配位物的特征部分，是中心离子和配位体以配位键结合而成的一个相对稳定的整体。所谓配位键是中心离子提供空轨道，接受配体提供的孤对电子而形成的化学键。内界与外界以离子键结合，在水溶液中完全离解。

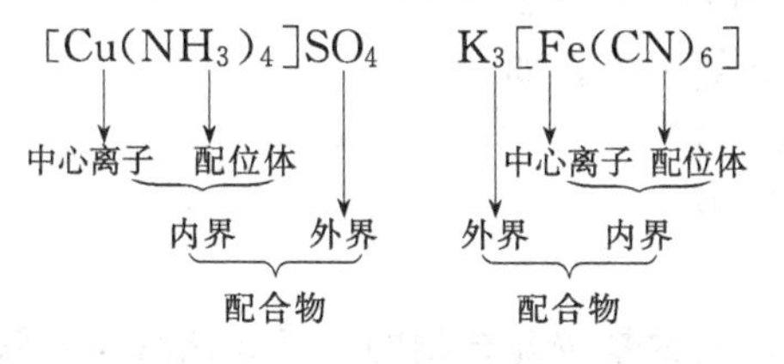

图 13-1 配合物组成示意图

但是，并不是所有的配合物都有内外界之分。例如：$[Co(NH_3)_3Cl_3]$、$Ni(CO)_4$ 等就不存在外界。

下面介绍配合物中几个常见的名词。

(1) 中心离子

占据配合物中心位置的正离子或原子叫配合物的中心离子或中心原子。中心离子大多数是金属离子，尤其是过渡金属离子，它因为有空轨道，在形成配位键时很容易接受配位体提供的孤对电子。中心离子也可以是中性的原子，如 [$Ni(CO)_4$]、[$Fe(CO)_5$] 中的 Ni 和 Fe 都是中性原子，少数高氧化数的非金属也可以作为中心离子，如 [SiF_6]$^{2-}$ 中的 Si(Ⅳ) 等。

(2) 配位体

在配合物中提供孤对电子的中性分子或负离子叫配位体，如 NH_3、OH^-、CN^-、H_2O、CO、SCN^-、X^-（卤素离子）等。配体中提供孤对电子，与中心离子（或原子）直接结合的原子叫配位原子，如 NH_3 中的 N 原子，CN^- 中的 C 原子就是配位原子。

配位原子通常是含有孤对电子且电负性较大的非金属原子，如 C、N、O 元素等。只能提供一个配位原子与中心离子构成一个配位键的配体叫单齿配体，如 NH_3、X^-、CN^-；能提供两个或两个以上配位原子的配体叫多齿配体，如乙二胺（$NH_2CH_2CH_2NH_2$，简写为 en）、$C_2O_4^{2-}$、乙二胺四乙酸（简写为 EDTA）。这类多齿配体能与中心离子（或原子）形成环状结构，像螃蟹的双螯钳住中心离子（或原子），起螯合作用，称螯合剂，这类配合物又称螯合物。

(3) 配位数

与中心离子（或原子）以配位键结合的配位原子数叫做中心离子的配位数。例如 [$Ag(NH_3)_2$]$^+$ 中，Ag^+ 的配位数为 2；在 [$Cu(NH_3)_4$]$^{2+}$ 中，Cu^{2+} 的配位数为 4；在 [$Co(NH_3)_6$]$^{3+}$ 中，Co^{3+} 的配位数为 6。目前已经知道，在配合物中，中心离子的配位数可以从 2 到 12，但较常见的配位数是 2、4 和 6。多齿配体的配位数不等于配位体的数目。如 [$Cu(en)_2$]$^{2+}$ 配离子，一个 en 提供 2 个配位原子，所以它的配位数为 $2\times2=4$。

影响配位数大小的因素有以下几点：

① 配位体相同时，中心离子电荷越高，吸引配位体的数目越多，配位数越大。如 [$Ag(NH_3)_2$]$^+$，[$Cu(NH_3)_4$]$^{2+}$。

② 配位体相同，中心离子半径越大，配位数越大。如 Al^{3+} 和 B^{3+} 的离子半径：$r(Al^{3+})=54pm$，$r(B^{3+})=27pm$，形成的配合物分别为 [AlF_6]$^{3-}$ 和 [BF_4]$^-$。

③ 同一中心离子，配位体的半径越大，中心离子周围容纳的配位体就越少，配位数就越小。如 $r(F^-)<r(Cl^-)<r(Br^-)$，它们与 Al^{3+} 形成的配离子分别为：[AlF_6]$^{3-}$、[$AlCl_4$]$^-$、[$AlBr_4$]$^-$。

④ 增大配位体的浓度，容易形成高配位数的配合物。如 SCN^- 浓度不同时可形成配位数 n 为 2～6 的配合物 [$Fe(SCN)_n$]$^{3-n}$。

⑤ 当温度升高时，常使配位数减小。这是因为温度升高，热振动加剧，中心离子与配位体间的化学键减弱的缘故。

(4) 配离子的电荷

配离子可以带正电荷或负电荷，其电荷等于中心离子与所有配位体电荷的代数和，也与外界离子电荷的绝对值相等，符号相反。例如：

[$Cu(NH_3)_4$]$^{2+}$ 的电荷为 $(+2)+(0)\times4=+2$

[$Fe(CN)_6$]$^{4-}$ 的电荷为 $(+2)+(-1)\times6=-4$

[$Co(NH_3)_5Cl$]$^{2+}$ 的电荷为 $(+3)+(0)\times5+(-1)\times1=+2$

在中性配合物里，中心离子与配位体电荷的代数和等于零。如：

$Pt(NH_3)_2Cl_2$ 电荷为 $(+2)+(0)\times2+(-1)\times2=0$

$Co(NH_3)_3Cl_3$ 电荷为 $(+3)+(0)\times3+(-1)\times3=0$

13.1.2 配位化合物的命名

配合物的命名与一般无机化合物的命名原则相似，通常是按配合物的分子式从后向前依次读出它们的名称。

① 配合物的外界是阴离子，则命名在前，如氯化…，硫酸…，或氢氧化…等。如 $[Cu(NH_3)_4]SO_4$ 称硫酸四氨合铜（Ⅱ），$[Co(NH_3)_6]Cl_3$ 称三氯化六氨合钴（Ⅲ）；外界是阳离子则命名在后，如…酸钾，…酸钠，…酸等。如 $H_2[PtCl_6]$ 称六氯合铂（Ⅳ）酸，$Cu_2[SiF_6]$ 称六氟合硅亚铜。

② 内界的命名顺序为：阴离子配位体-中性分子配位体-合-中心离子（或原子）。在配体前用汉字标明其个数，中心原子后面用罗马字标明其氧化态。

③ 有些配位体在配合物中有专门的名称，如

CO 称羰基　—OH 称羟基　$—NO_2$ 称硝基　$—NH_2$ 称胺基

表 13-1 中列出了一些配合物命名的实例。

表 13-1　配合物的名称实例

类　别	化　学　式	系　统　命　名	习　惯　命　名
配离子	$[Cu(NH_3)_4]^{2+}$	四氨合铜（Ⅱ）离子	铜氨配离子
	$[FeF_6]^{4-}$	六氟合铁（Ⅱ）离子	—
配合物	$[Ag(NH_3)_2]Cl$	氯化二氨合银（Ⅰ）	银氨配合物
	$K_3[Fe(CN)_6]$	六氰合铁（Ⅲ）酸钾	赤血盐
	$K_4[Fe(CN)_6]$	六氰合铁（Ⅱ）酸钾	黄血盐
	$K[Ag(SCN)_2]$	二（硫氰酸根）合银（Ⅰ）酸钾	—
	$(NH_4)_3[Cr(NCS)_6]$	六（异硫氰酸根）合铬（Ⅲ）酸铵	—
	$[Pt(NH_3)_6][PtCl_4]$	四氯合铂（Ⅱ）酸六氨合铂（Ⅱ）	—
	$[Zn(NH_3)_4](OH)_2$	氢氧化四氨合锌（Ⅱ）	锌氨配合物
	$[Cr(H_2O)_5OH](OH)_2$	氢氧化一羟基五水合铬（Ⅲ）	—
	$H_2[SiF_6]$	六氟合硅（Ⅳ）酸	氟硅酸
	$H_2[PtCl_6]$	六氯合铂（Ⅳ）酸	氯铂酸
	$Ni(CO)_4$	四羰基合镍	—

13.1.3　配位化合物的空间构型

配位化合物常见的结构有直线形、八面体、四面体、正方形等。现将主要构型举例列入表 13-2 中。

表 13-2　配合物的空间构型

配位数	空　间　构　型	配　合　物　实　例
2	直线形（180°）	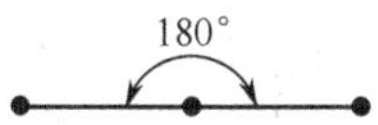 $[Ag(NH_3)_2]^+$、$[Ag(CN)_2]^-$、$[CuI_2]^-$、$[Hg(CN)_2]^-$、$[AuCl_2]^+$
3	三角形（120°）	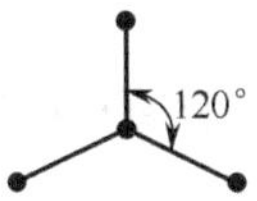 $[HgI_3]^-$
4	正四面体（109°28′）	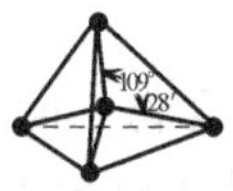 $[Zn(NH_3)_4]^{2+}$、$[FeCl_4]^{2-}$、$[CoBr_4]^-$
4	正方形	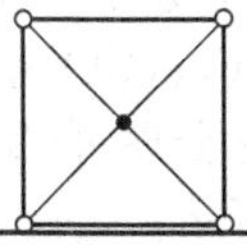 $[Cu(NH_3)_4]^{2+}$、$[Pt(NH_3)_4]^{2+}$

续表

配位数	空间构型	配合物实例
5	四方锥	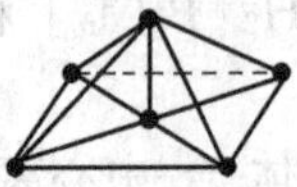 $[SbCl_5]^{2-}$、$[Ni(CN)_5]^{3-}$
5	三角双锥	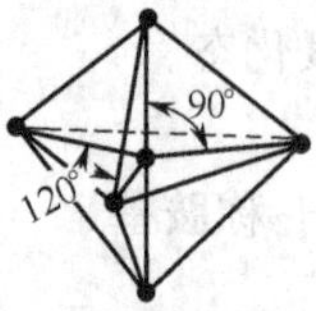 $[CuCl_5]^{3-}$、$Fe(CO)_5$
6	八面体	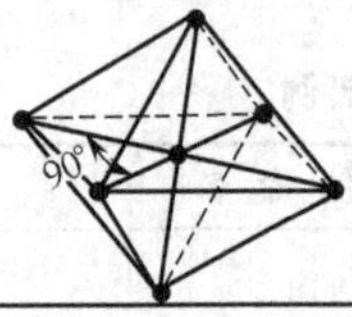 $[Fe(CN)_6]^{3-}$、$[FeF_6]^{3-}$、$[Fe(SCN)_6]^{3-}$

某些配合物具有相同的原子种类和数目，但结构和性质不同，这种现象称为异构现象。例如 $[Pt(NH_3)_2Cl_2]$ 有两种不同的结构，如图 13-2 所示。顺式结构的是棕黄色的极性分子，反式结构的是淡黄色非极性分子。

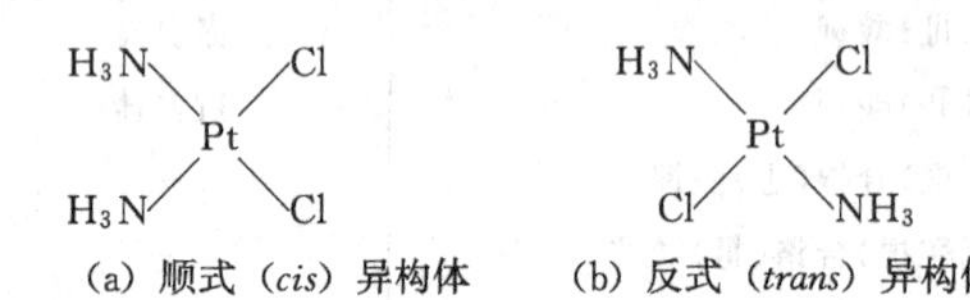

(a) 顺式（*cis*）异构体　(b) 反式（*trans*）异构体

图 13-2 配合物 $[Pt(NH_3)_2Cl_2]$ 结构示意图

13.1.4 配合物的类型

13.1.4.1 简单配合物

由单齿配体组成的一类配合物称为简单配合物。如 $[Ag(NH_3)_2]^+$、$[Zn(NH_3)_4]^{2+}$、$[FeF_6]^{3-}$ 等。

13.1.4.2 螯合物

由多齿配位体与中心离子（或原子）组成的具有环状结构的配合物称为螯合物。如乙二胺双齿配体与 Cu^{2+} 形成螯合物（图 13-3）。在分析化学中，用于测定金属离子含量的EDTA也是螯合剂，它有六个配位原子，和金属离子形成具有五元环的螯合物。如测水的硬度时，EDTA 与钙、镁形成螯合物，可定量测定钙、镁的含量。螯合物中一般以五元环或六元环最稳定。钙与 EDTA 形成的螯合物如图 13-4 所示。

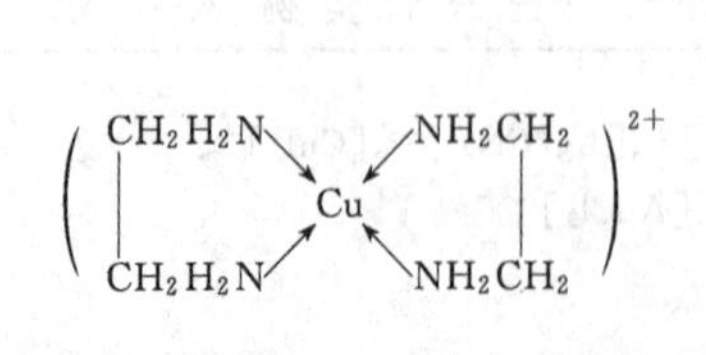

图 13-3 $[Cu(en)_2]^{2+}$ 的结构示意图

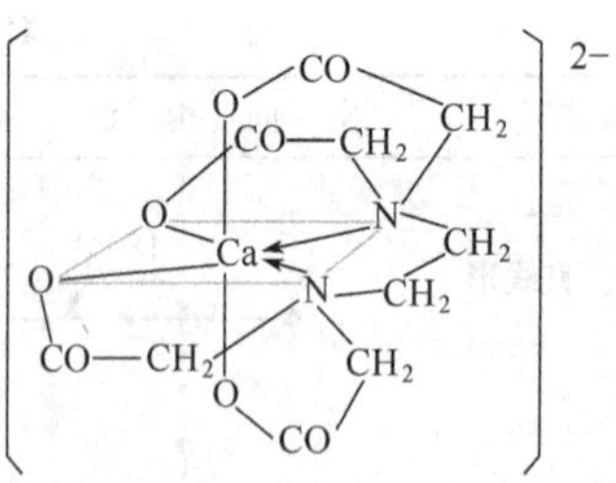

图 13-4 $[Ca(EDTA)]^{2-}$ 的结构示意图

13.1.4.3 金属羰基配合物

金属原子与羰基（CO）形成的配合物称为金属羰基配合物，简称羰合物。如 $Ni(CO)_4$、$Fe(CO)_5$、$Mn(CO)_5$ 等。含有一个中心原子的金属羰基配合物为单核羰基配合物，含有两个或两个以上中心原子的金属羰基配合物，如 $Fe_2(CO)_9$ 和 $Fe_3(CO)_{12}$ 等称多核羰基配合物。多核羰基配合物的金属原子间形成金属-金属键，像这类含有金属-金属键的化合物称为簇合物。如 $Fe_3(CO)_{12}$ 就是一种羰基簇合物，其结构如图 13-5 所示。

13.1.4.4 大环配体配合物

大环配合物是指其环的骨架上含有 O、N、P、As、S 和 Se 等多个配位原子的多齿配位体所形成的环状配合物。

自然界所发现的各种大环配体以及它们的金属配合物，在生物体中起了十分重要的作用，它们的结构和功能已逐渐被人们所了解。冠醚就是大环配体中的一种，它是具有 $\text{-(}CH_2CH_2X\text{)-}$ 重复单元所组成的大环化合物，其中 X 为 O、N、S 或 P 等杂原子。对于杂原子为氧原子的大环聚醚化合物，由于其貌似皇冠而常称为冠醚。

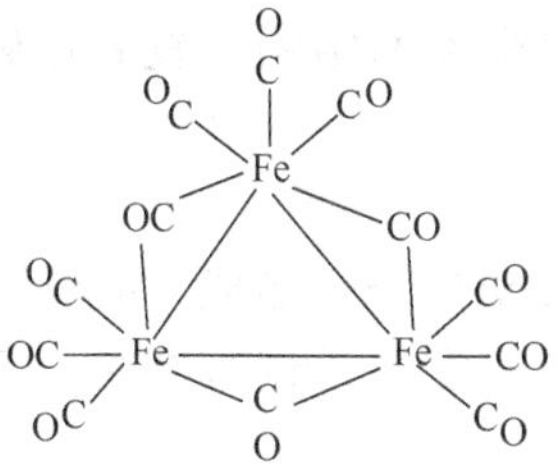

图 13-5 $Fe_3(CO)_{12}$结构图

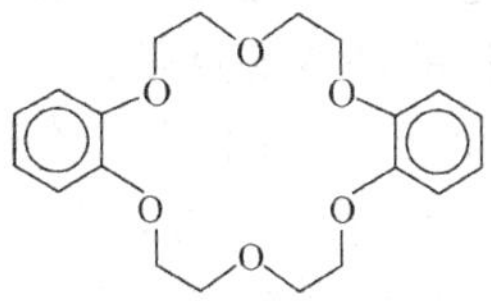

图 13-6 二苯并-18-冠-6 结构图

1967 年，彼得森（C. J. Pederson）合成了二苯并-18-冠-6（见图 13-6），并发现大环配位体对碱金属离子的特殊选择性后，这类配位化合物引起了人们广泛的兴趣。冠醚化合物是一类新型的配体，它与自然界中所发现的大环抗菌素（缬氨霉素等）在结构上有相似之处。它们既具有疏水的外部骨架，又具有亲水的可与金属离子配位的内腔。当其内腔和金属离子配位以后，将导致所生成的配合物在有机溶剂中有较大的溶解度；冠醚化合物本身就具有确定的大环结构，不像一般的非环配体，只有在形成配合物时才能成环。通常大环配体所形成的配合物的稳定性远高于相似的非环配体所形成的相应配合物的稳定性，这种效应称为“大环效应”；在冠醚分子中，配位原子是氧原子，所以，冠醚易于和碱金属、碱土金属和稀土金属离子配位，当阳离子的直径和冠醚内腔直径相匹配时，形成稳定的配合物。冠醚具有选择配位作用。

由于冠醚化合物有很好的选择配位作用，又可以使不溶于有机溶剂的无机物生成冠醚配合物而溶于有机溶剂，因此，冠醚配合物在金属离子的分离、提取及有机合成等方面的应用极受人们的重视。

人体血液中具有载氧功能的血红素和在植物中起光合作用的叶绿素分别是铁和镁与卟啉形成的大环配合物。

13.1.5 配位化合物的磁性

配位化合物的磁性是配合物的重要性质之一，为配合物结构的研究提供了重要的实验依据。

除 Fe、Co、Ni 及其合金这一类被磁场强烈吸引的铁磁性物质以外，物质按在磁场中的行为分为顺磁性物质和反（抗）磁性物质两大类。

顺磁性物质内含有未成对电子，由于电子自旋产生的自旋磁矩不能相互抵消，其磁化方向和外磁场的方向一致，故表现为顺磁性。物质的磁矩 μ 与分子中未成对的电子数 n 有如下近似关系：

$$\mu=\sqrt{n(n+2)}\mu_B$$

式中，μ_B为玻耳磁子，$\mu_B=9.274\times10^{-24}\,A\cdot m^2$。

反磁性物质内电子皆自旋成对，电子自旋产生的磁矩相互抵消，不表现出磁性，磁矩$\mu=0$。但在外磁场诱导下可产生诱导磁矩，但其磁化方向与外磁场方向相反，故称为反（抗）磁性物质。根据配合物的磁矩，可以了解配合物电子的分布，从而了解它的空间构型。

13.2 配位化合物的价键理论

配合物的化学键通常指的是中心离子与配位体间的结合力。自20世纪20年代提出配位键概念后，已形成了四种主要理论，即价键理论、晶体场理论、分子轨道理论和配位场理论。

13.2.1 价键理论的基本要点

1931年，美国化学家鲍林将杂化轨道理论用于研究配合物的结构，较好地解释了配合物的空间构型和一些性质，形成了配合物的价键理论。

价键理论的基本要点是：

① 中心离子M具有空的价轨道，接受配位体提供的孤对电子，形成σ配位键。

② 为了增加成键能力，中心离子能量相近、类型不同的空轨道进行杂化，杂化后的空轨道接受配位体的孤对电子形成配位键。

根据价键理论，可以解释配合物的形成、空间构型以及配合物的磁性和稳定性。

13.2.2 配位化合物的空间构型

13.2.2.1 配位数为2的配合物

中心离子的氧化数为+1时易形成配位数为2的配合物。例如，$[Ag(NH_3)_2]^+$，Ag^+的电子层结构为$[Kr]4d^{10}5s^0 5p^0$。当Ag^+与2个NH_3分子结合成$[Ag(NH_3)_2]^+$时，Ag^+的一个5s轨道和一个5p轨道发生sp杂化，形成两个sp杂化轨道，接纳两个NH_3分子中N原子提供的两对孤对电子，形成两个配位键，如图13-7所示。

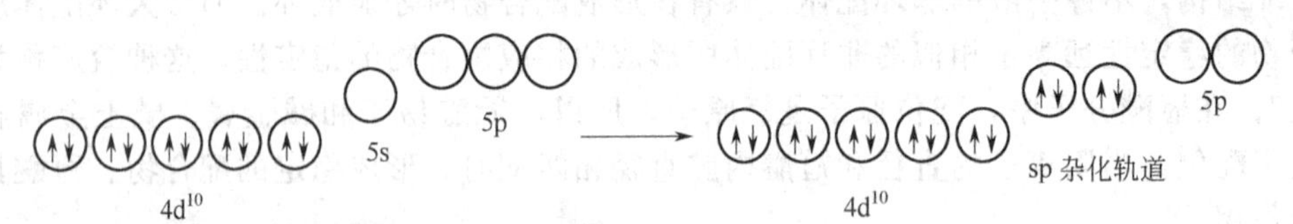

图13-7 $[Ag(NH_3)_2]^+$配位键形成过程

两个sp杂化轨道夹角为180°，所以$[Ag(NH_3)_2]^+$的几何构型为直线形。

13.2.2.2 配位数为4的配合物

配位数为4的配合物有正四面体和平面正方形两种不同的空间构型。

(1) 正四面体构型

$[Zn(NH_3)_4]^{2+}$是四面体构型的例子。Zn^{2+}的电子层结构为$[Ar]3d^{10}4s^0 4p^0$。当形成四配位配合物时，一个4s轨道和3个4p轨道进行杂化，形成4个sp^3杂化轨道，接纳4个NH_3所提供的四对电子，形成四个配位键。$[Zn(NH_3)_4]^{2+}$中配位键的形成过程如图13-8所示。

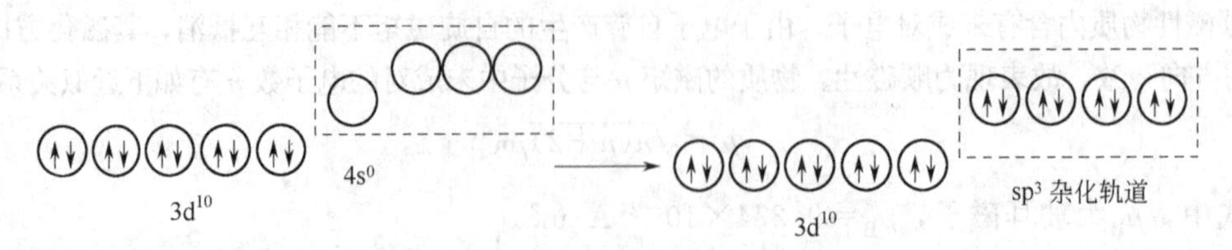

图13-8 $[Zn(NH_3)_4]^{2+}$配位键形成过程

sp^3 杂化轨道夹角为 109°28′，所以 $[Zn(NH_3)_4]^{2+}$ 为四面体形的配合物。

(2) 平面正方形结构

$[Ni(CN)_4]^{2-}$ 是平面正方形结构的配合物。Ni^{2+} 价电子层结构为 $[Ar]3d^8 4s^0 4p^0$，Ni^{2+} 的 3d 轨道上的 8 个 d 电子在配位体 CN^- 的作用下发生重排，使自旋平行的两个 3d 电子配对，从而空出一个 3d 轨道。空出的 3d 轨道与一个 4s 轨道和两个 4p 轨道杂化形成 4 个 dsp^2 杂化轨道，接纳四个配体 CN^- 提供的四对电子，形成四个配位键（图 13-9）。

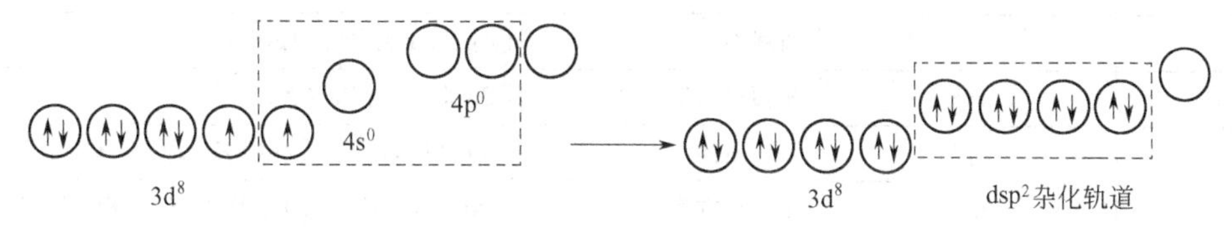

图 13-9　$[Ni(CN)_4]^{2-}$ 配位键形成过程

13.2.2.3　配位数为 6 的配合物

配位数为 6 的配合物为八面体构型，这种配合物通常采用 sp^3d^2 杂化或 d^2sp^3 杂化成键。

例如：$[FeF_6]^{3-}$ 的中心离子 Fe^{3+} 采用 4s、4p、4d 轨道形成 sp^3d^2 杂化，六个杂化轨道接受 6 个 F^- 提供的 6 对电子，而 Fe^{3+} 的电子构型没有变化，仍是 5 个未成对电子，根据 $\mu=\sqrt{n(n+2)}\mu_B$ 得 $\mu=5.92\mu_B$，与实验测得的磁矩相吻合（图 13-10）。

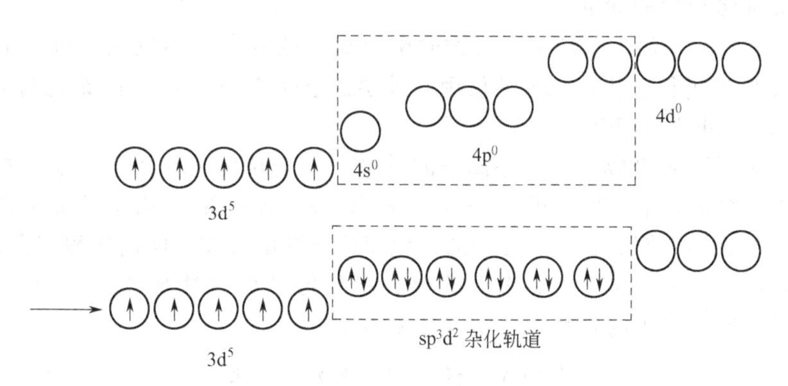

图 13-10　$[FeF_6]^{3-}$ 配位键形成过程

形成 $[FeF_6]^{3-}$ 配离子时，中心原子采用 ns、np、nd 轨道杂化，称为外轨型配合物，一般说来，外轨型配合物的稳定性较低。与此类似的外轨型正八面体配合物还有 $[Fe(H_2O)_6]^{3+}$、$[CoF_6]^{3-}$、$[Ni(NH_3)_6]^{2+}$ 等。

对于 $[Fe(CN)_6]^{3-}$，测得磁矩 $\mu=1.74\mu_B$，由 $\mu=\sqrt{n(n+2)}\mu_B$，表明其只有一个未成对电子。中心离子 d 电子在配位体的作用下发生重排空出 2 个 3d 轨道，用两个 3d 轨道，一个 4s 轨道和三个 4p 轨道进行杂化，形成六个 d^2sp^3 杂化轨道，接受 6 个配位体提供的孤对电子，形成正八面体的配合物 $[Fe(CN)_6]^{3-}$（图 13-11）。

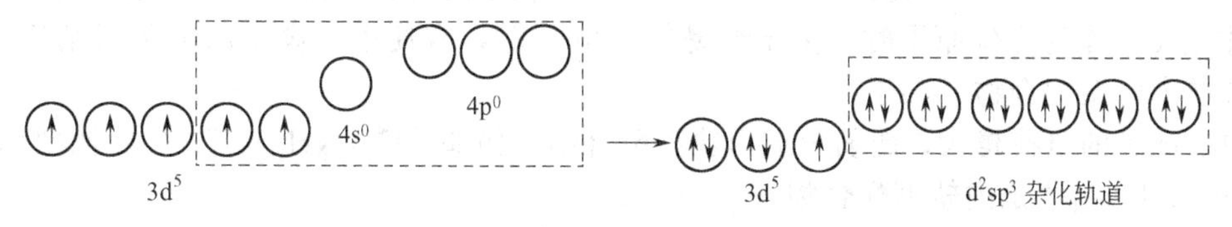

图 13-11　$[Fe(CN)_6]^{3-}$ 配位键形成过程

这种类型的配合物由于利用了内层 $(n-1)$d 轨道参加杂化，称为内轨型配合物，它较稳定。与此类似的内轨型正八面体配合物还有 $[Fe(CN)_6]^{4-}$、$[Cr(NH_3)_6]^{3+}$、$[Co(NH_3)_6]^{3+}$、$[Co(CN)_6]^{3-}$、$[Mn(CN)_6]^{4-}$等。

不同配合物的构型与杂化轨道见表 13-3。

表 13-3 杂化轨道与配合物构型

配位数	杂化轨道	空间构型	配合物举例
2	sp	直线形	$[Ag(NH_3)_2]^+$、$[Ag(CN)_2]^-$
3	sp^2	平面三角形	$[CuCl_3]^{2-}$、$[Cu(CN)_3]^{2-}$
4	sp^3	正四面体	$[Co(SCN)_4]^{2-}$、$[Zn(NH_3)_4]^{2+}$、$[CdCl_4]^{2-}$
	dsp^2	平面正方形	$[Ni(CN)_4]^{2-}$、$[Cu(NH_3)_4]^{2+}$、$[Pt(NH_3)_4]^{2+}$
5	dsp^3	三角双锥	$[CuCl_5]^{3-}$、$[Ni(CN)_5]^{3-}$
	d^2sp^2	四方锥	$[SbF_5]^{2-}$
	d^4s		$[TiF_5]^{2-}$
6	d^2sp^3	八面体	$[CoF_6]^{3-}$、$[FeF_6]^{3-}$
	sp^3d^2		$[Fe(CN)_6]^{3-}$、$[Co(NH_3)_6]^{3+}$

13.2.3 内轨杂化与外轨杂化

对 $[Zn(NH_3)_4]^{2+}$ 而言，形成配合物时中心离子的 d 电子不发生重排，中心离子仅用“外层”的原子轨道进行杂化，像这种仅用其外层的空轨道 ns、np、nd 杂化与配体结合而形成的配合物，称为外轨型配合物。

在 $[Ni(CN)_4]^{2-}$ 配合物中，中心离子的 d 电子在配位体的作用下，发生重新排布，空出一个 $(n-1)$d 轨道，中心离子用 $(n-1)$d 轨道、ns 轨道和 np 轨道参加杂化。这种中心离子应用了一部分内层轨道 $(n-1)$d 参加杂化而形成的配合物，叫内轨型配合物。

因此，凡用 sp、sp^3、sp^3d^2 杂化轨道形成配位键的配合物属于外轨型。而用 dsp^2 或 d^2sp^3 杂化轨道成键的属于内轨型配合物（参见表 13-4）。

表 13-4 杂化轨道类型及空间构型

配位数	杂化轨道	轨道类型	空间构型	配位数	杂化轨道	轨道类型	空间构型
2	sp	外轨	直线形	5	dsp^3	内轨	三角双锥
3	sp^2	外轨	三角形	5	d^2sp^2	内轨	四方锥
4	sp^3	外轨	正四面体	6	d^2sp^3	内轨	八面体
4	dsp^2	内轨	平面正方形	6	sp^3d^2	外轨	八面体

一个配合物是内轨型还是外轨型，主要决定于中心离子的价电子结构、离子所带的电荷和配位原子的电负性大小。

当电负性较大的原子（如氧、卤素等）作为配位原子时，由于它们不易给出电子对，难以使中心离子的电子层结构发生变化，通常形成外轨型配合物；而当电负性较小的原子（如 CN^- 中的 C）作为配位原子时，由于容易给出电子对，常使中心离子的电子层结构发生变化，形成内轨型配合物。

中心离子的电荷越大，越易形成内轨型配合物。例如 $[Co(NH_3)_6]^{2+}$ 是外轨型配合物，而 $[Co(NH_3)_6]^{3+}$ 是内轨型配合物。

外轨型配合物的中心离子的电子分布不受配位体的影响，保持自由离子的电子层构型，中心离子的未成对电子数与作为自由离子时的未成对电子数保持不变，形成配合物的前后，磁矩不发生变化。内轨型配合物中心离子的电子在配位体的影响下重新分布，中心离子的未成对电子数小于作为自由离子时的未成对电子数，形成配合物前后磁矩发生较大的变化。由此，可以根据离子在形成配合物前后磁矩是否发生变化作为判断配合物是内轨型还是外轨型的重要依据。

外轨型配合物是由能量较高的外层轨道参加杂化而形成的配合物，而内轨型配合物则是由能量较低的内层轨道参加杂化而形成的配合物，因此，内轨型配合物比外轨型配合物稳定。

价键理论虽然较好地解释了配合物的形成、几何构型、磁性和稳定性等，但是价键理论也有其局限性，它对于配合物的颜色，对具有 d^3、d^9 电子结构的配合物的稳定性等无法说明，这就促使产生新的理论以弥补价键理论的不足。

13.3　晶体场理论

晶体场理论是 1929 年由贝特（H. Bethe）和范弗莱克（J. H. VanVleck）首先提出的，它主要讨论在配体形成的静电场中，中心离子的 d 轨道如何分裂，以及电子如何重新分布，从而说明配合物的形成、结构与性质。

13.3.1　晶体场理论的基本要点

晶体场理论的基本要点是：

① 配合物的中心离子与配位体之间的化学作用力是纯粹的静电作用，即它们之间不形成共价键或者说不发生轨道重叠。带正电的中心离子处于配位体所形成的晶体场之中。

② 中心离子的 d 轨道受配位体所形成的非球形对称的晶体场的排斥作用，使中心离子原来能量相同的五个 d 轨道的能量发生改变，有些 d 轨道的能量相对升高，有些则相对降低，即 d 轨道的能级发生分裂。

③ 由于 d 轨道的能级分裂，中心离子的 d 电子重排，优先占据能量较低的轨道，产生晶体场稳定化能（CFSE），导致附加的成键作用，使配合物更稳定。

下面讨论中心离子的 d 轨道在不同的晶体场中的分裂情况。

13.3.1.1　正八面体场

五个 d 轨道的电子云在空间有五种不同的伸展方向，如图 13-12 所示。在无外电场作用（即中心离子处于自由离子状态）时，五个轨道的能级是相同的。如果处在球形对称的负电

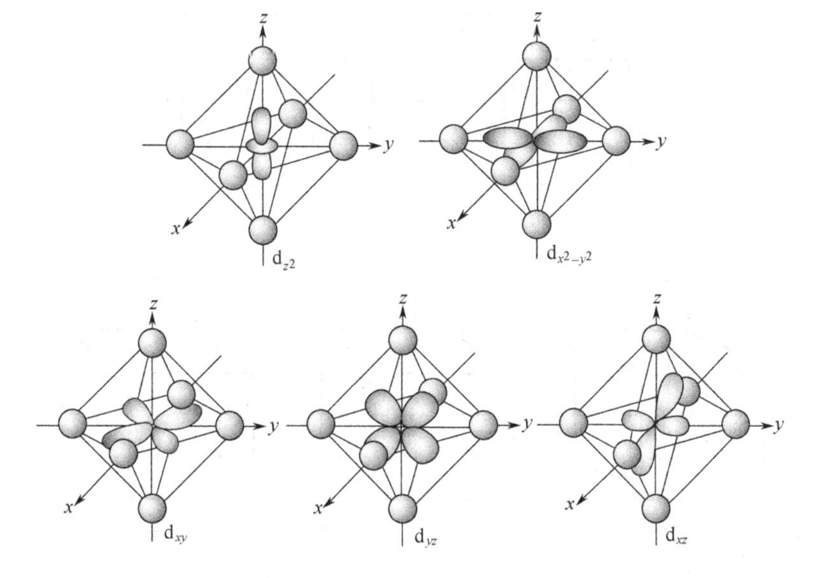

图 13-12　正八面体中 d 轨道与配位体的相对位置示意图

场下，d轨道能级虽有些升高，但不会发生能级分裂。但在配离子中，配体产生的电场不是球形对称的，因而各d轨道受影响不同，能级发生分裂。当带有负电荷的六个配体（负离子或NH_3、H_2O等极性分子）按x、y、z轴的6个方向接近中心离子，与$d_{x^2-y^2}$、d_{z^2}轨道迎头相碰，由于受负电场的静电排斥作用，使$d_{x^2-y^2}$、d_{z^2}的能量要比在球形对称场中的能量要高。d_{xy}、d_{xz}、d_{yz}三个轨道的电子云极大值方向和配体错开，而且它们各自与六个配位体相对位置一样，所受影响也一样，它们与配位体不是迎面相接触，受的斥力比在球形对称场中要小。这样，原来能量相等的五个轨道在晶体场的作用下就分裂为两组。一组是$d_{x^2-y^2}$、d_{z^2}两个轨道，它们的能量相对较高，用符号e_g表示；另一组的能级较低，d_{xy}、d_{xz}、d_{yz}三个轨道，用符号t_{2g}表示，见图13-13。

e_g与t_{2g}之间的能量差称为分裂能，用符号Δ表示。八面体场的分裂能用Δ_o表示。习惯上将Δ_o分为10等份，每等份为1Dq，则$1\Delta_o=10Dq$。

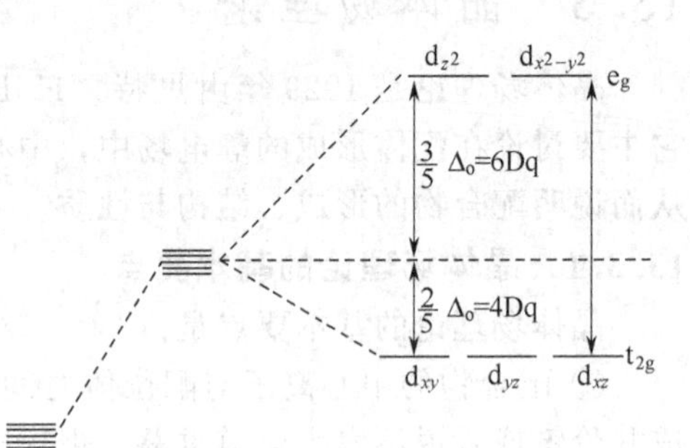

图13-13　d轨道在八面体场中的分裂

量子力学指出，在分裂前后d轨道的总能量是不变的，若以在球形对称场中d轨道的能量作为计算能量的零点，那么分裂后所有的e_g、t_{2g}轨道的总能量仍等于零，因此

分裂能　$\Delta_o=E(e_g)-E(t_{2g})=10Dq$

总能量　$2E(e_g)+3E(t_{2g})=0$（e_g有两个轨道，t_{2g}有三个轨道）

将上面两式联立求解可得每一个e_g、t_{2g}轨道能量：

$$E(e_g)=(3/5)\Delta_o=(3/5)\times10Dq=6Dq\text{（比分裂前高 6Dq）}$$

$$E(t_{2g})=-(2/5)\Delta_o=-(2/5)\times10Dq=-4Dq\text{（比分裂前低 4Dq）}$$

13.3.1.2　*正四面体场*

先选择适当的坐标，将四个配位体放在一正方体中的四个不相邻的顶角上，如图13-14所示。

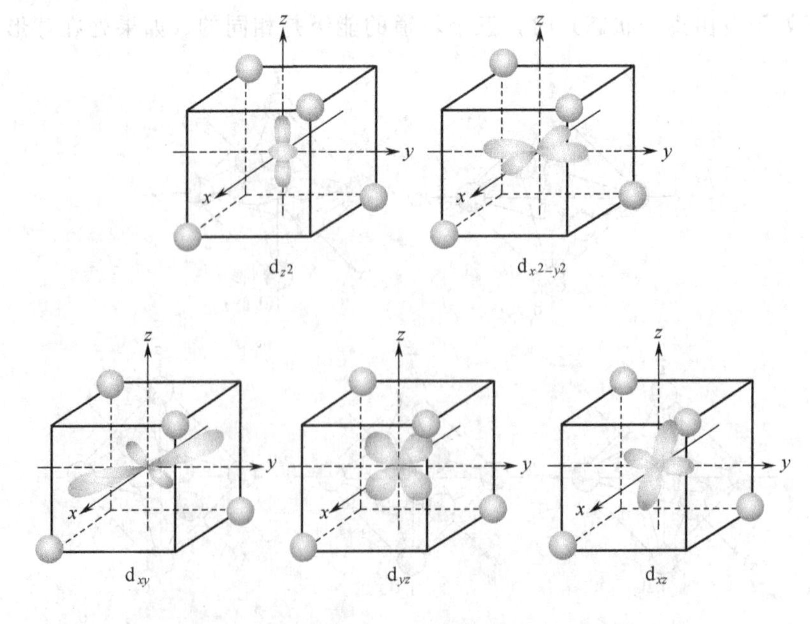

图13-14　正四面体结构中d轨道与配位体的位置关系

立方体的中心为坐标原点，中心离子就放在原点上。三个坐标轴通过六个面的中心，中心离子的 $d_{x^2-y^2}$ 和 d_{z^2} 分别指向六个面的中心，与四个配位体的相对位置相同，其它三个轨道 d_{xy}、d_{yz}、d_{xz} 指向立方体的棱心，与配位体的相对位置关系也相同。

总体看，五个 d 轨道的电子云的最大值都没和配体正面相对。可以预料，配体对 d 轨道的影响要比八面体场的情况小些，能级分裂也小些。d_{xy}、d_{xz}、d_{yz} 三轨道的电子云最大值与配位体的距离比 $d_{x^2-y^2}$ 或 d_{z^2} 与配位体的距离要小些，因此 d_{xy}、d_{xz}、d_{yz} 三轨道的能量比 $d_{x^2-y^2}$ 或 d_{z^2} 的要高。所以在四面体环境中，五个 d 轨道也分裂为两组：一组包括 d_{xy}、d_{xz}、d_{yz}，它们的能量较高，用符号 t_2 表示（因正四面体没有对称中心，所以符号中没有下标 g）；另一组包括 $d_{x^2-y^2}$ 和 d_{z^2}，能量较低，用符号 e 表示。分裂能为 Δ_t（图 13-15），如将分裂前的能量定为零，两组轨道的能量分别为：

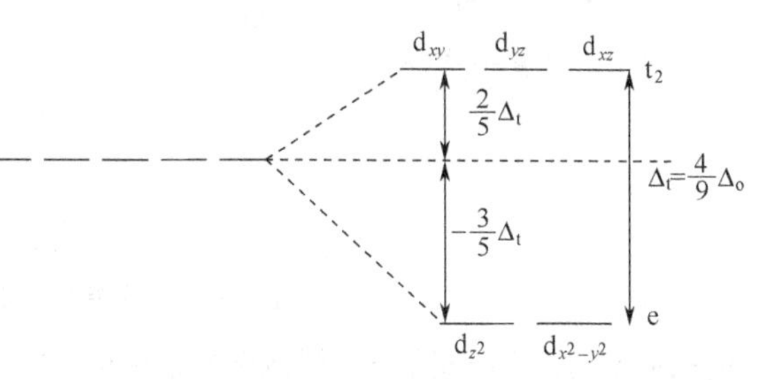

图 13-15　正四面体中 d 轨道的分裂示意图

$$E(t_2)=(2/5)\Delta_t \qquad E(e)=-(3/5)\Delta_t$$

对于相同的中心离子，相同的配位体，如果中心离子与配位体的距离也一定，则采取正八面体配位时的 Δ_o 值要比采取正四面体配位时的 Δ_t 值大些。理论证明，两者的关系为：

$$\Delta_t=\frac{4}{9}\Delta_o$$

即

$$E(t_2)=\frac{2}{5}\times\frac{4}{9}\Delta_o=0.178\Delta_o=1.78Dq$$

$$E(e)=-\frac{3}{5}\times\frac{4}{9}\Delta_o=-2.67Dq$$

13.3.1.3　平面正方形场

四个配位体呈正方形排列的情况，可看成是图 13-12 中 z 轴上下两个配位体去掉后的情形。这样，d_{z^2} 电子云受的排斥就小多了，它的中部还有一环状电子云，多少要受些影响。五个 d 轨道中，$d_{x^2-y^2}$ 与四个配位体迎头相碰，能量上升最高，d_{xy} 指向两个配体连线的中心，相互作用也较大，所以能量也较高，d_{z^2} 只有中部的环状电子云与配体的作用较小，所以能量较低，而 d_{xz}、d_{yz} 与配体作用最小，所以能量最低。于是 d 轨道分裂为四组，它们的能量次序为

$$d_{x^2-y^2}>d_{xy}>d_{z^2}>d_{xz}=d_{yz}$$

最高和最低轨道能量之差为 $\Delta_s=1.742\Delta_o=17.42Dq$

图 13-16 将以上三种形状的配合物的中心离子轨道分裂情况画在一起，便于对比。

13.3.2　轨道分裂能

13.3.2.1　分裂能 Δ

分裂能 Δ 的单位是 $kJ\cdot mol^{-1}$。分裂能通常由吸收光谱求得，所以分裂能也常用波数 $\tilde{\nu}$ 来表示。

波数与波长的关系为 $\tilde{\nu}=1/\lambda$。若波长以 cm 为单位，则波数单位为 cm^{-1}。$1cm^{-1}$ 所对应的能量为 $1.197\times10^{-2}kJ\cdot mol^{-1}$。

13.3.2.2　影响分裂能的因素

配合物的分裂能 Δ 值与几何构型、配位体种类、中心离子等因素有关。

① 几何构型的影响　由前面的讨论可以看出，Δ 的大小与配合物的几何构型有关，配合物的

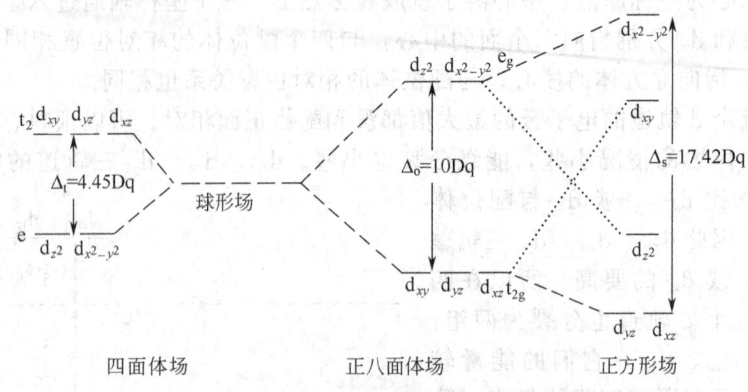

图 13-16　不同晶体场分裂能的大小示意图

几何构型不同，中心离子 d 轨道的分裂情况也不一样，因此分裂能的大小也不一样。一般的有：

$$\Delta_s > \Delta_o > \Delta_t$$

② 配位体的影响　同一中心离子，同一构型的配合物，配位体不同，Δ 值也不同。对相同的中心离子，Δ 值的大小按配位体的不同，大体有以下顺序：

CO、CN^-＞—NO_2(硝基)＞en(乙二胺)＞NH_3＞EDTA＞H_2O＞$C_2O_4^{2-}$＞F^-＞SCN^-≈Cl^-＞Br^-＞I^-

该顺序是总结了配合物光谱实验数据而得到的，因而称“光谱化学序列”。从配位原子来看，一般规律是：碳＞氮＞氧＞卤素。在序列前面，如 CN^-、—NO_2 分裂能较大，叫强场配位体，最后面的如 F^-、Cl^-、Br^-、I^- 等分裂能较小，叫弱场配位体。中间的为中强场配位体，但它们与强场和弱场配位体之间并没有明显的界限。

光谱化学序列只是从实验中总结出的一般规律，也有一些不符合这些规律的例子。

③ 主量子数 n 的影响　同族同价的金属离子（M^{n+}），在配位体相同时，其 Δ 值随着中心离子在周期表中的周期数的增大而增加。即：

第四周期＜第五周期＜第六周期(第一过渡系＜第二过渡系＜第三过渡系)

例如：$[Co(NH_3)_6]^{3+}$＜$[Rh(NH_3)_6]^{3+}$＜$[Ir(NH_3)_6]^{3+}$，产生这种现象的原因，主要是因为第四、第五、第六周期的金属离子在形成配合物时，它们分别是 3d、4d、5d 轨道受到配位体的排斥作用，随着 d 轨道主量子数增大，d 轨道的伸展程度增大，因而受到配体的作用增强，所以，分裂能依次增大。

④ 中心离子的影响　中心离子的正电荷越高，对配位体的引力越大，中心离子与配体的间距越小，中心离子外层的 d 电子与配位体的斥力越大，从而分裂能 Δ 也越大。

13.3.3　配位化合物的自旋态

中心离子在形成配合物前后磁矩不改变的称高自旋配合物，磁矩减小的称低自旋配合物。

下面以八面体配合物为例，讨论配合物的自旋态。

在八面体配合物中，d 轨道分裂为两组，t_{2g} 有三个 d 轨道，能量较低，当中心离子上的 d 电子重新填充时，第一个电子按能量最低原理首先进入 t_{2g} 中的一个轨道，第二、第三个电子按洪特规则进入另两个轨道，并保持自旋平行。如果还有第四个电子则可能有两种不同的排布方式：一种是第四个电子进入能级较高的 e_g 轨道，如图 13-17(a) 所示，另一种排列方式是第四个电子挤入一个 t_{2g} 轨道，与原有的一个电子配对，形成未成对电子数比自由离子的未成对电子数少的低自旋排布，如图 13-17(b) 所示。后挤入的电子必受到原有电子的排斥，因而能量就会升高，这个能量称为电子成对能，常用 P 表示。究竟是形成高自旋排布还是低自旋排布，就取决于轨道分裂能 Δ_o 与电子成对能 P 的相对大小。

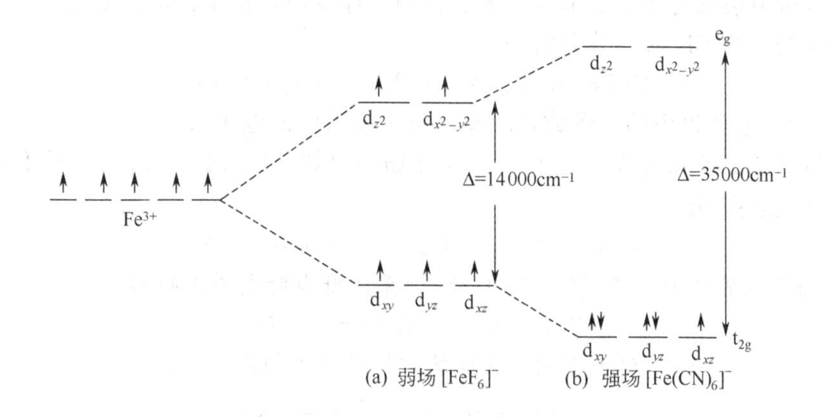

图 13-17　Fe^{3+}的两种配合物的 d 电子排布

若 $\Delta_o > P$，按能量最低原理，电子进入 t_{2g}轨道，未成对电子数少于自由离子，形成低自旋配合物，配合物磁矩较自由离子小。

若 $\Delta_o < P$，电子进入 e_g轨道，未成对电子数多，未成对电子数与自由离子一样，形成高自旋配合物，配合物磁矩与自由离子相同。

例如，在光谱化学系列中，F^-是弱场配位体，形成 $[FeF_6]^{3-}$时的分裂能小，$\Delta_o < P$，是高自旋配合物。CN^-是强场配位体，形成配合物时，分裂能较大，$\Delta_o > P$，$[Fe(CN)_6]^-$为低自旋配合物。

一般说来，强场配位体引起的分裂能大于电子成对能，形成低自旋配合物，弱场配位体引起的分裂能小于电子成对能，形成高自旋配合物，表 13-5 列出了八面体配合物在强、弱场中 d 轨道分裂前后的 d 电子分布情况。

由表中还可看出，中心离子的电子构型为 d^1、d^2、d^3和 d^8、d^9、d^{10}时，不管是强场配体还是弱场配体，都是一种分布状态。

表 13-5　正八面体配合物 d 电子在强、弱场中 t_{2g}和 e_g轨道分布

实　例	d 电子	弱场配体		强场配体	
		t_{2g}	e_g	t_{2g}	e_g
Ti^{3+}	d^1	↑		↑	
V^{3+}	d^2	↑ ↑		↑ ↑	
Cr^{3+}	d^3	↑ ↑ ↑		↑ ↑ ↑	
Cr^{2+}	d^4	↑ ↑ ↑	↑	↑↓ ↑ ↑	
Mn^{2+}、Fe^{3+}	d^5	↑ ↑ ↑	↑ ↑	↑↓ ↑↓ ↑	
Fe^{2+}、Co^{3+}	d^6	↑↓ ↑ ↑	↑ ↑	↑↓ ↑↓ ↑↓	
Co^{2+}	d^7	↑↓ ↑↓ ↑	↑ ↑	↑↓ ↑↓ ↑↓	↑
Ni^{2+}	d^8	↑↓ ↑↓ ↑↓	↑ ↑	↑↓ ↑↓ ↑↓	↑ ↑
Cu^{2+}	d^9	↑↓ ↑↓ ↑↓	↑↓ ↑	↑↓ ↑↓ ↑↓	↑↓ ↑
Cu^+、Ag^+、Zn^{2+}、Cd^{2+}、Hg^{2+}	d^{10}	↑↓ ↑↓ ↑↓	↑↓ ↑↓	↑↓ ↑↓ ↑↓	↑↓ ↑↓

四面体的分裂能 Δ_t都较小，只是八面体场的 4/9，一般情况下小于电子成对能，因此四面体的配合物大多是高自旋配合物。

13.3.4　晶体场稳定化能（CFSE）

配位体静电场使中心离子 d 轨道发生分裂，电子重新填充；进入分裂后轨道的电子所具有的总能量与未分裂前电子的总能量之差，称为晶体场稳定化能，常用 CFSE 表示。

正八面体配合物 CFSE 计算公式为

$$CFSE=n(t_{2g})\times(-4Dq)+n(e_g)\times 6Dq$$

式中，$n(t_{2g})$ 为 t_{2g}轨道中的电子数，$n(e_g)$ 为 e_g轨道中的电子数。

例如，Fe^{2+}有六个 d 电子，它在弱八面体场中｛如 $[Fe(H_2O)_6]^{2+}$｝采用高自旋电子排布 $t_{2g}^4e_g^2$，其 CFSE 为

$$CFSE=4\times(-4Dq)+2\times 6Dq=-4Dq$$

Fe^{2+}在强场八面体中｛如 $[Fe(CN)_6]^{4-}$｝采用低自旋电子排布 $t_{2g}^6e_g^0$，其 CFSE 为

$$CFSE=6\times(-4Dq)=-24Dq$$

表 13-6 列出了 d^0～d^{10}离子在弱八面体场中的晶体场稳定化能。

表 13-6　弱场八面体配合物的 CFSE

d 电子数	电子排布	CFSE/Dq	d 电子数	电子排布	CFSE/Dq
0	$t_{2g}^0e_g^0$	0	6	$t_{2g}^4e_g^2$	−4
1	$t_{2g}^1e_g^0$	−4	7	$t_{2g}^5e_g^2$	−8
2	$t_{2g}^2e_g^0$	−8	8	$t_{2g}^6e_g^2$	−12
3	$t_{2g}^3e_g^0$	−12	9	$t_{2g}^6e_g^3$	−6
4	$t_{2g}^3e_g^1$	−6	10	$t_{2g}^6e_g^4$	0
5	$t_{2g}^3e_g^2$	0			

13.3.5　晶体场理论的应用

晶体场理论对过渡元素配合物的许多性质有较好的解释。

13.3.5.1　配合物的颜色

物质的颜色是由于选择性的吸收可见光（波长在 400～800nm）中的某些波长的光而产生的。当白光照射到物体上，如果光全部被吸收，物体就呈黑色，例如黑布、墨汁等；如果光全部被反射出来，物体就呈白色，如碳酸钙、钛白粉等；如果只吸收可见光中某些波长的光，则剩下的未被吸收光的颜色就是该物质的颜色。

观察到的颜色		绿	蓝	紫	红	橙	黄
吸收光的颜色		红	橙	黄	绿	蓝	紫
吸收波长/nm	700	650	580	550	490	450	400

大多数过渡元素的配离子之所以带有颜色，是由于中心离子大多有未充满电子的 d 轨道。在晶体场的影响下，d 轨道发生分裂，分裂能一般在 1×10^6～$3\times10^6\,m^{-1}$范围，正好与可见光能量相当。当 e_g轨道未充满时，t_{2g}轨道中的电子吸收了可见光中某些波长的光，向 e_g轨道跃迁，这种跃迁称为 d-d 跃迁。由于 d-d 跃迁，故过渡元素配离子大部分有颜色。

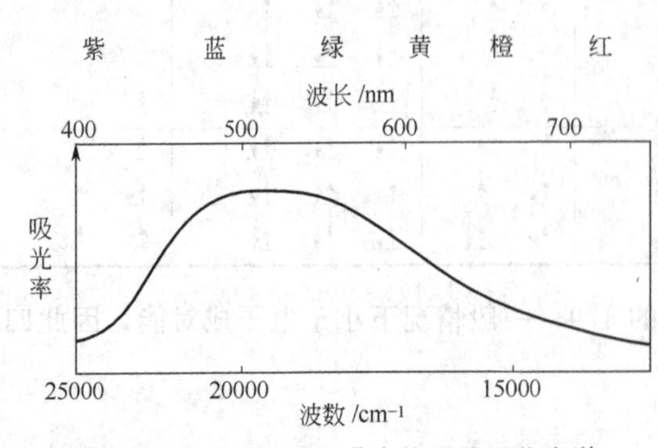

图 13-18　$[Ti(H_2O)_6]^{3+}$的可见吸收光谱

不同配合物，由于分裂能 Δ 的不同，发生 d-d 跃迁所吸收光的波长也不同，结果便产生不同的颜色。例如 $[Ti(H_2O)_6]^{3+}$的吸收光谱在 490.2nm 处有一最大吸收峰，相当于吸收了可见光的蓝绿成分，结果使 $[Ti(H_2O)_6]^{3+}$呈紫色。$[Ti(H_2O)_6]^{3+}$最大吸收的能量相当于 $20400cm^{-1}$，是 $[Ti(H_2O)_6]^{3+}$的分裂能 Δ_o，见图 13-18。

当中心离子的 d 轨道全空（d^0）或全满（d^{10}）时，无 d-d 跃迁，配合物无色。如电子

分布为 d^0 的主族元素的离子 Al^{3+}、Ca^{2+}，其水合物及其它配离子均无色。电子分布为 d^{10} 的过渡元素的离子 Ag^+、Hg^{2+}、Cd^{2+}、Zn^{2+}，其配离子也多为无色。

13.3.5.2　配合物的稳定性

配合物的稳定性可通过配合物的生成热来了解。配合物生成热是指 1mol 气态中心离子与配位体形成 1mol 配合物所放出的热量。

若配体为水，配合物的稳定性可以用水合热来比较。

$$Mn^{2+}(g)+6H_2O(l) = [Mn(H_2O)_6]^{2+}(aq)$$

以第四周期+2 价离子形成 6 配位的正八面体水合物为例进行讨论，从 $Ca^{2+}\sim Zn^{2+}$，3d 电子数从 0 增大到 10，按照静电理论，随着中心离子核电荷增加，离子半径逐渐减小，对水分子的吸引力增加，其水合热也应逐渐增大，将水合热对离子的 d 电子数作图，应得一条平滑上升的曲线，见图 13-19 虚线。但实验测得的水合热图却是双峰曲线，这一反常现象可以用晶体场稳定化能进行定量解释。

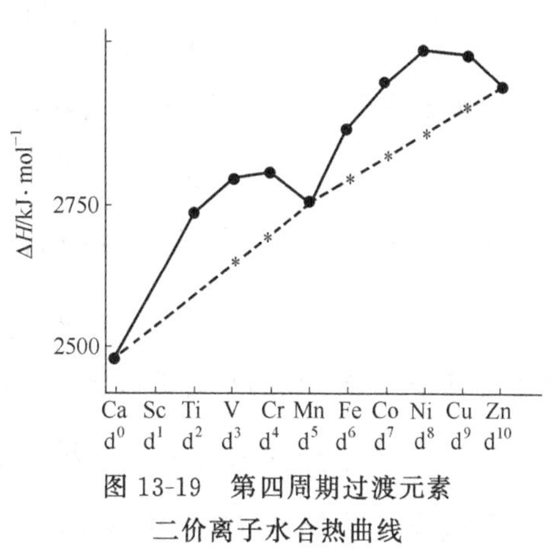

图 13-19　第四周期过渡元素二价离子水合热曲线

从表 13-6 中可知正八面体弱场中，d^0、d^5、d^{10} 的 CFSE=0，这些离子的水合热是"正常"的，其实验值均落在虚线上。其余离子的水合热，由于都有不等于零的稳定化能，如果从实验值中扣除各水合离子的 CFSE，则相应的各点正好落在虚线上。所以，实验曲线的"双峰"现象正是由于晶体场稳定化能造成的。水合热越大，表明水合物越稳定，八面体弱场配合物的稳定性可排成以下次序：

$$d^0<d^1<d^2<d^3>d^4>d^5<d^6<d^7<d^8>d^9>d^{10}$$

晶体场理论对配合物的颜色、稳定性、磁性等给出了较好解释，无疑比价键理论更进一步，但仍存在许多不足，例如晶体场理论把中心离子与配体间的作用看作纯粹的静电作用，这是不完全符合实际的。晶体场理论也不能解释像 $Ni(CO)_4$、$Fe(CO)_5$ 等这些中性原子形成的配合物，需要运用配位场理论进行讨论，但这些内容已超出了本课程讨论范畴。

13.4　配位化合物的解离平衡

配离子是中心离子与配体之间以配位键结合的复杂离子，它和弱电解质一样，在水中能发生解离。

13.4.1　配位化合物的标准稳定常数和标准不稳定常数

配离子在溶液中会发生中心离子与配体之间的解离与结合，如 $[Cu(NH_3)_4]^{2+}$ 的解离平衡：

$$[Cu(NH_3)_4]^{2+} \rightleftharpoons Cu^{2+}+4NH_3$$

解离平衡常数为　$$K^{\ominus}=\frac{[c(Cu^{2+})/c^{\ominus}][c(NH_3)/c^{\ominus}]^4}{c\{[Cu(NH_3)_4]^{2+}\}/c^{\ominus}}=9.3\times10^{-13}$$

对同类型的配离子，$K^{\ominus}$ 值越大，表示配离子愈易解离，即配离子愈不稳定。所以 $K^{\ominus}$ 又称为配离子的不稳定常数，常以 $K^{\ominus}_{不稳}$ 表示。

如果在 Cu^{2+} 溶液中加入氨水，生成 $[Cu(NH_3)_4]^{2+}$，反应为：

$$Cu^{2+}+4NH_3 \rightleftharpoons [Cu(NH_3)_4]^{2+}$$

平衡常数　$$K^{\ominus}_{稳}=\frac{c\{[Cu(NH_3)_4]^{2+}\}/c^{\ominus}}{[c(Cu^{2+})/c^{\ominus}][c(NH_3)/c^{\ominus}]^4}$$

显然 $$K^{\ominus}_{稳}=\frac{1}{K^{\ominus}_{不稳}}=\frac{1}{9.3\times10^{-13}}=1.1\times10^{12}$$

$K^{\ominus}_{稳}$愈大，表明配合物愈稳定。

配离子在水中实际上是分步解离的。每一步解离，都有一个解离常数 $K^{\ominus}_{不稳}$。例如 $[Cu(NH_3)_4]^{2+}$ 的分步解离为

一级解离 $$[Cu(NH_3)_4]^{2+} \rightleftharpoons [Cu(NH_3)_3]^{2+} + NH_3$$

$$K^{\ominus}_{1,不稳}=\frac{c\{[Cu(NH_3)_3]^{2+}\}c(NH_3)}{c\{[Cu(NH_3)_4]^{2+}\}}\times\frac{1}{c^{\ominus}}$$

二级解离 $$[Cu(NH_3)_3]^{2+} \rightleftharpoons [Cu(NH_3)_2]^{2+} + NH_3$$

$$K^{\ominus}_{2,不稳}=\frac{c\{[Cu(NH_3)_2]^{2+}\}c(NH_3)}{c\{[Cu(NH_3)_3]^{2+}\}}\times\frac{1}{c^{\ominus}}$$

三级解离 $$[Cu(NH_3)_2]^{2+} \rightleftharpoons [Cu(NH_3)]^{2+} + NH_3$$

$$K^{\ominus}_{3,不稳}=\frac{c\{[Cu(NH_3)]^{2+}\}c(NH_3)}{c\{[Cu(NH_3)_2]^{2+}\}}\times\frac{1}{c^{\ominus}}$$

四级解离 $$[Cu(NH_3)]^{2+} \rightleftharpoons Cu^{2+} + NH_3$$

$$K^{\ominus}_{4,不稳}=\frac{c(Cu^{2+})c(NH_3)}{c\{[Cu(NH_3)]^{2+}\}}\times\frac{1}{c^{\ominus}}$$

将上述四个分步解离的平衡常数相乘，就得到总平衡常数

$$K^{\ominus}_{不稳}=K^{\ominus}_{1,不稳}K^{\ominus}_{2,不稳}K^{\ominus}_{3,不稳}K^{\ominus}_{4,不稳}=\frac{c(Cu^{2+})[c(NH_3)]^4}{c\{[Cu(NH_3)_4]^{2+}\}}\times\left(\frac{1}{c^{\ominus}}\right)^4$$

$K^{\ominus}_{不稳}$称总不稳定常数，$K^{\ominus}_{1,不稳}$、$K^{\ominus}_{2,不稳}$、$K^{\ominus}_{3,不稳}$、$K^{\ominus}_{4,不稳}$称逐级不稳定常数。

同样也有：$K^{\ominus}_{稳}=K^{\ominus}_{1,稳}K^{\ominus}_{2,稳}K^{\ominus}_{3,稳}K^{\ominus}_{4,稳}$。$K^{\ominus}_{稳}$称总稳定常数，$K^{\ominus}_{1,稳}$、$K^{\ominus}_{2,稳}$、$K^{\ominus}_{3,稳}$、$K^{\ominus}_{4,稳}$称逐级稳定常数。

例 13-1 0.10mol·dm^{-3} $[Ag(NH_3)_2]Cl$ 溶液中，$NH_3\cdot H_2O$ 的浓度为 2.0mol·dm^{-3}，求溶液中 Ag^+ 的浓度为多少?

解：设溶液平衡时 Ag^+ 的浓度为 x，解离平衡时

	$[Ag(NH_3)_2]^+ \rightleftharpoons$	Ag^+	$+2NH_3$
c_0 /mol·dm^{-3}	0.10	0	2.0
c /mol·dm^{-3}	$0.10-x$	x	$2.0+2x$

$$K^{\ominus}_{不稳}=\frac{[c(Ag^+)/c^{\ominus}][c(NH_3)/c^{\ominus}]^2}{c\{[Ag(NH_3)_2]^+\}/c^{\ominus}}=\frac{[x/c^{\ominus}][(2.0+2x)/c^{\ominus}]^2}{(0.10-x)/c^{\ominus}}=5.9\times10^{-8}$$

由于 $K^{\ominus}_{不稳}$很小，解离出的 x 也很小，$2.0+2x\approx2.0$，$0.10-x\approx0.10$。

$$K^{\ominus}_{不稳}\approx\frac{x\cdot(2.0)^2}{0.10}\cdot\frac{1}{c^{\ominus}}$$

$$x=1.5\times10^{-9}\ \text{mol}\cdot\text{dm}^{-3}$$

溶液中 Ag^+ 的浓度为 1.5×10^{-9} mol·dm^{-3}。

13.4.2 配位化合物的平衡移动

在配离子溶液中加入某些电解质，会使配离子的解离平衡发生移动。

例如：在 $[Cu(NH_3)_4]^{2+}$ 溶液中加入 Na_2S 溶液，就可以观察到黑色沉淀出现。这是因为 CuS 的溶度积很小，只要解离出少量的 Cu^{2+}，就足以生成 CuS 沉淀而使溶液中的 Cu^{2+} 浓度减小，因此，平衡向解离方向移动。

$$[Cu(NH_3)_4]^{2+} \rightleftharpoons Cu^{2+} + 4NH_3$$

$$Cu^{2+} + S^{2-} \rightleftharpoons CuS(s)$$

总反应 $$[Cu(NH_3)_4]^{2+} + S^{2-} \rightleftharpoons CuS(s) + 4NH_3$$

如果在 $[Cu(NH_3)_4]^{2+}$ 溶液中加入酸，则加入的 H^+ 与 NH_3 结合，形成铵根离子，溶液中 NH_3 浓度减小，平衡向解离方向移动，使 $[Cu(NH_3)_4]^{2+}$ 溶液的深蓝色变浅，其反应为

$$[Cu(NH_3)_4]^{2+} \rightleftharpoons Cu^{2+} + 4NH_3$$

$$NH_3 + H_3O^+ \rightleftharpoons NH_4^+ + H_2O$$

总反应为 $$[Cu(NH_3)_4]^{2+} + 4H_3O^+ \rightleftharpoons Cu^{2+} + 4NH_4^+ + 4H_2O$$

在自然界中，当地质条件改变时，配离子会遭到破坏，导致成矿元素析出。例如 Fe^{3+} 在一定的地质条件下，可形成配离子 $[FeCl_4]^-$，随着地下水的流动而迁移，水中 Cl^- 浓度变小或 pH 值改变时 $[FeCl_4]^-$ 被破坏，生成 Fe_2O_3 沉淀，形成赤铁矿：

$$2[FeCl_4]^- + 3H_2O \rightleftharpoons Fe_2O_3(s) + 8Cl^- + 6H^+$$

又如，若大量的含有 Cl^- 的水在漫长的地质岁月里，不断与角银矿（AgCl）接触，将生成 $[AgCl_2]^-$，形成矿物迁移：

$$AgCl(s) + Cl^- \rightleftharpoons [AgCl_2]^-$$

若遇到不含 Cl^- 的水，或 Cl^- 含量比原来少的水，AgCl 又会沉淀出来，平衡向左移动。所以化学元素在地壳中迁移的本质就是化学平衡不断的建立，又不断破坏的过程。

13.5 配位滴定法

利用配位反应进行定量滴定的方法称为配位滴定法（以前称络合滴定法）。

能生成无机配位化合物（简称配合物）的反应有很多，但所生成的无机配合物大都稳定性低，配合比不稳定，难以用作定量滴定反应。从 20 世纪 40 年代起，由于氨羧配位剂的发展，配位滴定法也得到了迅速的发展。表 13-7 中列举了一些配位滴定中常用的氨羧配合剂。

表 13-7 常用的氨羧配合剂

名称	简称	分子式	名称	简称	分子式
乙二胺四乙酸	EDTA	$C_2H_4[N(CH_2COOH)_2]_2$	乙二醇二乙醚二胺四乙酸	EGTA	$C_6H_{12}O_2[N(CH_2COOH)_2]_2$
环己二胺四乙酸	DCTA	$C_6H_{10}[N(CH_2COOH)_2]_2$			
乙二胺四丙酸	EDTP	$C_2H_4[N(CH_2CH_2COOH)_2]_2$	氨基三乙酸	NTA	$N(CH_2COOH)_3$

其中最常用的是乙二胺四乙酸（EDTA），它的结构式为

```
HOOCH2C                    CH2COOH
       \                  /
        N—CH2—CH2—N
       /                  \
HOOCH2C                    CH2COOH
```

EDTA 常用 H_4Y 表示，它在水中的溶解度较小。EDTA 二钠盐（一般也称 EDTA）用 Na_2H_2Y 表示，它在水中的溶解度较大，20℃时，$100cm^3$ 水中可溶解 11g。

EDTA 具有广泛的配位能力，几乎能与所有的金属离子形成配合物，除极少数的高价离子外，能与大多数金属离子形成 1∶1 的配合物。以 Ca^{2+} 与 EDTA 反应为例：

$$Ca^{2+} + Y^{4-} \rightleftharpoons CaY^{2-}$$

平衡常数为 $$K_{稳}^{\ominus} = \frac{c(CaY^{2-})c^{\ominus}}{c(Ca^{2+})c(Y^{4-})} = 5 \times 10^{10}$$

表 13-8 列出了一些金属离子 EDTA 配合物的稳定常数，绝大多数 EDTA 配合物都很稳定，即使碱土金属也可与 EDTA 形成较稳定的配合物。

表 13-8 一些金属离子 EDTA 配合物的 $\lg K_{稳}^{\ominus}$

离子	$\lg K_{稳}^{\ominus}$	离子	$\lg K_{稳}^{\ominus}$	离子	$\lg K_{稳}^{\ominus}$
Na^{+}	1.7	Zn^{2+}	16.5	Hg^{2+}	21.8
Mg^{2+}	8.7	Cd^{2+}	16.5	Th^{4+}	23.2
Ca^{2+}	10.7	Pb^{2+}	18.0	Fe^{3+}	25.1
La^{3+}	15.4	Ni^{2+}	18.6	Bi^{3+}	27.9
Al^{3+}	16.1	Cu^{2+}	18.8	ZrO^{2+}	29.9

13.5.1 酸效应系数与条件稳定常数

用 EDTA 滴定时，金属离子 M 与配位剂 Y 生成配合物 MY 的反应是主反应。在滴定过程中，主反应中的各组分都可能发生副反应，从而使配合物稳定性受到影响。主要的副反应可用下列平衡式表达：

$$M + Y \rightleftharpoons MY \quad 主反应$$

M 与 OH、L 反应：M(OH) … $M(OH)_n$（羟基配位效应）；辅助配位效应

Y 与 H、N 反应：HY … H_6Y（酸效应）；NY（共存离子效应）

MY 与 H、OH 反应：MHY、MOHY（混合配位效应）

副反应

式中，L 是除 Y 以外的其它配合剂，N 为共存金属离子。这些效应中，除了混合配位效应会使配合物的表观稳定性增加外，其它效应都会降低配合物的表观稳定性。其中 Y 的酸效应对表观稳定性的影响最为普遍。下面重点讨论酸效应对配位稳定性的影响。

H_4Y 溶于酸性较高的溶液时，两个胺基可再接受两个 H^{+}，形成六元酸 H_6Y^{2+}，在溶液中有六级离解平衡：

$$H_6Y^{2+} \rightleftharpoons H^{+} + H_5Y^{+} \qquad K_{a1}^{\ominus}=\frac{c(H^{+})c(H_5Y^{+})}{c(H_6Y^{2+})c^{\ominus}}=1.26\times10^{-1}$$

$$H_5Y^{+} \rightleftharpoons H^{+} + H_4Y \qquad K_{a2}^{\ominus}=\frac{c(H^{+})c(H_4Y)}{c(H_5Y^{+})c^{\ominus}}=2.51\times10^{-2}$$

$$H_4Y \rightleftharpoons H^{+} + H_3Y^{-} \qquad K_{a3}^{\ominus}=\frac{c(H^{+})c(H_3Y^{-})}{c(H_4Y)c^{\ominus}}=1.00\times10^{-2}$$

$$H_3Y^{-} \rightleftharpoons H^{+} + H_2Y^{2-} \qquad K_{a4}^{\ominus}=\frac{c(H^{+})c(H_2Y^{2-})}{c(H_3Y^{-})c^{\ominus}}=2.16\times10^{-3}$$

$$H_2Y^{2-} \rightleftharpoons H^{+} + HY^{3-} \qquad K_{a5}^{\ominus}=\frac{c(H^{+})c(HY^{3-})}{c(H_2Y^{2-})c^{\ominus}}=6.92\times10^{-7}$$

$$HY^{3-} \rightleftharpoons H^{+} + Y^{4-} \qquad K_{a6}^{\ominus}=\frac{c(H^{+})c(Y^{4-})}{c(HY^{3-})c^{\ominus}}=5.50\times10^{-11}$$

水溶液中，EDTA 总是以 H_6Y^{2+}、H_5Y^{+}、H_4Y、H_3Y^{-}、H_2Y^{2-}、HY^{3-} 和 Y^{4-} 等 7 种形式存在，这 7 种形式的分布与溶液的 pH 值有关。通过计算可以知道，在 pH<1 时，主要以 H_6Y^{2+} 形式存在，在 2.7<pH<6.2 时主要以 H_2Y^{2-} 形式存在，在 pH>10.26 时主要以 Y^{4-} 形式存在。

这种由于 H^{+} 存在，使能与金属离子形成配合物的 Y^{4-} 的量减少，使 EDTA 参加主反应能力降低的现象称酸效应。设 EDTA 各种存在形式的总浓度用 $c(Y')$ 表示，能参与反应的 Y^{4-} 的平衡浓度用 $c(Y)$ 表示（为方便起见，略去离子电荷）：

$$c(Y')=c(H_6Y)+c(H_5Y)+c(H_4Y)+c(H_3Y)+c(H_2Y)+c(HY)+c(Y)$$

$c(Y')$ 与 $c(Y)$ 的比值称为酸效应系数，用 $\alpha_{Y(H)}$ 表示，它可以从 EDTA 的各级解离常数和溶液中 H^{+} 浓度计算出来：

$$\alpha_{Y(H)}=\frac{c(Y')}{c(Y)}=1+\frac{c(H^{+})/c^{\ominus}}{K_{a6}^{\ominus}}+\frac{[c(H^{+})/c^{\ominus}]^2}{K_{a6}^{\ominus}K_{a5}^{\ominus}}+\frac{[c(H^{+})/c^{\ominus}]^3}{K_{a6}^{\ominus}K_{a5}^{\ominus}K_{a4}^{\ominus}}+\frac{[c(H^{+})/c^{\ominus}]^4}{K_{a6}^{\ominus}K_{a5}^{\ominus}K_{a4}^{\ominus}K_{a3}^{\ominus}}$$

$$+\frac{[c(H^+)/c^\ominus]^5}{K_{a6}^\ominus K_{a5}^\ominus K_{a4}^\ominus K_{a3}^\ominus K_{a2}^\ominus}+\frac{[c(H^+)/c^\ominus]^6}{K_{a6}^\ominus K_{a5}^\ominus K_{a4}^\ominus K_{a3}^\ominus K_{a2}^\ominus K_{a1}^\ominus} \quad (13\text{-}1)$$

不同酸度下 EDTA 的 $\lg\alpha_{Y(H)}$ 值列于表 13-9。

表 13-9　不同酸度时 EDTA 的 $\lg\alpha_{Y(H)}$

pH	$\lg\alpha_{Y(H)}$	pH	$\lg\alpha_{Y(H)}$	pH	$\lg\alpha_{Y(H)}$
0.0	23.64	3.4	9.70	6.8	3.55
0.4	21.32	3.8	8.85	7.0	3.32
0.8	19.08	4.0	8.44	7.5	2.78
1.0	18.01	4.4	7.64	8.0	2.26
1.4	16.02	4.8	6.84	8.5	1.77
1.8	14.27	5.0	6.45	9.0	1.29
2.0	13.51	5.4	5.69	9.5	0.83
2.4	12.19	5.8	4.98	10.0	0.45
2.8	11.09	6.0	4.65	11.0	0.07
3.0	10.60	6.4	4.05	12.0	0.00

当只考虑酸效应而忽略其它效应对配合物的影响时，配合物的稳定性可用条件稳定常数 K'表示：

$$K'=\frac{c(MY)c^\ominus}{c(M)c(Y')} \quad (13\text{-}2)$$

将式(13-1) 代入上式，得

$$K'=\frac{c(MY)c^\ominus}{c(M)c(Y)\alpha_{Y(H)}}=\frac{K_{稳}^\ominus}{\alpha_{Y(H)}} \quad (13\text{-}3)$$

或

$$\lg K'=\lg K_{稳}^\ominus-\lg\alpha_{Y(H)} \quad (13\text{-}4)$$

条件稳定常数 K'越小，配合物的表观稳定性越差，滴定反应进行得越不完全，滴定误差越大。若允许滴定时相对误差等于 0.1%，则通常将 $\lg\frac{c_M K'}{c^\ominus}\geqslant 6$ 作为准确滴定单一金属离子的条件。例如 $c_M=0.01\text{mol}\cdot\text{dm}^{-3}$，则要求 $\lg K'\geqslant 8$，于是式(13-4) 可写为

$$\lg\alpha_{Y(H)}\leqslant\lg K_{稳}^\ominus-8 \quad (13\text{-}5)$$

由式(13-5) 可以计算出准确滴定 M 离子所允许的 $\alpha_{Y(H)}$ 的最高值，再从 pH 与 $\alpha_{Y(H)}$ 的关系式中，求出准确滴定 M 离子的最低 pH 值。

例 13-2　计算在 pH=2.0 和 pH=5.0 时，ZnY 的条件稳定常数 K'。

解：由表 13-8 知　$\lg K_{ZnY}=16.5$

由表 13-9 知　pH=2.0 时，$\lg\alpha_{Y(H)}=13.51$，pH=5.0 时，$\lg\alpha_{Y(H)}=6.45$

pH=2.0 时　$\lg K'=\lg K_{稳}^\ominus-\lg\alpha_{Y(H)}=16.50-13.5=2.99$，故 $K'=10^{2.99}=9.8\times10^2$

pH=5.0 时　$\lg K'=\lg K_{稳}^\ominus-\lg\alpha_{Y(H)}=16.50-6.45=10.05$

故 $K'=10^{10.05}=1.12\times10^{10}$

为了方便起见，常将 EDTA 在不同的 pH 时的 $\lg\alpha_{Y(H)}$值绘成酸效应曲线图（图 13-20）。图中横坐标除标有 $\lg\alpha_{Y(H)}$外，还标有 $\lg K_{稳}^\ominus$，并且 $\lg K_{稳}^\ominus=\lg\alpha_{Y(H)}+8$，根据金属离子的稳定常数 $K_{稳}^\ominus$标出各金属离子在曲线上的位置，从曲线上可以直接查出单独滴定某种金属离子时所允许的最低 pH 值。

例 13-3　分别求出 EDTA 滴定 $0.01\text{mol}\cdot\text{dm}^{-3}$的 Fe^{3+}和 Mg^{2+}时允许的最低 pH 值。

解：查表 13-8 可知，FeY^-的 $\lg K_{稳}^\ominus=25.1$，MgY^{2-}的 $\lg K_{稳}^\ominus=8.7$。

滴定 Fe^{3+}时要求 $\lg\alpha_{Y(H)}\leqslant\lg K_{稳}^\ominus-8=25.1-8=17.1$。查表 13-9 得，pH≈1.2。所以滴定 Fe^{3+}时允许的最低 pH 值约为 1.2。实际上可直接从图 13-20 上找到 Fe^{3+}对应的 pH 值也是 1.2。

滴定 Mg^{2+}时要求 $\lg\alpha_{Y(H)}\leqslant\lg K_{稳}^\ominus-8=8.7-8=0.7$，查表 13-9 得，pH≈9.7。所以滴定 Mg^{2+}时允许的最低 pH 值约为 9.7。同样也可直接从图上找到 Mg^{2+}对应的 pH 值也是 9.7。

13.5.2　配位滴定曲线

与酸碱滴定相似，在配位滴定中，随着配位滴定剂的加入，金属离子的浓度逐渐降低，

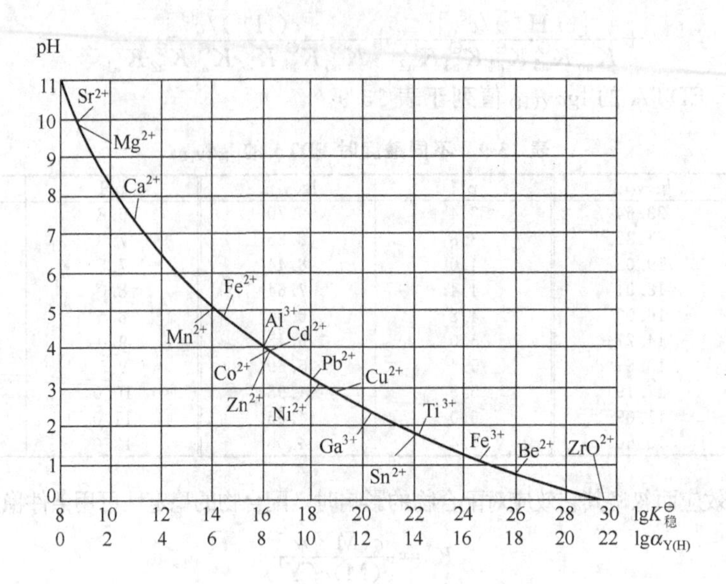

图 13-20 EDTA 的酸效应曲线

在化学计量点附近发生突然变化，滴定曲线上出现 pM [$pM=-\lg(c_M/c^{\ominus})$，金属离子浓度的负对数] 的突跃。若被滴定的金属离子和配位剂浓度一定，滴定曲线的突跃随配合物稳定常数的增大而加大，如图 13-21 所示。

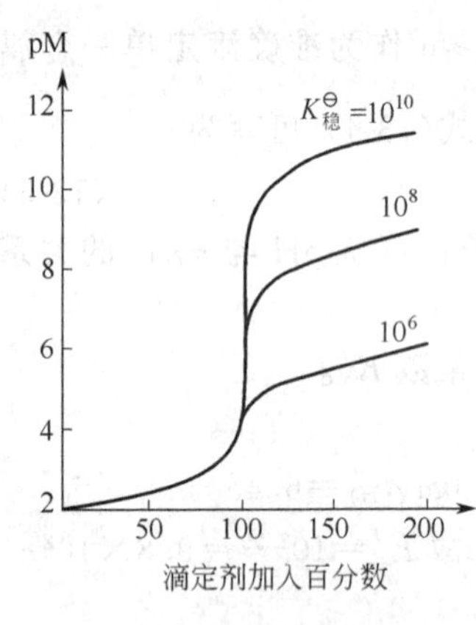

图 13-21 0.01mol·dm⁻³ EDTA 滴定相应浓度金属离子的滴定曲线

化学计量点时金属离子浓度 $c(M)$ 可按以下方法求出，设金属离子的初始浓度为 $c_{M,0}$，用等浓度的 EDTA 滴定至化学计量点时，溶液体积增加一倍，配合物的浓度 $c(MY)$ 为

$$c(MY)=\frac{c_{M,0}}{2}-c(M)\approx\frac{c_{M,0}}{2}$$

在化学计量点时 $c(M)=c(Y')$

$c(M)$、$c(Y')$ 分别表示化学计量点时金属离子和配位体的浓度。将上述关系代入式(13-2) 可得

$$\frac{c(M)}{c^{\ominus}}=\sqrt{\frac{c_{M,0}/c^{\ominus}}{2K'}} \tag{13-6}$$

两边取负对数，得

$$pM=\frac{1}{2}\left\{p\left(\frac{c_{M,0}/c^{\ominus}}{2}\right)+\lg K'\right\} \tag{13-7}$$

13.5.3 金属离子指示剂的变色原理

在配位滴定中常通过金属离子指示剂的变色来指示滴定终点的到达。金属离子指示剂 (In) 能与金属离子 (M) 生成与指示剂本身颜色不同的配合物 MIn

$$M+In(颜色甲)\rightleftharpoons MIn(颜色乙)$$

滴入 EDTA 时，金属离子与 EDTA 逐步形成配合物，当接近化学计量点时，已与指示剂配合的金属离子被 EDTA 夺出，释放出指示剂，引起溶液颜色的变化。

$$MIn(颜色乙)+Y\rightleftharpoons MY+In(颜色甲)$$

显然，金属离子指示剂形成的配合物 MIn 既要有足够的稳定性，又要比该金属离子的 EDTA 配合物的稳定性小。如果稳定性太小，就会提前出现终点，若稳定性太高，则使终点滞后。

指示剂与金属离子生成与配合物反应的平衡常数为

$$K_{\mathrm{MIn}}=\frac{c(\mathrm{MIn})c^{\ominus}}{c(\mathrm{M})c(\mathrm{In})}$$

将上式改写为对数形式

$$p\mathrm{M}+\lg\frac{c(\mathrm{MIn})}{c(\mathrm{In})}=\lg K_{\mathrm{MIn}} \tag{13-8}$$

当 $c(\mathrm{MIn})=c(\mathrm{In})$ 时，溶液呈混合色，即指示剂的变色点，此时 $\mathrm{pM}=\lg K_{\mathrm{MIn}}$。选择指示剂时，应尽可能使指示剂的变色点接近滴定的化学计量点，以减少滴定终点误差。

13.5.4　共存离子的影响

若溶液中存在待测离子 M 和共存离子 N。N 是否干扰 M 的滴定取决于 M 和 N 的浓度及它们与 EDTA 配合物的表观稳定常数。如果 M 浓度越大、MY 的稳定性越强，而共存离子 N 的浓度越小、NY 的稳定性越差，则滴定 M 时 N 的干扰越不明显。

通常将下式作为 N 不干扰 M 滴定的判断依据：

$$\frac{c_{\mathrm{M}}K_{\mathrm{MY}}}{c_{\mathrm{N}}K_{\mathrm{NY}}}\geqslant 10^{5} \tag{13-9}$$

或

$$\lg\left(\frac{c_{\mathrm{M}}}{c^{\ominus}}K_{\mathrm{MY}}\right)-\lg\left(\frac{c_{\mathrm{N}}}{c^{\ominus}}K_{\mathrm{NY}}\right)\geqslant 5 \tag{13-10}$$

如果离子 N 对待测离子 M 发生干扰，可采用沉淀、萃取、离子交换等方法分离干扰离子 N，或者采取加入掩蔽剂的方法消除干扰。

13.5.5　配位滴定法的应用

EDTA 标准溶液浓度通常配制成 $0.01\sim0.05\mathrm{mol\cdot dm^{-3}}$。一般先用 EDTA 二钠盐配制成近似浓度的溶液，然后用基准物进行标定。常用的基准物有 $MgSO_4\cdot 7H_2O$、$CaCO_3$、$ZnSO_4\cdot 7H_2O$、锌粒等。

配位滴定的方法有以下几种：

① 直接滴定　凡是条件稳定常数 K' 足够大、反应速度较快、又有适宜指示剂的金属离子都可用 EDTA 直接滴定。如在酸性溶液中滴定 Bi^{3+}、Fe^{3+}，弱酸性溶液中滴定 Cu^{2+}、Pb^{2+}、Zn^{2+}，碱性溶液中滴定 Ca^{2+}、Mg^{2+}、Sr^{2+} 等。

水的总硬度通常是用 EDTA 直接滴定法测定的。将水样调节至 pH=10，加入铬黑 T 指示剂，用 EDTA 标准溶液滴定至溶液由酒红色变成蓝色为终点。此时，水样中的 Ca^{2+}、Mg^{2+} 均被滴定。若在 pH≥12 的溶液中加入钙指示剂，用 EDTA 标准溶液滴定至溶液由红色变成蓝色，则因 Mg^{2+} 生成 $Mg(OH)_2$ 沉淀而被掩蔽，可测得 Ca^{2+} 的含量。而 Mg^{2+} 的含量可由 Ca^{2+}、Mg^{2+} 总量减去 Ca^{2+} 的含量求得。

② 返滴定　如果待测离子与 EDTA 反应较慢，或者直接滴定缺乏合适的指示剂，可以采用返滴定法。例如，Al^{3+} 能与 EDTA 定量反应，但因反应缓慢而难以直接滴定。因此在测定 Al^{3+} 时，可先准确加入过量的 EDTA 标准溶液，加热煮沸，待反应完全后再用 Zn^{2+} 标准溶液返滴定剩余的 EDTA。

③ 置换滴定　利用置换反应能将 EDTA 配合物中的金属离子置换出来，或者将 EDTA 置换出来，然后进行滴定。例如，在测定 Ba^{2+} 时，可加入过量的 EDTA-Mg^{2+} 溶液，Ba^{2+} 可将 EDTA-Mg^{2+} 溶液中的 Mg^{2+} 置换出来，然后用 EDTA 滴定 Mg^{2+}。

④ 间接滴定　一些与 EDTA 不能形成配合物或不能形成稳定配合物的离子，可用间接滴定法进行测定。例如测定 CN^- 时，可加入过量的 Ni^{2+} 标准溶液形成 $[Ni(CN)_4]^{2-}$，然后以紫脲酸胺为指示剂、用 EDTA 标准溶液滴定溶液中剩余的 Ni^{2+}，从而计算 CN^- 的值。

13.6　配位化合物的一些应用

配位化合物在工业、农业、医药、国防工业和科学研究中有极其广泛的用途。

① 金属的提纯　大部分过渡金属可与CO形成羰基化合物，如金属镍粉可在温和条件下（43～50℃）直接与CO反应，得到液态的$Ni(CO)_4$，在稍高的温度下分解便可制得纯镍：

$$Ni(s)+4CO \rightleftharpoons Ni(CO)_4(l)$$

但羰基配合物本身毒性较大，使用时必须注意。

② 贵金属的湿法冶金　在冶金工业中，常利用配离子的生成来分离、制备许多重要物质。例如Au是惰性金属，它在矿物中的提取是利用CN^-，生成$[Au(CN)_2]^-$配离子，再将$[Au(CN)_2]^-$溶液与Zn作用而得到单质金。

$$4Au+8CN^- + 2H_2O+O_2 \rightleftharpoons 4[Au(CN)_2]^- + 4OH^-$$

$$2[Au(CN)_2]^- +Zn \rightleftharpoons 2Au+[Zn(CN)_4]^{2-}$$

但氰化物有剧毒，应考虑环境污染问题；目前工业生产中，常采用电解法，使金还原出来。

③ 配位催化方面的应用　在有机合成工业中很多反应是利用配位催化来实现的。如乙烯在常温常压下与O_2反应可制备乙醛。C_2H_4首先与催化剂中的Pd^{2+}配位，在形成配合物的过程中，使C═C双键活化，促使反应发生。

$$2C_2H_4+O_2 \xrightarrow{PdCl\text{-}CuCl_2/稀盐酸} 2CH_3CHO$$

④ 电镀与电镀液的处理　在电镀工业中，为获得致密、光亮的镀层，必须在电镀液中加入较强的配位剂，使欲镀的金属离子先与配位剂生成稳定的配离子，从而控制金属离子的还原速度。因此，电镀液中配体的种类和数量决定着镀液与镀层的性能。如电镀黄铜（Cu-Zn合金），所用的电镀液为$[Cu(CN)_4]^{2-}$和$[Zn(CN)_4]^{2-}$的混合液，它们的电极电势接近：$E^\ominus\{[Cu(CN)_4]^{2-}/Cu\}=-1.25V$，$E^\ominus\{[Zn(CN)_4]^{2-}/Zn\}=-1.26V$。在同一外加电压下，溶液中的$Cu^{2+}$与$Zn^{2+}$在阴极上同时放电而析出，形成合金镀层。

⑤ 生物与医学中的配位化合物　在生物体内配合物也起着重要作用。如叶绿素就是含镁的配合物，它是植物光合作用的催化剂，动物血液中的红色物质就是含铁的配合物，维生素B_{12}是含钴的配合物。

生物体内有一类高效、高选择性的生物催化剂——酶，其中很多含有金属离子，主要是Fe^{2+}、Fe^{3+}、Co^{2+}、Zn^{2+}、Cu^{2+}、Cu^+、Mn^{2+}等离子，它们与蛋白质分子中的氨基酸形成配合物。生物酶的研究是一些非常有价值的重要课题。

配合物常常是抗癌新药研究的重要途径，据报道，人们在努力尝试用Pt、Rh、Ir、Cu、Ni、Fe、Ti、Zr、Sn等元素的配合物来治疗癌症。

⑥ 成矿过程中的配合物　在自然界中许多金属元素都是以配合物形式存在，很多矿物的溶解、迁移及形成均经过配合物阶段。如SnS_2、Sb_2S_3、As_2S_3等硫化矿物，难溶于水，但若热液中含有S^{2-}，这些硫化矿物与S^{2-}反应分别形成$[SnS_3]^{2-}$、$[AsS_3]^{3-}$、$[SbS_3]^{3-}$等配离子，就可以溶于水而迁移。当地质环境改变，它们又重新析出沉淀，这就是成矿。如

$$SnS_2(s)+S^{2-} \rightleftharpoons [SnS_3]^{2-}$$

思考题

1. 解释下列名词，并举例说明。

(1) 中心离子　(2) 螯合物　(3) 配位原子　(4) 配位体　(5) 配位数

(6) 内轨型配合物　(7) 外轨型配合物　(8) 单齿配位体与多齿配位体

(9) 高自旋配合物与低自旋配合物

(10) 顺磁性与反磁性

2. 何为配合物？何为复盐？二者有何区别？

3. 配合物价键理论有哪些基本要点？

4. 晶体场理论有哪些基本要点？

5. 在正八面体场、正四面体场、正方形场中，中心离子的 d 轨道是如何分裂的？

6. 何为晶体场分裂能？

7. 何为电子成对能？

8. 怎样用晶体场理论解释配合物的颜色？

9. 试讨论四面体配合物中四个配位体的电场能否使 p 轨道发生分裂？

10. 用价键理论解释 $[Ag(NH_3)_2]^+$、$[Mn(CN)_6]^{3-}$ 的结构。

11. 解释下列配合物的自旋。

$[CoF_6]^{3-}$ 高自旋、$[Co(NH_3)_6]^{3+}$ 低自旋、$[Co(NH_3)_6]^{2+}$ 高自旋、$[Co(NO_2)_6]^{4-}$ 低自旋、$[PdCl_6]^{2-}$ 低自旋、$[PtCl_6]^{2-}$ 低自旋

12. $[Ni(CN)_4]^{2-}$（正四方形）反磁性，而 $[NiCl_4]^{2-}$（四面体）顺磁性。$[Fe(CN)_6]^{3-}$ 有一个未成对的电子，$[Fe(H_2O)_6]^{3+}$ 有 5 个未成对的电子，试分别用价键理论和晶体场理论解释。

13. 过渡元素的水合离子为何多数有颜色，而 Sc^{3+}，Ti^{4+}，Ag^+ 和 Zn^{2+} 等水合离子却无色？

14. 写出下列有关反应式，并解释反应现象。

(1) $ZnCl_2$ 溶液中加入适量 NaOH 溶液，再加入过量 NaOH 的溶液。

(2) $CuSO_4$ 溶液中加入少量氨水，再加过量氨水。

习　　题

1. 选择题

(1) 下列关于配合物说法错误的是（　　）。

A. 中心离子或原子与配体以配位键结合

B. 配位体是具有孤对电子的负离子或分子

C. 配位数是中心离子或原子结合的配位体个数

D. 配离子可以存在于溶液中或晶体中

(2) 中心离子以 dsp^2 杂化轨道成键而形成的配合物的空间构型是（　　）。

A. 平面正方形　　B. 四面体形　　C. 直线形　　D. 八面体形

(3) 中心离子以 sp^3 杂化轨道成键而形成的配合物的空间构型是（　　）。

A. 平面正方形　　B. 四面体形　　C. 直线形　　D. 八面体形

(4) 中心离子以 sp^3d^2 杂化轨道成键而形成的配合物的空间构型是（　　）。

A. 平面正方形　　B. 四面体形　　C. 直线形　　D. 八面体形

(5) 下列配合物中，属于内轨型的是（　　）。

A. $[Ag(NH_3)_2]^+$　　B. $[Zn(NH_3)_4]^{2+}$　　C. $[Cr(H_2O)_6]^{3+}$　　D. $[Ni(CN)_4]^{2-}$

(6) 下列配离子磁矩最大的是（　　）。

A. $[Fe(CN)_6]^{3-}$　　B. $[Fe(CN)_6]^{4-}$　　C. $[FeF_6]^{3-}$　　D. $[Co(SCN)_4]^{2-}$

(7) 配离子 $[Cr(en)(C_2O_4)_2]^-$ 中心离子电荷数和配位数正确的是（　　）。

A. +2，6　　B. +3，6　　C. +3，3　　D. 1，6

(8) 下列配合物稳定性大小，正确的是（　　）。

A. $[Fe(CN)_6]^{3-} < [Fe(H_2O)_6]^{3+}$　　B. $[Fe(CN)_6]^{3-} > [Fe(H_2O)_6]^{3+}$

C. $[Ag(CN)_2]^- = [Ag(NH_3)_2]^+$　　D. $[Ag(CN)_2]^- < [Ag(NH_3)_2]^+$

(9) 某金属中心离子形成配离子时，在八面体弱场中，磁矩为 $4.98\mu_B$，在八面体强场中，磁矩为零，该中心离子是（　　）。

A. Cr^{3+}　　B. Mn^{3+}　　C. Mn^{2+}　　D. Fe^{2+}

(10) 化合物 $CoCl_3 \cdot 5NH_3$ 中加入 $AgNO_3$ 溶液有 AgCl 沉淀生成，样品过滤沉淀后再加入 $AgNO_3$ 溶液并加热至沸，又有 AgCl 沉淀生成，其重量为原来沉淀的一半，此化合物的结构式为（　　）。

A. $[Co(NH_3)_4Cl_2]Cl$　　B. $[Co(NH_3)_5Cl]Cl_2$　　C. $[Co(NH_3)_3Cl_3] \cdot 2NH_3$　　D. $[Co(NH_3)_5(H_2O)]Cl_3$

2. 指出下列配合物的名称、中心离子、配离子电荷数、配位数、配位体。

$[Co(NH_3)_6]SO_4$、$[Cu(NH_3)_4](OH)_2$、$Na_3[Ag(S_2O_3)_2]$、$[Ni(CO)_4]$、$[PtCl_2(NH_3)_2]$、$[CoCl(NH_3)en_2]Cl_2$

3. 写出下列配合物的中心离子的氧化数，d 电子数、配位体和配位数。

$[AuCl_2]^-$、$Na_3[Ag(S_2O_3)_2]$、$[Pt(NH_3)_2Cl_2]$、$K_2[PtCl_6]$、$[Co(en)_3]_2(SO_4)_3$、$K_2[Co(SCN)_4]$、$[VF_6]^-$、$[HgI_4]^{2-}$

4. 完成下列各反应方程式：

(1) AgCl(s) 与过量氨水反应；(2) $CuSO_4$溶液与适量氨水反应；

(3) $CuSO_4$溶液与过量氨水反应；(4) $[Cu(NH_3)_4]^{2+}$溶液加入适量 Na_2S。

5. 用价键理论解释 $[Ni(CN)_4]^{2-}$、$[Cu(NH_3)_4]^{2+}$的构型为平面正方形，而 $[Zn(NH_3)_4]^{2+}$、$[HgI_4]^{2-}$的构型为正四面体形。

6. 已知 $[Co(H_2O)_6]^{2+}$的磁矩为 $3.87\mu_B$，试分析该配合物中有几个未成对电子。

7. 计算下列配合物的晶体场稳定化能。

$[Co(NH_3)_6]^{2+}$、$[Co(NH_3)_6]^{3+}$、$[Fe(H_2O)_6]^{2+}$

8. 清除空气中的水蒸气常用干燥剂为 $CoCl_2$，当无水时它呈蓝色，吸水后则呈粉红色，试用晶体场理论解释颜色的变化。

9. 根据下列配合物的空间构型画出它们形成配合物时中心离子的价电子分布，并指出杂化轨道类型和它们的磁矩。

$[Ag(NH_3)_2]^+$直线形、$[Zn(NH_3)_4]^{2+}$正四面体、$[FeF_6]^{3-}$正八面体、$[Fe(CN)_6]^{3-}$正八面体、$[Cu(NH_3)_4]^{2+}$平面正方形

10. $[Fe(H_2O)_6]^{2+}$为顺磁性，而 $[Fe(CN)_6]^{4-}$为反磁性，请分别用价键理论和晶体场理论解释该现象。

11. 根据晶体场理论完成下表：

配 离 子	Δ_o与 P 比较	e_g轨道上电子数	t_{2g}轨道上电子数	CFSE(Δ_o)
$[Co(H_2O)_6]^{2+}$	$\Delta_o<P$			
$[Co(CN)_6]^{3-}$				

12. 王水是硝酸和盐酸的 1∶3 混合物，它能够溶解金和铂。写出化学反应方程式。

13. 已知 $[Zn(CN)_4]^{2-}$ $K^{\ominus}_{稳}=5.0\times10^{16}$，ZnS $K^{\ominus}_{sp}=2.93\times10^{-25}$。在 $0.010mol\cdot dm^{-3}$的 $[Zn(CN)_4]^{2-}$溶液中通入 H_2S 至 $c(S^{2-})=2.0\times10^{-15}mol\cdot dm^{-3}$，是否有 ZnS 沉淀产生？

14. Fe^{3+}的电子成对能 $P=26500cm^{-1}$。由光谱数据测出了下列 3 种配合物的分裂能。请计算这些配合物的 CFSE，并比较它们的相对稳定性和配体的晶体场强度。

	$[FeCl_6]^{3-}$	$[Fe(H_2O)_6]^{3+}$	$[Fe(CN)_6]^{3-}$
分裂能 (cm^{-1})：	11000	14300	35000

15. $1.00\times10^{-3}mol\cdot dm^{-3}$的 Ag^+溶液中加入少量 $Na_2S_2O_3$ 固体，搅拌使溶解。在平衡溶液中，有一半 Ag^+生成了 $[Ag(S_2O_3)_2]^{3-}$。已知 $[Ag(S_2O_3)_2]^{3-}$的稳定常数 $K^{\ominus}_{稳}=2.88\times10^{13}$。求溶液中 $Na_2S_2O_3$ 的总浓度。

16. 已知 $[Ag(NH_3)_2]^+$ $K^{\ominus}_{稳}=1.12\times10^7$，$[Ag(S_2O_3)_2]^{3-}$ $K^{\ominus}_{稳}=2.88\times10^{13}$，试计算电对 $[Ag(NH_3)_2]^+/Ag$ 和 $[Ag(S_2O_3)_2]^{3-}/Ag$ 的标准电极电势，说明在哪一种配体的溶液中 Ag 更容易被氧化。

17. 在 pH=9.00 的 NH_4Cl-NH_3 缓冲溶液中，NH_3 浓度为 $0.072mol\cdot L^{-1}$。向 $100.0cm^3$ 该溶液中加入 $1.0\times10^{-4}mol$ $Cu(Ac)_2$。已知 $K^{\ominus}_{稳}\{[Cu(NH_3)_4]^{2+}\}=2.1\times10^{13}$，$K^{\ominus}_{sp}[Cu(OH)_2]=2.2\times10^{-20}$。若忽略由此引起的溶液体积变化，试问该平衡体系中：

(1) 自由铜离子浓度

(2) 是否有 $Cu(OH)_2$沉淀生成？

18. $1.0dm^3$ $c(Y^{4-})=1.1\times10^{-2}mol\cdot dm^{-3}$的溶液中加入 $1.0\times10^{-3}mol$ $CuSO_4$，请计算该平衡溶液中的自由铜离子浓度 $c(Cu^{2+})$。若用 $1.0dm^3$ $c(en)=2.2\times10^{-2}mol\cdot dm^{-3}$的溶液代替 Y^{4-}溶液，结果又如何？已知 $K^{\ominus}_{稳}(CuY^{2-})=6.0\times10^{18}$和 $K^{\ominus}_{稳}\{[Cu(en)_2]^{2+}\}=4.0\times10^{19}$。

19. $3.0\times10^{-3}mol$ AgBr 溶于 $1.0dm^3$ 氨水中，计算 NH_3 的最小浓度。

20. 通过计算，回答下列问题

(1) 在 $100cm^3$ $0.15mol\cdot dm^{-3}$ $K[Ag(CN)_2]$ 溶液中，加入 $50cm^3$ $0.1mol\cdot dm^{-3}$ KI 溶液，是否有 AgI 沉淀产生？

(2) 在上述混合溶液中加入 $50cm^3$ $0.1mol\cdot dm^{-3}$ KCN 溶液，是否有 AgI 沉淀产生？

已知：$K^{\ominus}_{稳}\{[Ag(CN)_2]^-\}=1.0\times10^{-1}$，$K^{\ominus}_{sp}(AgI)=1.5\times10^{-16}$。

第 14 章　单质及无机化合物概论

在生产、科研和日常生活中，人们往往会使用一些单质、合金和化合物，它们具有哪些重要的物理性质和化学性质，是人们关心的重要问题。本章是在化学热力学与平衡、物质结构的理论基础上，讨论元素的单质及其化合物的一些物理性质、化学性质以及有关的变化规律。

14.1　元素的存在状态和分布

人类对化学元素的认识和利用，经历了漫长而曲折的过程。随着化学元素不断被发现，人们对化学元素的认识不断完善。

14.1.1　元素

元素是具有相同核电荷数（质子数）的原子总称。各元素间的区别在于原子核内的质子数不同。只要原子核内的质子数相同，不论核内的中子数是否相同，核外的电子数是否相同，都属于同一元素。例如氢元素可以以氢原子（H）或氘原子（D）存在，也可以以质子（H^+）或负离子（H^-）存在。

具有确定质子数和中子数的微粒称为核素。氢原子（H）的核和氘原子（D）的核都是核素，它们属于同一元素，但不是同一核素。质子数相同而中子数不同的核素互为同位素。同一元素的同位素在周期表中占有相同位置，例如氢原子和氘原子的核内都只有一个质子，氢原子核内没有中子，而氘原子核内有一个中子，它们互为同位素，在周期表中占有相同的位置。

大多数天然元素都是由几种同位素以一定比例组成的混合物，例如氧是由 99.758% $^{16}_{16}O$、0.0373% $^{17}_{16}O$ 和 0.2039% $^{18}_{16}O$ 组成。同位素的原子核虽有差别，但它们的核外电子数和化学性质相同。因此，同位素均匀地混合在一起，存在于自然界的各种矿物资源中，并且不能用一般的化学方法将它们分离。通常所说的元素的相对原子质量实际上是同位素相对原子质量的平均值。

同位素虽然不能用一般的化学方法分离，但是可以利用质谱仪进行分离。有些同位素是稳定的，有些则是不稳定的，可以自发的放射 α 射线（带 2 个正电荷的氦核流）、β 射线（电子流）和 γ 射线（极短波长的电磁波）。原子核能够自发地放射出射线的性质，称为元素的放射性，具有放射性的同位素称为放射性同位素。一种元素可以有一种或几种稳定同位素，同时又可能有一种或几种放射性同位素。

同位素是否稳定，与原子核的结构有关，当核内的中子数和质子数在一定的比例时，可以形成稳定同位素，对于较轻元素（原子序数≤20）而言，当中子数与质子数相等时，核最稳定，随着原子序数增加，稳定核内的中子数逐渐多于质子数，最重的稳定同位素的核内中子数与质子数的比值约为 1.6，凡是原子序数大于 84 的原子核都是不稳定的，都具有天然放射性。放射性元素有三种形式的放射性，即 α-放射、β-放射和 γ-放射。

① α-放射　α-放射是不稳定的重原子核（和少数较轻的核）自发放射出一个 α 粒子而转变为一个新的原子核，α 粒子实际上是氦原子核（^4_2He），放射性同位素放射出一个 α 粒子后，它的原子质量数降低了 4 个单位，原子序数降低了 2 个单位，例如：

$$^{226}_{88}Ra \longrightarrow ^{222}_{86}Rn + ^4_2He$$

在 α 放射的同时，往往伴随 γ 辐射发生。

② β-放射 放射性原子核放射出电子而转变为另一原子核的过程。一般地，中子数过多的核往往具有β放射性，一个原子核在经过β放射后，核内的一个中子转变为质子，同时放出一个电子，核的质量数并不发生变化，但原子序数却增加了一个单位，因此β-射线是由高速电子流所组成。例如

$$^{228}_{88}\mathrm{Ra} \longrightarrow {}^{228}_{89}\mathrm{Ac} + {}^{0}_{-1}\mathrm{e}$$

③ γ-放射 这是已知辐射中波长最短的电磁辐射，具有很高的能量，在核发生α放射和β放射时，一般都伴有γ射线的放出，这种放射既不改变核的原子序数也不改变核的质量。

某原子放射α或β粒子之后，就变为另一元素的原子了，称做放射性衰变。放射性衰变是一级反应，放射性同位素衰变的速率常用半衰期来表示，它是放射性元素的一个特征，不同的放射性元素具有不同的半衰期，有的半衰期很短，例如 $^{135}_{55}\mathrm{Cs}$ 的半衰期为 2.8×10^{-10} 秒，有的半衰期则很长，例如 $^{232}_{90}\mathrm{Th}$ 的半衰期可以达到 1.4×10^{10} 年。放射性同位素的半衰期都是一定的，因此可以利用放射性同位素测量岩石的年龄。设有一块从岩浆固化形成的含有元素铀的岩石，当此岩石凝固后，铀-235 的放射性衰变产物就不再向四周扩散。铀-235 的半衰期较短，经过一段时间后，都转变成稳定的同位素铅-206，知道了铀-235 的半衰期，再测定岩石中铅-206 与铀-238 的比例就可以计算岩石固化以来的年龄。同样可以利用天然放射性同位素碳-14 测定几百年到 50000 年的有机物质的年龄。除此之外，放射性同位素还有许多其它应用，如用来控制生产、检查产品质量等。当然放射性也会带来放射性污染，危害人的 身体，在使用放射性同位素时，一定要做好防护工作，以免身体健康受到伤害。

14.1.2 元素的赋存状态与分布

地球有一个演变过程，元素的种类、数量和分布也随着地球的演变在不断地变化。现今的地球由地壳、地幔和地核三部分组成，直径为 6470km。地球的表面被岩石、海水（或河流）和大气所覆盖，经探明其中分布有 94 种元素。

构成地壳的元素，主要是氧、硅、铝、铁、钙、钠、钾、镁等，这些元素占地壳总量的 99.5%。元素在地壳中的相对比率称为丰度。1923 年，费尔斯曼（A. E. Ферсман）建议用克拉克值来表示地壳中化学元素的平均含量，元素的克拉克值可以用质量百分比表示，也可以用原子百分比表示，甚至可以用元素所占的空间百分比表示。例如氧的质量克拉克值为 47.0%，原子克拉克值为 58.0%，体积克拉克值为 91.77%，由此可见，地壳是由体积较大的 O^{2-} 组成，其余元素几乎只占 O^{2-} 堆砌时所留下的孔隙。

元素的克拉克值可以表示元素在地壳中的丰度，同时也与元素形成的矿物的数量有关，克拉克值非常低的元素不能单独形成矿物，而克拉克值高的元素则可以形成多种矿物。例如钙的克拉克值为 2.96，可以形成 397 种矿物，锶的克拉克值为 3.4×10^{-2}，只有 27 种矿物。

在地壳中含量少或分布稀散的元素称为稀有元素。如钼、钨、铂、锗等。事实上，有些元素在地壳中的含量并不少，如钛，只是由于冶炼困难，在相当长的时间里影响了人们对它的了解和应用，被列于稀有元素。有些元素如硼、金含量虽少，但因硼矿较为集中，金早已被人们认识，而把它们归于普通元素。显然，普通元素和稀有元素的划分是相对的。目前所谓的稀有元素（约占元素总数的 2/3），是指 20 世纪 40 年代时，人们较不熟悉的那些元素。

在地壳中除了少数元素如稀有气体、氧、氮、硫、碳、金、铂系等可以单质存在外，其余元素均以化合态存在。如氧化物、硫化物、卤化物，以及硝酸盐、硫酸盐、碳酸盐、硅酸盐与硅铝酸盐、磷酸盐、钼酸盐、钒酸盐、砷酸盐和硼酸盐等，其中硅酸盐分布最广，构成了地壳的主体。图 14-1 是周期表中各元素在地壳中的主要存在形式。在自然界中，以氧化物形式存在的元素称为亲石元素；以硫化物形式存在的元素称为亲硫元素。

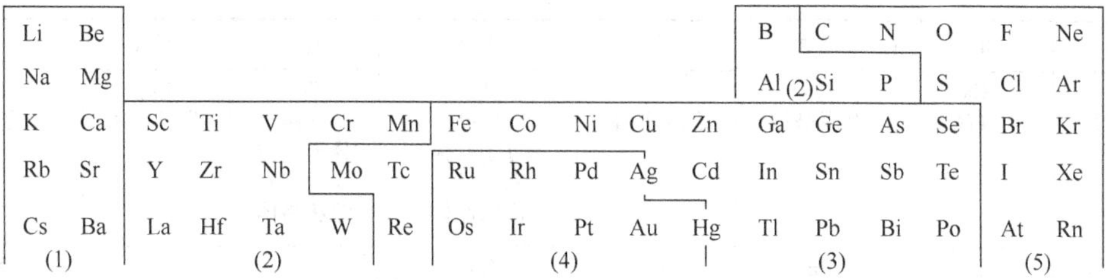

Li Be　　　　　　　　　　　　　　　　　　　　　　B C N O F Ne
Na Mg　　　　　　　　　　　　　　　　　　　　　　Al (2)Si P S Cl Ar
K Ca Sc Ti V Cr Mn Fe Co Ni Cu Zn Ga Ge As Se Br Kr
Rb Sr Y Zr Nb Mo Tc Ru Rh Pd Ag Cd In Sn Sb Te I Xe
Cs Ba La Hf Ta W Re Os Ir Pt Au Hg Tl Pb Bi Po At Rn
(1)　(2)　(4)　(3)　(5)

(1) 以卤化物、含氧酸盐存在，电解还原法制备其单质；
(2) 以氧化物或含氧酸盐存在，电解还原或化学还原法制备其单质；
(3) 主要以硫化物形态存在，先在空气中氧化成氧化物，而后还原成单质；
(4) 能以单质存在于自然界；
(5) 以阴离子存在，有些以单质存在于自然界。

图 14-1　周期表中各元素在地壳中的主要存在形式

14.2　主族元素单质的性质

主族元素由 s 区和 p 区元素组成，共有 44 个元素，其中一半即 22 个元素是非金属元素。在长周期表的右侧，从硼向下方画线延伸到砹，这条斜线将所有的化学元素分为金属和非金属元素。而这条线两侧的硼、硅、砷、硒、碲和锗、锑等元素的物理性质介于金属与非金属之间称为半金属或准金属。因此，主族元素在性质上差异很大，既有典型的金属元素，又有典型的非金属元素。

14.2.1　单质的晶体结构与物理性质

单质的物理性质由原子结构、分子结构和晶体结构决定。对于主族金属元素而言，由于其价电子数较少，难以通过共用电子对的方式形成稳定的并具有稀有气体结构的双原子分子或多原子小分子，而只能以金属键结合形成大分子，因此，主族金属元素的单质基本上是金属晶体。如表 14-1 所示。从表 14-1 中可以看出，金属单质的晶体结构类型较为简单，基本上是金属晶体，但非金属单质的晶体结构类型较为复杂，有的是原子晶体，有的为过渡型晶体（链状或层状），有的是分子晶体。周期系最右边的稀有气体全部都是分子晶体，导致非金属单质晶体结构类型较为复杂的原因，与非金属元素的价电子层结构有关，非金属元素的价电子数较多，倾向于得到电子，它们的单质大多数都是由 2 个或 2 个以上的原子以共价键结合成分子。而且有些元素和原子又常能以不同的数目和结合方式组合成不同结构的单质。见图 14-2。

表 14-1　主族及零族元素单质的晶体类型

ⅠA	ⅡA	ⅢA	ⅣA	ⅤA	ⅥA	ⅦA	0
H_2 分子晶体							He 分子晶体
Li 金属晶体	Be 金属晶体	B 近原子晶体	C 金刚石 原子晶体 石墨 层状晶体	N_2 分子晶体	O_2 分子晶体	F_2 分子晶体	Ne 分子晶体
Na 金属晶体	Mg 金属晶体	Al 金属晶体	Si 原子晶体	P_4 白磷 分子晶体 黑磷 P_x 层状晶体	S_8 斜方硫 单斜硫 分子晶体 弹性硫 S_x 链状晶体	Cl_2 分子晶体	Ar 分子晶体

续表

ⅠA	ⅡA	ⅢA	ⅣA	ⅤA	ⅥA	ⅦA	0
K 金属晶体	Ca 金属晶体	Ga 金属晶体	Ge 原子晶体	As_4 黄砷 分子晶体 灰砷 As_x 层状晶体	Se_8 红硒 分子晶体 灰硒 Se_x 链状晶体	Br_2 分子晶体	Kr 分子晶体
Rb 金属晶体	Sr 金属晶体	In 金属晶体	Sn 灰硒 原子晶体 白硒 金属晶体	Sb_4 黑锑 分子晶体 灰锑 Sb_x 层状晶体	Te 灰碲 链状晶体	I_2 分子晶体	Xe 分子晶体
Cs 金属晶体	Ba 金属晶体	Tl 金属晶体	Pb 金属晶体	Bi 层状晶体 （近于金属晶体）	Po 金属晶体	At	Rn 分子晶体

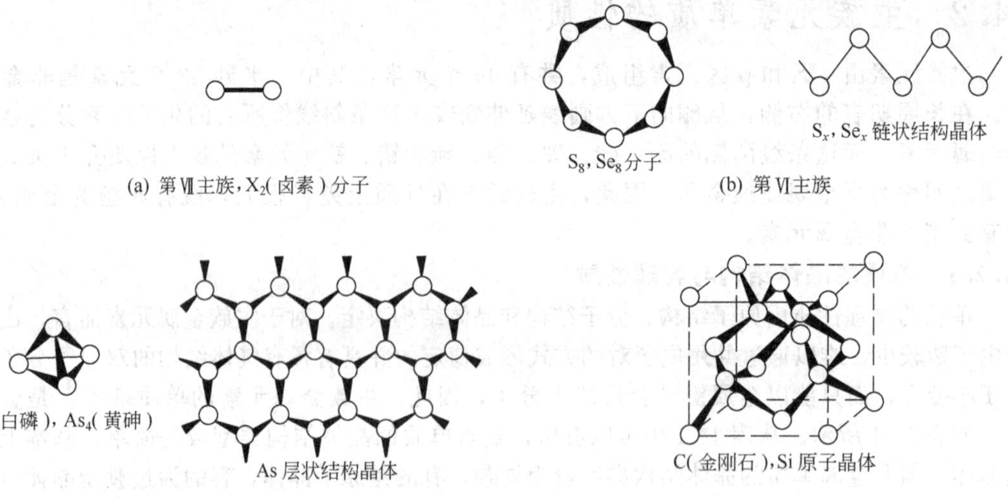

(a) 第Ⅶ主族，X_2(卤素)分子

S_8，Se_8分子　S_x，Se_x链状结构晶体

(b) 第Ⅵ主族

P_4(白磷)，As_4(黄砷)　As层状结构晶体

(c) 第Ⅴ主族

C(金刚石)，Si原子晶体

(d) 第Ⅳ主族

图 14-2　一些非金属单质的分子或晶体结构示意图

仔细分析非金属单质结构，可以发现某元素在单质分子中的共价（单）键数与该元素在周期表中的族数（N）有关，即单质中的共价（单）键数等于 $8-N$，氢元素的则为 $2-N$。稀有气体的共价键数为 $8-8=0$，其结构单元为单原子分子，这些单原子分子借范德华力形成分子晶体。第ⅦA族的卤素原子的共价键数为 $8-7=1$，以共价单键形成双原子分子，然后以范德华力形成分子晶体。第ⅣA族原子的共价键数为 $8-4=4$，原子通过 sp^3 杂化轨道形成的共价单键而结合成巨大分子，所以，碳族元素的单质较多的是形成原子晶体。总之，非金属元素的单质结构大致可以分为三类，第一类是小分子物质，如单原子的稀有气体和双原子分子如卤素 X_2、O_2、N_2、H_2 等，在通常情况下它们是气体，其固体为分子晶体。第二类为多原子分子，如 P_4、S_8、As_4 等，在通常情况下是固体，为分子晶体。第三类为巨型分子，例如金刚石、晶体硅和硼等均为原子晶体，这一类也包括无限的“链状分子”（如Te）和无限的“层状分子”（如石墨），但是它们的晶型属于过渡型晶体。

总地看来，在周期表中，同一周期元素的单质，从左到右，一般由典型的金属晶体经过原子晶体最后过渡到分子晶体。同一族元素的单质则通常是由原子晶体或分子晶体过渡到金属晶体。不同类型的晶体结构，导致主族元素单质的物理性质有很大的区别，尤其单质的熔点、沸点、密度、硬度等与单质的晶体结构有很大的关系。除此以外，晶格结点上的微粒的种类不同，对单质的物理性质也有较大的影响。在周期表中，同一周期元素单质的熔点、沸点、硬度、密度等物理性质都是随着有效核电荷的增加、价电子数的增加而增大。当到达周期表的中部时，熔点、沸点、硬度、密度达到最大值，其后随着有效核电荷和价电子数的增加而降低，这种变化规律与单质的晶体结构的变化规律有很大的关系。例如，第三周期最左边的三个元素钠、镁、铝都是典型的金属晶体，随着这三种元素的原子半径逐渐减小和有效核电荷及价电子数的逐渐增加，三种金属晶体的结点上微粒间的作用力将逐渐增加，因而单质的熔点、沸点、硬度、密度等也逐渐增大，非金属元素硅，其单质以 sp^3 杂化轨道相结合形成具有金刚石结构的原子晶体，整个晶体以共价键结合，晶格较牢固，使得硅在这一周期中具有最高的熔点、沸点、硬度和密度。但随后的元素原子以共价键结合形成原子晶体的可能性减小，只能以共价键形成多原子小分子或双原子分子，然后以分子间力结合成分子晶体，自硅到磷（以及其后的硫、氯、氩），由于单质的晶体结构从原子晶体变到分子晶体，晶体中粒子间的作用力变小，单质的熔点、沸点、硬度和密度急剧降低。

金属单质都是电和热的良导体，而绝大多数的非金属单质是电和热的不良导体，位于周期表 p 区对角线附近的单质元素具有半导体性质；在主族元素中，导电性最强的是金属铝。而在所有的元素中，导电性最好的是银，其次是铜。金属的导电性随着温度的降低而增加。当温度接近绝对零度时，许多金属的电阻会变为零，成为超导体。例如，铅在 7.19K，钒在 5.03K 时产生超导电性。

有些金属不仅在电场的作用下可以导电，而且在光照射下也能导电。当金属的第一电离能很小时，光照就可以使电子从金属的表面逸出而产生电流，这种现象称为光电效应。钾、铷、铯等金属具有这种特性，因而它们常用作光电管的材料。

硼、硅、锗、锡、砷、硒、碲等元素的单质具有半导体的性质。半导体的导电能力介于导体和绝缘体之间。与导体不同，半导体的导电能力随着温度的升高或受光照射而变大。这是由于满带中的电子在加热或光照的条件下获得能量，跃迁到能量较高的空带，使空带有了电子而成为导带。温度越高，导带中的电子密度越大，半导体的电导率也越大。

绝缘体与半导体的区别也不是绝对的。绝缘体在通常的情况下不导电，但是在高温或高电压下，绝缘体也可以变为导体。零族元素单质（稀有气体）在高电压下，由于原子中电子被激发能发出各种光，并导电。在不导电的氧化物中掺入一些杂质元素，也可以使氧化物变为半导体。

14.2.2　单质的化学性质

单质的化学性质通常表现为氧化还原性。金属单质的突出特性是易失去电子而表现为还原性，而非金属单质，除了容易得到电子表现为氧化性外，有些还具有一定的还原性。下面通过单质与氧（空气）、水、酸、碱的作用，简单说明单质氧化还原性的一般规律。

14.2.2.1　金属单质的还原性

s 区金属单质均为活泼的金属，它们都能与氧反应生成相应的氧化物，s 区金属与氧结合能力的变化规律与金属性的变化规律一致，金属性最强的铯和铷能在空气中自燃，钾、钠在空气中的氧化速率也比较快，而锂的氧化速率相对较慢。与同周期碱金属元素相比，碱土金属在空气中的氧化速率较慢。s 区金属在空气中燃烧除了能生成正常的氧化物（Li_2O、BeO、MgO 等）外，还可以生成过氧化物：

$$2Na+O_2 = Na_2O_2$$

钾、铷、铯、钙、锶、钡在过量的氧气中还能生成超氧化物：

$$K+O_2 = KO_2$$

p 区金属的还原性一般远比 s 区金属小，在常温下锡、铅、锑、铋等与空气不发生反应，只有在加热时才能与氧作用，生成相应的氧化物。铝较活泼，易与氧结合，但铝能在空气中迅速生成一层致密的氧化物保护膜，阻止铝进一步与氧反应，因此铝在空气中很稳定。

s区金属，除了铍和镁由于表面生成一层致密的氧化物保护膜，不能与水反应外，其它的均能与水反应，放出氢气：

$$2K+2H_2O = 2KOH+H_2$$

$$Ca+2H_2O = Ca(OH)_2+H_2$$

s区金属都能够置换出酸中的氢。

p区金属在常温下一般不与纯水作用，除铋、锑外，都能从稀 HCl 和稀 H_2SO_4 中置换出氢气。

主族大多数金属均不能与碱反应，只有两性金属元素铝、铍、锗、锡等既能与酸反应，又能与碱反应：

$$2Al+6HCl = 2AlCl_3+3H_2$$

$$2Al+2NaOH+2H_2O = 2NaAlO_2+3H_2$$

14.2.2.2 非金属单质的氧化还原性

F_2、Cl_2、Br_2 和 O_2 等是非常活泼的非金属单质，具有很强的氧化性，可以与绝大多数金属发生反应，生成相应的卤化物和氧化物，同时也可以与很多非金属反应，使这些非金属表现出一定的还原性。非金属与氧作用的差别较大，除了白磷在空气中会自燃外，硫、红磷、碳、硅、硼等在常温下均不与氧反应，只有在加热时才能与氧结合，生成相应的氧化物 SO_2、P_2O_5、CO_2、SiO_2、B_2O_3 等。高温时，氢气与氧气反应生成 H_2O，并放出大量的热，可用于焊接钢板、铝板以及不含炭的合金等。N_2 和稀有气体的化学性质较为惰性，在通常的条件下，不与氧气反应，它们可以作为防止单质或化合物与氧气反应的保护性气体。

N_2、P_4、S_8、O_2 等在高温下不与 H_2O 反应，硼、碳、硅等虽在较低温度下不与 H_2O 反应，但是在较高温度下，可以发生反应：

$$C+H_2O = CO+H_2$$

$$Si+3H_2O = H_2SiO_3+2H_2$$

卤素在常温下，能够与 H_2O 反应：

$$2F_2+2H_2O = 4HF+O_2$$

Cl_2、Br_2、I_2 与 H_2O 发生歧化反应，反应的趋势和程度依次减小：

$$X_2+H_2O = HX+HXO \quad (X=Cl、Br、I)$$

非金属单质一般不与稀 HCl 和稀 H_2SO_4 作用，但是硫、磷、碳、硼等单质能被浓热的 HNO_3 或 H_2SO_4 氧化成相应的氧化物或含氧酸：

$$C+2H_2SO_4(热、浓) = CO_2+2SO_2+2H_2O$$

$$S+2HNO_3(浓) = H_2SO_4+2NO$$

不少的非金属单质能与浓的强碱作用。

$$Cl_2+2NaOH = NaCl+NaClO+H_2O$$

$$3Cl_2+6NaOH = 5NaCl+NaClO_3+3H_2O$$

$$3S+6NaOH = 2Na_2S+Na_2SO_3+3H_2O$$

$$2P_4+3NaOH+9H_2O = 3NaH_2PO_4+5PH_3$$

$$Si+2NaOH+H_2O = Na_2SiO_3+2H_2$$

$$2B(无定形)+2NaOH+2H_2O = 2NaBO_2+3H_2$$

C、N_2、O_2、F_2 无上述反应。

14.2.3　稀有气体

氦（He）、氖（Ne）、氩（Ar）、氪（Kr）、氙（Xe）、氡（Rn）这六个元素位于周期表的最右边一列，统称为稀有气体。

1868 年，法国天文学家简森（P. C. Janssen）和英国天文学家洛克耶尔（J. N. Lockyer）在观察日全食时，在太阳光谱中看到一条橙黄色的谱线，而当时地球上所有已发现元素的光谱中，没有这条谱线，他们发现了一个新元素，取名为氦（原意为太阳）。1894 年，英国物理学家瑞利（J. M. S. Rayleigh）和雷姆赛（W. Ramsay）在比较从空气和从含氮化合物中制得的氮气的密度时，发现其密度值存在着微小的差异，他们认为这种差别可能是由于从空气中制得的氮中含有尚未被发现的比氮重的气体。于是他们精确的分离空气，得到了不活泼的元素——氩（原意为懒惰）。随后他们又从空气中发现了与氩的性质相似的三种元素：氖、氪、氙。1900 年，道恩（Dorn）从镭的蜕变产物中发现了氡，它不存在于空气中，是一个放射性元素。这样，氦、氖、氩、氪、氙、氡构成了周期系中的氦族元素，稀有气体。

除了氦原子的电子层只有 2 个电子外，其余稀有气体原子的最外电子层都有 8 个电子。它们都具有稳定的电子层结构。其化学性质非常不活泼，不与其它元素化合，它们自身也难以结合形成双原子分子，因此，它们以单原子分子的形式存在。

氖、氩、氪、氙几乎全部是依靠空气的液化、精馏而制取，氦主要从含氦的天然气中获得。每 $1000m^3$ 干燥的空气中含氩 $93.40dm^3$、氖 $18.18dm^3$、氦 $5.24dm^3$、氪 $1.14dm^3$ 和氙 $0.086dm^3$。氡是一种放射性元素，其半衰期为 3.823 天。它是镭的裂变产物，镭是提取氡的唯一原料。

表 14-2 列出了稀有气体的一些物理性质。在稀有气体分子间存在着微弱的色散力，并且分子间的色散力随着原子序数的增加而增加，稀有气体的熔点、沸点和临界温度都很低，并且随着原子序数的增加而呈有规律地变化。氦的沸点是所有物质中最低的，液态氦是最冷的一种液体，借助于液态氦，可以使温度达到 0.001K。在科学上常利用液态氦来研究低温时物质的行为。稀有气体都难以液化，但液化后，却非常容易固化。

表 14-2　稀有气体的一些物理性质

性　质	氦 He①	氖 Ne	氩 Ar	氪 Kr	氙 Xe	氡 Rn
原子序数	2	10	18	36	54	86
外层电子构型	$1s^2$	$2s^22p^6$	$3s^23p^6$	$4s^24p^6$	$5s^25p^6$	$6s^26p^6$
相对原子质量	4.0026	20.1797	39.948	83.80	131.29	(222)
范德华半径/pm	140	154	188	202	216	—
第一离解能/$kJ\cdot mol^{-1}$	2372	2081	1521	1351	1170	1037
正常沸点/K	4.215	27.07	87.27	119.8	165.05	211.15
ΔH_m(蒸发) /$kJ\cdot mol^{-1}$	0.09	1.8	6.3	9.7	13.7	18.0
气-液-固三相点/K	无	24.55	83.76	115.95	161.30	202.1
临界温度/K	5.25	44.5	150.85	209.35	289.74	378.1
溶解度②/$cm^3\cdot kg^{-1}(H_2O)$	8.61	10.5	33.6	59.4	108.1	230
封入放电管内放电时的颜色	黄	红	红或蓝	黄-绿色	蓝-绿色	—

① 氦的熔点1.00K（压力为 25.05×101.325kPa）。

② 指稀有气体的分压值为 101.325kPa，293K 时的值。

稀有气体在光学、冶炼、医学、原子反应堆及飞船等领域得到了广泛的应用。氦是除氢外最轻的气体，可以用来代替氢气充气球、飞船等；氦气与氧气混合配制成“人造空气”供给潜水员在深水工作时呼吸之用，又常用于医治支气管气喘和窒息等疾病；在原子能反应堆中，氦是一种理想的冷却剂。氖在电场下激发能产生美丽的红光，可用于霓虹灯和其它一些信号装置中。氩在工业上是一种防护气体，用在电焊接和不锈钢的生产中防止金属氧化，用作电灯泡的填充气体时，可延长灯泡的寿命和增加亮度。氪和氙都具有几乎是连续的光谱，适宜作电光源的充填气体，例如高压长弧灯（俗称“人造小太阳”）是利用氙在电场的激发下能发出强烈白光的性质。

长期以来，稀有气体被认为不与任何物质作用，化合价为零，过去把它们称为惰性气体。1962年，在加拿大工作的英国科学家巴特列（N. Bartlett）制备出了氙的化合物，证明惰性气体并不惰性，因此现在把惰性气体改称为稀有气体。

巴特列发现，六氟化铂 PtF_6 是一个很强的氧化剂，可以与氧化合生成 $O_2^+[PtF_6]^-$ 晶体。他考虑到氧分子的第一电离能（1175.7kJ·mol^{-1}）和氙的第一电离能（1170.4kJ·mol^{-1}）十分相近，因此推测氙也有可能被氧化。从晶格能的计算也预见到这个反应有可能发生。当他将 PtF_6 蒸气与过量的氙在室温下混合，结果很容易地得到了第一个稀有气体的化合物 $Xe^+[PtF_6]^-$。此化合物是红色晶体。巴特列的发现轰动了整个化学界，从此，稀有气体化学开始得到了迅速地发展。表14-3列出了氙的一些重要化合物。

表14-3 氙的一些重要化合物

氧化态	Ⅱ	Ⅳ	Ⅵ	Ⅷ
化合物	XeF_2	XeF_4 $XeOF_2$	XeF_6 Na_2XeF_8 $XeOF_4$ XeO_2F_2 XeO_3 $CsXeF_7$	XeO_4 $Na_4XeO_8·8H_2O$ $Ba_2XeO_6·15H_2O$

14.3 过渡元素概论

周期表中的第ⅢB族至第ⅡB族共10个竖行、三十一个元素（不包括镧以外的镧系元素和锕以外的锕系元素以及104～109号的人造元素）称为过渡元素，它们位于周期表的中部。这些过渡元素按周期分为三个系列，即位于第四周期的第一过渡系列，第五周期的第二过渡系列和第六周期的第三过渡系列。过渡元素在原子结构上的共同特征是随着核电荷增加，电子依次填充在次外层的d轨道，而最外层仅有1～2个电子，其价电子层结构的通式为$(n-1)d^x ns^{1\sim2}$（$x=1\sim10$）。除ⅠB、ⅡB族元素的$(n-1)$d轨道充满电子外，其它过渡元素都具有未充满电子的d轨道，由于过渡元素具有相似的电子层结构，它们具有许多共同的性质，如：

① 它们都是金属，硬度较大，熔点、沸点较高，导热、导电性能好，易形成合金。

② 除少数例外，它们都有多种氧化态，例如Mn的氧化态可以从−3到7。

③ 除ⅠB、ⅡB族的某些离子外，它们的水合离子常呈现一定的颜色。

④ 它们易形成配位化合物。

14.3.1 过渡元素的通性

过渡元素都是金属，都具有金属所特有的密堆积结构，表现出典型的金属性，如过渡元素单质一般都具有银白色光泽，具有良好的延展性、机械加工性和导热、导电性，在冶金或许多工业部门中有着广泛的应用。过渡元素与碱金属、碱土金属相比较，在物理性质上存在着较大的区别，在过渡金属晶体中除外层s电子参与成键外，还有部分d电子参与金属键的形成，因此，过渡金属单质一般具有较大的密度和硬度，熔、沸点较高，并且在同一周期内，从左到右，未成对价电子数增多，到ⅥB族，可以提供6个未成对电子参与金属键的形成，使金属核间距缩短，相互间的作用力大，结果形成较强的金属键，所以在各过渡系列中，铬族元素的单质具有最高的熔点、最大的硬度。例如铬的硬度仅次于金刚石。

各周期从左到右，随着原子序数的增加，过渡元素的原子半径缓慢减小，到铜族元素前后又出现原子半径增大的现象，产生这种变化的原因是，d 轨道未充满，对核电荷的屏蔽较差，因而从左到右有效核电荷依次增加，半径依次减小。当 $(n-1)$d 轨道完全充满后，d^{10} 结构有较大的屏蔽作用，导致有效核电荷减小，原子半径随之增加。随着原子半径的变化，过渡金属单质的密度也发生类似的变化。

具有较多的氧化态是过渡元素显著特征之一（表 14-4）。由于 $(n-1)$d 轨道与 ns 轨道的能量相近，除了 ns 电子参加成键外，$(n-1)$d 电子也可以部分或全部参加成键，所以过渡金属都有多种氧化态。一般是从＋2 变到与族数相同的最高氧化态。在同一周期，过渡元素氧化态的变化具有一定的规律性，从左到右，随着价电子数的增加，氧化态先是逐渐升高，当 $(n-1)$d 电子数超过 5 时，氧化态又逐渐降低。在同一族中，第一过渡系易形成低氧化态化合物，而第二、三过渡系元素则趋向于形成高氧化态化合物，即从上到下，高氧化态化合物趋于稳定。这一点与 p 区ⅢA、ⅣA、ⅤA 族元素氧化态的变化趋势正好相反。

表 14-4　第一过渡系元素的氧化值①

元　素	价电子构型	氧化数					
Sc	$3d^14s^2$	$\underline{+3}$					
Ti	$3d^24s^2$	+2	+3	$\underline{+4}$			
V	$3d^34s^2$	+2	$\underline{+3}$	+4	$\underline{+5}$		
Cr	$3d^54s^1$	+2	$\underline{+3}$	$\underline{+6}$			
Mn	$3d^54s^2$	$\underline{+2}$	+3	$\underline{+4}$	+5	+6	$\underline{+7}$
Fe②	$3d^64s^2$	$\underline{+2}$	$\underline{+3}$	(+6)			
Co	$3d^74s^2$	$\underline{+2}$	+3				
Ni	$3d^84s^2$	$\underline{+2}$	(+3)				
Cu	$3d^{10}4s^1$	+1	$\underline{+2}$				
Zn	$3d^{10}4s^2$	$\underline{+2}$					

① 表中画短线的是稳定氧化物，加括号者是不稳定的。

② 据 1987 年 12 月报道，前苏联科学工作者合成了 8 价铁的化合物。

过渡元素单质的活泼性具有较大的差别，其活泼性可以根据标准电极电势判断。

从表 14-5 中可以看到，第一过渡系金属除铜以外，其标准电极电势值均为负值，它们都可以从非氧化性酸中置换出氢气。在同一周期，从左到右，其标准电极电势值逐渐增大，其金属活泼性逐渐减弱，但由于原子半径的变化比较缓慢，因而它们在化学性质上的变化也比较缓慢，使它们的化学性质彼此相差并不大。铜的标准电极电势在第一过渡元素中是最大的，这与铜的电子层构型有关。铜的价电子层结构为 $3d^{10}4s^1$，电离 2 个电子使稳定的 $3d^{10}$ 全充满构型变为 $3d^9$ 成为＋2 离子时需要较大的能量。

表 14-5　第一过渡系金属的标准电极电势

元　素	Sc	Ti	V	Cr	Mn	Fe	Co	Ni	Cu	Zn
$E_A^\ominus(M^{2+}/M)/V$	—	−1.63	−1.2	−0.91	−1.03	−0.41	−0.28	−0.23	+0.34	−0.76

在同一族中，从上到下，金属活泼性减小（ⅢB 族除外），因此，第五、六周期的金属都不活泼，只能与氧化性酸在加热情况下才能发生反应。例如，钼只与热硝酸或热的浓硫酸反应，而铌、锆、钽、锇和铱与王水都很难发生反应，这是由于在同一族中，从上到下，原子半径增加不大，而有效核电荷却增加较多，核对电子的吸引力增强，特别是第三过渡系受镧系收缩的影响，其原子半径几乎等于第二过渡系的同族元素的原子半径，所以其化学性质显得更不活泼。

过渡元素的离子有未充满的 $(n-1)$d 轨道，以及能量相近 ns、np 空轨道，这些轨道可以接受配位体的孤对电子，形成配位键。同时，由于过渡元素的离子半径较小，核电荷较大，对配位体具有较强的吸引力，过渡元素的离子或原子具有较强的形成配合物的倾向。

过渡元素的水合离子都具有颜色，这也与过渡元素离子的 d 轨道未充满电子有关。在可见光的照射下，水合离子发生 d-d 跃迁，而导致其具有颜色。由于晶体场分裂能不同，产生 d-d 跃迁所需的能量也不同，亦即吸收可见光的波长不同，因而显示不同的颜色。

过渡元素的物理、化学性质决定了它们是现代工程材料中最重要的金属。含有少量铬和锰的合金钢，具有抗张强度高，硬度大，耐腐蚀的特点；金属钛质轻，耐腐蚀，用于航空、造船工业，此外过渡元素还有一些是现代电气真空技术上不可缺少的材料，例如，钽能发射电子，在电气真空技术中用作电极材料，钛、锆、铌、钽等吸收氧气、氮气和二氧化碳的能力很强，常用作电气真空工业中的消气剂。

14.3.2 重要的过渡元素

14.3.2.1 钛及其化合物

钛（Titanium，Ti）是第一过渡系ⅣB族元素，1791 年由英国人格雷戈尔（R. W. Gregor）在钛铁矿中发现。由于钛在自然界中的分布比较分散、冶炼比较困难而被称为稀有元素，但是，钛在地壳中的丰度并不小，是仅次于铁的最丰富的过渡元素。钛的矿物主要是钛铁矿和金红石矿（TiO_2）。我国四川地区有极丰富的钛铁矿资源。世界上已探明的钛储量中约有一半分布在我国。

钛是银白色金属，外观似钢。具有六方紧密堆积晶格。钛具有较高的熔点、较小的密度、很强的机械强度和耐腐蚀等特点，广泛应用于飞机制造业、化学工业、国防工业上。钛或者钛合金的密度与人的骨骼相近，与体内有机物不起化学反应，且亲和力强，被称为“生命金属”。

钛在科技中应用很广，但直到 20 世纪 40 年代末，钛才开始在工业上得到应用，钛的应用之所以如此缓慢，是由于单质钛的制取在很长时间内存在困难。目前，钛的制取是先将钛铁矿制备成 TiO_2，然后，将 TiO_2 在氯气流中与碳一起加热，使其转化成液态 $TiCl_4$，再用蒸馏分离法将 $TiCl_4$ 提纯；最后在氩气气氛中于镀钼的铁坩埚内用金属镁将 $TiCl_4$ 还原为金属钛：

$$TiCl_4 + 2Mg = Ti + 2MgCl_2$$

钛的价电子层结构为 $3d^2 4s^2$，在形成化合物时，主要的氧化数为 +4，也有 +3 氧化态的化合物。钛的重要化合物是 TiO_2、$TiCl_4$、$TiOSO_4$（硫酸氧钛）和偏钛酸盐如 $FeTiO_3$ 等。

TiO_2 俗称钛白，在自然界中有三种晶型：金红石型、锐钛型和板钛矿型。钛白是钛工业中产量最大的精细化工产品。世界钛矿的 90% 以上用于生产钛白，钛白是迄今为止公认的最好的白色颜料，具有折射率高、着色力强、遮盖力大、特别是化学性能稳定、耐化学腐蚀性及抗紫外线作用等良好性能，因而广泛用于油漆、造纸、塑料、橡胶、陶瓷和日用化工领域。

纯的二氧化钛为白色难熔固体，受热变黄，冷却又变白，难溶于水，可溶于热的浓硫酸：

$$TiO_2 + H_2SO_4 = TiOSO_4 + H_2O$$

从溶液中析出的 $TiOSO_4$ 是一种白色粉末。在 $TiOSO_4 \cdot H_2O$ 晶体中不存在单个的 TiO^{2+}，而是钛原子间通过氧原子而结合起来的链状聚合物：

```
         Ti          Ti
      /     \      /    \
\   O         O   O       O   O
  \   /         \   /        \
   Ti            Ti
```

在晶体中这些长链彼此之间由 SO_4^{2-} 连接起来。

$TiCl_4$ 是以共价键为主的化合物，在常温下是无色液体，有刺激性气味，遇水或潮湿的空气极易与水发生酸碱反应：

$$TiCl_4 + 3H_2O \xlongequal{} H_2TiO_3 + 4HCl$$

根据这一性质，$TiCl_4$ 常用作烟雾剂、空中广告等。

在酸性介质中，Ti(Ⅳ) 化合物与 H_2O_2 反应生成比较稳定的橘黄色配合物：

$$TiO^{2+} + H_2O_2 \xlongequal{} [TiO(H_2O_2)]^{2+}$$

利用此反应可进行钛的比色分析。加入氨水则生成黄色的过氧钛酸 H_4TiO_5 沉淀，这是定性检验钛的灵敏方法。

$TiCl_4$ 是钛的重要化合物，用途广泛，它不仅是生产海绵钛、钛白的重要中间产品，而且是制备有机钛化合物、含钛电子陶瓷、低压法聚丙烯的催化剂、石油开采压裂液、发烟剂的主要原料。

在酸性介质中，Ti(Ⅳ) 可以被金属铝还原为紫红色的 Ti^{3+}：

$$3TiO^{2+} + 6H^+ + Al \xlongequal{} 3Ti^{3+} + Al^{3+} + 3H_2O$$

Ti^{3+} 具有较强的还原性，可以将 Fe^{3+} 还原为 Fe^{2+}：

$$Ti^{3+} + Fe^{3+} + H_2O \xlongequal{} TiO^{2+} + Fe^{2+} + 2H^+$$

这个反应是定量测定钛的基础。

14.3.2.2　钒及其化合物

钒是ⅤB 族的第一个元素，由于钒的化合物呈现出丰富多彩的颜色，故以瑞典美丽女神凡纳斯（Vanadis）命名为 Vanadium，称之为钒。钒在自然界中的分布非常分散，制备困难，因此，将钒归于稀有金属。钒在自然界中的矿物有 60 多种，但是具有工业开采价值的很少，主要有绿硫钒矿（V_2S_5）、铅钒矿（$Pb_5[VO_4]_3Cl$）、钒云母（$KV_2[AlSi_3O_{10}](OH)_2$）和钒酸钾铀矿（$K_2[UO_2]_2[VO_4]_2 \cdot 3H_2O$）等。

金属钒外观呈银灰色，硬度比钢大，熔点高、塑性好、有延展性、具有较高的抗冲击性能、良好的焊接性和传热性以及耐腐蚀性能。钒主要用于制造钒钢，当钒在钒钢中的含量达到 0.1%～0.2%时，可使钢质紧密、提高钢的韧性、弹性、强度、耐腐性和抗冲击性。因此，钒钢广泛用作结构钢、弹簧钢、工具钢、装甲钢和钢轨等。

钒的价层电子构型为 $3d^34s^2$，能够形成氧化数为＋2、＋3、＋4、＋5 的化合物，最高氧化数为＋5，其主要化合物有五氧化二钒 V_2O_5、偏钒酸盐 MVO_3、正钒酸盐 M_3VO_4 和多钒酸盐。

V_2O_5 是钒的重要化合物之一，是制备其它钒化合物的主要原料，它是橙黄色至砖红色固体，可通过偏钒酸铵来制备：

$$2NH_4VO_3 \xlongequal{\triangle} V_2O_5 + 2NH_3 + H_2O$$

V_2O_5 是以酸性为主的两性氧化物，既可溶于强碱生成钒酸盐，又可溶于强酸。

$$V_2O_5 + 2NaOH \xlongequal{} 2NaVO_3 + H_2O$$

$$V_2O_5 + H_2SO_4 \xlongequal{} (VO_2)_2SO_4 + H_2O$$

V_2O_5 具有一定的氧化性，可以与浓盐酸反应，生成钒（Ⅳ）盐和氯气：

$$V_2O_5 + 6HCl \xlongequal{} 2VOCl_2 + Cl_2 + 3H_2O$$

在酸性介质中，V_2O_5 和钒酸盐可以与 H_2O_2 反应，生成红色的过氧化物 $[V(O_2)]^{3+}$，这个反应可以定量的测定钒。

钒形成简单阳离子的倾向随着氧化态的升高而减小，不同氧化态的钒离子在水溶液中的形式呈多样性。

钒酸盐的形式是多种多样的，简单的正钒酸根（VO_4^{3-}）只存在于强碱性溶液(pH≥13)中，为四面体结构。向正钒酸盐溶液中逐渐加入酸，随着pH值的逐渐减小，单钒酸根逐渐脱水缩合为多钒酸根。pH值越小，缩合程度越大，颜色由淡黄变为深红色。当pH值约为2时，有砖红色V_2O_5水合物析出；当pH值约为1时，上述水合物溶解，形成淡黄色的VO_2^+。钒酸盐的形式与pH值关系如表14-6所示。钒酸根离子在溶液中的缩合平衡，除了与pH值有关外，还与钒酸根离子的浓度有关。

表14-6　钒酸盐的形式与pH值的关系

pH值	≥13	≥8.4	8～3	～2.2	～2	<1
主要离子	VO_4^{3-}	$V_2O_7^{4-}$	$V_3O_9^{3-}$	$V_{10}O_{28}^{6-}$	$V_2O_5 \cdot xH_2O$	VO_2^+
V∶O	1∶4	1∶3.5	1∶3	1∶2.8	1∶2.5	1∶2

14.3.2.3　**铬及其化合物**

铬是第四周期ⅥB族元素。铬在自然界主要以铬铁矿$Fe(CrO_2)_2$形式存在。由于它的化合物呈现多种颜色而命名为chromium［由希腊文颜色（chroma）而来］。

铬是银白色金属，由于其原子价电子层中有六个电子可以参与形成金属键，且铬的原子半径也较小，因此，铬的熔点、沸点在第四周期中最高，在所有的金属中，铬具有最大的硬度。

常温下，铬的表面因形成致密的氧化膜而降低了活性，在空气中或水中都相当稳定。但是，失去保护膜的铬能够缓慢的溶解于稀盐酸或稀硫酸中。在高温下，铬能与卤素、硫、氮、碳等直接化合。

铬具有良好的光泽，抗蚀性强，常用于金属表面的镀层和冶炼合金。铬镀层的最大优点是耐磨、耐腐蚀又极光亮；在钢中添加铬，可增强钢的耐磨性、耐热性和耐腐蚀性能，含铬18%的钢称为不锈钢。

铬的价层电子构型为$3d^54s^1$，6个价电子可以全部或部分的参加成键，故铬可以呈现+2、+3、+4、+5、+6等多种氧化态，其中以+3和+6最为常见。虽然存在+4、+5氧化态的化合物，但不稳定，易发生歧化反应。Cr(0)存在于$Cr(CO)_6$和$Cr(C_6H_6)_2$中。

将浓H_2SO_4加入$K_2Cr_2O_7$溶液中，有暗红色的CrO_3晶体析出：

$$K_2Cr_2O_7 + H_2SO_4(浓) \longrightarrow K_2SO_4 + 2CrO_3(s) + H_2O$$

CrO_3有毒，其熔点为198℃，对热不稳定，加热超过熔点就逐步分解为Cr_2O_3和O_2，将CrO_3溶于水生成H_2CrO_4，故将其称为“铬酐”。CrO_3是强氧化剂，有机物如酒精与它接触会起火，在使用时应注意安全。

CrO_3的水溶液呈黄色，显强酸性。H_2CrO_4只能存在于水溶液中，不能析出游离态的H_2CrO_4。常见的铬酸盐是K_2CrO_4和Na_2CrO_4，它们都是黄色的晶体物质。当黄色铬酸盐溶液被酸化时，转变为橘红色的重铬酸盐：

$$2CrO_4^{2-} + 2H^+ \longrightarrow Cr_2O_7^{2-} + H_2O \qquad K^{\ominus} = 1.2 \times 10^{14}$$

从平衡常数关系式知：

$$\frac{c(Cr_2O_7^{2-})}{c(CrO_4^{2-})} = 1.2 \times 10^{14} \times \frac{[c(H^+)]^2}{(c^{\ominus})^2}$$

溶液中$Cr_2O_7^{2-}$和CrO_4^{2-}浓度的比值与pH值有关，在酸性介质中，溶液中$Cr_2O_7^{2-}$占优势，在碱性介质中CrO_4^{2-}占优势。

在$Cr_2O_7^{2-}$或CrO_4^{2-}溶液中加入某些金属离子的易溶盐如Ag^+、Ba^{2+}、Pb^{2+}，由于这

些离子的铬酸盐比重铬酸盐更难溶于水，可使上述平衡向生成铬酸盐的方向移动：

$$Cr_2O_7^{2-}+H_2O+2Ba^{2+} \xlongequal{} 2H^{+}+2BaCrO_4\downarrow(黄色)$$

$$Cr_2O_7^{2-}+H_2O+2Pb^{2+} \xlongequal{} 2H^{+}+2PbCrO_4\downarrow(黄色)$$

$$Cr_2O_7^{2-}+H_2O+4Ag^{+} \xlongequal{} 2H^{+}+2Ag_2CrO_4\downarrow(砖红色)$$

重铬酸钾和重铬酸钠是 Cr(Ⅵ) 的最重要的化合物。它们都是橙红色晶体。$K_2Cr_2O_7$ 不含结晶水，可以用重结晶的方法得到极纯的盐，常用作基准的氧化试剂。$Cr_2O_7^{2-}$ 在酸性溶液中是强氧化剂：

$$Cr_2O_7^{2-}+14H^{+}+6e^{-} \xlongequal{} 7H_2O+2Cr^{3+} \qquad E^{\ominus}=+1.232V$$

$Cr_2O_7^{2-}$ 可以将 Fe^{2+} 氧化为 Fe^{3+}，是重铬酸钾法定量测定铁的基本反应：

$$Cr_2O_7^{2-}+6Fe^{2+}+14H^{+} \xlongequal{} 2Cr^{3+}+6Fe^{3+}+7H_2O$$

在重铬酸盐的酸性溶液中加入少量的乙醚和过氧化氢溶液，并摇荡，生成溶于乙醚的过氧化铬 $CrO(O_2)_2$，乙醚层呈现蓝色：

$$Cr_2O_7^{2-}+4H_2O_2+2H^{+} \xlongequal{} 2CrO(O_2)_2+5H_2O$$

这是检验 Cr(Ⅵ) 和过氧化氢的一个灵敏反应。

向 Cr^{3+} 溶液中加入适量的 NaOH 溶液，得到绿色的 $Cr(OH)_3$ 沉淀：

$$Cr^{3+}+3OH^{-} \xlongequal{} Cr(OH)_3\downarrow$$

$Cr(OH)_3$ 是两性氢氧化物，既可以溶于酸生成铬盐，又可以溶于碱生成亮绿色的亚铬酸盐 CrO_2^{-}。在碱性介质中，CrO_2^{-} 具有较强的还原性，能够被过氧化氢氧化成 CrO_4^{2-}：

$$2CrO_2^{-}+3H_2O_2+2OH^{-} \xlongequal{} 2CrO_4^{2-}+4H_2O$$

但是，在酸性溶液中需要很强的氧化剂，才能将 Cr^{3+} 氧化成 $Cr_2O_7^{2-}$：

$$2Cr^{3+}+3S_2O_8^{2-}+7H_2O \xlongequal{Ag^{+},\triangle} Cr_2O_7^{2-}+6SO_4^{2-}+14H^{+}$$

由于 Cr^{3+} 有空的价轨道，较容易形成配合物。在这些配合物中，e_g 轨道全空，在可见光的照射下极易发生 d-d 跃迁，所以 Cr^{3+} 的配合物大都有颜色。随着配合物中配位体的变化，配合物的颜色也随之发生变化：

$[Cr(H_2O)_6]^{3+}$	$[Cr(NH_3)_2(H_2O)_4]^{3+}$	$[Cr(NH_3)_3(H_2O)_3]^{3+}$
紫	紫红	浅红
$[Cr(NH_3)_4(H_2O)_2]^{3+}$	$[Cr(NH_3)_5H_2O]^{3+}$	$[Cr(NH_3)_6]^{3+}$
橙红	橙黄	黄

铬是生物所必需的微量元素之一，是维持胆固醇代谢，特别是胰岛素参与作用的糖代谢和脂肪代谢过程所必需的元素，铬能激活胰岛素，有利于葡萄糖的转化。如果缺乏铬，葡萄糖就不能被充分利用，导致糖代谢紊乱，血糖升高，最终可能导致糖尿病。随着年龄的增加，人体内铬含量就会减少，这或许是年纪大的人易患糖尿病的一个原因。有人认为青少年近视也与缺铬有关。

14.3.2.4　锰 (Mn)

锰是第四周期ⅦB 族元素，在地壳中的含量是过渡元素中第三丰富的元素，最重要的矿物是软锰矿 $MnO_2 \cdot H_2O$，其次是黑锰矿 Mn_3O_4 和水锰矿。近年来在深海海底发现有一种特殊的锰矿"大洋锰结核"。纯金属锰的应用不多，但它的合金和化合物应用广泛。

锰的物理化学性质比较像铁，是一种活泼金属，在空气中金属锰的表面生成一层氧化物保护膜，粉状锰易被氧化。把金属锰放入水中因其表面生成氢氧化锰，可阻止锰对水的置换作用。锰与强酸反应生成 Mn(Ⅱ) 盐和氢气

$$Mn+2H^{+} \xlongequal{} Mn^{2+}+H_2\uparrow$$

锰与冷、浓 H_2SO_4 的反应很慢。

锰和卤素直接化合生成卤化锰 MX_2，加热时，锰与硫、碳、氮、硅、硼等生成相应的化合物。如

$$3Mn + N_2 \xlongequal{>1200℃} Mn_3N_2$$

但它不能直接与氢气反应。

锰的价电子层构型为 $3d^54s^2$，锰的化学极为丰富多彩，可形成氧化态为＋2、＋3、＋4、＋5、＋6、＋7 的多种化合物，其中较为常见的是 Mn(Ⅱ)、Mn(Ⅳ)、Mn(Ⅵ) 和 Mn(Ⅶ) 四种氧化态。在这些氧化态中，酸性条件下 Mn(Ⅱ) 比较稳定，这和 Mn(Ⅱ) 离子的 d 电子是半充满有关。锰的常见化合物列于表 14-7。

表 14-7 锰的一些常见化合物

氧化态	＋2	＋4	＋6	＋7
氧化物	MnO 灰绿色	MnO_2 棕黑色		Mn_2O_7 红棕色液体
氢氧化物	$Mn(OH)_2$ 白色	$Mn(OH)_4$ 棕色	H_2MnO_4 绿色	$HMnO_4$ 紫红色
主要盐类	$MnCl_2$ 淡红色		K_2MnO_4 绿色	$KMnO_4$ 紫红色
	$MnSO_4$ 淡红色			

Mn(Ⅱ) 是锰的最稳定的氧化态，Mn(Ⅱ) 的强酸盐如卤化锰、硝酸锰、硫酸锰都是易溶盐，而碳酸锰、磷酸锰、硫化锰不溶于水，在酸性溶液中，Mn^{2+} 相当稳定只有强氧化剂如 $NaBiO_3$、$(NH_4)_2S_2O_8$、PbO_2 等才能将 Mn(Ⅱ) 氧化：

$$2Mn^{2+} + 5NaBiO_3 + 14H^+ \xlongequal{\triangle} 2MnO_4^- + 5Bi^{3+} + 5Na^+ + 7H_2O$$

而在碱性溶液中，Mn(Ⅱ) 具有较强的还原能力。在 Mn^{2+} 溶液中，缓慢地加入 NaOH 溶液，生成白色的沉淀：

$$Mn^{2+} + 2OH^- \xlongequal{} Mn(OH)_2 \downarrow$$

生成的氢氧化锰沉淀在空气中不稳定，迅速被空气中的氧所氧化，转变为棕色的 $MnO(OH)_2$ 沉淀。

$$2Mn(OH)_2 + O_2 \xlongequal{} 2MnO(OH)_2 \downarrow$$

Mn^{2+} 的价电子层构型为 $3d^5$，它的大多数配合物是高自旋的，并且呈八面体构型，Mn^{2+} 也有少数四面体型的配合物。

最常见的 Mn(Ⅳ) 化合物是棕黑色的固体 MnO_2。由于 Mn(Ⅳ) 处于中间氧化态，所以Mn(Ⅳ) 既具有氧化性，又具有还原性。MnO_2 可以与浓盐酸反应，生成氯气：

$$MnO_2 + 4HCl(浓) \xlongequal{} MnCl_2 + Cl_2 \uparrow + 2H_2O$$

这是实验室制备氯气的方法。

在碱性溶液中，MnO_2 主要表现为还原性，如果将 MnO_2、KOH、$KClO_3$ 的混合物，加热至熔融，MnO_2 被氧化为 K_2MnO_4 固体：

$$3MnO_2(s) + 6KOH(s) + KClO_3(s) \xlongequal{} 3K_2MnO_4 + KCl + 3H_2O$$

这是从软锰矿制备锰化合物的第一步。

在熔融碱中，MnO_2 被氧气氧化成 K_2MnO_4：

$$2MnO_2 + O_2 + 4KOH \xlongequal{} 2K_2MnO_4 + 2H_2O$$

最重要的 Mn(Ⅵ) 化合物是锰酸钾 K_2MnO_4，它是深绿色晶体，溶于水中呈绿色。锰酸盐只能存在于强碱性溶液中，在酸性和中性溶液中，易发生歧化反应：

$$3K_2MnO_4 + 2H_2O \xlongequal{} 2KMnO_4 + MnO_2 + 4KOH$$

$KMnO_4$ 是 Mn(Ⅶ) 最重要的化合物，是紫黑色晶体，易溶于水，溶液呈高锰酸根离子

的特征紫色。高锰酸根离子在酸性、中性和碱性溶液中均有氧化性，但在不同的介质中，其还原产物各不相同，例如：

酸性介质　$2MnO_4^- + 5SO_3^{2-} + 6H^+ = 2Mn^{2+} + 5SO_4^{2-} + 3H_2O$

近中性介质　$2MnO_4^- + 3SO_3^{2-} + H_2O = 2MnO_2 + 3SO_4^{2-} + 2OH^-$

碱性介质　$2MnO_4^- + SO_3^{2-} + 2OH^- = 2MnO_4^{2-} + SO_4^{2-} + H_2O$

因此 $KMnO_4$ 与还原剂反应时，Mn(Ⅶ) 转变成何种氧化态，与溶液的酸碱性有着密切的关系。

14.3.2.5　铁、钴、镍

铁、钴、镍是第四周期第Ⅷ族元素。它们的物理性质和化学性质都比较相似，因此把它们统称为铁系元素，它们都是有光泽的银白色金属，都有强磁性，许多铁、钴、镍合金是很好的磁性材料。也可以用来做形状记忆合金。依铁、钴、镍顺序，其原子半径逐渐减小，密度依次增大，熔点和沸点比较接近。

从它们的标准电极电势看，铁、钴、镍属于中等活泼金属。在高温下它们分别与氧、硫、氯等非金属作用，生成相应的氧化物、硫化物和氯化物。铁能溶于盐酸和稀的 H_2SO_4；而钴、镍在 HCl 和稀 H_2SO_4 中比 Fe 溶解慢。冷、浓 HNO_3 可以使铁、钴、镍表面钝化；冷、浓 H_2SO_4 可以使铁的表面钝化。

铁系元素的价电层构型为 $3d^{6\sim8}4s^2$。3d 轨道上的电子已超过 5 个，d 电子全部参加成键的可能性逐渐减小，它们的共同氧化态为 +2 和 +3。但是，在很强的氧化剂作用下，铁可以呈现 +6 氧化态的高铁酸盐，如 K_2FeO_4。它的氧化性强于 $KMnO_4$，遇水即分解。

在 Fe^{2+}、Co^{2+}、Ni^{2+} 的水溶液中，加入 NaOH 可以得到相应的 $Fe(OH)_2$（白色）、$Co(OH)_2$（粉红色）和 $Ni(OH)_2$（绿色）沉淀。这些氢氧化物在空气中的稳定性明显不同，$Fe(OH)_2$ 很容易被空气中的氧所氧化，当 $Fe(OH)_2$ 全部被氧化时，则转化为红棕色的 $Fe(OH)_3$ 沉淀；$Co(OH)_2$ 也能被空气中的氧所氧化，但速度比较慢，而 $Ni(OH)_2$ 在空气中比较稳定，只有用较强的氧化剂如 Cl_2、NaClO 等才能将 $Ni(OH)_2$ 氧化：

$$2Ni(OH)_2 + Cl_2 + 2NaOH = 2Ni(OH)_3\downarrow + 2NaCl$$

$Fe(OH)_3$ 与盐酸发生一般的酸碱中和反应而溶解，而 $Co(OH)_3$ 和 $Ni(OH)_3$ 则可以将浓盐酸氧化成 Cl_2：

$$2Co(OH)_3 + 6HCl = 2CoCl_2 + Cl_2\uparrow + 6H_2O$$

表明 Co^{3+} 和 Ni^{3+} 在酸性介质中有强的氧化性，而 Fe^{3+} 的氧化性相对较弱，但在酸性溶液中，它仍然是一个中等强度的氧化剂，可以将 H_2S、Sn^{2+}、I^-、Fe、Cu 等氧化，自身被还原为 Fe^{2+}。工业上，在铁板上刻字和在铜板上制造印刷电路，就是应用了 Fe^{3+} 的氧化性：

$$2Fe^{3+} + Fe = 3Fe^{2+}$$

$$2Fe^{3+} + Cu = 2Fe^{2+} + Cu^{2+}$$

铁、钴、镍离子都具有未充满的 d 轨道，能形成众多的配合物。铁能与 F^-、CN^-、SCN^-、Cl^- 等离子形成配合物，例如：深红色的 $[Fe(CN)_6]^{3-}$、无色的 $[FeF_6]^{3-}$、黄色的 $[Fe(CN)_6]^{4-}$、浅绿色的 $[Fe(H_2O)_6]^{2+}$、血红色的 $[Fe(SCN)_n]^{3-n}$ 等。

Fe^{3+} 与 SCN^- 反应，生成血红色的 $[Fe(SCN)_n]^{3-n}$ 配合物，这个反应非常灵敏，常用来鉴定和定量测定 Fe^{3+}。Fe^{3+} 与 $[Fe(CN)_6]^{4-}$ 反应和 Fe^{2+} 与 $[Fe(CN)_6]^{3-}$ 分别生成深蓝色的难溶化合物普鲁士蓝和滕士蓝，可以分别用来鉴定 Fe^{3+} 和 Fe^{2+}：

$$Fe^{3+} + [Fe(CN)_6]^{4-} + K^+ = KFe[Fe(CN)_6]\downarrow \text{（普鲁士蓝）}$$

$$Fe^{2+} + [Fe(CN)_6]^{3-} + K^+ = KFe[Fe(CN)_6]\downarrow \text{（滕士蓝）}$$

普鲁士蓝和滕士蓝实际上是同一种物质 $KFe[Fe(CN)_6]$。

与水合离子在水溶液中稳定性明显不同的是，在水溶液中 Co(Ⅱ) 的配合物没有Co(Ⅲ) 的配合物稳定，$[Co(NH_3)_6]^{2+}$ 容易被空气中的氧气氧化为 $[Co(NH_3)_6]^{3+}$：

$$4[Co(NH_3)_6]^{2+} + O_2 + 2H_2O \xlongequal{} 4[Co(NH_3)_6]^{3+} + 4OH^-$$

这是由于形成配离子后电极电势发生了变化：

$$Co^{3+} + e^- \xlongequal{} Co^{2+} \qquad E^\ominus = 1.82V$$

$$[Co(NH_3)_6]^{3+} + e^- \xlongequal{} [Co(NH_3)_6]^{2+} \qquad E^\ominus = 0.06V$$

在 Co(Ⅱ) 配合物中大多数是高自旋。它们一般具有较强的还原性，在水溶液中稳定性较差。在丙酮和乙醚中较稳定。

Ni(Ⅱ) 不仅可以形成八面体配合物，而且可以形成平面正方形和四面体配合物。Ni^{2+} 可与丁二酮肟生成鲜红色的螯合物沉淀：

$$2\ \begin{matrix} H_3C-C{=}N-OH \\ | \\ H_3C-C{=}N-OH \end{matrix} + Ni^{2+} \longrightarrow \text{[Ni(丁二酮肟)}_2\text{]}\downarrow + 2H^+$$

鲜红色

这个反应可以用来检测 Ni^{2+}。

在人体必需的微量元素中，铁的生物功能最重要且含量最高，约占人体总量的 0.006%。人体缺铁会患贫血症。铁也是体内某些酶和许多氧化还原体系所不可缺少的元素。钴的生物功能直到发现维生素 B_{12} 才知晓。维生素 B_{12} 是一种含 Co(Ⅲ) 的复杂配合物，有多种生理功能，它参与机体红细胞中的血红蛋白的合成，它能促使血红细胞成熟，缺少维生素 B_{12}，红细胞就生长不正常，即会出现“恶性贫血”。虽然维生素 B_{12} 具有十分重要的作用，但人体中过量的无机钴盐也是有毒的，它会引起红血球增多，严重时导致心力衰竭。

14.3.2.6 铜、银、锌、汞

铜族包括铜、银、金三种元素，是周期表中的第ⅠB族。铜、银是亲硫元素，主要以硫化物、氯化物、氧化物等存在于自然界，如黄铜矿 ($CuFeS_2$)、辉铜矿 (Cu_2S)、孔雀石 $[CuCO_3 \cdot Cu(OH)_2]$、赤铜矿 (Cu_2O)、闪银矿 (Ag_2S)、角银矿 (AgCl) 等。

紫红色的铜和银白色的银都具有较大的密度，熔点和沸点较高，传热性、导电性和延展性好等共同特征。并且都易与其它金属形成合金。

锌、汞是第ⅡB族元素，也是亲硫元素，在自然界中主要以硫化物形式存在，其主要矿物有：闪锌矿 (ZnS)、菱锌矿 ($ZnCO_3$) 和辰砂 (HgS)。

纯锌是银白色金属，质软，熔点较低 (419℃) 为六方密堆积结构。锌的主要用途是作防腐镀层和制造合金。在所有金属中，汞的熔点最低，是常温下唯一为液态的金属，汞容易与其它金属形成合金，汞形成的合金称为“汞齐”，在冶金工业中，利用汞的这种性质来提取贵金属，如金、银等。

铜、银的化学性质均不活泼，在常温下，铜不与干燥空气中的氧作用，但在含有 CO_2 的潮湿空气中会生成一层“铜绿” $Cu(OH)_2 \cdot CuCO_3$，而银不发生此反应：

$$2Cu + O_2 + H_2O + CO_2 \xlongequal{} Cu(OH)_2 \cdot CuCO_3$$

银对硫有较大的亲和作用，当银与含有 H_2S 的空气接触时，其表面因生成一层 Ag_2S 而发

暗。铜、银的活泼性很差还表现在与酸作用时，不能置换出氢。但它们能与氧化性酸（如浓硫酸、硝酸）反应而溶解：

$$3Cu+8HNO_3(稀) = 3Cu(NO_3)_2+2NO\uparrow+4H_2O$$

$$Cu+2H_2SO_4(浓) \overset{\triangle}{=} CuSO_4+SO_2\uparrow+2H_2O$$

在潮湿的空气中，锌表面易生成一层致密的碱式碳酸盐 $Zn(OH)_2 \cdot ZnCO_3$，起保护作用，而使锌有防腐的性能。与铝相似，锌具有两性，可溶于酸，也溶于碱。与铝不同的是，锌还能与氨水形成配离子而溶于氨水：

$$Zn+2OH^-+2H_2O = [Zn(OH)_4]^{2-}+H_2\uparrow$$

$$Zn+4NH_3+2H_2O = [Zn(NH_3)_4](OH)_2+H_2\uparrow$$

汞只能与氧化性酸反应：

$$3Hg+8HNO_3(稀) = 3Hg(NO_3)_2+2NO\uparrow+4H_2O$$

铜的特征氧化数是+2，也存在着+1 氧化态的化合物，而银的特征氧化数则是+1。在水溶液中能以简单的水合离子稳定存在的只有 Cu^{2+}、Ag^+，大部分 Cu(Ⅱ) 盐均可溶于水，在水溶液中因发生 d-d 跃迁，而呈现颜色。Ag(Ⅰ) 盐除 AgF、$AgNO_3$ 外，大多数都难溶于水。Cu(Ⅰ) 主要以难溶盐或配合物形式存在，一般为白色或无色。

Cu(Ⅱ) 和 Ag(Ⅰ) 的氢氧化物都难溶于水，性质很不稳定，AgOH 一经生成，立即脱水，生成 Ag_2O 和 H_2O；$Cu(OH)_2$ 在加热时容易脱水变为黑色的 CuO。氢氧化铜微显两性，以碱性为主，易溶于酸，也能溶于浓碱，形成四羟基合铜离子，它可以被葡萄糖还原成暗红色的氧化亚铜：

$$2Cu^{2+}+4OH^-+C_6H_{12}O_6(葡萄糖) = Cu_2O\downarrow+C_6H_{12}O_7(葡萄糖酸)+2H_2O$$

医学上用此反应检验糖尿病。

Cu_2O 对热稳定，加热到熔化也不分解，而 CuO 加热至 1000℃ 时分解为 Cu_2O 和氧。Ag_2O 在 300℃ 时就分解为单质银和氧。

Cu(Ⅱ) 一般形成配位数为 4 的配合物，在这些配合物中，中心离子 Cu^{2+} 以 dsp^2 杂化（$[Cu(NH_3)_4]^{2+}$）或 sp^3 杂化（$[CuCl_4]^{2-}$）与配体形成配位键。它们均是顺磁性物质。

在 $CuSO_4$ 溶液中，加入适量的氨水可以得到浅蓝色的碱式硫酸铜沉淀，继续加入过量的氨水时，沉淀溶解生成深蓝色 $[Cu(NH_3)_4]^{2+}$：

$$2Cu^{2+}+SO_4^{2-}+2NH_3 \cdot H_2O = Cu_2(OH)_2SO_4\downarrow+2NH_4^+$$

$$Cu_2(OH)_2SO_4+2NH_4^++6NH_3 \cdot H_2O = 2[Cu(NH_3)_4]^{2+}+SO_4^{2-}+8H_2O$$

$[Cu(NH_3)_4]^{2+}$ 溶液具有溶解纤维素的能力。在溶解了纤维素的溶液中加入酸，纤维素又可以沉淀形式析出。此性质可以用于制造人造丝。

Cu(Ⅰ) 和 Ag(Ⅰ) 都非常容易形成配位数为 2 的配合物，在这些配合物中，中心离子均以 sp 杂化形成配位键，几何构型为直线型。由于形成稳定的配合物，如 $[Cu(CN)_2]^-$、$[Ag(CN)_2]^-$ 等，从而使铜、银的活泼性增强。例如，在含有 KCN 或 NaCN 的碱性溶液中，铜、银能被空气中的氧所氧化：

$$4Cu+O_2+2H_2O+8CN^- = 4[Cu(CN)_2]^-+4OH^-$$

$$4Ag+O_2+2H_2O+8CN^- = 4[Ag(CN)_2]^-+4OH^-$$

同一元素的不同氧化态之间，可以相互转化。对于 Cu(Ⅱ) 和 Cu(Ⅰ) 之间的转化问题更加复杂一些，Cu^+ 具有 d^{10} 结构，有一定程度的稳定性。在干态下 Cu(Ⅰ) 是稳定的，但是在水溶液中却不稳定，容易发生歧化反应：

$$2Cu^+ = Cu+Cu^{2+} \qquad K^\ominus=1.48\times10^6$$

平衡常数非常大，说明在水溶液中，Cu^{2+} 较 Cu^+ 稳定。这是由于 Cu^{2+} 的电荷高，半径小，因而具有较大的水合能的缘故。Cu(Ⅱ) 和 Cu(Ⅰ) 的稳定条件存在着相对的关系，根据平衡移动的原理，在有还原剂存在时，设法降低 Cu(Ⅰ) 的浓度，可使 Cu(Ⅱ) 转化为 Cu(Ⅰ)。由于 Cu(Ⅰ) 的化合物大部分难溶于水，且在水溶液中 Cu(Ⅰ) 易生成配离子，这两种途径均能使水溶液中 Cu(Ⅰ) 浓度大大降低，从而使 Cu(Ⅰ) 转化为难溶物或配离子而能够稳定存在。例如，把 Cu^{2+} 与浓盐酸和铜屑共煮，可以得到 $[CuCl_2]^-$ 配离子：

$$Cu^{2+}+4HCl(浓)+Cu \xlongequal{\triangle} 2[CuCl_2]^-+4H^+$$

Cu^{2+} 也可以直接与 I^- 作用生成难溶的 CuI：

$$2Cu^{2+}+4I^- \xlongequal{} 2CuI\downarrow+I_2$$

在水溶液中，凡能使 Cu(Ⅰ) 生成难溶物或稳定配离子时，则可由 Cu(Ⅱ) 和 Cu 或其它还原剂反应，使 Cu(Ⅱ) 转化为 Cu(Ⅰ) 的化合物。它们充分反映了氧化还原反应、沉淀反应或形成配离子对平衡转化的影响。

锌和汞的特征氧化数均为+2，汞还存在着+1 氧化态的化合物，但以双聚离子形式存在，如 Hg_2Cl_2。在锌盐溶液中，加入适量的碱，生成白色的氢氧化锌沉淀，氢氧化锌具有两性，即可以溶于酸中，又可溶于过量的碱中。在汞盐溶液中，加入碱只能得到黄色的氧化汞沉淀，这是由于生成的氢氧化汞极不稳定，立即脱水的缘故。

$HgCl_2$ 为直线型的共价分子，熔点 280℃，易升华，因而俗称升汞，略溶于水，有剧毒，其稀溶液有杀菌作用，可作为外科消毒剂。Hg_2Cl_2 也是直线型分子，呈白色，难溶于水，少量的无毒，因味略甜而称为甘汞，医药上用作泻药。Hg_2Cl_2 见光分解，因此应保存在棕色瓶中。

Hg_2Cl_2 和氨水反应，可以得到 $HgNH_2Cl$（氨基氯化汞）和 Hg：

$$Hg_2Cl_2+2NH_3 \xlongequal{} HgNH_2Cl\downarrow(白色)+Hg\downarrow(黑色)+NH_4Cl$$

而锌盐与过量的氨水反应，得到的却是无色的配离子 $[Zn(NH_3)_4]^{2+}$。

金属铜和银都具有杀菌能力，尤其是银作为杀菌剂有独特功能。铜具有维持生命的生化作用，普遍存在于动植物体内，是人体中含量较高的金属元素之一，是体内多种酶的重要组分。血清中的铜能与一些毒素结合，而使其失去毒性。风湿性关节炎与局部缺铜有关，可用水杨酸的铜配合物治疗。锌在人体中的含量仅次于铁，是生物体中最重要的微量元素之一。一个成年人平均含锌约 2g，约有一半存在于血液中，其余的在皮肤、骨骼中，人体缺锌的典型症状是皮肤受损伤口不易愈合，骨骼变形患侏儒症，缺锌还会引起贫血、早衰、发育迟缓、智力迟钝、食欲不振、味觉差等。肉、蛋、奶和谷物中富含锌。

14.4 镧系元素与锕系元素

从 57 号元素镧到 71 号元素镥共十五个元素统称为镧系元素，它们位于周期表中第 6 周期的同一格内，它们不是同位素，因为它们的原子序数不同。

14.4.1 镧系元素的通性

镧系元素（用 Ln 表示）的化学性质十分相似，但又不完全相同，十五个镧系元素以及与其性质相似的钪（Sc）和钇（Y）共 17 个元素总称为稀土元素（用 RE 表示）。“稀”就是稀少，“土”就是说它们的氧化物似土，不易熔化，不易溶解。这是从 18 世纪沿用下来的名称，当时认为这些元素稀有。实际上，稀土元素在地壳中的丰度较高，只是没有相应的富矿，在地壳中的分布较分散，且性质十分相似，提取和分离比较困难，人们对它们的研究起步较晚。

稀土矿物在我国分布广，类型多，开采价值高，分布在我国的 18 个省（区），中国是世界上稀土资源最丰富的国家。内蒙古白云鄂博稀土矿储量占全国储量的 98%，超过世界其它各国的储量总和。

镧系元素的电子层结构特征是随着原子序数的增加，电子依次填入外数第三层 4f 轨道，其次外层和最外层电子数基本保持不变。所以也将镧系元素称为第一内过渡元素。电子层结构为 $4f^{n-1}5d^16s^2$ 或 $4f^n6s^2$（表 14-8），由于位于内层，4f 电子不易参与成键，从而使 4f 电子对镧系元素的化学性质影响不大。所以镧系元素在化学性质上非常相似。

表 14-8　镧系元素的一些性质

原子序数	元素符号	价层电子结构	金属原子半径/pm	Ln^{3+} 离子半径/pm	Ln^{3+} 4f 电子数	ΣI $(I_1+I_2+I_3)$/kJ·mol^{-1}	单质熔点/K
57	La	$5d^16s^2$	187.7	106.1	0	3455.4	1194
58	Ce	$4f^15d^16s^2$	182.4	103.4	1	3524	1072
59	Pr	$4f^36s^2$	182.8	101.3	2	3627	1204
60	Nd	$4f^46s^2$	182.1	99.5	3	3694	1294
61	Pm	$4f^56s^2$	181.0	97.9	4	3738	1441
62	Sm	$4f^66s^2$	180.2	96.4	5	3871	1350
63	Eu	$4f^76s^2$	204.2	95.0	6	4032	1095
64	Gd	$4f^75d^16s^2$	180.2	93.8	7	3752	1586
65	Tb	$4f^96s^2$	178.2	92.3	8	3786	1620
66	Dy	$4f^{10}6s^2$	177.3	90.8	9	3898	1685
67	Ho	$4f^{11}6s^2$	176.6	89.4	10	3920	1747
68	Er	$4f^{12}6s^2$	175.7	88.1	11	3930	1802
69	Tm	$4f^{13}6s^2$	174.6	86.9	12	4043.7	1818
70	Yb	$4f^{14}6s^2$	194.0	85.8	13	4193.4	1092
71	Lu	$4f^{14}5d^16s^2$	173.4	84.8	14	3885.5	1936

所有镧系元素在固体化合物和在水溶液中以及其它溶剂中都较容易形成+3 氧化态，原因是镧系元素失去 2 个 s 电子和一个 d 电子或 2 个 s 电子和一个 f 电子所需的离解能比较低（见表 14-8）。有些镧系元素也有+2 或+4 氧化态，但没有+3 氧化态稳定。

许多镧系元素的+3 价离子无论是在固体化合物中还是水溶液中，都具有颜色，见表 14-9。Ln^{3+} 的颜色与未成对的 f 电子有关。当 Ln^{3+} 具有 f^x（$x=0\sim7$）和 f^{14-x} 个电子时，它们具有相同或相近的颜色。

镧系元素的原子半径与离子半径随着原子序数的增加而逐渐缩小的现象称为镧系收缩。镧系收缩在化学上是十分重要的现象，由于镧系收缩使它后面各族过渡元素的原子半径和离子半径，分别与相应同族上面一个元素的原子半径和离子半径极为相近。这样导致了锆和铪，铌和钽，钼和钨，锝和铼等各对元素的化学性质相似，造成了各对元素分离的困难。

表 14-9　Ln^{3+} 在固体化合物中或水溶液中的颜色

离　子	未成对电子数	颜　色	未成对电子数	离　子
La^{3+}	$0(4f^0)$	无	$0(4f^0)$	Lu^{3+}
Ce^{3+}	$1(4f^1)$	无	$1(4f^1)$	Yb^{3+}
Pr^{3+}	$2(4f^2)$	绿	$2(4f^2)$	Tm^{3+}
Nd^{3+}	$3(4f^3)$	浅紫	$3(4f^3)$	Er^{3+}
Pm^{3+}	$4(4f^4)$	粉红、淡黄	$4(4f^4)$	Ho^{3+}
Sm^{3+}	$5(4f^5)$	黄	$5(4f^5)$	Dy^{3+}
Eu^{3+}	$6(4f^6)$	无	$6(4f^6)$	Tb^{3+}
Gd^{3+}	$7(4f^7)$	无	$7(4f^7)$	Gd^{3+}

稀土元素都是典型的金属元素，大多数为银白色，质软，有延展性，但抗拉强度低，熔点约在 800～1660℃之间。

镧系元素都是活泼金属，其活泼性仅次于碱金属和碱土金属，具有较强的还原性，在空气中将迅速氧化形成氧化膜，其膜较疏松，能够进一步反应，因此，镧系金属通常保存在煤油中，使之与空气隔绝。

镧系元素化学性质活泼，能从水中置换出氢气，与酸发生剧烈反应，但不与碱作用。在不高的温度下，即可与氧、硫、氯、氮等反应。

14.4.2　镧系元素的制取

大多数镧系元素的主要资源是独居石。从独居石矿物中提取稀土元素，一般要经过选矿、分解精矿，除去其它杂质离子，最后将稀土元素依次分离等步骤。

分解独居石精矿，过去采用硫酸分解法，现在用 NaOH 溶液分解处理，其分解反应如下：

$$LnPO_4 + 3NaOH \xlongequal{\triangle} Ln(OH)_3 \downarrow + Na_3PO_4$$

反应过程中，镧系元素、钍、铀生成沉淀，杂质生成可溶性盐，经过澄清、过滤、洗涤，镧系元素、钍、铀与其它杂质分离。用盐酸溶解镧系元素、钍、铀的沉淀，控制 pH＝4～4.5，镧系元素的沉淀大部分溶解，钍、铀的沉淀很少溶解，这样就可以把镧系元素与放射性元素及其它微量杂质分离，得到较纯净的混合稀土。

由于稀土元素的化学性质非常相似，从混合稀土中分离提取单一稀土元素是非常困难的。常用的分离方法有化学分离法、离子交换法和溶剂萃取法。现在主要用离子交换法和溶剂萃取法分离稀土元素。

离子交换法是使混合离子溶液在阴离子或阳离子交换树脂上发生交换作用的一种分离方法。分离稀土混合物常用磺基聚苯乙烯阳离子交换树脂，可用 HR 表示，式中 H 代表可交换阳离子，R 代表树脂基体。当含有 Ln^{3+} 阳离子的溶液注入树脂中时阳离子被吸附，建立如下平衡：

$$Ln^{3+}(aq) + 3HR(s) \rightleftharpoons LnR_3(s) + 3H^+(aq)$$

当稀土元素被树脂吸附后，选择一种化合物作为淋洗剂，这种淋洗剂能够与稀土离子形成配合物，但是不同的稀土离子形成的配合物的稳定常数不同，完成分离就取决于稳定常数的差别，与淋洗剂形成最稳定配合物的稀土离子，最先被淋洗出来；形成最不稳定配合物的稀土离子，最后被淋洗出来，这样达到了分离混合稀土的目的。

溶剂萃取是一种溶质在两相间的传递过程。对于无机物萃取来说，是将含有无机物的水相与有机相（有机溶剂）充分接触后，无机溶质从水相进入有机相的过程，称为溶剂萃取。如果某一溶质在两种互不相溶的溶剂中都能溶解，则平衡时在两液相中的浓度之比等于该溶质分别在两种溶剂中的溶解度之比，一定温度时为常数，而且与溶质和溶剂的相对量无关。这一规律称为分配定律。若以 c_A 和 c_B 表示溶质在 A、B 两溶剂中的浓度，则分配系数 $K = c_A/c_B$。如果水溶液中有两种溶质，它们从水相被萃取到有机相的分配系数分别为 K_1 和 K_2，K_1/K_2 称为分离系数，常用 β 表示，β 值越大或越小，表明两种溶质的分离效果越好，若 $\beta=1$，说明该萃取剂不能将两种溶质分开。

分离稀土元素的常用的萃取剂是二（2-乙基已基）磷酸（缩写 HDEHP，代号 P_{204}）其萃取稀土元素的反应为

$$\underset{\text{水相}}{Ln^{3+}} + \underset{\text{有机相}}{3(HDEHP)_2} \rightleftharpoons \underset{\text{有机相}}{Ln[(HDEHP)_2]_3} + \underset{\text{水相}}{3H^+}$$

选用 HDEHP 作萃取剂，两相的 Ln^{3+} 的分离系数 β 约为 2.5，可以在盐酸或硫酸介质中进

行萃取。

14.4.3 镧系元素的应用

在冶金工业中镧系元素常用作还原剂、脱氧剂，脱硫剂、吸氧剂、石墨球化剂以及除去钢中的有害杂质。在无线电真空技术中用作脱气剂。

镧系金属的燃点很低，例如铈为 438K，钕为 345K，在燃烧时放出大量的热。因此可用来制造民用打火石和军用的引火合金。

在合金中加入镧系元素，可以改善合金的组织结构，增加其机械强度，改善其加工性能，稀土金属与镁、铝、铜、钴等金属能形成具有特殊性能的合金。例如镁铝合金中加入少量稀土金属，能增加高温下的强度，用于飞机发动机的制造。

稀土氧化物是优良的荧光材料，色彩鲜艳，稳定性好，用于制造电视荧光屏。

除镱外，所有镧系金属都具有较强的顺磁性，它们和铁系元素一样，可作为磁性材料，目前常用的稀土钴永磁体例如 $SmCo_5$ 和 Sm_2Co，是已发现的最好的永磁材料。

含有镧系元素的氧化物，例如 $YBa_2Cu_3O_{7-x}$，是具有较高转变温度的高温超导体，因此，镧系元素也是某些新型材料中不可缺少的部分。

14.4.4 锕系元素

周期表ⅢB 族，第七周期 89 号元素锕的位置上，另外还有 14 种元素，即从 90 号的钍到 103 号的铹，同锕一起统称为锕系元素。

同镧系元素一样，锕系元素的电子也是最后填入外数第三层的 f 轨道上，由于锕系元素的电子是填充在 5f 轨道上，所以锕系元素也称为第二内过渡元素，所有锕系元素都有放射性。铀以后的超铀元素，除镎 Np 和钚 Pu 在地球上有少量发现外，其它都是人造元素。钍和铀是锕系元素中发现最早和地壳中存在量较多的两种放射性元素。由表 14-10 可以看出，同镧系元素的价电子层构型相似，锕系元素新增加的电子填充在 5f 轨道上，且随着原子序数增加，原子半径和离子半径递减，即也有锕系收缩现象。

表 14-10 锕系元素价电子层构型和原子、离子半径

原子序数	名称	符号	价层电子构型	原子半径/pm	离子半径/pm	
					M^{3+}	M^{4+}
89	锕	Ac	$6d^1 7s^2$	188	126	—
90	钍	Th	$6d^2 7s^2$	180	—	108
91	镤	Pa	$5f^2 6d^1 7s^2$	161	118	104
92	铀	U	$5f^3 6d^1 7s^2$	138	116.5	103
93	镎	Np	$5f^4 6d^1 7s^2$	130	115	101
94	钚	Pu	$5f^6 7s^2$	173	114	100
95	镅	Am	$5f^7 7s^2$	173	111.5	99
96	锔	Cm	$5f^7 6d^1 7s^2$	174	111	99
97	锫	Bk	$5f^9 7s^2$	170.4	110	97
98	锎	Cf	$5f^{10} 7s^2$	169.4	109	96.1
99	锿	Es	$5f^{11} 7s^2$	(169)		
100	镄	Fm	$5f^{12} 7s^2$	(194)		
101	钔	Md	$5f^{13} 7s^2$	(194)		
102	锘	No	$5f^{14} 7s^2$	(194)		
103	铹	Lr	$5f^{14} 6d^1 7s^2$	(171)		

锕系元素单质是银白色金属，相对密度大，熔点也较高，化学性质活泼，易与氧、卤素、酸等反应，在空气中燃烧，形成最高氧化数的氧化物。

$$Th + O_2 = ThO_2$$
$$3U + 4O_2 = U_3O_8$$
$$Pu + O_2 = PuO_2$$

它们能与H_2O反应放出氢气。在一般条件下不与碱反应。其水合离子大多数都有颜色。

铀的稳定氧化数是+6，常见的化合物是UF_6、UCl_6、$UO_2(NO_3)_2$和UO_3等。UO_3是橙黄色的固体，常以水合物的形式存在于铀矿中。常温下在空气中稳定，高温下易分解；UO_3具有两性，即可以溶于酸中，也可以溶于碱中。

UF_6是卤化铀中最重要的化合物之一。在室温下UF_6是白色的易挥发固体，在101325Pa，565℃时升华。利用$^{238}UF_6$和$^{235}UF_6$蒸气扩散速度的差异，可使^{238}U和^{235}U分离，达到富集核燃料^{235}U的目的。

若向纯硝酸铀酰溶液中加碱，或将UO_3溶于碱中，会立即析出黄色的重铀酸钠$Na_2U_2O_7 \cdot 6H_2O$，加热脱水，得无水盐，称为"铀黄"，在玻璃及瓷釉中用它作黄色颜料。钍的化合物以+4氧化态为最重要，如二氧化钍ThO_2、硝酸钍$Th(NO_3)_4$等。钍是白色的粉末，强烈灼烧过的ThO_2几乎不溶于酸，但能溶于HNO_3和HF所组成的混合酸中。ThO_2在有机合成工业中作催化剂，制造钨丝时的添加剂。

$Th(NO_3)_4$易溶于水，向Th^{4+}的水溶液中加入相应的试剂，可析出氢氧化物、氟化物、碘酸盐、草酸盐和磷酸盐等沉淀，后四种盐不仅难溶于水，也难溶于稀酸，可用于分离钍和其它性质与之相近的离子。Th^{4+}易形成配合物如$[Th(NO_3)_6]^{2-}$、$[ThF_6]^{2-}$等。

14.5 氧化物和氢氧化物

氧位于周期表中的第二周期第ⅥA族，是典型的非金属元素，其价电子层结构为$2s^22p^4$，有获得2个电子达到稀有气体稳定电子层结构的趋势，除了在OF_2中氧的氧化数是+2外，氧的常见氧化数是-2，按照分子轨道理论，O_2分子中有一个σ键和两个三电子π键，分子中有两个未成对电子，表现为顺磁性。

除了大多数稀有气体外，所有的元素都能与氧生成二元氧化物，氧化物的制备方法有以下几种。

① 单质在空气中或纯氧中直接化合，可以得到常见价态的氧化物。

② 金属或非金属单质与氧化剂作用生成相应的氧化物，如

$$3Sn + 4HNO_3 = 4NO\uparrow + 3SnO_2 + 2H_2O$$
$$3P + 5HNO_3 + 2H_2O = 3H_3PO_4 + 5NO\uparrow$$

③ 氢氧化物或含氧酸盐的热分解，例如：

$$CaCO_3 = CaO + CO_2\uparrow$$
$$2Pb(NO_3)_2 = 2PbO + 4NO_2\uparrow + O_2\uparrow$$
$$2Al(OH)_3 = Al_2O_3 + 3H_2O$$

14.5.1 氧化物的物理性质

氧化物的物理性质由它的分子结构和晶体结构决定。氧化物的晶体结构在一定的程度上与氧和其它元素间的化学键性质有关，按照氧化物的键型，可以将氧化物分为离子型氧化物和共价型氧化物。

活泼金属（如碱金属、碱土金属）与氧形成的氧化物都是离子型氧化物，它们形成离子晶体，具有较高的熔点、沸点。如BeO的熔点为2530℃，MgO的熔点为2852℃。由非金

属元素与氧靠共价键结合，形成共价型氧化物，但共价型氧化物并不一定都是分子晶体，有些共价型氧化物如 NO、P_2O_5、As_2O_3、SO_2 等是分子晶体，具有较低的熔、沸点，有些共价型氧化物则形成原子晶体（例如 SiO_2、B_2O_3），熔点较高，SiO_2 熔点为 1986K。

金属活泼性不太强的金属氧化物，是离子型与共价型之间的过渡型化合物。

氧化物晶体结构的特征也反映在硬度上，离子型或偏离子型的氧化物大多数硬度较大，属于原子晶体的共价型氧化物也有较大的硬度，表 14-11 列出了一些氧化物的硬度（莫尔硬度，金刚石为 10）。

表 14-11　一些氧化物的硬度

氧化物	MgO	TiO_2	Fe_2O_3	SiO_2	Al_2O_3	Cr_2O_3
硬度	5.5～6.5	5.5～6	5～6	6～7	7～9	9

氧化铝、三氧化二铬、氧化铁、氧化镁等熔点高，对热稳定性大，具有较大的硬度，常用作磨料。

氧化铍、氧化镁、氧化钙、氧化铝、二氧化锆等都是难熔的氧化物，它们的熔点一般在 1500～3000℃之间，常用作耐高温材料（即耐火材料）。由纯氧化物构成的耐火材料的缺点是强度较差，如果在耐火氧化物中加入一些耐高温金属（如 Al_2O_3+Cr、ZrO_2+W 等）磨细、混合后，加压成形，再烧结，就能得到既具有金属强度，又具有陶瓷的耐高温等特性的材料，即金属陶瓷。

纯净的氧化物晶体是绝缘体，但在氧化物晶体中掺入少量的其它元素就可以使该氧化物具有半导体的性质。例如在 SnO_2 晶体中掺入少量的 Sb，则可以使 SnO_2 具有导电性。应当指出，有时同一组成的氧化物，由于晶体结构不同，可以具有不同的物理性质，甚至不同的化学性质。例如，氧化铝，常见的有两种变体 α-Al_2O_3（俗称刚玉）和 γ-Al_2O_3（活性氧化铝），它们的组成一样，都属于离子晶体，但是它们的性质却有很大的不同，前者密度大，硬度大，几乎不溶于酸、碱，表现为化学惰性，而后者密度小，质地软，易与酸、碱反应，相对而言化学性质较活泼。

一些活泼金属在充足的空气或纯氧气中燃烧，生成相应的过氧化物或超氧化物。例如，金属钠在空气中燃烧生成过氧化钠：

$$2Na+O_2 = Na_2O_2$$

过氧化钠粉末呈淡黄色，易吸潮，加热至 773K 仍很稳定。过氧化钠是一种强氧化剂，能够在碱性介质中，将 Cr(Ⅲ) 氧化成 Cr(Ⅵ) 的化合物。

$$2NaCrO_2+3Na_2O_2+2H_2O = 2Na_2CrO_4+4NaOH$$

还能与一些不溶于酸的矿石共熔，使矿石氧化分解。在潮湿的空气中，过氧化钠能吸收 CO_2 并放出氧气：

$$2Na_2O_2+2CO_2 = 2Na_2CO_3+O_2$$

因此，Na_2O_2 可用作高空飞行和潜水时的供氧剂和 CO_2 的吸收剂。Na_2O_2 能与 H_2O 或稀酸作用生成过氧化氢：

$$Na_2O_2+2H_2O = H_2O_2+2NaOH$$

$$Na_2O_2+H_2SO_4 = Na_2SO_4+H_2O_2$$

生成的过氧化氢立即分解出氧气，故过氧化钠广泛用于氧气发生剂和漂白剂。

碱金属、碱土金属（除 Be 外），都能生成过氧化物。所有的过氧化合物中，都含有过氧离子 O_2^{2-}，因此都具有较强的氧化性。

O_2 与钾、铷或铯反应，生成红色的超氧化物 MO_2 晶体。超氧化物是很强的氧化剂，与 H_2O 反应生成氧气和过氧化氢：

$$2KO_2 + 2H_2O = O_2\uparrow + H_2O_2 + 2KOH$$

也能与 CO_2 反应并放出 O_2：

$$4KO_2 + 2CO_2 = 2K_2CO_3 + 3O_2$$

KO_2 常用于急救器中。

14.5.2 氧化物的酸碱性及其变化规律

氧化物的分类方法有许多种，最重要的是按照氧化物的酸碱性进行的分类，根据氧化物与酸碱反应的不同，可以将氧化物分为以下四类：

① 酸性氧化物。主要是一些非金属氧化物和高价态的金属氧化物，与碱反应生成盐和水，与水作用生成含氧酸。例如：SO_3、Cl_2O_7 等。

② 碱性氧化物。主要是碱金属和碱土金属（Be 除外）的氧化物，易与酸反应生成盐和水，与水作用生成氢氧化物。例如 Na_2O、CaO、MgO 等。

③ 两性氧化物。既能与酸反应，又能与碱反应分别生成相应的盐和水，主要是 P 区金属的氧化物如 BeO、Al_2O_3、PbO_2、Sb_2O_3 等。

④ 中性氧化物。既不能与酸反应，也不能与碱反应，也难溶于 H_2O，例如 CO、N_2O、NO 等。

氧化物 R_xO_y 的酸碱性与 R 的金属性或非金属性的强弱有关，即与 R 在周期表中的位置有关。同时也与 R 的氧化数有关。一般情况下 R 的金属性越强，其氧化物的碱性越强。R 的非金属越强，其氧化物的酸性越强。氧化物的酸碱性递变规律与元素的金属活泼性、非金属活泼性的递变规律是相对应的。

在同一族元素中，从上到下，相同氧化数氧化物的酸性逐渐减弱，碱性逐渐增强。例如第ⅤA 族元素氧化数为+3 的氧化物，N_2O_3 和 P_2O_3 是酸性的，As_2O_3 和 Sb_2O_3 是两性，而 Bi_2O_3 则是碱性的。

在同一周期中，从左到右，各元素最高氧化数的氧化物的酸性逐渐增强，碱性逐渐减弱，例如第三周期各元素最高氧化数氧化物的酸碱性递变顺序如下：

碱性递增 ←

Na_2O	MgO	Al_2O_3	SiO_2	P_2O_5	SO_3	Cl_2O_7
碱性强	碱性中强	两性	酸性弱	酸性中强	酸性强	酸性最强

→ 酸性递增

如果元素有几种不同的氧化态，其氧化物的酸碱性不相同，一般说来，高氧化数氧化物的酸性比低氧化数氧化物的酸性显著。

在一定条件下，酸性氧化物、碱性氧化物和两性氧化物之间，可以相互发生反应，生成相应的盐，例如在炼铁时，往往需要加入 CaO 以除去杂质 SiO_2，原因是发生了以下反应：

$$CaO + SiO_2 = CaSiO_3$$

14.5.3 氢氧化物的酸碱性

主族元素、副族元素氧化物的水合物，无论是酸性、碱性或两性，都可以看成是氢氧化物，即可以用一个简单的通式 $R(OH)_x$ 来表示，x 是元素 R 的氧化值。当 R 的氧化值较高时，氧化物的水合物易脱去一部分水分子，变成含水较少的化合物。例如 HNO_3［由 $N(OH)_5$ 脱去两个 H_2O 分子］，正磷酸 H_3PO_4［由 $P(OH)_5$ 脱一个 H_2O 分子］。氧化物的水合物 $R(OH)_x$ 是酸性、碱性还是两性，只是其离解方式的不同，碱性氢氧化物进行碱式离解，离解出氢氧根离子，含氧酸则采取酸式离解，离解出氢离子，若为两性则既可以进行碱式离解，又可以进行酸式离解。即

$$R—O—H \longrightarrow R^+ + OH^- \quad \text{碱式离解}$$

$$R—O—H \longrightarrow RO^- + H^+ \quad \text{酸式离解}$$

R—O—H 究竟以何种方式离解，与中心离子 R 的氧化数和半径有关。

当中心离子的氧化数高，半径小时，R 的静电引力强，它同与之相连的氧原子争夺电子的能力强，结果 O—H 键被削弱得较多，由共价键转变为离子键的倾向变大，R—O—H 便以酸式离解为主，相反，若中心离子的氧化数较低，半径较大，中心离子 R 对氧原子电子的吸引力较小，O—H 键相对较强，则在水分子的作用下，易进行碱式离解。对此，可以用中心离子的离子势进行半定量的判断。离子势 φ 是指 R 阳离子的电荷数 Z 与离子半径 r(pm) 的比值，即

$$\varphi = Z/r \text{ (pm)}$$

用离子势 φ 判断氧化物的水合物酸碱性的半定量的经验式为：

$\sqrt{\varphi} < 0.22$　　R—O—H 进行碱式离解，碱性

$0.22 < \sqrt{\varphi} < 0.32$　　R—O—H 为两性氢氧化物

$\sqrt{\varphi} > 0.32$　　R—O—H 进行酸式离解，酸性

在中心离子 R 的电子构型相同时，$\sqrt{\varphi}$ 值越小，碱性越强，例如 Mg^{2+} 的半径为 65pm，$\sqrt{\varphi} = \sqrt{2/65} = 0.175$，N(Ⅴ)的半径为 10pm，$\sqrt{\varphi} = 0.67$；$Be^{2+}$ 的半径为 31pm，$\sqrt{\varphi} = 0.254$，所以 $Mg(OH)_2$ 是碱性氢氧化物，HNO_3 是酸，而 $Be(OH)_2$ 则是两性氢氧化物。

由于氧化物的水合物的酸碱性主要与中心离子 R^{x+} 的电荷和离子半径有关，因此可以用 $\sqrt{\varphi}$ 的大小来说明氧化物的水合物酸碱性的递变规律。表 14-12 列出了主族元素最高氧化数的氧化物的水合物的酸碱性。

从表中可以看到同一周期，从左到右，最高氧化数氧化物的水合物酸性增强，碱性减弱，这显然与 R 具有的、与族数相当的氧化数，自左向右由 +1 增大到 +7，半径逐渐减小，离子势 $\sqrt{\varphi}$ 值依次增大的变化顺序是一致的。

表 14-12　周期系主族元素最高氧化数的氧化物的水合物的酸碱性

（横向：从左到右酸性增强 →；从右到左 ← 碱性增强。纵向：从上到下碱性增强 ↓；从下到上酸性增强 ↑）

	ⅠA	ⅡA	ⅢA	ⅣA	ⅤA	ⅥA	ⅦA
	LiOH（中强碱）	$Be(OH)_2$（两性）	H_3BO_3（弱酸）	H_2CO_3（弱酸）	HNO_3（强酸）	—	—
	NaOH（强碱）	$Mg(OH)_2$（中强碱）	$Al(OH)_3$（两性）	H_2SiO_3（弱酸）	H_3PO_4（中强酸）	H_2SO_4（强酸）	$HClO_4$（极强酸）
	KOH（强碱）	$Ca(OH)_2$（中强碱）	$Ga(OH)_3$（两性）	$Ge(OH)_4$（两性）	H_3AsO_4（中强酸）	H_2SeO_4（强酸）	$HBrO_4$（极强酸）
	RbOH（强碱）	$Sr(OH)_2$（中强碱）	$In(OH)_3$（两性）	$Sn(OH)_4$（两性）	$H[Sb(OH)_4]$（弱酸）	H_4TeO_4（弱酸）	H_5IO_6（极强酸）
	CsOH（强碱）	$Ba(OH)_2$（强碱）	$Tl(OH)_3$（强碱）	$Pb(OH)_4$（两性）	—	—	—

副族的变化趋势与主族相似，只是要缓慢一些，例如，第四周期中第Ⅲ～Ⅶ副族元素最

高氧化数氧化物的水合物酸碱性递变顺序如下：

碱性增强←

$Sc(OH)_3$	$Ti(OH)_4$	HVO_3	H_2CrO_4 或 $H_2Cr_2O_7$	$HMnO_4$
氢氧化钪	氢氧化钛	偏钒酸	铬酸　重铬酸	高锰酸
碱	两性	弱酸	中强酸	强酸

→酸性增强

同一主族中，R^{x+} 的电荷数相同，但离子半径从上到下依次增大，因此$\sqrt{\varphi}$值依次减小，其氧化物的水合物的碱性增强，酸性减弱（见表 14-12）。

同一副族从上到下，相同氧化态的氧化物的水合物的酸性减弱，碱性增强。

利用上述观点同样可以说明同一元素不同氧化数的氢氧化物或含氧酸的酸碱性变化情况。一般地，高氧化态的酸性较强，低氧化态的碱性较强。例如：

碱性增强←

$Mn(OH)_2$	$Mn(OH)_3$	$Mn(OH)_4$	H_2MnO_4	$HMnO_4$
碱性	弱碱	两性	弱酸	强酸

→酸性增强

随着中心离子 R^{x+} 的氧化数增加，半径依次减小，R^{x+} 吸引氧原子的电子云的能力增强。结果 O—H 键减弱较多，故酸式离解的能力增强。

综上所述，R 的电荷数（氧化态）和半径对氧化物的水合物的酸碱性起着十分重要的作用，一般地，当 R 为低氧化数（$\leqslant +3$）的金属元素（主要是 s 区和 d 区金属）时，其氢氧化物多为碱性，当 R 为较高氧化态（$+3 \sim +7$）的非金属或金属性较弱的元素（主要是 p 区和 d 区元素）时，其氧化物的水合物多呈酸性。当 R 为中间氧化数（$+2 \sim +4$）的一般金属（p 区、d 区元素）时，其氧化物的水合物常显两性，例如 Zn^{2+}、Sn^{2+}、Al^{3+}、Cr^{3+}、Ti(Ⅳ)、Mn(Ⅳ)等的氢氧化物，均是两性氢氧化物。

应用离子势来判断氧化物的水合物的酸碱性只是一个经验规则，还存在着不少例外。例如，$Zn(OH)_2$ 是两性氢氧化物，但是按照 Zn^{2+} 的电荷和半径（74pm）得到的$\sqrt{\varphi}$值为 0.16，应该是强碱性氢氧化物。这与实际情况是不符的。

14.6 卤化物

氟、氯、溴、碘、砹等五个元素统称为卤素，是一类典型的非金属元素。这五个元素中除砹具有放射性外，其它元素都是普通元素。

卤素元素的价电子构型是 ns^2np^5，最外层有七个电子，与稀有气体的稳定结构相比，仅缺少一个电子，卤素原子很容易得到一个电子成为 ns^2np^6 的稀有气体的稳定结构。所以卤素单质都表现出较强的氧化性，且在化合物中通常表现为 -1 氧化数，除 F 外，其它卤素还可以表现 $+1$、$+3$、$+5$、$+7$ 氧化态。在所有卤素的化合物中，卤素元素与电负性小的元素所形成的二元化合物，即卤化物最为普遍，在各类卤素的化合物中占有重要地位。

14.6.1 卤化氢与氢卤酸

卤素单质可以直接与氢化合生成卤化氢，但在工业上，除了用氯气与氢气直接合成氯化氢外，都不直接用卤素与氢反应来生产相应的卤化氢。

在实验室中，常采用非挥发性酸与卤化物反应来制备卤化氢。例如：

$$CaF_2 + H_2SO_4 \longrightarrow 2HF + CaSO_4$$

$$NaCl + H_2SO_4(浓) \longrightarrow NaHSO_4 + HCl$$

$$NaCl + NaHSO_4 \longrightarrow Na_2SO_4 + HCl$$

在制备 HBr 和 HI 时，不能用 H_2SO_4（浓），原因是发生了下列反应：

$$NaBr + H_2SO_4(浓) = HBr + NaHSO_4$$
$$2HBr + H_2SO_4(浓) = SO_2 + Br_2 + 2H_2O$$
$$NaI + H_2SO_4(浓) = NaHSO_4 + HI$$
$$8HI + H_2SO_4(浓) = H_2S + 4I_2 + 4H_2O$$

所以只能用非挥发性、无氧化性的浓 H_3PO_4 代替浓 H_2SO_4 以制取 HBr、HI。

非金属卤化物与水反应，也可以制备卤化氢：

$$PBr_3 + 3H_2O = H_3PO_3 + 3HBr$$
$$PI_3 + 3H_2O = H_3PO_3 + 3HI$$

卤化氢是具有刺激性嗅味的无色气体，其熔、沸点都按 HCl→HBr→HI 的顺序依次升高，氟化氢却是例外，其熔、沸点明显地高于 HCl、HBr 和 HI，其原因是 HF 分子间存在氢键而发生分子缔合。卤化氢为极性分子，易溶于水，HF 可以无限溶于 H_2O，而在 273K 时，$1m^3$ 水可溶 $500m^3$ 的氯化氢。卤化氢的水溶液称为氢卤酸，氢卤酸是无色液体，有挥发性，卤化氢易液化，液态的卤化氢不导电，说明卤化氢不是离子型化合物，是共价型化合物。

氢卤酸在水溶液中均可以离解出氢离子和卤离子，因此，酸性和卤离子的还原性是卤化氢的主要化学性质。氢卤酸都具有一定的还原性，其还原能力的强弱可以由标准电极电势值来衡量和比较，其还原能力的变化顺序为：

$$I^- > Br^- > Cl^- > F^-$$

氢碘酸在常温下就能被空气中的氧气氧化：

$$4H^+ + 4I^- + O_2 = 2I_2 + 2H_2O$$

氢溴酸与氧气的反应进行得很缓慢，盐酸不能被氧气氧化，只有强氧化剂如 $KMnO_4$、$K_2Cr_2O_7$、MnO_2 等能够将浓盐酸氧化成氯气，HF 的还原性很弱。

除氢氟酸外，氢卤酸都是强酸，且按 HCl→HBr→HI 的顺序，酸的强度增大。氢氟酸是相当弱的酸，它的离解度随浓度变化的情况与一般酸不同，其离解度随浓度增大而增加，在稀溶液中发生部分离解：

$$HF = H^+ + F^-$$

随浓度的增加，产生如下缔合作用：

$$F^- + HF = HF_2^-$$

当浓度为 5～15mol·dm^{-3}时已变成强酸。

氢卤酸强度的变化规律可以从热力学角度进行说明，氢卤酸的离解过程可以表示为如下热力学循环：

$$\begin{array}{ccccc}
HX(aq) & \xrightarrow{\Delta H^\ominus} & H^+(aq) & + & X^-(aq) \\
 & & \uparrow \Delta H_5^\ominus & & \uparrow \Delta H_6^\ominus \\
\downarrow \Delta H_1^\ominus & & H^+(g) & & X^-(g) \\
 & & \uparrow \Delta H_3^\ominus & & \uparrow \Delta H_4^\ominus \\
HX(g) & \xrightarrow{\Delta H_2^\ominus} & H(g) & + & X(g)
\end{array}$$

式中，$\Delta H_1^\ominus$为脱水焓［HX(g) 水合焓的负值］，$\Delta H_2^\ominus$为 HX(g) 的解离焓，$\Delta H_3^\ominus$为 H(g) 的电离焓，$\Delta H_4^\ominus$为 X(g) 的电子亲和焓，$\Delta H_5^\ominus$为 H^+(g) 的水合焓，$\Delta H_6^\ominus$为 X^-(g) 的水合焓。氢卤酸离解过程的总焓变 $\Delta H^\ominus$，应等于上面能量循环中所有能量项之和。

$$\Delta H^\ominus = \Delta H_1^\ominus + \Delta H_2^\ominus + \Delta H_3^\ominus + \Delta H_4^\ominus + \Delta H_5^\ominus + \Delta H_6^\ominus$$

表 14-13 列出了氢卤酸离解过程有关的热力学数据。

表 14-13　氢卤酸离解过程的热力学数据（298.15K）　　单位：kJ·mol⁻¹

氢卤酸	$\Delta H_1^\ominus$	$\Delta H_2^\ominus$	$\Delta H_3^\ominus$	$\Delta H_4^\ominus$	$\Delta H_5^\ominus$	$\Delta H_6^\ominus$	$\Delta H^\ominus$	$T\Delta S^\ominus$	$\Delta G^\ominus$
HF	48	566	1311	−333	−1091	−515	−14	−29	15
HCl	18	431	1311	−348	−1091	−381	−60	−13	−47
HBr	21	366	1311	−324	−1091	−347	−64	−4	−60
HI	23	299	1311	−295	−1091	−305	−58	4	−62

由吉布斯函数变，计算氢卤酸的离解常数为

	HF	HCl	HBr	HI
$K_a^\ominus$	10^{-3}	10^{8}	10^{10}	10^{11}

与文献值比较相符，可以说明氢卤酸的强弱变化规律。

由于 HF 和 HCl 较稳定，所以应用广泛，盐酸是一种重要的工业原料和化学试剂，在制造各种氯化物，清洗金属表面和从矿石中提取金属等方面都有重要的用途。

氢氟酸有与二氧化硅或硅酸盐（玻璃的主要成分）反应生成气态氟化硅的特殊性质。

$$SiO_2 + 4HF = SiF_4 + 2H_2O$$

$$CaSiO_3 + 6HF = SiF_4 + CaF_2 + 3H_2O$$

因此 HF 不能装在玻璃瓶中，一般装在塑料瓶中，HF 可以用来刻蚀玻璃，熔解矿物，尤其是熔解复杂的硅酸盐矿物。HF 会对皮肤造成难以治愈的灼伤，使用时应注意安全。

14.6.2　卤化物的物理性质

除了氦、氖、氩三个稀有气体外，其它元素都能与卤素形成卤化物，由于单质氟具有很强的氧化性，元素形成氟化物时，可以形成最高氧化态的氟化物，如 SF_6、IF_7 等。相对地单质碘的氧化性较低，元素形成碘化物时，往往表现较低的氧化态如 CuI，有些元素甚至不能生成碘化物。

卤化物可以看成是氢卤酸的盐，卤化物的种类和数量都较多，若按键型划分，则可以划分为两大类，离子型卤化物和共价型卤化物。卤化物的键型与成键元素的电负性、原子或离子半径以及金属离子的电荷有关，一般说来，易形成低氧化态的金属，如碱金属、碱土金属（铍除外）、大多数镧系元素和某些低氧化态的 d 区元素的卤化物基本上是离子型卤化物，例如 NaCl、$CaCl_2$、$LaCl_3$、$NiCl_2$ 等，离子型卤化物在固态时是离子晶体。它们具有较高的熔、沸点和低挥发性，熔融和溶于水中能够导电。

由非金属元素以及高氧化态的金属元素与卤素生成的卤化物通常都是共价型卤化物。共价型卤化物在常温下有些是气体（例如 SiF_4），有些是液体（如 $TiCl_4$ 等），有的则是易升华的固体（如 $AlCl_3$）。固体状态的共价型卤化物为分子晶体，它们的熔、沸点较低，易挥发，熔融时不导电，非常容易与水发生酸碱反应。

在同一周期中，从左到右，随元素的电荷数依次增加，离子半径依次减小，正离子的极化能力增大，使卤素的变形性加大，其卤化物的共价性依次增加，卤化物的键型就从离子型逐渐过渡到共价型。表 14-14 列出了第三周期元素氟化物的性质和键型。

表 14-14　第三周期元素氟化物的性质和键型

氟化物	NaF	MgF_2	AlF_3	SiF_4	PF_5	SF_6
正离子	Na^+	Mg^{2+}	Al^{3+}	Si^{4+}	P^{5+}	S^{6+}
离子半径/pm	95	65	50	41	34	29
熔点/℃	995	1250	1040	−77	−93.7	−51
沸点/℃	1702	2260	1260	−65	−84.5	−64(升华)
熔融态导电性	导电	导电	导电	不能	不能	不能
键型	离子型	离子型	离子型	共价型	共价型	共价型

同族元素，自上而下，离子半径依次增大，正离子的极化能力减弱，卤化物的共价成分依次减小，离子键成分逐渐增加，使卤化物的晶体结构由分子晶体逐渐过渡到离子晶体，其熔、沸点因此而增大（见表 14-15）。

表 14-15　氮族元素氟化物的性质与键型

氟化物	熔点/℃	沸点/℃	熔融态导电性	键　型
NF_3	66.37	144.09	不能	共价型
PF_3	121.55	171.95	不能	共价型
AsF_3	267.2	336	不能	共价型
SbF_3	565	592(升华)	难	过渡型
BiF_3	1000	1300(升华)	易	离子型

同一种元素可以与卤素形成不同的卤化物，卤离子从 F^- 到 I^- 半径依次加大，阴离子的变形性逐渐加大，卤化物的共价成分逐渐变大，从氟化物到碘化物，卤化物的结构和性质呈现规律性的变化，但是对于不同键型的卤化物，其变化规律并不完全一样。对于典型的离子型卤化物，例如 NaF、NaCl、NaBr、NaI，虽然其负离子的半径依次增大，其卤化物的离子键成分依次减小，但是这四种卤化物仍属于离子型化合物，其固体属于离子晶体。因此它们的熔、沸点是随着负离子半径的增加而逐渐降低（见表 14-16），原因是离子晶体的熔、沸点的高低取决于晶格能的大小，而晶格能与正、负离子的半径之和成反比。

表 14-16　卤化物的结构与性质

卤化物	熔点/℃	沸点/℃	键　型	卤化物	熔点/℃	沸点/℃	键　型
NaF	995	1705	离子型	NaBr	747	1390	离子型
NaCl	801	1462	离子型	NaI	661	1304	离子型

对于典型的共价型卤化物而言，它们都是分子晶体，其熔点、沸点都按氟化物、氯化物、溴化物和碘化物的顺序升高，原因是卤化物的分子量按照氟化物、氯化物、溴化物和碘化物的顺序递增，其卤化物分子间力依次增大（见表 14-17）。

表 14-17　共价型卤化硅的结构与性质

卤化物	SiF_4	$SiCl_4$	$SiBr_4$	SiI_4
熔点/℃	−90.2	−20	5.4	121
沸点/℃	−86	58	154	288

对于有些元素的卤化物，从氟化物到碘化物，随着阴离子的半径增加，变形性加大，其晶体结构由离子晶体变化到分子晶体（见表 14-18）。

表 14-18　卤化铝的性质和结构

卤化物	AlF_3	$AlCl_3$	$AlBr_3$	AlI_3
熔点/℃	1313	466(加压)	320.5	464
沸点/℃	1533	951(升华)	541	655
键型	离子型	过渡型	共价型	共价型

同一元素形成不同氧化态的卤化物时，高氧化态离子的电荷多，半径小，有较强的极化能力，必然使其卤化物具有更高的共价成分，同一元素高氧化态的卤化物较低氧化态的卤化物具有较低的熔、沸点（见表 14-19）。

表 14-19　不同氧化态卤化物的性质和键型

卤化物	$SnCl_2$	$SnCl_4$	$PbCl_2$	$PbCl_4$
熔点/℃	246	−33	501	−15
沸点/℃	652	114	950	105
键型	离子型	共价型	离子型	共价型

对于不同氧化态的非金属卤化物，都是共价型卤化物，分子间力主要是色散力，其熔、沸点随分子量的增大而增加。高氧化态的卤化物的熔、沸点比低氧化态的卤化物的熔、沸点高，例如 PCl_3 的熔点为−93.6℃，而 PCl_5 的熔点则为 167℃。

大多数卤化物易溶于水，只有氯、溴、碘的银盐（AgX）、铅盐（PbX_2）、亚铜盐（CuX）等是难溶的，氟化物的溶解度与其它卤化物的溶解情况不一样。例如 CuF_2 不溶于 H_2O，而其它 CuX_2 可溶于 H_2O，AgF 可溶于水，而其它 AgX 则不溶于 H_2O。卤化物在水中的溶解情况可以用极化理论解释。

14.6.3　卤化物的化学性质

14.6.3.1　卤化物的热稳定性

卤化物的热稳定性是指它们受热时是否容易分解的性质，大多数卤化物是很稳定的。碱金属的卤化物在加热时很难发生分解，而有些卤化物则非常容易分解，例如：

$$ZrI_4 = Zr + 2I_2$$

$$PCl_5 = PCl_3 + Cl_2$$

$$CCl_4 = C + 2Cl_2$$

卤化物的热稳定性一般用卤化物的生成焓来估计，其生成焓越负，稳定性越高，生成焓的负值越小或是正值，卤化物的热稳定性越差，或根本不存在。表 14-20 列出第三周期元素的一些卤化物的生成焓。

表 14-20　第三周期元素卤化物的生成焓　　单位：$kJ \cdot mol^{-1}$

	Na	Mg	Al	Si
F	−1138	−1102	−868	−774
Cl	−822	−642	−464	−320
Br	−720	−518	−350	−198
I	−576	−356	−210	−66

从表 14-20 中可以看到活泼金属卤化物的生成焓负值最大，稳定性最高。同周期从左到右，随着金属活泼性的减弱，卤化物生成焓的负值减小，卤化物的热稳定性有减小的趋势。同一元素不同的卤化物其生成焓负值按 F→I 的顺序递减，即同一元素的氟化物热稳定性最好，碘化物最不稳定。卤化物的热分解反应，可以看成自身的氧化还原反应，在 F^-、Cl^-、Br^-、I^- 中，I^- 的还原性最强，碘最容易发生反应。在实际生产中，常利用碘化物的这一性质进行提纯。例如：钛的精炼就是一个很好的例子。

$$Ti(粗) + 2I_2 = TiI_4$$

$$TiI_4 = Ti(精) + 2I_2$$

14.6.3.2　卤化物与水的酸碱反应

依据酸碱质子理论，卤化物的正离子在水溶液中以水合正离子的形式存在，能够与水发生酸碱反应，而卤化物的负离子则可以作为质子碱，接受水给出的质子，卤化物在水中的这种现象，在阿仑尼乌斯酸碱理论中称为水解，这是卤化物十分重要的化学性质，在实践中，常利用卤化物的这种性质。例如，用溶胶-凝胶法制备膜、玻璃等。有时则必须避免卤化物与水发生酸碱反应，例如配制 $SnCl_2$ 水溶液。

卤化物中的负离子是氢卤酸的共轭碱，除氢氟酸外，氢卤酸都是强酸，因此由活泼金属（镁除外）组成的氯化物、溴化物和碘化物都不可能与水发生相应的酸碱反应，只有氟化物中的氟离子才能够与水发生相应的酸碱反应，使溶液呈弱碱性：

$$F^- + H_2O \longrightarrow HF + OH^-$$

许多活泼性较差的金属卤化物和非金属卤化物都会与水发生不同程度的酸碱反应。根据其产物的不同，可分为三种类型。

（1）生成碱式盐或卤氧化物

这是最常见的一种类型，通常是由于阳离子与水发生不完全酸碱反应而产生的，例如

$$MgCl_2 + H_2O \longrightarrow Mg(OH)Cl\downarrow + HCl$$

$$SnCl_2 + H_2O \longrightarrow Sn(OH)Cl\downarrow + HCl$$

在一般条件下，这类卤化物要达到与水完全反应比较困难。如果在分级酸碱反应的过程中，中间产物是容易脱水的碱式卤化物，则与水的酸碱反应将生成卤氧化物沉淀，而不发生进一步的酸碱反应，例如

$$SbCl_3 + H_2O \longrightarrow SbOCl\downarrow + 2HCl$$

$$BiCl_3 + H_2O \longrightarrow BiOCl\downarrow + 2HCl$$

对于易与水发生酸碱反应的卤化物，在配制其溶液时，应预先加入相应的酸，以防止其与水发生酸碱反应而产生沉淀。

（2）生成氢氧化物

有许多金属卤化物与水发生酸碱反应的最终产物是相应的氢氧化物沉淀，但这些酸碱反应往往需要加热以促使反应进行完全。例如

$$AlCl_3 + 3H_2O \longrightarrow Al(OH)_3\downarrow + 3HCl$$

$$FeCl_3 + 3H_2O \longrightarrow Fe(OH)_3\downarrow + 3HCl$$

$$ZnCl_2 + 2H_2O \longrightarrow Zn(OH)_2\downarrow + 3HCl$$

（3）生成两种酸

许多非金属卤化物和高氧化态的金属卤化物，与水发生的酸碱反应进行得非常完全，生成相应的含氧酸和氢卤酸，例如

$$BCl_3 + 3H_2O \longrightarrow H_3BO_3 + 3HCl$$

$$PCl_5 + 4H_2O \longrightarrow H_3PO_4 + 5HCl$$

$$SnCl_4 + 3H_2O \longrightarrow H_2SnO_3 + 4HCl$$

$$TiCl_4 + 3H_2O \longrightarrow H_2TiO_3 + 4HCl$$

$$SiF_4 + 3H_2O \longrightarrow H_2SiO_3 + 4HF$$

这类卤化物遇到潮湿的空气就会产生烟雾，这是由于它们与水具有很强的反应性。军事上制备烟幕剂就是利用这个性质。

卤化物与水发生酸碱反应的差别，可以通过离子极化理论进行说明。当卤化物溶于 H_2O 后，可以发生如下的离解反应：

$$MX + (x+y)H_2O \longrightarrow [M(H_2O)_x]^+ + [X(H_2O)_y]^-$$

在这个过程中，若正离子夺取水分子中的 OH^- 而释放出 H^+，或 X^- 夺取水分子中的 H^+ 而释放出 OH^-，这时就发生酸碱反应。显然 MX 溶于 H_2O 后是否发生酸碱反应，主要取决于 M^+ 或 X^- 对配位水分子的影响（极化作用）。对于卤化物而言，除 F^- 是弱酸的共轭碱外，Cl^-、Br^-、I^- 都是强酸的共轭碱，在水溶液中，它的碱性较弱，不可能从 H_2O 中夺取 H^+ 形成相应的 HX，因此卤化物在水中是否与水发生酸碱反应主要取决于正离子对 H_2O 的极化作用。若正离子的电荷较低，半径较大时，其离子极化的能力较小，像 Na^+、K^+、

Ba^{2+}等离子，水合离子中的水分子不会发生较大的变化，仍以水合离子的形式存在于水溶液中；随着正离子的电荷增加，半径减小，其离子极化能力提高，水合离子中的水分子会发生较大的变形，使得正离子对氧的吸引力增加，导致O—H键减弱，若正离子的极化力进一步加大时，就会使O—H键断裂，导致水分子结构的破坏，带负电的OH^-就会与正离子结合在一起，H^+就会被离解出来，由此可见，卤化物与水发生酸碱反应的程度与正离子的极化能力相对应，正离子的极化能力越强，卤化物与水发生酸碱反应的程度就愈大，这种现象从反应产物也可以看出，低价金属离子的极化能力较弱，其与水发生酸碱反应的产物一般是发生不完全反应的产物——碱式盐，高价金属离子的极化能力较大，其产物一般都是含氧酸。

14.7 硫化物

硫是氧的同族元素，具有与氧相似的价电子层结构，也容易获得两个电子，形成－2价的离子，并能够与金属或非金属形成相应的硫化物。此外，硫还有可利用的3d轨道，形成高于＋2氧化数的正氧化态的化合物，例如SF_6、SO_4^{2-}、SO_2等，而氧则不能形成类似的化合物。

硫离子的半径比O^{2-}大，有较大的变形性，能在氧化剂的作用下失去电子，即S^{2-}有较强的还原性。使得具有多种氧化态的元素在硫化物中往往呈较低氧化态。而在氧化物中相应元素却可以表现出最高氧化态。例如，锇的氧化物可以有最高氧化态的OsO_4，而它的硫化物却是OsS_2。本节主要讨论硫呈－2氧化态形成硫化物的性质。

14.7.1 硫化氢和氢硫酸

硫蒸气能与氢气直接化合生成硫化氢，在实验室中通常是由金属硫化物与酸反应制备硫化氢。

$$FeS(s)+H_2SO_4 = H_2S(g)+FeSO_4$$

$$Na_2S+H_2SO_4 = H_2S(g)+Na_2SO_4$$

前一反应用于制备少量的H_2S，而后一反应适用于制备大量的硫化氢。

硫化氢是无色，具有腐蛋臭味的有毒气体，空气中若含有0.1% H_2S时，就会迅速引起头晕脑痛等症状，大量吸入会因中毒而造成昏迷甚至死亡，使用H_2S气体时应在通风的地方进行。H_2S在空气中的最大允许量为$0.01mg\cdot dm^{-3}$。

硫化氢与H_2O是同类化合物，与H_2O分子的结构相似，呈V形。S—H键长为134pm，键角为92°，它是极性分子，但极性要小于H_2O。由于没有氢键形成，其熔点、沸点均小于水。

硫化氢气体能溶于H_2O，在293K时，$1dm^3$的水能溶解$2.6dm^3$的H_2S气体，硫化氢饱和溶液的浓度约为$0.1mol\cdot dm^{-3}$，生成的水溶液称为氢硫酸。氢硫酸是很弱的二元酸，存在如下的离解：

$$H_2S \rightleftharpoons H^+ + HS^- \qquad K_1^{\ominus}=1.07\times10^{-7}$$

$$HS^- \rightleftharpoons H^+ + S^{2-} \qquad K_2^{\ominus}=1.26\times10^{-13}$$

硫化氢具有还原性，能在空气中燃烧，生成二氧化硫和水。

$$2H_2S+3O_2 = 2SO_2+2H_2O$$

若空气不充足，则生成单质硫和水

$$2H_2S+O_2 = 2S+2H_2O$$

氢硫酸比硫化氢气体具有更强的还原性，容易被空气氧化而析出硫，使溶液变浑浊。在酸性介质中，Fe^{3+}可以将H_2S氧化成单质硫。

$$2Fe^{3+}+H_2S = 2Fe^{2+}+2H^++S$$

而较强的氧化剂如 Cl_2、Br_2 等可以将 H_2S 氧化成硫酸。

$$H_2S+4Cl_2+4H_2O = H_2SO_4+8HCl$$

14.7.2　硫化物

许多金属离子都可以在溶液中与硫化氢或 S^{2-} 反应，生成相应的硫化物。除碱金属和 NH_4^+ 的硫化物可溶于水，碱土金属的硫化物微溶于水外，其它金属的硫化物均难溶于水，且都有颜色。硫化物中 S^{2-} 具有较大的半径，容易发生变形，在与金属离子结合时，由于离子极化作用，使金属硫化物中 M—S 键含有较多的共价性，因而很多硫化物都难溶于水，显然，金属离子的极化作用越大，其硫化物的溶解度越小。由于不同金属离子的极化作用有较大的区别，各种硫化物的溶解度之间的差别非常大。在饱和硫化氢水溶液中，存在如下关系：

$$\{c(H^+)/c^\ominus\}^2\{c(S^{2-})/c^\ominus\}=1.35\times10^{-21}$$

通过调节溶液的酸度，可以达到控制溶液中 S^{2-} 浓度的目的，这样，适当的控制溶液的酸度，利用 H_2S 能将溶液中的不同金属离子分组分离。根据难溶于水的硫化物在酸中的溶解情况，可以将硫化物分为以下几组：

① 不溶于水，溶于稀盐酸的硫化物。例如，ZnS、MnS、FeS 等，此类硫化物的 $K_{sp}^\ominus$ 一般都大于 10^{-24}，只需要用稀盐酸，就可以使 S^{2-} 浓度降低而使硫化物溶解。显然这些金属离子在酸性介质中通入 H_2S，将不会产生硫化物沉淀。

② 不溶于水和稀盐酸，可溶于浓盐酸的硫化物。属于这一类的硫化物主要是 SnS、SnS_2、PbS、Bi_2S_3、Sb_2S_3、Sb_2S_5、CdS 等。它们的 $K_{sp}^\ominus$ 一般在 $10^{-25}\sim10^{-30}$ 之间，此类硫化物通过增加 H^+ 浓度，降低 S^{2-} 的浓度，同时金属离子与大量的 Cl^- 生成配合物，降低了金属离子的浓度，使得金属离子浓度与硫离子浓度的乘积小于硫化物的 $K_{sp}^\ominus$，使硫化物溶解，例如：

$$PbS+4HCl(浓) = [PbCl_4]^{2-}+H_2S\uparrow+2H^+$$

当将 H_2S 通入到这些金属离子的溶液中时，可以产生硫化物沉淀。

③ 不溶于水和盐酸，可溶于氧化性酸。属于这一类硫化物的主要有 CuS、Ag_2S、Cu_2S 等，此类硫化物的 $K_{sp}^\ominus$ 小于 10^{-30}。由于溶解度非常小，仅通过提高溶液的 H^+ 浓度已不可能将 S^{2-} 浓度降低到使硫化物溶解的数值。若在一升溶液中，使 0.1mol CuS 完全溶解，所需的 H^+ 浓度将高达 $10^6 mol\cdot dm^{-3}$，这是不可能达到的。必须使用氧化性酸如 HNO_3，将溶液中的 S^{2-} 氧化成单质硫，从而使硫化物溶解。例如：

$$3CuS+8HNO_3 = 3Cu(NO_3)_2+3S\downarrow+2NO\uparrow+4H_2O$$

④ 仅溶于王水的硫化物。属于这类硫化物的有 HgS。HgS 的溶解度非常小，其 $K_{sp}^\ominus$ 为 4.0×10^{-53}，极其少量的 S^{2-} 都可产生 HgS 沉淀。单独用 HNO_3 将 S^{2-} 氧化成单质硫，还不可能使溶液中的正、负离子浓度的乘积小于其 $K_{sp}^\ominus$，只有同时降低阴离子浓度和阳离子浓度，才能可能使 HgS 溶解。使用王水，可以将 S^{2-} 氧化为 S，大量存在的 Cl^- 可以与 Hg^{2+} 配合生成 $[HgCl_4]^{2-}$，使硫离子浓度和 Hg^{2+} 浓度同时降低，导致 HgS 溶解。

$$3HgS+2HNO_3+12HCl = 3H_2[HgCl_4]+3S+2NO+4H_2O$$

易溶于或微溶于水的硫化物，如 Na_2S，S^{2-} 在水中很容易与水发生酸碱反应，使溶液呈碱性。工业上常用价格较便宜的 Na_2S 代替 NaOH 作为碱使用，故硫化物俗称“硫化碱”。

由于 S^{2-} 的碱性比水强，易与水溶液中的 H^+ 结合，使得某些金属的硫化物不能存在于水溶液中。例如：

$$Al_2S_3+6H_2O = 2Al(OH)_3\downarrow+3H_2S$$
$$Cr_2S_3+6H_2O = 2Cr(OH)_3\downarrow+3H_2S$$

Al_2S_3 和 Cr_2S_3 通常是用粉末状金属与硫粉直接反应来制备。

硫化物很容易被氧化。这一性质对于寻找硫化物矿床很有意义。当黄铁矿（FeS_2）因地壳变动或风化剥蚀而暴露于地表时，在含氧的地下水作用下，会发生如下反应：

$$4FeS_2+15O_2+2H_2O = 2Fe_2(SO_4)_3+2H_2SO_4$$

生成的 $Fe_2(SO_4)_3$ 在适当的条件下，可能与水中的 OH^- 作用，生成红棕色的$Fe(OH)_3$沉淀。

$$Fe_2(SO_4)_3+6H_2O = 2Fe(OH)_3\downarrow+3H_2SO_4$$

$Fe(OH)_3$ 经过脱水，转变为红棕色的沉积物，称作“铁帽”，这种“铁帽”已经成了金属硫化物矿床的一种重要标志。同理，孔雀石{碱式碳酸铜[$CuCO_3\cdot Cu(OH)_2$]}可作为寻找黄铜矿（$CuFeS_2$）的标志，而铅钒矿（$PbSO_4$）下面往往有方铅矿（PbS）存在。测量地下水的 pH 值，可以为寻找硫化物矿提供证据，若某处地下水的 pH 值降低许多，周围可能会存在硫化物矿，因为硫化物矿被氧化后生成的 H_2SO_4 会使周围的土壤呈显著的酸性。

有些硫化物具有一定的酸性，可溶于 Na_2S 溶液，生成硫代酸盐：

$$SnS_2+Na_2S = Na_2SnS_3$$ （硫代锡酸钠）

$$Sb_2S_3+3Na_2S = 2Na_3SbS_3$$ （硫代亚锑酸钠）

$$HgS+Na_2S = Na_2HgS_2$$ （硫代汞酸钠）

生成的硫代酸盐可以看成是相应的含氧酸盐中的氧被硫取代的产物。所有的硫代酸盐都只能在中性或碱性介质中存在，遇酸生成不稳定的硫代酸，硫代酸立即分解为相应的硫化物沉淀和硫化氢：

$$Na_2SnS_3+2HCl = SnS_2\downarrow+H_2S+2NaCl$$
$$2Na_3SbS_3+6HCl = Sb_2S_3\downarrow+3H_2S+6NaCl$$
$$Na_2HgS_2+2HCl = HgS\downarrow+H_2S+2NaCl$$

14.8 含氧酸及其盐

盐类是无机化合物中极为重要的一类化合物，它们是由金属阳离子与酸根阴离子组成，可以分为含氧酸盐和非含氧酸盐两大类，前面已经对卤化物和硫化物等非含氧酸盐作了介绍，在这一节里讨论含氧酸及其盐。

14.8.1 含氧酸盐的制备

含氧酸盐的制备方法主要有以下几种：

（1）金属与酸或盐反应

$$3Cu+8HNO_3(\text{稀}) = 3Cu(NO_3)_2+2NO+4H_2O$$
$$Ni+4HNO_3(\text{浓}) = Ni(NO_3)_2+2NO_2+2H_2O$$
$$Fe+CuSO_4 = FeSO_4+Cu$$

（2）金属氧化物与酸或酸性氧化物反应

$$ZnO+H_2SO_4 = ZnSO_4+H_2O$$
$$CaO+SiO_2 = CaSiO_3$$

（3）酸碱中和反应

$$2NaOH+H_2CO_3 = Na_2CO_3+2H_2O$$
$$Mg(OH)_2+H_2SO_4 = MgSO_4+2H_2O$$

（4）复分解反应

$$Ni(NO_3)_2+Na_2CO_3 \longrightarrow NiCO_3+2NaNO_3$$

含氧酸盐的阳离子，除了简单的金属离子外，还有金属与氧形成的氧基离子，如 BiO^+、UO_2^{2+}、VO_2^{2+} 等，碱式盐脱水生成了相应的氧基盐。

$$Bi(OH)_2NO_3 \longrightarrow BiONO_3+H_2O$$

大多数含氧酸根是无色的，例如 SO_4^{2-}、NO_3^-、PO_4^{3-}、CO_3^{2-} 等，只有少数含氧酸根是有色的，例如 $Cr_2O_7^{2-}$ 为橙红色，CrO_4^{2-} 为黄色，MnO_4^- 为紫红色。无色酸根形成盐的颜色与金属阳离子的颜色相同。

14.8.2 含氧酸的强度

为了定量或半定量的说明含氧酸的酸性强度。鲍林针对中心离子对含氧酸强度的影响，提出了两条半定量的规则。

规则一：对于多元酸而言，它的逐级离解常数之间存在以下关系

$$K_1^\ominus : K_2^\ominus : K_3^\ominus \approx 1 : 10^{-5} : 10^{-10}$$

例如，磷酸的三级离解常数分别为：

$$K_1^\ominus=7.08\times10^{-3}\text{；}K_2^\ominus=6.3\times10^{-8}\text{；}K_3^\ominus=4.17\times10^{-13}$$

规则二：无机含氧酸都可以表示为：

$$RO_m(OH)_n$$

其中，m 为非羟基氧原子的数目。无机含氧酸的强度与 m 的数值有关：

m	化学式	酸性	$K_1^\ominus$
0	$R(OH)_n$	弱酸	$\leqslant10^{-7}$
1	$RO(OH)_n$	中强酸	10^{-2}
2	$RO_2(OH)_n$	强酸	约 10^3
3	$RO_3(OH)_n$	极强酸	约 10^8

例如，亚硫酸可以写成 $SO(OH)_2$，根据规则二，可以推测 H_2SO_3 的 $K_1^\ominus$约为 1.0×10^{-2}，运用规则一可以推算 $K_2^\ominus$为 1.0×10^{-7}，而实测值分别为 1.5×10^{-2}和 1.0×10^{-7}，可见两者是相当接近的。

鲍林规则是由大量实验事实总结出来的，它指出了含氧酸强度的基本规律，但由于影响含氧酸强度的因素较多，也存在例外。

14.8.3 含氧酸及其盐的氧化还原性

氧化还原性是含氧酸及其盐的一个重要性质，氧化还原性与成酸元素的性质有较大关系，由非金属性很强的元素形成的含氧酸及其盐，往往具有强的氧化性。例如，卤素的含氧酸及其盐，氮的含氧酸及其盐等。由非金属性较弱的元素形成的含氧酸及其盐则无氧化性。例如，碳酸及其盐，硼酸及其盐，硅酸及其盐等。成酸元素的氧化值对含氧酸的氧化还原性也有影响，具有中间氧化态的含氧酸及其盐，大多既具有氧化性又具有还原性。例如

$$SO_3^{2-}+2H_2S+2H^+ \longrightarrow 3S+3H_2O$$

$$2MnO_4^-+5SO_3^{2-}+6H^+ \longrightarrow 2Mn^{2+}+5SO_4^{2-}+3H_2O$$

$$2NO_2^-+4H^++2I^- \longrightarrow 2NO+I_2+2H_2O$$

$$2MnO_4^-+5NO_2^-+6H^+ \longrightarrow 2Mn^{2+}+5NO_3^-+3H_2O$$

有些具有中间氧化态的含氧酸容易发生歧化反应，例如次氯酸、氯酸等：

$$3HClO \longrightarrow 2HCl+HClO_3$$

$$8HClO_3 \longrightarrow 4HClO_4+2Cl_2+3O_2+2H_2O$$

过渡元素高氧化数的含氧酸及其盐也具有氧化性。例如 $H_2Cr_2O_7$、$HMnO_4$ 等是常用的

氧化剂。

$$MnO_4^- + 5Fe^{2+} + 8H^+ = Mn^{2+} + 5Fe^{3+} + 4H_2O$$

$$K_2Cr_2O_7 + 14HCl(浓) = 2KCl + 2CrCl_3 + 3Cl_2 + 7H_2O$$

有些含氧酸及其盐具有很强的氧化性，例如

$$H_5IO_6 + H^+ + 2e = IO_3^- + 3H_2O \qquad E^{\ominus} = 1.644V$$

$$S_2O_8^{2-} + 2e = 2SO_4^{2-} \qquad E^{\ominus} = 2.0V$$

可以在酸性介质中将 Mn^{2+} 氧化成 MnO_4^-。

$$5H_5IO_6 + 2Mn^{2+} = 5HIO_3 + 2MnO_4^- + 6H^+ + 7H_2O$$

$$2Mn^{2+} + 5S_2O_8^{2-} + 8H_2O \xlongequal{Ag^+, \triangle} 2MnO_4^- + 10SO_4^{2-} + 16H^+$$

含氧酸及其盐在水溶液中的氧化还原性，可以用标准电极电势 $E^{\ominus}$ 来衡量，$E^{\ominus}$ 值越正，表明氧化型物质的氧化能力越强，$E^{\ominus}$ 值越负，其还原型物质的还原能力越强。各种含氧酸及其盐的氧化还原性的相对强弱的变化规律及其原因比较复杂，主要表现在同一元素有多种不同氧化态的含氧酸及其盐，其氧化还原性各不相同。例如 HNO_3 与 HNO_2 的氧化性就有很大的差别。同一氧化态的含氧酸及其盐可以还原成不同的产物，即同一含氧酸及其盐，在不同条件下，其氧化还原性强弱也不完全相同，但含氧酸及其盐的氧化还原性仍有某些规律可循。

① 含氧酸及其盐的氧化能力与溶液的 pH 值有较大的关系，溶液中的 pH 值越小，含氧酸及其盐的氧化能力越强；在碱性介质中，其氧化能力较弱，有些低价态的含氧酸及其盐甚至具有还原性。

有些反应在不同的 pH 值介质中，其反应方向发生变化，在强酸性介质中，下列反应向右进行，当 pH 值增大时则向左进行。

$$H_3AsO_4 + 2H^+ + 2I^- = H_3AsO_3 + I_2 + H_2O$$

$$NaBiO_3 + 6H^+ + 2Cl^- = Na^+ + Bi^{3+} + Cl_2 + 3H_2O$$

② 同一周期主族元素和同一周期的过渡元素最高氧化态的含氧酸的氧化性随着原子序数的增加而增强。例如：H_2SiO_3 和 H_3PO_4 几乎没有氧化性，H_2SO_4 只有在高温和浓度大时，才有氧化性，而 $HClO_4$ 则为强氧化剂。同类型低氧化态的含氧酸也有这种倾向。如 $HClO_3$ 的氧化性大于 H_2SO_3。过渡元素也是如此。如 $HMnO_4$ 的氧化性强于 $H_2Cr_2O_7$。

③ 同族主族元素最高氧化态含氧酸的氧化性从上到下呈现出锯齿状变化（图 14-3）。

④ 同一副族元素含氧酸及其盐的氧化性则是随着原子序数的增加而略有下降（图 14-3），次卤酸氧化性的变化趋势与此相似。

⑤ 当成酸元素具有相同的氧化态且处于同一周期时，主族元素的含氧酸的氧化性强于副族元素的含氧酸，例如，BrO_4^- 的氧化性大于 MnO_4^- 的，SeO_4^{2-} 的氧化性大于 $Cr_2O_7^{2-}$ 的。

⑥ 同一元素不同氧化态的含氧酸，若浓度相同，还原产物相同，则高氧化态含氧酸的氧化性比低氧化态的弱。例如：

$$HClO > HClO_3 > HClO_4$$

$$HNO_2 > HNO_3 \text{（稀）}$$

⑦ 一般地，浓酸的氧化性大于稀酸，含氧酸的氧化性大于含氧酸盐的氧化性。

上述含氧酸氧化还原性的规律，都是根据事实归纳总结出来的，还不能够得到圆满的理论解释。

14.8.4 含氧酸盐的溶解性

含氧酸盐属于离子化合物，绝大部分钠盐、钾盐、铵盐以及酸式盐均溶于水。除了碱金

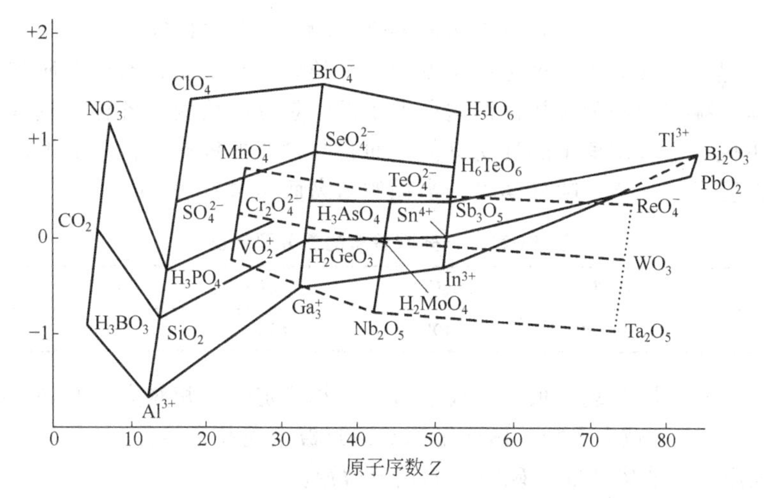

图 14-3　各元素含氧酸（包括酸酐）氧化还原性的周期性

属（Li 除外）和 NH_4^+ 的碳酸盐溶于 H_2O 外，其它的碳酸盐均难溶于 H_2O。其中又以 Ca^{2+}、Sr^{2+}、Ba^{2+}、Pb^{2+} 的碳酸盐最难溶。

大多数硫酸盐可溶于水，但 Pb^{2+}、Ba^{2+}、Sr^{2+} 的硫酸盐难溶于水，Ca^{2+}、Ag^+、Hg^{2+}、Hg_2^{2+} 的硫酸盐微溶于水。硝酸盐和氯酸盐几乎全都溶于水，且溶解度随温度的升高而迅速增大，但 $KClO_3$ 微溶于水。

磷酸盐、硅酸盐、硼酸盐、砷酸盐、铬酸盐等除 K^+、Na^+ 和 NH_4^+ 盐外，其它的均难溶于水。

盐类溶解性是一个非常复杂的问题，到目前为止，还没有一个完整的规律性，只有一些经验规律：例如，阴离子半径较大时，盐的溶解度常随金属的原子序数的增大而减小，相反，阴离子半径较小时，盐的溶解度常随金属的原子序数的增大而增大。此外一般来讲，盐中正负离子半径相差较大时，其溶解度较大，盐中正负离子半径相近时，其溶解度较小。影响溶解度的因素很多，影响含氧酸盐溶解度的主要因素是分子结构、晶格能与水合能的相对大小等。

14.8.5　含氧酸及其盐的热稳定性

许多盐受热会发生分解反应，由于盐的性质不同，分解产物的类型、分解反应的难易有很大的区别。对于含氧酸盐而言，其热分解反应，可以粗略地分为非氧化还原反应和氧化还原反应，下面分别讨论。

14.8.5.1　非氧化还原的热分解

含氧酸盐的这种热分解的特点是在分解过程中没有电子转移，构成含氧酸盐的元素的氧化态，在分解前后并未发生变化，这类热分解包括：含氧酸盐的脱水反应、含氧酸盐的分解反应和含氧酸盐的缩聚反应。它们的产物分别为无水含氧酸盐或碱式盐、氧化物或酸和碱缩聚多酸盐。这几类热分解的分解方式不同，反应规律相异，在这里主要讨论含氧酸盐热分解为氧化物的规律。

含氧酸盐是碱性氧化物与酸性氧化物反应或酸与碱反应的产物，加热含氧酸盐时，含氧酸盐可以分解为相应的氧化物或酸和碱。例如

$$CaCO_3 \xlongequal{1170K} CaO + CO_2 \uparrow$$

$$CuSO_4 \xlongequal{923K} CuO + SO_3 \uparrow$$

$$(NH_4)_2SO_4 \xlongequal{\triangle} NH_3\uparrow + NH_4HSO_4$$

在无水含氧酸盐热分解反应中，这是最常见的一种类型。碱金属、碱土金属和具有单一氧化态金属的硅酸盐、硫酸盐和磷酸盐常按这种类型发生热分解反应。各种含氧酸盐的分解温度相差很大，这不仅与金属阳离子的性质有关，而且与含氧酸根有关，一般地，当含氧酸根相同时，其分解温度在同一族中随金属离子半径的增高而递增（表 14-21）。

表 14-21　一些碳酸盐的热分解温度

	$BeCO_3$	$MgCO_3$	$CaCO_3$	$SrCO_3$	$BaCO_3$
分解温度/℃	约 100	402	814	1098	1277

不同金属离子与相同含氧酸根所组成的盐，其热稳定性的相对大小有如下变化顺序

碱金属盐＞碱土金属盐＞过渡金属盐＞铵盐

表 14-22 列出了一些碳酸盐和硫酸盐的热分解温度。

表 14-22　一些碳酸盐和硫酸盐的热分解温度

	Na_2CO_3	$CaCO_3$	$ZnCO_3$	$(NH_4)_2CO_3$	Na_2SO_4	$CaSO_4$	$ZnSO_4$	$(NH_4)_2SO_4$
分解温度/℃	1800	899	350	58	不分解	1450	930	100

从表 14-22 中还可以看到当阳离子相同时，含氧酸盐的热稳定性通常是硫酸盐高于碳酸盐。

含氧酸盐热稳定性的变化规律，可以近似用离子极化理论解释（以碳酸盐为例），碳酸根离子呈平面三角形，碳位于平面三角形的中心，三个氧位于平面三角形的三个顶角。根据离子极化理论，在 CO_3^{2-} 中的碳可以看作是+4 价的阳离子，与三个−2 价的阴离子结合，氧离子在碳离子的极化作用下，形成稳定结构（见图 14-4）。当一个金属阳离子 M^{2+} 与 CO_3^{2-} 中的一个氧离子接近并形成碳酸盐时，CO_3^{2-} 的稳定结构就被破坏，金属离子 M^{2+} 对其邻近的 O^{2-} 产生极化作用，O^{2-} 产生的偶极矩与 C^{4+} 极化 O^{2-} 所产生的偶极矩的方向相反，故称为反极化作用。金属离子对氧离子产生的反极化作用，将会减弱 C^{4+} 对 O^{2-} 的结合力。金属离子的极化能力越强，C^{4+} 与 O^{2-} 之间的结合力越弱，当外界给予适当的能量时，就会引起分解。图 14-5 表示了这一过程。

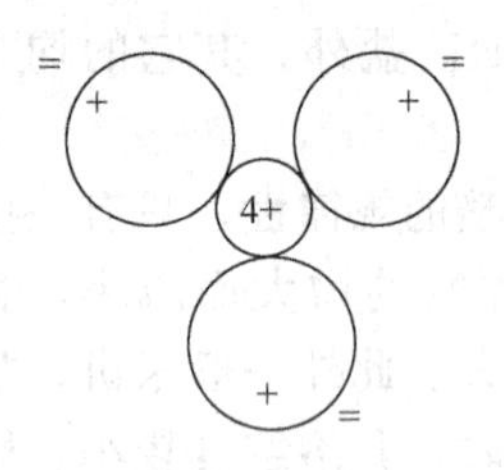

图 14-4　碳酸根离子

M^{2+} + CO_3　　MCO_3　　(MO)　(CO$_2$)

图 14-5　M^{2+} 对 CO_3^{2-} 的反极化作用

从上面的讨论可以清楚地看到，在含氧酸根相同时，金属离子的正电场越强，该含氧酸越容易分解。碱金属离子电荷小，半径较大，又是 8 电子构型，极化力弱，对酸根中的 O^{2-} 产生的反极化作用小，它们的含氧酸盐较难分解。在同一族中，由 Be^{2+} 至 Ba^{2+} 半径增大，反极化作用依次减弱，故分解温度逐渐升高。对于过渡金属离子，它们的电子构型为不饱和型或 18 电子型。具有较强的极化能力，反极化作用较大，它们的含氧酸盐的热稳定性较差。同理，当金属离子相同时，成酸元素的电场越强，该含氧酸盐就越稳定，由于硫酸

盐中硫（+6）的电场强度比碳酸盐中碳（+4）的电场强度强，所以硫酸盐比碳酸盐的稳定性高。

14.8.5.2　氧化还原的热分解反应

如果组成含氧酸盐的金属离子或含氧酸根具有一定的氧化还原性，加热时，其电子的转移就能够导致含氧酸盐的分解。这类分解反应的特点不仅有电子的转移，而且电子的转移发生在含氧酸盐的内部，是自身氧化还原反应，这类自身氧化还原反应在含氧酸盐的热分解反应中比较普遍，而且也很复杂。

当低氧化态金属或铵与氧化性含氧酸根组成的含氧酸盐发生热分解反应时，由于阳离子具有一定的还原性，阴离子具有一定的氧化性，往往发生的是阴离子将阳离子氧化的反应。例如：

$$NH_4NO_2 \xlongequal{443K} N_2 + 2H_2O \text{(实验室制备 } N_2 \text{ 的方法)}$$

$$(NH_4)_2Cr_2O_7 \xlongequal{423K} Cr_2O_3 + N_2 + 4H_2O$$

$$2NH_4ClO_4 \xlongequal{483K} N_2 + Cl_2 + 2O_2 + 4H_2O$$

若阳离子具有氧化性，而阴离子有还原性，则发生如下反应：

$$2AgNO_3 \xlongequal{431K} 2Ag + 2NO_2 + O_2$$

$$Ag_2SO_3 \xlongequal{\text{红热}} 2Ag + SO_3$$

$$HgSO_4 \xlongequal{\text{红热}} Hg + O_2 + SO_2$$

阳离子氧化阴离子的反应，在含氧酸盐的热分解反应中较为少见。主要是银和汞的含氧酸盐发生这类反应。

当阳离子较稳定，而阴离子不稳定的含氧酸盐，加热时，较易发生阴离子的自身氧化还原反应，尤其是成酸元素为第六、第七族的高氧化态的含氧酸盐，加热时，通常采用这种分解方式。例如

$$2NaNO_3 \xlongequal{\triangle} 2NaNO_2 + O_2$$

$$2KClO_3 \xlongequal{MnO_2,\ \triangle} 2KCl + 3O_2$$

$$2KMnO_4 \xlongequal{\text{燃烧}} K_2MnO_4 + MnO_2 + O_2$$

$$4Na_2Cr_2O_7 \xlongequal{673K} 4Na_2CrO_4 + 2Cr_2O_3 + 3O_2$$

成酸元素的氧化态处于中间氧化态的含氧酸盐，若阳离子为碱金属离子或较活泼的碱土金属离子，加热时，发生阴离子歧化反应。例如

$$3NaClO \xlongequal{348K} 2NaCl + NaClO_3$$

$$4KClO_3 \xlongequal{673K} KCl + 3KClO_4$$

$$4Na_2SO_3 \xlongequal{\text{强热}} Na_2S + 3Na_2SO_4$$

在上述反应中成酸元素 Cl 和 S 发生了歧化反应，其生成的含氧酸根离子比分解的含氧酸根离子稳定。

从以上讨论可知，同一金属离子与不同酸根所形成的盐，其稳定性取决于对应酸的稳定性，一般地，酸较不稳定，其对应的盐也较不稳定，酸较稳定，其盐也较稳定，并且正盐的稳定性大于酸式盐。

14.8.6　硅酸盐

地壳的 95% 是硅酸盐，它们在自然界中分布非常广泛。长石、云母、黏土、石棉、滑

石等都是天然硅酸盐，它们的化学式非常复杂，通常把它们看成是二氧化硅和金属氧化物构成的复合氧化物。例如

正长石 $K_2O \cdot Al_2O_3 \cdot 6SiO_2$ 或 $K_2Al_2Si_6O_{16}$

白云母 $K_2O \cdot 3Al_2O_3 \cdot 6SiO_2 \cdot H_2O$ 或 $K_2H_4Al_6(SiO_4)_6$

石棉 $CaO \cdot 3MgO \cdot 4SiO_2$ 或 $MgCa(SiO_3)_4$

石榴石 $3CaO \cdot Al_2O_3 \cdot 3SiO_2$ 或 $Ca_3Al_2(SiO_4)_3$

在工业上用石英砂（SiO_2）与碳酸钠在反射炉中煅烧，可以得到玻璃态的硅酸钠熔体，溶于水成黏稠溶液，俗称水玻璃，它的用途很广，在建筑工业中用作黏合剂。木材和织物经水玻璃浸泡后，可以防火、防腐。它还可以用作软水剂和洗涤剂的添加物，也是制造硅胶和分子筛的原料。

除了碱金属硅酸盐外，其余硅酸盐都不溶于水。硅酸是一个弱酸，可溶性硅酸盐的水溶液都呈碱性。当在 SiO_3^{2-} 溶液中加入 NH_4^+ 时，有 H_2SiO_3 沉淀生成和氨放出。

$$SiO_3^{2-} + 2NH_4^+ \longrightarrow H_2SiO_3 \downarrow + 2NH_3 \uparrow$$

用水玻璃与酸作用，生成的硅酸可以逐渐缩合形成多硅酸的胶体溶液，并逐渐生成含水量较大、软而透明，有弹性的硅酸凝胶，将硅酸凝胶脱水，可以得到一种吸附剂——硅胶。硅胶对极性物质 H_2O 等具有较强的吸附能力。其吸附作用主要是物理吸附，可以再生反复使用。

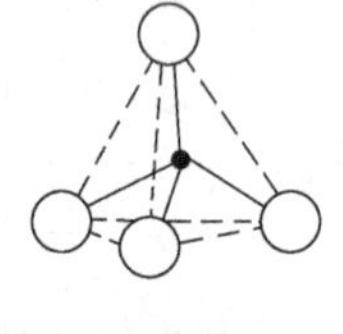

(a) 透视图　(b) 俯视图　● 硅原子　○ 氧原子

图 14-6　SiO_4^{2-} 负离子的四面体结构示意图

硅酸盐的结构虽然很复杂，但都是以硅氧四面体作为基本结构单元。硅位于正四面体的中心，四个氧原子处于正四面体的四个顶点（如图 14-6）。硅氧四面体通过不同的连接方式，构成不同结构的硅酸根阴离子，再结合某些金属阳离子，便得到不同结构的硅酸盐（见图 14-7）。

只含有一个硅氧四面体的正硅酸盐是存在的，橄榄石类硅酸盐就属于这一类。其中硅氧比为 1∶4，硅酸盐的阴离子结构［见图 14-7(a)］可以与不同的正离子相结合，形成不同的橄榄石。例如，正离子为 Mg^{2+} 时，就称为镁橄榄石，正离子为 Fe^{2+} 时，称为铁橄榄石。

通过共用一个氧原子将两个相邻的硅氧四面体连接起来，形成 $Si_2O_7^{6-}$ 双四面体负离子［见图 14-7(b)］，如硬石 $Ca_2ZnSi_2O_7$ 就是属于这种结构的硅酸盐。

由 3 个、4 个或 6 个硅氧四面体共用每个四面体的两个顶角氧原子，可以形成直链或闭合环［图 14-7(c)、(d)］。如绿柱石 $Be_3Al_2Si_6O_{18}$ 就是由 6 个硅氧四面体形成的闭合环。环与环间借金属离子连接。

许多硅氧四面体联结的无限长链［图 14-7(e)、(f)］之间分布着金属正离子，靠静电引力使链结合在一起。这类硅酸盐具有纤维状结构，链形硅酸盐可分为单链和双链两类。

单链的特点是两个硅氧四面体共用两个顶点，成为沿一个方向无限延伸的链，在无限长单链阴离子中硅氧比为 1∶3，例如透辉石 $CaMg(SiO_3)_2$。具有双链结构的硅酸盐的连接方式有几种，一种是每一个硅氧四面体均共用三个顶点。另一种是硅氧四面体中有一半共用两个顶点，另一半共用三个顶点［图 14-7(f)］。

每个硅氧四面体通过共用三个顶点氧分别与邻近三个硅氧四面体联结，形成层状结构［图 14-7(g)］。由金属离子将层与层之间连接起来。例如云母 $KMg_3(OH)_2Si_3AlO_3$。由于层

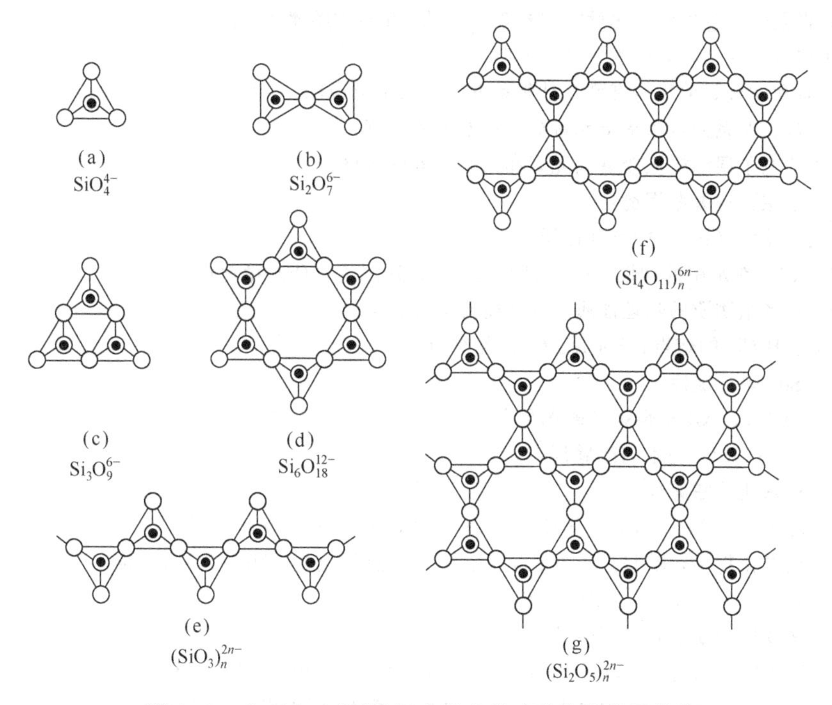

图 14-7 由 SiO_4 四面体组成的多种硅酸盐阴离子结构

间的结合力较弱，这类硅酸盐容易分成薄片。

如果硅氧四面体共用四个顶点，形成了空间网络结构。这类硅酸盐中硅氧比为 1∶2，最简式为 SiO_2，最简单的就是硅石（SiO_2）。Al^{3+} 可取代网络骨架中的 Si^{4+}，这样网络骨架就带负电，为了保持其电中性，就必须引进适量的阳离子，如长石 $KAlSi_3O_8$ 和沸石 $Na_2O \cdot Al_2O_3 \cdot 3SiO_2 \cdot 2H_2O$ 就是这种结构。

硅酸盐的复杂性，不仅仅是由于硅氧四面体的联结方式不同导致了大量不同结构的硅酸盐，还由于硅酸盐中的 Si^{4+} 可以部分被半径相近的 Al^{3+} 取代，形成大量、不同结构的铝硅酸盐，例如长石、沸石、高岭石等都是结构不同的铝硅酸盐。

有些铝硅酸盐晶体，具有很空旷的硅氧骨架，在结构中有许多孔径均匀的孔道和内表面很大的孔穴，能起吸附剂的作用，直径比孔道小的分子能进入孔穴，直径比孔道大的分子被拒之门外，起着筛选分子的作用，故称为分子筛。许多天然沸石（一类铝硅酸盐）都可以用作分子筛。

人们在对天然沸石的结构进行大量研究后，现在已能够人工合成具有不同孔道半径和结构的多种分子筛。目前，分子筛在工业生产中广泛地用于气体干燥、吸收、净化气体、催化剂载体和石油产品的催化裂化。

思 考 题

1. 什么叫丰度？如何表示？

2. 在 109 种元素中，金属元素、非金属元素、稀有气体各有多少种？在自然界中存在的和人工合成的各有多少种？

3. 请指出地壳中含量最多的 10 种元素。

4. 元素在自然界有哪几种存在形式，举例说明之。

5. 简述同一周期、同一族元素，物理性质的周期性变化规律。

6. 什么叫镧系收缩，它对第三过渡元素有何影响？

7. 两性元素是什么意思？用化学方程式表示出 Al 和 Be 的两性性质。

8. 什么叫核素？什么叫同位素？举例说明。

9. 金属单质和非金属单质各有哪几种制备方法？试举例说明。

10. 镧系元素、锕系元素和稀土元素分别包括哪些元素？

11. 从原子的电子层结构比较镧系元素和锕系元素的异同。

12. 稀土元素主要有哪些用途？

13. 试比较卤化氢（HX）的下列性质。

（1）键能；（2）在水中的酸性；（3）偶极矩；（4）还原性；（5）稳定性。

14. 比较下列各组物质的物理性质，并作简要解释。

（1）$MgCl_2$、$BaCl_2$ 的熔点；$BeCl_2$、CCl_4 的熔点。

（2）SiF_4、SiI_4 热稳定性。

（3）AlF_3、$AlCl_3$、$AlBr_3$ 熔融态时的导电性。

（4）CCl_4、PCl_5、SF_6 与水的酸碱反应。

15. 指出下列氧化物酸碱性。

K_2O、Li_2O、BeO、BaO、B_2O_3、CO、Fe_2O_3、Mn_2O_7、FeO、ZnO

16. 指出下列氧化物中，哪些是正常氧化物，哪些是过氧化物，哪些是超氧化物。

SnO_2　PbO_2　SrO_2　Na_2O_2　KO_2　BaO_2　CrO_5

17. 试用鲍林规则判断下列含氧酸的强弱。

H_2CrO_4　HClO　HNO_2　H_3PO_4　H_2SO_4　H_3AsO_4　H_3BO_3　$HMnO_4$

18. 我国古代有一条找铁的经验"上有赫者，下必有铁"，试说出它的科学依据。

19. 应用离子势如何判断氧化物的水合物的酸碱性。

20. 元素氯化物的晶体类型、熔点、沸点等性质的一般变化情况如何？它们的熔点、硬度等性质与晶体类型有何联系，试举例说明。

习　题

1. 选择题

（1）某元素在地壳中的含量称为该元素的丰度，地壳中丰度最高的元素是（　　）。

A. N　　B. O　　C. Ca　　D. Fe

（2）下列单质与碱溶液发生反应能得到氢气的是（　　）。

A. S　　B. Cl_2　　C. P　　D. Si

（3）下列物质中不具有两性的是（　　）。

A. $Al(OH)_3$　　B. $Pb(OH)_2$　　C. $Bi(OH)_3$　　D. 均不具两性

（4）在热碱溶液中 Cl_2 的歧化产物为（　　）。

A. Cl^- 和 ClO^-　　B. Cl^- 和 ClO_2^-　　C. Cl^- 和 ClO_3^-　　D. Cl^- 和 ClO_4^-

（5）下列各组硫化物中，难溶于稀盐酸，但能溶于浓盐酸的是（　　）。

A. ZnS　　B. CuS　　C. Sb_2S_3　　D. HgS

（6）HX 及卤化物中的 X^-，具有最大还原性的是（　　）。

A. F^-　　B. I^-　　C. Cl^-　　D. Br^-

（7）在下列化合物中，不水解的是（　　）。

A. $SiCl_4$　　B. CCl_4　　C. BCl_3　　D. PCl_5

（8）下列元素中，其化合物较多呈现颜色的是（　　）。

A. 碱金属　　B. 碱土金属　　C. 过渡元素　　D. 卤素

（9）用标准$KMnO_4$ 溶液测定一定体积溶液中的 H_2O_2 含量时，反应需在酸性介质中进行，应该选用的是（　　）。

A. 稀盐酸　　B. 浓盐酸　　C. 稀硝酸　　D. 稀硫酸

（10）下列各组物质能共存的是（　　）。

A. H_2O_2 和 H_2S　　B. MnO_2 和 H_2O_2

C. $KMnO_4$ 和 $K_2Cr_2O_7$（溶液）　　D. $FeCl_3$ 和 KI（溶液）

2. 已知自然界存在 ^{16}O、^{17}O 和 ^{18}O，问这是几种元素？几种核素？几种同位素。

3. 写出下列核反应方程式。

(1) 质子轰击 $^{14}_{7}N$，放射出 α 粒子。

(2) 中子与 $^{27}_{13}Al$ 反应，放射出质子。

(3) 氢的两种同位素氘和氚的原子核结合成氦核。

(4) α 粒子与 $^{238}_{92}U$ 结合制 $^{242}_{94}Pu$。

4. 解释下列现象：

(1) Mg 的外层电子结构是 $3s^2$，Ti 的外层电子结构是 $4s^2$，二者都是两个电子，Mg 只有 +2 氧化态，而 Ti 却有 +2、+3、+4 氧化态；

(2) K^+ 和 Ca^{2+} 无色，而 Fe^{2+}、Mn^{2+}、Ti^{2+} 都有颜色；

(3) Li 与 H_2O 的反应比 Na 与 H_2O 的反应慢得多。

5. 比较 K 和 Cu 与水、氧和稀酸作用的情况。

6. 列举出利用下列有关反应制氢气的例子各一个。并写出有关的化学反应方程式，说明相应的反应条件：(1) 金属与水；(2) 金属与酸；(3) 金属与碱；(4) 非金属与水蒸气；(5) 非金属与碱。

7. 完成并配平下列反应方程式。

(1) $Cu + HNO_3$(稀)$\longrightarrow$

(2) $Cl_2 + H_2O \longrightarrow$

(3) $I_2 + NaOH \longrightarrow$

(4) $S + NaOH \longrightarrow$

(5) $P + NaOH \longrightarrow$

(6) $C + H_2SO_4$(浓)$\longrightarrow$

8. KCl 中含有少量 KBr 及 Br_2 中含有少量 Cl_2，可以用什么方法除去？写出相应的反应方程式。

9. 指出下列各组酸的酸度强弱次序。

(1) $HBrO_4$、$HBrO_3$、HBrO

(2) H_2AsO_4、H_2SeO_4、$HBrO_4$

(3) $HClO_4$、H_4SiO_4、H_3PO_4

10. 重铬酸铵受热时，按下式分解：

$$(NH_4)_2Cr_2O_7 = N_2 + Cr_2O_3 + 4H_2O$$

此分解过程与哪种铵盐相似，说明理由。

11. 用反应方程式表示 NaCl、NaBr、KI 分别和浓 H_2SO_4 的反应，指出它们的区别，并说明原因。

12. 写出下列卤化物与水作用的反应方程式。

$MgCl_2$，BCl_3，$SiCl_4$，$BiCl_3$，$SnCl_2$

13. 分别比较下列各组物质的热稳定性。

(1) $MgHCO_3$，$MgCO_3$，H_2CO_3

(2) $(NH_4)_2CO_3$，$CaCO_3$，Ag_2CO_3，K_2CO_3，NH_4HCO_3

(3) $MgCO_3$，$MgSO_4$，$Mg(ClO_4)_2$

14. 解释下列问题：

(1) 为什么 AlF_3 的熔点高达 1290℃，而 $AlCl_3$ 的熔点却只有 190℃（加压下）？

(2) 为什么盛烧碱溶液的瓶塞不用玻璃塞，而盛浓 H_2SO_4、HNO_3 的瓶塞不用橡胶塞？

(3) 氢氟酸为什么不直接盛在玻璃瓶中，而要盛在内涂石蜡的玻璃瓶或塑料瓶中？

(4) H_2S 水溶液为什么不宜长期存放？

15. 写出下列各反应的化学方程式：

(1) 纯碱与硅石（SiO_2）共热；

(2) Sb_2S_3 溶于过量的 Na_2S 溶液中；

(3) HgS 与王水反应；

(4) 超氧化钾与 CO_2 反应放出氧气；

(5) SiO_2 溶于氢氟酸中；

(6) 硝酸铅加热分解；

(7) 氢化钙溶入水中。

16. 根据离子势判断下列氢氧化物为酸性、碱性或两性？

$Mg(OH)_2$，$Fe(OH)_2$，$Be(OH)_2$ LiOH，$B(OH)_3$，$Fe(OH)_3$，$Sn(OH)_4$

17. 写出 PCl_3、SiF_4 与水反应的方程式，与 $BiCl_3$、$SnCl_4$ 同水的酸碱反应的反应方程式相比较有什么区别？

18. 试写出 $SiCl_4$ 和 NH_3 制造烟幕弹的方程式。

19. 完成并配平下列反应方程式：

(1) $TiO_2+H_2SO_4$(浓)$\longrightarrow$

(2) $TiO^{2+}+Zn+H^+\longrightarrow$

(3) $NH_4VO_3 \xrightarrow{\triangle}$

(4) $VO^{2+}+MnO_4^-+H^+\longrightarrow$

(5) V_2O_5+HCl(浓)$\longrightarrow$

(6) $Cr^{3+}+Br_2+OH^-\longrightarrow$

(7) $K_2Cr_2O_7+H_2S\longrightarrow$

(8) $Cr^{3+}+S^{2-}+H_2O\longrightarrow$

(9) $Mn^{2+}+NaBiO_3+H^+\longrightarrow$

(10) $MnO_4^-+H_2O_2+H^+\longrightarrow$

(11) $Fe^{3+}+H_2S\longrightarrow$

(12) $Co^{2+}+SCN^-$(过量)$\xrightarrow{\text{丙酮}}$

(13) $Ni(OH)_2+Br_2+OH^-\longrightarrow$

20. 写出下列有关反应式，并解释反应现象。

(1) $ZnCl_2$ 溶液中加入适量 NaOH 溶液，再加入过量 NaOH 的溶液。

(2) $CuSO_4$ 溶液中加入少量氨水，再加过量氨水。

(3) $HgCl_2$ 溶液中加入适量 $SnCl_2$ 溶液，再加过量 $SnCl_2$ 溶液。

(4) $HgCl_2$ 溶液中加入适量 KI 溶液，再加过量 KI 溶液。

21. 用适当的方法区别下列各对物质：

(1) $MgCl_2$ 和 $ZnCl_2$；

(2) $HgCl_2$ 和 Hg_2Cl_2；

(3) $ZnSO_4$ 和 $Al_2(SO_4)_3$；

(4) CuS 和 HgS；

(5) AgCl 和 $HgCl_2$；

(6) ZnS 和 Ag_2S；

(7) Pb^{2+} 和 Cu^{2+}；

(8) Pb^{2+} 和 Zn^{2+}。

第15章　化学与社会

化学与人类生活息息相关，人类生活的各个方面，社会发展的各种需要都与化学有密切关系。人类社会的发展离不开化学的发展，自从有了人类，化学便与人类结下了不解之缘。钻木取火，用火烧煮食物，烧制陶器，冶炼青铜器和铁器，都是化学技术的应用。正是这些应用，极大地促进了当时社会生产力的发展，成为人类进步的标志。

材料是人类赖以生存和发展的物质基础，一直是人类社会进步的重要里程碑。石器时代、青铜器时代、铁器时代都是以材料作标志。没有半导体材料就没有计算机技术；没有耐高温、高强度的特殊材料就没有航天技术；没有光导纤维就不会有现代光通讯。

化石能源是有限的，提高燃烧效率、开发新能源需要化学；人类的历史可以说就是从能源的利用开始的。能源是发展农业、工业、国防、科技和提高人民生活水平的重要物质基础。

科技的进步，社会的发展，带来了人类社会的文明，同时也产生了一系列问题，这就是世人关注的环境污染问题。由于人们没有处理好生产发展与环境的关系，使环境遭受到不同程度地破坏，如水污染、大气污染、固体废弃物污染、酸雨蔓延、森林锐减，土地沙漠化，气候变暖，臭氧层破坏等，人类生存环境的日益恶化，威胁到人类的健康和生命。那么，环境问题如何解决呢？主要还得靠化学方法。

“化学——人类进步的关键”，诺贝尔奖获得者美国著名化学家西博格教授（Glenn Theodore Seabory），道出了化学在21世纪的今天的地位和作用。现代化学正在帮助人类更好地解决能源、材料、环保、生命等方面的重大问题。

15.1　化学与环境

对某一生物主体而言，环境指的是影响该主体生存、发展和演化的外来原因和后天因素。如将围绕着某一有生命主体的外部世界称之为环境，则相对于人而言的外部世界，就是人类的生存环境。人类的生存环境指的是围绕着人群的，充满各种有生命和无生命物质的空间，是人类赖以生存，直接或间接影响人类生产、生活和发展的各种外界事物和力量的总和。

人类生存的自然环境主要为地球的表层（包括陆地和海洋）及大气层，通常划分为大气圈、水圈、土圈、岩石圈、生物圈五个部分。人类的生存环境不同于生物的生存环境或所谓的自然环境，它是在历史发展中经过人类改造过的自然环境。

十八世纪末开始的工业革命极大地提高了劳动生产率，增强了人类利用和改造环境的能力，大规模地改变了环境的结构和组成以及环境中的物质循环和能量转化，在扩大人类活动领域和丰富物质生活的同时，也带来了环境问题。相对于传统的农业生产而言，现代工业所造成的环境问题主要是环境污染，其规模之大、影响之深是前所未有的。

一般而言，生态系统对于进入其中的污染物质都有一定的净化能力，当进入的有毒物质数量较少时，生态系统能通过物理、化学和生物净化作用降低其浓度或使之完全消除而不致造成危害，这就是生态系统的自净能力。但当污染物质的进入数量超过生态系统的自净能力时，就会破坏生态平衡，造成环境污染。例如全世界每年消耗石油和煤炭各约三十亿吨，燃烧过程中产生大量一氧化碳、二氧化碳、二氧化硫、氮氧化物，很可能影响气候变化并形成局部酸雨；每年约有四亿多吨化肥、农药进入土壤，农药、化肥的不合理使用造成水体和土壤的污染。环境的污染与破坏已经成为一些地区的严重问题。在诸多的环境问题中，酸雨、臭氧层破坏及温室效应等全球性的环境问题尤为人们所关注，成为世界环境问题的三大焦点。

环境污染可分为多种类型，按环境要素通常分为大气污染、水体污染、土壤污染等；按人类活动的性质可分为农业环境污染和城市工业环境污染；按污染物的性质和来源可分为化学污染、生物污染、物理污染（噪声、放射物质、热、电磁波等）、固体废物污染和能源污染等。

15.1.1 大气污染与防治

15.1.1.1 大气的组成

大气与空气并无本质的区别，人类的大气环境，就是包围在地球周围的厚厚的大气层。人们通过生产和生活实践与大气环境连续不断地进行着物质和能量的交换，影响着周围大气环境的质量。所谓大气污染是指一些危害人体健康及周边环境的物质对大气层所造成的污染。

地球大气圈的总质量为 5.2×10^{18}kg，占地球总质量的百万分之一左右，由于地球的引力作用和大气的可压缩性，其质量的一半集中在 5.5km 高空以下。

通常将大气层由下而上分为对流层、平流层、中间层、热成层和逸散层（即外大气层）。其中对流层对人类的影响最大，大气污染现象也主要发生在这一层，特别是近地面的大气边界层（自地表向上延伸至1～1.5km 处）。

自然状态下的大气由干燥清洁的空气、水蒸气和悬浮微粒三部分组成。除去水气和杂质的空气称为干洁空气。干洁空气的主要成分是占总体积 78.09％的 N_2、20.95％的 O_2 和 0.93％的 Ar，三者合计占干洁空气总体积的 99.9％以上。其它各种气体含量合计不到 0.1％。这些微量气体中包括氖、氦、氪、氙等稀有气体。在近地层大气中上述气体组分几乎是不变的，称为恒定组分。大气中的可变组分是指二氧化碳、水蒸气、臭氧等，它们的含量受地区、季节、气象及人们生产和生活活动的影响而发生变化。一般二氧化碳含量在 0.02％～0.04％，水蒸气的含量在 4％以下。大气中的不定组分，是由自然界的火山爆发、森林火灾、地震或人为因素引起的。由此形成的污染物有尘埃、硫 、碳氧化物、氮氧化物、硫氧化物等，当其含量过多地超过了自然状态下的平均含量，就会影响到生物的正常生长和发育，给人类造成危害。

15.1.1.2 大气的污染物

大气污染物按来源分为自然源和人为源两大类。自然污染源如宇宙射线、海洋有机体分解、森林火灾、火山爆发、地球天然资源释放所产生的恶臭物质、悬浮颗粒物、一氧化碳、氮氧化物、二氧化硫、硫化氢、甲烷等；由人类的生产和生活等活动所造成的污染称为人为污染，如工业污染源、生活污染源、交通污染源、农业污染源等，大部分都是由化石燃料燃烧所产生的大量烟尘和有害气体物质。

大气污染物按形成机制的不同，可分为一次污染物和二次污染物。通过污染源直接排放到大气中的就是一次污染物，一次污染物主要包括悬浮颗粒物、硫氧化物、氮氧化物、碳氧化物和碳氢化合物。一次污染物又称为原发性污染物。二次污染物又称为续发性污染物，是指由一次污染物在环境中发生化学变化，所形成的物理、化学性状与以前不同的新污染物，其毒性通常强于一次污染物。二次污染物主要包括酸雨、硫酸雾和光化学烟雾等。大气中主要气体污染物如表 15-1 所示。

表 15-1 大气中主要气体污染物

类 别	一次污染物	二次污染物
含硫化合物	SO_2、H_2S	SO_3、H_2SO_4、MSO_4
含氮化合物	NO、NH_3	NO_2、HNO_3、MNO_3
碳氢化合物	C_1～C_5化合物	醛、酮、臭氧、过氧乙酰硝酸酯等
碳的氧化物	CO、CO_2	无
卤素化合物	HF、HCl	无

当前主要的大气污染物有 5 类：悬浮颗粒物、碳氧化物（CO、CO_2）、硫氧化物（SO_2、SO_3，以 SO_x表示）、氮氧化物（NO、NO_2，以 NO_x表示）、碳氢化合物等，其它还有硫化氢、氟化物及光化学剂等。一般情况下，大气污染物中，悬浮颗粒物和 SO_2约占 40%，CO 约占 30%，CO_2、NO_2及其它废气约占 30%。

（1）悬浮颗粒物

悬浮颗粒物，在环境科学中，特指悬浮在空气中的固体颗粒或液滴，是空气污染的主要来源之一。其中有固体的灰尘、烟尘、烟雾，以及液体的云雾、雾滴等，直径大致在 0.1～100μm。

全球的颗粒物排放量约为 1.80×10^{12} kg，主要为天然排放，颗粒物的人为排放量约为 2.96×10^{11} kg。颗粒物直径大于 10μm 者由于重力作用会很快降落，称为降尘。而直径小于或等于 10μm 的颗粒物则可较长时间（几小时甚至几年）飘浮在大气中，并能够被人和生物体吸入，称为可吸入颗粒物（PM10）；人工排放的颗粒物中，直径小于 10μm 的颗粒约占总排放量的 2/3。

PM2.5 是指大气中直径小于或等于 2.5μm 的颗粒物，也称为可入肺颗粒物。虽然 PM2.5 只是地球大气成分中含量很少的组分，但它对空气质量和能见度等有重要的影响。与较粗的大气颗粒物相比，PM2.5 粒径小，富含大量的有毒、有害物质且在大气中的停留时间长、输送距离远，因此对人体健康和大气环境质量的影响更大。2013 年 2 月，全国科学技术名词审定委员会将 PM2.5 的中文名称命名为细颗粒物。

细颗粒物对光的散射作用比较强，在不利的气象条件下容易导致灰霾形成。2013 年 8 月 20 日，环保部发布了 2013 年上半年全国环境质量状况报告，其中，74 个城市中 94.6% 的城市 PM2.5 超标；2014 年 1 月 2 日，北京市环保局首次发布 2013 年全年空气质量状况及首个 PM2.5 年均浓度值，相比每立方米 35 微克的国家标准，2013 年北京的 PM2.5 浓度超标约 1.5 倍，全年优良天数不足一半。

人工颗粒主要来自工业生产及人民生活中煤和石油燃烧产生的烟尘及开矿、选矿等固体粉碎产生的粉尘。一般而言，粒径 2.5μm 至 10μm 的粗颗粒物主要来自道路扬尘等；2.5μm 以下的细颗粒物（PM2.5）则主要来自化石燃料的燃烧（如机动车尾气、燃煤）、挥发性有机物等，大多含有重金属等有毒物质。

粒径 10μm 以上的颗粒物，会被挡在人的鼻子外面；粒径在 2.5μm 至 10μm 之间的颗粒物，能够进入上呼吸道，但部分可通过痰液等排出体外，对人体健康危害相对较小；而粒径在 2.5μm 以下的细颗粒物，被吸入人体后会进入支气管，干扰肺部的气体交换，引发包括哮喘、支气管炎和心血管病等方面的疾病，对人体健康的危害很大。此外，PM2.5 还可成为病毒和细菌的载体，为呼吸道传染病的传播推波助澜。气象专家和医学专家认为，由细颗粒物造成的灰霾天气对人体健康的危害甚至要比沙尘暴更大。《全球疾病负担 2010 报告》表明，PM2.5 已成为影响中国公众健康的第四大危险因素，仅次于饮食风险、高血压和吸烟。

（2）碳的氧化物

碳的氧化物即 CO 和 CO_2，是在燃烧过程中产生的，燃料燃烧不充分时产生 CO，充分燃烧时产生 CO_2。

一氧化碳是人类向自然界排放量最大的气体污染物。据估计，全球每年人工排放（燃烧不足、汽车尾气等）的 CO 总量约为 2.7×10^{11}kg，而由天然来源（陆地、海洋）产生的 CO 总量约比人工排量大 20 倍左右。从固定燃烧装置排放的 CO 量相对较少，而由汽车等移动装置产生的 CO 占人为排放的 50%以上。

一氧化碳气体与红细胞中血红蛋白（Hb）的结合力比氧气大 200～300 倍，能与人体血红蛋白结合而使血液丧失传送氧的能力。人处在 CO 浓度为 15ppm 的空气中 8 小时就会受到有害影响，若 CO 体积分数达到 1%，可使人在 2 分钟内窒息死亡。

随着工业发展和城市人口增加，生产生活中 CO_2 排放量逐年增加，同时伴随着植被大量被破坏，近百年来，大气中 CO_2 浓度以每年 0.7～0.8ppm 的速率增加，现已达到 320～330ppm。由于二氧化碳能吸收来自地球的红外辐射，大气中的二氧化碳增多会引起近地面层空气温度的升高，造成近地面大气温度升高，这种增温作用称为温室效应。若 CO_2 排放量增加一倍，地球平均气温将上升 1.5 ～ 4.5℃，会导致两极冰雪融化，海平面上升，对人类的生产、生活产生巨大影响。

自 1860 年人类在全球范围开展气温记录工作以来，1995 年成为气温最高的一年。同年 12 月联合国宣布，人类活动导致全球变暖已是不争的事实。近年世界各地各种极端天气状况的频繁发生，被认为与温室效应的影响密不可分。联合国世界气象组织已经在全球设立了大气二氧化碳观测系统，进行长期监测，用来研究大气中二氧化碳含量对气候变化的影响。

（3）硫的氧化物

硫的氧化物主要指 SO_2 和 SO_3，主要来自化石燃料（煤、石油）的燃烧，同时，化学工业和金属冶炼也排放大量硫的氧化物。例如在生产硫酸时

$$4FeS_2 + 11O_2 \xlongequal{\quad} 2Fe_2O_3 + 8SO_2$$

形成的二氧化硫在空气中可转化为三氧化硫

$$2SO_2 + O_2 \xlongequal{\quad} 2SO_3$$

人类活动排放的二氧化硫每年约 1.5×10^{11}kg，在各种污染物中，排放总量仅次于一氧化碳，居第二位，其中 2/3 来自于煤的燃烧，1/5 来自石油的燃烧。我国 2005 年 SO_2 排放量约 2.5×10^{10}kg，居世界第一位。

二氧化硫及其在空气中转化成的三氧化硫、硫酸与水汽吸附于烟尘等颗粒物质上形成较大的雾滴，分散在空气中就是硫酸气溶胶，即硫酸雾。当人体吸入硫酸雾时，即使其浓度只相当于 SO_2 的十分之一，其刺激和危害也将更为明显。

资料表明，二氧化硫与大气中的细颗粒物结合，发生协同作用，比它们各自作用之和要大得多，对人的危害更严重。历史上许多著名的大气污染事件，如伦敦烟雾，都是在不利的气象条件下由这种协同作用造成的。二氧化硫以及形成的二次污染物硫酸盐气溶胶，是我国大气 PM2.5 的最主要成分之一。

我国自 1979 年首次在贵州的松桃和湖南的长沙、凤凰等地出现酸雨以来，目前已有许多城市频繁出现酸雨。统计分析结果表明，我国酸雨主要是由大气中的二氧化硫造成的，酸雨中硫酸含量是硝酸的十倍以上。酸雨造成大面积的森林毁坏、农田受灾及建筑物损坏，造成严重的经济损失。有关研究表明，我国每排放一吨 SO_2 所造成的经济损失达 2 万元以上。

（4）氮的氧化物

在氮的氧化物中能造成大气污染的主要是一氧化氮和二氧化氮。其中自然源与人为污染

源排放量相当，每年各约为 $6.5\times10^{10}\sim1.2\times10^{11}$ kg。人为源中大部分来源于燃料燃烧以及汽车、内燃机排气。NO 能刺激呼吸系统，并能与血红素结合成亚硝基血红素，引起人的中毒。NO_2 对呼吸器官有强烈的刺激作用，能引起急性哮喘病，并可使血红素硝化，浓度高时可导致人的死亡。

氮的氧化物和碳氢化合物、一氧化碳混合，在日光作用下，产生光化学烟雾。光化学烟雾中的这些初级污染物再经过反应生成的次级污染物主要是臭氧和过氧乙酰硝酸酯（PAN）等。其主要化学过程如下：

$$NO_2 \xrightarrow{h\nu} NO + [O]$$

$$O_2 + [O] \longrightarrow O_3$$

$$NO + NO_2 + H_2O \longrightarrow 2HNO_2$$

$$HNO_2 \xrightarrow{h\nu} NO + OH$$

$$RCH_3 + O_3 \longrightarrow RCHO$$

$$RCHO + NO + NO_2 \longrightarrow CH_3COO_2NO_2 \text{ (PAN)}$$

光化学烟雾最终生成大量的臭氧，增加了大气的氧化性，导致大气中的 SO_2、NO_2、VOCs（挥发性有机化合物）被氧化并逐渐凝结成颗粒物，从而增加了 PM2.5 的浓度。也就是说，光化学烟雾可能是雾霾的来源之一。光化学烟雾使能见度降低，对人的眼睛和喉咙有强烈刺激性，使人眼睛红肿、呼吸困难。对树木及其它植物也有一定的破坏性，这种烟雾现在已经扩展到很多大城市，引起了广泛的注意和研究。此外，氮氧化物也是形成酸雨的一种重要酸性物质。

(5) 碳氢化合物

碳氢化合物是由于燃料不完全燃烧和有机物的蒸发以及在运输、使用过程中的泄漏产生的，自然界中由生物分解作用产生的碳氢化合物是人类排放量的 10～20 倍。碳氢化合物本身并不严重污染环境，但它所参与形成的光化学烟雾则能引起严重危害。

(6) 其它有害物质

进入大气的污染物是很复杂的，除了上述几类之外，还有很多物质对生物构成直接或间接的伤害。如含氯氟甲烷即氟里昂-11（$CFCl_3$）和氟里昂-12（CF_2Cl_2）在平流层内发生降解，产生氯原了，氯原子通过以下方式与臭氧发生反应

$$Cl\cdot + O_3 \longrightarrow ClO\cdot + O_2$$

$$ClO\cdot + O \longrightarrow Cl\cdot + O_2$$

重新生成的氯原子，继续破坏臭氧层。1985 年英国科学家首先报道在南极上空发现臭氧层空洞。臭氧层破坏导致紫外线对地球的照射强度增加，会使人患白内障而失明，还会导致免疫功能衰退而滋生包括皮肤癌在内的各种疾病。植物的生长同样受到影响。有鉴于此，许多国家（包括中国）已停止在制冷设备中使用氟里昂。

其它诸如重金属类，如铅及铅化合物、镉及其化合物，以及其它气体，如卤素及其氢化物等，对环境和人类健康也都构成严重威胁。

15.1.1.3　大气污染的防治

大气的污染物，无论是颗粒状污染物或是气体状污染物，都有能够在大气中扩散、污染面广的特点。大气污染的程度要受到自然条件、能源构成、工业结构和布局、交通状况以及人口密度等多种因素的影响。大气污染物又不可能集中起来进行统一处理，因此只靠单项治理措施解决不了区域性的大气污染问题。对于大气污染问题，必须通过综合防治加以解决。

大气污染的综合防治除了搞好城市规划、合理工业布局、采用有利于污染物扩散的排放

方式（如高烟囱和集合排放）、开发节能技术、采用集中供热、提高能源利用率外，还需采取以下控制技术方案和工程措施。

（1）减少污染物的排放

防治大气污染的根本方法是从污染源着手，通过大力削减污染物的排放量来保证大气环境的质量。

① 改革能源结构，提高能源有效利用率　我国当前的能源结构中以煤炭为主，煤炭占商品能源消费总量的73%，在煤炭燃烧过程中放出大量的二氧化硫（SO_2）、氮氧化物（NO_x）、一氧化碳（CO）以及悬浮颗粒等污染物。控制煤炭消费总量，提高能源有效利用率，采用太阳能、风能、水力等无污染能源和天然气、沼气、煤制天然气、煤层气和生物质能等低污染能源，是减少污染物排放的有效方法。

② 对燃料进行纯化处理，降低燃料中有害物质的含量　利用洁净技术对燃料进行预处理，如燃料脱硫、煤的液化和气化等，以减少燃烧时产生污染大气的物质。

③ 改进燃烧技术，推进清洁工艺　改造燃烧装置和燃烧技术（如改革炉灶、采用沸腾炉燃烧和流化床燃烧等）以提高燃烧效率和降低有害气体排放量。

④ 使用清洁油品，降低尾气排放　提升燃油品质，降低燃油中有害杂质的含量，改善油品质量的措施包括取消低辛烷值汽油、提高汽油辛烷值、引进使用汽油发动机清洁剂、汽油无铅化等；提高低污染的碳氢化合物燃料［如液化石油气（LPG）、液化天然气（LNG）、甲醇、乙醇和生物气体等］的使用比例；采用减少和控制汽车污染排放的技术主要有两种技术，即机内净化控制技术和机外净化方法。机内净化控制技术是从有害排放物的生成机理出发，对空燃混合气的燃烧方式和过程进行改进，控制其有害物的产生。机外净化方法主要有后燃法和催化转换法两种。后燃法即让高温废气在排气管中进一步燃烧，从而达到降低排放污染物的目的。催化转换是在催化剂的作用下，使排放气体中的碳氢化合物、CO、NO_x 通过化学反应（燃烧），然后以 CO_2、H_2O、N_2的形式进入大气。催化转化技术是目前应用比较广泛且技术比较成熟的方法。

（2）治理排放的主要污染物

燃烧过程和工业生产过程在采取上述措施后，仍有一些污染物排入大气，应控制其排放浓度和排放总量使之不超过该地区的环境容量。主要方法有以下三种。

① 颗粒污染物的治理

去除大气中颗粒污染物的方法很多，根据它的作用原理，有以下四种类型。

a. 干法去除颗粒污染物　通过颗粒本身的重力和离心力，使气体中的颗粒污染沉降而从气体中去除的方法，如重力除尘、惯性除尘和离心除尘。常用的设备有重力沉降室、惯性除尘器和旋风除尘器等，简单价廉，对5μm以上的尘粒去除效率可达50%～80%。

b. 湿法去除颗粒污染物　用水或其它液体使颗粒湿润而加以捕集去除的方法，如气体洗涤、泡沫除尘等。常用的设备有：喷雾塔、填料塔、泡沫除尘器、文丘里洗涤器等。对10μm以上的颗粒，去除率在90%左右。缺点是能耗较高，且存在污水处理问题。

c. 过滤法去除颗粒污染物　使含有颗粒污染物的气体通过具有很多毛细孔的滤料，而将颗粒污染物截留下来的方法，如填充层过滤、布袋过滤等。常用的设备有颗粒层过滤器和袋式过滤器。

d. 静电法去除颗粒污染物　使含有颗粒污染物的气体通过高压电场，在电场力的作用下，使其去除的过程。常用的设备有干式静电除尘器和湿式静电除尘器。

过滤式和静电式除去颗粒污染物，效果好但费用相对较高。

一般情况下，较大颗粒（数十微米以上）宜采用干法，而细小颗粒（数微米）则以采用过滤法和静电法为宜。

② 气态污染物的治理

处理气态污染物的主要方法有吸收、吸附、燃烧、催化、冷凝等。目前最常用的方法主要是吸收法和吸附法。

吸收是利用气体混合物中不同组分在吸收剂中的溶解度的不同，或者与吸收剂发生选择性化学反应，从而将有害组分从气流中分离出来的过程，是分离和净化气体混合物的一种技术。这种技术也用于气态污染物的处理，例如从工业废气中去除二氧化硫（SO_2）、氮氧化物（NO_x）、硫化氢（H_2S）以及氟化氢（HF）等有害气体。吸收可分为化学吸收和物理吸收两大类。

物理吸收，被吸收的气体组分与吸收液之间不产生明显的化学反应的吸收过程，仅仅是被吸收的气体组分溶解于液体的过程。如用水吸收氯化氢，用水吸收二氧化碳等。

化学吸收，被吸收的气体组分和吸收液之间产生明显的化学反应的吸收过程。例如用碱液吸收烟气中的 SO_2，用水吸收 NO_x 等。从气体混合物中去除气体污染物多采用化学吸收法。化学吸收有较高的选择性和吸收速率，能够较彻底地除去气相中很少量的有害气体。

用吸收法对气态污染物处理中，吸收液的选择是处理效果好坏的关键。水是最常用的吸收气态污染物质的吸收液，主要用于吸收易溶于水的气态污染物。例如，用水洗涤煤气中的 CO_2；洗除废气中的 SO_2；除去含氟废气中的 HF 和 SiF_4；除去废气中的 NH_3、HCl 等。

碱性吸收液则是另一类吸收剂，用于吸收酸性气体，如 SO_2、NO_x、H_2S、HCl 和 Cl_2 等。由于这一类吸收剂能与被吸收的气态污染物 SO_2、NO_x、HF、HCl 等之间发生化学反应，因而使吸收能力大大增加，表现在单位体积吸收剂能净化大量废气，由于净化效率高，液气比小，吸收塔的生产强度高，使得技术经济上更加合理。常用的碱性吸收液有氢氧化钠水溶液、石灰水和氨水等。

有机吸收液用于有机废气的吸收，汽油、聚乙醇醚、冷甲醇、二乙醇胺都可作为吸收液，并能够去除酸性气体，如 H_2S、CO_2 等。目前常用的吸收设备有表面吸收器、板式塔、喷洒塔、文丘里塔等。

吸收法不但能消除气态污染物对大气的污染，而且还可以使其转化为有用的产品。并且还有捕集效率高、设备简单、一次性投资低等优点，因此，广泛用于气态污染物的处理。如处理含有 SO_2、H_2S、HF 和 NO_x 等气态污染物。

③ 发展植物净化

植物具有美化环境、调节气候、截留颗粒污染物、吸收大气中有害气体等功能，可以在大面积范围内，长时间地、连续地净化大气。尤其是大气中污染物影响范围广、浓度比较低的情况下，植物净化是行之有效的方法。植物不光是靠叶子吸取物质，植物的根以及土壤里的细菌在清除有害物方面都功不可没。在城市和工业区有计划地、有选择地扩大绿地面积是大气污染综合防治具有长效能和多功能的措施。绿化造林是大气污染防治的一种经济有效的措施。

植物有吸收各种有毒有害气体和净化空气的功能。植物是空气的天然过滤器。茂密的丛林能够降低风速，使气流挟带的大颗粒灰尘下降。树叶表面粗糙不平，多绒毛，某些树种的树叶还分泌黏液，能吸附大量飘尘。蒙尘的树叶经雨水淋洗后，又能够恢复吸附、阻拦尘埃的作用，使空气得到净化。植物的光合作用放出氧气，吸收二氧化碳，因而树林有调节空气成分的功能，一公顷的阔叶林，在生长季节，每天能够消耗约 1 吨的二氧化碳，释放出 0.75 吨的氧气。植物对污染物的净化具有选择性，不同的植物对同一污染物的净化能力不同。例如，原产于欧洲地中海的吸毒草，对有害气体甲醛、氡、苯、氨气、二氧化硫以及烟味、异味、一氧化碳、二氧化碳等有很强的吸收作用。

15.1.2 水污染及其防治

在地球的各圈层中，水圈是指地球表面和接近地球表面的各类水体的总称。水是地球上分布最广的物质之一，它覆盖了地球表面的70%以上，总量约有13600亿立方米。在大量的天然水中，只有淡水才能满足人类的生活需要，但淡水的比例不到2.7%，且淡水的大部分以两极的冰盖、冰河和750m地下水的形式存在。比较容易开发利用、与人类生活生产关系密切的仅是河流、湖泊等地表水和部分地下水，这部分仅占地球总水量的0.64%。

我国的水资源约为2.8亿立方米，居世界第六位。但由于人口众多，人均水量仅为世界人均水量的1/4，且水资源在时空上的分布很不均匀，占全国土地36.5%的南方，水资源量却占81%。全国大部分地区的降水也大多集中在夏季，无法充分利用。随着经济发展，用水量日益增加，而与此同时水资源受到工业废水和生活污水的污染却日益严重。

15.1.2.1 水体与水体污染

在环境科学中，水和水体是两个不同的概念。水体又称水域，是指水的聚集体，如河流、湖泊和海洋，其中包括水、悬浮物、溶解物质、底质和水生生物，应把它当作完整的生态系统或综合自然体来看。

天然水的化学成分极为复杂，在不同地区、不同的条件下差别很大。所谓水体污染是指水体因某种物质的介入，而导致其化学、物理、生物或者放射性等方面特性的改变，从而影响水的有效利用，危害人体健康或者破坏生态环境，造成水质恶化的现象。水污染主要是由于人类排放的各种外源性物质（包括自然界中原先没有的），进入水体后，超出了水体本身自净作用（就是江河湖海可以通过各种物理、化学、生物方法来消除外源性物质）所能承受的范围，造成水质恶化。

向水体排放或释放污染物的来源和场所都称为水体污染源。从不同的角度可以将其分为多种不同类型。通常从环境保护角度把水体污染源分为自然污染源和人为污染源两大类型。污染物的种类也有多种划分方法，如可分为无机污染物和有机污染物，也可分为可溶性污染物和不溶性污染物等。

(1) 酸、碱、盐等无机物污染

污染水体的酸，主要来自矿山排水及工业废水，如酸洗废水、人造纤维工业废水及酸法造纸废水；污染水体的碱，则主要来自制碱、制革、碱法造纸、石油炼制等。

水体被酸、碱、盐污染后，会改变水的pH值。当pH值小于6.5或大于8.5时，就会腐蚀水中设备，并抑制水中微生物的生长，妨碍水体的自净能力。同时还会导致生态系统的破坏，水生生物种群发生变化。

(2) 有毒化学物质污染

主要是重金属和难分解有机物的污染。如矿山废水及冶炼排放的汞、镉、铬、镍、钴、钡等，以及化学工业排放的人工合成的高分子有机化合物，如多元（环）有机化合物（如苯并芘）、有机氯化合物（如多氯联苯、六六六）、有机重金属化合物（如有机汞）等，它们不易消失，可在人体内富集并产生多种危害。

天然水体中，微量的重金属存在就可产生毒性效应，一般产生毒性的含量范围为$(1\sim10)\times10^{-6}\mathrm{kg\cdot dm^{-3}}$，毒性强的汞、镉则为$(0.001\sim0.01)\times10^{-6}\mathrm{kg\cdot dm^{-3}}$。如20世纪50年代发生在日本的水俣病就是由于一家氮肥公司排放的废水中含有汞，这些废水排入海湾后经过生物转化，形成甲基汞。这些汞和甲基汞在海水、底泥和鱼类中富集，又经过食物链使人中枢神经中毒。又如发生在日本富山县的骨疼病，是因为当地人长期食用被炼锌厂含镉废水污染的稻米，使镉在骨骼、肝、肾等部位累积的结果。

(3) 需氧物质污染

生活污水、食品加工和造纸等工业废水中，含有碳水化合物、蛋白质、油脂、纤维素等有机物质，可以通过微生物的生物化学作用而分解，在其分解过程中需要消耗氧气，因而被称为需氧污染物。其污染程度一般用生化需氧量 BOD（水中有机物在被生物分解的生物化学过程中所消耗的溶解氧量）、化学需氧量 COD（一定条件下，水中有机物质被化学氧化剂氧化过程中所消耗的氧量）、总需氧量 TOD（一定量水样中能被氧化的有机和无机物质燃烧成稳定的氧化物所需氧量）、总有机碳 TOC（一定量水样中有机碳总含量）四种指标衡量水体中有机物的耗氧量。

如果水中溶解的氧耗尽，则有机物被厌氧微生物分解，使水变黑，产生恶臭物质如硫化氢、氨、甲烷等。

(4) 植物营养物质污染

生活污水和某些工业废水、农业退水及含洗涤剂的污水中，经常含有一定量的氮、磷等植物营养物质。若排入量过多，水体中的营养物质会促使藻类大量繁殖，耗去水中大量的溶解氧，影响鱼类的生存。此外还可能出现几种高度繁殖密集在一起的藻类，使水体出现粉红或红褐色的“赤潮”，对水产养殖造成极大破坏。严重时，湖泊可被繁殖植物及其残骸淤塞，成为沼泽甚至干地，这种现象称为水体营养污染或水体富营养化。

(5) 病原体污染

生活污水、畜禽饲养场污水及制革、屠宰业和医院等排出的废水，常含有各种病原体，会传播疾病。

(6) 热污染

工矿企业（如电厂）向水体排放高温废水，造成水温升高，使水中的溶解氧含量下降，使鱼类和其它水生生物的生存受到威胁。

(7) 放射性污染

核动力工厂的冷却水、放射性废物等造成的污染。

水体中各种污染源排放的污染物质往往都不是单一物质，各类污染源所具有的特点也不尽相同。如生活污水中的物质组成多为无毒的无机盐类、需氧有机物类、病原微生物类及洗涤剂等。因含有氮、磷、硫等物质，在厌氧条件下分解使水变黑，产生恶臭物质硫化氢等。随着城市人口的增长及饮食结构的改变，其用水量、水质成分也会有所变化。

工业废水面广、量大、成分复杂、毒性大、难以处理，与生活污水相比，有显著不同；如悬浮物含量高，可达 $100\sim3000\mathrm{mg\cdot dm^{-3}}$；酸碱变动范围大，pH 范围甚至低至 2，高至 13；生化需氧量 BOD 和化学需氧量 COD 高；温度高，可达 40 多度，造成热污染；含多种有毒有害成分，如酚、氰、油、农药、染料、重金属等。

一般说来，工业用水量大，特别是高度工业化国家，工业用水量是生活用水量的数倍。从污染负荷量来看，工业废水比生活污水高出几十至几千倍。

此外，农村污水面广、分散，难以收集和治理，且包括农业牲畜粪便、污水及农药、化肥，有机质、植物营养素及病原微生物含量高并含有难分解有机物质（如有机氯农药）。

15.1.2.2　水污染的防治

为了防止水体污染，必须对各种废水和污水进行处理，达到国家规定的排放标准后再行排放。废水和污水中污染物多种多样，废水处理即是利用各种技术措施将各种形态的污染物从废水中分离出来，或将其分解、转化为无害和稳定的物质，从而使废水得以净化的过程。

城市废水的处理通常分为三级：一级处理（预处理）、二级处理（生化处理）和三级处理（深度处理）。

一级处理：一般为物理处理，主要除去污水、废水中的悬浮态固体物质。悬浮态固体物质的除去率为50%～70%，有机物的除去率为25%左右，一级处理属于二级处理的前处理。主要工艺为沉淀池。

二级处理：为生物处理，主要除去污水中的胶体或溶解性的有机物，有机物的除去率可达90%以上，处理后BOD可降至20～30$mg \cdot dm^{-3}$，主要工艺有活性污泥法、生物膜法等。

三级处理：进一步除去残存在污水、废水中的有机物和氮磷等，以满足更严格的污水、废水排放要求或回用要求。采用的工艺有生物除氮脱磷法，或混凝沉淀、过滤、吸附等物化方法。

由于工业废水水质成分复杂，且随行业、生产工艺流程、原料的变化而变化，故没有通用的工艺流程。

根据采用技术的作用原理和除去对象，污水、废水处理方法可分为物理处理法、化学处理法和生物处理法三大类。

(1) 物理处理法

是利用物理作用进行污水、废水处理的方法，主要用于分离除去污水、废水中不溶性的悬浮物。主要工艺有筛滤截留、重力分离（自然沉淀和上浮）、离心分离等，使用的处理设备和构筑物有格栅和筛网、沉砂池和沉淀池、气浮装置、离心机、旋流分离器等。

(2) 化学处理法

化学处理法是利用化学反应来分离、回收废水中的污染物，或将其转化为无害物质，化学法处理污水、废水，具有设备简单、操作方便的特点，主要工艺有中和、混凝、沉淀、氧化还原和离子交换等。

① 中和法　中和法是利用化学方法使酸性废水或碱性废水中和达到中性的方法。在中和处理中，应尽量遵循“以废治废”的原则，优先考虑废酸或废碱的使用，或酸性废水与碱性废水直接中和的可能性。其次才考虑采用药剂（中和剂）进行中和处理。对酸性废水，可利用石灰、白垩废渣（碳酸钙）、电石渣（氢氧化钙）中和，对碱性废水，可直接通入烟道气（利用CO_2、SO_2等酸性气体）进行中和，使pH接近中性。例如

$$CaCO_3 + H_2SO_4 = CaSO_4 + H_2O + CO_2$$

$$CO_2 + NaOH = NaHCO_3$$

② 氧化还原法　利用氧化还原作用，使废水中的某些有毒物质氧化或还原成无毒或毒性较小的物质，大致有以下三种方式。

空气氧化：即将废水暴露在空气中，利用空气中的氧进行氧化。如

$$2NaCN + O_2 = 2NaCNO$$

$$2NaCNO + 4H_2O \xlongequal{\text{微生物}} (NH_4)_2CO_3 + Na_2CO_3$$

化学氧化：在废水中加氧化剂，如投加液态氯或次氯酸钠，或臭氧，使之发生氧化反应。如用漂白粉处理含氰废水

$$Ca(ClO)_2 + 2H_2O = Ca(OH)_2 + 2HClO$$

$$2NaCN + Ca(OH)_2 + 2HClO = 2NaCNO + CaCl_2 + 2H_2O$$

$$2NaCNO + 2HClO = 2CO_2 + N_2 + H_2 + 2NaCl$$

电解氧化：一般阳极用石墨板，阴极用普通钢板，在阳极上发生电解氧化作用，消除污染物。

③ 沉淀法　利用沉淀剂与有害物质生成沉淀，降低其含量。沉淀法可分为氢氧化物沉淀法、硫化物沉淀法和钡盐沉淀法。例如用$BaCO_3$处理镀铬废水

$$2BaCO_3 + H_2Cr_2O_7 = 2BaCrO_4 + H_2O + 2CO_2$$

④ 混凝法　混凝法是通过向废水中投入一定量的混凝剂，使废水中难以自然沉淀的胶体物质和一部分细小悬浮物经脱稳、凝聚、架桥等反应过程，形成具有一定大小的絮凝体，在后续沉淀池中沉淀分离，从而使胶体物质与废水分离的方法。这是废水处理中常用的一种方法。常用的混聚剂有明矾、铝酸钠、聚合氯化铝、硫酸铁、硫酸亚铁和聚合硫酸铁等。

⑤ 离子交换法　此方法是使硬水软化的传统方法，现在也是深度处理废水和回收其中有用物质的重要方法之一，常用于除去或回收废水中的重金属。即利用离子交换作用，用离子交换树脂把废水中希望除去或回收的离子和树脂上的阴阳离子进行交换。

(3) 生物处理法

生物处理法是利用微生物的生物化学作用，将复杂有机物分解为简单化合物，将有毒物转化为无毒物。根据在废水处理过程中起作用的微生物对氧气要求的不同，分为好氧（好气）和厌氧（厌气）生化处理两大类。

好氧处理法是在废水中通入大量空气，促使好气微生物大量繁殖，并注意调节 pH 值、温度和增加必要的养料，使之有利于微生物的生长。大量的微生物能将废水中有机物大量分解为 CO_2、H_2O、NH_3和硫酸盐、磷酸盐等，达到去除有机污染的目的。

厌氧处理法是在缺氧条件下，利用厌气微生物进行废水处理。此法常用于处理有机物含量高（BOD 在 5000 ～ 10000$mg\cdot dm^{-3}$以上）的废水。厌气微生物有很强的分解有机物的能力，最后产生甲烷、二氧化碳、氨和硫化氢等，甲烷收集后可作燃料。与好氧法相比费用低，但在厌气分解中产生大量硫化氢，处理的水恶臭难闻，因此，此法不常采用。

15.1.3　土壤污染及其防治

土壤是植物生长发育的基础，它提供了植物生长所必需的水分、养分、空气和热量等条件。随着工业化、城市化、农业集约化的快速发展，大量未经处理的废弃物向土壤系统转移，并在自然因素的作用下汇集、残留于土壤中，造成土壤污染。土壤污染是指人类活动所产生的污染物通过各种途径进入土壤，其数量超过了土壤的容纳和同化能力，而使土壤的性质、组成及性状等发生变化，并导致土壤的自然功能失调，土壤质量恶化的现象。土壤污染的明显标志是土壤生产力的下降。

土壤污染是全球三大环境要素（大气、水体和土壤）的污染问题之一，也是全世界普遍关注和研究的主要环境问题。土壤污染对环境和人类造成的影响与危害在于它影响植物的正常生长发育，造成有害物质在植物体内累积，并可以通过食物链进入人体，以致危害人体健康。土壤污染的最大特点是，一旦土壤受到污染，特别是受到重金属或有机农药的污染后，其污染物是很难消除的。而土壤系统污染物质向环境的输出，又使水体、大气和生物进一步受到污染。

15.1.3.1　土壤的主要污染物

土壤污染物的来源分为人为污染源和自然污染源。前者是指人类生产、生活等社会活动所形成的污染源，如工业和城市的废水和固体废物、农药化肥、牲畜排泄物等。后者是指自然界自行向环境排放有害物质或造成有害影响的场所。如正在活动的火山。

土壤污染物的种类繁多，既有化学污染也有物理污染、生物污染和放射污染等，其中以化学污染最为普遍、严重和复杂。

(1) 化学污染物

土壤的化学污染物主要分为无机污染物和有机污染物两大类。

① 无机污染物　土壤中的无机污染物包括对生物有危害作用的元素和化合物，主要是重金属、放射性物质、营养物质和其它无机物质。重金属（包括类金属）如汞、镉、铬、铅、砷、铜、锌、钴、镍、硒等；放射性物质主要指铯、锶、铀等；营养物质主要

指氮、磷、硫、硼等；其它物质主要指氟、酸、碱、盐等。污染土壤的重金属主要来自大气和污水，它们不能被土壤中的微生物降解，而会被矿物性固体或腐殖质吸附、沉淀或以配位化合物的形式积累在土壤中，一旦造成污染不易消除，还会向水体迁移，造成水体污染。

② 有机污染物　土壤中的有机污染物主要是化学农药。化学农药的种类繁多，目前大量使用的农药约有50多种，主要有有机氯类（如赛力散）、有机磷类（如乐果）、氨基甲酸酯类、苯氧羧酸类、苯酰胺类等。酚类、多环芳烃、多氯联苯、甲烷、油类也是土壤中常见的有机污染物。

（2）病原微生物

生活和医院污水、生物制品、制革与屠宰的工业废水、人畜的粪便等是土壤中病原微生物的主要来源。病原微生物如肠细菌、炭疽杆菌、蠕虫类等。若与被污染的土壤接触，就会受到感染。食用被污染土壤上种植的蔬菜瓜果，也会造成危害。污染的土壤经雨水冲刷，又可能污染水体和饮用水，造成恶性循环。

15.1.3.2　土壤污染的防治

土壤污染的防治包括两个方面：一是“防”，就是采取对策防止土壤污染；二是“治”，就是对已经污染的土壤进行改良、治理。要防止土壤污染，首先要控制和消除土壤污染源。对已经污染的土壤，要采取有效措施，消除土壤中的污染物。

（1）控制和消除土壤污染源

控制和消除工业“三废”的排放，大力推广清洁工艺，以减少或消除污染源，对工业“三废”及城市废弃物必须处理与回收，即进行废弃物资源化。对排放的“三废”要净化处理，控制污染物的排放数量和浓度，使之符合排放标准。

控制化肥、农药的使用，禁止或限制使用剧毒、高残留农药，如有机氯农药；发展高效、低毒、低残留农药，如除虫菊酯、烟碱等植物体天然成分的农药；大力开展微生物与激素农药的研究。对本身含有毒物质的化肥品种，避免过多使用，造成土壤污染。

（2）增加土壤容量和提高土壤净化能力

增加土壤有机质和黏粒数量，可增加土壤对污染物的容量。分离培育新的微生物品种，改善微生物土壤环境条件，增加生物降解作用，是提高土壤净化能力的重要环节。

防止土壤污染的其它措施，还有许多防止土壤污染的方法，例如利用某些植物对土壤中重金属的较强吸收能力去除土壤中的重金属污染；采用轮作法延长土壤自净过程的时间；采用排去法（挖去污染土壤）和客土法（用非污染的土覆盖于污染土表面上）消除土壤重金属等的污染。

此外，对土壤进行化学与生物修复，也是治理土壤污染的有效方法。

人类在改造自然的过程中，对自然资源往往重开发、轻保护，重产品质量和产品效应，轻社会效应和长远利益，由于违背自然规律，忽视对污染的治理，造成了生态危机，因而遭到自然的频繁报复。现实迫使我们必须抛弃传统的发展思想，建立资源与人口，环境与发展的协调关系，实行可持续发展战略，以建设更为安全与繁荣、良性循环的美好未来。

化学及化学工业的发展为人类生活的改善提供了物质基础，但也是造成环境问题的主要原因之一，长久以来饱受争议。但我们也应该认识到污染的产生，主要还是由于人们不科学的发展观，同时，对环境污染的治理仍有赖于化学的方法与手段。1990年前后，美国科学家提出绿色化学的概念。绿色化学是贯彻可持续发展战略的一个重要组成部分，绿色化学又称环境无害化学、洁净化学，即用化学技术和方法把对人类的健康和安全及对生态环境有害的原材料、产物的使用和生产减少到最低。

15.2 化学与能源

能源是人类活动的物质基础。人类社会的发展离不开优质能源的出现和先进能源技术的使用。在当今世界，能源的发展，能源和环境，是全世界、全人类共同关心的问题，也是我国社会经济发展的重要问题。

15.2.1 能源的概念与分类

能源是人类取得能量的来源，是可以直接或经转换提供人类所需的光、热、动力等任一形式能量的载能体资源，包括煤炭、原油、天然气、煤层气、水能、核能、风能、太阳能、地热能、生物质能等一次能源和电力、热力、成品油等二次能源，以及其它新能源和可再生能源。

能源品种繁多，按其来源可分为三大类：一是来自地球以外的太阳能，除太阳的辐射能之外，煤炭、石油、天然气、风能等都间接来自太阳能；第二类来自地球本身，如地热能，原子核能；第三类则是由月球、太阳等天体对地球的引力而产生的能量，如潮汐能。

自然界现成存在，可以直接取得且不必改变其基本形态的能源，如煤炭、天然气、地热、水能等称为一次能源。由一次能源经过加工或转换成另一种形态的能源产品，如电力、焦炭、汽油、柴油、煤气等属于二次能源。

煤炭、石油和天然气在地壳中是经千百万年形成的，这些能源短期内不可能再生。水能、风能、太阳能、生物质能、地热能和海洋能等属于可再生能源，它们资源潜力大、环境污染低、可连续利用，是有利于人与自然和谐发展的重要能源。

15.2.2 化石能源

我们今天使用的煤、石油、天然气，是千百万年前埋在地下的动植物经过漫长的地质年代形成的，一般称为化石能源。化石能源是一次能源，它在世界能源总体消费中占据主体地位。表 15-2 是 2012 年世界一些国家一次能源消费结构。从表 15-2 中可以看到 2012 年世界消耗的一次能源总量为 12476.6 百万吨油当量（Mtoe），而我国的一次能源消耗总量为 2735.2 百万吨油当量（Mtoe），占世界能源消耗量的 21.92%，是世界第一大能源消耗国。

表 15-2 2012 年世界一些国家一次能源消费结构 单位：%

国家	石油	天然气	煤炭	核能	水力	可再生能源	总计/Mtoe
美国	37.1	29.6	19.8	8.3	2.9	2.3	2208.8
德国	35.8	21.7	25.4	7.2	1.5	8.3	331.7
法国	33.0	15.6	4.6	39.2	5.4	2.2	245.4
日本	45.6	22.0	26.0	0.9	3.8	1.7	478.2
中国	17.7	4.7	68.5	0.8	7.1	1.2	2735.2
平均	33.1	23.9	29.9	4.5	6.7	1.9	12476.6

煤是储量最丰富的化石燃料，它是由远古时代的植物经过复杂的生物化学、物理化学和地球化学作用转变而成的一类具有高碳氢比的有机交联聚合物与无机矿物所构成的复杂混合物。结构示意模型见图 15-1，组成煤的主要元素有碳、氢、氧、氮和硫，它们占煤炭有机组成的 99%以上。按其变质程度由低到高可分为泥炭、褐煤、烟煤和无烟煤四大类。各种

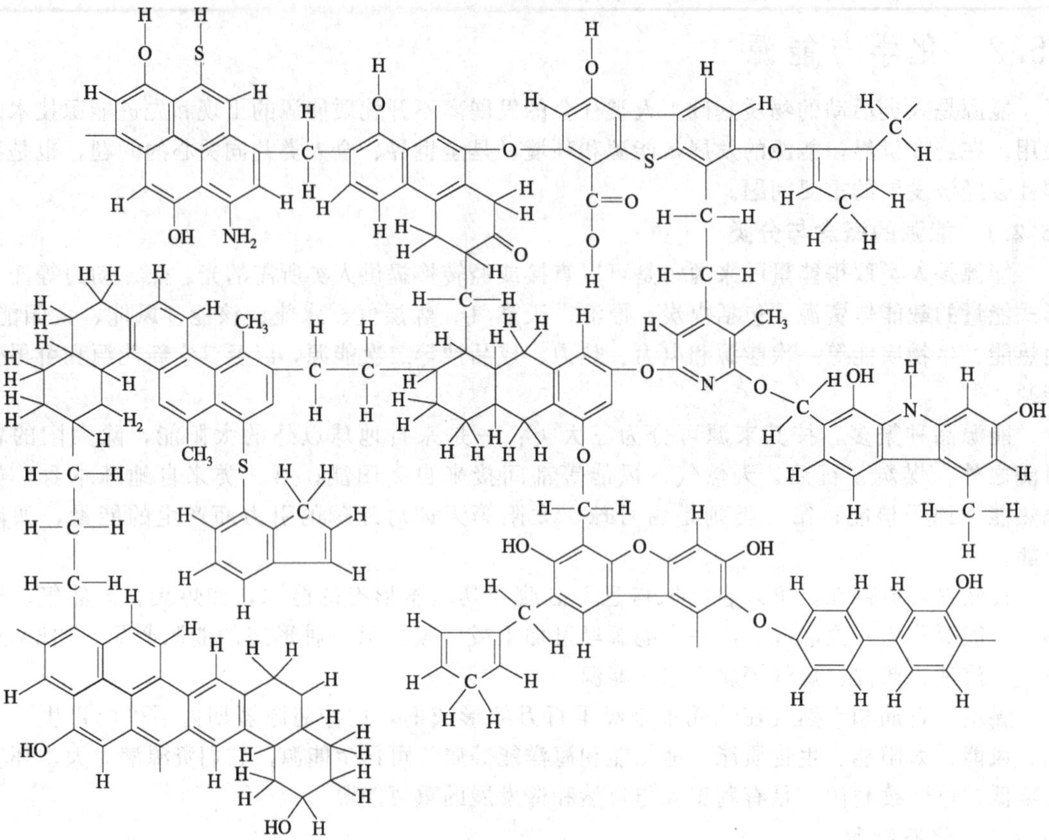

图 15-1 煤的结构示意图

煤的元素组成和发热量范围见表 15-3。

表 15-3 煤的元素组成和发热量

煤种	C/%	H/%	O/%	N/%	S/%	发热量/($MJ\cdot kg^{-1}$)
泥炭	约 50	5.3～6.5	27～34	1～3.5	微量～10%	8～10
褐煤	50～70	5～6	16～27	1～2.5		10～17
烟煤	70～85	4～5	2～15	0.7～2.2		21～29
无烟煤	85～95	1～3	1～4	0.3～1.5		21～25

直接烧煤对环境污染相当严重，二氧化硫（SO_2），氮氧化物（NO_x）等是造成酸雨的罪魁，大量 CO_2 的产生是全球气温变暖的祸首。为了提高煤的利用效率、减少环境污染，发展洁净煤技术是重要途径之一。洁净煤技术主要有煤炭燃烧前的净化技术、燃烧中的净化技术、燃烧后的净化技术和煤炭的转换技术等。

煤炭燃烧前净化技术的主要内容是“选煤”。煤炭洗选加工技术是洁净煤技术发展的源头技术，它是应用物理、化学或微生物等方法将原煤脱灰、降硫并加工成质量均匀、用途不同的各种煤的加工技术；物理选煤可除去 60%以上的灰份和 50%的黄铁矿硫。化学法和微生物脱硫可以脱除煤中 99%的矿物硫及 90%的全硫（包括有机硫）。化学法脱硫多数针对煤中有机硫，利用不同的化学反应（包括生物化学反应）将煤中的硫转变为不同形态而使之分离。化学脱硫法有十几种，主要有碱熔融法、异辛烷萃取法、微波辐射法、生物化学法等。此外煤炭燃烧前的洁净技术还包括型煤加工、制成水煤浆等。

煤炭燃烧中的净化技术主要是采用先进的燃烧器，即通过改进电站锅炉、工业锅炉和炉窑的设计和燃烧技术，减少污染物排放，并提高效率。流化床燃烧技术是重要的燃烧中洁净煤技术之一，它是一种炉内燃烧脱硫工艺技术，以石灰石为脱硫吸收剂，在最优工艺条件下，脱硫率可达 90%以上。燃煤的燃气——蒸汽联合循环技术是煤炭燃烧净化技术中最令人瞩目的技术之一，有可能较大幅度地提高燃煤的热效率，并使污染问题获得解决。

煤炭燃烧后的净化技术主要是烟道气净化技术，主要目的是为了降低或消除 SO_2、NO_x 和颗粒物的排放。其技术方法已经在“气态污染物的治理”一节中介绍。

煤炭的转换技术是将煤气化和液化的技术，是高效、清洁地利用煤的重要途径。

煤的气化是指煤在特定的设备内，在一定温度及压力下，使煤中有机质与气化剂（如蒸汽/空气或氧气等）发生一系列化学反应，将固体煤转化为含有 CO、H_2、CH_4 等可燃气体的过程。其优点是在燃烧前除硫，减少环境污染。一般有三种方法：煤的完全气化（产品以煤气为主），煤的温和气化（或称低温干馏，产品以半焦为主），煤的高温干馏（产品以焦炭为主）。

煤的液化是将固体煤在适宜的反应条件下转化为洁净的液体燃料。工艺上可分为直接液化和间接液化两类。在氢气和催化剂作用下，通过加氢裂化转变为液体燃料的过程称为直接液化。煤直接液化技术虽已基本成熟，但直接液化的操作条件苛刻，对煤种的依赖性强，适合于大吨位生产的直接液化工艺目前尚未商业化。煤的间接液化是以煤为原料，先气化制成合成气，然后，通过催化剂作用将合成气转化成烃类燃料、醇类燃料和化学品的过程。它是德国化学家于 1923 年首先提出的。典型的煤炭间接液化的合成过程在 250℃，1.5～4.0MPa 下操作，合成的产品不含硫氮等污染物，合成的汽油的辛烷值不低于 90 号，合成柴油的十六烷值高达 75，且不含芳烃。目前还有少数缺油富煤的国家采用这种方法。

石油是一种从地下深处开采出来的棕色、褐色乃至黑色的可燃性黏稠液体，它们的密度一般比水小，其沸点范围很宽，从常温起一直到 600℃以上，它是由远古时代沉积在海底和湖泊中的动植物遗体，经千百万年的漫长转化过程而形成的碳氢化合物的混合物。直接从地下开采出来的石油称为原油，原油及其加工所得的液体产品总称为石油。

自从 1883 年发明了汽油发动机和 1893 年发明了柴油机以来，石油获得了“工业血液”的美称。自 20 世纪 50 年代开始，在世界能源消费结构中，石油跃居首位。

世界上各个油田所生产原油的性质虽然千差万别，但是它们都主要由碳、氢、硫、氮、氧五种元素组成，主要成分是分子大小不同、结构各异和数量众多的碳氢化合物，包括烷烃、环烷烃和芳香烃。石油中的固态烃类称为蜡。此外，石油中还含有少量由 C、H、O、N 和 S 组成的杂环化合物。原油中硫含量变化很大，大约在 0～7%之间，主要以硫醚、硫酚、二硫化物、硫醇、噻吩、噻唑及其衍生物的形式存在。氮含量远低于硫，约为 0～0.8%，以杂环系统的衍生物形式存在，如噻唑类、喹啉类等。此外，石油中还含有一些微量元素。

石油中所含化合物种类繁多，必须经过多步炼制，才能使用，主要过程有分馏、裂化、重整、精制等。原油经过蒸馏和分馏，得到不同沸点范围的油品，包括石油气，轻油（溶剂油、汽油、煤油和柴油等）及重油（润滑油、凡士林、石蜡、沥青和渣油等）。将重油经过催化裂化、热裂化或加氢裂化等方法，可生产出轻质油。燃料油在氢气和催化剂（铂系和钯系贵金属）存在下，环烷烃或链烃可转化为辛烷值较高的芳香烃，称为重整。轻质油品经加氢精制使含有的杂环化合物脱除硫和氮，可提高油品质量。

原油经过一系列炼制和精制，获得了各种半成品和组分，然后再按照用途和质量要求调配得到品种繁多的石油产品。这些产品按用途可分为大两类：燃料（液化石油气、汽油、喷气燃料、煤油和柴油等）和化工原料。

石油不仅是重要的燃料资源，还是一种宝贵的化工原料，石油化学工业就是以它为母体发展起来的。石油化学工业以石脑油（一部分石油轻馏分的泛称）等石油产品为原料，首先经裂解转化为乙烯、丙烯、丁烯等，然后进一步精加工成为聚烯烃及一些重要的精细化工原料。在许多国家和地区中，石油化学工业的发展速度一直高于工业发展平均速度和国民经济增长速度。国际上常用乙烯及三大合成材料（即塑料、合成纤维、合成橡胶）来衡量石油化学工业的发展水平。

天然气广义指埋藏于地层中自然形成的气体的总称。但通常所称的天然气只指贮存于地层较深部的一种富含碳氢化合物的可燃气体，而与石油共生的天然气常称为油田伴生气，主要成分是甲烷，但也含有分子质量较大的乙烷、丙烷、丁烷、戊烷、己烷等低碳烷烃以及二氧化碳、氮气、氢气、硫化物等非烃类物质。天然气是一种重要的“清洁”能源，广泛用作城市煤气和工业燃料；在 2012 年世界能源消耗结构中，天然气约占 23.9%。天然气也是重要的化工原料。我国最早开发使用天然气的是四川盆地，上世纪末和本世纪初，在陕、甘、宁地区的长庆油田和新疆的塔里木盆地发现了特大型气田。

可燃冰是天然气的水合物，它是一种白色固体物质，外形像冰雪，有极强的燃烧力。可燃冰由水分子和燃气分子（主要是甲烷分子）组成，此外还有少量的硫化氢、二氧化碳、氮和其它烃类气体。在低温（−10～10℃）和高压（10MPa 以上）条件下，甲烷气体和水分子形成类冰固态物质。这种天然水合物的气体储载量可达其自身体积的 100～200 倍，$1m^3$ 的固态水合物包容有约 $180m^3$ 的甲烷气体。这意味着水合物的能量密度是煤的 10 倍，是传统天然气的 2～5 倍。世界上绝大部分的可燃冰分布在海洋里，储存在海底之下 500～1000m 的水深范围以内。海洋里可燃冰的资源量约为 $1.8\times10^8 m^3$，是陆地资源量的 100 倍。我国从 1999 年开始启动可燃冰的海上勘查。2007 年在南海北部成功钻获可燃冰的实物样品，使我国成为继美国、日本、印度之后第四个通过国家级研发计划采到可燃冰实物样品的国家。目前可燃冰的开采还处在研究阶段。

页岩气是指赋存于富有机质泥页岩及其夹层中，以吸附或游离状态为主要存在方式的非常规天然气，成分以甲烷为主，是一种清洁、高效的能源资源。

页岩气的形成和富集有着自身独特的特点，往往分布在盆地内厚度较大、分布广的页岩烃源岩地层中。与常规天然气相比，页岩气藏具有自生自储特点，具有开采寿命长和生产周期长的优点。

美国是世界上最早发现、研究、勘探和开发页岩气的国家，也是世界上唯一实现页岩气大规模商业性开采的国家。其开采技术，主要包括水平井技术和多层压裂技术、清水压裂技术、重复压裂技术及最新的同步压裂技术等。数据显示，2011 年其页岩气产量达到 1800 亿立方米，占美国天然气总产量的 34%。曾有专家预测，有了页岩气的补充，美国的天然气足够使用 100 年。

我国蕴藏着丰富的页岩气资源，资源量约为 15 万亿～30 万亿立方米，与美国 28.3 万亿立方米大致相当，但从技术上讲我国页岩气开发还处于早期阶段。为加快我国页岩气发展步伐，规范和引导“十二五”期间页岩气开发利用，制定了《页岩气发展规划（2011—2015 年)》。但页岩气的开采可能会影响环境，污染空气、水源和土壤。

15.2.3 化学电源

化学电源又称电池，是一种能将化学能直接转变成电能的装置，它通过化学反应，消耗某种化学物质，输出电能。常见的电池大多是化学电源。由于化学电源具有能量转换效率相对较高、产生的环境污染相对较少、具有可携带性、使用方便等特点，在国民经济、科学技术、军事和日常生活方面均获得广泛应用，成为当今社会不可缺少的能源形态。

电池的种类很多，按工作性质和贮存方式划分，可以分为一次电池、二次电池、燃料电池和贮备电池。一次电池，又称原电池，即不能再充电的电池，如锌锰干电池，锂原电池等；二次电池，即可充电池，如蓄电池、镍氢电池、锂离子电池、镉镍电池等；燃料电池，即活性材料在电池工作时才连续不断地从外部加入电池，如氢氧燃料电池等；贮备电池，即电池贮存时不直接接触电解液，直到电池使用时，才加入电解液，如镁化银电池又称海水电池等。

15.2.3.1　**一次电池**

常用的一次电池有锌-锰干电池、锌-汞电池、锌-银扣式电池及锂电池。本节仅简介使用最广泛的锌-锰干电池。锌-锰干电池的构造如图 15-2 所示。以锌皮为外壳，中央是石墨棒，棒附近是细密的石墨粉和 MnO_2 的混合物。周围再装入用 NH_4Cl 溶液浸湿的 $ZnCl_2$、NH_4Cl 和淀粉调制成的糊状物。为了避免水的蒸发，外壳用蜡和沥青封固。干电池的图式为

$$(-)Zn|\ ZnCl_2,NH_4Cl(\text{糊状})|\ MnO_2|C(+)$$

放电时的电极反应为

锌极（负极）：$Zn(s) \longrightarrow Zn^{2+}(aq) + 2e^-$

碳极（正极）：$2NH_4^+(aq) + 2e^- \longrightarrow 2NH_3(aq) + H_2(g)$

在使用过程中，H_2 在碳棒附近不断积累，会阻碍碳棒与 NH_4^+ 接触，从而使电池的内阻增大，产生极化作用。MnO_2 能消除电极上集积的氢气，所以又叫去极剂，反应式为

$$2MnO_2(s) + H_2(g) = 2MnO(OH)(s)$$

所以正极上总的反应为

$$2MnO_2(s) + 2NH_4^+(aq) + 2e^- = 2MnO(OH)(s) + 2NH_3(aq)$$

锌锰电池的电动势约 1.5 V，其容量小，使用寿命不长。若将普通锌锰干电池中的填充物 $ZnCl_2$ 和 NH_4Cl 换成 KOH，就得到了碱性干电池，其使用寿命有较大的增加。

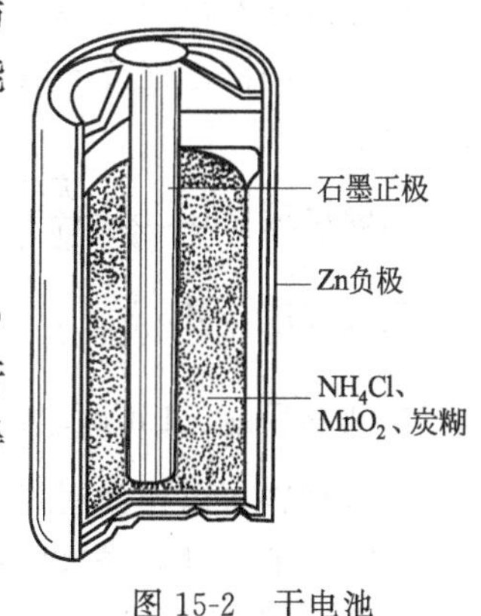

图 15-2　干电池

15.2.3.2　**二次电池**

(1) 酸性蓄电池

蓄电池是可以积蓄电能的一种装置。蓄电池放电后，用直流电源充电，可使电池回到原来的状态，因此可反复使用。最常用的酸性蓄电池是铅蓄电池。

铅蓄电池图式为：

$$(-)Pb\ |\ PbSO_4(s)\ |\ H_2SO_4(aq)\ |\ PbSO_4(s)\ |\ PbO_2\ |\ Pb(+)$$

其电极是铅锑合金制成的栅状极片，分别填塞 PbO_2 和海绵状金属铅作为正极和负极。电极浸在 $w(H_2SO_4)=0.30$ 的硫酸溶液（相对密度 $\rho=1.2g\cdot cm^{-3}$）中。放电时

Pb 极（负极）　$Pb(s) + SO_4^{2-}(aq) \longrightarrow PbSO_4(s) + 2e^-$

PbO_2 极（正极）　$PbO_2(s)(aq) + SO_4^{2-}(aq) + 4H^+ + 2e^- \longrightarrow PbSO_4(s) + 2H_2O(l)$

总放电反应　$Pb(s) + PbO_2(s) + 2H_2SO_4(aq) = 2PbSO_4(s) + 2H_2O(l)$

在放电时，两极表面都沉积着一层 $PbSO_4$，同时硫酸的浓度逐渐降低，当电动势由 2.2 V 降到 1.9 V 左右时，就不能继续使用了。此时应该及时充电，否则就难以复原，从而造成电池损坏。

(2) 碱性蓄电池

碱性蓄电池有 Fe-Ni 蓄电池、Cd-Ni 蓄电池、Ag-Zn 蓄电池等，其中镍镉电池是一种近年来使用广泛的碱性蓄电池（充电电池）。镍镉电池的负极为镉，在碱性电解质中发生氧化反应，正极由 NiO_2 组成，发生还原反应

Cd 极（负极）　$Cd(s) + 2OH^-(aq) \longrightarrow Cd(OH)_2(s) + 2e^-$

NiO_2极（正极） $NiO_2(s)+2H_2O(l)+2e^- \longrightarrow Ni(OH)_2(s)+2OH^-(aq)$

总的放电反应 $Cd(s)+NiO_2(s)+2H_2O(l) = Cd(OH)_2(s)+Ni(OH)_2(s)$

(3) 锂离子电池

锂离子电池是一种充电电池，它主要依靠锂离子在正极和负极之间移动进行工作。

由于锂离子电池具有能量密度高（按质量计算，可达150～200Wh·kg^{-1}）、开路电压高、输出功率大、无记忆效应、低自放电、工作温度范围宽、充、放电速度快等优点，广泛应用于军事和民用小型电器中，如移动电话、笔记本电脑、摄像机、照相机等。同时其作为动力电池的基本条件已经具备，正在向电动自行车、摩托车及汽车等方向发展。

锂离子电池是一种锂离子浓度差电池，正负两极由两种锂离子嵌入化合物组成。锂离子电池主要由正极、负极、电解液及隔膜组成，外加正负极引线，安全阀，PTC（正温度控制端子），电池壳等。虽然锂离子电池种类繁多，但其工作原理大致相同。充电时，锂离子从正极脱嵌，经过电解质嵌入负极，负极处于富锂状态，正极处于贫锂状态，同时电子的补偿电荷从外电路供给到负极，保证负极的电荷平衡，放电时则相反，锂离子从负极脱嵌，经电解质嵌入正极（这种循环被形象的称为摇椅式机制）。所以，人们又形象地把锂离子电池称为“摇椅电池”或“摇摆电池”。

以典型的液态锂离子电池为例，当以石墨为负极材料，以$LiCoO_2$为正极材料时，其充放电原理为：

正极反应：$LiCoO_2 \underset{放电}{\overset{充电}{\rightleftharpoons}} Li_{1-x}CoO_2+xLi^++xe^-$

负极反应：$6C+xLi^++xe^- \underset{放电}{\overset{充电}{\rightleftharpoons}} Li_xC_6$

电池总反应：$LiCoO_2+6C \underset{放电}{\overset{充电}{\rightleftharpoons}} Li_{1-x}CoO_2+Li_xC_6$

许多材料可以作为锂离子电池的正极材料，当用不同的材料作为锂离子电池的正极材料时，锂离子电池平均输出电压和能量密度并不完全相同，如$LiCoO_2$（平均输出电压为3.7V，能量密度为140mAh·g^{-1}）、$Li_2Mn_2O_4$（平均输出电压为4.0V，能量密度为100mAh·g^{-1}）、$LiFePO_4$（平均输出电压为3.3V，能量密度为100mAh·g^{-1}）、Li_2FePO_4F（平均输出电压为3.6V，能量密度为115mAh·g^{-1}）。锂离子电池通常以石墨作为负极材料。当锂离子电池的电解质为聚合物胶体电解质时，称为聚合物锂离子电池；而电解质为液体电解质时称为液态锂离子电池，液体电解质的溶质通常是锂盐，如高氯酸锂（$LiClO_4$）、六氟磷酸锂（$LiPF_6$）、四氟硼酸锂（$LiBF_4$），溶剂通常是有机试剂，如乙醚、乙烯碳酸酯、丙烯碳酸酯、二乙基碳酸酯等。

15.2.3.3 燃料电池（Fuel Cell）

燃料电池是举世公认的高效、便捷及有益于环境的绿色能源装置，是一种将存在于燃料与氧化剂中的化学能直接转化为电能的装置，由燃料、氧化剂、电极和电解质等组成。燃料电池使用的燃料为氢，一些碳氢化合物例如天然气和醇等也能作为燃料使用。燃料电池有别于原电池，因为需要稳定的氧和燃料来源，以确保其运行。

1838年德国化学家克里斯提安·弗里德里希·尚班(Christian Friedrich Schönbein) 提出了燃料电池的工作原理，1842年英国物理学家威廉·葛洛夫(William Robert Grove)，基于尚班的理论，公布了燃料电池的设计草图。以氢氧燃料电池说明燃料电池的工作原理。氢氧燃料电池如图15-3所示，电池符号为

$$(-)Pt \mid H_2(g) \mid KOH(aq) \mid O_2(g) \mid Pt(+)$$

负极反应： $H_2(g)+2OH^-(aq) \longrightarrow 2H_2O(l)+2e^-$

正极反应：　　$O_2(g)+2H_2O(l)+4e^- \longrightarrow 4OH^-(aq)$

总反应：　　$2H_2(g)+O_2(g) \longrightarrow 2H_2O(l)$

在这种电池中，正极为氧电极，负极为氢电极，正极和负极上都含有一定量的催化剂，正极和负极由电解质和隔膜分隔开。工作时，燃料氢通过负极，在催化剂的作用下，在电极表面发生电化学反应，被氧化成 H^+，H^+ 与电解质溶液中的 OH^- 反应生成水。在负极产生的电子通过外电路流到正极。通过正极的氧气，被吸附在电极表面，并被还原为氢氧根离子，氢氧根离子从氧电极经电解质溶液迁移到氢电极（阳极），从而完成一个循环。由于供应给正极板的氧，可以从空气中获得，因此只要不断地给负极供应氢，给正极供应空气，并及时把水（蒸气）带走，就可以不断地提供电能。

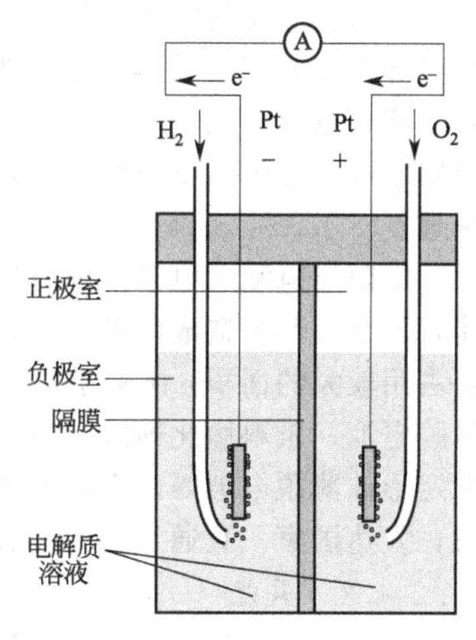

图 15-3　氢氧燃料电池

由燃料电池的工作原理不难看出，催化剂、电极、隔膜和电解质是燃料电池的主要组成部分。各种燃料电池工作原理基本相似，其分类主要由电解质的材料决定。目前广泛研发的燃料电池有质子交换膜燃料电池（PEMFC）、直接甲醇燃料电池（DMFC）、碱性燃料电池（AFC）、磷酸盐型燃料电池（PAFC）、熔融碳酸盐型燃料电池（MCFC）、固体氧化物燃料电池（SOFC）等。

燃料电池实际上只是一个能量转换装置，它具有转换效率高、容量大、比能量高、功率范围广、不用充电等优点，在发电、航天飞船、军用、电动车、便携式电源系统等众多方面有很好的发展前景。但由于成本高，系统比较复杂，目前仅限于一些特殊用途，如飞船、潜艇、军事、电视中转站、灯塔和浮标等方面。

15.2.4　新能源

新能源又称非常规能源，是指传统能源之外的各种能源形式，是刚开始开发利用或正在积极研究、有待推广的能源，如太阳能、地热能、风能、海洋能、生物质能和核能等。新能源一般具有以下特征：资源丰富，普遍具备可再生特性；能量密度低，开发利用需要较大空间；不含碳或含碳量很少，对环境影响小；分布广，有利于小规模分散利用；间断式供应，波动性大，对持续供能不利。

15.2.4.1　太阳能

太阳能一般指太阳光的辐射能量，是地球上最根本的能源。太阳每年辐射到地球表面的能量为 50×10^{18}kJ，相当于目前全世界能量消费的 1.3 万倍。与常规能源相比，太阳能清洁环保，无任何污染，可就地取材，不受市场的垄断和操纵，利用价值高。其利用前景非常诱人。但是，太阳能的利用也有一些不利因素。例如能量密度低，能量供应受昼夜、阴晴、季节、纬度等因素影响较大，能量供应极不稳定。

太阳能的主要利用形式有太阳能的光热转换、光电转换以及光化学转换三种主要方式。

太阳能的热利用是将太阳辐射能收集起来，通过与物质的相互作用转换成热能加以利用，通常是由集热器进行光热转化，集热器也就是太阳能热水器，按结构形式分为真空管式太阳能热水器和平板式太阳能热水器。太阳能热水器由集热管、储水箱及相关附件组成，把太阳能转换成热能主要依靠集热管。

目前我国是全球太阳能热水器生产量和使用量最大的国家。2011 年我国太阳能热水器产量约为 5800 万平方米，预计到 2015 年产量达 1.2 亿平方米，约 2300 亿元的市场规模。

按照用热温度，太阳能的热利用可分为低温热利用（$t<100℃$），用于热水、采暖、干

燥、蒸馏等；中温热利用（100℃≤t≤250℃），用于工业用热、制冷空调、小型热动力等；高温热利用（t>250℃），用于热发电、太阳炉等。

太阳能电池是能有效吸收太阳光辐射并使之转换成电能的半导体电子器件，一般都由n型半导体和p型半导体构成。当阳光辐照到半导体表面时，材料吸光产生自由正电荷（空穴）和负电荷（电子），在p-n结附近产生电子-空穴对，在p-n结电场的作用下，光生空穴流向p区，光生电子流向n区，接通电路后就形成电流。这就是光电效应太阳能电池的工作原理。

太阳能电池发电是一种可再生的环保发电方式，发电过程中不会产生二氧化碳等温室气体，不会对环境造成污染，并且安全可靠、无噪声、无需架设输电网、规模可大可小，但需要占用较大的面积。太阳能电池按照制作材料分为硅基半导体电池、CdTe薄膜电池、CIGS薄膜电池、染料敏化薄膜电池、有机材料电池等。其中硅电池又分为单晶电池、多晶电池和无定形硅薄膜电池等。太阳能发电作为一种高成本、高投入的产业，在技术商业化的初级阶段，发达国家一直通过各种优惠扶持政策来推动太阳能光电池的普及。

15.2.4.2 氢能

氢能是指以氢及其同位素为主体的反应中或氢状态变化过程中所释放的能量。氢能包括氢核能和氢化学能，这里主要讨论由氢与氧化剂发生化学反应而放出的化学能。

在众多的新能源中，氢能将会成为21世纪最理想的能源。与其它能源相比，氢能有明显的优势：氢在空气中的燃烧产物是水，是清洁能源；氢是地球上取之不尽、用之不竭的能量资源；氢气燃烧能释放出$14.3\times10^{7}J\cdot kg^{-1}$的热量，约是汽油的3倍，煤的5倍，研究中的氢-氧燃料电池还可以高效率地直接将化学能转变为电能，具有十分广泛的发展前景。

氢既可用作汽车、飞机的燃料，也可用作火箭、导弹的燃料。美国飞往月球的“阿波罗”号宇宙飞船和我国发射人造卫星的长征运载火箭，都是用液态氢作燃料的。使用氢-氢燃料电池还可以把氢能直接转化成电能，使氢能的利用更为方便。目前，这种燃料电池已在宇宙飞船和潜水艇上得到使用。

氢能源的开发利用必须解决三个关键问题：廉价氢的大批量制备、氢的储运和氢的合理有效利用。

目前，国际上通行的制氢方法主要有两种：一种是利用煤炭、石油、天然气等碳氢化合物制取，但所用原料都是不可再生能源；另一种是直接利用水制取，由水的分解来制取氢气主要包括水的电解、热分解和光分解。水的电解和热分解能耗大、热功转化效率低、热分解温度高，不是理想的制取氢气的方法。阳光分解水制氢则是在经济上合理的制氢方法。在催化剂存在下，水在阳光的照射下会发生光化学反应生成氢和氧。目前，二氧化钛和某些含钌的化合物，具有较好的光催化性能。一旦当更有效的催化剂问世时，光分解水制取氢气就将获得成功，这将使人类彻底解决能源危机的问题。

氢气的输运和储存也是氢能开发利用中极为重要的技术。常用储氢的方法有高压气体储存、低压液氢储存、非金属氢化物储存及金属储氢材料的固体储存等。

15.2.4.3 核能

核能又称原子能，是原子核内部结构发生变化而释放出的能量。核能可分为三类：裂变能，重元素（如铀、钚等）的原子核发生分裂时释放出的能量；聚变能，由轻元素（氘和氚）原子核发生聚合反应时释放出的能量；原子核衰变时发出的放射能。

根据爱因斯坦质能方程：$E=mc^2$，原子核中蕴藏着巨大的能量。同等质量的物质发生核反应放出的能量要比发生化学反应放出的能量大数百万倍，1公斤铀原子核全部裂变释放出来的能量，约等于2700吨标准煤燃烧时所放出的化学能。

核能对军事、经济、社会、政治等都有广泛而重大的影响。在军事上，核能可作为核武器，并用于航空母舰、核潜艇等的动力源；在经济上，核能可以替代化石燃料，用于发电；也可以作为放射源应用于医疗。

核能发电是和平利用核能的一种主要途径，它是利用核反应堆中核裂变所释放出的热能进行发电。核电站的核心是反应堆，它是一个能维持和控制核裂变链式反应，从而实现核能-热能转换的装置，在反应堆中，$^{235}_{92}U$ 原子核受到高能中子轰击时，可以分裂为质量相差不多的两种核素，同时产生几个中子，并释放大量的能量。在裂变过程中，每消耗 1 个中子，就能同时产生几个中子，而这些中子又能使其它$^{235}_{92}U$ 发生裂变，同时再产生相应数量的中子，使$^{235}_{92}U$ 继续不断地发生裂变，形成一系列爆炸式的链式反应，释放出巨大能量。放出的核能主要是以热能的形式由冷却剂带出，用以产生蒸汽。由蒸汽驱动汽轮发电机组进行发电。

核能作为一种新型的能源，具有得天独厚的优越性。它利用地球中蕴藏丰富的放射性同位素铀的裂变反应产生的巨大能量来发电，效率既高又不污染环境。

15.2.4.4 生物质能

生物质是指由光合作用而产生的各种有机体，它是太阳能以化学能形式贮存在生物体中的一种能量形式。生物质能是一种以生物质为载体的能量，直接或间接地来源于植物的光合作用。因此生物质能是一种极为丰富的能量资源，也是太阳能的最好贮存方式。

生物质能源是从太阳能转化而来，与风能、太阳能等同属可再生能源，可实现能源的永续利用。生物质能源中的有害物质含量很低，属于清洁能源，能够有效减少人类二氧化碳的净排放量，降低温室效应。生物质能源资源丰富，分布广泛，是仅次于煤炭、石油和天然气的第四大能源。

生物质能的利用主要有直接燃烧、热化学转换和生物化学转换等 3 种途径。

直接燃烧是生物质最普通的转换技术和最传统的利用方式，不仅热效率低下，而且劳动强度大，污染严重。

通过生物质能转换技术可以高效地利用生物质能源，生产各种清洁燃料。生物质的热化学转换是指在一定的温度和条件下，使生物质气化、炭化、热解和催化液化，以生产气态燃料和液态燃料的技术。生物质气化发电技术是洁净利用生物质能的有效方法之一，它可以在不产生污染的情况下把生物质能转化为电能，它采用循环流化床气化炉，把生物质废弃物转换为可燃气体。这些可燃气体经过除尘除焦等净化工序后，再送到气体内燃机进行发电。此外通过高压液化和热解液化技术将生物质液化，也是重要的生物质能转换技术之一。

生物质的生物化学转换包括生物质-沼气转换和生物质-乙醇转换等。生物质在厌氧环境中，通过微生物发酵生成沼气，气化的效率虽然不高，但其综合效益很好。沼气含有 60%～70%甲烷，热值是 23000～27600$kJ \cdot m^{-3}$，作为燃料不仅热值高而且干净，是一种很好的能源，沼渣、沼液是优质速效肥料，同时又处理了各种有机垃圾，清洁了环境。生物质如糖质、淀粉和纤维素等原料经过生物发酵，可以制造甲醇、乙醇等液体燃料。乙醇是一种绿色能源，乙醇以 20%的比例和汽油混合，不需要对汽油发动机作任何改造，可以大大减少对石油的依赖。

15.3 化学与材料

材料是指经过加工（包括开采和运输），具有一定的组成、结构和性能，适合于一定用途的物质，它是人类生活和生产活动的重要物质基础，是生产力的标志，被看成是人类社会进步的里程碑。从石器、青铜器、铸铁、钢、塑料、光导纤维到形形色色材料的出现，都标志着一个相应经济发展的历史时期，极大改变了人们的生活和生产方式，对社会进步起到了关键性的推动作用。能源、信息和材料是现代社会发展的三大支柱，材料又是能源和信息发展的物质基础，化学是材料科学发展的源泉。

材料依其化学特征一般划分为金属材料、无机非金属材料、高分子材料和复合材料四大类。本节对这几类材料作简单的介绍。

15.3.1 金属材料

金属材料是以金属元素为基础的材料。纯金属一般具有良好的塑性，较高的导电和导热性，但其机械性能如强度，硬度等不能满足工程技术的需要，因此纯金属的直接应用很少，绝大多数金属材料是以合金的形式出现。合金是在纯金属中，有意识地加入一种或多种其它元素，通过冶金或粉末冶金方法制成的具有金属特性的材料。例如工业上应用最广泛的金属材料钢和铸铁，就是以铁为基础的合金。含碳量小于2.11%的铁碳合金称为钢，含碳量大于2.11%的称为铸铁。

15.3.1.1 形状记忆合金

用某种特殊的合金做成花、鸟和鱼等造型，只要把它们放入热水中，就可以看到花儿正在徐徐的开放，鸟儿正在振翅待飞，鱼儿在水中摆尾，这些不是魔术，而是形状记忆合金特异功能的显示。这种功能称为形状记忆效应。形状记忆效应是由合金中的马氏体相变引起的。马氏体相变的特点是“冷胀热缩”，这种特性称为热弹性马氏体相变。外应力也能诱发马氏体相变，外力加大，马氏体长大，在受到外力时，通过马氏体相内部质点的移动改变其形状，经加热，当温度超过马氏体相消失的温度时，材料恢复到变形前的形状。

1938年，美国的格里奈哥（Greniger）和穆拉迪安（Mooradian）在Cu-Zn合金中发现了马氏体的热弹性转变。随后，苏联的库鸦莫夫（Kurdjumov）对这种行为进行了研究。1951年美国的程（Chang）和里德（Read）在Au-Cd合金的研究中亦发现热弹性马氏体转变，但该合金的价格昂贵，难以应用。直到1962年，美国海军军械研究所的比勒（Buehler）发现了Ni-Ti合金中的形状记忆效应，才使得形状记忆效应得到广泛的应用。20世纪70年代以来，已开发出Ti-Ni基、Cu-Al-Ni基、Cu-Zn-Al基、Fe-Ni-Co-Ti基和Fe-Mn-Si基形状记忆合金。迄今为止，已有10多个系列50多个品种。

形状记忆效应有3种类型，分别为单程形状记忆效应、双程形状记忆效应和全程形状记忆效应。单程形状记忆效应是指材料在高温下制造出某种形状后，在低温相时将其任意变形，再加热时可恢复为高温相时的形状，而重新冷却时却不能恢复低温相形状；通过温度的升降可以自发地反复恢复高低温相形状的现象称为双程形状记忆效应（或称为可逆形状记忆效应）；当加热时恢复高温相形状，冷却时变为形状相同但取向却与高温相形状相反的现象称为全程记忆效应，只有在富镍的Ni-Ti合金中，才可能出现全程记忆效应。

形状记忆合金在近20多年来发展很快，已经应用于宇航、能源、汽车、电子、机械和医疗等领域。人造卫星上庞大的天线可以用记忆合金制作，发射人造卫星之前，将抛物面天线折叠起来装进卫星体内，火箭升空把人造卫星送到预定轨道后，只需加温，折叠的卫星天线因具有“记忆”功能而自然展开，恢复抛物面形状；记忆合金在临床医疗领域内有着广泛的应用，例如人造骨骼、伤骨固定加压器、牙科正畸器、各类腔内支架、栓塞器、心脏修补器、血栓过滤器、介入导丝和手术缝合线等；记忆合金与日常生活也同样密切相关，可用于温室、水暖系统、恒温器、防火门、电路自动断路及加热冷却控制装置自动开关。例如，利用形状记忆合金弹簧可以控制浴室水管的水温，在热水温度过高时通过“记忆”功能，调节或关闭供水管道；还可以把用记忆合金制成的弹簧放在暖气的阀门内，自动开启或关闭暖气的阀门。由于记忆合金是一种“有生命的合金”，利用它在一定温度下形状的变化，就可以设计出形形色色的自控器件，它的用途正在不断扩大。

除形状记忆合金外，目前还研制成了形状记忆陶瓷、形状记忆树脂等材料。

15.3.1.2　储氢合金

氢主要以气体氢、液态氢和金属氢化物这三种方式储存和运输。气态储氢主要用高压钢瓶，其储氢密度低，钢瓶内的氢气即使加压到 150 个大气压，所装氢气的质量也不到氢气瓶质量的 1%，而且还有爆炸的危险；第二种方法是贮存液态氢，将气态氢降温到－253℃变为液体进行贮存，需耗费大量的能源使氢气液化，也需要超低温用的特殊容器，价格昂贵。近年来，一种新型简便的储氢方法是利用储氢合金（金属氢化物）来储存氢气。金属氢化物储氢材料通常称为储氢合金。

储氢合金多为易与氢起作用的某些过渡族金属、合金或金属间化合物。由于这些金属材料具有特殊的晶体结构，使得氢原子容易进入其晶格的间隙中并与其形成金属氢化物。其储氢量可达金属本身体积的 1000～1300 倍。氢与这些金属的结合力很弱，一旦加热和改变压力，氢即从金属中释放出来。可以用反应式表示：

$$\mathrm{M(s)}+\frac{x}{2}\mathrm{H_2(g)}\underset{p_2,T_2}{\overset{p_1,T_1}{\rightleftharpoons}}\mathrm{MH}_x\mathrm{(s)}+\Delta H$$

式中，M 为金属、合金或金属间化合物；ΔH为反应热；p_1、T_1为吸氢时，系统所需的压力和温度；p_2、T_2为释氢时系统所需的压力和温度。正向反应为储氢. 逆向反应为释氢，正逆向反应构成了一个储氢/释氢的循环，改变系统的温度和压力条件，可使反应按正逆反应方向交替进行，储氢材料就能实现可逆吸收与释放氢气的功能。

自美国布鲁克赫本国立研究所在 1968 年率先发现了镁-镍合金具有储氢性能以来，储氢合金的发展非常迅速，已经发展了几大系列数十种储氢合金，已实用和研究发展中的储氢材料主要有以下几种。

① 镁系储氢合金　主要有镁镍、镁铜、镁铁、镁钛等合金。具有储氢能力大（可达材料自重的 5.1%～5.8%）、价廉等优点，缺点是放氢时需要 250℃以上的高温。

② 稀土系储氢合金　主要是镧镍合金，其吸氢性好，容易活化，在 40℃以上放氢速度好，但成本高。

③ 钛系储氢合金　有钛锰、钛铬、钛镍、钛铌、钛锆、钛铜及钛锰氮、钛锰铬、钛锆铬锰等合金。其成本低，吸氢量大，室温下易活化，适于大量应用。

④ 锆系储氢合金　有锆铬、锆锰等二元合金和锆铬铁锰、锆铬铁镍等多元合金。在高温下（100℃以上）具有很好的储氢特性，能大量、快速和高效率地吸收和释放氢气，同时具有较低的热含量，适于在高温下使用。

⑤ 铁系储氢合金　主要有铁钛和铁钛锰等合金。其储氢性能优良、价格低廉。储氢合金可采用冶炼、粉末冶金、快速凝固、机械合金化等方法制备。

大量的研究证明，实用的储氢合金应具备如下特性。

① 储氢量大，能量密度高。不同金属或合金的储氢量差别很大. 一般认为可逆吸氢量不少于 $150\mathrm{cm^{-3}\cdot g^{-1}}$为好。

② 吸氢和放氢速度快。

③ 氢化物生成热小。储氢合金用来吸收氢时生成热要小，一般在－29～$46\mathrm{kJ\cdot mol^{-1}\ H_2}$为宜。

④ 分解压适中。在室温附近，具有适当的分解压（0.1～1MPa）。

⑤ 容易活化。储氢合金第一次与氢反应称为活化处理，活化的难易直接影响储氢合金的实用价值。

⑥ 化学稳定性好，经反复吸、放氢，材料性能不衰减。对氢气中所含的杂质（如 O_2、CO、Cl_2、H_2S、H_2O 等）敏感性小，抗中毒能力强。

⑦ 在储存与运输中性能可靠、安全、无害。

⑧ 原料来源广、成本价廉。

储氢材料用途广泛，除用于氢的存贮、运输外，储氢合金还可以用于提纯和回收氢气，可以以很低的成本获得纯度高于 99.9999%的超纯氢。储氢合金在吸氢时放热，在放氢时吸热，利用这种放热-吸热循环，可进行热的贮存和传输，制造制冷或采暖设备。并且还可以将储氢过程中的化学能转换成机械能，以储氢合金制造的镍氢电池具有容量大、无毒安全和使用寿命长等优点。

15.3.1.3 非晶态合金

人类使用金属材料的历史大约有 8000 年，在这漫长的时间中，使用的都是具有晶体结构的金属材料。直到 1960 年，美国加州大学 Duwez 小组用快冷的方法首次得到了非晶态的合金 $Au_{70}Si_{30}$，并发现非晶态金属具有许多常规晶态合金不可比拟的优越性能，揭开了金属材料发展历史上新的一页，已经有大量的非晶合金系如贵金属基、铁基、钴基、镍基、钛基、锆基、铌基、钼基、镧系金属基、铝基和镁基合金等被开发出来，成为材料领域的一个前沿学科而得到迅速发展。

在通常情况下，金属及合金在从液体凝固成固体时，原子总是从液体的无序排列转变成有规律的排列，即成为晶体。但是，如果金属或合金的凝固速度非常快，原子来不及有规律的排列便被冻结住了，最终的原子排列方式类似于液体，是无序的，这就是非晶态合金。从理论上来说，任何液体都可以通过快速冷却的方法获得非晶态固体材料，只是不同的材料需要不同的冷却速率。对于纯金属而言，必须以大约 $1.0\times10^{12}\,K\cdot s^{-1}$ 的冷却速率时，才有可能获得非晶态，这种冷却速率在实际中不可能得到，因此，无法得到纯金属的非晶态。但是，获得非晶态合金的冷却速率比纯金属的低 6～7 个数量级，这是由于在金属中加入了原子半径或化学特性（如电负性等）与寄主原子差别较大的溶质原子，增大结晶时原子通过扩散重排的难度，有利于非晶态的形成。

非晶态合金在热力学上是一种亚稳态，其结构特征是不具有长程有序，即原子的排列不具有规则的周期的重复排列的特性，而在几个原子范围内，原子的分布具有一定的规律性，即短程有序。非晶态合金中没有位错，没有相界和晶界，没有第二相，是一种无晶体缺陷的固体，结构上具有高度的均匀性而没有各向异性。

由于非晶态合金与结晶态合金在成分和结构上的巨大差异，使得非晶态合金在许多方面表现出独特的性能，从而在许多新领域获得应用。

① 高强度、高韧性、高硬度和高耐磨性　晶态合金变形时，通过位错引起结晶面滑动，非晶态合金的变形是由于原子集体的移动所致，因此，非晶态合金对变形的抵抗力大，即强度大、韧性高，其抗拉强度及硬度为相应晶态合金的 5～10 倍，是一种很有发展潜力的结构材料，由于尚不能制造出大块的非晶态合金材料，使其应用受到限制，但可作为复合材料中的增强体。目前，非晶态合金已经用于玻璃钢、轮胎、高压管道及火箭外壳等的增强纤维。

② 优良的耐腐蚀性　非晶态合金具有极佳的耐腐蚀性能，比最好的不锈钢的耐腐蚀性还要高 100 倍。这是因为它具有均匀的显微组织，没有位错和晶界等缺陷，使得在腐蚀介质中不易形成微电池；同时，在腐蚀介质中易形成坚固的钝化膜。已成为化工、海洋等一些易腐蚀环境中应用设备的首选材料。目前，已用于制造耐腐蚀管道、海底电缆屏蔽、污水处理系统中的零件等。

③ 良好的磁学性能　与传统的金属磁性材料相比，由于非晶态合金原子排列无序，没有晶体的各向异性，而且电阻率高，因此具有高的导磁率、低的损耗，是优良的软磁材料，代替硅钢、坡莫合金和铁氧体等作为变压器铁芯、互感器、传感器等，可以大大提高变压器效率、缩小体积、减轻重量、降低能耗。非晶态合金的磁性实际上是迄今为止非晶合金最主要的应用领域。

此外，研究表明，由于表面原子的无序排列有利于吸附，非晶态合金对某些化学反应具有明显的催化作用，可以用作化工催化剂。

非晶态合金的发展历史虽然还很短，但已经显示出广阔的应用前景，如果能够较好的解决只能制备较薄的非晶态合金材料的骤冷技术和在一定温度下使用会出现晶化的问题，非晶态合金的应用领域将会进一步扩大。

15.3.2　无机非金属材料

无机非金属材料是各种金属与非金属元素形成的无机化合物和非金属单质材料。传统上的无机非金属材料主要有陶瓷、玻璃、水泥和耐火材料四种，其化学组成均为硅酸盐类。随着新技术的发展，陆续涌现了一系列应用于高性能领域的新型无机非金属材料。例如结构陶瓷、功能陶瓷、半导体、非晶态材料和人工晶体等。下面介绍几种新型无机非金属材料。

15.3.2.1　精细陶瓷

陶瓷可以分为传统陶瓷和精细陶瓷（又称为先进陶瓷）。传统陶瓷主要的原料是石英、长石、黏土等自然界中存在的矿物。精细陶瓷的制作工艺、化学组成、显微结构及特性均不同于传统陶瓷，它是采用人工精制的无机粉末原料，通过结构设计、精确的化学计量、合适的成型方法和烧结工序而达到特定的性能，经过加工处理使之符合使用要求的尺寸精度的无机非金属材料。

习惯上人们将精细陶瓷分为两大类，将具有机械功能、热功能和部分化学功能的陶瓷列为结构陶瓷，而将具有电、光、磁、化学和生物体特性，且具有相互转换功能的陶瓷列为功能陶瓷（见表 15-4）。

（1）结构陶瓷

结构陶瓷材料主要包括氧化物系统、非氧化物系统及氧化物与非金属氧化物的复合系统。结构陶瓷因具有耐高温、高硬度、耐磨损、耐腐蚀、低膨胀系数、高导热性和质轻等优点，被广泛应用于能源、石油化工等领域。

① 氧化物陶瓷

氧化铝陶瓷是一种以 α-Al_2O_3 为主晶相的陶瓷材料，其 Al_2O_3 含量一般在 75%～99%之间，习惯以配料中 Al_2O_3 的百分含量来命名。随着 Al_2O_3 含量的增加，陶瓷的烧成温度较高，机械强度增加，电容率、体积电阻率及导热系数增大，介电损耗降低。Al_2O_3 陶瓷因其优越的性能而成为氧化物陶瓷中用途最广泛、产量最大的陶瓷材料，可用作磨具、刀具、轴承、喷嘴、缸套等，也可用作化工和生物陶瓷。

表 15-4　精细陶瓷的性能和用途

分类	材　料	性能特点	实　例	主要用途
工程陶瓷	耐热材料	热稳定性高 高温强度高	MgO，ThO_2 SiC，Si_3N_4	耐火件，发动机部件，耐热结构材料
	高强度材料	高弹性模量 高硬度	SiC，Al_2O_3，C TiC，B_2C，BN	复合材料用纤维 切削工具，研磨材料
功能陶瓷	磁性材料	软磁性 硬磁性	$Zn_{1-x}Mn_xFe_2O_{14}$， $SrO\cdot6Fe_3O_3$	磁带，变压器 铁氧体磁石
	介电材料	绝缘性 热电性 压电性 强介电性	Al_2O_3，Mg_2SiO_4 $PbTiO_3$，$BiTiO_3$ $PbTiO_3$，$LiNbO_3$ $BaTiO_3$	集成电路基板 热敏电阻 振荡器 电容器

续表

分类	材料	性能特点	实例	主要用途
功能陶瓷	半导体材料	离子导电性效应	β-Al_2O_3，ZrO_2	固体电解质，传感器
		非线性阻抗效应	ZnO-Bi_2O_3	非线性电阻
		界面阻抗变化效应	SnO_2，ZnO	气体传感
		光电效应	CdS，CaS	太阳能电池
		阻抗温度变化效应	VO_2，NiO	温度传感器
		阻抗发热效应	SiC，$LaCrO_3$，ZrO_2	发热体
		热电子发射效应	BaO，GaAs-Cs	热阴极
	光学材料	荧光，发光性	Al_2O_3-Cr-Nd 玻璃	荧光体，激光
		红光透过性	GaAs，CdTe	红外线窗口
		高透明度	SiO_2	光导纤维
		电发色效应	WO_3	显示器

Al_2O_3陶瓷根据不同类型、不同形状、大小、厚薄、性能等的要求，生产工艺也不尽相同，大体上经过原料煅烧→磨细→配料→成型→烧结工艺等过程。烧结的方法主要有常压烧结和热压烧结两种。

ZrO_2陶瓷是新近发展起来的仅次于Al_2O_3陶瓷的一种重要的结构陶瓷。在ZrO_2陶瓷制造过程中，为了预防其在晶形转变中因发生体积变化而产生开裂，必须在配方中加入适量的CaO、MgO、Y_2O_3、CeO等金属氧化物作为稳定剂，以维持ZrO_2高温立方相，这种立方固溶体的ZrO_2称为全稳定ZrO_2。ZrO_2陶瓷具有密度大、硬度高、耐火度高、化学稳定性好的特点，尤其是其抗弯强度和断裂韧性等性能，在所有陶瓷中更是首屈一指。因而受到重视。在绝热内燃机中，相变增韧ZrO_2可用作汽缸内衬、活塞顶等零件；在转缸式发动机中用作转子，原子能反应堆工程中用作高温结构材料。

② 非氧化物陶瓷

非氧化物陶瓷是由碳化物、氮化物、硅化物和硼化物等制造的陶瓷总称。

氮化物陶瓷是非氧化物陶瓷中的一种，它的制造工艺主要有以下几种：在碳存在的条件下，用氮或氨处理金属氧化物；用氮或氨处理金属粉末或金属氧化物；气相沉积氮化物；氨基金属的热分解等。

Si_3N_4陶瓷是共价键化合物，在Si_3N_4结构中，N与Si原子间力很强，所以Si_3N_4在高温下很稳定。Si_3N_4用作结构材料具有下列特性：硬度大、强度高、热膨胀系数小，高温蠕变小；抗氧化性能好，可耐氧化到1400℃；抗腐蚀性好，能耐大多数酸的侵蚀；摩擦系数小，只有0.1，与加油的金属表面相似。目前Si_3N_4已成为制作新型热机、耐热部件及柴油机的主要材料，也用在机械工业和化学工业中。

Sialon（赛隆）陶瓷是Si_3N_4-Al_2O_3-SiO_2-AlN系列化合物的总称，其化学式为$Si_{6-x}Al_xN_{8-x}O_x$，x是O原子置换N原子数。Sialon即由Si、Al、O、N四个元素组成，但其基体仍为Si_3N_4。Sialon陶瓷因在Si_3N_4晶体中，溶了部分金属氧化物，使其相应的共价键被离子键取代，因而具有良好的烧结性能。常用的方法有反应烧结、等静压烧结和常压烧结等。

Sialon陶瓷具有常温及高温强度很大，化学稳定性优异，耐磨性强，密度不大等诸多优良性能。因此用途广泛，如作磨具材料，金属压延或拉丝模具，金属切削刀具及热机或其它热能设备部件，轴承等滑动件等。

(2) 功能陶瓷

功能陶瓷是指具有电、光、磁或部分化学功能的多晶无机固体材料。其功能的实现主要取决于它所具有的各种性能，如电绝缘性、半导体性、导电性、压电性、铁电性、磁性、生物适应性、化学吸附性等。

铁电陶瓷是具有铁电性的陶瓷材料，铁电性是指在一定温度范围内具有自发极化，在外电场作用下，自发极化能重新取向，而且电位移矢量与电场强度之间的关系呈电滞回线现象的特性。铁电性与力、热、光等物理效应相联系，因此铁电陶瓷广泛应用于功能材料中。如压电陶瓷、热释电陶瓷等。

压电陶瓷是具有压电效应的陶瓷材料，即能进行机械能与电能相互转变的陶瓷。压电陶瓷的种类很多，常用的有 $BaTiO_3$、$PbTiO_3$、$Pb(Ti_{1-x}Zr_x)O_3$，简称 PZT 及三元系压电陶瓷。应用最广，研究最多的是 PZT 陶瓷。压电陶瓷主要应用在宇航、能源、计算机等领域。

某些晶体由于温度变化而引起自发极化强度发生变化的现象称为热释电效应。而具有热释电效应的陶瓷称为热释电陶瓷，即加热该陶瓷时，陶瓷的两端会产生数量相等符号相反的电荷，如果将其冷却，电荷的极性与加热时恰好相反。热释电陶瓷对温度十分敏感。例如，有一种热释电材料，在环境温度变化 1℃时，则在 $1cm^2$ 的热释电瓷片的两端即可产生 300V 的电位差。热释电陶瓷主要用于控测红外辐射，遥测表面温度及热-电能量转换热机等方面。

敏感陶瓷是指能将各种物理的或化学的非电参量转换成电参量的功能材料，是某些传感器的关键材料之一，用于制作敏感元件。用敏感陶瓷制成的传感器具有信息感受、交换和传递的功能，可分别用于热敏、气敏、湿敏、压敏、声敏或色敏等不同的领域。敏感陶瓷是当前最活跃的无机功能材料，各种传感器的开发应用具有重要意义，对遥感技术、自动控制技术、化工检测、防爆、防火、防毒、防止缺氧以及家庭生活现代化等都有直接关系。

磁性陶瓷主要是指铁氧体陶瓷，它们是以氧化铁和其它铁族或稀土族氧化物为主要成分的复合氧化物。按铁氧体的晶体结构可分为三大类：尖晶石型 MFe_2O_4（M 为铁族元素）；石榴石型 $R_3Fe_5O_{12}$（R 为稀土元素）；磁铅石型 $MFe_{12}O_{19}$。按铁氧体的性质及用途又可分为软磁、硬磁、旋磁、矩磁、压磁、磁泡等铁氧体。铁氧体的制备方法主要有以下几种：a. 氧化物法，直接用各种氧化物为原料，经过配料、混合、预烧、磨细、成型、干燥和烧结，得到磁体。b. 盐类分解法，用硫酸盐、硝酸盐、碳酸盐或草酸盐为原料，加热分解得到氧化物然后再粉碎、成型和烧结，得到产品。这种方法反应易于完全。c. 化学沉淀法，将含有各组分金属的硝酸盐、硫酸盐或氯化物溶液，按配比混合用碱或草酸铵使之沉淀，得到混合均匀的各种金属氧化物或草酸盐的混合物。这种混合物不但混合均匀而且粒度细，化学活性高，因而固相反应容易进行，可以在较低的温度下烧结。它广泛用于磁存储器的材料以及磁芯材料。

自从 1911 年 H. K. Onnes 发现了超导现象以来，超导体（superconductor）一直吸引着国际上众多从事物理学、化学、材料科学、电子学和电工学等领域研究工作的学者。

所谓超导电性，是指固体物质在某一温度以下（这个温度称为临界温度 T_c），外部磁场不能穿透到材料内部，材料的电阻消失的现象。最初发现的超导体的临界温度都是接近绝对零度的液氦温度范围，到 1986 年，75 年间超导材料的临界转变温度 T_c从水银的 4.2K 提高到铌三锗的 23.22K，一共提高了 19K。1986 年以来，超导领域发生了戏剧性的变化，高温超导体的研究取得了重大的突破。瑞士科学家米勒（Karl A. Muller）和德国科学家柏诺兹（J. Georg Bednorz）在 1986 年获得了 T_c达 35K 的超导体。1987 年我国科学家赵忠贤又发现了 95K 的 $YBa_2Cu_3O_{7-x}$（x～0.2）的超导氧化物，实现了液氮温度区的超导性。目前已发现数十种氧化物超导体。最高临界转变温度已达到 153K。目前，几个主要的超导陶瓷体系有：Y-Ba-Cu-O 系、La-Ba-Cu-O 系、La-Sr-Cu-O 系和 Ba-Pb-Bi-O 系等。$YBa_2Cu_3O_{7-x}$

超导陶瓷可以用一般陶瓷工艺制造，以 Y_2O_3、$BaCO_3$、CuO 为原料，混合后在 900℃煅烧合成，再粉碎，就得到超导粉，用流动氧气气氛在 950℃烧结，烧结后在 500～600℃氧气气氛中退火。

超导陶瓷目前仍在发展中，由于它具有完全的导电性和完全的抗磁性，所以获得了广泛的应用，在电系统方面可以用于输配电，由于电阻为零，所以完全没有能量损耗。在交通运输方面可以制造磁悬浮高速列车；利用超导陶瓷的约瑟夫逊效应可望制成超小型、超高性能的第五代计算机。所谓约瑟夫逊效应是指被一真空或绝缘介质层（厚度约为 10nm）隔开的两个超导体之间会产生超导电子隧道效应。利用其抗磁性，在环保方面可以进行废水净化和除去毒物。

15.3.2.2 光学材料

光学材料主要是光介质材料，是传输光线的材料，这些材料以折射、反射和透射的方式改变光线的方向、强度和位相，使光线按照预定的要求传输，也可以吸收或透过一定波长范围的光线而改变光线的光谱成分。

(1) 激光材料

自 1960 年用红宝石作工作物质，首次产生激光之后，激光的基础理论、激光的应用、激光材料和器件的研究等各个方面都有了迅速的发展。

激光的最初中文名是“镭射”，是它的英文名称 LASER 的音译，取自英文 Light Amplification by Stimulated Emission of Radiation 的各单词的头一个字母组成的缩写词。意思是“受激辐射的光放大”。

1916 年，伟大的科学家爱因斯坦提出了激光辐射理论，该理论认为在组成物质的原子中，有不同数量的粒子（电子）分布在不同的能级上，在高能级上的粒子受到某种光子的激发，会从高能级跃迁到低能级上，并辐射出一个和入射光子同样频率的光子（这种现象称为受激辐射）。受激辐射的最大特点是由受激辐射产生的光子与引起受激辐射的原来的光子具有完全相同的状态。它们具有相同的频率，相同的方向，完全无法区分出两者的差异。通过一次受激辐射，一个光子变为两个相同的光子。这意味着光被放大了。这正是产生激光的基本过程。

用于产生激光的材料叫做激光工作物质，有固体、气体和液体三种。固体的激光工作物质有无机非金属的单晶和玻璃。固体激光材料由激活离子和基质物质组成，如红宝石激光材料由三价铬离子掺入氧化铝单晶组成。当脉冲氙灯照射红宝石时，处于基态 E_1 能级的铬离子大量激发到高能量状态 E_3 能级，处于高能级的铬离子很不稳定，很快就自发地从高能级跃迁低能级 E_2，同时辐射出光子（这种现象称为自发辐射），而 E_2 是一种亚稳态，发生自发辐射的概率很小，这样就有大量的铬离子处于 E_2 态，使处于高能态的铬离子数多于处在基态的铬离子数（这种状态称为粒子数反转，一种非热力学平衡状态）。当有外来光子的激励时，就可能产生从能级 E_2 跃迁到基态的受激辐射跃迁，再通过共振腔的作用使光子共振，受激辐射越来越强，于是就形成了激光。

到目前为止，已研制出的固体激光工作物质虽有上百种之多，但有实际使用价值的主要有：红宝石（$Al_2O_3:Cr^{3+}$）、掺钕钇铝石榴石（$Y_3Al_5O_{12}:Nd^{3+}$）、掺钕铝酸钇（$YAlO_3:Nd^{3+}$）和钕玻璃四种。

由于激光具有高方向性、高亮度、高单色性和高相干性等特点，它在工业、农业、自然科学、医疗和军事等领域有着广泛的应用。

(2) 光纤材料

光通信是当代新技术革命的重要内容，也是信息社会的重要标志。光纤通信就是以光为载体，用光导纤维传输信息。将声音、文字、图像等转变为电信号，再利用电信号调制激光强度，使激光载着传送的信息沿着光导纤维传递，在终端再将光信号还原成声音和图像，达到通信的目的。

光纤通信有着突出的优点，通信容量比微波通信大 10^3～10^4 倍，发丝粗细的光纤可承载几万路电话或 2000 路电视。光纤通信用激光作载波，不受外界电磁场干扰，有极高的稳定性和保密性。目前我国已经建成横贯东西穿越南北的光纤主干线，使信息公路通向千家万户，通信规模和速度都居世界先进水平。

利用光导纤维还可以制成各种传感器，用以检测温度、压力、物质成分的变化等。

光学纤维从材料的组成看，有石英玻璃光纤和多组分玻璃光纤。目前，国内外所制造的光纤绝大部分都是高纯二氧化硅玻璃光纤，为降低石英光纤的内部损耗，现都采用化学气相反应淀积法，以 $SiCl_4$ 为原料制取高纯度的石英预制棒，再拉成丝，制成低损耗石英光纤。多组分玻璃光纤的成分除了石英玻璃外，还含有氧化钠、氧化钾、氧化钙、三氧化二硼等其它氧化物。多组分光纤采用双坩埚法制造。

15.3.2.3　半导体材料

半导体材料是介于导体和绝缘体之间，导电率为 10^{-5}～$10^4 S \cdot m^{-1}$ 的固体材料。在各种固体材料中，半导体材料是最令人感兴趣和应用范围最广的材料之一。用半导体材料制成的各类器件，特别是晶体管、集成电路和大规模集成电路，已经成为现代电子和信息产业乃至整个科技工业的基础。

半导体材料可以分为无机半导体材料和有机半导体材料，无机半导体材料是现代工业中应用最广泛的半导体材料。无机半导体材料又可以分为元素半导体材料（如硅、锗等）和化合物半导体材料（如 GaAs、GaP、InP 和 ZnO 等）。

与金属依靠自由电子导电不同，半导体材料靠电子和空穴两种载流子的移动来实现导电的。处于元素周期表 p 区的金属与非金属的交界处的大多数元素单质都具有一定的半导体性质，但最有实用价值、最优越的单质半导体是 Si 和 Ge。理想的 Si 和 Ge 的晶体结构属于金刚石型，每个原子的 4 个价电子都参与形成 4 个共价键，价带充满了电子，导带是空的，没有任何可自由移动的载流子，在外加能量（如热能、电磁辐射能和光能）的作用下，半导体价带中的电子受激发后从满价带跃迁到空导带中，跃迁电子可在导带中自由运动，传导电子的负电荷。同时，在满价带中留下与跃迁电子数相同的空穴，空穴带正电荷，在价带中空穴可按电子运动相反的方向运动而传导正电荷。因此，半导体的导电来源于电子和空穴的运动，这种半导体称为本征半导体，其导电能力较弱，若在本征半导体中掺入微量杂质，其导电性能大增强。

若将磷原子掺入硅单晶中，晶体中很少部分的硅原子被磷原子替代，磷原子有 5 个价电子，其中 4 个与周围的硅原子形成共价键，还剩余一个价电子，即形成了一个正电中心 p^+ 和一个多余的电子，这个多余的电子束缚在正电中心 p^+ 的周围，它的能量高于满带的能量，与导带的能级相近，即电子占据在离导带很近的施主能级上 [见图 15-4(a)]，这样的电子很容易受激发，而跃迁到导带中，成为导电电子。这类半导体的载流子主要是电子，杂质称为施主杂质，半导体称为 n 型半导体。

若将镓原子掺入硅单晶中，晶体中很少部分的硅原子被镓原子替代，由于杂质提供 3 个价电子，比形成 4 个共价键少了一个电子，有一个共价键必然少一个电子，按能带理论，每个单电子共价键形成略高于满带的分立能级，这种能级能够接受电子，被称为受主能级 [见图 15-4 (b)]，满带中的电子易受激发而跃迁到受主能级上，而在满带中产生空穴，这类半导体的载流子主要是空穴，杂质称为受主杂质，半导体称为 p 型半导体。

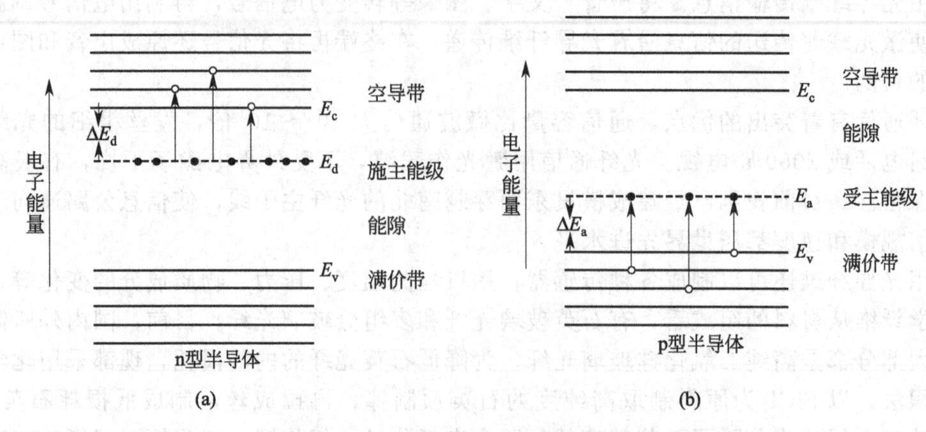

图 15-4 半导体能带结构的示意图

除元素半导体外，还有化合物半导体，目前性能最好的是 GaAs 半导体，硅半导体工作温度仅为 150℃，而 GaAs 的工作温度可达 250℃以上。在 GaAs 中掺入碲后可得 n 型半导体，掺入锌或镉时，得到 p 型半导体。

将 p 型半导体与 n 型半导体相互接触（构成 p-n 结）时，因电子（或空穴）浓度差而产生扩散，在接触处形成位垒，因而这类接触具有单向导电性。利用 p-n 结的单向导电性，可以制成具有不同功能的半导体器件，如二极管、三极管等。此外，半导体材料的导电性对外界条件（如热、光、电、磁等因素）的变化非常敏感，据此可以制造各种敏感元件，用于信息转换，如热敏电阻、光敏电阻、压敏电阻、半导体致冷装置等。

在某些半导体材料的 p-n 结中，注入的少数载流子与多数载流子复合时，会把多余的能量以光的形式释放出来，从而把电能直接转换为光能。这种利用注入式电致发光原理制作的二极管叫发光二极管，通称 LED。LED 是一种非常有用及高效率的光源，资料显示，LED 光源比白炽灯节电 87%、比荧光灯节电 50%，而寿命比白炽灯长 20～30 倍、比荧光灯长 10 倍，是新一代光源的最佳选择。

15.3.3 高分子材料

高分子通常指以共价键结合而形成的高分子量的化合物，相对分子质量一般在几万到几百万之间，这类化合物有时也称为聚合物。高分子材料是由高分子化合物为主要成分制成的，高分子材料也被称为聚合物材料。

高分子材料的发现和应用经过了从天然高分子材料的直接使用，到天然高分子材料的改造再利用，再到化学合成制备高分子材料的过程。人类社会一开始就利用天然高分子材料作为生活资料和生产资料，并掌握了其加工技术。如利用蚕丝、棉、毛织成织物，用木材、棉、麻造纸等。在中美洲与南美洲，15 世纪左右当地人就用天然橡胶制成容器与雨具等。1839 年，美国查尔斯·国特异（charles Goodyear）发现用硫原子取代空气中的氧使天然橡胶树汁变硬的方法，发明了硫化技术，使天然橡胶成为一种高分子材料。这种主要通过化学反应对天然产物进行改性，使人类从原始利用进入到有目的的改造天然产物而得到的高分子材料，称为人造高分子材料。用化学合成的方法得到并被实际应用的第一个合成高分子材料，是 1909 年报道的美国列奥·亨德里克·贝克兰（Baekeland，Leo Hendrik）发明的酚醛树脂。1920 年，德国科学家施陶丁格（Hermann Staudinger）提出高分子的长链分子概念后，开始了用化学合成的方法大规模制备合成高分子材料的时代。至 20 世纪末高分子材料的总产量已经达到 20 亿吨左右，成为工业、农业、科学研究和人类生活不可或缺的最重要的材料之一。

从确认高分子的概念到成为国民经济中有举足轻重意义的产业，前后总共只有50年左右的时间，高分子材料发展之迅速，对人类生活各领域影响之深入和广泛，在各高新技术中发挥作用之重大，是一般传统材料所难以比拟的。这是与高分子材料具有一系列优异性能密不可分，其性能如下：

① 质轻、比强度高。一般高分子材料的密度在 0.9～ 2.3$g \cdot cm^{-3}$之间，只有钢铁的 1/8～1/4、铝的 1/2 左右。

② 优异的电绝缘性能。大多数的高分子材料都具有优异的电绝缘性能，如极小的介电损耗和优良的耐电弧特性。

③ 优良的化学稳定性能。高分子材料具有抵抗酸、碱、盐溶液和蒸气等腐蚀的能力。

④ 减摩、耐磨性能好。很多高分子材料具有优良的减摩、耐磨和自润滑特性。

⑤ 透光及防护性能。多数塑料都可以作为透明或半透明制品，其中聚苯乙烯和丙烯酸酯类塑料像玻璃一样透明。有机玻璃化学名称为聚甲基丙烯酸甲酯。

⑥ 减震、消音性能优良。某些高分子材料柔韧而富于弹性，当它受到外界频繁的机械冲击和振动时，内部产生黏性内耗，将机械能转变成热能。

⑦ 宽范围内的力学可选择性。现有的高分子材料有很宽的力学可选择性，可以根据需要调节高分子材料的力学性能。

⑧ 原料来源广泛、加工成型方便、成本低。高分子材料的原料主要为石油、天然气和煤，某些生物质也可以作为高分子材料的原料；高分子材料的加工成型十分方便。塑料可以通过压延、挤出、模压、注塑、吹塑和拉伸等方法加工成型；合成橡胶可以通过混合、浇铸和固化等方法得到各种复杂形状的制品；合成纤维也有高速纺丝的办法加工。

⑨ 漂亮美观的装饰性。高分子材料可以通过添加色料或镀色的方法获得丰富多彩的颜色和制成各种美观的图案。

虽然人工合成的高分子已有上千种，但它们都是从化学结构相同的小分子单体开始，经过聚合反应之后，使单体间连接成分子量巨大的线性或网状高分子，而且，不管它们的化学结构如何变化，这些高分子基本上是通过加成聚合和缩合聚合两大类反应得到的。从含有不饱和键的烯烃出发，通过连锁式加成作用，将碳碳双键打开，使单体连接成高分子化合物的方法称为加成聚合法。苯乙烯聚合成聚苯乙烯就是苯乙烯分子之间一连串的加成聚合反应：

$$n\,CH_2{=}CH(C_6H_5) \longrightarrow \left[\!-CH_2{-}CH(C_6H_5)-\!\right]_n$$

参加加聚反应的单体一般都是含有双键的有机化合物，在经过光照、加热或用化学药品处理引发作用下，双键可以打开，使第一个分子和第二个分子连结起来，第二个分子又和第三个分子连结起来一直连成一条大的分子链。引起加聚反应的活化中心可以是自由基（游离基），也可以是由催化剂生成的正、负离子。前者称为自由基型聚合反应，而后者称为离子型聚合反应。加聚反应多数为不可逆的连锁反应. 反应一旦开始就进行得很快，直到形成最后产物为止，所产生的高聚物的化学结构和单体的化学结构相同，并且在反应中没有小分子副产物（如水、氨、卤化氢、醇等）生成。加聚反应是目前高分子合成工业的基础，约有80％的高分子材料是由加聚反应得到。

具有两个或两个以上官能团的同种或不同种小分子化合物参加、同时有小分子副产物（如水、醇、氨、卤化氢等）析出的聚合反应称缩聚反应。由于生成大分子时反应是一步一步进行的，所以也称逐步聚合反应。例如尼龙-66 就是通过已二胺与已二酸缩合聚合所得到的：

$$nH_2N—(CH_2)_6—NH_2+nHOOC—(CH_2)_4—COOH \longrightarrow \left[\overset{H}{\underset{|}{N}}—(CH_2)_6—\overset{H}{\underset{|}{N}}—\overset{O}{\underset{\|}{C}}—(CH_2)_4—\overset{O}{\underset{\|}{C}} \right]_n +2nH_2O$$

参加缩合聚合的有机分子一般都含有两个或两个以上的官能团。通过官能团之间的逐步缩合反应使分子链不断增长，小分子副产物不断形成，最后得到高聚物。

高分子材料种类繁多，通常按其特性分为塑料、橡胶和纤维三大类，其中塑料占总量的80%。

塑料是一种以高分子合成树脂为主要成分的材料，在一定的温度和压力下，可塑成一定形状的型材或制品，并且在常温下能保持形状不变的材料。除了决定塑料性能的主要成分合成树脂外，塑料还含有一些改善性能的添加剂，如填充剂、增塑剂、稳定剂、润滑剂、着色剂和固化剂等。

通常按合成树脂的特性可以将塑料分为热固性塑料和热塑性塑料。热塑性塑料是在特定温度范围内能反复加热软化和冷却硬化的塑料。如聚乙烯塑料、聚氯乙烯塑料。热固性塑料是因受热或其它条件能固化成不熔不溶性物料的塑料。如酚醛塑料、环氧塑料等。

按用途又可将塑料分为通用塑料和工程塑料。通用塑料一般指产量大、用途广、成型性好、价廉的塑料，如聚乙烯、聚丙烯、聚氯乙烯等。工程塑料一般指能承受一定的外力作用，并有良好的机械性能和尺寸稳定性，在高、低温下仍能保持其优良性能，可以作为工程结构件的塑料，如ABS、尼龙、聚砜等。

橡胶是一类线型柔性高分子聚合物。其分子链间作用力小，分子链柔性好，在外力作用下可产生较大形变，除去外力后能迅速恢复原状。橡胶按其来源可分为天然橡胶和合成橡胶两大类，天然橡胶取之于橡胶树等，使用较早。合成橡胶是人工合成的，发展较晚。随着石油化工的发展，获得了大量廉价原料之后，合成橡胶才迅速发展起来。合成橡胶品种繁多，主要有七大品种：丁苯橡胶、顺丁橡胶、异戊橡胶、氯丁橡胶、丁基橡胶、乙丙橡胶和丁腈橡胶等。合成橡胶按用途可分成两类：通用合成橡胶和特种合成橡胶。通用合成橡胶主要用来生产各种轮胎、各种工业用品（如运输带、传输带、胶带等）、日常生活用品（如胶鞋、暖水袋等）及医疗卫生用品；特种合成橡胶是专门用来制造在特殊条件下，如高温、低温、耐酸、碱、油以及防辐射等使用的橡胶。但两者之间没有严格的界限。

纤维可分为天然纤维和合成纤维两大类。以合成高分子为原料，通过拉丝工艺获得的纤维称为合成纤维。目前，合成纤维中大量生产的是“四纶”，即由聚对苯二甲酸乙二醇酯纺制的涤纶；由聚酰胺制成的尼龙；由聚丙烯腈纺成的腈纶和由聚乙烯醇缩甲醛制得的维尼纶。此外还有由聚丙烯制成的丙纶。从理论上讲，所有的线型高分子都可以纺成纤维，但要成为符合穿着的纤维还有许多问题需要解决。首先相对分子质量足够的高，使制成的衣料耐穿耐用；其次是纤维应该具有很好的染色性，可以用不同的染料染色，而且色泽鲜艳，色调均匀，着色牢固，色谱齐全，可为人们提供丰富多彩的花色品种；第三就是服装用纤维应该具有很好的亲水性，即人们常说的吸汗和透气。除了上述几个要求外，作为服装用纤维还应该不起静电，阻燃、织物的手感好等。

功能高分子材料除具有聚合物的一般力学性能、绝缘性能和热性能外，还具有物质、能量和信息的转换、传递和储存等特殊功能。功能高分子材料主要包括物理功能高分子材料及化学功能高分子材料。前者如导电高分子、高分子半导体、光导电高分子、压电及热电高分子、磁性高分子、光功能高分子、液晶高分子和信息高分子材料等；后者如反应性高分子、离子交换树脂、高分子分离膜、高分子催化剂、高分子试剂及人工脏器等，此外还有生物功能和医用高分子材料，如生物高分子、模拟器、高分子药物及人工骨材料等。当前具有特殊功能的高分子已成为许多高新技术赖以发展的重要材料。例如：在印刷工业中，感光高分子印刷版可以代替传统的铅字印刷版；在大规模集成电路芯片中使用光刻胶、电子胶可以在1～2cm^2的面积上刻蚀成复杂的微型电路。离子交换树脂广泛地应用于物质的纯化与分离，而这些技术在化工、医药、环保等各方面有很重要的地位。

15.3.4 复合材料

人类经历了第一代天然材料（如石、木材），第二代加工材料（用天然矿石通过冶炼得到金属），第三代合成材料（通过化学合成法将石油、煤等原料制成高分子材料），目前已进入第四代的复合材料时代。

复合材料是一种多相材料，是由两种或两种以上异质、异型、异性的材料复合而成的新型材料。它既能保留原组成材料的主要特性，还能通过复合效应获得原组分所不具备的性能。现代复合材料可以通过设计使各组分的性能互相补充并彼此关联，从而获得新的优越性能，它与一般材料的简单混合有着本质上的区别。这种区别主要体现在两个方面：一是复合材料不仅保留了原组成材料的特点，而且通过各组分的相互补充和关联可以获得原组分所没有的新的优越性能；二是复合材料的可设计性，复合材料可以根据需要进行设计，从而最合理地达到使用要求的性能。

复合材料还没有统一的命名方法，比较共同的趋势是根据增强材料和基体材料的名称进行命名：

① 强调基体时以基体材料的名称为主，如树脂基复合材料、金属基复合材料、陶瓷基复合材料等；

② 强调增强材料时则以增强材料的名称为主，如碳纤维增强复合材料、玻璃纤维增强复合材料、陶瓷颗粒增强复合材料等；

③ 基体与增强材料并用，这种命名方法常用于表示某一种具体的复合材料，习惯上把增强材料的名称放在前面，基体材料的名称放在后面，如“玻璃纤维增强环氧树脂复合材料”或简称为“玻璃纤维/环氧树脂复合材料”，这类复合材料也称为“玻璃钢”。

复合材料有多种分类方法，按基体材料的不同可分为：聚合基复合材料、金属基复合材料、陶瓷基复合材料、水泥基复合材料和碳基复合材料；按用途可分为结构复合材料和功能复合材料，结构复合材料是以承重为主要目的的复合材料，特别注重其力学性能；功能复合材料是具有热、电、声、磁等性能的复合材料。此外复合材料还可以按增强材料的种类和形状来分类。

复合材料是各向异性的高强度非均质材料。它的主要特性如下。

(1) 比强度和比模量高

复合材料的最大特点是比强度和比模量高，所谓比强度是指材料的强度与密度之比，比模量是指材料的模量与密度之比，它们是度量材料承载能力的一个重要指标。比强度高的材料能承受高的应力；比模量高则表明材料轻而刚性大，因此复材料特别适用于要求强度高而质量轻的场合，例如飞机和火箭的构件等。

(2) 抗疲劳性能好

疲劳破坏是材料在交变载荷下，由于裂缝的形成和扩展而形成的低应力破坏。在纤维复合材料中存在着许多纤维-树脂界面，这些界面能够阻止疲劳裂纹的扩展，从而推迟疲劳破坏的发生。这类材料即使产生了疲劳破坏，事先也有明显的预兆，而不像金属材料那样是突发的和灾难性的。

(3) 高温性能好

增强材料的熔点都较高，由它构成的复合材料的高温性能也较好，即在高温下也有较高的强度和模量。

（4）成型工艺性好

复合材料可用模具采用一次成型来制造各种构件，从而减少了零部件的数目及接头等紧固件，并可节省原材料及工时，复合材料的制造有较好的重现性，这也是良好工艺性的一种表现。

结构复合材料的基本组成是基体和增强体，复合材料的性能取决于增强体与基体的比例以及它们之间界面的性能。复合材料的基体是复合材料中的连续相，起到将增强体黏结成整体，并赋予复合材料一定形状、传递外界作用力、保护增强体免受外界环境侵蚀的作用。复合材料所用基体主要有聚合物、金属、陶瓷、水泥和碳等。在上述的基体材料中，得到广泛应用的基体材料是树脂基体，以它作为基体时，称为聚合物基复合材料。

增强体是高性能结构复合材料的关键组分，在复合材料中起着增加强度、改善性能的作用。增强体按形态分为颗粒状、纤维状、片状和立方编制物等。树脂基复合材料采用的增强材料主要有玻璃纤维、碳纤维、芳纶纤维、超高分子量聚乙烯纤维等。

玻璃纤维是纤维增强复合材料中应用最为广泛的增强体，可作为聚合物基或无机非金属材料基复合材料的增强体。玻璃纤维具有成本低、不燃烧、耐热、耐腐蚀性好、拉伸强度和冲击强度高、断裂延伸率小、绝热及绝缘性好等特点。玻璃纤维是非结晶型无机纤维，是由各种金属的硅酸盐经熔融后以极快的速度抽丝而成，玻璃纤维的成分和结构与普通的玻璃相似。

碳纤维是先进复合材料最常用的也是最重要的增强体，它是指纤维中碳含量在95%左右的碳纤维和碳的含量在99%左右的石墨纤维。碳纤维由黏胶、腈纶、芳纶、聚酰亚胺等纤维在高温下烧制而成，碳纤维最突出的特点是强度和模量高，密度小，耐酸，热膨胀系数小，有良好的耐高温蠕变性能，此外还具有摩擦系数小，润滑性、导电性好等特点。碳纤维主要用作为树脂、金属、橡胶或玻璃的增强材料而用于航空航天结构材料上。

芳纶纤维的成分是聚对苯二甲酰对苯二胺，是由对苯二甲酰氯和对苯二胺通过低温溶液缩聚而成的。由于它的分子间能以氢键交联结合成“梯形聚合物”，构成了它独特完整的晶态结构和极高的取向度，使得芳纶纤维具有高模量、高强度、好的韧性及各向异性等力学性能。由于芳纶纤维的高强度、低密度以及它的特殊粘弹特性，使这类纤维在防弹方面具有广阔的应用前景；用它作绳索也显示出低重量和高强度的特点。

晶须是在人工控制条件下，以单晶形式生长成的一种纤维材料，通常长径比超过20。由于晶须的结构完整，没有通常材料中存在的缺陷，因此密度、强度都接近晶体的理论值，并具有理想的弹性模量和特殊的物理性能。一般晶须的延伸率与玻璃纤维相当，而拉伸模量与硼纤维相当，因而兼有这两种纤维的优越性能。主要用作增强金属、陶瓷、树脂及玻璃等材料，此外，许多晶须还具有各自的特殊性能（如特殊的磁性、电性、和光学性能），可用于制备各种性能优异的功能复合材料。

在复合材料中，界面状态和改善界面状态的材料表面处理，具有极其重要的意义。事实上，增强材料的作用就是通过界面效应而取得的。各种机械冲击或热冲击也是通过界面处进行了能量的分散或吸收，从而形成了具有优异力学性能的复合材料。界面的作用使纤维等增强材料与基体材料都能各自起着独立作用，但这些作用又不是孤立的，而是相互独立又相互依赖，使复合材料继承了原有材料性能所长补其所短，甚至可以具备原材料所没有的性能，使两类不同的，不能单独作为结构或功能的原材料在形成整体后显示其优越的综合性能。因此，复合材料的界面结构和性能直接控制或影响复合材料的性能，而增强材料和基体材料之间的粘结强度，则对复合材料的界面产生影响，若对增强材料的表面进行处理，可以得到增强材料与基体材料间适度的界面粘结，提高复合材料的综合性能，通过对增强材料的表面处理，可以进行复合材料的界面优化设计，从而得到不同性能的复合材料。

目前研究最为广泛、应用规模最大的复合材料是聚合物基复合材料。从 1942 年现代复合材料的诞生到现在半个多世纪，聚合基复合材料得到了迅速发展和大规模的应用，其中用量最大的还是玻璃钢，它已经广泛用于石油化工交通运输、建筑、环境保护及军工等各个领域。

15.3.5　纳米材料

纳米材料是指颗粒尺度为纳米量级，处在原子簇和宏观物体交界的过渡区域的微粒，它的颗粒尺寸一般在 1～100nm 之间。这是肉眼和一般显微镜看不见的微小粒子。从通常的关于微观和宏观的观点看，这样的系统既非典型的微观系统亦非典型的宏观系统，是一种典型的介观系统。它具有一系列新异的物理、化学特性，涉及大块样品中所忽略的，或根本不具有的一些基本物理、化学问题。

纳米材料是由数目极少的原子或分子组成的原子群或分子群。当粒子的尺寸为几十纳米时，在同一粒子内常发现存在各种缺陷（如孪晶界、层错、位错）甚至还有不同的亚稳相共存，而当粒子的尺寸减小时，在几个纳米范围内存在不同组分的亚稳相，甚至存在非晶态。纳米材料区别于本体结构的特点为：纳米粒子具有壳层结构。纳米粒子的这种特殊类型的结构导致了它具有以下四方面效应，并因此派生出传统固体不具有的许多特殊性质。

（1）体积效应

当纳米材料的尺寸与传导电子的德布罗意波长相当或更小时，周期性的边界条件将被破坏，磁性、内压、光吸收、化学活性、催化性及熔点等都较普通粒子发生了很大的变化，这就是纳米材料的体积效应。体积效应为实用化开拓了宽广的新领域。纳米微粒的熔点可以远低于块状材料，例如，2nm 的金颗粒的熔点为 600K，块状金的熔点为 1337K，纳米银粉的熔点可降低到 373K，此特性为粉末冶金工业提供了新工艺。利用等离子共振频率随颗粒尺寸变化的性质，可以改变颗粒尺寸，控制吸收边的位移，制造具有一定频宽的微波吸收纳米材料用于电磁波屏蔽、隐形飞机等。

（2）表面效应

表面效应是指纳米粒子表面原子与总原子数之比随粒径的变小而急剧增大后所引起的性质上的变化。表 15-5 给出了纳米微粒尺寸与表面原子数的关系。

表 15-5　纳米微粒尺寸与表面原子数的关系

粒径/nm	包含的原子总数/个	表面原子所占比例/%
20	2.5×10^5	10
10	3.0×10^4	20
5	4.0×10^3	40
2	2.5×10^2	80
1	30	99

由表可以看出，随着粒径的减小，表面原子数迅速增加，这是由于粒径减小，表面积急剧变大所致，例如，粒径为 10nm 时，比表面积为 $90m^2\cdot g^{-1}$；粒径为 5nm 时，比表面积为 $180m^2\cdot g^{-1}$；粒径下降到 2nm 时，比表面积猛增到 $450m^2\cdot g^{-1}$；这样高比例的比表面，使处于表面的原子数越来越多，大大增强了纳米粒子的活性，例如，金属的纳米粒子在空气中会燃烧，无机材料的纳米粒子暴露在大气中会吸附气体，并与气体进行反应。

（3）量子尺寸效应

所谓量子尺寸效应是指当粒子尺寸下降到最低值时，费米能级附近的电子能级由准连续变为离散能级的现象。半导体纳米粒子的电子态，由体相材料的连续能带随着尺寸的减小过渡到具有分立结构的能级，表现在光学吸收光谱上，就是从没有结构的宽吸收过渡到具有结构的吸收特性。在纳米粒子中处于分立的量子化能级中的电子的波动性带来了纳米粒子的一系列特殊性质，如高的光学非线性、特异的催化和光催化性质等。

(4) 宏观量子隧道效应

微观粒子具有贯穿势垒的能力称为隧道效应。近年来，人们发现一些宏观量，例如，微粒的磁化强度，量子相干器件中的磁通量等亦具有隧道效应，称为宏观的量子隧道效应。宏观量子隧道效应的研究对基础研究及应用都有着重要意义。它限定了磁带、磁盘进行信息贮存的时间极限。

上述的体积效应、表面效应、量子尺寸效应和量子隧道效应是纳米材料的基本特性。它使纳米材料呈现许多奇异的物理、化学性质，出现一些“反常现象”。例如，金属为导体，但纳米金属由于量子尺寸效应在低温会呈现电绝缘性；一般 $PbTiO_3$、$BaTiO_3$ 和 $SrTiO_3$ 等是典型铁电体，但当其尺寸进入纳米级（≈5nm），由于由多畴变成单畴显示极强的顺磁效应。纳米材料的制备目前已发展了很多方法，可分为物理方法和化学方法，归纳成表 15-6，制备的关键是控制颗粒的大小和获得较窄的粒度分布。

表 15-6 纳米材料的制备方法

	方法	制备	特点
物理法	真空冷凝法	用真空蒸发、高频感应等使原料气化或形成等离子体，然后骤冷	纯度高、结晶组织好、粒度可控，技术设备要求高
	物理粉碎法	通过机械粉碎、电火花爆炸等得到纳米粒子	操作简单，产品纯度低，粒度分布不均匀
	机械球磨法	利用球磨，控制条件得纯元素、合金或复合材料的纳米粒子	操作简单，但产品纯度低，粒度分布不均匀
	深度塑性变形法	原材料在准静态压力的作用下发生严重塑性形变，使材料的尺寸细化到纳米量级	材料纯度高，粒度可控，设备要求高
化学法	气相沉积法	利用金属化合物蒸气的化学反应合成纳米粒子	纯度高，粒度分布窄，设备和原料要求高
	沉淀法	把沉淀剂加入到盐溶液中反应后，沉淀热处理得到纳米粒子	简单易行，纯度低，颗粒半径大
	水热合成法	在高温高压下的水溶液或蒸气等流体中合成纳米粒子	纯度高，分散性好，粒度分布窄
	苯热合成法	在苯溶液中进行高温高压反应合成纳米粒子	纯度高，分散性好，粒度分布窄，适合制备Ⅲ-ⅤA族半导体纳米材料
	溶胶凝胶法	金属化合物经溶液，深胶，凝胶而固化，再经低温热处理得纳米粒子	反应物种多，产物颗粒均匀，过程易控制
	微乳液法	两种互不相溶的溶剂在表面活性剂作用下形成乳液，在微泡中经成核、聚结、热处理后得纳米粒子	粒子的单分散性和界面性好

纳米材料的应用目前处于开始阶段，但却显示出方兴未艾的应用前景。由于纳米材料显示出高的比热容、高的热膨胀系数、高的电导率、高的扩散速率、高的磁化率和高的矫顽力、对电磁波均匀的强吸收、表面积大和表面活性大等性能，因而在催化反应、传感器、磁记录、生物医学工程等方面可望得到较好的应用。

思　考　题

1. 何谓环境？人类与环境的关系如何？
2. 什么是大气污染？请指出主要的大气污染物及其治理方法。
3. 什么是水体污染？指出主要的水体污染物及消除水体污染的方法。
4. 什么是土壤污染？指出主要的土壤污染物及消除土壤污染的方法。
5. 什么是可持续发展？我们能为保护环境做些什么？
6. 我国能源消费结构与国际相比有何特点？
7. 举例说明什么叫做能源、一次能源和二次能源？
8. 如何理解化石能源和生物质能源的区别与联系？
9. 什么是洁净煤技术，具体包括哪几方面？
10. 石油炼制工业主要包括哪些过程？
11. 什么是化学能源？什么是一次电池和二次电池？
12. 解释燃料电池的工作原理，燃料电池的研究和开发涉及哪些学科领域？
13. 当前有实效而又有前景的新能源指哪些，各有何特点？
14. 何为氢能源？氢化学能和氢核聚变能在原理和技术方面有哪些区别与联系？
15. 怎样理解太阳能是地球上主要能源的总来源？与常规能源比较，太阳能有什么特点和不足？
16. 何谓生物质能源？其生产和再生产有何特点？试述生物质利用的主要途径。
17. 何谓形状记忆合金？形状记忆合金有哪几种类型？
18. 储氢材料应该具备哪些特性？
19. 为什么制备纯金属的非晶态较难，而制备非晶态合金较易？
20. 与晶态金属相比，非晶态合金有哪些独特的性能？
21. 何谓热释电效应？
22. 什么是超导电性？
23. 简述激光产生的基本原理。
24. 光纤通讯有哪些优点？
25. 什么是本征半导体，n 型半导体，p 型半导体？
26. 本征半导体掺何种杂质即可成为 n 型半导体，它的多数载流子是什么？
27. p 型和 n 型半导体各有什么特点？
28. 高分子材料的加成聚合与缩合聚合各有什么特点？
29. 什么是复合材料，复合材料具有哪些特性？

部分习题参考答案

第 1 章

1. (1) B　(2) C　(3) D　(4) B　(5) D
   (6) C　(7) D　(8) B　(9) C　(10) A

2. $0.705kg \cdot m^{-3}$

3. $50.50g \cdot mol^{-1}$

4. $V_g/V_l = 1.701/0.001043 \approx 1631$，1.96mol

5. $29g \cdot mol^{-1}$

6. $32g \cdot mol^{-1}$

7. 24.8kPa，$p(N_2) = 6.2kPa$，$p(H_2) = 18.6kPa$

8. (1) $p(H_2) = 1.14 \times 10^7 Pa$，$p(N_2) = 3.8 \times 10^6 Pa$，(2) $p(H_2) = 1.09 \times 10^7 Pa$，$p(N_2) = 3.64 \times 10^6 Pa$

9. $1.95dm^3$

10. $0.527dm^3$

11. 1017kPa

12. 0.054mol

13. $6.84 \times 10^6 Pa$，$5.18 \times 10^6 Pa$

14. 0.0142，$0.8027mol \cdot kg^{-1}$，$0.7826mol \cdot dm^{-3}$

15. 194.57

16. 0.014g

17. 100.03℃

18. 125，244

19. 869.1kPa

20. 5.0%，752.7kPa

第 2 章

1. (1) B　(2) B　(3) A　(4) B　(5) C
   (6) D　(7) A　(8) B　(9) C　(10) A

2. 750J

3. −28.7kJ，28.7kJ，0

4. −57.1kJ，57.1kJ，0，0

5. 331.03K，−5.426kJ，−5.426kJ，−8.282kJ

6. 0，1247.2J，1247.2J，2078.6J

7. 241.25K，−4208.57J，−5897.29J

8. 40.66kJ，37.56kJ

9. $2.8dm^3$，136.5K；−1703J，−2839J；−2270J

10. N_2

11. 2.741MJ

12. $C_{p,m} = (33.83 + 8.2 \times 10^{-3} T/K) J \cdot K^{-1} \cdot mol^{-1}$；$\Delta U = \Delta H = 0$；能

13. 0.004mol，$-295kJ \cdot mol^{-1}$；0.0008mol，$-1475kJ \cdot mol^{-1}$

14. 5.0kJ；0

15. 0.078mol；$-5149kJ \cdot mol^{-1}$；$-5154kJ \cdot mol^{-1}$

16. $44.03kJ \cdot mol^{-1}$

17. $40kJ \cdot mol^{-1}$；$80kJ \cdot mol^{-1}$；$20kJ \cdot mol^{-1}$

18. $-5643J \cdot mol^{-1}$

19. $-562.06kJ \cdot mol^{-1}$，$-558.31kJ \cdot mol^{-1}$；$-128.57kJ \cdot mol^{-1}$，$-121.07kJ \cdot mol^{-1}$

20. $-74.37kJ \cdot mol^{-1}$；$-71.87kJ \cdot mol^{-1}$

21. $-1.196 \times 10^6 J \cdot mol^{-1}$，$-35.0kJ \cdot mol^{-1}$

22. $205.70kJ \cdot mol^{-1}$；$251.16kJ \cdot mol^{-1}$

23. 0

第 3 章

1. (1) B　(2) D　(3) B　(4) C　(5) C

(6) C　(7) B　(8) C　(9) C　(10) C

2. $-86.62J \cdot K^{-1}$

3. $Q=-W=1.73kJ$，$\Delta U=\Delta H=0$，$\Delta S=5.76J \cdot K^{-1}$；$Q=-W=865J$，$\Delta U=\Delta H=0$，$\Delta S=5.76J \cdot K^{-1}$；$Q=-W=0$，$\Delta U=\Delta H=0$，$\Delta S=5.76J \cdot K^{-1}$

4. $12.45J \cdot K^{-1}$

5. $-147.59J \cdot K^{-1}$

6. $\Delta S_{系}=108.99J \cdot K^{-1}$，$\Delta S_{环}=-100.68J \cdot K^{-1}$，$\Delta S_{总}=8.3145J \cdot K^{-1}$

7. $11.52J \cdot K^{-1}$

8. $-103.25J \cdot K^{-1}$

9. $203.94J \cdot K^{-1}$

10. $119.75J \cdot K^{-1}$

11. $Q=-W=1573J$，$\Delta U=\Delta H=0$，$\Delta S=5.76J \cdot K^{-1}$；$Q=-W=418J$，$\Delta U=\Delta H=0$，$\Delta S=5.76J \cdot K^{-1}$

12. $\Delta_r G_m^{\ominus}=237.15kJ \cdot mol^{-1}>0$，该反应在标准状态下不能自发进行

13. $-8.59kJ$

14. $\Delta G^{\ominus}=-105.15kJ$

15. $\Delta U=\Delta H=121.796kJ$，$\Delta S=716.54J \cdot K^{-1}$，$\Delta A=\Delta G=-91.839kJ$

16. $\Delta_r S=13.42J \cdot K^{-1}$；$\Delta S_{sur}=134.2J \cdot K^{-1}$，$\Delta S_{总}=147.62J \cdot K^{-1}$；$W'_{max}=-44.00kJ$

17. $-2602J$

18. $-585.7J \cdot mol^{-1}$

第 4 章

1. (1) C　(2) C　(3) A　(4) B　(5) B
   (6) A　(7) C　(8) B　(9) A　(10) A

3. 2.2×10^{-3}；4.5×10^{2}

4. $Q=1.5$，反应逆向进行；$Q=0.375$，反应正向进行

5. $K^{\ominus}=0.111$，$p(总)=77.74kPa$

6. $c(CO)=0.04mol \cdot dm^{-3}$，$c(CO_2)=0.02mol \cdot dm^{-3}$；20%；无影响

7. $K^{\ominus}=1.762 \times 10^{-10}$

8. $-166.41kJ \cdot mol^{-1}$

9. $\Delta_r G_m^{\ominus}=-6.86kJ \cdot mol^{-1}$，可能发生腐蚀；$<5.9\%$

10. $K^{\ominus}=7.0$；$c(Br_2)=1.25 \times 10^{-2} mol \cdot dm^{-3}$，$c(Cl_2)=2.5 \times 10^{-3} mol \cdot dm^{-3}$，$c(BrCl)=1.5 \times 10^{-2} mol \cdot dm^{-3}$；增加反应物（$Br_2$）浓度，化学平衡向正反应方向发生了移动

11. 76.9%，1.45

12. $K^{\ominus}(298K)=1.33 \times 10^{48}$；$\Delta_r G_m^{\ominus}(500K)=-248.50kJ \cdot mol^{-1}$，$K^{\ominus}(500K)=1.12 \times 10^{25}$；该反应为放热反应，温度升高，平衡常数值减小，对反应不利

13. $\alpha=6.36 \times 10^{-5}$；$\Delta_r H_m^{\ominus}(373.15K)=104.7kJ \cdot mol^{-1}$；446.0K

14. $K^{\ominus}(723K)=0.187$，$K^{\ominus}(693K)=0.020$，放热反应；7.4g

15. $p(CO_2)=660.6Pa$

第 5 章

1. (1) C　(2) A　(3) B　(4) A　(5) B
   (6) C　(7) C　(8) B　(9) C　(10) A

2. 2，2，2；2，1，1；2，2，2；2，3，3；3，1，0

3. $C=2$，$f=1$，$\Phi=4$

4. $C=7$，$f=2$

5. 357.96K

6. 1092.4K，$3.61 \times 10^{8}Pa$

7. 单脚：251K，双脚：262K

8. $42.73kJ \cdot mol^{-1}$

9. 15.92kPa；$44.11kJ \cdot mol^{-1}$；$10.0kJ \cdot mol^{-1}$

10. 0.25，74.70；1.216mol，3.784mol　13. 13.7g

第 6 章

1. (1) D　(2) C　(3) A　(4) A　(5) A
(6) C　(7) D　(8) B　(9) B　(10) D

2. 6.2×10^{-10}　3. 2.51%；1.3%

4. 4.0×10^{-4}　5. $1.9\times10^{-3}\text{mol}\cdot\text{dm}^{-3}$

6. 150cm^3　7. pH=3.4

8. $7.0\times10^{-6}\text{mol}\cdot\text{dm}^{-3}$　9. $0.62\text{mol}\cdot\text{dm}^{-3}$

10. $1.5\times10^{-20}\text{mol}\cdot\text{dm}^{-3}$

11. $c(HCO_3^-)=2.2\times10^{-7}\text{mol}\cdot\text{dm}^{-3}$，$c(HCO_3^-)=1.0\times10^{-16}\text{mol}\cdot\text{dm}^{-3}$

12. 0，1，13　13. $6.25\times10^{-12}\text{mol}\cdot\text{dm}^{-3}$；$1\times10^{-13}\text{mol}\cdot\text{dm}^{-3}$

14. 49g，200cm^3　15. 4.3×10^{-4}

16. $K_b^{\ominus}(CN^-)=1.8\times10^{-5}$ pH=11.1　17. 5.1

18. 0.87dm^3　19. 1.2×10^{-7}

20. 1.5×10^{-16}

22. $s=6.72\times10^{-7}\text{g}\cdot\text{dm}^{-3}$　23. $s=4.23\times10^{-7}\text{g}\cdot\text{dm}^{-3}$

24. $c(Cl^-)=3.5\times10^{-9}\text{mol}\cdot\text{dm}^{-3}$，$c(Ag^+)=0.05\text{mol}\cdot\text{dm}^{-3}$，$c(NO_3^-)=0.1\text{mol}\cdot\text{dm}^{-3}$，$c(H^+)=0.05\text{mol}\cdot\text{dm}^{-3}$

25. pH=1.5　26. $2.4\times10^{-5}\text{mol}\cdot\text{dm}^{-3}$

27. Cd^{2+}离子沉淀完全　28. $-2.1<\text{pH}<2.2$

29. $-0.96<\text{ph}<2.33$，$c(Zn^{2+})=2.5\times10^{-8}\text{mol}\cdot\text{dm}^{-3}$

30. $6.53\times10^{-12}\leqslant c(OH^-)<7.49\times10^{-6}$　31. $c(Ca^{2+})/c(Sr^{2+})=153.1$

32. 需要加固体 NH_4Cl 0.67mol　33. $1.2\times10^{-3}\text{mol}\cdot\text{dm}^{-3}$

第 7 章

1. (1) D　(2) C　(3) D　(4) B　(5) B
(6) A　(7) C　(8) C　(9) C　(10) C

3. 0.001mol

4. $K=95.54\text{m}^{-1}$，$G=9.88\times10^{-3}\Omega^{-1}$，$\kappa=0.9439\Omega^{-1}\cdot\text{m}^{-1}$，$\Lambda_m=9.44\text{S}\cdot\text{m}^2\cdot\text{mol}^{-1}$

5. 6.92×10^{-13}　6. 4.231%，1.87×10^{-5}

11. $\Delta_rG_m=-195.86\text{kJ}\cdot\text{mol}^{-1}$，$\Delta_rS_m=-77.57\text{J}\cdot\text{K}^{-1}\cdot\text{mol}^{-1}$，$\Delta_rH_m=-218.99\text{kJ}\cdot\text{mol}^{-1}$，$Q_r=23.13\text{kJ}\cdot\text{mol}^{-1}$

12. $E^{\ominus}=0.2355\text{V}$；$\Delta_rG_m^{\ominus}=-45.44\text{kJ}\cdot\text{mol}^{-1}$，$K^{\ominus}=9.15\times10^7$；$E=0.0582\text{V}$；$\Delta_rG_m^{\ominus}=-22.72\text{kJ}\cdot\text{mol}^{-1}$，$K^{\ominus}=9.55\times10^3$，$E^{\ominus}=0.2355\text{V}$

14. $E=-0.386\text{V}<0$，不能自动向右进行；$E=-0.230\text{V}<0$，不能自动向右进行

16. $E^{\ominus}=1.0164\text{V}$，$\Delta_rG_m^{\ominus}=-98.07\text{kJ}\cdot\text{mol}^{-1}$，该反应正向进行；$E=-0.429\text{V}$，$\Delta_rG_m=82.78\text{kJ}\cdot\text{mol}^{-1}$，该反应正向不能进行

17. $E^{\ominus}=-0.134\text{V}<0$，故在标准状态下不能进行；$E=0.0576\text{V}>0$，能；$E^{\ominus}=0.1487\text{V}>0$，能

18. $E^{\ominus}=E^{\ominus}(AgCl/Ag)=0.223\text{V}>E_+=E^{\ominus}(H^+/H_2)$，

$E^{\ominus}=E^{\ominus}(AgI/Ag)=-0.151V<E_{+}=E^{\ominus}(H^{+}/H_2)$

19. 0.0887V；-0.588V

20. $K^{\ominus}=3.125\times10^{-4}$，$\Delta_r G_m^{\ominus}=20.01kJ\cdot mol^{-1}$，$E^{\ominus}=-0.0346V$；$1.42\times10^{-4}$

21. 1.74×10^{-10}

22. -0.267V

23. 0.58V，I_2 不能歧化成 IO^- 和 I^-

24. 4.66×10^{39}

25. 3.75

26. 5.69

第 8 章

1. (1) C (2) C (3) B (4) C (5) A
   (6) C (7) B (8) C (9) D (10) B

5. $k=v=6.00\times10^{-3}mol\cdot dm^{-3}\cdot s^{-1}$；$k=v/c_B=3.00\times10^{-2}s^{-1}$；$k=v/c_B^2=1.5\times10^{-1}dm^3\cdot mol^{-1}\cdot s^{-1}$

6. $v=kc_{NO}^2c_{Cl_2}$，3 级反应；$\frac{1}{8}v$；$9v$

7. $t=34.8$min

8. $t=30$min；$k=5.4\times10^{-2}min^{-1}$

9. 9.97

10. 6.25%；14.3%；0.0%

11. 二级反应，$k=0.065dm^3\cdot mol^{-1}\cdot s^{-1}$

12. $E_a=29.1kJ\cdot mol^{-1}$

13. $k=1.39min^{-1}$，$T_{1/2}=0.498$min

14. $t=979$min，14%

16. 1.9×10^3 倍，5.6×10^8 倍

17. 1.8 倍

第 9 章

1. (1) C (2) B (3) A (4) B (5) B (6) B (7) B (8) C (9) D (10) D

2. 10^3，9.15×10^{-4}J，9.15×10^{-4}J

3. 0.074J，0.074J，0.114J，0.114J，$1.41\times10^{-4}J\cdot K^{-1}$，0.114J

4. 6853Pa

5. 1.05×10^{-9}m，148

6. 14.59kPa

7. 37.67℃

8. 32mm

9. 不能

10. $1.229N\cdot m^{-1}$

11. $6.05\times10^{-8}mol\cdot m^{-2}$

12. 82kPa

13. $5.5kPa^{-1}$；$73.6dm^3\cdot kg^{-1}$

14. $2.2\times10^{-8}mol\cdot dm^{-3}$

16. $MgCl_2$

第 10 章

1. (1) C (2) D (3) D (4) D (5) C
   (6) C (7) D (8) B (9) A (10) B

2. 1.23×10^{-10}m，2.87×10^{-12}m，1.86×10^{-13}m

3. -2.18×10^{-18}J，-5.45×10^{-19}J，-2.42×10^{-19}J，-1.36×10^{-19}J

4. $5.57\times10^{14}s^{-1}$，$6.17\times10^{14}s^{-1}$，$6.91\times10^{14}s^{-1}$，$7.31\times10^{14}s^{-1}$；
   656.4nm，486.2nm，434.2nm，410.4nm

5. $6.87\times10^{14}s^{-1}$，436.9nm

6. 2.18×10^{-18}J，$1312.8kJ\cdot mol^{-1}$

14. $E_{4s}=-6.59\times10^{-19}$J，$E_{3d}=-2.42\times10^{-19}$J

15. $E_{4s}=-1.48\times10^{-18}$J，$E_{3d}=-4.48\times10^{-18}$J

16. $E_{4s}=-1.86\times10^{18}$J，$E_{3d}=-1.49\times10^{-17}$J

第 11 章

1. (1) D　(2) A　(3) B　(4) D　(5) C
   (6) B　(7) C　(8) A　(9) C　(10) D

第 12 章

1. (1) D　(2) C　(3) C　(4) C　(5) B
   (6) D　(7) A　(8) B　(9) A　(10) A

7. 885.8kJ·mol^{-1}，3927.8kJ·mol^{-1}

8. 652.6kJ·mol^{-1}，613.5kJ·mol^{-1}

9. 669.0kJ·mol^{-1}

第 13 章

1. (1) C　(2) A　(3) B　(4) D　(5) D
   (6) C　(7) B　(8) B　(9) D　(10) B

6. 3个未成对电子　　7. -0.8Δ，-2.4Δ，-0.4Δ

15. 1.86×10^{-7}mol·dm^{-3}　　16. 0.38V，0.0032V

17. 2.2×10^{-12}；无

18. $c(Cu^{2+})_1=1.7\times10^{-20}$mol·dm^{-3}，$c(Cu^{2+})_2=6.25\times10^{-20}$mol·dm^{-3}，$[CuY]^{2+}$比$[Cu(en)_2]^{2+}$稳定

19. 1.23　　20. 有；无

第 14 章

1. (1) B　(2) D　(3) B　(4) C　(5) C
   (6) B　(7) B　(8) C　(9) D　(10) C

附　　录

附录1　一些基本物理常数

物　理　量	符　号	数　值
真空中的光速	c	$2.99792458\times10^{8}m\cdot s^{-1}$
基本电荷	e	$1.602189\times10^{-19}C$
质子静止质量	m_p	$1.672649\times10^{-27}kg$
电子静止质量	m_e	$9.10953\times10^{-31}kg$
摩尔气体常数	R	$8.314510J\cdot mol^{-1}\cdot K^{-1}$
阿伏伽德罗(Avogadro)常数	N_A,L	$6.022045\times10^{23}mol^{-1}$
里德伯(Rydberg)常数	R_∞	$1.09737318\times10^{7}m^{-1}$
普朗克(Planck)常数	h	$6.626176\times10^{-34}J\cdot s$
法拉第(Faraday) 常数	F	$9.648456\times10^{4}C\cdot mol^{-1}$
玻耳兹曼 (Boltzmann) 常数	k	$1.380662\times10^{-23}J\cdot K^{-1}$
真空介电常数	ε_0	$8.854188\times10^{-12}F\cdot m^{-1}$
玻尔磁子	μ_B	$9.274015\times10^{-24}A\cdot m^2$

附录2　某些物质的标准摩尔生成焓，标准摩尔生成吉布斯函数，标准摩尔熵及标准摩尔定压热容（298.15K）

（标准态压力 $p^\ominus=100kPa$）

物　质	$\Delta_f H_m^\ominus/kJ\cdot mol^{-1}$	$\Delta_f G_m^\ominus/kJ\cdot mol^{-1}$	$S_m^\ominus/J\cdot K^{-1}\cdot mol^{-1}$	$C_{p,m}^\ominus/J\cdot K^{-1}\cdot mol^{-1}$
Ag(s)	0	0	42.6	25.4
AgCl(s)	−127.07	−109.78	96.3	50.79
AgBr(s)	−100.4	−96.9	107.1	52.4
AgI(s)	−61.8	−66.2	115.5	56.8
Ag_2O(s)	−31.1	−11.2	121.3	65.9
$AgNO_3$(s)	−124.4	−33.4	140.9	93.1
Al(s)	0	0	28.3	24.4
Al_2O_3(α,刚玉)	−1675.7	−1582.3	50.9	79.0
Au(s)	0	0	47.4	25.4
B(s)	0	0	5.9	11.1
Ba(s)	0	0	62.8	28.1
Br_2(l)	0	0	152.21	75.67
Br_2(g)	30.91	3.11	245.46	36.0
HBr(g)	−36.3	−53.45	198.70	29.14
C(石墨)	0	0	5.740	8.527
C(金刚石)	1.897	2.900	2.38	6.1158
CO(g)	−110.53	−137.16	197.66	29.14
CO_2(g)	−393.51	−394.39	213.79	37.13
CS_2(l)	89.0	64.6	151.3	76.4
CS_2(g)	117.7	67.1	237.8	45.4
CCl_4(l)	−128.2	−62.6	216.2	130.7

续表

物质	$\Delta_f H_m^{\ominus}/kJ \cdot mol^{-1}$	$\Delta_f G_m^{\ominus}/kJ \cdot mol^{-1}$	$S_m^{\ominus}/J \cdot K^{-1} \cdot mol^{-1}$	$C_{p,m}^{\ominus}/J \cdot K^{-1} \cdot mol^{-1}$
CCl_4 (g)	−95.7	−53.60	309.9	83.40
HCN (l)	108.9	125.0	112.8	70.6
HCN (g)	135.1	124.7	201.8	35.9
Ca (s)	0	0	41.6	25.9
CaC_2 (s)	−59.8	−64.9	69.96	62.72
$CaCO_3$ (方解石)	−1207.6	−1129.1	91.7	83.5
CaO (s)	−634.92	−603.3	38.1	42.0
$Ca(OH)_2$ (s)	−985.2	−897.5	83.4	87.5
Cl_2(g)	0	0	223.1	33.9
HCl (g)	−92.3	−95.3	186.9	29.1
Cu (s)	0	0	33.2	24.4
CuO (s)	−157.3	−129.7	42.6	42.3
Cu_2O (s)	−168.6	−146.0	93.1	63.6
CuS (s)	−53.1	−53.6	66.5	47.8
$CuSO_4$ (s)	−771.4	−662.2	109.2	100.0
F_2 (g)	0	0	202.8	31.3
HF (g)	−273.3	−275.4	173.8	29.13
Fe (s)	0	0	27.3	25.1
$FeCl_2$ (s)	−341.8	−302.3	118.0	76.7
$FeCl_3$ (s)	−399.5	−334.0	142.3	96.7
FeO (s)	−272.0	−251.4	60.75	49.91
Fe_2O_3 (赤铁矿)	−824.2	−742.2	87.40	103.9
Fe_3O_4 (磁铁矿)	−1118.4	−1015.4	146.4	143.4
$FeSO_4$ (s)	−928.4	−820.8	107.5	100.6
H_2 (g)	0	0	130.7	28.8
H (g)	217.97	203.3	114.71	20.786
H_2O (l)	−285.830	−237.14	69.95	75.35
H_2O (g)	−241.826	−228.61	188.835	33.60
I_2 (s)	0	0	116.14	54.44
I_2 (g)	62.43	19.37	260.69	36.86
I (g)	106.76	70.2	180.8	20.8
HI (g)	26.5	1.7	206.59	29.16
Mg (s)	0	0	32.67	24.87
$MgCl_2$ (s)	−641.3	−591.8	89.63	71.38
MgO (s)	−601.6	−569.3	26.95	37.2
$Mg(OH)_2$ (s)	−924.7	−833.7	63.24	77.25
$MgSO_4$ (s)	−1284.9	−1170.6	91.6	96.5
Na (s)	0	0	51.3	28.2
Na_2CO_3 (s)	−1130.7	−1044.4	135.0	112.3
$NaHCO_3$ (s)	−950.81	−851.0	101.7	87.61
NaCl (s)	−411.2	−384.1	72.1	50.51
$NaNO_3$ (s)	−467.85	−367.06	116.52	92.88
Na_2O (s)	−414.2	−375.5	75.04	69.1
NaOH (s)	−425.6	−379.4	64.4	59.5
Na_2SO_4 (s)	−1387.1	−1270.2	145.9	120.3

续表

物　质	$\Delta_f H_m^\ominus$/kJ·mol^{-1}	$\Delta_f G_m^\ominus$/kJ·mol^{-1}	$S_m^\ominus$/J·K^{-1}·mol^{-1}	$C_{p,m}^\ominus$/J·K^{-1}·mol^{-1}
$N_2(g)$	0	0	191.61	29.12
$NH_3(g)$	−45.9	−16.4	192.8	35.1
$N_2H_4(l)$	50.63	149.3	121.2	98.87
$NO(g)$	91.29	87.6	210.76	29.85
$NO_2(g)$	33.2	51.3	240.1	37.2
$N_2O(g)$	82.1	104.2	219.9	38.5
$N_2O_3(g)$	83.7	139.5	312.3	65.6
$N_2O_4(g)$	9.2	97.9	304.3	77.3
$N_2O_5(g)$	11.3	115.1	355.7	84.5
$HNO_3(g)$	−135.1	−74.7	266.4	53.4
$HNO_3(l)$	−174.1	−80.7	155.6	109.9
$NH_4HCO_3(s)$	−849.4	−665.9	120.9	
$O_2(g)$	0	0	205.2	29.4
O(g)	249.2	231.7	161.1	21.9
$O_3(g)$	142.7	163.2	238.9	39.2
P(α,白磷)	0	0	41.1	23.8
P(红磷,三斜)	−17.6	−12.46	22.8	21.2
$P_4(g)$	58.9	24.4	280.0	67.2
$PCl_3(g)$	−287.0	−267.8	311.8	71.8
$PCl_5(g)$	374.9	−305.0	364.6	112.8
$H_3PO_4(s)$	−1284.4	−1124.3	110.5	106.1
$H_3PO_4(l)$	−1271.7	−1123.6	150.8	145.0
Pb(s)	0	0	64.8	26.4
$PbO_2(s)$	−277.4	−217.3	68.6	64.6
PbS(s)	−100.4	−98.7	91.2	49.5
$PbSO_4(s)$	−920.0	−813.0	148.5	103.2
S(正交)	0	0	32.1	22.6
S(单斜)	0.36	−0.07	33.03	23.23
S(g)	277.2	236.7	167.8	23.7
$S_8(g)$	101.3	49.2	430.2	156.1
$H_2S(g)$	−20.6	−33.4	205.8	34.2
$SO_2(g)$	−296.8	−300.1	248.2	39.9
$SO_3(g)$	−395.7	−371.1	256.8	50.7
$H_2SO_4(l)$	−814.0	−690.0	156.9	138.9
Si(s)	0	0	18.8	20.0
$SiCl_4(l)$	−687.0	−619.8	239.7	145.3
$SiCl_4(g)$	−657.0	−617.0	330.7	90.3
$SiH_4(g)$	34.4	56.90	204.6	42.8
SiO_2(α-石英)	−910.7	−856.3	41.5	44.4
SiO_2(方石英)	−905.5	−853.6	50.1	26.6
Zn(s)	0	0	41.6	25.4
$ZnCO_3(s)$	−812.8	−731.52	82.4	79.7
$ZnCl_2(s)$	−415.1	−369.4	111.5	71.3
ZnO(s)	−350.5	−320.5	43.7	40.3
ZnS(s)(闪锌矿)	−206.0	−201.3	57.7	46.0

续表

物质		$\Delta_f H_m^\ominus$/kJ·mol^{-1}	$\Delta_f G_m^\ominus$/kJ·mol^{-1}	$S_m^\ominus$/J·K^{-1}·mol^{-1}	$C_{p,m}^\ominus$/J·K^{-1}·mol^{-1}
$CH_4(g)$	甲烷	−74.4	−50.3	186.3	35.31
$C_2H_6(g)$	乙烷	−83.8	−31.9	229.6	52.6
$C_3H_8(g)$	丙烷	−103.8	−23.4	270.2	73.6
$C_4H_{10}(g)$	正丁烷	−125.6	−17.2	310.1	97.5
$C_2H_4(g)$	乙烯	52.5	68.4	219.6	43.6
$C_3H_6(g)$	丙烯	20.0	62.8	266.6	64.3
$C_4H_8(g)$	1-丁烯	0.1	71.3	305.6	85.7
$C_2H_2(g)$	乙炔	228.2	210.7	200.9	43.9
$C_6H_6(l)$	苯	49.0	124.4	173.4	136.3
$C_6H_6(g)$	苯	82.6	129.7	269.2	82.4
$C_6H_5CH_3(l)$	甲苯	12.4	113.8	221.0	157.0
$C_6H_5CH_3(g)$	甲苯	50.4	122.0	320.7	103.6
$CH_3OH(l)$	甲醇	−239.1	−166.6	126.8	81.2
$CH_3OH(g)$	甲醇	−201.0	−162.3	239.9	44.1
$C_2H_5OH(l)$	乙醇	−277.6	−174.8	161.0	112.3
$C_2H_5OH(g)$	乙醇	−235.1	−168.5	282.7	65.4
$C_4H_9OH(l)$	正丁醇	−327.3	−163.0	225.8	177.2
$C_4H_9OH(g)$	正丁醇	−274.7	−151.0	363.7	110.0
$(CH_3)_2O(g)$	二甲醚	−184.1	−112.6	266.4	64.4
$HCHO(g)$	甲醛	−108.6	−102.5	218.8	35.4
$CH_3CHO(l)$	乙醛	−191.8	−127.6	160.2	89.0
$CH_3CHO(g)$	乙醛	−166.2	−132.8	263.7	55.3
$(CH_3)_2CO(l)$	丙酮	−248.4	−152.7	198.8	126.3
$(CH_3)_2CO(g)$	丙酮	−217.1	−152.7	295.3	74.5
$HCOOH(l)$	甲酸	−424.7	−361.4	129.0	99.0
$CH_3COOH(l)$	乙酸	−484.5	−389.9	159.8	123.3
$CH_3COOH(g)$	乙酸	−432.8	−374.5	282.5	66.5
$CH_3NH_2(l)$	甲胺	−47.3	35.7	150.2	102.1
$CH_3NH_2(g)$	甲胺	−22.5	32.7	242.9	503.1
$(NH_2)_2CO(s)$	尿素	−333.1	−196.8	104.6	93.1

附录3 某些气体的摩尔定压热容与温度的关系

$$C_{p,m}=a+bT+cT^2+dT^3$$

物质		a/J·K^{-1}·mol^{-1}	$b\times10^3$ /J·K^{-2}·mol^{-1}	$c\times10^6$ /J·K^{-3}·mol^{-1}	$d\times10^9$ /J·K^{-4}·mol^{-1}	温度范围/K
H_2	氢	26.88	4.347	−0.3265		273～3800
F_2	氟	24.443	29.701	−23.759	6.6559	273～1500
Cl_2	氯	31.696	10.144	−4.038		300～1500
Br_2	溴	35.241	4.075	−1.487		300～1500
O_2	氧	28.17	6.297	−0.7494		273～3800
N_2	氮	27.32	6.226	−0.9502		273～3800
HCl	氯化氢	28.17	1.810	1.547		300～1500
H_2O	水	29.16	14.49	−2.022		273～3800
H_2S	硫化氢	26.71	23.87	−5.063		298～1500
NH_3	氨	27.550	25.627	9.9006	−6.6865	273～1500
SO_2	二氧化硫	25.76	57.91	−38.09	8.606	273～1800
CO	一氧化碳	26.537	7.6831	−1.172		300～1500
CO_2	二氧化碳	26.75	42.258	−14.25		300～1500

续表

物　质		a/J·K^{-1}·mol^{-1}	$b\times10^3$ /J·K^{-2}·mol^{-1}	$c\times10^6$ /J·K^{-3}·mol^{-1}	$d\times10^9$ /J·K^{-4}·mol^{-1}	温度范围/K
CS_2	二硫化碳	30.92	62.30	−45.86	11.55	273～1800
CCl_4	四氯化碳	38.86	213.3	−239.7	94.43	273～1100
CH_4	甲烷	14.15	75.496	−17.99		298～1500
C_2H_6	乙烷	9.401	159.83	−46.229		298～1500
C_3H_8	丙烷	10.08	239.30	−73.358		298～1500
C_4H_{10}	正丁烷	18.63	302.38	−92.943		298～1500
C_5H_{12}	正戊烷	24.72	370.07	−114.59		298～1500
C_2H_4	乙烯	11.84	119.67	−36.51		298～1500
C_3H_6	丙烯	9.427	188.77	−57.488		298～1500
C_4H_8	1-丁烯	21.47	258.40	−80.843		298～1500
C_4H_8	顺-2-丁烯	6.799	271.27	−83.877		298～1500
C_4H_8	反-2-丁烯	20.78	250.88	−75.927		298～1500
C_2H_2	乙炔	30.67	52.810	−16.27		298～1500
C_3H_4	丙炔	26.50	120.66	−39.57		298～1500
C_4H_6	1-丁炔	12.541	274.170	−154.394	34.4786	298～1500
C_4H_6	2-丁炔	23.85	201.70	−60.580		298～1500
C_6H_6	苯	−1.71	324.77	−110.58		298～1500
$C_6H_5CH_3$	甲苯	2.41	391.17	−130.65		298～1500
CH_3OH	甲醇	18.40	101.56	−28.68		273～1000
C_2H_5OH	乙醇	29.25	166.28	−48.898		298～1500
CH_3COOH	乙酸	8.5404	234.573	−142.624	33.557	300～1500
$CHCl_3$	氯仿	29.51	148.94	−90.734		273～773

附录 4　某些物质的标准摩尔燃烧焓（298.15K）

物　质		$-\Delta_c H_m^{\ominus}$/kJ·mol^{-1}	物　质		$-\Delta_c H_m^{\ominus}$/kJ·mol^{-1}
C(s)	碳	393.5	$(CH_3)_2CO(l)$	丙酮	1790.4
CO(g)	一氧化碳	283.0	HCOOH(l)	甲酸	254.06
$CH_4(g)$	甲烷	890.8	$CH_3COOH(l)$	乙酸	874.2
$C_2H_6(g)$	乙烷	1560.7	$C_2H_5COOH(l)$	丙酸	1527.3
$C_3H_8(g)$	丙烷	2219.2	$CH_2CHCOOH(l)$	丙烯酸	1368.4
$C_4H_{10}(g)$	丁烷	2877.6	$C_3H_7COOH(l)$	正丁酸	2183.6
$C_5H_{12}(g)$	正戊烷	3535.6	$(CH_3CO)_2O(l)$	乙酸酐	1807.1
$C_3H_6(g)$	环丙烷	2091.3	$HCOOCH_3(l)$	甲酸甲酯	972.6
$C_4H_8(l)$	环丁烷	2721.1	$C_6H_6(l)$	苯	3267.6
$C_5H_{10}(l)$	环戊烷	3291.6	$C_{10}H_8(s)$	萘	5156.3
$C_6H_{12}(l)$	环己烷	3919.6	$C_6H_5OH(s)$	苯酚	3053.5
$C_6H_{14}(l)$	正己烷	4194.5	$C_6H_5NO_2(l)$	硝基苯	3088.1
$C_2H_4(g)$	乙烯	1411.2	$C_6H_5CHO(l)$	苯甲醛	3525.1
$C_2H_2(g)$	乙炔	1201.1	$C_6H_5COCH_3(l)$	苯乙酮	4148.9
HCHO(g)	甲醛	570.7	$C_6H_5COOH(s)$	苯甲酸	3226.9
$CH_3CHO(l)$	乙醛	1166.9	$C_6H_4(COOH)_2(s)$	邻苯二甲酸	3874.9
$C_2H_5CHO(l)$	丙醛	1822.7	$C_6H_5COOCH_3(l)$	苯甲酸甲酯	3947.9
$CH_3OH(l)$	甲醇	726.1	$C_{12}H_{22}O_{11}(s)$	蔗糖	5640.9
$C_2H_5OH(l)$	乙醇	1366.8	$CH_3NH_2(l)$	甲胺	1060.8
$C_3H_7OH(l)$	正丙醇	2021.3	$C_2H_5NH_2(l)$	乙胺	1713.5
$C_4H_9OH(l)$	正丁醇	2675.9	$(NH_2)_2CO(s)$	尿素	631.6
$(C_2H_5)_2O(l)$	乙醚	2723.9	$C_5H_5N(l)$	吡啶	2782.3

附录5　一些弱电解质在水溶液中的解离常数（298K）

酸		解离常数 $K_a^\ominus$		
		一　级	二　级	三　级
硼酸	H_3BO_3	5.78×10^{-10}		
碳酸	H_2CO_3	4.36×10^{-7}	4.68×10^{-11}	
氢氰酸	HCN	6.17×10^{-10}		
氟化氢	HF	6.61×10^{-4}		
次溴酸	HBrO	2.82×10^{-9}		
次氯酸	HClO	2.90×10^{-8}		
次碘酸	HIO	3.16×10^{-11}		
亚硝酸	HNO_2	7.24×10^{-4}		
磷酸	H_3PO_4	6.92×10^{-3}	6.10×10^{-8}	4.79×10^{-13}
硅酸	H_4SiO_4	2.51×10^{-10}	1.55×10^{-12}	
亚硫酸	H_2SO_3	1.29×10^{-2}	6.16×10^{-8}	
硫化氢	H_2S	1.07×10^{-7}	1.26×10^{-13}	
甲酸	HCOOH	1.77×10^{-4}		
醋酸	CH_3COOH	1.75×10^{-5}		
草酸	$H_2C_2O_4$	5.37×10^{-2}	5.37×10^{-5}	
酒石酸	$C_4H_6O_6$	6.76×10^{-4}	1.23×10^{-5}	
柠檬酸	$C_6H_8O_7$	7.41×10^{-4}	1.74×10^{-5}	3.98×10^{-7}
乙二胺四乙酸	EDTA	1.02×10^{-2}	2.14×10^{-3}	$K_3^\ominus=6.92\times10^{-7}$，$K_4^\ominus=5.50\times10^{-11}$
邻苯二甲酸	$C_6H_4(COOH)_2$	1.29×10^{-3}	2.88×10^{-6}	
碱		解　离　常　数 $K_b^\ominus$		
氨水	$NH_3\cdot H_2O$	1.74×10^{-5}		
羟胺	NH_2OH	9.12×10^{-9}		
苯胺	$C_6H_5NH_2$	4.47×10^{-10}		
乙二胺	$H_2NCH_2CH_2NH_2$	$K_1^\ominus=8.5\times10^{-5}$，$K_2^\ominus=7.05\times10^{-8}$		
六亚甲基四胺	$(CH_2)_6N_4$	1.35×10^{-9}		

附录6　一些配离子的稳定常数（298.15K）

配离子	$K_稳^\ominus$	$\lg K_稳^\ominus$	配离子	$K_稳^\ominus$	$\lg K_稳^\ominus$
$[AgBr_2]^-$	2.14×10^7	7.33	$[Fe(CN)_6]^{4-}$	1.0×10^{35}	35.0
$[Ag(CN)_2]^-$	1.3×10^{21}	21.1	$[Fe(CN)_6]^{3-}$	1.0×10^{42}	42.0
$[Ag(SCN)_2]^-$	3.7×10^7	7.57	FeF_3	1.13×10^{12}	12.05
$[AgCl_2]^-$	1.1×10^5	5.04	$[HgCl_4]^{2-}$	1.2×10^{15}	15.08
$[AgI_2]^-$	5.5×10^{11}	11.74	$[HgBr_4]^{2-}$	1×10^{21}	21.0
$[Ag(NH_3)_2]^+$	1.12×10^7	7.05	$[Hg(CN)_4]^{2-}$	2.51×10^{41}	41.4
$[Ag(S_2O_3)_2]^{3-}$	2.89×10^{13}	13.46	$[HgCl_4]^{2-}$	1.17×10^{15}	15.07
$[Cd(CN)_4]^{2-}$	6.0×10^{18}	18.78	$[HgI_4]^{2-}$	6.76×10^{29}	29.83
$[Cd(NH_3)_4]^{2+}$	1.3×10^7	7.11	$[Hg(NH_3)_4]^{2+}$	1.9×10^{19}	19.28
$[Co(CN)_6]^{2-}$	1.23×10^{19}	19.09	$[Ni(CN)_4]^{2-}$	2×10^{31}	31.3
$[Co(NH_3)_6]^{2+}$	1.3×10^5	5.11	$[Ni(NH_3)_4]^{2+}$	9.1×10^7	7.96
$[Co(NH_3)_6]^{3+}$	2.0×10^{35}	35.3	$[Ni(en)_3]^{2+}$	1.14×10^{18}	18.06
$[Cu(CN)_2]^-$	1.0×10^{24}	24.0	$[Zn(CN)_4]^{2-}$	5.0×10^{16}	16.7
$[Cu(NH_3)_2]^+$	7.24×10^{10}	10.86	$[Zn(C_2O_4)_2]^{2-}$	4.0×10^7	7.60
$[Cu(NH_3)_4]^{2+}$	2.09×10^{13}	13.32	$[Zn(OH)_4]^{2-}$	4.6×10^{17}	17.66
$[Cu(P_2O_7)_2]^{6-}$	1.0×10^9	9.0	$[Zn(NH_3)_4]^{2+}$	2.87×10^9	9.46
$[Cu(SCN)_2]^-$	1.52×10^5	5.18	$[Zn(en)_2]^{2+}$	6.76×10^{10}	10.83

附录 7　一些物质的溶度积 (298.15K)

难溶物质	化学式	溶度积	难溶物质	化学式	溶度积
溴化银	$AgBr$	5.35×10^{-13}	硫化亚铜	Cu_2S	2.5×10^{-48}
氯化银	$AgCl$	1.77×10^{-10}	氢氧化亚铁	$Fe(OH)_2$	4.87×10^{-17}
铬酸银	Ag_2CrO_4	1.12×10^{-12}	氢氧化铁	$Fe(OH)_3$	2.79×10^{-39}
重铬酸银	$Ag_2Cr_2O_7$	2×10^{-7}	硫化亚铁	FeS	6.3×10^{-18}
碘化银	AgI	8.52×10^{-17}	硫化汞(黑)	HgS	1.6×10^{-52}
硫化银	Ag_2S	6.3×10^{-50}	硫化汞(红)	HgS	4×10^{-53}
硫酸银	Ag_2SO_4	1.2×10^{-5}	碳酸镁	$MgCO_3$	6.8×10^{-6}
氟化钡	BaF_2	1.84×10^{-7}	氢氧化镁	$Mg(OH)_2$	5.61×10^{-12}
碳酸钡	$BaCO_3$	2.58×10^{-9}	氢氧化锰	$Mn(OH)_2$	1.9×10^{-13}
铬酸钡	$BaCrO_4$	1.17×10^{-10}	硫化亚锰	MnS	2.5×10^{-13}
硫酸钡	$BaSO_4$	1.08×10^{-10}	α-硫化镍	α-NiS	3.2×10^{-19}
碳酸钙	$CaCO_3$	3.36×10^{-9}	β-硫化镍	β-NiS	1.0×10^{-24}
氟化钙	CaF_2	5.3×10^{-9}	γ-硫化镍	γ-NiS	2.0×10^{-26}
氢氧化铜	$Cu(OH)_2$	2.2×10^{-20}	碳酸铅	$PbCO_3$	7.4×10^{-14}
氢氧化亚铜	$CuOH$	1.0×10^{-14}	二氯化铅	$PbCl_2$	1.7×10^{-5}
磷酸钙	$Ca_3(PO_4)_2$	2.07×10^{-29}	碘化铅	PbI_2	9.8×10^{-9}
硫酸钙	$CaSO_4$	4.9×10^{-5}	硫化铅	PbS	8.0×10^{-28}
硫化镉	CdS	8.0×10^{-27}	铬酸铅	$PbCrO_4$	2.8×10^{-13}
氢氧化镉	$Cd(OH)_2$	7.2×10^{-15}	α-硫化锌	α-ZnS	1.6×10^{-24}
硫化铜	CuS	6.3×10^{-36}	β-硫化锌	β-ZnS	2.5×10^{-22}

附录 8　一些电极反应的标准电极电势 (298.15K)

电对(氧化态/还原态)	电极反应(氧化态$+ne^-\rightleftharpoons$还原态)	标准电极电势 $E^\ominus$/V
Li^+/Li	$Li^+(aq)+e^-\rightleftharpoons Li(s)$	-3.0401
K^+/K	$K^+(aq)+e^-\rightleftharpoons K(s)$	-2.931
Ca^{2+}/Ca	$Ca^{2+}(aq)+2e^-\rightleftharpoons Ca(s)$	-2.868
Na^+/Na	$Na^+(aq)+e^-\rightleftharpoons Na(s)$	-2.71
$Mg(OH)_2/Mg$	$Mg(OH)_2(s)+2e^-\rightleftharpoons Mg(s)+2OH^-(aq)$	-2.690
Mg^{2+}/Mg	$Mg^{2+}(aq)+2e^-\rightleftharpoons Mg(s)$	-2.372
$Al(OH)_3/Al$	$Al(OH)_3(s)+3e^-\rightleftharpoons Al(s)+3OH^-(aq)$	-2.328
Al^{3+}/Al	$Al^{3+}(aq)+3e^-\rightleftharpoons Al(s)$	-1.662
$Mn(OH)_2/Mn$	$Mn(OH)_2(s)+2e^-\rightleftharpoons Mn(s)+2OH^-(aq)$	-1.56
$Zn(OH)_2/Zn$	$Zn(OH)_2(s)+2e^-\rightleftharpoons Zn(s)+2OH^-(aq)$	-1.249
ZnO_2^{2-}/Zn	$ZnO_2^{2-}(aq)+2H_2O+2e^-\rightleftharpoons Zn(s)+4OH^-(aq)$	-1.215
CrO_2^-/Cr	$CrO_2^-(aq)+2H_2O+3e^-\rightleftharpoons Cr(s)+4OH^-(aq)$	-1.2
Mn^{2+}/Mn	$Mn^{2+}(aq)+2e^-\rightleftharpoons Mn(s)$	-1.185
Cr^{2+}/Cr	$Cr^{2+}(aq)+2e^-\rightleftharpoons Cr(s)$	-0.913
H_2O/H_2	$2H_2O+2e^-\rightleftharpoons H_2(g)+2OH^-(aq)$	-0.8277
$Cd(OH)_2/Cd(Hg)$	$Cd(OH)_2(s)+2e^-\rightleftharpoons Cd(Hg)+2OH^-(aq)$	-0.809
$Zn^{2+}/Zn(Hg)$	$Zn^{2+}(aq)+2e^-\rightleftharpoons Zn(Hg)$	-0.7628
Zn^{2+}/Zn	$Zn^{2+}(aq)+2e^-\rightleftharpoons Zn(s)$	-0.7618
$Ni(OH)_2/Ni$	$Ni(OH)_2(s)+2e^-\rightleftharpoons Ni(s)+2OH^-(aq)$	-0.72
Fe^{2+}/Fe	$Fe^{2+}(aq)+2e^-\rightleftharpoons Fe(s)$	-0.447
Cd^{2+}/Cd	$Cd^{2+}(aq)+2e^-\rightleftharpoons Cd(s)$	-0.4030
Co^{2+}/Co	$Co^{2+}(aq)+2e^-\rightleftharpoons Co(s)$	-0.28
$PbCl_2/Pb$	$PbCl_2(s)+2e^-\rightleftharpoons Pb(s)+2Cl^-$	-0.2675
Ni^{2+}/Ni	$Ni^{2+}(aq)+2e^-\rightleftharpoons Ni(s)$	-0.257

续表

电对(氧化态/还原态)	电极反应(氧化态$+ne^-\rightleftharpoons$还原态)	标准电极电势 $E^{\ominus}$/V
$Cu(OH)_2/Cu$	$Cu(OH)_2(s)+2e^-\rightleftharpoons Cu(s)+2OH^-(aq)$	−0.222
O_2/H_2O_2	$O_2(g)+2H_2O+2e^-\rightleftharpoons H_2O_2(aq)+2OH^-(aq)$	−0.146
Sn^{2+}/Sn	$Sn^{2+}(aq)+2e^-\rightleftharpoons Sn(s)$	−0.1375
Pb^{2+}/Pb	$Pb^{2+}(aq)+2e^-\rightleftharpoons Pb(s)$	−0.1262
H^+/H_2	$2H^+(aq)+2e^-\rightleftharpoons H_2(g)$	0.0000
$S_4O_6^{2-}/S_2O_3^{2-}$	$S_4O_6^{2-}(aq)+2e^-\rightleftharpoons 2S_2O_3^{2-}(aq)$	0.08
S/H_2S	$S(s)+2H^+(aq)+2e^-\rightleftharpoons H_2S(aq)$	+0.142
Sn^{4+}/Sn^{2+}	$Sn^{4+}(aq)+2e^-\rightleftharpoons Sn^{2+}(aq)$	+0.151
SO_4^{2-}/H_2SO_3	$SO_4^{2-}(aq)+4H^++2e^-\rightleftharpoons H_2SO_3(aq)+H_2O$	+0.172
$AgCl/Ag$	$AgCl(s)+e^-\rightleftharpoons Ag(s)+Cl^-(aq)$	+0.2223
Hg_2Cl_2/Hg	$Hg_2Cl_2(s)+2e^-\rightleftharpoons 2Hg(l)+2Cl^-(aq)$	+0.2680
Cu^{2+}/Cu	$Cu^{2+}(aq)+2e^-\rightleftharpoons Cu(s)$	+0.3419
O_2/OH^-	$O_2(g)+2H_2O+4e^-\rightleftharpoons 4OH^-(aq)$	+0.401
Cu^+/Cu	$Cu^+(aq)+e^-\rightleftharpoons Cu(s)$	+0.521
I_2/I^-	$I_2(s)+2e^-\rightleftharpoons 2I^-(aq)$	+0.5355
O_2/H_2O_2	$O_2(g)+2H^+(aq)+2e^-\rightleftharpoons H_2O_2(aq)$	+0.695
Fe^{3+}/Fe^{2+}	$Fe^{3+}(aq)+e^-\rightleftharpoons Fe^{2+}(aq)$	+0.771
Hg_2^{2+}/Hg	$Hg_2^{2+}(aq)+2e^-\rightleftharpoons 2Hg(l)$	+0.7973
Ag^+/Ag	$Ag^+(aq)+e^-\rightleftharpoons Ag(s)$	+0.7996
Hg^{2+}/Hg	$Hg^{2+}(aq)+2e^-\rightleftharpoons Hg(l)$	+0.851
NO_3^-/NO	$NO_3^-(aq)+4H^+(aq)+3e^-\rightleftharpoons NO(g)+2H_2O$	+0.957
HNO_2/NO	$HNO_2(aq)+H^+(aq)+e^-\rightleftharpoons NO(g)+H_2O$	+0.983
Br_2/Br^-	$Br_2(l)+2e^-\rightleftharpoons 2Br^-(aq)$	+1.066
MnO_2/Mn^{2+}	$MnO_2(s)+4H^+(aq)+2e^-\rightleftharpoons Mn^{2+}(aq)+2H_2O$	+1.224
O_2/H_2O	$O_2(g)+4H^+(aq)+4e^-\rightleftharpoons 2H_2O$	+1.229
$Cr_2O_7^{2-}/Cr^{3+}$	$Cr_2O_7^{2-}(aq)+14H^+(aq)+6e^-\rightleftharpoons 2Cr^{3+}(aq)+7H_2O$	+1.232
Cl_2/Cl^-	$Cl_2(g)+2e^-\rightleftharpoons 2Cl^-(aq)$	+1.35827
MnO_4^-/Mn^{2+}	$MnO_4^-(aq)+8H^+(aq)+5e^-\rightleftharpoons Mn^{2+}(aq)+4H_2O$	+1.507
H_2O_2/H_2O	$H_2O_2(aq)+2H^+(aq)+2e^-\rightleftharpoons 2H_2O$	+1.776
Co^{3+}/Co^{2+}	$Co^{3+}+e^-\rightleftharpoons Co^{2+}$	+1.92
$S_2O_8^{2-}/SO_4^{2-}$	$S_2O_8^{2-}(aq)+2e^-\rightleftharpoons 2SO_4^{2-}(aq)$	+2.010
F_2/F^-	$F_2(g)+2e^-\rightleftharpoons 2F^-(aq)$	+2.866

主要参考书目

[1] 徐光宪，王祥云．物质结构．第 2 版．北京：高等教育出版社，1987.

[2] 周公度，段连运编著．结构化学基础．第 4 版．北京：北京大学出版社，2008.

[3] 傅献彩，沈文霞，姚天扬，侯文华编．物理化学．第 5 版．北京：高等教育出版社，2005.

[4] 胡英主编．物理化学．第 5 版．北京：高等教育出版社，2007.

[5] 天津大学物理化学教研室编．物理化学．第 5 版．北京：高等教育出版社，2009.

[6] V．弗里德，H．F．哈梅卡，U．布卢克斯著，薛宽宏译．物理化学．北京：高等教育出版社，1984.

[7] [美] L．鲍林著．卢嘉锡等译．化学键的本质．上海：上海科学技术出版社，1981.

[8] 申泮文主编．近代化学导论．北京：高等教育出版社，2002.

[9] 傅献彩主编．大学化学．北京：高等教育出版社，1999.

[10] 朱裕贞，顾达，黑恩成．现代基础化学．第 3 版．北京：化学工业出版社，2010.

[11] 华彤文，陈景祖等编著．普通化学原理．第 3 版．北京：北京大学出版社，2005.

[12] 宋天佑，程鹏，王杏乔编．无机化学．北京：高等教育出版社，2004.

[13] 胡忠鲠主编．金继红．张锦柱．李盛华副主编．现代化学基础．第 2 版．北京：高等教育出版社，2005.

[14] 金继红，陈达士，阎庚舜等编．物理化学．北京：地质出版社，1993.

[15] 孙作为主编．物理化学．北京：地质出版社，1993.

[16] 张永巽，张维宽编．普通化学．北京：高等教育出版社，1986.

[17] 大连理工大学．无机化学．第 5 版．北京：高等教育出版社，2006.

[18] 浙江大学普通化学教研组编．普通化学．第 5 版．北京：高等教育出版社，2006.

[19] 王世华等．无机化学教程．北京：科学出版社，2000.

[20] 武汉大学主编．分析化学．第 5 版．北京：高等教育出版社，2007.

[21] 周公度．结构和物性．第 2 版．北京：高等教育出版社，2000.

[22] 曹阳．结构与材料．北京：高等教育出版社，2003.

[23] 左铁镛，钟家湘．新型材料——人类文明进步的阶梯．北京：化学工业出版社，2002.

[24] 游效曾．配位化学进展．北京：高等教育出版社，2000.

[25] 马如璋，蒋民华，徐祖雄．功能材料学概论．北京：冶金工业出版社，1999.

[26] 殷景华，王雅珍，鞠刚．功能材料概论．哈尔滨：哈尔滨工业大学出版社，1999.

[27] 朱家才，马业英，李桦．非金属材料及其应用．武汉：湖北科学技术出版社，1992.

[28] 刘光华．现代材料化学．上海：上海科学技术出版社，2000.

[29] 尹洪峰，任耘，罗发．复合材料及其应用．西安：陕西科学技术出版社，2003.

[30] 张志焜，崔作林．纳米技术和纳米材料．北京：国防工业出版社，2000.

[31] 《大学化学》编辑部编．今日化学（2006 年版）．北京：高等教育出版社，2006.

[32] [美] R．布里斯罗著．华彤文等译．化学的今天和明天．北京：科学出版社，1998.

[33] Darrell D. Ebbing，Steven D. Gammon. General Chemistry. Ninth Edition，Boston：Houghton Mifflin Company. 2009.

[34] Steven S. Zumdahl，Susan A. Zumdahl. Chemistry. Sixth Edition. Boston：Houghton Mifflin Company，2003.

[35] Peter Atkins，Julio de Paula. Physical Chemistry. Ninth Edition. New York：W. H. Freeman and Company，2010.

[36] 中华人民共和国国家标准．量和单位．GB 3100—3102—93．北京：中国标准出版社．1994.

[37] 实用化学手册编写组．实用化学手册．北京：科学出版社，2001.

[38] [美] J．A．迪安编．魏俊发等译．兰氏化学手册（原书第 15 版）．北京：科学出版社，2003.

[39] David R. Lide，CRC Handbook of Chemistry and Physics. 90th ed. CRC Press. 2010.

主要参考书目

[1] [illegible] 北京：高等教育出版社，1987.

[2] [illegible] 北京：北京大学出版社，2008.

[3] [illegible] 北京：[illegible]出版社，2005.

[4] [illegible] 北京：高等教育出版社，2007.

[5] [illegible]

[6] [illegible] 高等教育出版社，1984.

[7] [illegible] 上海：上海科学技术出版社，1961.

[8] [illegible] 北京：高等教育出版社，2006.

[9] [illegible] 北京：高等教育出版社，1993.

[10] [illegible] 化学工业出版社，2010.

[11] [illegible] 2005.

[12]–[32] [illegible]

[33] Darrell D. Ebbing, Steven D. Gammon. General Chemistry. Ninth Edition. Boston: Houghton Mifflin Company [illegible]

[34] Steven S. Zumdahl, Susan A. Zumdahl. Chemistry. Sixth Edition. Boston: Houghton Mifflin Company, 2003.

[35] Peter Atkins, Julio de Paula. Physical Chemistry. Ninth Edition. New York: W. H. Freeman and Company, 2010.

[36] [illegible]

[37] [illegible]

[38] [illegible]

[39] David R. Lide. CRC Handbook of Chemistry and Physics. 90th ed. CRC Press, 2010.

元素周期表

IUPAC 2013

氧化态(单质的氧化态为0，未列入；常见的为红色)

以 ^{12}C=12为基准的原子量(注✦的是半衰期最长同位素的原子量)

+2 +3 +4 +5 +6	氧化态
95	原子序数
Am	元素符号(红色的为放射性元素)
镅▲	元素名称(注▲的为人造元素)
$5f^77s^2$	价层电子构型
243.06138(2)✦	原子量

s区元素　p区元素　d区元素　ds区元素　f区元素　稀有气体

族/周期	1 IA	2 IIA	3 IIIB	4 IVB	5 VB	6 VIB	7 VIIB	8 VIIIB(VIII)	9 VIIIB(VIII)	10 VIIIB(VIII)	11 IB	12 IIB	13 IIIA	14 IVA	15 VA	16 VIA	17 VIIA	18 VIIIA(0)	电子层
1	−1 +1 1 H 氢 $1s^1$ 1.008																	2 He 氦 $1s^2$ 4.002602(2)	K
2	+1 3 Li 锂 $2s^1$ 6.94	+2 4 Be 铍 $2s^2$ 9.0121831(5)											+3 5 B 硼 $2s^22p^1$ 10.81	−4 +2 +4 6 C 碳 $2s^22p^2$ 12.011	−3 −2 −1 +1 +2 +3 +4 +5 7 N 氮 $2s^22p^3$ 14.007	−2 −1 8 O 氧 $2s^22p^4$ 15.999	−1 9 F 氟 $2s^22p^5$ 18.998403163(6)	10 Ne 氖 $2s^22p^6$ 20.1797(6)	L K
3	−1 +1 11 Na 钠 $3s^1$ 22.98976928(2)	+2 12 Mg 镁 $3s^2$ 24.305											+3 13 Al 铝 $3s^23p^1$ 26.9815385(7)	−4 +2 +4 14 Si 硅 $3s^23p^2$ 28.085	−3 −2 +1 +3 +5 15 P 磷 $3s^23p^3$ 30.973761998(5)	−2 +2 +4 +6 16 S 硫 $3s^23p^4$ 32.06	−1 +1 +3 +5 +7 17 Cl 氯 $3s^23p^5$ 35.45	18 Ar 氩 $3s^23p^6$ 39.948(1)	M L K
4	−1 +1 19 K 钾 $4s^1$ 39.0983(1)	+2 20 Ca 钙 $4s^2$ 40.078(4)	+3 21 Sc 钪 $3d^14s^2$ 44.955908(5)	−1 0 +2 +3 +4 22 Ti 钛 $3d^24s^2$ 47.867(1)	0 ±1 +2 +3 +4 +5 23 V 钒 $3d^34s^2$ 50.9415(1)	−3 0 ±1 ±2 +3 +4 +5 +6 24 Cr 铬 $3d^54s^1$ 51.9961(6)	−2 0 ±1 +2 ±3 +4 +5 +6 +7 25 Mn 锰 $3d^54s^2$ 54.938044(3)	−2 0 ±1 +2 +3 +4 +5 +6 26 Fe 铁 $3d^64s^2$ 55.845(2)	0 ±1 +2 +3 +4 +5 27 Co 钴 $3d^74s^2$ 58.933194(4)	0 ±1 +2 +3 +4 28 Ni 镍 $3d^84s^2$ 58.6934(4)	+1 +2 +3 +4 29 Cu 铜 $3d^{10}4s^1$ 63.546(3)	+1 +2 30 Zn 锌 $3d^{10}4s^2$ 65.38(2)	+1 +3 31 Ga 镓 $4s^24p^1$ 69.723(1)	+2 +4 32 Ge 锗 $4s^24p^2$ 72.630(8)	−3 +3 +5 33 As 砷 $4s^24p^3$ 74.921595(6)	−2 +2 +4 +6 34 Se 硒 $4s^24p^4$ 78.971(8)	−1 +1 +3 +5 +7 35 Br 溴 $4s^24p^5$ 79.904	+2 +4 36 Kr 氪 $4s^24p^6$ 83.798(2)	N M L K
5	−1 +1 37 Rb 铷 $5s^1$ 85.4678(3)	+2 38 Sr 锶 $5s^2$ 87.62(1)	+3 39 Y 钇 $4d^15s^2$ 88.90584(2)	+1 +2 +3 +4 40 Zr 锆 $4d^25s^2$ 91.224(2)	0 ±1 +2 +3 +4 +5 41 Nb 铌 $4d^45s^1$ 92.90637(2)	0 ±1 ±2 +3 +4 +5 +6 42 Mo 钼 $4d^55s^1$ 95.95(1)	0 ±1 +2 +3 +4 +5 +6 +7 43 Tc 锝▲ $4d^55s^2$ 97.90721(3)✦	0 +1 ±2 +3 +4 +5 +6 +7 +8 44 Ru 钌 $4d^75s^1$ 101.07(2)	0 ±1 +2 +3 +4 +5 +6 45 Rh 铑 $4d^85s^1$ 102.90550(2)	0 +1 +2 +3 +4 46 Pd 钯 $4d^{10}$ 106.42(1)	+1 +2 +3 47 Ag 银 $4d^{10}5s^1$ 107.8682(2)	+1 +2 48 Cd 镉 $4d^{10}5s^2$ 112.414(4)	+1 +3 49 In 铟 $5s^25p^1$ 114.818(1)	+2 +4 50 Sn 锡 $5s^25p^2$ 118.710(7)	−3 +3 +5 51 Sb 锑 $5s^25p^3$ 121.760(1)	−2 +2 +4 +6 52 Te 碲 $5s^25p^4$ 127.60(3)	−1 +1 +3 +5 +7 53 I 碘 $5s^25p^5$ 126.90447(3)	+2 +4 +6 +8 54 Xe 氙 $5s^25p^6$ 131.293(6)	O N M L K
6	−1 +1 55 Cs 铯 $6s^1$ 132.90545196(6)	+2 56 Ba 钡 $6s^2$ 137.327(7)	57~71 La~Lu 镧系	+1 +2 +3 +4 72 Hf 铪 $5d^26s^2$ 178.49(2)	0 ±1 +2 +3 +4 +5 73 Ta 钽 $5d^36s^2$ 180.94788(2)	0 ±1 ±2 +3 +4 +5 +6 74 W 钨 $5d^46s^2$ 183.84(1)	0 ±1 +2 +3 +4 +5 +6 +7 75 Re 铼 $5d^56s^2$ 186.207(1)	0 +1 +2 +3 +4 +5 +6 +7 +8 76 Os 锇 $5d^66s^2$ 190.23(3)	0 ±1 +2 +3 +4 +5 +6 77 Ir 铱 $5d^76s^2$ 192.217(3)	0 +2 +3 +4 +5 +6 78 Pt 铂 $5d^96s^1$ 195.084(9)	+1 +2 +3 +5 79 Au 金 $5d^{10}6s^1$ 196.966569(5)	+1 +2 +3 80 Hg 汞 $5d^{10}6s^2$ 200.592(3)	+1 +3 81 Tl 铊 $6s^26p^1$ 204.38	+2 +4 82 Pb 铅 $6s^26p^2$ 207.2(1)	−3 +3 +5 83 Bi 铋 $6s^26p^3$ 208.98040(1)	−2 +2 +3 +4 +6 84 Po 钋 $6s^26p^4$ 208.98243(2)✦	±1 +5 +7 85 At 砹 $6s^26p^5$ 209.98715(5)✦	+2 86 Rn 氡 $6s^26p^6$ 222.01758(2)✦	P O N M L K
7	+1 87 Fr 钫▲ $7s^1$ 223.01974(2)✦	+2 88 Ra 镭 $7s^2$ 226.02541(2)✦	89~103 Ac~Lr 锕系	104 Rf 𬬻▲ $6d^27s^2$ 267.122(4)✦	105 Db 𬭊▲ $6d^37s^2$ 270.131(4)✦	106 Sg 𬭳▲ $6d^47s^2$ 269.129(3)✦	107 Bh 𬭛▲ $6d^57s^2$ 270.133(2)✦	108 Hs 𬭶▲ $6d^67s^2$ 270.134(2)✦	109 Mt 鿏▲ $6d^77s^2$ 278.156(5)✦	110 Ds 𫟼▲ 281.165(4)✦	111 Rg 𬬭▲ 281.166(6)✦	112 Cn 鿔▲ 285.177(4)✦	113 Nh 鿭▲ 286.182(5)✦	114 Fl 𫓧▲ 289.190(4)✦	115 Mc 镆▲ 289.194(6)✦	116 Lv 𫟷▲ 293.204(4)✦	117 Ts 石田▲ 293.208(6)✦	118 Og 气奥▲ 294.214(5)✦	Q P O N M L K

★镧系	+3 57 La★ 镧 $5d^16s^2$ 138.90547(7)	+2 +3 +4 58 Ce 铈 $4f^15d^16s^2$ 140.116(1)	+3 +4 59 Pr 镨 $4f^36s^2$ 140.90766(2)	+2 +3 +4 60 Nd 钕 $4f^46s^2$ 144.242(3)	+3 61 Pm 钷▲ $4f^56s^2$ 144.91276(2)✦	+2 +3 62 Sm 钐 $4f^66s^2$ 150.36(2)	+2 +3 63 Eu 铕 $4f^76s^2$ 151.964(1)	+3 64 Gd 钆 $4f^75d^16s^2$ 157.25(3)	+3 +4 65 Tb 铽 $4f^96s^2$ 158.92535(2)	+3 +4 66 Dy 镝 $4f^{10}6s^2$ 162.500(1)	+3 67 Ho 钬 $4f^{11}6s^2$ 164.93033(2)	+3 68 Er 铒 $4f^{12}6s^2$ 167.259(3)	+2 +3 69 Tm 铥 $4f^{13}6s^2$ 168.93422(2)	+2 +3 70 Yb 镱 $4f^{14}6s^2$ 173.045(10)	+3 71 Lu 镥 $4f^{14}5d^16s^2$ 174.9668(1)
★锕系	+3 89 Ac★ 锕 $6d^17s^2$ 227.02775(2)✦	+3 +4 90 Th 钍 $6d^27s^2$ 232.0377(4)	+3 +4 +5 91 Pa 镤 $5f^26d^17s^2$ 231.03588(2)	+2 +3 +4 +5 +6 92 U 铀 $5f^36d^17s^2$ 238.02891(3)	+3 +4 +5 +6 +7 93 Np 镎 $5f^46d^17s^2$ 237.04817(2)✦	+3 +4 +5 +6 +7 94 Pu 钚 $5f^67s^2$ 244.06421(4)✦	+2 +3 +4 +5 +6 95 Am 镅▲ $5f^77s^2$ 243.06138(2)✦	+3 +4 96 Cm 锔▲ $5f^76d^17s^2$ 247.07035(3)✦	+3 +4 97 Bk 锫▲ $5f^97s^2$ 247.07031(4)✦	+2 +3 +4 98 Cf 锎▲ $5f^{10}7s^2$ 251.07959(3)✦	+2 +3 99 Es 锿▲ $5f^{11}7s^2$ 252.0830(3)✦	+2 +3 100 Fm 镄▲ $5f^{12}7s^2$ 257.09511(5)✦	+2 +3 101 Md 钔▲ $5f^{13}7s^2$ 258.09843(3)✦	+2 +3 102 No 锘▲ $5f^{14}7s^2$ 259.1010(7)✦	+3 103 Lr 铹▲ $5f^{14}6d^17s^2$ 262.110(2)✦